Windows 8 使用详解

恒盛杰资讯 编著

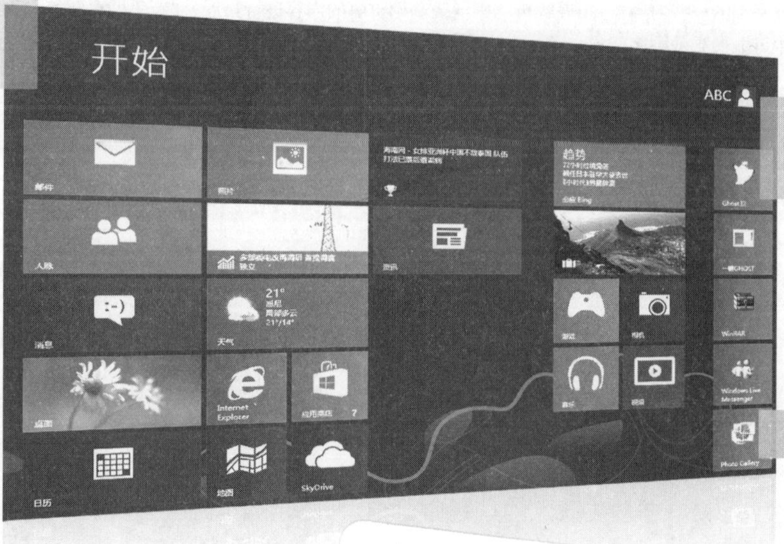

机械工业出版社
China Machine Press

图书在版编目（CIP）数据

Windows 8 使用详解 / 恒盛杰资讯编著．—北京：机械工业出版社，2013.8

ISBN 978-7-111-42866-4

Ⅰ.W… Ⅱ.恒… Ⅲ.Windows 操作系统 Ⅳ.TP316.7

中国版本图书馆 CIP 数据核字（2013）第 127256 号

Windows 8 是 Microsoft 公司推出的最新版 Windows 操作系统，该系统可以说是一款革命性的操作系统，虽然它的绝大部分功能与 Windows 7 完全相同，但是它也有着自身独特的功能，例如支持平板电脑。

本书分为 8 篇，共包括 25 章，全面、系统地介绍了 Windows 8 操作系统的使用方法，主要介绍了 Windows 8 操作系统的安装、设置、使用和维护四方面，其中“使用”方面包括使用系统自带的 Metro、PC 附件、防火墙以及 Windows Live 等应用程序，而“维护”方面则介绍了如何保证系统不受到木马、病毒和黑客的入侵攻击以及恢复误删除的数据。

本书将每章的内容分为“基础讲解”、“拓展解析”和“新手疑惑解答”三部分。其中，“基础讲解”介绍比较基础的一些内容；“拓展解析”则围绕基础讲解的内容进行拓展；“新手疑惑解答”为用户解答阅读过程中可能遇到的一些疑惑。

机械工业出版社（北京市西城区百万庄大街 22 号　邮政编码　100037）

责任编辑：陈佳媛

藁城市京瑞印刷有限公司印刷

2013 年 7 月第 1 版第 1 次印刷

185mm × 260mm • 33.75 印张

标准书号：ISBN 978-7-111-42866-4

ISBN 978-7-89433-984-3（光盘）

定　价：69.00 元（附光盘）

凡购本书，如有缺页、倒页、脱页，由本社发行部调换

客服热线：（010）88378991　88361066　投稿热线：（010）88379604

购书热线：（010）68326294　88379649　68995259　读者信箱：hzjsj@hzbook.com

前 言 PREFACE

操作系统对于一台计算机的重要性是不言而喻的，没有操作系统，再昂贵的计算机都是一堆废铁。但是随着时代的进步，操作系统也在不断升级。只要用户接触过电脑，就肯定会知道 Windows 操作系统，该操作系统是家用电脑的不二选择，而 Windows 操作系统又包括多个版本，最新的版本为 Windows 8。

Windows 8 操作系统对于 Microsoft 公司而言，是一款具有革命性变化的操作系统，该系统旨在让人们的日常电脑操作更加简单和快捷，为人们提供高效易行的工作环境。随着平板电脑的盛行，该操作系统能够兼容移动终端，可在平板电脑上使用。为了让用户能够在短时间内快速掌握 Windows 8 操作系统的操作，特此编写了本书。

主要内容：

本书分为 8 篇，共 25 章，第一篇为入门篇，包括第 1 章，介绍了 Windows 操作系统的版本、新增功能以及安装 Windows 8 操作系统等内容；第二篇为基础操作篇，包括第 2~5 章，介绍了个性化设置 Windows 8 系统、使用文件夹管理文件、使用输入法输入文本以及 ClearType、显示器校准和 Windows 远程桌面等工具的使用；第三篇为系统附件应用篇，包括第 6~8 章，介绍了 Windows 8 系统的 Metro、PC 附件以及多媒体工具的应用；第四篇为系统软硬件管理篇，包括第 9~13 章，主要介绍了配置及管理用户账户，安装与管理应用软件、组件、硬件和驱动程序等内容；第五篇是网络共享通信篇，包括第 14~17 章，介绍了配置与应用网络、共享系统资源、Internet 网上冲浪等内容；第六篇是系统管理篇，包括第 18~21 章，介绍了全面维护系统安全、配置系统安全属性，以及管理、优化系统等内容；第七篇为数据备份与恢复篇，包括第 22~23 章，介绍了备份与还原系统和数据、恢复误删除的数据等内容；第八篇为实用软件篇，包括第 24~25 章，介绍了解析 Windows 8 系统常用软件和 Windows Live 服务等内容。

本书特色：

简单易懂——本书兼顾初次接触 Windows 8 系统的用户，逐层深入地将 Windows 8 操作系统的使用与操作以图文结合的形式进行介绍，读者可以轻松掌握有关 Windows 8 操作系统的基础知识。

丰富多彩的内容——本书将每章的内容分为“基础讲解”、“拓展解析”和“新手疑惑解答”三大部分，“新手疑惑解答”版块为读者解答阅读过程中可能遇到的疑惑。

适用读者群：

本书内容详细、讲解具体，充分融入了作者的实操经验和操作心得，可以作为个人学习和了解 Windows 8 实践操作的参考书籍。

希望本书能对广大读者朋友有所帮助，由于作者水平有限，在编写本书的过程中难免会存在疏漏之处，恳请广大读者批评指正，并登录 www.epubhome.com 提出宝贵意见。

编者

2013 年 5 月

目 录 CONTENTS

第五篇 网络共享通信篇

第一篇 入门篇

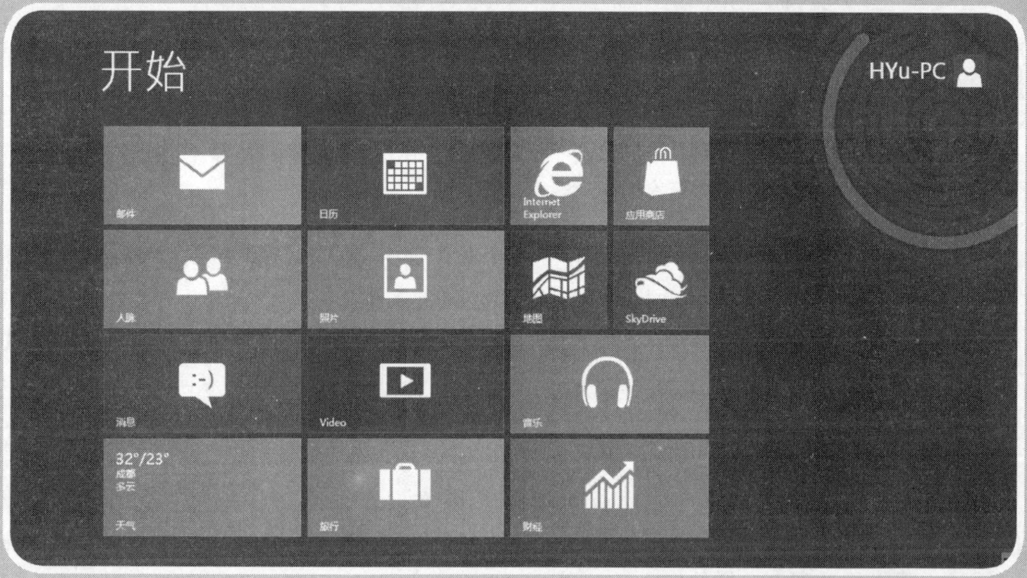

第1章

安装Windows 8

本章知识点：

☑ 认识 Windows 8 操作系统

☑ 安装系统前的准备工作

☑ 安装 Windows 8 操作系统

☑ 备份文件和程序设置

☑ 安装 Windows XP/Windows 8 双系统

操作系统是控制程序运行、管理系统资源并为用户提供可操作的可视化界面的系统软件的集合。操作系统身负管理与配置内存、决定系统资源供需的优先级、控制输入与输出设备、操作网络与管理文件系统等基本事务。

基础讲解

1.1 Windows 8 操作系统简介

随着触控式操作的流行与平板电脑的广泛应用，加之 Mac OS 和 Android 操作系统的步步紧逼，微软迫切地需要发布一款打破常规的 Windows 系统。

作为一款最新推出的 Windows 操作系统，Windows 8 秉承了 Windows 一贯的多版本作风，下面就先来详细了解一下什么是 Windows 8，Windows 8 的版本有哪些特点。

1.1.1 认识 Windows 8

Windows 8 是微软公司自 Windows 7 操作系统推出以来最新推出的一款 Windows 操作系统，Windows 8 的开发是建立在 Windows 7 成功的基础上进行的。用户可以简单地将 Windows 8 看做是外观不一样的 Windows 7。

Windows 8 拥有 Windows 一如既往的强大功能，除了焕然一新的 Metro 风格开始屏幕外（见图 1-1），Windows 8 还整合了用户所熟知的桌面，用户可以把桌面理解为在 Windows 8 中运行的众多应用之一。Windows 8 保留了 Windows 7 中常用的设置，确保之前用户软件的正常运行。与 Windows 7 操作系统相比，Windows 8 操作系统拥有了更高的安全性和可靠性。Windows 7 的所有出众特性在 Windows 8 中均有展现。

图 1-1　Windows 8 开始屏幕

Windows 8 操作系统和之前微软开发的所有操作系统最大的不同就在于其专门针对平板电脑和触摸屏进行了优化，让用户可以在平板电脑上也能非常轻松地使用 Windows 8 操作系统。

1.1.2 Windows 8 的版本概述

Windows 8 操作系统的功能非常强大，不论是个人用户、电脑技术人员还是企业，Windows 8 操作系统都能完美地提供所需的功能。然而并非所有的功能都是用户所需要的，对此微软公司对 Windows 8 按所提供的功能的不同划分为 Windows RT、Windows 8 标准版、Windows 8 Pro 专业版、Windows 8 Enterprise 企业版 4 个版本，其中 Windows RT 是专门为采用 ARM 处理器的平板电脑所设计的版本，其他 3 个版本均为桌面 PC 版。

（1）Windows RT：该版本的 Windows 8 操作系统是微软首次为非英特尔处理器所特别开发的 Windows 操作系统。Windows RT 只能在平板电脑中运行且并不能运行 x86 和 x64 的应用软件。

（2）Windows 8 标准版：这个版本是微软针对一般家庭用户所提供的一个 Windows 8 版本，该版本具有 Windows 8 操作系统所有基本功能。对一般的用户而言，Windows 8 标准版就是最好的选择。

（3）Windows 8 Pro 专业版：Windows 8 Pro 专业版是面向电脑技术爱好者以及企业电脑技术人员的一个专业性比较强的 Windows 8 版本。该版本中内置了一系列的 Windows 8 增强技术，包括加密、虚拟化、PC 管理和域名链接等。

（4）Windows 8 Enterprise 企业版：Windows 8 Enterprise 企业版几乎包含了 Windows 8 Pro 专业版的所有功能，同时为了满足企业用户的需求还添加了 Windows To Go、DirectAccess、BranchCache(分支缓存)、使用 RemoteFX 提供视觉特效等功能。

Windows 8 操作系统各种版本的区别如表 1-1 所示。

表1-1　Windows 8 操作系统各种版本的区别对照表

功能特性	Windows RT	Windows 8标准版	Windows 8 Pro专业版	Windows 8 Enterprise企业版
与现有 Windows 兼容	无	有	有	有
安全启动	有	有	有	有
开始界面、动态磁贴效果	有	有	有	有
触摸键盘、拇指键盘	有	有	有	有
更新的资源管理器	有	有	有	有
Windows Update	有	有	有	有
Windows Defender	有	有	有	有
新的任务管理器	有	有	有	有
ISO 镜像 and VHD 挂载	有	有	有	有
Microsoft 账户	有	有	有	有
Internet Explorer 10	有	有	有	有
Windows 商店	有	有	有	有
Xbox Live 程序 (包括 Xbox Live Arcade)	有	有	有	有
Device Encryption	有	无	无	无
预装 Microsoft Office	有	无	无	无
桌面	部分	有	有	有
储存空间管理（Storage Space）	无	有	有	有
Windows Media Player	无	有	有	有
Windows Media Center	无	无	需另行添加	无
远程桌面	只作为客户端	只作为客户端	客户端和服务端	客户端和服务端
从 VHD 启动	无	无	有	有
BitLocker and BitLocker To Go	无	无	有	有
文件系统加密	无	无	有	有
加入 Windows 域	无	无	有	有

（续）

功能特性	Windows RT	Windows 8标准版	Windows 8 Pro专业版	Windows 8 Enterprise企业版
组策略	无	无	有	有
AppLocker	无	无	有	有
Hyper	无	无	仅 64bit 支持	
Windows To Go	无	无	无	有
DirectAccess	无	无	无	有
分支缓存（BranchCache）	无	无	无	有
以 RemoteFX 提供视觉特效	无	无	无	有
Metro 风格程序的部署	无	无	无	有

1.2 认识 Windows 8 新增功能

微软公司每发布一款新的操作系统都会为用户推出新的功能或特性，Windows 8 操作系统也不例外。这款操作系统在设计之初便是为了应对日益发展的 iPad 和 Android 平板给微软带来的严峻考验，所以在 Windows 8 操作系统的新增功能中用户可非常明显地看到 Microsoft 公司对操作系统在平板电脑上的运行进行了特别的优化设计。同时微软公司对提升操作系统的性能和娱乐性也做了一定的努力。

1.2.1 支持 USB 3.0 标准

USB 3.0 标准是由 Intel、微软、惠普、德州仪器、NEC、ST-NXP 等计算机领域的全球性公司制定的一种新 USB 规范，这种全新的 USB 规范提供了十倍于 USB 2.0 标准的传输速度和更高的节能效率。这种标准可广泛使用于 PC 外围设备和消费电子产品。

在 Windows 8 操作系统设计之初，便正式对这种全新的 USB 标准给予了正式的支持。只要用户的电脑主板上提供有 USB 3.0 的 USB 接口，用户便可以在 Windows 8 操作系统中享受更加高效、快速的移动存储体验。

1.2.2 Xbox Live 服务和 Hyper-V 功能

Xbox Live 服务是微软公司整合旗下 Xbox 360 游戏服务平台到 Windows 操作系统后，在系统中为用户提供的一个多平台游戏网络支持服务。虽然 Xbox Live 服务主要的功能是提供游戏支持，但用户还可以使用 Xbox Live 服务欣赏电影、游戏视频、和游戏好友聊天甚至可以进行多人游戏。图 1-2 即为 Windows 8 操作系统中 Xbox Live 服务位于“开始”屏幕中的程序磁块。

Hyper-V 功能原本是内置于 Windows 服务器版操作系统中的一种基于 Hypervisor 技术虚拟化产品。使用 Hyper-V 功能可以让用户电脑同时运行多个操作系统，不论是 32 位还是 64 位，甚至 Linux 操作系统 Hyper-V 也能很好地支持。

图 1-2　Xbox Live 游戏

确切地说，Hyper-V 功能实际上就是一种同 Vmware 类似的虚拟机软件。用户使用 Hyper-V 功能运行多个操作系统，实际上就是建立多个 Hyper-V 虚拟机并在虚拟机中运行这些操作系统。不过 Hyper-V 功能只集成在 64 位的 Windows 8 专业版和企业版中，除此之外 Hyper-V 功能的正常运行至少需要 4GB 的内存。Hyper-V 功能组件默认处于关闭状态，用户可随时在“Windows 功能”窗口中将其启用（见图 1-3），具体的启用 Windows 组件操作方法与步骤，在 10.5 节中将为大家进行详细的介绍。

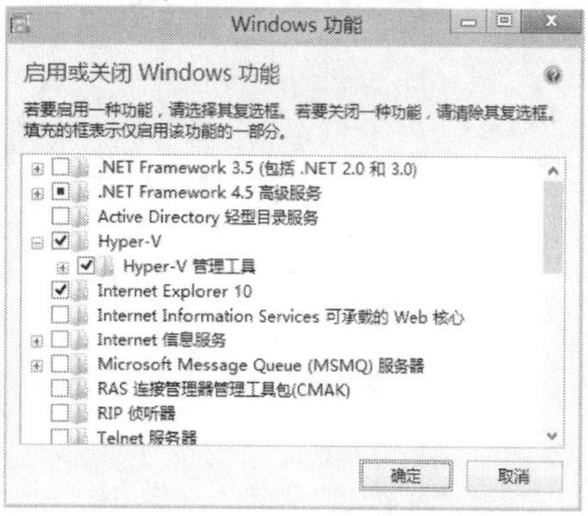

图 1-3 “Windows 功能”窗口

1.2.3 全新的复制覆盖操作窗口

在 Windows 8 操作系统，用户可轻松感受到的几个巨大改变中，复制覆盖操作窗口算是其中之一。和之前所有的 Windows 操作系统单纯采用进度条显示复制覆盖进度不同，在 Windows 8 操作系统中，用户不仅可轻松查看到复制覆盖进度，还可以直接查看当前复制覆盖的传输速度，如图 1-4 所示。

除此之外，全新的复制覆盖操作窗口还为用户提供了暂停复制的功能，这是之前所有的 Windows 操作系统中所没有的。如图 1-5 所示即为暂停复制覆盖操作的复制覆盖操作窗口。

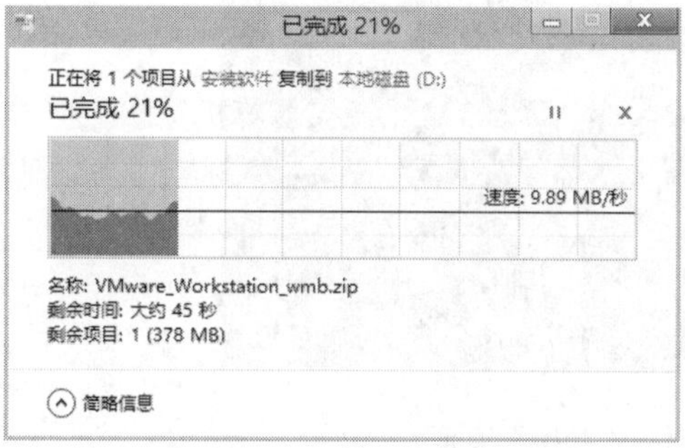

图 1-4 查看传输速度

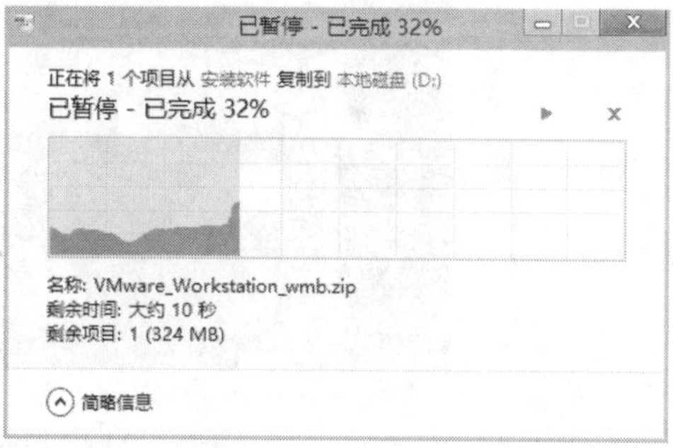

图 1-5 暂停传输

1.2.4 采用 Ribbon 界面的资源管理器

Ribbon 界面即是用户常说的功能区，Ribbon 界面最早出现在微软公司的 Microsoft Office 2007 软件中。专业地来讲 Ribbon 界面是 Windows 自带的一个窗口菜单构架，它使得窗口外形更加华丽，让所有功能有组织地模块化存放，使用户能快速查找并使用所需功能。但也由于 Ribbon 界面出现时间较短，很多人还没对其适应，导致不能快速找到需要的功能。如图 1-6 即为采用 Ribbon 界面的资源管理器。

从图 1-6 中用户可以看出，Ribbon 界面（功能区）中的按钮普遍都设计得比较大。这是因为 Windows 8 操作系统不仅仅是一款在 PC 电脑上运行的操作系统，它还是一款可以在平板电脑中运行并使用触屏进行操作的系统。由于是专为触屏而优化的，所以为方便触屏操作，Ribbon 界面（功能区）中的按钮普遍都设计得比较大。

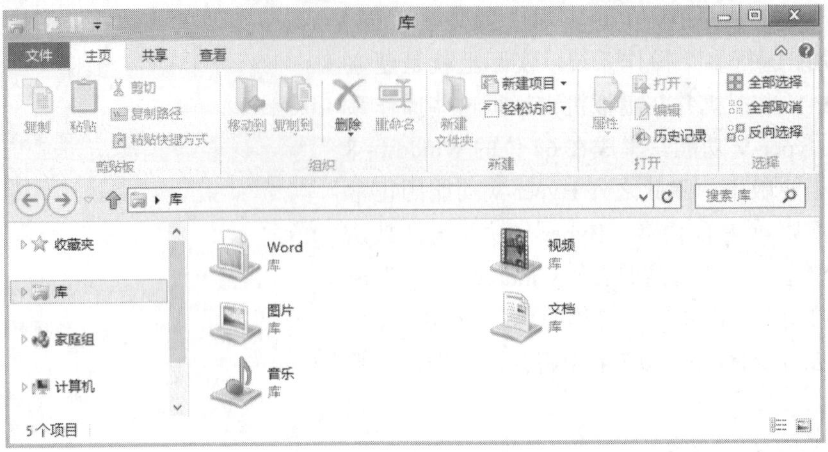

图 1-6　采用 Ribbon 界面的资源管理器

1.2.5　专为触摸屏而生的 Metro 界面

与为触屏而优化的 Ribbon 界面（功能区）不同，Windows 8 操作系统中的 Metro 界面则是专为触摸屏而生的，“开始”屏幕便是使用最频繁的 Metro 界面，如图 1-7 所示。

图 1-7　采用 Metro 界面的“开始”屏幕

从图 1-7 中用户可以明显地看出，Metro 界面从设计风格上就非常适合触屏操作。Metro 界面中的按钮（程序磁块）设计得非常大，用户可以轻松使用触屏进行单击该按钮的操作。

Metro 界面风格被应用在 Windows 8 操作系统之前，微软公司已经在 Zune Player 和 XBox 360 主机中尝试使用过相似的界面风格，并在一定程度上获得了用户的认可。Metro 界面主要强调的是应用程序需要提供的信息本身，而不是以往华丽的程序图标设计元素。所以用户可以在 Metro 界面的“开始”屏幕中的程序磁块中看到该程序将显示的内容信息，例如天气预报信息。如图 1-8 所示即为“天气”应用程序在 Metro 界面中程序磁块显示内容。

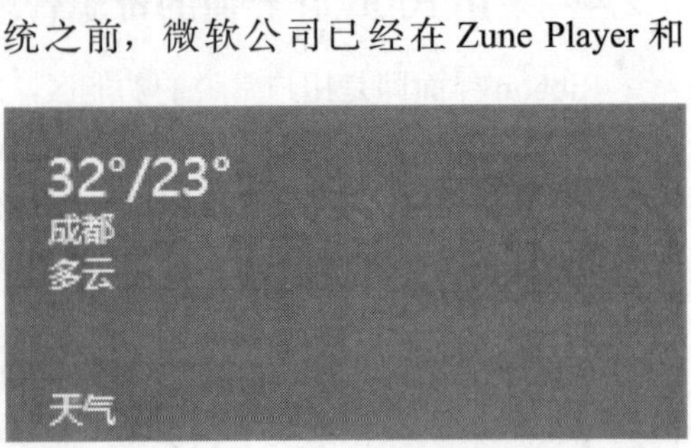

图 1-8　“天气”应用程序磁块

1.3 Windows 8 的硬件配置要求

当用户充分了解了 Windows 8 操作系统以及了解了自身需要的 Windows 版本后，便可以开始做安装系统前的准备工作。

因为 Windows 8 操作系统是在 Windows 7 操作系统的基础上进行开发的，所以 Windows 8 操作系统能够在支持 Windows 7 操作系统的电脑硬件环境下平稳地运行。Windows 8 操作系统的最低配置如表 1-2 所示。

表1-2　Windows 8 的最低配置

配置名称	最低配置
CPU	1GHz 以上主频的处理器
物理内存	1GB 系统内存（32 位）或 2GB 系统内存（64 位）
硬盘空间	16GB（32 位）或 20GB（64 位）
显卡	拥有 128MB 显存，带有 WDDM 驱动的 Microsoft Direct X9

电脑本身的作用是运用办公、娱乐等软件，而非仅仅是为了运行一个操作系统。所以为了让电脑达到更好的运行效率和使用体验，建议用户将电脑硬件升级到推荐配置。Windows 8 操作系统的推荐配置如表 1-3 所示。

表1-3　Windows 8的推荐配置

配置名称	推荐配置
CPU	2GHz 及以上主频的 64 位多核处理器
物理内存	2GB 系统内存（32 位）或 4GB 系统内存（64 位）
硬盘空间	至少 60GB
显卡	512MB 独立显卡，使用 WDDM 1.2 或更高版本的 Direct X10

由于 Windows 8 操作系统和之前的所有操作系统在某些方面有着本质的不同，所以若要使用 Windows 8 操作系统的一些特定功能，用户的电脑硬件还需要满足以下一些附加配置：

（1）使用触控：若要使用触控对 Windows 8 进行操作，用户需要一台支持多点触控的平板电脑或显示器。

（2）下载并运行 Metro 软件：若要访问 Windows 应用商店并下载和运行应用，用户需要有一个有效的互联网连接和一台至少 1024×768 屏幕分辨率的显示器。

1.4 使用光盘全新安装 Windows 8 操作系统

待用户详细地了解了 Windows 8 操作系统的各种特性和硬件配置后，便可以开始 Windows 8 操作系统的安装操作，最常见的安装 Windows 8 操作系统的方法便是使用系统光盘进行安装。微软公司发售 Windows 8 操作系统就是采用系统光盘的形式，所以详细了解怎样使用光盘全新安装 Windows 8 操作系统就显得非常有必要了。

1.4.1 复制安装文件

用户将购买的系统安装光盘拿到手后，便可以开始 Windows 8 操作系统的安装了。或许读者会疑惑，需不需要先设置 BIOS 启动项。需要说明的是，在默认状态下，BIOS 就已经将光驱设置为了第一启动项，若用户没有对 BIOS 设置进行改动是不必非得对 BIOS 进行设置的。

Windows 8 操作系统的安装分为复制安装文件和启动设置两部分，首先便为用户详细介绍一下复制安装文件部分的操作。具体操作步骤如下。

Step 01　在光驱中放入 Windows 8 系统的系统安装光盘，然后重启电脑，等待电脑读盘，如图 1-9 所示。

Step 02　启动安装程序后，❶ 在弹出的“Windows 安装程序”窗口中设置要安装的语言、时间和货币格式，以及键盘和输入方法，❷ 然后单击“下一步”按钮，如图 1-10 所示。

图 1-9　电脑正在读盘

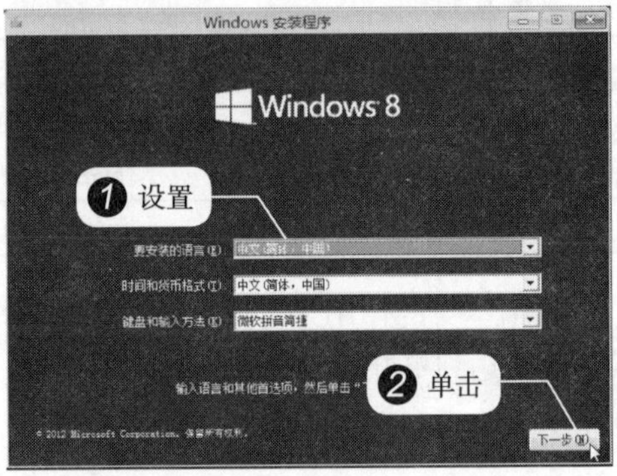

图 1-10　选择要安装的语言

Step 03　在切换到的界面中单击“现在安装”按钮，如图 1-11 所示。

Step 04　此时电脑将开始启动系统安装程序，用户可在屏幕上看到“安装程序正在启动”字样，如图 1-12 所示。

图 1-11　单击“现在安装”按钮

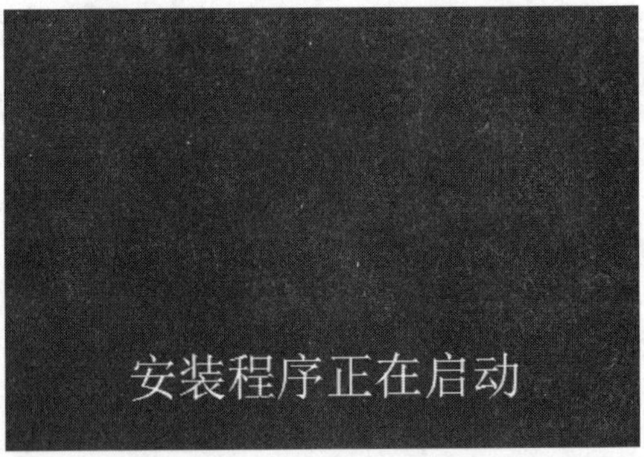

图 1-12　安装程序正在启动

Step 05　待 Windows 安装程序启动后，❶ 勾选“我接受许可条款”复选框，❷ 然后单击“下一步”按钮，如图 1-13 所示。

Step 06　切换至“你想执行哪种类型的安装？”界面，单击“自定义仅安装 Windows（高级）”选项全新安装系统，如图 1-14 所示。

Step 07　切换至“你想将 Windows 安装在哪里？”界面，如果磁盘还未分区则单击“驱动器选项（高级）”链接，如图 1-15 所示。若已经分区则直接跳至 Step11。

Step 08　❶ 单击“新建”文字链接，❷ 在“大小”右侧文本框中输入新建磁盘分区的大小后，❸ 单击“应用”按钮，如图 1-16 所示。

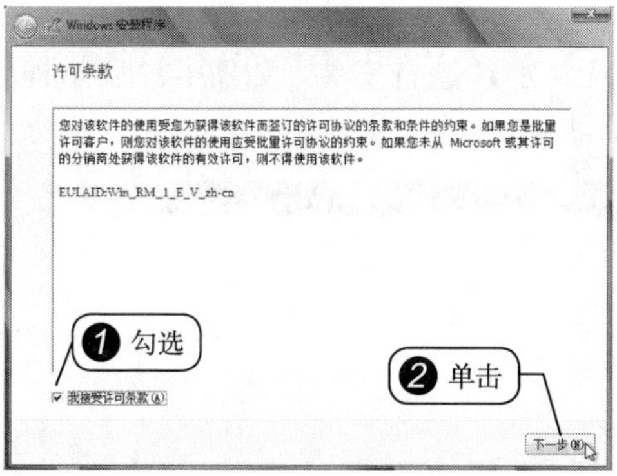

图 1-13 接受许可条款

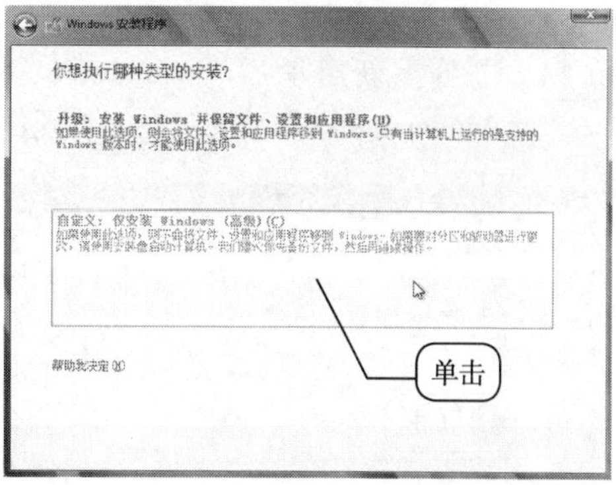

图 1-14 单击“自定义仅安装 Windows（高级）”选项

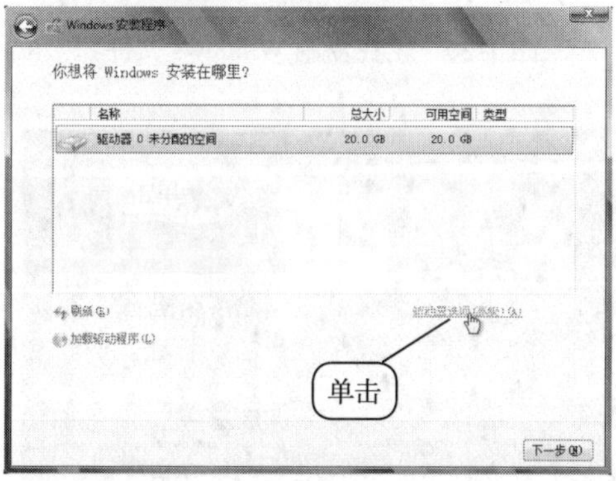

图 1-15 单击“驱动器选项（高级）”链接

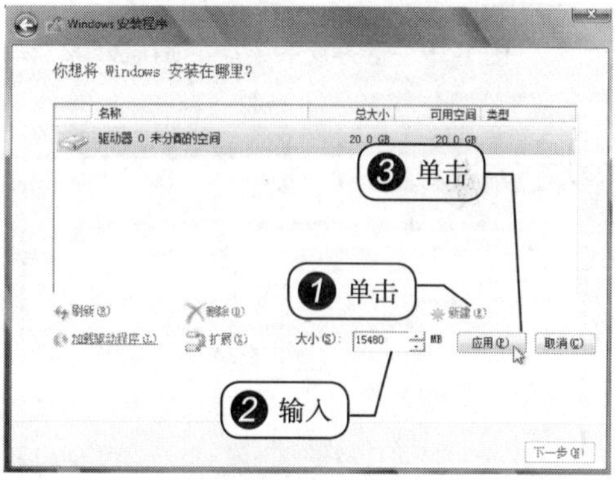

图 1-16 创建磁盘分区

Step 09 此时在弹出的对话框中单击“确定”按钮，如图 1-17 所示。

Step 10 继续使用 Step08 中介绍的方式将磁盘剩余的空间进行分区，如图 1-18 所示。

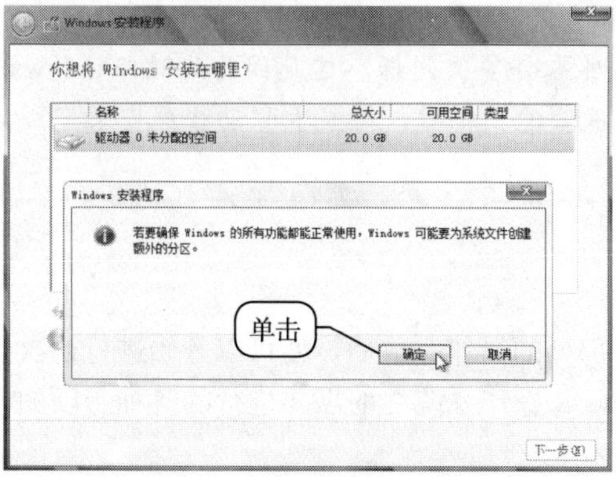

图 1-17 单击“确定”按钮

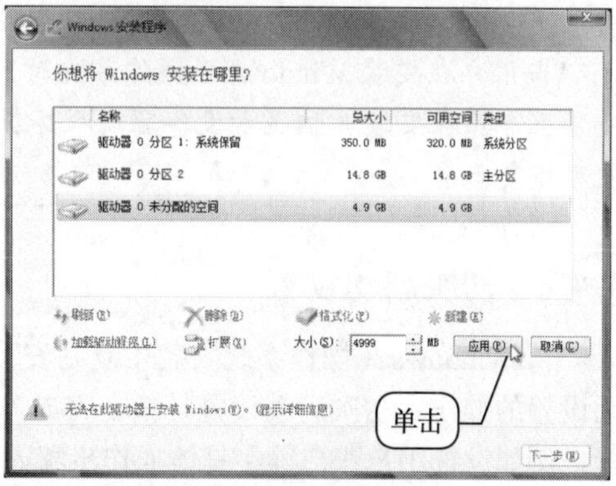

图 1-18 创建磁盘分区

Step 11 待磁盘分区创建完成后，❶ 单击需要安装操作系统的磁盘分区后，❷ 单击“下一步”按钮，如图 1-19 所示。

Step 12 此时 Windows 安装程序便开始复制系统安装文件到电脑磁盘分区中，用户可在对话框中查看到实时的复制进度，如图 1-20 所示。

Step 13 待系统安装文件复制完成后，Windows 安装程序将提醒用户 Windows 需要重启才能继续，如图 1-21 所示。

Step 14　电脑重新启动后，Windows 8 操作系统将继续进行安装，如图 1-22 所示即为 Windows 8 操作系统正在安装硬件设备驱动。

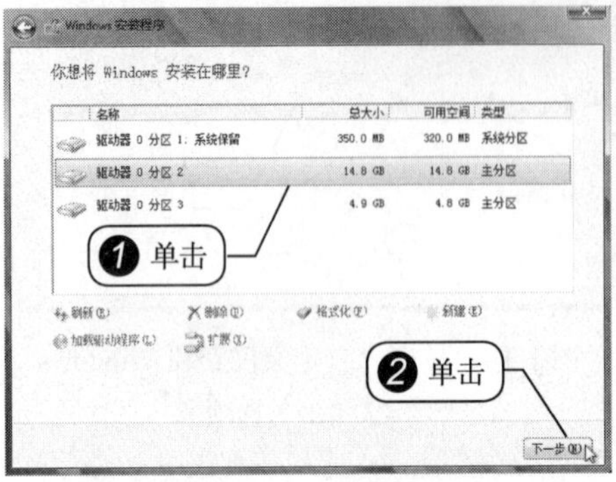

图 1-19　选择安装系统的磁盘分区

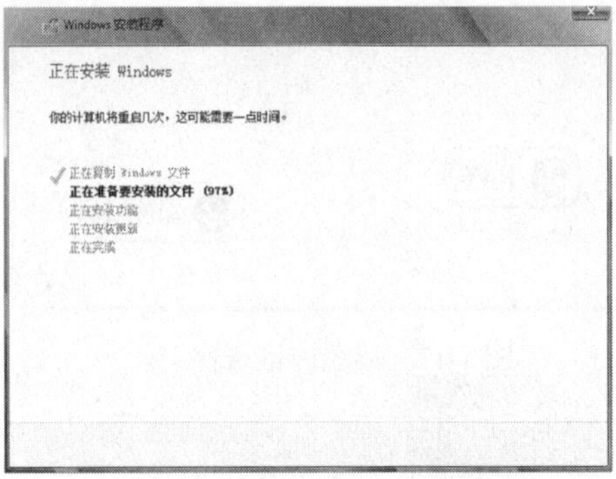

图 1-20　正在复制 Windows 文件

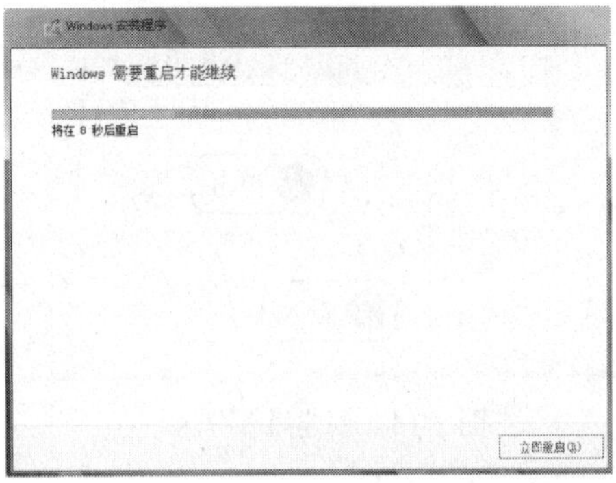

图 1-21　Windows 需要重启才能继续

图 1-22　Windows 正在准备设备

提示：Windows 8 操作系统在安装时屏幕将多次闪烁

当用户在安装 Windows 8 操作系统时，电脑屏幕会多次闪烁。这是因为此时 Windows 8 安装程序正在安装电脑显卡设备驱动程序，用户不必过于担心，待显卡驱动程序安装完成后便可恢复正常。

1.4.2　初次启动设置

待 Windows 8 操作系统安装中复制安装文件部分的操作完成后，便可以开始进行初次启动设置的操作。初次启动设置是指在完成 Windows 8 操作系统之前需要进行的各种必须的设置，例如设置用户账户等。具体操作步骤如下。

Step 01　切换至“个性化”界面，❶ 选择好自己喜欢的颜色后，❷ 在“电脑名称”下的文本框中输入电脑名称，❸ 单击“下一步”按钮，如图 1-23 所示。

Step 02　在切换到的“设置”界面中单击“使用快速设置”按钮，如图 1-24 所示。

Step 03　切换至“登录到电脑”界面，在界面中单击“不使用 Microsoft 账户登录”链接，如图 1-25 所示。

Step 04　此时在切换到的界面中单击“本地账户”按钮，如图 1-26 所示。

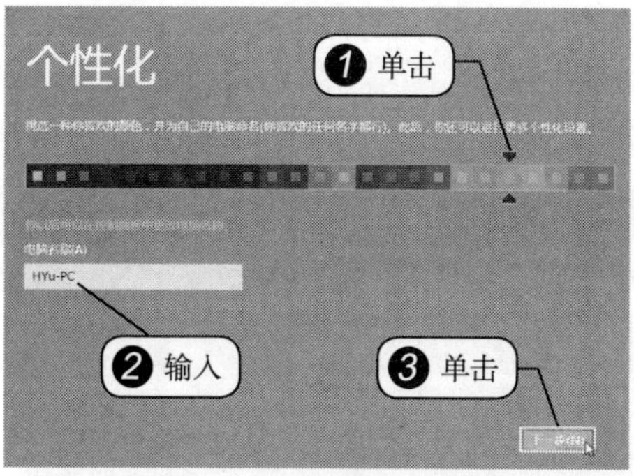

图 1-23　设置电脑名称

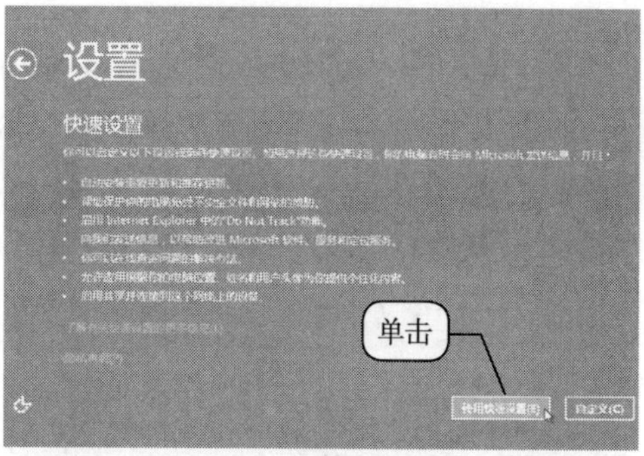

图 1-24　单击“使用快速设置”按钮

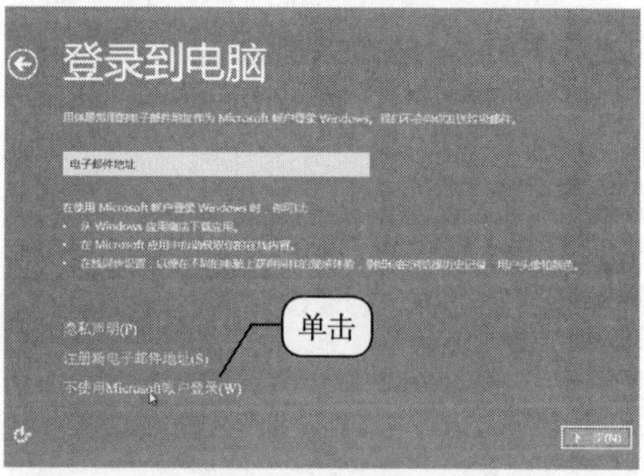

图 1-25　单击“不使用 Microsoft 账户登录”链接

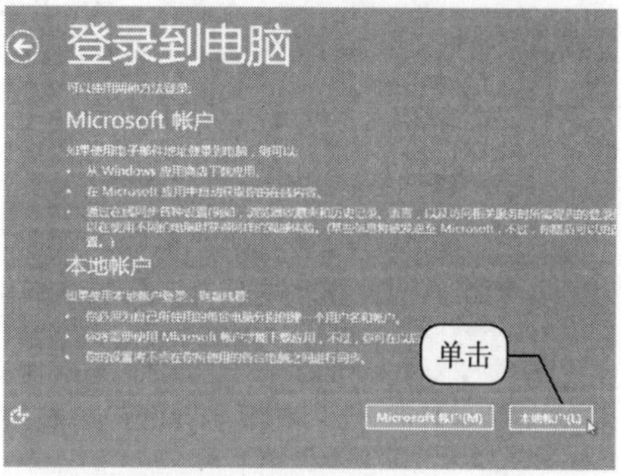

图 1-26　单击“本地账户”按钮

Step 05　❶ 在“登录到电脑”界面中输入用户名、密码、密码提示后，❷ 单击“完成”按钮，如图 1-27 所示。

Step 06　此时电脑将会把用户所有设置应用到操作系统中，如图 1-28 所示。

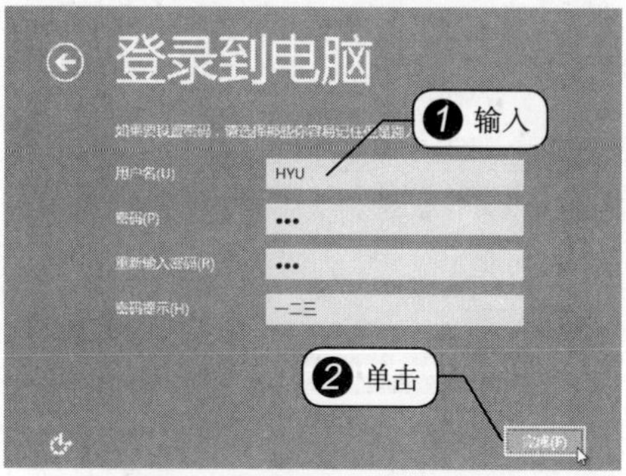

图 1-27　设置用户名和密码

图 1-28　正在完成电脑设置

Step 07　接下来在电脑完成设置期间，电脑屏幕将依次显示“你好”如图 1-29 所示、“我们正在对电脑进行配置使其准备就绪”和“趁此机会你可以了解一下 Windows 的全新使用方法”。

Step 08　用户可在屏幕中看见 Windows 全新的使用方法介绍，如图 1-30 所示。

Step 09　待使用方法介绍完毕后，系统将开始为电脑做准备工作，如图 1-31 所示。

Step 10　准备工作开始后，系统将为用户的电脑安装应用程序，如图 1-32 所示。

Step 11　系统完成问题的处理后准备工作便就绪了，用户可从屏幕中显示的内容看到当前电脑设置情况，直到电脑屏幕显示“请尽情使用吧”字样时，Windows 8 操作系统的初次设置便宣告结束，如图 1-33 所示。

Step 12　此时电脑将自动登录到 Windows 8 操作系统中的“开始”界面，如图 1-34 所示。

图 1-29　屏幕显示“你好”

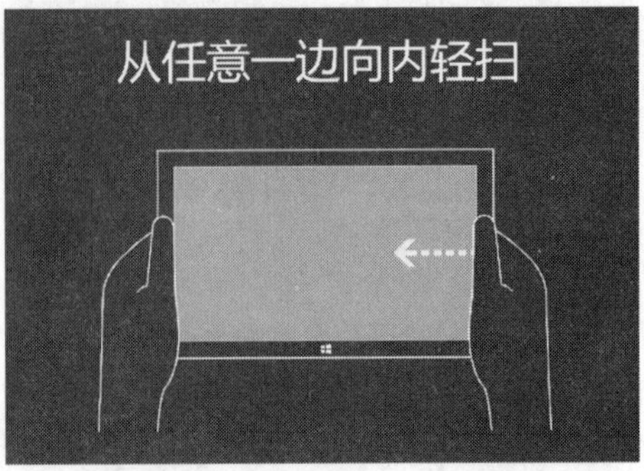

图 1-30　查看操作方法介绍

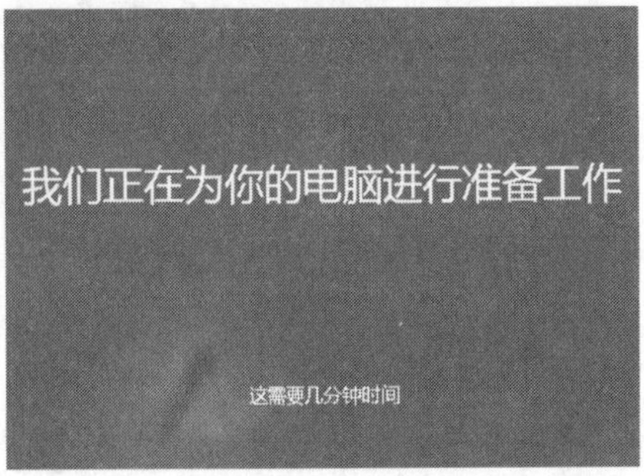

图 1-31　开始为电脑进行准备工作

图 1-32　正在安装应用程序

图 1-33　完成所有启动设置

图 1-34　成功登录到 Windows 8 操作系统

拓展解析

1.5　利用 Windows 轻松传送备份文件和程序设置

当用户欲使用 Windows 8 系统光盘为电脑安装 Windows 8 操作系统时，可利用 Windows 轻松传送备份电脑原有文件和程序设置。

Windows 轻松传送同时存在于 Windows 8 系统安装盘和已安装完成的 Windows 8 操作系统中。用户甚至还可以在 Windows 7 系统安装盘和 Windows 7 操作系统中找到该程序。由于并非所有的操作系统或系统安装光盘都拥有 Windows 轻松传送（例如 Windows XP 操作系统就没有 Windows 轻松传送），所以接下来就以使用 Windows 8 系统光盘中的 Windows 轻松传送为例为大家详细介绍一下从 Windows 早期操作系统，例如 Windows 7 系统中备份文件和程序设置的操作方法与步骤。

Step 01 把光盘插入电脑后，在光盘路径：support\migwiz 下找到 migwiz.exe 文件，双击该文件，如图 1-35 所示。

Step 02 弹出“Windows 轻松传送”对话框，单击“下一步”按钮，如图 1-36 所示。

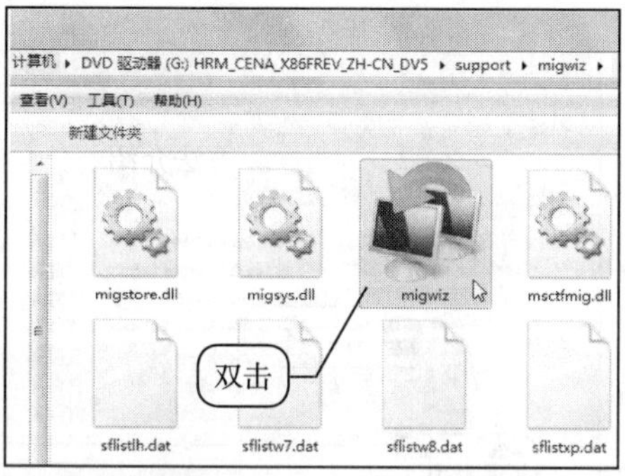

图 1-35 双击 migwiz.exe 文件

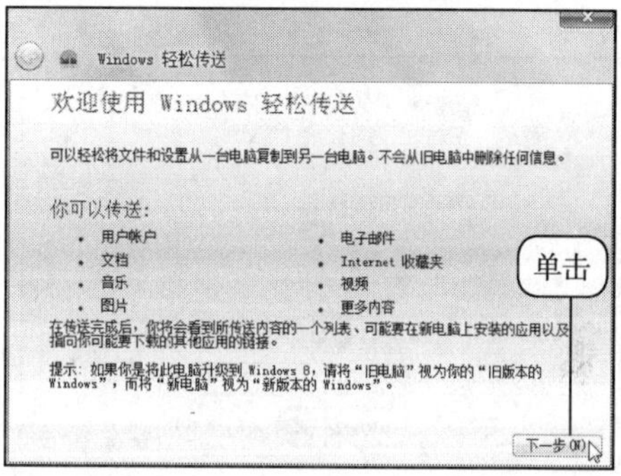

图 1-36 单击“下一步”按钮

Step 03 切换至“希望如何将项目传送到新电脑？”界面，在界面中单击“外部硬盘或 U 盘”按钮，如图 1-37 所示。

Step 04 接着在切换到的界面中单击“这是我的旧电脑”按钮，如图 1-38 所示。

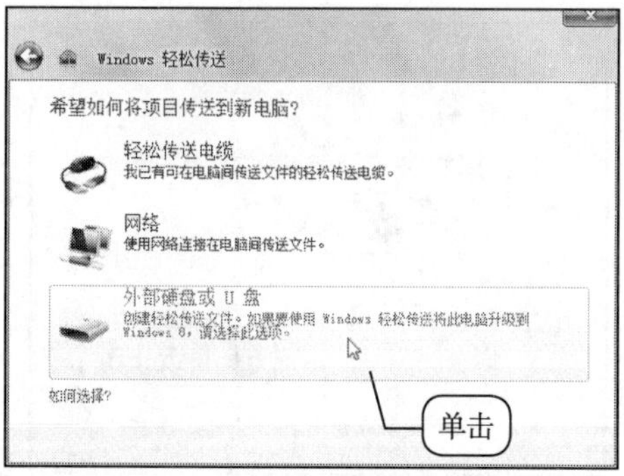

图 1-37 单击“外部硬盘或 U 盘”按钮

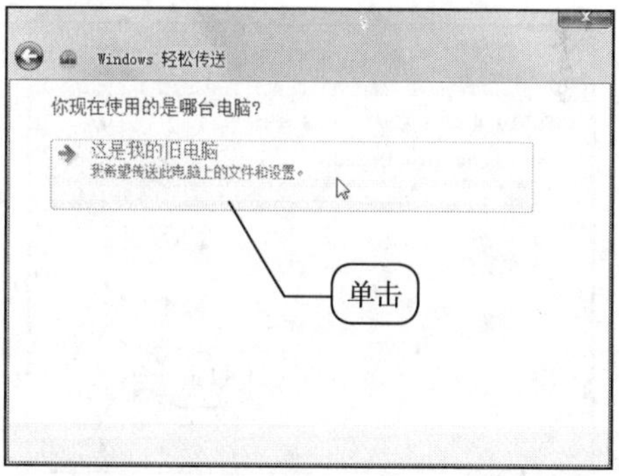

图 1-38 确认这是我的旧电脑

Step 05 此时 Windows 轻松传送将自动检测电脑中可备份内容和设置，如图 1-39 所示。

Step 06 待 Windows 轻松传送检测完毕后，单击需调整项目中的“自定义”链接，如图 1-40 所示。

Step 07 ❶ 在弹出的对话框中取消勾选不需备份的内容，❷ 单击“高级”链接，如图 1-41 所示。

Step 08 弹出“修改你的选择”窗口，❶ 取消勾选不需要备份的内容后，❷ 单击“保存”按钮，如图 1-42 所示。

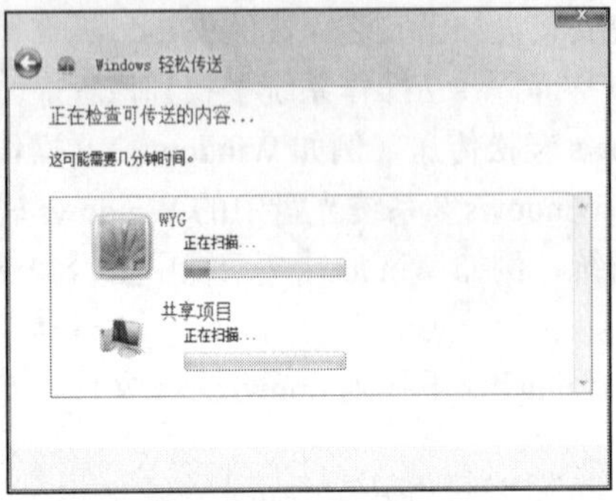

图 1-39　正在检测可备份的内容和设置

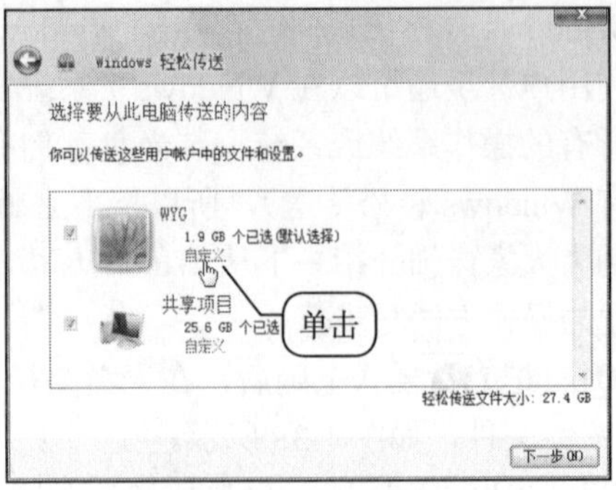

图 1-40　单击“自定义”链接

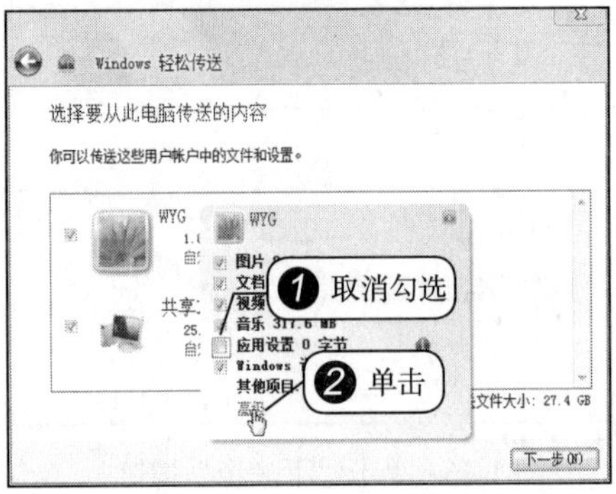

图 1-41　单击“高级”链接

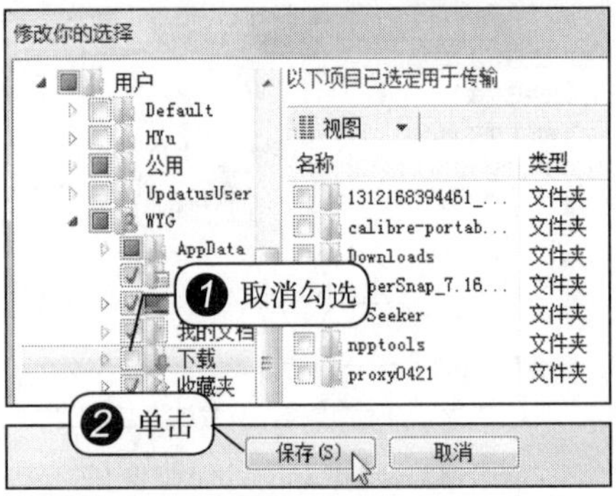

图 1-42　修改要保存的内容

Step 09　返回“Windows 轻松传送”对话框，单击“下一步”按钮，如图 1-43 所示。

Step 10　❶ 在切换到的界面中输入密码并确认后，❷ 单击“保存”按钮，如图 1-44 所示。

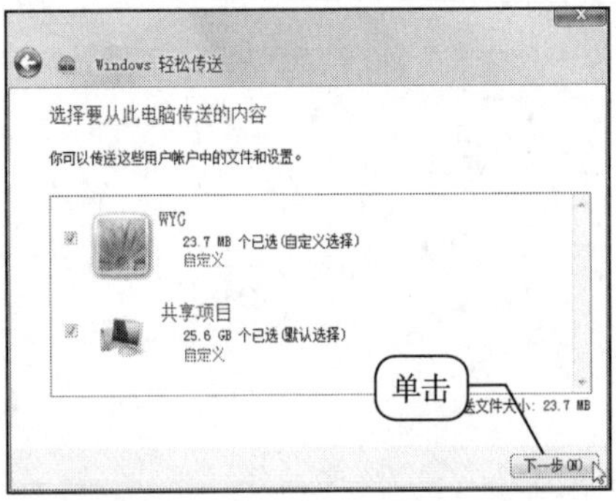

图 1-43　单击“下一步”按钮

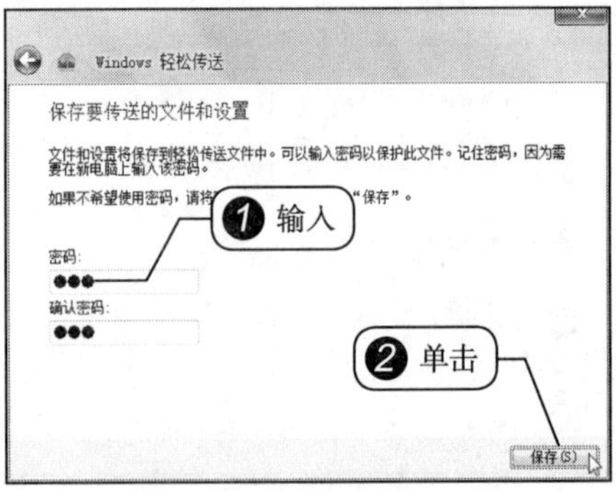

图 1-44　设置读取密码

Step 11　弹出“保存轻松传送文件”对话框，❶ 在对话框中选择要保存的位置后，❷ 单击“保存”按钮，如图 1-45 所示。

Step 12　返回至“Windows 轻松传送”对话框，待文件备份完成后单击“下一步”按钮，如图 1-46 所示。

Step 13　切换至“传送文件已完成”界面，单击“下一步”按钮，如图 1-47 所示。

Step 14　此时在切换到的“此电脑上已完成 Windows 轻松传送。”界面中单击“关闭”按钮，如图 1-48 所示。

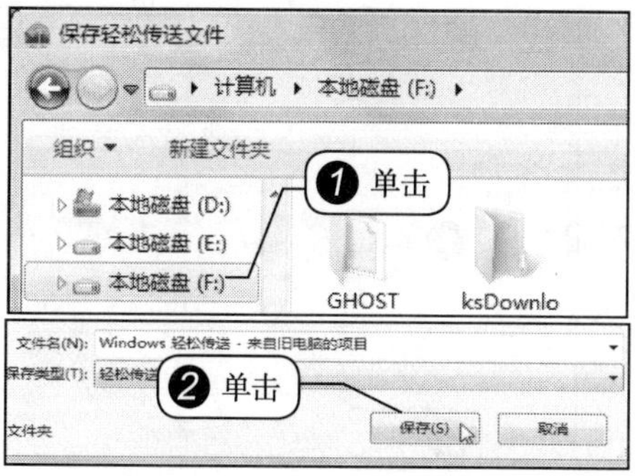

图 1-45　选择保存备份的位置

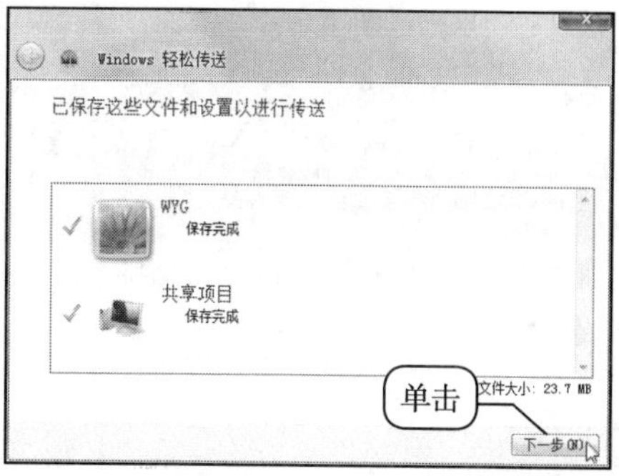

图 1-46　单击“下一步”按钮

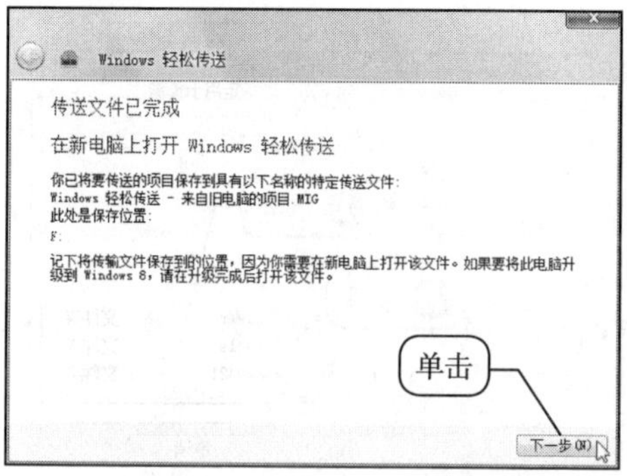

图 1-47　单击“下一步”按钮

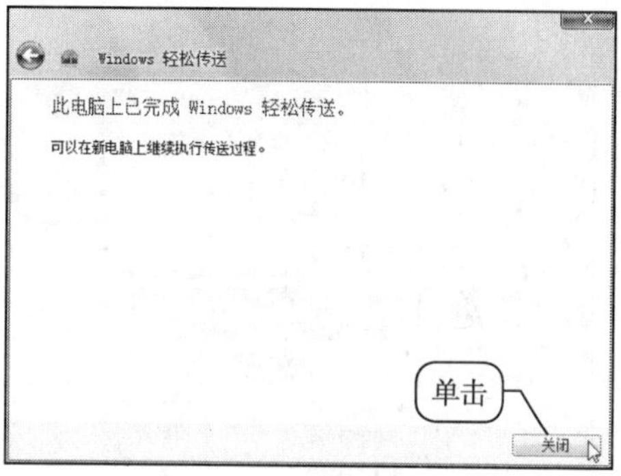

图 1-48　完成整个备份过程

提示：还原用 Windows 轻松传送备份的文件和设置

使用 Windows 轻松传送备份的文件和设置在电脑上被保存为一个 .MIG 格式的文件，用户完成新系统的安装后只需双击打开该文件，然后按提示进行操作即可还原备份的文件和设置。

1.6　摆脱光驱，使用 U 盘安装 Windows 8

虽然使用系统光盘安装操作系统是最常用的安装系统的方法，但市面上还有许多诸如上网本之类的电脑产品是没有光驱的。那么像上网本之类的电脑产品又该如何安装 Windows 8 操作系统呢？答案是使用 U 盘进行 Windows 8 操作系统的安装。

UltraISO 是一款非常优秀的光盘文件处理软件，用户可以使用它将系统光盘镜像文件写到 U 盘中，接着用户只需将电脑 BIOS 设置为 USB 启动即可通过 U 盘进行 Windows 8 操作系统的安装了。接下来就详细介绍一下使用 U 盘安装 Windows 8 的详细操作方法与步骤。

Step 01　启动 UltraISO 软件后，在软件主界面菜单栏中依次单击“文件 > 打开”命令，如图 1-49 所示。

Step 02　弹出“打开 ISO 文件”对话框，❶ 在对话框中找到并单击 Windows 8 操作系统的光盘镜像文件后，❷ 单击“打开”按钮，如图 1-50 所示。

Step 03　返回 UltraISO 软件主界面，在菜单栏中依次单击“启动 > 写入硬盘映像”命令，如图 1-51 所示。

Step 04　弹出“写入硬盘映像”对话框，❶ 单击“硬盘驱动器”右侧的下三角按钮，❷ 接着在展开的列表中选择要写入系统光盘镜像的 U 盘，如图 1-52 所示。

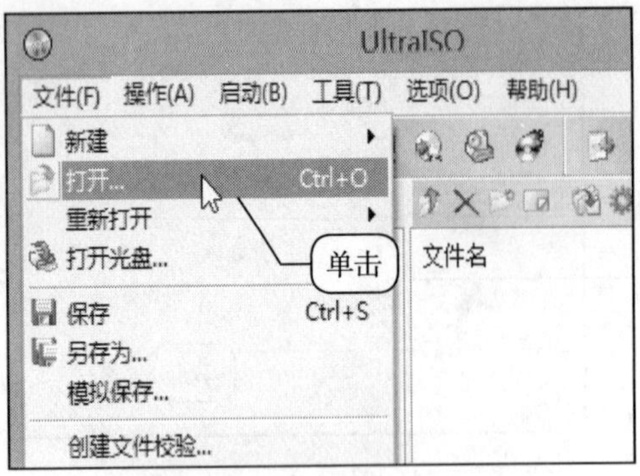

图 1-49　单击“打开”命令

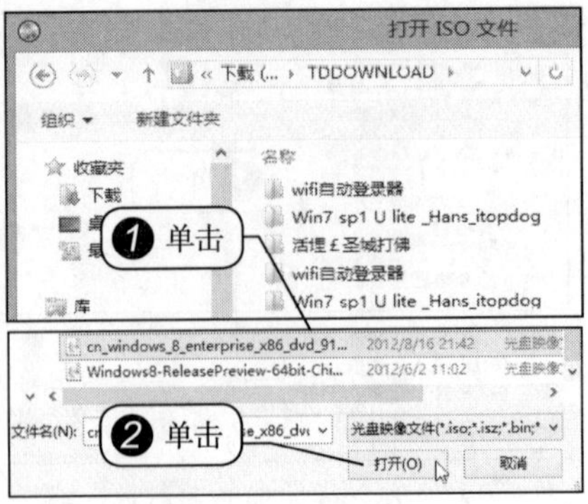

图 1-50　选择要写入 U 盘的光盘镜像文件

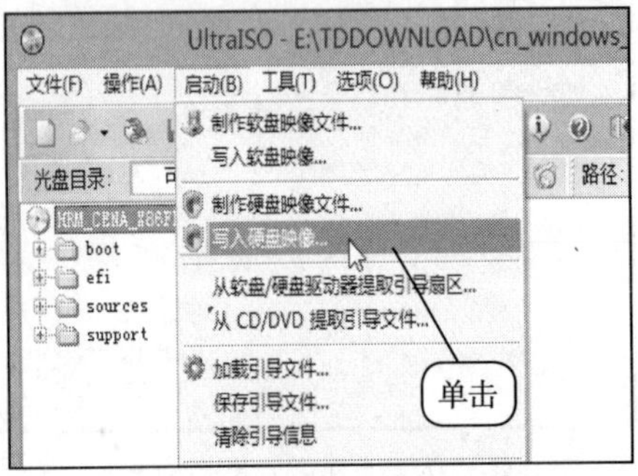

图 1-51　单击“写入硬盘映像”命令

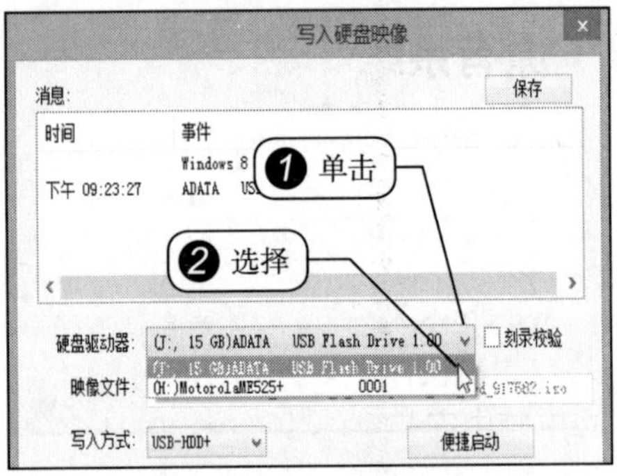

图 1-52　选择要写入镜像文件的 U 盘

Step 05　❶ 在对话框底部单击“写入”按钮，弹出“提示”对话框，❷ 单击“是”按钮，如图 1-53 所示。

Step 06　此时 UltraISO 软件便开始向 U 盘中写入光盘镜像文件，用户可查看到实时的写入进度和写入速度，如图 1-54 所示。

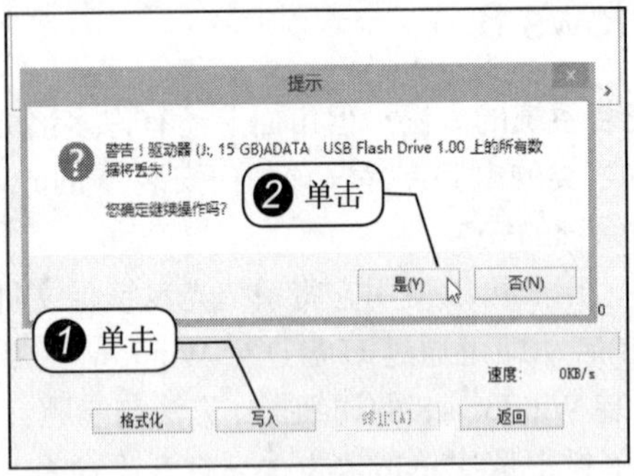

图 1-53　确认写入系统镜像

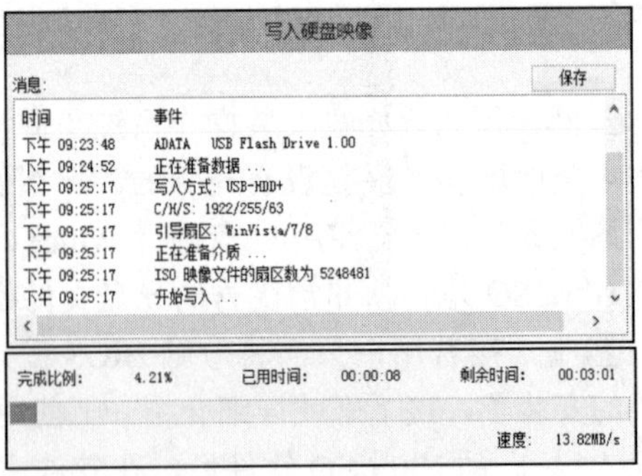

图 1-54　正写入 U 盘

Step 07　当“写入硬盘映像”对话框中的“消息”中显示“刻录成功！”字样时，则系统镜像已经被成功写到 U 盘中，如图 1-55 所示。

Step 08　修改电脑 BIOS 设置，将 U 盘插入电脑并重新启动后，电脑将自动读取 U 盘中的系统安装文件，如图 1-56 所示。此时用户可按 1.4 节介绍的方法进行安装操作。

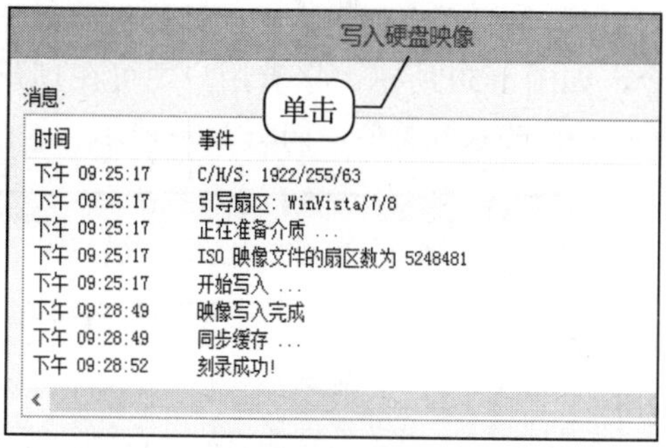

图 1-55　系统镜像写入成功

图 1-56　开始使用 U 盘安装系统

1.7　原有系统很重要，安装 Windows XP / Windows 8 双系统

虽然随着微软公司的不懈努力 Windows Vista\Windows 7\Windows 8 操作系统相继发布，但 Windows XP 操作系统仍然是全球广泛使用的操作系统。Windows XP 操作系统以其出色的兼容性、稳定性以及超低的硬件要求获得了人们的喜爱，现在仍有很多用户的日常办公等工作是在 Windows XP 操作系统环境下进行的。

用户想尽快体验到 Windows 8 操作系统带来的全新体验而又需保留原有操作系统，此时不妨在电脑中安装 Windows XP/Windows 8 双系统。在电脑中安装 Windows XP/Windows 8 双系统的方法非常简单，用户将系统光盘插入电脑光驱中后按 1.4.1 节 Step01~Step06 介绍的方法进入“你想将 Windows 安装在哪里？”界面后，选择将 Windows 8 安装到与 Windows XP 系统分区不同的磁盘分区，然后单击“下一步”按钮继续进行 Windows 8 的安装，如图 1-57 所示。经过一段时间的安装后，Windows 8 系统安装完成，重新启动电脑后即可在系统启动界面看到 Windows 8 系统与 Windows XP 系统共存的启动界面，如图 1-58 所示。

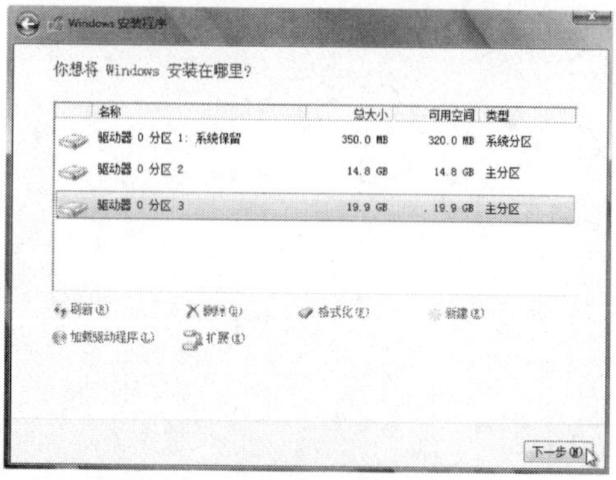

图 1-57　选择要安装到的分区位置

图 1-58　Windows XP/Windows 8 双系统启动界面

新手疑惑解答

1. 如何查看当前操作系统是 32 位还是 64 位?

答：32 位和 64 位操作系统的最大区别在于运算效率以及支持的内存大小的不同。查看当前操作系统是 32 位还是 64 位的方法非常简单，用户只需在桌面上右击“计算机”系统图标，然后在弹出的快捷菜单中单击“属性”命令，如图 1-59 所示。接着用户便可在打开的“系统”窗口中的“系统”选项组中查看到当前操作系统的系统类型，如图 1-60 所示。

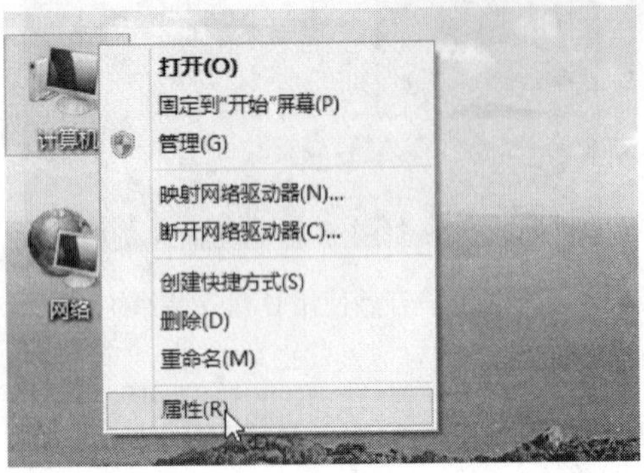

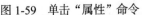

图 1-59　单击“属性”命令

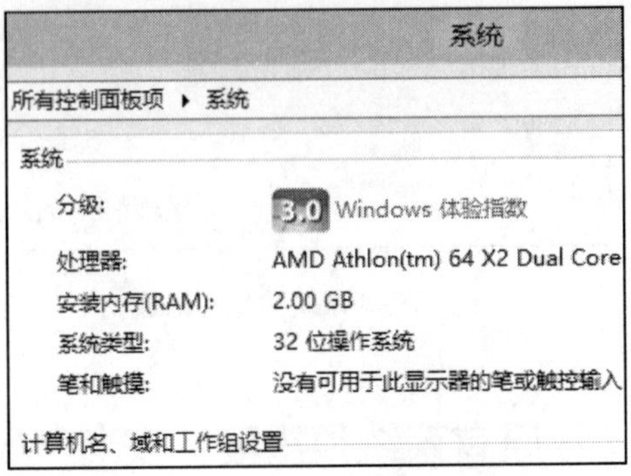

图 1-60　查看系统类型

2. 能否在 Windows 7 中升级安装 Windows 8？

答：在 Windows 7 中升级安装 Windows 8 是完全可以的，用户只需将 Windows 8 操作系统安装光盘中的所有内容复制到运行 Windows 7 操作系统的电脑中，然后双击 Setup.exe 应用程序文件，接着按 1.4.1 节 Step02~Step05 介绍的方法进入“你想执行哪种类型的安装”界面后，单击“升级：安装 Windows 并保留文件、设置和应用程序”按钮，便可直接在 Windows 7 操作系统中升级安装 Windows 8 操作系统。

3. 安装 Windows XP/Windows 8 双系统后，“早期版本的 Windows”是指什么?

答：“早期版本的 Windows”指的就是 Windows XP 操作系统，由于 Windows XP 系统发布的时间过于久远，导致 Windows 8 操作系统并不能很好地对其进行识别，所以在启动菜单显示的便是“早期版本的 Windows”。用户选择该选项即可启动 Windows XP 系统。

第二篇　基础操作篇

第2章
打造个性化Windows 8

本章知识点：

☑ 开启 / 关闭 Windows 8 系统

☑ 设置 Windows 8 桌面

☑ 设置 Windows 8 主题和外观

☑ 使用 Aero 特效快速查看和排列窗口

☑ 自定义个性化的开 / 关机声音

当 Windows 8 操作系统成功安装到电脑中后，用户就可以对 Windows 8 系统进行个性化设置，这些设置不仅可以方便用户使用电脑和管理软件，还可以展现自身的个性与魅力。作为掌握 Windows 8 的第一步，用户需对这些设置有比较深入的了解。

基础讲解

2.1 开启 / 关闭 Windows 8 操作系统

作为使用电脑最重要的一步操作，开启和关闭 Windows 系统始终是用户必须第一个掌握的内容，一个良好的开机 / 关机习惯对于电脑的维护有着至关重要的作用。

Windows 8 操作系统的开启和微软以前的 Windows 操作系统完全相同，变化最大的是关闭 Windows 8 操作系统的操作步骤。

2.1.1 开启 Windows 8 操作系统

Windows 8 操作系统的开启顺序和以前的操作系统开启顺序一样，都是先开启显示器，然后再开启主机。具体操作步骤如下。

Step 01 打开显示器开关，然后按下主机上的电源开关，如图 2-1 所示。

Step 02 经开机自检后，电脑开始加载 Windows 8 系统，如图 2-2 所示。

Step 03 待 Windows 8 系统加载完毕后，Windows 8 操作系统完成开启。此时系统跳转到 Metro 版“开始”屏幕，如图 2-3 所示。

图 2-1 按下电源开关

图 2-2 开始加载系统

图 2-3 进入“开始”屏幕

2.1.2 关闭 Windows 8 操作系统

由于微软在 Windows 8 系统中放弃了传统 Windows 操作系统利用“开始”菜单关闭 Windows 的方法，开创性地设计了更适用于平板电脑的 Charm 菜单工具栏，于是 Windows 8 操作系统的关闭颠覆了之前所有版本的 Windows 系统的关机方式。

相比以前的 Windows 操作系统，Windows 8 操作系统的关闭操作显然更适合于现阶段流行的平板电脑。

具体操作步骤如下。

Step 01 在 Windows 8 操作系统任何界面中，❶ 将鼠标指针滑至桌面右下 / 右上角，弹出 Charm 菜单工具栏，❷ 单击“设置”按钮，如图 2-4 所示。

Step 02 ❶ 在“设置”界面中单击“电源”按钮，此时即可看到睡眠、关机和重启选项，

❷ 单击“关机”选项即可关闭 Windows 8 操作系统，如图 2-5 所示。

图 2-4　单击“设置”按钮

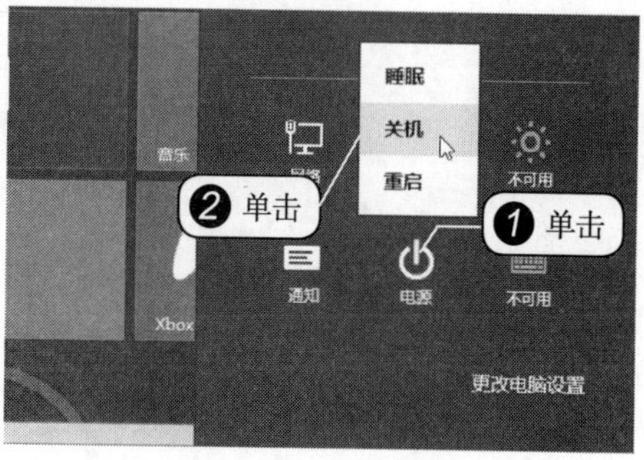

图 2-5　关闭 Windows

2.2　认识 Windows 8 桌面

Windows 8 操作系统也拥有 Windows 传统的桌面，只不过 Windows 8 操作系统的桌面隐藏在“开始”屏幕中，用户只需单击“桌面”磁贴即可进入 Windows 8 的桌面中，Windows 8 的桌面如图 2-6 所示。

图 2-6　Windows 8 桌面

2.2.1　桌面图标

在日常的电脑使用中，桌面图标是使用最频繁的电脑文件，如图 2-7 所示为用户常用的桌面图标。

Windows 8 系统的桌面图标由该图标本身和图标所链接的应用程序两部分组成。当用户在桌面上双击该图标后，系统将启动该应用程序。

Windows 8 操作系统的桌面图标分为系统图标和程序图标两种。系统图标由系统生成，用户需在控制面板中对其进行设置，而程序图标则是由安装程序时自动生成或由用户自己创建的，程序图标就是常说的快捷图标，用户可以在这类桌面图标上查看到特有的快捷方式箭头，如图 2-8 所示。

图 2-7　Windows 8 系统图标

图 2-8　程序图标

2.2.2　任务栏

Windows 8 操作系统的任务栏相比 Windows 7 操作系统发生了很大的变化，在最新的 Windows 8 系统中，任务栏去除了经典的“开始”按钮。

任务栏默认处于桌面的底部，在 Windows 8 操作系统中，任务栏由程序区、通知区域和“显示桌面”按钮三部分组成。如图 2-9 所示即为 Windows 8 操作系统的任务栏。

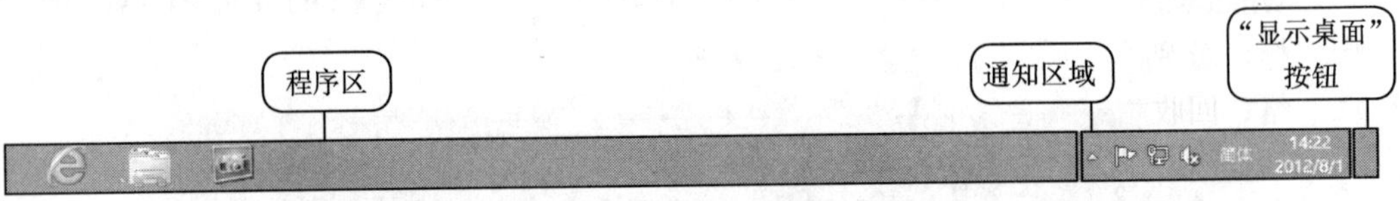

图 2-9　Windows 8 任务栏

- 程序区：Windows 8 系统中任务栏程序区将放置被用户锁定的应用程序以及显示正在运行的程序。在程序区中，用户可以打开和切换不同的应用程序。
- 通知区域：任务栏中通知区域是显示系统运行状态和应用程序消息的地方，此区域包含了电脑安全、网络状况、音频状态、语言输入以及时间日期等重要的系统信息，用户自己安装的应用软件图标和消息同样也是在此处显示。
- “显示桌面”按钮：Windows 8 操作系统继承了 Windows 7 系统独特的桌面显示设置，在任务栏最右侧便是“显示桌面”按钮，用户只需单击此按钮便可返回桌面。

2.2.3　桌面壁纸

桌面壁纸就是桌面的背景图片，如图 2-10 所示。自 Windows 系统发行以来，桌面壁纸一直是用户凸显个人品位、展现个人风格的地方，图 2-11 所示即为应用了桌面壁纸的桌面。

图 2-10　桌面壁纸

图 2-11　Windows 8 桌面

Windows 8 操作系统的桌面壁纸较之 Windows 7 没有发生太大的改变，Windows 8 操作系统优化了对分辨率的限制，不论用户的显示器分辨率有多高，Windows 8 操作系统都能完美运行，如此一来系统将更加完美地将大分辨率的照片在桌面壁纸中展现。

2.3 调整桌面图标

桌面图标作为 Windows 操作系统中最常用的工具之一，桌面图标的调整就显得非常重要。Windows 8 操作系统提供了添加 / 删除、更改图标大小和排列图标等几种操作供用户调整桌面图标的显示和排列方式。用户可根据自身操作习惯调整桌面图标，以提高工作效率。

2.3.1 添加 / 删除桌面图标

在 Windows 8 操作系统中，桌面在默认状态下除了“回收站”是没有其他任何桌面图标的，这就需要用户自己手动地添加桌面图标。添加系统桌面图标的操作全是在“桌面图标设置”对话框中完成的，如图 2-12 所示。

- ☐ 桌面图标：在该选项卡中包含了 Windows 8 操作系统的 5 个系统桌面图标，分别是计算机、用户的文件、网络、回收站和控制面板，这 5 个系统图标分别对应了最基本的系统操作。
- ☐ 更改图标：在 Windows 8 操作系统中，系统桌面图标并非一成不变，用户可通过设置更改系统桌面中的图标样式，使自己的 Windows 系统更加个性化。

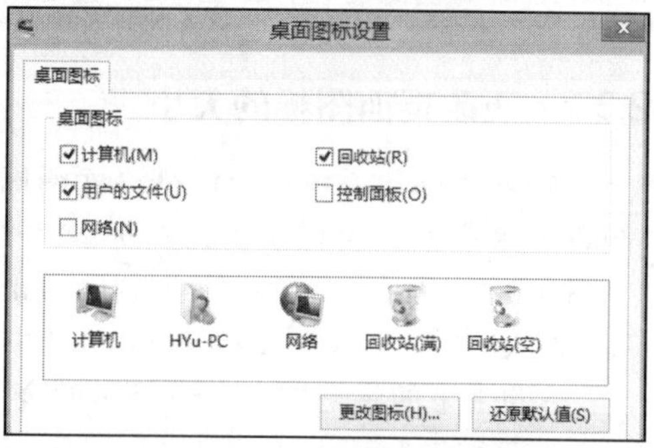

图 2-12 “桌面图标设置”对话框

- ☐ 还原默认值：不论用户添加 / 删除了桌面图标还是更改了桌面图标，通过“还原默认值”按钮都可以还原至默认状态。

接下来就为大家详细介绍一下添加桌面图标的操作步骤和方法。

Step 01 ❶ 在桌面空白处右击，❷ 在弹出的快捷菜单中单击“个性化”命令，如图 2-13 所示。

Step 02 在打开的“个性化”窗口中单击“更改桌面图标”链接，如图 2-14 所示。

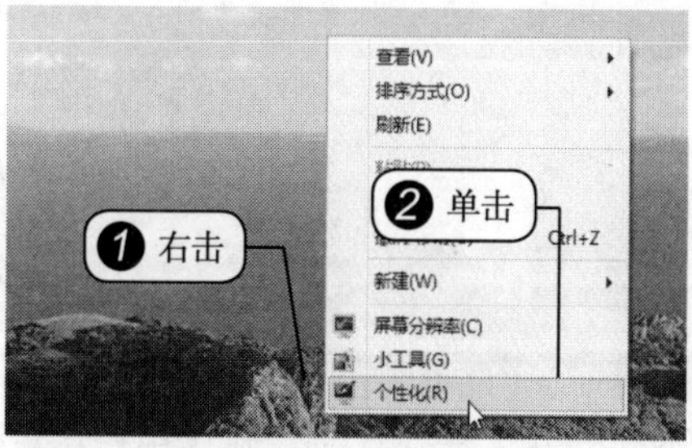

图 2-13 单击“个性化”命令

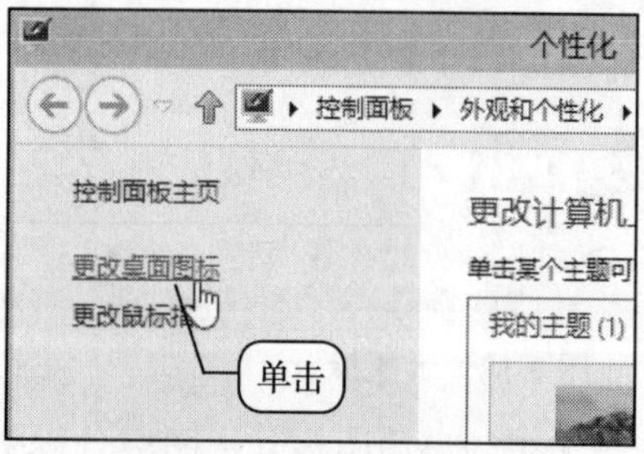

图 2-14 更改桌面图标

Step 03 弹出“桌面图标设置”对话框，选择需要显示在桌面上的图标，❶ 然后勾选该图标左侧的复选框，❷ 单击“确定”按钮即可完成添加桌面图标的操作，如图 2-15 所示。

Step 04 返回桌面即可看见添加的桌面图标，若要删除桌面图标，❶ 右击需删除的桌面图标，❷ 在弹出的快捷菜单中单击"删除"命令即可，如图 2-16 所示。

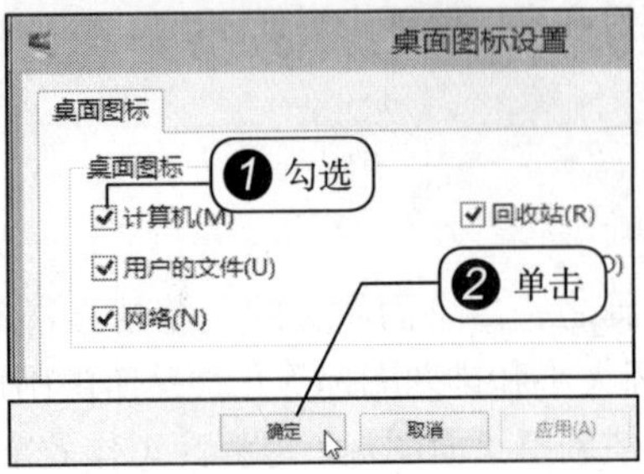

图 2-15　添加桌面图标

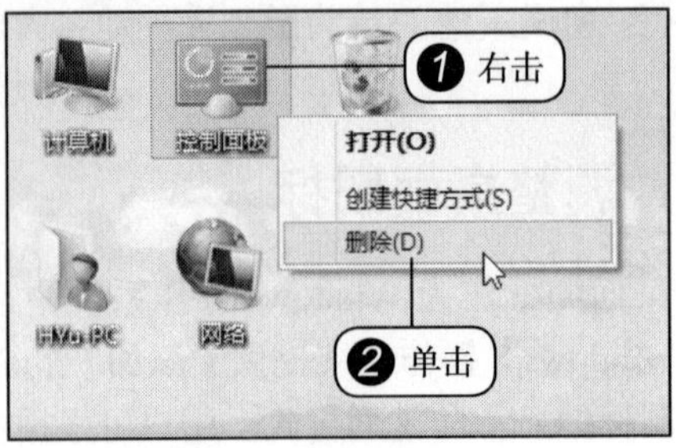

图 2-16　删除桌面图标

提示：添加程序快捷图标

为桌面添加程序快捷图标的方法非常简单，用户只需右击需添加快捷图标的程序运行文件，在弹出的快捷菜单中依次单击"发送到 > 桌面快捷方式"命令即可。

2.3.2　更改桌面图标的大小

在 Windows 8 系统中有改变桌面图标大小的功能，Windows 8 系统共提供了"大图标"、"中等图标"和"小图标"3 种大小的图标供用户选择，如图 2-17 所示。

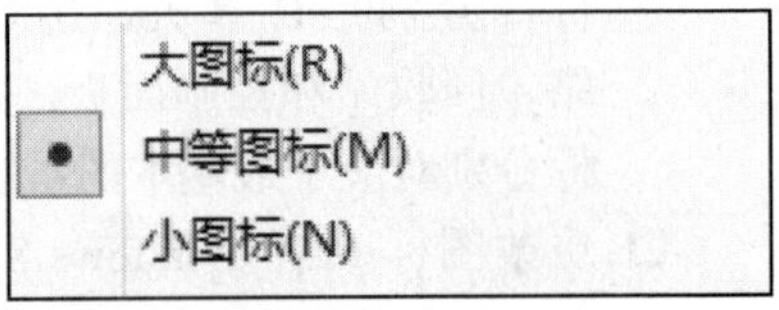

图 2-17　图标大小

- ❑ 大图标：在 Windows 8 操作系统中，大图标给用户带来的将是 256×256 像素的全新体验，这对广大的中老年朋友来说是个福音，如图 2-18 所示。
- ❑ 中等图标：中等图标的是 64×64 像素，这也是系统默认的图标大小，也是普通分辨率时系统图标最佳的显示尺寸，如图 2-19 所示。
- ❑ 小图标：Windows 8 系统桌面图标中的小图标为 48×48 像素的分辨率，在这种分辨率下用户可以放置更多的桌面图标在桌面上，如图 2-20 所示。

图 2-18　大图标

图 2-19　中等图标

图 2-20　小图标

3 种大小的桌面图标除了图标分辨率大小有所不同外并无任何区别，建议用户尽量选择使用大一点的桌面图标，这样有利于保护用户的视力。

Step 01 ❶ 在桌面空白处右击，❷ 在弹出的快捷菜单中依次单击"查看 > 大图标"命令，如图 2-21 所示。

Step 02 此时用户可以发现桌面上的桌面图标大小已经发生了变化，如图 2-22 所示。

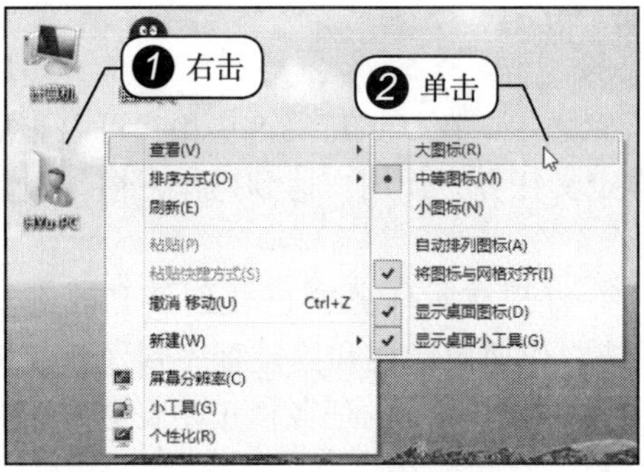

图 2-21 选择“大图标”命令

图 2-22 选择“大图标”后的桌面图标效果

2.3.3 排列桌面图标

桌面图标的排列有助于保持桌面的清爽、干净，以便于用户使用。Windows 8 操作系统一共为用户提供了“自动排列图标”、“将图标与网格对齐”两种图标排列功能，“自动排列图标”和“将图标与网格对齐”两种排列功能可以同时使用，如图 2-23 所示。

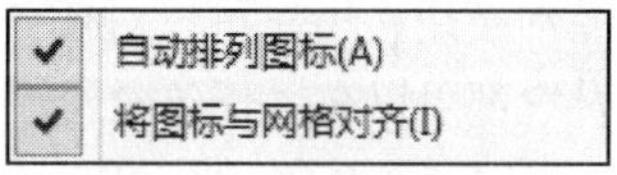

图 2-23 桌面排列选项

- 自动排列图标：使用自动排列后，系统将自动把桌面上的所有图标和文件按一定的顺序从桌面左侧开始排列，而不是随意放置。
- 将图标与网格对齐：设置图标与网格对齐后，系统将保持桌面图标在桌面上按网格均匀地进行排列。

虽然 Windows 8 系统默认为将图标与网络对齐，但为了让 Windows 系统的桌面随时保持整洁，用户需手动开启自动排列图标功能。具体操作步骤如下。

Step 01 ❶ 在桌面空白处右击，❷ 在弹出的快捷菜单中依次单击“查看 > 自动排列图标”命令，如图 2-24 所示。

Step 02 此时用户可以发现桌面上的桌面图标排序已按从左到右、从上到下的顺序依次排列整齐，如图 2-25 所示。

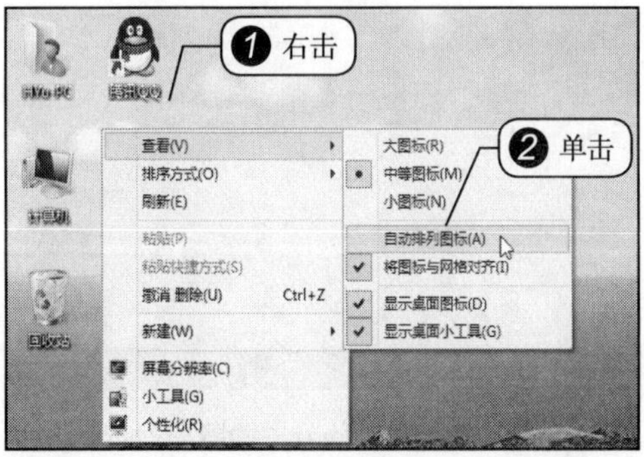

图 2-24 设置按照类型自动排序

图 2-25 查看排序后的显示效果

提示：随意排列桌面图标

在 Windows 8 操作系统中，除了使用“自动排列图标”对图标进行自动排列外，还可以随意排列桌面图标。用户只需取消“自动排列图标”命令即可随意对图标进行排列。

2.4　自定义任务栏和通知区域

任务栏一直以来都是 Windows 系统最经典的元素之一，在 Windows 8 中用户可以非常方便地对任务栏和通知区域进行自定义设置，通过自定义任务栏让用户达到操作习惯与个性的高度统一。

作为 Windows 系统最经典的元素，微软公司一直都在对任务栏进行创新和改进，从 Windows XP 系统的快速启动栏，到 Windows 7 系统将快速启动栏和固定程序到任务栏相结合，再到 Windows 8 系统放弃“开始”按钮。Windows 操作系统的任务栏正朝着更人性化的方向不断前进。

2.4.1　自定义任务栏

作为 Windows 系统最经典的元素之一，任务栏承载着最根本的 Windows 系统中程序切换的功能。在任务栏中用户可以进行切换程序、锁定程序等日常操作。任务栏非常重要并且经常使用，用户可以对任务栏进行自定义，使其更加符合自己的操作习惯。所有对任务栏的设置都可以在“任务栏属性”对话框中完成，如图 2-26 所示。

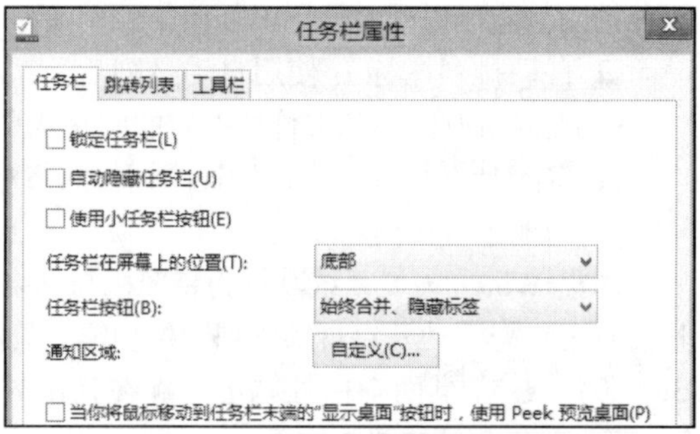

图 2-26 “任务栏属性”对话框

- 锁定任务栏：Windows 8 系统中默认是勾选了“锁定任务栏”复选框的，取消勾选后，用户便可以自定义任务栏的大小和位置。
- 自动隐藏任务栏：隐藏任务栏是 Windows 操作系统中一个比较独特的功能，启用此功能后 Windows 系统的任务栏将自动在桌面底部隐藏；当用户鼠标指针停靠在屏幕最底部（任务栏位置为默认状态）时，任务栏将自动从屏幕底部弹出，任务栏隐藏前、后分别如图 2-27 和图 2-28 所示。

图 2-27　任务栏隐藏前

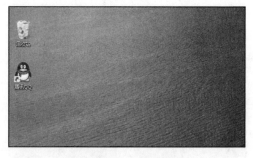

图 2-28　任务栏隐藏后

- 使用小任务栏按钮：勾选“使用小任务栏按钮”复选框后，任务栏和图标的大小都将缩小，这样可容纳更多的应用程序在任务栏中显示。
- 任务栏在屏幕上的位置：在 Windows 8 操作系统中，用户可以设置顶部、底部、左侧以及右侧 4 种任务栏位置，个性化的任务栏位置设置将给用户带来不一样的使用体验，如图 2-29～图 2-31 所示分别为位于桌面左侧、顶部和右侧的任务栏。
- 任务栏按钮：在 Windows 8 系统的“任务栏属性”对话框中任务栏按钮右侧下拉列表

中共有 3 种任务栏按钮合并方式可供选择，这 3 种方式分别是始终合并隐藏标签、当任务栏被占满时合并、从不合并，如图 2-32 所示。

- 始终合并、隐藏标签：当用户启用“始终合并、隐藏标签”时，Windows 8 系统任务栏中所有由同一程序打开的文件都将合并在一起显示并且将隐藏标签只显示程序图标，如图 2-33 所示。

图 2-29　任务栏在左侧

图 2-30　任务栏在顶部

图 2-31　任务栏在右侧

图 2-32　3 种任务栏合并方式

图 2-33　始终合并、隐藏标签

- 当任务栏被占满时合并：用户选择此合并方式后，当任务栏中显示窗口过多且任务栏已经无法完全显示时，系统将自动把由相同程序打开的文件隐藏标签且合并在一起显示，最终效果和“始终合并、隐藏标签”并无差异。
- 从不合并：当此合并方式被选择后，不论 Windows 8 系统任务栏有多拥挤都不会将程序图标合并且隐藏标签，如图 2-34 所示。

图 2-34　从不合并

1. 使用“任务栏属性”对话框更改任务栏显示位置

任务栏一共有底部、左侧、右侧和顶部 4 种显示位置可供选择，通过简单地设置用户就可以体验到不一样的 Windows，在默认状态下任务栏处于桌面底部，用户可根据自身的喜好和习惯进行调整。具体操作步骤如下。

Step 01　❶ 在任务栏空白处右击，弹出快捷菜单，❷ 单击“属性”命令，如图 2-35 所示。

Step 02　❶ 弹出“任务栏属性”对话框，单击“任务栏在屏幕上的位置”右侧的下三角按钮，❷ 在展开的下拉列表中单击“右侧”选项，如图 2-36 所示。

Step 03　单击“确定”按钮后返回桌面即可看到任务栏显示位置已经发生了更改，如图 2-37 所示。

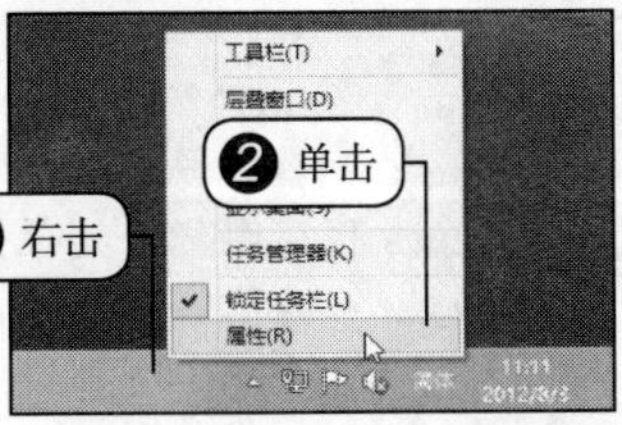

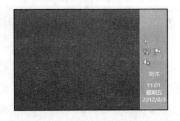

图 2-35　单击“属性”命令

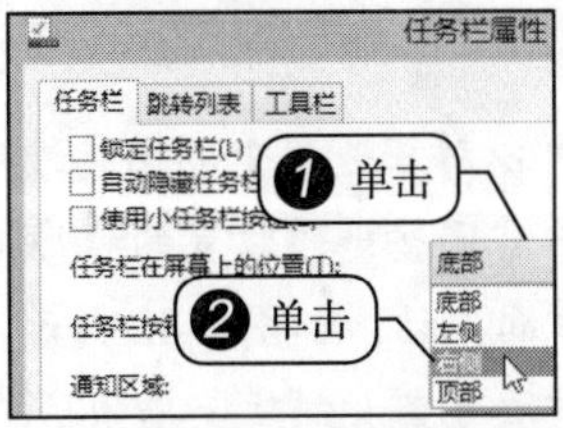

图 2-36　选择显示位置

图 2-37　更改后的效果

2. 隐藏任务栏

在桌面中任务栏并非必须随时都要显示出来，为了让桌面更加美观，用户可以将任务栏隐藏起来使自己的 Windows 8 操作系统更加个性化。

被隐藏的任务栏并非是永久性地隐藏起来了，当用户将鼠标指针移到桌面最底部，此时被隐藏的任务栏又会重新显示出来，鼠标指针移开后任务栏再次被隐藏。隐藏任务栏的具体操作步骤如下。

Step 01 ❶ 在任务栏空白处右击，弹出快捷菜单，❷ 单击“属性”命令，如图 2-38 所示。

Step 02 ❶ 在弹出的“任务栏属性”对话框中勾选“自动隐藏任务栏”复选框，❷ 单击“确定”按钮，如图 2-39 所示。

图 2-38　单击“属性”命令

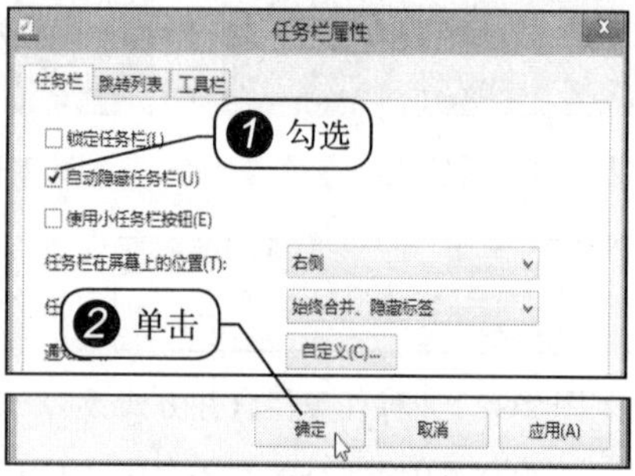

图 2-39　设置隐藏任务栏

3. 将程序锁定到任务栏

Windows 8 操作系统没有“开始”菜单，除了使用桌面图标或直接在 Metro 风格的“开始”屏幕中单击启动的程序外，用户还可以直接将程序锁定到任务栏中，这样只需单击锁定到任务栏中的应用程序图标，即可启动相应程序。具体操作步骤如下。

Step 01 在桌面上选中需锁定的程序图标，按住鼠标左键不放，然后向任务栏拖动该程序的快捷图标，待任务栏中出现“固定到 任务栏”字样时释放鼠标即可，如图 2-40 所示。

Step 02 此时用户可发现该程序已经被锁定到任务栏中，如图 2-41 所示。

图 2-40　拖动快捷方式到任务栏

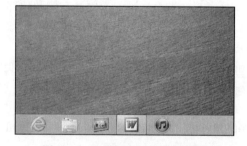

图 2-41　查看锁定后的显示效果

提示：重新排列任务栏上的图标

将应用锁定到任务栏后，还可以对任务栏中的图标进行重新排列，以求满足自身的审美要求和实际操作习惯。用户只需选中需调整排列位置的程序图标，如 iTunes 程序图标，按住鼠标左键不放，然后将鼠标向相应的方向拖动，如图 2-42 所示。拖至合适位置后释放鼠标左键即可改变该图标的排列位置，此时用户便可查看到改变排列位置后的效果，如图 2-43 所示。

图 2-42　在任务栏中拖动程序图标

图 2-43　查看改变排列位置后的效果

4. 怀念 Windows XP 中的任务栏，一键就能还原

作为 Windows 操作系统中最为经典的一款，Windows XP 系统影响了无数人的电脑使用习惯，当用户刚刚接触 Windows 8 操作系统时在一定程度上有种陌生感。Windows 8 操作系统任务栏默认设置为合并 / 隐藏标签，若用户怀念 Windows XP 操作系统中的任务栏样式，只需简单的操作即可将 Windows 8 任务栏还原为 Windows XP 的风格。具体操作步骤如下。

Step 01　❶ 右击任务栏空白处，弹出快捷菜单，❷ 单击“属性”命令，如图 2-44 所示。

Step 02　弹出“任务栏属性”对话框，❶ 单击“任务栏按钮”右侧的下三角按钮，❷ 在展开的下拉列表中选择“从不合并”选项，❸ 最后单击“确定”按钮即可，如图 2-45 所示。

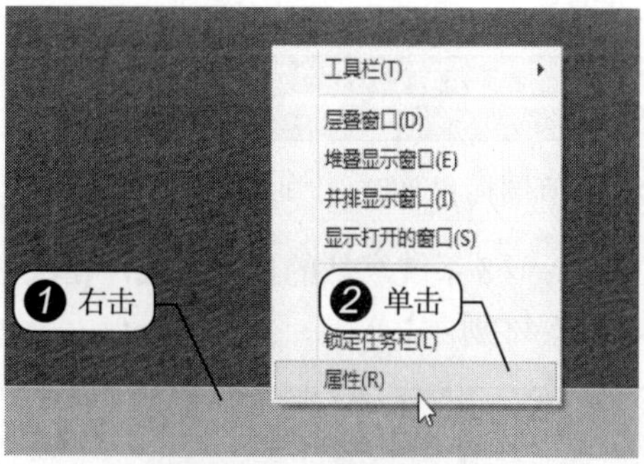

图 2-44　选择“属性”命令

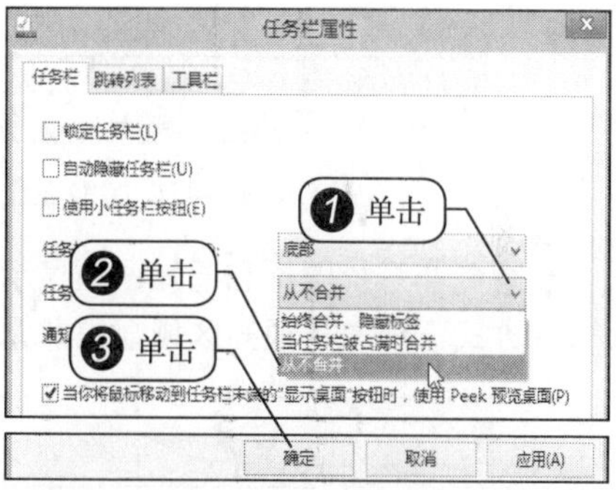

图 2-45　设置“任务栏属性”对话框

提示：找回消失的“开始”按钮

在 Windows 8 操作系统中，微软公司取消了任务栏中的“开始”按钮，取而代之的是全新的 Metro 风格的“开始”屏幕。虽然 Windows 8 操作系统本身没有“开始”按钮，但用户可以安装一个拥有“开始”按钮功能的第三方软件（如 360 安全卫士），以实现找回消失的“开始”按钮。

2.4.2　设置通知区域

Windows 8 操作系统任务栏中通知区域继承了 Windows 系统中通知区域一贯简洁、信息量大的特点，通知区域的图标设置在“通知区域图标”窗口中进行，如图 2-46 所示。

- 选择在任务栏上出现的图标和通知：在此处，用户可单独对每一款应用程序的图标和通知的显示方式进行设置，通过用户自身的使用习惯对应用程序的图标和通知的显示方式进行设置可以让 Windows 8 操作系统的界面使用起来更加友好。

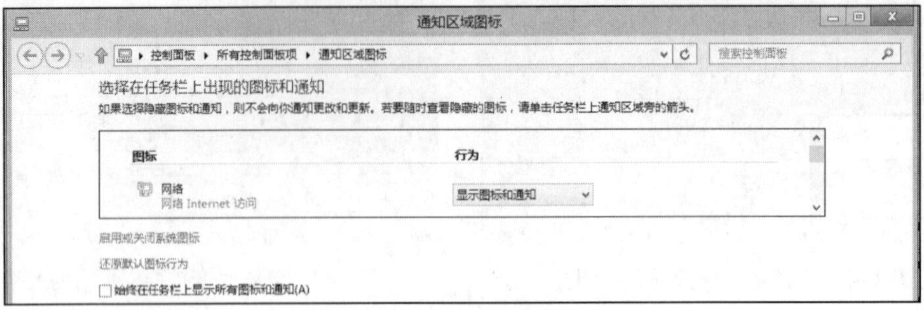

图 2-46 “通知区域图标”窗口

- ❑ 启用或关闭系统图标：单击此链接即可在打开的“系统图标”窗口中设置开启或关闭任务栏通知区域的系统图标。
- ❑ 还原默认图标行为：在此处单击“还原默认图标行为”链接即可还原 Windows 8 系统中所有图标和通知的显示方式。
- ❑ 始终在任务栏上显示所有图标和通知：任务栏中整个通知区域默认有两种不同的显示方式，一种是始终在任务栏上显示所有的图标和通知，而另外一种是隐藏非系统图标和通知。勾选此复选框即可开启始终在任务栏上显示所有的图标和通知的功能。
  - 始终在任务栏上显示所有图标和通知：在这种显示模式下，任务栏中通知区域将显示所有的图标和通知，在任务栏中所占空间较大，如图 2-47 所示。

图 2-47 始终在任务栏上显示所有图标和通知

  - 隐藏非系统图标和通知：该显示方式为 Windows 8 系统默认的显示方式，在该显示方式下任务栏通知区域显得非常简洁，如图 2-48 所示。

图 2-48 隐藏非系统图标和通知

1. 设置通知区域的图标和通知

Windows 8 操作系统的任务栏通知区域共有 3 种不同的显示方式，它们分别是显示图标和通知、隐藏图标和通知以及仅显示通知，如图 2-49 所示。

图 2-49 通知区域显示方式

- ❑ 显示图标和通知：当选择使用此种显示方式后，设置该显示方式的程序图标和通知将和系统图标同时在通知区域显示，网络聊天工具 QQ 就适合设置为这种显示方式。
- ❑ 隐藏图标和通知：隐藏图标和通知是 Windows 8 操作系统默认对非系统程序的程序图标和通知设置的显示方式，用户需单击“显示隐藏的图标”三角按钮才可查看图标和通知，平时经常使用的迅雷由于不用随时查看下载信息就可以设置为隐藏图标和通知。
- ❑ 仅显示通知：“仅显示通知”是介于“显示图标和通知”和“隐藏图标和通知”之间的一种比较中庸的显示方式，该显示方式虽隐藏了程序的图标，但却没有隐藏程序的通知信息，通常 Windows 资源管理器就是设置为这种显示方式，当用户插入 U 盘时通知区域会显示通知，但一段时间后图标会再次隐藏。

接下来就以设置 QQ 通知区域的图标和通知为例详细介绍一下设置通知区域图标和通知显示方式的操作步骤。

Step 01 ❶ 右击任务栏空白处，❷ 在弹出的快捷菜单中单击“属性”命令，如图 2-50 所示。

Step 02 弹出“任务栏属性”对话框，单击“自定义”按钮，如图 2-51 所示。

Step 03 打开“通知区域图标”窗口，❶ 单击 QQ 图标右侧的下三角按钮，❷ 在展开的下拉列表中单击“显示图标和通知”选项，最后单击“确定”按钮即可，如图 2-52 所示。

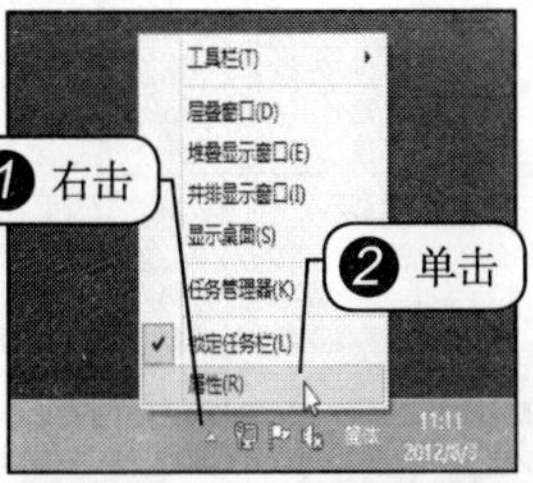

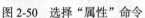

图 2-50 选择“属性”命令

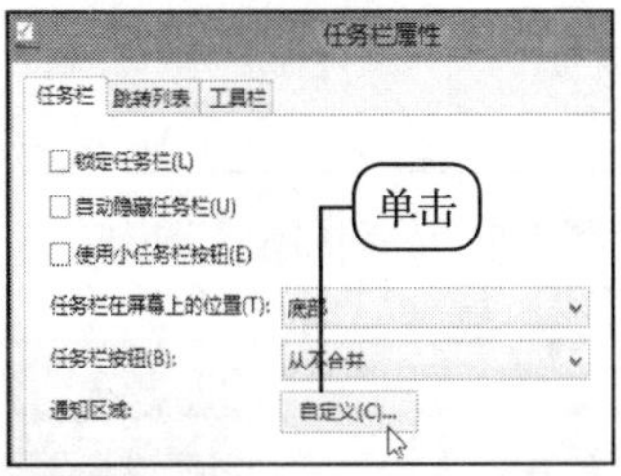

图 2-51 单击“自定义”按钮

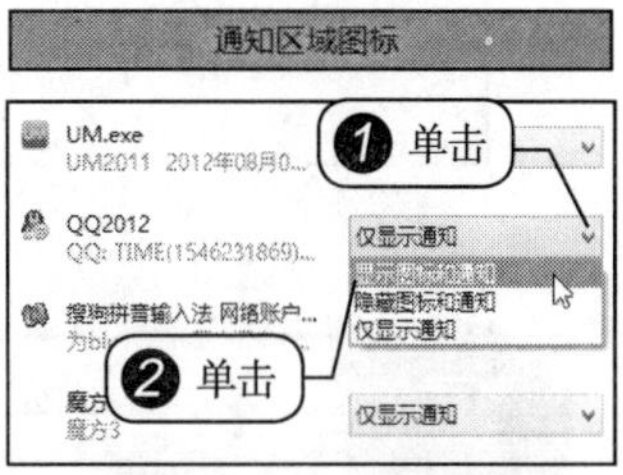

图 2-52 设置显示方式

提示：在隐藏通知区域中打开“通知区域图标”窗口

除了通过“任务栏属性”对话框打开“通知区域图标”窗口外，用户还可直接在隐藏通知区域中打开“通知区域图标”窗口，首先单击通知区域的“显示隐藏的图标”三角按钮，在弹出的隐藏通知区域中单击“自定义”链接即可，如图 2-53 所示。

图 2-53 打开“通知区域图标”窗口

2. 打开或关闭系统图标

任务栏通知区域的系统图标是非常重要的实时系统信息来源，用户可以非常轻松地从此处了解到 Windows 8 操作系统中的时钟、音量、网络、电源、操作中心、输入指令等系统信息，而所有的这些系统图标都必须在“系统图标”窗口中进行设置，如图 2-54 所示。

- 启用或关闭系统图标：通过此链接用户可设置是否在任务栏通知区域中开启或关闭系统图标，可在此处设置的系统图标有：时钟、音量、网络、电源、操作中心、输入指示。
  - 时钟：“时钟”系统图标位于通知区域最右侧，系统时间实时显示了当前系统时间和日期，单击该图标可查看模拟时钟和当月的月历，如图 2-55 所示。
  - 音量：“音量”系统图标主要用于查看当前电脑音频播放设备是否正常，以及调节音量大小，如图 2-56 所示。
  - 网络：当网络连接状况发生变化时，“网络”系统图标将明确地把信息反映到图标中，用户通过观察此处的图标便可知当前的网络连接状态，如图 2-57 所示。
  - 电源：“电源”系统图标主要用于笔记本电脑或平板电脑，通过该图标用户可直观地了解到实时的电量信息，也可以设置不同的用电策略。

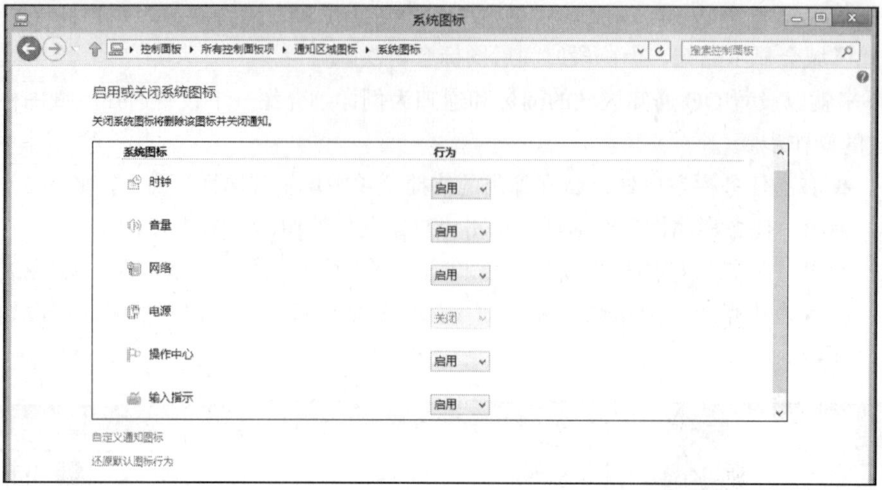

图 2-54 “系统图标”窗口

图 2-55 查看详细日期

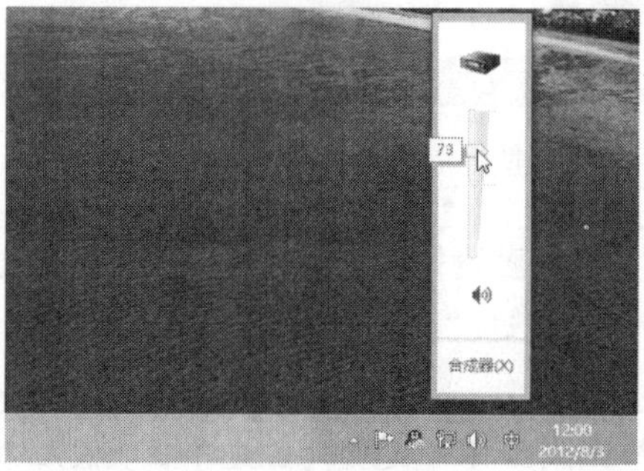

图 2-56 调节音量

- 操作中心：此处将实时提供关于防火墙、病毒防护、账户控制、驱动器状态等系统安全与维护方面的信息，如图 2-58 所示。
- 输入指示：此处显示了当前系统使用的输入法及中 / 英文状态，用户还可通过单击该图标在弹出的列表中切换其他的输入法，如图 2-59 所示。

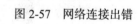

图 2-57 网络连接出错

图 2-58 查看操作中心消息

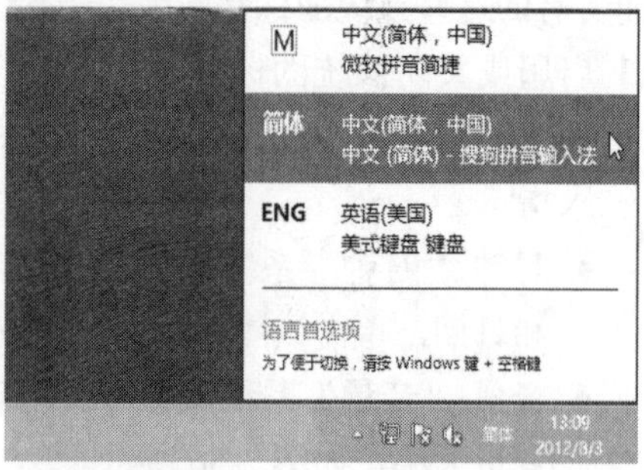

图 2-59 切换输入法

- ❑ 自定义通知图标：通过此链接可以返回至“通知区域图标”窗口，用户在此窗口中可设置通知区域图标显示方式。
- ❑ 还原默认图标行为：不论用户对系统图标做了何种设置，通过“还原默认图标行为”

链接均可瞬间还原为 Windows 8 系统默认的图标设置。

在“系统图标”窗口中，用户可以非常轻松地开启任务栏通知区域中的系统图标，接下来就具体为大家介绍一下开启系统图标的操作步骤与方法。

Step 01 ❶ 单击通知区域“显示隐藏的图标”三角按钮，❷ 在弹出的隐藏通知区域中单击“自定义”链接，如图 2-60 所示。

Step 02 在打开的“通知区域图标”窗口中单击“启用或关闭系统图标”链接，如图 2-61 所示。

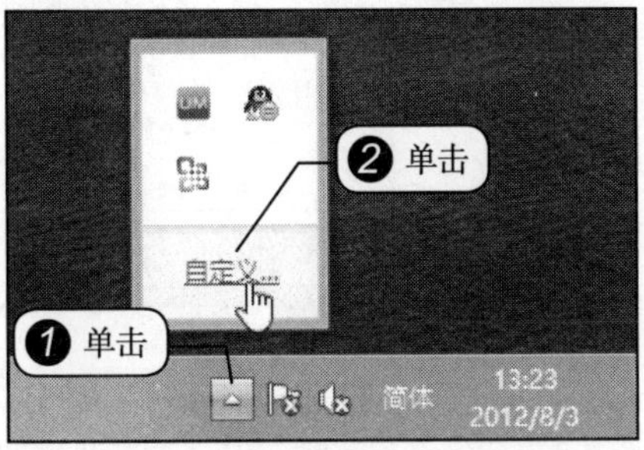

图 2-60 单击“自定义”链接

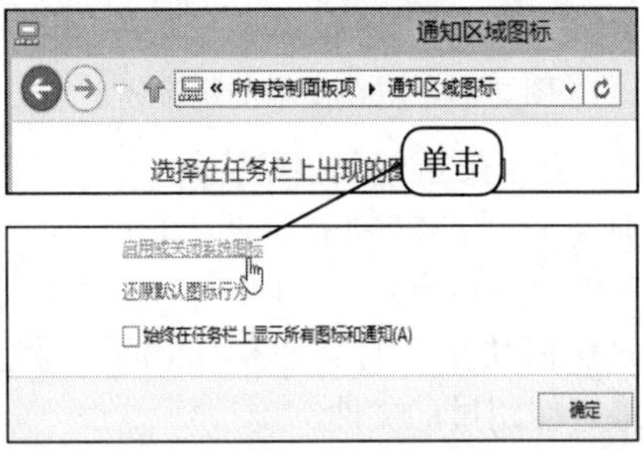

图 2-61 单击“启用或关闭系统图标”链接

Step 03 切换至“系统图标”窗口，在窗口中选择要开启的系统图标，❶ 单击该图标右侧的下三角按钮，❷ 在展开的下拉列表中单击“启用”选项即可启用该系统图标，如图 2-62 所示。

Step 04 单击“确定”按钮返回至桌面，此时用户可发现“网络”系统图标已经显示在通知区域了，如图 2-63 所示。

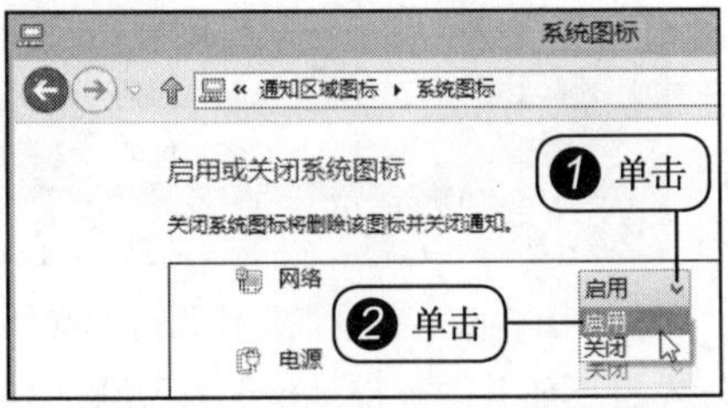

图 2-62 启用“网络”系统图标

图 2-63 查看启用后的效果

提示：关闭系统图标

关闭系统图标的操作和开启几乎相同，用户只需在“系统图标”窗口中选择要关闭的系统图标，单击该图标右侧的下三角按钮，在弹出的下拉列表中单击“关闭”选项，最后单击“确定”按钮即可关闭该系统图标。

2.4.3 使用跳转列表查看最近使用过的文件

跳转列表（Jump list）是 Windows 8 操作系统任务栏的重要组成部分，跳转列表可以保存文档浏览记录，把该应用程序最近打开过的文档信息都记录在此处。根据应用程序功能的不同，跳转列表显示的内容也有所差异，如 IE 浏览器的跳转列表显示的是常用的网站网址信息，而 Word 应用程序显示的是最近查看及编辑的文档信息，如图 2-64 所示为 IE 浏览器的跳转列表和图 2-65 所示为 Word 应用程序的跳转列表。

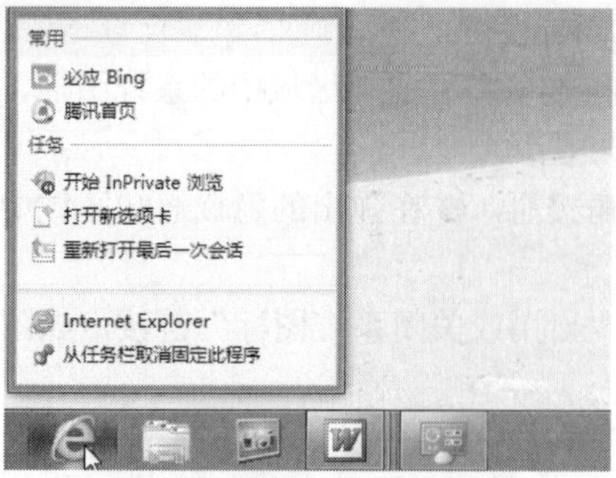

图 2-64　IE 浏览器的跳转列表

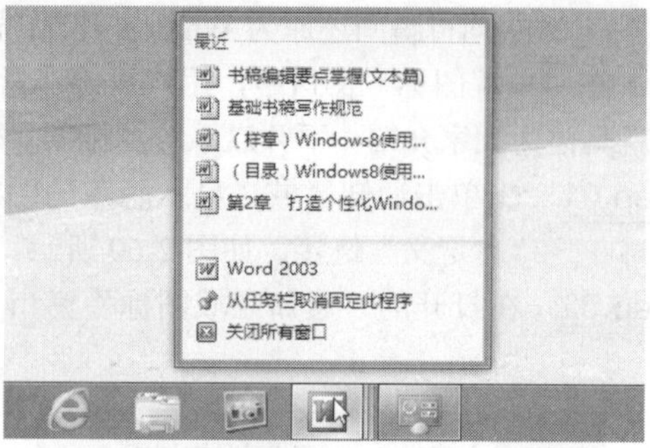

图 2-65　Word 应用程序的跳转列表

1. 查看最近使用过的文件

任务栏中跳转列表有两大版块，分别是“已固定”和“最近”，如图 2-66 所示。

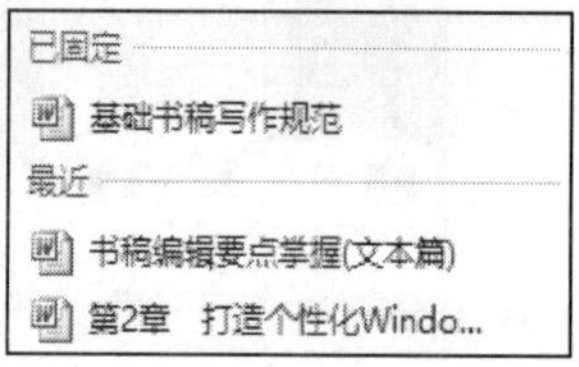

图 2-66　跳转列表

两大版块显示的信息各不相同，通过跳转列表用户可以轻松打开最近使用过的文件。

- ❑ 已固定：在“已固定”版块中显示的是用户固定在跳转列表中的文件信息，它永远显示在该跳转列表中，只有解除固定后才能清除该记录。
- ❑ 最近：“最近”版块则显示的是该软件近期打开或浏览过的文件信息，用户可随时清除“最近”版块中的文件信息。

通过跳转列表查看使用过的文件的方法非常简单，用户只需在任务栏中右击需要查看的使用文件信息的程序图标，如 Word 应用程序。此时便可在弹出的跳转列表中查到近期的文件历史记录，如图 2-67 所示。

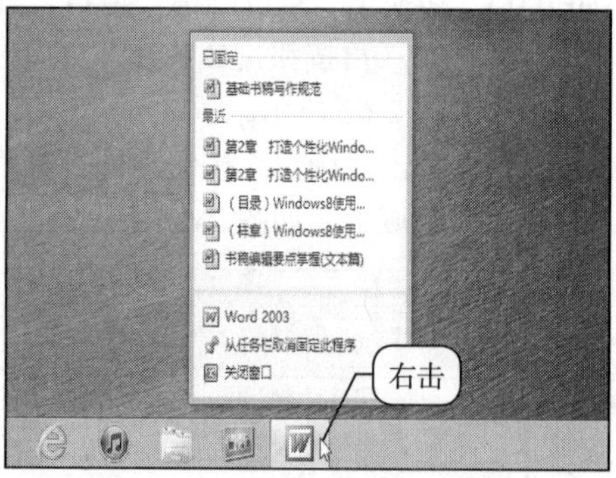

图 2-67　查看最近使用过的文件

在 Windows 8 操作系统中除了在任务栏中右击程序图标外，选择需要查看的程序图标后，还可按住鼠标左键不放并向上拖动也能打开跳转列表。

提示：将文件固定在跳转列表和取消固定

将文件固定在跳转列表是 Windows 系统的一大特色，用户只需在跳转列表中单击“固定到此列表”图标，即可将该文件固定在跳转列表中，如图 2-68 所示。

取消文件固定的操作和固定文件非常类似，在跳转列表的“已固定”版块中，用户单击“从此列表取消固定”图标即可，如图 2-69 所示。

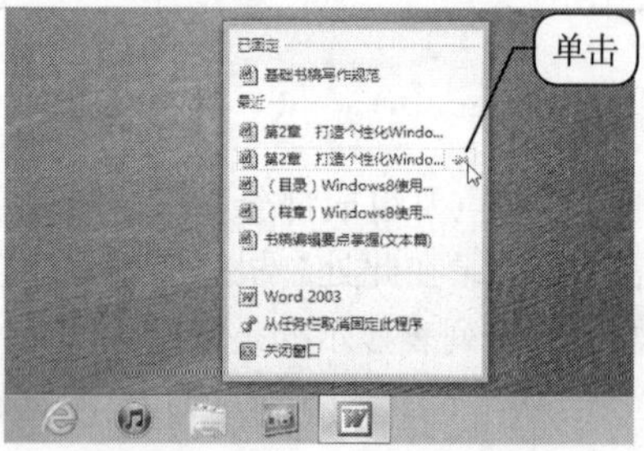

图 2-68　固定文件到跳转列表

图 2-69　取消固定

2. 从任务栏中解除当前程序锁定

在 Windows 8 操作系统中，用户可以非常方便地将应用程序锁定在任务栏中作为“快速启动栏”使用，当不需要该“快速启动程序”时也可以轻松地将其从任务栏中解除锁定，从任务栏中解除应用程序锁定的操作是在跳转列表中实现的。

现在就为大家详细介绍一下从任务栏中解除当前程序锁定的操作方法与步骤。

Step 01 ❶ 在 Windows 8 操作系统任务栏中右击需解除锁定的程序图标，❷ 在展开的跳转列表中单击“从任务栏取消固定此程序”按钮即可解除该程序在任务栏中的锁定，如图 2-70 所示。

Step 02 此时用户可看到任务栏中已经没有了该程序图标，如图 2-71 所示。

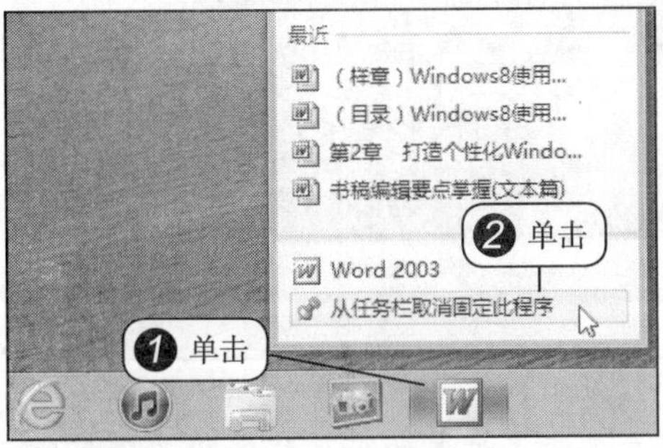

图 2-70 设置解除当前程序锁定

图 2-71 查看解除锁定后的显示效果

2.5 全新 Metro 风格“开始”屏幕闪亮登场

Metro 是一种界面 UI 的展示技术和风格，作为 Windows 8 最大的亮点，全新 Metro 风格的“开始”屏幕展现了 Windows 8 操作系统独特的风格和友好的设计理念。Metro 风格的“开始”屏幕和经典的“开始”菜单最大的相同点是都可以通过按【Win】键打开，如图 2-72 即为 Windows 8 操作系统的“开始”屏幕。

图 2-72 Windows 8“开始”屏幕

- ❑ 计算机账户：此处显示的是当前计算机系统的账户名和头像信息，用户可以通过单击该图标来进行更换头像、锁定以及注销系统等操作。
- ❑ 磁块区域：在磁块区域中显示的是用户从应用商店中下载的 Metro 风格应用程序以及

手动添加到“开始”屏幕中的程序图标。在“开始”屏幕中显示的应用程序磁块还可以动态地显示新闻、天气等信息。

- ❑ 缩小：单击此处的“缩小”按钮▬，可缩小“开始”屏幕中磁块的大小，可以在“开始”屏幕应用程序数量众多的情况下轻松找到需要的程序图标，如图 2-73 所示。

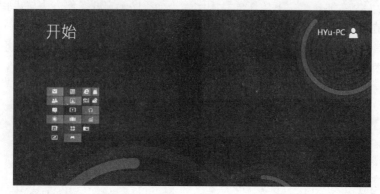

图 2-73　单击“缩小”按钮后的“开始”屏幕

提示：查看“开始”屏幕中未显示完的内容

由于“开始”屏幕中磁块的特殊性，如果用户安装了过多的应用程序势必会导致“开始”屏幕中内容显示不完全，此时用户只需向下滑动鼠标即可查看“开始”屏幕右侧未显示完全的内容。

2.5.1　设置显示所有应用

“开始”屏幕从最开始就是为方便用户快速启动应用程序而设计的，势必不会将所有的应用程序都放置到“开始”屏幕上。用户可通过切换到“应用”屏幕来显示该电脑中 Windows 8 系统安装的所有应用程序。具体操作步骤如下。

Step 01　❶ 在“开始”屏幕空白处右击，❷ 单击屏幕底部界面中的“所有应用”按钮，如图 2-74 所示。

Step 02　此时用户可在切换至的“应用”屏幕中查看到 Windows 8 操作系统中安装的所有应用程序，如图 2-75 所示。

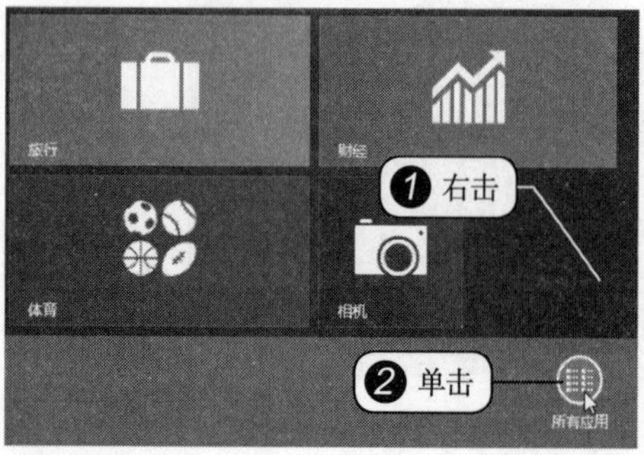

图 2-74　单击“所有应用”按钮

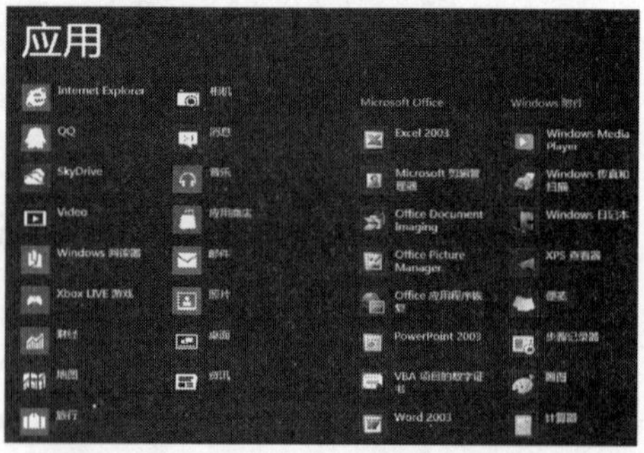

图 2-75　显示安装的所有应用程序

提示：将“应用”屏幕中的应用添加到“开始”屏幕中

为方便快速启动需要的应用程序，用户可以将经常使用的应用程序添加至“开始”屏幕中，在“开始”屏幕中添加应用程序非常简单。用户在“应用”屏幕中找到需添加到“开始”屏幕的应用程序后，右击该程序，然后单击“固定到‘开始’屏幕”按钮即可，如图 2-76 所示，按【Win】键返回至“开始”屏幕即可查看到方才添加的应用程序磁块，如图 2-77 所示。

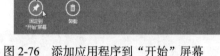

图 2-76　添加应用程序到“开始”屏幕

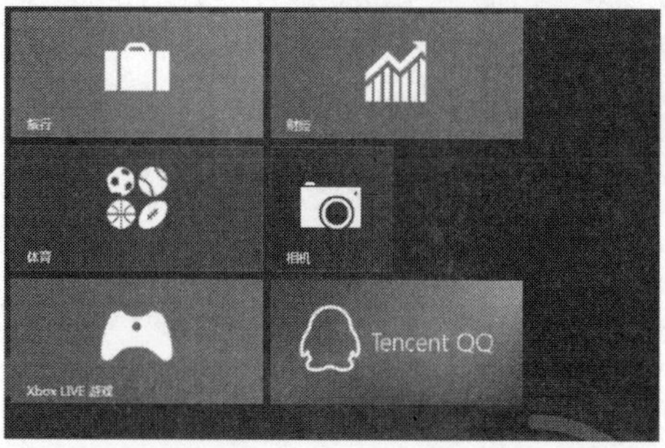

图 2-77　成功添加到“开始”屏幕中的应用程序磁块

2.5.2　快速启动应用程序

在“开始”屏幕中启动应用程序的方式和在桌面上打开应用程序有很大的不同，在桌面上打开应用程序用户需要双击该程序的快捷图标，而在“开始”屏幕中，用户只需单击该程序的磁块即可快速启动该应用程序。

“开始”屏幕中的应用程序分为 Metro 版应用程序和桌面应用程序，虽然两种应用程序的启动方式一样，但启动后运行方式却截然不同。Metro 版应用程序启动后直接全屏运行该程序没有可关闭程序的按钮，而桌面应用程序被启动后则是先打开桌面，然后在桌面上运行该应用程序，并且可以直接在桌面上关闭该应用程序。具体操作步骤如下。

Step 01　按【Win】键打开“开始”屏幕后，单击需启动的应用程序，如图 2-78 所示为启动 Metro 版 QQ。

Step 02　此时用户即可看见 QQ 应用程序已被启动，如图 2-79 所示。

图 2-78　单击 QQ 应用程序

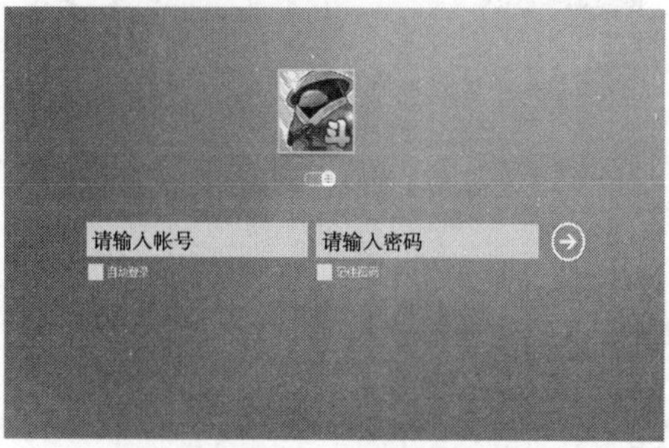

图 2-79　Metro 版 QQ 正在运行中

提示：关闭 Metro 版应用程序

若用户想关闭从“开始”屏幕中打开的 Metro 版应用程序，可以将鼠标移至屏幕顶部，当鼠标指针变成“小手”图标时，按住鼠标左键并向下拖动，如图 2-80 所示，待拖动至屏幕底部后释放鼠标左键即可关闭当前浏览的 Metro 版应用程序，如图 2-81 所示。

图 2-80　向下拖动应用程序

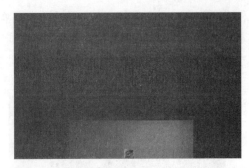

图 2-81　关闭当前浏览的 Metro 版应用程序

2.5.3　快捷的搜索功能

Windows 8 操作系统的“开始”屏幕提供了非常方便和快捷的搜索功能，使用“开始”屏幕的搜索功能可以对应用、文件以及设置进行搜索，如图 2-82 所示。除此之外，还可以使用其他的应用，如 IE 浏览器来进行搜索。

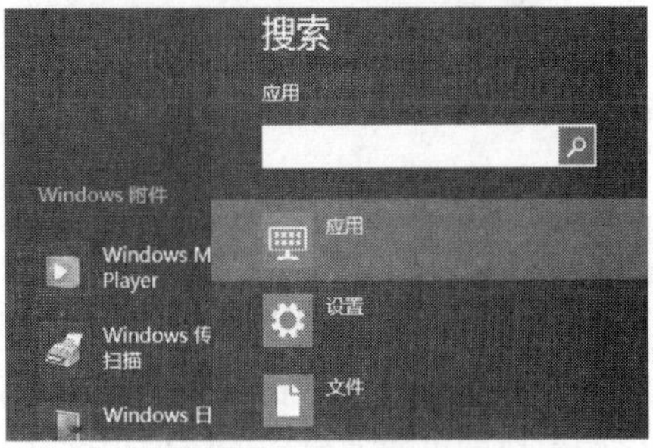

图 2-82　搜索应用

接下来就以搜索关键字“help”为大家详细地介绍使用“开始”屏幕的搜索功能快速搜索需要的文件及信息的方法和步骤。

Step 01　按【Win+Q】组合键，在“搜索”界面文本框中输入搜索关键字，如图 2-83 所示。

Step 02　瞬间用户即可在“搜索”界面左侧看见搜索到的应用信息，如图 2-84 所示。

图 2-83　输入搜索关键字

图 2-84　查看应用类搜索结果

Step 03　在界面中单击文本框下方的“设置”按钮即可在左侧查看搜索到的设置信息，如图 2-85 所示。

Step 04　在同一界面中单击文本框下方的“文件”按钮，可在左侧查看搜索到的文件信息，如图 2-86 所示。

提示：删除搜索历史记录

用户使用“开始”屏幕搜索功能进行搜索时，系统默认的是保留用户的搜索历史记录以方便用户再次使用，其实删除搜索的历史记录非常简单，用户只需将鼠标滑至桌面右下 / 右上角，在弹出的 Charm 菜单工具栏中单击“设置”按钮，再单击“设置”界面中的“更改电脑设置”按钮，在切换至的“电脑设置”界面中单击左侧的“搜索”按钮，最后单击“删除历史记录”按钮即可完成删除搜索历史记录。

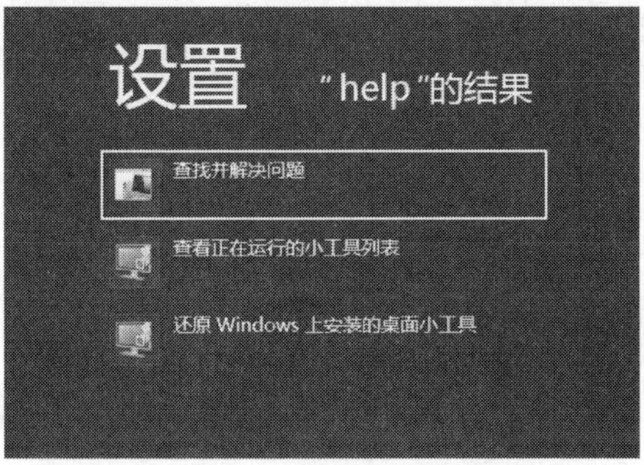

图 2-85　查看设置类搜索结果

图 2-86　查看文件类搜索结果

2.6　设置 Windows 8 主题和外观

Windows 8 操作系统完美继承了 Windows 7 操作系统完善而富于变化的主题和外观设置。在 Windows 8 操作系统中用户可以随心所欲地更改鼠标指针、桌面背景、Windows 系统声音、屏幕保护程序，甚至还可以调整窗口边缘、任务栏颜色、系统分辨率以及刷新频率。所有的这些设置都是在“个性化”窗口中实现的，如图 2-87 所示。

- Aero 主题：自 Windows 7 操作系统开创性的创造了主题这个概览后，Windows 8 操作系统作为其“后辈”自然继承了这个优良的特性。通过使用不同的主题用户将系统化为不同的风格。
- 更改鼠标指针：作为电脑必需的部件之一，鼠标一直是人与电脑之间沟通最简洁、最常用的渠道。通过更改鼠标指针可以让用户电脑屏幕上的鼠标指针焕发出新的魅力。
- 更改图标：在这里用户可以非常方便地更换桌面背景、设置图片放置方式、创建幻灯片以及设置图片间隔时间和播放顺序，如图 2-88 所示。

图 2-87　“个性化”窗口

图 2-88 “桌面背景”窗口

- 图片存储位置：用户可以在此下拉列表中选择桌面背景图片的来源，系统默认图片来源为“Windows 桌面背景”，除此之外还有图片库、顶级照片和纯色可供用户选择，如图 2-89 所示。

图 2-89 桌面背景图片存储位置

- 创建幻灯片：Windows 8 操作系统的桌面壁纸可以设置多张图片，每张图片间隔一定的时间自动切换，这种可以自动更换桌面壁纸的功能就是幻灯片。创建幻灯片就是创建一个由多张桌面壁纸图片组成自动切换的效果。
- 图片放置方式：Windows 8 操作系统共有 5 种图片放置方式，分别是填充、适应、拉伸、平铺和居中，如图 2-90 所示。充分运用这 5 种图片设置方式可以让用户的桌面壁纸更加完美。
- 设置图片间隔：待创建好幻灯片后，用户可以自定义每张图片切换的时间间隔，系统默认的间隔时间为 30 分钟，最短可设置间隔为 10 秒，最长可设置为 1 天，如图 2-91 所示。

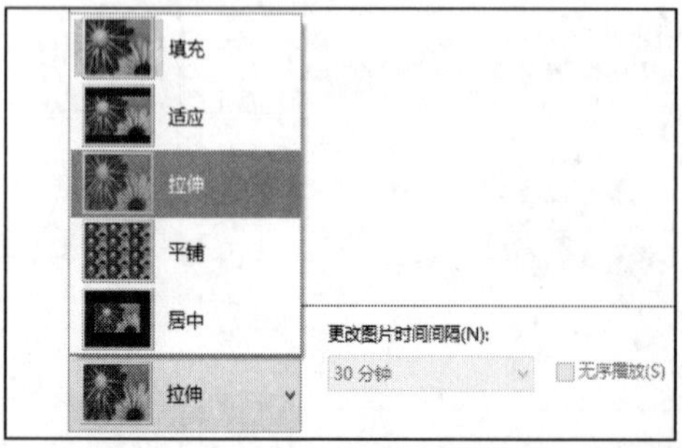

图 2-90 图片放置方式

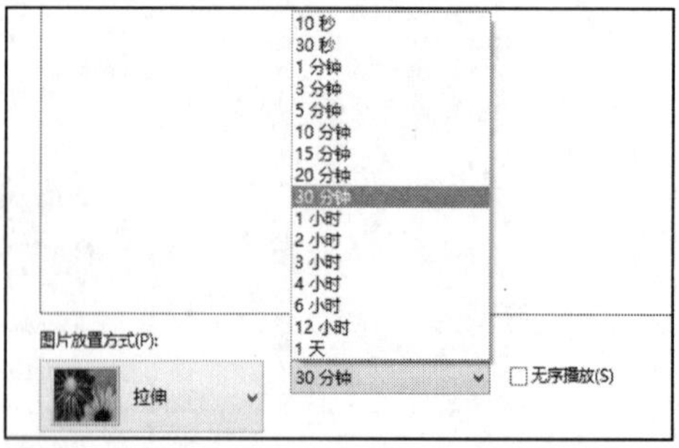

图 2-91 图片切换间隔选项

- 播放顺序：Windows 8 操作系统的桌面壁纸有按顺序播放和无序播放两种不同的播放方式。按顺序播放是按创建幻灯片时图片的选取顺序播放，而无序播放则是随机播放。

- ❑ 窗口颜色和外观：窗口和边框是 Windows 系统最常见的元素之一，在 Windows 8 操作系统中，在“个性化”窗口中用户可以通过改变窗口边框和任务栏颜色让 Windows 8 系统变得更加多姿多彩，如图 2-92 所示即为“窗口颜色和外观”窗口。

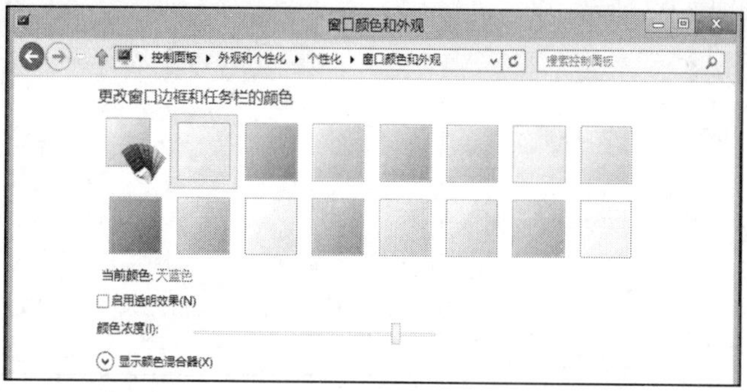

图 2-92 “窗口颜色和外观”窗口

- 更改窗口边框和任务栏的颜色：在此选项中单击喜欢的颜色可快速改变窗口边框和任务栏的颜色。
- 启用透明效果：当透明效果启用后，系统窗口边框和任务栏将处于半透明状态，用户可透过其看到背后的图片，如图 2-93 和图 2-94 即为启用透明效果前和透明效果后的效果对比。

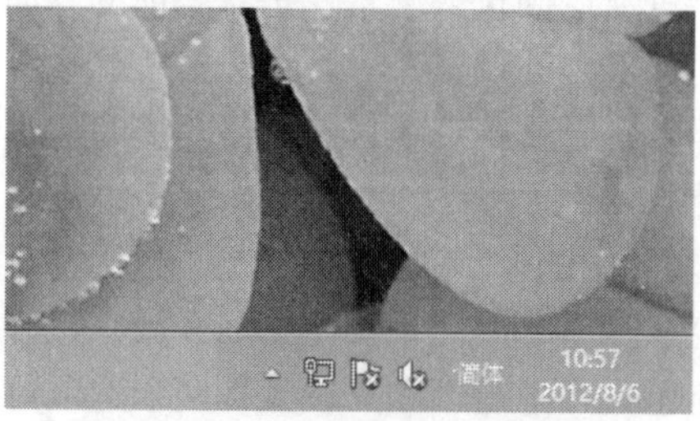

图 2-93 启用透明效果前

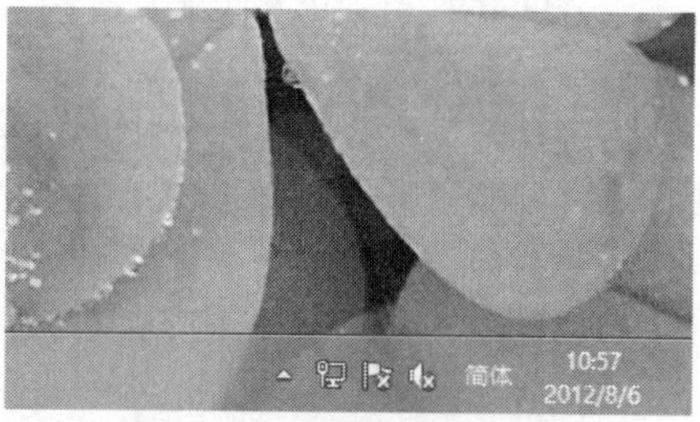

图 2-94 启用透明效果后

- 颜色浓度：待用户选择喜欢的窗口边框和任务栏颜色后，可在此处调节该颜色的颜色浓度，合适的颜色浓度可以让系统任务栏和桌面背景更加协调与美观。
- 显示颜色混合器：用户除了使用 Windows 8 操作系统提供的几种颜色外，还可以通过颜色混合器自己调制喜欢的颜色，单击其扩展按钮即可展开颜色混合器，如图 2-95 所示。

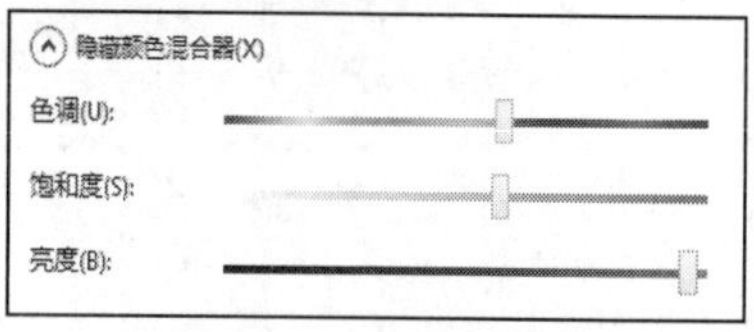

图 2-95 颜色混合器

- ❑ 声音：声音是 Windows 系统另一个非常重要的展示个性与风格的属性，通过设置自己喜欢的系统声音可以让用户在整个的电脑使用过程中更加富有激情。如图 2-96 即为 Windows 8 操作系统的系统声音设置对话框。
  - 声音方案：同系统主题一样，声音方案同样可以快速设置和改变 Windows 8 操作系统的系统声音，用户也可以自己创建属于自己的 Windows 8 系统声音方案。
  - 播放 Windows 启动声音：Windows 启动声音就是 Windows 系统在启动中播放的系统欢迎音乐，用户通过勾选此复选框即可开启播放 Windows 8 操作系统的 Windows 启动声音。

- ❑ 屏幕保护程序：屏幕保护程序主要用于保护屏幕因长时间处于某一静止画面而导致显示器老化受损的情况。通过启用屏幕保护程序可以在一定程度上延长显示器的使用寿命。在 Windows 8 操作系统中屏幕保护程序是在“屏幕保护程序设置”对话框中进行设置的，如图 2-97 所示。

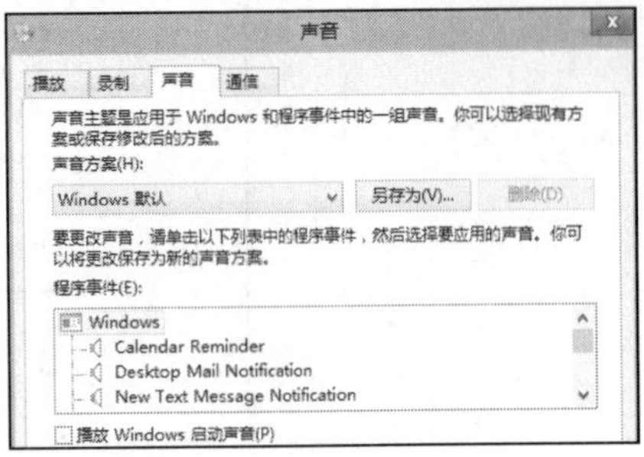

图 2-96 “声音”对话框

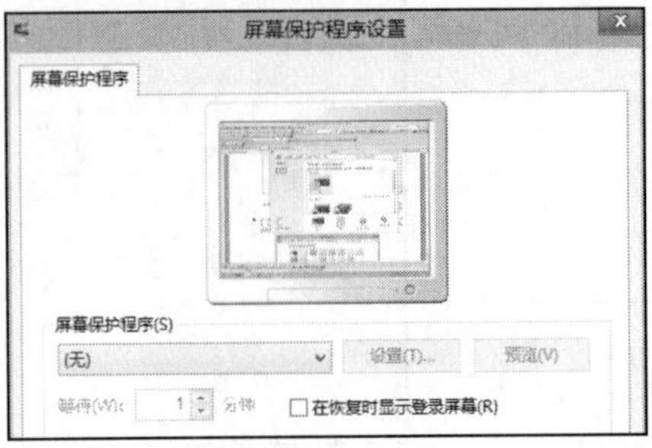

图 2-97 “屏幕保护程序设置”对话框

  - 等待：屏幕保护程序的运行条件是屏幕长时间处于某一静止画面，而从静止画面到启动屏幕保护程序之间的这段时间即为等待时间，用户可通过设置改变这段等待时间的长短。
  - 在恢复时显示登录屏幕：当用户的电脑从屏幕保护状态恢复到正常时，Windows 8 操作系统将进入锁屏状态，待退出锁屏状态并输入系统账户密码（如果用户的 Windows 系统设置了账户密码）后，才能重新返回进入屏幕保护状态前的界面。

- ❑ 显示：显示是 Windows 8 操作系统中一个至关重要的设置选项，在单击“显示”链接后打开的“显示”窗口中可以调整屏幕分辨率、更改所有项目的大小、更改显示器设置、校准颜色以及调整 ClearType 文本，如图 2-98 所示。
  - 更改所有项目的大小：这里所谓的所有项目是指包括窗口、对话框、鼠标箭头等在内的 Windows 系统桌面显示的所有元素以及文本的大小，Windows 8 操作系统默认选择“较小”选项，此外 Windows 8 系统还有“中等”和“较大”两个选项可供用户选择。建议中老年朋友使用“较大”选项，这样使用电脑时眼睛会比较轻松一些。

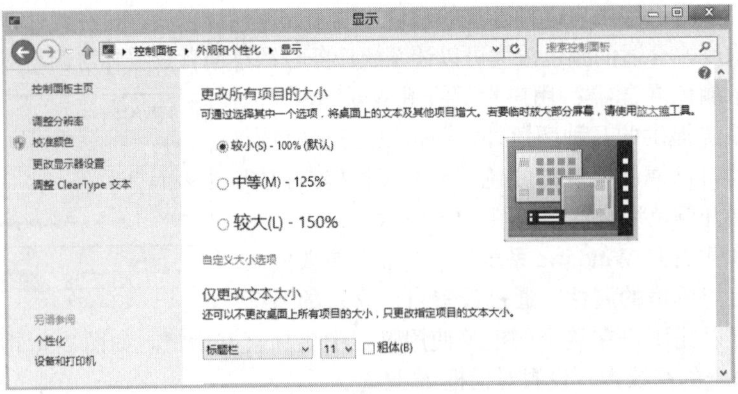

图 2-98 “显示”窗口

  - 仅更改文本大小：除了将桌面上的项目和文本同时放大外，用户还可以在不改变桌面上项目大小的情况下，只改变项目的文本大小。在 Windows 8 操作系统中可单独改变文本大小的项目有标题栏、菜单、消息框、调色板标题、图标和工具提示，如图 2-99 所示。

- 调整分辨率：调整分辨率就是调整系统显示在屏幕上图像的精密度，是指调整在显示器中显示的像素的多少。
- 校准颜色：校准颜色就是校准显示颜色，通过校准颜色后可以改善显示器上的颜色，以便更加准确地显示颜色。
- 调整 ClearType 文本：ClearType 是微软公司开发的一种改善现有 LCD 液晶显示器上文本可读性的技术，通过 ClearType 荧幕字体平滑工具，可以让用户屏幕上的文字看起来和纸上打印的一样清晰。

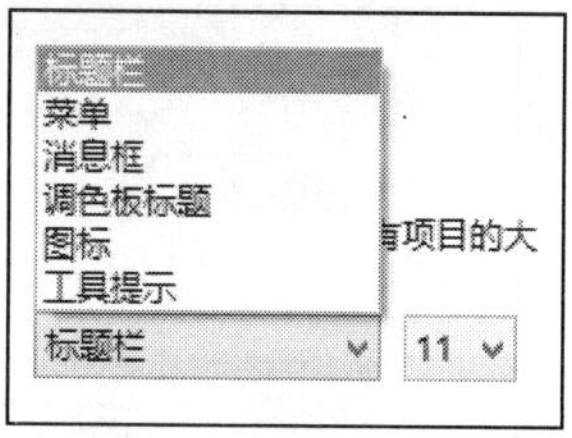

图 2-99　仅更改文本大小

- 任务栏：单击此处的“任务栏”链接也是打开“任务栏属性”对话框的方式之一，与右击任务栏空白处，然后在弹出的快捷菜单中单击“属性”命令打开的“任务栏属性”对话框完全一样。

2.6.1　更改系统主题

Windows 8 操作系统通过更改系统主题来改变电脑的整体风格，让用户一直保持对 Windows 8 系统的新鲜感。在 Windows 8 操作系统中系统主题是一个包括了桌面背景、鼠标指针、桌面图标、窗口颜色、系统声音、屏幕保护程序等在内所有设置的集合体。用户只要使用了这个主题就意味着设置了所有的这些选项。

接下来就详细介绍一下更改 Windows 8 操作系统系统主题的方法和步骤。

Step 01　❶ 在桌面空白处右击，弹出快捷菜单，❷ 单击“个性化”命令，如图 2-100 所示。

Step 02　打开“个性化”窗口，选择喜欢的系统主题，单击该系统主题，如图 2-101 所示。

Step 03　回到桌面，此时用户可发现 Windows 8 操作系统桌面上各项目都发生了改变，如图 2-102 所示。

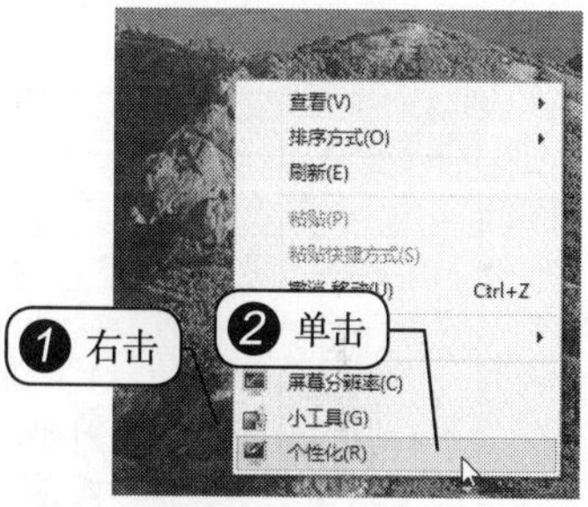

图 2-100　单击“个性化”命令

图 2-101　更改系统主题

图 2-102　更改系统主题后的效果

提示：保存个人主题

在 Windows 8 操作系统中，用户除了使用系统的主题外还可以自己设置保存属于自己的个人主题，其中保存个人主题的方法和操作为：❶ 在“个性化”窗口中，右击需要保存的“未保存的主题”，❷ 在弹出的快捷菜单中单击“保存主题”命令，如图 2-103 所示。

❶ 在弹出的“将主题另存为”对话框中输入主题名称后，❷ 单击“保存”按钮，如

图 2-104 所示。此时用户即可在“我的主题”下拉列表中看到保存好的个人主题，如图 2-105 所示。

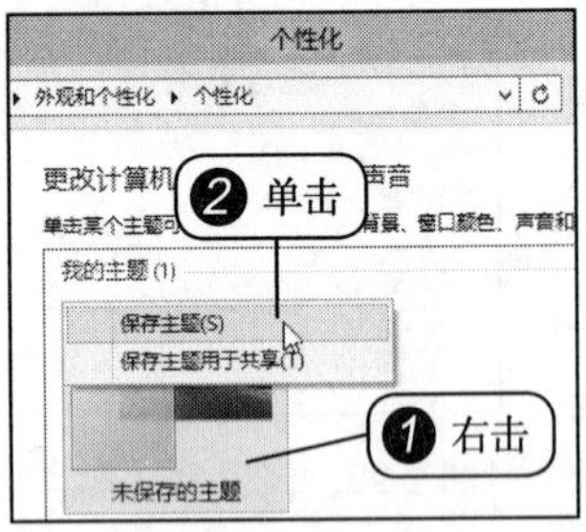

图 2-103 单击“保存主题”命令

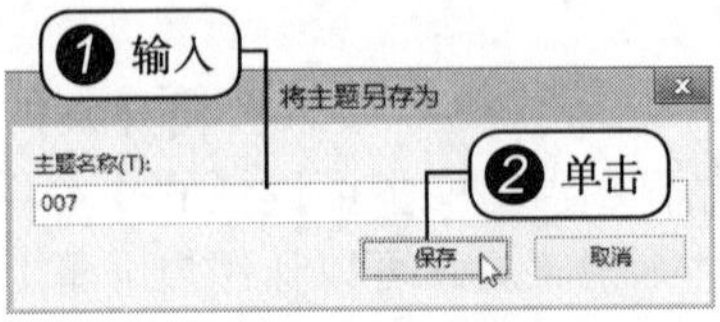

图 2-104 确认保存

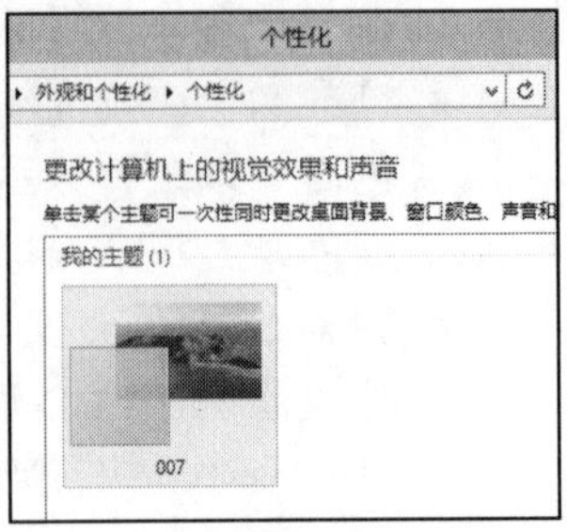

图 2-105 保存后的效果

2.6.2 调整窗口边框和任务栏颜色

窗口边框和任务栏是 Windows 系统中除桌面背景外最显眼的项目，其颜色被系统默认为当前主题设置颜色，用户可以通过“个性化”窗口非常方便地调整窗口边框和任务栏的颜色。现在就详细介绍一下调整窗口边框和任务栏颜色的具体操作方法与步骤。

Step 01 在 2.6.1 节打开的“个性化”窗口中单击“窗口颜色”链接，如图 2-106 所示。

Step 02 切换至“窗口颜色和外观”界面，选择喜欢的颜色，单击该颜色图标，如图 2-107 所示。

图 2-106 单击“窗口颜色”链接

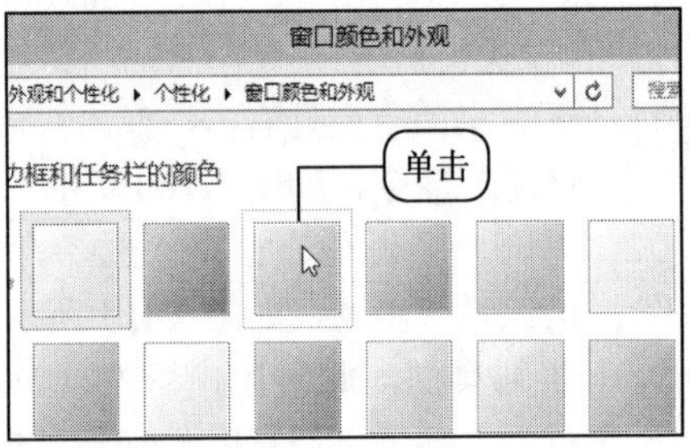

图 2-107 选择喜欢的颜色

Step 03 ❶ 按住“颜色浓度”右侧滑块不放左右拖动调节所选颜色的浓度，❷ 待调至合适浓度后单击“保存修改”按钮即可，如图 2-108 所示。

Step 04 回到桌面，此时用户可发现 Windows 8 操作系统中任务栏和窗口颜色都发生了改变，如图 2-109 所示。

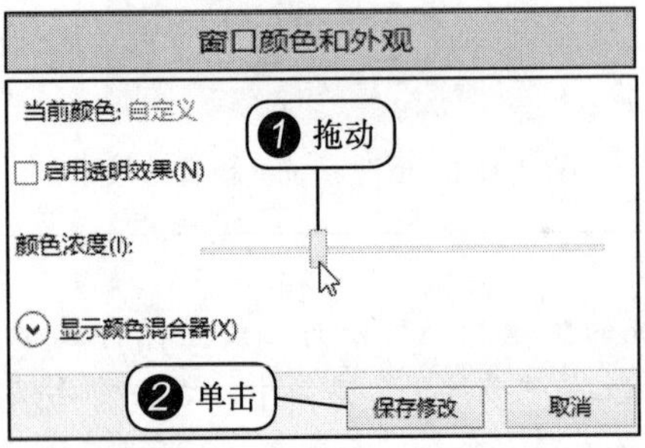

图 2-108 调整并保存颜色浓度

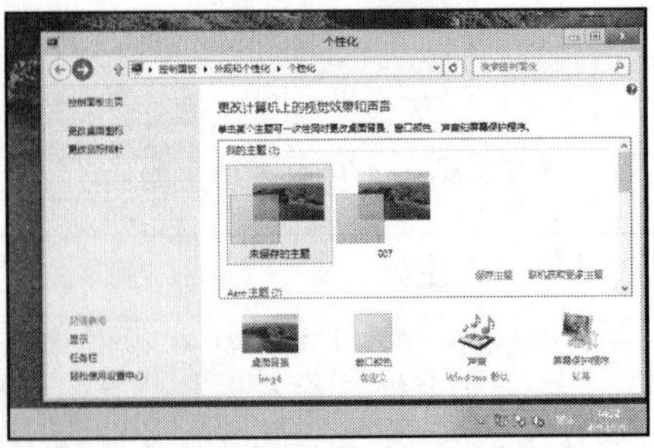

图 2-109 调整窗口边框和任务栏颜色后的效果

2.6.3 更换桌面背景

桌面背景就是2.2.3节中介绍的桌面壁纸，在Windows 8操作系统中，用户既可以设置单独一张图片作为背景也可以设置多张图片创建幻灯片切换方式轮流显示背景图片。Windows 8操作系统中只自带了少量的背景图片，使用时间长了不可避免地会感到厌烦，Windows 8系统支持用户自定义桌面背景，接下来就介绍一下更换桌面背景的具体操作方法与步骤。

1. 在“个性化”窗口中更换桌面背景

在“个性化”窗口中更换桌面背景是Windows 8操作系统中最常用的更换背景的方法。其具体操作步骤如下。

Step 01 ❶在桌面空白处右击，弹出快捷菜单，❷单击“个性化”命令，如图2-110所示。

Step 02 打开“个性化”窗口，在窗口底部单击“桌面背景”链接，如图2-111所示。

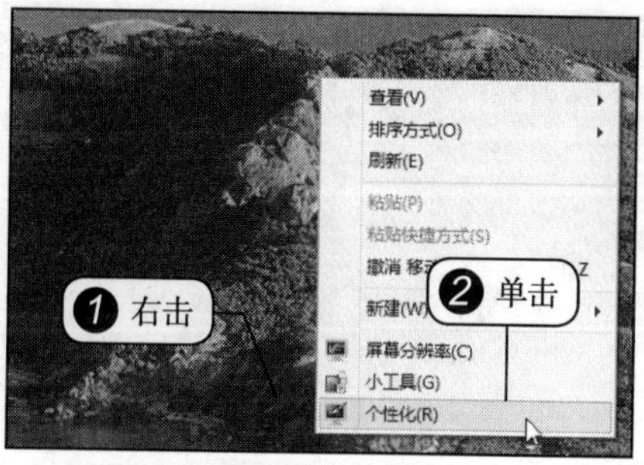

图2-110 单击“个性化”命令

图2-111 单击“桌面背景”链接

Step 03 切换至“桌面背景”界面，单击“图片存储位置”右侧的“浏览”按钮，如图2-112所示。

Step 04 弹出“浏览文件夹”对话框，❶在对话框中选择包含用户希望显示在桌面上的图片文件，❷选择文件夹后单击“确定”按钮，如图2-113所示。

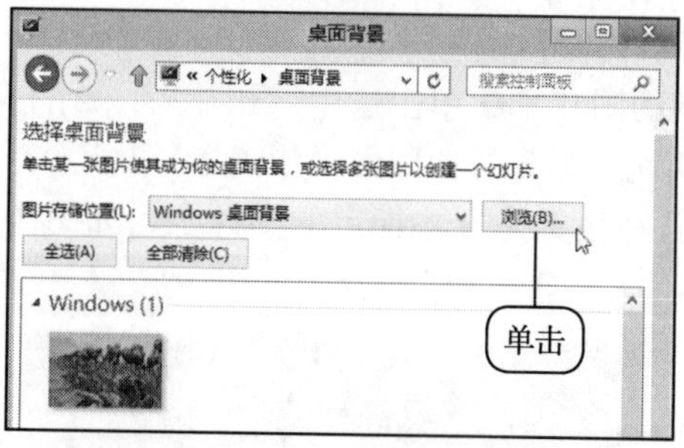

图2-112 单击“浏览”按钮

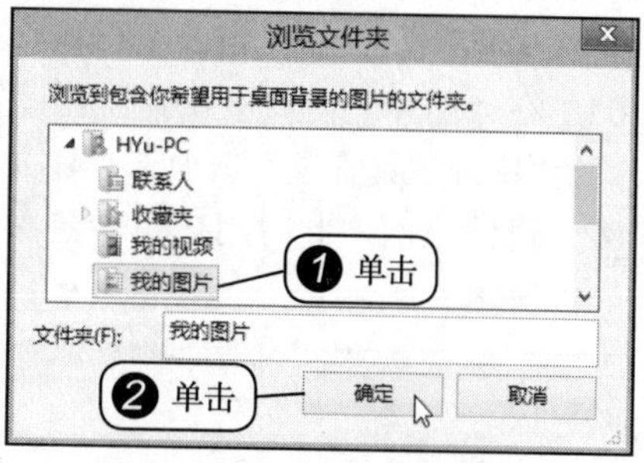

图2-113 选择图片文件夹

Step 05 返回到“桌面背景”窗口，此时可看到方才选择的文件夹包含图片的列表，单击取消勾选不需要设置为桌面背景的图片，如图2-114所示。

Step 06 单击“填充”右侧的扩展按钮，在展开的列表中选择合适的图片填充方式，如图2-115所示。

Step 07 ❶单击“更改图片时间间隔”右侧的扩展按钮，❷在展开的列表中选择合适的图片切换间隔时间，如图2-116所示。

Step 08　返回桌面，此时用户可发现 Windows 8 系统中桌面背景已经发生了改变，如图 2-117 所示。

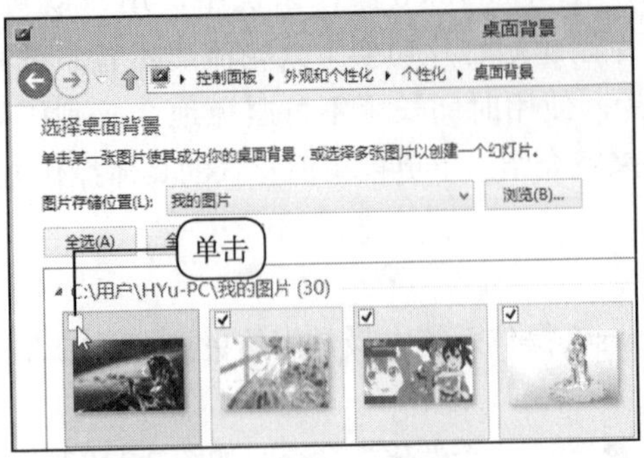

图 2-114　剔除不喜欢的图片

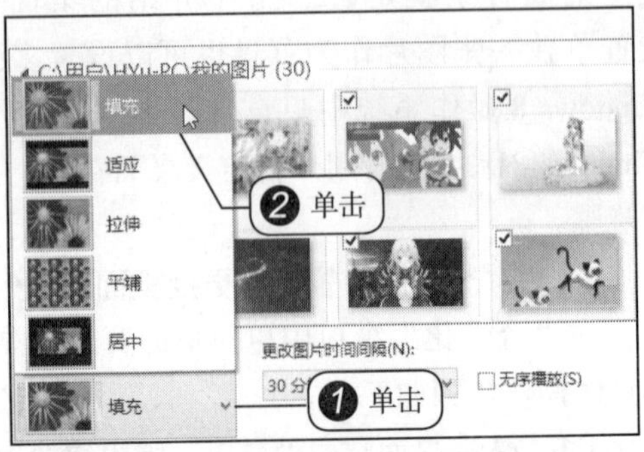

图 2-115　选择合适的图片填充方式

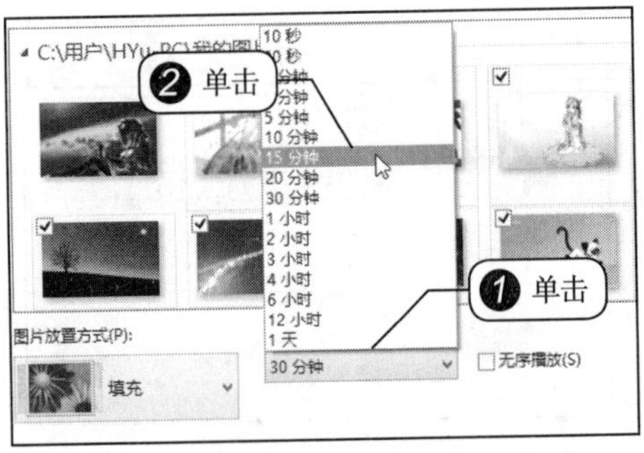

图 2-116　调整图片切换的间隔时间

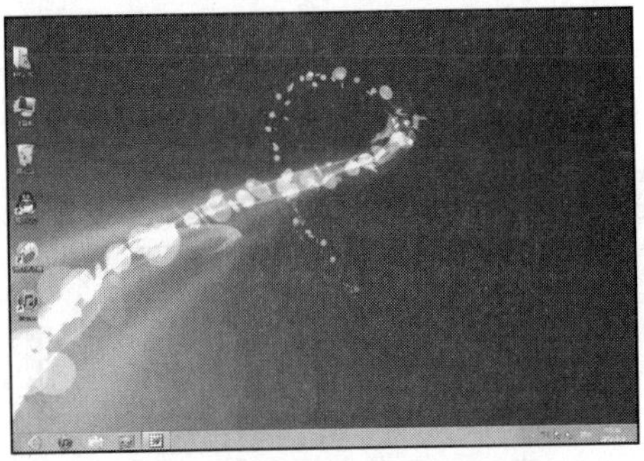

图 2-117　更换桌面背景后的效果

2．快速设定指定照片为墙纸

前面介绍了在"个性化"窗口中更换桌面背景的方法和操作步骤，用户可以看出其操作不太简洁，那么有没有更加简单的方法可以设置指定照片为墙纸呢？

答案是肯定的，在 Windows 8 操作系统中用户可以在 Windows 资源管理器中通过简单的操作将指定的照片设置为墙纸。具体操作步骤如下。

Step 01　在"图片"窗口中找到需要设置为壁纸的图片，❶ 单击选中该图片后，❷ 打开至"图片工具管理"选项卡，❸ 单击"设置为背景"按钮即可，如图 2-118 所示。

Step 02　返回桌面，此时用户可看到桌面背景已经设置为方才指定的图片了，如图 2-119 所示。

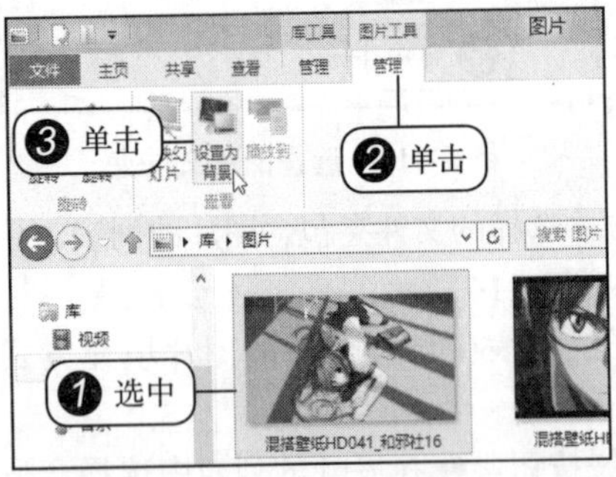

图 2-118　设定指定图片为墙纸

图 2-119　查看最终效果

2.6.4 设置屏幕保护程序

自 Windows 操作系统发行以来屏幕保护程序一直是 Windows 系统必不可少的组成部分，通过设置屏幕保护程序一方面可以有效保护电脑屏幕延长其使用寿命（非液晶显示屏），从另一方面屏幕保护程序同样也是展现个人风格，打造个性化 Windows 8 操作界面必不可少的组成部分。Windows 8 操作系统共自带了 6 种类型的屏幕保护程序，它们分别是 3D 文字、变幻线、彩带、空白、气泡、照片，如图 2-120 所示。具体操作步骤如下。

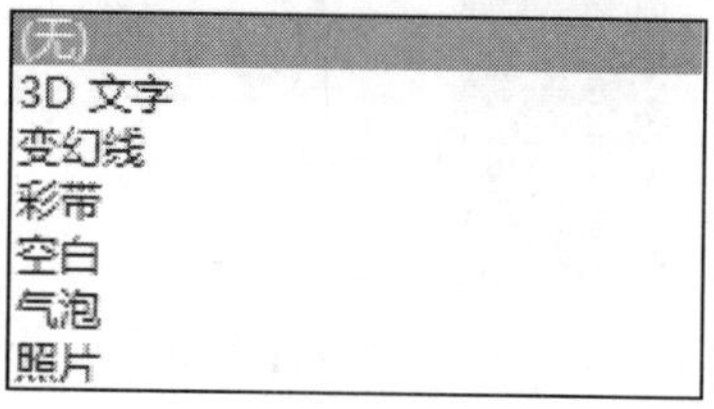

图 2-120　Windows 8 自带的屏幕保护程序

Step 01　在 2.6.3 节打开的“个性化”窗口中单击“屏幕保护程序”链接，如图 2-121 所示。

Step 02　在打开的“屏幕保护程序设置”对话框中，❶ 单击“屏幕保护程序”选项栏右侧的扩展角按钮，❷ 在展开的列表中选择喜欢的屏幕保护程序，如图 2-122 所示。

Step 03　单击“确定”按钮即可完成设置屏幕保护程序，待一段时间屏幕静止不动后屏幕保护程序将自动运行，如图 2-123 所示。

图 2-121　单击“屏幕保护程序”链接

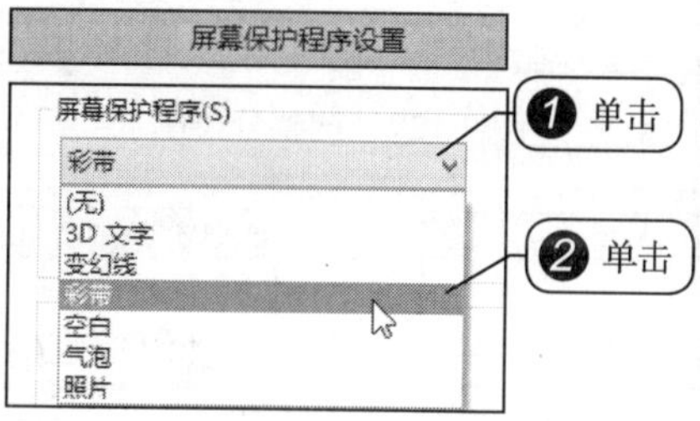

图 2-122　选择喜欢的屏幕保护程序

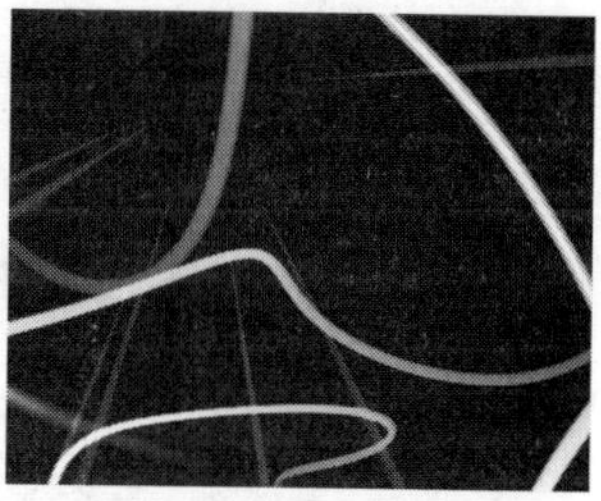

图 2-123　屏幕保护程序显示效果

2.6.5 调整分辨率和刷新频率

在使用 Windows 8 操作程序时，屏幕显示内容的精细程度直接由系统设置的分辨率决定，用户可直接通过调节系统分辨率以更改屏幕的显示内容精细程度及可显示的内容数量。

刷新频率是指每秒钟屏幕画面重绘的次数，刷新频率的高低直接影响到屏幕成像的好坏，对于 CRT 显示器（显像管显示器）来说，只有设置 80Hz 以上的刷新频率才能保证画面的平稳、避免眼睛的疲劳。由于构造的原因，LCD 显示器（液晶显示器）只需保持刷新频率在 60~75Hz 就可以保证良好的画面和避免眼睛的疲劳了。具体操作步骤如下。

Step 01　❶ 在桌面空白处右击，在弹出的快捷菜单中，❷ 单击“个性化”命令，如图 2-124 所示。

Step 02　打开“个性化”窗口，单击“显示”链接，如图 2-125 所示。

Step 03　切换至“显示”界面，单击“调整分辨率”链接，如图 2-126 所示。

Step 04　打开“屏幕分辨率”窗口，❶ 单击“分辨率”右侧的下拉按钮，❷ 在弹出的列表中拖动滑块选择合适的分辨率，如图 2-127 所示。

Step 05　设置好屏幕分辨率后，单击“高级设置”链接，如图 2-128 所示。

Step 06　❶ 在弹出的对话框中打开“监视器”选项卡，❷ 单击“屏幕刷新频率”右侧的下拉按钮，❸ 在打开的列表中选择合适的刷新频率，❹ 最后单击“确定”按钮即可，如图 2-129 所示。

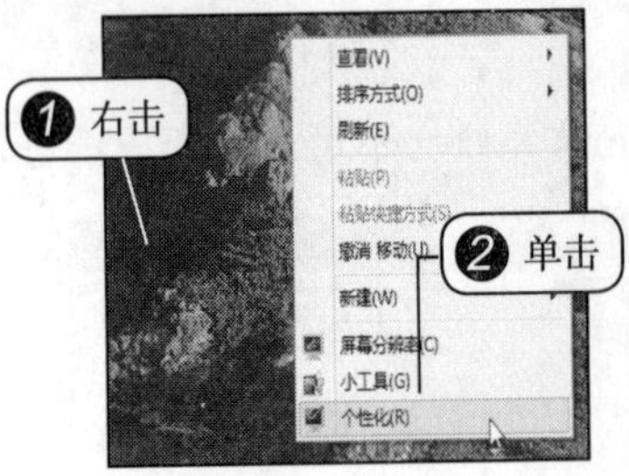

图 2-124　单击“个性化”命令

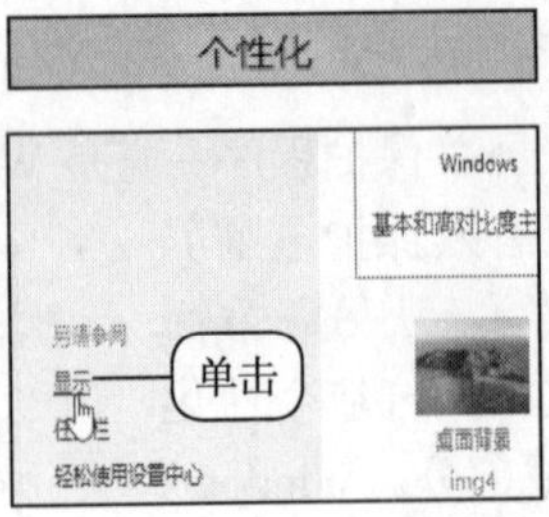

图 2-125　单击“显示”链接

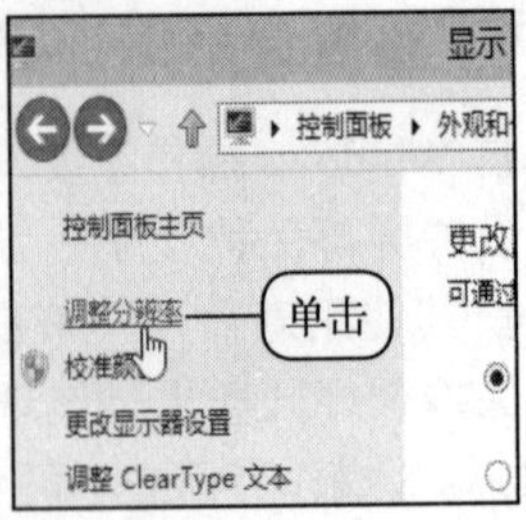

图 2-126　单击“调整分辨率”链接

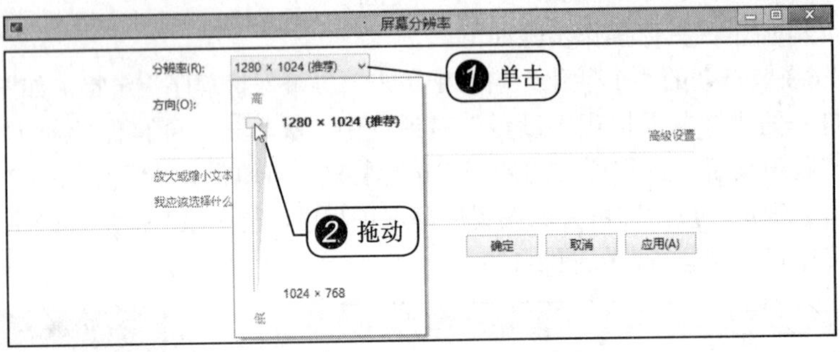

图 2-127　调整分辨率

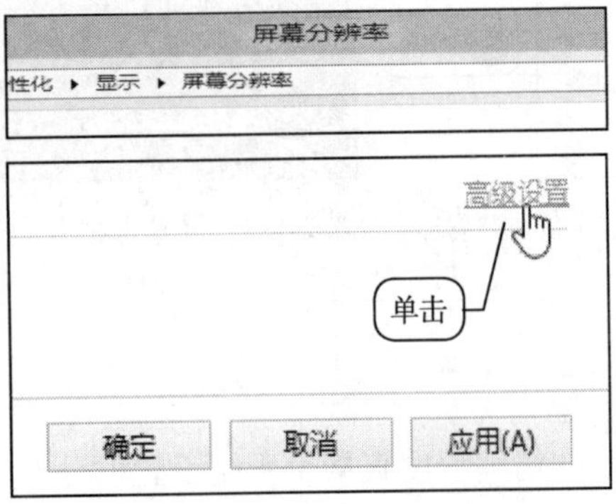

图 2-128　单击“高级设置”链接

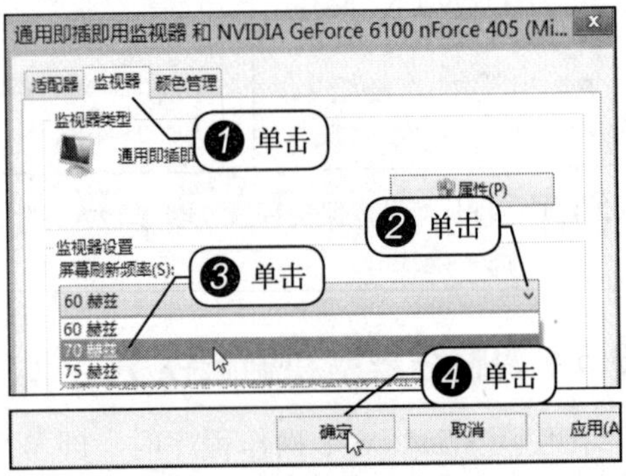

图 2-129　设置屏幕刷新频率

2.7　使用 Windows 8 窗口

所谓窗口，一般来说就是在 Windows 系统中用户访问各种电脑资源的资源管理器界面，当然也包括了一些其他的操作界面。

在 Windows 8 操作系统中窗口的外观都差不多，这是因为窗口都是借助 Explorer.exe（外壳进程）实现的，这些窗口的操作和外观都非常类似，但由于功能不同会存在细微的区别。

2.7.1　窗口的组成

Windows 8 操作系统的窗口较之 Windows 7 操作系统的窗口发生了不小的变化，Windows 8 操作系统中的窗口引入了一个新的特性——功能区，通过功能区用户可以轻松地实现各种文件管理操作。如图 2-130 即为 Windows 8 操作系统中最为典型的“计算机”窗口。

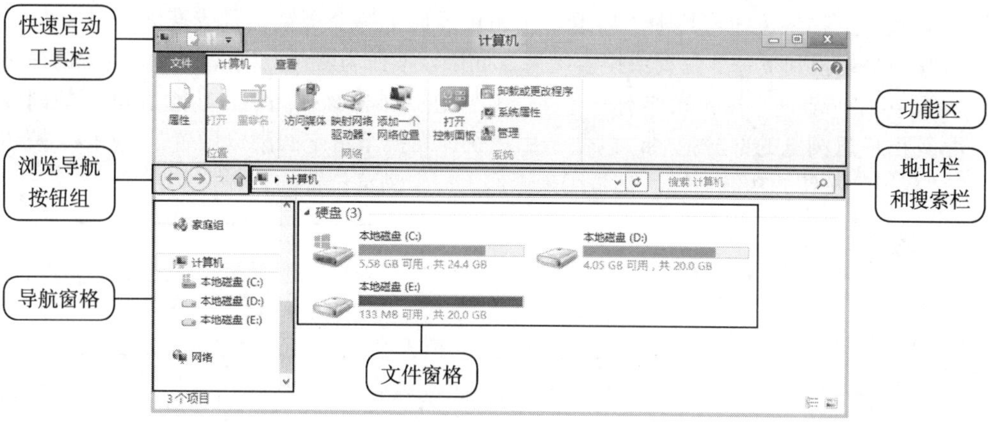

图 2-130 “计算机”窗口

Windows 8 操作系统中“计算机”窗口由多个不同的组件组成，虽然每个组件功能各不相同，但组合到一起却能为用户的电脑日常使用提供便利。

- 快速启动工具栏：该工具栏提供了在使用窗口过程中常用的功能，包括查看所选文件或文件夹的属性、新建 / 删除 / 重命名文件或文件夹等选项。系统默认只选取了“属性”和“新建文件夹”两个快捷访问功能。
- “文件”按钮：单击该按钮后将会在弹出的菜单中看见打开新窗口、删除历史记录以及管理窗口等命令。
- 功能区：功能区主要包括“计算机”和“查看”两个选项卡，这两大版块分别为用户提供不同的功能。窗口中的功能区一般是在“计算机”窗口或“Windows 资源管理器”窗口等涉及电脑文件资源管理的情况下才会出现。
  - “计算机”选项卡：该选项卡包括位置、网络和系统 3 个选项组，如图 2-131 所示，其中“位置”选项组提供了属性、打开和重命名的功能；“网络”选项组提供了访问媒体、映射网络驱动器和添加一个网络位置等功能；“系统”选项卡提供了打开控制面板、卸载或更改程序、系统属性和管理等功能。通过“计算机”选项卡中的功能，用户可以快捷地对计算机系统进行简单的操作。

图 2-131 “计算机”选项卡

  - “查看”选项卡：该选项卡由“窗格”、“布局”、“当前视图”以及“显示 / 隐藏”4 个选项组和一个“选项”按钮组成，如图 2-132 所示。“窗格”选项组提供了打开 / 关闭导航窗格、预览窗格以及详细信息窗格等功能；“布局”选项组提供了调整当前文件和文件夹显示方式的功能；“当前视图”选项组提供了对显示的文件或文件夹进行排列和分组、添加信息列以及将所有列调整为合适的大小等功能；“显示 / 隐藏”选项组提供了显示 / 隐藏文件扩展名、项复选框、隐藏的项目以及隐藏所选项目等功能；单击“选项”按钮后将会弹出“文件夹选项”对话框，在该对话框中可编辑文件和文件夹的浏览方式、打开项目的方式、高级设置以及搜索方式等。
- 浏览导航按钮组：该按钮组位于功能区的左下方，包括“后退”按钮、“前进”按钮以及“上移”按钮，其中“后退”按钮可返回上一个浏览位置或搜索结果；“前进”按钮可切换到下一个位置或搜索结果，如果该按钮为灰色，则说明当前位置为最终位置；在“前进”按钮右侧有一个下三角按钮，单击该按钮后，将会在展开的列表中列出最近浏览的部分记录，以便于用户快速切换至指定的浏览位置，“上移”按钮与“后退”按钮的功能一样，都是用来返回上一个浏览位置的。

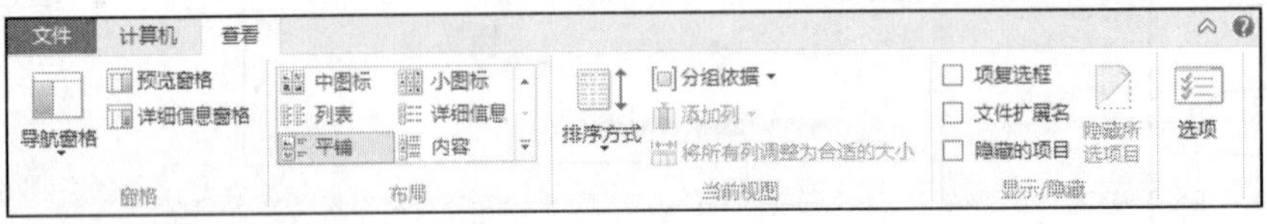

图 2-132 “查看”选项卡

- ❑ 地址栏：该栏中显示了当前浏览位置的详细路径信息，例如在图 2-130 所示的窗口中，地址栏显示为计算机，则表示当前浏览的是“计算机”窗口。在地址栏中，详细路径以按钮的形式显示，单击对应的按钮便可返回指定的浏览位置，在路径的右侧都显示了一个右三角按钮，单击该按钮便可在展开的列表中看见与该级窗口同级的其他窗口，如图 2-133 所示，由于地址栏中的详细路径是以按钮的形式显示的，若要复制该地址栏中的路径信息，则单击地址栏右侧的空白处，详细路径信息将会以文字的形式显示，如图 2-134 所示。

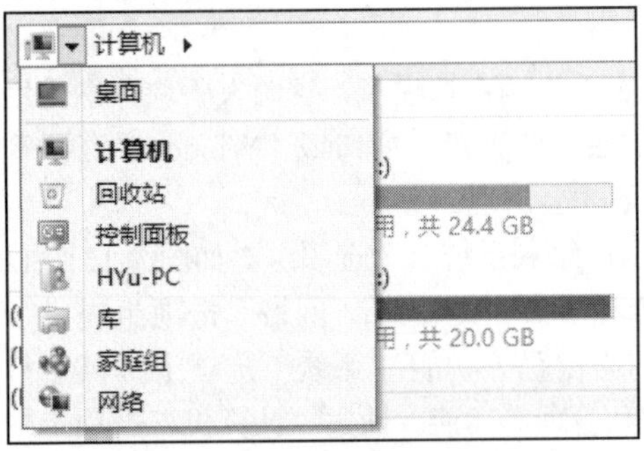

图 2-133 查看与该级窗口同级的其他窗口

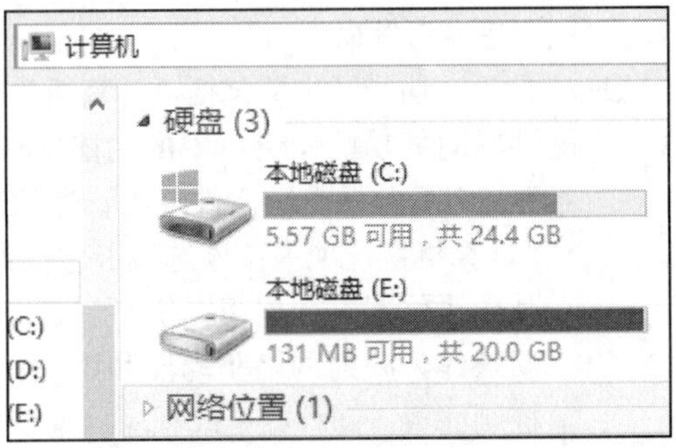

图 2-134 以文字形式显示详细路径信息

- ❑ 搜索栏：利用该搜索栏可以对该窗口中的所有内容进行搜索。用户不仅可以搜索文件和文件夹的名称，而且还可以搜索文件的内容。在 Windows 8 操作系统的“计算机”窗口中，搜索栏搜索文件是实时动态进行的，当用户搜索关键字还未完全输入完毕时，系统已经在开始搜索了。因此，用户可能并不需要完整地输入搜索关键字就能搜索到需要的内容。
- ❑ 导航窗格：导航窗格位于“计算机”窗口左下方，导航窗格从上到下一共分为 5 部分，分别是收藏夹、库、家庭组、计算机、网络，如图 2-135 所示。用户可单击每项左侧的右三角按钮以展开更多的内容，通过导航窗格用户可以随意地浏览不同的内容。

图 2-135 导航窗格

  - 收藏夹：“计算机”窗口中的收藏夹可以将用户经常使用的文件地址收藏到收藏夹中方便用户快速打开该地址。该收藏夹和 IE 浏览器中的收藏夹有本质的区别，IE 浏览器中的收藏夹收藏的是网站的网址而“计算机”窗口中的收藏夹收藏的是本地磁盘文件地址或网络共享文件地址。用户只需进入需要收藏的窗口位置后右击“收藏夹”选项，在弹出的快捷菜单中单击“将当前位置添加到收藏夹”命令即可成功添加文件地址到收藏夹。

- 库：库是微软公司在 Windows 7 操作系统中引入的概念，它并非传统意义上的用来存放用户文件的文件夹，库还具备了方便用户在计算机中快速查找到所需文件的作用。用户将相同属性或作用的文件夹包含在一个库中，这样直接通过打开这个库就可以查到所有包含在这个库中的文件以及文件夹。
- 家庭组：家庭组同样也是微软公司自发布 Windows 7 操作系统时就引入的功能，这是一种比网上邻居更加方便简洁的网络共享方式，用户只需将不同的电脑加到同一个家庭组中就可以实现不同电脑间文件和设备的共享。
- 计算机：计算机选项是用户使用电脑时最常用的项目之一，计算机选项下列出了该电脑所有的本地硬盘和已经插入电脑的其他外部设备（比如 U 盘、MP3、移动硬盘等），通过“计算机”选项，用户可直接浏览本地所有文件和文件夹。
- 网络：在“计算机”窗口中的“网络”选项和 Windows XP 操作系统中的“网上邻居”很相似，“网络”选项下将列出局域网中所有启用了共享的计算机，双击其中任意一个计算机图标，即可打开该计算机共享的资源。

❑ 文件窗格：文件窗格是窗口中最重要的部分，在文件窗格中将显示该窗口要浏览的具体内容，比如“计算机”窗口中显示的是具体的本地盘符。文件窗格中显示的内容随窗口的改变而改变，用户还可以通过设置改变文件窗格中文件的显示方式。

提示：直接拖动文件夹到收藏夹

除了使用之前介绍的方法添加文件夹到收藏夹外，用户还可以直接将文件夹拖到收藏夹中，这种方式更加方便快捷。

2.7.2 打开窗口

前面已经详细介绍了窗口的组成，接下来就介绍一下怎样打开窗口。打开窗口的操作分两种情况，一种是使用桌面图标打开，另一种是在任务栏中打开。

“计算机”窗口是 Windows 8 操作系统最常用的窗口之一，当用户使用 2.3.1 节介绍的方法添加“计算机”系统图标到桌面上后，可以使用两种方法打开“计算机”窗口，第一种方法是直接双击“计算机”图标，第二种方法是右击该图标，在弹出的快捷菜单中单击“打开”命令，如图 2-136 所示。

Windows 资源管理器同样是 Windows 操作系统非常常用的窗口，Windows 8 操作系统默认将其锁定在任务栏中。用户同样可以使用两种方法将“Windows 资源管理器”窗口打开。一种方法是直接单击“Windows 资源管理器”图标，另一种方法是右击该图标在弹出的快捷菜单中单击“Windows 资源管理器”命令即可，如图 2-137 所示。

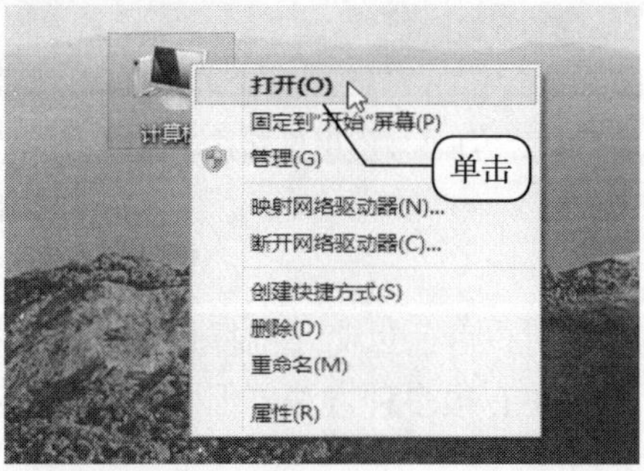

图 2-136　在桌面上打开“计算机”窗口

图 2-137　在任务栏中打开窗口

2.7.3 移动窗口

窗口的移动是 Windows 系统最基本的操作之一，通过移动窗口用户可以有效地利用屏幕的空间以及使电脑操作切合自身的使用习惯。在 Windows 8 操作系统中，窗口自身就拥有移动窗口功能，接下来就详细介绍一下移动窗口的操作方法和步骤。

Step 01 ❶ 在打开的“计算机”窗口标题栏上右击，弹出快捷菜单，❷ 单击“移动”命令，如图 2-138 所示。

Step 02 当鼠标指针变成“✥”形状时，用户便可以开始移动窗口了，窗口原始位置如图 2-139 所示。

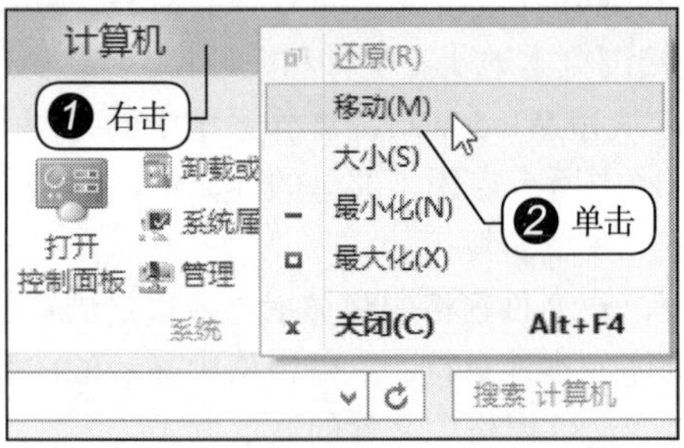

图 2-138 单击“移动”命令

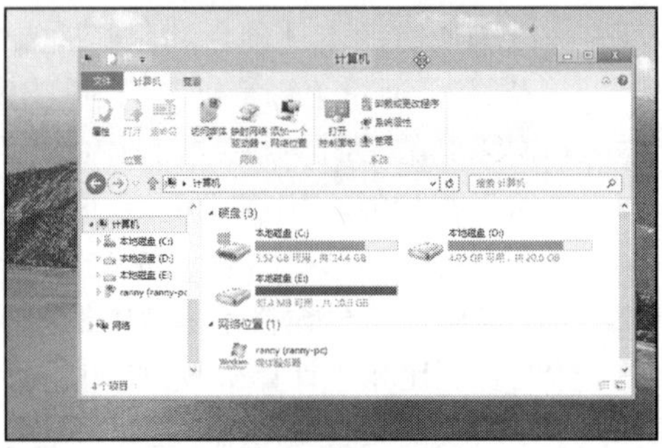

图 2-139 窗口原始位置

Step 03 通过按键盘上的【↑】、【↓】、【←】、【→】键调整窗口的位置，调整后的窗口位置如图 2-140 所示。

Step 04 此时用户除了可使用键盘上的方向键移动窗口外还可以直接使用鼠标（不按任何键）移动该窗口，移动后窗口如图 2-141 所示。

提示：直接单击窗口标题栏移动窗口

除使用“移动”命令外，用户还可以直接使用鼠标按住窗口标题栏不放，将窗口移动到合适位置后释放鼠标即可。与前面介绍的方法相比，这种移动窗口的方法要更常用一些。

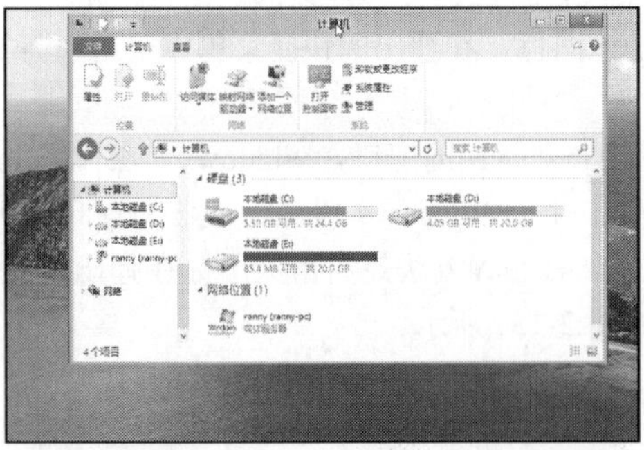

图 2-140 使用键盘方向键移动窗口

图 2-141 使用鼠标移动窗口

2.7.4 改变窗口的大小

Windows 8 操作系统的窗口大小并非一成不变的，用户可通过简单的操作来调整窗口的大小使之更加符合实际需求和操作习惯。改变窗口的大小有很多种方法，但总体可分为系统自动改变窗口大小和手动改变窗口大小两大类。

在 Windows 8 操作系统中共有 3 种窗口排列方式可使系统自动改变窗口大小，分别是：层叠窗口、堆叠显示窗口以及并排显示窗口，如图 2-142 所示。用户可右击任务栏空白区域后，在弹出的快捷菜单中找到这 3 个命令。

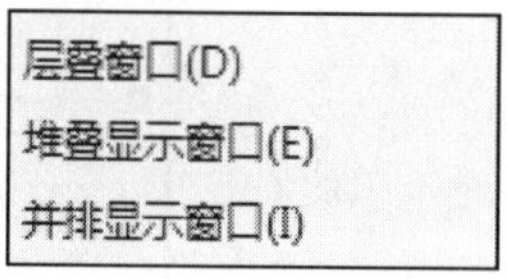

图 2-142　3 种窗口排列方式

- ❑ 层叠窗口：使用“层叠窗口”这种窗口排列方式后，系统将自动改变此时在桌面上打开的所有窗口的大小并将其层叠排列，如图 2-143 所示。

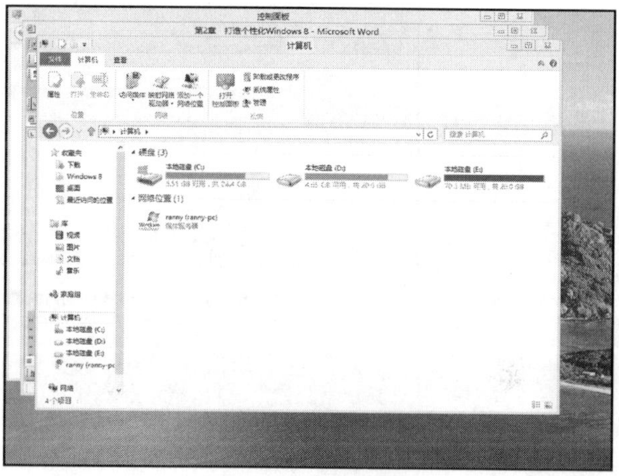

图 2-143　层叠窗口

- ❑ 并排显示窗口：这种窗口排列方式在某种情况下非常有利于编辑工作，使用这种排列方式后桌面上的所有窗口会自动改变大小并排显示在屏幕中，如图 2-144 所示。
- ❑ 堆叠显示窗口：所谓堆叠显示就是将所有打开的窗口堆叠在一起显示在窗口中，随着 Windows 系统中打开窗口数量的不同，使用“堆叠显示窗口”命令后显示在桌面上的排列状态也会有所不同，图 2-145 为 3 个窗口按堆叠显示窗口排列，图 2-146 为 4 个窗口按堆叠显示窗口排列。

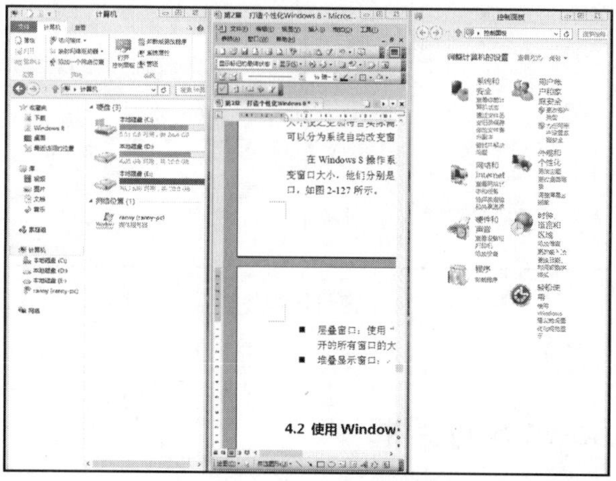

图 2-144　并排显示窗口

在 Windows 8 操作系统中，手动改变窗口大小的操作同样很简单，用户将鼠标指针移到窗口边缘，待鼠标指针变成“↕”、“⇔”、“⤡”或“⤢”形状时按住鼠标左键不放拖动鼠标即可手动改变窗口的大小。

- ❑ 待鼠标指针变为“↕”或“⇔”时：此时用户可通过鼠标改变窗口的高度或改变窗口的宽度，高度和宽度只能单独调节不可同时进行调整。
- ❑ 待鼠标指针变为“⤡”或“⤢”时：此时用户可沿鼠标指针箭头的指向拖动鼠标，同时对高度和宽度进行调节。

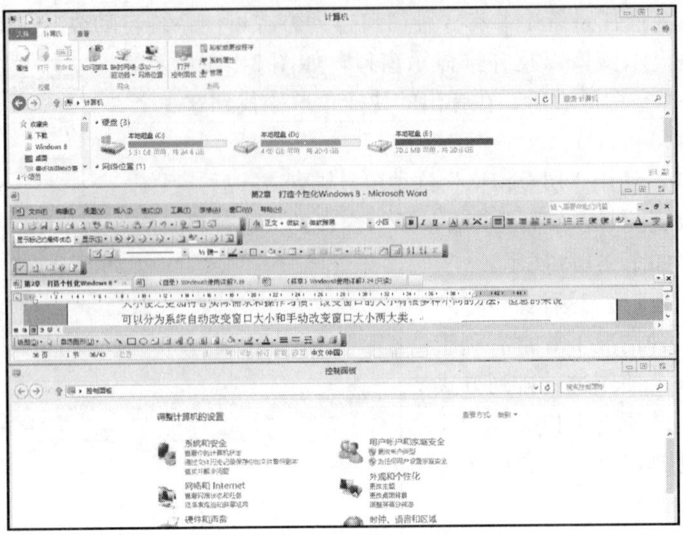

图 2-145　3 个窗口按堆叠显示窗口排列

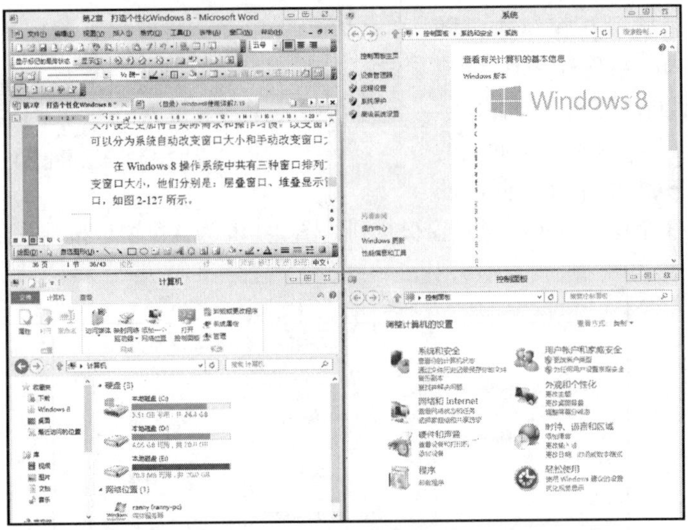

图 2-146　4 个窗口按堆叠显示窗口排列

2.8　使用 Windows 8 对话框

作为 Windows 系统中最为常用的元素之一，对话框一直肩负着帮助用户设置电脑属性的重任，绝大多数的系统设置都是在对话框中完成的。对话框除了可以进行系统设置外，许多第三方应用程序也是通过对话框进行各种功能设置的。

2.8.1　对话框的组成

从 Windows XP 操作系统到 Windows 8 操作系统，对话框几乎没有太大的变化。现在就用最经典的“选项”对话框为大家详细介绍一下对话框的组成，“选项”对话框如图 2-147 所示。

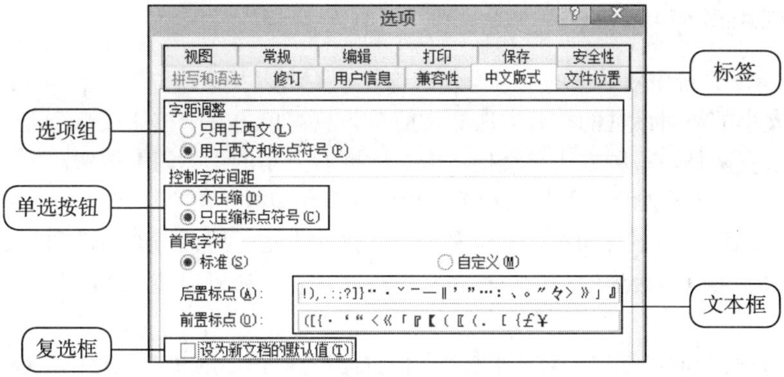

图 2-147 “选项”对话框

- ❑ 标签：在 Windows 系统中有些对话框包含多组内容，用标题栏下的标签标识，标签上标有对应该组内容的名称，单击该标签即可切换至该选项卡，例如：“中文版式”选项卡。
- ❑ 选项组：将同一功能的所有选项用一条分割线分开，形成一个区域，这个区域称为选项组，例如：“字距调整”选项组。
- ❑ 单选按钮：单选按钮表示所需选择的功能是彼此互斥的，如图 2-147 中“字距调整”选项组中就列出了两项互斥的功能供用户选择其一。
- ❑ 复选框：复选框表示所列的功能是彼此兼容的，可同时选中多个选项或不选，选中后其方形框中出现“ √ ”标记，如图 2-147 中“设为新文档的默认值”复选框。
- ❑ 文本框：用来接受用户输入的文本，一般分为纯文字文本框、数字文本框、标点文本框，如图 2-147 中为“前置标点”和“后置标点”文本框。

对话框中拥有非常多的元素，除了上面介绍的 5 种元素外还有下拉列表以及列表框等重要的对话框元素。如图 2-148 为拥有下拉列表和列表框的对话框。

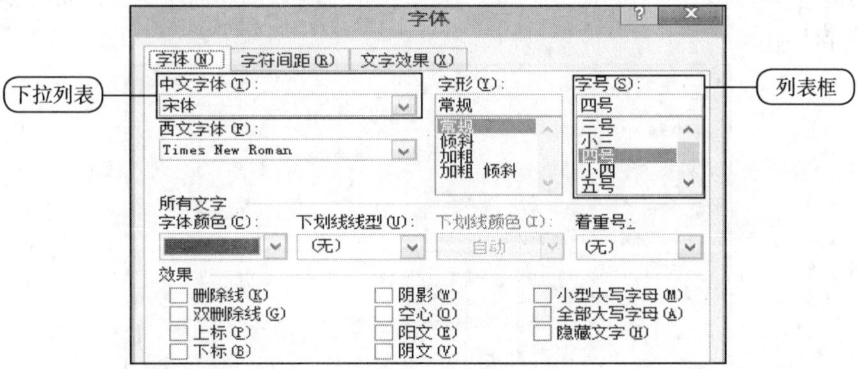

图 2-148 “字体”对话框

- ❑ 下拉列表：下拉列表是一个很常用的对话框元素，当单击下拉列表右侧的扩展按钮后会弹出一个列表，此时用户便可以在弹出的下拉列表中选择合适的选项，如图 2-149 所示。
- ❑ 列表框：列表框是一种有别于下拉列表的对话框元素，它以直观列表的形式直接列出所有可供选择的选项，而不需要用户单击扩展按钮。

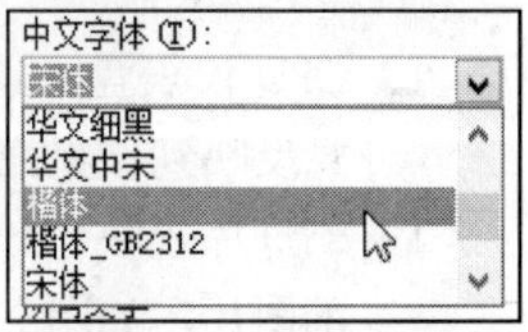

图 2-149 下拉列表

2.8.2 对话框的常见操作

在 Windows 系统中对话框的常见操作有打开、关闭以及移动位置，需要注意的是对话框是不能调整大小的。对话框的打开方法非常简单，只需单击某个按钮或命令即可打开。关闭对话框的方法有两种，一种方法是直接单击对话框右上角的“关闭”按钮，另一种方法是单击“取消”按钮。由于对话框的打开和关闭操作非常简单故不再赘述。

接下来详细介绍一下移动对话框位置的具体操作方法。对话框的移动和窗口的移动非常相似，用户除了可以直接拖动对话框标题栏进行移动外，还可以使用“移动”命令。具体操作步骤如下。

Step 01 ❶ 在打开的“选项”对话框标题栏上右击，在弹出的快捷菜单中，❷ 单击“移动”命令，如图 2-150 所示。

Step 02 待鼠标指针变成“✥”形状时，如图 2-151 所示，用户便可通过按键盘上的【↑】、【↓】、【←】、【→】键或直接使用鼠标拖动（不按任何键），以调整对话框的位置。

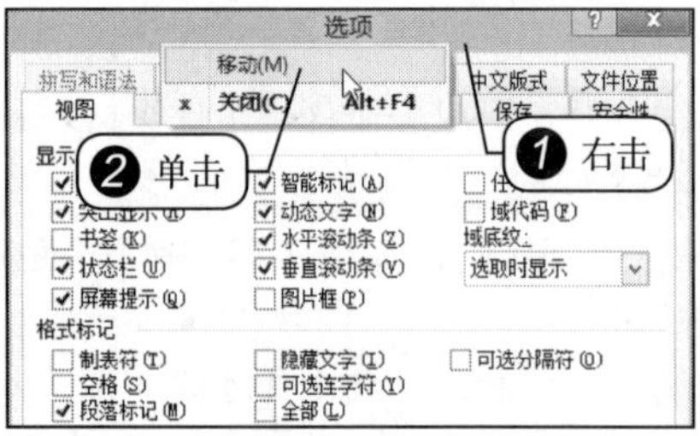

图 2-150 单击“移动”命令

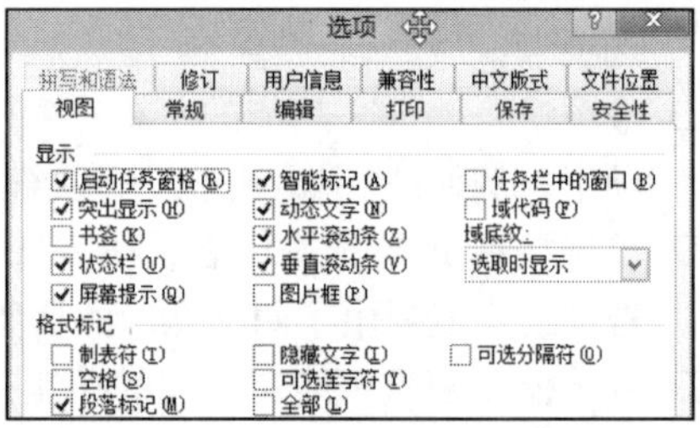

图 2-151 鼠标指针变化后的形状

2.9 使用桌面小工具获取有用信息

桌面小工具是微软公司开发的可放置在桌面上以便用户随时了解时间、天气、新闻等资讯的桌面便捷小程序。用户可在“小工具”窗口中选择喜欢的桌面小工具，如图 2-152 即为“小工具”窗口。

图 2-152 “小工具”窗口

- CPU 仪表盘：这是一个实时动态地监控 CPU 信息的小程序，它会动态地将 CPU 的信息反映到该桌面小程序中，如图 2-153 所示。
- 幻灯片放映：该程序将会像幻灯片一样在桌面小工具中动态地播放“图片”库中不同的图片，如图 2-154 所示。
- 货币：使用“货币”桌面小工具可以非常方便地获取到最新的货币兑换汇率。

图 2-153 CPU 仪表盘

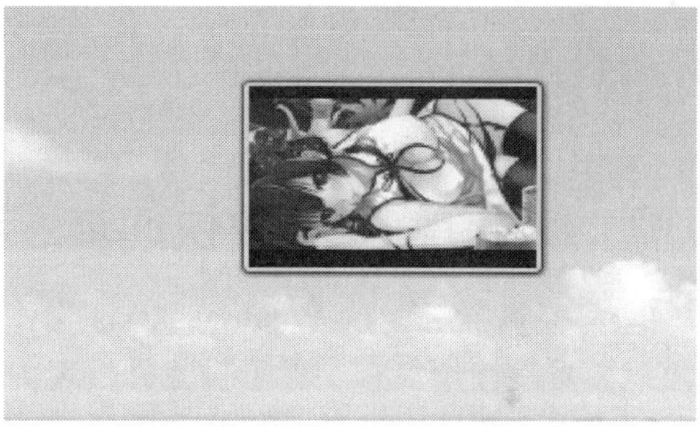

图 2-154 幻灯片放映

- ❑ 日历：顾名思义，该工具可以在桌面上显示当天的年月日以及星期几。
- ❑ 天气：“天气”桌面小程序可以获取最新的天气预报信息以方便用户出行。
- ❑ 时钟：“时钟”小程序实际上是一个模拟时钟，该程序可在桌面上模拟现实生活中的钟表，如图 2-155 所示。
- ❑ 图片拼图板：“图片拼图板”桌面小工具实际上是一个小巧的桌面拼图游戏软件，用户可以在“图片拼图板”小工具中玩拼图游戏。

图 2-155 时钟

接下来就以“货币”小工具为例为大家详细介绍一下使用桌面小工具获取有用信息的方法与操作步骤。

Step 01 ❶ 在桌面空白处右击，弹出快捷菜单，❷ 单击“小工具”命令，如图 2-156 所示。

Step 02 打开“小工具”窗口，在需要的桌面小工具上双击，如图 2-157 所示。

Step 03 此时桌面上出现了用户选择的桌面小工具，❶ 单击“较大尺寸”按钮，❷ 放大桌面小工具尺寸后单击币种选项按钮，如图 2-158 所示。

Step 04 在展开的下拉列表中选择需要获取信息的币种选项，如图 2-159 所示。

Step 05 在人民币下方的文本框中输入需查询的币值即可查询到相应的外币价值，如图 2-160 所示。

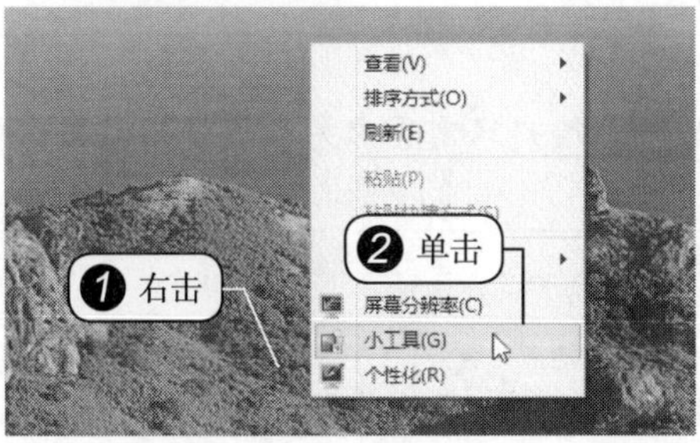

图 2-156 单击“小工具”命令

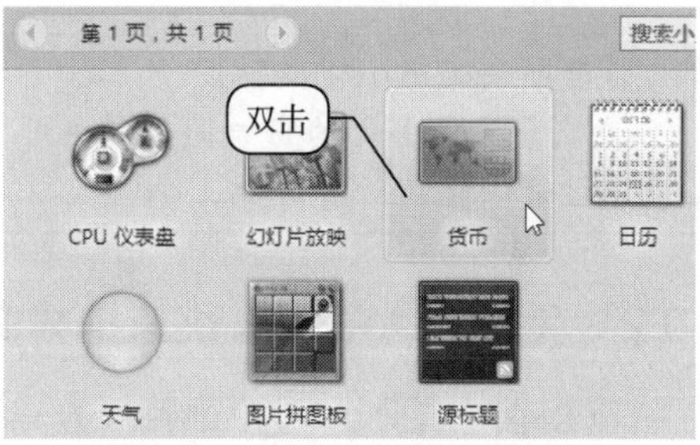

图 2-157 选择需要的小工具

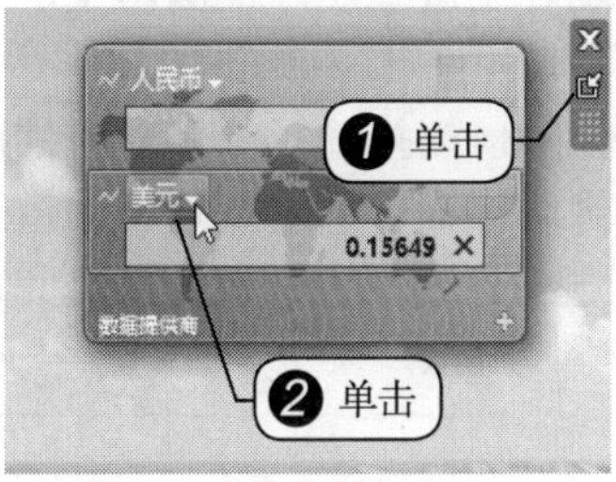

图 2-158 放大小工具尺寸

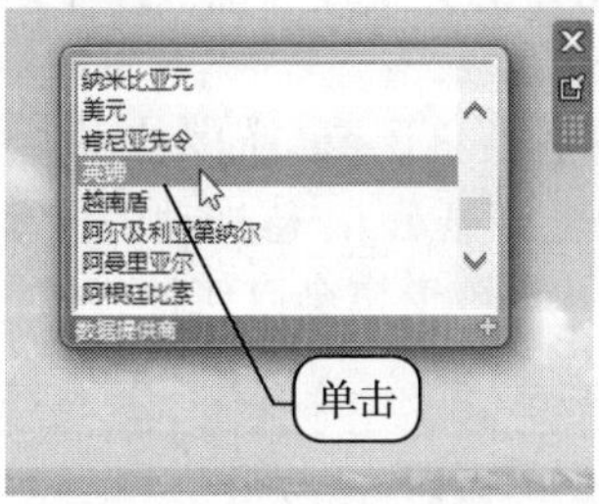

图 2-159 选择需查看的币种

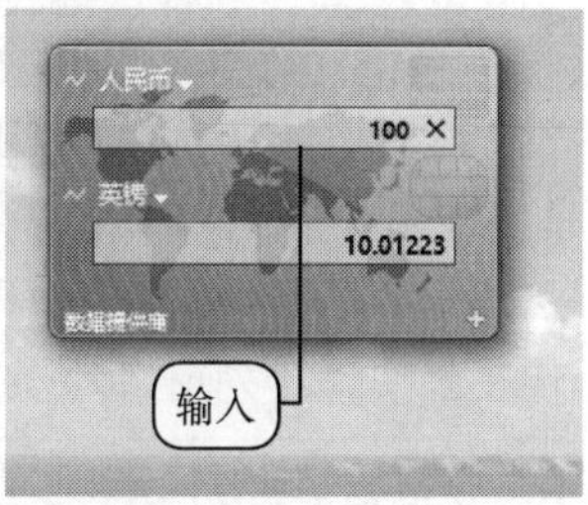

图 2-160 输入需查询的币值

拓展解析

2.10 使用 Aero 特效快速查看和排列窗口

Aero 是微软公司从 Windows Vista 操作系统开始设计和使用的用户界面，Aero 独特的透明玻璃感可以让用户有一种于朦胧处发现美的感觉。Windows Aero 为用户提供高质量的使用体验，大大方便了用户浏览和处理信息。

2.10.1 利用 Aero Shake 快速查看指定窗口

Aero Shake 是 Aero 桌面特效的一部分，是 Windows 8 操作系统中的一个功能。它的作用是可使用 Aero Shake 最小化桌面上除指定的窗口外的其他窗口。如果用户希望只保留一个窗口，又不希望逐个最小化所有其他打开的窗口，此功能可为您节约时间。具体的操作步骤如下。

Step 01 在桌面上按住指定的窗口不放，迅速地左右晃动该窗口，如图 2-161 所示。

Step 02 此时可看到桌面上除了指定的窗口其他窗口都已经最小化了，如图 2-162 所示。

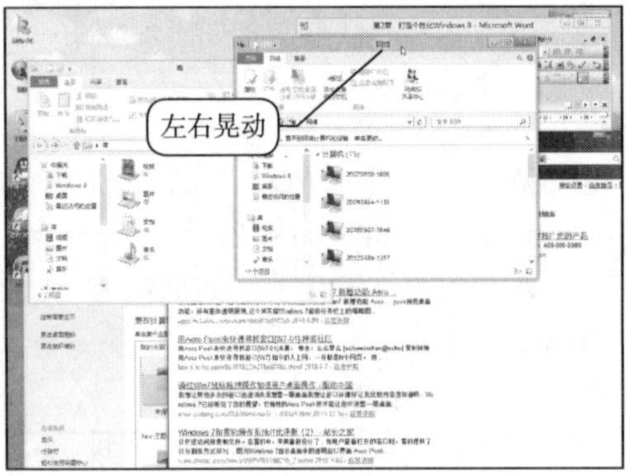

图 2-161 左右晃动指定窗口

图 2-162 左右晃动窗口后的效果

提示：恢复所有被最小化的窗口

如要恢复被最小化的窗口同样是件非常简单的事，用户只需再次晃动刚才指定的窗口即可恢复刚被最小化的所有窗口。

2.10.2 利用 Aero Peek 快速排列窗口

Aero Peek 同样是 Aero 桌面特效的一部分，也是 Windows 8 操作系统中的一个功能。使用 Aero Peek 可以帮助用户快速地排列窗口。

Aero Peek 有 3 种快速排列窗口的方式，即铺满左半屏显示、全屏显示、铺满右半屏显示，分别如图 2-163 ～图 2-165 所示。

用户只需按住窗口标题栏不放并将该窗口向左、向右或者向顶端拖动（分别对应铺满左半屏显示、铺满右半屏显示和全屏显示），待拖动到屏幕边缘时桌面上会看到透明的窗口效果，通过该透明效果用户即可知道该窗口会以何种方式排列显示。此时释放鼠标即可完成 Aero Peek 快速排列窗口的操作。

提示：恢复被 Aero Peek 快速排列的窗口

如要恢复被 Aero Peek 快速排列的窗口同样是件非常容易的事，用户只需按住窗口的标题栏并向桌面中心拖动即可恢复该窗口的原始大小。

使用 Aero Peek 快速排列窗口可以方便用户对比左右两篇不同的文档。下面就具体介绍一下利用 Aero Peek 快速排列窗口的操作步骤。

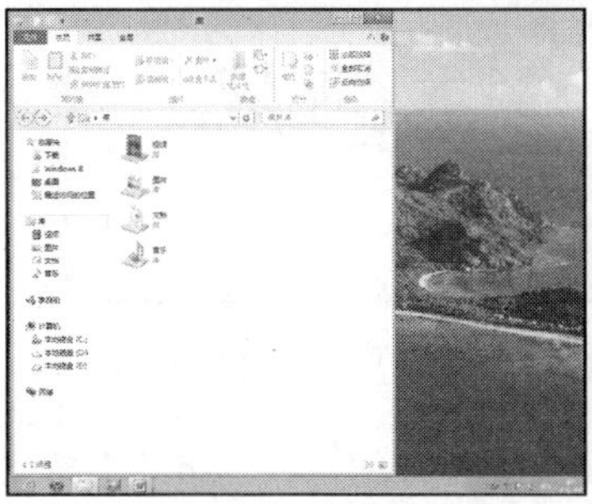

图 2-163 铺满左半屏显示

图 2-164 铺满右半屏显示

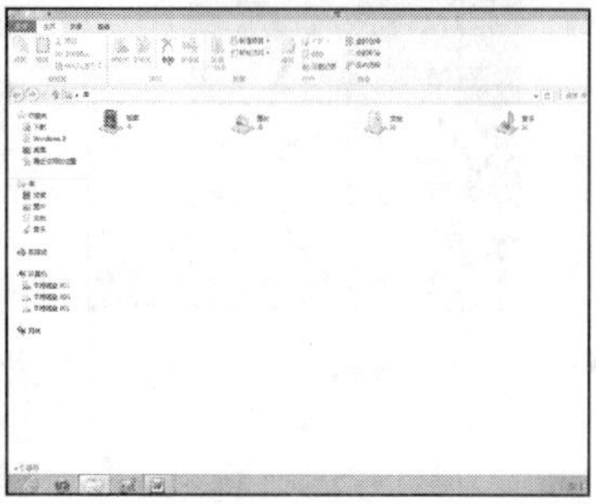

图 2-165 全屏显示

Step 01 在桌面上按住指定窗口的标题栏不放并向屏幕右侧拖动，待拖到屏幕边缘后释放，如图 2-166 所示。

Step 02 此时可看到桌面上指定窗口以铺满右半屏显示在屏幕上，如图 2-167 所示。

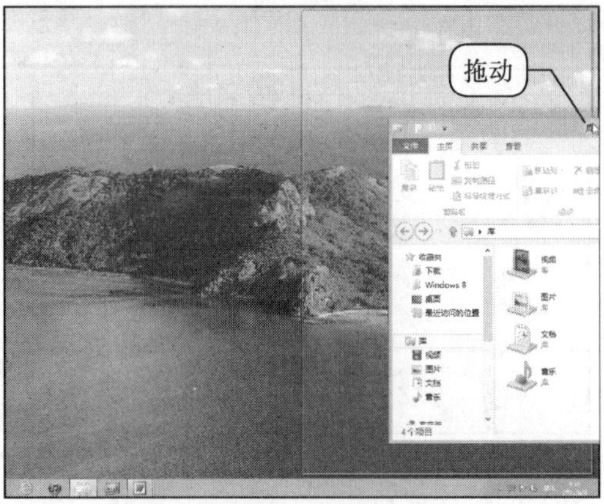

图 2-166 拖动指定窗口至屏幕右侧

图 2-167 拖动窗口后的效果

2.11 自定义个性化的开 / 关机声音

在 Windows 8 操作系统中开 / 关机声音是可以自定义的，用户可以在 2.6 节介绍的“声音”对话框中进行设置。

Windows 8 操作系统自带了非常多的系统声音文件，用户可根据自身的喜好随意组合。另外 Windows 8 操作系统还支持设置非系统自带声音文件为开 / 关机声音，现在就为大家详细介绍一下自定义个性化的开 / 关机声音的操作方法与步骤。

Step 01 ❶ 在桌面空白处右击，❷ 在弹出的快捷菜单中单击“个性化”命令，如图 2-168 所示。

Step 02 打开“个性化”窗口，单击“声音”链接，如图 2-169 所示。

提示：只有 wav 格式的音频文件才能设置为开 / 关机声音

虽然 Windows 8 操作系统支持设置非系统自带声音文件为开 / 关机声音，但仅支持 wav 格式的音频文件。用户可先将需设置的音频文件转换为 wav 格式后再进行设置。

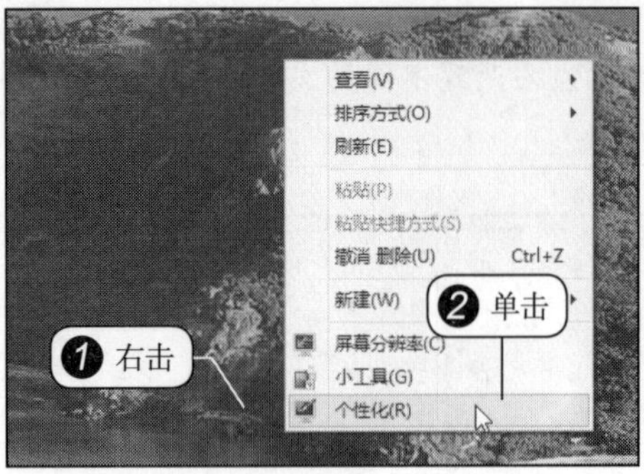

图 2-168 单击“个性化”命令

图 2-169 单击“声音”链接

Step 03 在弹出的“声音”对话框中，❶ 单击“声音”下方的“☑”按钮，在弹出的下拉列表中，❷ 选择“Windows”关机选项，❸ 然后单击右侧“浏览”按钮，如图 2-170 所示。

Step 04 ❶ 在新弹出的对话框中选择喜欢的关机声音后，❷ 单击“打开”按钮，如图 2-171 所示。

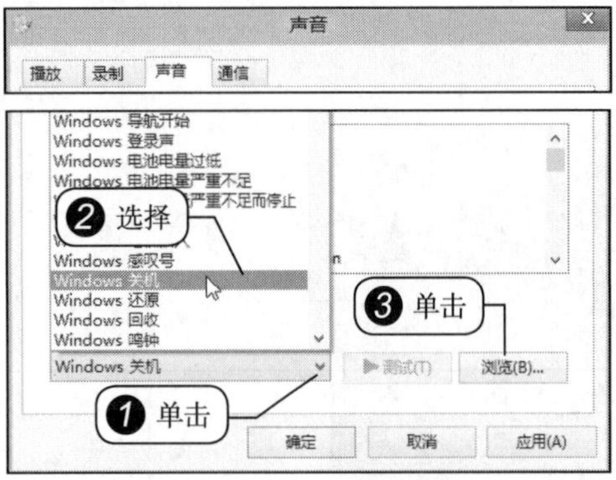

图 2-170 选择设置关机声音

图 2-171 选择关机声音

Step 05 返回“声音”对话框，❶ 单击“声音”下方的“☑”按钮，❷ 在弹出的下拉列表中选择“Windows 启动”选项，❸ 然后单击右侧“浏览”按钮，如图 2-172 所示。

Step 06 按照 Step04 介绍的方法设置启动声音后返回“声音”对话框，单击“确定”按钮即可，如图 2-173 所示。

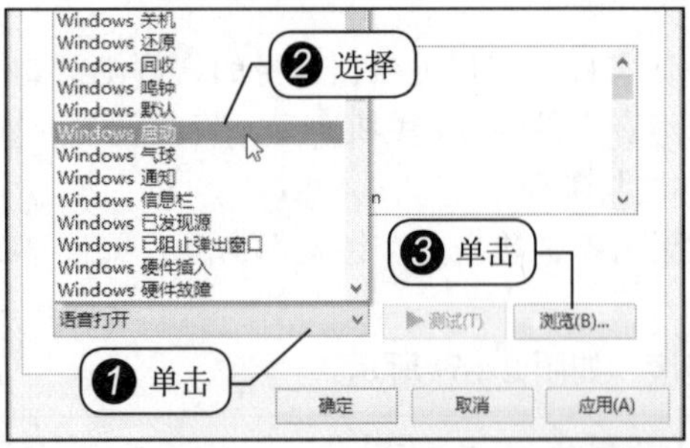

图 2-172 选择设置启动声音

图 2-173 确定启动声音

新手疑惑解答

1. 如何重新启动 Windows 8 操作系统？

答：在 Windows 8 操作系统中重新启动系统的操作和关闭系统的操作非常类似，用户只需在 Windows 8 操作系统的任何界面中，将鼠标指针滑至桌面右下 / 右上角，在弹出的 Charm 菜单工具栏中，单击“设置”按钮，如图 2-174 所示。在“设置”界面中单击“电源”按钮，此时即可看到睡眠、关机和重启选项，单击“重启”选项即可重新启动 Windows 8 操作系统，如图 2-175 所示。

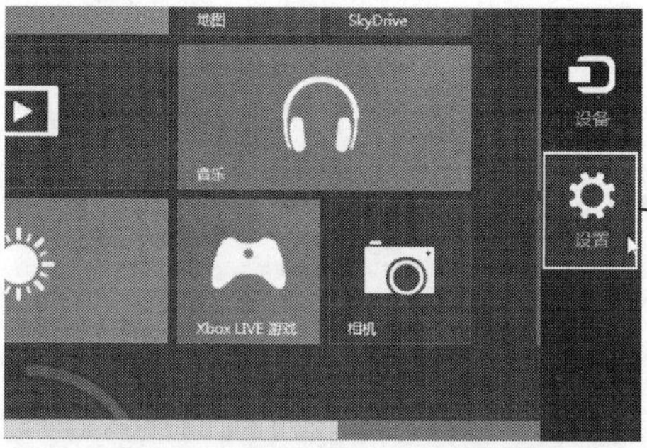

图 2-174　单击“设置”按钮

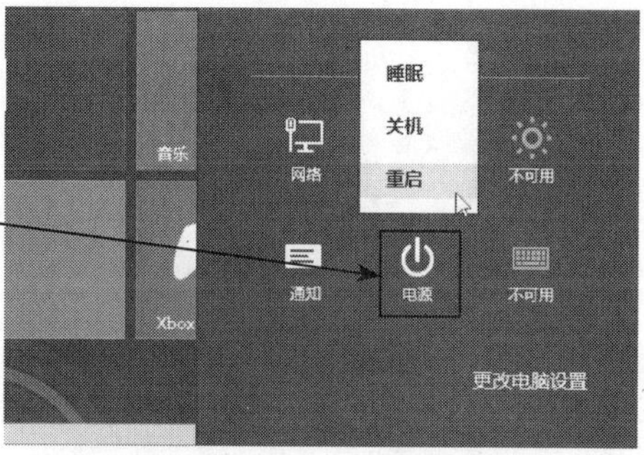

图 2-175　单击“重启”按钮

2. 能否更换锁屏界面的背景图片？

答：Windows 8 操作系统的锁屏界面背景图片是可以更换的。用户在 Windows 8 操作系统的任何界面中，将鼠标指针滑至桌面右下 / 右上角，在弹出的 Charm 菜单工具栏中单击“设置”按钮，如图 2-176 所示。然后在“设置”界面中单击“更改电脑设置”按钮，如图 2-177 所示，打开“电脑设置”界面。此时在主界面右下方单击喜欢的图片即可更换锁屏界面的背景图片，如图 2-178 所示。

图 2-176　单击“设置”按钮

图 2-177　单击“更改电脑设置”按钮

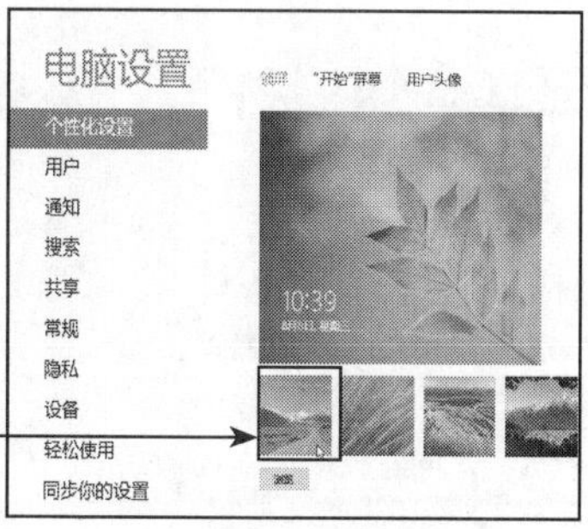

图 2-178　更换锁屏图片

3. 每天开电脑后系统显示的日期和时间都不准确，这是为什么？

答：这是因为电脑主板上的 BIOS 电池没电了。电脑关机后是靠 BIOS 中的电池电量来保存系统时间和硬件设置参数的，如果 BIOS 电池没电了就不能准确地显示系统日期和时间了，建议用户尽快更换电池。

第3章 学会使用文件夹管理文件

本章知识点：

☑ 使用资源管理器浏览文件和文件夹

☑ 隐藏含有重要信息的文件夹

☑ 使用库进行浏览与管理文件

☑ 在系统中新建库

☑ 使用搜索功能快速查找文件

在 Windows 8 操作系统中，所有的数据都是以文件或文件夹的形式存在并存储在计算机中，计算机中的文件可以是图形、数字、声音等，也可以是办公软件、应用程序等。随着数量的增多，用户就需要使用文件夹合理地管理这些文件。

基础讲解

3.1 认识文件和文件夹

电脑中的数据资料能够排列得井然有序，文件夹的功劳是最大的，文件夹是电脑中专门用于保存和管理文件的一种“夹子”，可以存放多个文件。

在 Windows 8 操作系统中的所有数据都是以文件或文件夹的形式保存的，而在电脑的日常使用过程中，用户接触最多的还是文件与文件夹，因此掌握文件与文件夹的知识是最基本的。下面就先来认识什么是文件，什么是文件夹。

3.1.1 认识文件

文件是以电脑硬盘为载体存储在计算机中的信息集合。文件中的信息可以是文字、图形、图像、声音等，每个文件必须有名字，操作系统一般都是根据文件名进行组织和管理的，如图 3-1 所示为文件的快捷图标。

图 3-1　文件的快捷图标

提到文件，就不得不提到文件名及其扩展名，任何一个文件的名称都是由主文件名和扩展名组成的。

- 主文件名：文件名由主文件名和扩展名组成，主文件名由 1~8 个字符组成，扩展名由 1~3 个字符组成，主名和扩展名之间由一个小圆点隔开，一般称为 8.3 规则。例如“iTunes.exe”，其中 iTunes 为主文件名，而 exe 则为扩展名。
- 扩展名：扩展名是操作系统用来标志文件格式的一种机制。通常来说，一个扩展名是跟在文件名后面的，由一个分隔符 (.) 分隔。例如文件名“readme.txt”的文件中，readme 是文件名，txt 为扩展名，表示这个文件是一个纯文本文件。常用文件扩展名与文件类型对照表，如表 3-1 所示。

表3-1　常用文件扩展名与文件类型对照表

扩　展　名	文 件 类 型	扩　展　名	文 件 类 型
.exe	可执行的二进制代码文件	.mp3	音乐文件
.jpg	图片文件	.rar	压缩文件
.txt	文本文件	.bat	批处理文件

提示：主文件名的最大值和组成元素

在 Windows 8 操作系统中，主文件名最多可达 255 个字符，它可以是汉字、英文字母、数字、特殊符号 (!、@、# 等)，甚至是空格，禁止使用的字符有 <、>、/、\、"、:、*、?、|。主文件名由用户自己确定，以便于记忆。

3.1.2 认识文件夹

文件夹是文件分类存储的"抽屉"，它是用来组织和管理磁盘文件的一种数据结构。它可以分门别类地管理文件，如果没有文件夹，电脑中的信息将杂乱无章。文件夹中可以放置多个文件夹。如图 3-2 所示为文件夹的快捷图标。

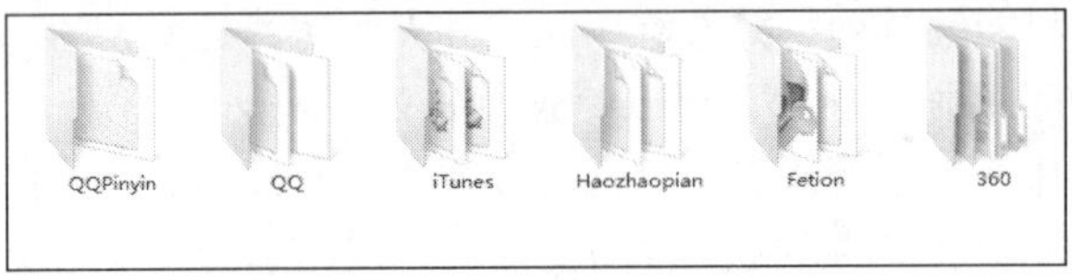

图 3-2 文件夹的快捷图标

3.2 使用 Windows 资源管理器浏览文件和文件夹

"Windows 资源管理器"是 Windows 8 操作系统提供的资源管理工具，用户可以用它查看电脑中的所有资源，特别是它提供的树形文件系统结构，使得用户能够更清楚、更直观地查看电脑中的文件和文件夹，"Windows 资源管理器"窗口如图 3-3 所示。

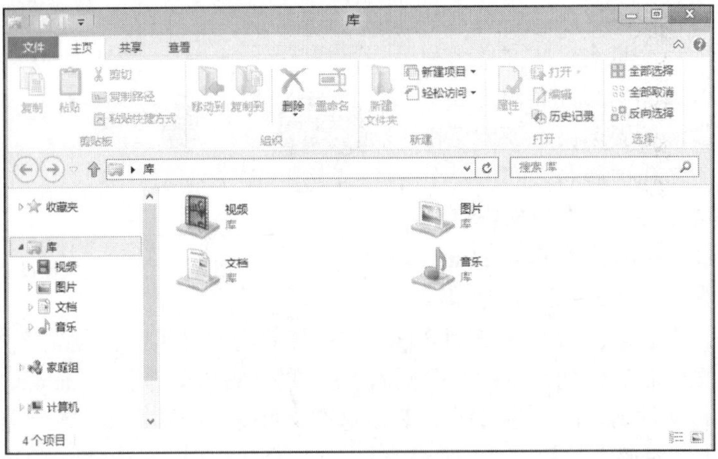

图 3-3 "Windows 资源管理器"窗口

"Windows 资源管理器"窗口包括不同的组成部分，每个组成部分都有不同的功能，并且都能为正常使用带来便利。用户对比第 2 章 2.7.1 节介绍的 Windows 8 窗口组成部分，可发现两者从根本上没有区别，唯一的区别只是标题栏的名字不同而已。这是因为在 Windows 8 操作系统中所有的窗口都是直接调用 Explorer.exe（外壳进程）实现的。

相对于其他窗口，"Windows 资源管理器"窗口中有几个常用的部分，分别是"管理"选项卡、预览窗格和详细信息窗格。

- “管理”选项卡：“管理”选项卡是 Windows 8 操作系统中“Windows 资源管理器”窗口功能区最为特殊的一个选项卡。该选项卡在不同的情况下提供不同的管理功能，比如在浏览图片文件时，“管理”选项卡包括“旋转”和“查看”两个选项组，如图 3-4 所示。“旋转”选项组提供了向左旋转和向后旋转了两个功能，而“查看”选项组则提供了“放映幻灯片、设置为背景”等图片常用功能。然而在查看应用程序文件时，“管理”选项卡则有了新的变化，此时“管理”选项卡包括了“固定到任务栏”和“运行”两个选项组，如图 3-5 所示。其中“固定到任务栏”选项组只提供了一个将应用程序固定到任务栏的功能，而“运行”选项组则提供了“以管理员身份运行”和“兼容性问题疑难解答”两个应用程序常用功能。

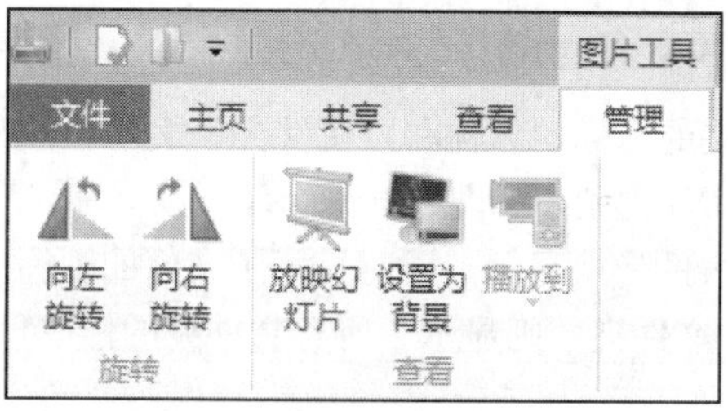

图 3-4 “图片工具管理”选项卡

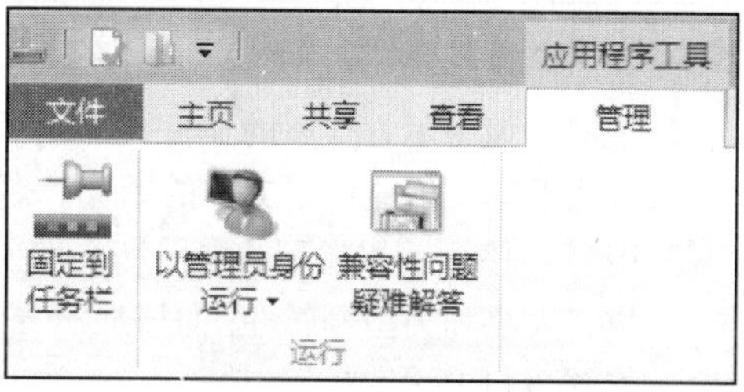

图 3-5 “应用程序工具管理”选项卡

- 预览窗格：预览窗格位于“Windows 资源管理器”窗口右侧，主要用于预览所选文件大致内容或缩略图。
- 详细信息窗格：详细信息窗格为 Windows 8 操作系统中的 Windows 资源管理器所特有。该窗格在默认情况下为关闭状态，用户可以在功能区的“查看”选项卡中将其开启，如图 3-6 所示。

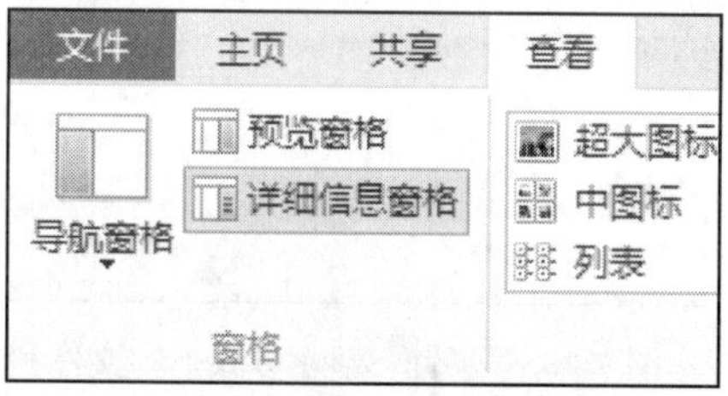

图 3-6 “查看”选项卡

提示：预览窗格和详细信息窗格有何异同

预览窗格和详细信息窗格都在 Windows 资源管理器右侧，且都在功能区的“查看”选项卡中“窗格”选项组中开启。不同的是，预览窗格中显示的是文件的预览信息，而详细信息窗格则显示的是该文件的详细属性信息，包括格式、修改日期、大小、作者、标记等文件的属性信息。

3.2.1 调整文件和文件夹的视图模式

Windows 资源管理器为文件和文件夹提供了 8 种视图，分别是超大图标、大图标、中图标、小图标、列表、详细信息、平铺和内容 8 种，这 8 种视图模式所对应的文件夹图标大小是不同的，如图 3-7 所示。

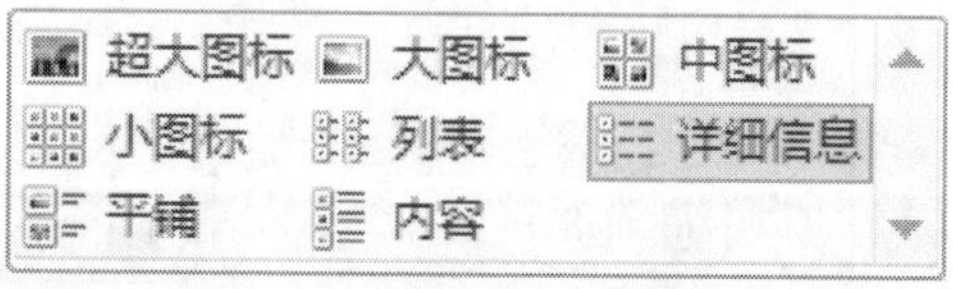

图 3-7 文件和文件夹的 8 种显示方式

- 超大图标、大图标、中图标、小图标和列表：在这 5 种显示模式下，文件和文件夹的显示内容完全一致，不同的是显示的图标大小不一样，如图 3-8 所示为“中图标”视图模式下的文件和文件夹。

❑ 详细信息：该显示方式下的文件和文件夹以列表的形式显示，显示了文件和文件夹的名称、修改日期、类型以及大小等信息，如图 3-9 所示。

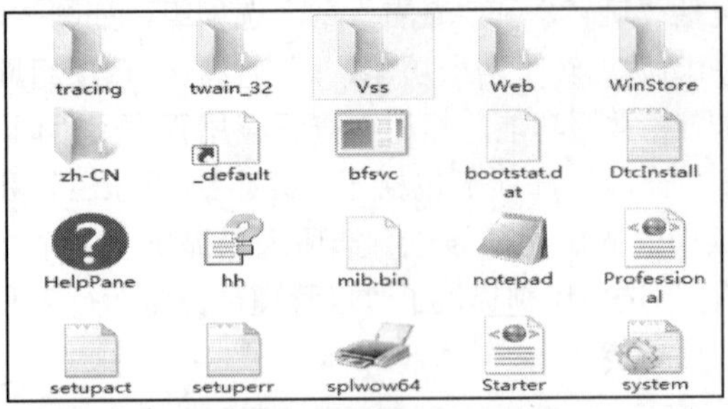

图 3-8 “中图标”显示方式下的文件和文件夹

图 3-9 “详细信息”显示方式下的文件和文件夹

❑ 平铺：该显示方式下的文件夹显示了文件夹的图标、名称和“文件夹”文本；该显示方式下的文件显示了文本的图标、名称和文件类型，如图 3-10 所示。

❑ 内容：该显示方式下的文件和文件夹以列表的形式显示，同时显示了文件的图标、名称、大小和类型等属性；而该显示方式下的文件夹，则显示了所有文件夹的修改日期，如图 3-11 所示。

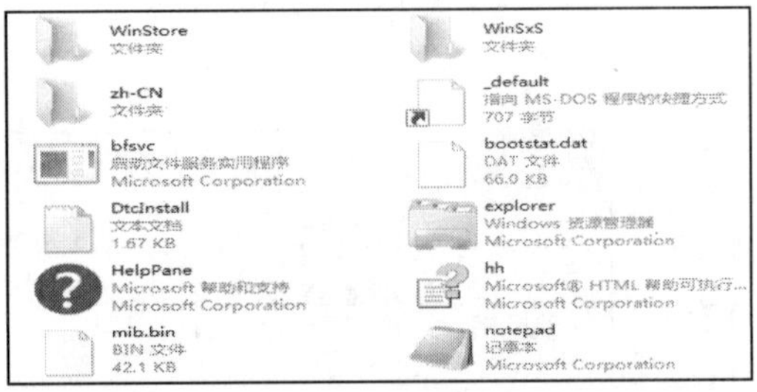

图 3-10 “平铺”显示方式下的文件和文件夹

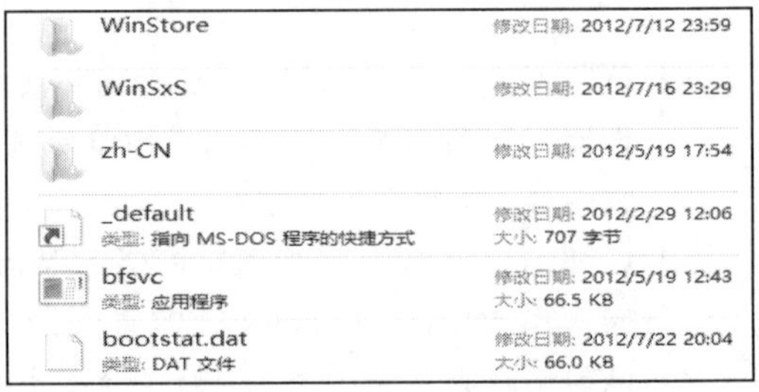

图 3-11 “内容”显示方式下的文件和文件夹

不同显示方式下，显示的文件和文件夹的属性信息不同，例如在“中图标”显示方式下的文件和文件夹只显示名称和图标，而“详细信息”显示方式下却显示了文件和文件夹的修改日期、类型等属性，因此用户需要掌握文件和文件夹查看方式的切换方法，以便于在不同情况下选择不同的查看方式。具体操作步骤如下。

Step 01 ❶ 在窗口功能区中单击“查看”选项卡，接着在切换至的选项卡下“布局”选项组中选择视图模式，❷ 例如单击“大图标”按钮，如图 3-12 所示。

Step 02 此时可看见“大图标”视图下的文件和文件夹，可以发现该视图模式下的文件和文件夹图标变大了，如图 3-13 所示。

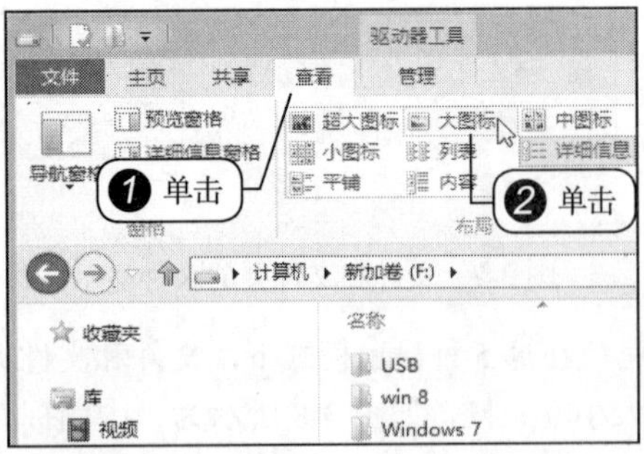

图 3-12 设置显示方式为“大图标”

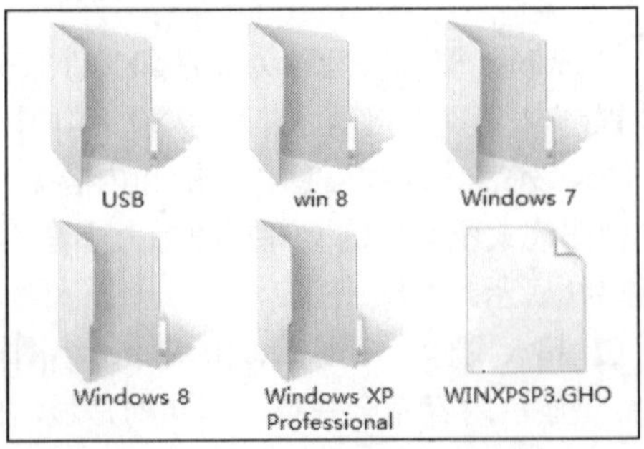

图 3-13 查看“大图标”视图下的文件和文件夹

提示：利用鼠标滚轮调整文件和文件夹的视图模式

在 Windows 8 操作系统中，除了在功能区的“查看”选项卡中对文件和文件夹的显示方式可进行调整外，用户还可以直接使用鼠标滚轮对文件和文件夹的视图模式进行调整。具体方法是：在按住【Ctrl】键不放的同时滑动鼠标滚轮，此时文件和文件夹的视图模式将会自动发生改变。

3.2.2 浏览文件和文件夹

存放在 Windows 资源管理器中的文件除可执行文件外都必须依赖其他应用软件才能打开浏览。如常见的 .txt 文件就必选使用“记事本”应用程序才能打开，而常用的 Word 文档则需要专用的 Office 办公软件才能正常打开与浏览。

1. 浏览文件

在 Windows 8 操作系统中，打开浏览文件的方法有 4 种，每种方法都非常简单且具有针对性，在不同的情况下使用不同的方法可以让用户在使用电脑时更加得心应手，这 4 种方法分别是：双击文件进行浏览、单击“打开”命令进行浏览、使用功能区按钮浏览、在对应的应用程序中打开进行浏览。

（1）双击文件进行浏览：这是最常用的一种打开浏览文件的方法，用户只需双击需打开浏览的文件，此时系统将自动调用默认的应用程序将其打开浏览，如图 3-14 所示。

（2）使用“打开”命令进行浏览：在 Windows 系统的快捷菜单中集合了最常用的文件管理功能，打开浏览文件的功能自然也不例外。❶ 用户右击需浏览的文件，❷ 然后在弹出的快捷菜单中单击“打开”命令即可将该文件打开浏览，如图 3-15 所示。

图 3-14 双击打开浏览

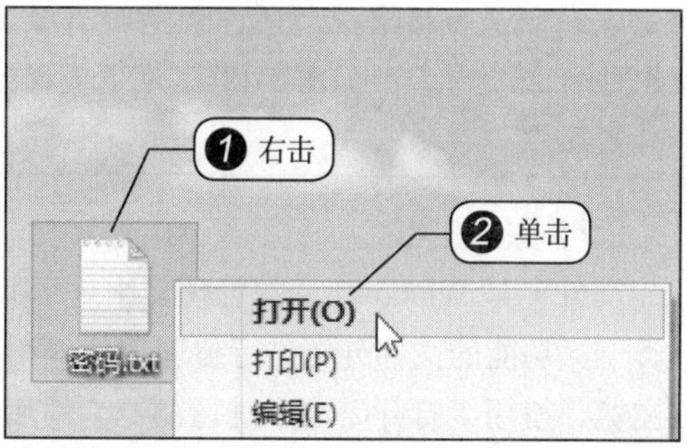

图 3-15 使用“打开”命令打开文件进行浏览

（3）使用功能区按钮浏览：Windows 8 操作系统资源管理器中的功能区有非常多的功能，而打开浏览文件正是其中一个比较常用的功能之一。❶ 用户选择需要打开浏览的文件后，❷ 单击功能区“主页”选项卡中“打开”选项组中的“打开”按钮，如图 3-16 所示。

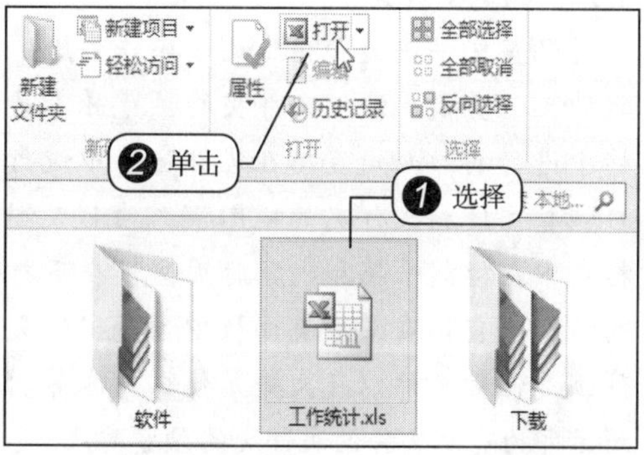

图 3-16 使用功能区“打开”按钮浏览

（4）使用应用程序打开：由于浏览文件需要专门的应用程序，所以只要用户知道浏览该文件所对应的应用程序便可在应用程序中直接打开浏览该文件。以 .txt 文件为例，首先启动可以浏览 txt 文件的“记事本”应用程序，在菜单栏依次单击“文件 > 打开”命令，如图 3-17 所示。❶ 然后在弹出的“打开”窗口中选择需要浏览的文件，❷ 最后单击“打开”按钮即可打开浏览该文件，如图 3-18 所示。

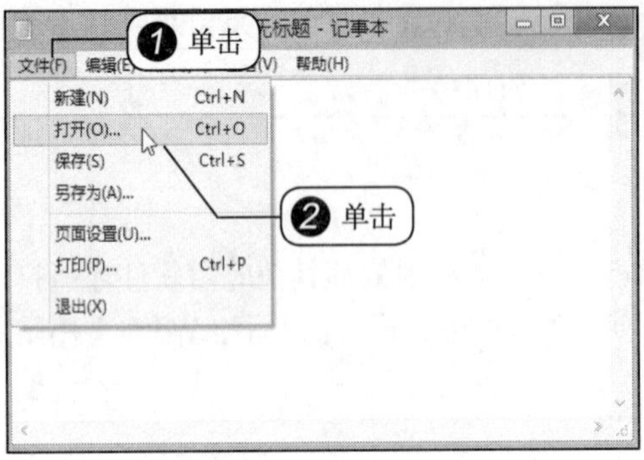

图 3-17　单击“打开”命令

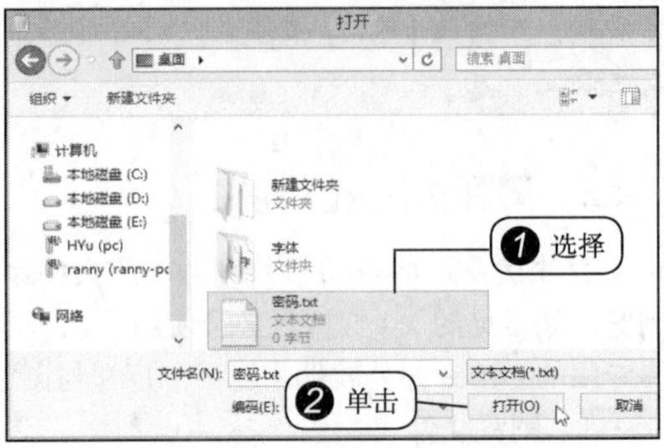

图 3-18　选中并打开所要浏览的文件

提示：预览文件

预览文件作为 Windows 8 操作系统中资源管理器的一个重要功能，对用户查找文件具有非常重要的帮助。在 Windows 8 操作系统中，资源管理器支持文本文件、字体文件、注册表文件、音乐文件、图片、视频（除 MKV 格式的视频）、XML 网页文件等多种文件的预览。预览是在预览窗格中进行的，预览时直接显示该文件的大致内容，如图 3-19 即为预览视频文件的效果。

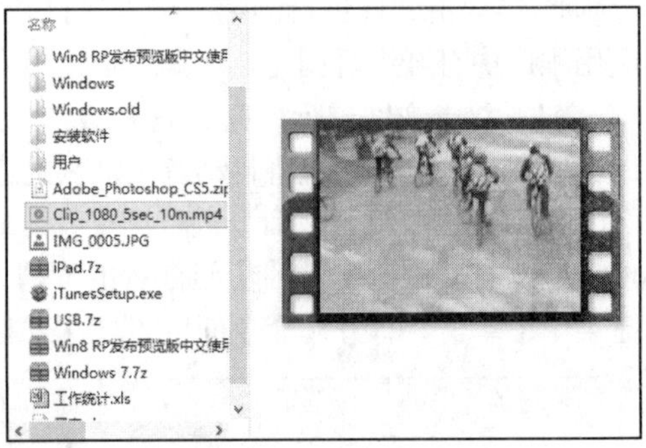

图 3-19　预览视频文件

2. 浏览文件夹

文件夹是 Windows 资源管理器中一个非常重要的文件管理工具，通过文件夹用户可将不同类型、功能的文件分类进行整理存放。浏览文件夹的方法有 3 种，分别是：双击文件夹进行浏览、使用“打开”命令进行浏览、使用功能区按钮浏览。这 3 种方法同浏览文件所对应的方法完全相同，用户可参考浏览文件的操作进行文件夹的浏览，在此不再赘述。

提示：预览文件夹

预览文件夹是 Windows 8 操作系统中资源管理器的又一重要功能，文件夹的预览并不是在预览窗格中进行的，而是直接在文件窗格中进行的。当用户调整文件和文件夹的视图模式为超大图标、大图标、中图标、平铺和内容时用户可在不打开文件夹的情况下直接在文件夹面板中预览文件夹中有无文件、是何种文件以及大概是什么内容等。如图 3-20 所示即为有无文件的文件夹的预览对比。

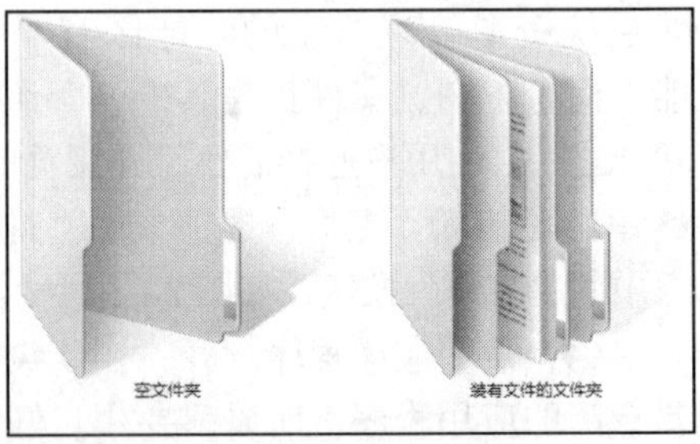

图 3-20　有无文件的文件夹的预览对比

3.3 文件夹的基本操作

前面已经详细介绍了什么是文件夹、文件夹视图模式以及文件夹预览，现在就详细介绍一下文件夹的基本操作。文件夹的基本操作包括新建文件夹、创建文件夹快捷方式、移动/复制文件夹以及删除文件夹。这些文件夹的基本操作都是在 Windows 资源管理器中进行的。

3.3.1 新建文件夹

除了系统或软件自动生成的文件夹外，在 Windows 8 操作系统中用户还可以自己创建新的文件夹。

通常新建的文件夹都以“新建文件夹 ××”命名，此时用户需要对其进行重命名以便更好地区分不同的文件夹。在 Windows 8 操作系统中，用户可以用以下 3 种不同的方法新建文件夹。

（1）使用快速启动工具栏新建文件夹：直接单击快速启动工具栏中的“新建文件夹”按钮，如图 3-21 所示。

（2）使用功能区按钮新建文件夹：单击“Windows 资源管理器”窗口中“主页”选项卡下的“新建”选项组中的“新建文件夹”按钮，如图 3-22 所示。

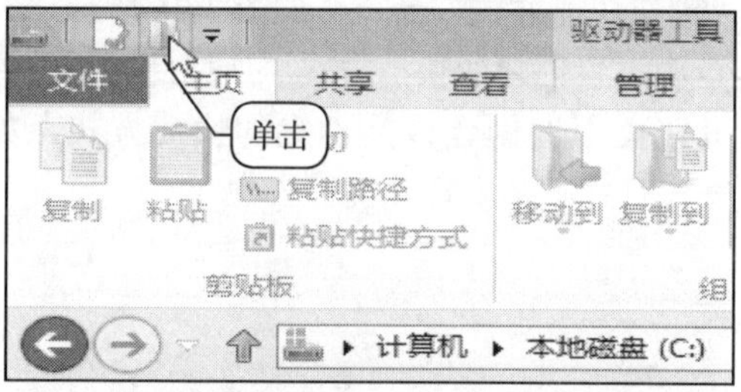

图 3-21　使用快速启动工具栏新建文件夹

图 3-22　在功能区中新建文件夹

（3）使用快捷菜单命令新建文件夹：在“Windows 资源管理器”窗口中使用快捷菜单新建文件夹，这也是自微软公司发布 Windows 操作系统以来使用最广泛的新建文件夹的方法。现在就以这种方法详细介绍一下新建文件夹的操作步骤。

Step 01　打开“本地磁盘（D：）”窗口，❶ 在窗口中空白处右击，在弹出的快捷菜单中，❷ 依次单击“新建 > 文件夹”命令，如图 3-23 所示。

Step 02　待窗口中出现以“新建文件夹 ××”命名的文件夹后，使用键盘输入新建的文件夹名，最后按【Enter】键即可完成新建文件夹的操作，如图 3-24 所示。

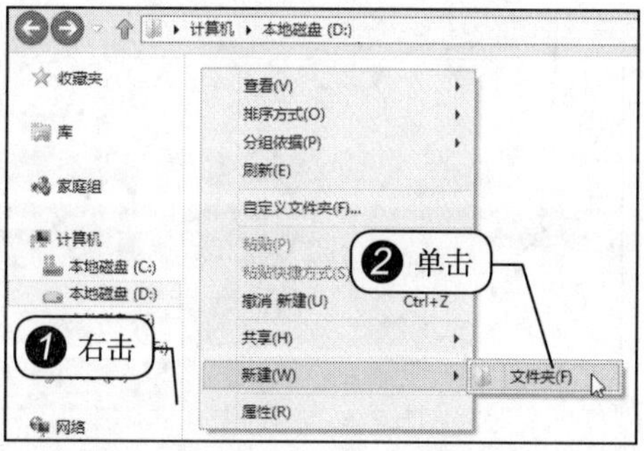

图 3-23　在快捷菜单中依次单击“新建 > 文件夹”命令

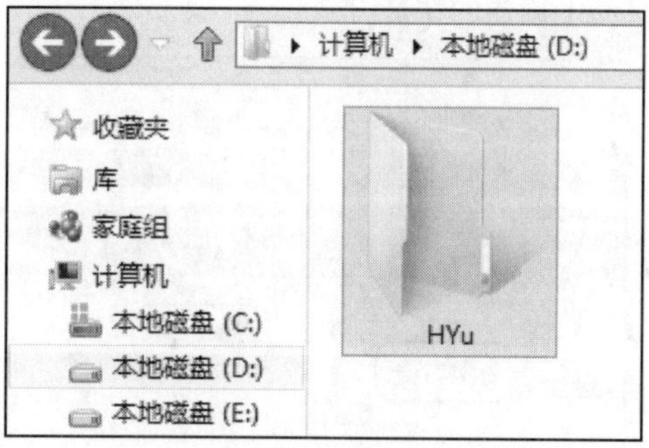

图 3-24　查看新建的文件夹

提示：如何对文件夹重命名

文件夹的重命名非常简单，用户只需右击需要重命名的文件夹图标，在弹出的快捷菜单中单击“重命名”命令，如图 3-25 所示。

此时用户使用键盘输入文件夹的名称，最后按【Enter】键即可完成文件夹的重命名操作。

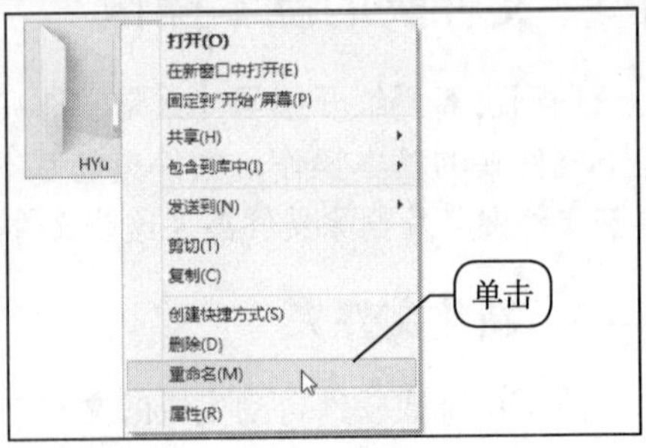

图 3-25　选择“重命名”命令

3.3.2　创建文件夹的快捷方式

在 Windows 操作系统中，利用快捷方式可以快速启动包括应用程序、文件夹、图片、视频、文本在内的所有文件。在 Windows 8 操作系统中，用户有以下 4 种方式可以创建文件夹的快捷方式。

（1）使用“创建快捷方式”命令创建文件夹的快捷方式：❶ 直接在需创建文件夹快捷方式的文件夹上右击，❷ 在弹出的快捷菜单中单击“创建快捷方式”命令，如图 3-26 所示。

由于 Windows 系统默认无法直接在系统安装盘中放置创建的快捷方式，所以此时系统弹出“快捷方式”警告栏，单击“是”按钮，即可在桌面上创建该文件夹的快捷方式，如图 3-27 所示。用户在非系统盘创建文件夹的快捷方式时并不会出现此类警告栏。

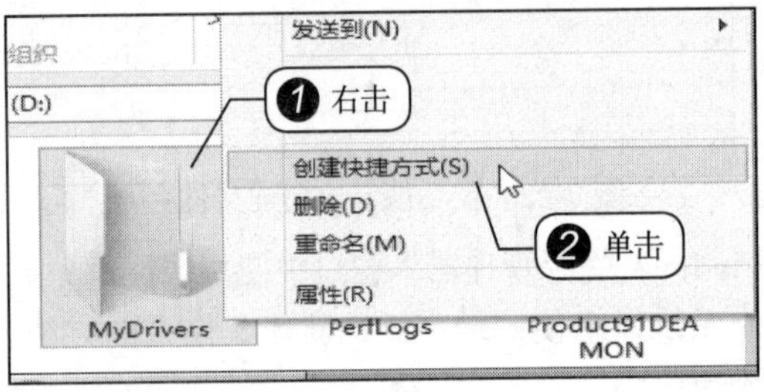

图 3-26　单击“创建快捷方式”命令

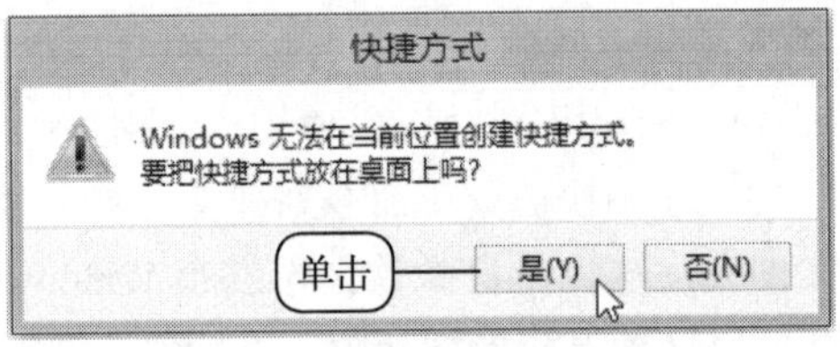

图 3-27　单击“是”按钮

（2）使用“桌面快捷方式”命令创建文件夹的快捷方式：此种方式 ❶ 同样要在需创建文件夹快捷方式的文件夹上右击，❷ 然后在弹出的快捷菜单中依次单击“发送到 > 桌面快捷方式”命令，即可在桌面上创建该文件夹的快捷方式，如图 3-28 所示。图 3-29 为该文件夹在桌面上创建的快捷方式。

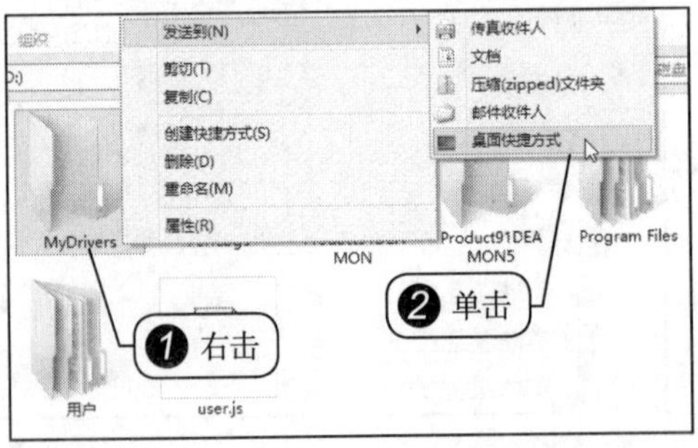

图 3-28　单击“桌面快捷方式”命令

图 3-29　在桌面上创建完成的文件夹快捷方式

（3）使用“复制”命令创建文件夹的快捷方式：这种创建文件夹快捷方式的方法和复制粘贴有点类似，❶ 用户在需创建文件夹快捷方式的文件夹上右击，❷ 在弹出的快捷菜单中单击“复制”命令，如图 3-30 所示。❶ 然后在需放置快捷方式的位置（如桌面）空白处右击，弹出快捷菜单，❷ 单击“粘贴快捷方式”命令即可完成创建文件夹快捷方式，如图 3-31 所示。

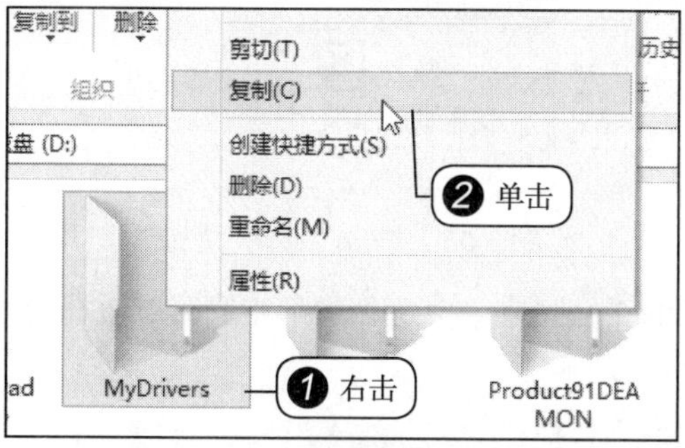

图 3-30　复制文件夹

图 3-31　在桌面上创建文件夹的快捷方式

（4）使用拖动操作创建文件夹的快捷方式：此种创建文件夹快捷方式的方法非常独特，❶ 用户只需右键拖动欲创建文件夹快捷方式的文件夹，释放鼠标后，❷ 在弹出的快捷菜单中单击“在当前位置创建快捷方式”命令，如图 3-32 所示。此时可看到在该文件夹的当前位置，此文件夹的快捷方式被成功创建，如图 3-33 所示。

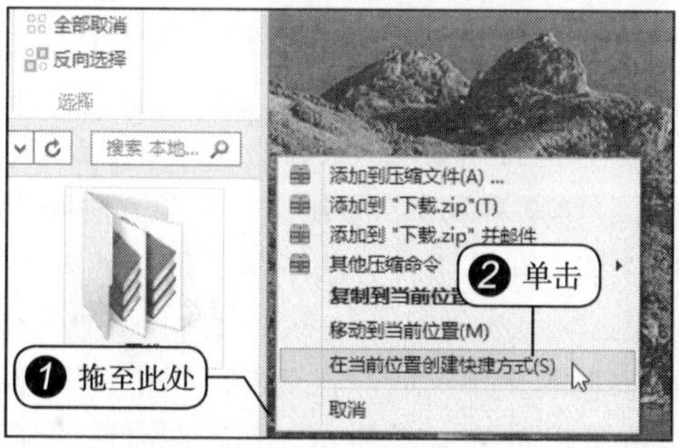

图 3-32　单击“在当前位置创建快捷方式”命令

图 3-33　在当前位置创建的文件夹快捷方式

3.3.3　移动 / 复制文件夹

用户在“Windows 资源管理器”窗口中对数据和文件进行整理时，势必会有对文件夹进行整体移动 / 复制的操作。移动是指将该文件夹整体直接移动到另一位置，用户可以理解为改变此文件夹的放置位置。

移动文件夹的方法有 4 种，每种方法都有不同的适用范围，用户通过了解不同方法之间的区别可以更加快捷地对文件夹进行移动。

（1）使用功能区按钮进行移动 / 复制：这种移动文件夹的方法是单击功能区中的“移动到”或“复制到”按钮进行移动或复制的。具体操作步骤如下。

Step 01　在资源管理器中，❶ 用户选择需要移动或复制的文件夹后，单击“移动到”或“复制到”按钮，❷ 这里以移动为例则单击“移动到”按钮，❸ 然后在展开的下拉列表中单击“选择位置”按钮，如图 3-34 所示。

Step 02　弹出“移动项目”对话框，❶ 在对话框中选择要移动到的位置后，❷ 单击“移动”按钮，如图 3-35 所示。

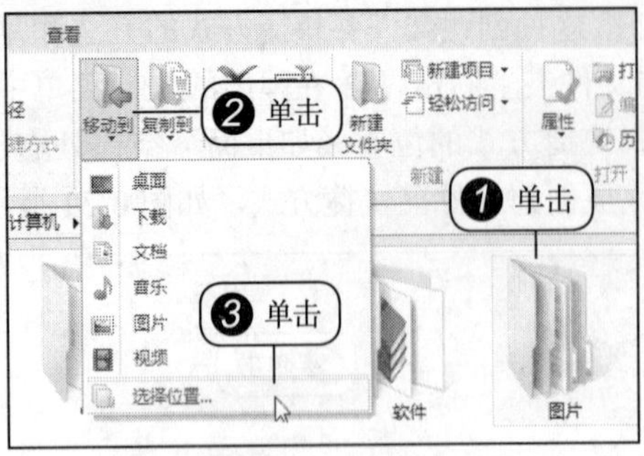

图 3-34　单击“选择位置”按钮

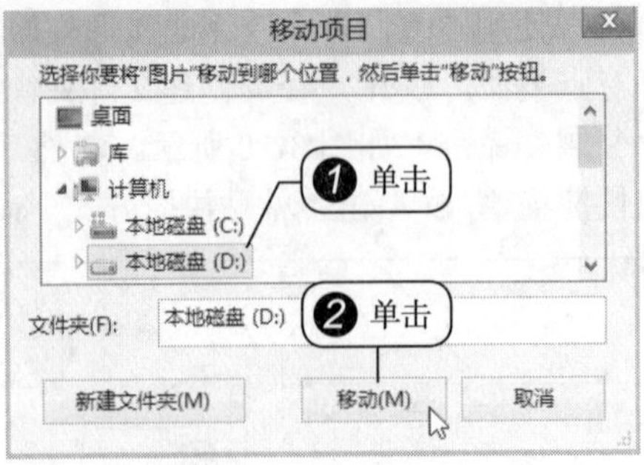

图 3-35　单击“移动”按钮

Step 03　此时系统开始移动文件，用户可在弹出的“已完成 ××%”窗口中实时查看移动进度和所需的时间，如图 3-36 所示。

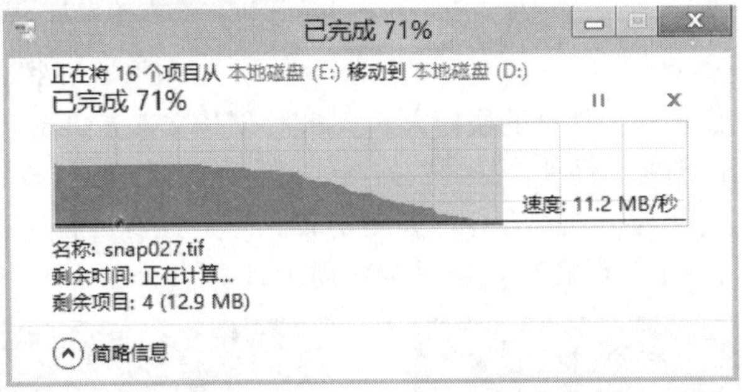

图 3-36　实时查看正在移动的文件夹

（2）使用“剪切板”选项组按钮进行移动 / 复制：第 2 种移动 / 复制文件夹的方法同第 1 种方法类似，都利用了功能区“主页”选型卡中的功能，与第 1 种方法不同的是此种方法使用了“剪贴板”选项组中的“剪切”和“复制”按钮。

用户在“Windows 资源管理器”窗口中选择要移动的文件夹后，在功能区“主页”选项卡的“剪贴板”选项组中单击“剪切”或“复制”按钮，如图 3-37 所示。然后在需移动到的位置单击功能区“主页”选项卡的“剪贴板”选项组中的“粘贴”按钮即可完成移动 / 复制文件夹的操作，如图 3-38 所示。

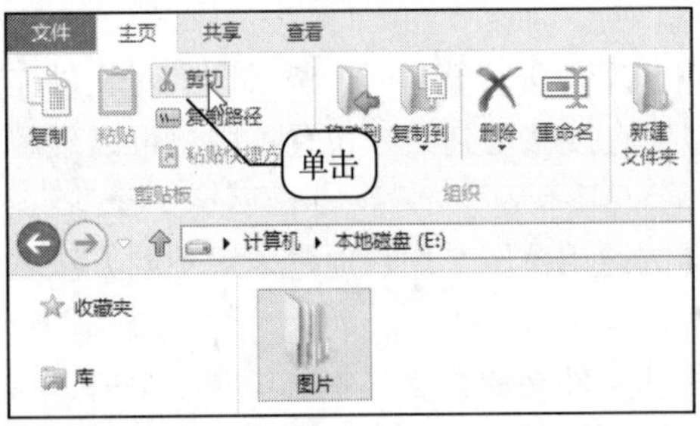

图 3-37　单击“剪切”按钮

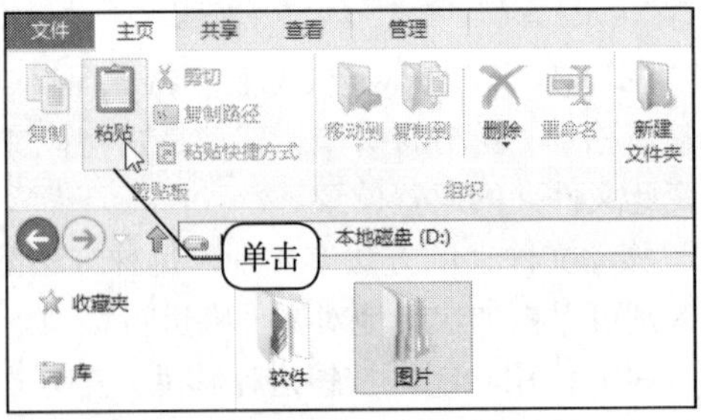

图 3-38　单击“粘贴”按钮

（3）使用快捷菜单进行移动 / 复制：这种方法是移动 / 复制文件夹最常用的方法，用户只需在要移动的文件夹上右击，然后在弹出的快捷菜单中单击“剪切”或“复制”命令，如图 3-39 所示。然后在需移动到的位置的空白处右击，在弹出的快捷菜单中单击“粘贴”命令即可，如图 3-40 所示。

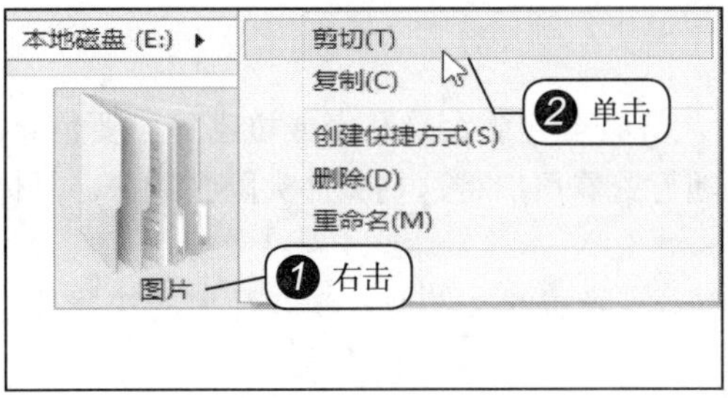

图 3-39　单击“剪切”命令

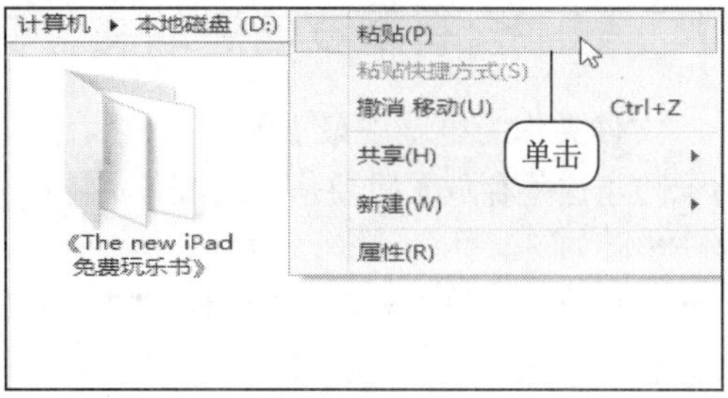

图 3-40　单击“粘贴”命令

（4）使用拖动操作进行移动 / 复制：移动 / 复制文件夹的第 4 种方法使用了鼠标的拖动操作，用户只需将文件夹向需要移动 / 复制到的位置拖动即可。只是这种方法有一个不容忽视的局限性，就是移动的文件夹只能在当前位置的窗口中进行操作。这种方法的具体操作步骤为：用户按住需移动的文件夹并向要移动到的位置拖动，待鼠标指针右侧出现“→移动到××”的字样时释放鼠标即可完成文件夹的移动操作，如图 3-41 所示。

而使用拖动操作进行复制的方法只能向非当前窗口复制，操作步骤与移动非常类似，用户按住需移动的文件夹后向要复制到的目标位置拖动，待鼠标指针右侧出现“+ 复制到××”的字样时释放鼠标即可完成文件夹的复制操作，如图 3-42 所示。

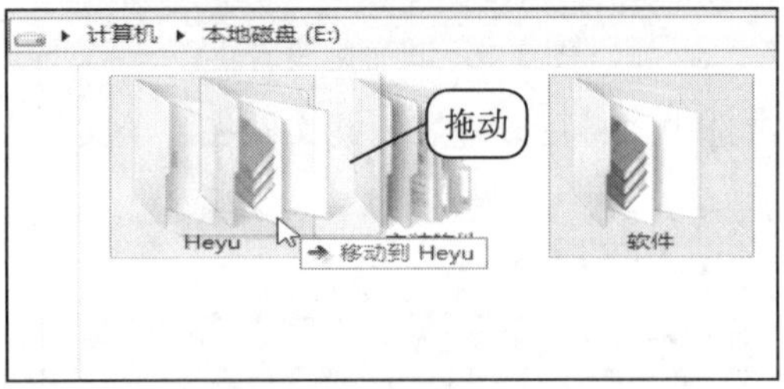

图 3-41　移动文件夹

图 3-42　复制文件夹

3.3.4　删除文件夹

删除文件夹是 Windows 8 操作系统中最基本的文件夹操作之一，对于一些不用或失去使用价值的文件夹可以将其从电脑中删除。用户只需在“Windows 资源管理器”窗口中右击需删除的文件夹，在弹出的快捷菜单中单击“删除”命令即可将文件放到回收站中，如图 3-43 所示。

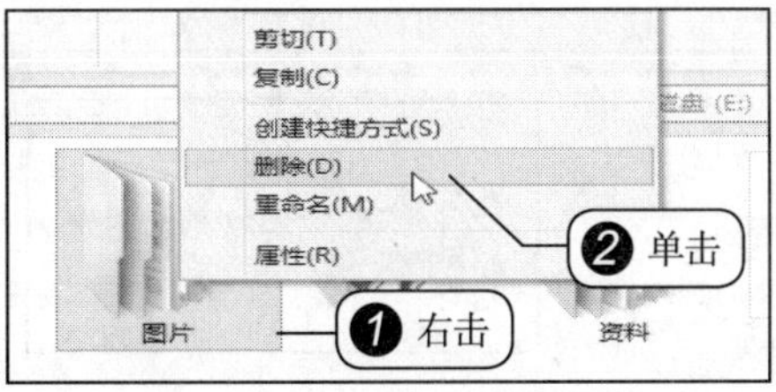

图 3-43　单击“删除”命令

图 3-44　单击“清空回收站”按钮

系统默认状态下放在回收站中的文件 / 文件夹是没有被彻底删除的，用户需清空回收站后才能完全删除文件 / 文件夹。打开“回收站”窗口，在回收站工具管理选项卡下“管理”选项组中单击“清空回收站”按钮，如图 3-44 所示。最后在弹出的“删除文件夹”对话框中，单击“是”按钮即可确认删除此文件夹。

3.4 隐藏含有重要信息的文件夹

文件夹作为电脑中最重要的存放信息的工具，势必会存储大量私密或机密等重要信息，为了防止这些存放了重要信息的文件夹不被用户随意查看可以将这些文件夹隐藏起来。具体操作步骤如下。

Step 01 ❶ 在“Windows 资源管理器”窗口中右击需隐藏的文件夹，❷ 在弹出的快捷菜单中单击“属性”命令，如图 3-45 所示。

Step 02 弹出“属性”对话框，❶ 在对话框“属性”选项组中勾选“隐藏”复选框，❷ 再单击“确定”按钮，如图 3-46 所示。

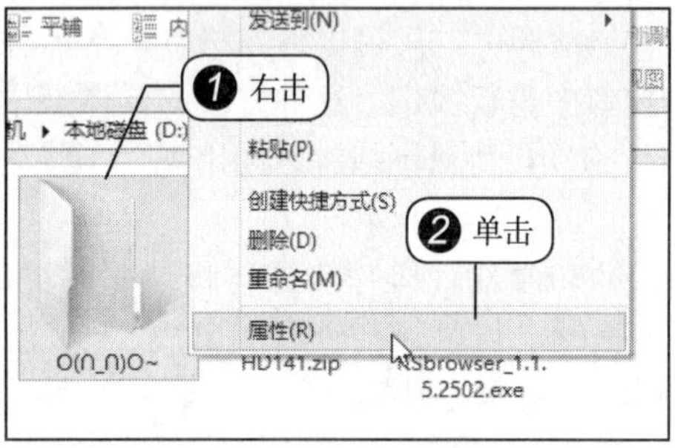

图 3-45 单击“属性”命令

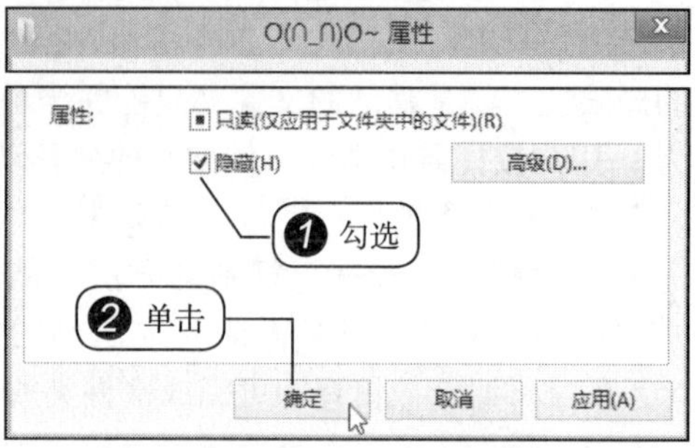

图 3-46 设置隐藏属性

Step 03 弹出“确认属性更改”对话框，❶ 单击选中“将更改应用于此文件夹、子文件夹和文件”单选按钮后，❷ 单击“确定”按钮，如图 3-47 所示。

Step 04 此时用户可发现该文件夹已被隐藏了，如图 3-48 所示。

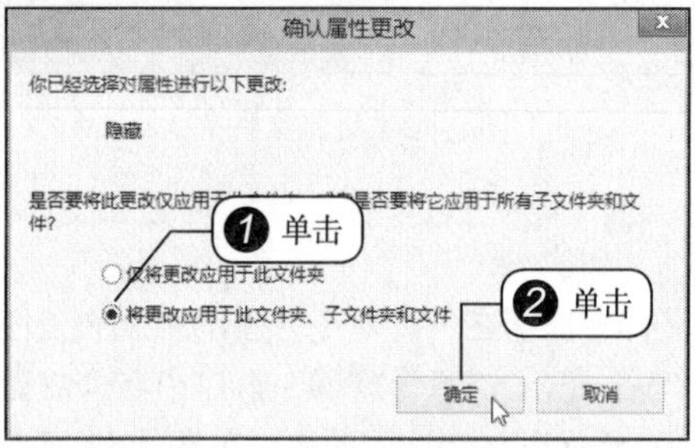

图 3-47 “确认属性更改”对话框

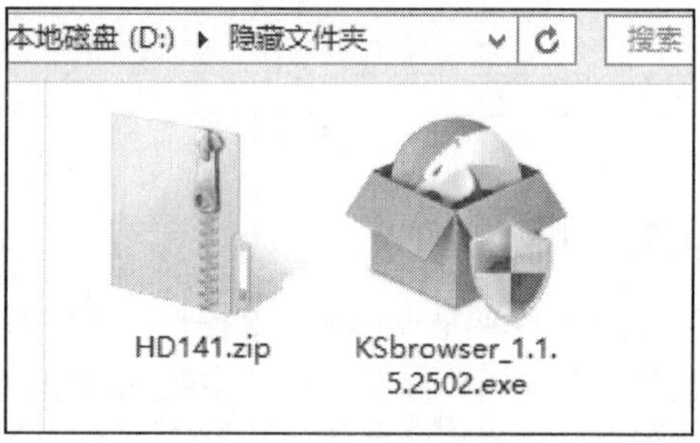

图 3-48 隐藏后的效果

提示：显示隐藏文件夹

既然能隐藏文件夹，自然也能够将隐藏的文件夹显示出来。用户只需在“Windows 资源管理器”窗口的功能区“查看”选项卡下，“显示 / 隐藏”选项组中勾选“隐藏的项目”复选框，即可显示被隐藏的文件夹，如图 3-49 所示。

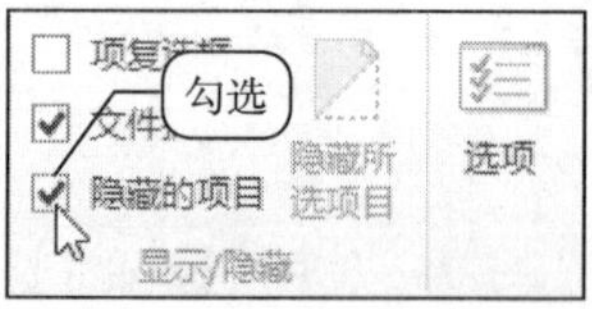

图 3-49 勾选“隐藏的项目”复选框

3.5 学会使用库，高效调用文件和文件夹

“库”是微软公司在 Windows 7 操作系统中引入的新特性。“库”可以帮助用户使用虚拟

视图的方式管理电脑中的文件，用户将电脑中不同磁盘里的文件添加到库中，并在库的虚拟视图中浏览不同文件夹的内容。“库”的使用方法和普通的文件夹几乎没有区别，用户可以在库中对不同文件夹、不同磁盘甚至是不同电脑中的文件进行统一的管理，如删除、复制、备份等，这些操作将会被应用到原始文件夹中。

“库”窗口打开的方法非常简单，用户只需在“Windows 资源管理器”窗口关闭的情况下，单击任务栏中的“Windows 资源管理器”图标，此时 Windows 8 操作系统将自动打开“库”窗口。“库”窗口界面和“Windows 资源管理器”窗口界面完全相同，事实上用户打开 Windows 资源管理器时首先打开的就是“库”窗口。

3.5.1 将文件夹添加到库中

“库”是 Windows 8 操作系统中非常实用的一个功能，使用“库”的第一步操作就是将文件夹添加到相应的“库”中。只有这样用户才能直接在库中对文件 / 文件夹进行操作。

将文件夹添加到库中的方法和步骤如下：❶ 在“Windows 资源管理器”窗口中右击需添加到库中的文件夹，在弹出的快捷菜单中，❷ 依次单击“包含到库中 > 图片”命令（根据文件夹类型酌情选择）即可完成添加，如图 3-50 所示。

此时用户可在“库”窗口中的图片库中看见刚添加的“图片”文件夹，如图 3-51 所示。

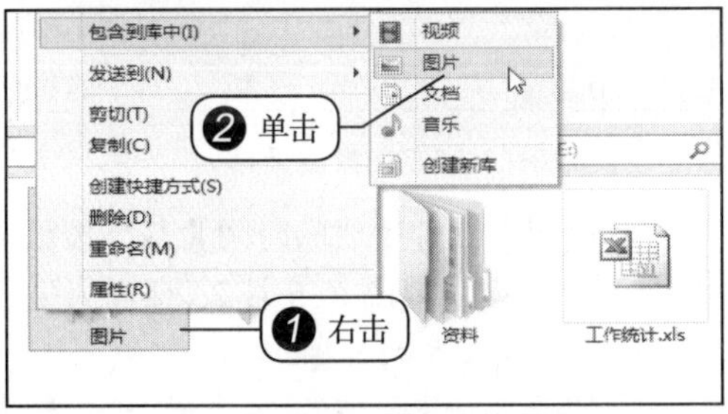

图 3-50 包含到库中

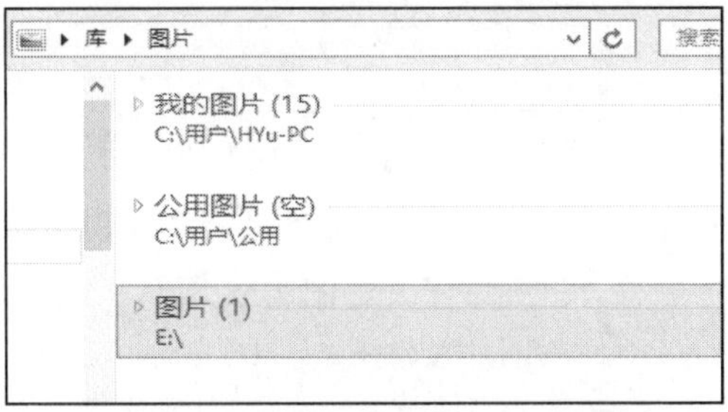

图 3-51 文件夹被添加到库后的效果

提示：从库中删除文件夹

在 Windows 8 操作系统中，用户既可以将文件夹添加到库中也可以将之从库中删除。从库中删除该文件夹的方法非常简单，用户只需在任意窗口中单击导航窗格中“库”类型左侧的右三角按钮，然后在展开的更多内容中右击需从库中删除的文件夹，最后在弹出的快捷菜单中单击“从库中删除位置”命令即可完成从库中删除文件夹的操作。

3.5.2 从库中访问查找指定文件

既然“库”能够将所有包含到该库中的文件全部显示出来，那岂不是非常不容易查找到指定文件。其实不然，用户可以结合不同的“排列方式”来实现快速查找指定文件。

在 Windows 8 操作系统中，不同的库有不同的排列方式，如图 3-52 所示为视频库的排列方式，图 3-53 为音乐库的排列方式，图 3-54 为文档库的排列方式，图 3-55 为图片库的排列方式。

接下来就以图片库为例为用户详细介绍一下怎样从库中查找 2012 年 5 月 23 日生成的图片。具体的操作步骤如下。

Step 01 打开“库”窗口，在窗口中双击“图片库”按钮进入图片库，如图 3-56 所示。

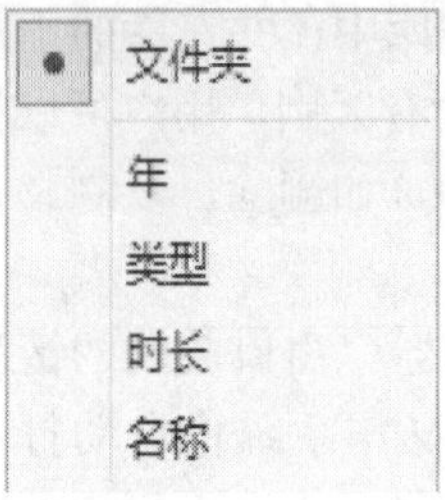

图 3-52　视频库的排列方式

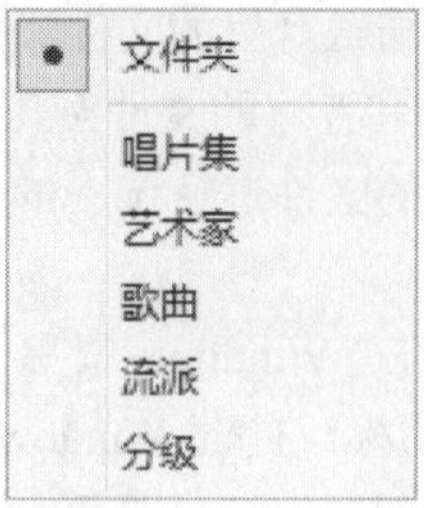

图 3-53　音乐库的排列方式

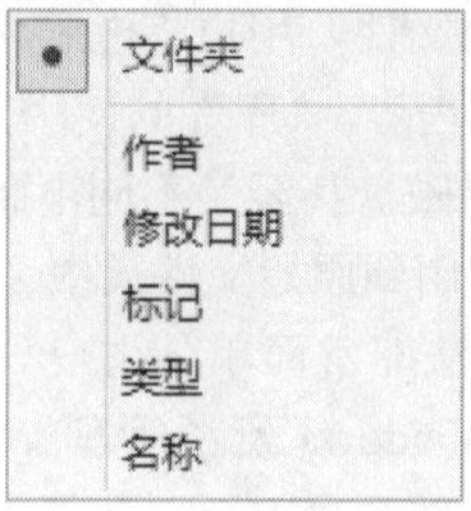

图 3-54　文档库的排列方式

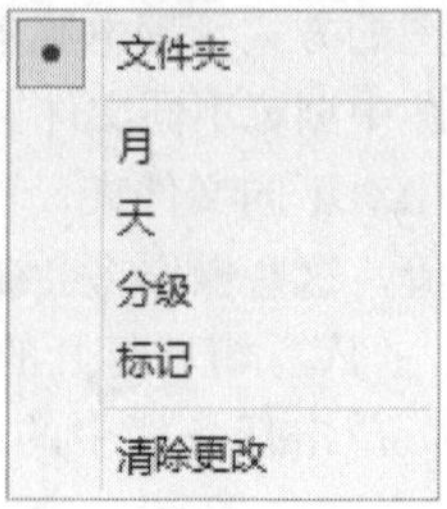

图 3-55　图片库的排列方式

Step 02　❶ 在“图片库”窗口中空白处右击，在弹出的快捷菜单中，❷ 依次单击“排列方式 > 天”命令，如图 3-57 所示。

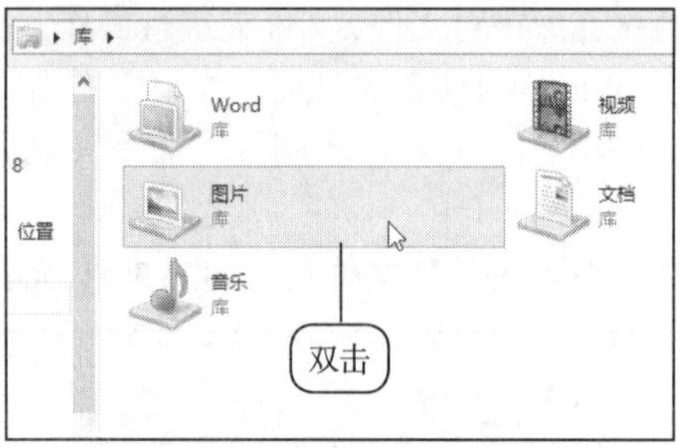

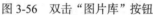

图 3-56　双击“图片库”按钮

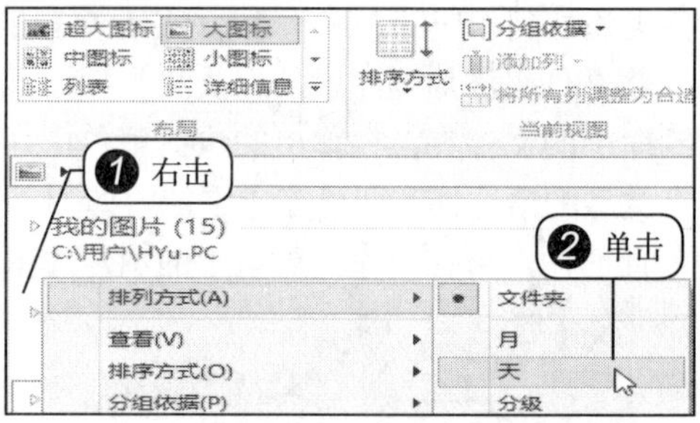

图 3-57　选择按天排列

Step 03　此时在“图片库”窗口中可以看到所有图片都已经以图片生成的时间为基准按日期排列好了，如图 3-58 所示。现在用户可以轻松地找到 2012 年 5 月 23 日当天生成的图片文件了。

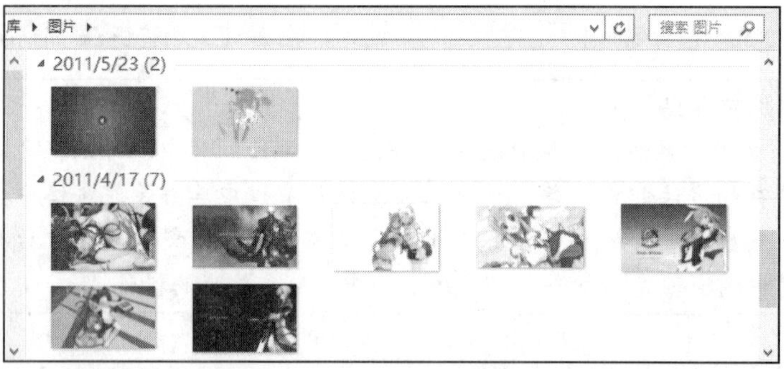

图 3-58　排列后的效果

3.5.3　在系统中新建库并添加更多的文件索引

在 Windows 8 中，系统默认只有“视频”、“音乐”、“图片”和“文档”4 个库，为了更好地整合资源以方便管理，用户还可以自己手动新建一个库，并在新建的库中添加文件，以方便用户快速查找需要的文件。具体的操作步骤如下。

Step 01　打开“库”窗口，❶ 在窗口空白处右击，在弹出的快捷菜单中，❷ 依次单击“新建 > 库”命令，如图 3-59 所示。

Step 02　使用键盘输入库的名称，例如输入 Word，然后按【Enter】键，此时完成新建库的操作，如图 3-60 所示。

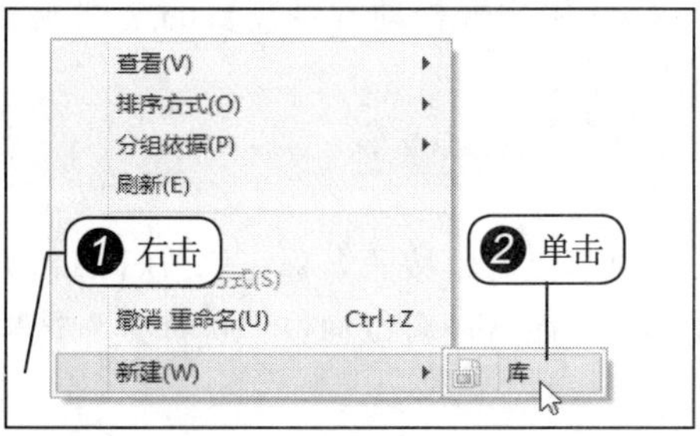

图 3-59 单击“库”命令

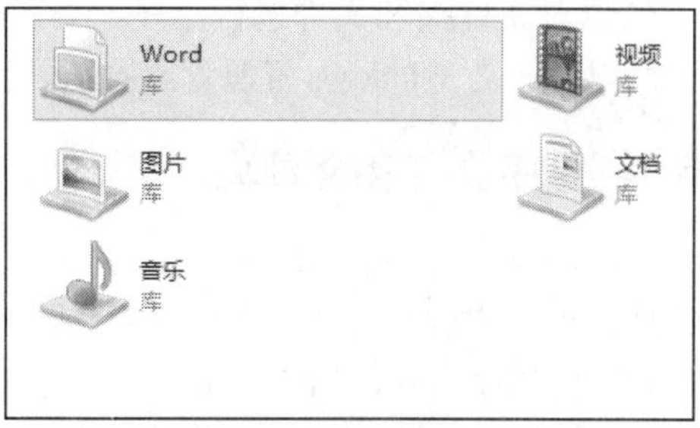

图 3-60 成功创建库

Step 03 在功能区中切换至“管理”选项卡，单击“管理”组中的“管理库”按钮，如图 3-61 所示。

Step 04 弹出“Word 库位置”对话框，单击“添加”按钮，如图 3-62 所示。

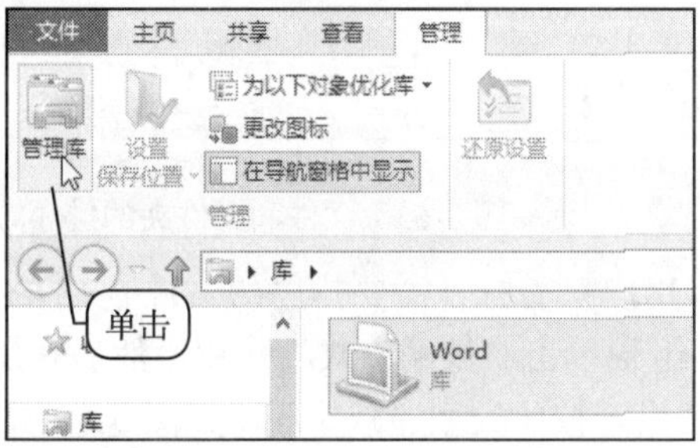

图 3-61 单击“管理库”按钮

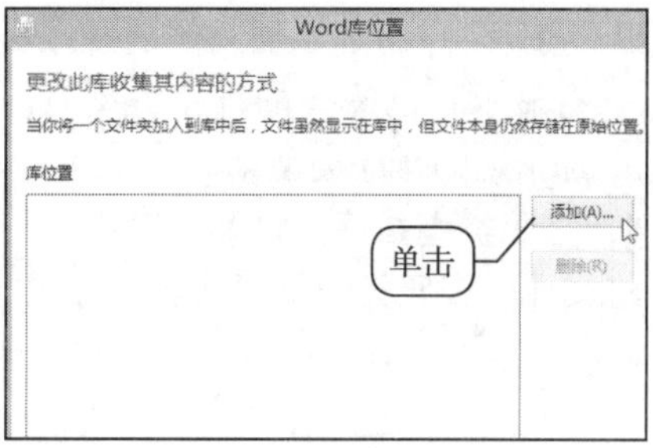

图 3-62 单击“添加”按钮

Step 05 在弹出的“将文件夹加入到‘Word’中”对话框，选择要添加的文件夹后，单击“加入文件夹”按钮，如图 3-63 所示。

Step 06 返回“Word 库位置”对话框，单击“确定”按钮即可完成文件夹索引的添加，如图 3-64 所示。将文件夹添加到库中可以方便用户的管理。

图 3-63 选择要添加的文件夹

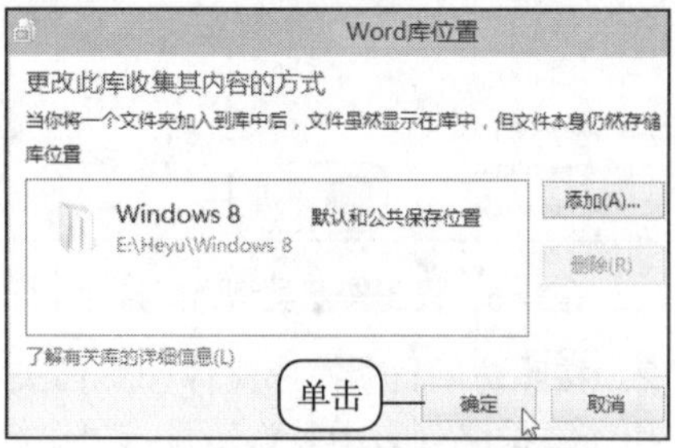

图 3-64 确认添加

拓展解析

3.6 不可忽视的资源管理器的高级功能

Windows 资源管理器的功能不仅具有浏览文件和文件夹的功能，而且还能够对其中的文件夹和文件进行排序、分组和筛选。

通过对文件夹和文件进行排序、分组和筛选可以让用户轻松地找到需要的文件或文件夹，所以说这是 Windows 资源管理器不可忽视的高级功能。

3.6.1 排序文件和文件夹

Windows 8 提供了排序文件和文件夹的功能，用户不仅可以按照名称、修改日期和类型等方式对窗口中的文件和文件夹进行递增或者递减排列，而且还可以通过“选择列”选项来添加更多的排序方式，如图 3-65 所示。

- ❑ 排序类型：包含名称、修改日期、类型和大小，这些都是文件或文件夹的属性，用户可以根据自己的实际需要来选择排序类型。
- ❑ 排序方式：排序方式与排序类型紧密结合，它决定了所选排序类类型进行递增或递减的排列方式。
- ❑ 选择列：用于添加其他的排序类型，当列表中没有显示自己需要的排序类型时，可利用该选项添加指定的排序类型。

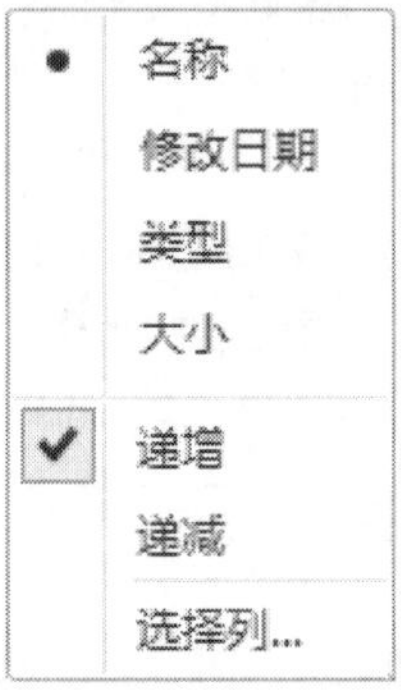

图 3-65 文件和文件夹的排序方式

1. 按照类型排序文件和文件夹

将文件夹按照类型排序的操作方法非常简单，用户只需打开需要排序的文件 / 文件夹的窗口，切换至“查看”选项卡，❶ 在“当前视图”组中单击“排序方式”按钮，然后在展开的列表中单击“类型”选项，❷ 最后使用相同的方法设置按照类型递减排序，如图 3-66 所示。此时可在窗口中看见文件和文件夹按照类型进行了递减排列，如图 3-67 所示。

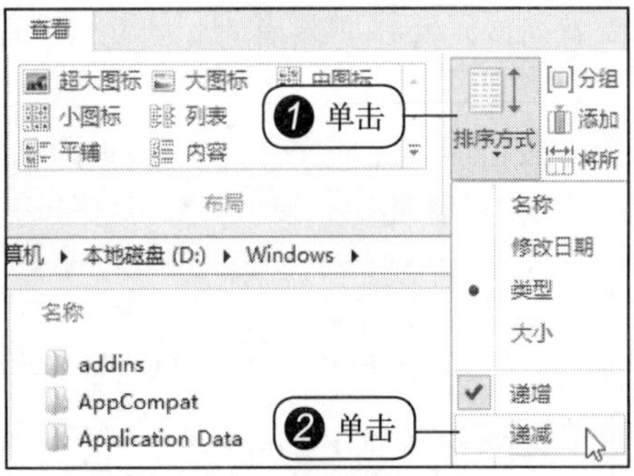

图 3-66 设置按照类型递减排序

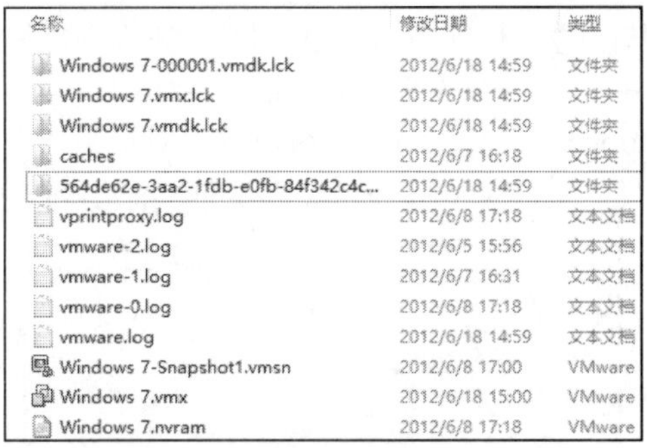

图 3-67 查看排序后的显示效果

2. 按照访问日期排序文件和文件夹

由于在排序列表中默认不显示“访问日期”排序方式，因此用户需要手动添加该排序方式，然后再设置文件和文件夹按照访问日期进行排序。具体操作步骤如下。

Step 01 切换至“查看”选项卡，❶ 在“当前视图”组中单击“排序方式”按钮，❷ 在展开的列表中单击“选择列”选项，如图 3-68 所示。

Step 02 弹出“选择详细信息”对话框，❶ 在列表框中选择要添加的排序方式，例如勾选“访问日期”，❷ 然后单击“确定”按钮，如图 3-69 所示。

Step 03 ❶ 在“当前视图”选项组中单击“排序方式”按钮，❷ 在展开的列表中单击“访问日期”选项，❸ 接着使用相同的方法设置递减排序，如图 3-70 所示。

Step 04 此时可在窗口中看见文件和文件夹按照访问日期递减排列，如图 3-71 所示。

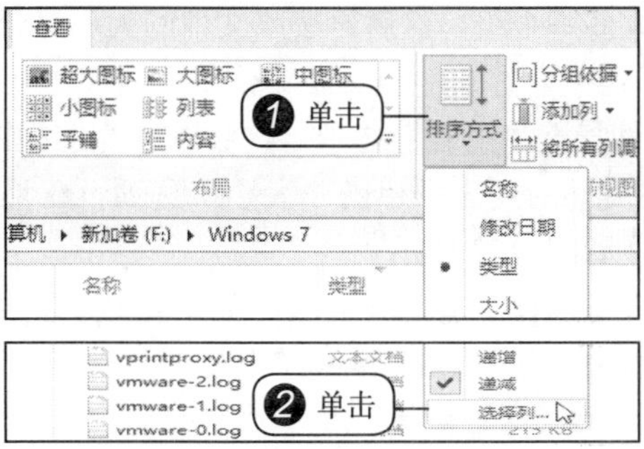

图 3-68 单击“选择列”选项

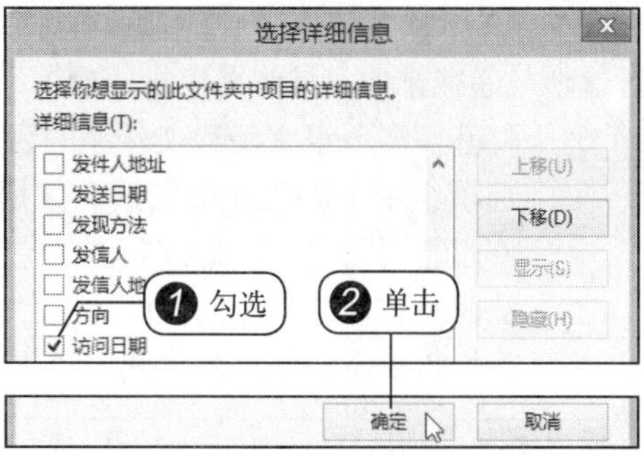

图 3-69 添加“访问日期”列

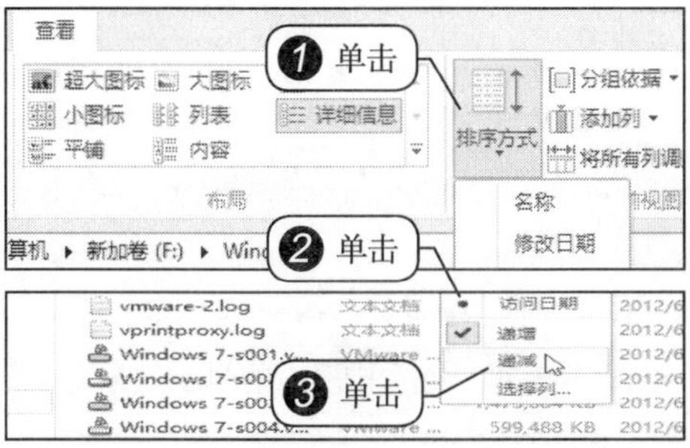

图 3-70 设置按访问日期递减排序

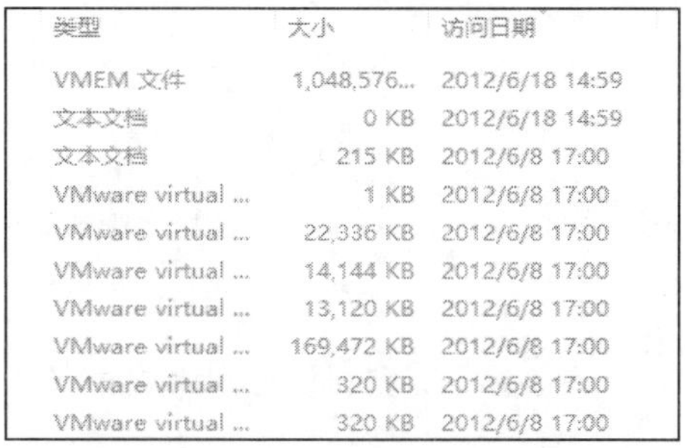

图 3-71 查看排序后的显示效果

提示：利用快捷菜单排序文件和文件夹

在 Windows 8 操作系统中，除了利用功能区中的“排序方式”按钮来排序文件和文件夹之外，还可以利用快捷菜单进行排序，右击窗口文件窗格的空白处，在弹出的快捷菜单中单击“排序方式”命令，然后在弹出的子菜单中选择排序方式即可。

3.6.2 分组文件和文件夹

分组文件和文件夹是 Windows 8 操作系统提供的另一个资源管理器的高级功能，用户可通过这个功能对文件和文件夹按“名称”、“修改时间”、“类型”以及“大小”等进行分组，如图 3-66 所示。分组文件和文件夹的功能，用户可以在“Windows 资源管理器”窗口功能区“查看”选项卡的“当前视图”选项组中找到。用户只需单击“当前视图”选项组中的“分组依据”按钮即可展开如图 3-72 的列表。

- ❑ 分组类型：包含名称、修改日期、类型和大小，这些都是文件或文件夹的属性，用户可以根据自己的实际需要来选择分组类型。
- ❑ 排序顺序：排序顺序与分组类型紧密结合，它决定了所选分组类型进行递增或递减排序。
- ❑ 选择列：用于添加其他的分组类型，当列表中没有显示自己需要的分组类型时，可利用该选项添加指定的分组类型。

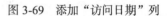

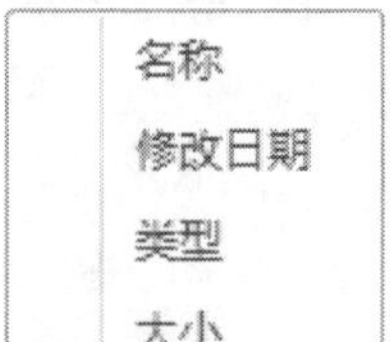

图 3-72 文件和文件夹的分组方式

1. 按照大小分组文件和文件夹

按照大小分组文件和文件夹时，系统将不会查看文件夹的具体大小而直接把所有文件夹分在一个组中（未指定），系统将默认这个组为最大的一个组，然后再按照文件的大小对分组进行递增或递减排列。具体操作步骤如下。

Step 01　打开需要分组文件和文件夹的窗口，❶ 切换至“查看”选项卡，❷ 在“当前视图”选项组中单击“分组依据”按钮，❸ 在展开的列表中单击“大小”选项，❹ 然后使用相同的方法设置按照类型递增排序，如图 3-73 所示。

Step 02　此时可在窗口中看见文件和文件夹按照大小进行了递增分组，首先分组文件，然后直接将所有文件夹分在同一“未指定”组中，如图 3-74 所示。

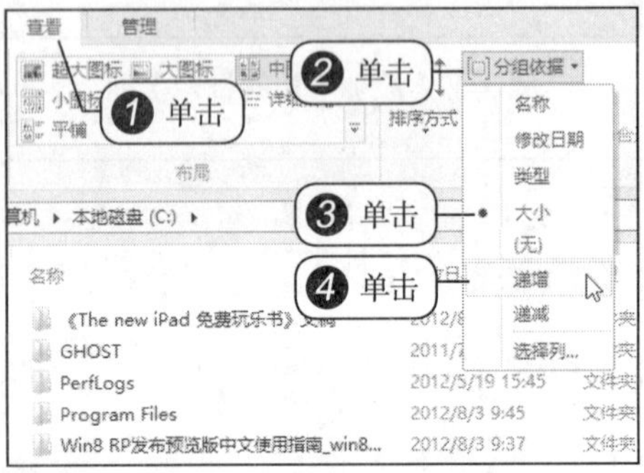

图 3-73　设置按照大小递增排序

图 3-74　查看排序后的显示效果

提示：利用快捷菜单排序文件和文件夹

在 Windows 8 中，除了利用功能区中的“分组依据”按钮来分组文件和文件夹之外，还可以利用常用的快捷菜单来进行分组。在“Windows 资源管理器”窗口文件窗格的空白处右击，在弹出的快捷菜单中，单击“分组依据”命令，然后在弹出的子菜单中设置分组方式即可。

---

2. 按照访问日期分组文件和文件夹

同排序列表一样，分组依据中同样默认不显示“访问日期”分组依据，用户需要手动添加该分组方式后，才能设置文件和文件夹按照访问日期进行分组。按照访问日期分组文件和文件夹可以方便用户管理文件和文件夹。具体的操作步骤如下。

Step 01　切换至“查看”选项卡，❶ 在“当前视图”选项组中单击“分组依据”按钮，❷ 在展开的列表中单击“选择列”选项，如图 3-75 所示。

Step 02　弹出“选择详细信息”对话框，❶ 在“详细信息”列表框中选择要添加的排序方式，例如勾选“访问日期”，❷ 然后单击“确定”按钮，如图 3-76 所示。

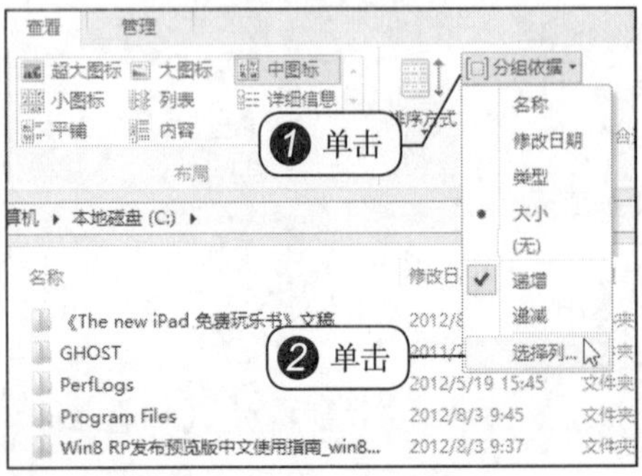

图 3-75　单击“选择列”选项

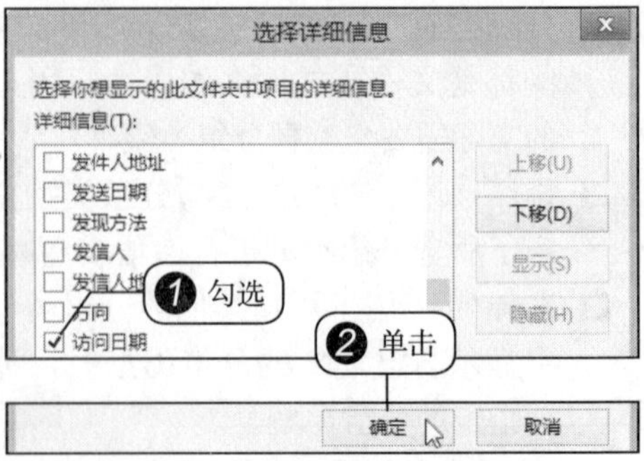

图 3-76　添加“访问日期”列

Step 03 ❶ 在“当前视图”选项组中单击“分组依据”按钮，❷ 在展开的列表中单击“访问日期”选项，❸ 接着使用相同的方法设置递减排序，如图 3-77 所示。

Step 04 此时可在窗口中看见文件和文件夹按照访问日期递减分组，如图 3-78 所示。

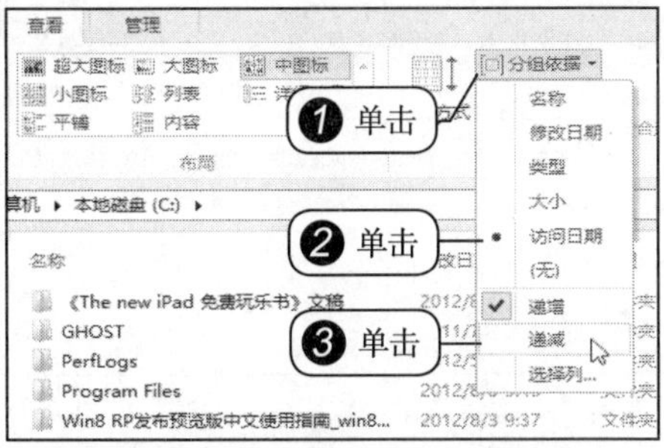

图 3-77　设置按访问日期递减排序

图 3-78　查看排序后的显示效果

提示：同时使用排序和分组两种不同的功能

排序和分组两种功能是可以同时使用的，当两种功能被同时使用时，系统先将文件和文件夹分组，然后再在每个组中对文件和文件夹进行排序。例如当用户同时选择按名称排序和按大小分组时，系统先将文件和文件夹按大小进行分组，然后再在每个组中按名称进行排列。

3.6.3　筛选文件和文件夹

在 Windows 8 操作系统的资源管理器中最强大的文件或文件夹定位功能可能就是筛选了。使用筛选的方式查找文件或文件夹时，用户可以同时设定多个条件对其进行定位，而排列和分组则仅是按其中的某个条件进行定位。相比而言，排列和分组在查找指定文件或文件夹方面具有一定的局限性。

筛选是 Windows 资源管理器中一个十分独特的功能，这个功能只能在文件和文件夹的视图模式处于“详细信息”时才能使用，所以筛选文件和文件夹的第一步就是调整文件和文件夹的视图模式为“详细信息”。接下来就以通过筛选查找某指定文件（WiFi 密码破解方法大全 .doc）为例向大家详细介绍筛选的操作方法和步骤。

Step 01 在“查看”选项卡“布局”选项组中选择窗口中文件和文件夹的显示方式，例如选择详细信息，如图 3-79 所示。

Step 02 ❶ 在出现的属性列中单击要筛选的属性（如名称）右侧的下三角按钮，❷ 然后在展开的列表中勾选要筛选条件前的复选框，如图 3-80 所示。

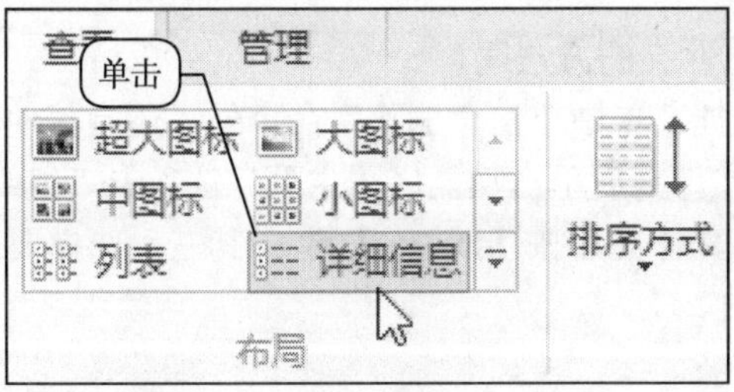

图 3-79　单击“详细信息”按钮

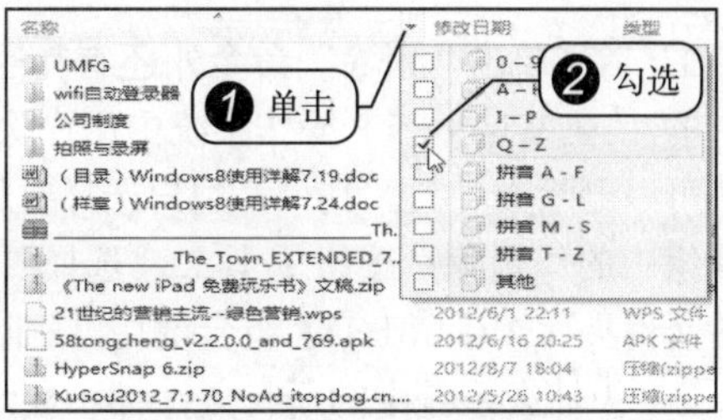

图 3-80　勾选筛选条件

Step 03 按照 Step02 介绍的方法设置其他筛选条件，例如设置只显示 Microsoft Word 文档，如图 3-81 所示。

Step 04 待成功设置所有筛选条件后，用户便可在文件窗格中看到已成功筛选出的 Word 文件，如图 3-82 所示。

图 3-81　勾选筛选条件

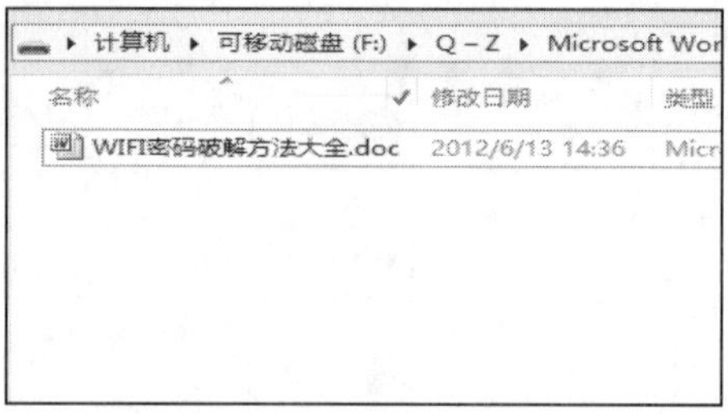

图 3-82　查看筛选结果

3.7　查找文件要讲效率，使用搜索功能快速查找

事实上，在 Windows 资源管理器中查找文件并非用户想象的那么复杂。用户只需在搜索栏中输入要查找的文件的关键字，系统将实时动态地开始搜索用户的文件。这是 Windows 8 操作系统中最有效率的文件查找方式。在实际运用中用户只需打开“计算机”窗口，在窗口搜索栏中输入关键字，例如输入“设计”，如图 3-83 所示。此时窗口将自动开始搜索含有关键字“设计”的所有文件，并将其显示在文件窗格中，如图 3-84 所示。

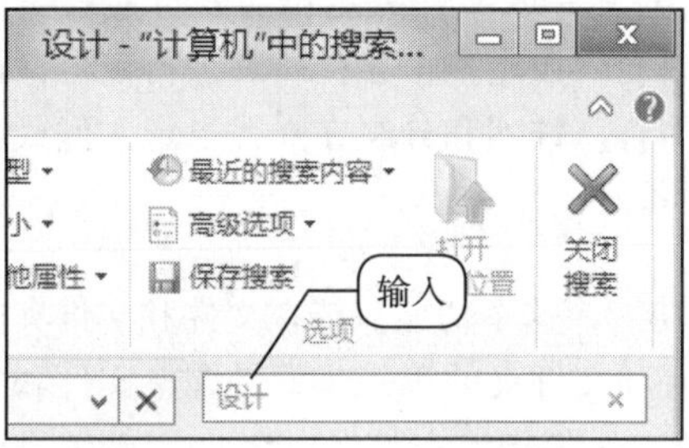

图 3-83　输入搜索关键字

图 3-84　搜索到的所有文件

新手疑惑解答

1. 除了单击“删除”命令外还有其他删除文件夹的方法吗?

答：在 Windows 8 操作系统中用户除了在快捷菜单中单击“删除”命令外，还有其他的方法可以删除文件夹。其一，用户选择要删除的文件夹后单击功能区“主页”选项卡“组织”选项组中的“删除”按钮；其二，选择要删除的文件夹后按【Delete】键；其三，选择要删除的文件夹后按【Ctrl+D】组合键均可删除文件夹。

2. 为什么系统中的所有文件都不显示扩展名?

答：在 Windows 8 操作系统中，系统不显示文件扩展名是因为 Windows 8 默认设置是不显示文件扩展名的。开启显示文件扩展名非常简单，用户只需在任意窗口功能区中切换至

“查看”选项卡，勾选“显示 / 隐藏”选项组中“文件扩展名”复选框即可让系统显示文件的扩展名，如图 3-85 所示。

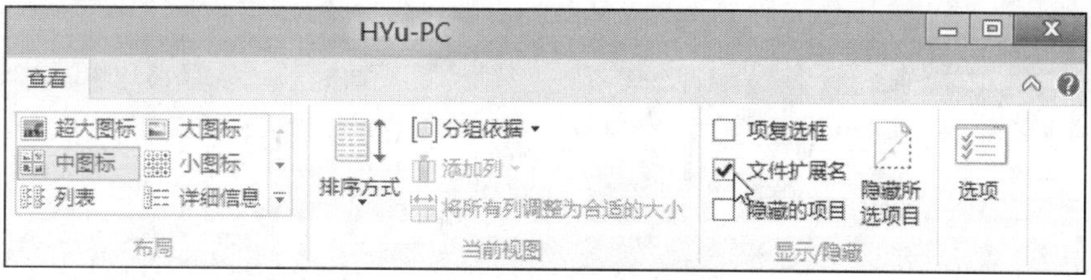

图 3-85　选择显示文件扩展名

3. 能否将用户文件夹中的资料保存在非系统分区中？

答：这是完全可以的！用户文件夹中的资料并非不许保存至非系统盘中，用户可以随意改变用户文件夹的位置。比如需要将用户文件夹中“我的文档”保存到 D 盘中，首先用户需要在 D 盘新建一个文件夹以放置“我的文档”中的内容，然后打开用户文件夹在“我的文档”上右击，在弹出的快捷菜单中单击“属性”命令，如图 3-86 所示。在弹出的“我的文档属性”对话框中，切换至位置选项卡，单击“移动”按钮，如图 3-87 所示。在弹出的“选择一个目标”对话框中选择 D 盘新建的文件夹，单击“选择文件夹”按钮，如图 3-88 所示。返回“我的文档属性”对话框，单击“确定”按钮，最后在弹出的“移动文件夹”提示框中单击“是”按钮即可完成“我的文档”的移动操作。

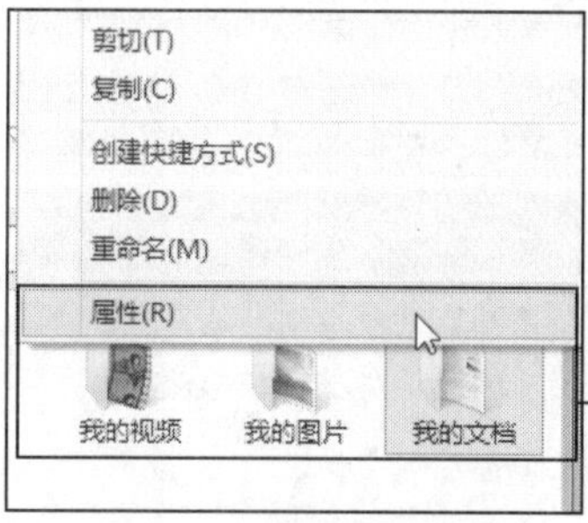

图 3-86　单击“属性”命令

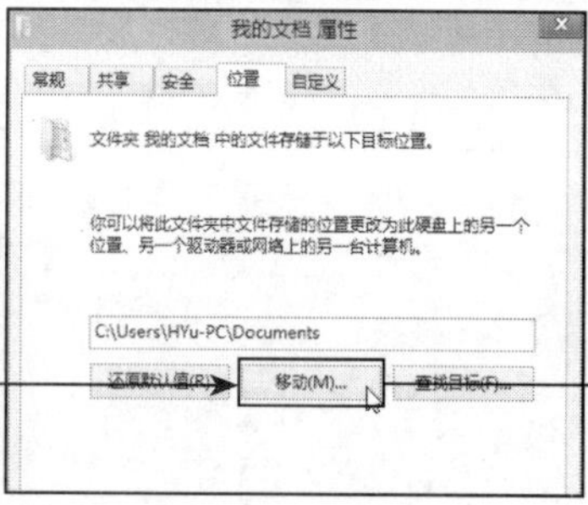

图 3-87　选择移动文件夹

图 3-88　选择移动位置

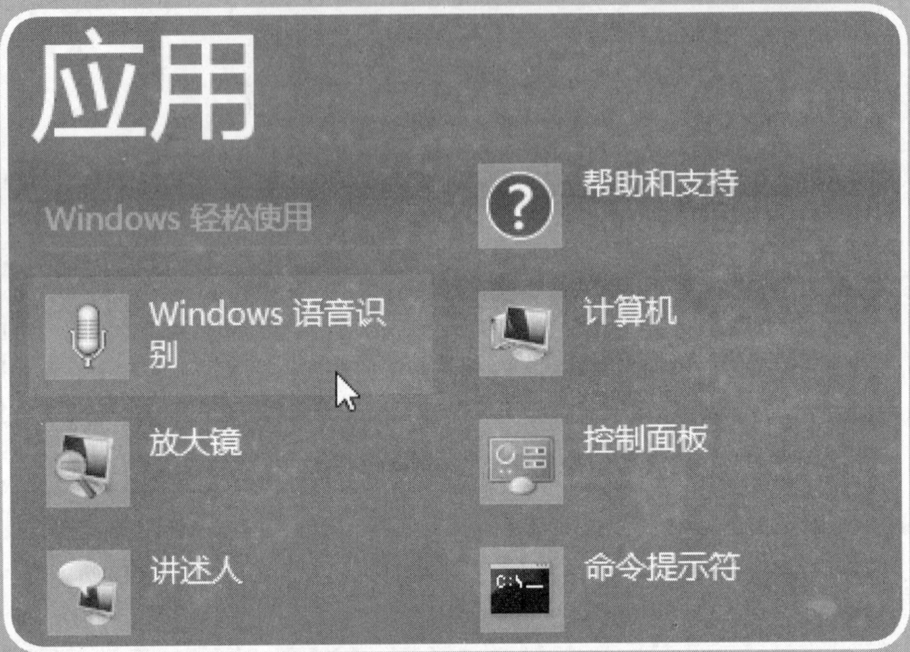

第4章
使用输入法快速输入文本

本章知识点：

☑ 安装与设置输入法
☑ 使用系统自带的微软拼音输入法
☑ 使用网络流行的搜狗输入法
☑ 使用 Windows 语音识别与电脑对话
☑ 安装与使用字体

输入法是人与电脑间沟通的重要渠道，通过输入法用户可以非常方便地输入有效文本，并通过电脑与好友沟通、浏览网页以及办公等。Windows 8 操作系统中的输入法较之以前的 Windows 操作系统有了不小的改变，下面就详细介绍一下 Windows 8 操作系统中的输入法。

基础讲解

4.1 输入法简介

英文字母只有 26 个，它们对应着键盘上的 26 个字母，对于英文来说是不存在什么输入法的。然而除英文外的其他文字，如汉字的字数有几万个，它们和键盘却是没有任何对应关系的。为了向电脑中输入汉字，就必须将汉字拆分成更小的属性（如拼音、五笔等），并将这些属性与键盘上的按键产生某种联系，才能使我们通过键盘按照某种规律输入汉字，这就是输入法。

4.1.1 认识语言栏

在 Windows 8 操作系统中，默认状态下语言栏是处于关闭状态的，取而代之的是位于通知区域的“输入指示”图标。用户可通过简单地设置开启桌面语言栏，具体方法是单击通知区域的“输入指示”图标，在展开的列表中单击“语言首选项”按钮，如图 4-1 所示。打开“语言”窗口，单击“高级设置”链接，如图 4-2 所示。在切换至的“高级设置”界面中勾选“使用桌面语言栏（可用时）”复选框，最后单击“保存”按钮即可开启桌面语言栏，如图 4-3 所示。

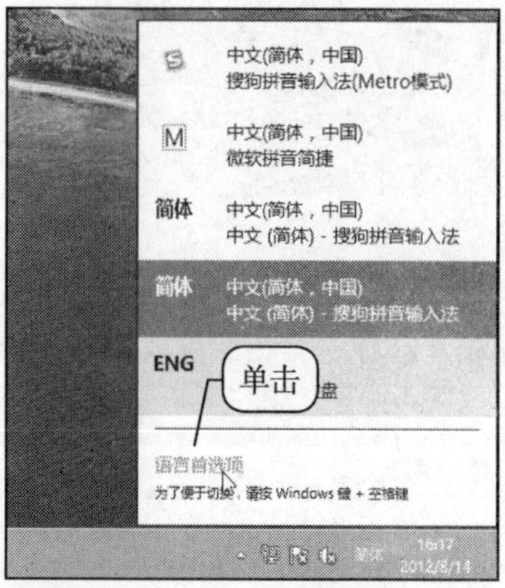

图 4-1 单击“语言首选项”按钮

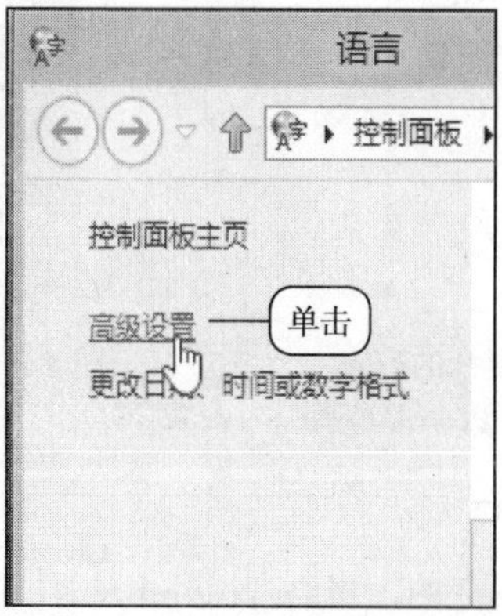

图 4-2 单击“高级设置”链接

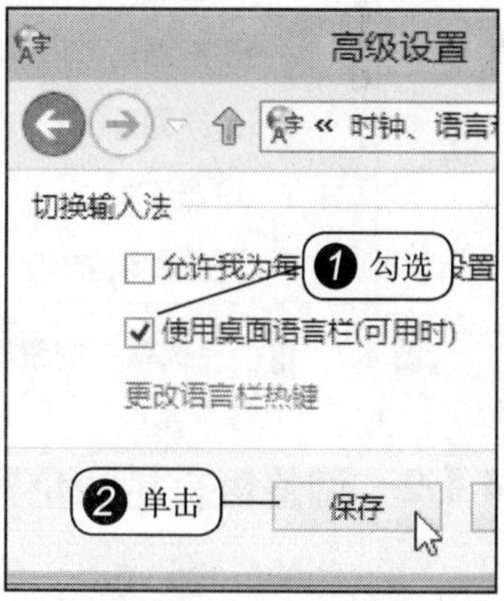

图 4-3 开启语言栏

语言栏通常情况下停靠于任务栏右侧紧靠着通知区域。在语言栏中用户可以清楚地看到当前的语言状态以及输入法，如图 4-4 所示。

图 4-4 语言栏

- 语言状态：在语言栏的语言状态区域中将显示当前语言状态，比如图 4-4 中语言栏显示的是 CH，则代表当前使用的系统语言为中文。单击该图标后可在展开的列表中切换不同的系统语言，如图 4-5 所示。

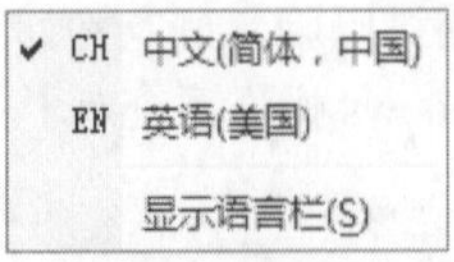

图 4-5　切换不同的系统语言

- 输入法：输入法区域显示的是当前所使用的输入法图标，例如图 4-4 中输入法区域显示的就是搜狗输入法的图标，表明当前正使用的输入法是搜狗输入法。单击该图标后，可在展开的列表中切换不同的输入法，如图 4-6 所示。

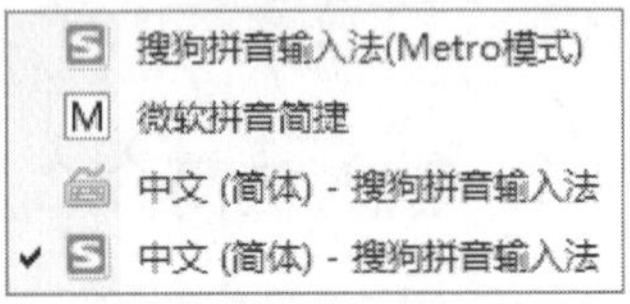

图 4-6　输入法列表

- 帮助：在语言栏中，此处只包含一个“帮助”按钮，用户可通过单击“帮助”按钮打开“Windows 帮助和支持”窗口。在“Windows 帮助和支持”窗口中，用户能获得大量关于 Windows 8 操作系统的使用介绍。
- 选项区：选项区包含两个按钮，分别是“选项”按钮和“还原”按钮。通过这两个按钮用户可以对语言栏进行自定义设置，使其更加符合自身的使用习惯。
- “选项”按钮：“选项”按钮是语言栏中最关键的一个按钮，通过单击该按钮后，在展开的列表中用户可以非常方便地对语言栏进行各种设置，如图 4-7 所示。
- “还原”按钮：该按钮最主要的作用是还原语言栏停靠位置为悬浮于桌面上，如图 4-8 所示即为单击“还原”按钮后的效果。

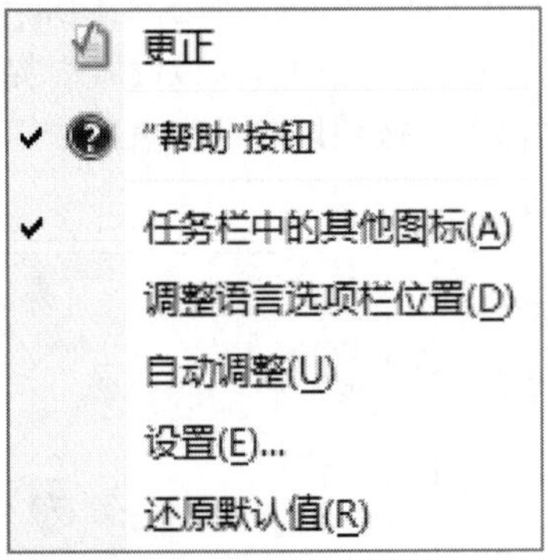

图 4-7　单击“选项”按钮后展开的列表

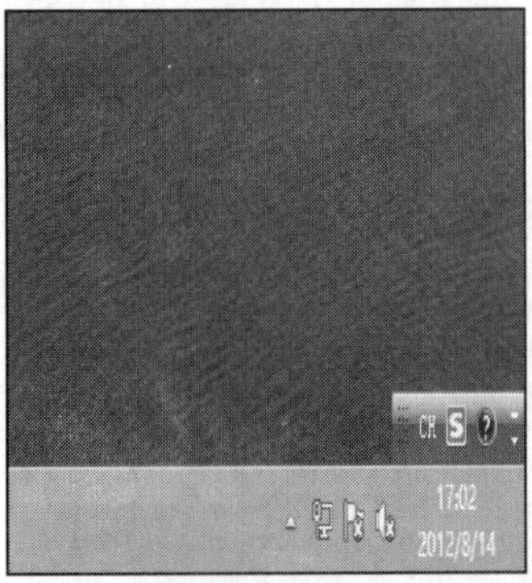

图 4-8　单击“还原”按钮后的效果

4.1.2　调整语言栏的位置

语言栏的位置并非是一成不变的，当语言栏处于悬浮于桌面上的状态时，如图 4-8 所示。将鼠标指针移动至语言栏左侧，待鼠标箭头变成状时按住鼠标并向任意位置拖动即可调整语言栏的位置，如图 4-9 所示。

图 4-9　调整语言栏位置

4.1.3　选择输入法

选择输入法是语言栏最重要的功能之一，通过语言栏用户可以非常方便地选择与切换输入法 。

在语言栏中选择输入法的方法非常简单，接下来就详细介绍在语言栏中选择输入法的具体操作步骤。

Step 01 ❶ 单击语言栏中输入法区域的图标，❷ 在展开的列表中单击要选择的输入法，如图 4-10 所示。

Step 02 此时用户可发现语言栏输入法区域的输入法图标已经发生了改变，即已成功切换了输入法，如图 4-11 所示。

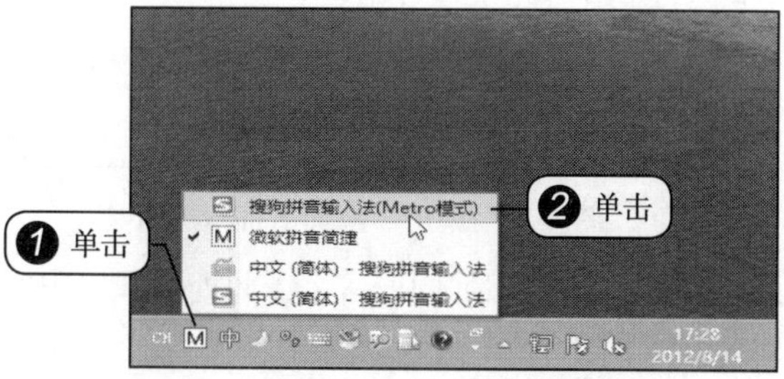

图 4-10 单击选择输入法

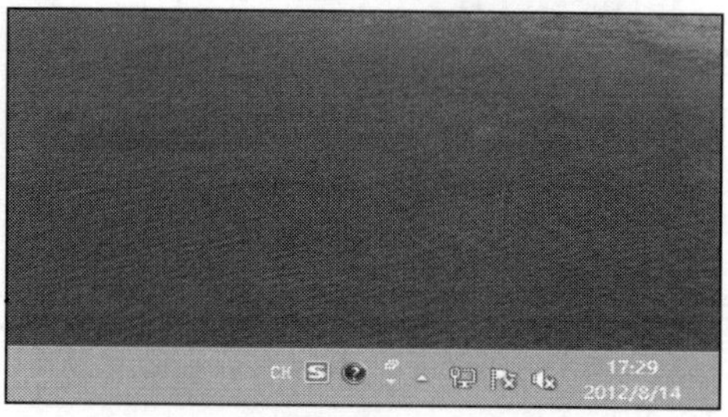

图 4-11 选择输入法后的效果

提示：使用组合键快速选择和切换输入法

在之前的 Windows 操作系统中，用户或许已经习惯了使用【Ctrl+Shift】组合键选择和切换输入法，但在 Windows 8 操作系统中已经不能再继续使用【Ctrl+Shift】组合键了，取而代之的是【Win+ 空格键】组合键。通过这个新的组合键，用户可以在 Windows 8 操作系统中轻松使用键盘快速地切换输入法。如图 4-12 即为输入法选择与切换的界面。

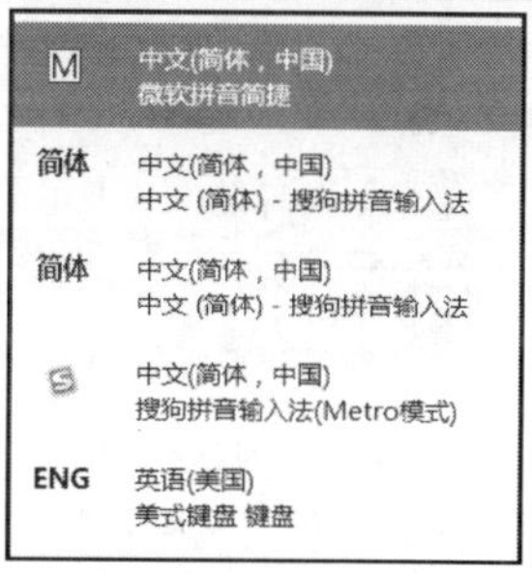

图 4-12 选择和切换输入法界面

4.2 安装与删除输入法

在 Windows 操作系统中，输入法分为系统自带输入法和第三方输入法。系统自带的输入法用户只需简单的步骤即可添加至语言栏中供今后使用，而第三方输入法则需要正确安装后才可正常使用。

4.2.1 安装中文输入法

在 Windows 8 操作系统中，输入法的安装分为安装系统自带输入法和安装第三方输入法。

1. 安装系统自带输入法

在 Windows 8 中，系统自带了大量的输入法供用户选择使用，用户需要通过设置添加输入法后才能使用。添加系统输入法的操作步骤非常简单，接下来就以添加微软仓颉中文繁体输入法为例给大家详细介绍一下安装系统自带输入法的操作方法与步骤。

Step 01 ❶ 单击语言栏中选项区“选项”按钮，❷ 在展开的列表中单击“设置”按钮，如图 4-13 所示。

Step 02 打开“语言”窗口，在窗口中单击“添加语言”按钮，如图 4-14 所示。

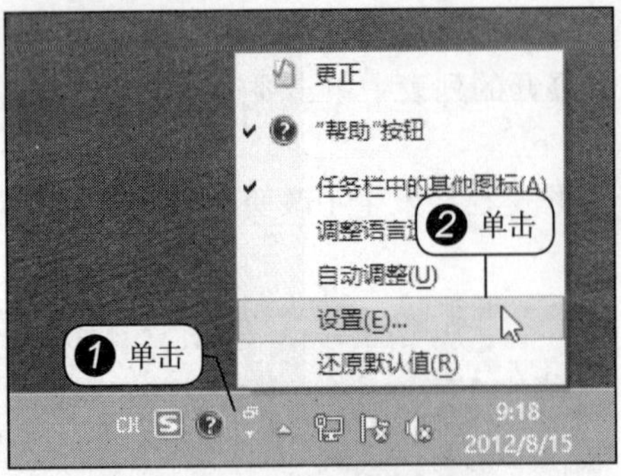

图 4-13　单击“设置”按钮

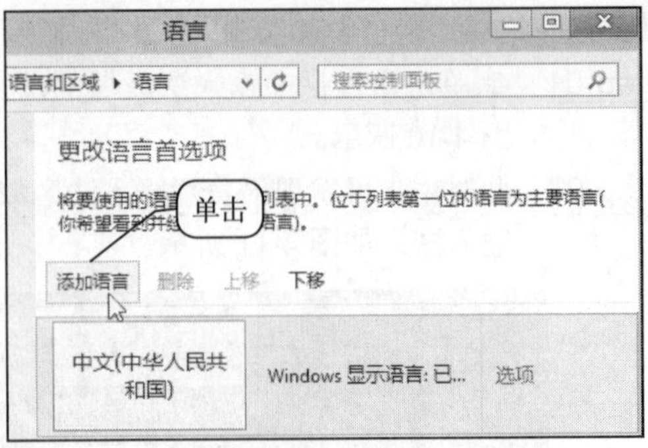

图 4-14　单击“添加语言”按钮

Step 03　在打开的“添加语言”窗口中的列表框中选择需要添加的语言，❶ 此处选择“中文（繁体）”，❷ 单击“打开”按钮，如图 4-15 所示。

Step 04　打开“区域变量”窗口，❶ 在窗口中选择需要添加的区域语言，❷ 然后单击“添加”按钮，如图 4-16 所示。

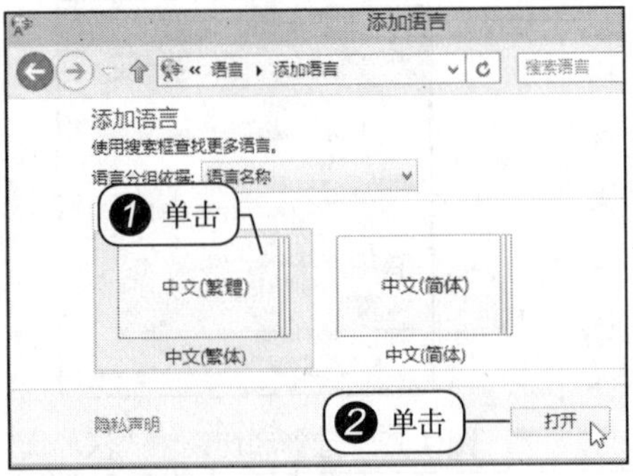

图 4-15　添加语言

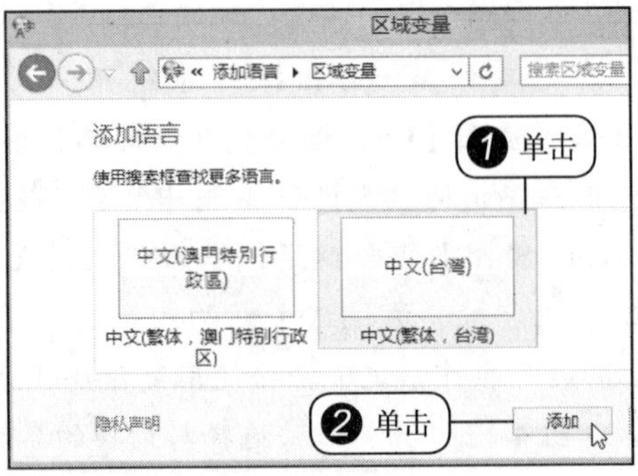

图 4-16　选择区域语言

Step 05　返回“语言”窗口，单击 Step04 中添加的区域语言右侧的“选项”按钮，如图 4-17 所示。

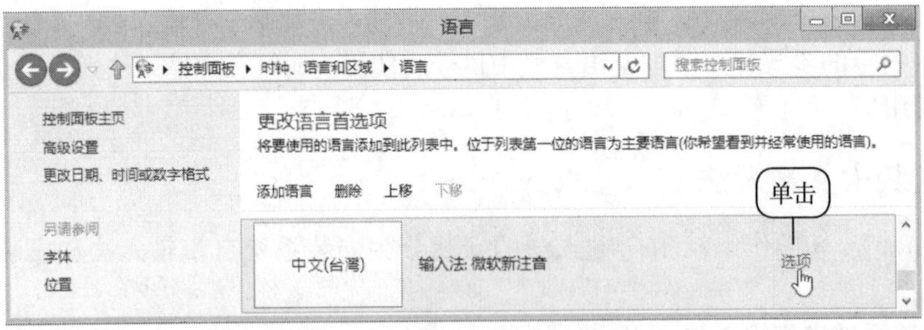

图 4-17　单击“选项”按钮

Step 06　打开“语言选项”窗口，单击“输入法”选项组中的“添加输入法”链接，如图 4-18 所示。

Step 07　切换至“输入法”界面，❶ 在“添加输入法”列表框中选择需要添加的输入法“微软仓颉”，❷ 然后单击“添加”按钮，如图 4-19 所示。

Step 08　返回“语言选项”窗口，确认添加的输入法无误后，单击“保存”按钮确认添加的输入法，如图 4-20 所示。

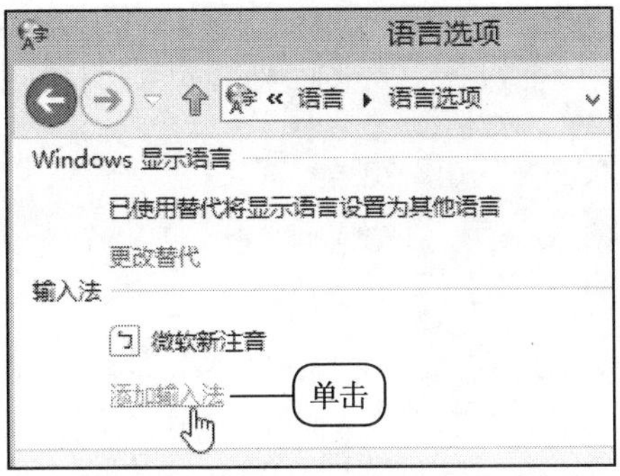

图 4-18 单击“添加输入法”链接

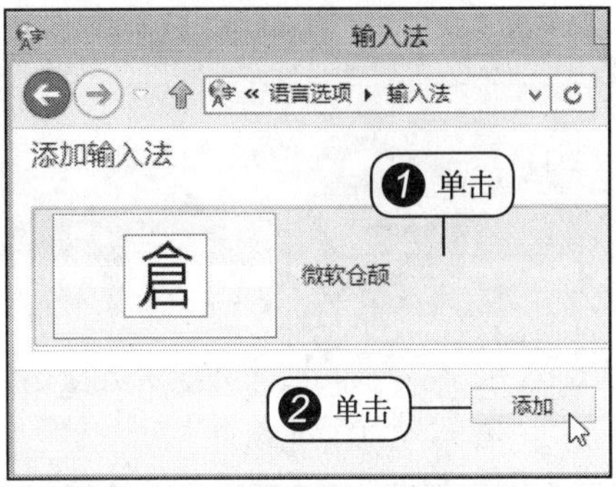

图 4-19 开始添加输入法

Step 09 此时用户通过按【Win+ 空格键】组合键即可查看到已经成功添加的微软仓颉输入法，如图 4-21 所示。

图 4-20 确认添加的输入法

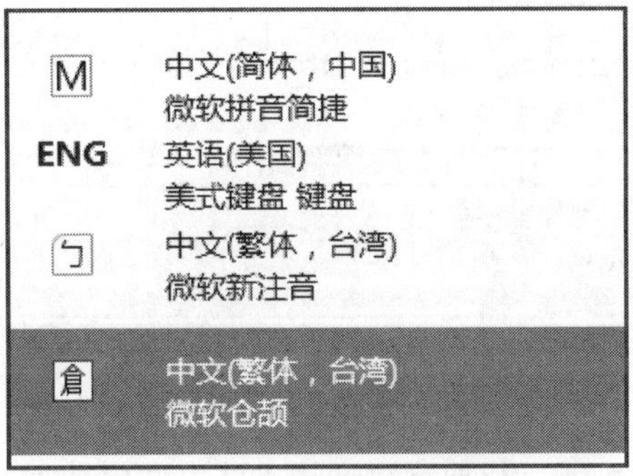

图 4-21 查看已成功添加的输入法

提示：在语言栏中直接切换至微软仓颉输入法

由于微软仓颉输入法属于中文繁体输入法，和用户日常使用的中文简体输入法处于不同的系统语言环境，用户不能单击语言栏中的输入法图标直接进行切换。要想在语言栏中直接切换至微软仓颉输入法用户必须先单击语言栏中的语言状态图标，在展开的列表中切换至中文繁体语言环境，然后才能在语言栏中直接切换至该输入法。

2. 安装第三方输入法

第三方输入法是指除微软 Windows 操作系统自带输入法之外的其他输入法。常见的第三方输入法包括搜狗输入法、QQ 拼音输入法、百度输入法等，通过使用第三方输入法可以让用户感受到与系统自带输入法不一样的输入体验。

接下来就以搜狗输入法为例为大家详细介绍一下安装和添加搜狗输入法的操作方法与步骤。

Step 01 双击搜狗拼音输入法安装程序图标（用户可在网站 pinyin.sogou.com 中下载到该输入法），启动搜狗输入法安装程序，如图 4-22 所示。

Step 02 打开“安装向导”窗口，单击“下一步”按钮，如图 4-23 所示。

Step 03 切换至“许可证协议”界面，单击“我接受”按钮，如图 4-24 所示。

Step 04 按提示依次单击“下一步”按钮后切换至“选择安装‘附加软件’”界面，❶ 取消勾选“安装搜狗高速浏览器”复选框，❷ 单击“安装”按钮，如图 4-25 所示。

Step 05 此时搜狗拼音输入法正在安装中，用户可看到实时的安装进度，如图 4-26 所示。

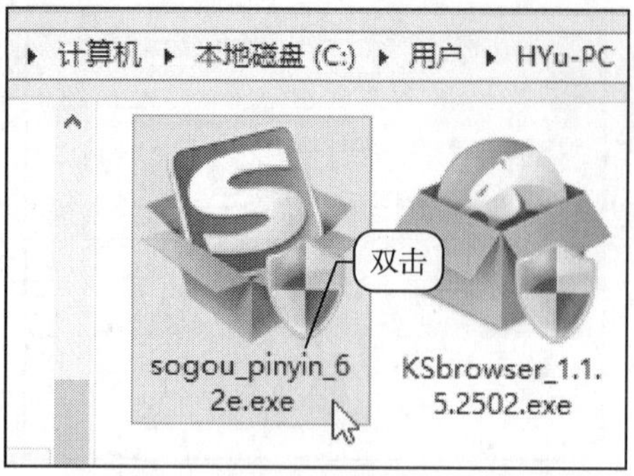

图 4-22　启动搜狗输入法安装程序

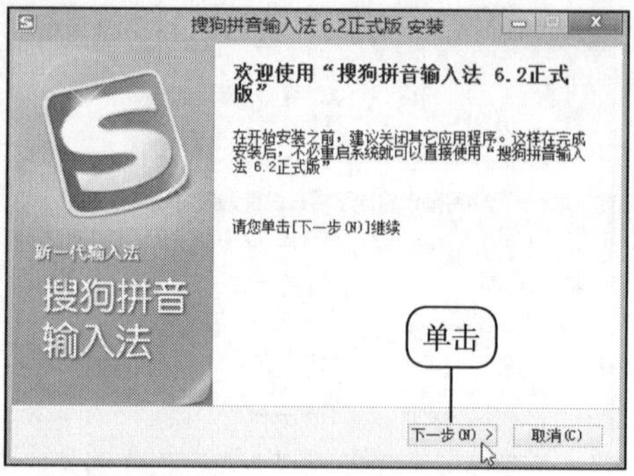

图 4-23　单击“下一步”按钮

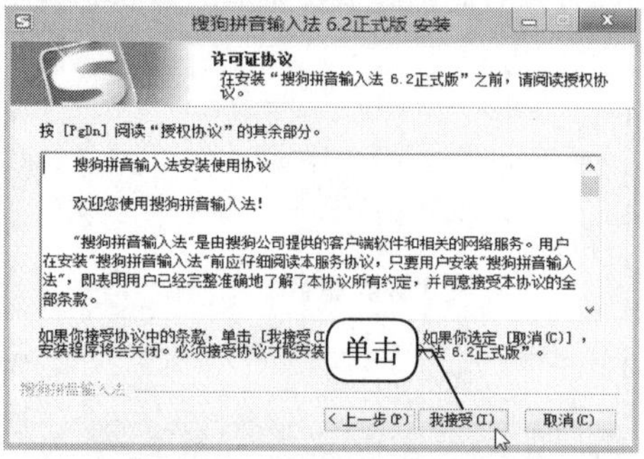

图 4-24　接受许可证协议

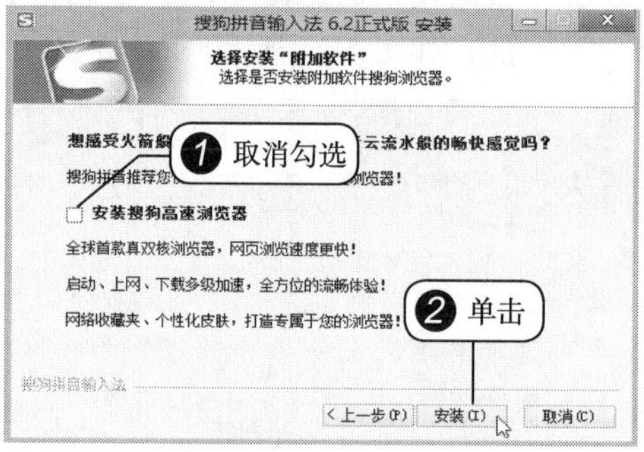

图 4-25　单击“安装”按钮

Step 06　待搜狗拼音输入法安装完成后，❶ 取消所有的复选框勾选状态，❷ 单击“完成”按钮，如图 4-27 所示。

图 4-26　查看安装进度

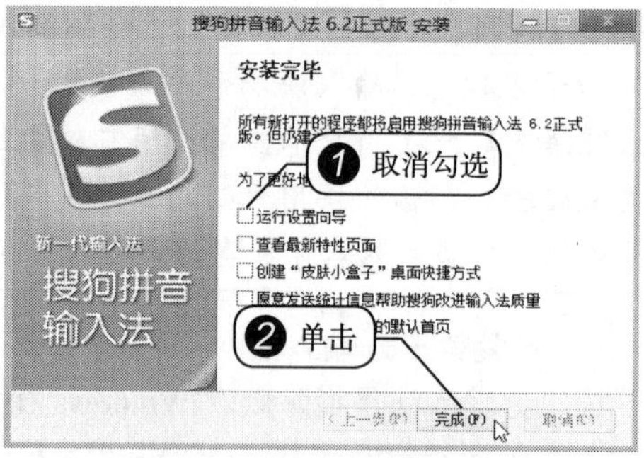

图 4-27　完成安装

Step 07　❶ 单击语言栏中选项区“选项”按钮，❷ 在展开的列表中单击“设置”按钮，如图 4-28 所示。

Step 08　打开“语言”窗口，在窗口中单击“中文（中华人民共和国）”语言环境右侧的“选项”按钮，如图 4-29 所示。

Step 09　打开“语言选项”窗口，单击“输入法”选项组中的“添加输入法”链接，如图 4-30 所示。

Step 10　切换至“输入法”界面，❶ 在“添加输入法”列表框中选择需要添加的搜狗拼音输入法，❷ 然后单击“添加”按钮，如图 4-31 所示。

Step 11　返回“语言选项”窗口，确认添加的输入法无误后，单击“保存”按钮确认添加输入法，如图 4-32 所示。

Step 12　此时用户可单击语言栏中输入法图标查看到添加的搜狗拼音输入法，如图 4-33 所示。

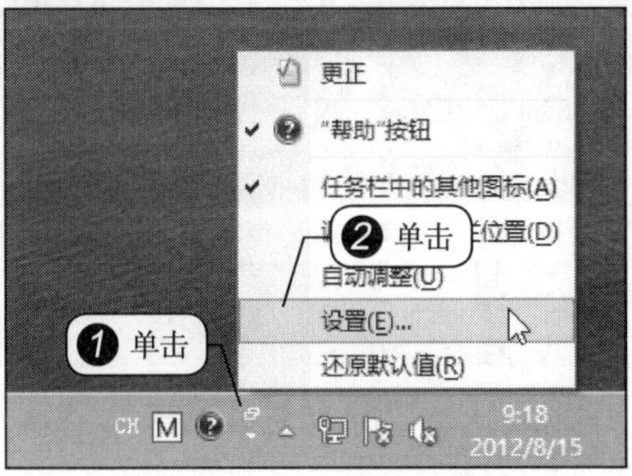

图 4-28　单击“设置”按钮

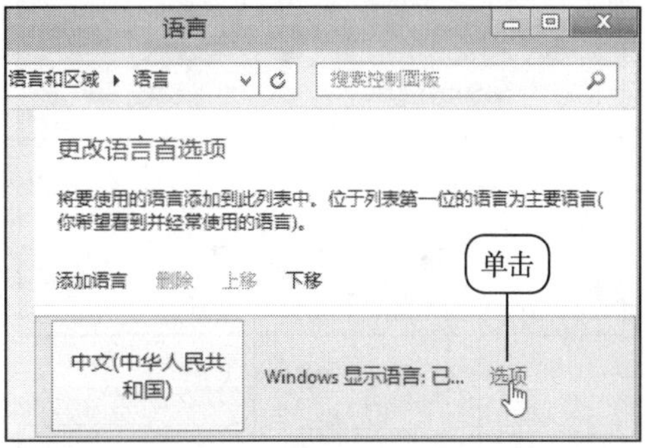

图 4-29　单击“选项”按钮

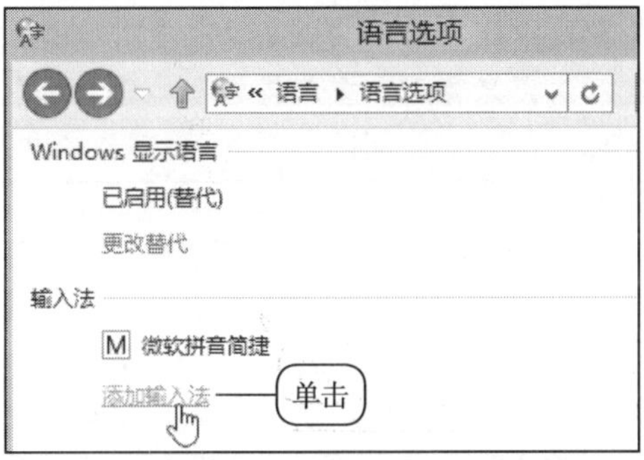

图 4-30　单击“添加输入法”链接

图 4-31　开始添加输入法

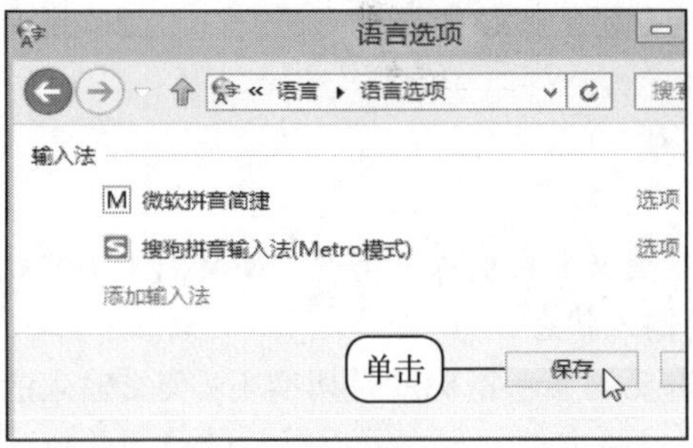

图 4-32　确认添加的输入法并保存

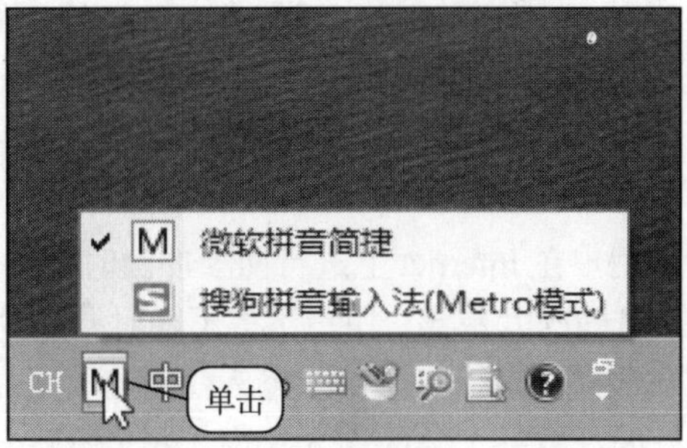

图 4-33　查看添加输入法后的效果

4.2.2　删除输入法

和输入法的安装相反的是输入法的删除。当电脑中的一款输入法长期不用时，用户可以选择将该输入法从电脑系统中删除。删除输入法的操作较之安装输入法而言显得非常简捷，现在就以删除微软拼音简捷输入法为例为大家具体介绍一下输入法的删除操作。

Step 01　按照 4.2.1 节中介绍的方法打开“语言选项”窗口，❶ 单击需删除的输入法右侧的“删除”链接，❷ 然后单击“保存”按钮，如图 4-34 所示。

Step 02　此时用户可单击语言栏中输入法的图标查看到微软拼音简捷输入法已经被成功删除

了，如图 4-35 所示。

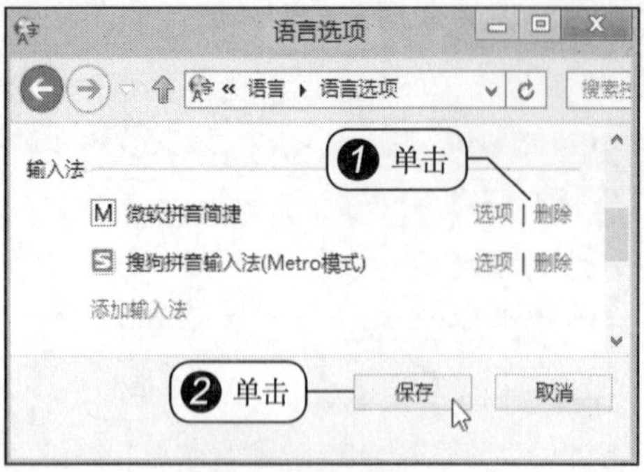

图 4-34　删除输入法

图 4-35　输入法删除后的效果

提示：删除后的输入法仍可以被重新添加

在 Windows 8 操作系统中，用户在“语言选项”窗口中将输入法删除后仍可以再次将其添加到系统中进行使用。这是由于在“语言选项”窗口中删除输入法仅是取消使用该输入法而已，并非是真正意义上的从电脑中彻底删除该输入法，只要用户重新将其添加到系统中就又可重新使用了。

4.3　使用系统自带的微软拼音输入法

输入法一直以来就是电脑软件中重要的组成部分，同时也是用户使用电脑必须的应用软件。作为 Windows 8 操作系统的开发者，微软公司对输入法非常重视，从 Windows XP 系统的发布到如今的 Windows 8 操作系统的正式发售，微软拼音输入法也在不断地完善。

在 Windows 8 操作系统中，默认使用的是系统自带的微软拼音输入法——“微软拼音简捷”输入法。

4.3.1　输入中 / 英文

用户在 Internet 上进行网上冲浪时常会遇到中 / 英文混合输入的情况，而又由于中文和英文本身的巨大差异，用户不得不随时调整输入法的输入状态。

这样一来，衡量一款输入法是否优秀的一项重要的参考指标就是切换中 / 英文输入的快捷程度。越是优秀的输入法中 / 英文的混合输入就越是方便，现在就以微软的“微软拼音简捷”输入法为例为用户详细介绍一下输入中 / 英文的具体方法与步骤。

Step 01　按照 2.5.1 节介绍的方法进入到“应用”屏幕后，打开记事本，然后按照 4.1.3 节介绍的方法选择“微软拼音简捷”输入法，如图 4-36 所示。

Step 02　在“记事本”中使用键盘输入 dafen，此时用户可在“输入法”界面中看到方才输入的字符以及中文联想词，按【2】键即可打出“达芬奇”，如图 4-37 所示。

Step 03　按【Shift+D】组合键可在“输入法”界面显示出大写字母 D，接着输入字母 a，此时用户只需按【空格键】即可打出英文“Da”，如图 4-38 所示。

Step 04　同样在不切换中 / 英文输入法的情况下直接输入 vinci，由于 vinci 是特定的英文，用户同样只需按【Spacebar】键即可将其打出，如图 4-39 所示。

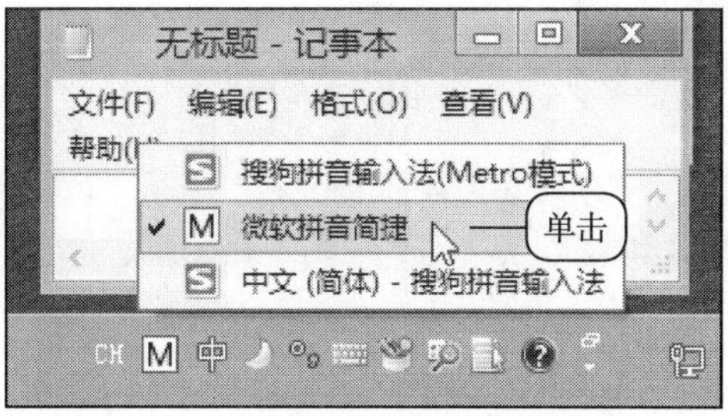

图 4-36　选择输入法

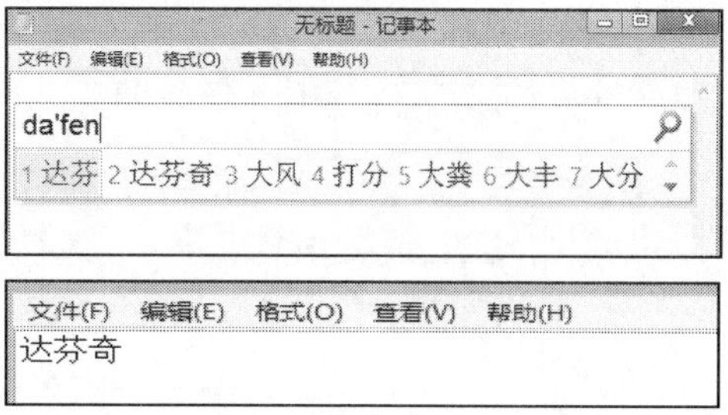

图 4-37　输入“达芬奇”

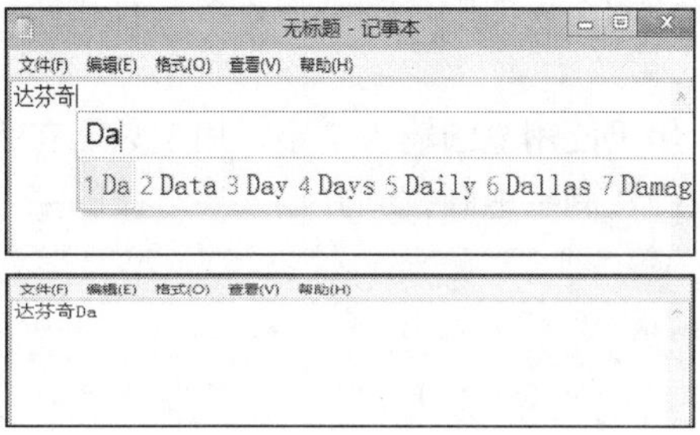

图 4-38　输入 Da

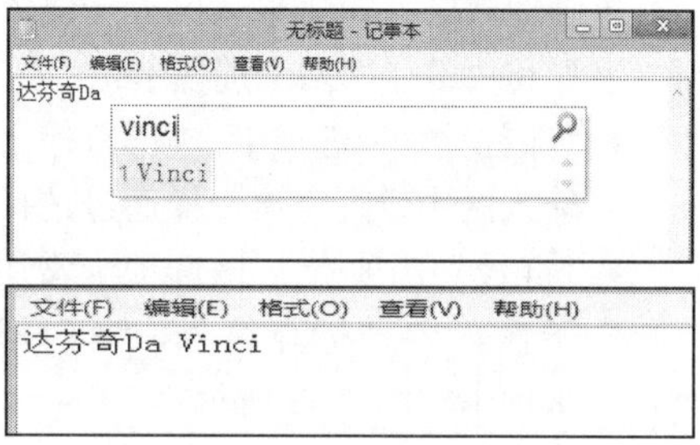

图 4-39　输入 Vinci

Step 05　除输入特定的英文时不用切换外，用户在中文输入状态下也能轻松地输入英文，如使用键盘输入 man，接着用户只需按【Enter】键即可显示 man，如图 4-40 所示。

Step 06　用户若想直接录入英文，可按【Shift】键切换至英文输入状态，此时直接使用键盘即可输入英文，如图 4-41 所示。

图 4-40　输入 man

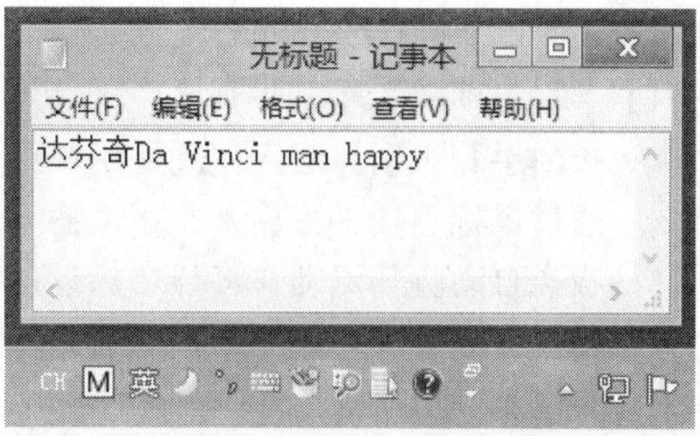

图 4-41　切换至英文输入状态

4.3.2　利用输入板输入

Windows 8 操作系统中的“微软拼音简捷”输入法有一个非常有用的工具——输入板。输入板位于语言栏中，只有当用户选择使用“微软拼音简捷”输入法后才被显示出来。此时用户单击“开启 / 关闭输入板”图标即可开启“微软拼音简捷”输入法的输入板，如图 4-42 所示。

图 4-42　开启输入板

输入板由字典查询和手写识别两部分组成，用户可随意地在两个功能间进行切换，“输入板-字典查询”界面如图 4-43 所示。

- 功能切换：输入板默认处于字典查询界面，用户可在此处切换输入板的不同功能。

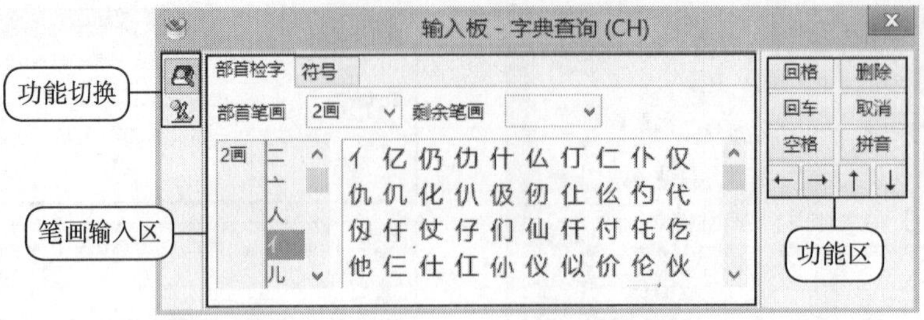

图 4-43 “输入板-字典查询”界面

- 笔画输入区：笔画输入区处于输入板“字典查询”界面中，笔画输入区共有“部首检字”和“符号”两个选项卡。
  - “部首检字”选项卡：“部首检字”选项卡用于使用笔画输入文字，用户只需在笔画输入区中像查字典一样通过选择部首以及确认剩余笔画找到并输入要查找的字。
  - “符号”选项卡：该选项卡常用于输入各种标点符号，“符号”选项卡如图 4-44 所示。

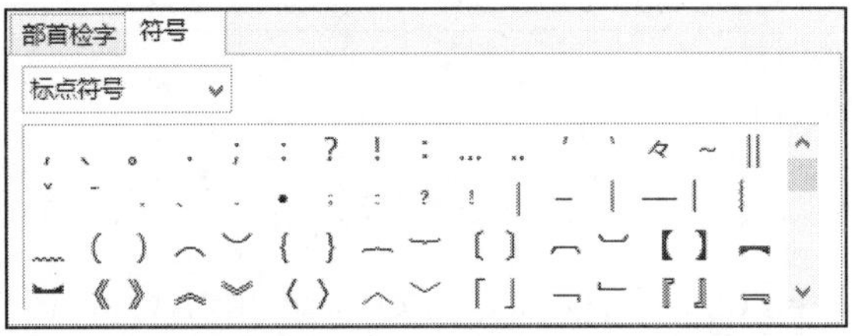

图 4-44 “符号”选项卡

- 功能区：在输入板的功能区中有回格、删除、回车、取消、空格、拼音以及←、→、↑和↓ 4 个方向键。功能区中的这些按钮是输入文字时最常用的几个按钮，灵活运用这几个按钮可以让用户在使用输入板时更加得心应手。
- 手写识别区：手写识别区位于输入板的手写识别界面，在此处用户可通过鼠标直接手写输入文字，输入板会自动将其识别并将与之相近似的文字全部列举出来供用户选择，“输入板手写识别”界面如图 4-45 所示。

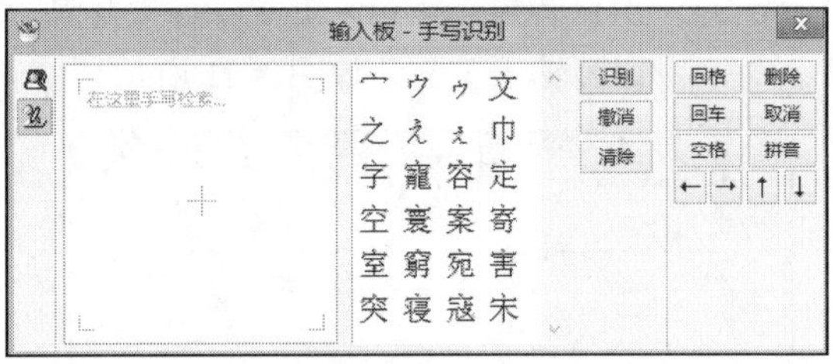

图 4-45 “输入板-手写识别”界面

1. 笔画输入

“微软拼音简捷”输入法的输入板主要是为方便用户输入读音不明或错误的汉字而设计的，现在就以输入“胤”为例为大家详细介绍一下使用输入板进行笔画输入的方法与步骤。

Step 01 打开记事本和“微软拼音简捷”输入法的输入板后，❶ 单击“部首笔画”右侧的扩展按钮，❷ 在展开的下拉列表中选择部首笔画，如图 4-46 所示。

Step 02 ❶ 在笔画输入区左侧选择需输入文字的偏旁部首后，❷ 单击“剩余笔画”右侧的扩展按钮，❸ 在展开的下拉列表中选择剩余笔画，如图 4-47 所示。

Step 03 此时用户可在笔画输入区中找到需输入的“胤”字，单击该汉字图标即可在记事本中输入“胤”字，如图 4-48 所示。

2. 手写输入

笔画输入常用在了解字体构造与部首的情况下，当用户并不清楚该字偏旁部首的情况下，建议采用手写输入的方式找到该汉字。

相比笔画输入，手写输入更加方便和快捷，用户只需简单的几步就可以完成输入，接下来同样以汉字“胤”为例，详细介绍一下手写输入的操作方法与步骤。

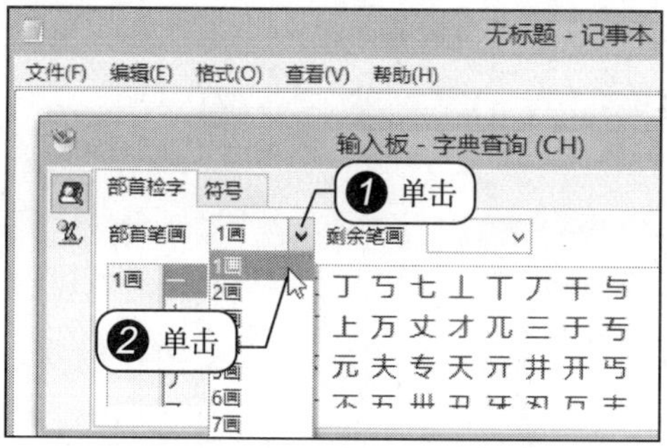

图 4-46　选择部首笔画

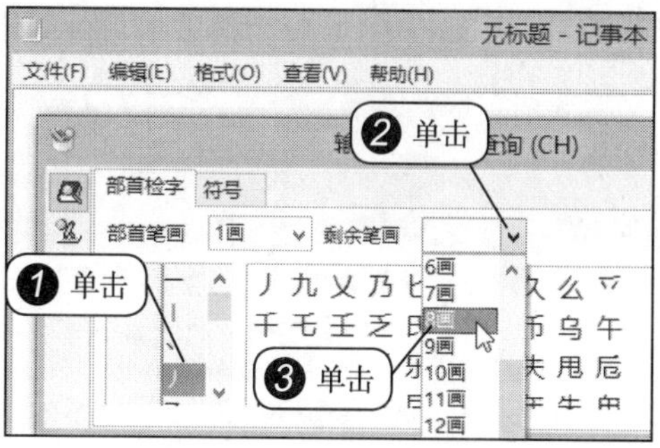

图 4-47　选择剩余笔画

图 4-48　成功输入“胤”字

Step 01　打开记事本和“微软拼音简捷”输入法的输入板后，❶ 切换至“手写识别”界面，使用鼠标写入“胤”字后，❷ 再单击“识别”按钮，如图 4-49 所示。

Step 02　待输入板识别出用鼠标写的汉字后，在手写识别区右侧中找到需输入的“胤”字，单击该汉字图标即可在记事本中输入“胤”字，如图 4-50 所示。

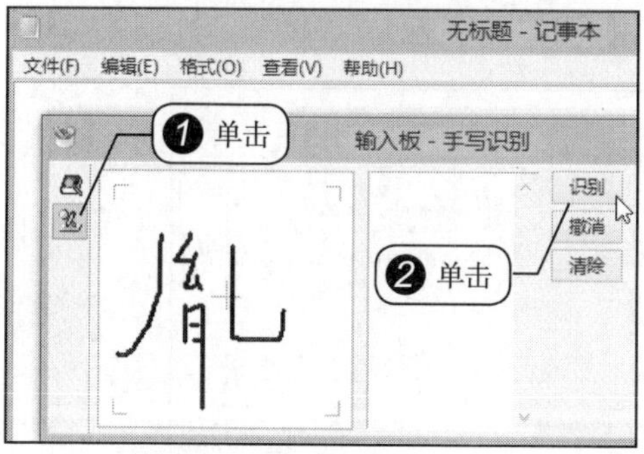

图 4-49　使用鼠标写入汉字

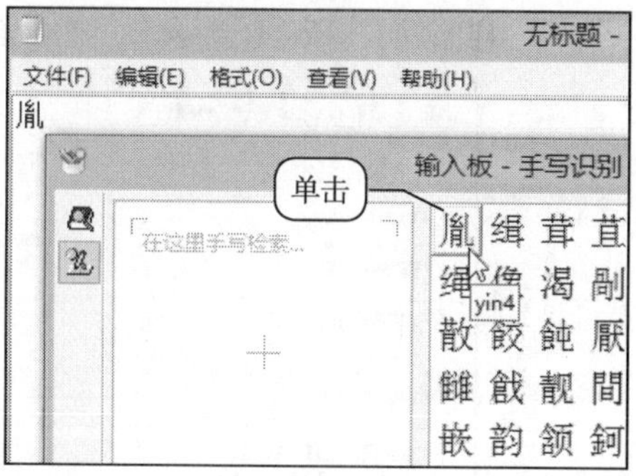

图 4-50　选择正确的汉字

4.3.3　设置输入选项

虽然默认状态下的输入法已经能够满足用户绝大部分的输入需求，但通过设置输入选项可以改变输入法的默认输入语言、中 / 英文输入切换键以及外观等属性。

输入选项一般在“语言选项”窗口中打开，用户按照 4.2.1 节中介绍的方法打开“语言选项”窗口后，在需要设置输入选项的输入法右侧单击“选项”链接，即可打开输入选项对话框，如图 4-51 所示。

“微软拼音简捷输入选项”对话框中包含 4 个选项卡，分别是“常规”、“高级”、“词典管理”和“外观设置”。每个选项卡可针对不同的输入选项进行设置。

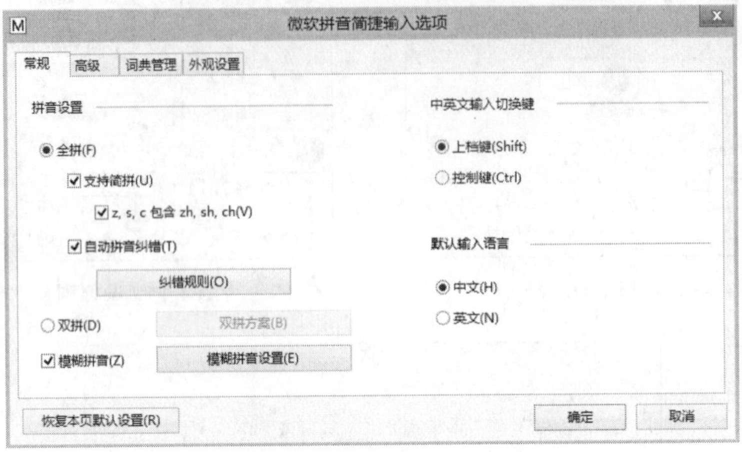

图 4-51 “微软拼音简捷输入选项”窗口

- “常规”选项卡：“微软拼音简捷输入选项”对话框默认处于“常规”选项卡，在“常规”选项卡中有“拼音设置”、“中英文输入切换键”和“默认输入语言”3 个选项组。
  - “拼音设置”选项组：在“拼音设置”选项组中用户可以选择使用全拼模式还是双拼模式，另外还可以选择是否开启“模糊拼音”。
  - “中英文输入切换键”选项组：中英文输入切换键用于设置在使用“微软拼音简捷”输入法时切换中 / 英文输入状态。
  - “默认输入语言”选项组：默认输入语言是指用户在选择使用该输入法时，默认处于的中 / 英文输入状态。
- 高级“选项卡”：该选项卡中有“字符集”、“[回车键] 键功能”、“隐私设置”、“自学习和自造词”和“候选设置”5 个选项组，如图 4-52 所示。

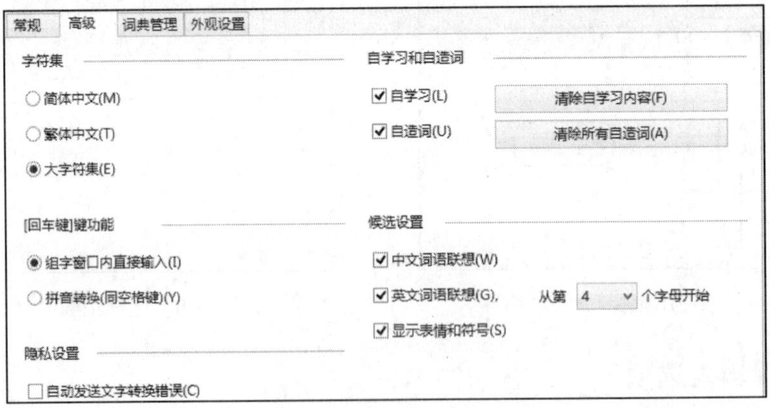

图 4-52 “高级”选项卡

- “字符集”选项组：字符是各种文字和符号的总称，包括各国家的文字、标点符号、图形符号、数字等，而字符集就是多个字符的集合。
- “[回车键] 键功能”选项组：此选项组是设置在输入状态时按【Enter】键的具体功能。
- “隐私设置”选项组：在此处可选择是否自动发送文字转换错误。

- “自学习和自造词”选项组：自学习和自造词是输入法中一个非常重要的功能，它能帮助用户更快捷地输入各种词语或特定语句。
- “候选设置”选项组：在候选设置中用户可选择是否开启词语联想功能。

❑ “词典管理”选项卡：“词典管理”选项卡主要用于管理用户安装在输入法中的输入法词典。输入法词典包含了大量特定的常用词语，用户通过在“词典管理”选项卡中安装这些输入法词典可以有效地提高输入效率，如图 4-53 即为“词典管理”选项卡。

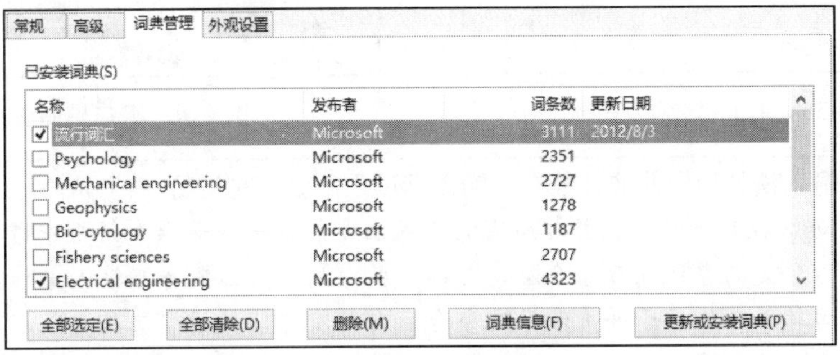

图 4-53 “词典管理”选项卡

❑ “外观设置”选项卡：该选项卡有“输入及候选框”、“候选框”和“预览”3 个选项组，如图 4-54 所示。

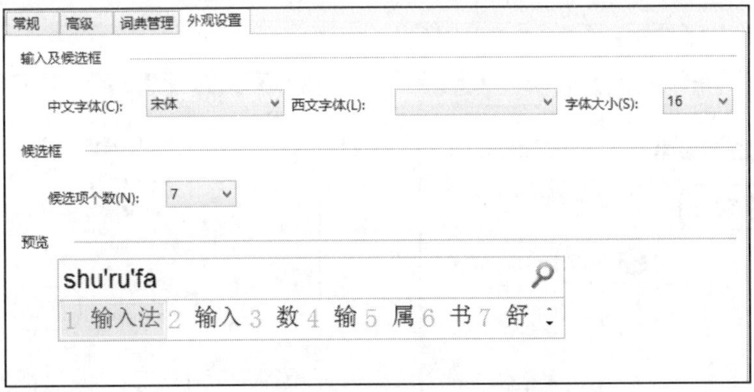

图 4-54 “外观设置”选项卡

- “输入及候选框”选项组：在此选项组中，用户可以设置输入及候选框的字体样式和大小。
- “候选框”选项组：“候选框”选项组主要用于设置候选项的个数。
- “预览”选项组：当用户在“输入及候选框”和“候选框”两个选项组中进行设置时，可以实时地在“预览”选项组中查看到最新的外观状态。

接下来就以更改拼音设置中的模糊拼音为例为大家详细介绍一下设置输入法的具体方法与步骤。

Step 01 按照 4.2.1 节中介绍的方法打开“语言选项”窗口后，在需要设置选项的输入法右侧单击“选项”链接，如图 4-55 所示。

Step 02 ❶ 在弹出的输入选项对话框中勾选“模糊拼音”左侧的复选框，即可开启模糊拼音功能，❷ 单击“模糊拼音设置”按钮，如图 4-56 所示。

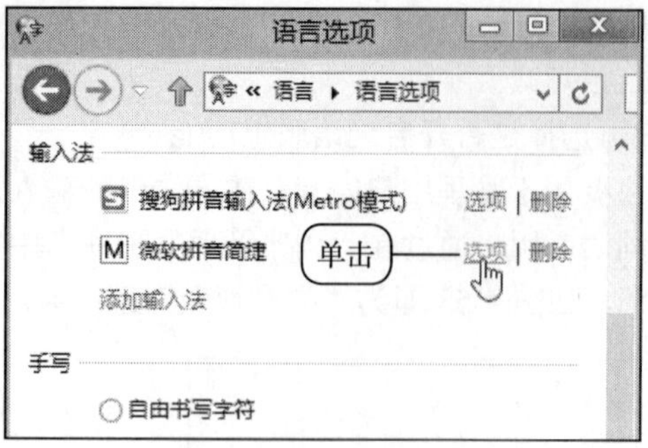

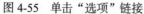

图 4-55　单击“选项”链接

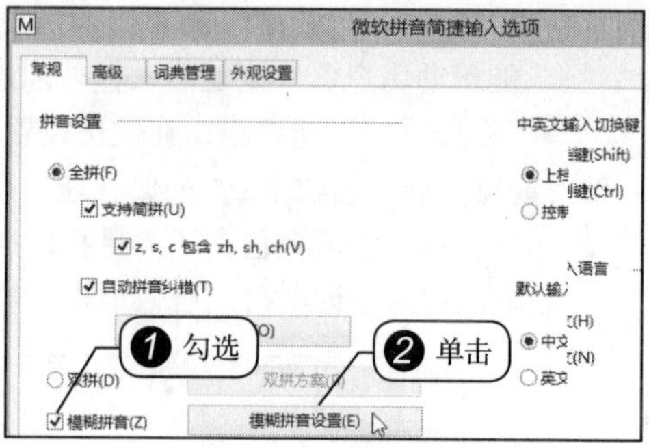

图 4-56　开启模糊拼音

提示：第三方输入法的设置并非都能在“输入选项”对话框中进行

在 Windows 8 操作系统中，并非所有的输入法都能在输入选项对话框中进行设置。由于系统自带的输入法是与系统高度整合在一起的，所以用户可以直接在输入选项对话框中进行设置，而第三方输入法则由于并未和系统整合且自带有专门的设置工具，所以不一定能在输入选项对话框中进行设置。

Step 03　弹出“模糊拼音设置”对话框，❶ 在该对话框中勾选需设置模糊拼音选项左侧的复选框，❷ 单击“确定”按钮如图 4-57 所示。

Step 04　返回输入选项对话框，确认输入法设置无误后，单击“确定”按钮即可完成设置，如图 4-58 所示。

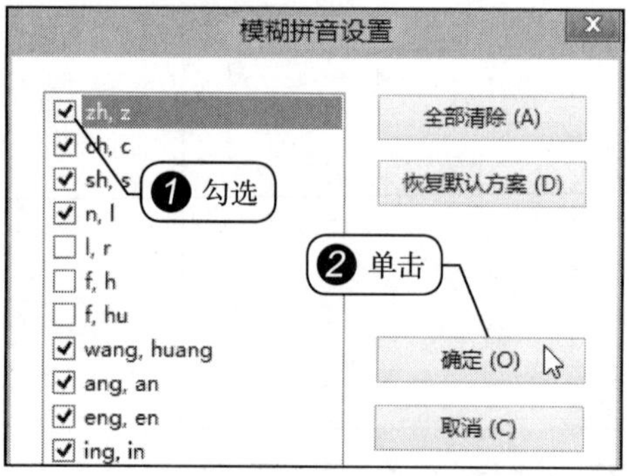

图 4-57　设置模糊拼音选项

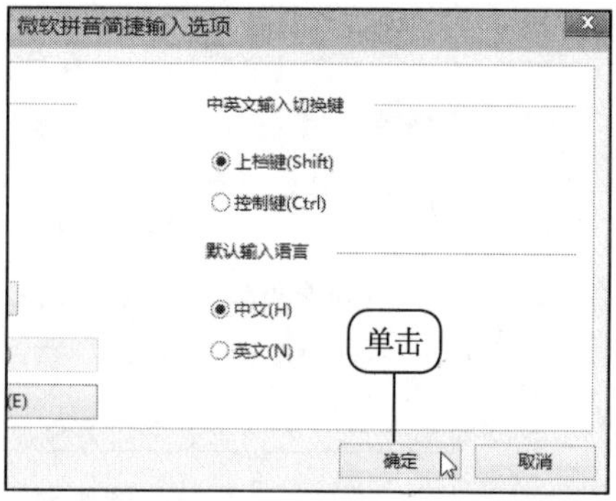

图 4-58　单击“确定”按钮完成设置

4.4　使用网络中流行的搜狗输入法输入文本

搜狗输入法是搜狗公司推出的一款基于搜索引擎技术的、适合互联网使用的输入法产品，搜狗输入法通过动态更新词库和使用云端技术让用户随时可以轻松地输入需要的词语。

经过多年的发展，搜狗输入法已经成长为一款具有特色的中文输入法，其独特的利用网址输入模式输入网址、利用 U 模式输入文本以及利用笔画筛选快速查找等独特功能让每位使用者都能感受到别样的输入体验。

4.4.1　利用网址输入模式输入网址

网址输入模式是搜狗输入法特别为互联网用户设计的便捷功能，可让网络用户在中文状态下就可输入大部分网址。

用户在输入以“www.”“http:”“ftp:”“telnet:”“mail.”等开头的网址时，搜狗输入法将能自动识别并切换到英文输入状态，可输入例如 www.epubhome.com，ftp://sogou.com 类型的网址，如图 4-59 所示。

用户在输入非“www.”开头的网址时，可以直接输入例如 softing.sinaapp.com 即可，如图 4-60 所示。但是不能输入如 abc123.abc 类型的网址，因为句号还被当作默认的翻页键。

图 4-59　输入网址：www.epubhome.com

图 4-60　输入网址：softing.sinaapp.com

在输入邮箱地址时，用户可以输入前缀不含数字的邮箱，例如 epubhome@163.com，如图 4-61 所示。

图 4-61　输入邮箱地址：epubhome@163.com

4.4.2　利用 U 模式输入文本

U 模式主要用来输入清楚字体结构但不清楚读音的汉字。用户在使用搜狗拼音输入法时按下【u】键即可启动 U 模式。在 U 模式中用户输入笔画拼音首字母或者部分拼音，即可得到您想要的字。

搜狗拼音输入法有全拼与双拼两种拼音输入模式，当用户处于双拼输入模式时，由于双拼占用了【u】键，所以双拼时需要按【Shift+U】组合键才能进入 U 模式。U 模式下有 3 种具体的操作功能：笔画输入、拆分输入和笔画拆分混输。

1. 笔画输入

此处的笔画输入和微软拼音输入法输入板中的笔画输入有本质的不同，微软拼音输入法是靠鼠标选择部首和剩余笔画，就像查字典一样查找汉字并输入；而搜狗拼音输入法 U 模式中的笔画输入仅通过输入文字构成笔画的拼音首字母来输入想要的字。

在搜狗输入法的 U 模式中，一个汉字被分解成“一”“丨”“丿”“丶”“乛”5 个不同的部分，分别用【h】、【s】、【p】、【d】、【n】、【z】这 6 个按键表示对应的横 / 提、竖 / 竖勾、撇、点、捺、折，如表 4-1 所示。

表4-1　笔画和按键对照表

笔　画	按　键	笔　画	按　键
横 / 提	h	竖 / 竖勾	s
撇	p	点	d
捺	n	折	z

通过这 6 个按键就可以将一个汉字完整地打出，例如：“文”字由点、横、撇、捺构成，因此用户只需在搜狗拼音输入法中输入 unhpn 即可找到“文”字，如图 4-62 所示。

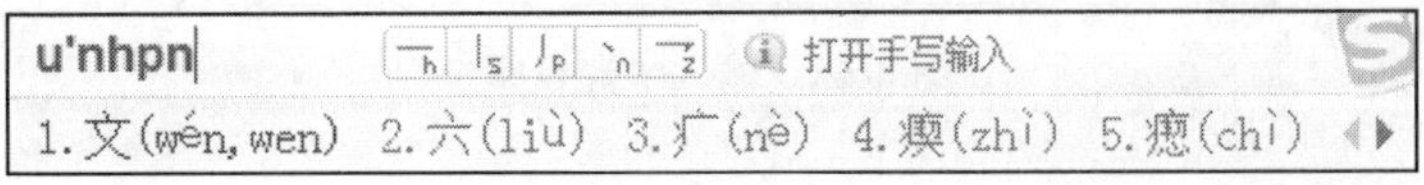

图 4-62　输入“文”字

与此同时数字键盘上的【1】、【2】、【3】、【4】、【5】5 个键分别代表【h】、【s】、【p】、

【n】、【z】，也就是“一”“丨”“丿”“丶”“乛”。需要注意的是竖心旁“忄”的笔顺是点点竖（dds），而不是竖点点或点竖点。

2. 拆分输入

拆分输入是搜狗输入法U模式中另一个独特的功能，拆分输入是将一个汉字拆分成多个组成部分，并分别输入各部分的拼音，像堆积木一样最终将汉字“堆”出来。

同英文是由不同的字母组合而成一样，汉字也可以理解为由不同的部分组合而成的。如“胜利”的“胜”字就是由“月”和“生”两个汉字组成，“赢”则是由“亡”、“口”、“月”、“贝”和“凡”5个汉字组成。拆分输入正是利用了汉字的这种特性开创性地推出了这种将一个汉字拆分成多个组成部分，并分别输入各部分的拼音得到对应汉字的输入方式。

要使用拆分输入的方式输入“燚”字，用户只需输入 uhuohuohuohuo 即可，如图4-63所示。而输入“赢”字，则只需输入 uwangkouyuebeifan 即可，如图4-64所示。

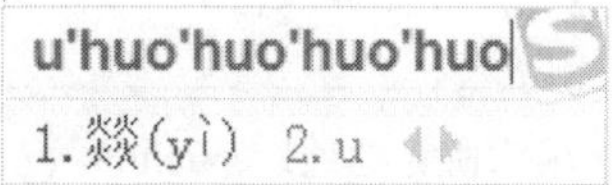

图4-63 输入“燚”字

图4-64 输入“赢”字

只要掌握了拆分输入这种拼音输入方法，用户只需清楚汉字的基本结构就可以轻松地将其打出，常见的偏旁部首所对应的拼音输入如表4-2所示。

表4-2 常见偏旁部首和输入对照表

偏旁部首	输　入	偏旁部首	输　入
阝	fu	忄	xin
卩	jie	钅	jin
讠	yan	礻	shi
辶	chuo	廴	yin
冫	bing	氵	shui
宀	mian	冖	mi
扌	shou	犭	quan
纟	si	幺	yao
灬	huo	罒	wang

3. 笔画拆分混输

笔画拆分混输是搜狗输入法U模式中最强大的输入功能，它将笔画输入和拆分输入融为一体，让用户可以同时混合使用笔画输入和拆分输入，如输入“后羿”的“羿”字，用户只需输入 uyuhps 即可成功找到“羿”字，如图4-65所示。

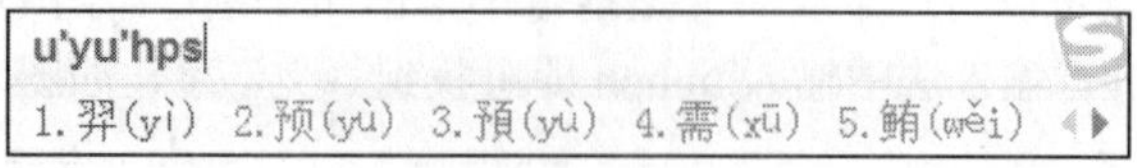

图4-65 输入“羿”字

4.4.3 利用笔画筛选

笔画筛选常用于当用户在输入单字时，此时使用笔画筛选可快速利用笔画顺序来定位该字。使用方法是输入一个字或多个字后，按【Tab】键，然后用h（横）、s（竖）、p（撇）、n（捺）和z（折）输入第一个字的笔顺（5种笔画的规则同4.4.2节介绍的笔画输入的规则相同），直至找到该字为止。例如，若要快速输入“篮”字，当用户输入了he后，按【Tab】键，然后输入“篮”字的前3笔按【P】、【H】、【D】键，就可定位该字，如图4-66所示。要退出笔画筛选模式，只需删掉已经输入的笔画辅助码即可。

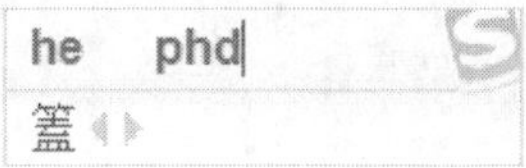

图4-66 使用笔画筛选输入“篮”字

4.5 使用Windows语音识别功能自动输入文字

人机对话一直以来被认为是科幻电影或小说中的情节，但是当微软发布了具有Windows语音识别功能的Windows系统时所有人都对其充满了期待。事实证明当初的Windows语音识别功能确实不甚出色，但在最新的Windows 8操作系统中用户或许会有不一样的使用体验，仁者见仁，智者见智，或许只有亲身体验后才能作出准确的判断。

4.5.1 启动Windows语音窗口

由于微软公司在Windows 8操作系统的任务栏中取消了“开始”按钮，所以用户不能像在Windows 7操作系统的“开始”菜单中那样直接启动Windows语音窗口。Windows 8操作系统中的所有应用程序，用户都可以在“应用”屏幕中找到，Windows语音窗口也不例外，现在就详细介绍一下怎样在Windows 8操作系统中启动Windows语音窗口。具体的操作步骤如下。

Step 01 ❶在“开始”屏幕空白处右击，❷单击屏幕底部的“所有应用”按钮，如图4-67所示。

Step 02 切换至“应用”屏幕，找到“Windows语音识别”选项，单击该选项即可启动Windows语音窗口，如图4-68所示。

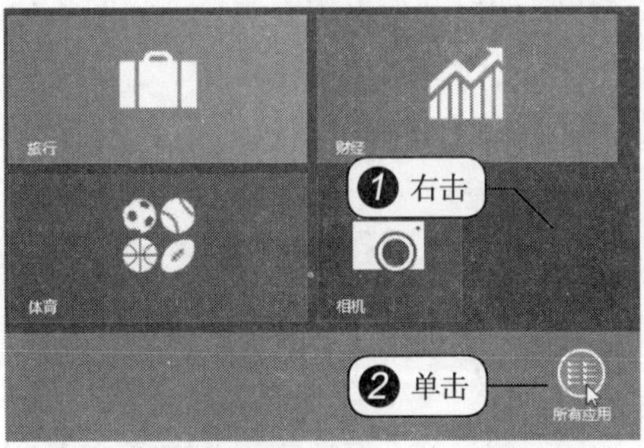

图4-67 单击“所有应用”按钮

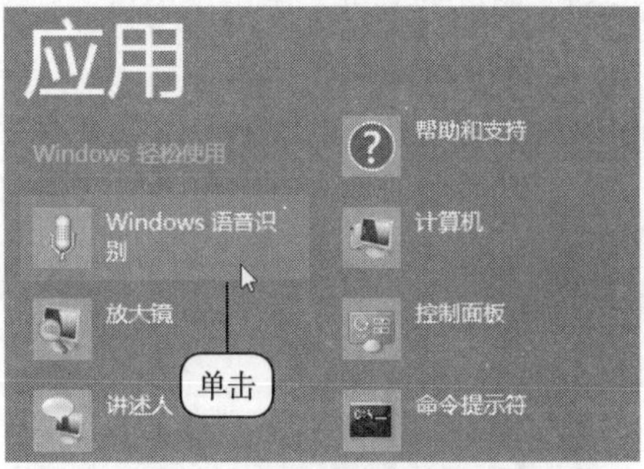

图4-68 启动Windows语音窗口

4.5.2 设置语音识别

当第一次启动Windows语音识别时，系统并不会马上打开Windows语音窗口，用户需对其进行一定的设置后才能正常使用。在初次使用Windows语音识别时进行的设置，主要是针对用户的使用习惯及麦克风等硬件检测。“设置语音识别”窗口如图4-69所示。

现在就为大家详细介绍一下设置语音识别的具体方法与步骤。

Step 01 当用户初次使用Windows语音识别时，系统将自动弹出“设置语音识别”窗口，单击“下一步”按钮即可开始设置，如图4-70所示。

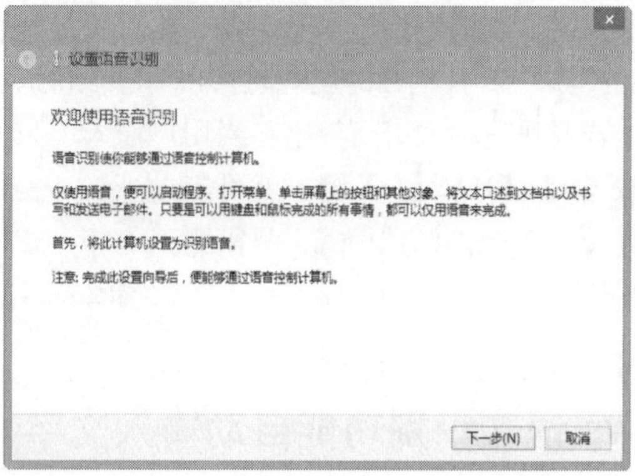
设置语音识别
欢迎使用语音识别
语音识别使你能够通过语音控制计算机。
仅使用语音，便可以启动程序、打开菜单、单击屏幕上的按钮和其他对象、将文本口述到文档中以及书写和发送电子邮件。只要是可以用键盘和鼠标完成的所有事情，都可以仅用语音来完成。
首先，将此计算机设置为识别语音。
注意: 完成此设置向导后，便能够通过语音控制计算机。
下一步(N)
取消

图 4-69 “设置语音识别”窗口

Step 02 ❶ 在切换至的界面中选择和自己电脑相匹配的麦克风类型（这能增强语音识别的准确性），❷ 单击“下一步”按钮，如图 4-71 所示。

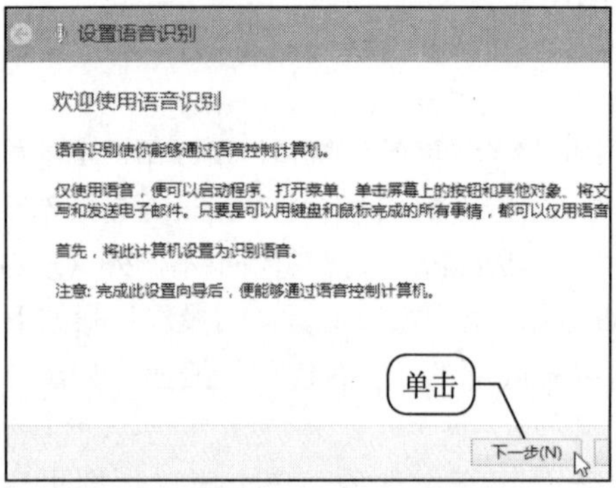
设置语音识别
欢迎使用语音识别
语音识别使你能够通过语音控制计算机。
仅使用语音，便可以启动程序、打开菜单、单击屏幕上的按钮和其他对象、将文
写和发送电子邮件。只要是可以用键盘和鼠标完成的所有事情，都可以仅用语音
首先，将此计算机设置为识别语音。
注意: 完成此设置向导后，便能够通过语音控制计算机。
单击
下一步(N)

图 4-70 单击“下一步”按钮

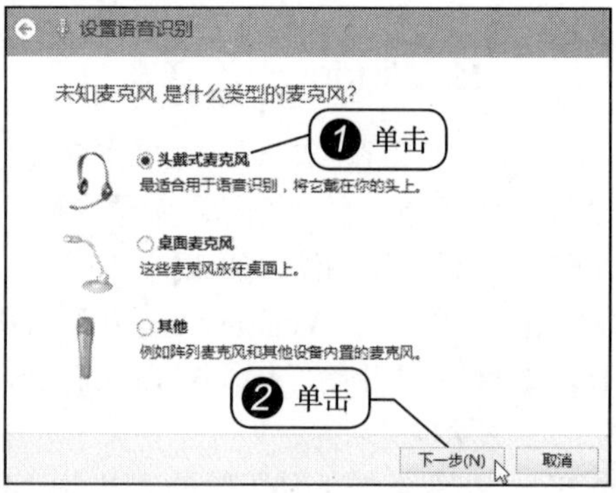
设置语音识别
未知麦克风 是什么类型的麦克风?
头戴式麦克风
最适合用于语音识别，将它戴在你的头上。
❶ 单击
桌面麦克风
这些麦克风放在桌面上。
其他
例如阵列麦克风和其他设备内置的麦克风。
❷ 单击
下一步(N)
取消

图 4-71 选择麦克风类型

Step 03 切换至“设置麦克风”界面，单击“下一步”按钮开始设置麦克风，如图 4-72 所示。

Step 04 在新切换至的界面中按照提示对着麦克风大声朗读一段语句，待“下一步”按钮被激活后，单击该按钮，如图 4-73 所示。

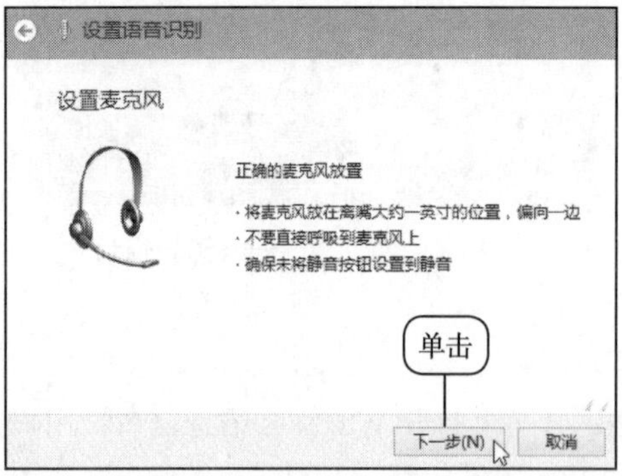
设置语音识别
设置麦克风
正确的麦克风放置
· 将麦克风放在离嘴大约一英寸的位置，偏向一边
· 不要直接呼吸到麦克风上
· 确保未将静音按钮设置到静音
单击
下一步(N)
取消

图 4-72 单击“下一步”按钮

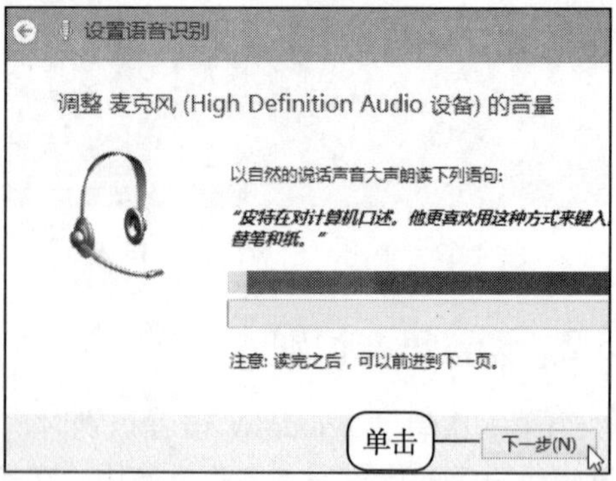
设置语音识别
调整 麦克风 (High Definition Audio 设备) 的音量
以自然的说话声音大声朗读下列语句:
“皮特在对计算机口述。他更喜欢用这种方式来键入
替笔和纸。”
注意: 读完之后，可以前进到下一页。
单击
下一步(N)

图 4-73 按提示朗读语句并激活“下一步”按钮

提示：一定要确保麦克风位置的正确

当用户在 Step04 中对着麦克风朗读语句时，一定要确保麦克风位置的正确性，并确保处

于一个相对安静的环境中，并且保持语速平稳且口齿清晰。

若无法满足以上条件，Windows 语音识别就有可能无法识别用户说出的命令，此时界面将切换至“麦克风的位置正确吗？”询问界面，如图 4-74 所示。

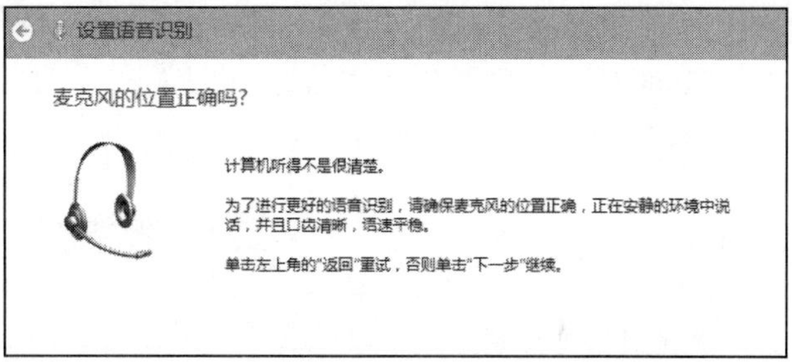
设置语音识别
麦克风的位置正确吗?
计算机听得不是很清楚。
为了进行更好的语音识别，请确保麦克风的位置正确，正在安静的环境中说话，并且口齿清晰，语速平稳。
单击左上角的"返回"重试，否则单击"下一步"继续。

图 4-74 “麦克风的位置正确吗？”询问界面

Step 05 待麦克风设置成功后，单击“下一步”按钮，如图 4-75 所示。

Step 06 切换至“改进语音识别的精确度”界面，❶ 单击选中“启用文档审阅”单选按钮后，❷ 单击“下一步”按钮，如图 4-76 所示。

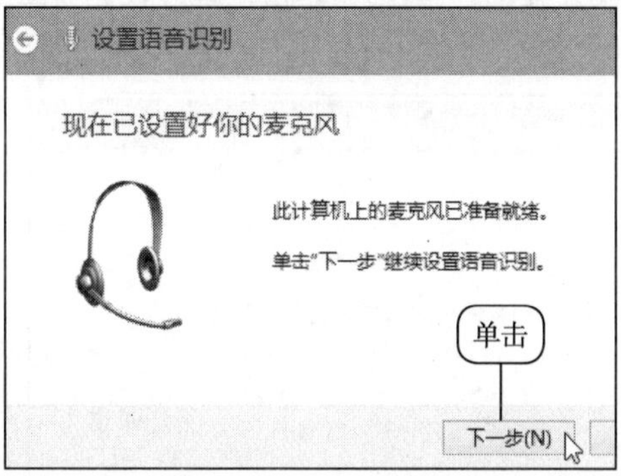
设置语音识别
现在已设置好你的麦克风
此计算机上的麦克风已准备就绪。
单击"下一步"继续设置语音识别。
单击
下一步(N)

图 4-75 单击“所有应用”按钮

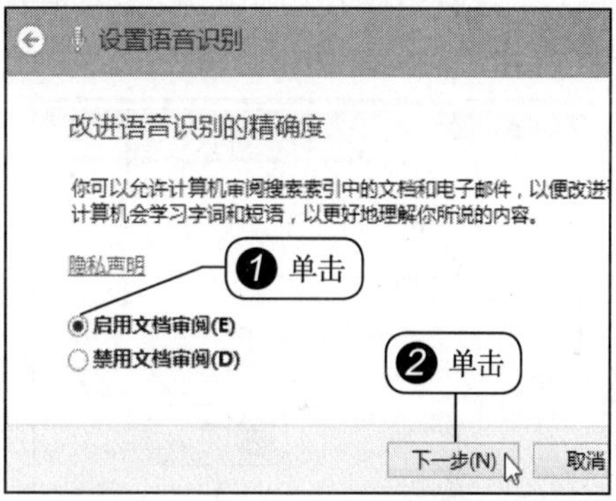
设置语音识别
改进语音识别的精确度
你可以允许计算机审阅搜索索引中的文档和电子邮件，以便改进
计算机会学习字词和短语，以更好地理解你所说的内容。
隐私声明
❶ 单击
启用文档审阅(E)
禁用文档审阅(D)
❷ 单击
下一步(N)
取消

图 4-76 设置“启用文档审阅”功能

Step 07 在切换至的“选择激活模式”界面中，❶ 单击选中适合自身使用习惯的激活模式后，❷ 单击“下一步”按钮，如图 4-77 所示。

Step 08 切换至“打印语音参考卡片”界面，❶ 用户可单击“查看参考表”按钮查看语音参考信息，❷ 然后单击“下一步”按钮，如图 4-78 所示。

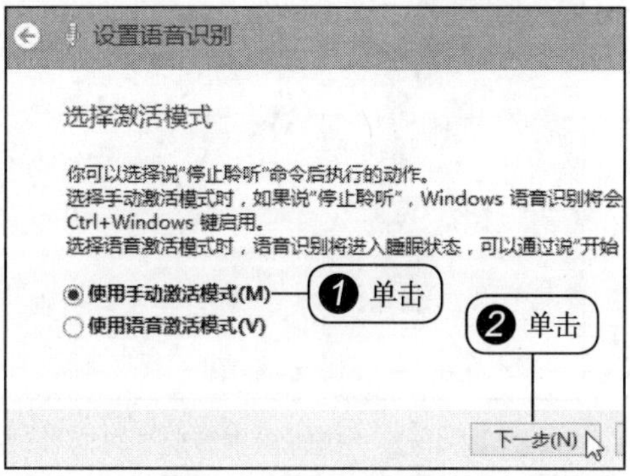
设置语音识别
选择激活模式
你可以选择说"停止聆听"命令后执行的动作。
选择手动激活模式时，如果说"停止聆听"，Windows 语音识别将会
Ctrl+Windows 键启用。
选择语音激活模式时，语音识别将进入睡眠状态，可以通过说"开始
使用手动激活模式(M)
使用语音激活模式(V)
❶ 单击
❷ 单击
下一步(N)

图 4-77 选择激活模式

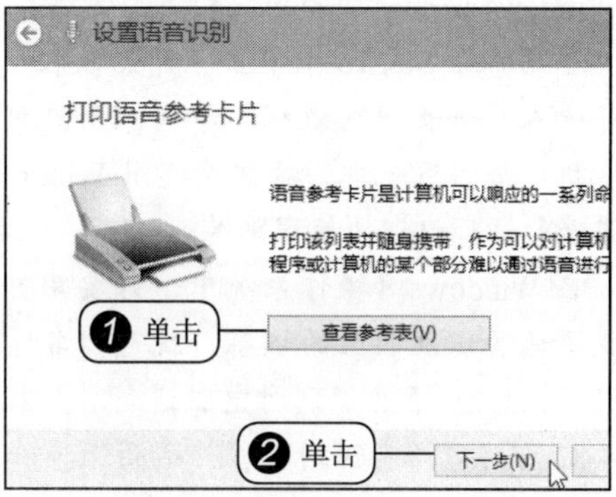
设置语音识别
打印语音参考卡片
语音参考卡片是计算机可以响应的一系列命
打印该列表并随身携带，作为可以对计算机
程序或计算机的某个部分难以通过语音进行
❶ 单击
查看参考表(V)
❷ 单击
下一步(N)

图 4-78 设置“查看参考表”

提示：语音参考表的用处

语音参考表主要用于帮助用户了解使用 Windows 语音识别时所使用的语音识别命令，如图 4-79 即为语音参考表。

在语音参考表中，用户可以非常轻松地了解到关于“如何使用语音识别”、“常见的语音识别命令”、常用于文本处理的“听写”、“键盘键”、“标点符号和特殊字符”、“控件”等专用于 Windows 语音识别的使用知识。

在 Windows 8 操作系统中，用户还可以直接在 Windows 帮助与支持中找到语音参考表的相关信息。

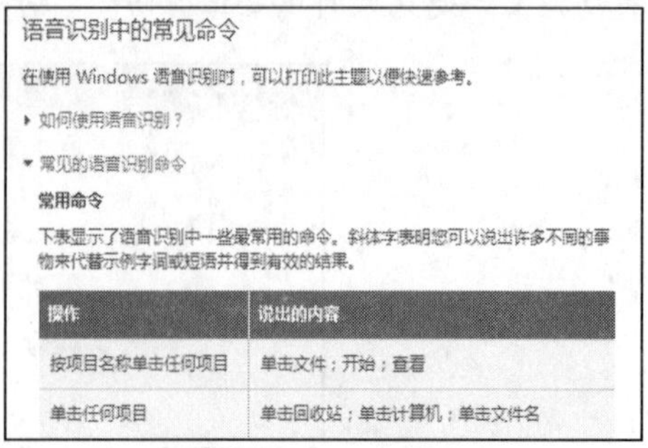
语音识别中的常见命令

在使用 Windows 语音识别时，可以打印此主题以便快速参考。

▸ 如何使用语音识别？

▾ 常见的语音识别命令

常用命令

下表显示了语音识别中一些最常用的命令。斜体字表明您可以说出许多不同的事物来代替示例字词或短语并得到有效的结果。

操作	说出的内容
按项目名称单击任何项目	单击文件；开始；查看
单击任何项目	单击回收站；单击计算机；单击文件名

图 4-79　语音参考表

Step 09　在切换至的界面中选择是否每次启动电脑时都运行语音识别，如若需要开机启动则勾选 ❶“启动时运行语音识别”左侧的复选框，❷ 单击“下一步”按钮，如图 4-80 所示。

Step 10　此时切换至“现在可以通过语音来控制此计算机。”界面，单击“跳过教程”按钮，即可完成对语音识别的设置，如图 4-81 所示。

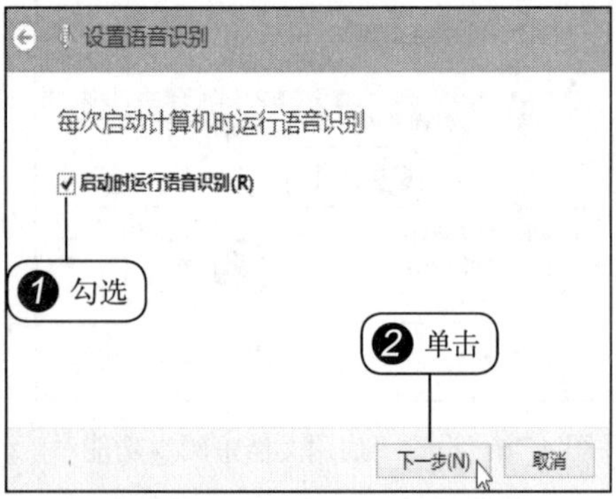
设置语音识别
每次启动计算机时运行语音识别
启动时运行语音识别(R)
❶ 勾选
❷ 单击
下一步(N)
取消

图 4-80　单击“下一步”按钮

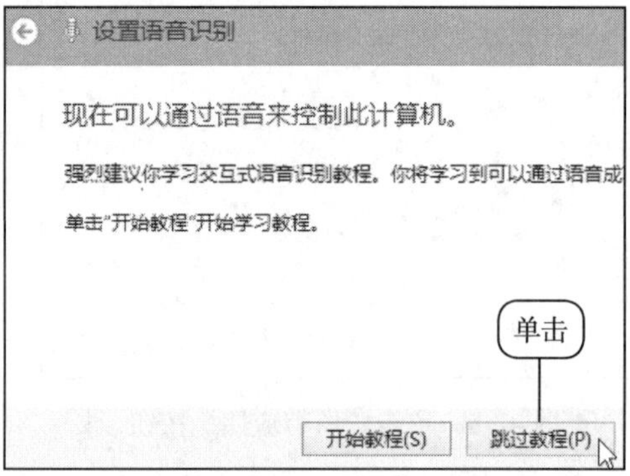
设置语音识别
现在可以通过语音来控制此计算机。
强烈建议你学习交互式语音识别教程。你将学习到可以通过语音成
单击"开始教程"开始学习教程。
单击
开始教程(S)
跳过教程(P)

图 4-81　单击“跳过教程”按钮以完成语音识别设置

提示：语音识别教程的作用

语音识别教程主要是帮助用户更加快速地掌握 Windows 语音识别的功能和使用方法。

当用户在 Step10 中单击“开始教程”按钮后即可进入“语音识别教程”界面，用户可按照提示不断单击“下一步”按钮或使用 Windows 语音识别进行语音识别的教程训练。

在 Windows 8 操作系统中，只要用户完美地完成了语音识别教程的训练，就可以非常熟练地使用 Windows 语音识别对电脑进行各种操作。如图 4-82 即为“语音识别教程”界面。

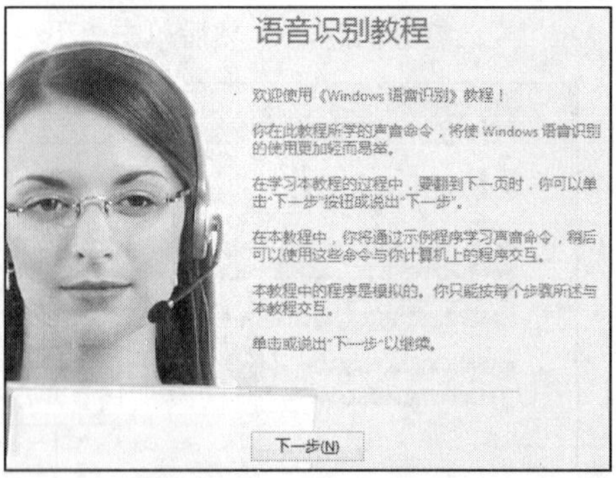
语音识别教程
欢迎使用《Windows 语音识别》教程！
下一步(N)

图 4-82　“语音识别教程”界面

4.5.3 使用语音识别输入文字

Windows 语音识别作为一种通过识别语音进行电脑操作的电脑应用功能，使用其进行语言文字的输入是一项再普通不过的实际运用了。

当 Windows 语音识别被启动后，用户可在屏幕顶部看到悬浮于桌面上方的语音识别工具，如图 4-83 所示。

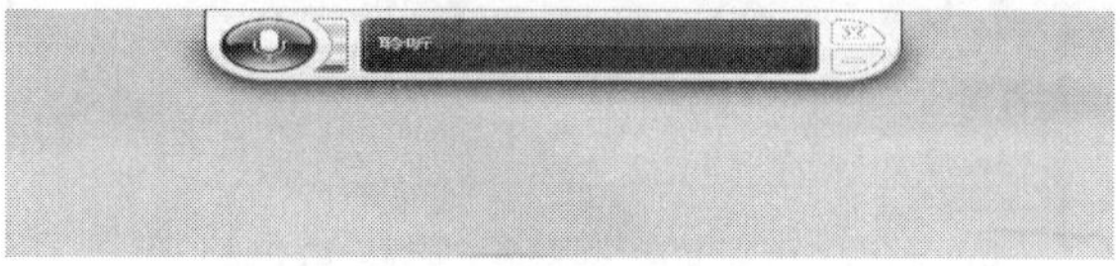

图 4-83 语音识别工具

此时用户只需打开文档例如 Word 文档，然后对着麦克风说出需输入的文字，如“你好”即可，待 Windows 语音识别程序成功将其识别后会自动将“你好”这两个文字输入到 Word 文档中，如图 4-84 所示。

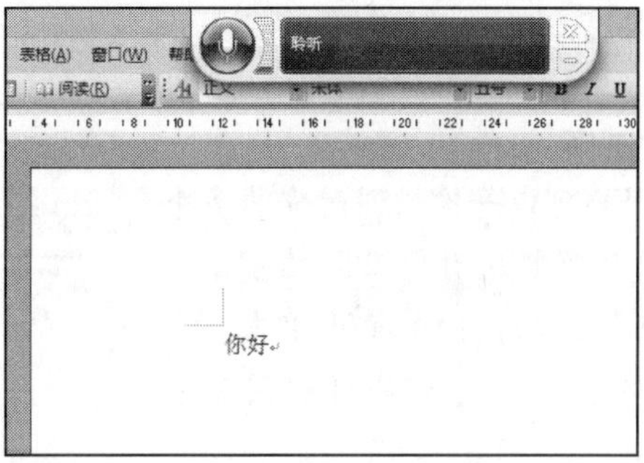

图 4-84 使用语音识别输入“你好”

4.6 文本因字体而变得漂亮，安装与使用字体

字体是展示计算机系统中数字、符号和字符的主要方式，它描述了特定的字体样式和文字的特有属性，如大小、间距和跨度。Windows 8 操作系统支持 TrueType 字体和 OpenType 字体两种字体格式。

TrueType 字体（.TTF）是电脑日常操作中使用最为频繁的一种字体格式，TrueType 字体是由数学模式模拟的基于轮廓技术的字体，这使得 TrueType 字体非常容易在计算机系统中进行处理。OpenType 字体 (.TTC) 是由微软公司与 Adobe 公司联合开发的，用与替换 TrueType 字体的新字体格式。这两种字体都可以随意缩放、旋转而不必担心会出现锯齿。如图 4-85 所示即为常见的两种字体格式文件。

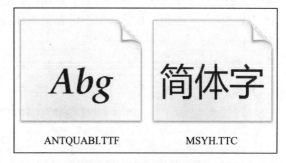

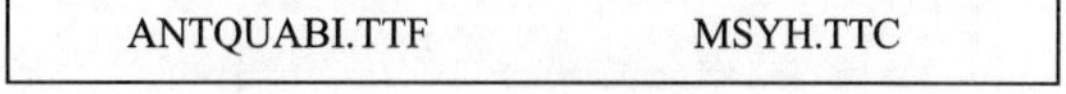

图 4-85 两种字体格式文件

4.6.1 安装／删除字体

在 Windows 8 操作系统中，安装和删除字体是件非常简单的事，由于字体是一种可被系统直接调用的文件，所以安装和删除字体的方法有很多种。

1. 直接安装字体

直接安装是 Windows 8 操作系统中最简单的安装字体的方式，用户只要单击需安装的字体文件，然后在打开的字体窗口中单击“安装”按钮，即可安装该字体，如图 4-86 所示，或者右击该字体文件，在弹出的快捷菜单中单击“安装”命令，如图 4-87 所示。

图 4-86　在字体窗口中单击“安装”按钮

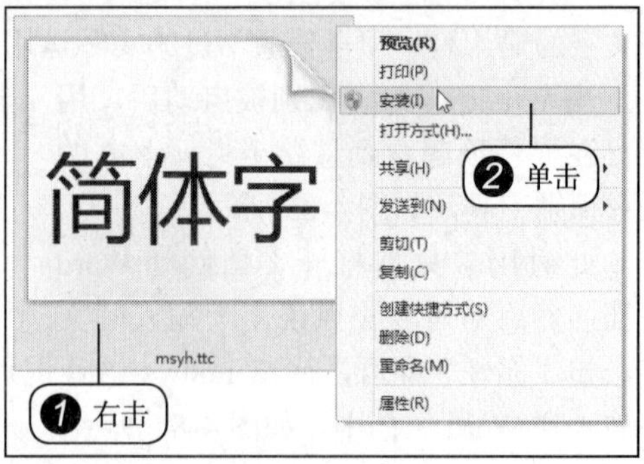

图 4-87　在快捷菜单中单击“安装”命令

提示：一次性同时安装多个字体

在 Windows 系统中，用户可以一次性同时安装多个字体。方法非常简单，用户只需将所有要安装的字体选中，然后右击鼠标，最后在弹出的快捷菜单中单击“安装”命令，此时用户选择的多个字体文件将被同时安装，如图 4-88 所示。

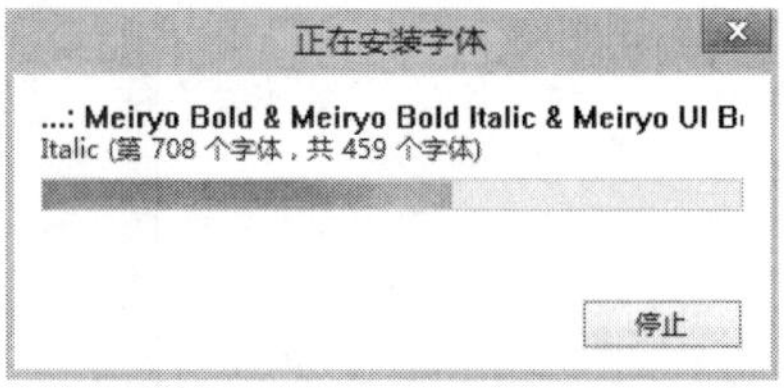

图 4-88　同时安装多个字体

2. 在资源管理器中安装/删除字体

由于字体文件并非普通的可执行文件，更多的是被系统或软件直接调用，所以用户可以直接在 Windows 资源管理器中安装字体文件。

在 Windows 8 操作系统中，字体文件被放置在 C:\Windows\Fonts 目录中，用户可以直接在资源管理器中打开该目录，如图 4-89 所示。此时安装字体即为将字体粘贴到该文件夹中，而从该文件夹中删除字体文件就是删除字体。

此时用户可按 3.3.3 节介绍的方法，将字体文件复制或移到字体文件夹中，即可完成字体的安装。由于字体文件的特殊性，Fonts 窗口中并没有 Windows 资源管理器中的功能区，取而代之的是“组织”按钮，用户可在单击该按钮展开的下拉列表中完成功能区中的操作，如图 4-90 所示即为展开的下拉列表。

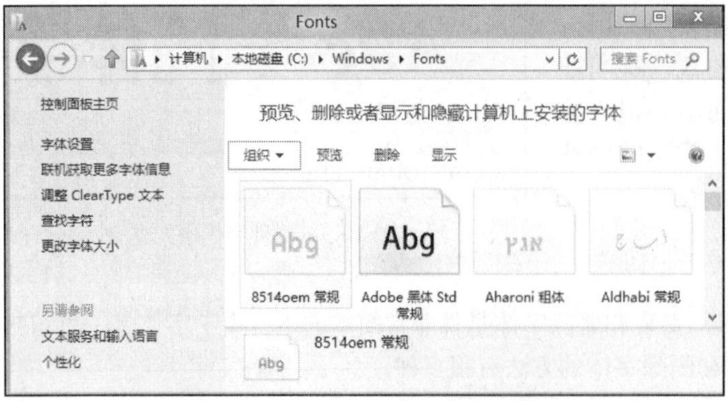

图 4-89　Fonts（字体）文件夹窗口

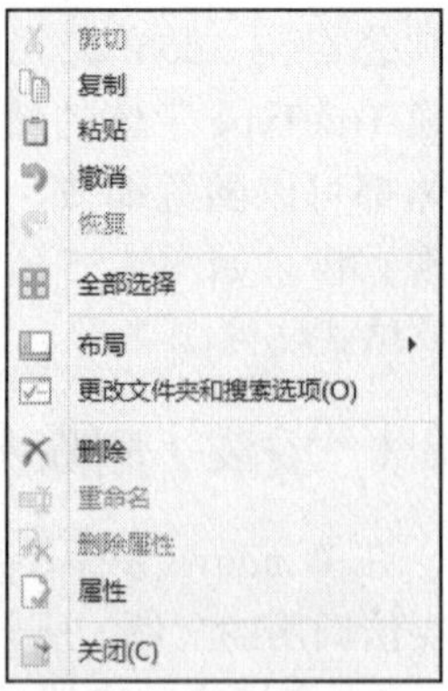

图 4-90　“组织”下拉列表

在 Windows 资源管理器中删除字体的操作不算复杂，用户有以下 3 种方法可以完成此操作。

（1）第 1 种方法是 ❶ 选中需删除的字体后，❷ 单击 Fonts 窗口上方的“删除”按钮，如图 4-91 所示。

（2）第 2 种方法则是 ❶ 右击需删除的字体，在弹出的快捷菜单中，❷ 单击“删除”命令，如图 4-92 所示。

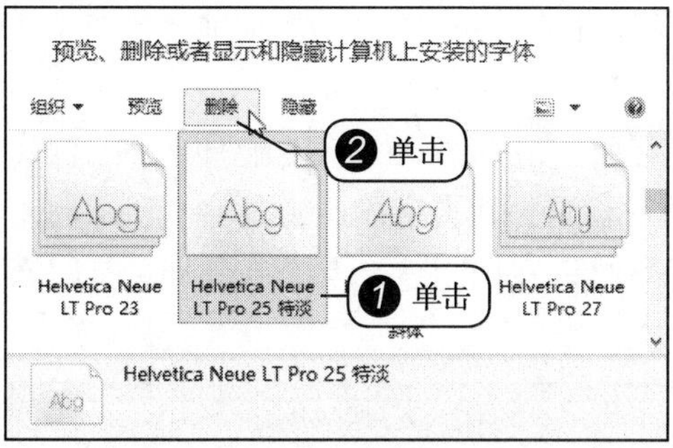

图 4-91　单击“删除”按钮

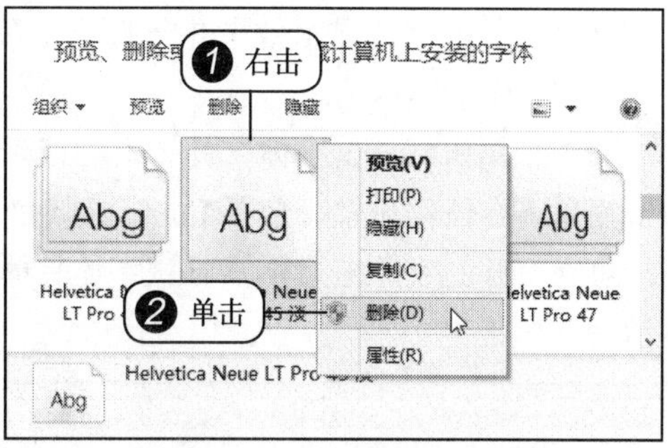

图 4-92　单击“删除”命令

（3）第 3 种方法是 ❶ 选择需要删除的字体后，❷ 单击 Fonts 窗口上方的“组织”右侧的下三角按钮，然后在展开的下拉列表中单击“删除”选项，如图 4-93 所示。

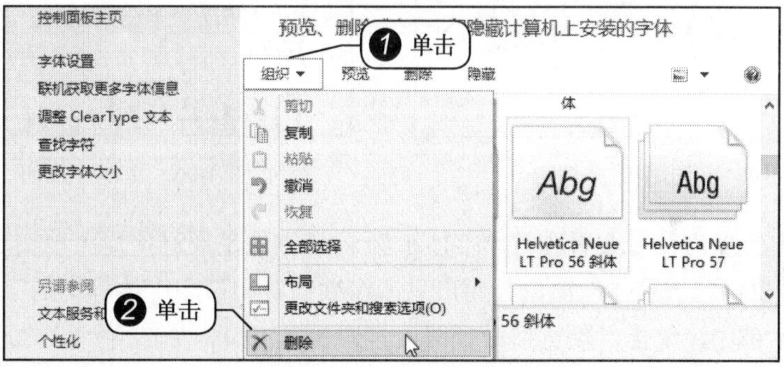

图 4-93　单击“删除”选项

3. 通过控制面板安装 / 删除字体

字体作为 Windows 操作系统中重要的组成部分，自然可在控制面板中对其进行操作。在控制面板中对字体进行的所有操作都是在“字体”窗口中进行的，如图 4-94 所示。

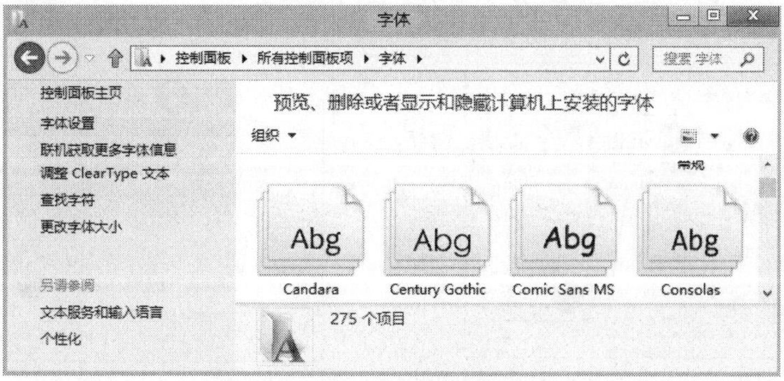

图 4-94　“字体”窗口

通过图 4-89 和图 4-93 的对比用户可发现 Fonts 窗口和“字体”窗口非常相似，其实两个窗口除了名称不一样外其他所有操作都是相同的。在 Windows 资源管理器中打开的就是 Fonts 窗口，从资源管理器中打开就是“字体”窗口。由于在“字体”窗口中安装和删除字体的操作方法与步骤同在 Fonts 窗口中的操作完全一样，故不再赘述。

4.6.2 查看和打印字体示例

字体文件的字体显示效果并非必须在安装完成后才能查看，用户可随时通过以下 3 种方法查看和打印字体示例。

（1）使用鼠标双击字体文件查看和打印字体示例：使用此方法查看和打印字体示例其实非常简单，在任何位置（包括 Fonts 窗口和“字体”窗口）双击字体，如图 4-95 所示，此时用户可在打开的字体窗口中查看该字体具体的显示效果，而单击“打印”按钮即可打印该字体示例，如图 4-96 所示。

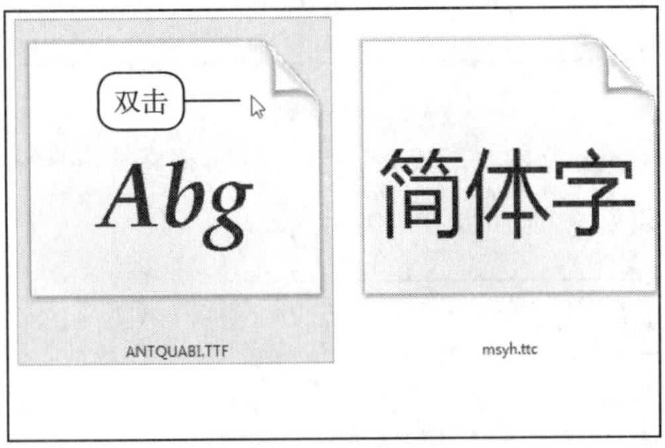

图 4-95　双击字体文件

图 4-96　单击“打印”按钮

（2）使用“预览”命令查看和打印字体示例：该方法是通过快捷菜单实现的，在任何位置（包括 Fonts 窗口和“字体”窗口）用户只需在欲查看和打印字体示例的字体文件上右击，在弹出的快捷菜单中，单击“预览”命令即可打开预览窗口，见图 4-97，之后的操作与方法（1）相同。

（3）单击“预览”按钮查看和打印字体示例：这种方法只能在“字体”或 Fonts 窗口中实现，用户在“字体”或 Fonts 窗口中选择需要查看和打印字体示例的字体文件后，单击窗口上方的“预览”按钮，如图 4-98 所示。此时可打开字体窗口，之后的操作与方法（1）相同。

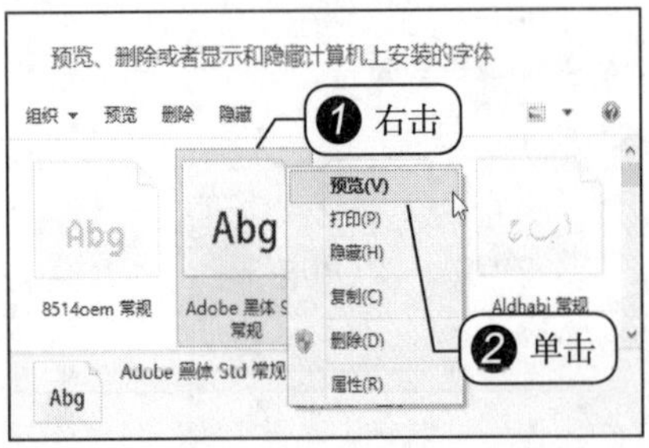

图 4-97　单击“预览”命令

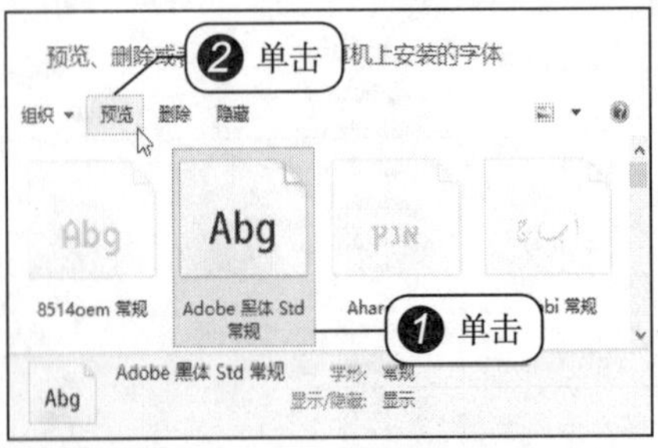

图 4-98　单击“预览”按钮

拓展解析

4.7 利用微软拼音的软键盘输入特殊字符

在本章 4.3.2 节中，为大家详细介绍了微软拼音输入法输入板的具体作用与使用方法。而软键盘是微软拼音输入法的另一个非常实用的功能，通过微软拼音输入法的软键盘，用户可以在不使用键盘的情况下非常方便地输入需要的文字。微软拼音的软键盘如图 4-99 所示。

图 4-99 微软拼音的软键盘

在 Windows 8 操作系统中微软拼音输入法共有 13 个不同的软键盘，它们分别是：PC 键盘、希腊字母、俄文文字、注音符号、拼音字母、日文平假名、日文片假名、标点符号、数字序号、数字符号、制表符、中文数字 / 单位和特殊符号，如图 4-100 所示。现在就为大家详细介绍怎样利用微软拼音的软键盘输入特殊字符，具体操作步骤如下。

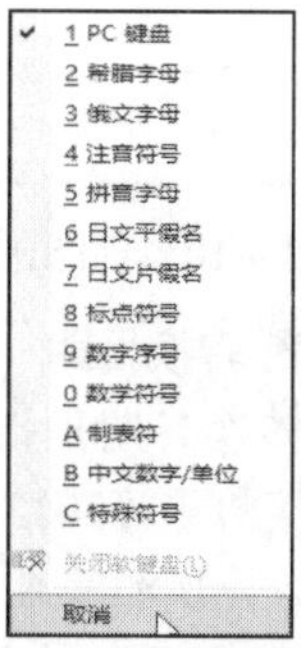

图 4-100 软键盘的种类

Step 01 按照 4.3.1 节介绍的方法选择启用微软拼音输入法后，❶ 单击语言栏中的“软键盘”图标，❷ 然后在展开的列表中单击“特殊符号”选项，如图 4-101 所示。

Step 02 此时屏幕下方出现软键盘，单击软键盘中相应的按钮即可输入该按钮所对应的特殊字符，如图 4-102 所示。

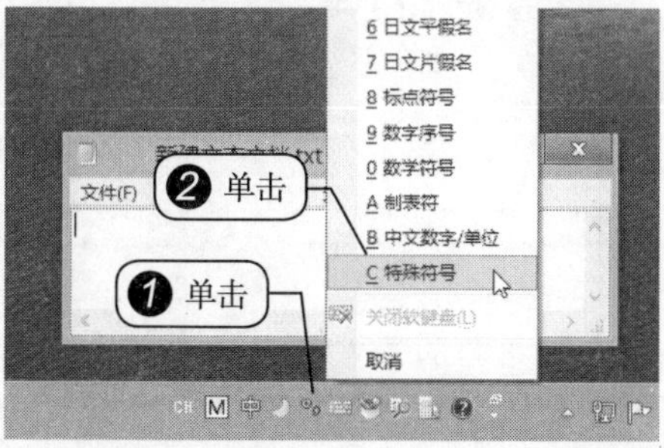

图 4-101 选择特殊符号软键盘

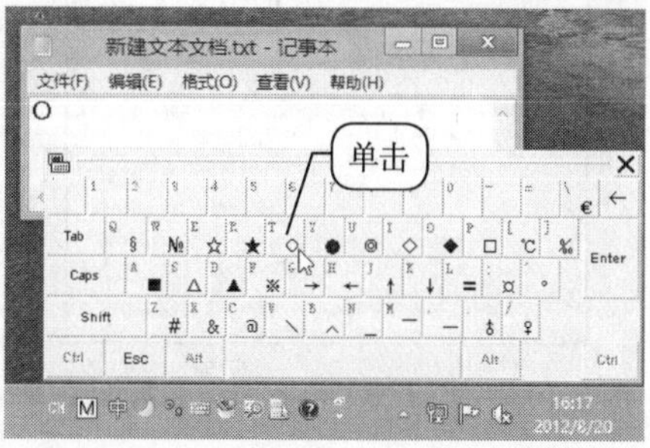

图 4-102 使用软键盘输入特殊字符

4.8 完美的搜狗输入法

搜狗输入法作为一款广受好评的输入法，其功能已经不仅仅是简单地通过拼音输入文字了。搜狗输入法有很多特有的输入模式和功能，这些模式和功能可以有助于提升用户的输入体验。

4.8.1 利用 V 模式输入文本

搜狗输入法的 V 模式是一个集转换和计算功能于一体的输入模式。使用 V 模式，用户可以非常方便地转换数字、日期以及输入计算结果。在搜狗输入法全拼输入状态下，用户可通过按【V】键进入 V 模式，在双拼下可按【Shift+V】组合键进入 V 模式。

1. 转换数字

V 模式最主要的功能就是转换数字，比如在 V 模式中输入“v163”可打出中文数字“壹佰陆拾叁”，如图 4-103 所示。

当用户在 V 模式中输入小于 100 的数字时还可以打出罗马数字，如输入“v16”可打出罗马数字“XVI”，如图 4-104 所示。

在 V 模式中输入小数甚至还可以打出中文金额数字，如输入“v34.78”可打出“叁拾肆元柒角捌分”，如图 4-105 所示。

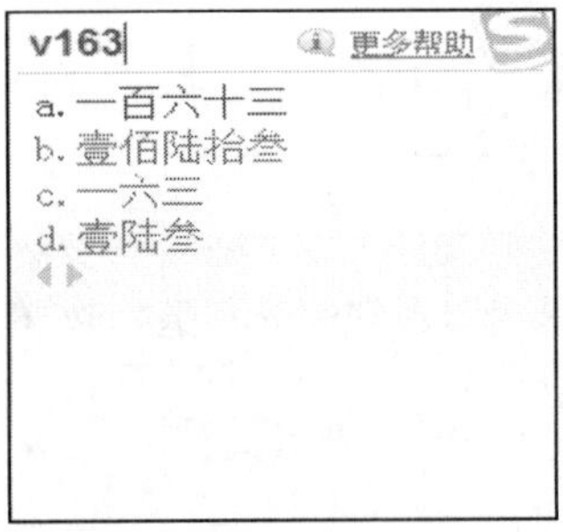

图 4-103 打出中文数字

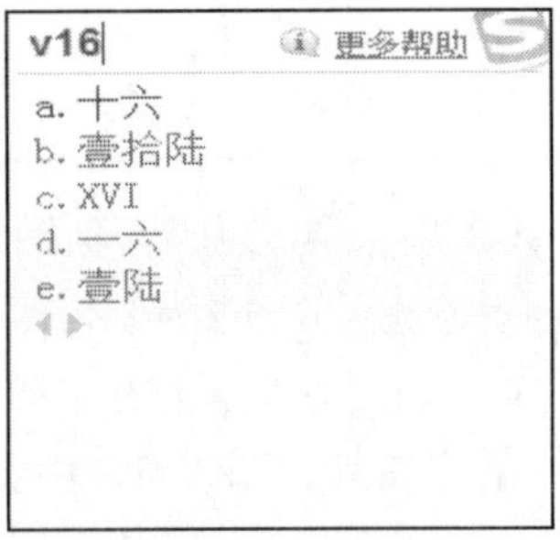

图 4-104 打出罗马数字

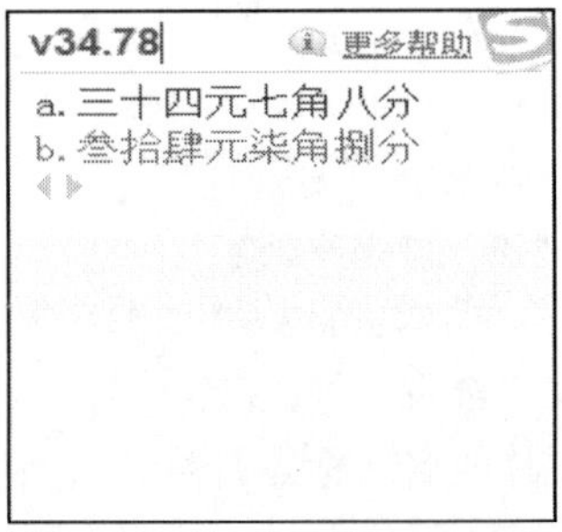

图 4-105 打出中文金额数字

2. 转换日期

转换日期是指在 V 模式中把简单的数字日期转换为日期格式，例如输入“v2012.8.20”可直接打出“2012 年 8 月 20 日（星期一）”，见图 4-106。当然，用户也可以使用日期拼音快捷输入，例如输入“v2012n8y20r”同样可以打出“2012 年 8 月 20 日”，如图 4-107 所示。

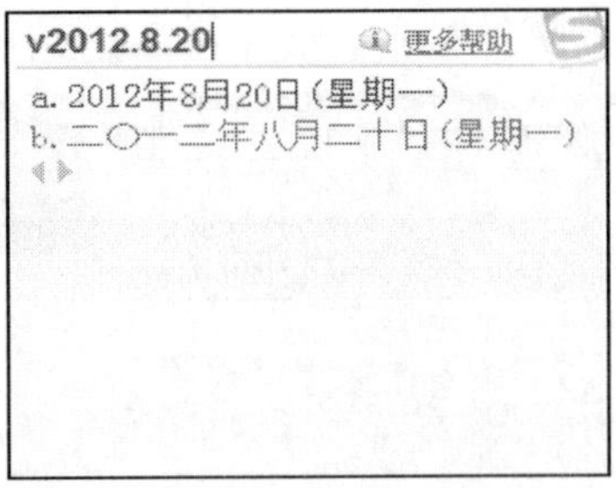

图 4-106 使用数字转换为标准日期格式

图 4-107 使用拼音转换为标准日期格式

3. 输入计算结果

搜狗输入法的 V 模式还可以直接进行数字计算并将计算结果打出，用户可将其看做是隐藏在输入法中的计算器，例如输入“v12*2/3+3−9”可打出计算结果数字“2”，如图 4-108 所示。

V 模式支持的运算符包括：+、−、*、/、mod、sin、cos、tan、arcsin、arccos、arctan、sqrt、^、avg、var、stdev、!、min、max、exp、log 和 in。

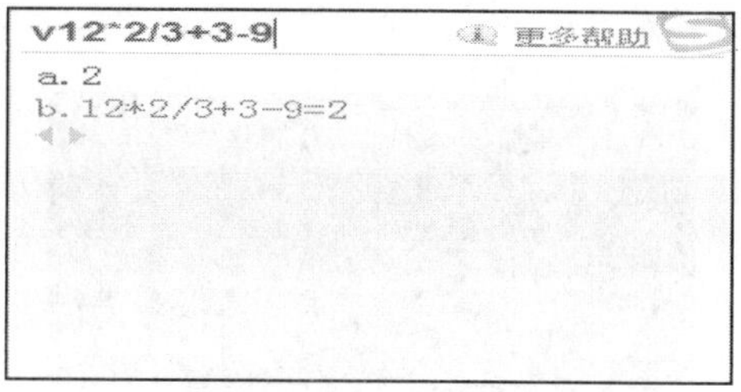

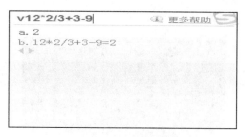

图 4-108　输入计算结果

4.8.2　插入日期

插入日期是指在使用搜狗输入法时输入特定的短语，如“sj”即可直接打出当前日期时间的功能。搜狗输入法默认 3 个短语“rq”、“sj”、“xq”，这 3 个短语分别对应系统日期、系统时间和系统星期。例如输入“rq”即可打出“2012 年 8 月 20 日”，如图 4-109 所示。

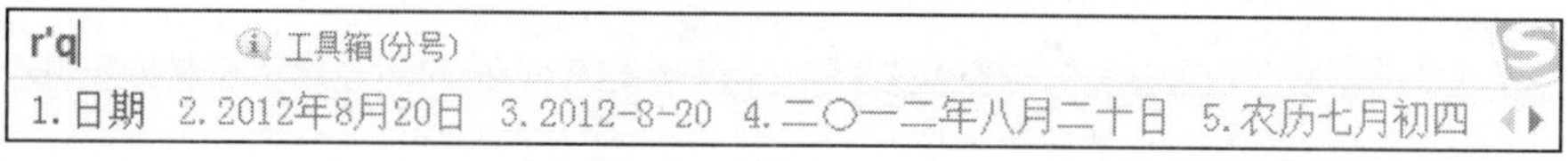

图 4-109　使用短语“rq”打出系统日期

4.8.3　利用 i 模式更换皮肤

搜狗输入法还有一个非常炫的更换皮肤的功能，用户只需在搜狗输入法状态下输入“i”即可开启 i 模式，如图 4-110 所示。此时用户可通过翻页键【PageUp】和【PageDown】切换浏览不同的皮肤，待发现喜欢的皮肤时只需将鼠标指针移到该皮肤上，然后单击“使用”选项即可，如图 4-111 所示。

图 4-110　进入 i 模式

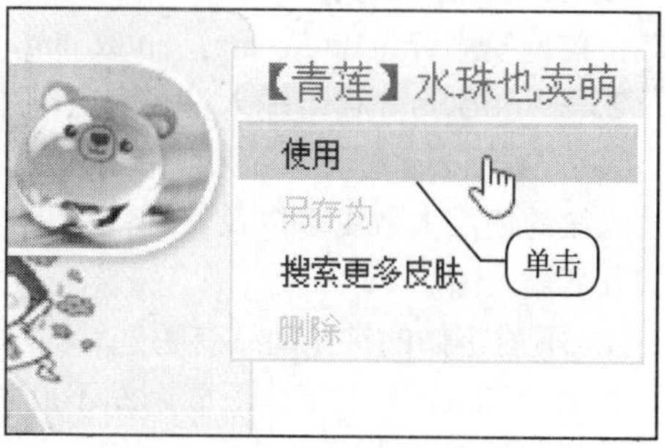

图 4-111　单击“使用”选项

4.9　五笔输入法，同样能在 Windows 8 中生存

由于现阶段拼音输入法的快速发展，以及拼音的大范围普及，越来越多的人放弃了学习和使用五笔输入法，然而不可否认的是五笔输入法仍然是现阶段最优秀的汉字输入法。

在 Windows 8 操作系统中，五笔输入法仍然存在，用户可以通过安装第三方输入法的方式使用五笔输入法，如图 4-112 所示。使用五笔输入法可以完美地在 Windows 8 操作系统中输入文字，图 4-113 即为使用五笔输入法打出“青”字，图 4-114 即为使用五笔输入法打出成语“千方百计”。

图 4-112　在 Windows 8 中运行五笔输入法

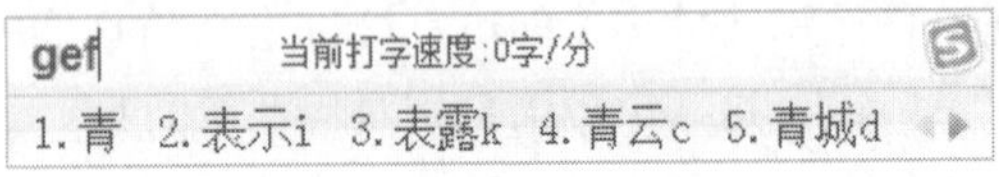

图 4-113　使用五笔输入法打出“青”字

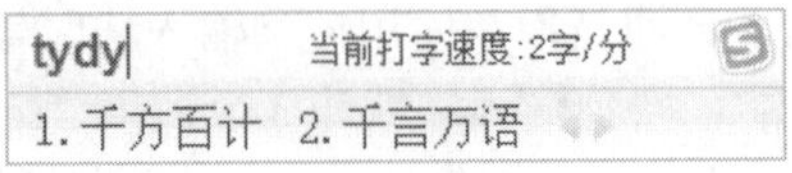

图 4-114　使用五笔输入法打出成语“千方百计”

新手疑惑解答

1. 什么是模糊音输入？

答：模糊音是专为容易混淆某些音节的人所设计的拼音输入法功能。当用户启用了模糊音后，可以不用在意拼音字母是“z”还是“zh”。例如，输入“zi”打出汉字“字”，输入“zhi”同样也可以打出汉字“字”。

搜狗拼音输入法支持的模糊音如下。声母模糊音为 s 或 sh，c 或 ch，z 或 zh，l 或 n，f 或 h，r 或 l；韵母模糊音为 an 或 ang，en 或 eng，in 或 ing，ian 或 iang，uan 或 uang。

2. Windows 8 自带输入法中有五笔输入法吗？

答：Windows 8 操作系统自带输入法中并没有五笔输入法。由于中文拼音输入法较之五笔输入法的使用人数更多以及使用范围更广，所以微软公司并没有在 Windows 8 操作系统中添加五笔输入法。

3. 下载字体的常见网站有哪些？

答：在 Internet 上字体下载网站不胜枚举，但比较专业的字体网址却不多，常见的专业字体下载网站有找字网（www.zhaozi.cn）、字体下载大宝库（font.knowsky.com）和中国设计网 · 字体 (ziti.cndesign.com/)。

第5章
使用Windows 8实用工具

本章知识点：

- ☑ 使用 ClearType 提高屏幕文本可读性
- ☑ 使用显示器校准屏幕显示的颜色
- ☑ 调整 DPI 参数保证照片和文字最佳显示效果
- ☑ 使用 Windows 帮助和支持获取帮助信息
- ☑ 使用 Windows 远程桌面远程访问某台计算机

Windows 8 实用工具是 Windows 8 操作系统自带的用于帮助用户获得最优电脑使用体验的小工具。通过 Windows 8 实用工具用户可以调整屏幕文本显示效果，以及校准显示器显示颜色。当用户在使用电脑的过程中需要帮助时，同样可以从 Windows 8 实用工具中获取帮助信息。

基础讲解

5.1　使用 ClearType 提高屏幕文本的可读性

ClearType 是微软公司开发的一种改善现有液晶显示器上文本可读性的工具软件，通过 ClearType 字体技术，可以让用户屏幕上的文字看起来和纸上打印的一样清晰明显。

由于电脑的屏幕显示效果都有所不同，ClearType 通过半自动式的字体调整，可让每一台电脑都能显示出清晰的文本。ClearType 是在“ClearType 文本调谐器”对话框中进行调节的，如图 5-1 所示。

接下来就为大家详细介绍一下怎样使用“ClearType 文本调谐器”对话框调整 ClearType 参数以提高屏幕文本的可读性。具体的操作步骤如下。

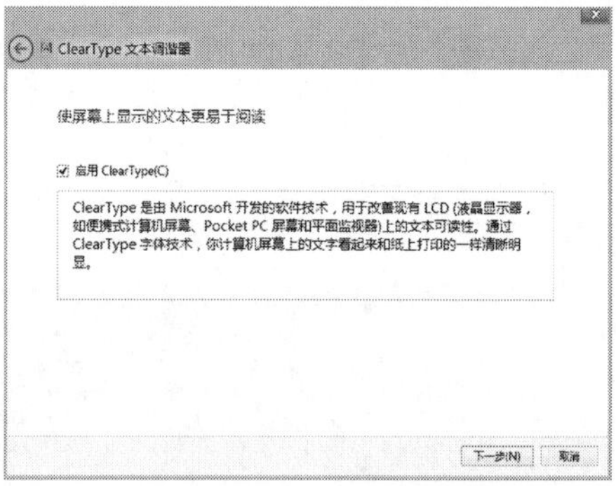

图 5-1　“ClearType 文本调谐器”对话框

Step 01　在桌面空白处右击，在弹出的快捷菜单中单击“个性化”命令打开“个性化”窗口后，单击“显示”链接，如图 5-2 所示。

Step 02　打开“显示”窗口，此时单击窗口左侧的“调整 ClearType 文本”链接，如图 5-3 所示，此时便可打开“ClearType 文本调谐器”对话框。

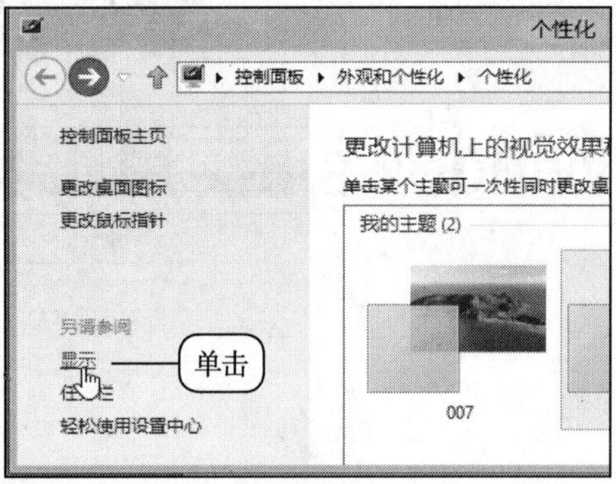

图 5-2　单击“显示”链接

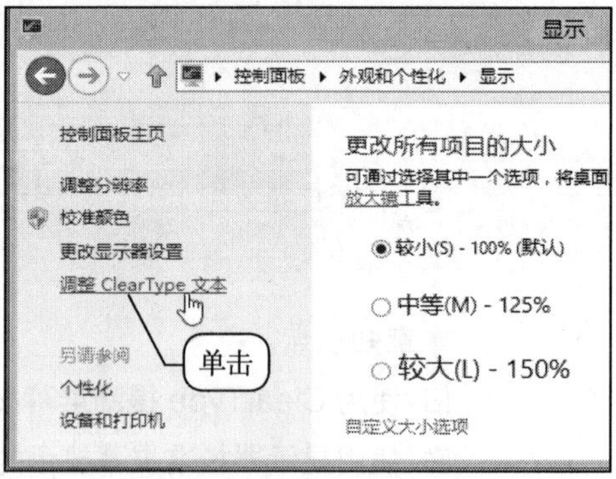

图 5-3　单击“调整 ClearType 文本”链接

提示：使用系统搜索快速打开“ClearType 文本调谐器”对话框

打开“ClearType 文本调谐器”对话框其实也可以非常简单，用户只需在“搜索”界面的文本框中输入“调整 ClearType 文本”后，单击文本框下方的“设置”按钮，再单击左侧的“调整 ClearType 文本”选项即可打开“ClearType 文本调谐器”对话框。

Step 03　打开“ClearType 文本调谐器”对话框后，❶ 勾选“启用 ClearType”左侧的复选框开启 ClearType，❷ 然后单击“下一步”按钮，如图 5-4 所示。

Step 04 此时 Windows 正在确定用户显示器为本身的分辨率，单击“下一步”按钮，如图 5-5 所示。

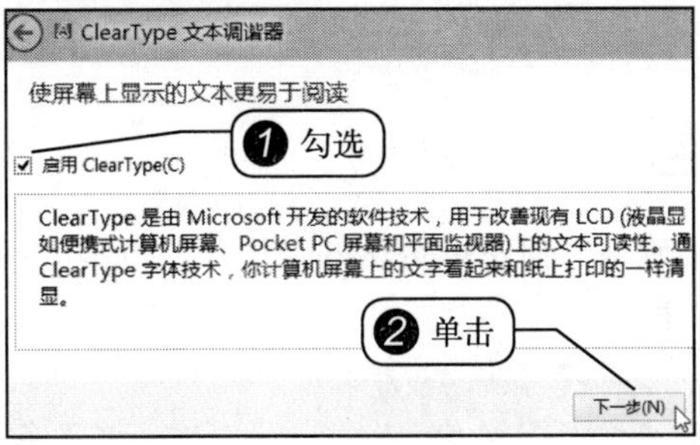
ClearType 文本调谐器
使屏幕上显示的文本更易于阅读
1 勾选
启用 ClearType(C)
ClearType 是由 Microsoft 开发的软件技术，用于改善现有 LCD (液晶显
如便携式计算机屏幕、Pocket PC 屏幕和平面监视器)上的文本可读性。通
ClearType 字体技术，你计算机屏幕上的文字看起来和纸上打印的一样清
显。
2 单击
下一步(N)

图 5-4　启用 ClearType

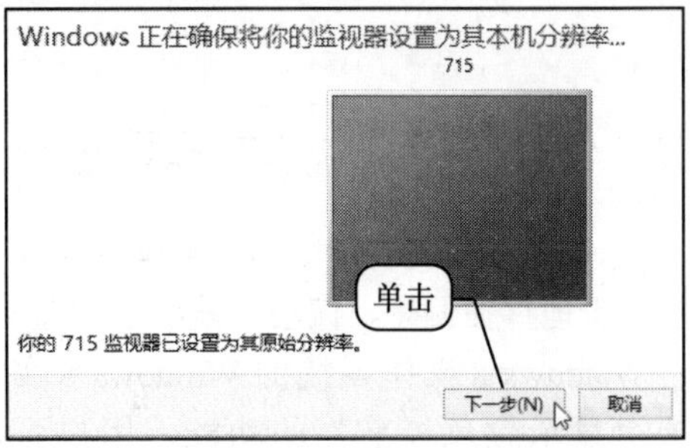
Windows 正在确保将你的监视器设置为其本机分辨率...
715
单击
你的 715 监视器已设置为其原始分辨率。
下一步(N)
取消

图 5-5　单击“下一步”按钮

Step 05 切换至文本示例（5-1）界面，❶ 此时用户需单击看起来最清晰的文本示例，❷ 然后单击“下一步”按钮，如图 5-6 所示。

Step 06 切换至文本示例（5-2）界面，❶ 此时同样需要用户单击看起来最清晰的文本示例，❷ 然后单击“下一步”按钮，如图 5-7 所示。

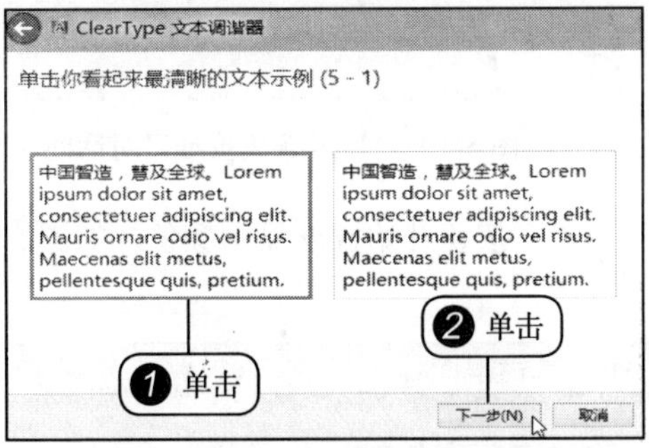
ClearType 文本调谐器
单击你看起来最清晰的文本示例 (5 - 1)
中国智造，慧及全球。Lorem ipsum dolor sit amet, consectetuer adipiscing elit. Mauris ornare odio vel risus. Maecenas elit metus, pellentesque quis, pretium.
中国智造，慧及全球。Lorem ipsum dolor sit amet, consectetuer adipiscing elit. Mauris ornare odio vel risus. Maecenas elit metus, pellentesque quis, pretium.
2 单击
1 单击
下一步(N)
取消

图 5-6　单击最清晰的文本示例

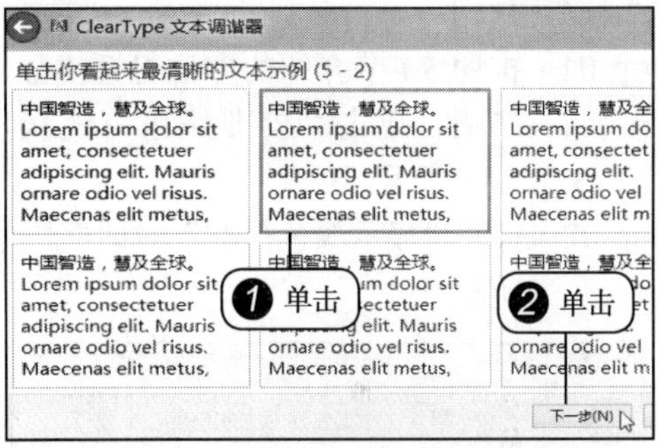
ClearType 文本调谐器
单击你看起来最清晰的文本示例 (5 - 2)
1 单击
2 单击
下一步(N)

图 5-7　单击最清晰的文本示例

Step 07 使用同样的方法在文本示例（5-3）、（5-4）和（5-5）的界面中，❶ 单击最清晰的文本示例，❷ 然后单击“下一步”按钮，如图 5-8 所示。

Step 08 当“ClearType 文本调谐器”对话框提示“你已完成对监视器中文本的调谐”时，单击“完成”按钮即可完成设置，如图 5-9 所示。

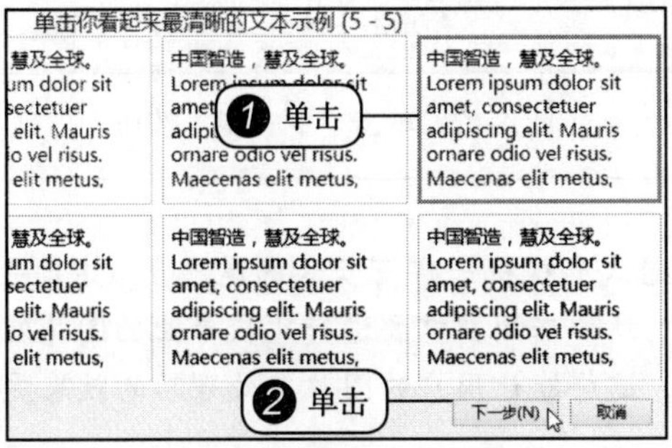
单击你看起来最清晰的文本示例 (5 - 5)
1 单击
2 单击
下一步(N)
取消

图 5-8　单击最清晰的文本示例

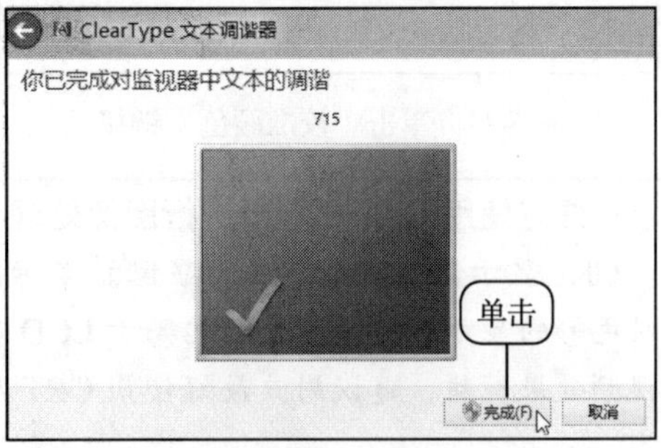
ClearType 文本调谐器
你已完成对监视器中文本的调谐
715
单击
完成(F)
取消

图 5-9　单击“完成”按钮

提示：使用第三方软件调节文本的显示效果

在 Windows 操作系统中调节文本显示效果的第三方软件非常多，比如说字体渲染软件

MacType。MacType 可以直接接管 Windows 系统的字体渲染功能，非常简单地就能实现文本字体的美化渲染效果。对于 LCD 显示器来说 MacType 和微软的 ClearType 都是采用类似 24 位字体渲染技术。但 MacType 具有更加强大的可定制性和灵活性。

5.2 使用显示器校准屏幕显示的颜色

或许很多用户并不太关心屏幕显示器颜色的准确性，但不可否认的是用户的电脑屏幕正或多或少地存在偏亮、偏暗、偏红或偏蓝的显示效果。

Windows 8 操作系统的 Windows 8 实用工具中有“显示颜色校准”的功能，用户可以结合“显示颜色校准”对话框非常轻松地校准屏幕的显示颜色，如图 5-10 所示即为“显示颜色校准”对话框。

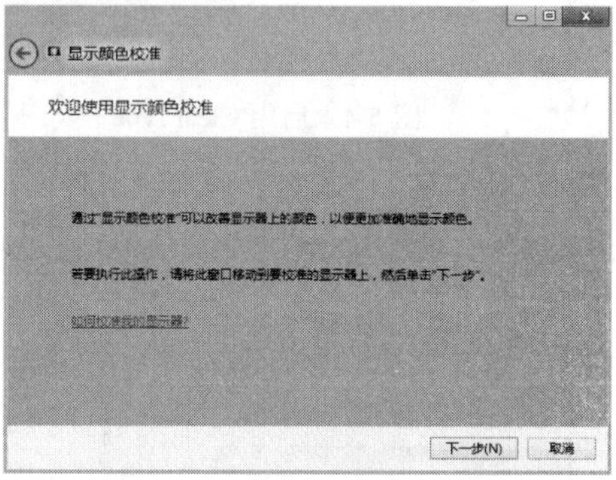

图 5-10 “显示颜色校准”对话框

接下来就为大家详细介绍一下怎样使用“显示颜色校准”对话框校准显示器的颜色显示。具体操作步骤如下。

Step 01 按照 5.1 节介绍的方法打开“显示”窗口后，单击“校准颜色”链接，如图 5-11 所示。

Step 02 打开“显示颜色校准”对话框，单击“下一步”按钮开始校准显示颜色，如图 5-12 所示。

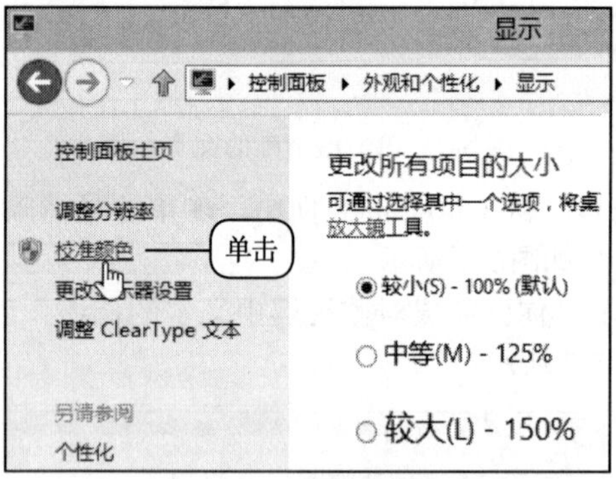

图 5-11 单击“校准颜色”链接

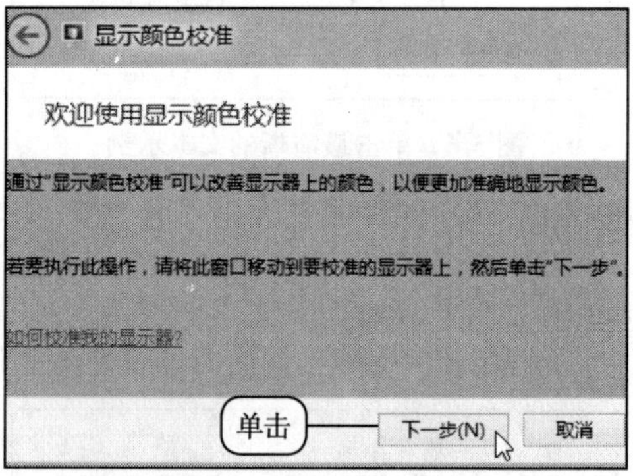

图 5-12 单击“下一步”按钮

提示：最好使用 CRT 显示器进行图像处理

CRT 显示器就是最传统的显像管显示器（和老式电视机一样有长长的尾巴），CRT 显示器对色彩的显示和还原度要远远高于 LCD 显示器。所以若用户需要进行比较专业的图片处理或视频效果剪辑，建议用户最好使用 CRT 显示器，这样能让用户的图片在处理后的效果更加真实。

Step 03 此时用户需在显示器上按【菜单】键，在本显示器上设置基本颜色设置，待设置完成后单击“下一步”按钮，如图 5-13 所示

Step 04 切换至“如何调整伽玛”界面，此时用户可在此处了解如何调整伽玛，然后单击

“下一步”按钮开始调整伽玛，如图 5-14 所示。

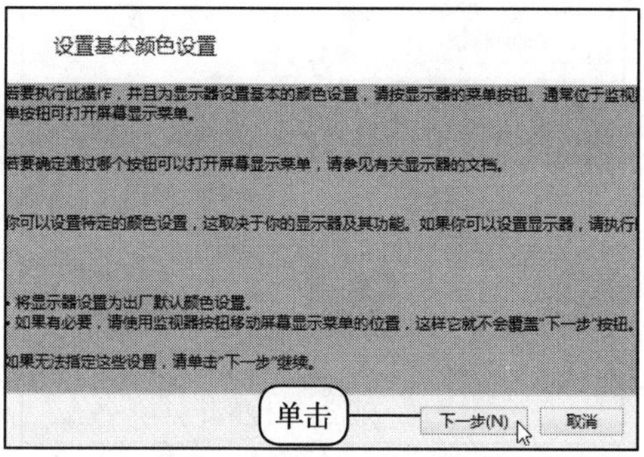

图 5-13　单击“下一步”按钮

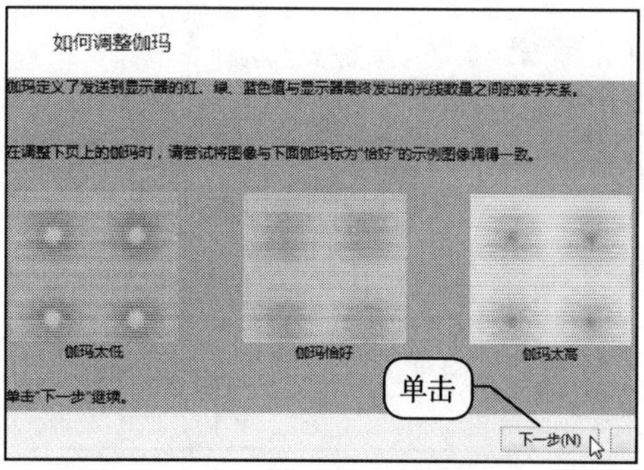

图 5-14　了解如何调整伽玛

Step 05　切换至“调整伽玛”界面，❶ 上下拖动界面左侧的滑块调整显示器伽玛值使界面中图片显示效果和 Step04 中了解的一致，❷ 单击“下一步”按钮，如图 5-15 所示。

Step 06　此时用户需在显示器上打开“找到显示器的亮度控件和对比度控件”界面，再单击“下一步”按钮，如图 5-16 所示。

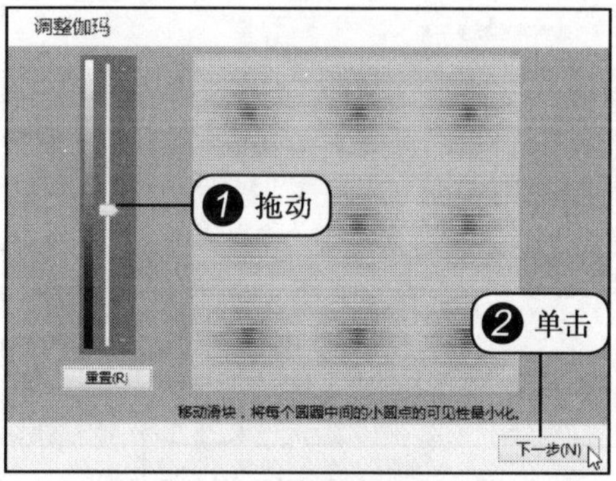

图 5-15　调整伽玛

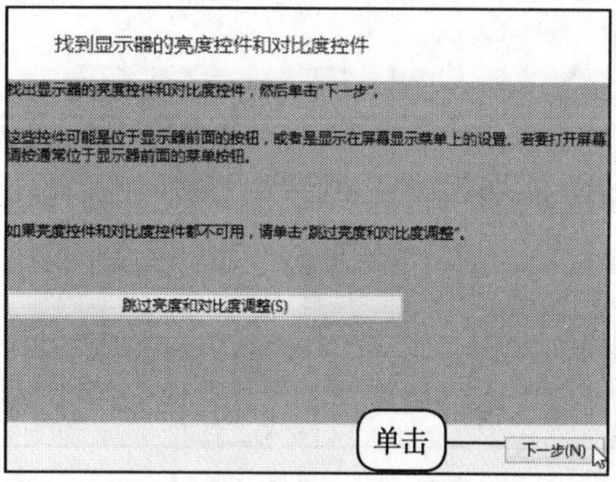

图 5-16　单击“下一步”按钮

Step 07　切换至“如何调整亮度”界面，此时用户可在此处了解如何调整亮度，然后单击“下一步”按钮开始调整亮度，如图 5-17 所示。

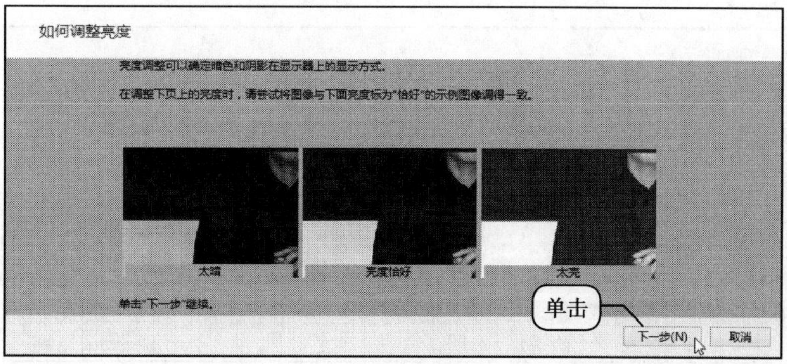

图 5-17　“如何调整亮度”界面

Step 08　切换至“调整亮度”界面，通过显示器上的控件调整亮度的高低，使界面中图片显示效果和 Step07 中了解的一致，单击“下一步”按钮，如图 5-18 所示。

Step 09　此时切换至“如何调整对比度”界面，用户可在此处了解如何调整对比度，然后单击“下一步”按钮开始调整对比度，如图 5-19 所示。

调整亮度
使用显示器上的控件，将亮度调高或调低，直到你可以区分衬衣和外套并且勉强看得见
单击
下一步(N)

图 5-18　调整亮度

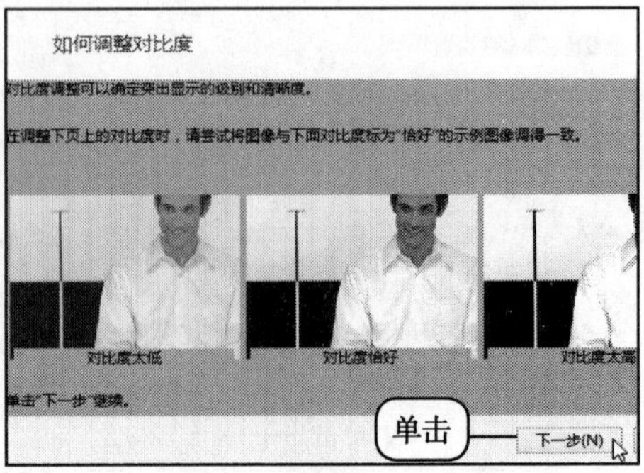
如何调整对比度
对比度调整可以确定突出显示的级别和清晰度。
在调整下页上的对比度时，请尝试将图像与下面对比度标为"恰好"的示例图像调得一致。
对比度太低
对比度恰好
对比度太高
单击"下一步"继续。
单击
下一步(N)

图 5-19　如何调整对比度

Step 10　切换至“调整对比度”界面，通过显示器上的控件尽可能地将对比度调整到最高，但同时还能清楚地看到图片中衬衣的皱纹，再单击“下一步”按钮，如图 5-20 所示。

Step 11　切换至“如何调整颜色平衡”界面，此时用户可在此处了解如何调整颜色平衡，然后单击“下一步”按钮开始调整颜色平衡，如图 5-21 所示。

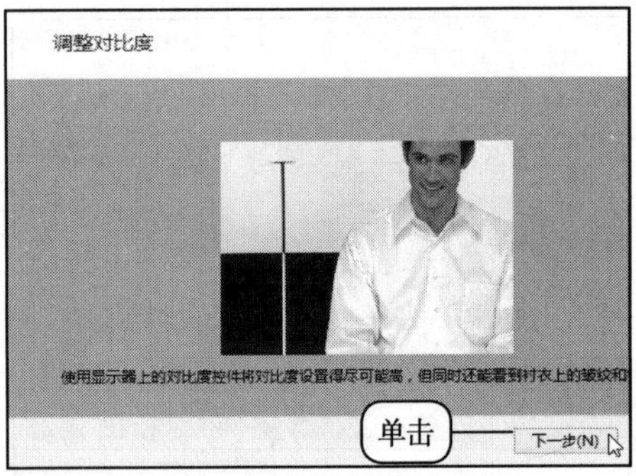
调整对比度
使用显示器上的对比度控件将对比度设置得尽可能高，但同时还能看到衬衣上的皱纹和
单击
下一步(N)

图 5-20　调整对比度

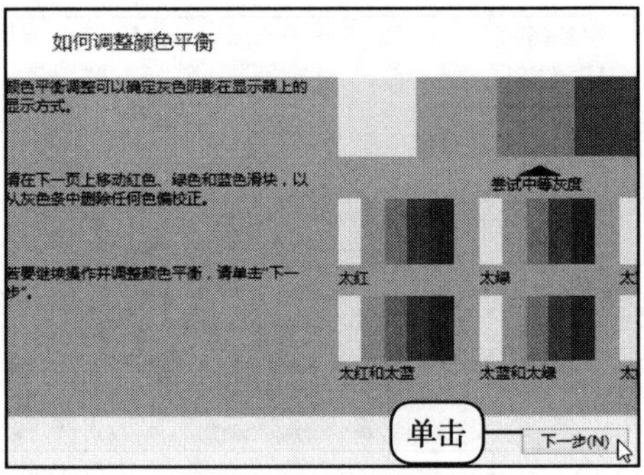
如何调整颜色平衡
颜色平衡调整可以确定灰色阴影在显示器上的显示方式。
请在下一页上移动红色、绿色和蓝色滑块，以从灰色条中删除任何色偏校正。
若要继续操作并调整颜色平衡，请单击"下一步"。
尝试中等灰度
太红
太绿
太红和太蓝
太蓝和太绿
单击
下一步(N)

图 5-21　如何调整颜色平衡

Step 12　切换至“调整颜色平衡”界面，❶ 此时用户可以通过分别拖动红色、绿色和蓝色滑块以调整颜色平衡，待界面中图片显示效果和 Step11 中了解的一致后，❷ 单击“下一步”按钮，如图 5-22 所示。

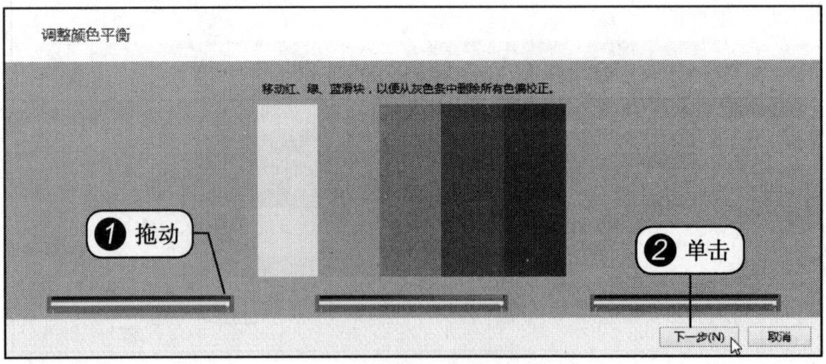
调整颜色平衡
移动红、绿、蓝滑块，以便从灰色条中删除所有色偏校正。
1 拖动
2 单击
下一步(N)
取消

图 5-22　调整颜色平衡

Step 13　此时用户可看到“你已成功创建了一个新的校准”字样时说明已经完成显示器显示颜色的校准，单击“完成”按钮即可保存校准后的设置，如图 5-23 所示。

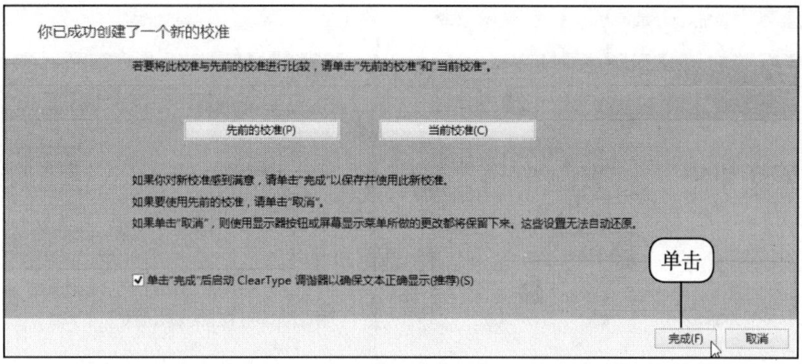
你已成功创建了一个新的校准
若要将此校准与先前的校准进行比较，请单击"先前的校准"和"当前校准"。
先前的校准(P)
当前校准(C)
如果你对新校准感到满意，请单击"完成"以保存并使用此新校准。
如果要使用先前的校准，请单击"取消"。
如果单击"取消"，则使用显示器按钮或屏幕显示菜单所做的更改都将保留下来。这些设置无法自动还原。
单击"完成"后启动 ClearType 调谐器以确保文本正确显示(推荐)(S)
单击
完成(F)
取消

图 5-23　完成显示器显示颜色的校准设置

5.3　调整 DPI 参数保证照片和文字最佳的显示效果

随着高科技的发展，电脑显示器屏幕越来越大，分辨率越来越高，但在系统默认分辨率下字体却越来越小、越来越看不清楚。

这就要从分辨率和点距开始说起，一般的液晶显示器都是由多个整齐排列的小点按相同的点距组成，这些小点就是用户常说的像素点。

随着显示器越做越大，分辨率越来越高，点距不断缩小，屏幕显示效果也越来越逼真细腻。如此一来液晶显示器自身的问题也被凸显出来，由于显示器显示的图像是由多个像素点组成的，随着像素点（点距）的缩小，其显示的精细度也越来越高，但太小的像素点会导致文字变小，反而不容易看清。

每英寸点数（Dot Per Inch，DPI）是显示器上一个重要的物理参数，该参数定义了像素的密度，也可以理解为解析度。简单来说，DPI 决定了显示器上一英寸长的线条是由多少个像素点组成的。在 Windows 8 操作系统中，用户可以轻松地通过调整 DPI 参数来保证照片和文字处于最佳显示效果。

由于 Windows 8 操作系统由传统的桌面应用和 Metro 应用两部分组成，所以设置屏幕 DPI 参数时需要分别对其进行设置。调整桌面应用显示 DPI 参数是在"显示"窗口中进行的，用户可以按照 5.1 节介绍的方法打开"显示"窗口，系统为用户提供了较小（100%）、中等（125%）和较大（150%）3 个显示比例，如图 5-24 所示。

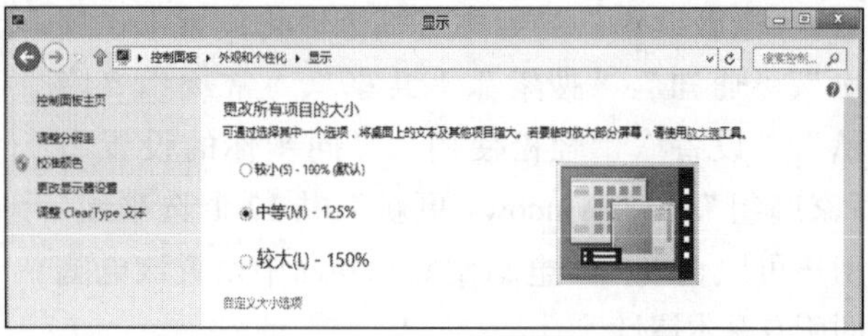
显示
控制面板 ▸ 外观和个性化 ▸ 显示
控制面板主页
调整分辨率
校准颜色
更改显示器设置
调整 ClearType 文本
更改所有项目的大小
较小(S) - 100% (默认)
中等(M) - 125%
较大(L) - 150%
自定义大小选项

图 5-24　"显示"窗口

这 3 个显示比例也可以理解为屏幕显示内容放大的倍率，用户可直接选用这 3 个 DPI 参数。除此之外用户还可以单击该窗口中的"自定义大小选项"链接来打开"自定义大小选项"对话框，在该对话框中自定义 DPI 参数。如单击该对话框中"缩放为正常大小的百分比"右侧的扩展按钮，展开下拉列表，可选择其他常用的 DPI 参数，如图 5-25 所示，或直接在"缩放为正常大小的百分比"右侧的文本框中输入具体的百分比数值（例如 163%），如图 5-26 所示。

设置完成后单击"确定"按钮，返回"显示"窗口，单击"应用"按钮即可完成桌面应用 DPI 参数的调节。增大 DPI 参数前的桌面图标与字体如图 5-27 所示，增大 DPI 参数后的桌面图标与字体如图 5-28 所示。

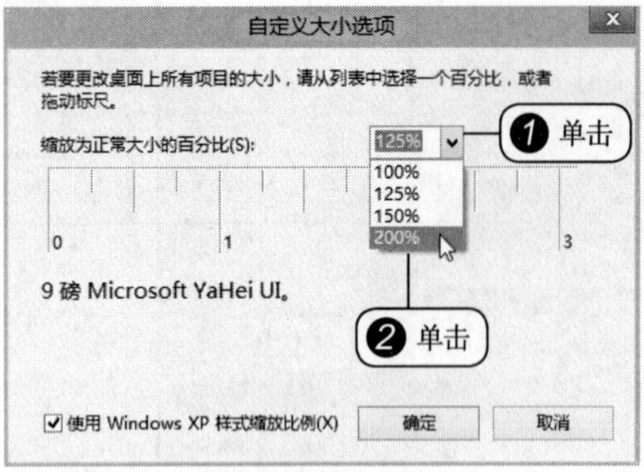

图 5-25　选择合适百分比

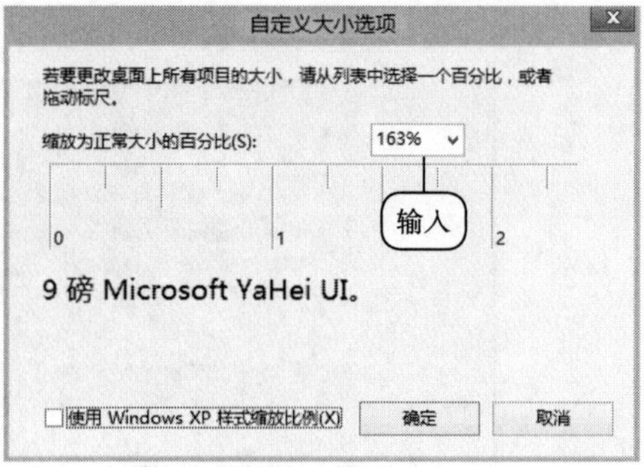

图 5-26　输入百分比数值

图 5-27　调整 DPI 参数前的显示效果

图 5-28　调整 DPI 参数后的显示效果

Metro 版应用的 DPI 参数调节较之桌面应用 DPI 参数调节要简洁得多，Metro 版应用的 DPI 参数调节是在 Metro 版的“电脑设置”界面中的“轻松使用”选项组中进行的，“电脑设置”界面如图 5-29 所示。

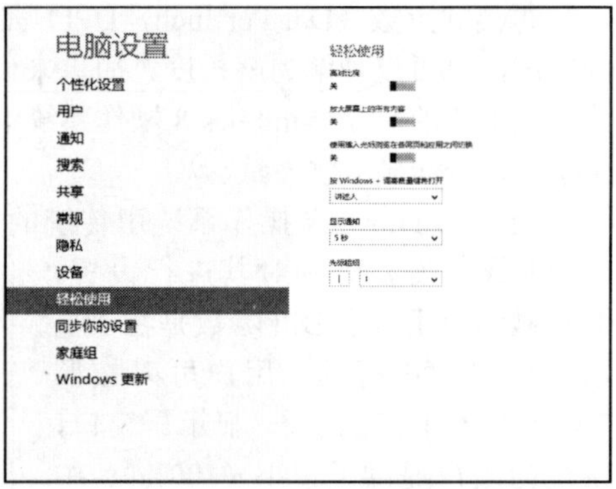

图 5-29　“电脑设置”界面

“电脑设置”界面中有“个性化设置”、“用户”、“通知”、“搜索”、“共享”、“常规”、“隐私”、“设备”、“轻松使用”、“同步你的设置”、“家庭组”和“Windows 更新”共 12 个选项组，用户可以直接在“电脑设置”界面中设置该电脑的所有基本属性。

现在就为大家详细介绍一下调节 Metro 版应用 DPI 参数的操作方法与步骤。

Step 01　在 Windows 8 操作系统的任何界面中，❶ 将鼠标指针移至桌面右下 / 右上角，弹出 Charm 菜单工具栏，❷ 单击“设置”按钮，如图 5-30 所示。

Step 02　在“设置”界面中单击“更改电脑设置”按钮，如图 5-31 所示。

Step 03　此时切换至“电脑设置”界面，❶ 单击“轻松使用”选项后，❷ 在屏幕右侧单击“放大屏幕上的所有内容”按钮开启“放大屏幕上的所有内容”选项，如图 5-32 所示。

Step 04　按【Win】键返回“开始”屏幕，此时用户可看见“开始”屏幕上的应用程序磁块及显示字体都被放大了，如图 5-33 所示。

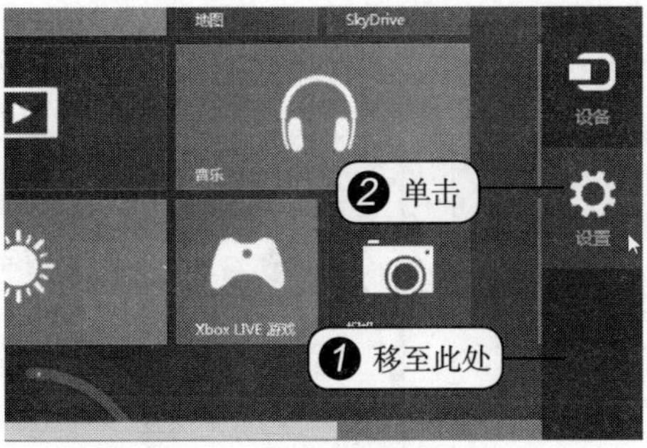

图 5-30　单击“设置”按钮

图 5-31　单击“更改电脑设置”按钮

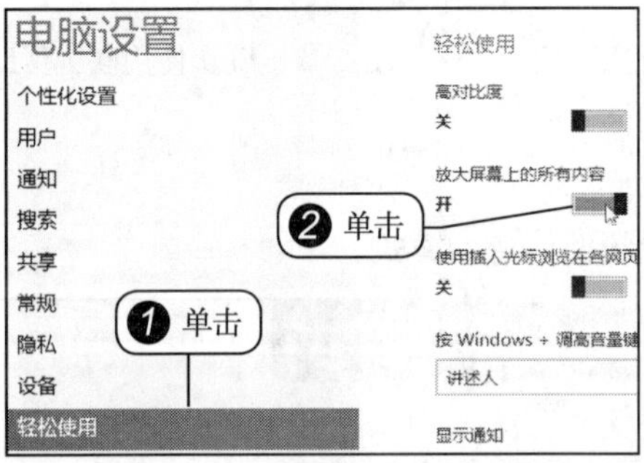

图 5-32　开启“放大屏幕上的所有内容”选项

图 5-33　开启后的显示效果

5.4　使用 Windows 帮助和支持获取帮助信息

Windows 帮助和支持为微软公司在 Windows 系统中内置的帮助文档，用户可通过使用 Windows 帮助和支持更加高效地使用自己的电脑。

Windows 帮助和支持除了可当做本地帮助文档使用外，用户还可以通过对其进行设置，以获取联机帮助信息，让用户电脑中的 Windows 帮助和支持随时能够获取最新帮助信息。“Windows 帮助和支持”窗口如图 5-34 所示。

图 5-34　“Windows 帮助和支持”窗口

5.4.1　使用联机帮助

微软公司随时都在为 Windows 8 操作系统更新 Windows 帮助与支持的内容，若用户需获取最新的帮助和支持信息，务必要开启“Windows 帮助和支持”获取联机帮助的功能。这将大大提高获取帮助信息的效率，为用户节约宝贵的时间。

Step 01　用户按照 2.5.1 节介绍的方法打开“应用”屏幕后，单击“帮助和支持”选项，如图 5-35 所示。

Step 02　打开“Windows 帮助和支持”窗口后，单击窗口右上角的“设置”按钮⚙，如图 5-36 所示。

Step 03　弹出“帮助设置”对话框，❶ 勾选“获取联机帮助（推荐）”左侧的复选框后，❷ 单击“确定”按钮，如图 5-37 所示。

图 5-35　单击“帮助和支持”选项

图 5-36　单击“设置”按钮

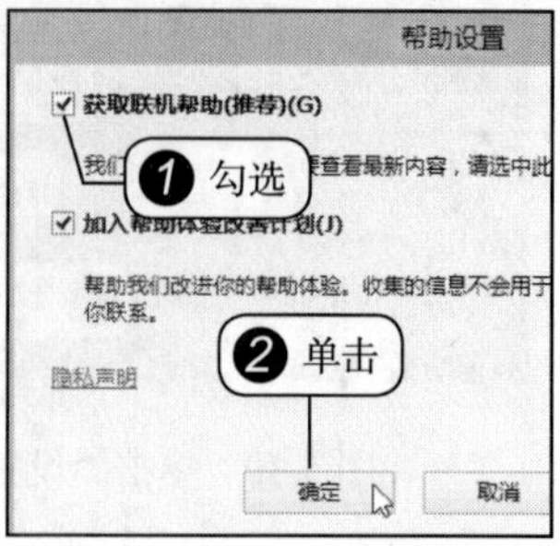

图 5-37　确认使用联机帮助

5.4.2　搜索并查看指定的内容

在 Windows 帮助和支持中用户有以下两种查看帮助信息的方式。

（1）在“Windows 帮助和支持”窗口中查看。这种方式是在 Windows 帮助和支持列举出的 3 种不同类型的问题中选择所需查看的帮助信息类型，如图 5-38 所示，然后再选择要查看的具体帮助信息。

图 5-38　3 种不同类型的问题

（2）使用搜索栏搜索查询。这种查看帮助信息的方式是直接在 Windows 帮助和支持中搜索并查看指定的内容。接下来就以查找程序兼容性问题的帮助信息为例，为大家详细介绍一下这种更加便捷地查看指定帮助信息的方法。具体操作步骤如下。

Step 01　在“Windows 帮助和支持”窗口中的文本框中输入关键字“兼容性”后，单击右侧的“搜索图标”，如图 5-39 所示。

Step 02　在跳转至的新页面中，用户可以看到 Windows 帮助和支持搜索出的所有帮助信息，单击要查看的帮助信息链接，如图 5-40 所示。

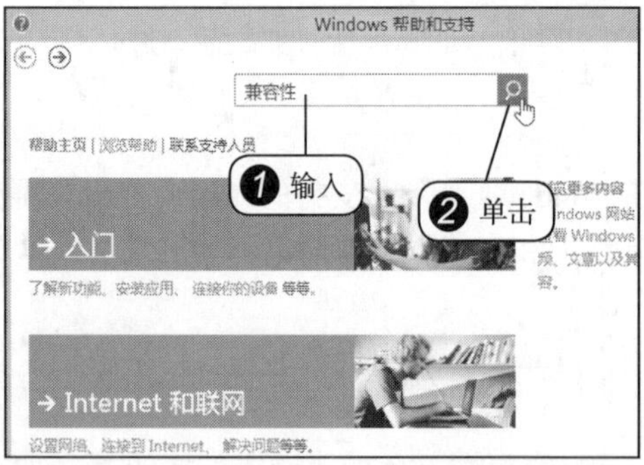

图 5-39　开始搜索

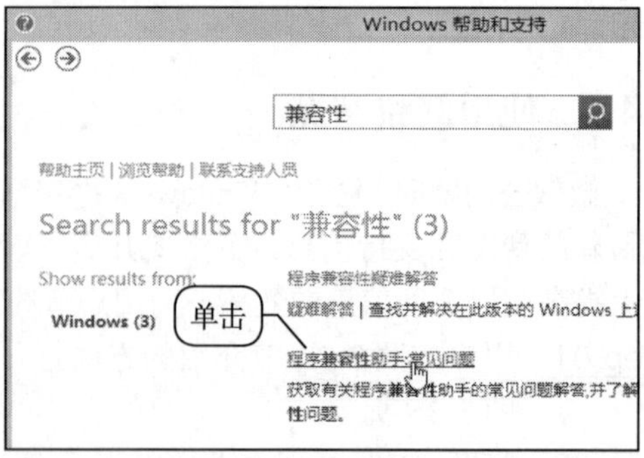

图 5-40　搜索结果

Step 03 此时用户可在跳转至的页面中查看到具体的帮助信息，单击相应的小标题可浏览查看更详细的帮助信息，如图 5-41 所示。

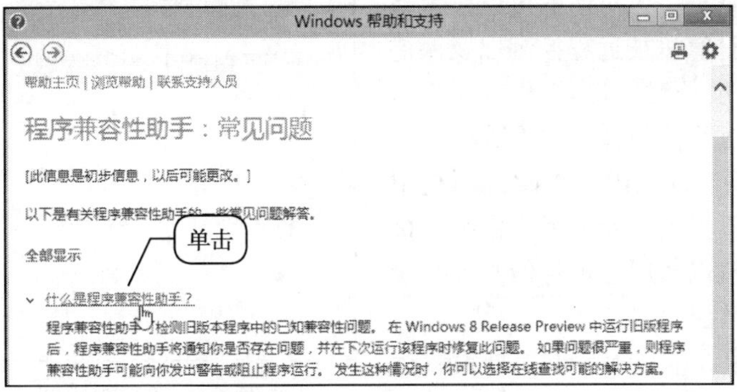
Windows 帮助和支持
帮助主页 | 浏览帮助 | 联系支持人员
程序兼容性助手：常见问题
[此信息是初步信息，以后可能更改。]
以下是有关程序兼容性助手的一些常见问题解答。
单击
全部显示
什么是程序兼容性助手？
程序兼容性助手可检测旧版本程序中的已知兼容性问题。在 Windows 8 Release Preview 中运行旧版程序后，程序兼容性助手将通知你是否存在问题，并在下次运行该程序时修复此问题。如果问题很严重，则程序兼容性助手可能向你发出警告或阻止程序运行。发生这种情况时，你可以选择在线查找可能的解决方案。

图 5-41　查看具体的帮助信息

5.5　使用 Windows 远程桌面远程访问某台计算机

远程桌面连接是微软公司发布 Windows 2000 Server 服务器操作系统时自带的软件，由于远程桌面连接是由微软公司自行开发的系统内置软件，所以其实际使用较之其他的第三方远程控制软件要更加灵活、方便，故而一经推出便备受推崇。

远程桌面连接常用于远程控制被远程连接的电脑，但要想正常使用 Windows 远程桌面连接，用户必须先设置远程桌面和配置远程桌面客户端软件。

5.5.1　设置远程桌面

要想使用远程桌面连接某台电脑，其电脑必须要先设置远程桌面。在 Windows 8 操作系统中为电脑本身的安全考虑，系统默认为关闭远程桌面，这就需要用户手动开启和设置远程桌面。

在 Windows 8 操作系统中远程桌面链接是在“系统属性”对话框中的“远程”选项卡中进行设置的，如图 5-42 所示。

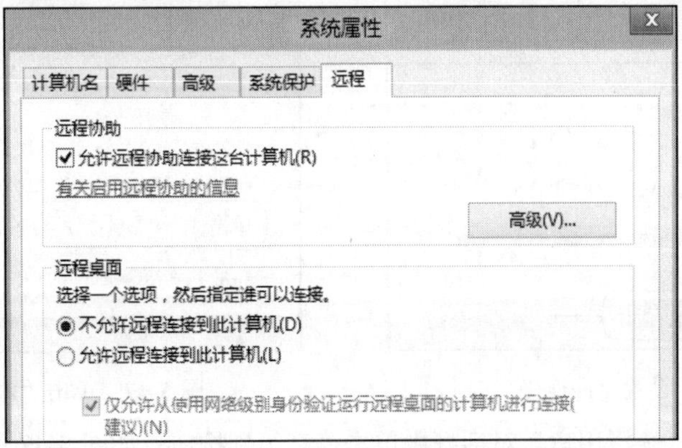
系统属性
计算机名 硬件 高级 系统保护 远程
远程协助
允许远程协助连接这台计算机(R)
有关启用远程协助的信息
高级(V)...
远程桌面
选择一个选项，然后指定谁可以连接。
不允许远程连接到此计算机(D)
允许远程连接到此计算机(L)
仅允许从使用网络级别身份验证运行远程桌面的计算机进行连接(建议)(N)

图 5-42　“远程”选项卡

❑ “远程协助”选项组：在“远程协助”选项组中用户可以开启允许远程协助连接到此

计算机和设置远程协助。

- 远程协助设置：在“系统属性”对话框中单击“高级”按钮即可打开“远程协助设置”对话框。该对话框可以设置是否允许计算机被远程控制以及保持邀请的最长时间，如图 5-43 所示即为“远程协助设置”对话框。

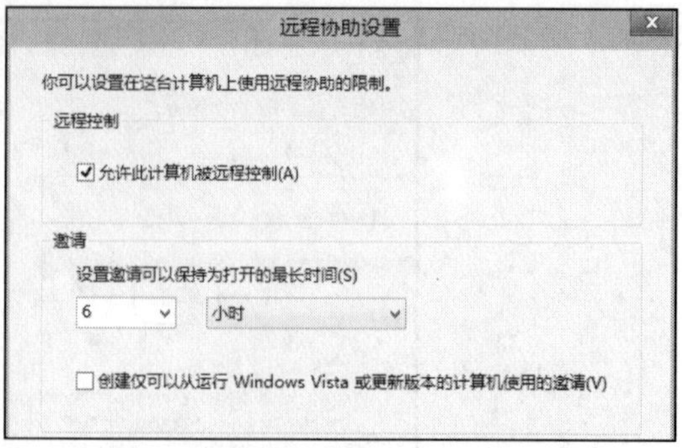

图 5-43 “远程协助设置”对话框

❑ “远程桌面”选项组：在此选项组中用户可以设置是否允许远程电脑连接到该计算机以及用何种身份验证登录远程连接电脑。

现在就为大家详细讲解一下怎样设置远程桌面连接。具体操作步骤如下。

Step 01 ❶ 在桌面上右击“计算机”图标，在弹出的快捷菜单中，❷ 单击“属性”命令，如图 5-44 所示。

Step 02 打开“系统”窗口，在窗口左侧单击“远程设置”链接，如图 5-45 所示。

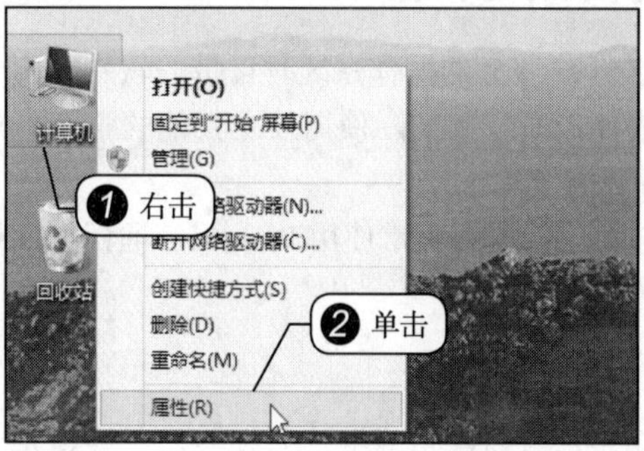

图 5-44 单击“属性”命令

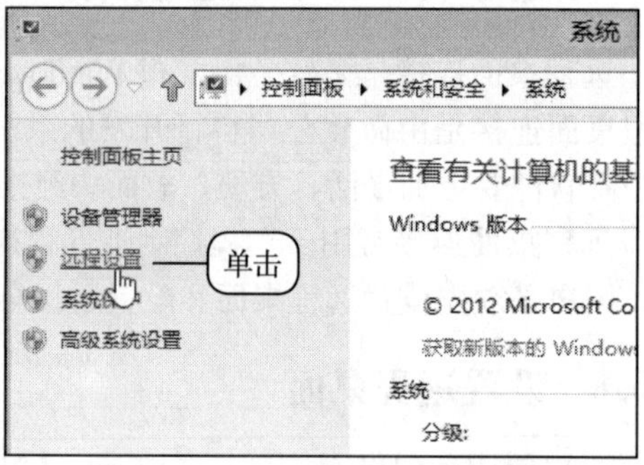

图 5-45 单击“远程设置”链接

Step 03 弹出“系统属性”对话框，❶ 单击“允许远程连接到此计算机”左侧的单选按钮，❷ 然后单击“选择用户”按钮，如图 5-46 所示。

Step 04 打开“远程桌面用户”对话框，在对话框中单击“添加”按钮，如图 5-47 所示。

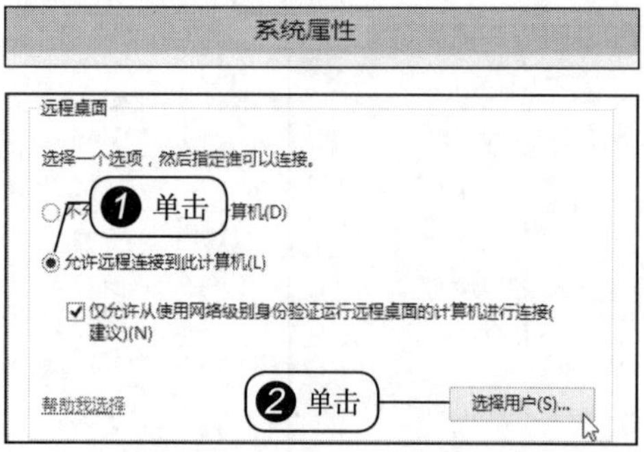

图 5-46 设置允许连接

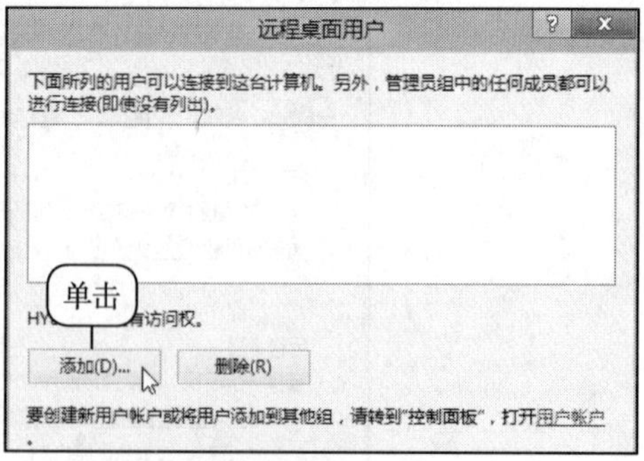

图 5-47 单击“添加”按钮

Step 05 在弹出的“选择用户”对话框中单击“高级”按钮，如图 5-48 所示。

Step 06 切换至新的界面，单击界面右侧“立即查找”按钮，如图 5-49 所示。

Step 07 ❶ 在搜索结果中选择合适的账户，此处设置的账户是用户远程桌面连接该电脑时需使用的账户，❷然后连续单击4次“确定”按钮即可完成远程桌面的设置，如图5-50所示。

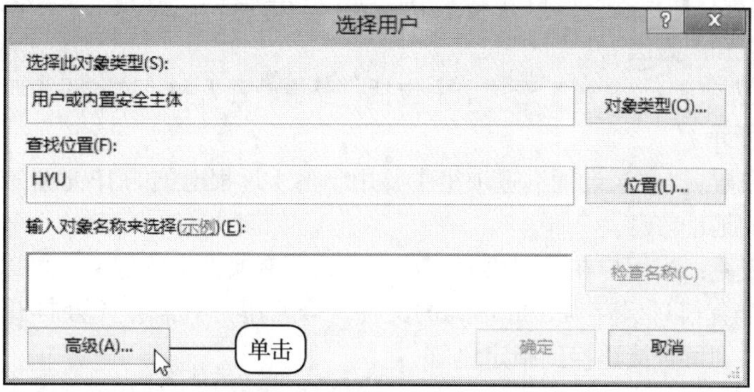

图5-48　单击“高级”按钮

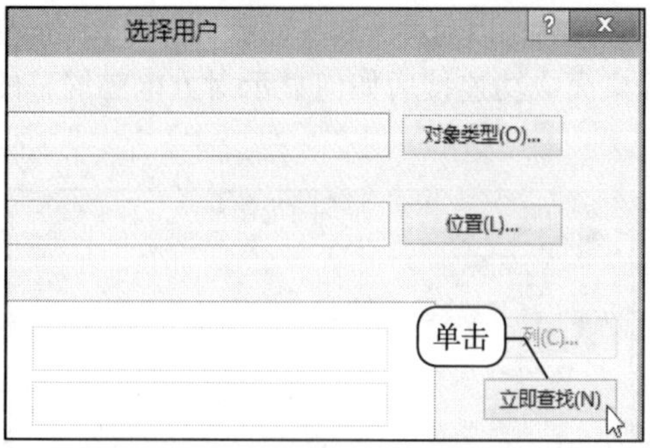

图5-49　单击“立即查找”按钮

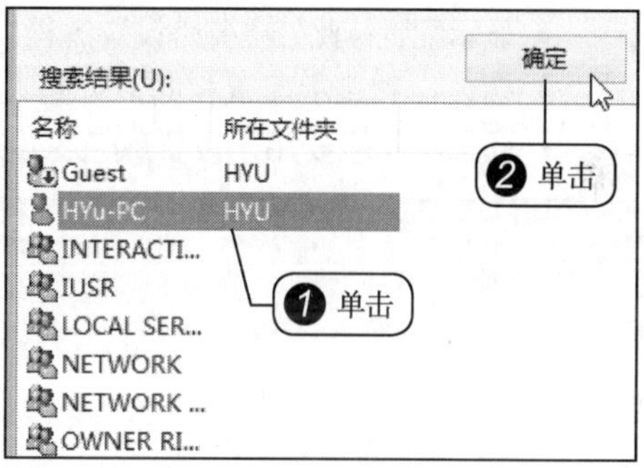

图5-50　选择账户

提示：选择设置有账户密码的系统账户

由于Windows操作系统的远程桌面连接在使用时，必须要求输入被远程连接电脑的账户名和密码，而远程桌面连接又不认可空密码，所以用户在选择远程桌面账户时，务必要选择设置有账户密码的系统账户作为远程桌面的登录账户。

5.5.2　配置远程桌面客户端软件

当被连接电脑完成了远程桌面的设置，用户就可以通过远程桌面连接客户端软件连接目标电脑并进行一系列的操作了。

在Windows 8操作系统中远程桌面连接客户端位于“应用”屏幕中，用户可以很轻松地将其找到，“远程桌面连接”窗口如图5-51所示。

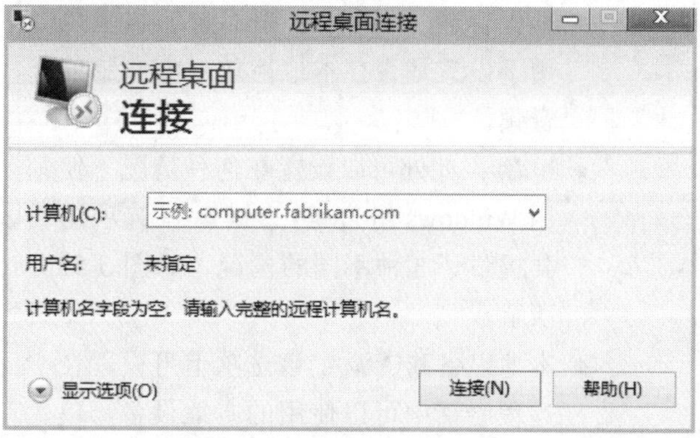

图5-51　“远程桌面连接”窗口

- ❑ 计算机：远程桌面连接客户端的“计算机”文本框主要用于输入远程连接电脑的IP地址或计算机名（局域网中）。
- ❑ 显示选项：在Windows 8操作系统中远程桌面客户端软

件的配置界面默认处于隐藏状态，用户单击此扩展按钮即可展开完整的“远程桌面连接”窗口。

完整的“远程桌面连接”窗口共有 6 个选项卡，分别是：“常规”、“显示”、“本地资源”、“程序”、“体验”和“高级”。

- “常规”选项卡：“常规”选项卡中包括“登录设置”和“连接设置”两个选项组，如图 5-52 所示。
  - 登录设置：“登录设置”选项组主要用于输入远程电脑的 IP 地址或计算机名等远程连接的地址信息。
  - 连接设置：当用户在远程桌面客户端中将所有属性配置好后，可以在该选项组中将所有配置信息保存为 .rdp 格式的文件。今后用户只需在此处打开保存的 .rdp 格式的文件即可直接连接到指定电脑。
- “显示”选项卡：“显示”选项卡包括“显示配置”和“颜色”两个选项组，如图 5-53 所示。
  - 显示配置：此处主要是设置远程桌面成功连接后，以何种分辨率显示对方的电脑屏幕。
  - 颜色：和显示配置相同，都是设置远程桌面成功连接后如何显示对方电脑屏幕的，此选项组主要用于设置颜色深度。

图 5-52 “常规”选项卡

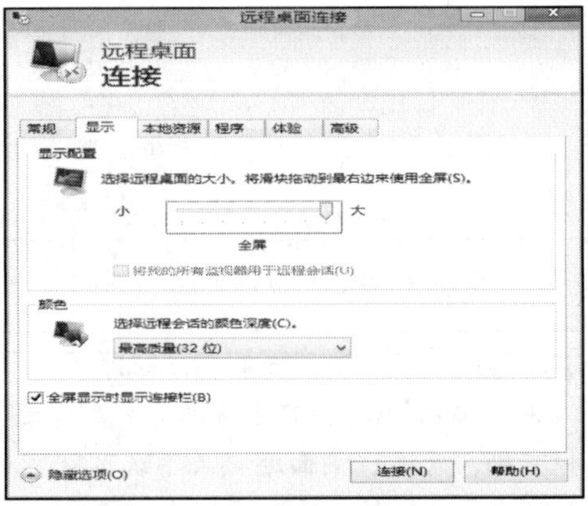

图 5-53 “显示”选项卡

- “本地资源”选项卡：“本地资源”选项卡中包括“远程音频”、“键盘”和“本地设备和资源”3 个选项组，如图 5-54 所示。
  - 远程音频：“远程音频”选项组主要用于设置是否在本地播放对方电脑的音频。
  - 键盘：此处可以设置在何种情况下使用 Windows 组合键，“键盘”选项组共提供了 3 种不同的情况，如图 5-55 所示。
  - 本地设备和资源：该选项卡可设置在远程会话中可以使用的本地设备，单击“详细信息”按钮可设置更多本地

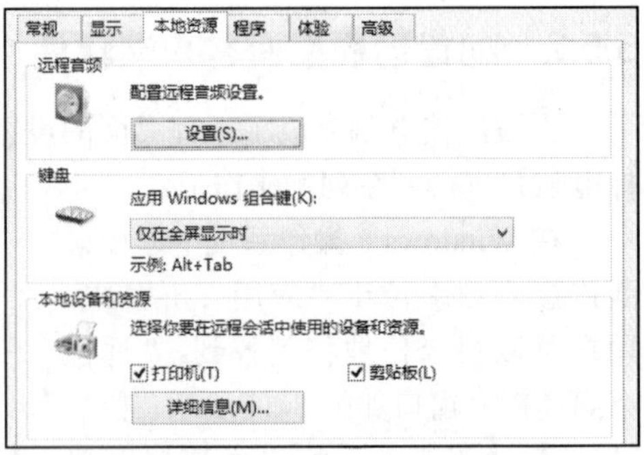

图 5-54 “本地资源”选项卡

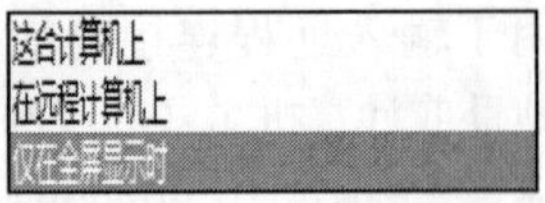

图 5-55 使用 Windows 组合键的 3 种不同情况

设备和资源，如图 5-56 所示。

- “程序”选项卡：“程序”选项卡主要用于设置在成功连接远程桌面时需要启动的程序，“程序”选项卡如图 5-57 所示。

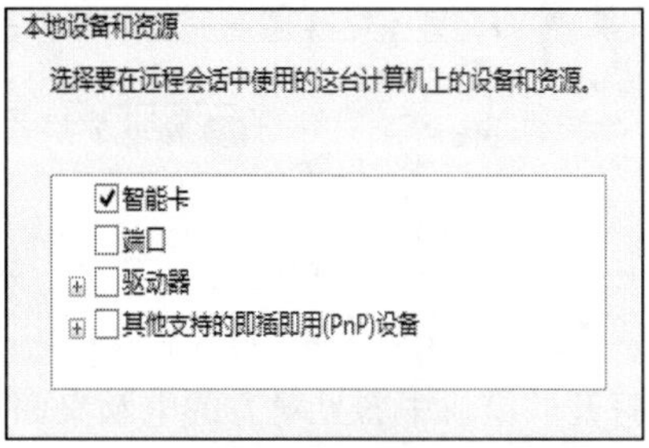

图 5-56　本地设备和资源的详细信息

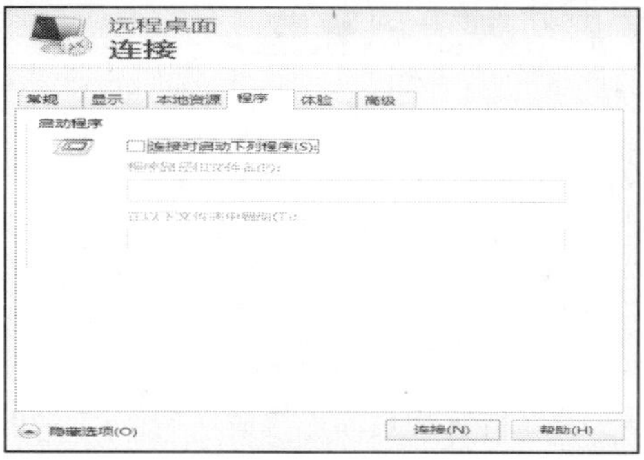

图 5-57　“程序”选项卡

- “体验”选项卡：“体验”选项卡中的设置决定了远程桌面连接时的显示效果，用户可根据网速的快慢调节不同的显示效果。如图 5-58 即为“体验”选项卡。
- “高级”选项卡：“高级”选项卡中包括“服务器身份验证”和“从任意位置连接”两个选项组，如图 5-59 所示。此处一般保持默认设置就可以了，不必进行更改。

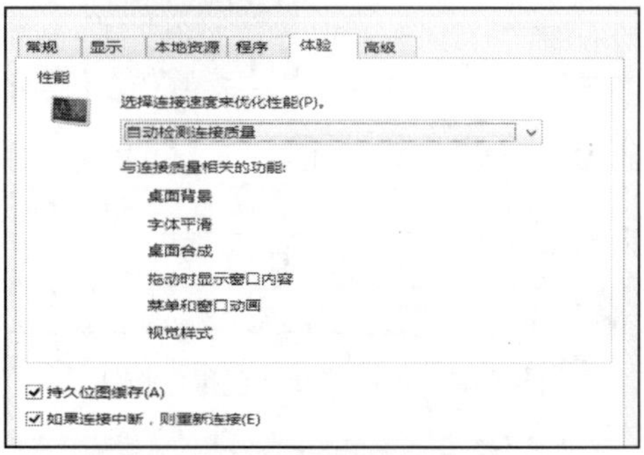

图 5-58　“体验”选项卡

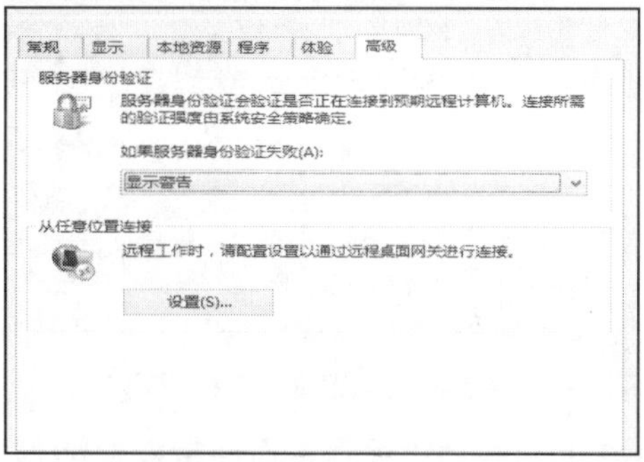

图 5-59　“高级”选项卡

5.5.3　创建远程桌面会话

待远程桌面客户端配置完成后用户就可以开始创建远程桌面会话了。在 Windows 8 操作系统中创建远程桌面会话的操作非常简单，以远程连接 Windows 7 系统为例，具体操作步骤如下。

Step 01　用户按照 2.5.1 节介绍的方法打开“应用”屏幕后，单击“远程桌面连接”选项，如图 5-60 所示。

Step 02　打开“远程桌面连接”窗口，❶在“计算机”右侧的文本框中输入欲远程连接的电脑名称后，❷单击“连接”按钮，如图 5-61 所示。

Step 03　弹出“Windows 安全”对话框，❶输入账户密码后，❷单击“确定”按钮，如

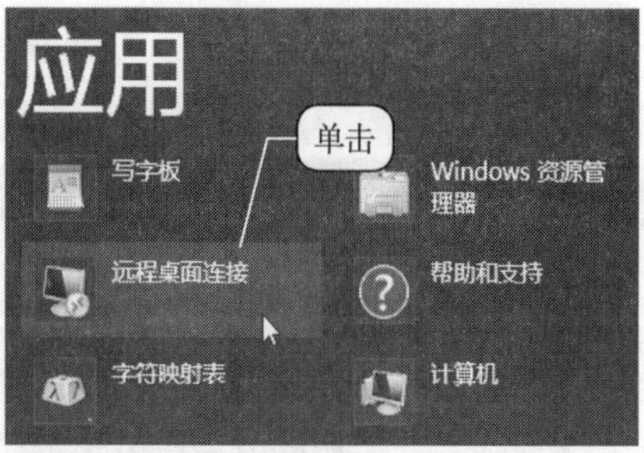

图 5-60　单击“远程桌面连接”选项

图 5-62 所示。

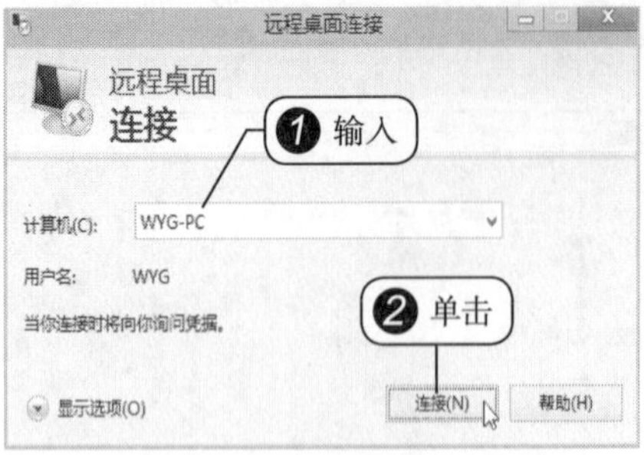

图 5-61　连接远程桌面

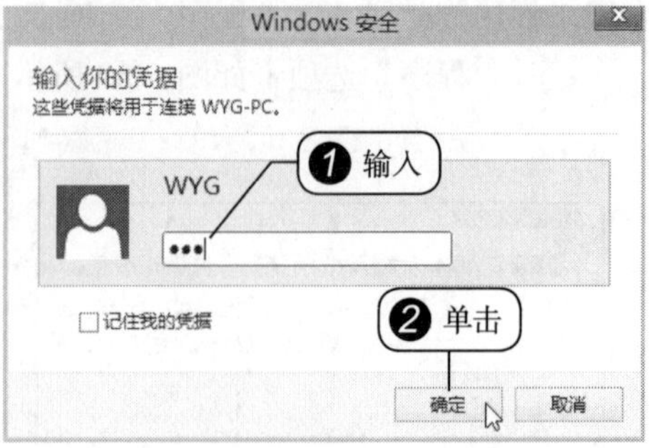

图 5-62　输入账户密码并确认

Step 04　待远程桌面连接成功后，用户可在桌面上打开的窗口中看见对方的电脑桌面显示，此时用户可通过这个窗口直接对该电脑进行操作，如图 5-63 所示。

Step 05　❶ 当用户需关闭远程桌面连接时只需单击对方电脑的“开始”按钮，然后在“开始”菜中单击“注销”按钮右侧的扩展按钮，❷ 最后在展开的下拉列表中单击“断开连接”选项即可，如图 5-64 所示。

图 5-63　远程桌面连接成功

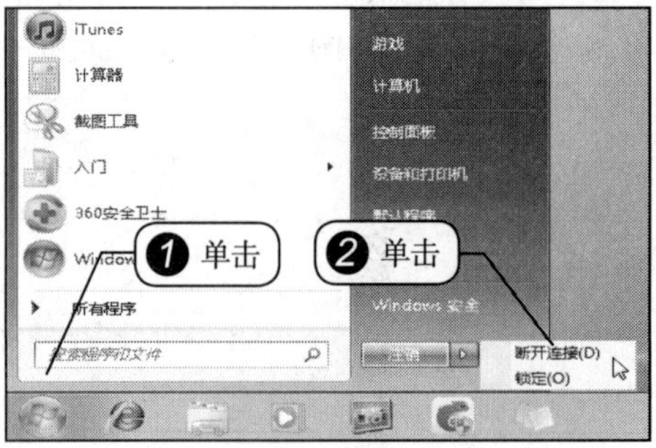

图 5-64　单击“断开连接”按钮

Step 06　弹出“远程桌面连接”对话框，单击“确定”按钮断开连接，如图 5-65 所示。

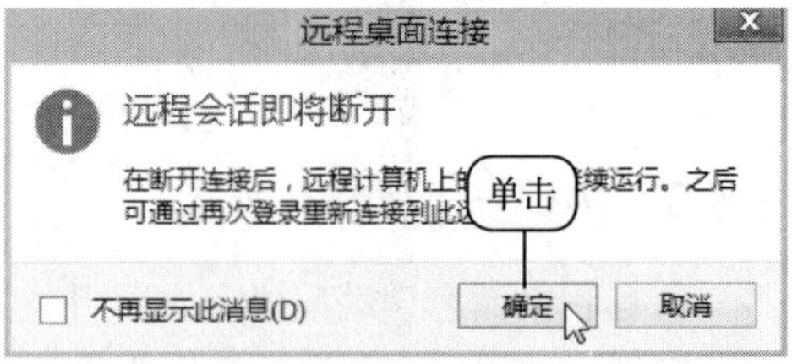

图 5-65　确认断开连接

5.6　使用 Microsoft 帮助和支持在线获取帮助信息

Microsoft 帮助和支持是为微软公司的一个网络在线支持平台，它的网址是 support.microsoft.com，用户可随时从中获取大量的帮助信息，如图 5-66 所示。

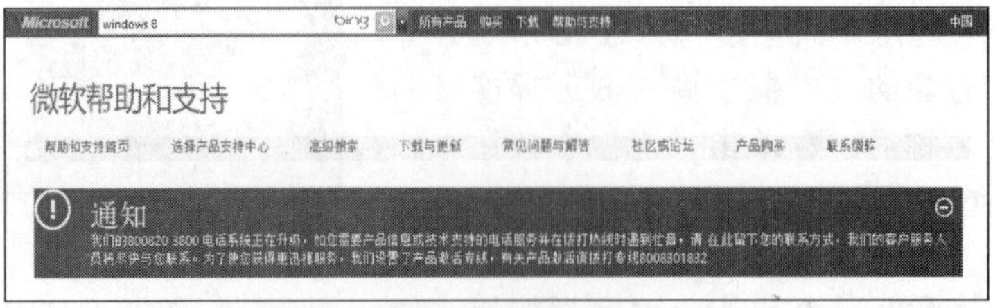

图 5-66　“微软帮助和支持”界面

5.6.1 浏览和搜索知识库中的文章

微软公司出品的所有软件产品的帮助和支持信息都能在“微软帮助和支持”网站中找到，但由于信息量的庞大所以要用户手动地搜索需要的信息。现在就以搜索 Update 为例详细介绍一下怎样浏览和搜索知识库中的文章。具体操作步骤如下。

Step 01 使用浏览器登录 Microsoft 帮助和支持后，单击“高级搜索”链接，如图 5-67 所示。

Step 02 此时跳转至“高级搜索”页面，在搜索栏输入关键字 Update 后，单击“搜索”按钮，如图 5-68 所示。

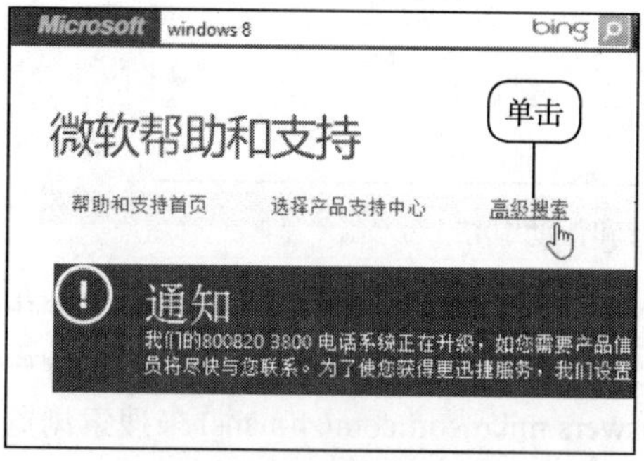

图 5-67　单击“高级搜索”链接

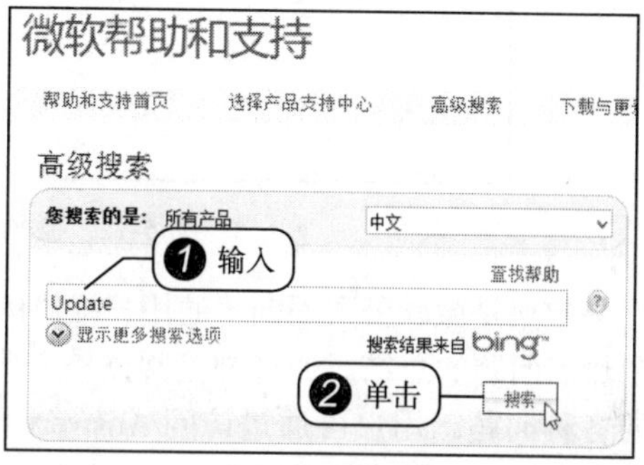

图 5-68　开始搜索

Step 03 跳转至“查找结果”页面，用户可在此页面中选择需要浏览的信息，例如单击“微软更新（Microsoft Update）帮助和支持中心”网页，如图 5-69 所示

Step 04 待成功打开用户在 Step03 中选择的网页后就可以浏览详细的帮助和支持信息，如图 5-70 所示。

图 5-69　选择要浏览的信息网页

图 5-70　浏览详细的帮助和支持信息

5.6.2 使用产品支持中心和易宝典

微软帮助和支持的网址是 support.microsoft.com/select，用户可直接通过这个网址打开微软产品支持和帮助中心，如图 5-71 所示。

图 5-71　登录微软产品支持和帮助中心

微软产品支持和帮助中心是微软帮助和支持网站中的一个非常重要的网页，它提供了一系列客户服务和技术支持的资源、产品下载、服务包和热门问题解答的链接。在微软产品支持和帮助中心用

户几乎可获得所有的帮助与支持信息，如图 5-72 所示。

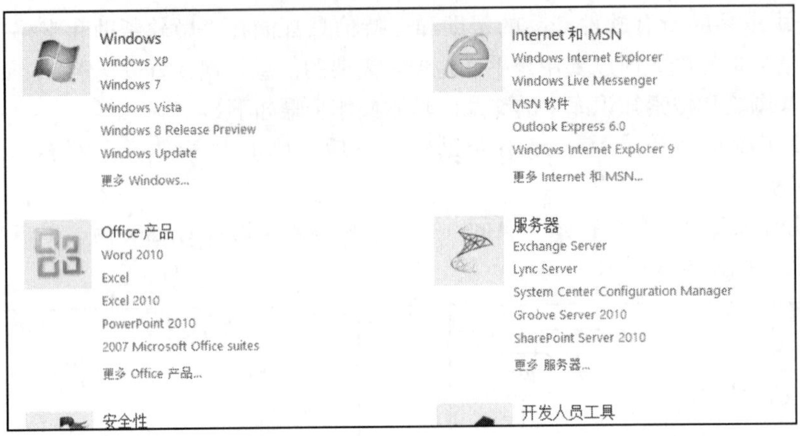

图 5-72　微软产品支持和帮助中心

易宝典是微软公司面向普通用户提供的一个专门针对微软软件 Windows 和 Office 使用过程中热点问题的总结。通过浏览阅读易宝典可以让用户更加轻松地解决电脑在使用过程中产生的各种问题。用户可通过访问 Answers 网站 (answers.microsoft.com/zh-hans) 来搜索浏览易宝典的内容，如图 5-73 所示。

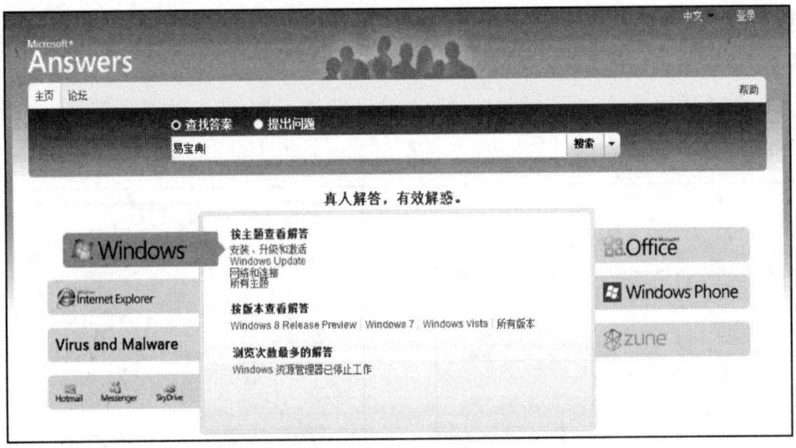

图 5-73　Answers 网站

5.7　使用疑难解答程序快速解决遇到的系统问题

疑难解答程序是 Windows 操作系统自带的系统问题检测与修复程序，使用疑难解答程序可以自动监测与修复简单的系统问题，当用户在使用电脑中遇到小麻烦时不妨使用它。

疑难解答位于控制面板中，用户可轻松地将其找到。疑难解答程序并非一个单独的程序，它是由多个独立的程序组成，比如有的程序用于解决打印机问题，有的程序用于解决网络问题。控制面板中的“疑难解答”窗口如图 5-74 所示。

不同的程序对应解决不同的问题，现在就以程序兼容性疑难解答为例为大家介绍疑难解答程序的具体使用方法与步骤。

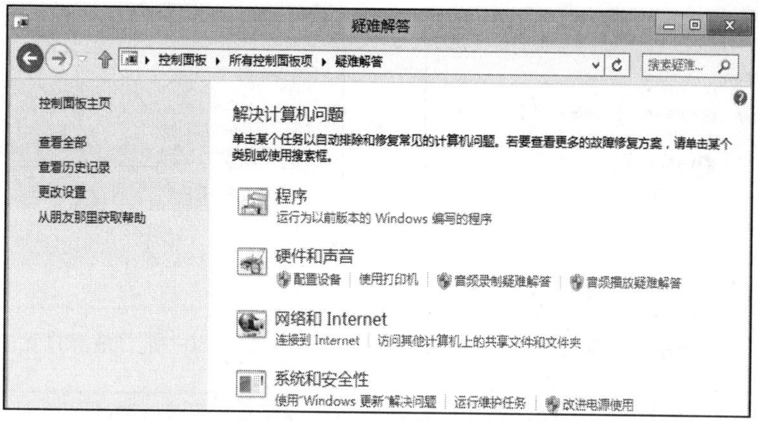

图 5-74 “疑难解答”窗口

Step 01 在桌面上双击“控制面板”系统图标，如图 5-75 所示。

Step 02 打开“所有控制面板项”窗口，单击“疑难解答”按钮，如图 5-76 所示。

Step 03 在打开的“疑难解答”窗口中单击“运行为以前版本的 Windows 编写的程序”链接，如图 5-77 所示

Step 04 弹出“程序兼容性疑难解答”对话框，单击“下一步”按钮，如图 7-78 所示。

图 5-75 双击“控制面板”系统图标

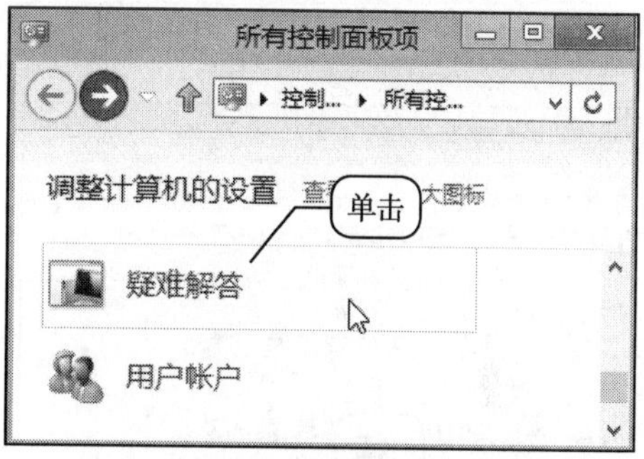

图 5-76 单击“疑难解答”按钮

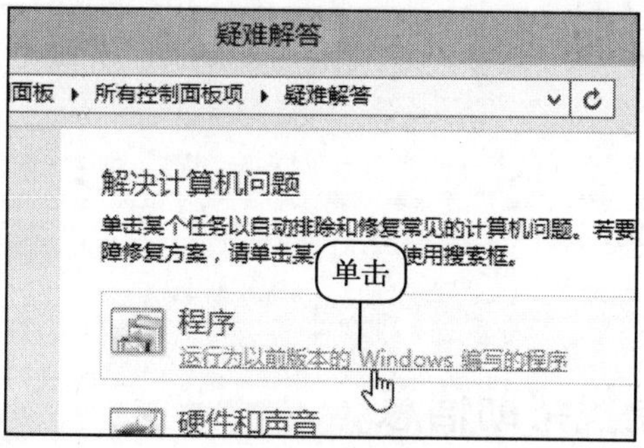

图 5-77 选择运行程序兼容性疑难解答

图 5-78 单击“下一步”按钮

Step 05 切换至“选择有问题的程序”界面，❶ 选择需要进行疑难解答的不能正常运行的程序后，❷ 单击“下一步“按钮，如图 5-79 所示。

Step 06 在切换至的“选择故障排除选项”界面，单击“尝试建议的设置”选项，如图 5-80 所示。

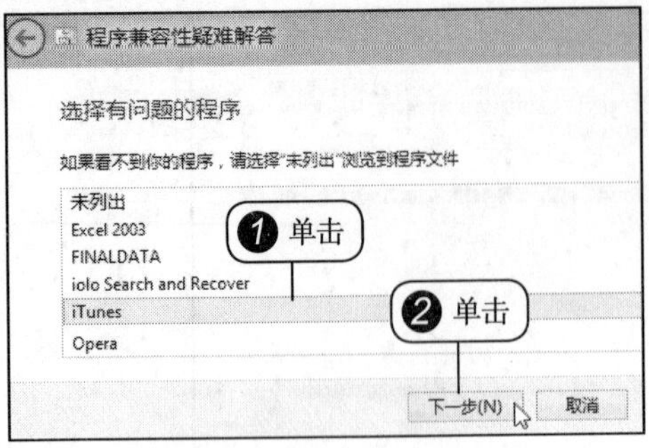

图 5-79　选择有问题的程序

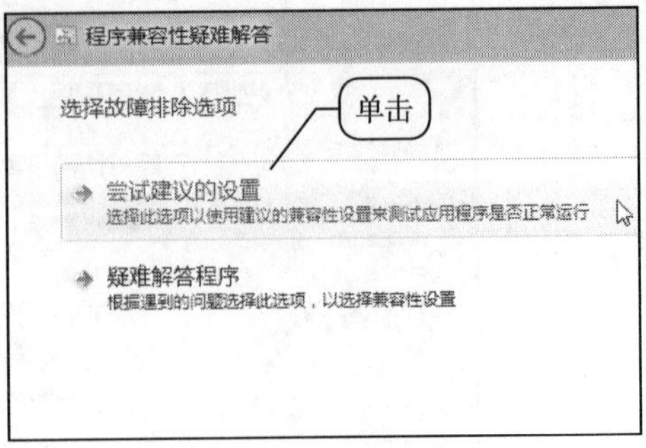

图 5-80　选择故障排除选项

Step 07　切换至“测试程序的兼容性设置”页面，单击“测试程序”按钮，待程序正常运行后单击“下一步”按钮，如图 5-81 所示。

Step 08　待切换至新的界面后单击“是，为此程序保存这些设置”选项，如图 5-82 所示。

Step 09　切换至“疑难解答已完成”界面，单击“关闭”按钮即可退出“程序兼容性疑难解答”界面，如图 5-83 所示。

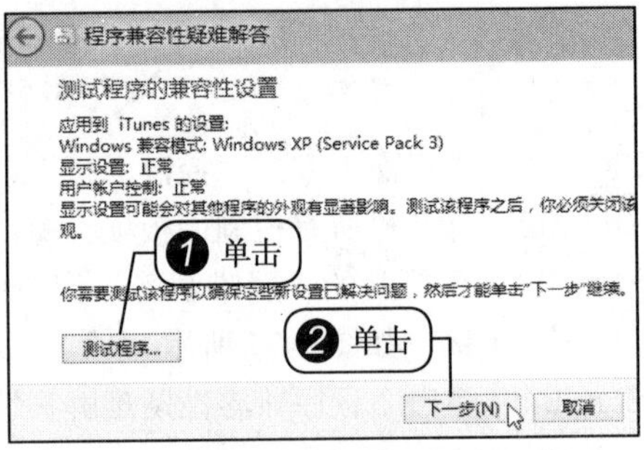

图 5-81　测试程序

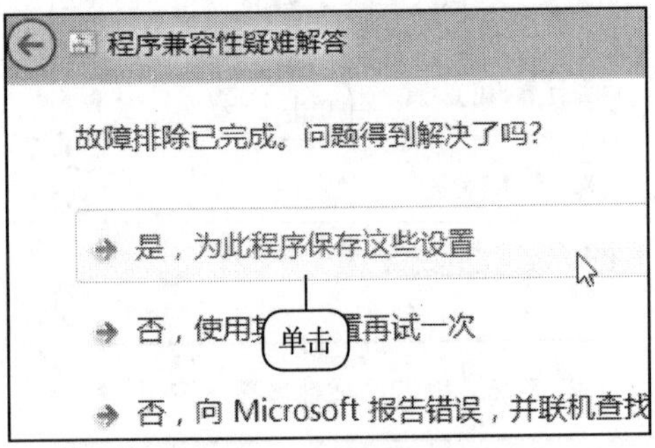

图 5-82　选择保存设置

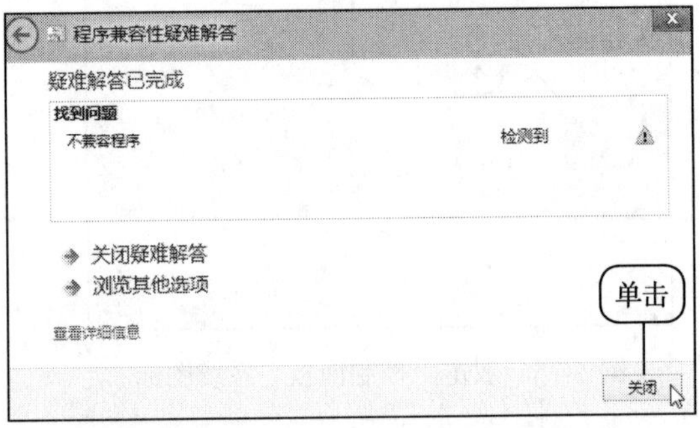

图 5-83　退出“程序兼容性疑难解答”界面

拓展解析

5.8　使用 Microsoft 中文技术论坛查找帮助信息

Microsoft 中文技术论坛的网址是 social.microsoft.com/Forums/zh-CN/categoriesWindows，用户可直接在浏览器中输入该网址登录 Microsoft 中文技术论坛，如图 5-84 所示。

Microsoft 中文技术论坛是一个大型的电脑技术论坛，论坛中有专门的 Windows 操作系统、Office 软件、Windows 移动设备等多达 20 个专业板块，用户可根据自己的需求到特定的板块中查找需要的帮助信息。如图 5-85 所示即为 Windows 操作系统板块，用户在此板块中即可查找到需要的系统操作帮助信息。

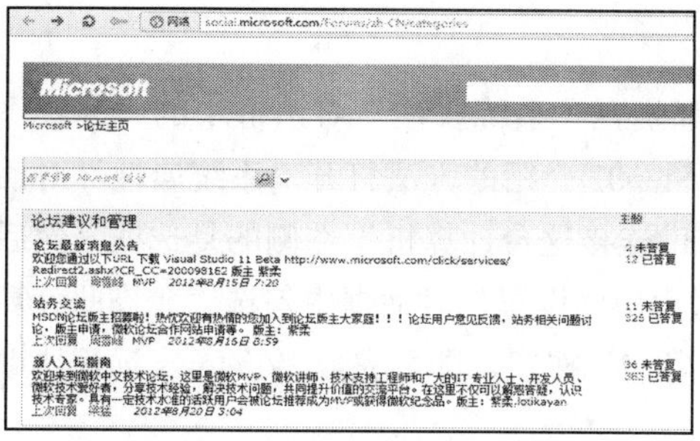

图 5-84　Microsoft 中文技术论坛

图 5-85　Windows 操作系统板块

和 Microsoft 帮助和支持网站一样，用户同样可以在 Microsoft 中文技术论坛中通过搜索直接查找到指定的帮助信息。Microsoft 中文技术论坛的搜索栏在页面左上角，用户在搜索栏中输入关键字后，单击“搜索”图标，如图 5-86 所示。此时用户即可在跳转到的页面中查看到搜索结果，单击需要浏览的网页链接即可查看详细信息，如图 5-87 所示。

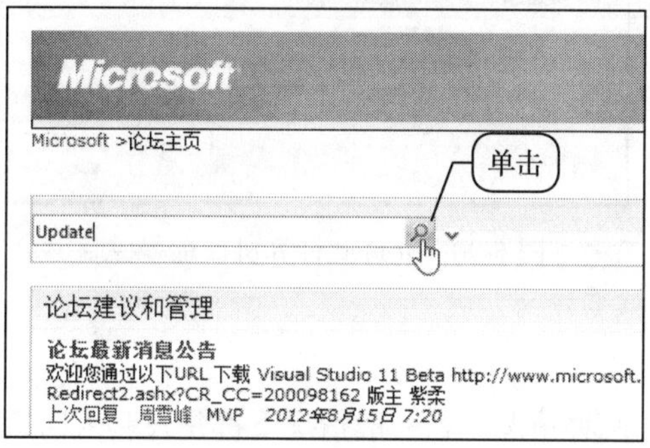

图 5-86　搜索关键字

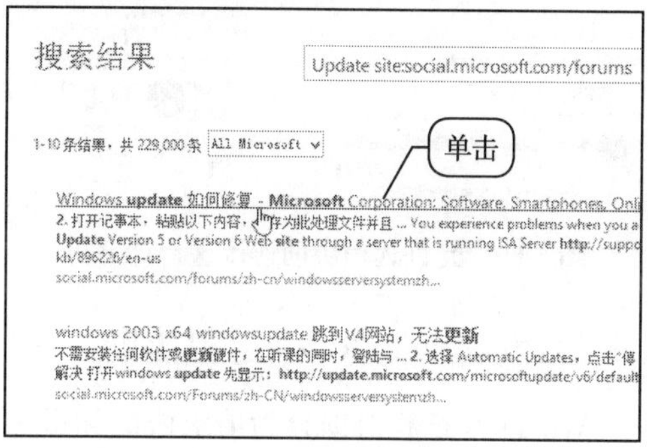

图 5-87　查看搜索结果

5.9　使用 Windows 远程协助远程提供 / 接收协助

Windows 远程协助是 Windows 8 操作系统中另一个非常重要的远程控制软件，与远程桌面连接不同的是 Windows 远程协助主要用于提供远程协助以帮助对方解决电脑问题。远程协助位于控制面板中的“疑难解答”窗口中，用户可轻松地将其找到，如图 5-88 所示即为“远程协助”窗口。

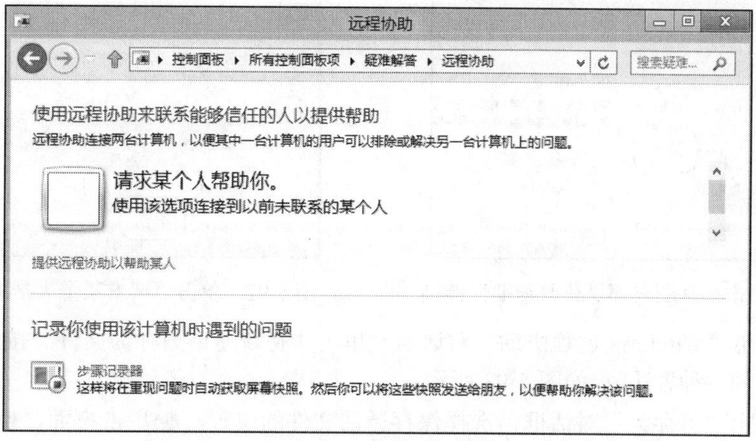

图 5-88　“远程协助”窗口

5.9.1 配置 Windows 远程协助

Windows 远程协助的配置和远程桌面连接都是在“系统属性”对话框中的“远程”选项卡中进行设置的。用户按照 5.5.1 节 Step01 和 Step02 介绍的方法打开“系统属性”对话框后，勾选“远程协助”选项组中的“允许远程协助连接这台计算机”左侧的复选框，然后单击“高级”按钮，如图 5-89 所示。在弹出的“远程协助设置”对话框中勾选“允许此计算机被远程控制”前的复选框，最后连续单击两次“确定”按钮，即可完成 Windows 远程协助的配置，如图 5-90 所示。

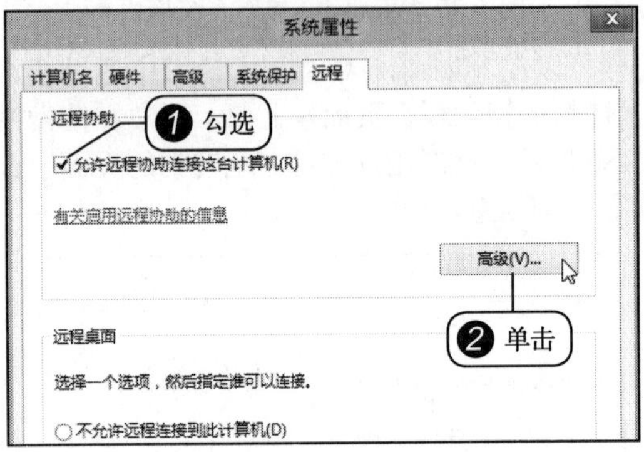

图 5-89　允许远程协助连接这台计算机

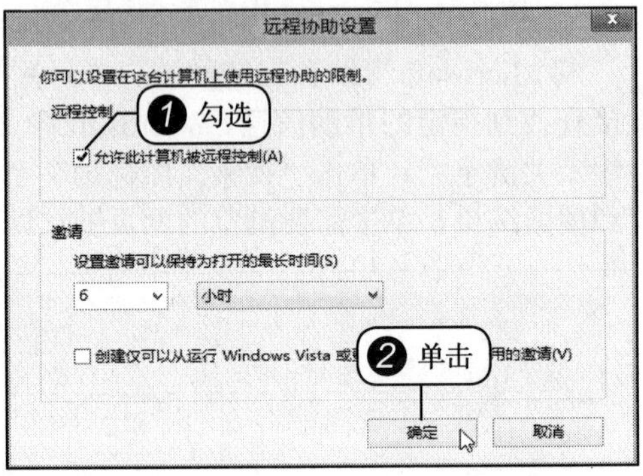

图 5-90　允许此计算机被远程控制

5.9.2 发起 Windows 远程协助

Windows 远程协助分为请求协助和提供协助两种情况。在一般情况下都是发起人向接受人发出远程协助申请，待接受人接受发起人的远程协助申请后即可成功通过 Windows 远程连接远程控制发起人的电脑，在获得一定的权限后可直接远程操控发起人的电脑。

Windows 远程协助作为 Windows 系统自带的工具软件，具有其他远程控制软件所不具备的稳定性和系统兼容性。现在就为大家详细介绍一下发起 Windows 远程协助的操作方法与步骤。

Step 01 按照 5.7 节 Step01 和 Step02 介绍的方法打开“疑难解答”窗口后，单击“从朋友那里获取帮助”链接，如图 5-91 所示。

Step 02 打开“远程协助”窗口，单击“请求某个人帮助你”按钮，如图 5-92 所示。

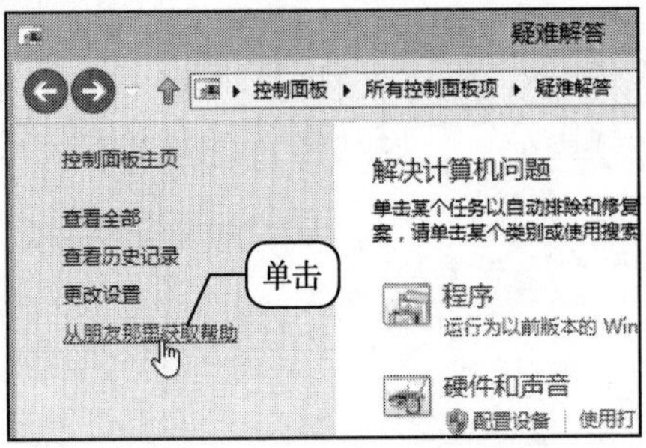

图 5-91　单击“从朋友那里获取帮助”链接

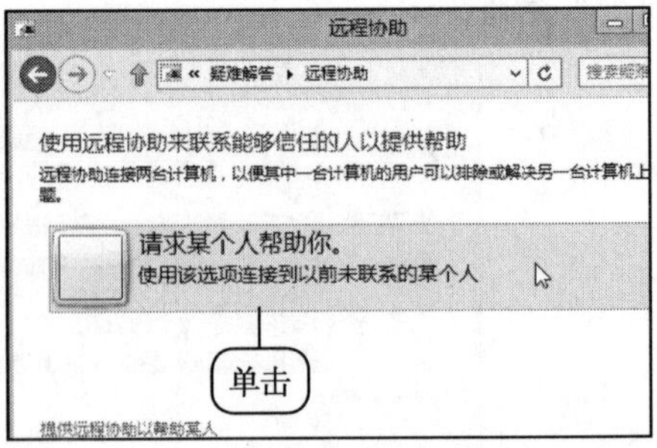

图 5-92　单击“请求某个人帮助你”按钮

Step 03 弹出“Windows 远程协助”对话框，单击“将该邀请另存为文件”按钮（这是最常用的一种方法），如图 5-93 所示。

Step 04 弹出“另存为”对话框，选择保存邀请文件的位置，❶ 单击桌面，❷ 单击“保存”

按钮，如图 5-94 所示。

Step 05　系统自动打开“Windows 远程协助”窗口，发起人需向接受人提供该窗口显示的密码，如图 5-95 所示。

Step 06　待发起人向接受人提供邀请文件和密码后，邀请人双击打开该文件，如图 5-96 所示。

Step 07　弹出“远程协助”对话框，❶ 输入发起人提供的密码后，❷ 单击“确定”按钮，如图 5-97 所示。

Step 08　此时发起人电脑会弹出“是否希望允许 WYG 连接到你的计算机？”对话框，单击“是”按钮即可成功实现远程连接，如图 5-98 所示。

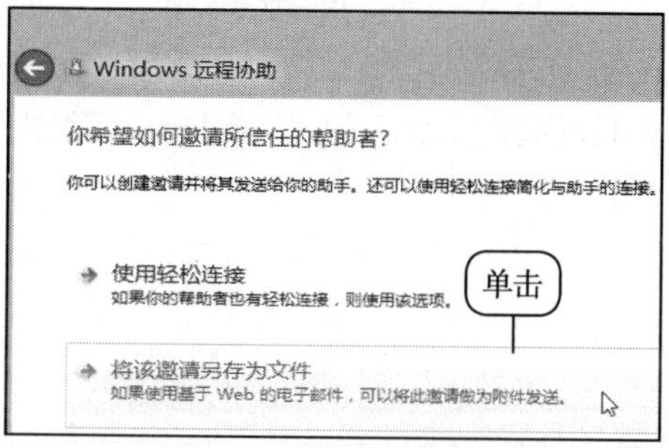

图 5-93　选择邀请方式

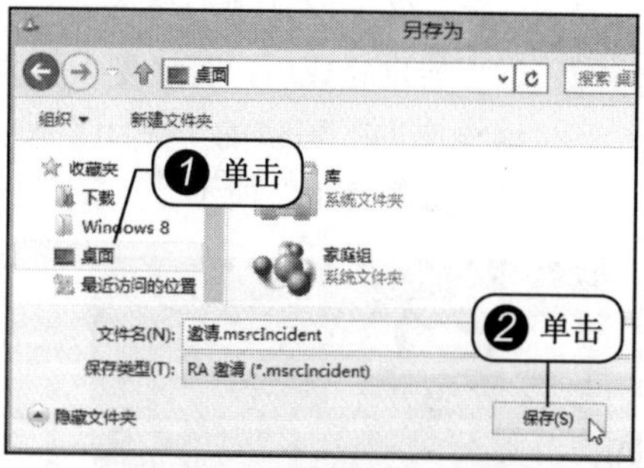

图 5-94　保存邀请文件

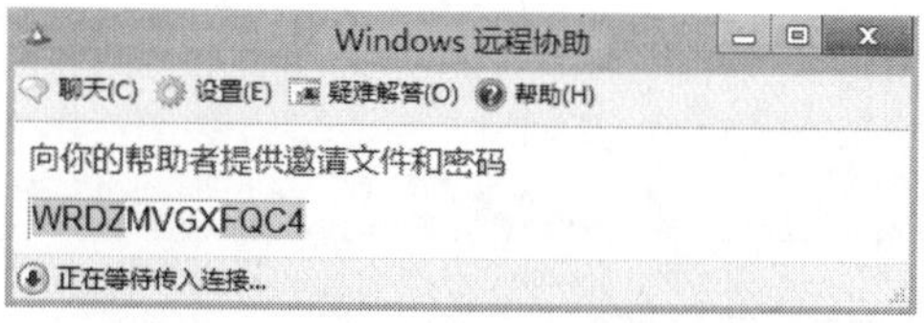

图 5-95　“Windows 远程协助”窗口

图 5-96　双击打开邀请文件

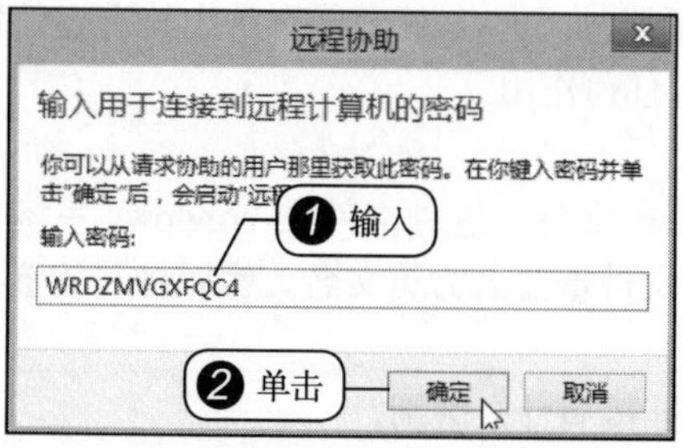

图 5-97　输入远程协助密码并确定

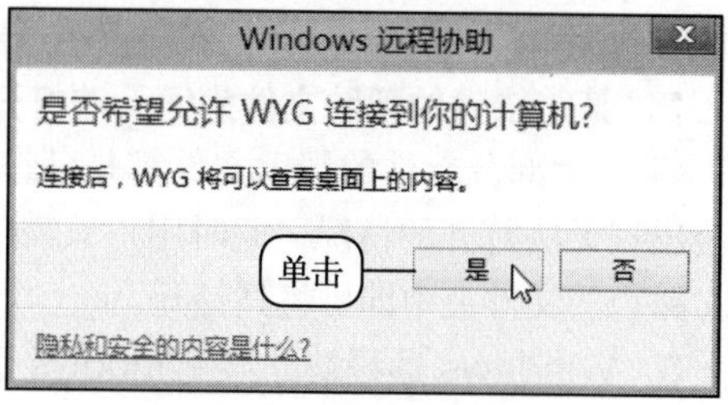

图 5-98　确认远程协助连接

Step 09　待发起人确认连接后，接受人电脑中将打开“Windows 远程协助”窗口，该窗口将显示发起人的电脑显示内容，单击“请求控制”按钮，如图 5-99 所示。

Step 10　此时发起人电脑会弹出“是否希望允许 WYG 共享对桌面的控制？”对话框，单击“是”按钮即可开放该电脑的控制权限，如图 5-100 所示。

Step 11　待接受人获取了控制权限后，接受人可以在自己的电脑上直接对发起人的电脑进行操控，如图 5-101 所示。

图 5-99　请求控制权限

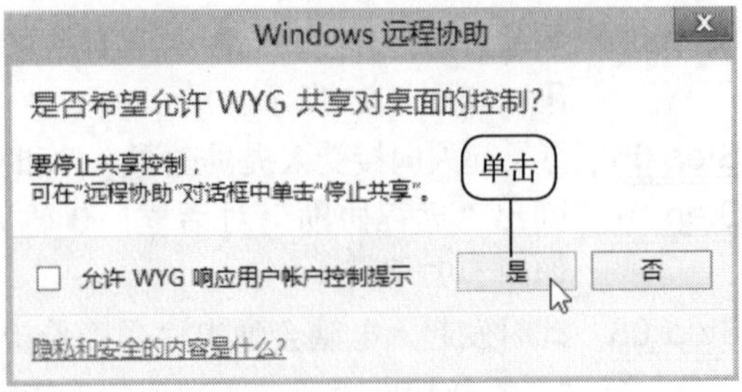

图 5-100　共享控制权限

Step 12　远程协助完成后，若接受人要关闭“Windows 远程协助”窗口，只需单击“Windows 远程协助”窗口的“关闭”按钮即可，此时发起人桌面上的“Windows 远程协助”窗口如图 5-102 所示。

图 5-101　直接操控发起人的电脑

图 5-102　Windows 远程协助会话已经结束

新手疑惑解答

1. 使用 ClearType 是需要 LCD 显示器还是 CRT 显示器?

答：ClearType 是一种专门针对 LCD 显示器的技术，所以使用 ClearType 需要的是 LCD 显示器。简单地说 LCD 显示器就是常说的液晶显示器，而 CRT 显示器则是比较古老的使用显像管的显示器。ClearType 技术对 CRT 显示器不起任何作用。

2. 某些软件的帮助文件为何无法打开?

答：大部分软件的帮助文件都是已编译好的 chm 文件，这种文件在 Windows 系统中偶尔会出现无法打开的情况，此时用户只需将该 chm 文件重命名为英文名，然后将其放置在非中文路径的文件夹中即可将其打开。

3. Windows 远程协助与 Windows 远程桌面连接有什么区别?

答：Windows 远程协助与 Windows 远程桌面连接看似一样实际上从使用范围到受众都有区别。

Windows 远程协助主要是用于两台电脑间的协同互助，双方共享一个桌面并都可对电脑进行控制。而 Windows 远程桌面连接则仅仅是用一台电脑访问另一台电脑，被访问的电脑屏幕不显示任何信息，除发起访问的电脑外任何人都不能对被访问电脑进行操控。

第三篇　系统附件应用篇

第6章

使用Windows 8中的Metro附件应用

本章知识点：

☑ 使用人脉、邮件和消息与好友沟通
☑ 使用旅行、地图和天气确定行程
☑ 使用照片、音乐和视频进行娱乐
☑ 使用日历、财经和阅读器进行办公
☑ 使用应用商店下载应用程序

Windows 8 操作系统中变化最大的莫过于“开始”屏幕了，而 Windows 8 系统特有的 Metro 应用便放置在此处。通过使用 Windows8 的 Metro 附件应用可以极大地方便用户的日常生活和工作。

基础讲解

6.1 使用人脉应用保存联系人信息

“人脉”Metro 应用程序是 Windows 8 操作系统自带的众多 Metro 应用中的一个。在 Windows 8 操作系统中其被默认固定在“开始”屏幕中，其程序磁块如图 6-1 所示。

“人脉”Metro 应用程序主要用于记录和保存联系人信息。在 Windows 8 操作系统中，人脉、邮件、日历、消息 4 个不同的 Metro 应用程序深度整合在一起，用户可在使用“邮件”、“日历”和“消息”的同时随时从“人脉”中获取联系人信息。

图 6-1 “人脉”Metro 应用程序

6.1.1 查看联系人

“人脉”Metro 应用程序并非是简单的本地应用程序，用户在使用该程序时必须要先添加一个 Microsoft 账号，只有添加了这个账号用户才能正常使用人脉、邮件、日历和消息这 4 个 Metro 应用程序。具体操作步骤如下。

Step 01 按照 2.5.2 节介绍的方法打开“人脉”Metro 应用程序后，❶ 在“添加 Microsoft 账户”界面中输入账户和密码后，❷ 单击“保存”按钮，如图 6-2 所示。

Step 02 切换至“人脉”主界面，单击需查看的联系人选项，如图 6-3 所示。

Step 03 此时用户可在切换至的联系人界面中查看具体的联系人信息，如图 6-4 所示。

图 6-2 登录账户

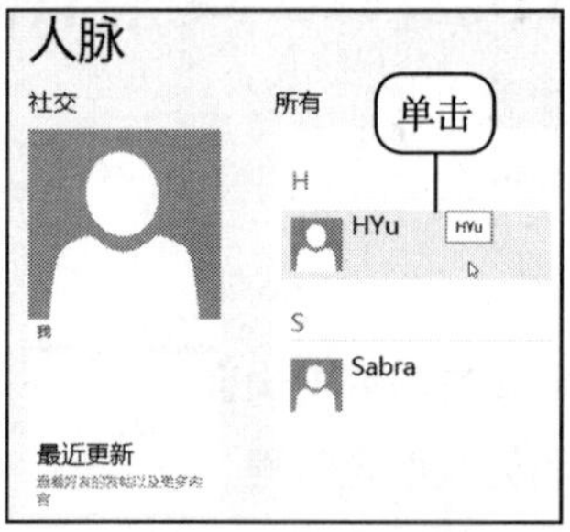

图 6-3 选择查看联系人

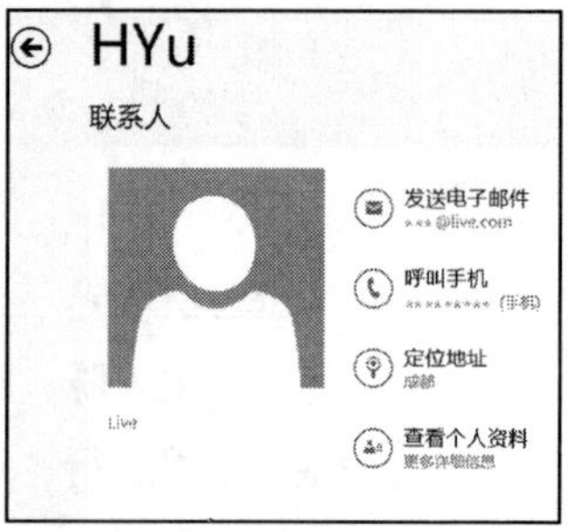

图 6-4 查看具体联系人信息

6.1.2 添加联系人

“人脉”应用程序最主要的作用就是将用户保存在该应用程序中的联系人信息同步到网上，使用户能在使用 Windows 8 操作系统的设备中轻松查看到联系人信息。而信息同步的前提就是用户事先将联系人信息手动地添加至“人脉”中。

在“人脉”中添加信息非常简单，用户只需在打开的“人脉”主界面任意处右击，然后单击界面底部的“新建”图标，如图 6-5 所示，接着在切换至的界面中输入联系人信息后，单击“保存”图标即可完成添加联系人操作，如图 6-6 所示。

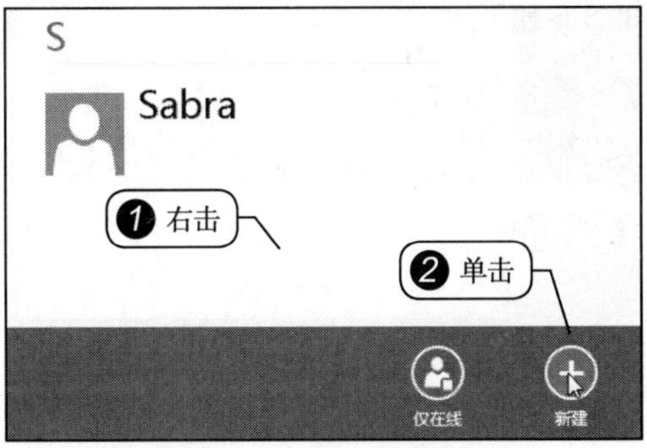

图 6-5　单击“新建”图标

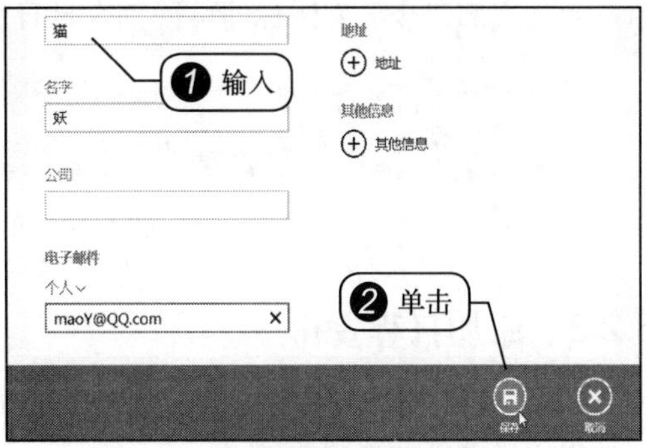

图 6-6　保存联系人信息

6.2　使用日历应用安排日常行程

“日历”Metro 应用程序是 Windows 8 自带的一款日程管理类软件，通过该应用程序用户可非常轻松地查看日历和添加日程安排，被默认固定在“开始”屏幕的“日历”应用程序磁块如图 6-7 所示。

图 6-7　“日历”Metro 应用程序

“日历”Metro 应用程序在“开始”屏幕中的磁块默认开启了动态磁贴，所以用户不需启动“日历”就可直接在“日历”磁块上查看当前日历信息。

6.2.1　切换日历视图

由于在 6.1.1 节中已经添加了 Microsoft 账户，所以在“日历”中便不需重复添加了，此时当用户启动“日历”Metro 应用程序后将直接切换至“日历”程序中的“月”视图界面。如图 6-8 所示。

图 6-8　“日历”应用程序的“月”视图

“日历”Metro 应用程序共有“日”、“周”和“月”3 种不同的日历视图，用户可随意在 3 种界面中切换。切换视图的方法非常简单，用户只需在“日历”界面任意处右击，然后单击界面底部的“日”、“周”、“月”图标即可切换至不同的日历视图，如图 6-9 所示。

图 6-9　“日历”的 3 种视图

6.2.2　回到今日日历

随着用户在“日历”Metro 应用程序中视图

的切换及浏览，所显示的日历和“今日”的日期有时会相差甚远，用户若想回到“今日”所在的日历实在是一件很麻烦的事。在 Windows 8 中的“日历”Metro 应用程序中，微软公司为用户提供了一个快捷定位到当前日期的功能，用户只需在“日历”界面任意处右击，然后单击界面底部“今天”图标即可回到今日日历，如图 6-10 所示。

图 6-10　单击“今天”图标

6.2.3　添加日程安排

“日历”应用程序最主要的功能就是管理日程安排，用户可以通过在“日历”程序中添加日程安排来进行日程管理。

添加日程安排的方法非常简单，用户只需在“日历”界面任意处右击，然后单击界面底部的“新建”图标，如图 6-11 所示，然后在切换至的界面中输入详细的日程安排，最后单击“保存”图标即可完成添加日程安排的操作，如图 6-12 所示。

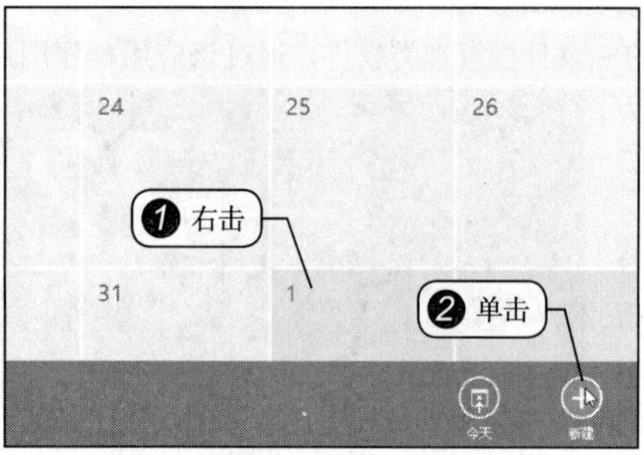

图 6-11　单击“新建”图标

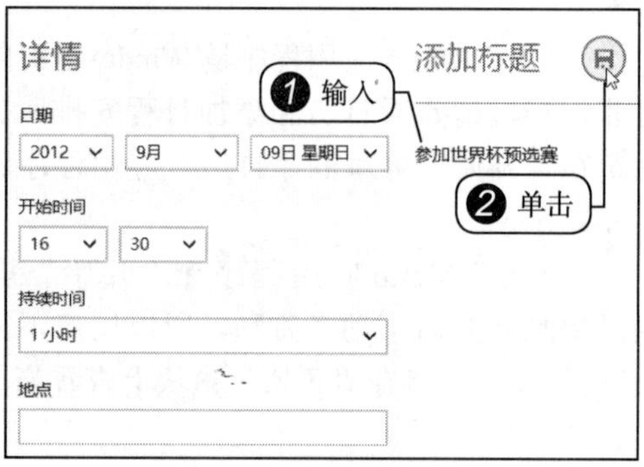

图 6-12　添加日程安排

6.3　使用消息应用与好友互通消息

“消息”Metro 应用程序是微软公司在 Windows 8 操作系统中内置的一个即时在线聊天软件，“消息”事实上就是使用 Microsoft 账户登录的 MSN。用户可以将其理解为 Metro 版的 MSN 聊天软件。“消息”Metro 应用程序磁块如图 6-13 所示。

图 6-13　“消息”Metro 应用程序

“消息”应用程序的操作非常简洁，用户可以轻松地使用该应用程序和好友互通消息。“消息”应用程序的功能非常专一，用户只能使用其和好友发送消息和表情，并不能发送图片、文件等非聊天信息。下面就为大家详细介绍一下使用“消息”应用程序与好友互通消息的操作方法与步骤。

Step 01　按照 2.5.2 小节介绍的方法打开“消息”Metro 应用程序后，在界面任意处右击，然后单击“发起聊天”图标，如图 6-14 所示。

Step 02 切换至“人脉”界面，❶ 单击选择要与之聊天的好友后，❷ 单击“选择”按钮，如图 6-15 所示。

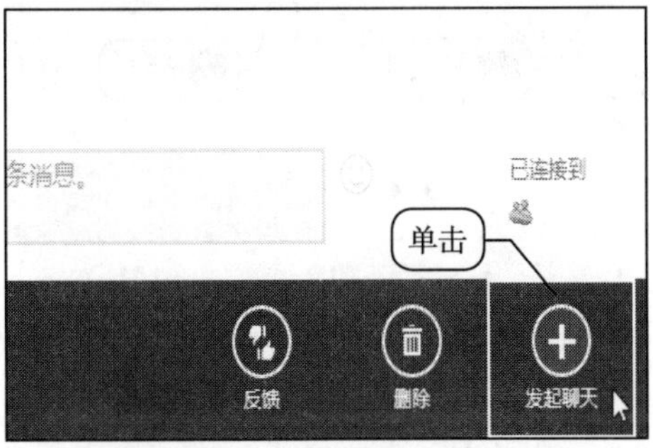

图 6-14 单击“发起聊天”图标

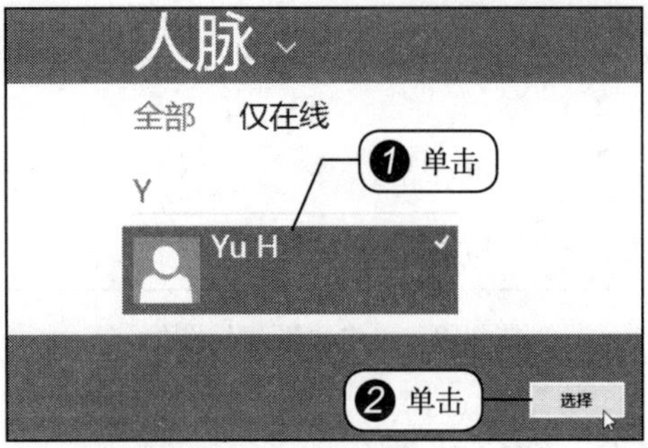

图 6-15 选择好友

Step 03 返回至“消息”主界面，❶ 在界面的文本框中输入文字后，❷ 单击“表情”图标，❸ 接着在展开的列表中选择喜欢的表情，按【Enter】键即可发送消息，如图 6-16 所示。

Step 04 此时用户可在界面顶部看到刚刚发送的消息，如图 6-17 所示。

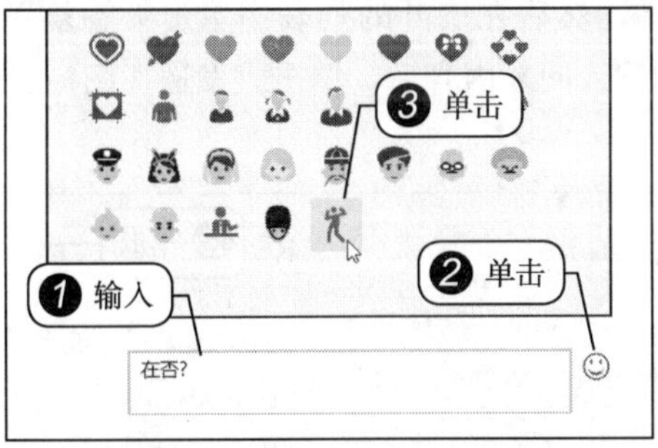

图 6-16 发送消息

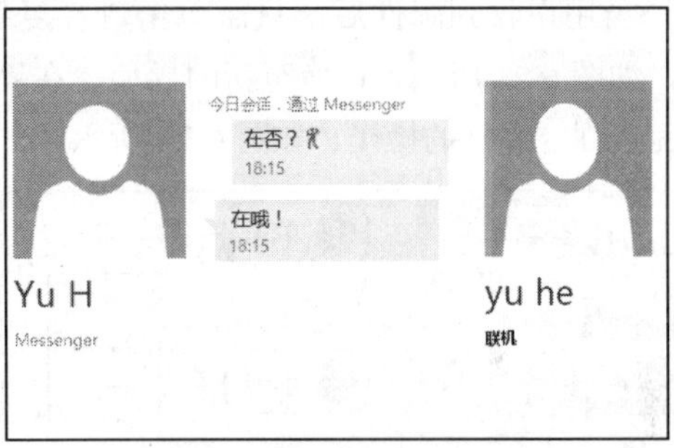

图 6-17 消息发送后的效果

6.4 使用邮件应用发送与管理邮件

“邮件”Metro 应用程序是 Windows 8 操作系统内置的邮件本地客户端，使用“邮件”应用程序，用户可以不在浏览器中登录邮箱而直接在“邮件”应用程序中发送、回复和管理邮件。“邮件”Metro 应用程序在“开始”屏幕的程序磁块如图 6-18 所示。

图 6-18 “邮件”Metro 应用程序

6.4.1 发送邮件

“邮件”应用程序作为一款本地邮件客户端，发送邮件是其最基本的功能。使用“邮件”应用程序发送邮件的操作非常简洁，用户启动“邮件”应用程序后，单击界面右侧的“新建”图标⊕，如图 6-19 所示。切换至“添加主题”界面，在界面左侧输入邮件联系人后，在界面右侧输入邮件信息，最后单击右上角的“发送”图标添加图标即可发送该邮件，如图 6-20 所示。

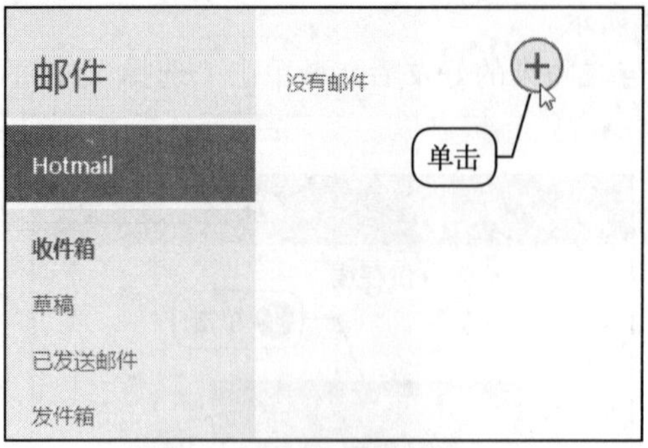

图 6-19　单击“新建”图标

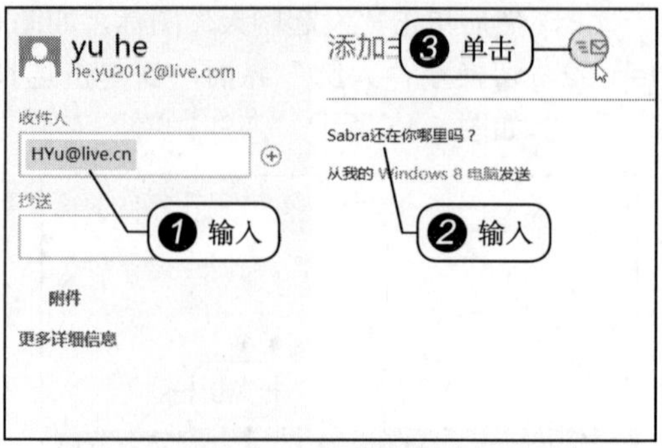

图 6-20　发送邮件

6.4.2　回复邮件

电子邮件作为一个成熟的沟通渠道注重的是相互之间的交流，这就需要双方不断地回复对方的邮件，所以说回复邮件也是本地邮件客户端基本的功能。在“邮件”应用程序中，回复邮件这种最根本的功能得到了最强的优化。用户只需通过简单的几步操作就可以完成回复邮件的操作。

当用户收到邮件后，只需单击“答复”图标，然后在展开的列表中单击“答复”选项，如图 6-21 所示。切换至新的界面，在界面右侧输入回复内容后，单击“发送”图标即可完成回复邮件的操作，如图 6-22 所示。

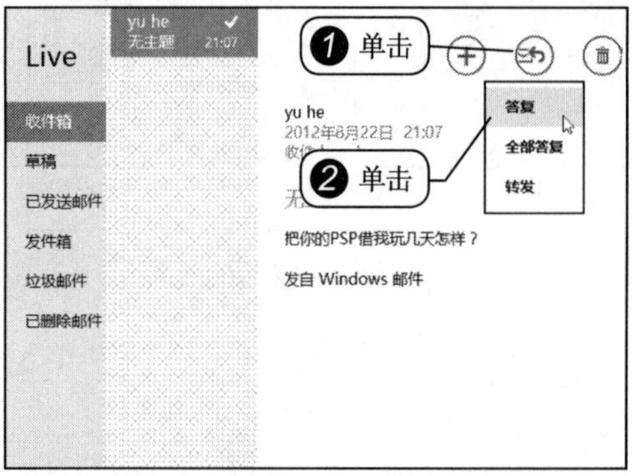

图 6-21　单击“答复”选项

图 6-22　回复邮件

6.4.3　管理邮件

“邮件”应用程序除了可以发送和回复邮件外还可以对收到的邮件进行管理。常见的邮件管理有邮件分类和删除两种，在“邮件”应用程序中这两种操作都可以轻松实现。

当用户收到垃圾邮件时，用户只需在该邮件上右击，然后单击“移动”图标，如图 6-23 所示。最后单击界面左侧的“垃圾邮件”选项即可将其移动到“垃圾邮件”中，如图 6-24 所示。

和移动邮件相比，删除邮件显得要更简单一些，用户只需在浏览完邮件后单击“删除”图标即可删除该邮件，如图 6-25 所示。

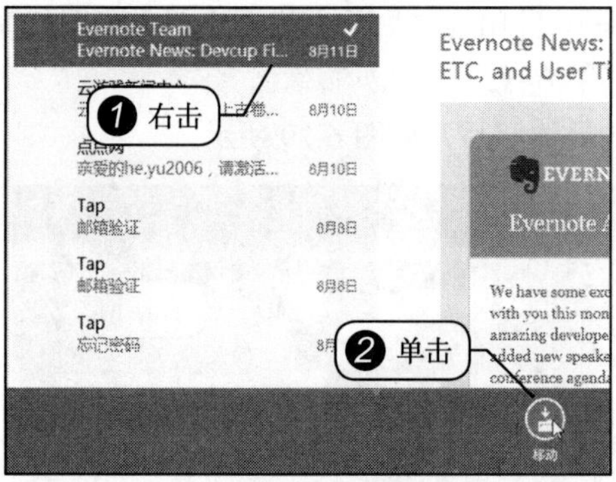

图 6-23 选择要移动的邮件

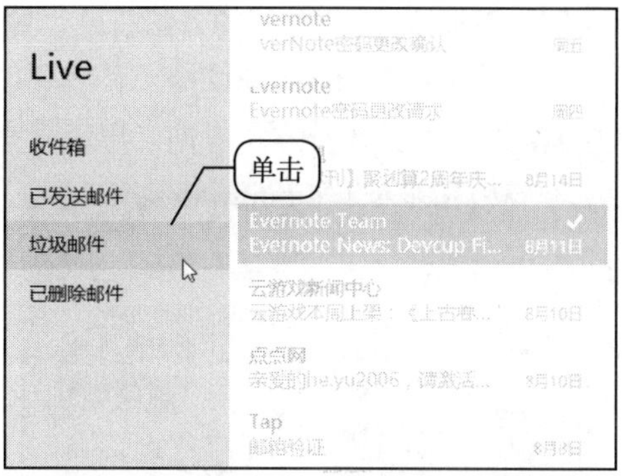

图 6-24 移动到“垃圾邮件”

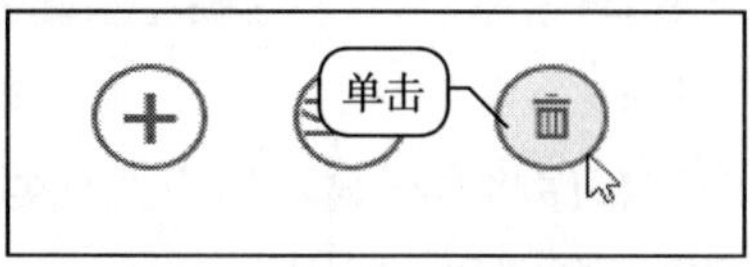

图 6-25 单击“删除”图标

6.4.4 邮件同步

邮件同步是“邮件”应用程序中另一个重要的功能，通过邮件同步用户可随时在“邮件”应用程序中查看最新的电子邮件信息。“邮件”应用程序本身是具有自动同步功能的，但“邮件”的自动同步有一定的时间间隔，若用户需查看最新的邮件信息只需手动进行一次邮件同步即可。“邮件”应用程序中的邮件同步操作非常简洁，用户只需在“邮件”主界面任意处右击，然后单击屏幕底部的“同步”图标即可开始邮件同步，如图 6-26 所示。

图 6-26 单击“同步”图标

6.5 使用照片应用浏览 / 关闭照片

“照片”Metro 应用程序是 Windows 8 操作系统中默认的图片查看软件，它可以帮助用户查看和管理图片库、SkyDrive、Facebook 以及 Flickr 中保存的图片，此外用户在电脑中打开任意图片都将默认启动该应用程序，“照片”应用程序在“开始”屏幕的程序磁块如图 6-27 所示。

图 6-27 “照片”Metro 应用程序

6.5.1 查看图片

在“照片”应用程序中查看图片实际上是一件非常简单的事，用户直接双击图片即可启动“照片”应用查看该图片。除此之外，“照片”应用程序可直接在程序中查看照片库中的图片。具体操作步骤如下。

Step 01　按照 2.5.2 节介绍的方法打开“照片”Metro 应用程序后，在界面中单击“图片库”选项，如图 6-28 所示。

Step 02　切换至“图片库”界面，单击需要查看的具体照片，如图 6-29 所示。

图 6-28　单击“图片库”选项

图 6-29　单击要查看的图片

Step 03　此时“照片”Metro 应用程序将全屏显示用户选择要查看的图片，单击“下一张”按钮 › 即可切换浏览下一张图片，如图 6-30 所示。

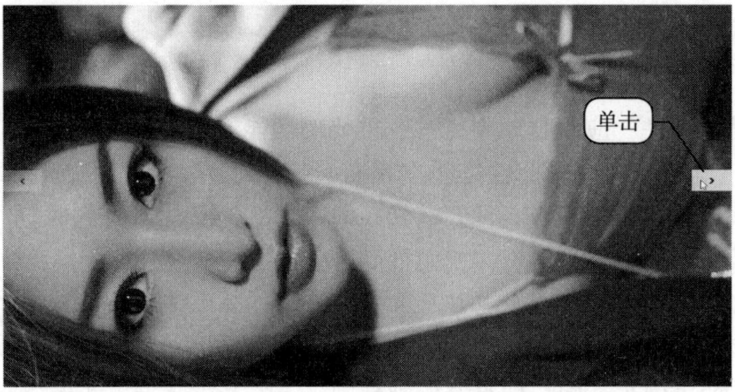

图 6-30　全屏查看具体图片

提示：“照片”应用程序可直接查看用户保存在网络中的图片

在 Windows 8 操作系统中，“图片”应用程序不仅仅是一款本地图片查看工具，它还是一款网络图片查看工具。在“图片”应用程序中，用户可以通过账户登录的方式查看到保存在 SkyDrive、Facebook 以及 Flickr 中的照片。

6.5.2　按日期浏览图片

按日期浏览图片是“照片”应用程序中的一个浏览图片的功能，它能按照图片各自生成的日期对所有图片进行排列，该功能与图片库中的排列方式非常相似。

开启“照片”应用程序按日期浏览图片的功能非常简单，以按日期浏览图片库中的图片为例，用户只需在图 6-29 所示的“图片库”界面空白处右击，然后单击屏幕下方的“按日期浏览”图标即可按日期浏览图片，如图 6-31 所示。按日期浏览图片的效果如图 6-32 所示。

图 6-31　单击“按日期浏览”图标

图 6-32　按日期浏览图片的效果

6.5.3　管理图片

在“照片”应用程序中，用户除了可以浏览查看图片外，还可以对图片进行简单的管理。删除图片是图片管理中最常见的操作之一，在“照片”应用程序中对图片的删除操作是非常简洁的。用户只需右击需删除的图片，然后单击屏幕下方的“删除”图标，最后在弹出的“确认删除1个文件”对话框中单击“删除”按钮即可完成图片的删除操作，如图 6-33 所示。

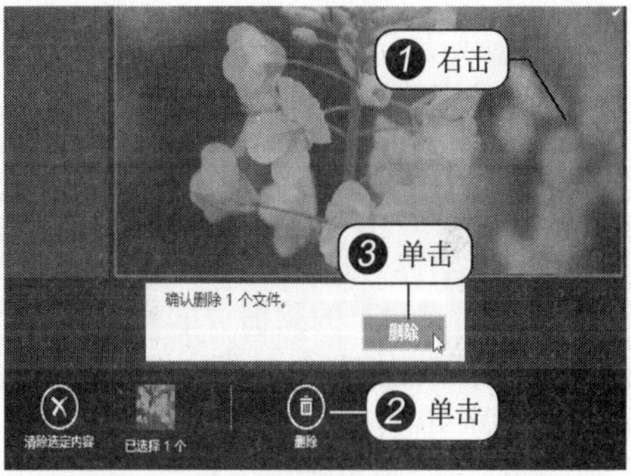

图 6-33　删除图片

6.6　使用音乐应用播放 / 管理音乐

“音乐”Metro 应用程序是 Windows 8 操作系统自带的音乐播放软件。通过“音乐”应用程序用户可轻松播放电脑中的音乐文件，由于“音乐”应用程序为 Windows 8 操作系统默认的音乐播放程序，所以用户双击音乐文件时将自动打开“音乐”应用程序进行播放。“音乐”Metro 应用程序在“开始”屏幕的程序磁块如图 6-34 所示。

图 6-34　“音乐”Metro 应用程序

6.6.1　播放 / 暂停音乐

使用“音乐”应用程序播放音乐很简单，用户只需双击音乐文件即可，可这样只能播放单一的一段音乐不能播放不同的歌曲。其实“音乐”应用程序可以直接查看和播放音乐库中的所有文件，用户只需将音乐文件包含至音乐库中即可在“音乐”应用程序中进行播放。

在“音乐”应用程序中播放音乐非常简单，用户启动“音乐”应用后，单击“歌曲”按钮，然后在界面右侧单击要播放的音乐，最后单击“播放”图标即可开始播放，如图 6-35 所示。若需暂停播放则单击屏幕底部的“暂停”图标即可，如图 6-36 所示。

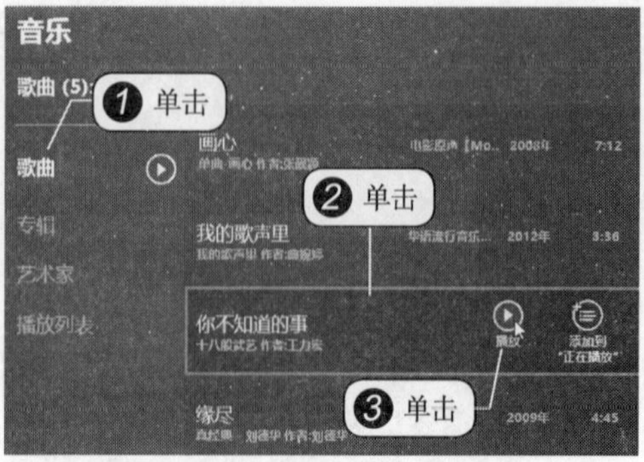

图 6-35　开始播放音乐

图 6-36　暂停播放音乐

6.6.2　添加到“正在播放”列表 / 切换播放模式

“音乐”应用程序靠播放列表来切换播放不同的音乐，若用户不使用播放列表的方式播放音乐则该应用将不会切换播放其他的歌曲。当播放单独的一段音乐时“音乐”应用程序默认将其添加至“正在播放”列表，此时用户可将其他需要播放的音乐添加至“正在播放”列表。添加到“正在播放”列表的方法非常简单，用户只需单击要添加到“正在播放”列表的音乐，然后单击该音乐选项右侧的“添加到‘正在播放’”图标即可完成添加，如图 6-37 所示。

待添加完所有的欲播放的音乐后，用户便可切换不同的播放模式。“音乐”应用程序为用户提供了“无序播放”和“重复”两种不同的播放模式，用户只需单击屏幕下方的相应图标即可切换至该播放模式，例如单击“无序播放”图标，如图 6-38 所示。

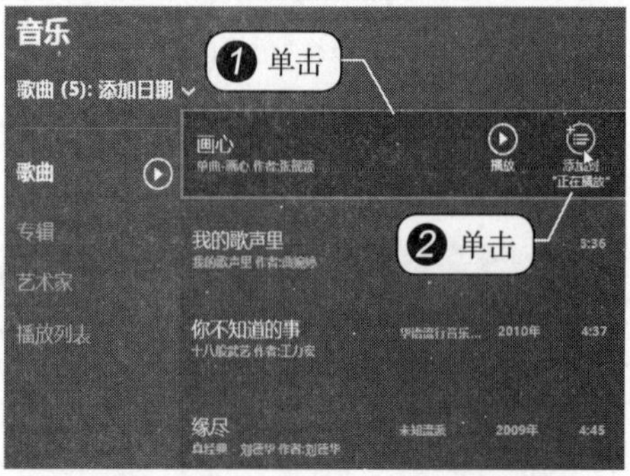

图 6-37　添加到“正在播放”列表

图 6-38　切换至无序播放

6.7　使用视频应用播放 / 管理视频

Windows 8 操作系统自带了两款视频播放软件，Video Metro 应用程序和 Windows Media Player。两款应用程序都具有强大的视频播放与管理功能，Video Metro 应用程序在 Windows 8 操作系统中是默认的视频播放软件，而 Windows Media Player 则是微软公司出品的一款久负盛名的视频播放器，在第 8 章将会为用户详细介绍这款软件。在“开始”屏幕中 Video Metro 应用程序的程序磁块如图 6-39 所示。

图 6-39　Video Metro 应用程序

6.7.1 播放视频

Video 应用程序作为 Windows 8 操作系统特有的 Metro 版应用和“音乐”应用、“照片”应用一样可以直接查看和播放视频库中的视频文件。当用户把视频文件所在的文件夹包含至视频库中后，便可直接在 Video 主界面单击需播放的视频开始视频播放，如图 6-40 所示。Video 应用程序的视频播放界面如图 6-41 所示。

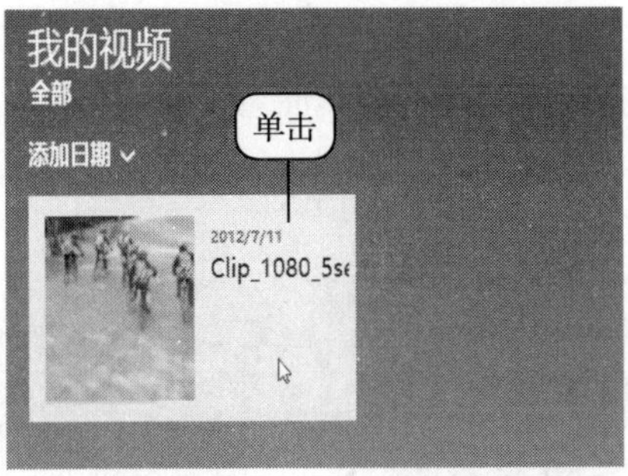

图 6-40 单击需播放的视频

图 6-41 视频播放界面

6.7.2 暂停 / 快进视频

在播放视频时，暂停和快进是使用频率最高的两个操作，Video 应用程序针对这两种不同的操作进行极强的优化。绝大部分视频播放器的暂停与快进按钮都位于播放器底部且按钮普遍较小，用户稍不注意就会按错，这种情况在使用触摸屏时尤为突出。为尽可能地提高用户的操作体验，Video 应用程序将暂停与快进等操作按钮尽可能地放大并放置于视频播放器中部，这样既能方便用户操作，又能避免出现误操作。

在 Video 应用程序中用户单击“暂停”按钮即可暂停视频播放，“快退”按钮和“快进”按钮分别位于“暂停”按钮的两侧，如图 6-42 所示，用户可单击相应的按钮进行操作。

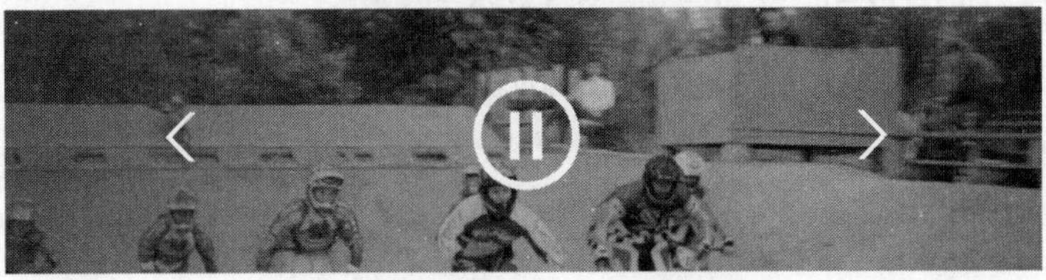

图 6-42 Video 应用程序中的快捷操作按钮

6.8 使用应用商店下载应用程序

应用商店是微软在 Windows 8 操作系统中推出的一个购买与下载 Metro 版应用程序的在线应用程序购买平台。通过该应用商店用户可直接购买需要的应用程序，在此商店购买的所有应用程序都会下载安装到用户的电脑中。“应用商场”应用程序在“开始”屏幕中的程序磁块如图 6-43 所示。

图 6-43 “应用商店”Metro 应用程序

Windows 8 操作系统中的应用商店和苹果公司以及安卓平台的应用商店非常相似，他们都有一定的地域限制，所以用户如果发现无法从应用商店中下载安装到世界上其他国家中比较流行的应用程序时，不用过分奇怪。

6.8.1 登录应用商店

“应用商店”应用程序是一个购买和下载应用程序的平台，所以需要用户登录账号后才能正常使用。具体操作步骤如下。

Step 01 打开“应用商店”Metro 应用程序后，❶ 将鼠标指针拖至桌面右下 / 右上角，弹出 Charm 菜单工具栏，❷ 单击“设置”按钮，如图 6-44 所示。

Step 02 此时再单击屏幕右侧的“你的账户”按钮，如图 6-45 所示。

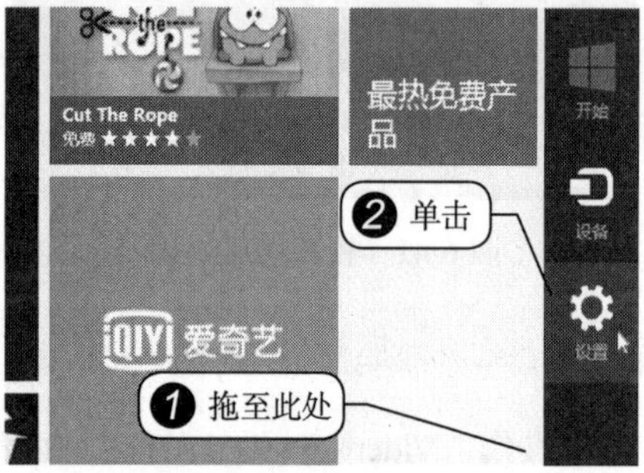

图 6-44 单击“设置”按钮

图 6-45 单击“你的账户”按钮

Step 03 切换至“你的账户”界面，单击“登录”按钮，如图 6-46 所示。

Step 04 切换至“添加 Microsoft 账户”界面，❶ 在界面中输入账号和密码后，❷ 单击“保存”按钮，如图 6-47 所示。

Step 05 登录成功后用户便可看见自己账户的详细信息，如图 6-48 所示。

图 6-46 单击“登录”按钮

图 6-47 输入登录账号和密码

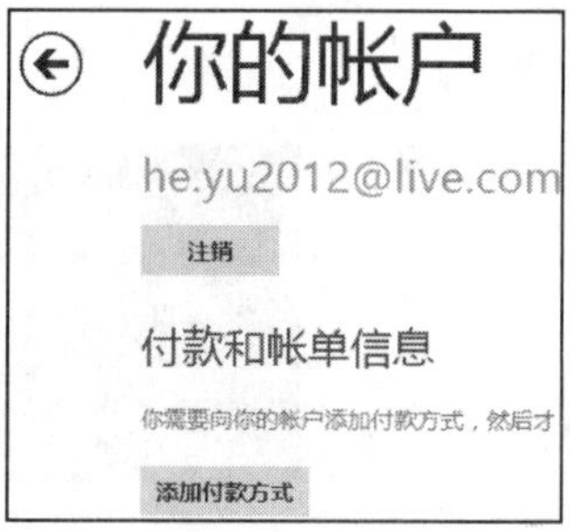

图 6-48 账户详细信息

6.8.2 下载应用程序

在“应用商店”应用程序中下载程序无疑是方便的，用户只需购买程序确定安装后，“应用商店”会自动将应用程序下载并安装至电脑中。现在就为大家介绍一下下载应用程序的操作方法与步骤。

Step 01 在 6.8.1 节打开的“应用程序”主界面中选择需要下载的应用程序类别，如图 6-49 所示。

Step 02 切换至具体的应用程序类别界面，单击需要下载的程序选项，例如“中国天气通”，如图 6-50 所示。

Step 03 切换至“中国天气通”界面，单击“安装”按钮即可开始下载该程序，如图 6-51 所示。

图 6-49 选择程序的类别

图 6-50 选择需下载的程序

图 6-51 单击“安装”按钮

6.8.3 删除应用程序

在 Windows 8 操作系统中 Metro 类应用程序是一款非常特殊的应用程序，它仅仅在“开始”屏幕中运行且并不能从控制面板中将其卸载删除。Metro 版应用程序的删除操作是在“开始”屏幕中进行的，用户只需几步操作就可将 Metro 应用程序删除，而无传统程序软件卸载时的繁琐。

当用户需要删除 Metro 应用程序时，只需右击需删除的应用程序，然后单击屏幕最下方的“卸载”图标即可完成整个卸载操作，如图 6-52 所示。

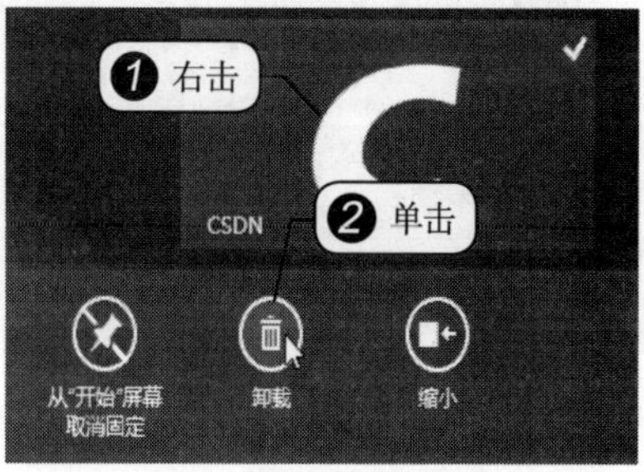

图 6-52 卸载应用程序

6.9 使用财经应用随时掌握财经信息

“财经” Metro 应用程序是微软公司提供的一个专为查看“必应 BING 财经”网站中财经新闻和信息的新闻类阅读软件，通过“财经”应用程序用户可随时掌握最新的财经信息。在“开始”屏幕中“财经” Metro 应用程序的程序磁块如图 6-53 所示。

图 6-53 “财经” Metro 应用程序

“财经”应用程序为用户提供了“今日”、“指数”、“资讯”、“关注列表”、“市场动态”和“市场纵览”六大板块，每个板块对应不同的财经信息，相信这些详细的财经信息能为用户带来不绝的财富。

6.10 使用旅行应用选择旅游景点

有非常多的朋友都喜欢去世界各地观光旅游，那么相信 Windows 8 操作系统自带的“旅游” Metro 应用程序一定会让用户在旅行中有不一样的感受。

图 6-54 “旅游” Metro 应用程序

“旅游”应用程序是一款集查找目的地、浏览景点风景图片和搜索酒店的多功能旅行类应用程序，如图 6-54

所示即为“旅游”Metro 应用程序在“开始”屏幕中的程序磁块。

6.10.1 查找旅游目的地

“旅游”应用程序的“目的地”板块中搜集了世界各地大量著名的旅游景点和相关图片，用户完全可以在其中查找到心仪的旅游目的地。在“旅游”应用程序的“目的地”板块中查找旅游目的地的方法非常简单，用户进到“旅游”应用程序的主界面后在任意处右击，然后单击屏幕顶部的“目的地”按钮，如图 6-55 所示。在切换到的“目的地”界面中可看到所有著名的旅游目的地信息，此时用户可随意查找到心仪的旅游目的地，如图 6-56 所示。

图 6-55 单击“目的地”按钮

图 6-56 “目的地”板块

6.10.2 浏览景点风景

“旅游”应用程序除了可以查找旅游目的地外还可以直接浏览旅游目的地的景点风景图片。当用户在“目的地”板块单击旅游目的地名称进入相应的旅游目的地界面后，可以在该界面的“图片”和“全景”两个小板块中查看浏览该目的地的风景照片，如图 6-57 所示。其中在“图片”板块中查看和浏览的是普通风景照片，而在“全景”板块中显示的是更逼真的全景图片，使用“旅游”应用程序用户足不出户即可浏览世界美景。

图 6-57 “图片”和“全景”板块

6.10.3 查找酒店信息

几乎每次独自旅游，旅游者都是到达目的地后才和当地酒店联系，若是碰巧遇到旅游旺季则有找不到下榻的酒店之尴尬，对于这种状况“旅游”应用程序有其独特的解决之道。应用该程序的具体操作步骤如下。

Step 01 当用户于“旅游”应用程序中决定好旅行目的地后，右击屏幕任意处，然后单击“酒店”按钮，如图 6-58 所示。

Step 02 切换至“酒店”界面，❶ 在文本框中输入目的地的城市名称后，❷ 单击“搜索酒店”按钮，如图 6-59 所示。

图 6-58　单击“酒店”按钮

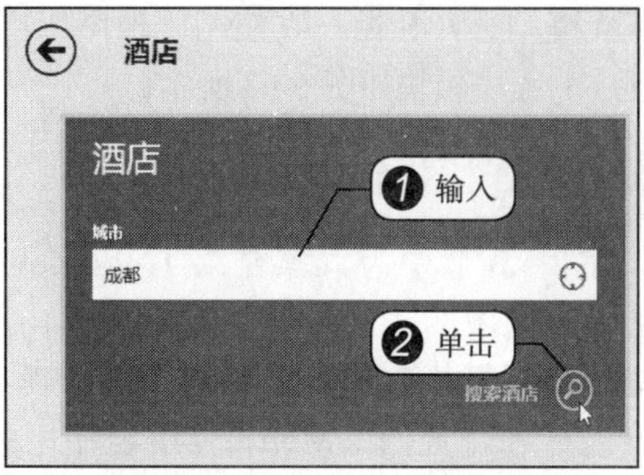

图 6-59　搜索目的地的酒店

Step 03　在切换至的“酒店目录”界面中选择合适的酒店，单击该酒店按钮，如图 6-60 所示。

Step 04　此时用户可在切换至的酒店概述界面中查看到该酒店包括联系电话在内的详细信息，如图 6-61 所示。

图 6-60　单击需查看信息的酒店

图 6-61　查看酒店的详细信息

6.11　使用体育应用浏览体育新闻

“体育”Metro 应用程序是一款和“财经”应用程序类似的由“必应”(BING）网站提供具体资讯的体育类新闻查看本地客户端。“体育”应用程序包含“今日头条”、“最喜欢的球队”、“NBA”、“英超联赛”、“西甲联赛”、“高尔夫”、“F1”和“所有体育赛事”八大板块，无论用户喜欢何种体育赛事都可以轻松地在“体育”应用程序中浏览到相应的最新新闻资讯。“体育”Metro 应用程序“开始”屏幕的程序磁块如图 6-62 所示。

图 6-62　“体育”Metro 应用程序

6.12　使用地图应用查看行程路线

“地图”Metro 应用程序是微软公司旗下“必应”(BING）网站的在线地图服务本地客户端。“地图”Metro 应用程序和 Google 地图在功能上非常相似，两者都可以直接查找指定地点和位置并在定位自己位置后查看具体的行程路线，“地图”应用程序最大的优势就是和系统无缝结合，让用户在使用“地图”应用程序时异乎寻常的方便快捷。“地图”Metro 应用程序的程序磁块如图 6-63 所示。

图 6-63 “地图”Metro 应用程序

6.12.1 查找指定地点

在 2.5.3 节中为大家介绍了 Windows 8 操作系统独特的 Metro 版的“开始”屏幕的搜索功能，使用该搜索功能用户可轻松查找所需要的信息。现在就为大家介绍一下怎样在“地图”Metro 应用程序中使用搜索功能查找指定地点。

当用户启动“地图”应用程序后会弹出“是否要启用定位服务并允许地图使用你的位置？”对话框（仅初次使用“地图”应用程序时弹出），单击“允许”按钮，如图 6-64 所示。在进入“地图”主界面后按【Win + Q】组合键，然后在屏幕右侧的搜索栏中输入指定地点的关键字，单击“搜索”按钮后即可在屏幕左侧看到搜索结果，如图 6-65 所示。

图 6-64 启用定位服务

图 6-65 搜索指定地点

6.12.2 查找行程路线

当用户查询到指定的地点后，必定还需要查询具体的行程路线以到达该地点。“地图”应用程序作为一款地图类应用程序，其最强大的功能便是帮助用户查找行程路线。

使用“地图”Metro 应用程序查找行程路线的方法非常简单，当用户按 6.12.1 节介绍的方法查找到指定的地点后，❶ 在屏幕中任意地点右击，❷ 然后单击屏幕底部“路线”按钮，如图 6-66 所示。❸ 接着在“路线”界面右上方的文本框中输入起始地点地址，❹ 然后单击“下一步”按钮，此时用户便可在屏幕左侧查到详细的行程路线，如图 6-67 所示。

图 6-66 单击“路线”按钮

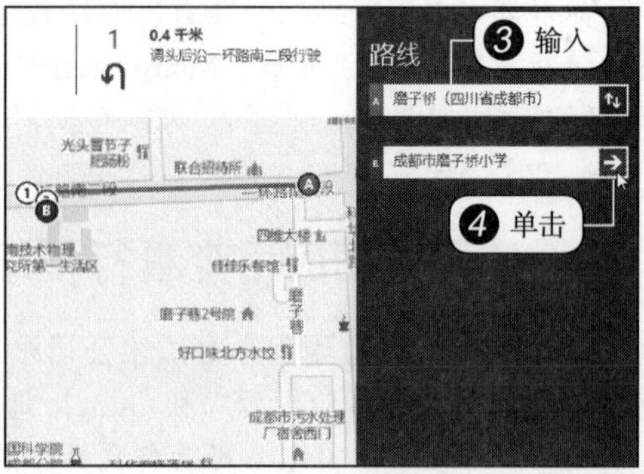

图 6-67 查询行程路线

6.13 使用 Windows 阅读器轻松阅读电子文档

“阅读器”Metro 应用程序是微软专为 Windows 8 操作系统开发的一款专门用于阅读 PDF 文档的阅读工具类应用程序。PDF 文档是现阶段使用最广泛的电子书格式，专门针对 PDF 文档的阅读软件就不止 10 种。在之前版本的 Windows 系统中是不能直接打开 PDF 文档电子书的，而“阅读器”应用程序的出现弥补了 Windows 系统在这方面的缺陷。“阅读器”Metro 应用程序在“开始”屏幕中的程序磁块如图 6-68 所示。

图 6-68 “阅读器”Metro 应用程序

使用“阅读器”Metro 应用程序阅读电子文档的方法非常简单，用户只需双击 .pdf 格式的电子文档即可启动“阅读器”应用程序开始阅读该电子文档的内容，如图 6-69 所示。图 6-70 所示即为“阅读器”应用程序的电子文档显示效果。

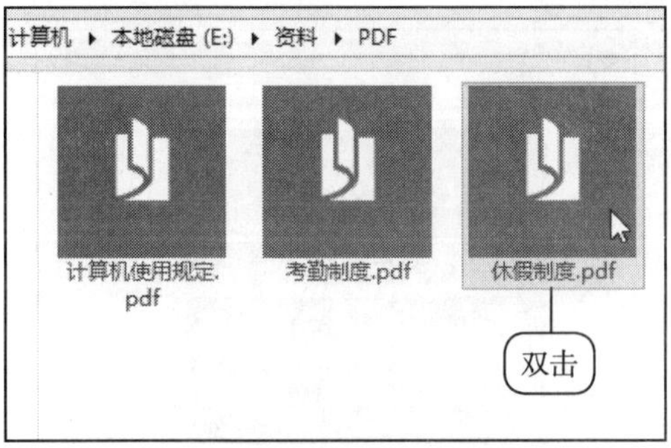

图 6-69 双击要查看的电子文档

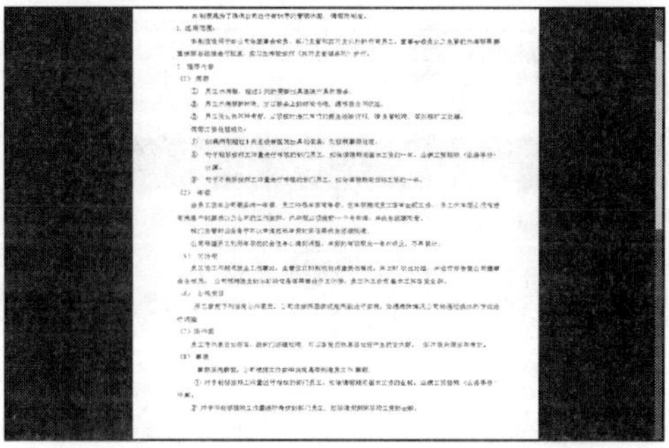

图 6-70 电子文档显示效果

6.14 使用天气应用随时了解天气状况

“天气”Metro 应用程序是一款天气类的应用程序，“天气”应用程序可以为用户提供当天的天气情况以及未来两天的天气预报。“天气”Metro 应用程序的程序磁块如图 6-71 所示。

“天气”应用程序同时又是一款世界级的天气信息软件，使用该应用程序可以查看世界上任何城市的天气状况。

图 6-71 “天气”Metro 应用程序

6.14.1 添加城市

虽然“天气”应用程序可以查看任何一个城市的天气状况，但前提是需用户手动添加城市名称。“天气”应用程序设计非常人性化，用户只需几步操作即可完成城市名称的添加。接下来就为大家详细介绍一下在“天气”应用程序中添加城市名称的操作方法与步骤。

Step 01 按照 2.5.2 节介绍的方法打开“天气”Metro 应用程序后，❶ 右击屏幕任意处，❷ 然后单击屏幕顶部“地点”按钮，如图 6-72 所示。

Step 02 切换至“地点收藏夹”界面，单击“添加”按钮⊕，如图 6-73 所示。

Step 03 ❶ 在弹出的对话框中输入要添加的城市名称，❷ 然后在展开的下拉列表中选择具体的城市名称，如图 6-74 所示。

Step 04 返回“地点收藏夹”界面，此时用户可看见方才添加的城市已经出现在界面中了，如图 6-75 所示。

图 6-72　单击“地点”按钮

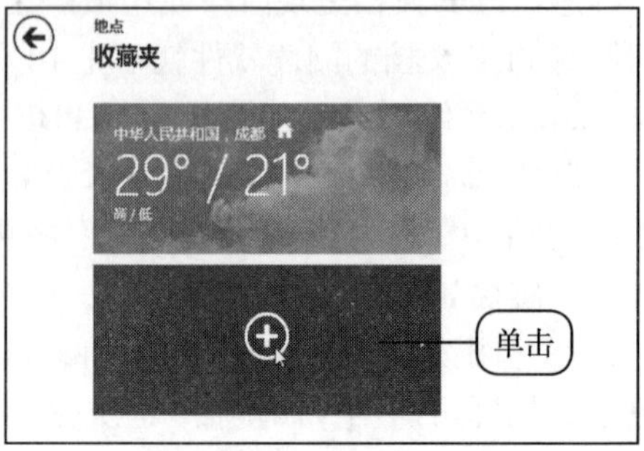

图 6-73　单击“添加”按钮

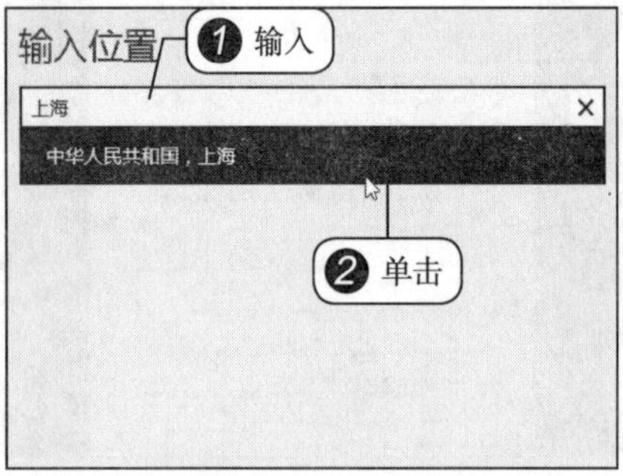

图 6-74　输入位置信息

图 6-75　完成城市添加后的效果

6.14.2　查看城市天气预报

当用户成功地在“天气”应用程序中添加城市名称后便可非常方便地查看该城市的天气预报信息了。“天气”应用程序的天气预报信息来源于必应（BING）网站，用户可以查看城市当天以及未来两天的天气预报信息。查看城市天气预报信息的操作非常简单，用户只需按 6.14.1 节介绍的方法进到“地点收藏夹”界面，单击任意一个城市按钮便可查看该城市的天气预报信息，如图 6-76 所示。返回至“天气”应用程序主界面，此时用户可在屏幕上查看到所选城市的具体天气预报信息，如图 6-77 所示。

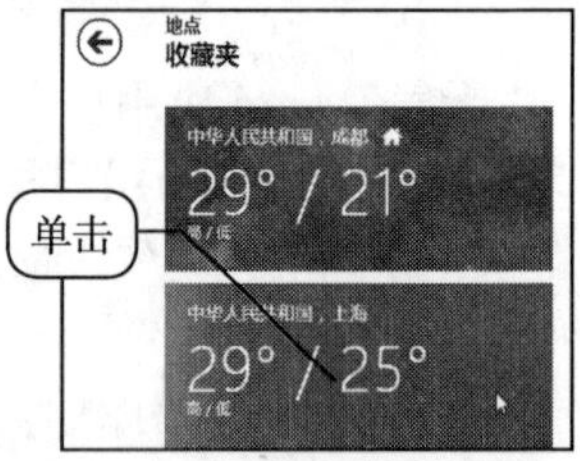

图 6-76　选择要查看的城市

图 6-77　查看该城市的具体天气预报信息

拓展解析

6.15 在照片应用中启用幻灯片放映自动播放照片

在“照片”应用程序中用户除了手动切换浏览不同的图片外，还可以启用应用程序幻灯片功能使其自动播放照片。启用“照片”应用程序的幻灯片放映功能后，应用程序将把图片库中所有图片按一定的时间间隔和顺序依次全屏显示在屏幕上。由于这种放映方式和幻灯片非常相似所以叫幻灯片放映。开启“照片”应用程序的“幻灯片”放映功能非常简单，用户只需在查看图片的时候右击屏幕任意位置，然后单击屏幕底部的“幻灯片放映”按钮即可启用幻灯片放映自动播放照片，如图 6-78 所示。“照片”应用程序中的幻灯片播放效果如图 6-79 所示。

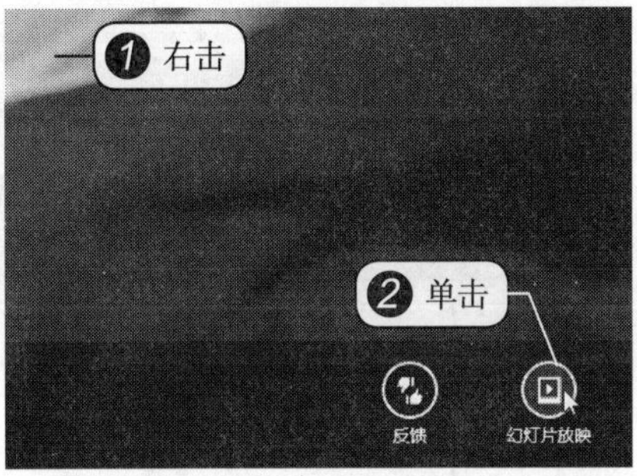

图 6-78　单击“幻灯片放映”按钮

图 6-79　幻灯片的播放效果

6.16 在体育应用中添加并关注自己喜爱的球队

“体育”应用程序作为一款专业的体育类新闻浏览应用程序，可以根据用户的喜好专门为用户提供特定的体育信息。例如用户可以在“体育”应用程序中添加并关注自己喜欢的球队，这样一来“体育”应用程序便可以有针对性地为用户推荐相关球队的各种新闻，方便用户随时了解最新的球队赛程信息和队员状况。

在“体育”应用程序中添加自己喜欢的球队非常简单，待用户启动“体育”应用程序后，单击程序界面最右侧“最喜爱的球队”板块中的“添加”按钮，如图 6-80 所示，然后在弹出的对话框中输入喜欢的球队的名称，最后单击“添加”按钮即可完成添加喜欢的球队的操作，如图 6-81 所示。

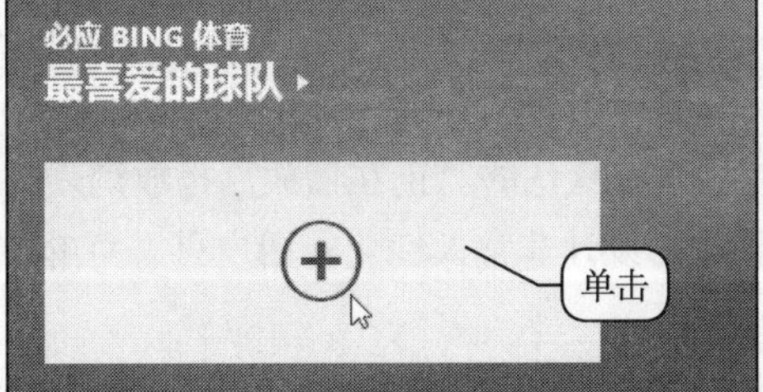

图 6-80　单击“添加”按钮

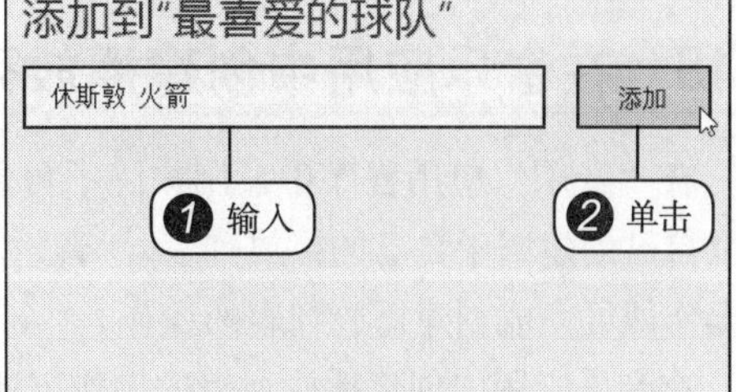

图 6-81　添加喜欢的球队

6.17 在应用商店应用中更新已下载的应用程序

用户在“应用商店”中下载安装的应用程序和普通的应用程序同样有更新升级的需要，只不过用户从“应用商店”中下载安装的应用程序只能通过“应用商店”才能完成程序的更新。

当用户的电脑中存在可更新的软件时，“应用商店”应用程序的程序磁块上将显示可更新软件的数量，如图 6-82 所示。

图 6-82　可更新的软件数量

在应用商店中更新软件的具体操作步骤如下。

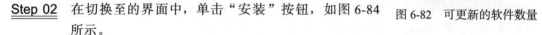

Step 01　按照 2.5.2 节中介绍的方法打开“应用程序”Metro 应用程序后，单击屏幕右上角的“更新”按钮（如果出现了更新按钮），如图 6-83 所示。

Step 02　在切换至的界面中，单击“安装”按钮，如图 6-84 所示。

图 6-83　单击“更新”按钮

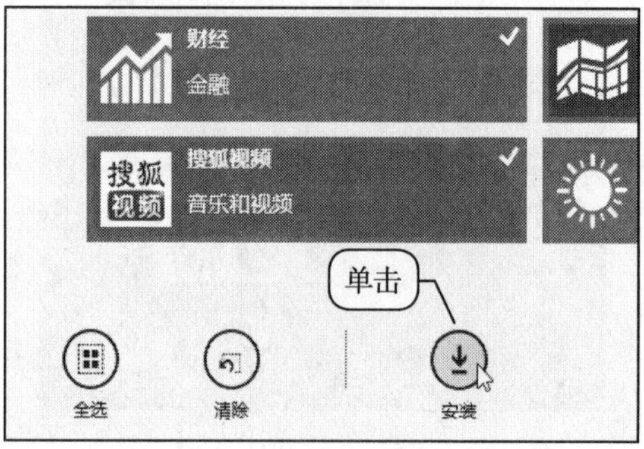

图 6-84　单击“安装”按钮

Step 03　切换至“正在安装应用”界面，此时用户可在屏幕中查看到实时的下载和安装进度，如图 6-85 所示。

图 6-85　正在安装更新应用程序

6.18 在音乐应用中创建播放列表

在“音乐”应用程序中，用户除了可以直接使用系统默认的“正在播放”播放列表外还可以自己创建属于自己的播放列表。“音乐”应用程序的设计非常人性化，用户只需简单的几步操作即可完成创建播放列表的操作。

在音乐应用中创建播放列表的操作方法为：启动“音乐”应用程序后，单击“播放列表”按钮，然后单击“新建播放列表”按钮，最后在弹出的对话框中输入播放列表的名称后，单击“保存”按钮即可，如图 6-86 所示。此时用户可在屏幕中看到方才创建的播放列表，如图 6-87 所示。

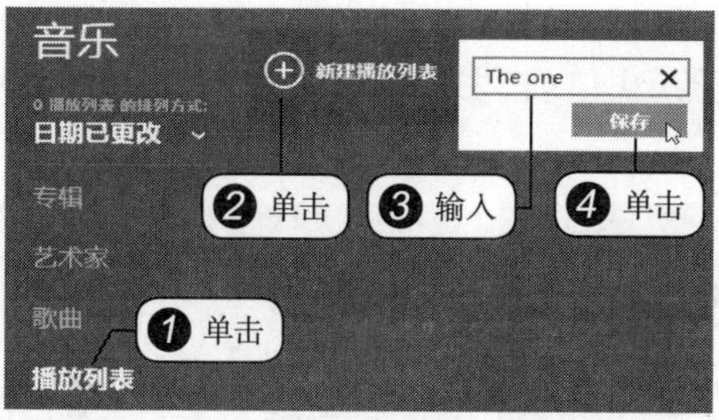

图 6-86　创建播放列表

图 6-87　播放列表创建成功

提示：删除播放列表

在 Windows 8 操作系统中的“音乐”应用程序中用户除了创建播放列表外，同样可以非常轻松地进行删除播放列表的操作。具体的删除方法为：在图 6-87 所示的界面中右击播放列表，然后在屏幕底部单击“删除”图标，最后在弹出的对话框中单击“删除”按钮即可完成整个删除操作。

新手疑惑解答

1. 如何在人脉应用中注销 Windows 账户？

答：打开“人脉”Metro 应用程序后，将鼠标指针滑至桌面右下 / 右上角，在弹出的 Charm 菜单工具栏中，单击“设置”按钮，如图 6-88 所示；在弹出的“设置”界面中单击“账户”按钮，如图 6-89 所示；接着在“账户”界面中选择需要注销的账户，最后连续单击两次“删除所有账户”按钮即可注销 Windows 账户，如图 6-90 所示。

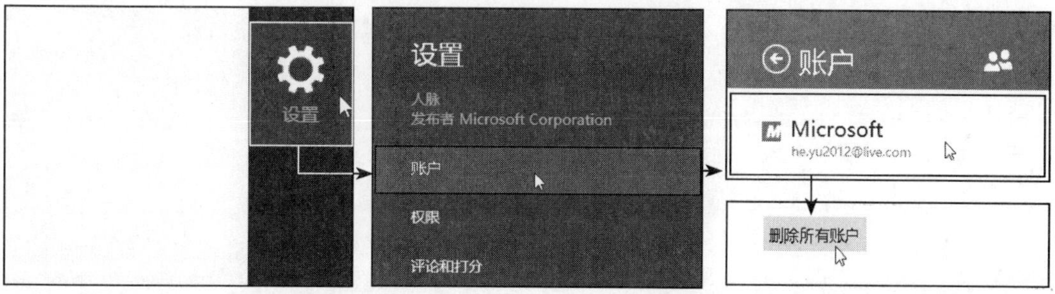

图 6-88　单击“设置”按钮　　图 6-89　单击“账户”按钮　　图 6-90　删除账户

2. 如何关闭正在运行的 Metro 应用？

答：在 Metro 应用程序的运行界面中将鼠标移至屏幕顶部，当鼠标指针变成“小手”形状时，按住鼠标左键并向下拖动，待拖动至屏幕底部后释放鼠标即可关闭当前浏览的 Metro 应用程序。

3．如何清除天气应用中的搜索历史记录？

答：打开“天气”Metro 应用程序后，将鼠标指针滑至桌面右下 / 右上角，在弹出的 Charm 菜单工具栏中单击“设置”按钮，如图 6-91 所示；接着单击“设置”按钮，如图 6-92 所示。最后在切换至的“设置”界面中单击“清除历史记录”按钮即可清除“天气”应用程序中的搜索历史记录，如图 6-93 所示。

图 6-91　单击“设置”按钮

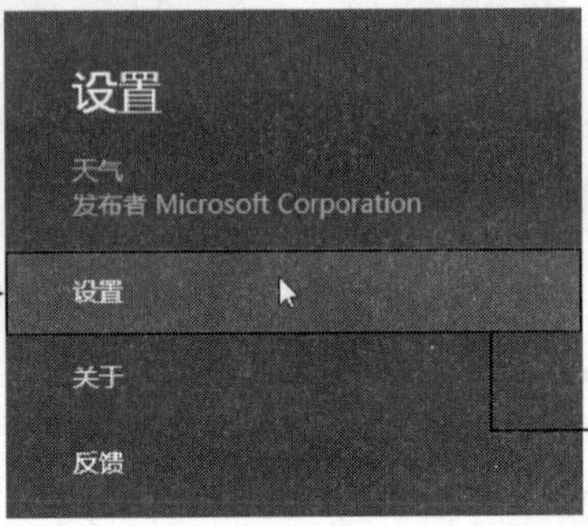

图 6-92　单击“设置”按钮

图 6-93　清除历史记录

第7章

使用Windows 8的PC附件应用

本章知识点：

- ☑ 使用便签随时记录易忘信息
- ☑ 学会使用计算器和数字输入面板
- ☑ 使用记事本和写字板记录文本
- ☑ 学会使用录音机和辅助工具
- ☑ 使用“画图”应用程序绘制简单的图形

Windows 8 的 PC 附件应用是 Windows 8 操作系统自带的传统应用程序附件。PC 附件与 Metro 附件的最大区别在于运行的位置有所不同，Metro 附件直接在“开始”屏幕中全屏运行，而 PC 附件则是在传统的系统桌面中运行。熟练地使用 Windows 8 操作系统自带的各种 PC 附件可以让用户在使用电脑的过程中更加得心应手。

基础讲解

7.1 使用便笺随时记录易忘信息

“便笺”应用程序是一个运行在桌面上的，用于记录易忘信息的 PC 附件。用户可在“便笺”应用程序中记录重要或易忘的信息，只要一看到该便笺便可瞬间回忆起记录的信息。“便笺”应用程序位于“应用”屏幕中，用户可按 2.5.1 节介绍的方法打开“应用”屏幕后，找到并单击“便笺”按钮即可打开“便笺”应用程序，如图 7-1 所示。

“便笺”应用程序和普通的 Windows 应用程序有很大的区别，“便笺”应用程序没有普通应用程序的“关闭”、“最小化”和“最大化”按钮，“便笺”应用程序在桌面上运行效果如图 7-2 所示。

图 7-1 单击“便笺”按钮

图 7-2 “便笺”应用程序的运行效果

7.1.1 添加便笺

若用户电脑桌面中没有运行“便笺”应用程序可直接单击“应用”界面中的“便笺”按钮即可完成便笺的添加，如图 7-1 所示。

如果用户桌面中已经有“便笺”应用软件在运行，再使用这种方法便不能继续添加便笺了，此时用户需在运行中的“便笺”应用程序中单击“新建便笺”按钮+即可添加一个新的便笺，如图 7-3 所示。此外用户按【Ctrl + N】组合键同样可以添加一个新的便笺。

图 7-3 添加一个新的便笺

7.1.2 删除便笺

与添加便笺相对应的就是删除便笺，在 Windows 8 操作系统中，并不是简单地关闭“便笺”应用程序就可以删除该应用程序所创建的便笺。虽说此时桌面上暂时看不见便笺的存在，一旦用户再次启动“便笺”应用程序未被删除的所有便笺将会再次出现在桌面上。

正确删除便笺的方法是选中欲删除的便笺后，单击“删除便笺”按钮，如图 7-4 所示。接着在弹出的“便笺”对话框中单击“是”按钮即可完成便笺的删除操作，如图 7-5 所示。若用户勾选“不要再显示此消息”复选框，则今后只需单击“删除便笺”按钮这一步操作不用确认删除便可删除该便笺。

图 7-4　单击“删除便笺”按钮

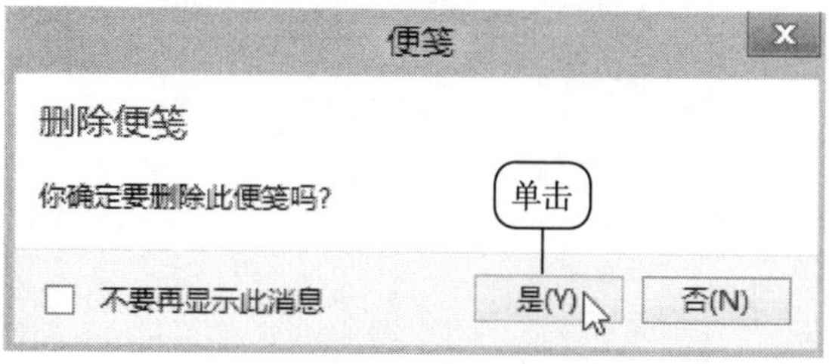

图 7-5　单击“是”按钮

7.2　使用计算器计算日常数据

“计算器”应用程序大概是电脑中最基本的应用软件了，电脑被发明之初就是为方便人类进行各种高难度的数学运算。Windows 8 操作系统中自带的“计算器”PC 附件类应用程序，虽然不能进行高难度的计算（如矩阵计算），但一般的数学计算却是可以的。

“计算机”应用程序自带了 4 种类型的计算器，它们分别是“标准型计算器”、“科学型计算器”、“程序员型计算器”和“统计信息型计算器”。其中“程序员型计算器”和“统计信息型计算器”是专业人士使用的一种高等计算器，一般日常使用只需“标准型计算器”和“科学型计算器”就能够满足要求。

和“便笺”应用程序相同，“计算器”应用程序也被放置在“应用”屏幕中，用户同样可以按 7.1 节介绍的方法打开“计算器”应用程序，如图 7-6 所示。

图 7-6　单击“计算器”按钮

7.2.1　使用标准型计算器

标准型计算器是“计算器”应用程序的默认状态，在该状态下用户可在“计算器”应用程序中进行简单的加、减、乘、除等计算。

“计算器”应用程序的使用和日常使用的实体计算器没有任何区别，用户只需单击“计算器”应用程序中的相应按键即可进行计算。标准型计算器如图 7-7 所示。

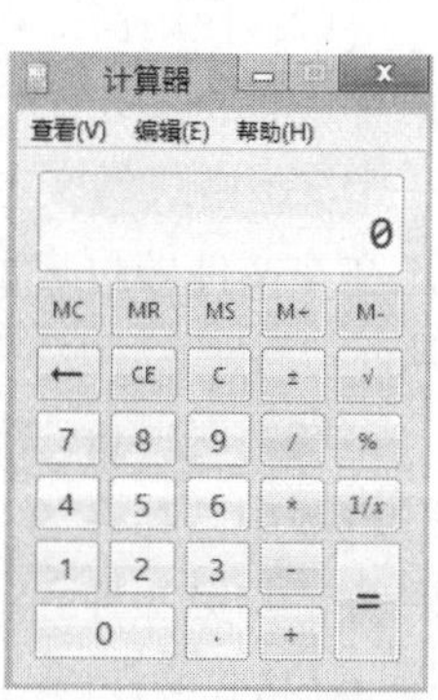

图 7-7　标准型计算器

7.2.2　使用科学型计算器

科学型计算器是“计算器”应用程序的另一种常用计算器类型。由于“计算器”应用程序默认处于“标准型”状态，用户若需使用科学型计算器需手动进行计算器状态的切换，方法也很简单。在打开“计算器”窗口的菜单栏依次单击“查看 > 科学型”命令，即可切换至“科学型计算器”界面，如图 7-8 所示。切换至科学型计算器后“计算器”界面如图 7-9 所示。

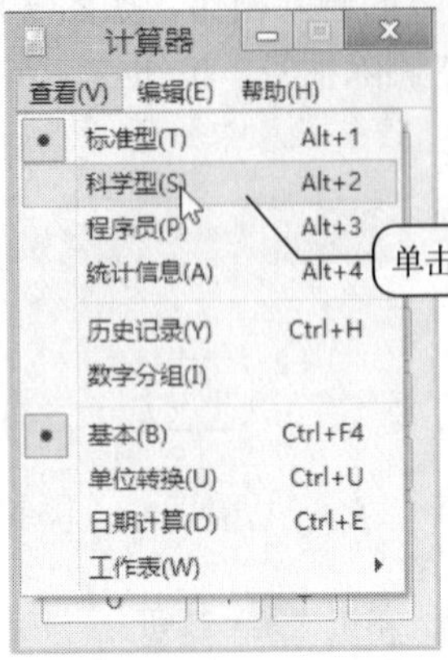

图 7-8　选择“科学型”命令

图 7-9　科学型计算器

科学型计算器较之标准计算器最大的不同是科学型计算器可进行乘方、开方、指数、对数、三角函数、统计等有关函数方面的运算，在科学型计算器中所有的函数键盘都分布在界面的左下方，用户可直接使用。建议用户在进行有关函数的数学计算时使用科学型计算器，这样可以有效地提高工作效率。

7.3　使用记事本简单记录文本

“记事本”应用程序是 Windows 系统中的一款比较古老的应用程序，用户甚至能在 Windows 95 操作系统中找到“记事本”应用程序。

“记事本”应用程序刚刚出现在 Windows 操作系统中时，其只支持 Fixedsys 字体格式的文本编辑查找功能。在 Windows 8 操作系统中，“记事本”应用程序可以编辑除 Unix 风格外的任何纯文本文件。在 Windows 8 操作系统中用户可以使用以下 3 种方法打开“记事本”应用程序。

（1）在“应用”屏幕中打开：用户按 7.1 节介绍的方法在“应用”屏幕中单击“记事本”按钮，即可打开“记事本”应用程序，如图 7-10 所示。

（2）使用快捷菜单打开：在桌面或任意磁盘、文件夹的空白处右击，然后在弹出的快捷菜单中依次单击“新建 > 文本文档”命令，即可新建一个 .txt 格式的文本文件，如图 7-11 所示。双击打开该文本文件即可启动“记事本”应用程序，如图 7-12 所示。

（3）使用 txt 文件打开：第 3 种方法即直接双击打开电脑中已存在的 .txt 格式文件，如图 7-12 所示。此种方法与第 2 种方法唯一的区别就是不需专门新建一个 .txt 格式文件。

图 7-10　单击“记事本”按钮

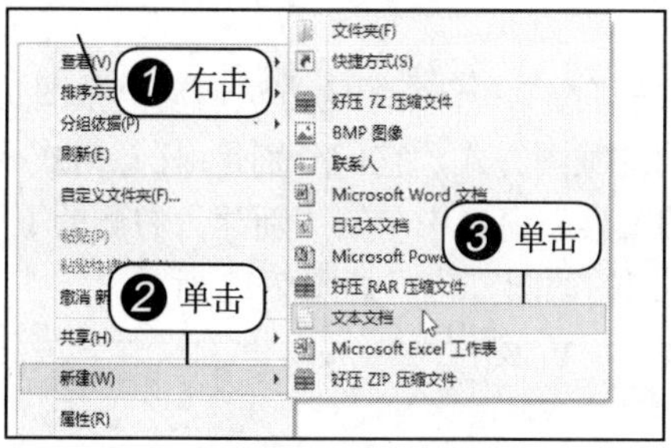

图 7-11 选择“文本文档”命令

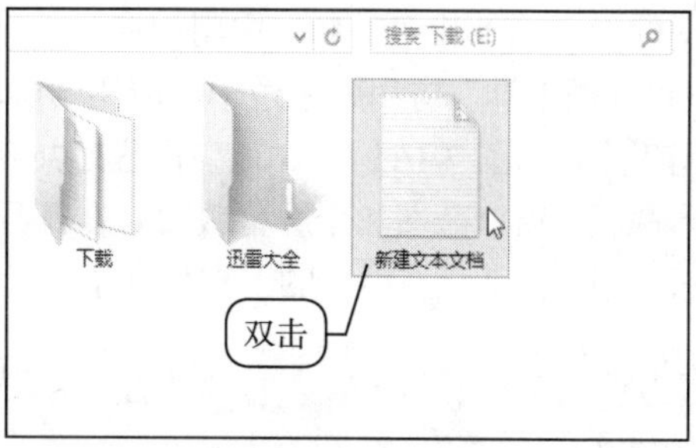

图 7-12 双击打开新建文本文档 .txt 文件

7.3.1 输入文本

“记事本”应用程序作为 Windows 操作系统最基本的文本记录与编辑软件，输入文本是其最基本的功能。用户可使用任何输入法或输入工具在“记事本”应用程序中输入文本，在第 4 章 4.3 节、4.4 节分别为用户介绍了使用系统自带的微软拼音输入法和第三方搜狗拼音输入法在“记事本”应用程序中输入文本的方法与操作，故在此不再赘述。

7.3.2 编辑字体

在 Windows 8 操作系统中用户可以在“记事本”应用程序中对打开的文本文件的字体进行编辑，使其在“记事本”应用程序中的显示更加美观。用户可随便打开一个 .txt 格式的文本文档后，在菜单栏中依次单击“格式 > 字体”命令，如图 7-13 所示。接下来用户即可在弹出的“字体”对话框中对记事本中显示的字体进行编辑。

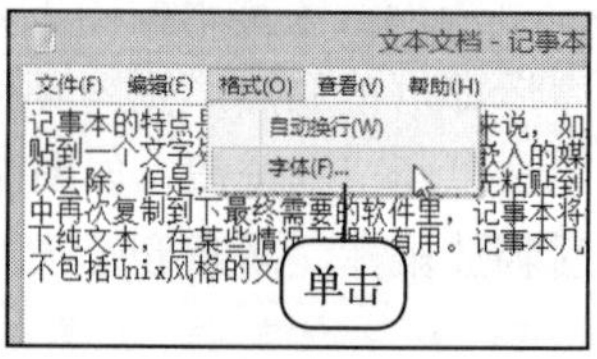

图 7-13 单击“字体”命令

在“字体”对话框中，用户可以对“字体”、“字形”和“大小”分别进行设置，最后单击“确定”按钮即可完成编辑字体的操作，如图 7-14 所示。编辑字体后的显示效果如图 7-15 所示。

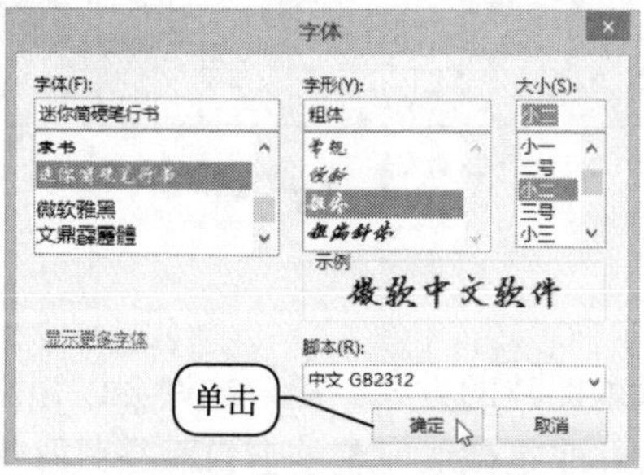

图 7-14 “字体”对话框

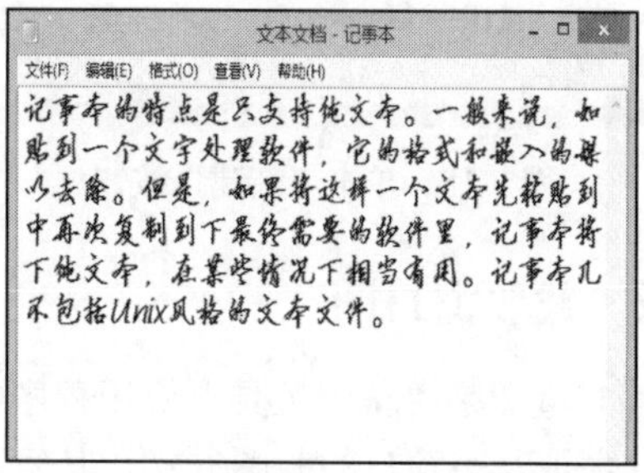

图 7-15 编辑字体后的显示效果

7.4 使用截图工具

截图工具是 Windows 操作系统中一种使用比较频繁的应用程序，该工具可以在电脑中截取显示在当前屏幕中或其他显示设备上的图像。在日常生活中用户通常可以用操作系统的专用截图软件或相机对屏幕进行记录，本章为大家介绍的是 Windows 8 操作系统中自带的专业截图软件——“截图工具”应用程序。

“截图工具”应用程序位于“应用”屏幕中，用户可按 7.1 节介绍的方法启动“截图工具”应用程序，如图 7-16 所示。该应用程序共有 4 种不同的截图方式，它们分别是：任意格式截图、矩形截图、窗口截图和全屏幕截图。在打开的“截图工具”窗口中单击“新建”右侧的下三角按钮，用户可随意在展开的下拉列表中切换这 4 种不同的截图方式，如图 7-17 所示。

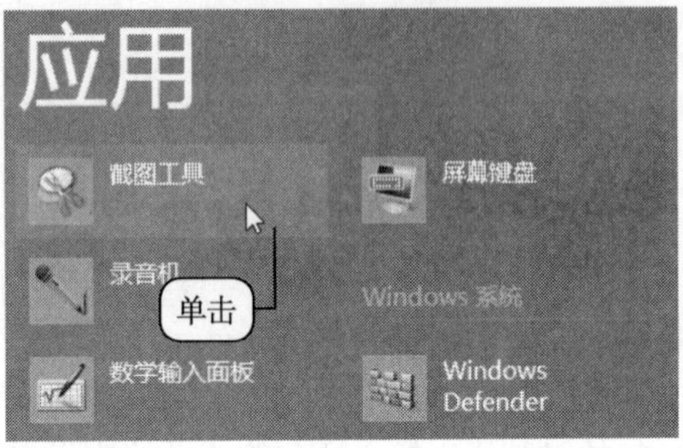

图 7-16　单击“截图工具”按钮

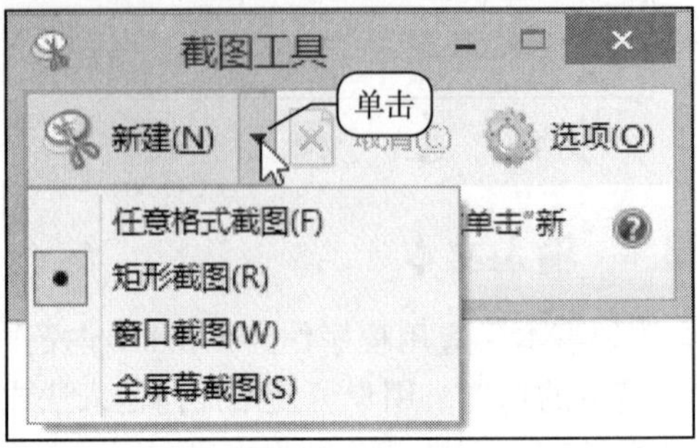

图 7-17　4 种不同的截图方式

7.4.1　截取矩形图

矩形截图是“截图工具”应用程序默认的一种截图方式，用户启动“截图工具”应用程序后即可截取矩形图。具体使用方法是待截图工具应用程序启动后，在“截图工具”窗口中单击“新建”按钮，如图 7-18 所示，然后按住鼠标左键不放并拖动使之形成一个矩形的区域后释放鼠标，该矩形区域即是“截图工具”应用程序截取的矩形图，如图 7-19 所示。

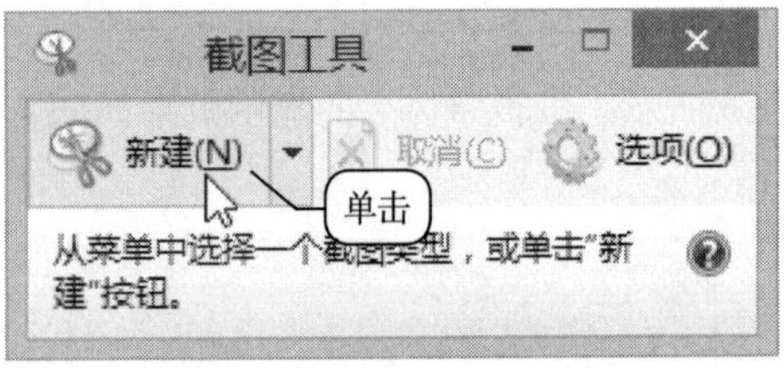

图 7-18　单击“新建”按钮

图 7-19　截取矩形图

7.4.2　截取窗口图

窗口截图是“截图工具”应用程序中的另一种截取图片的方式。用户或许会以为窗口截图就是截取某个窗口的截图方式，其实不然，该方式并非是截取完整的窗口而是截取整个窗口范围内显示的图像。

用户初次使用窗口截图时只需在单击“新建”按钮右侧的下三角按钮后，在展开的列表中选择“窗口截图”选项即可启动窗口截图，如图 7-20 所示，之后用户若没有切换为其他截图方式则只需单击“新建”按钮便可再次应用“窗口截图”命令。

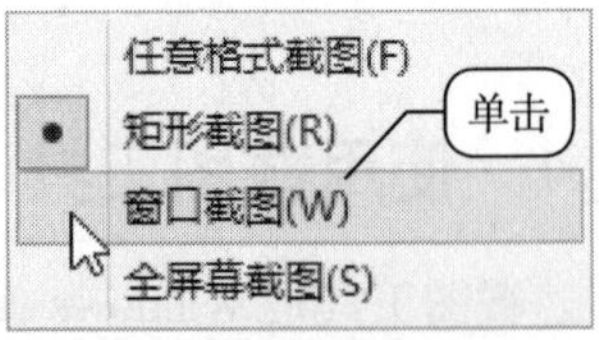

图 7-20　选择“窗口截图”选项

启动“窗口截图”后，用户只需将鼠标指针移到需截图的窗口区域后单击，即可完成截图操作，如图 7-21 所示。图中红色区域即为截取到的窗口图。

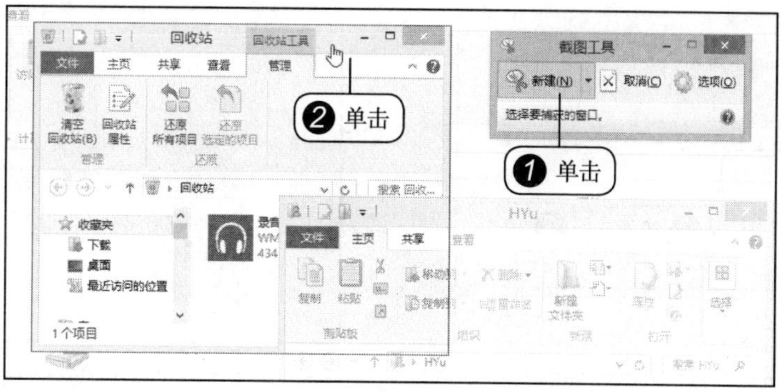

图 7-21　截取窗口图

7.4.3　截取全屏图

全屏图的截取较之截取矩形图和窗口图要更加简单，用户只需切换“截图工具”应用程序的截图方式为“全屏幕截图”即可。切换截图方式的操作和 7.4.2 节介绍的方法类似故不再赘述，待成功切换至全屏幕截图后用户只需单击“新建”按钮即可完成全屏图的截取操作，此时整个屏幕显示的图像内容都将被“截屏工具”截取。

7.5　使用录音机记录声音

Windows 8 操作系统中还有一个专门录制声音信息的软件，那就是“录音机”应用程序。顾名思义，“录音机”应用程序可以像录音机一样将用户的声音信息保存下来。

“录音机”应用程序同样也是放置在“应用”屏幕中，用户可按 7.1 节介绍的方法将之启动，如图 7-22 所示。

现在就为大家详细介绍一下使用“录音机”应用程序记录声音的操作方法与步骤。

图 7-22　单击“录音机”按钮

Step 01　当用户启动“录音机”应用程序后弹出“录音机”对话框，单击“开始录制”按钮即可开始声音信息的录制，如图 7-23 所示。

Step 02　待需要录制的声音信息已经成功录制后，单击“停止录制”按钮，即可停止声音信息的录制，如图 7-24 所示。

图 7-23　开始录音

图 7-24　停止录音

Step 03　此时弹出“另存为”对话框，❶ 在对话框中选择合适的保存位置，❷ 输入录音文件名称后，❸ 单击“保存”按钮，如图 7-25 所示。

Step 04　现在用户便可在 Step03 中选择的位置查看到方才保存的录音文件，如图 7-26 所示。

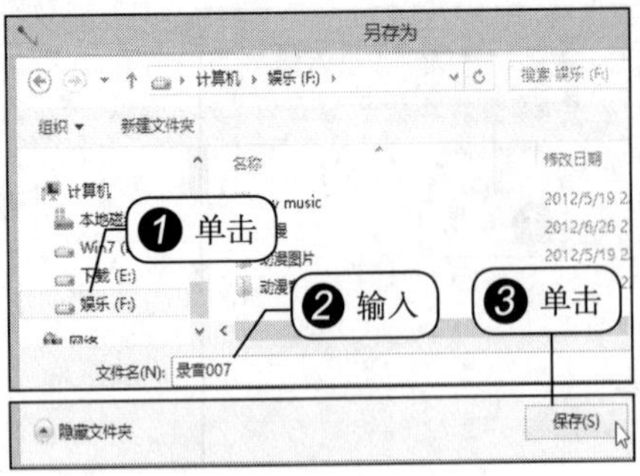

图 7-25　保存录音文件

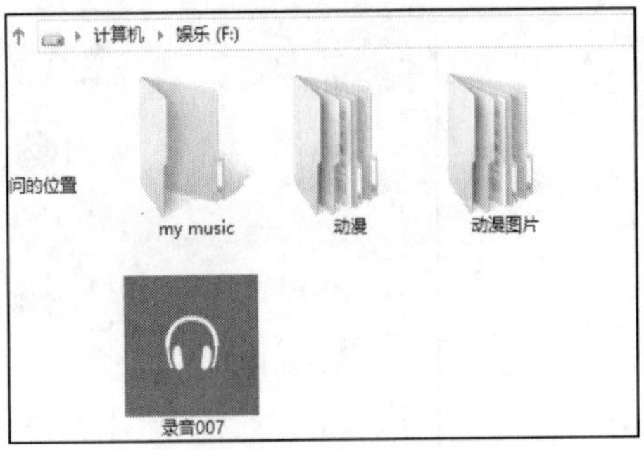

图 7-26　查看已保存的录音文件

7.6　使用辅助工具提高使用效率

在 Windows 8 操作系统中微软公司为用户提供了包括“放大镜”、“讲述人”和“屏幕键盘”在内的一系列辅助工具用于提高电脑的使用效率。在本节中将为用户讲解“放大镜”、“讲述人”和“屏幕键盘”3 个非常实用的辅助工具。3 个辅助工具都位于“应用”屏幕中，由于“应用”屏幕中的应用程序启动方法都一样，故在“应用”屏幕中启动这 3 个辅助工具的操作方法不再赘述。

7.6.1　放大镜

“放大镜”应用程序是一个实用的显示辅助工具，使用其可以创建一个单独的窗口，以放大显示部分屏幕，从而便于用户更加清晰地阅读电脑屏幕中显示的内容。“放大镜”窗口如图 7-27 所示。

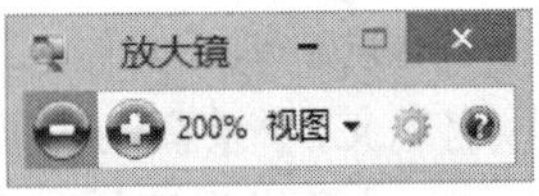

图 7-27　“放大镜”窗口

“放大镜”应用程序可以将屏幕内容放大 1~16 倍，用户可以在打开的“放大镜”窗口中单击“放大”按钮或“缩小”按钮进行调节。

此外“放大镜”应用程序有 3 种放大模式：“全屏”模式、“镜头”模式、“停靠”模式，用户需单击“视图”右侧的下三角按钮后，在展开的列表中选择相应的模式，如图 7-28 所示。

图 7-28　3 种放大模式

- “全屏”模式：当用户处于“全屏”模式时，整个电脑屏幕会被放大。因为是将屏幕显示内容整体放大，所以此时用户可能无法同时看到屏幕中的全部内容，具体可看到的内容多少取决于用户的屏幕大小和所选的缩放倍数。
- “镜头”模式：当处于“镜头“模式时，只有鼠标指针周围的区域会被放大。所以当移动鼠标指针时，被放大的屏幕区域也会随之移动。
- “停靠”模式：在“停靠”模式中，“放大镜”应用程序仅放大屏幕的一部分，屏幕的其余部分将保持不变。此时用户可通过移动鼠标来改变要放大的屏幕区域。

由于 3 种放大模式需亲自体验才会感受到其不同之处，故此处不再给出截图。

7.6.2　讲述人

“讲述人”应用程序是微软公司提供的一个将文字转换为语音的辅助工具，该工具可帮助盲人或视力不佳的用户提高电脑的使用效率。“讲述人”应用程序可以读取显示在屏幕中的内容包括：活动窗口的内容、菜单选项或键入的文本。启动“讲述人”应用程序后可打开“‘讲述人’设置”窗口，如图 7-29 所示。保持默认设置便可正常使用了。

此时用户可通过以下按键或组合键指定“讲述人”应用程序要阅读的文本：【Ctrl+Shift+Enter】组合键可获取当前项目的信息、【Ctrl+Shift+空格键】组合键可阅读整个选定的窗口、【Ctrl+Alt+空格键】组合键可阅读在当前窗口中选择的项目、【Insert+Ctrl+G】组合键可阅读有关出现在当前选定元素旁边的项目的描述、【Ctrl】键可使讲述人停止阅读文本、【Insert+F3】组合键可阅读当前字符、【Insert+F4】组合键可阅读当前字词、【Insert+F5】组合键可阅读当前行、【Insert+F6】组合键可阅读当前段落、【Insert+F7】组合键可阅读当前页、【Insert+F8】组合键可阅读当前文档。

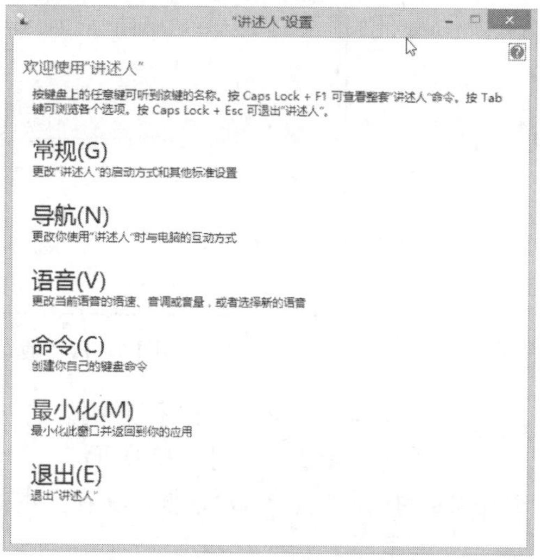

图 7-29 “‘讲述人’设置”窗口

7.6.3 屏幕键盘

“屏幕键盘”应用程序是微软公司提供的一款旨在帮助用户在键盘出现问题时应急使用的辅助程序。当然了在使用 Windows 8 操作系统的平板电脑中，“屏幕键盘”是不可替代的默认输入工具。启动“屏幕键盘”应用程序后可打开“屏幕键盘”窗口，如图 7-30 所示。

图 7-30 “屏幕键盘”窗口

从图 7-30 中可以看出“屏幕键盘”窗口中已经包含了几乎所有的键盘按键，用户完全可以在“屏幕键盘”窗口中完成所有的键盘操作。

7.7 使用“数学输入面板”快速输入数学计算公式

“数学输入面板”应用程序是微软公司开发的一款用于提高用户数学计算公式输入效率的 PC 应用程序，使用该程序用户可直接通过手写的方式输入计算公式。

“数学输入面板”常与 Office 办公类软件配合使用。如图 7-31 即为“数学输入面板”应用程序。

接下来就为用户详细介绍一下“数学输入面板”的具体操作方法与步骤。

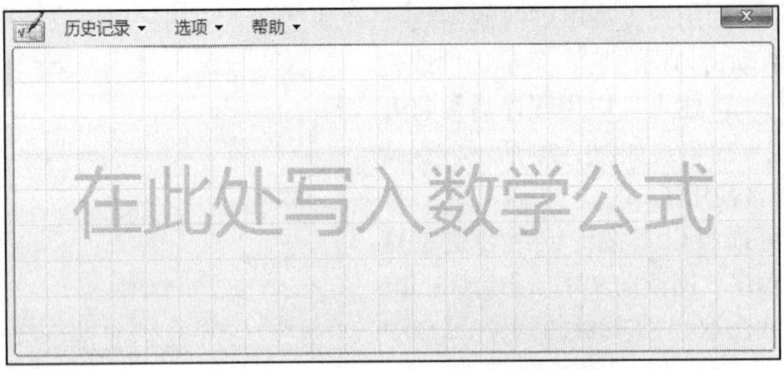

图 7-31 “数学输入面板”应用程序

Step 01 在 Windows 8 操作系统中按【Win + X】组合键，在弹出的快捷菜单中，单击“运行”命令，如图 7-32 所示。

Step 02 打开“运行”对话框，❶ 在文本框中输入 mip 后，❷ 单击“确定”按钮，如图 7-33 所示。

图 7-32 单击“运行”命令

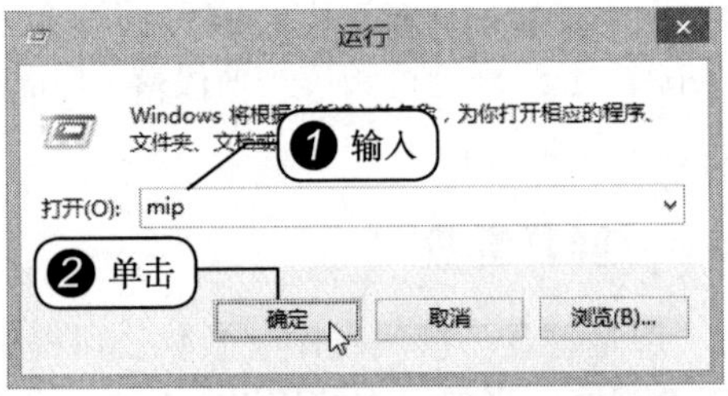

图 7-33 确认打开数学输入面板

Step 03 在打开的“数学输入面板”对话框中，❶ 使用鼠标在对话框中输入数学公式后，❷ 单击“插入”按钮即可将已输入的数学公式插到用户需要的文本中，如图 7-34 所示。

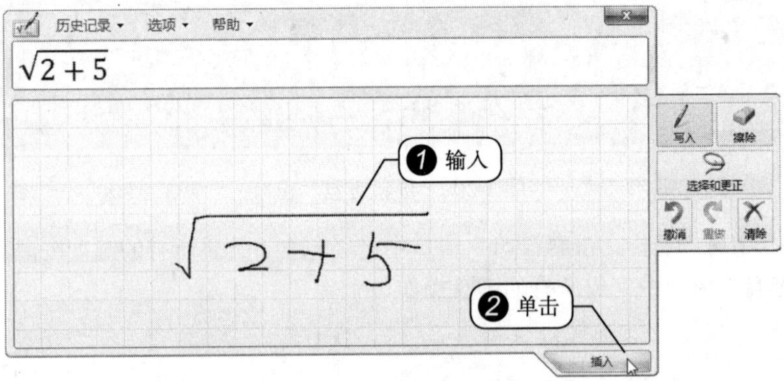

图 7-34 输入数学公式

7.8 使用 XPS 查看器阅读 XPS 文档

XPS 文档是微软公司为对抗 PDF 格式文档而开发的一种全新文档保存格式，而 XPS 查看器是微软公司的一款专门用于查看 .xps 格式文档的 PC 附件应用程序。“XPS 查看器”应用程序默认放在“应用”屏幕中，用户若需在桌面上查看 XPS 文档，通过该应用程序即可实现。其具体的操作步骤如下。

Step 01 按 2.5.1 节介绍的方法打开“应用”屏幕后，单击“XPS 查看器”按钮即可打开“XPS 查看器”应用程序，如图 7-35 所示。

Step 02 在“XPS 查看器”窗口菜单栏依次单击“文件 > 打开”命令，如图 7-36 所示。

图 7-35 单击“XPS 查看器”按钮

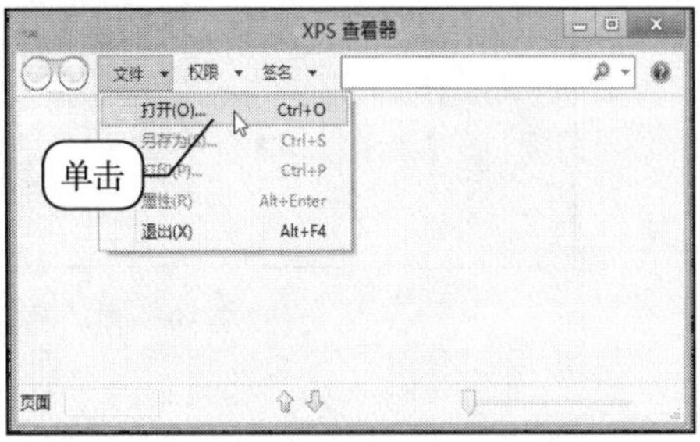

图 7-36 选择“打开”命令

Step 03 弹出“打开”对话框，❶ 在该对话框中单击需要查看的 XPS 文档，❷ 然后单击“打开”按钮，如图 7-37 所示。

Step 04 此时用户可以在“XPS 查看器”窗口中查看该 XPS 文档的具体内容，如图 7-38 所示。

图 7-37 打开 XPS 文档

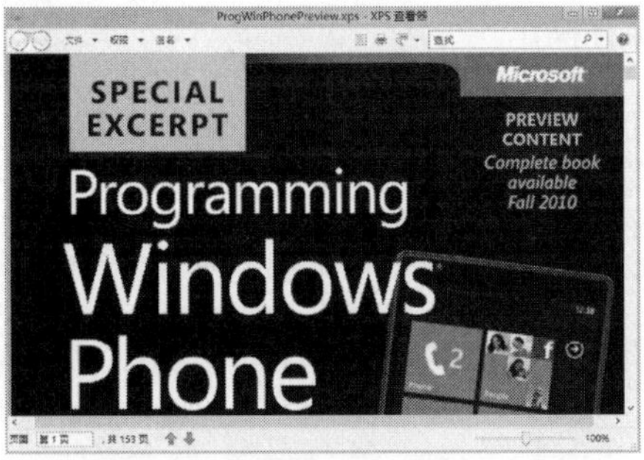

图 7-38 查看打开的 XPS 文档

7.9 使用写字板制作精美的文档

“写字板”应用程序是 Windows 操作系统自带的一款基础的文本处理软件。使用“写字板”应用程序用户可以创建、编辑、查看和打印文本文件。

借助“写字板”应用程序，用户可以撰写信笺、读书报告和其他简单文档，也还可以更改文档文字显示的外观、快速前后移动句子甚至是在段落、文档内部或文档之间复制 / 粘贴文本。

7.9.1 输入文本

同“记事本”应用程序一样，“写字板”应用程序同样是靠输入法进行文本文字的输入，用户按 7.1 节介绍的方法打开“写字板”应用程序后，直接使用输入法即可在“写字板”中输入文本，如图 7-39 所示。

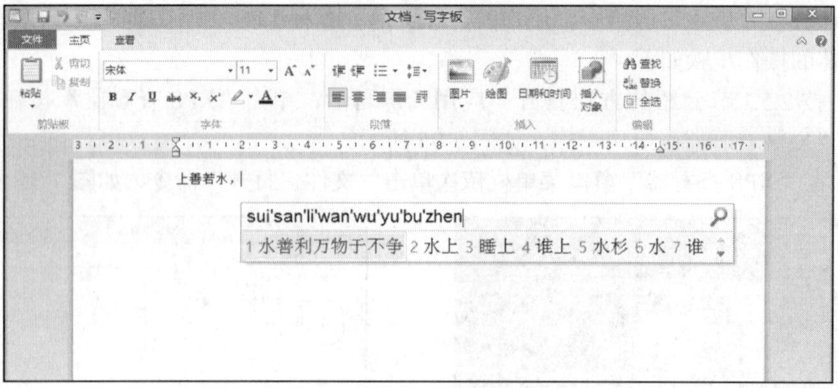

图 7-39　在“写字板”应用程序中输入文本

7.9.2　保存文档

待用户完成在“写字板”应用程序中的文本输入后，便可对输入的文本进行保存。在“写字板”应用程序中保存文档的方法非常简单，用户只需单击“写字板”窗口的快速启动工具栏中的“保存”按钮，如图 7-40 所示，然后在弹出的“保存为”对话框中选择保存位置、输入保存名称以及选择保存格式，如图 7-41 所示，最后单击“保存”按钮即可完成文档的保存操作。

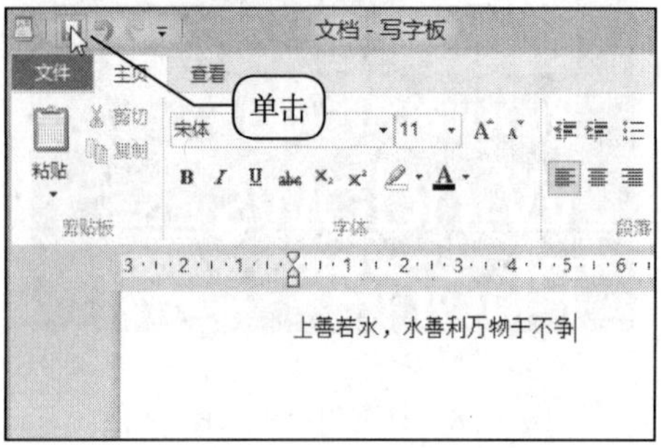

图 7-40　单击“保存”按钮

图 7-41　设置保存位置和格式

7.10　使用画图绘制简单的图形

“画图”应用程序是 Windows 自带的一款在桌面上运行的通过鼠标绘制简单图形的 PC 附件应用程序。

使用“画图”应用程序进行简单图形绘制的操作方法非常简单，首先用户按 7.1 节介绍的方法打开“画图”应用程序，如图 7-42 所示。然后用户便可直接使用鼠标在“画图”应用程序中绘制图像，❶ 若用户需绘制特定形状的图形只需单击功能区“主页”选项卡“形状”选项组中相应的图形形状，❷ 然后即可在“画图”窗口中通过拖动鼠标实现特定形状的绘制，如图 7-43 所示。“画图”应用程序的图片保存方法与“写字板”应用程序文档保存方法完全一样，故在此不再赘述。

图 7-42 单击“画图”按钮

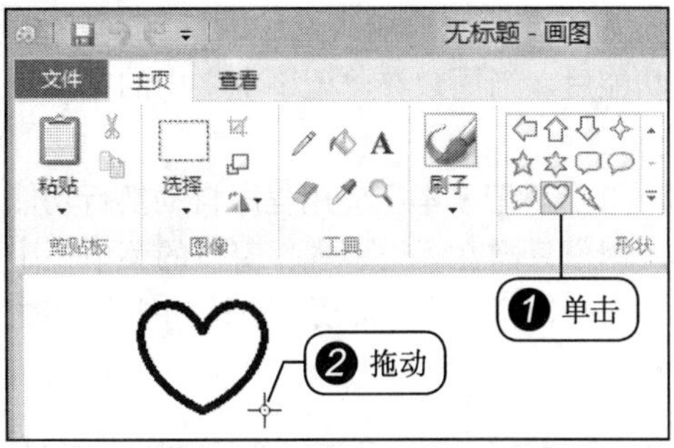

图 7-43 绘制简单图形

拓展解析

7.11 使用程序员计算器进行高级计算

程序员计算器就是“计算器”应用程序中的“程序员”型计算器类型。使用“程序员”型计算器可以很好地帮助程序员进行二进制、八进制、十进制以及十六进制的数学运算，同时也能非常方便地进行二进制、八进制、十进制以及十六进制间的数字转换。

由于“计算器”应用程序默认处于“标准型”计算器，用户需在菜单栏中依次单击“查看 > 程序员”命令切换计算器至“程序员”型计算器，如图 7-44 所示。在程序员计算器中用户选择需进行运算的数学进制后便可开始进行运算，单击“=”按钮即可获得最终计算结果，如图 7-45 所示。此时用户单击不同的数学进制便可对计算结果进行各进制之间的转换，如图 7-46 所示。

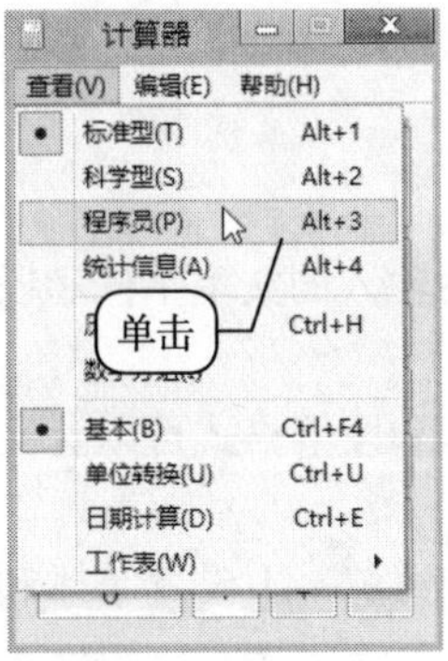

图 7-44 单击“程序员”命令

图 7-45 进行数学计算

图 7-46 对计算结果进行各进制间的转换

7.12 在记事本中让输入的文本自动换行

在“记事本”应用程序默认状态下，用户输入的文本是不会自动换行的，用户只能按【Enter】键进行手动换行。

为了方便用户输入操作，“记事本”应用程序为用户提供了一个自动换行的功能。开启该功能后，当用户在“记事本”中的文本输入到达窗口最右侧时，“记事本”应用程序将自动进行换行。

开启“记事本”应用程序自动换行功能的操作非常简单，用户只需在“记事本”窗口的菜单栏中依次单击“格式 > 自动换行”命令即可开启该功能，如图 7-47 所示。

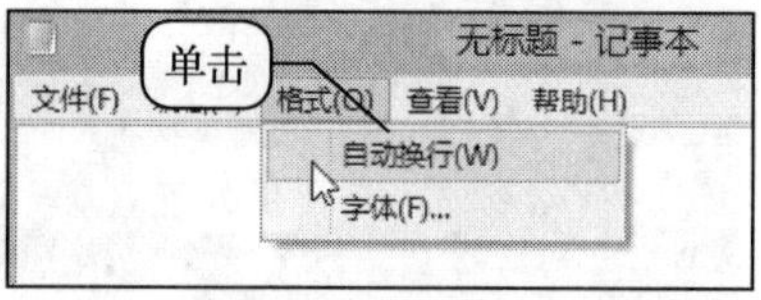

图 7-47　选择“自动换行”命令

7.13　轻轻松松更换便笺的底纹颜色

在 Windows 8 操作系统中，便笺的底纹颜色默认处于黄色。用户完全可以改变便笺的底纹颜色以便区分不同的记录信息，例如使用粉红色记录紧急事件的信息。

更换便笺底纹颜色的方法非常简单，用户只需在需要更换底纹的便笺上右击，然后在弹出的快捷菜单中单击需要更换的底纹颜色命令即可，例如单击“蓝”命令，如图 7-48 所示。此时用户便可发现便笺底纹已经变成了蓝色，如图 7-49 所示。

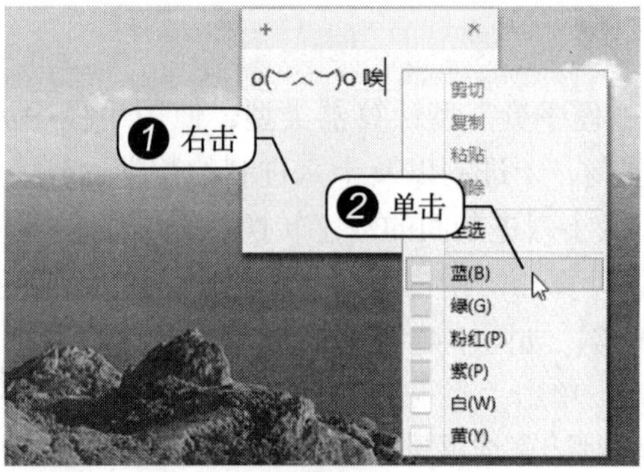

图 7-48　单击“蓝”命令

图 7-49　更换便笺底纹颜色后的效果

7.14　设置写字板中文本的字体 / 段落格式

“写字板”应用程序和传统的 Word 应用程序一样，都可以对其中输入的文本字体和段落格式进行设置。

用户在使用“写字板”应用程序进行文档制作时，通过设置字体和段落格式可以让文档更加美观、大方。

现在就以设置一篇复试通知单的文本和段落格式为例为大家详细讲解一下设置字体和段落格式的操作方法与步骤。

Step 01　当用户打开需要设置文本字体和段落格式的文档后，按【Ctrl + A】组合键将文档全文选中，❶ 然后单击功能区“主页”选项卡“字体”选项组中字体格式右侧的下三角按钮，❷ 在展开的下拉列表中选择合适的字体，如图 7-50 所示。

Step 02　❶ 单击“段落”选项组中的“行距”按钮，❷ 然后在展开的列表中选择合适的行距，例如选择 1.15 倍行距，如图 7-51 所示。

Step 03　❶ 选择需要调整段落对齐方式的文本后，❷ 单击“段落”选项组中的“居中”按钮，如图 7-52 所示。

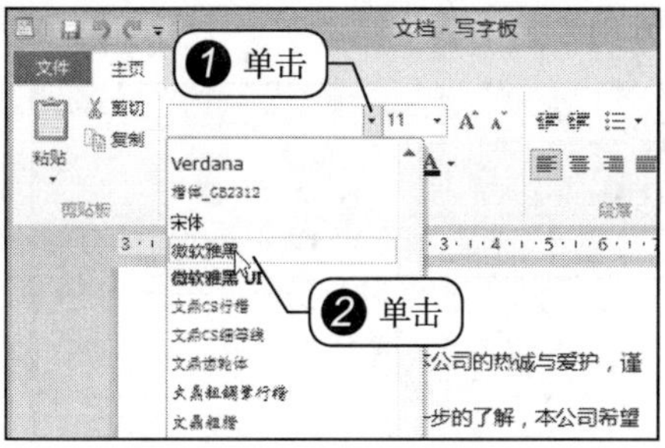

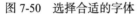

图 7-50 选择合适的字体

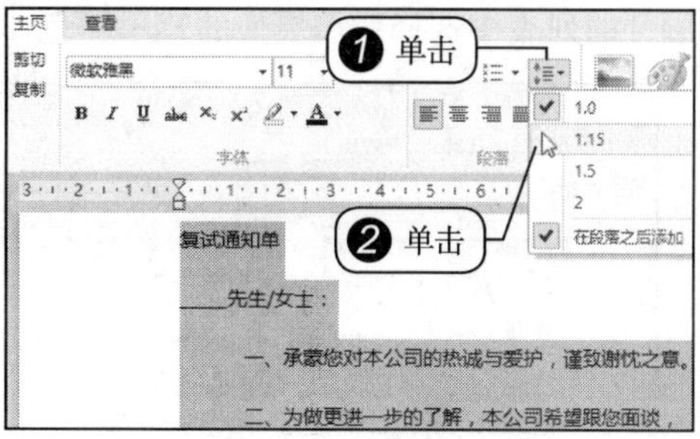

图 7-51 设置合适的行距

Step 04 ❶ 选择文章底部需要调整段落对齐方式的文本后，❷ 单击“段落”选项组中的“右对齐”按钮 ，如图 7-53 所示。

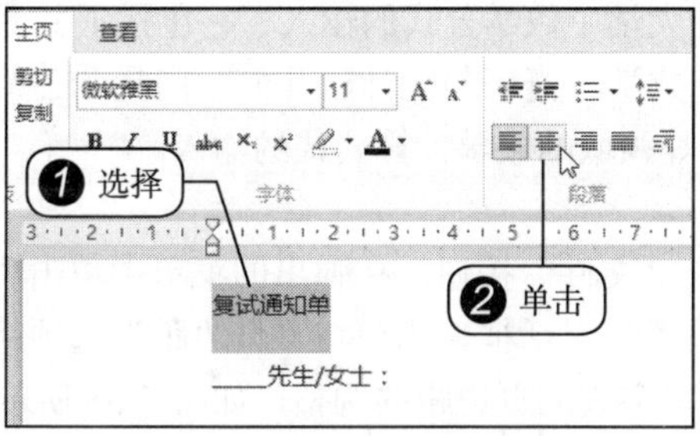

图 7-52 居中对齐文本

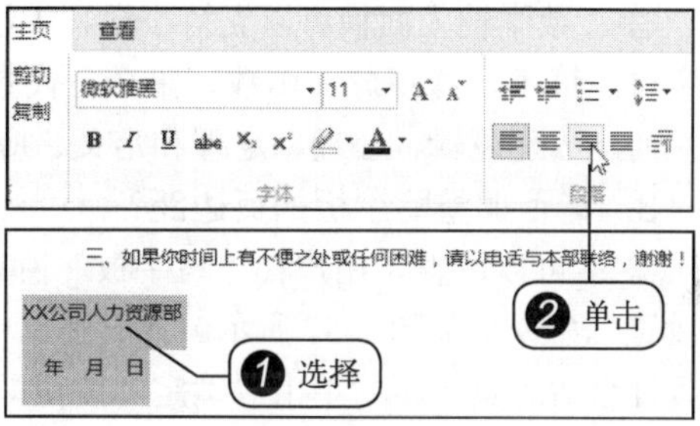

图 7-53 右对齐文本

Step 05 此时用户可看到最终的文档显示效果，如图 7-54 所示。

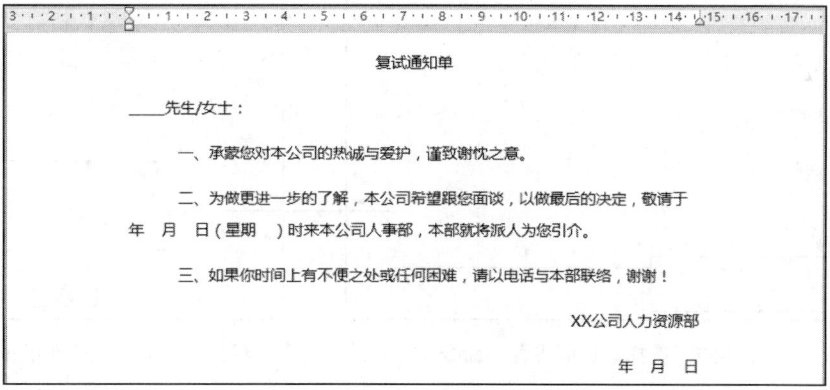
复试通知单

____先生/女士：

一、承蒙您对本公司的热诚与爱护，谨致谢忱之意。

二、为做更进一步的了解，本公司希望跟您面谈，以做最后的决定，敬请于 年 月 日（星期 ）时来本公司人事部，本部就将派人为您引介。

三、如果你时间上有不便之处或任何困难，请以电话与本部联络，谢谢！

XX公司人力资源部

年 月 日

图 7-54 文档最终的显示效果

新手疑惑解答

1. 能否更换“截图工具”中的笔墨颜色?

答：能够！用户在使用“截图工具”应用程序截取图片后可以直接在“截图工具”窗口中使用鼠标对截取的图片进行涂鸦，而此时涂鸦所使用的笔墨颜色同样是可以调整的。用户只需单击“截图工具”窗口工具栏中“画笔”按钮右侧的下三角按钮，如图 7-55 所示。然后在展开的列表中选择所需更换的笔墨颜色，如图 7-56 所示。

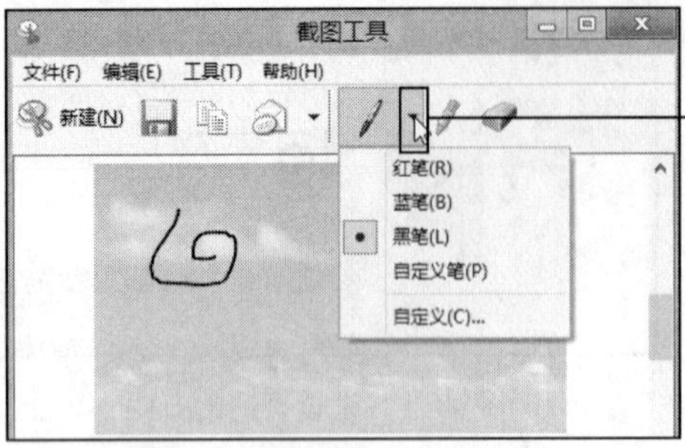

图 7-55　单击下三角按钮

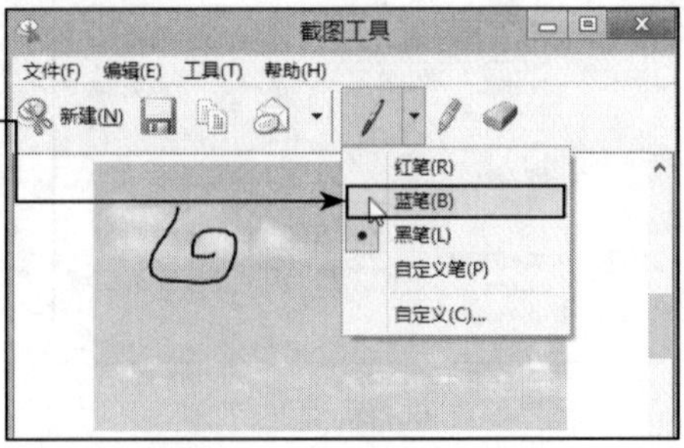

图 7-56　选择需要的颜色

2. 数学输入面板支持哪些数学领域？

答：数学输入面板可以支持小学、中学甚至是大学中数学公式的输入。它包括了：数字和字母、算术、微积分、函数、集合、代数、组合数学、概率与统计、几何、向量和三维解析几何、数理逻辑、公理、定理和定义、应用数学等领域的数学计算公式的输入。

3. 能否调整写字板的页边距？

答：可以调整！用户在“写字板”窗口中单击“文件”按钮，在弹出的菜单中单击“页面设置”命令，如图 7-57 所示。此时弹出“页面设置”对话框，用户在“页边距”选项组中设置好合适的页边距后单击“确定”按钮即可完成写字板的页边距的调整，如图 7-58 所示。

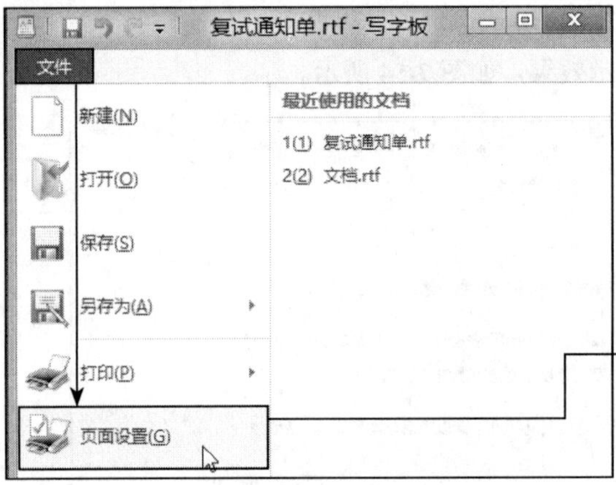

图 7-57　选择“页面设置”命令

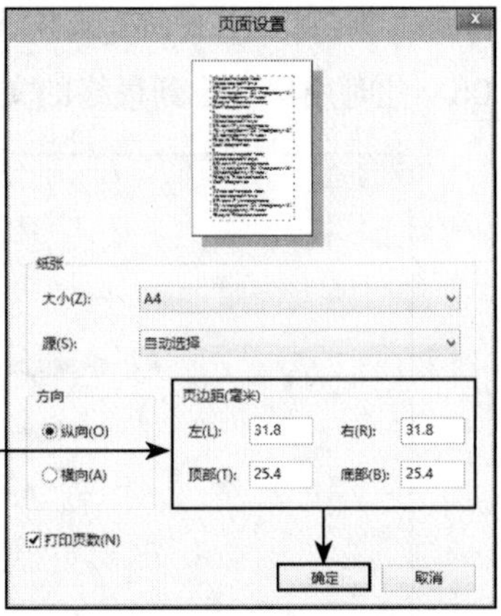

图 7-58　完成页边距的调整

第8章

Windows 8多媒体娱乐

本章知识点：

☑ 使用 Windows Media Player 播放音乐和电影

☑ 使用 Windows Media Center 播放歌曲和查看图片

☑ 使用照片查看器查看和编辑照片

☑ 使用 Windows Movie Maker 制作家庭电影

☑ 在 Windows Media Center 中观看在线节目

随着电脑科技的进步和计算机的普及，越来越多的人喜欢在电脑上播放音乐和电影，这些都是多媒体技术的飞速发展带给用户最直观的感受。Windows 8 操作系统中的多媒体娱乐包括播放音乐和电影、照片查看与编辑、刻录 DVD 和制作家庭电影。

基础讲解

8.1　使用 Windows Media Player 播放音乐和电影

Windows Media Player 应用程序是微软公司发布的一款免费的音乐 / 视频播放软件，使用该软件用户可以播放 MP3、WMA、WAV 等格式的音乐文件以及 AVI、WMV、MPEG-1、MPEG-2、DVD 等视频编码标准的视频文件。

8.1.1　播放音乐和电影

在 Windows 8 操作系统中，Windows Media Player 应用程序和操作系统被深度整合在一起，用户可直接在右击鼠标后弹出的快捷菜单中选择使用其进行播放。

例如在需播放的音乐文件上右击，然后在弹出的快捷菜单中单击“使用 Windows Media Player 播放”命令，如图 8-1 所示。此时系统将自动启动“Windows Media Player”应用程序播放该音乐文件，如图 8-2 所示。

图 8-1　选择“使用 Windows Media Player 播放”命令

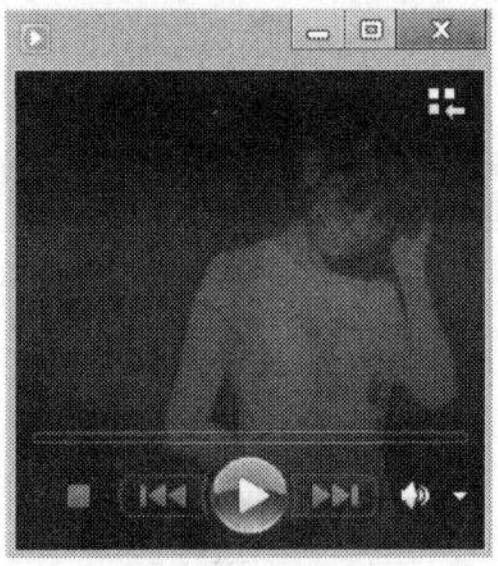

图 8-2　正在播放音乐

使用 Windows Media Player 播放电影视频的操作和播放音乐有点差异，用户右击需播放的视频文件后，在弹出的快捷菜单中依次单击“打开方式 >Windows Media Player”命令，如图 8-3 所示。此时系统将自动启动 Windows Media Player 应用程序播放该视频文件，如图 8-4 所示。

图 8-3　选择“Windows Media Player”命令

图 8-4　正在播放视频

8.1.2 在线试听音乐

Windows Media Player 应用程序还有一个在线试听音乐的功能，用户可以在 Windows Media Player 的在线商店中进行音乐的试听，具体的操作步骤如下。

Step 01 在“Windows Media Player”窗口中单击“挖挖哇”按钮，即可进入“挖挖哇”在线音乐商店，如图 8-5 所示。

Step 02 在“挖挖哇”在线音乐商店中，用户必须登录后才能进行音乐在线试听，所以单击“登录”链接，如图 8-6 所示。

图 8-5　登录“挖挖哇”在线音乐商店

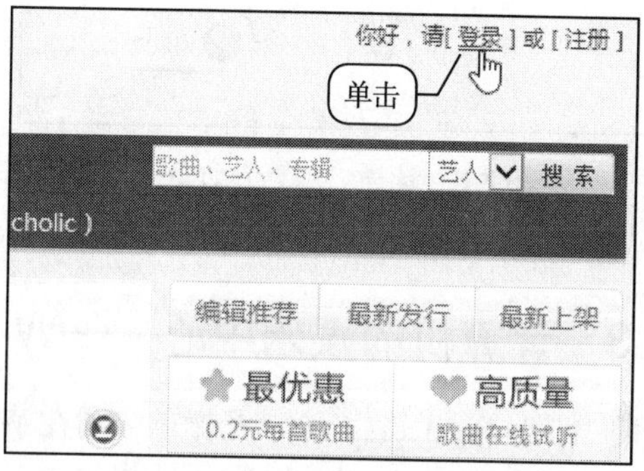

图 8-6　单击“登录”链接

Step 03 在切换至的“用户登录”页面中，❶ 输入用户名和密码后，❷ 单击“登录”按钮，如图 8-7 所示。

Step 04 返回至“挖挖哇”在线音乐商店主页面，单击欲播放的音乐文件左侧的“播放”按钮，即可开始在线试听该音乐，如图 8-8 所示。

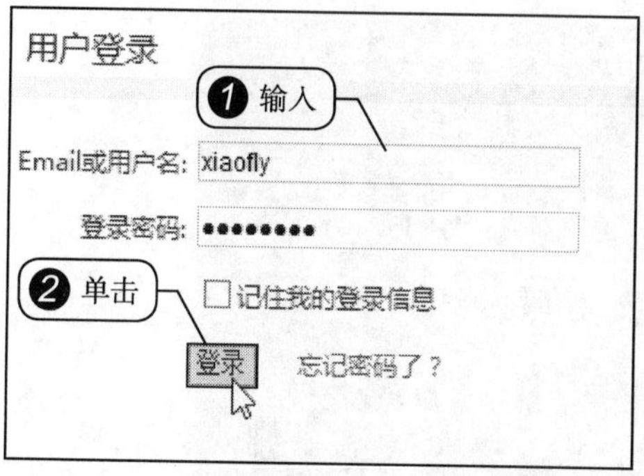

图 8-7　登录“挖挖哇”在线音乐商店

图 8-8　在线试听音乐

8.2 使用照片查看器查看照片

Windows 照片查看器应用程序是 Windows 8 操作系统自带的两种图片查看应用程序中的一种。6.5 节为用户介绍了其中的一种，而另一种图片查看应用程序就是本节要介绍的“Windows 照片查看器”应用程序。

由于在 Windows 8 操作系统中，微软公司并没有将照片查看器设置为系统默认的图片查看软件，所以需要在快捷菜单中选择使用照片查看器。具体的方法是：用户在需要使用照片查看器进行图片查看的图片文件上右击，然后在弹出的快捷菜单中单击“预览”命令，如图

8-9 所示。此时系统将自动启动“照片查看器”应用程序并将在其中显示该图片文件的内容，如图 8-10 所示。此时单击“下一个”按钮即可查看同一文件夹中的下一张照片。

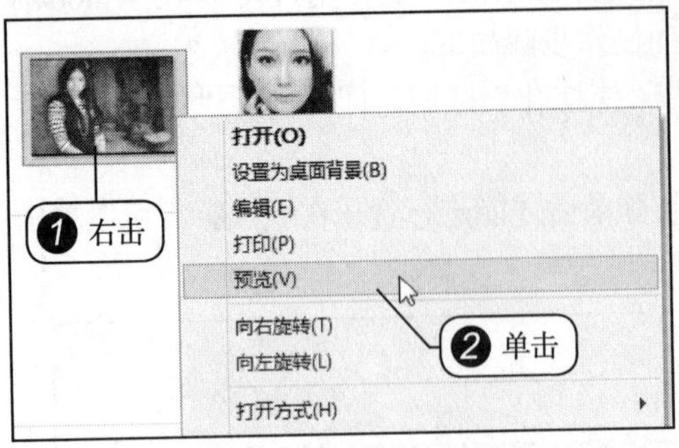

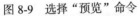

图 8-9 选择“预览”命令

图 8-10 在“Windows 照片查看器”窗口中查看图片

8.3 计算机的娱乐中心——Windows Media Center

Windows Media Center 是微软公司在 Windows Vista 操作系统中推出的一款多媒体应用程序，Windows Media Center 除了能提供“Windows Media Player”应用程序的全部功能外，还为用户提供了查看图片的功能。

在 Windows 8 操作系统中，Windows Media Center 并没有被内置于其中，用户需通过购买附加软件包的方式进行购买安装。Windows Media Center 在 Windows 8 操作系统中的运行界面如图 8-11 所示。

图 8-11 “Windows Media Center”运行界面

8.3.1 播放歌曲

Windows Media Center 作为使用 Windows 操作系统的电脑娱乐中心，其为用户提供了强大的音乐播放功能。

在 Windows 8 操作系统中，单单是可用于音乐文件播放的软件就有 3 个：Windows Media Player、Windows Media Center 和“音乐”Metro 应用程序，系统默认的是由“音乐”Metro 应用程序播放电脑中的音乐文件。当用户希望使用其他音乐播放软件进行音乐文件的播放时，必选到底是使用哪个播放软件进行播放，若不选，系统将使用默认播放软件进行播放。现在就为大家介绍一下在 Windows 8 操作系统中直接使用 Windows Media Center 播放音乐的操作步骤与方法。

当用户选择要播放的音乐文件后，右击该音乐文件，然后在弹出的快捷菜单中依次单击“打开方式 >Windows Media Center”命令，如图 8-12 所示。此时系统将自动打开 Windows Media Center 应用程序播放该音乐文件，如图 8-13 所示。

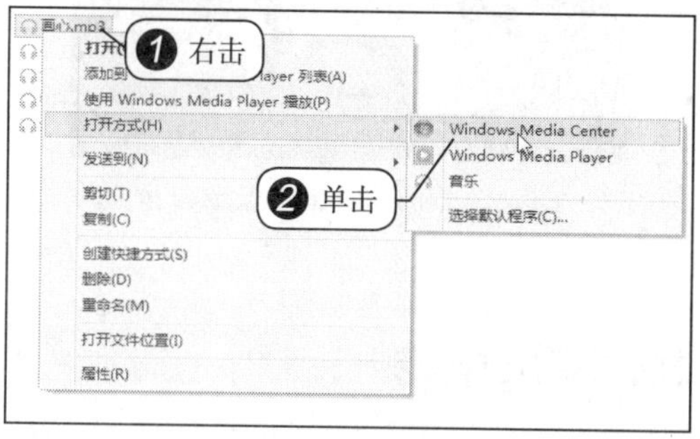

图 8-12　选择“Windows Media Center”命令

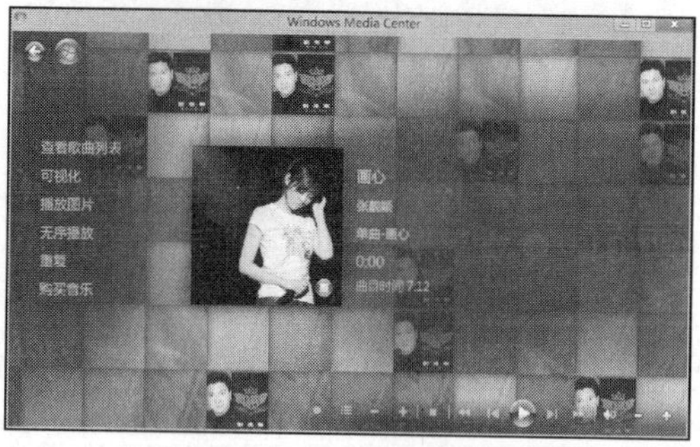

图 8-13　正在播放音乐文件

8.3.2　查看照片

查看照片是 Windows Media Center 的另一个非常重要的功能，它可以帮助用户查看位于电脑中的照片文件。使用 Windows Media Center 查看照片的操作和使用 Windows 照片查看器的方法相似，但 Windows Media Center 的功能更加强大。其具体操作步骤如下。

Step 01　❶ 在电脑中右击需要查看的照片，❷ 然后在弹出的快捷菜单中依次单击“打开方式 >Windows Media Center”命令，如图 8-14 所示。

Step 02　系统自动打开“Windows Media Center”窗口，在窗口中用户可看到 Step01 中右击图片所在文件夹中所有图片的缩略图，单击需查看的图片缩略图，如图 8-15 所示。

图 8-14　选择“Windows Media Center”命令

图 8-15　单击欲查看的图片缩略图

Step 03　用户可在 Windows Media Center 窗口中显示用户选择查看的照片的完整内容，单击“下一张”按钮，如图 8-16 所示。

Step 04　此时 Windows Media Center 将切换为下一张照片，如图 8-17 所示。

提示：使用 Windows DVD Maker 刻录 DVD 光盘

在历代 Windows 操作系统中 Windows DVD Maker 一直是一个非常重要的内置 DVD 制作与刻录软件。使用 Windows DVD Maker 可以将视频和图片整合制作成具有专业外观的视频 DVD，用户可以将该 DVD 在任何 DVD 播放机上播放。

Windows DVD Maker 与其他 DVD 刻录软件最大的不同在于可以自定义 DVD 菜单样式和文本，这样可以使得用户制作的 DVD 更具个性化。

图 8-16　单击“下一张”按钮

图 8-17　切换显示下一张照片

8.4　使用 Windows Movie Maker 制作家庭电影

Windows Movie Maker 是 Windows 操作系统中一款简单的视频剪辑软件，用户可以在 Windows Movie Maker 中将音频、视频和图片有机地结合在一起并附加合适过渡效果。Windows Movie Maker 使用方便、操作简单适合没有任何视频剪辑经验的用户使用。

图 8-18　Windows Movie Maker 位于“开始”屏幕中的程序磁块

Windows Movie Maker 并非是系统自带的软件，用户需从 Internet 上下载到本地并安装后才能使用该软件。Windows Movie Maker 被成功安装至 Windows 8 操作系统后，在“开始”屏幕中的程序磁块如图 8-18 所示。

8.4.1　导入音频、视频和图片

Windows Movie Maker 支持的视频文件格式有：.asf、.avi、.wmv、.MPEG1、.mpeg、.mpg、.m1v、.mp2、.asf、.wm、.wma 及 .wmv。支持的音频文件格式有：.wav、.snd、.au、.aif、.aifc、.aiff 及 .mp3。支持的图片格式有：.bmp、.jpg、.jpeg、.tiff、.tif 及 .gif。用户可以充分运用这些不同格式的资源制作属于自己的家庭电影。

接下来就详细介绍一下在 Windows Movie Maker 中导入音频、视频和图片的具体操作方法与步骤。

Step 01　在 Windows 8 操作系统任何界面中按【Win】键返回“开始”屏幕，单击 Windows Movie Maker 程序磁块（Windows Movie Maker 被成功安装在电脑中），如图 8-19 所示。

Step 02　打开 Windows Movie Maker 窗口后，单击窗口左侧的“导入视频”链接，如图 8-20 所示。

Step 03　弹出“导入文件”对话框，❶ 在对话框中找到并单击需导入的视频文件后，❷ 单击“导入”按钮，如图 8-21 所示。

Step 04　此时用户可在弹出的“导入”对话框中看到当前的导入进度，如图 8-22 所示。

Step 05　返回 Windows Movie Maker 窗口，单击窗口左侧的“导入图片”链接，如图 8-23 所示。

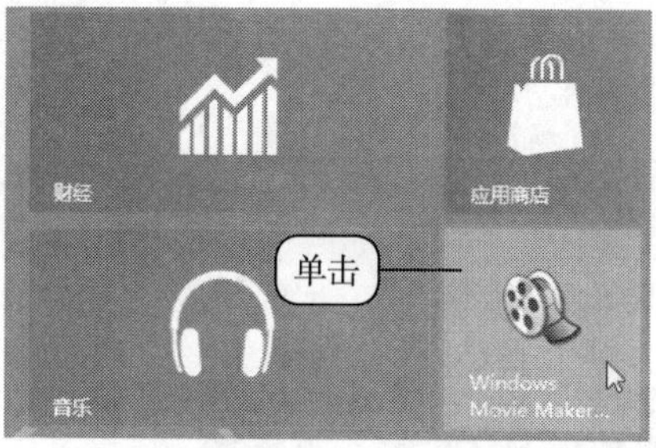

图 8-19　单击 Windows Movie Maker 程序磁块

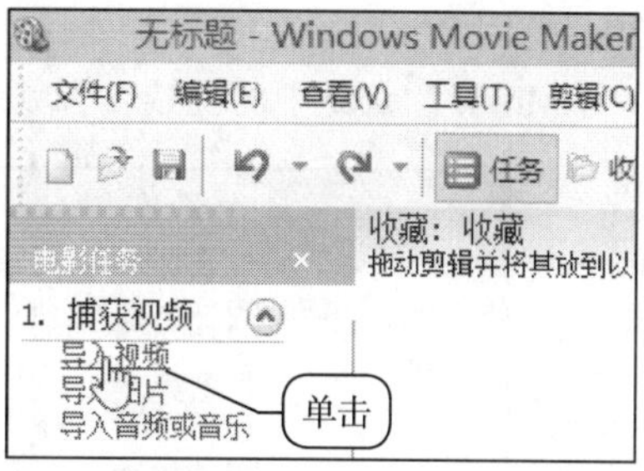

图 8-20　单击“导入视频”链接

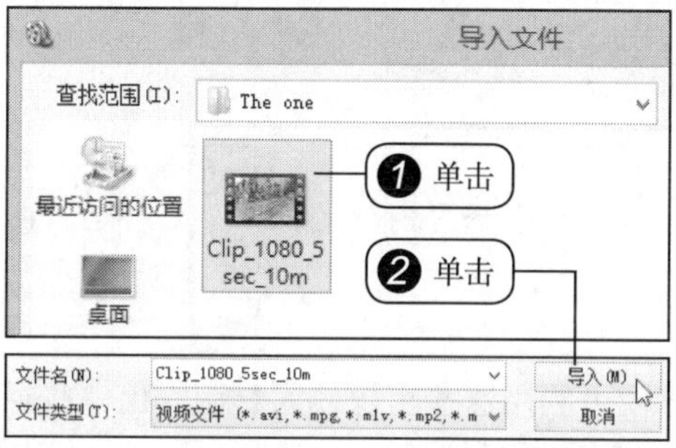

图 8-21　选择要导入的视频文件

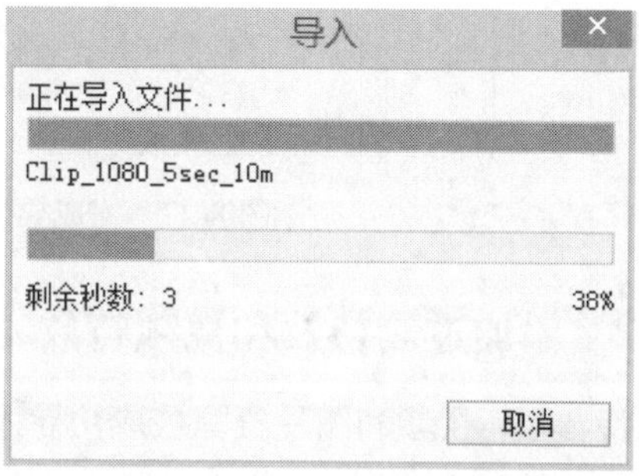

图 8-22　当前的导入进度

Step 06　弹出“导入文件”对话框，❶ 在对话框中按住【Ctrl】键不放依次单击需导入的图片文件后，❷ 单击“导入”按钮，如图 8-24 所示。

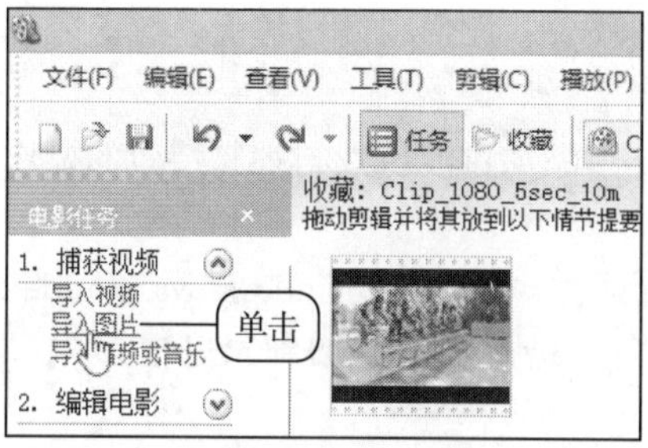

图 8-23　单击“导入图片”链接

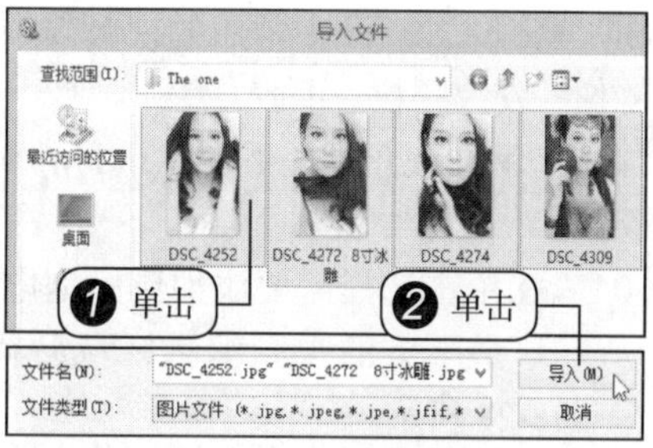

图 8-24　导入图片文件

Step 07　再次返回 Windows Movie Maker 窗口，单击“导入音频或音乐”链接，如图 8-25 所示。

Step 08　弹出“导入文件”对话框，❶ 按 Step06 介绍的方法选中要导入的文件后，❷ 单击“导入”按钮，如图 8-26 所示。

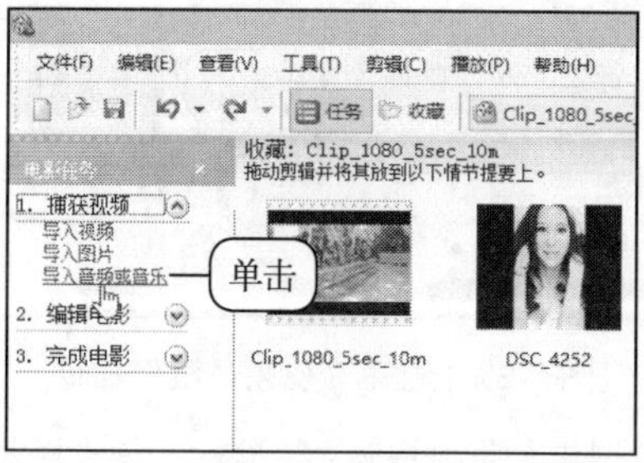

图 8-25　单击“导入音频或音乐”链接

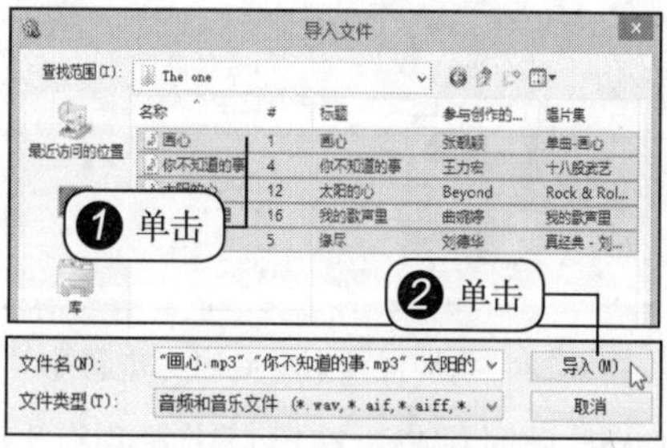

图 8-26　导入音频文件

Step 09 返回 Windows Movie Maker 窗口，此时用户可从窗口中看到已经被导入 Windows Movie Maker 中的视频、音频以及图片，如图 8-27 所示。

图 8-27　完成导入音频、视频和图片后的效果

8.4.2　添加过渡特效和视频特效

待音频、视频和图片资源被成功导入后，用户便可利用这些多媒体素材制作出一些视频片段。而在不同的视频片断间用户还可以添加视频过渡和视频特效。

视频过渡是指在两个不同显示画面间切换时显示的过渡特效，常用的视频过度特效有：擦除、拆分、淡化、对角线、翻转、粉碎、滚动、滑动、蝴蝶结、卷页、填充、消隐等。

而视频特效则是指视频在播放时所显示的特殊效果例如淡入淡出、缓慢变大等，在 Windows Movie Maker 中常用的视频效果有：淡出、淡入、放慢、缓慢放大、缓慢变小、加速、镜像、胶片颗粒、旧胶片等。

接下来就详细介绍一下在 Windows Movie Maker 中添加过渡特效与视频特效的操作方法与步骤。

Step 01 ❶ 单击选择需要添加到家庭电影中的视频素材，❷ 拖到 Windows Movie Maker 窗口最下方的视频编辑区域后释放，即可将该视频素材添加到家庭电影中，如图 8-28 所示。

Step 02 使用同样的方法添加一个图片素材到家庭电影中，再在 Windows Movie Maker 窗口菜单栏依次单击“工具 > 视频过渡”命令，如图 8-29 所示。

图 8-28　添加视频素材到家庭电影中

图 8-29　选择“视频过渡”命令

Step 03 此时用户可在窗口中看到有大量的视频过渡特效供用户选择，❶ 单击选择某个喜欢的视频特效，❷ 拖到视频编辑区两个视频素材间的长方形区域后释放，即可将

该视频过渡效果添加到家庭电影中，如图 8-30 所示。

Step 04　在菜单栏中依次单击“工具 > 视频效果”命令，如图 8-31 所示。

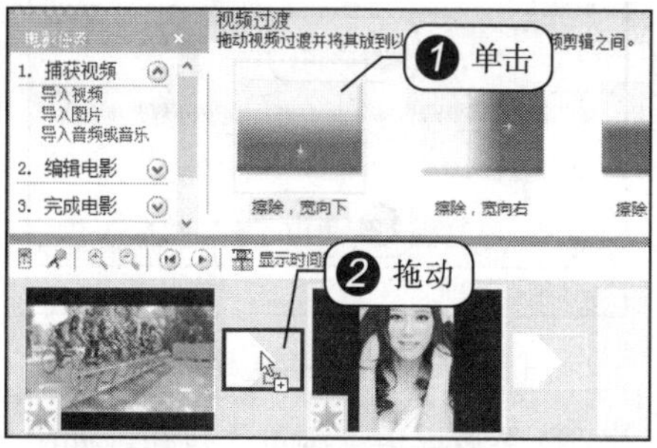

图 8-30　添加视频过渡效果

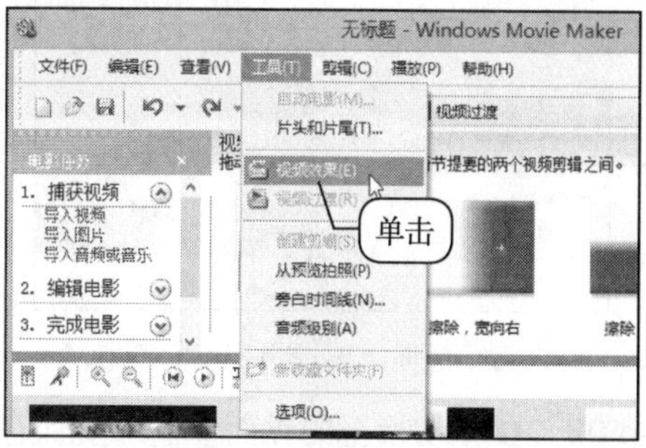

图 8-31　选择“视频效果”命令

Step 05　此时用户可按照 Step03 介绍的方法，将喜欢的视频效果拖到需添加视频效果的视频素材左下角的五角星区域，如图 8-32 所示。

Step 06　待视频过渡特效和视频特效都添加完成后，用户可单击 Windows Movie Maker 窗口左下角的视频播放区域的“播放”按钮，预览添加过渡特效和视频特效后的家庭电影，如图 8-33 所示。

图 8-32　添加视频效果

图 8-33　预览添加过渡特效和视频特效后的家庭电影

8.4.3　发布电影

待用户使用导入的素材以及系统提供的视频过渡和效果剪辑成一部完整的视频后，便可以将制作完成的视频保存为可播放的电影文件发布到网络中供更多人欣赏。

使用 Windows Movie Maker 可以保存为两种不同类型的文件：项目文件和电影文件。项目文件包含了有关视频素材的排列信息以及音频和视频剪辑、视频过渡、视频效果等信息。项目文件中并不包含实际的音频、视频和图片文件，而是保存了它们的路径信息，所以一般项目文件所需磁盘空间不会太大。

而电影文件则是 Windows Movie Maker 将用户制作的项目文件和使用的具体多媒体素材相结合重新编译为可播放的视频文件。与项目文件不同，项目文件打开后仍可以从上次保存的位置继续进行编辑，而电影文件则不能进行编辑了。

下面为大家详细介绍从 Windows Movie Maker 中发布电影的具体操作方法与步骤。

Step 01　待用户在 Windows Movie Maker 中将家庭电影剪辑好后，在菜单栏中依次单击“文件 > 保存电影文件”命令，如图 8-34 所示。

Step 02　打开“保存电影向导”对话框，选择要保存电影的位置，如单击“我的电脑”按钮，然后单击“下一步”按钮，如图 8-35 所示。

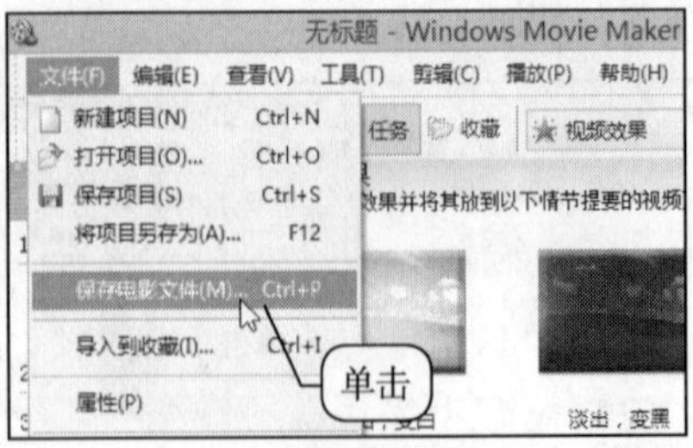

图 8-34 选择“保存电影文件”命令

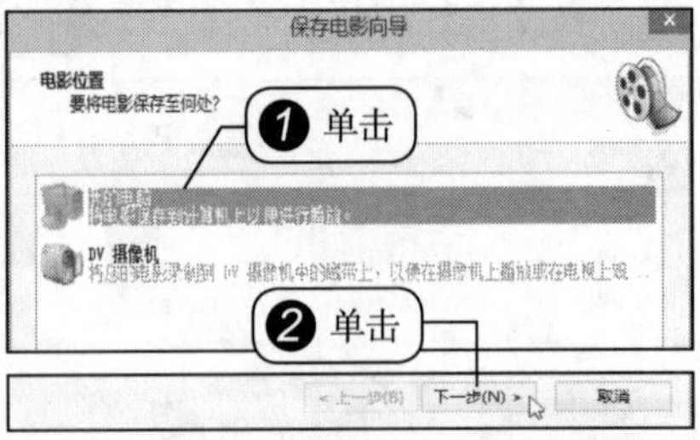

图 8-35 选择保存电影的位置

Step 03 ❶ 在切换至的界面中输入要保存的电影名称，❷ 然后单击“浏览”按钮，如图 8-36 所示。

Step 04 弹出“浏览文件夹”对话框，在对话框中单击选择合适的保存位置，❶ 例如桌面，❷ 然后单击“确定”按钮，如图 8-37 所示。

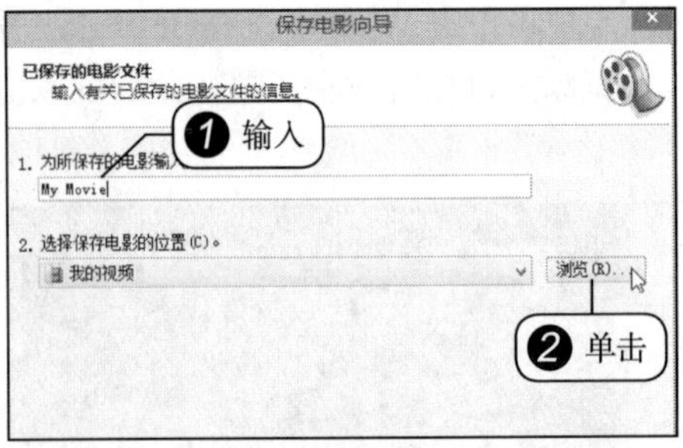

图 8-36 输入要保存的电影名称

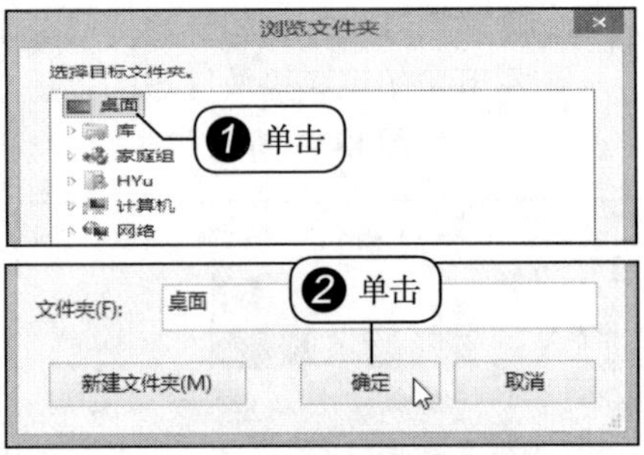

图 8-37 选择保存位置

Step 05 返回“保存电影向导”对话框，确认电影名称和保存位置无误后，单击“下一步”按钮，如图 8-38 所示。

Step 06 切换至“电影设置”界面，在界面中保持默认设置不变（这种设置可保证编译速度和完成后视频播放效果间的平衡），单击“下一步”按钮，如图 8-39 所示。

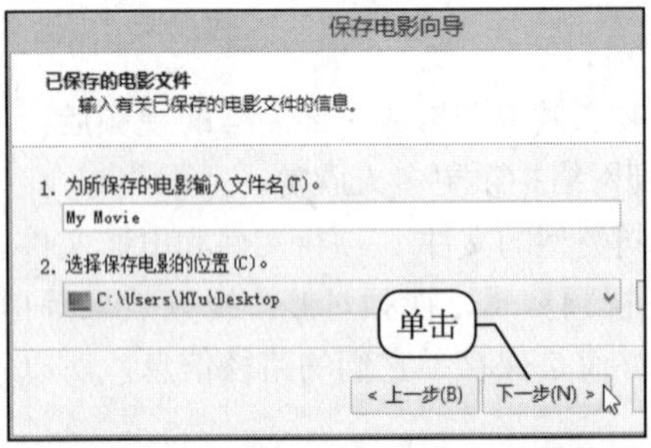

图 8-38 确认电影名称和保存位置

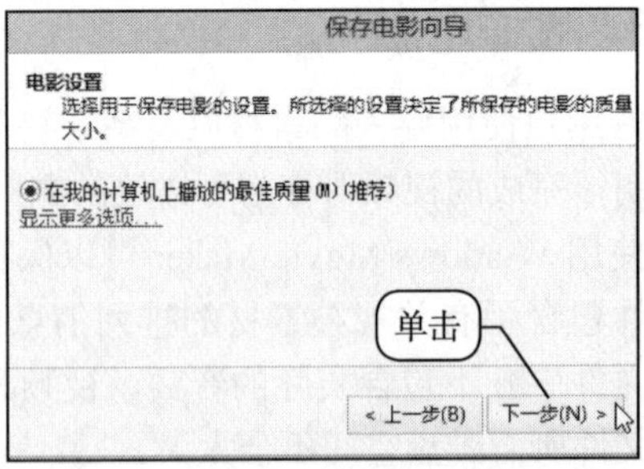

图 8-39 保持默认设置不变

Step 07 此时 Windows Movie Maker 将开始编译和保存剪辑的家庭电影，用户可在对话框中看到实时的进度条信息，如图 8-40 所示。

Step 08 当进度达到 100% 时将切换至新的界面，在新的界面中单击“完成”按钮即可完成电影文件的保存操作，如图 8-41 所示。此时用户便可将该电影文件发布到网络中供人们播放观看。

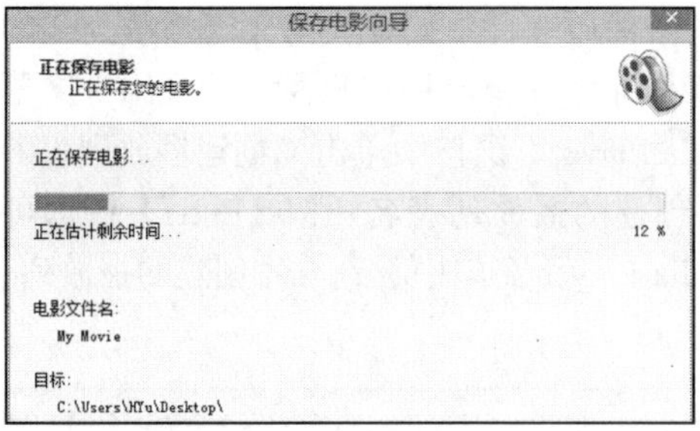

图 8-40　正在保存电影文件

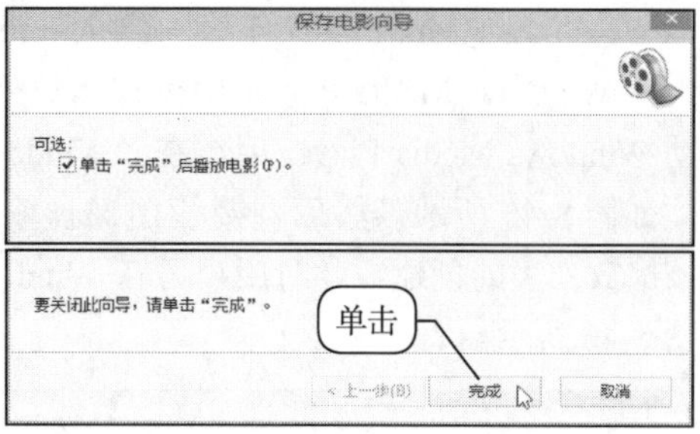

图 8-41　完成电影文件的保存

拓展解析

8.5　使用 Windows 照片查看器简单编辑照片

在 Windows 8 操作系统中，Windows 照片查看器并不只有单一的照片查看功能，用户还可以使用其进行简单的照片编辑操作。

“Windows 照片查看器”应用程序只有“删除”和“图片旋转”两个照片编辑功能，体现在“Windows 照片查看器”窗口中的则是“逆时针旋转”、“顺时针旋转”和“删除”3 个功能按钮。

若用户发现有图片的显示方向有问题需向某个方向旋转时，单击相应旋转按钮即可。此处单击“逆时针旋转”按钮，如图 8-42 所示。待照片显示方向正常后当用户关闭“Windows 照片查看器”窗口或单击“上一张”/“下一张”按钮时，Windows 照片查看器将自动保存用户对照片所做的编辑修改，如图 8-43 所示。若用户需删除图片时，只需单击“删除”按钮即可完成该照片的删除操作，如图 8-44 所示。

图 8-42　单击“逆时针旋转”按钮

图 8-43　正在保存编辑后的照片

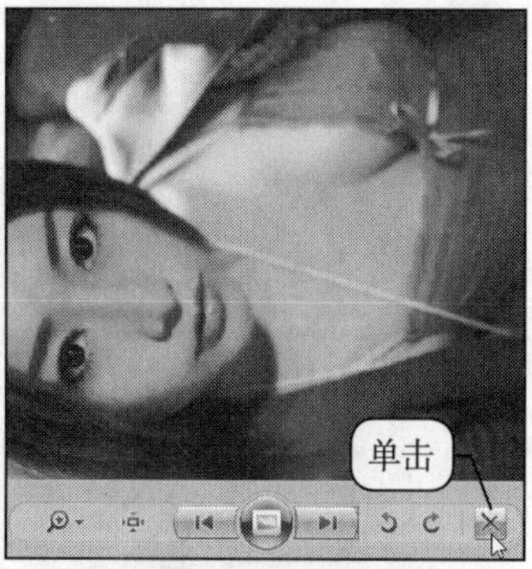

图 8-44　删除照片

8.6　在 Windows Media Player 中创建播放列表

播放列表是绝大多数音乐播放软件必备的音乐播放菜单，通过该播放列表，音乐播放软件可以知道需要播放哪些音乐以及按何种顺序播放。

Windows Media Player 作为一款全球流行的音乐播放软件，同样支持创建播放列表的操作。在 Windows Media Player 中创建播放列表的操作非常简单，用户只需在“应用”屏幕中启动 Windows Media Player 后，在“Windows Media Player”窗口中单击“创建播放列表”按钮，如图 8-45 所示，然后直接使用键盘输入将要创建的播放列表名，按【Enter】键即可完成该播放列表的创建，此时用户可在 Windows Media Player 窗口中看到方才创建的播放列表，如图 8-46 所示。

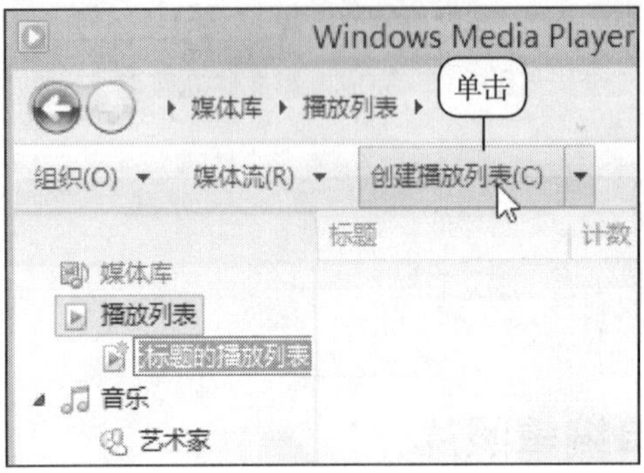

图 8-45 单击“创建播放列表”按钮

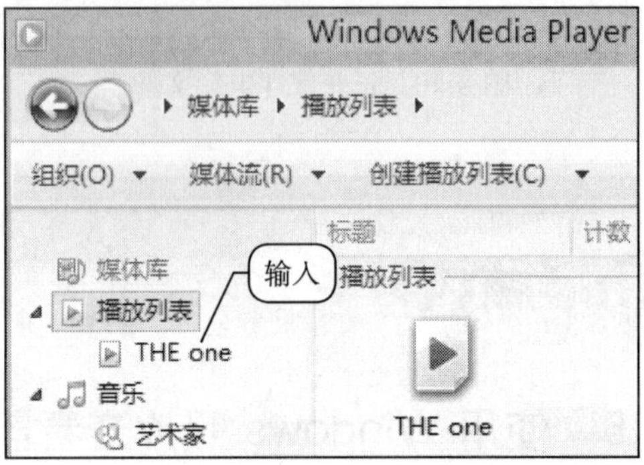

图 8-46 完成播放列表的创建

8.7 在 Windows Media Center 中观看在线节目

所谓的 Windows Media Center 在线节目实际上就是 Internet TV（互联网视频）。互联网视频是 Windows Media Center 的一个在线视频服务，它提供热播电视节目、电影、预告片和剪辑的免费在线播放。接下来就为大家详细介绍在 Windows Media Center 中观看在线节目具体的操作方法与步骤。

Step 01 在 Windows Media Center 主界面中单击“电视”选项中的“互联网视频”按钮，如图 8-47 所示。

Step 02 切换至“免费观看互联网视频”界面，直接单击“安装”按钮确认下载安装互联网视频模块，如图 8-48 所示。

图 8-47 单击“互联网视频”按钮

图 8-48 单击“安装”按钮确认下载视频模块

Step 03 此时用户可在 Windows Media Center 窗口右下角看到互联网视频模块下载安装的进度，如图 8-49 所示。

Step 04 待下载安装完成后 Windows Media Center 自动切换至“互联网视频”界面，单击需要观看的网络电视板块中的“点击进入”按钮，如图 8-50 所示。接下来用户只需按照提示操作即可观看在线节目。

图 8-49　下载安装进度

图 8-50　单击“点击进入”按钮

新手疑惑解答

1. 能否将 Windows Media Player 设为文件的默认播放器?

答：可以！用户只需在文件上右击，然后在弹出的快捷菜单中依次单击“打开方式 > 选择默认程序”命令，如图 8-51 所示，然后在弹出的“你要如何打开这个文件？”对话框中单击 Windows Media Player 按钮，即可将 Windows Media Player 设置为文件的默认播放器，如图 8-52 所示。

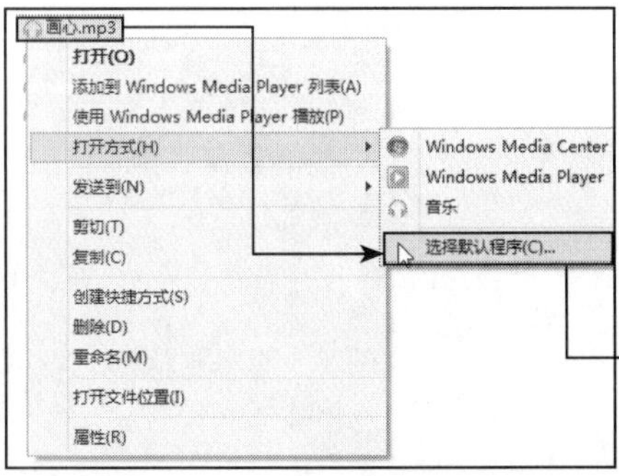

图 8-51　单击“选择默认程序”命令

图 8-52　设置默认播放器

2. 使用 Windows Media Center 播放音乐时，为什么不显示唱片信息?

答：Windows Media Center 在默认设置情况下只有在歌曲开始和结束时才会显示唱片信息，在播放过程中是不显示唱片信息的。用户也可以通过设置让 Windows Media Center 始终显示唱片信息，具体的设置方法为：打开 Windows Media Center 后在主界面中单击“任务”选项组中的“设置”按钮，如图 8-53 所示。接着在切换至的“设置”界面中单击“音乐”按钮，如图 8-54 所示。切换至“音乐”界面，单击“正在播放”按钮，如图 8-55 所示。在“正在播放”界面的“在可视化效果中显示歌曲信息”选项组中单击选中“始终”单选按钮，最后单击“保存”按钮即可完成整个设置，如图 8-56 所示。

3. DVD +RW/-RW 和 DVD +R/-R 可录制 DVD 之间有什么区别?

答：DVD+RW 是由日本 SONY、荷兰 PHILIPS、日本 RICHO 以及美国 HP 这几家公司共同推出的一种强调和其他 DVD 规格具有互换性的 DVD 规格。

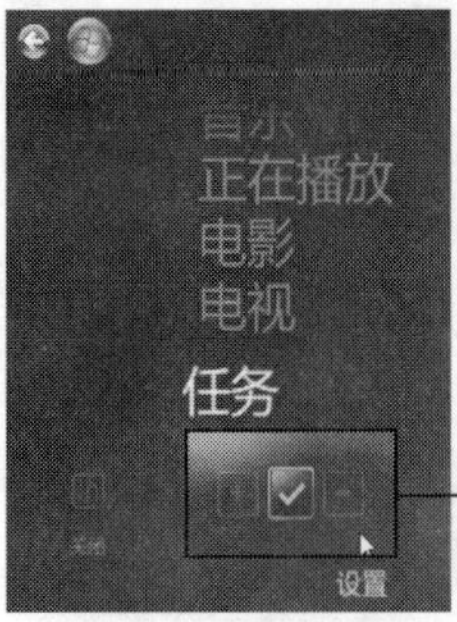

图 8-53 单击“设置”按钮

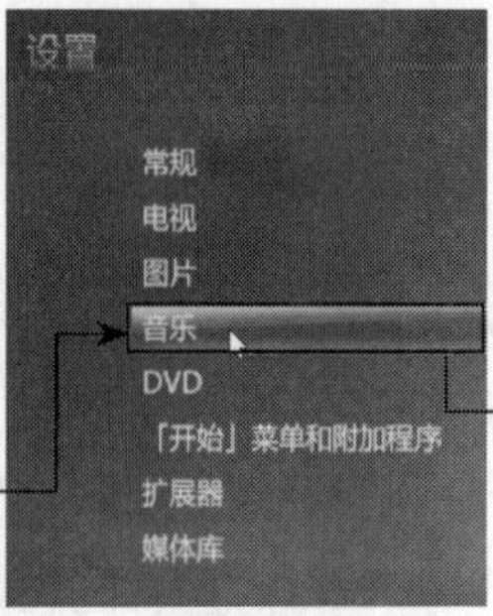

图 8-54 单击“音乐”按钮

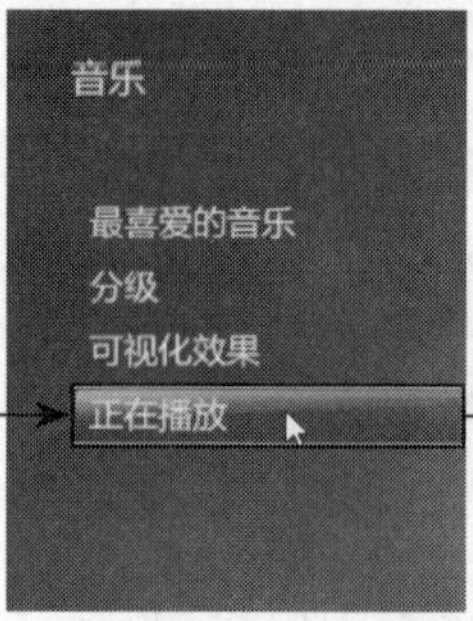

图 8-55 单击“正在播放”按钮

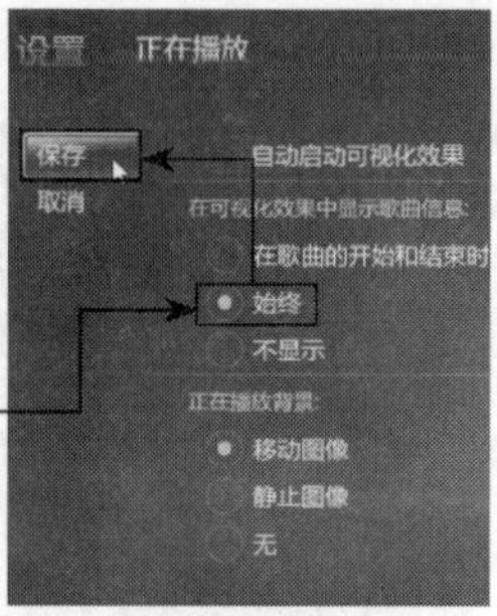

图 8-56 保存设置

DVD−RW 是世界 DVD 制定协会所制定的，也是最具未来扩充性和互换性的规格，其同时也是受到 DVD Forum 所认可的唯一标准的规格。DVD−RW 具有可重复写入、低成本以及可靠的影像记录等优点。

DVD+R 是由飞利浦制定的一次性写入并可永久读取的 DVD 规格。

DVD−R 是由 Pioneer 公司自主开发的可写一次的 DVD 规格。

由于 DVD+R 和 DVD−R 是由不同的标准组织所制定的标准，所以相互之间并不兼容，虽然市面上绝大部分的 DVD 光驱和影碟机能够识别 DVD+R 和 DVD−R 光盘，但总体上来说其兼容性不容乐观。

第四篇　系统软硬件管理篇

第9章

配置及管理用户账户

本章知识点：

☑ 管理 Windows 用户账户
☑ 利用家长控制协调管理其他账户
☑ 使用本地用户和组管理用户账户
☑ 使用系统命令管理用户账户和组
☑ 保护、恢复以及加固用户账户密码

在 Windows 操作系统中，用户账户是用户使用电脑时的通行证。通过 Windows 操作系统的用户账户，用户可轻松控制或协调不同账户电脑的使用时间或权限。这对于控制小孩使用电脑的时间和保护电脑中的资料有着重要意义。

基础讲解

9.1 管理 Windows 用户账户

全新安装 Windows 8 操作系统时，用户在安装设置中添加的用户账户是系统最初建立的 Windows 用户账户，这个账户是用户登录电脑时需要使用的。

在 Windows 8 操作系统中，用户可以对 Windows 用户账户进行包括新建用户账户、更改用户账户、删除用户账户在内的一系列管理操作。本节将为用户详细介绍管理 Windows 用户账户的操作方法与步骤。

9.1.1 新建用户账户

在电脑中已有用户账户的基础上，新建一个用户账户可以让多个人同时共享一台电脑，且通过不同的账户每个人都可以拥有自己的电脑个性化设置。同时不同的用户账户还可以控制访问某些文件或应用，以防止对电脑设置进行任意更改。

在 Windows 8 操作系统中，共有两种不同类型的用户账户可供选择，即本地账户和 Microsoft 账户。

1. 本地账户

本地账户是 Windows 操作系统最传统的电脑用户账户，本地账户分为标准账户和管理员账户。管理员账户拥有电脑的完全控制权。使用管理员账户可以对电脑做任意更改。标准账户是系统默认的常用本地账户，该类型的用户账户可以使用大多数的电脑软件，以及对不影响其他用户使用和系统安全性的设置进行更改，具体的操作步骤如下。

Step 01 在 Windows 8 操作系统的任何界面中，❶ 将鼠标指针滑至桌面右下 / 右上角，弹出 Charm 菜单工具栏，❷ 单击“设置”按钮，如图 9-1 所示。

Step 02 在“设置”界面中单击“更改电脑设置”按钮，如图 9-2 所示。

图 9-1 单击“设置”按钮

图 9-2 单击“更改电脑设置”按钮

Step 03 ❶ 在切换至的“电脑设置”界面中单击“用户”按钮，❷ 然后在界面右侧单击“添加用户”按钮，如图 9-3 所示。

Step 04 切换至“添加用户”界面，单击“在没有 Microsoft 账户的情况下登录”按钮，如图 9-4 所示。

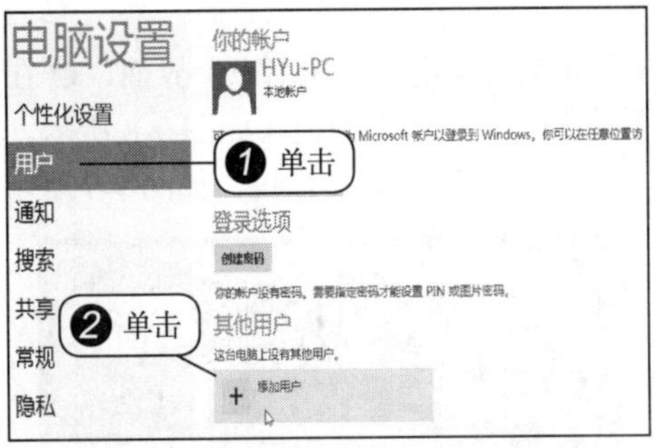

图 9-3 单击“添加用户”按钮

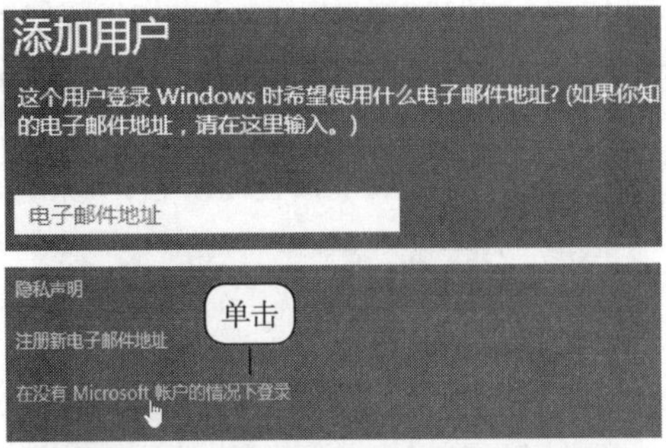

图 9-4 选择不使用 Microsoft 账户登录

Step 05 切换至新的界面，单击“本地账户”按钮，如图 9-5 所示。

Step 06 ❶ 此时在界面中输入欲要添加的用户名、账户密码以及密码提示，❷ 单击“下一步”按钮，如图 9-6 所示。

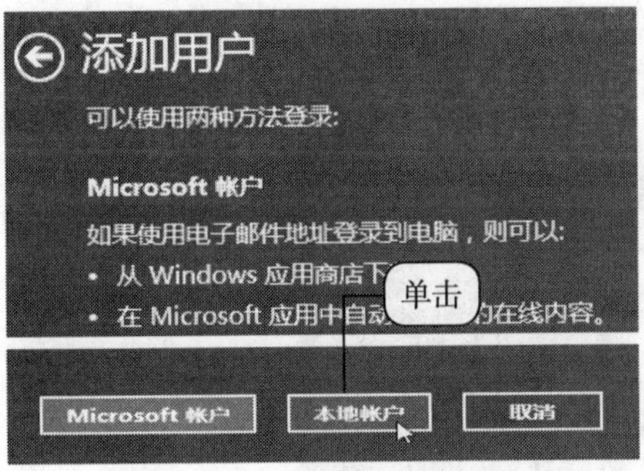

图 9-5 单击“本地账户”按钮

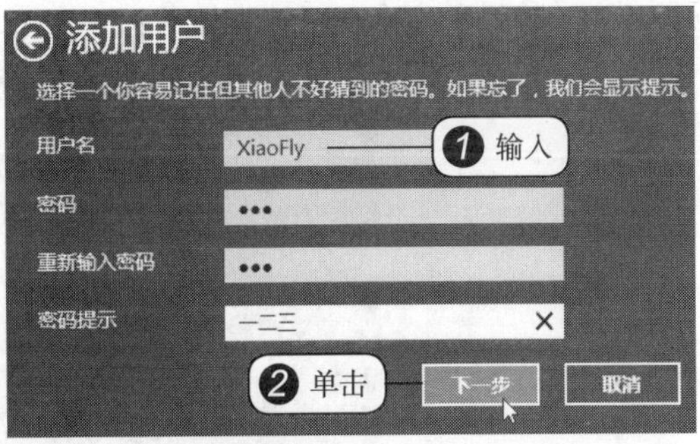

图 9-6 输入要添加的账户信息

Step 07 待界面中出现“以下用户将可以登录到这台电脑”字样时，单击“完成”按钮即可完成本地账户的添加操作，如图 9-7 所示。

图 9-7 完成本地账户的添加

2. Microsoft 账户

Microsoft 账户是 Windows 8 操作系统特有的一种 Windows 用户账户，这种用户账户最特殊的地方在于要使用一个电子邮箱地址（微软旗下的电子邮箱地址）作为用户账户。

使用该电子邮箱地址作为 Microsoft 账户登录电脑可不进行任何设置就可以从 Windows 应用商店中下载应用，同时还可从 Microsoft 应用中自动获取用户的在线内容（比如“人脉”中的联系人信息）。使用 Microsoft 账户还可以同步用户在电脑中的设置信息（比如浏览器历史记录、用户头像和颜色等），以便用户在不同的电脑中也能获得与自己电脑同样的使用体验。

然而使用 Microsoft 账户时最大的局限性为：使用该账户登录时必须要在电脑处于成功连接到 Internet 的状态。其具体的操作步骤如下。

Step 01　按照新建本地账户 Step01~03 的操作步骤将电脑切换至“添加用户”界面，❶ 在界面中的文本框中输入电子邮箱地址后，❷ 单击“下一步”按钮，如图 9-8 所示。

Step 02　此时系统将联网查询该电子邮箱地址是否可用，只需耐心等待即可，如图 9-9 所示。

图 9-8　输入电子邮箱地址

图 9-9　等待电子邮箱地址验证

Step 03　待界面中出现“请告知此人首次登录时需要连接到 Internet”字样时，单击“完成”按钮，即可完成 Microsoft 账户的添加操作，如图 9-10 所示。

图 9-10　完成 Microsoft 账户的添加

9.1.2　更改用户账户的设置

待用户成功添加了 Windows 用户账户后，便可对添加的账户进行各种具体的包括重命名、更换用户账户图片、添加用户账户密码以及更改账户类型的设置。

和添加用户账户不同的是更改账户设置并非是在“电脑设置”界面中进行的，用户必须在传统的控制面板中对其进行更改。

1. 重命名用户账户的名称

在 Windows 8 操作系统中由于用户账户的差异性，用户仅可以对本地账户进行重命名操作。Microsoft 账户由于是通过电子邮箱地址登录的，所以是不能对其进行重命名的。具体的操作步骤如下。

Step 01　在桌面上双击“控制面板”系统图标，如图 9-11 所示。

Step 02　打开“所有控制面板项”窗口，在窗口中单击“用户账户”链接，如图 9-12 所示。

Step 03　打开“用户账户”窗口，单击“管理其他账户”链接，如图 9-13 所示。

Step 04　在“管理账户”窗口中单击需重命名的本地账户按钮，例如单击“XiaoFly”按钮，如图 9-14 所示。

图 9-11　双击“控制面板”系统图标

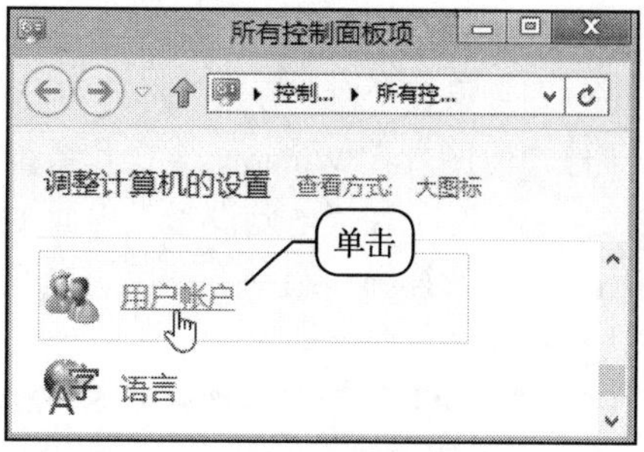

图 9-12　单击“用户账户”链接

图 9-13　单击“管理其他账户”链接

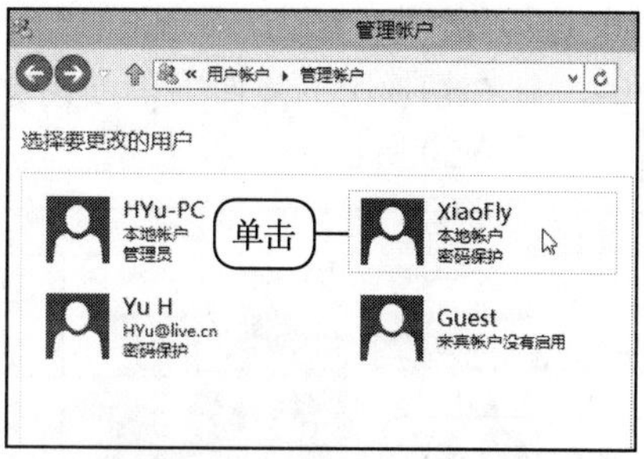

图 9-14　单击需重命名的账户按钮

Step 05　在打开的“更改账户”窗口中单击“更改账户名称”链接，如图 9-15 所示。

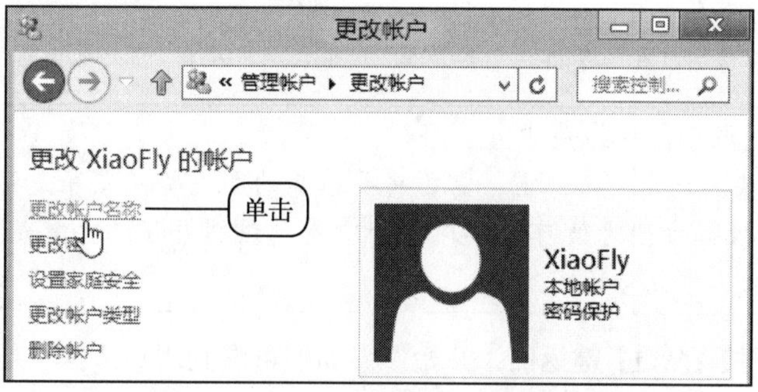

图 9-15　单击“更改账户名称”链接

Step 06　此时在“重命名账户”窗口的文本框中输入要重命名为的账户名称，单击“更改名称”按钮，如图 9-16 所示。

Step 07　返回“更改账户”窗口，此时用户可看见该账户名称已经发生了更改，如图 9-17 所示。

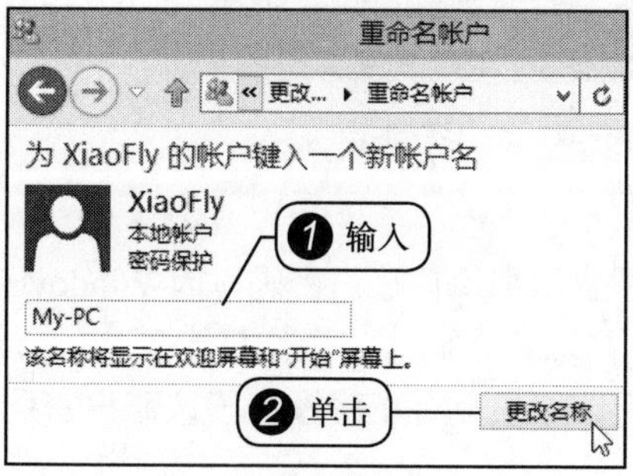

图 9-16　输入新的账户名

图 9-17　完成账户名的更改

2．更换当前用户账户的图片

账户图片是显示在“开始”屏幕右上角 Windows 用户账户名右侧的图片，如图 9-18 所示。

该账户的图片在 Windows 8 操作系统中又叫做用户头像，用户必须在“电脑设置”界面中进行设置才能使用。现在就详细介绍一下更换用户账户图片的操作方法与步骤。

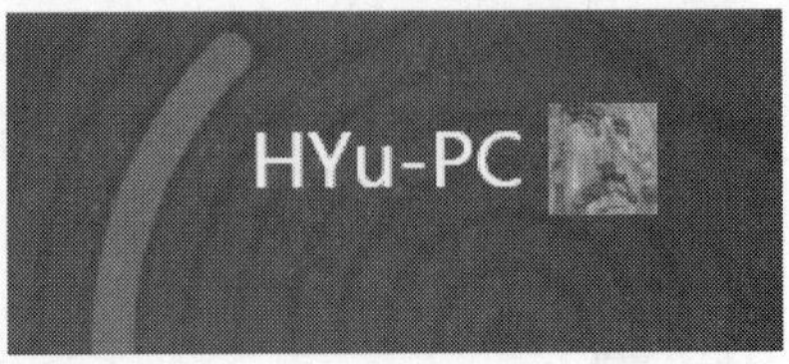

图 9-18 “开始”屏幕中的用户账户图片

Step 01 按 9.1.1 节新建本地账户 Step01~02 介绍的方法将电脑切换至“电脑设置”界面后，❶单击“个性化设置”按钮，❷接着在屏幕右侧单击“用户头像”按钮后，❸单击“浏览”按钮，如图 9-19 所示。

Step 02 ❶在切换至的界面中单击要设置为头像的图片后，❷单击“选择图像”按钮，如图 9-20 所示。

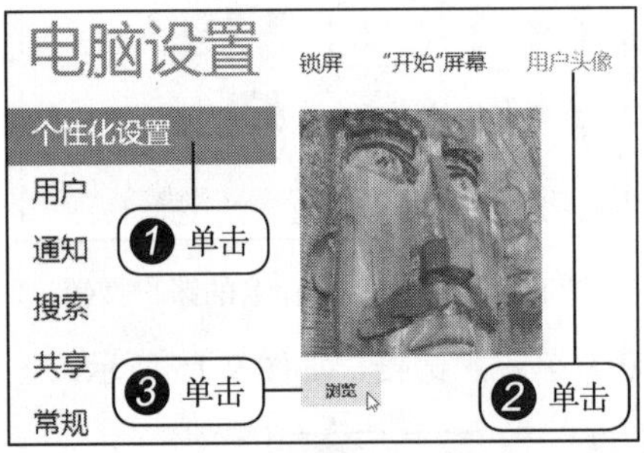

图 9-19 “电脑设置”界面

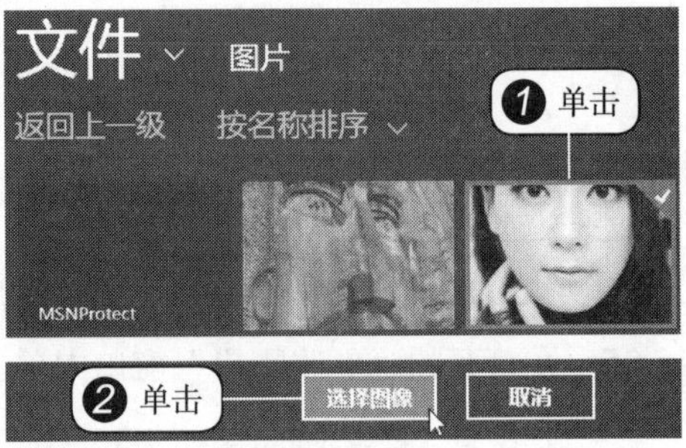

图 9-20 选择要设置为头像的图片

提示：直接选择图片库中图片为头像

用户在进行更换用户账户头像前，需已将要选择的图片所在文件夹放至图片库中。当用户进行到 Step02 的操作步骤时便可直接在界面中看到该图片了。也就是说 Step02 的界面中显示的图片即是图片库中包含的图片。

Step 03 此时用户按【Win】键返回“开始”界面即可看到用户头像（账户图片）已经发生了改变，如图 9-21 所示。

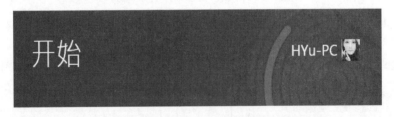

图 9-21 在“开始”界面中显示更换后的用户头像

3．添加用户账户密码

Microsoft 账户本身自带了账户密码，因此并不需要添加用户账户密码，因 Windows 8 操作系统两种不同账户类型间存在巨大的差异，添加用户账户密码这一操作只能在 Windows 本地账户中进行。当用户对本地账户添加了账户密码后，用户只有正确输入了该账户密码后才能正常登录电脑，具体的操作步骤如下。

Step 01 按照本节重命名用户账户名称 Step01~03 介绍的操作步骤打开“管理账户”窗口，

单击需要添加用户账户密码的本地账户按钮，如图 9-22 所示。

Step 02 打开“更改账户”窗口，单击“创建密码”链接，如图 9-23 所示。

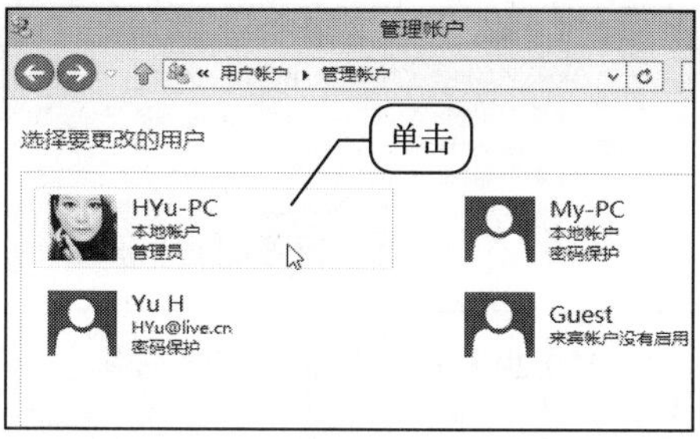

图 9-22 选择需添加用户账户密码的账户

图 9-23 单击“创建密码”链接

Step 03 在打开的“创建密码”窗口中输入密码和密码提示后，单击“创建密码”按钮，如图 9-24 所示。

Step 04 返回“更改账户”窗口，此时用户可在用户账户图片右侧发现“密码保护”字样，如图 9-25 所示。

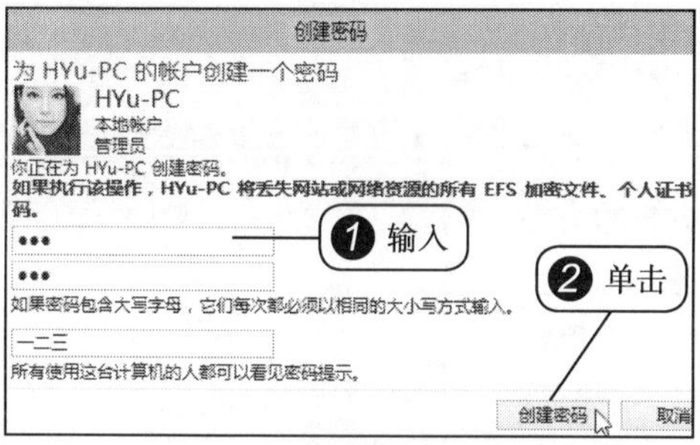

图 9-24 设置账户密码

图 9-25 完成账户密码的设置

9.1.3 删除用户账户

同用户账户的创建相对应的是用户账户的删除。在 Windows 8 操作系统中，删除用户账户的操作方法非常简单，用户只需简单几步即可完成用户账户的删除操作。当用户删除了某个用户账户后便不可再使用该用户账户登录电脑，具体操作步骤如下。

Step 01 按照本节重命名用户账户名称 Step01~03 介绍的操作步骤打开“管理账户”窗口，单击需要删除的用户账户，如图 9-26 所示。

Step 02 打开“更改账户”窗口，单击“删除账户”链接，如图 9-27 所示。

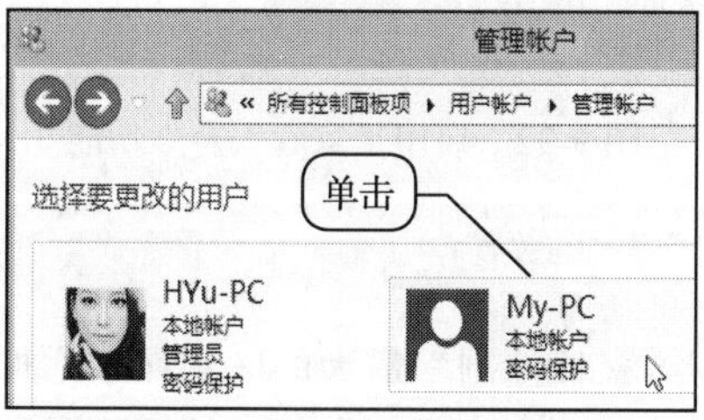

图 9-26 单击需删除的用户账户

图 9-27 单击“删除账户”链接

Step 03 在打开的“删除账户”窗口中单击“删除文件”按钮，如图 9-28 所示。

Step 04 最后在打开的“确认删除”窗口中单击“删除账户”按钮，即可完成用户账户的删除操作，如图 9-29 所示。

图 9-28　单击“删除文件”按钮

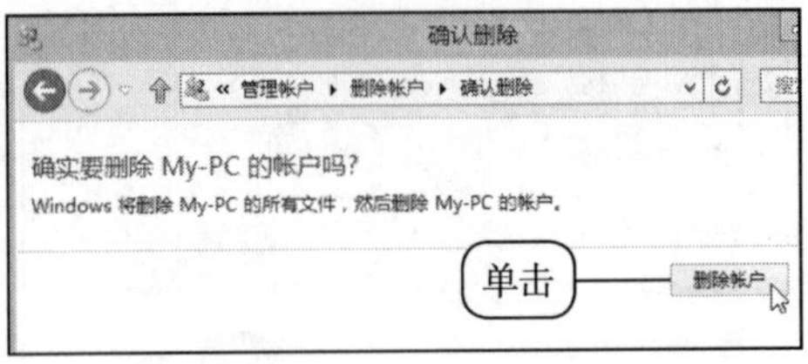

图 9-29　单击“删除账户”按钮

9.2　利用家庭安全协调管理其他账户

Windows 8 操作系统的“家庭安全”功能的前身是 Windows 7 操作系统中的“家长控制”功能，用户可以在控制面板中找到相应的链接。

“家庭安全”功能可以帮助用户限制特定用户账户的网络浏览、电脑使用时间、玩游戏以及使用应用程序。该功能特别适合家中有小孩的用户使用。

9.2.1　启用“家庭安全”功能

在 Windows 8 操作系统中启用“家庭安全”功能的方法非常简单。接下来就为大家详细介绍一下开启“家庭安全”的操作方法与步骤。首先用户在打开的控制面板中，单击“家庭安全”链接，如图 9-30 所示。接着在打开的“家庭安全”窗口中单击需要开启家庭安全设置的用户账户按钮，如图 9-31 所示。

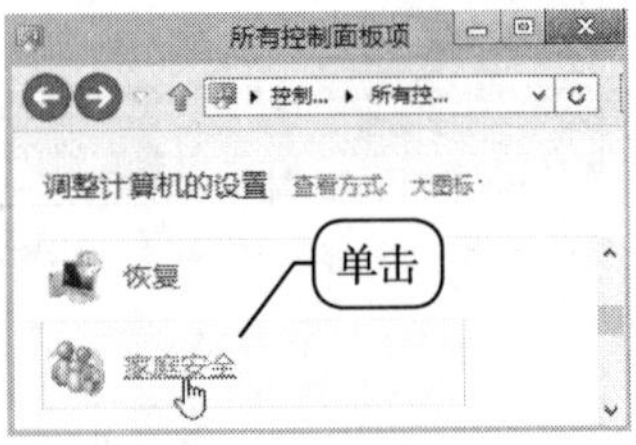

图 9-30　单击“家庭安全”链接

最后在打开的“用户设置”窗口中单击选中“启用，应用当前设置”左侧的单选按钮，即可开启“家庭安全”功能，如图 9-32 所示。

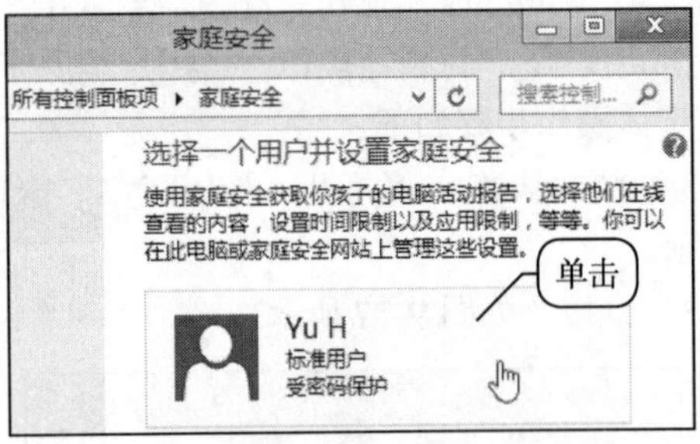

图 9-31　选择需开启家庭安全的账户

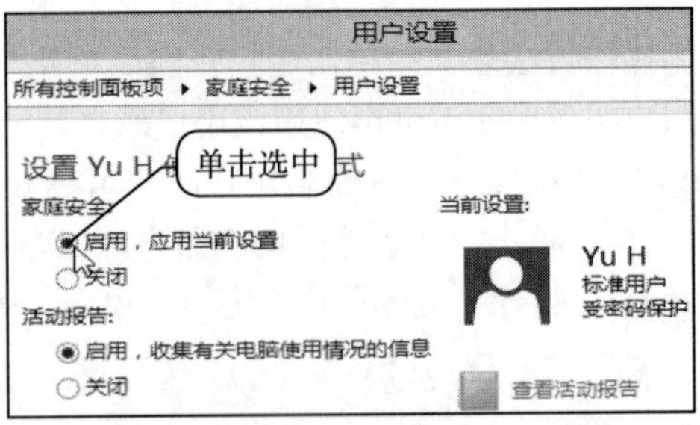

图 9-32　启用“家庭安全”功能

9.2.2　限制访问网页

Windows 8 操作系统中的“家庭安全”和其前身“家长控制”最大的区别在于增加了限制访问网页的功能。使用该功能可以为指定对象的网页浏览内容进行分级，按照不同网页内容等级的区别限制对象访问其年龄范围外的网页。

这个功能在“家庭安全”中叫做网站筛选，现在就为大家详细介绍一下使用“网站筛选”功能限制访问网页的操作方法与步骤。

Step 01　按 9.2.1 节介绍的方法启用家庭安全后，在“用户设置”窗口中单击“网站筛选”链接，如同 9-33 所示。

Step 02　切换至“网站筛选”界面，❶ 单击选中“Yu H 只能使用我允许的网站”单选按钮，❷ 然后单击“设置网站筛选级别”链接，如图 9-34 所示。

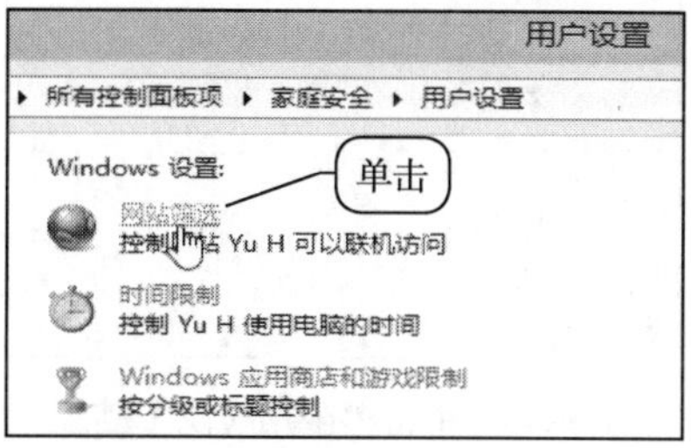

图 9-33　单击“网站筛选”链接

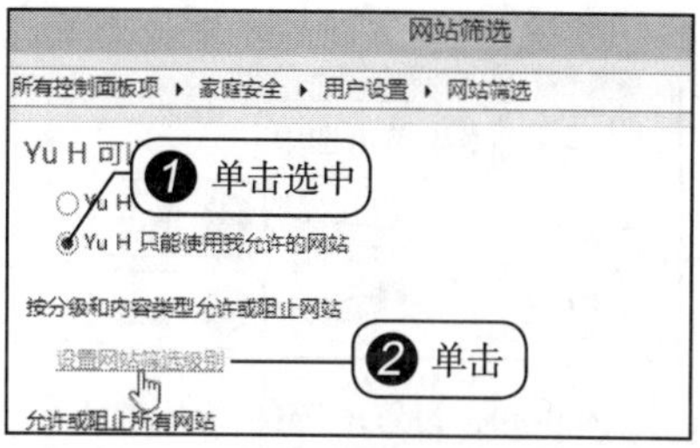

图 9-34　单击“设置网站筛选级别”链接

Step 03　在“Yu H 可以访问哪些网站？”界面中选择合适的网站筛选级别，❶ 例如单击选中“适合孩子”单项按钮，❷ 然后单击“允许或阻止网站”链接，如图 9-35 所示。

Step 04　切换至“为 Yu H 允许或阻止特定网站”界面，❶ 在界面中的文本框中输入要阻止访问的网站名称后，❷ 单击“阻止”按钮即可阻止该网站的访问，如图 9-36 所示。

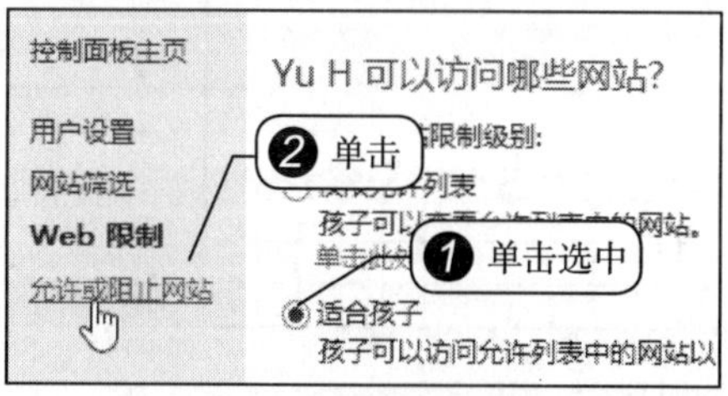

图 9-35　选择合适的筛选级别

图 9-36　设置阻止访问的网站

9.2.3　限制电脑的使用时间

限制电脑的使用时间是“家庭安全”中最常用的功能，使用该功能可以设置账户使用多长时间的电脑以及使用电脑的时间段。通过这两方面的设置可以有效地限制指定账户的电脑使用时间。具体操作步骤如下。

Step 01　按 9.2.1 节介绍的方法启用“家庭安全”功能后，在“用户设置”窗口中单击“时间限制”链接，如图 9-37 所示。

Step 02　切换至“时间限制”界面，单击“设置开放时段”链接，如图 9-38 所示。

图 9-37　单击“时间限制”链接

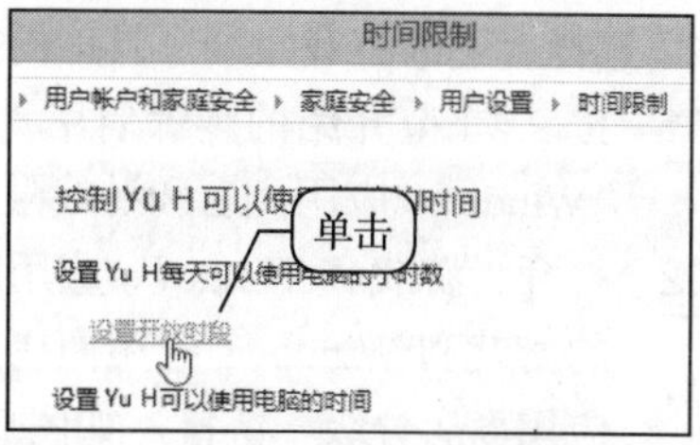

图 9-38　单击“设置开放时段”链接

Step 03　❶ 在打开的“开放时段”窗口中单击选中“Yu H 只能在我允许的时间内使用电脑”

单选按钮，❷ 然后单击“工作日”右侧的扩展按钮，❸ 接着在展开的下拉列表中单击选择合适的时间，如图 9-39 所示。

Step 04　使用同样的方法设置好工作日和周末的电脑时间限制后，单击窗口左侧的“限用时段”链接，如图 9-40。

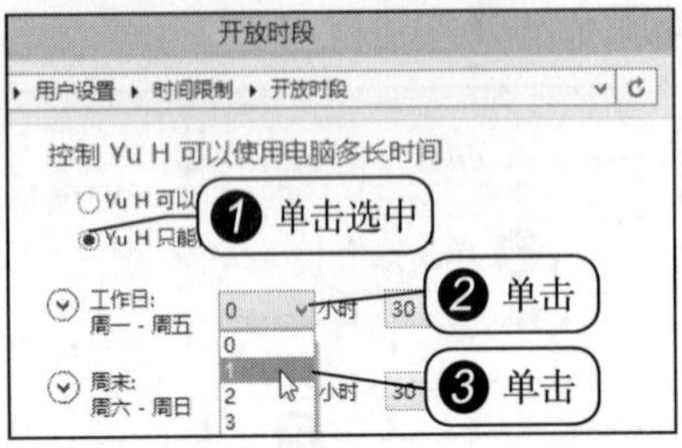

图 9-39　设置电脑的使用时间

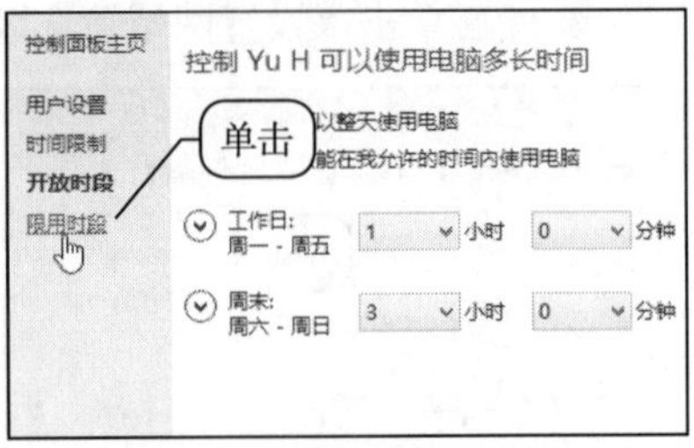

图 9-40　单击“限用时段”链接

Step 05　在切换至的界面中单击选中“Yu H 只能在我允许的时间范围内使用电脑”单选按钮，此时用户可通过单击选择相应的表格阻止其在该时间段使用电脑。例如若需阻止对方在星期一上午 1：00~13：30 这个时间段使用电脑，则单击选择界面中相应的表格即可完成时间段的限制操作，如图 9-41 所示。

图 9-41　设置限用时段

9.2.4　限制所玩的游戏

除了限制电脑的使用时间外，Windows 8 操作系统中的“家庭安全”功能还可以通过设置限制用户所玩的游戏。

在“家庭安全”对游戏的限制操作中用户既可以对游戏的分级进行限制，又可以专门针对某一款游戏进行限制。前者可限制对方玩与年龄不适合的游戏，后者则可防止对象玩某种游戏上瘾。

Windows 8 操作系统的“家庭安全”功能把游戏分为了儿童（3 岁以下）、所有人（6 岁以下）、10 岁以上的所有人、青少年（13 岁以下）、成人（17 岁以下）和仅成人 6 个级别，这 6 个级别所限制的内容基本覆盖了所有可能的游戏内容与场景。用户可根据需限制对象的年龄酌情选择合适的游戏级别。具体的操作步骤如下。

Step 01　按 9.2.1 节介绍的步骤启用“家庭安全”功能后，在“Windows 设置”窗口中单击“Windows 应用商店和游戏限制”链接，如图 9-42 所示。

Step 02　打开“游戏和 Windows 应用商店限制”窗口，❶ 单击选中“Yu H 只能使用我允许的游戏和 Windows 应用商店应用”单选按钮，❷ 然后单击“设置游戏和 Windows 应用商店分级”链接，如图 9-43 所示。

Step 03　在切换至的界面中选择合适的分级标准，❶ 例如单击选中“儿童”单选按钮，❷ 然后单击“允许或阻止游戏”链接，如图 9-44 所示。

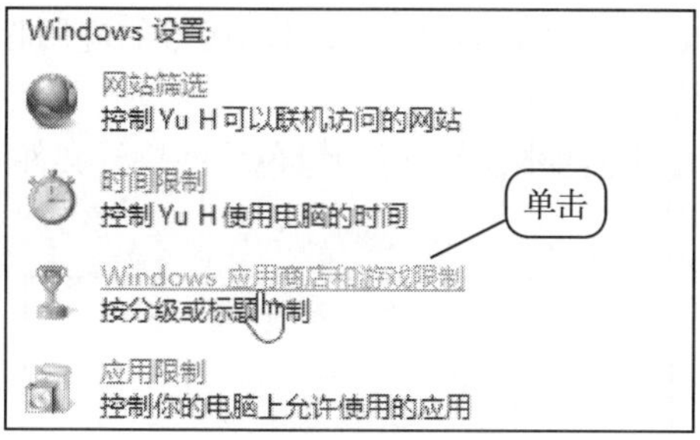

图 9-42　开始进行游戏限制的设置

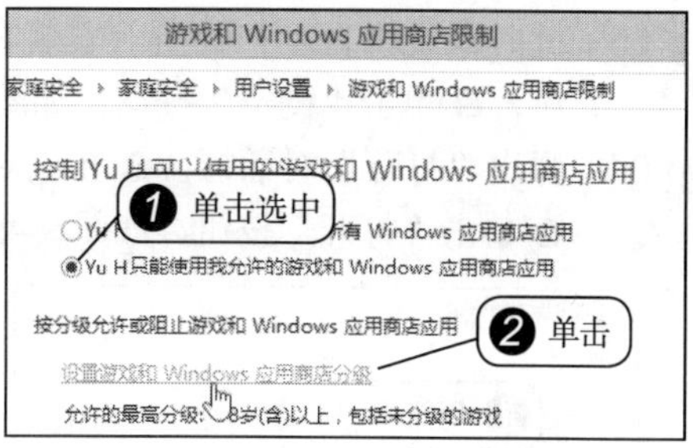

图 9-43　开启游戏限制

Step 04　切换至“控制 Yu H 可以玩和不能玩的游戏”界面，若发现不能玩的游戏，则只需单击选中该游戏右侧“始终阻止”单选按钮，此时该游戏将不能被运行，如图 9-45 所示。

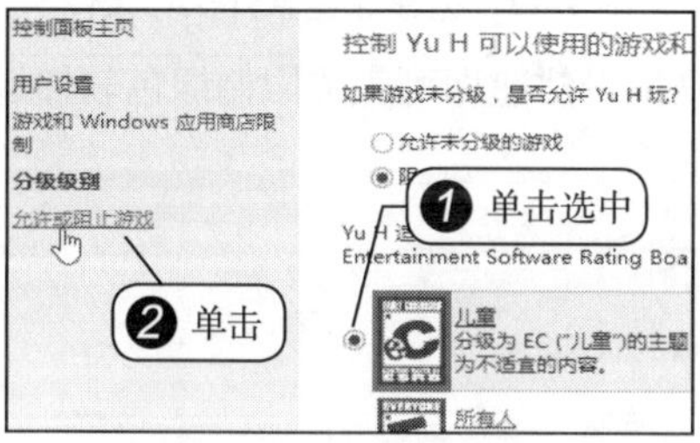

图 9-44　选择合适的游戏分级

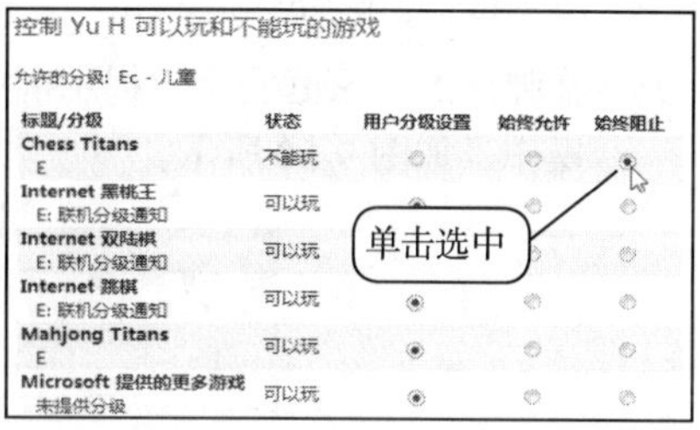

图 9-45　设置要阻止运行的游戏

9.2.5　限制使用的应用程序

在电脑的实际使用中，Windows 系统并不能完全识别电脑中的所有游戏，此时用户需自己手动地设置需限制运行和使用的应用程序，这在“家庭安全”功能中叫做“应用限制”。

当用户启用“家庭安全”功能中的应用限制后，系统将自动扫描所有安装在该操作系统中的软件，不论是在 Windows 应用商店中下载安装的功能应用软件还是在桌面上运行的传统应用软件。虽然绿色软件此时仍然不能被系统扫描出，但“家庭安全”功能依然可以对其进行限制。

接下来详细介绍一下使用“家庭安全”功能限制应用程序使用和运行的操作方法与步骤。

Step 01　按 9.2.1 节介绍的方法启用家庭安全后，在“用户设置”窗口中单击“应用限制”链接，如图 9-46 所示。

Step 02　打开“应用限制”窗口，单击选中“Yu H 只能使用我允许的应用”单选按钮，如图 9-47 所示。

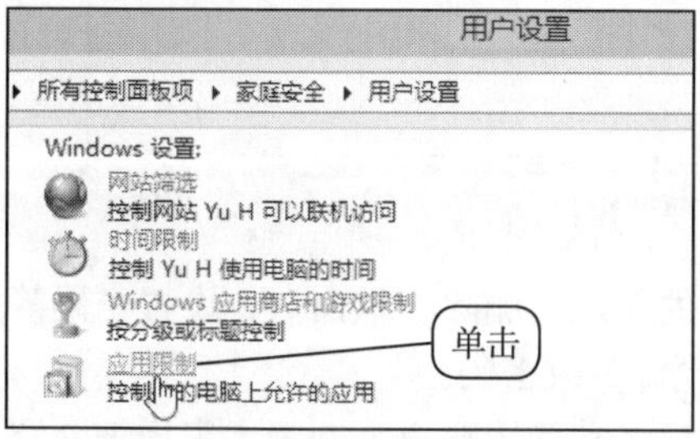

图 9-46　单击“应用限制”链接

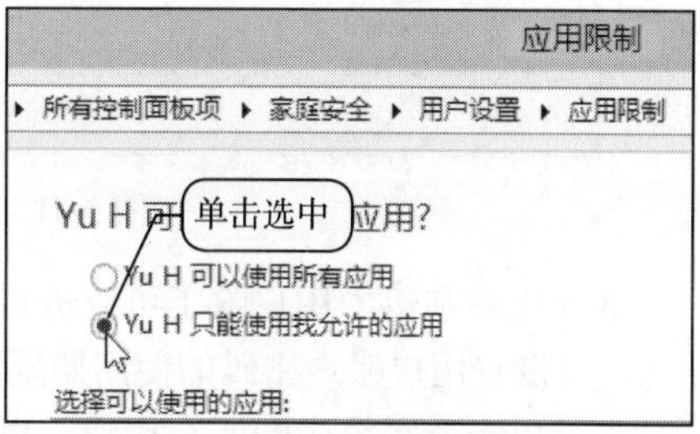

图 9-47　开启应用限制功能

Step 03　此时系统将自动扫描所有安装在电脑中的应用程序，❶ 勾选可以运行的应用程序后，❷ 单击“浏览”按钮，如图 9-48 所示。

Step 04　弹出“打开”对话框，❶ 在该对话框中单击需要限制运行的绿色软件执行文件后，❷ 单击“打开”按钮，如图 9-49 所示。

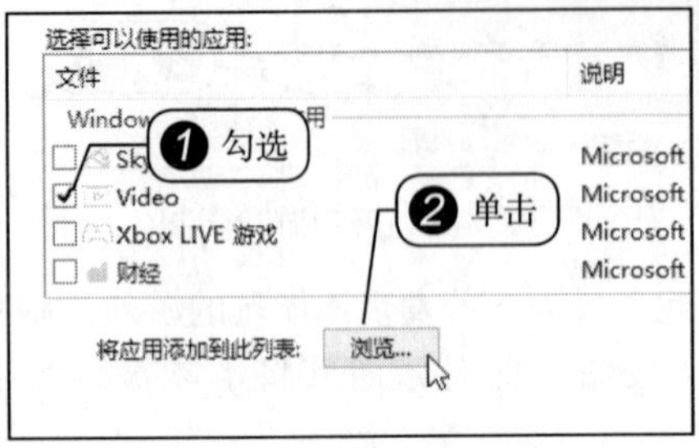

图 9-48　单击“浏览”按钮

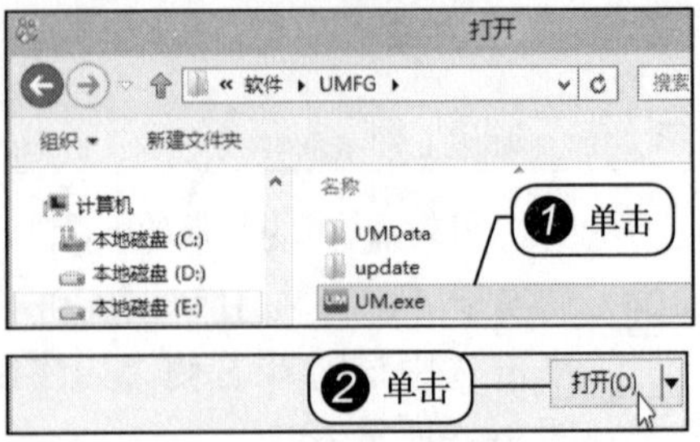

图 9-49　选择绿色软件执行文件

Step 05　在弹出的“家庭安全”提示框中，单击“确定”按钮即可完成限制绿色软件运行的操作，如图 9-50 所示。

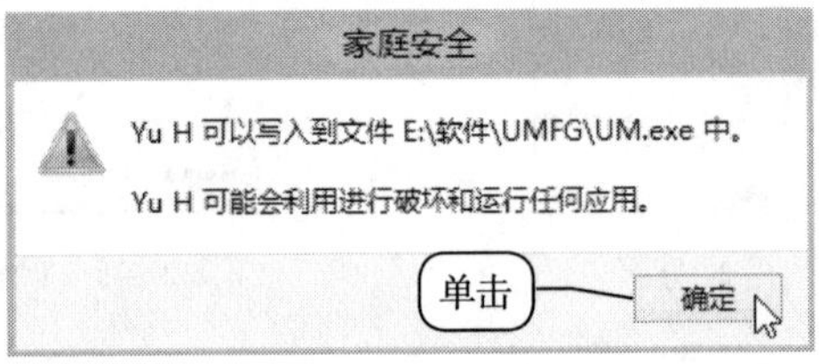

图 9-50　完成限制绿色软件运行的操作

9.3　控制面板功能有限，使用本地用户和组管理用户账户

在 Windows 8 操作系统中，控制面板中关于用户账户的功能是有限的，用户可在本地用户和组中对 Windows 用户账户进行更加具体的管理。Windows 8 操作系统的本地用户和组位于“计算机管理”窗口中，如图 9-51 所示。

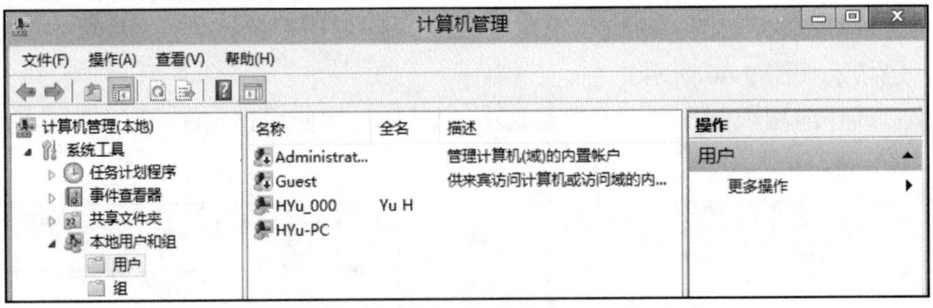

图 9-51　“计算机管理”窗口

在本地用户和组中用户除了可以进行用户账户的新建、删除、重命名、设置密码等操作外，还可以设置用户账户密码的使用期限以及是否允许更改密码。

现在就以查看系统中的所有用户、更改用户账户名和禁用账户为例为大家详细介绍一下使用本地用户和组管理用户账户的操作方法与步骤。

9.3.1 查看系统中的所有用户

本地用户和组中共有“用户”和“组”两个板块，“组”板块中列举了 Windows 系统内置的所有系统账户权限分组类型，用户可以通过将用户账户添加到不同的系统账户权限分组类型中，以达到赋予相应系统权限的目的。

而“用户”板块中显示的是 Windows 用户账户。在 Windows 8 操作系统中，不论用户创建的是本地账户还是 Microsoft 账户，在本地用户和组中都可以进行管理。

接下来就为大家详细介绍一下在本地用户和组中查看系统中的所有用户的操作方法与步骤。

Step 01 ❶ 在桌面上右击“计算机”系统图标，❷ 在弹出的快捷菜单中单击“管理”命令，如图 9-52 所示。

Step 02 打开“计算机管理”窗口，单击“本地用户和组”按钮，如图 9-53 所示。

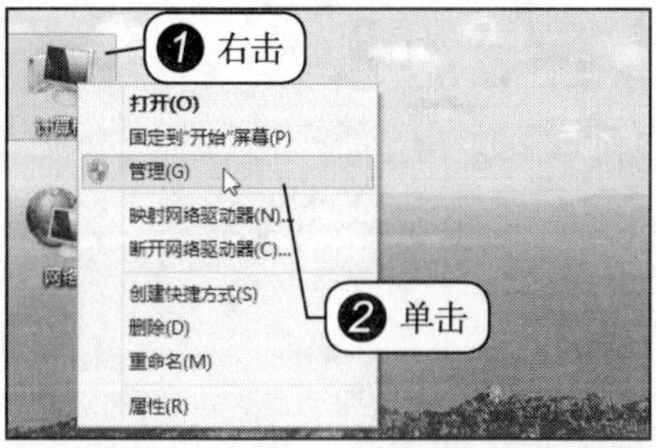

图 9-52 选择“管理”命令

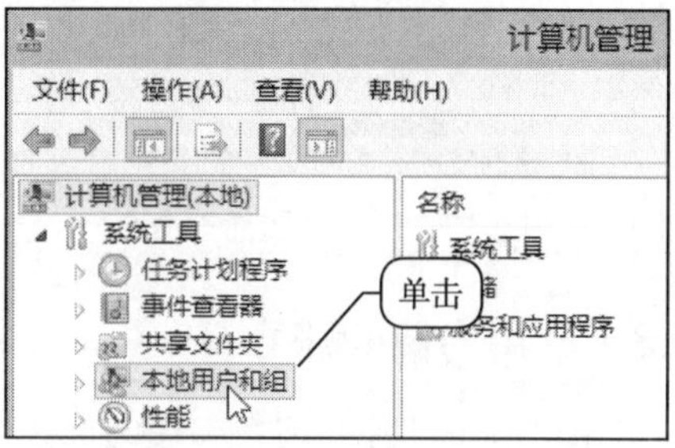

图 9-53 单击“本地用户和组”按钮

Step 03 此时在窗口中双击“用户”文件夹，如图 9-54 所示。

Step 04 现在用户即可在窗口中查看到电脑系统中所有的用户账户，如图 9-55 所示。

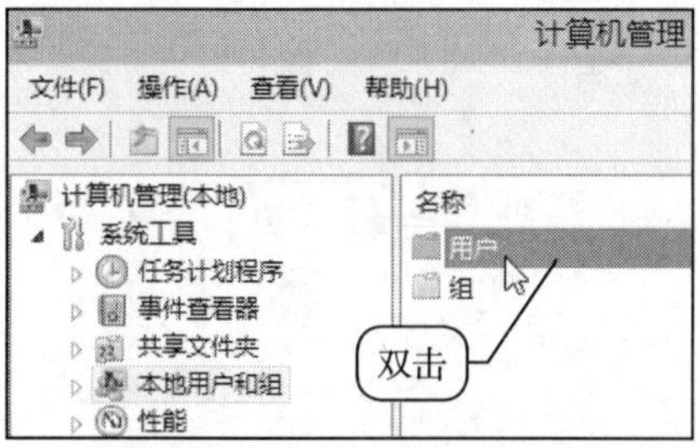

图 9-54 双击“用户”文件夹

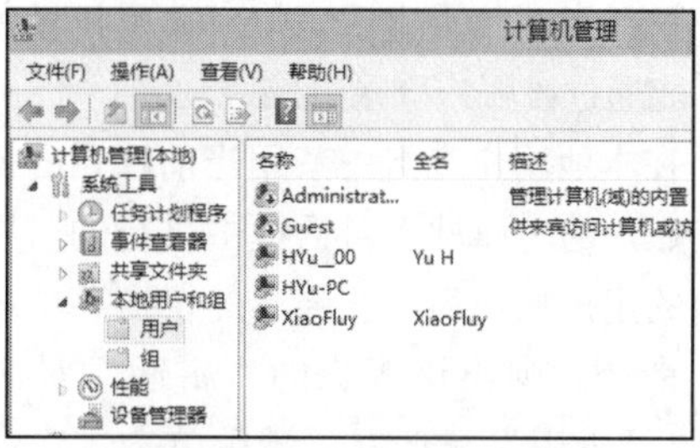

图 9-55 查看系统中的所有用户

9.3.2 更改用户账户的名称

从图 9-55 中用户可以看到 Window 8 操作系统中与系统账户和名称有关的两个属性，分别是“名称”和“全名”，在本地用户和组中这两个属性都可以进行更改。

更改名称的方法和重命名文件夹的操作非常类似，用户只需右击要更改名称的用户账户，然后在弹出的快捷菜单中单击“重命名”命令，如图 9-56 所示。接着使用键盘输入要更改的名称后，按【Enter】键即可完成名称的更改。

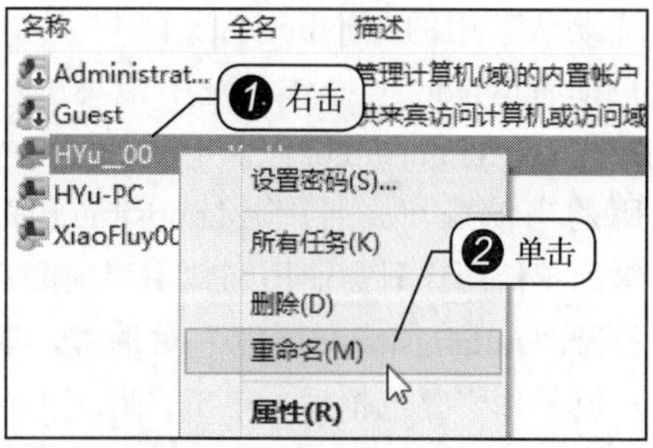

图 9-56 单击“重命名”命令

在本地用户和组中，用户账户的名称与实际的用户账户名实际上是两个不同的概念，用户在本地用户和组中更改了名称并不会对实际用户账户显示的名称有任何的影响。而真正和用户账户名相关的是用户账户的“全名”，只有对“全名”进行修改才能达到更改用户账户名称的目的。

具体的更改方法是：右击需更改名称的用户账户，然后在弹出的快捷菜单中单击“属性”命令，如图 9-57 所示。弹出相应的“属性”对话框，在“全名”右侧的文本框中输入要更改的名称后，单击“确定”按钮，即可真正完成更改用户账户名称的操作，如图 9-58 所示。

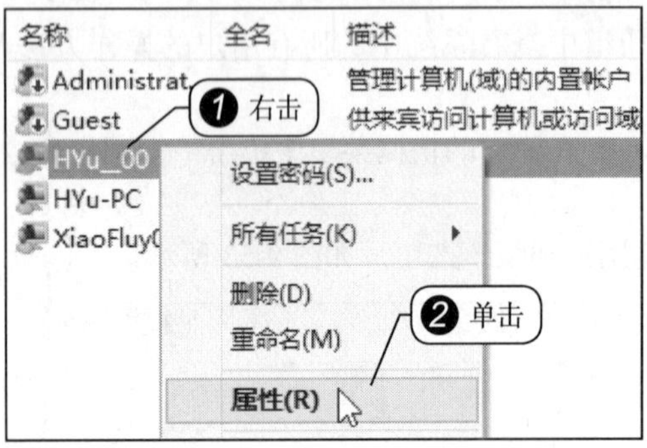

图 9-57　单击“属性”命令

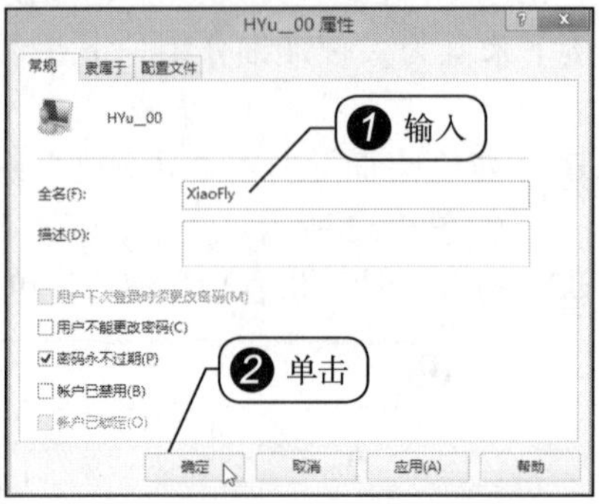

图 9-58　更改全名

9.3.3　禁用当前的账户

当用户由于某种原因在一段时间内不会使用当前账户，而该账户中又包含有大量敏感信息时，为防止他人擅自登录自己的账户导致信息泄露，用户可选择禁用当前账户。当前账户被禁用后，在电脑重新启动之前，该账户仍能正常使用电脑，只有当电脑重启后该账户才真正被禁用，用户将不能通过该账户登录电脑。

在本地用户和组中禁用当前账户的操作也是在相应账户的“属性”对话框中进行的。用户右击需禁用的用户账户后，在弹出的快捷菜单中单击“属性”命令。弹出该账户的“属性”对话框，勾选“账户已禁用”复选框，最后单击“确定”按钮即可禁用当前账户，如图 9-59 所示。

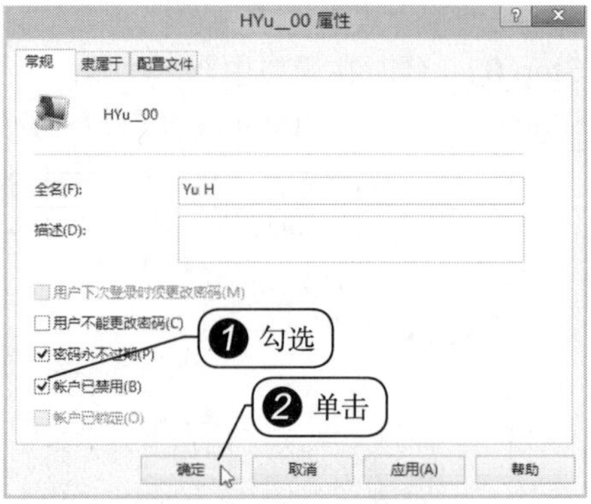

图 9-59　禁用当前账户

为了将来能够成功地重新启用被禁用的用户账户，用户还需在禁用当前账户后重新启用被系统默认禁用的 Administrator 账户。Administrator 账户拥有 Windows 操作系统中最高的系统权限，只有通过 Administrator 账户用户才能重新启用被禁用的当前账户。启用 Administrator 账户的方法非常简单，用户只需使用和禁用当前账户相同的方法打开“Administrator 属性”对话框，取消勾选“账户已禁用”复选框后，单击“确定”按钮即可启用 Administrator 账户，如图 9-60 所示。

图 9-60　启用 Administrator 账户

9.4 使用系统命令管理用户账户和组

前面介绍的两种管理用户账户的方法，无论是控制面板，还是本地用户和组，操作都相对较简单，比较适合于电脑初学者使用。

相对系统管理员来说，直接使用系统命令管理用户账户和组可能更加方便，而且功能更加强大。在 Windows 操作系统中，用户可以使用 Net User 和 Net Localgroup 命令行工具对用户账户和组进行管理。

9.4.1 使用 Net User 管理用户账户

Net User 是一个专门针对用户账户的系统命令行工具，用户可以使用其进行查看所有用户账户的信息、查看指定账户的详细信息、添加用户账户、启用/禁用用户账户、设置用户账户过期时间、删除用户账户等操作。

在 Windows 8 操作系统中，Net User 必须在“命令提示符”窗口中才能运行。用户在 Windows 8 的操作系统中的任意界面按【Win + X】组合键，然后在弹出的快捷菜单中单击“命令提示符（管理员）”命令即可打开“命令提示符”窗口，如图 9-61 所示。图 9-62 即为“命令提示符”窗口。

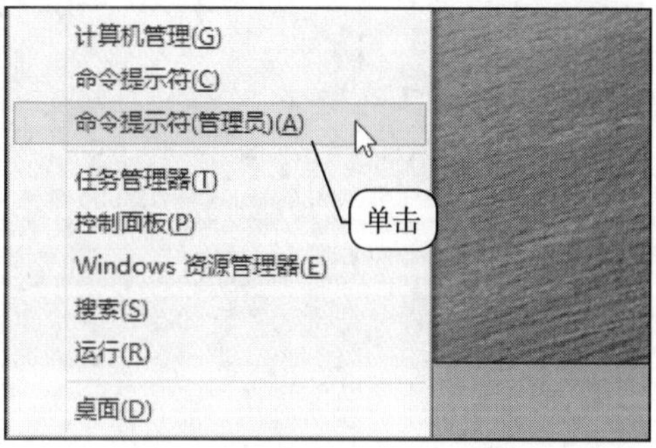

图 9-61 选择“命令提示符（管理员）”命令

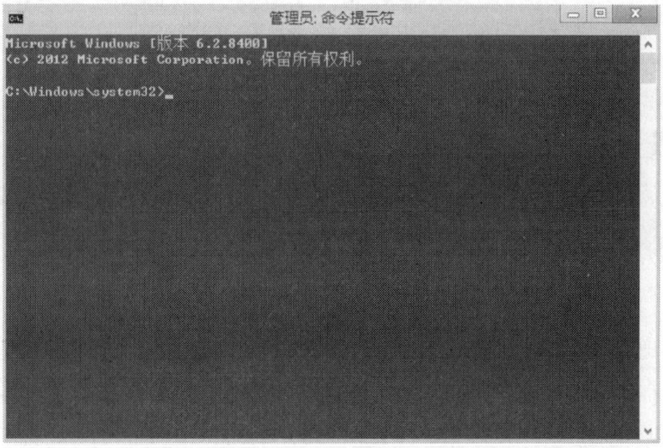

图 9-62 “命令提示符”窗口

接下来便为大家详细讲解 Net User 几种常用命令的具体使用方法。

- 查看所有用户账户的信息：查看所有用户账户的信息是 Net User 最简单的一种使用方式，用户只需在“命令提示符”窗口中输入 Net User 后，按 Enter 键，此时“命令提示符”窗口中将显示系统中存在的所有用户账户的信息，如图 9-63 所示。
- 查看指定账户的详细信息：查看指定账户的详细信息是 Net User 一个比较高级的命令，假设现在要查询用户账户名为 HYu-PC 的账户的详细信息，用户只需在“命令提示符”窗口中输入 Net User HYu-PC 后，按 Enter 键，此时用户将能查看到该账户的详细信息，如图 9-64 所示。
- 添加用户账户：使用 Net User 添加用户账户的操作非常简单，用户只需输入 Net User

+用户账户名+密码 /add 命令即可。以添加一个用户账户名叫 mfunz，密码为 123 的用户账户为例，用户在“命令提示符”窗口中输入 Net User mfunz 123 /add 后，按 Enter 键即可完成用户账户的添加，如图 9-65 所示。

- 启用 / 禁用用户账户 ：较之在本地用户和组中启用 / 禁用用户账户，使用 Net User 要方便快捷得多。以禁用 mfunz 用户账户为例，用户只需在“命令提示符”窗口中输入 Net User mfunz /Active:no 后，按 Enter 键即可禁用该账户，如图 9-66 所示。若需重新启用该账户，则在“命令提示符”窗口中输入 Net User mfunz /Active:yes 后，按 Enter 键执行该 Net User 命令即可重新启用该账户，如图 9-67 所示。

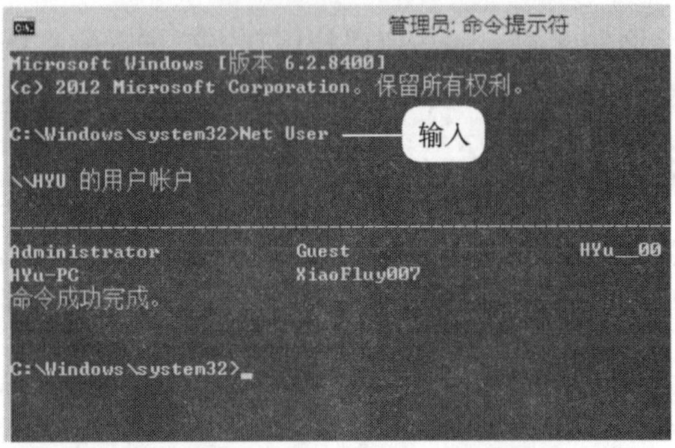
管理员: 命令提示符
Microsoft Windows [版本 6.2.8400]
(c) 2012 Microsoft Corporation。保留所有权利。
C:\Windows\system32>Net User
输入
\\HYU 的用户帐户
Administrator Guest HYu__00
HYu-PC XiaoFluy007
命令成功完成。
C:\Windows\system32>

图 9-63　查看所有用户账户信息

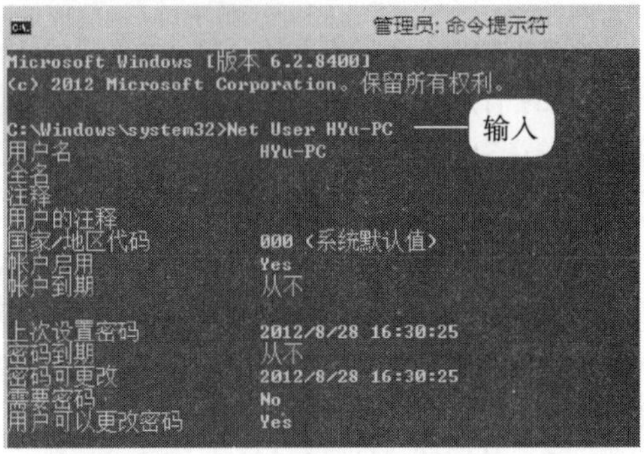
管理员: 命令提示符
Microsoft Windows [版本 6.2.8400]
(c) 2012 Microsoft Corporation。保留所有权利。
C:\Windows\system32>Net User HYu-PC
输入
用户名 HYu-PC
全名
注释
用户的注释
国家/地区代码 000 (系统默认值)
帐户启用 Yes
帐户到期 从不
上次设置密码 2012/8/28 16:30:25
密码到期 从不
密码可更改 2012/8/28 16:30:25
需要密码 No
用户可以更改密码 Yes

图 9-64　查看指定账户的详细信息

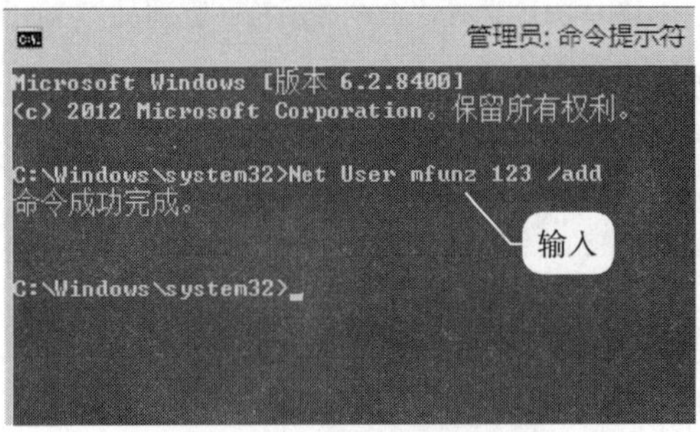
管理员: 命令提示符
Microsoft Windows [版本 6.2.8400]
(c) 2012 Microsoft Corporation。保留所有权利。
C:\Windows\system32>Net User mfunz 123 /add
命令成功完成。
输入
C:\Windows\system32>

图 9-65　添加用户账户

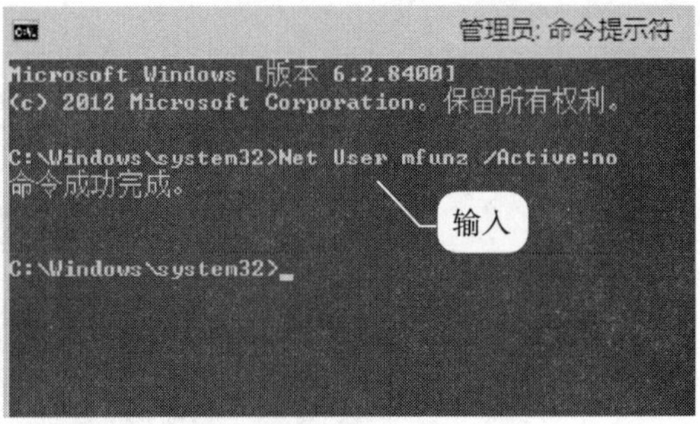
管理员: 命令提示符
Microsoft Windows [版本 6.2.8400]
(c) 2012 Microsoft Corporation。保留所有权利。
C:\Windows\system32>Net User mfunz /Active:no
命令成功完成。
输入
C:\Windows\system32>

图 9-66　禁用用户账户

- 设置用户账户过期时间：用户账户过期时间是指该用户账户只能在指定的过期时间之前使用，若在过期时间之后用户仍使用该用户账户登录该电脑则会提示“用户账户已过期”的报错信息。一般来说，系统管理员添加一个临时用户账户后都会设置该用户账户的过期时间。以用户账户 mfunz 为例，使用 Net User 设置其过期时间的方法是：在“命令提示符”窗口中输入 Net User mfunz /Exprires:2013/01/01 后，按 Enter 键，如图 9-68 所示，其中 2013/01/01 是具体的过期时间，如果想要设置永不过期则将具体过期时间改为 never（Net User mfunz /Exprires: never）即可。
- 删除用户账户 ：与用户账户的添加相对应的是删除用户账户，用户可以使用 Net User +用户账户+ /delete 命令完成用户账户的删除操作。以删除用户账户 mfunz 为例，用户只需在“命令提示符”窗口中输入 Net User mfunz /delete 后，按 Enter 键即可完成删除操作，如图 9-69 所示。
- 设置用户账户的使用时间 ：设置用户账户的使用时间是 Net User 的一种比较高级的运用方式。假设现在需要设置用户账户 mfunz 只能在周一的上午 8 ～晚上 22 点，周二下午 14 ～ 18 点登录，则需在“命令提示符”窗口中输入 Net User mfunz /Times:M, 8AM-10 PM；T,2PM-6PM，最后按 Enter 键即可完成用户账户使用时间的设置，如图 9-70 所示。在输入的命令中 /Times 是 Net User 的设置参数，以指定账户可以登录的日期和时间。M 和 T 分别代表周一和周二。

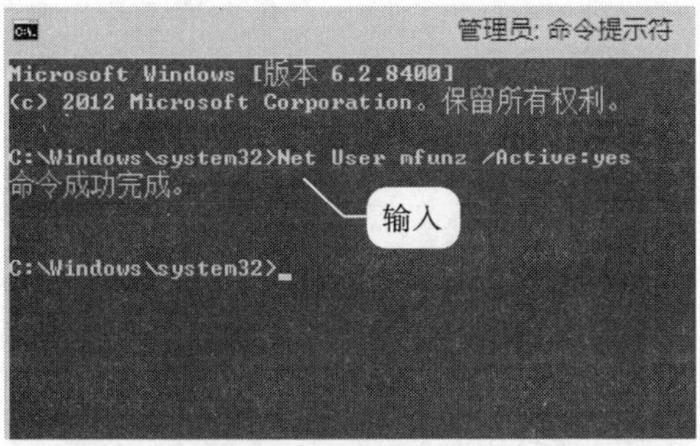
管理员: 命令提示符
Microsoft Windows [版本 6.2.8400]
(c) 2012 Microsoft Corporation。保留所有权利。
C:\Windows\system32>Net User mfunz /Active:yes
命令成功完成。
输入
C:\Windows\system32>_

图 9-67　启用用户账户

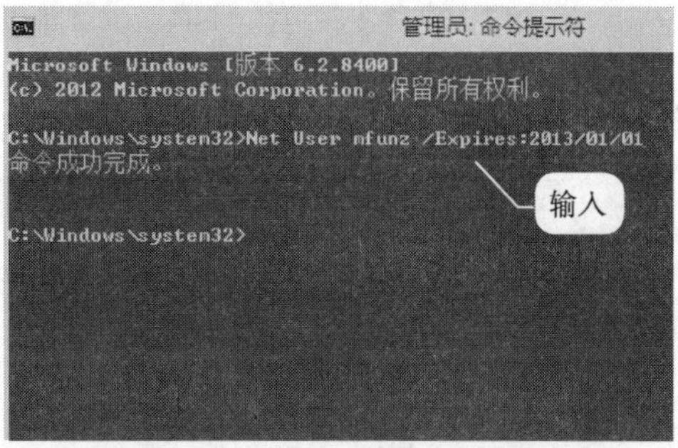
管理员: 命令提示符
Microsoft Windows [版本 6.2.8400]
(c) 2012 Microsoft Corporation。保留所有权利。
C:\Windows\system32>Net User mfunz /Expires:2013/01/01
命令成功完成。
输入
C:\Windows\system32>

图 9-68　设置用户账户过期时间

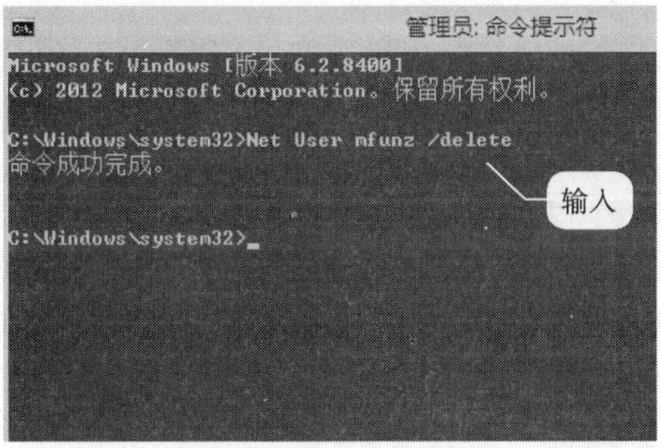
管理员: 命令提示符
Microsoft Windows [版本 6.2.8400]
(c) 2012 Microsoft Corporation。保留所有权利。
C:\Windows\system32>Net User mfunz /delete
命令成功完成。
输入
C:\Windows\system32>_

图 9-69　删除用户账户

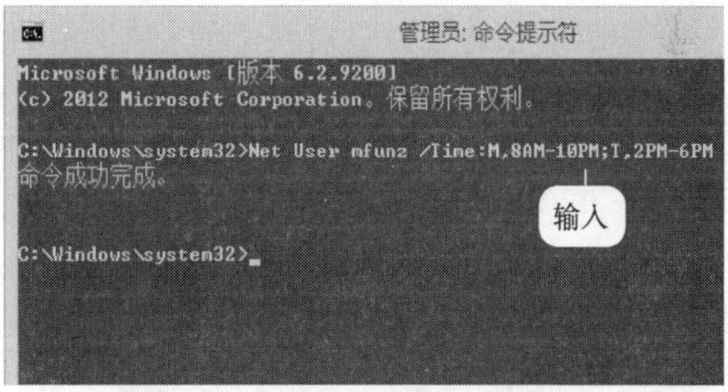
管理员: 命令提示符
Microsoft Windows [版本 6.2.9200]
(c) 2012 Microsoft Corporation。保留所有权利。
C:\Windows\system32>Net User mfunz /Time:M,8AM-10PM;T,2PM-6PM
命令成功完成。
输入
C:\Windows\system32>_

图 9-70　设置用户账户使用时间

9.4.2　使用 Net Localgroup 管理本地组

Net Localgroup 和 Net User 都是 Net 命令的子命令，与 Net User 命令不同的是 Net Localgroup 主要用于查看、添加、修改或删除本地用户组。用户可在“命令提示符”窗口中输入 Net Help，并按 Enter 键查看所有 Net Localgroup 命令的子命令。

接下来就为大家详细介绍一下使用 Net Localgroup 命令进行查看本地用户组信息、添加或删除用户组以及添加或删除用户组的成员的具体操作方法。

- ❑ 查看本地用户组信息：在 Net Localgroup 所有命令中查看本地用户组信息无疑是最简单的一个。用户只需在“命令提示符”窗口中输入 Net Localgroup 后，按 Enter 键即可在该窗口中看到本地用户组信息，如图 9-71 所示。

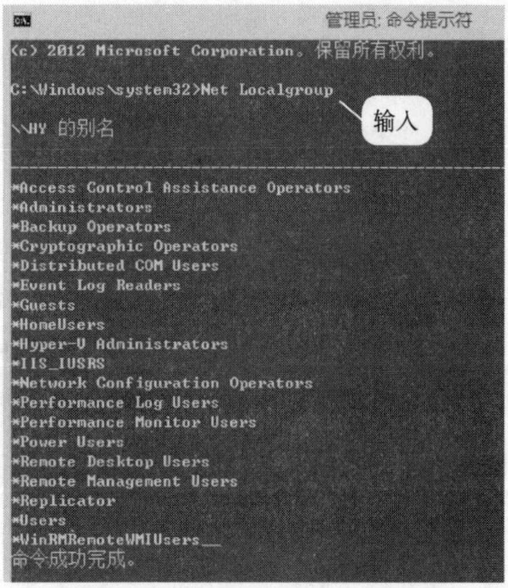
管理员: 命令提示符
(c) 2012 Microsoft Corporation。保留所有权利。
C:\Windows\system32>Net Localgroup
输入
\\HY 的别名
*Access Control Assistance Operators
*Administrators
*Backup Operators
*Cryptographic Operators
*Distributed COM Users
*Event Log Readers
*Guests
*HomeUsers
*Hyper-V Administrators
*IIS_IUSRS
*Network Configuration Operators
*Performance Log Users
*Performance Monitor Users
*Power Users
*Remote Desktop Users
*Remote Management Users
*Replicator
*Users
*WinRMRemoteWMIUsers__
命令成功完成。

图 9-71　查看本地用户组信息

- 添加/删除用户组：添加/删除用户组是两个相反的命令，Net Localgroup 分别使用 /add 和 /delete 这两个参数来实现操作。以用户组 XiaoFly 为例，添加用户组 XiaoFly 的命令为：Net Localgroup XiaoFly /add，用户只需在“命令提示符”窗口中输入该命令，并按 Enter 键即可完成用户组 XiaoFly 的添加，如图 9-72 所示；而删除用户组 XiaoFly 的命令则为：Net Localgroup XiaoFly /delete，将之输入“命令提示符”窗口中，并按 Enter 键便可删除用户组 XiaoFly，如图 9-73 所示。

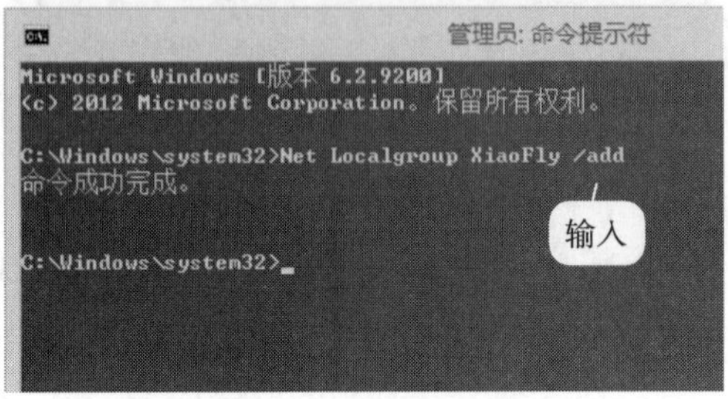
管理员: 命令提示符
Microsoft Windows [版本 6.2.9200]
(c) 2012 Microsoft Corporation。保留所有权利。
C:\Windows\system32>Net Localgroup XiaoFly /add
命令成功完成。
输入
C:\Windows\system32>_

图 9-72　添加用户组

管理员: 命令提示符
Microsoft Windows [版本 6.2.9200]
(c) 2012 Microsoft Corporation。保留所有权利。
C:\Windows\system32>Net Localgroup XiaoFly /delete
命令成功完成。
输入
C:\Windows\system32>_

图 9-73　删除用户组

- 添加/删除用户组的成员：添加/删除用户组的成员命令和添加/删除用户组命令非常类似，用户只需在添加/删除用户组命令中加入要添加/删除用户组的成员名即可。例如要在用户组 XiaoFly 中加入成员 mfunz，则命令就是 Net Localgroup XiaoFly mfunz /add，用户只需将该命令输入到“命令提示符”窗口中，并按 Enter 键便可在用户组 XiaoFly 中加入成员 mfunz，如图 9-74 所示。在用户组 XiaoFly 中删除成员 mfunz 的命令则为 Net Localgroup XiaoFly mfunz /delete，在“命令提示符”窗口中输入该命令，运行结果如图 9-75 所示。

管理员: 命令提示符
Microsoft Windows [版本 6.2.9200]
(c) 2012 Microsoft Corporation。保留所有权利。
C:\Windows\system32>Net Localgroup XiaoFly mfunz /add
命令成功完成。
输入
C:\Windows\system32>_

图 9-74　添加用户组的成员

管理员: 命令提示符
Microsoft Windows [版本 6.2.9200]
(c) 2012 Microsoft Corporation。保留所有权利。
C:\Windows\system32>Net Localgroup XiaoFly mfunz /delete
命令成功完成。
输入
C:\Windows\system32>_

图 9-75　删除用户组的成员

9.5　学会保护和恢复用户账户密码

使用 Windows 8 操作系统时，与用户账户的创建和管理同等重要的就是用户账户的保护以及密码的恢复操作。在互联网的世界中，黑客无处不在。若用户创建了用户账户，然而却没有很好地使用密码保护策略以及账户锁定策略对其进行保护，便会非常容易遭到黑客入侵。

但是如果自己设置的用户账户密码过于复杂，到最后自己反而因忘记密码不能正常登录用户账户，这时就需要重设用户账户密码进行补救。

9.5.1　使用密码策略保护密码安全

在日常的电脑使用中，为了使用方便，用户或许并不会设置非常复杂的用户账户密码。为了防止因密码过于简单而导致的电脑安全隐患，用户可使用密码策略保护密码的安全。

密码策略是本地安全策略中一个重要的组成部分，通过密码策略可以设置密码的复杂性、长度最小值、使用期限等有关密码安全的密码属性。

打开密码策略的方法非常简单，用户只需按【Win +Q】组合键进入搜索界面，然后在搜索栏中输入关键字 secpol.msc 然后按 Enter 键即可打开“本地安全策略”窗口，如图 9-76 所示。接着在“本地安全策略”窗口左侧依次单击“账户策略 > 密码策略”选项，此时用户可在窗口右侧看到关于密码策略所有的设置项，如图 9-77 所示。

图 9-76　搜索关键字 secpol.msc

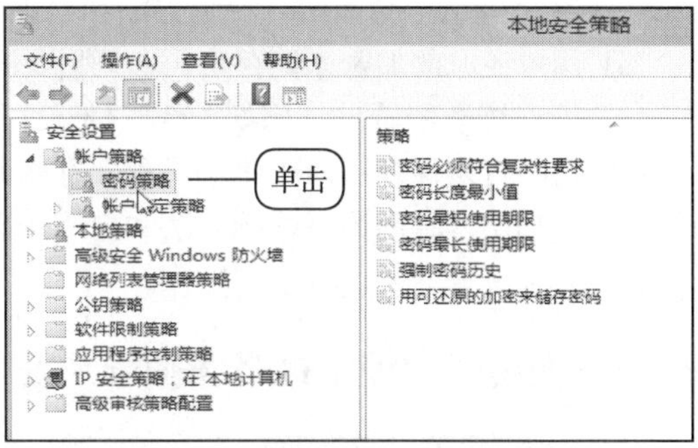

图 9-77　单击“密码策略”按钮

- 密码必须符合复杂性要求：此策略专为应对用户密码过于简单而设立，如果启用此策略，则密码必须符合以下最基本的要求：不得明显包含用户账户名或用户全名的一部分，长度至少为 6 个字符，需包含来自以下 4 个类别中的 3 个的字符：英文大写字母（A ～ Z）、英文小写字母（a ～ z）、10 个基本数字（0 ～ 9）、非字母字符（例如，!、$、#、%）。此时当用户更改或创建密码时，将会强制执行复杂性要求。开启该策略的方法非常简单，用户只需双击该策略组，❶ 然后在弹出“密码必须符合复杂性要求”对话框中单击选中“已启用”单选按钮，❷ 然后单击“确定”按钮便可启用该策略，如图 9-78 所示。
- 密码长度最小值：此策略组主要用于确定用户账户的密码可包含的最少字符个数。用户可设置为 1 ～ 14 个字符之间的某个值，若用户将字符数设置为 0，便不需设置密码。设置该策略组的方法非常简单，用户只需双击该策略组，❶ 然后在弹出的对话框中输入具体数字，❷ 最后单击“确定”按钮，如图 9-79 所示。

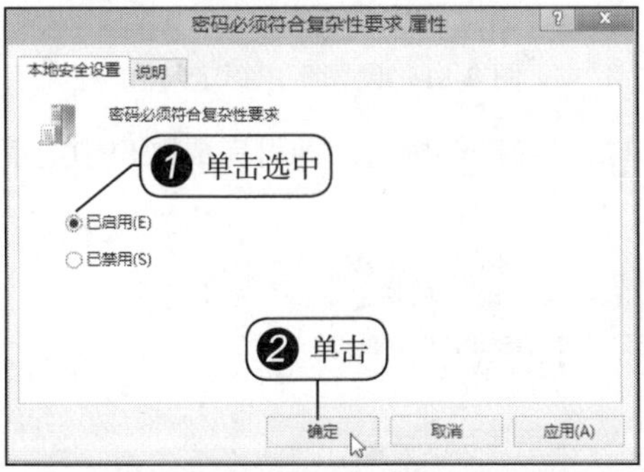

图 9-78　启用密码必须符合复杂性要求

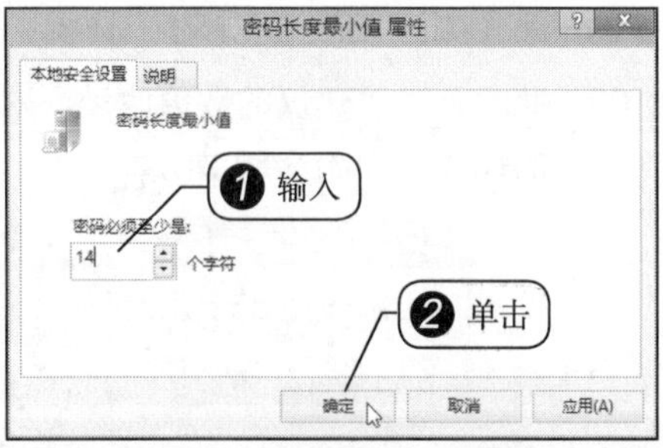

图 9-79　设置密码长度最小值

- 密码最短使用期限：密码最短使用期限，用于确定用户在更改用户账户密码前必须持续使用该密码的最短时间（单位为天）。用户可以设置 1 ～ 998 天之间的某个值，或者直接将天数设置为 0，即允许立即更改密码。设置密码最短使用期限的方法和设置密码长度最小值的方法完全一样，故此不再赘述。

- ❑ 密码最长使用期限：密码最长使用期限，用于确定在用户必须更改用户账户密码之前最长可使用该密码的期限（单位为天）。用户可以设置密码的过期天数为 1 ～ 999 之间，如果用户将天数设置为 0，则指定密码永不过期。
- ❑ 强制密码历史：该策略用于设置系统记忆旧的账户密码，以确保用户不能再次使用已使用过的密码，此策略能大大提高用户账户的安全性。该策略组的值必须设置为 0 ～ 24 之间的一个数值，设置方法和设置密码长度最小值相同，用户可参照其进行设置。
- ❑ 用可还原的加密来储存密码：可还原的加密即是以明文密码（明文密码就是在电脑上可直接清楚看见，比如 123，Aloe23 等，而经系统加密显示出的 **** 则是暗码）的情况直接保存用户密码，这种保存密码的方式非常不利于保障系统安全，建议用户将之禁用，禁用该策略的方法和启用密码必须符合复杂性要求策略非常类似，用户可参考其设置方法进行禁用操作。

9.5.2 使用账户锁定策略保护账户安全

账户锁定策略是 Windows 8 系统中另一个非常重要的系统保护手段，该策略主要用于防止黑客使用猜解（不断尝试使用不同的密码登录同一账户）的方式，暴力破解用户账户密码。启用该策略后，黑客在登录失败达到一定的次数后，系统会自动将该账户锁定，此时不能继续使用该账户登录电脑。具体的操作步骤如下。

Step 01 ❶ 在 9.5.1 节中打开的“本地安全策略”窗口左侧单击“账户锁定策略”选项，❷ 然后在窗口右侧双击“账户锁定阈值”选项，如图 9-80 所示。

Step 02 弹出“账户锁定阈值属性”对话框，❶ 在文本框中输入合适的数值后，❷ 单击“确定”按钮，如图 9-81 所示。

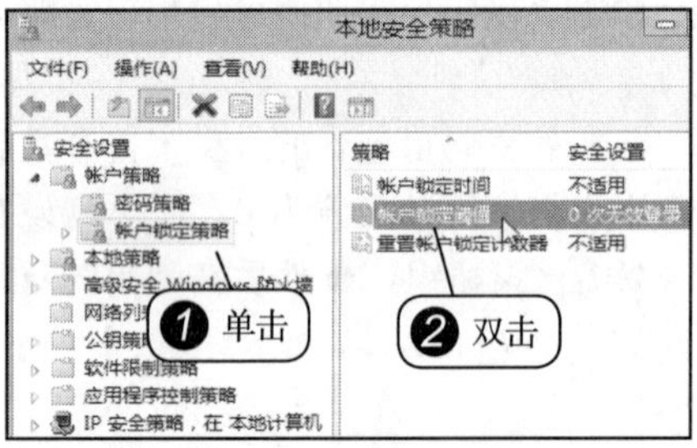

图 9-80 双击“账户锁定阈值”选项

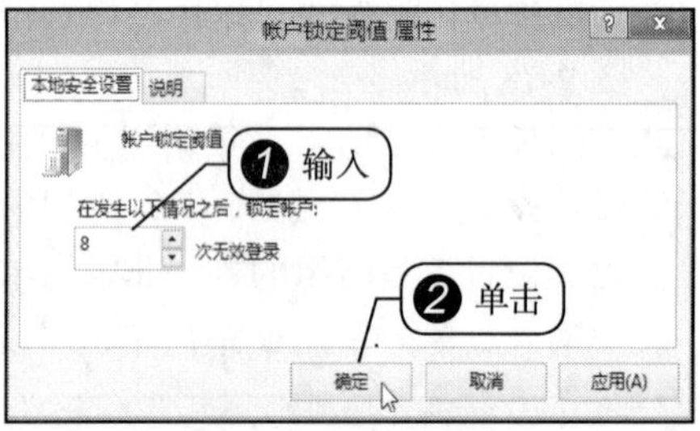

图 9-81 设置账户锁定阈值

Step 03 此时弹出“建议的数值改动”对话框，单击“确定”按钮，即可完成账户锁定策略的设置，如图 9-82 所示。

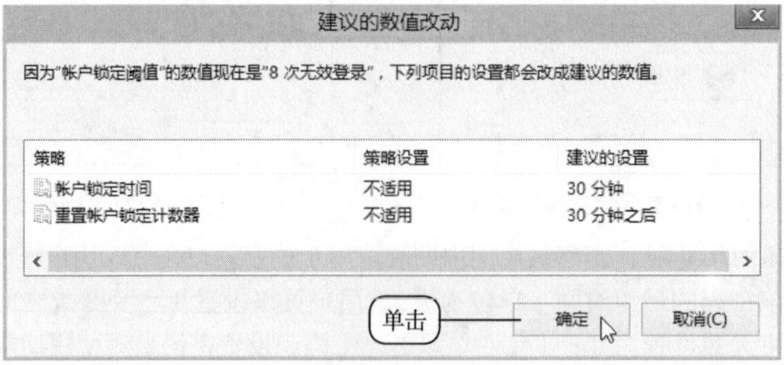

图 9-82 完成账户锁定策略的设置

9.5.3 重设用户账户密码

若用户由于各种不可预知的原因忘记了自己的用户账户密码，则可以让系统管理员或使用具有系统权限的用户账户登录电脑，然后在“本地用户和组”管理中重设用户账户密码。具体的操作步骤如下。

Step 01 使用 9.3.1 节介绍的方法查看到所有用户账户后，❶ 右击需重设用户账户密码的账户，❷ 然后在弹出的快捷菜单中单击“设置密码”命令，如图 9-83 所示。

Step 02 弹出“为 HYu_00 设置密码”对话框，单击“继续”按钮，如图 9-84 所示。

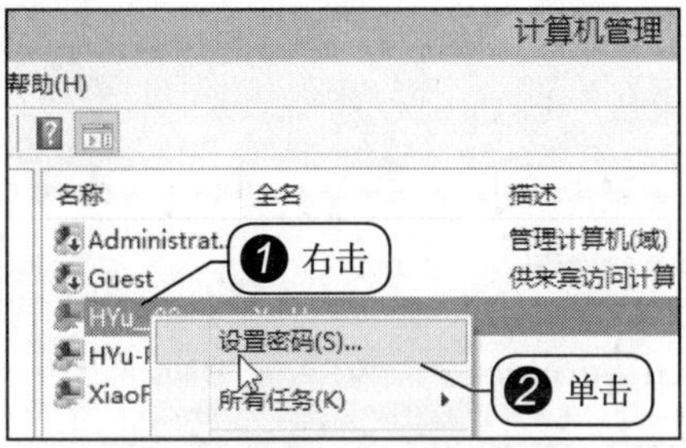

图 9-83　选择“设置密码”命令

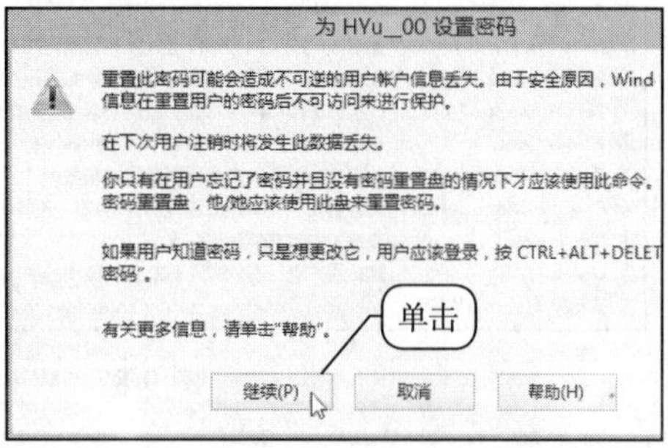

图 9-84　单击“继续”按钮

Step 03 切换至新的界面，❶ 输入两次新的密码后，❷ 单击“确定”按钮，如图 9-85 所示。

Step 04 弹出“本地用户和组”对话框，单击“确定”按钮，即可完成重设用户账户密码的操作，如图 9-86 所示。

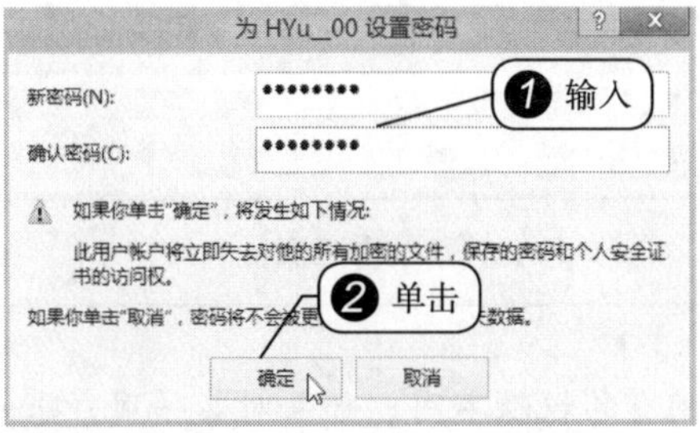

图 9-85　重设用户账户密码

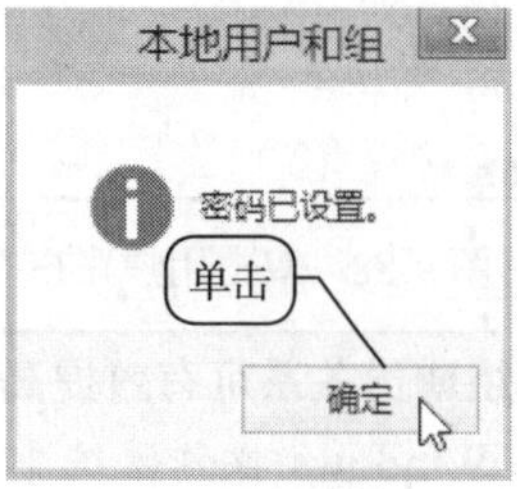

图 9-86　完成设置

拓展解析

9.6 在本地用户和组中更改组成员的关系

Windows 8 操作系统中的控制面板功能有限，用户只能设置账户权限类型组为标准账户和管理员账户。在“本地用户和组”管理中用户可发现更多的系统权限用户组，每个组都有其不同的系统权限，如图 9-87 所示。

若用户需要设置或更改 Windows 8 操作系统中组成员的关系，可以直接在“本地用户和组”管理中进行设置。具体的操作步骤如下。

Step 01 使用 9.3.1 节介绍的方法查看到所有用户账户后，双击需要更改组成员关系的用户账户，例如 HYu_00，如图 9-88 所示。

Step 02　弹出“HYu_00 属性”对话框，单击“添加”按钮，如图 9-89 所示。

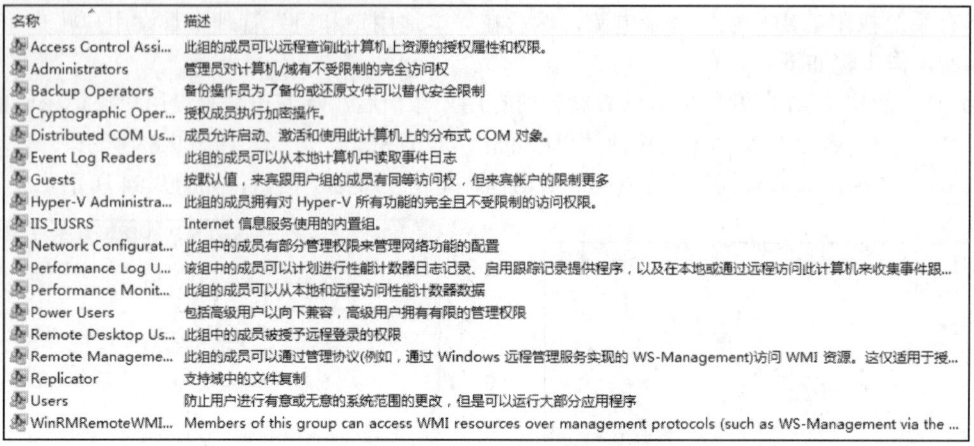

图 9-87　Windows 系统中的用户组

图 9-88　双击用户账户

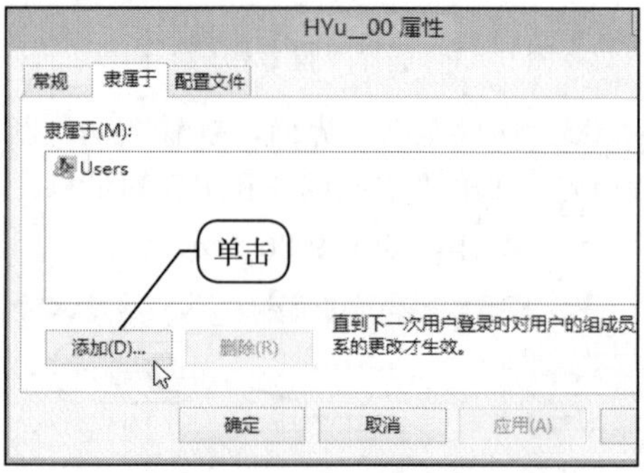

图 9-89　单击“添加”按钮

提示：更改组成员关系可有效提高电脑的安全性

由于在 Windows 操作系统中，不同的用户组拥有的权限不同。如果对某一用户账户赋予了某一用户组的权限，即使使用该用户账户非法登录电脑也可将其破坏性控制在一定的范围内。

Step 03　弹出“选择组”对话框，单击“高级”按钮，如图 9-90 所示。

Step 04　❶ 在新弹出的对话框中单击“立即查找”按钮，❷ 然后在对话框底部选择合适的用户组，❸ 最后单击“确定”按钮，如图 9-91 所示。接着按照提示依次单击两次“确定”按钮即可完成在本地用户和组中更改组成员关系的操作。

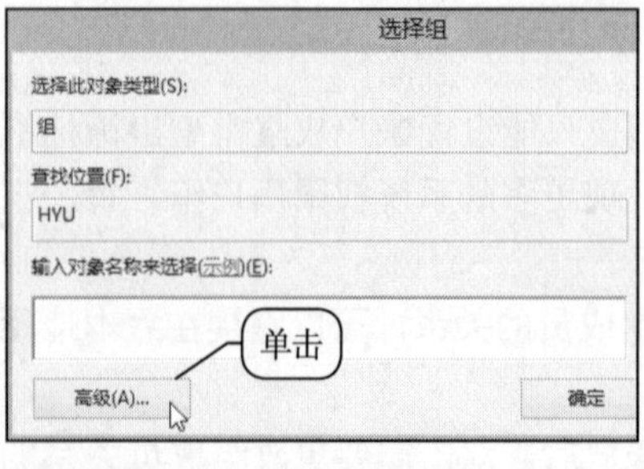

图 9-90　单击“高级”按钮

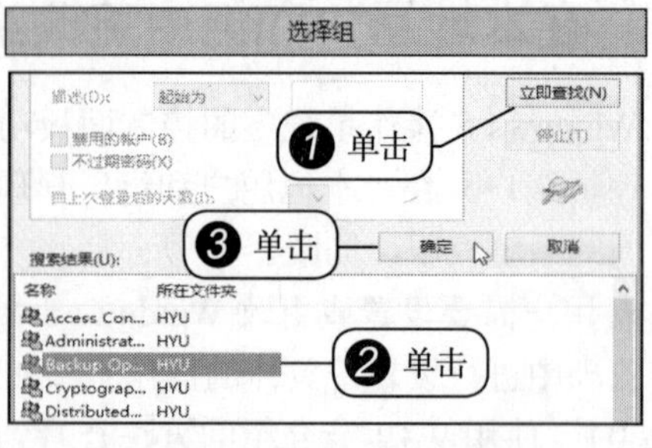

图 9-91　选择要更改的用户组

9.7 使用 Net Accounts 加固用户账户密码的安全性

Net Accounts 同样也是 Net 命令的子命令，其主要功能是更新用户账户数据并修改所有账户的密码和登录要求。使用 Net Accounts 命令行工具同样可以达到在“本地安全策略”管理中设置保护账户和密码的目的。

用户在“命令提示符”窗口中输入 Net Accounts 命令并按 Enter 键即可查看当前的账户策略的设置信息，如图 9-92 所示。除此之外用户还可通过 Net Accounts 命令行工具设置密码长度最小值、密码最短使用期限、密码最长使用期限、强制密码历史等密码策略。

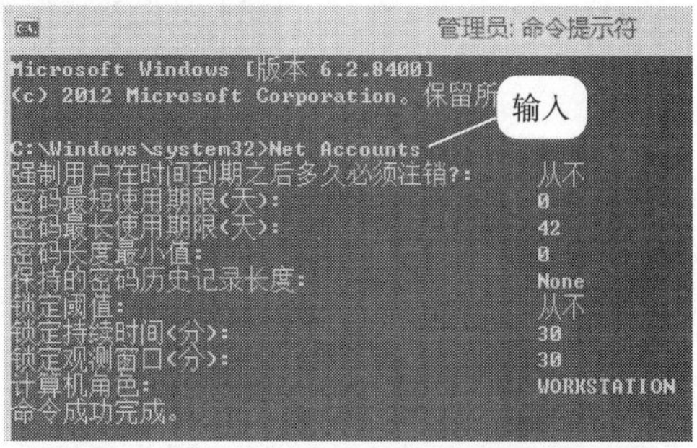
管理员: 命令提示符
Microsoft Windows [版本 6.2.8400]
(c) 2012 Microsoft Corporation。保留所
输入
C:\Windows\system32>Net Accounts
强制用户在时间到期之后多久必须注销?: 从不
密码最短使用期限(天): 0
密码最长使用期限(天): 42
密码长度最小值: 0
保持的密码历史记录长度: None
锁定阈值: 从不
锁定持续时间(分): 30
锁定观测窗口(分): 30
计算机角色: WORKSTATION
命令成功完成。

图 9-92 查看当前账户策略的设置信息

- 密码长度最小值：用户账户密码长度最小值的设置范围是 0 ～ 127 个字符。以设置不少于 12 个字符的用户密码为例，用户只需在“命令提示符”窗口中输入 Net Accounts /Minpwlen:12，并按 Enter 键即可完成设置，如图 9-93 所示。
- 密码最短使用期限：密码最短使用期限的命令行代码是：Net Accounts /Minpwage: days，其中 days 代表旧密码在用户可以更改新密码前的最少使用天数。例如设置密码最短使用期限为 10 天，则在“命令提示符”窗口中输入 Net Accounts / Minpwage:10，并按 Enter 键，如图 9-94 所示。

管理员: 命令提示符
Microsoft Windows [版本 6.2.8400]
(c) 2012 Microsoft Corporation。保留所有权利。
C:\Windows\system32>Net Accounts /Minpwlen:12
命令成功完成。
输入
C:\Windows\system32>_

图 9-93 设置密码长度最小值

管理员: 命令提示符
Microsoft Windows [版本 6.2.8400]
(c) 2012 Microsoft Corporation。保留所有权利。
C:\Windows\system32>Net Accounts /Minpwage:10
命令成功完成。
输入
C:\Windows\system32>

图 9-94 设置密码最短使用期限

- 密码最长使用期限：密码最长使用期限的命令行代码和密码最短使用期限的设置格式非常相似，其命令行代码是：Net Accounts /Maxpwage:days，days 代表更改新密码前最长可使用的天数。如设置密码最长使用期限为 100 天，则在“命令提示符”窗口中输入 Net Accounts / Maxpwage:100，并按 Enter 键，如图 9-95 所示。若需设置账户密码永远有效则输入 Net Accounts / Maxpwage:unlimited 即可。

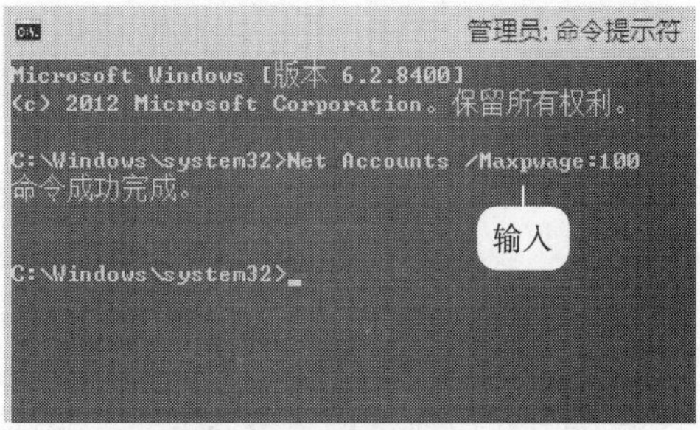
管理员: 命令提示符
Microsoft Windows [版本 6.2.8400]
(c) 2012 Microsoft Corporation。保留所有权利。
C:\Windows\system32>Net Accounts /Maxpwage:100
命令成功完成。
输入
C:\Windows\system32>_

图 9-95 设置密码最长使用期限

- 强制密码历史：强制密码历史的命令行代码是：Net Accounts /Uniquepw:number，number 代表记忆历史次数。例如设置强制密码历史次数为 6，则需在“命令提示符”窗口中输入 Net Accounts /Uniquepw:6，并按 Enter 键，如图 9-96 所示。

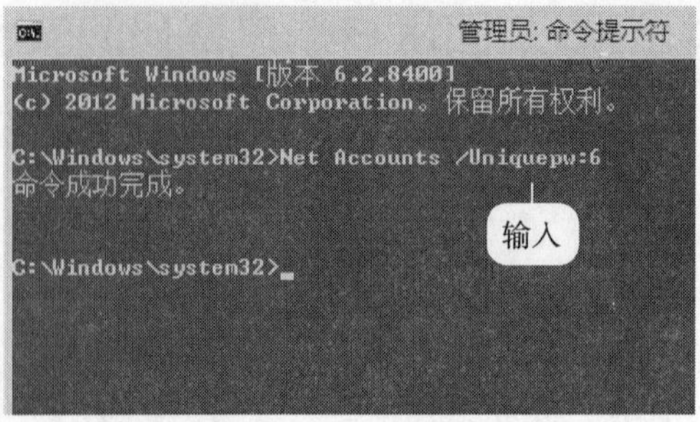

图 9-96　设置强制密码历史

9.8　使用密码重置盘恢复用户账户的密码

密码重置盘是 Windows 8 操作系统中一个非常重要的恢复用户账户密码的工具，使用该工具用户可在不损失个人数据的情况下重设用户账户密码。

密码重置盘并非系统自带的，需要用户自己制作。Windows 8 操作系统的密码重置盘可由软盘或 U 盘制作，与软盘相比 U 盘显然更适合用来制作密码重置盘。

用户需要制作哪个用户账户的密码重置盘就以哪个用户账户登录电脑，然后便可开始密码重置盘的制作。具体操作步骤如下。

Step 01　按照 9.1.2 节中重命名用户账户名称 Step01 和 Step02 介绍的方法打开“用户账户”窗口，单击窗口左侧的“创建密码重置盘”链接，如图 9-97 所示。

Step 02　在弹出“忘记密码向导”对话框中，单击“下一步”按钮，如图 9-98 所示。

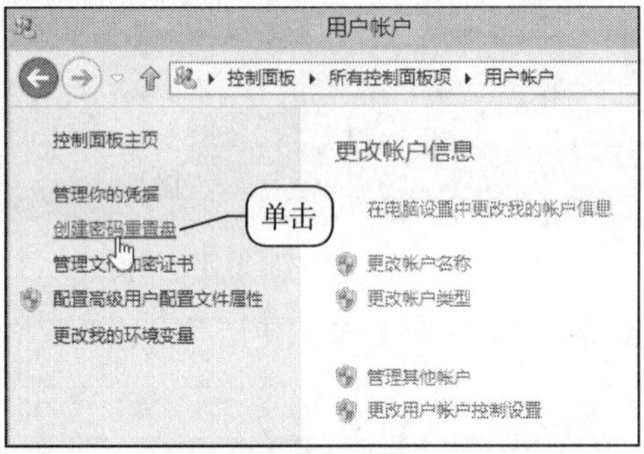

图 9-97　单击“创建密码重置盘”链接

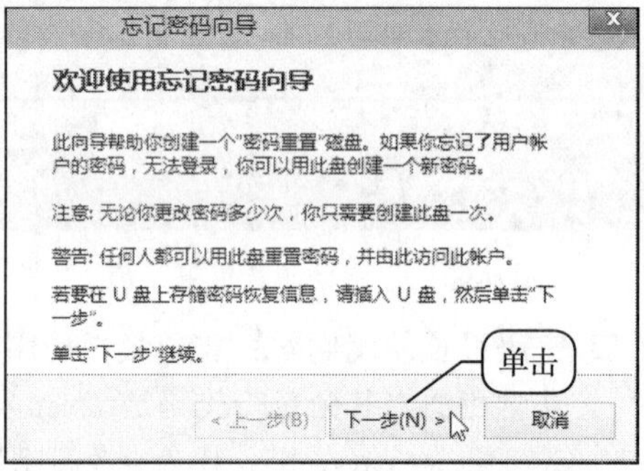

图 9-98　单击“下一步”按钮

Step 03　在切换至的界面中，❶ 单击“盘”选项右侧的扩展按钮，❷ 然后在展开的下拉列表中选择要制作密码重置盘的 U 盘，如图 9-99 所示。

Step 04　单击下一步后切换至“正在创建密码重置盘”界面，待界面中的进度条显示为 100% 时，单击“下一步”按钮，如图 9-100 所示。

Step 05　在切换至的界面中单击“完成”按钮，即可完成创建密码重置盘的操作，如图 9-101 所示。

Step 06　待用户忘记账户密码而导致多次登录失败时，单击“确定”按钮，如图 9-102 所示。

Step 07　此时在切换至的界面中单击“重置密码”选项，如图 9-103 所示。

Step 08　弹出“重置密码向导”对话框，单击“下一步”按钮，如图 9-104 所示。

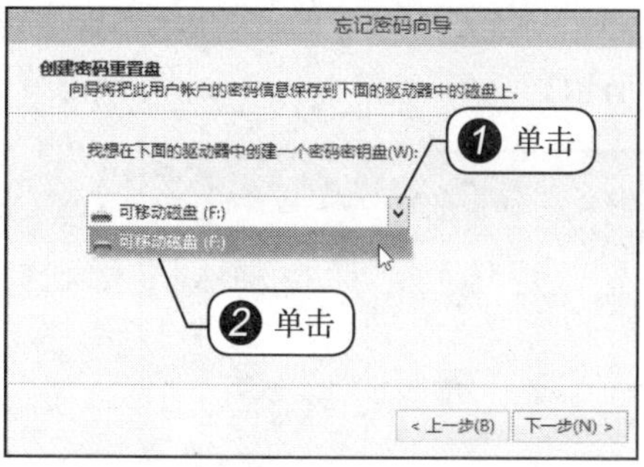

图 9-99　选择要制作密码重置盘的 U 盘

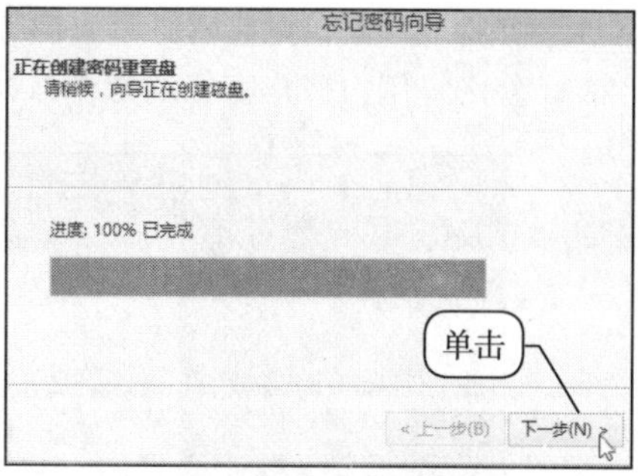

图 9-100　单击“下一步”按钮

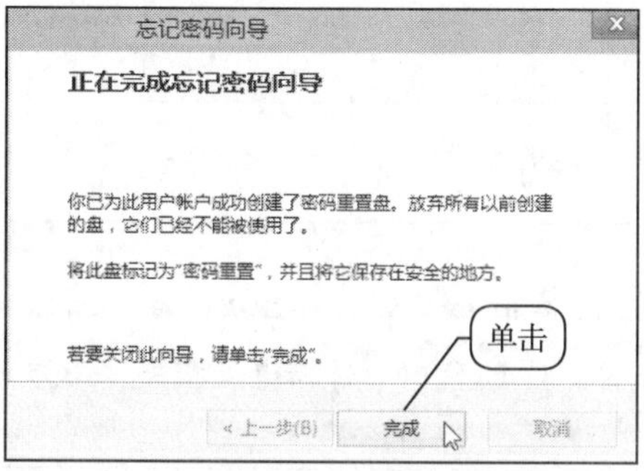

图 9-101　单击“完成”按钮

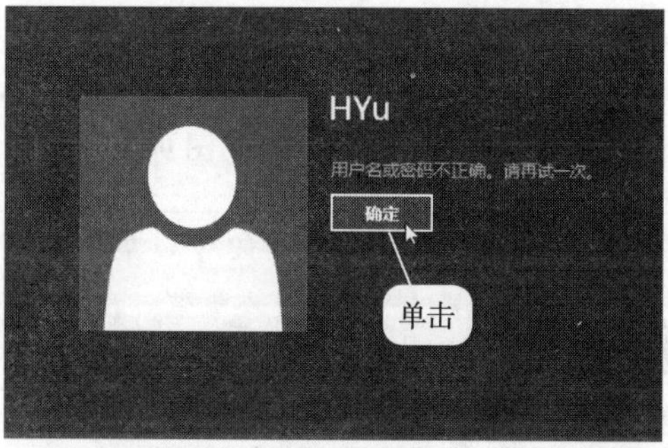

图 9-102　单击“确定”按钮

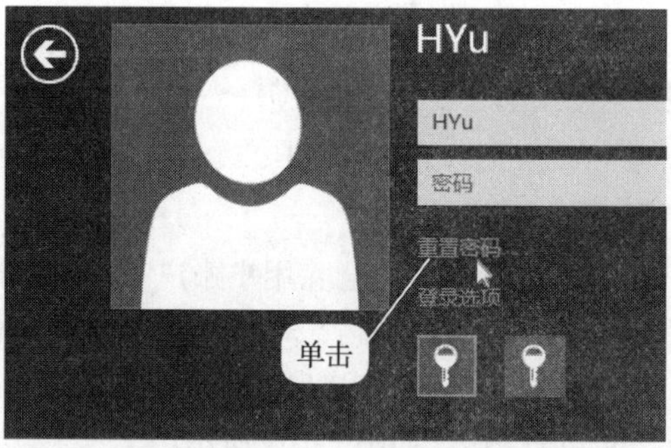

图 9-103　单击“重置密码”选项

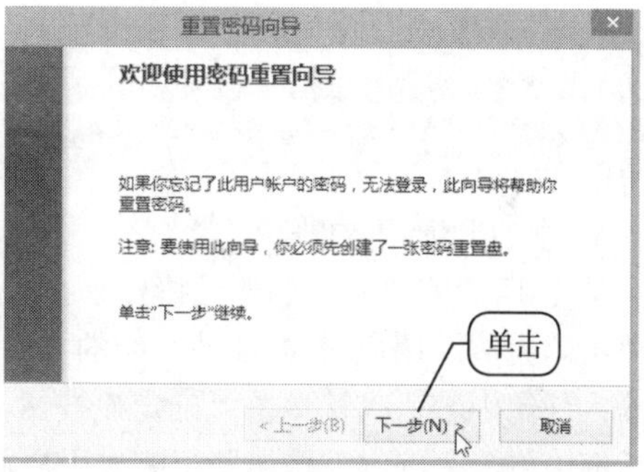

图 9-104　单击“下一步”按钮

Step 09　切换至“插入密码重置盘”界面，❶ 按照 Step03 的方法选择制作成密码重置盘的 U 盘后，❷ 单击“下一步”按钮，如图 9-105 所示。

Step 10　在切换至的界面中输入新的密码和密码提示后，单击“下一步”按钮，如图 9-106 所示。

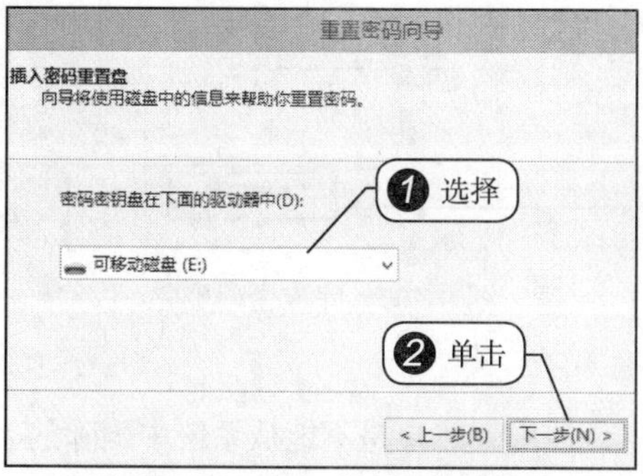

图 9-105　选择插入的密码重置盘

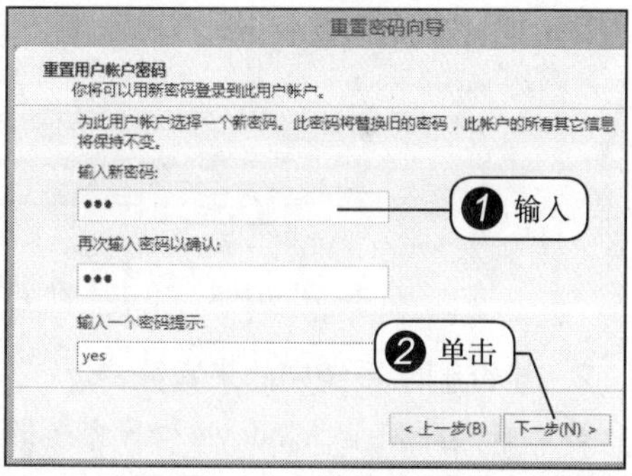

图 9-106　输入新密码

Step 11　切换至“正在完成密码重置向导”界面，单击“完成”按钮即可完成使用密码重置盘恢复用户账户密码的操作，如图 9-107 所示。

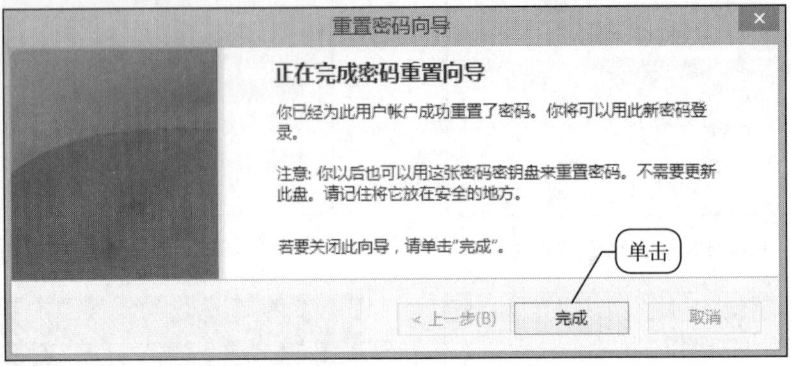
重置密码向导
正在完成密码重置向导
你已经为此用户帐户成功重置了密码。你将可以用此新密码登录。
注意: 你以后也可以用这张密码密钥盘来重置密码。不需要更新此盘。请记住将它放在安全的地方。
若要关闭此向导，请单击"完成"。
单击
< 上一步(B)
完成
取消

图 9-107　完成用户账户密码的重置

提示：创建密码重置盘并不会对 U 盘中的数据造成损失

当系统创建 U 盘密码重置盘时，系统仅仅是在 U 盘中写入了一个系统文件，而非是要对 U 盘进行格式化的操作。所以创建密码重置盘并不会对 U 盘中的数据造成损失，用户可以放心使用密码重置盘这个功能。

新手疑惑解答

1. 如何删除用户账户的密码?

答：用户账户密码的删除操作是在本地用户和组中进行的。以删除用户账户 HYu-PC 的账户密码为例，用户按 9.5.3 节介绍的方法打开“为 HYu-PC 设置密码”对话框，不在文本框中输入任何内容，直接单击“确定”按钮，如图 9-108 所示，然后在弹出的“本地用户和组”对话框中单击“确定”按钮即可完成用户账户密码的删除操作，如图 9-109 所示。

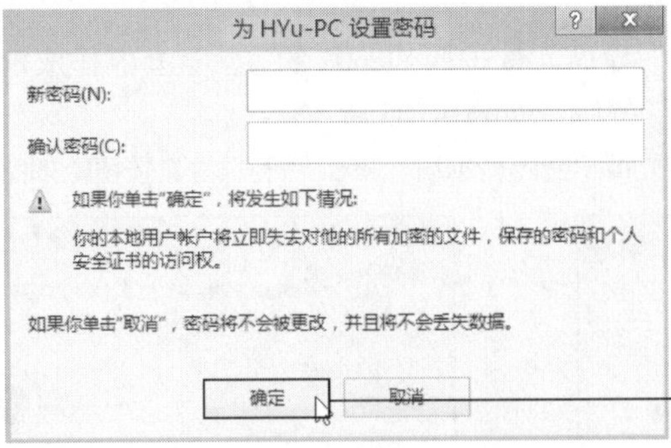
为 HYu-PC 设置密码
新密码(N):
确认密码(C):
如果你单击"确定"，将发生如下情况:
你的本地用户帐户将立即失去对他的所有加密的文件，保存的密码和个人安全证书的访问权。
如果你单击"取消"，密码将不会被更改，并且将不会丢失数据。
确定
取消

图 9-108　单击“确定”按钮

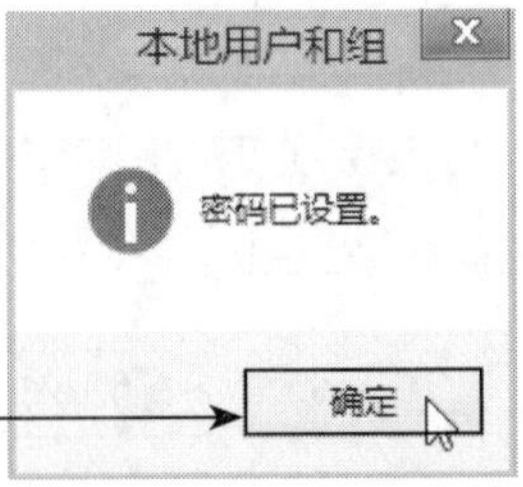
本地用户和组
密码已设置。
确定

图 9-109　完成密码删除

2. 能否删除系统中的来宾账户?

答：来宾账户是 Windows 操作系统的内置账户，该内置账户是不能从系统中删除的。用户只能在本地用户和组中禁用该账户。

3. 密码重置盘的内部原理是什么?

答：当用户在 Windows XP 操作系统中创建密码重置盘时，Windows 8 操作系统会自动创建一对公钥和私钥，以及一张自签署的证书。此时系统将会用所生成的公钥对用户账户的密码进行加密，然后将其保存在注册表项 HKEY_LOCAL_MACHINE\SECURITY\Recovery\<SID> 中，而私钥则从计算机中被删除保存在用户软盘里。

当用户在 Windows 8 操作系统中创建密码重置盘时，Windows 安全子系统进程 Lsass.exe 会自动创建一个 Recovery.dat 注册表配置单元文件，并保存在 C:\Windows\System32\Microsoft\Protect\Recovery 文件夹中。而 Lsass.exe 进程会自动将其加载到注册表 HKLM\C80ED86A-OD27-40dc-B379-BB594E14EAIB 中，在该注册表中即保存了用公钥所加密的账户密码副本。此时私钥则会以 userkey.psw 文件的形式保存在软盘或者 U 盘中。

当用户使用密码重置盘重置密码时，系统将对两项进行对比，必须相吻合才可以继续进行下一步的操作。

第10章

安装与管理应用软件和组件

本章知识点：

☑ 安装普通应用软件
☑ 启动 / 关闭应用软件
☑ 卸载应用软件
☑ 安装 / 卸载 Windows 组件
☑ 启用兼容模式运行不兼容的应用软件

用户在使用电脑的过程中肯定会接触到各式各样的应用软件，这些应用软件中有些是系统自带的，然而更多的应用软件却是需要用户自己来进行安装的。本章将为大家介绍关于应用软件安装与管理方面的知识。

基础讲解

10.1 安装普通应用软件

与系统自带的软件相比，普通应用软件最大的不同就在于其需要用户进行安装。在Windows 8 操作系统中，普通应用软件的安装分为在线安装和离线安装两种不同类型。虽然两种安装类型都是要将应用软件安装至电脑系统中，但在安装过程中却存在一些细微的不同。

10.1.1 在线安装

在线安装是指不需将应用软件安装包下载到本地电脑中，直接在网络上进行安装的一种安装方式。使用这种安装方式不会在电脑中保存应用程序安装包，所以这种安装应用软件的方法最大的局限性就是非常依赖网络的支持。

或许大部分读者都以为应用软件的在线安装必须在 Windows 系统自带的 IE 浏览器中进行，其实不然。应用软件的在线安装并不限制浏览器的使用，用户可随意选用自己喜欢的浏览器作为载体进行应用软件的在线安装操作。

接下来就以在线安装 360 安全卫士为例，为大家详细介绍一下使用在线安装的方式安装应用软件的操作方法与步骤。

Step 01 ❶ 在浏览器地址栏中输入 360 安全卫士下载地址 http://www.360.cn 后，登录到 360 安全卫士下载页面，❷ 单击“免费下载”按钮，如图 10-1 所示。

Step 02 此时在浏览器底部弹出的对话框中单击“运行”按钮，如图 10-2 所示。

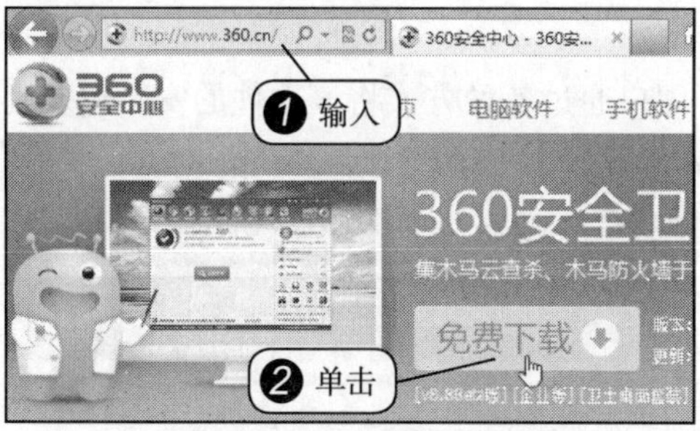

图 10-1 单击“免费下载”按钮

图 10-2 单击“运行”按钮

提示：单击“运行”按钮后程序并不会立即运行

当用户使用在线安装的方式安装软件时，如果软件安装包过大，单击“运行”按钮后，该安装程序并不会立即运行。这是因为，在线安装的原理是系统先将软件的安装包下载到系统缓存中，待完成下载后才能执行安装任务，当安装完成后再删除系统缓存中的软件安装包。也就是说，当所需在线安装的软件安装包非常大时，则用户单击“运行”按钮后需等待一段时间才能开始安装。

Step 03　待 360 安全卫士安装程序启动后，❶ 勾选“已阅读并同意许可协议”复选框，❷ 然后单击“立即安装”按钮，如图 10-3 所示。

Step 04　此时 360 安全卫士安装程序将自动下载和安装 360 安全卫士所需程序文件与模块，如图 10-4 所示。

Step 05　待界面中出现“恭喜您，360 安全卫士安装完成”字样时，❶ 取消勾选所有的复选框，❷ 单击“完成”按钮即可完成 360 安全卫士的在线安装操作，如图 10-5 所示。

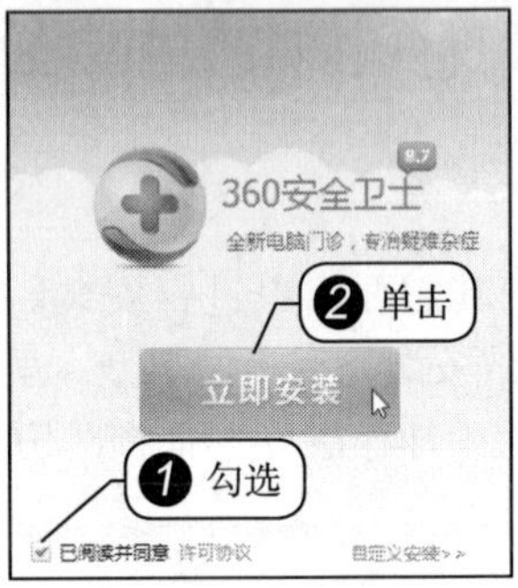

图 10-3　单击“立即安装”按钮

图 10-4　正在下载和安装

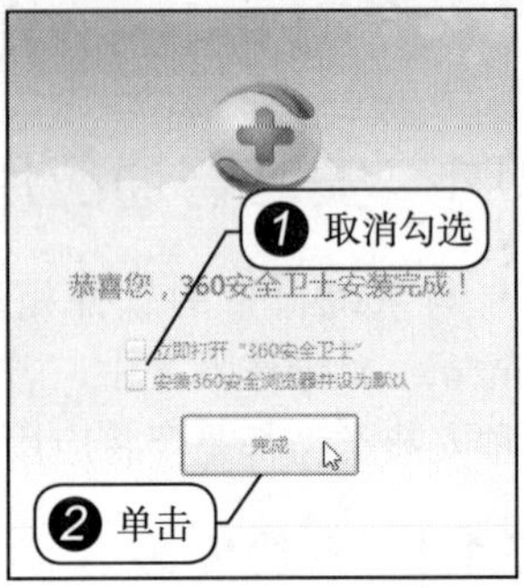

图 10-5　完成安装操作

10.1.2　离线安装

离线安装是一种和在线安装截然不同的应用软件安装方式。与在线安装必须依赖网络不同，应用软件的离线安装完全不依赖于网络。用户只需将安装应用程序必需的软件安装包通过下载、复制在移动存储设备中或者通过光盘读取等方式读到电脑中后，便可以开始该程序的离线安装操作。

与在线安装相比，离线安装这种安装方式以其灵活、方便以及不依赖网络的支持便可以在任何情况下进行安装的特点，获得了比在线安装更为广泛地应用。同样的，由于离线安装不依靠网络只使用软件安装包自身进行程序的安装，势必会大量占用电脑的硬盘空间。所以说两种安装方式各有优点及缺陷，用户可根据自身电脑的实际情况选择适合自己的安装方式。具体操作步骤如下。

Step 01　以离线安装“迅雷 7”下载软件为例，用户通过各种方式将该软件的安装包复制到电脑中，在该安装包上双击，如图 10-6 所示。

Step 02　弹出“欢迎使用迅雷 7”对话框，单击“接受”按钮，如图 10-7 所示。

图 10-6　双击安装包

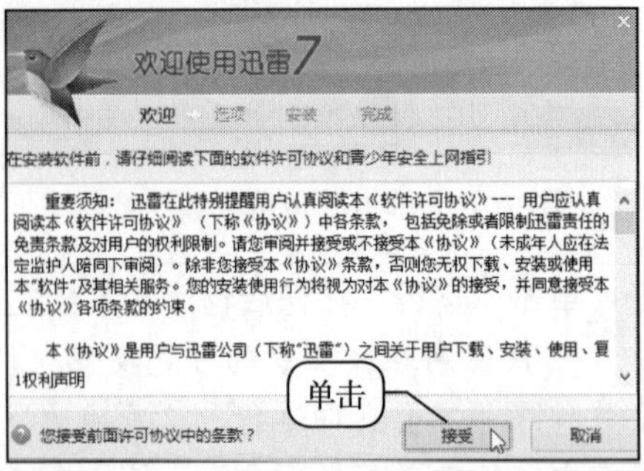

图 10-7　单击“接受”按钮

Step 03　❶ 在切换至的界面中取消勾选不需要的复选框，例如“开机启动迅雷 7”复选框

（非常占用系统资源），❷ 接着在弹出的对话框中单击“确定”按钮，如图 10-8 所示。

Step 04　确认安装位置以及复选框内容无误后，单击“下一步”按钮，如图 10-9 所示。为方便对软件的管理，一般在安装软件时都保持软件安装位置为默认。

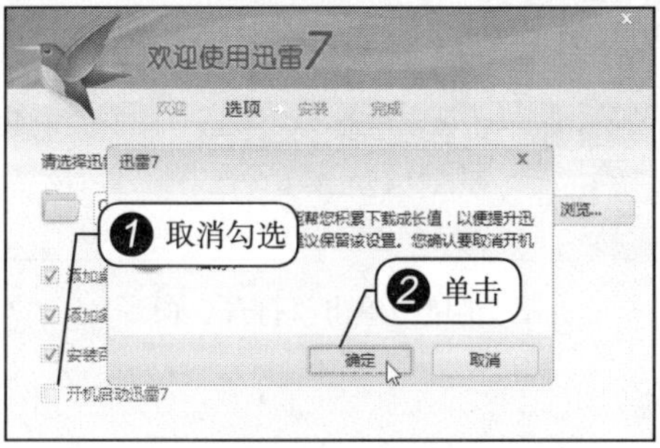

图 10-8　取消开机启动迅雷 7

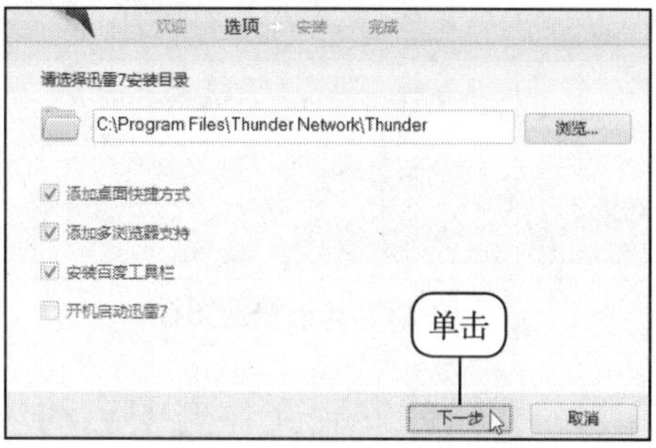

图 10-9　单击“下一步”按钮

Step 05　此时安装包将开始该软件的安装操作，用户可在界面下方看到实时的安装进度，如图 10-10 所示。

Step 06　待切换至“迅雷 7 安装已完成！”界面时，❶ 取消勾选所有的复选框后，❷ 单击“完成”按钮即可完成整个离线安装的操作，如图 10-11 所示。

图 10-10　正在安装迅雷 7

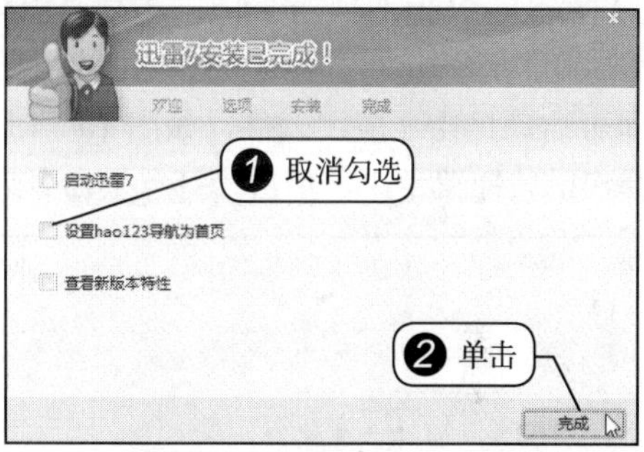

图 10-11　完成迅雷 7 的安装

10.2　启动应用软件

当用户将应用软件安装到电脑中后，便可以启动相应的应用软件。在 Windows 8 操作系统中，用户共有两种方式可以启动应用软件，这两种方式分别是：使用快捷图标启动应用软件和在软件安装文件夹中选择运行文件启动应用软件。

10.2.1　使用快捷图标启动应用软件

一般而言，当一款应用软件被安装至电脑中后，该软件将自动生成一个位于桌面上的快捷图标。此时用户有两种方法可以启动该应用程序。

（1）双击快捷图标：双击该快捷图标是使用快捷图标启动应用软件时最常用的操作方法。此种方法方便快捷，用户只需快速重复单击两次快捷图标即可完成整个操作，如图 10-12 所示。

（2）使用“打开”命令：另一种使用快捷图标启动应用程序的操作方法是右击该程序的快捷图标，然后在弹出的快捷菜单中单击“打开”命令，如图 10-13 所示。由于这种方式较为繁琐，所以并不常用。

图 10-12　双击快捷图标

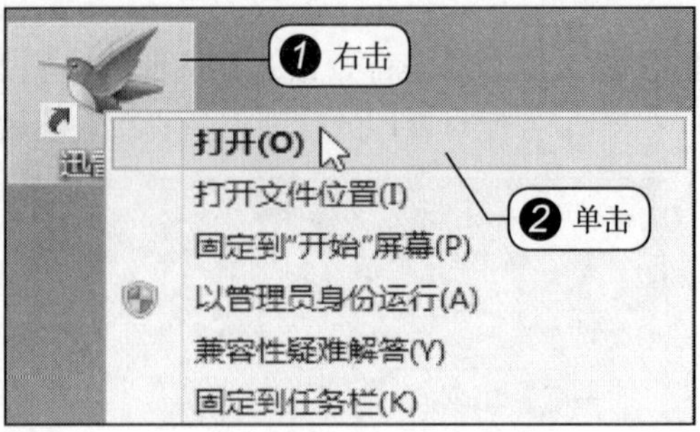

图 10-13　单击“打开”命令

10.2.2　在软件安装文件夹中启动应用软件

在日常的电脑使用中，用户会经常遇见应用软件成功安装后，并没有自动生成快捷图标的情况，此时用户需要在软件安装文件夹中启动该应用软件。若用户不小心删除了应用软件的快捷图标，也只能使用这种方法启动应用软件。

应用软件一般都安装在本地 C 盘的 Program Files 文件夹中，这也是为什么在安装应用软件时保持安装位置为默认的原因。以迅雷 7 为例，该软件在电脑中的安装路径为：C:\Program Files\Thunder Network\Thunder，用户可以依照该路径查找该应用软件的运行文件。事实上迅雷 7 应用软件的运行文件 Thunder.exe 位于该路径下的 Program 文件夹中，用户只需双击该文件即可启动迅雷 7 应用软件，如图 10-14 所示。当然，用户同样也可通过右击该文件，然后在弹出的快捷菜单中，单击“打开”命令启动该应用软件，如图 10-15 所示。

图 10-14　双击应用软件运行文件

图 10-15　单击“打开”命令

10.3　关闭应用软件

与启动应用程序相对的则是关闭应用程序。在 Windows 8 操作系统中，关闭应用程序的操作大致可分为使用“关闭”按钮、使用菜单和使用任务管理器 3 种不同的方式。

接下来就为大家详细讲解一下这 3 种不同的关闭应用软件方式的操作方法与步骤。

10.3.1　使用“关闭”按钮 / 菜单关闭应用软件

“关闭”按钮一般位于应用软件运行窗口的右上角，通常情况下用户只需单击“关闭”按钮 × 即可关闭该应用软件停止其运行。例如用户在使用 Opera 浏览器时，只需单击“关闭”按钮即可关闭 Opera 浏览器应用软件，如图 10-16 所示。

除此之外，还有一些应用软件仅仅靠单击“关闭”按钮并不能将其完全关闭，只是将其转移到后台运行，例如迅雷 7 应用软件。

此时用户若需将其关闭，必须依靠该应用软件自带的菜单才能完成关闭操作。具体的操作方法是：单击任务栏通知区域“显示隐藏图标”的三角按钮，然后在弹出的隐藏通知区域中右击需关闭的应用软件图标，最后在弹出的快捷菜单中单击“退出”命令即可完成关闭该应用软件的操作，如图 10-17 所示。

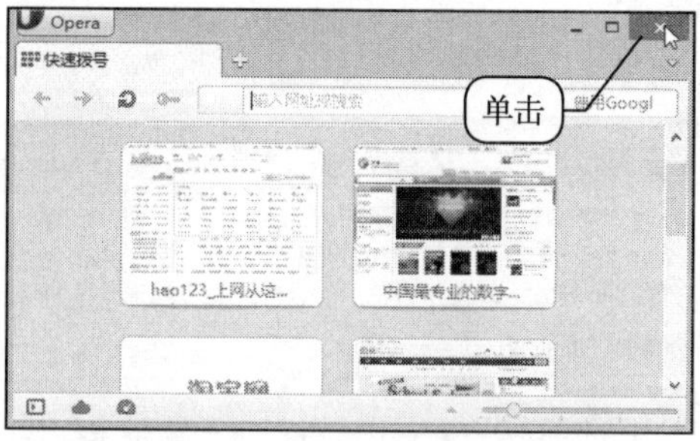

图 10-16　单击“关闭”按钮

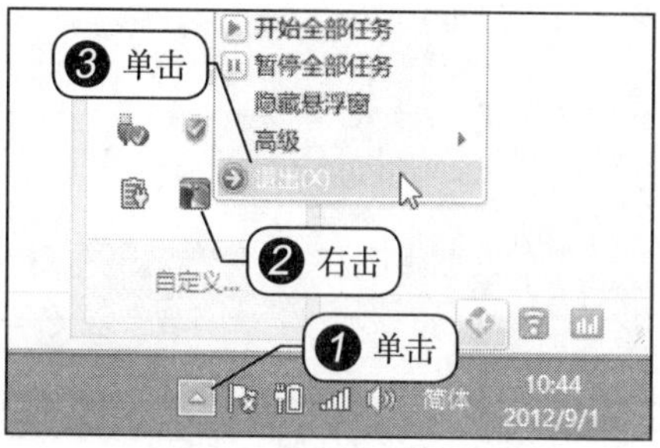

图 10-17　单击“退出”命令

10.3.2　使用任务管理器关闭应用软件

确切地说使用“关闭”按钮或菜单关闭应用软件，是利用了应用软件自带的功能将其关闭，而使用任务管理器关闭应用软件则是让电脑系统强制停止其运行并将其关闭。由于这种关闭应用软件的方式具有强制性，所以经常会造成用户软件数据的丢失，建议用户谨慎使用。现在就为大家介绍一下什么是任务管理器。

任务管理器是 Windows 8 操作系统为管理电脑中所有应用程序、软件而打造的一款多功能系统管理软件，通过任务管理器用户可以轻松掌握电脑运行状况以及 Windows 系统本身的详细信息，如图 10-18 所示即为“任务管理器”窗口。任务管理器有两种不同的显示窗口，默认情况下显示如图 10-18 所示的详细信息，但用户单击“简略信息”扩展按钮后则可切换至另一种较为简略的“任务管理器”窗口，如图 10-19 所示。

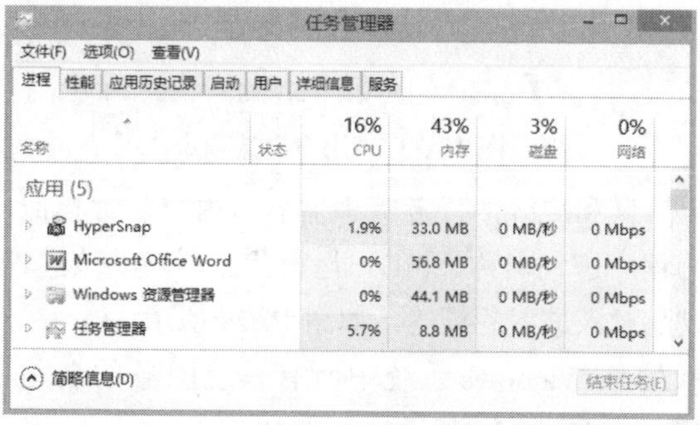

图 10-18　默认状态的“任务管理器”窗口

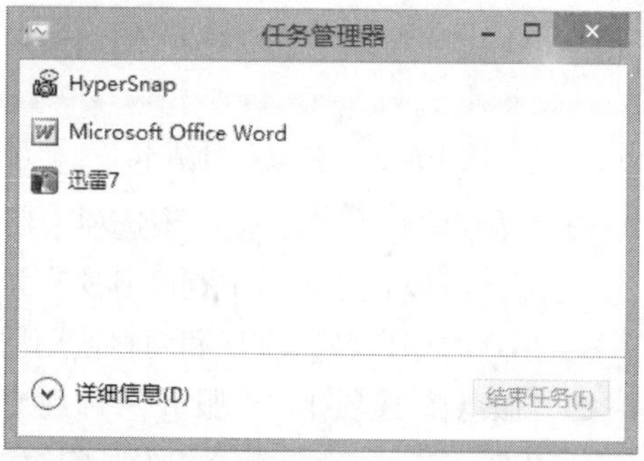

图 10-19　显示简略信息的“任务管理器”窗口

默认状态下“任务管理器”窗口由进程、性能、应用历史记录、启动、用户、详细信息和服务 7 个选项卡组成，每个选项卡都有不同的功能。

- ❑“进程”选项卡：“任务管理器”窗口中的“进程”选项卡显示的是正在 Windows 操作系统中运行的应用、后台进程以及 Windows 进程关于 CPU、内存、磁盘以及网络的详细使用状态，如图 10-18 所示。该选项卡默认处于被选择状态。

- ❑“性能”选项卡：该选项卡中显示的是电脑当前 CPU、内存、磁盘、以太网以及 Wi-Fi 的整体使用情况，如图 10-20 所示。
- ❑“应用历史记录”选项卡：“应用历史记录”选项卡主要记录了电脑中运行的应用程序的使用 CPU 以及网络流量的情况，如图 10-21 所示。

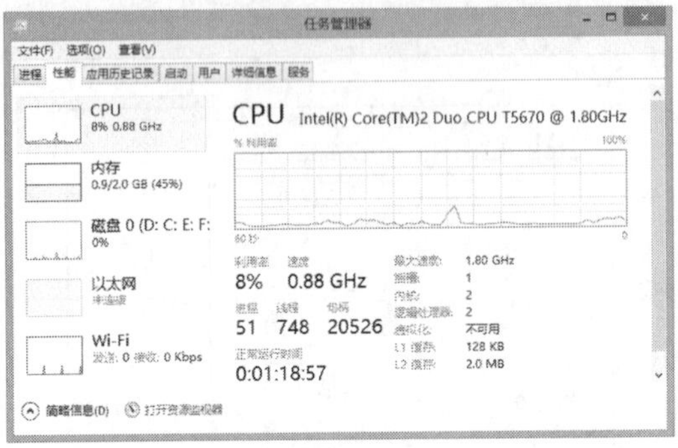

图 10-20 “性能”选项卡

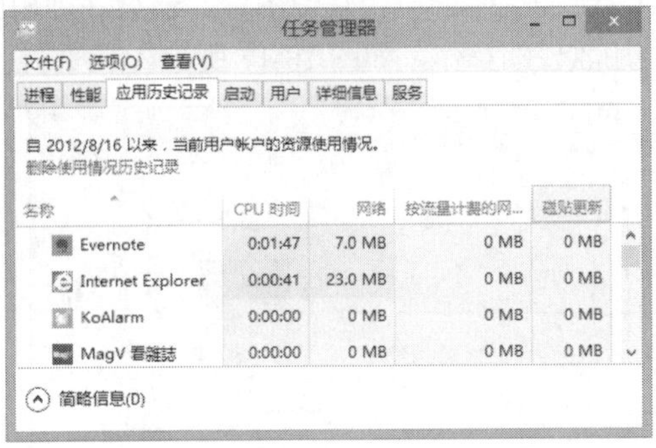

图 10-21 “应用历史记录”选项卡

- ❑“启动”选项卡：该选项卡记录了 Windows 8 操作系统中非系统软件的开机启动项情况，包括启动项名称、该软件的发布者、运行状态以及该启动项对电脑启动的影响，如图 10-22 所示。
- ❑“用户”选项卡：“用户”选项卡中记录了当前电脑已登录用户的用户名、状态、CPU 使用情况、内存使用情况、磁盘状态以及当前网络使用情况，如图 10-23 所示。

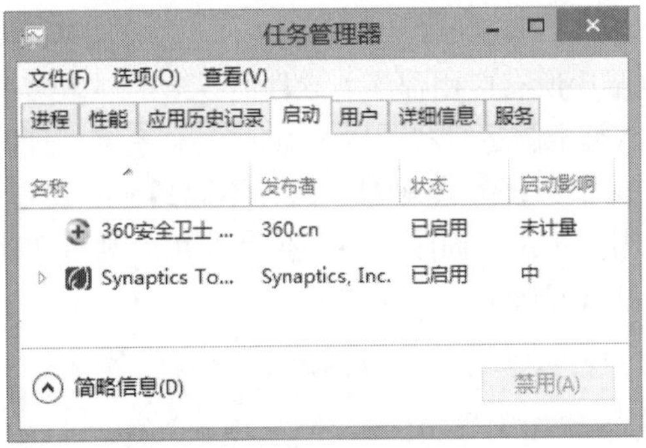

图 10-22 “启动”选项卡

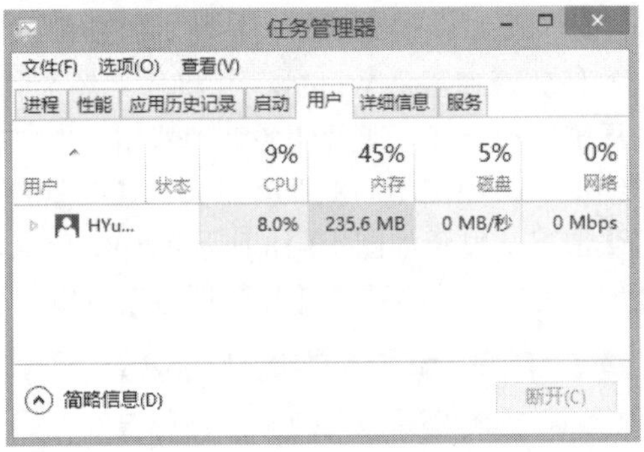

图 10-23 “用户”选项卡

- ❑“详细信息”选项卡：该选项卡所显示信息和传统的任务管理器显示内容非常相似，用户可以在选项卡中查看到所有运行的程序进程名称、PID、运行状态、启动该进程用户的用户名、CPU 和内存使用情况以及对该进程的描述，如图 10-24 所示。
- ❑“服务”选项卡：“服务”选项卡显示的是 Windows 系统中所有系统服务的名称、PID、描述、运行状态以及所属组的名称，如图 10-25 所示。

了解了任务管理器的详细情况后，接下来就为大家具体讲解一下使用任务管理器关闭应用软件的操作方法与步骤。

在 Windows 8 操作系统桌面任务栏空白处右击，然后在弹出的快捷菜单中单击“任务管理器”命令，如图 10-26 所示。打开“任务管理器”窗口，单击需关闭的应用软件选项，最后单击“结束任务”按钮，即可完成关闭应用软件的操作，10-27 所示。

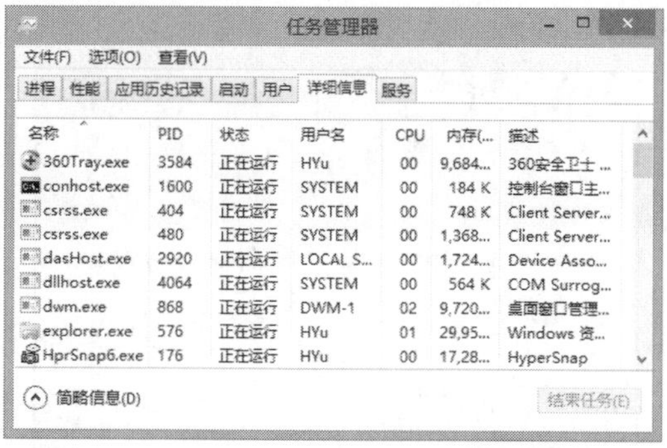

图 10-24 “详细信息”选项卡

图 10-25 “服务”选项卡

图 10-26 单击“任务管理器”命令

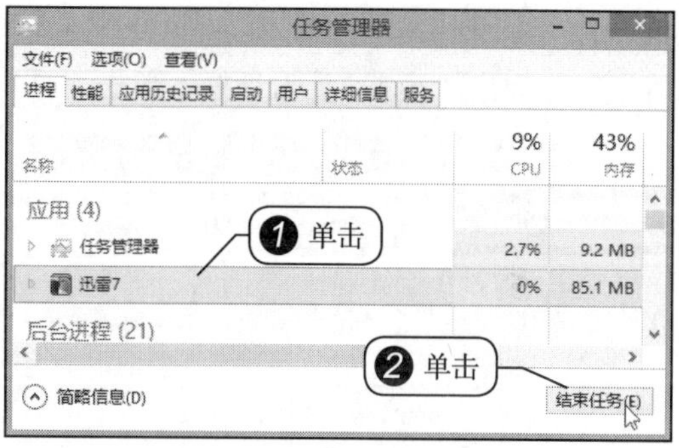

图 10-27 单击“结束任务”按钮

提示：使用【Ctrl + Shift + Esc】组合键打开“任务管理器”窗口

除右击任务栏，然后单击“任务管理器”命令以打开“任务管理器”窗口外，用户可随时在系统的任意界面中按【Ctrl + Shift + Esc】组合键来打开“任务管理器”窗口。这是打开“任务管理器”窗口最简洁的一种方式。

10.4 卸载应用软件

在 Windows 8 操作系统中，若发现安装在电脑中的应用软件使用起来非常不方便，或者有了更好的可将其替代的应用软件，此时用户可选择将该软件从电脑中卸载掉。用户可简单地理解为将该应用软件从电脑中删除。从电脑中卸载应用软件有两种不同的方式，即利用应用程序管理器卸载和利用程序自带的组件卸载。

10.4.1 利用应用程序管理器卸载

应用程序管理器是控制面板中“程序和功能”项的一种通俗的叫法。在“程序和功能”项中用户可以对安装在电脑中的所有应用软件进行卸载、更新等操作。现在就以卸载“迅雷7”为例为大家介绍一下利用应用程序管理器卸载应用程序的具体操作方法与步骤。

Step 01 打开控制面板后，在“所有控制面板项”窗口中单击“程序和功能”链接，如图 10-28 所示。

Step 02 打开“程序和功能”窗口，在窗口中右击需删除的应用软件选项，然后在弹出的快捷菜单中单击“卸载”命令，如图 10-29 所示。

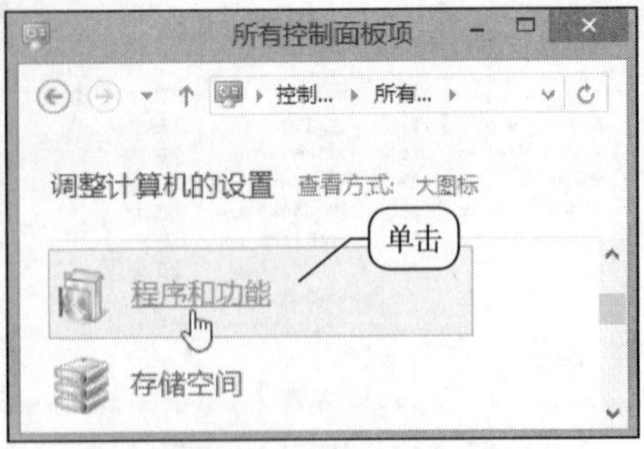

图 10-28 单击“程序和功能”链接

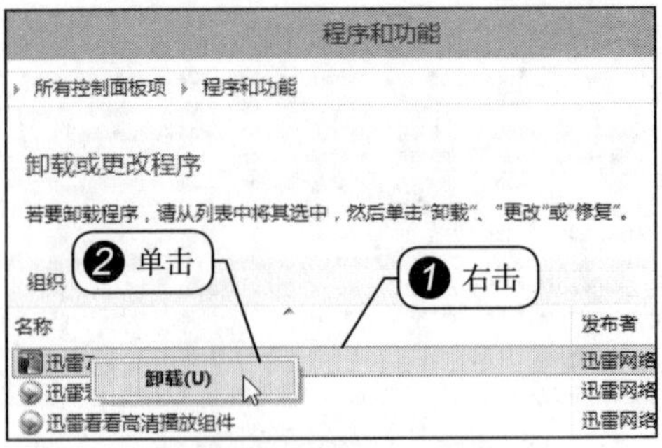

图 10-29 单击“卸载”命令

Step 03 此时打开“迅雷 7”的卸载窗口，单击“下一步”按钮，如图 10-30 所示。

Step 04 弹出“迅雷 7”对话框，单击“是”按钮，如图 10-31 所示。

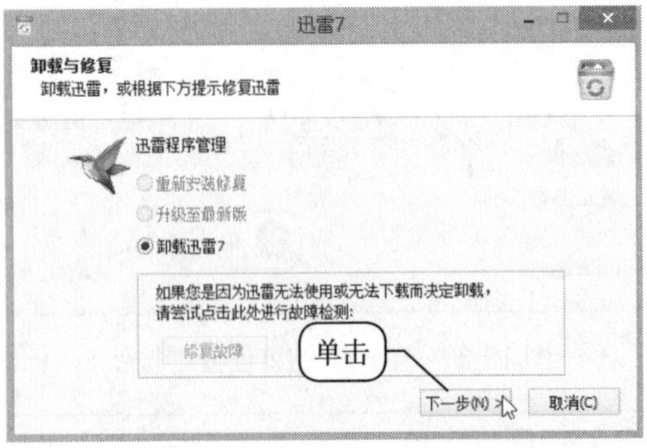

图 10-30 单击“下一步”按钮

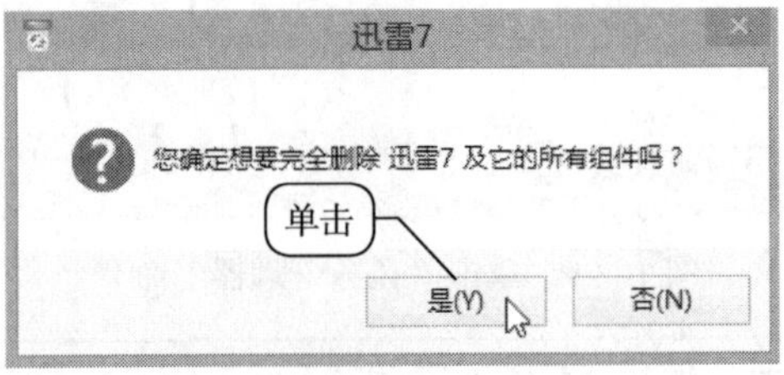

图 10-31 确认卸载

Step 05 此时返回到“迅雷 7：正在解除安装”窗口，用户可在窗口中看到实时的卸载进度，如图 10-32 所示。

Step 06 再次弹出“迅雷 7”对话框，此时用户可选择是否保留历史文件，要选择保留则单击“是”按钮，如图 10-33 所示。

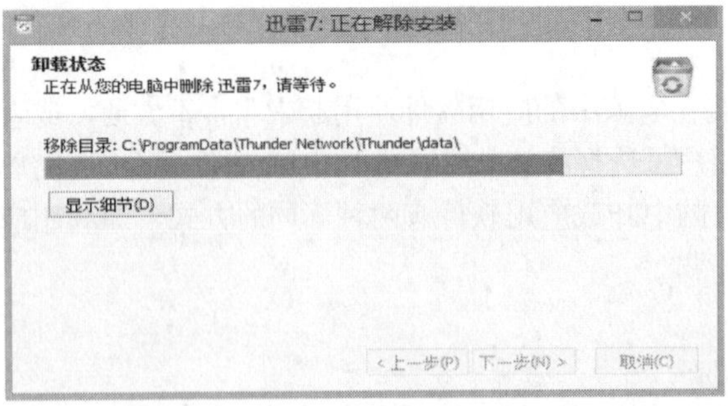

图 10-32 正在卸载“迅雷 7”

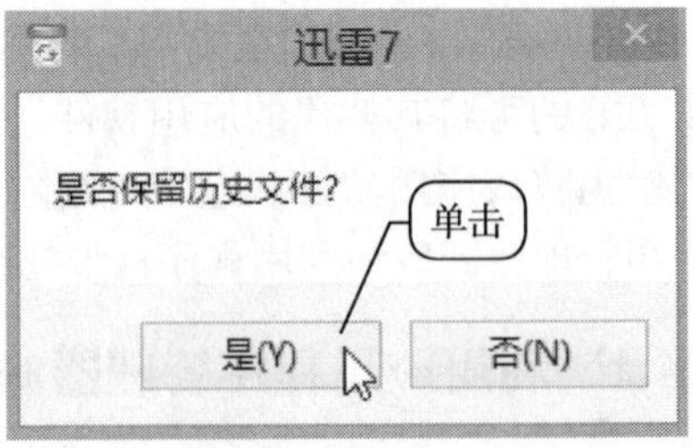

图 10-33 选择保留历史文件

Step 07 待窗口标题栏显示“迅雷 7：完成”时，单击“下一步”按钮，如图 10-34 所示。

Step 08 切换至新的界面，在界面中勾选卸载该应用软件的相应原因复选框，❶ 例如勾选“界面不够清爽”复选框，❷ 最后单击“完成”按钮即可完成整个卸载操作，如图 10-35 所示。

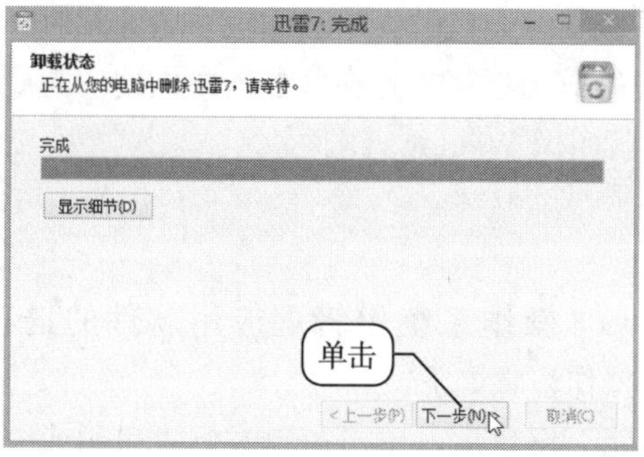

图 10-34　单击“下一步”按钮

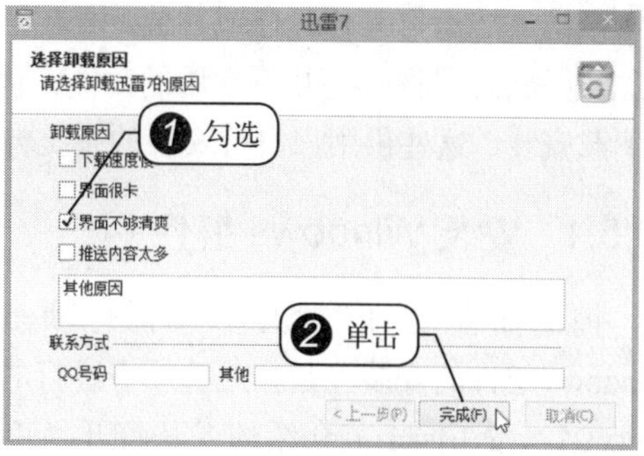

图 10-35　完成卸载操作

10.4.2　利用程序自带的组件卸载

使用应用程序管理器卸载应用软件是一种比较通用的卸载应用软件的方式，然而在日常的电脑使用中所安装的绝大部分应用程序都自带有卸载组件。

使用这些应用软件自带的卸载组件，用户不用使用应用程序管理器便可完成应用程序的卸载操作，事实上应用程序管理器的卸载操作也是调用这些程序的卸载组件来完成的。在 Windows 8 操作系统中，用户可以通过两种方式查找到欲卸载的应用软件自带的卸载组件。

（1）在“开始”屏幕中查找：在 Windows 8 操作系统中，用户每完成一款应用软件的安装，系统便会自动将该应用软件所有组件图标添加至“开始”屏幕中，用户只需单击该应用程序磁块，即可开始该应用软件的卸载操作，如图 10-36 所示。

（2）在软件安装文件夹中查找：并非所有的应用程序都会选择将所有的程序组件添加至“开始”屏幕，例如“迅雷 7”应用软件便没有选择将卸载组件放置于“开始”屏幕中。此时用户必须在软件安装路径中进行查找。“迅雷 7”应用程序的卸载组件在路径 C:\Program Files\Thunder Network\Thunder 中，用户只需在该路径下双击卸载组件将之启动即可开始卸载操作，如图 10-37 所示。

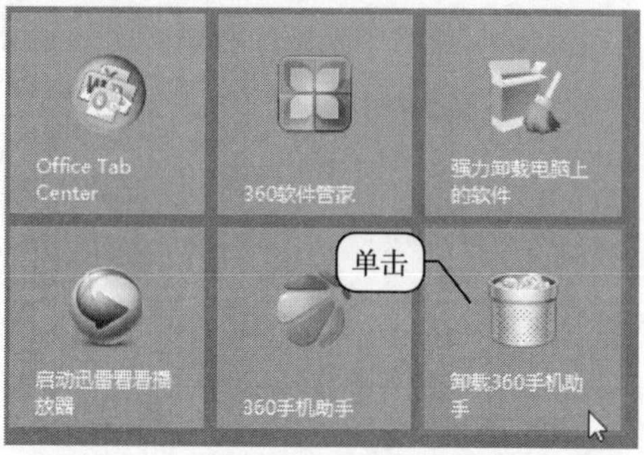

图 10-36　在“开始”屏幕中单击卸载组件

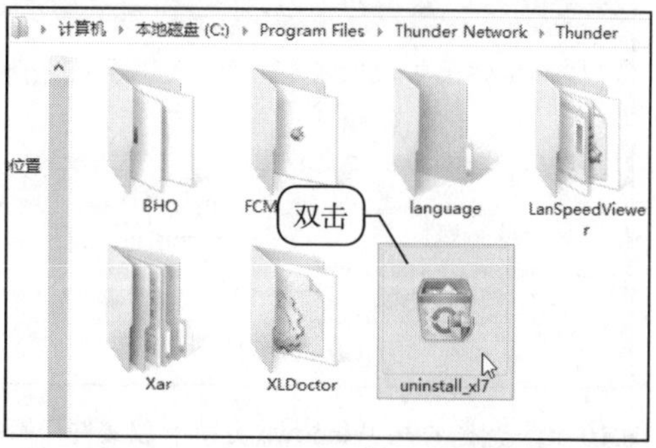

图 10-37　在软件安装文件夹中启动卸载组件

不论是在“开始”屏幕中还是在软件安装文件夹中启动卸载组件，其后的操作方法和步骤和 10.4.1 节中 Step03~08 中介绍的操作方法与步骤完全相同，故此不再赘述。

10.5　安装 / 卸载系统自带的软件——Windows 组件

Windows 组件是 Windows 操作系统自带程序或功能的统称。在 Windows 8 操作系统中，虽然系统支持运行某种程序或功能，但出于缩小系统安装光盘的大小和缩短系统安装时间的考虑，微软公司将一些并不常用的功能，以及相应的应用程序放置在服务器中供用户需要时再下载安装，这些供用户自行安装的系统自带软件就叫做 Windows 组件。

10.5.1 安装 Windows 组件

控制面板中的“程序和功能”项是 Windows 8 操作系统中管理应用软件的选项，Windows 组件的安装也是在此选项中进行的。具体操作步骤如下。

Step 01 按 10.4.1 节介绍的方法打开“程序和功能”窗口后，单击窗口左侧“启用或关闭 Windows 功能”链接，如图 10-38 所示。

Step 02 打开“Windows 功能”窗口，❶ 在窗口中勾选需要添加的功能左侧的复选框，❷ 然后单击“确定”按钮，如图 10-39 所示。

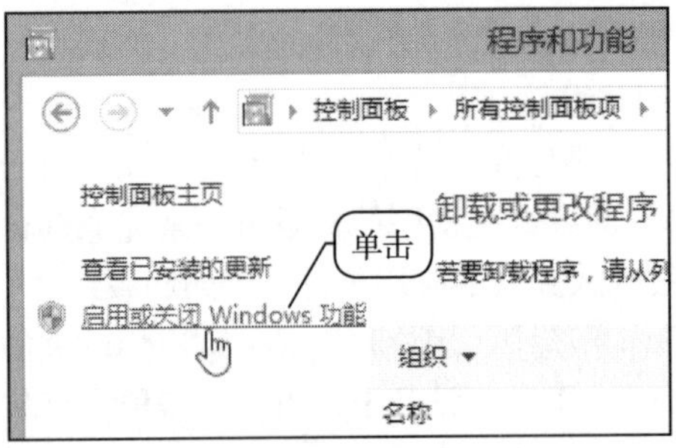

图 10-38　打开“程序和功能”窗口

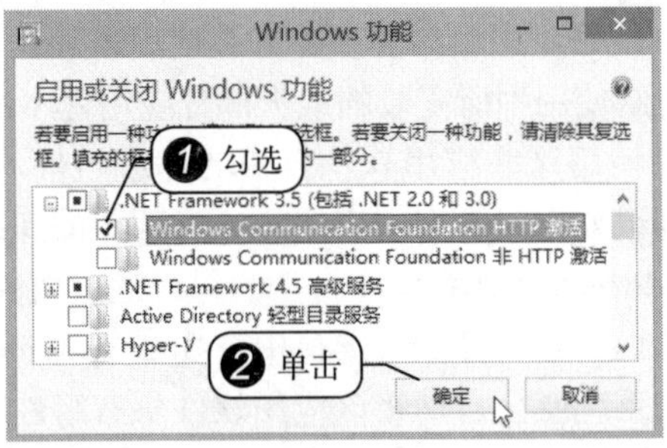

图 10-39　选择要安装的 Windows 组件

Step 03 弹出“Windows 功能”对话框，单击“从 Windows 更新下载文件”链接，如图 10-40 所示。

Step 04 此时系统将从网络中下载安装该 Windows 组件所需的文件，如图 10-41 所示。

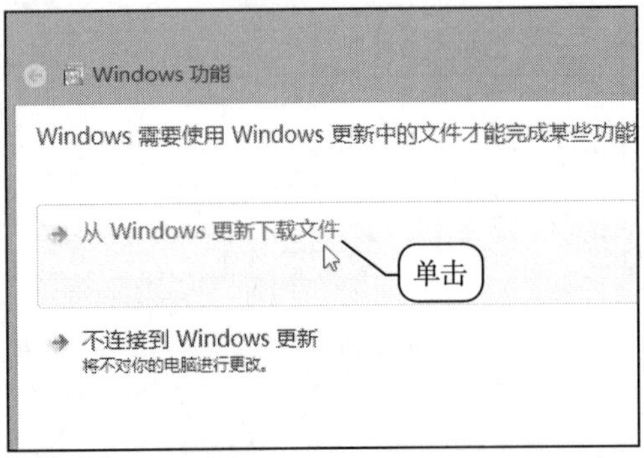

图 10-40　选择“从 Windows 更新下载文件”链接

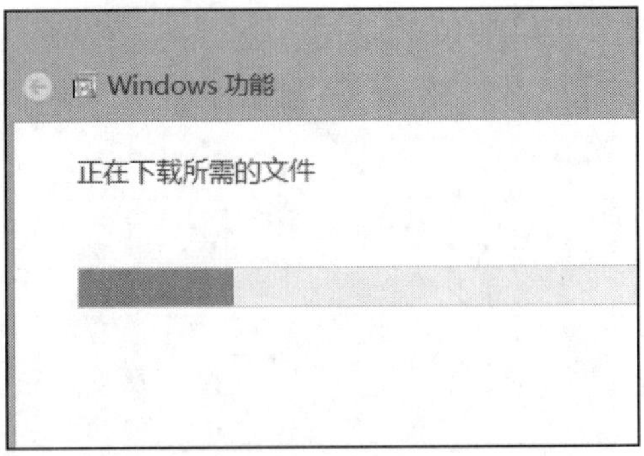

图 10-41　系统正在下载所需的文件

Step 05 待所需文件下载完成后，系统将自动安装该 Windows 组件，此时用户可在对话框中查看到实时的安装进度，如图 10-42 所示。

Step 06 当 Windows 组件安装成功后，用户可在对话框中查看到“Windows 已完成请求的更改”字样，单击“关闭”按钮，即可完成 Windows 组件的安装操作，如图 10-43 所示。

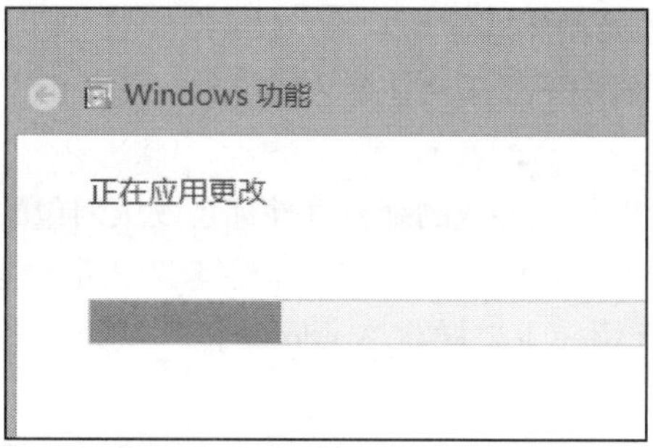

图 10-42　正在安装 Windows 组件

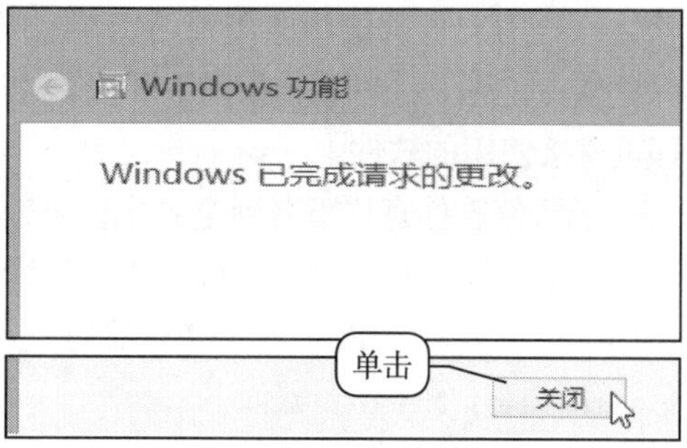

图 10-43　完成 Windows 组件的安装

10.5.2　卸载 Windows 组件

Windows 组件和一般的应用软件有一个巨大的区别就是 Windows 组件的卸载方式。普通的应用软件是利用应用程序管理器卸载或是利用程序自带的组件卸载，Windows 组件的卸载方式却与之截然不同。

在 10.5.1 节中为大家介绍了在“Windows 功能”窗口中安装 Windows 组件的方法，其实 Windows 组件的卸载同样也是在“Windows 功能”窗口中进行的。用户按 10.5.1 节 Step0l 中介绍的方法打开“Windows 功能”窗口后，取消勾选需要卸载的 Windows 组件复选框后，单击“确定”按钮，如图 10-44 所示。此时用户可在弹出的“Windows 功能”窗口中查看到 Windows 组件的卸载进度，如图 10-45 所示。待“Windows 功能”窗口显示“Windows 已完成请求的更改”字样时，单击“关闭”按钮即可完成卸载 Windows 组件的操作，如图 10-46 所示。

图 10-44　选择要卸载的 Windows 组件

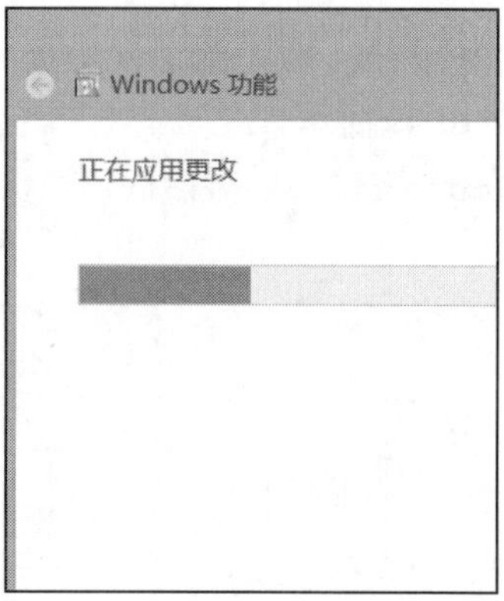

图 10-45　正在卸载 Windows 组件

图 10-46　完成 Windows 组件的卸载

拓展解析

10.6　在系统中轻松地安装绿色软件

在 Windows 8 操作系统中，应用软件分为绿色软件和非绿色软件两种。简单地讲，非绿色软件就是用户日常使用的需要用安装包安装后才能使用的应用软件，例如360安全卫士。而绿色软件，则是一种无需安装，不会在电脑注册表中留下任何注册表键值的，下载到电脑中即可直接使用的软件。

由于绿色软件直接下载到电脑中即可使用，所以绝大多数的绿色软件都是以压缩包的形式供大家下载使用的。也就是说，用户将绿色软件下载到电脑中后还必须将其解压后才能正常使用。接下来就以 Potplayer 播放器为例，详细介绍一下怎样在 Windows 操作系统中安装绿色软件。具体的操作步骤如下。

Step 01 ❶ 单击下载到电脑中的绿色软件压缩包，❷ 此时窗口中功能区自动切换至“压缩的文件夹工具解压缩”选项卡，❸ 单击“全部解压缩”按钮，如图 10-47 所示。

Step 02 弹出“提取压缩（Zipped）文件夹”对话框，单击“浏览”按钮，如图 10-48 所示。

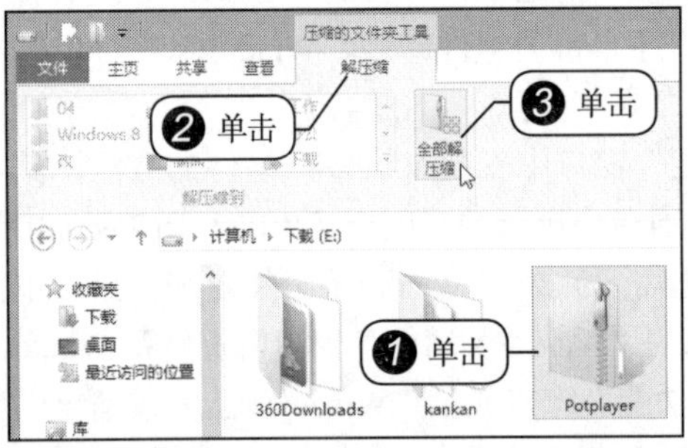

图 10-47 单击“全部解压缩”按钮

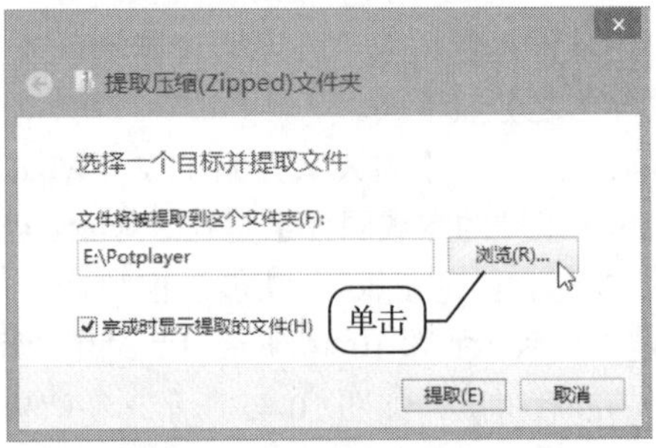

图 10-48 单击“浏览”按钮

Step 03 弹出“选择一个目标”对话框，❶ 在对话框中选择安装绿色软件的位置后，❷ 单击“确定”按钮，如图 10-49 所示。

Step 04 返回“提取压缩（Zipped）文件夹”对话框，确认安装位置无误后，单击“提取”按钮，如图 10-50 所示。

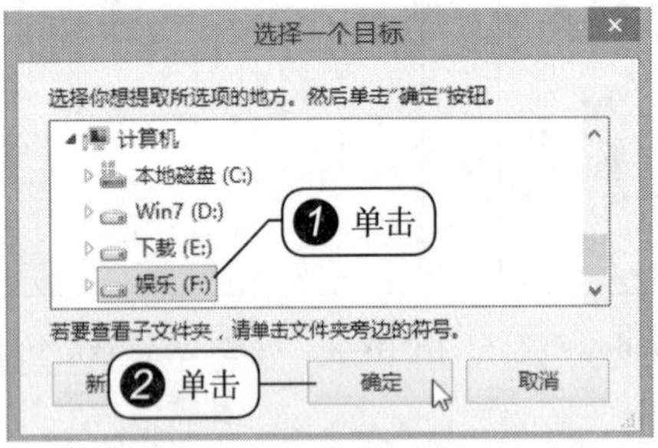

图 10-49 选择安装位置

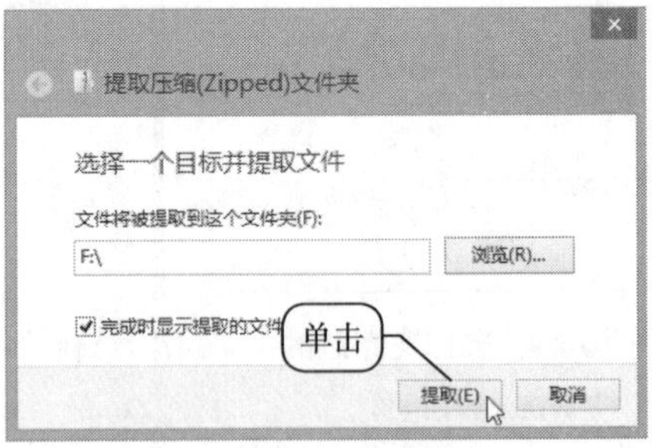

图 10-50 单击“提取”按钮

Step 05 此时系统将开始对压缩包进行解压及传输文件，用户可在打开的窗口中看到实时进度，如图 10-51 所示。

Step 06 待绿色软件安装完毕后，用户便可直接双击运行程序启动该绿色软件，如图 10-52 所示。

Step 07 Potplayer 播放器被成功启动，则说明该绿色软件被成功安装到了电脑中，如图 10-53 所示。

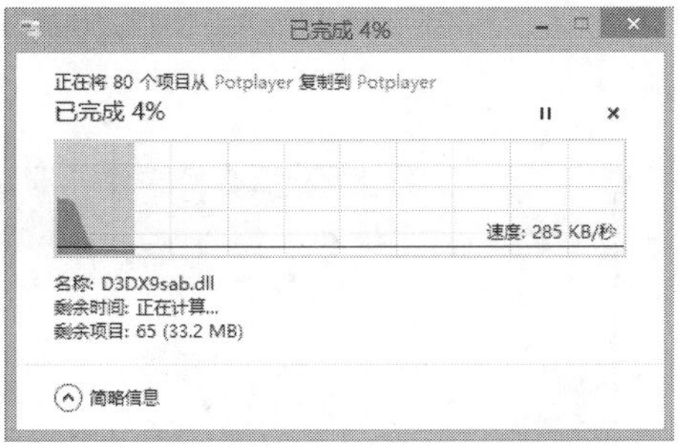

图 10-51　正在解压压缩包

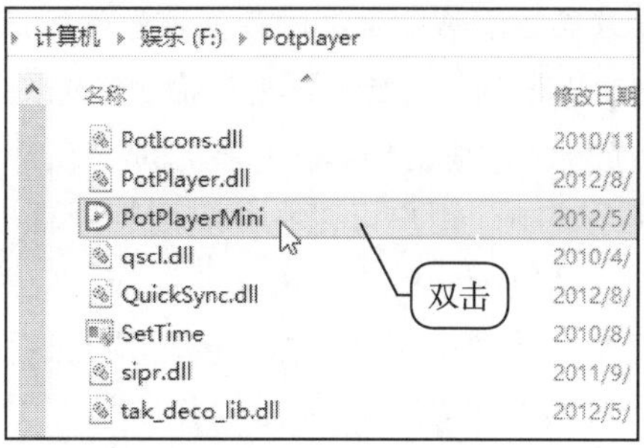

图 10-52　双击运行程序

图 10-53　成功运行 Potplayer 播放器

提示：使用第三方软件解压更多的格式的压缩文件

在 Windows 8 操作系统中，系统本身只能解压缩 Zip 格式的压缩文件。而其他诸如 RAR 格式的压缩文件则必须安装第三方解压缩软件，例如安装 WinRAR 才能进行解压。这款软件将在 24.1 节中为用户详细介绍。

10.7　将程序添加到“开始”屏幕中便于快速启动

在用户看来“开始”屏幕无疑是 Windows 8 操作系统较之传统的 Windows 操作系统发生的最大改变，并且当启动 Windows 8 操作系统后首先出现在用户面前的不再是经典的系统桌面，而是 Metro 版的“开始”屏幕。

“开始”屏幕设计之初就为方便用户快速启动应用程序而考虑，所以将应用程序添加到“开始”屏幕无疑是方便用户快速启动的方式了。

在 Windows 8 操作系统中，用户共有 3 种不同的方式可以将程序添加到“开始”屏幕中，现在就为大家一一讲解这 3 种方式的具体操作方法与步骤。

（1）通过快捷图标添加：通过快捷图标将应用程序添加到“开始”屏幕无疑是这 3 种方式中最方便的一种，用户只需右击需添加的程序快捷图标，然后在弹出的快捷菜单中单击“固定到‘开始’屏幕”命令，即可将该应用程序添加到“开始”屏幕中，如图 10-54 所示。

（2）在软件安装文件夹中添加：这种添加程序到“开始”屏幕的方法比较麻烦，用户需要在软件的安装文件夹中找到该软件的运行程序。右击该运行程序后，在弹出的快捷菜单中单击“固定到‘开始’屏幕”命令，如图 10-55 所示。

（3）在“应用”屏幕中直接添加：在 Windows 8 操作系统中，用户可以在“应用”屏幕中查看所有安装到电脑中的应用程序，而在“应用”屏幕中直接添加程序到“开始”屏幕便是这 3 种方法中最常用的方法。具体的操作方法是：用户按 2.5.1 节介绍的方法打开“应用”屏幕后，右击需添加至“开始”屏幕中的应用程序，然后单击屏幕底部“固定到‘开始’屏幕”按钮，即可将该应用程序添加到“开始”屏幕中，如图 10-56 所示。

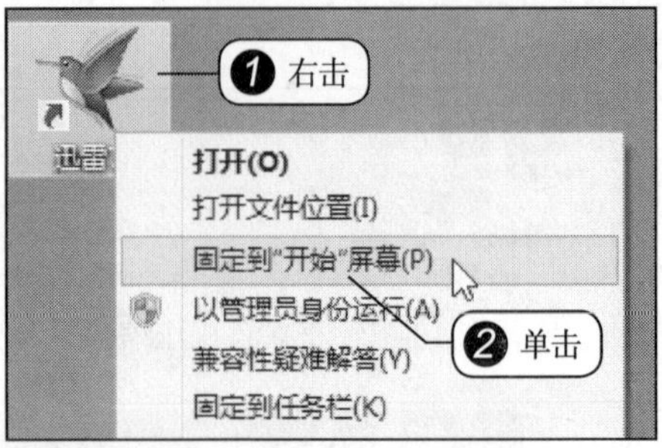

图 10-54　单击“固定到‘开始’屏幕”命令

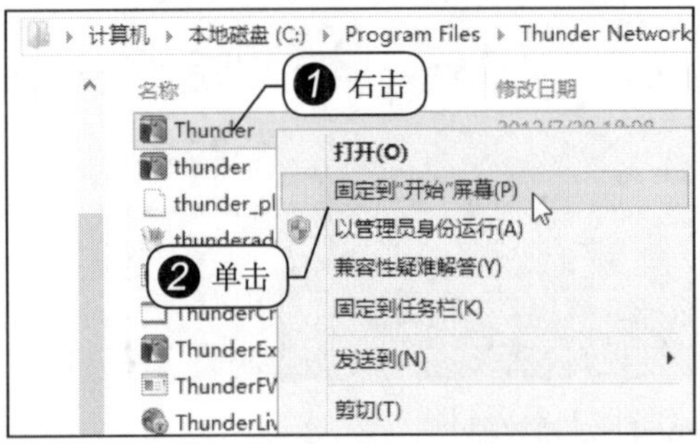

图 10-55　在软件安装文件夹中添加

图 10-56　在“应用”屏幕中添加

10.8　启用兼容模式运行不兼容的应用软件

用户更换电脑操作系统后，势必会遇到大量曾经能正常运行的软件在新的操作系统中不能正常运行的情况。不用着急，用户可以启用“兼容模式”运行这些不能正常运行（不兼容）的应用软件。随着 Windows 8 操作系统的不断优化，系统兼容性不断提高，终会有一天用户不需启用“兼容模式”便可正常运行这些软件，但在 Windows 8 发布初期用户仍需详细了解如何启用“兼容模式”运行不兼容的应用软件。

在 Windows 8 操作系统中启用“兼容模式”运行不兼容的应用软件有两种方法，这两种方法分别是运用程序图标和软件运行程序来实现的。

（1）使用程序快捷图标启用“兼容模式”：这种启用“兼容模式”的方法是两种方法中最常用的。以“迅雷 7”应用软件为例，用户只需右击该程序的快捷图标，然后在弹出的快捷菜单中单击“属性”命令，如图 10-57 所示。弹出“迅雷 7 属性”对话框，切换至“兼容性”选型卡，勾选“以兼容模式运行这个程序”复选框，如图 10-58 所示，最后单击“确定”按钮，即可完成启用“兼容模式”的操作。

（2）使用软件运行程序启用“兼容模式”：这种启用“兼容模式”的方法必须先在系统中找到该软件安装目录中的运行文件，接着右击该运行文件，然后在弹出的快捷菜单中单击“属性”命令，如图 10-59 所示。在弹出的属性对话框中切换至“兼容性”选型卡，勾选“以兼容模式运行这个程序”复选框，如图 10-60 所示，最后单击“确定”按钮即可对该程序启用“兼容模式”。

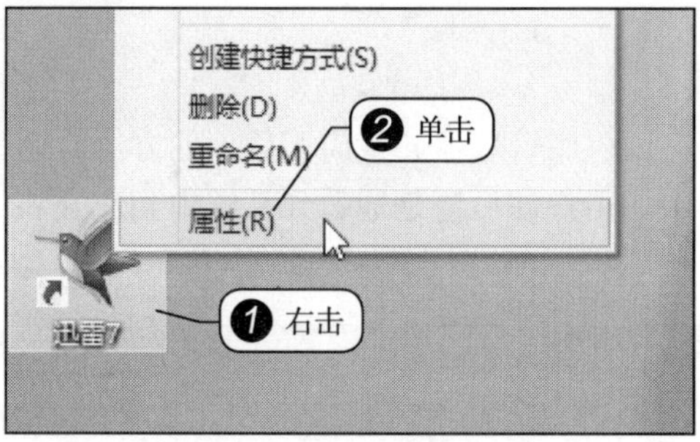

图 10-57　单击“属性”命令

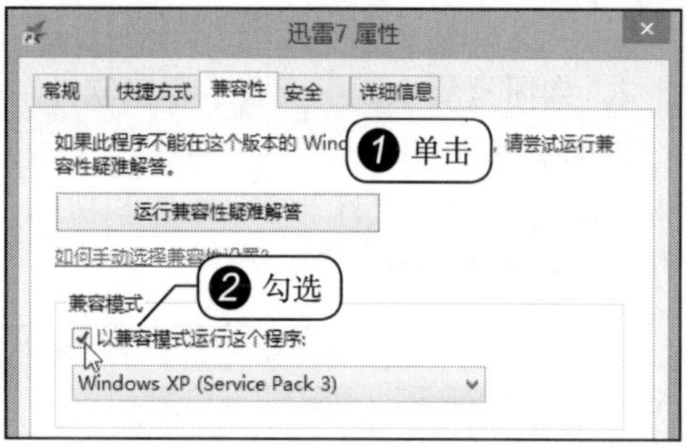

图 10-58　启用“兼容模式”

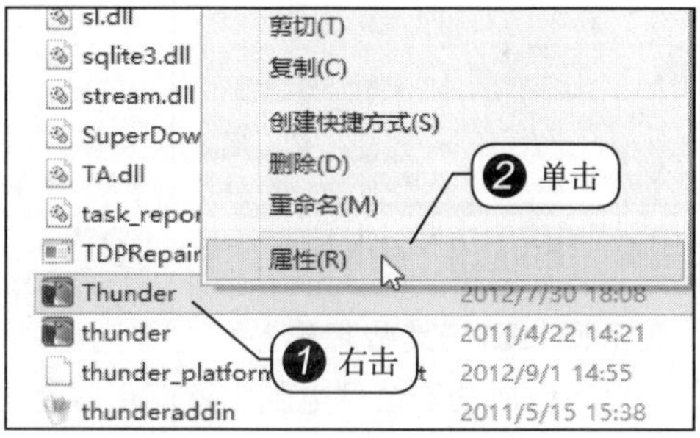

图 10-59　单击“属性”命令

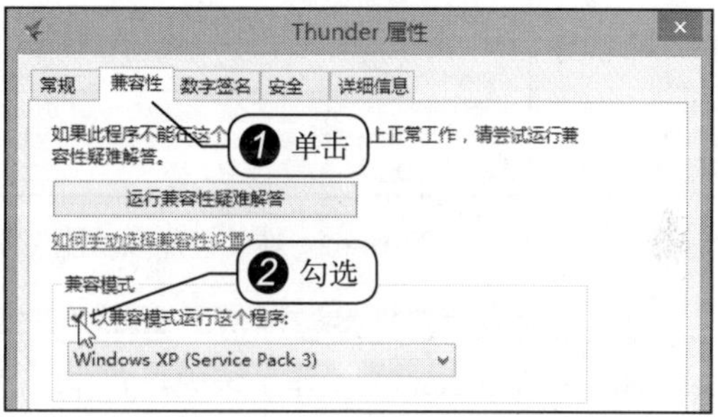

图 10-60　启用“兼容模式”

提示：选择合适的兼容模式

在 Windows 8 操作系统中，用户启用“兼容模式”后，系统默认使用 Windows XP（Service Pack 3）这个兼容性模式选项。除这个选项外 Windows 8 操作系统还提供了 Windows 95、Windows98/Windows Me、Windows XP（Service Pack 2）、Windows Vista、Windows Vista（Service Pack 1）、Windows Vista（Service Pack 2）以及 Windows 7 这 7 个兼容性选项供用户选择，如图 6-61 所示。只有选择适合的兼容性模式选项，软件才能在“兼容模式”中正常运行。

图 10-61　兼容性选项

新手疑惑解答

1. 如何查看系统中安装了哪些软件?

答：在本章 10.4.1 节中，为用户介绍了利用应用程序管理器卸载应用软件的方法。而按照 Step01 介绍的方法打开的“程序和功能”窗口中，用户便可清楚地看到系统中到底安装了哪些软件，如图 10-62 所示。

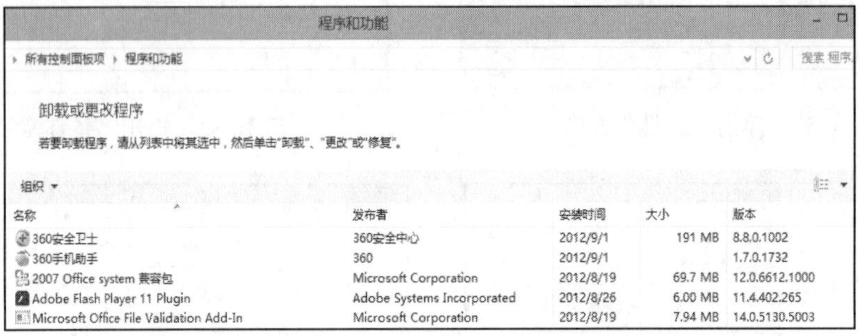

图 10-62　在“程序和功能”窗口中查看系统中安装了哪些软件

2. 当前账户已经是管理员，为什么无法通过双击操作运行某些程序?

答：在 Windows 8 操作系统中，并非所有的应用程序被成功安装到电脑中就能正常运行。有的应用程序还需要用户配置相应的系统运行环境。例如程序员常用的编程软件 Eclipse 就需要用户配置 Java 环境后才能运行；而 Apple 用户常用的同步软件“同步助手”则需要 .NET 环境的支持，用户需完成 .NET 环境的安装后才能正常运行该软件。

3. 为什么我在 Windows 8 操作系统中无法使用 Windows XP 模式?

答：Windows XP 模式是专为提升 Windows 7 操作系统的软件兼容性而开发的一种虚拟机解决方案，在 Windows 8 操作系统中微软同样也加入了该功能。使用 Windows XP 模式可以让用户完美运行可以在 Windows 7 操作系统中运行而不兼容 Windows 8 操作系统的软件。如果用户发现自己在 Windows 8 操作系统中无法使用 Windows XP 模式这是因为 Windows XP 模式只支持在 CPU 具有 Intel VT 技术的电脑中运行，若用户电脑中的 CPU 不具有 Intel VT 技术则不能在 Windows 8 操作系统中使用 Windows XP 模式。

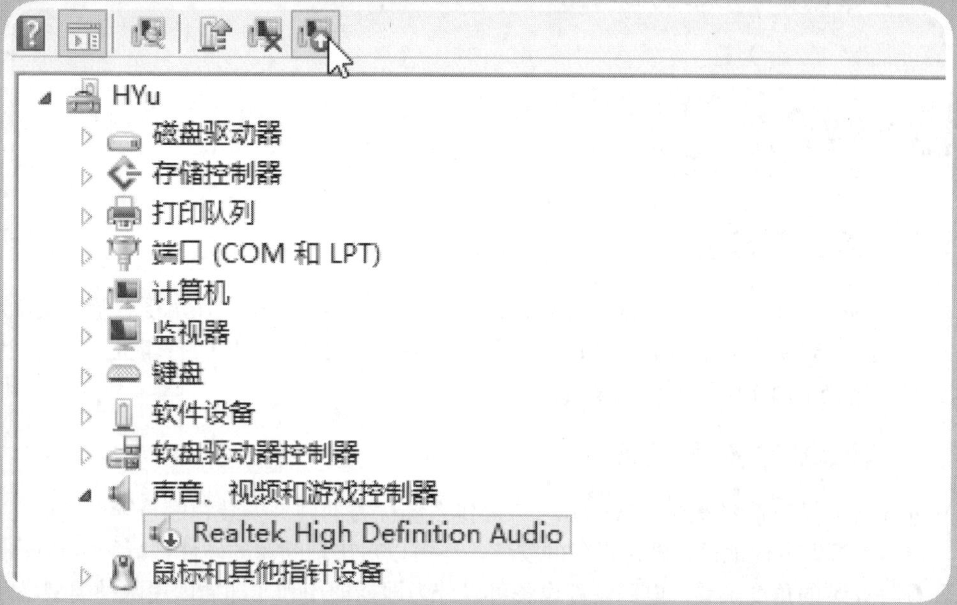

第11章 安装与管理硬件和驱动程序

本章知识点：

☑ 安装驱动程序
☑ 利用设备管理器管理硬件设备
☑ 更新 / 卸载驱动程序
☑ 控制移动存储设备的读写
☑ 了解和解决硬件冲突

众所周知，电脑是由硬件和软件两部分组成的。软件就是安装在电脑中的操作系统以及在电脑中运行的应用程序，而硬件则是组成一台电脑所需的所有设备（诸如显卡、硬盘、内存等）的统称。如果说操作系统是一台电脑的灵魂，那么硬件则是构成这个灵魂的躯干，在本章中将为大家详细介绍安装与管理硬件和驱动程序的知识。

基础讲解

11.1 硬件设备简介

在日常的生活和工作中，电脑发挥着越来越重要的作用。当用户在享受电脑带给人们的便捷时，不经意间便和大量的电脑硬件发生了亲密接触。大到公司里的打印机，小到经常使用的 U 盘，这些都属于电脑的硬件设备。

11.1.1 认识电脑的硬件设备

Windows 8 操作系统秉承了 Windows 7 操作系统优秀的硬件安装程序与管理模块。在电脑中用户不仅可以方便地进行硬件设备的安装，还可以对出现问题的硬件进行诊断和排错。

从硬件安装的角度来看，电脑硬件设备可以分为即插即用和非即插即用两种类型。

- 即插即用硬件设备：在电脑开机状态下，用户将硬件设备通过电脑接口（例如 USB 接口）连接到电脑上，电脑自动搜索、下载以及安装驱动程序让硬件设备可以在不重新启动计算机的情况下便可使用。这种硬件设备叫做即插即用硬件设备。例如常用的 U 盘、鼠标、移动硬盘等。
- 非即插即用硬件设备：这种硬件设备和即插即用硬件设备最大的不同便是安装方式的不同。非即插即用硬件设备必须在电脑关机的状态下安装到电脑中，待电脑开机后系统将自动搜索、下载以及安装该硬件设备的驱动程序。若搜索不到该硬件的驱动程序，系统将提醒用户安装使用硬件设备厂商提供的驱动程序。即便是成功安装了该设备的驱动程序，用户仍需再次重新启动电脑才能正常使用该硬件设备。常见的非即插即用的硬件设备有显卡、声卡、网卡、硬盘等。

11.1.2 硬件驱动程序介绍

电脑的硬件设备和操作系统，作为电脑的躯干和灵魂对电脑的正常使用起着非常重要的作用。但在硬件设备和操作系统之间，硬件驱动程序作为沟通两者的重要桥梁发挥着不可替代的作用。

在电脑使用的过程中，操作系统首先对驱动程序发出命令，然后驱动程序根据操作系统发出的指令再向相应的硬件设备发出具体的指令，最后硬件设备根据驱动程序发出的指令完成相应的操作。

如果电脑中缺少了与硬件相配合的驱动程序，硬件设备便无法对系统发出的命令进行处理，不能正常进行工作，即便是功能非常强大的电脑硬件，也无法发挥其作用。由此可见驱动程序对硬件的重要性。从理论上讲，驱动程序分为 BIOS 内置驱动、系统自带驱动、硬件厂商驱动三大类。

- ❑ BIOS 内置驱动：在电脑实际的使用中，用户可以发现像 CPU、内存、主板、软驱、键盘、显示器等电脑基础设备似乎并不需要安装驱动便可正常运行。这是因为在早期的电脑中，电脑只包括 CPU、内存、主板、软驱、键盘和显示器等标准组件，因此便直接将这几种电脑硬件驱动程序内置于 BIOS 中，所以用户直接将这些硬件组装完成便可实现电脑最基本的功能。
- ❑ 系统自带驱动：或许细心的用户会发现，当一台全新的电脑被安装上操作系统后，虽然还没有安装硬件驱动，但一些常用的电脑硬件诸如网卡、显卡等却能够正常工作。这是因为 Windows 8 操作系统中自带了大量常用硬件设备的通用驱动，当用户成功安装了操作系统后，电脑将自动检测连接到电脑的所有硬件设备，随后自动安装了这些设备的硬件驱动。
- ❑ 硬件厂商驱动：硬件厂商驱动是硬件厂商专为自己生产的硬件所开发的驱动程序。通过硬件厂商自己开发的驱动程序，可以完美发挥出该硬件的全部性能。建议用户为电脑中的所有硬件设备安装厂商提供的硬件驱动，以便该硬件能发挥出更加完善的性能。

如果将驱动程序按被承认度的标准进行划分，可以分为官方正式版、微软 WHQL 认证版、第三方驱动、发烧友修改版和 Beta 测试版 5 个版本。

- ❑ 官方正式版：官方正式版驱动是指硬件厂商按照芯片厂商的设计进行研究开发出来的，经过反复测试、校检和修正后通过最正规的官方渠道发布的官方驱动程序，所以通常也叫公版驱动。
- ❑ 微软 WHQL 认证版：WHQL（Windows Hardware Quality Labs）是微软公司对各硬件厂商驱动程序系统兼容性的一个认证，是为了测试该驱动程序和操作系统的兼容性及稳定性而制定的，只有能和 Windows 操作系统完美兼容的驱动程序才能获得微软 WHQL 认证。几乎所有的官方正式版驱动程序都通过了微软 WHQL 认证。
- ❑ 第三方驱动：第三方驱动一般是指硬件 OEM 厂商发布的基于官方驱动优化而成的驱动程序，第三方驱动通常都比官方正式版拥有更加完善的功能和更好的性能。通常笔记本电脑为达到更高的性能所使用的驱动就是第三方驱动。
- ❑ 发烧友修改版：发烧友修改版驱动又叫改版驱动，是指经硬件发烧友为获得更好的硬件性能而特别进行修改的驱动程序。由于这种驱动程序对硬件伤害非常大，建议用户谨慎使用。
- ❑ Beta 测试版：Beta 测试版驱动则是指处于测试阶段，还没有正式发布的驱动程序。

11.1.3 设备安装设置

在 11.1.1 节中，本书简单地提过电脑自动搜索、下载以及安装驱动程序的功能。在 Windows 8 操作系统中，这个自动为硬件获取驱动程序和更新的功能是在设备安装设置中完成的。

事实上让 Windows 8 操作系统自动为电脑硬件下载推荐的驱动程序，是确保所有硬件正常工作最简洁的一种方法。除下载驱动程序外，该功能还可以为电脑硬件设备查找并下载设备软件和设备信息。

设备软件包括硬件设备制造商为硬件设备附带的驱动程序或应用，而设备信息则包含了产品名称、制造商以及型号，这些信息将帮助用户区分电脑中相似的硬件设备。现在就为大家详细介绍一下怎样在设备安装设置中开启自动获取驱动程序和更新的操作。具体操作步骤如下。

Step 01 ❶ 在桌面上右击“计算机”系统图标，❷ 然后在弹出的快捷菜单中单击“属性”命令，如图 11-1 所示。

Step 02 打开“系统”窗口，单击“高级系统设置”链接，如图 11-2 所示。

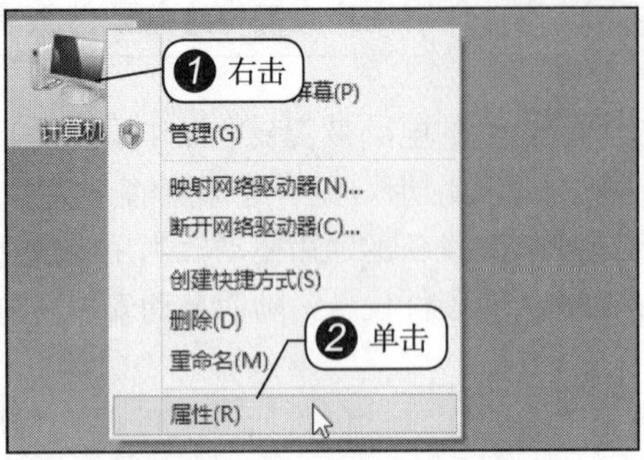

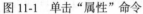

图 11-1　单击“属性”命令

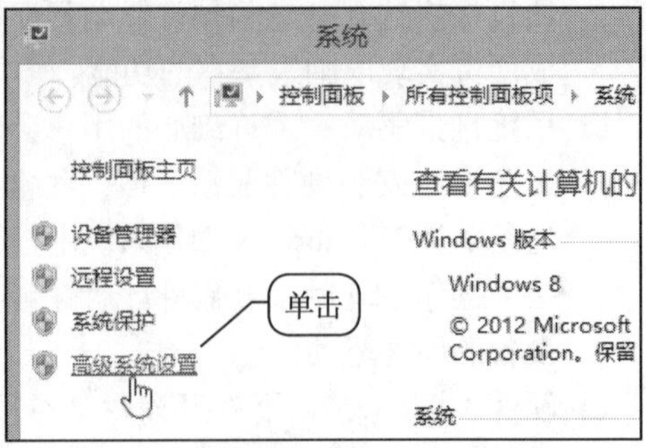

图 11-2　单击“高级系统设置”链接

Step 03 弹出“系统属性”对话框，❶ 切换至“硬件”选项卡，❷ 单击“设备安装设置”按钮，如图 11-3 所示。

Step 04 ❶ 在弹出的“设备安装设置”对话框中单击选中“否，让我选择要执行的操作”单选按钮，❷ 接着单击选中“始终从 Windows 更新安装最佳驱动程序软件”单选按钮，❸ 然后勾选“自动获取设备应用以及设备制造商提供的信息”复选框，❹ 最后单击“保存更改”按钮即可完成设备安装设置的修改，如图 11-4 所示。

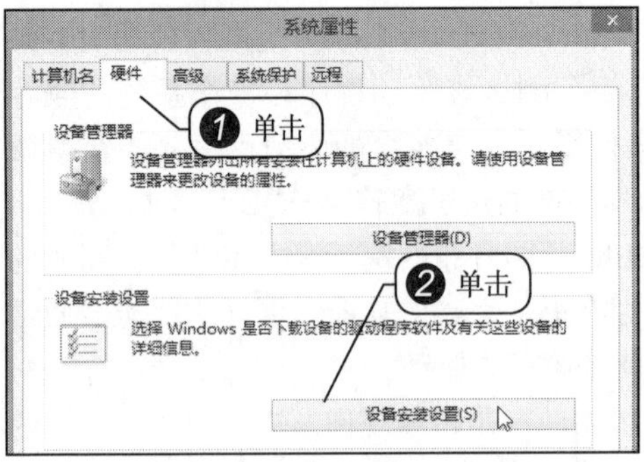

图 11-3　单击“设备安装设置”按钮

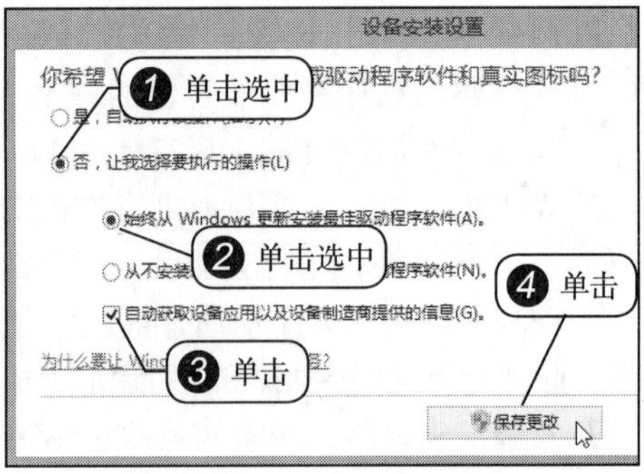

图 11-4　设置自动下载更新

11.2　使用光盘安装驱动程序

使用光盘安装驱动程序是安装驱动时最常用的方法之一。当用户购买电脑硬件设备后，硬件厂商一般会以光盘的形式为用户提供相应的驱动程序，用户只需使用该光盘即可完成硬件设备的驱动安装操作。

当然，除了单独购买的电脑硬件会提供驱动安装盘外，用户购买笔记本电脑或一体机时同样会提供驱动安装光盘。只不过该光盘提供的并非是某一单独硬件的驱动程序，而是电脑整体的硬件驱动，用户只需一张光盘便可安装该电脑中所有硬件的驱动程序。

接下来就以购买笔记本时提供的驱动盘为例，为大家详细介绍一下使用光盘安装驱动程序的操作方法与步骤。

Step 01 使用电脑打开驱动光盘，待电脑成功读取光盘数据后，双击需要安装的驱动程序，如图 11-5 所示。

Step 02 弹出记录了该驱动详细信息的对话框，单击 Continue 按钮，如图 11-6 所示。

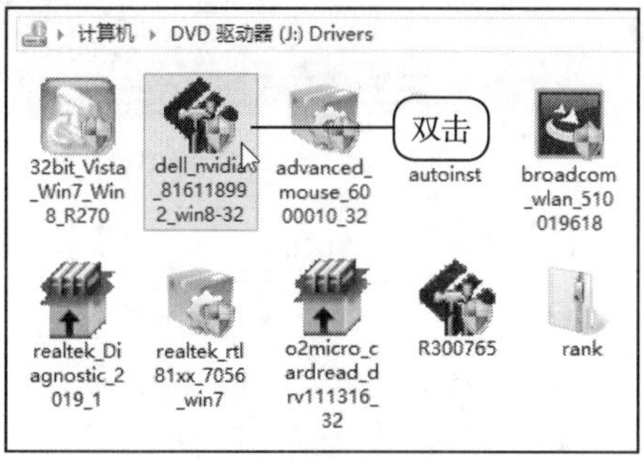

图 11-5 双击驱动程序文件

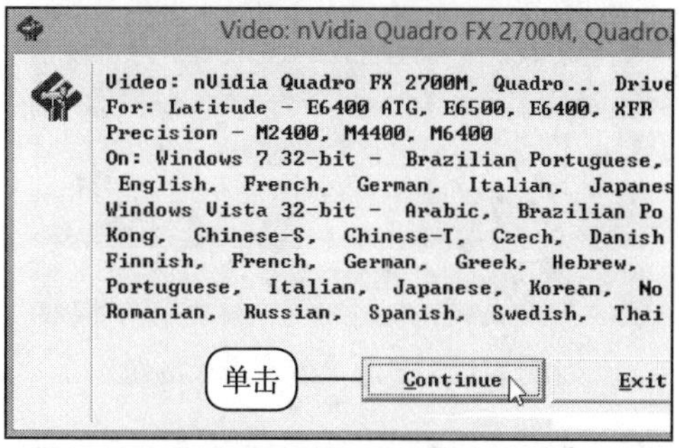

图 11-6 单击 Continue 按钮

Step 03 接着在弹出的对话框中单击“浏览”按钮 ...，如图 11-7 所示。

Step 04 弹出“浏览文件夹”对话框，❶ 在对话框中选择放置驱动程序文件的位置后，❷ 单击“确定”按钮，如图 11-8 所示。

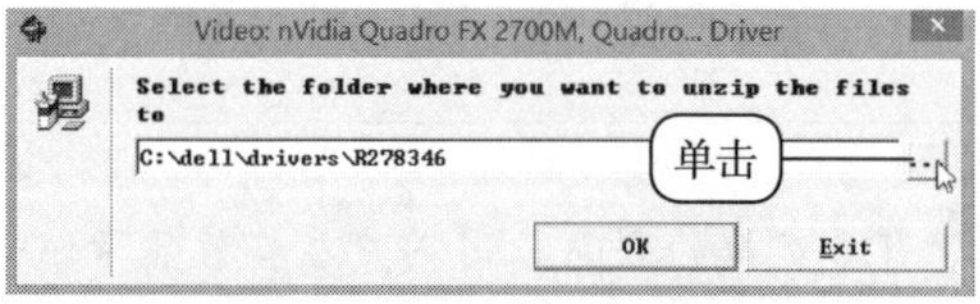

图 11-7 单击“浏览”按钮

图 11-8 选择放置驱动程序文件的位置

Step 05 返回至 Step03 中的对话框后，单击 OK 按钮，如图 11-9 所示。

Step 06 此时该软件将开始把驱动程序文件复制到 Step04 中所选择的位置，待对话框中显示 All files were successfully unzipped 字样时，单击 OK 按钮，如图 11-10 所示。

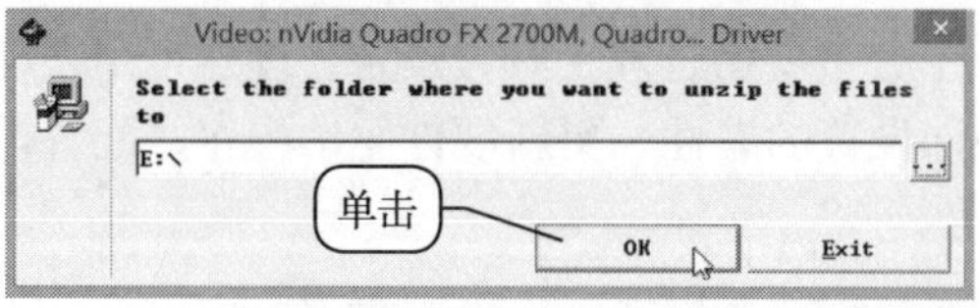

图 11-9 单击 OK 按钮

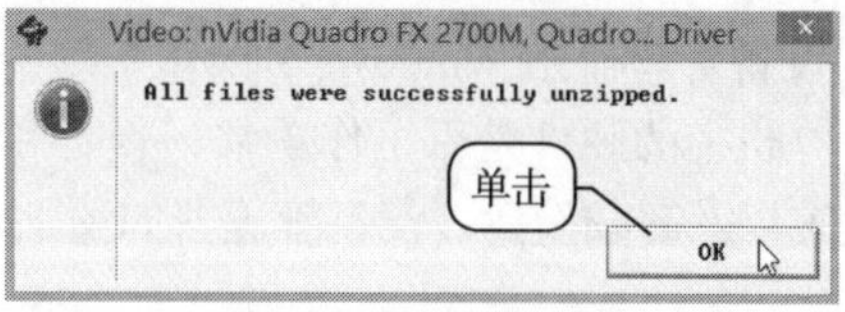

图 11-10 单击 OK 按钮

Step 07 弹出“NVIDIA Windows [32-bit] 显卡驱动程序”对话框，单击“下一步”按钮，如图 11-11 所示。

Step 08 切换至“许可证协议”界面，在界面中单击“是”按钮，如图 11-12 所示。

Step 09 此时软件将开始自动安装驱动程序组件，用户可在界面中出现的进度条中查看到实时的安装进度，如图 11-13 所示。

Step 10 待驱动安装完成后将返回至“NVIDIA Windows [32-bit] 显卡驱动程序”对话框，此时单击“完成”按钮即可完成全部驱动的安装操作，如图 11-14 所示。

图 11-11　单击“下一步”按钮

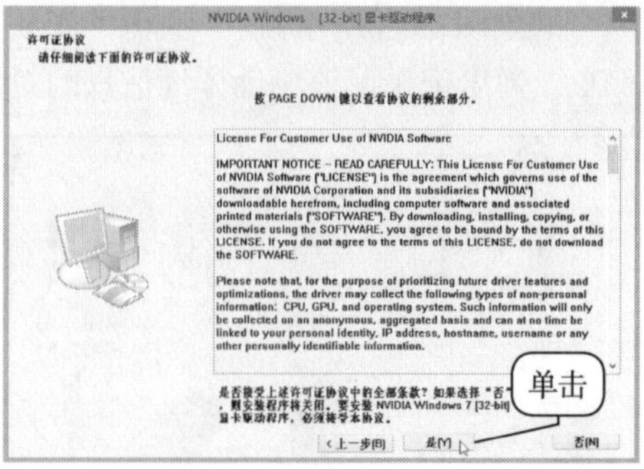

图 11-12　单击“是”按钮

图 11-13　正在安装驱动程序组件

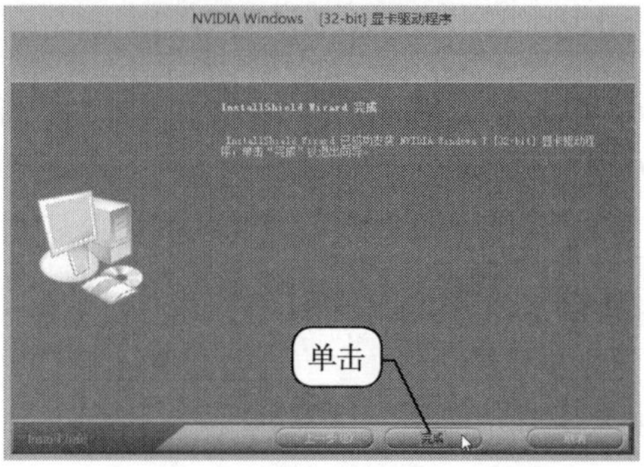

图 11-14　完成驱动程序的安装

提示：在安装显卡驱动时电脑屏幕会不断闪烁

在电脑中，显示屏幕所显示内容和计算机显卡有着直接的联系。当用户在安装显卡驱动时，电脑在很短的一段时间内会对显卡失去控制。所以当用户在安装显卡驱动时电脑屏幕会不断闪烁。

11.3　利用设备管理器管理硬件设备

设备管理器是 Windows 8 操作系统中的一个十分重要的管理工具，设备管理器可用来确定计算机上的硬件是否工作正常、查看和更改硬件设备的属性、更新硬件驱动程序、配置设备设置以及卸载设备，设备管理器如图 11-15 所示。

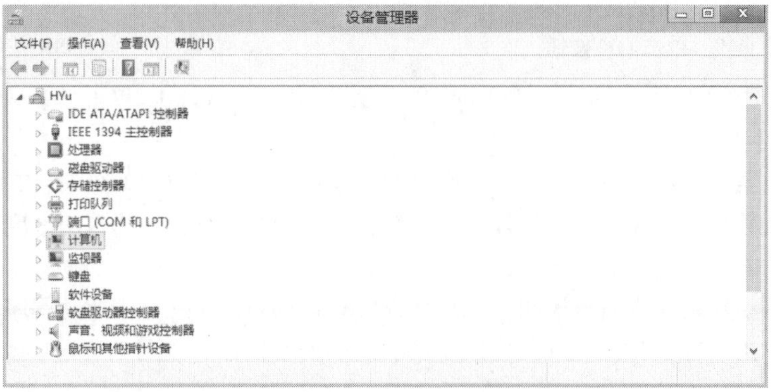

图 11-15　设备管理器

11.3.1 查看硬件属性

在设备管理器管中查看硬件属性是设备管理器最基本的功能之一，用户可通过其轻松地查看到电脑中安装的所有硬件设备的属性。

从设备管理器中查看硬件属性的方法非常简单，用户只需简单的几步操作即可查看到硬件的详细信息。具体的方法是：在桌面上右击“计算机”系统图标，然后在弹出的快捷菜单中单击“管理”命令，如图 11-16 所示。打开“计算机管理”窗口，单击窗口左侧“设备管理器”选项，然后在窗口右侧依次双击需查看硬件的类别和具体的硬件选项，例如依次双击“磁盘驱动器 >WDC WD800BB-75JHC0 Device ”，如图 11-17 所示。打开相应硬件的属性对话框，此时用户便可在该对话框中查看到详细的硬件属性，如图 11-18 所示。

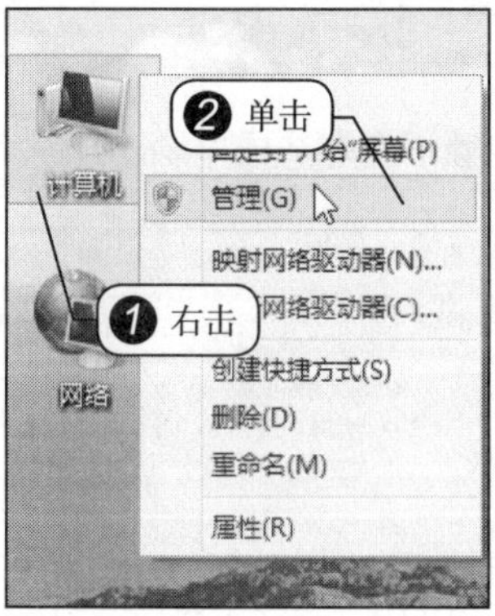

图 11-16　单击“管理”命令

图 11-17　双击需查看的具体硬件

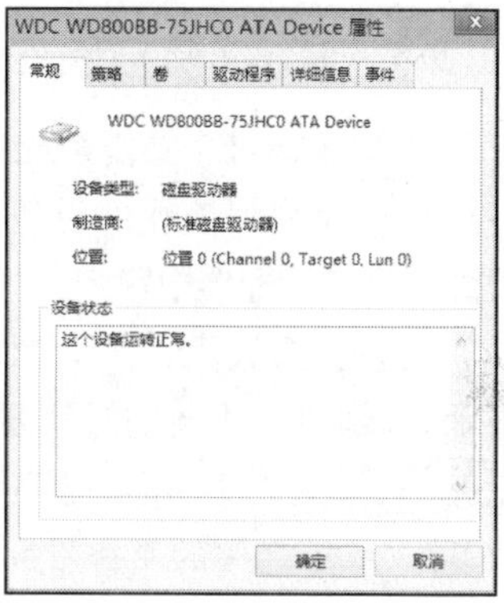

图 11-18　查看具体硬件的属性

11.3.2 启用 / 禁用设备

在用户日常的电脑使用中，若不需要继续使用某硬件设备，并不需要将该硬件从电脑中拔出并卸载，用户只需在设备管理器中将其禁用即可。

当设备被用户禁用后，该设备的驱动程序将不能在系统中运行，也就是说该设备既不能从驱动程序中获得指令，也不能向电脑发出指令，此时该设备便等同于被卸载了。若要正常使用该硬件，用户只需将该硬件重新启用便可恢复正常使用该硬件设备。

在设备管理器中启用 / 禁用设备的方法非常简单，用户只需在“设备管理器”界面中双击需禁用硬件设备的类别选项，然后在展开的下拉列表中单击要禁用的具体硬件，最后单击“禁用”按钮即可将该硬件设备禁用，如图 11-19 所示。待硬件设备被禁用后，该硬件设备左侧的设备图标上会出现向下的箭头图案。

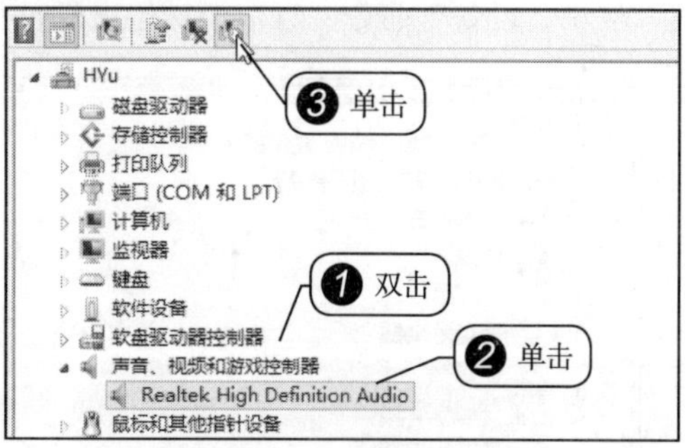

图 11-19　禁用硬件设备

而启用被禁设备的方法和禁用类似，用户只需单击欲启用的硬件设备后，再单击“启用”按钮即可启用该硬件设备，如图 11-20 所示。此时显示的向下的箭头图案，便从设备图标上消失了。

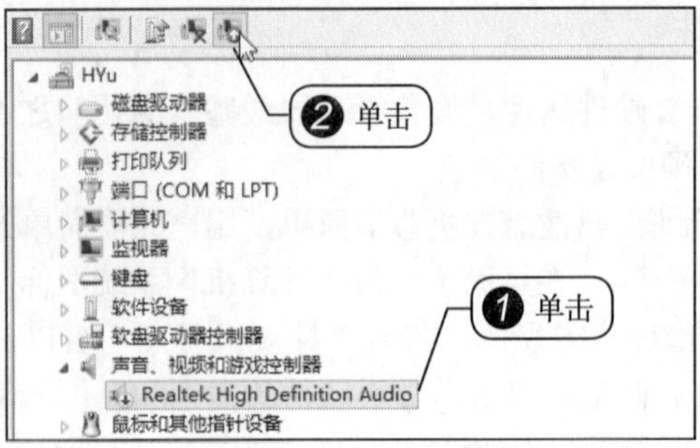

图 11-20　启用硬件设备

11.3.3　显示 / 隐藏硬件设备

在 Windows 8 操作系统中，若电脑中的硬件被用户拔出或接触不良等造成电脑不能从各种接口中检测到该硬件设备，此时电脑将会把该硬件从设备管理器中隐藏。

现在就为大家详细介绍一下在设备管理器中显示 / 隐藏硬件设备的操作方法与步骤。

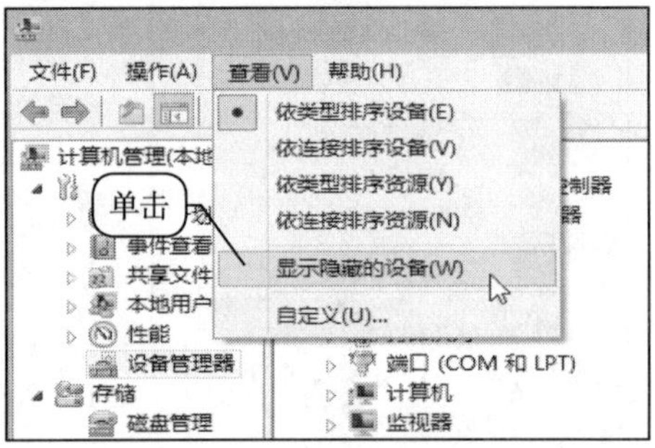

图 11-21　单击“显示隐藏的设备”命令

Step 01　在“设备管理器”界面中，依次单击菜单栏中的“查看 > 显示隐藏的设备”命令，即可显示被隐藏了的硬件设备，如图 11-21 所示。

Step 02　此时用户便可看见所有被隐藏的硬件设备，例如便携设备，如图 11-22 所示。

提示：取消设备的隐藏

由于硬件设备的隐藏是由于硬件设备被用户拔出或接触不良等原因造成的，所以用户只需将被拔出的硬件重新插入电脑中或修复硬件与电脑的连接状态便可取消该设备的隐藏。

Step 03　若需取消显示被隐藏的硬件设备，同样可依次单击菜单栏中的“查看 > 显示隐藏的设备”命令，以取消被隐藏硬件设备的显示，如图 11-23 所示。

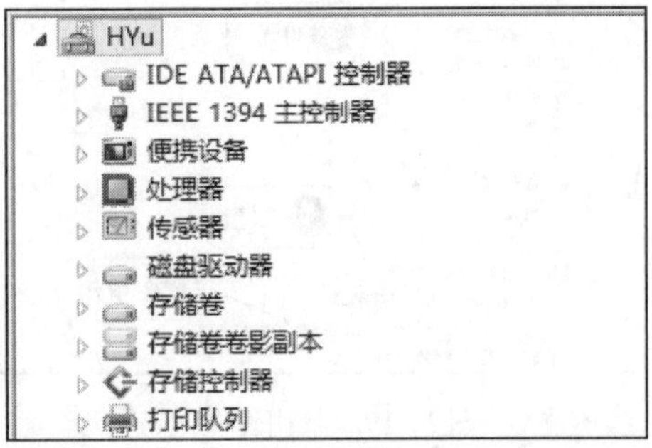

图 11-22　显示被隐藏的设备

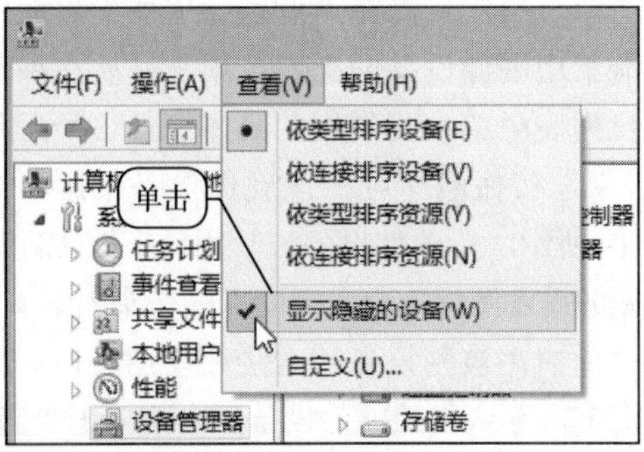

图 11-23　单击“显示隐藏的设备”命令

Step 04　此时用户便可看到设备管理器中已经取消了被隐藏设备的显示，如图 11-24 所示。

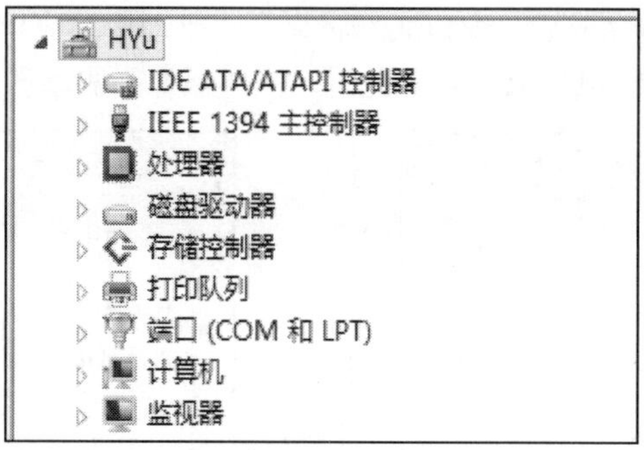

图 11-24　取消显示被隐藏的设备

11.4　学会安装常见的硬件设备

在电脑日常的使用中，用户一定要学会如何安装常见的电脑硬件设备，例如摄像头、U 盘等。这些常见的硬件设备在初次接入电脑到能够正常使用，有的需要用户安装驱动程序，有的则不需要用户安装驱动程序。

11.4.1　摄像头

摄像头是电脑中常用的一种硬件设备，但由于生产摄像头的硬件厂商所生产的摄像头产品多种多样，导致电脑并不能很好地将其识别，这就需要用户自行安装摄像头的驱动程序。

接下来以安装摄像头万能驱动为例，详细介绍一下安装摄像头硬件驱动的操作方法与步骤。

Step 01　待用户将摄像头接入电脑后，双击下载到电脑中的摄像头万能驱动程序软件，如图 11-25 所示。

Step 02　此时驱动程序将自动检测电脑中已安装或插入的硬件设备，如图 11-26 所示。

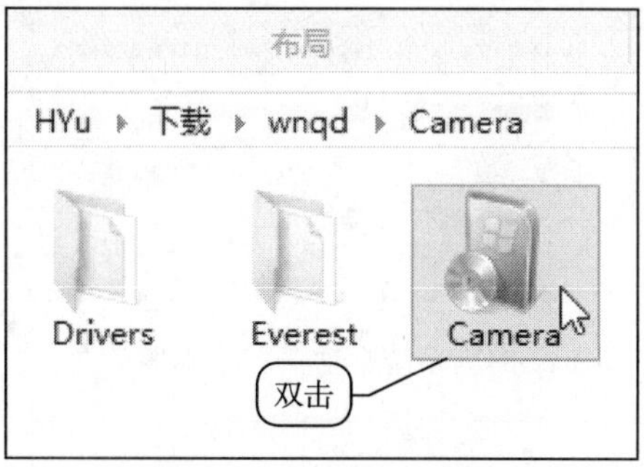

图 11-25　双击万能驱动程序

图 11-26　正在检测硬件

Step 03　待打开“万能摄像头驱动”窗口后，单击“安装”按钮，此时软件将开始解压驱动程序，如图 11-27 所示。

Step 04　待驱动程序成功解压后，弹出“驱动安装”对话框，单击“确定”按钮，如图 11-28 所示。

Step 05　此时软件将开始安装驱动程序，用户可在窗口底部的进度条中查看到实时的安装进度，如图 11-29 所示。

Step 06 待驱动程序安装完成后，窗口底部将显示“驱动安装完毕”字样，接着系统将自动关闭该窗口，如图 11-30 所示。此时才完成摄像头驱动的安装操作。

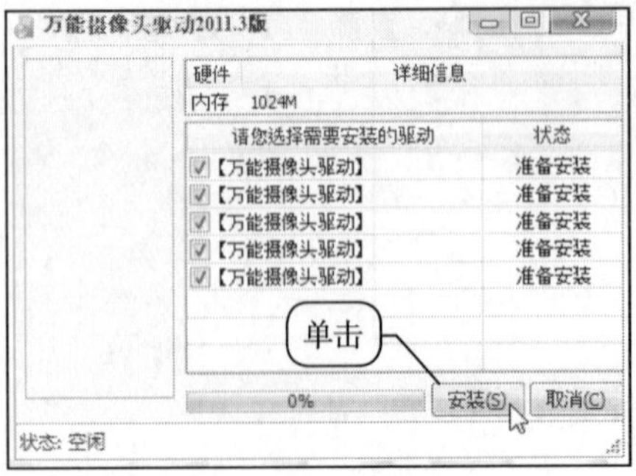

图 11-27　单击“安装”按钮

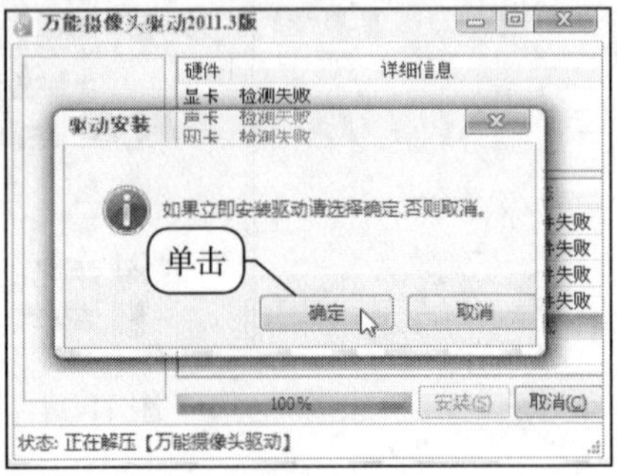

图 11-28　确定安装

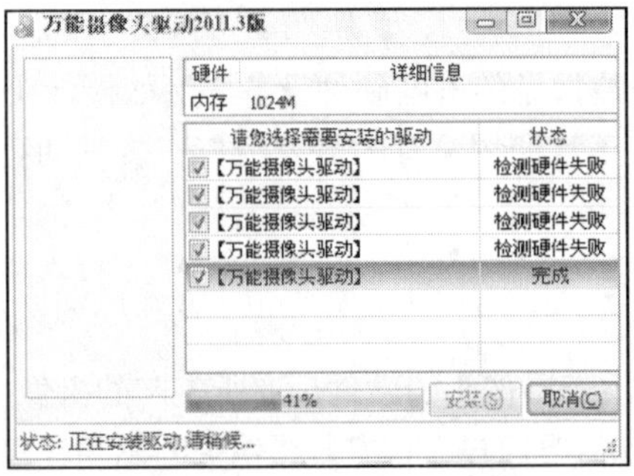

图 11-29　正在安装驱动程序

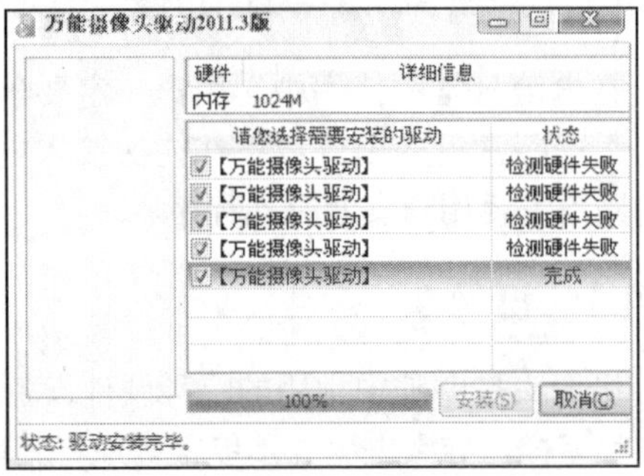

图 11-30　完成摄像头驱动的安装

11.4.2　U 盘

U 盘同样是一种常用的电脑设备，用户可以非常方便地使用其进行各种数据的复制与移动。由于 U 盘在电脑硬件设备中实用性强，应用率高，Windows 8 操作系统几乎将所有类型的 U 盘驱动程序都内置在了系统中。所以当用户将 U 盘插入电脑时，Windows 8 操作系统将自动对其进行识别以及安装相应的驱动程序，如图 11-31 所示。

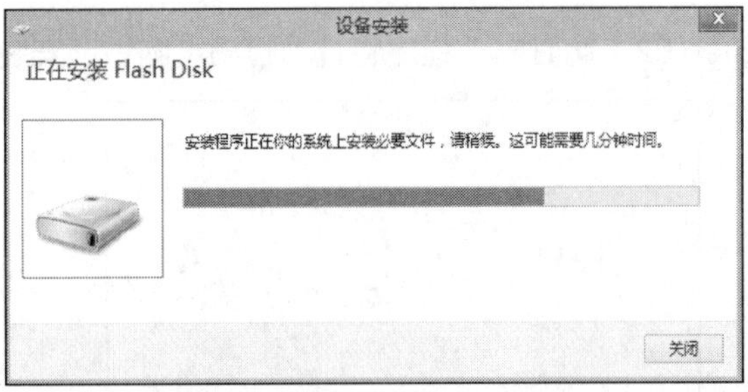

图 11-31　系统自动安装 U 盘驱动

拓展解析

11.5　在设备管理器中更新 / 卸载驱动程序

驱动程序和普通的应用程序一样也是可以进行更新和卸载操作的。与普通的应用程序不同的是驱动程序的更新 / 卸载是在设备管理器中进行的，用户只需简单的几步操作便可实现

驱动程序的更新 / 卸载。

11.5.1 更新驱动程序

当硬件公司发布新的硬件驱动后，用户既可以从硬件厂商的网站中获取驱动更新程序进行驱动的更新，又可以直接在设备管理中搜索、下载和安装。具体的操作步骤如下。

Step 01 ❶ 在“设备管理器”窗口右击需更新的硬件设备，例如声卡，❷ 然后在弹出的快捷菜单中单击“更新驱动程序软件”命令，如图 11-32 所示。

Step 02 弹出“更新驱动程序软件 – High Definition Audio 设备”对话框，单击“自动搜索更新的驱动程序软件”链接，如图 11-33 所示。

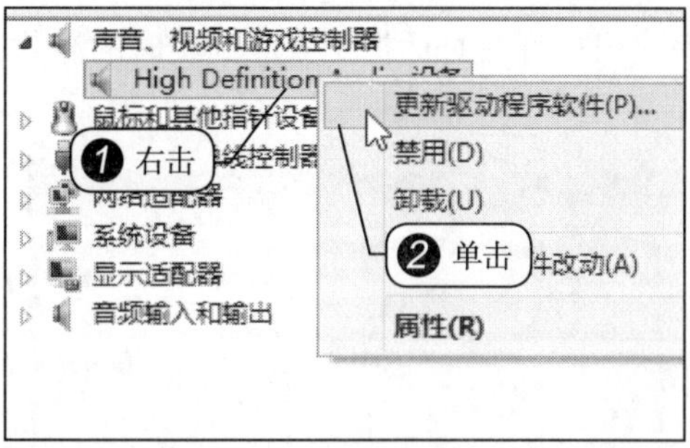

图 11-32 单击“更新驱动程序软件”命令

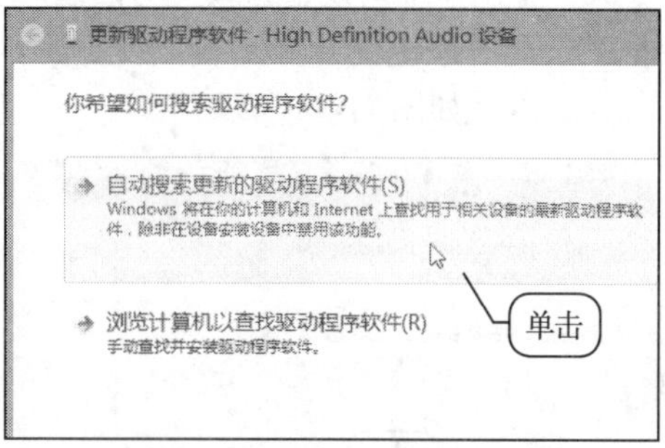

图 11-33 选择自动搜索更新

Step 03 此时系统将自动搜索是否有适合该硬件设备的驱动更新，用户可在对话框中查看到搜索进度，如图 11-34 所示。

Step 04 待搜索完成后系统将提示下一步相应的操作，若无可更新驱动程序则会在对话框中显示“已安装适合设备的最佳驱动程序软件”，此时单击“关闭”按钮即可，如图 11-35 所示。若有更新则按照提示进行操作即可。

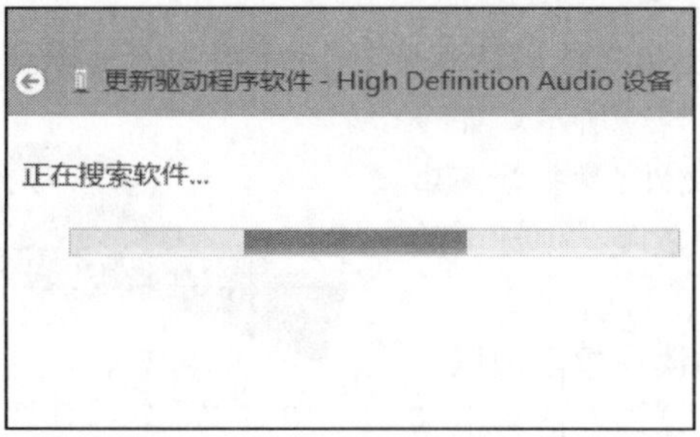

图 11-34 正在搜索软件

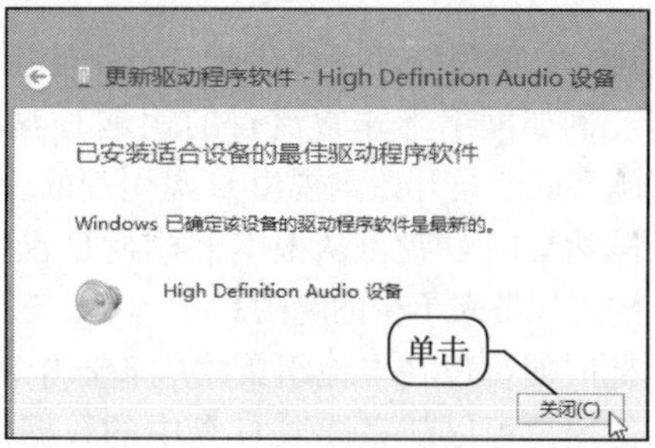

图 11-35 单击“关闭”按钮

11.5.2 卸载驱动程序

当用户因更新驱动程序而造成驱动错误，导致硬件不能正常使用时，用户不妨选择将该驱动程序卸载后重新安装。绝大部分的硬件故障都可以通过卸载驱动重新进行安装的方式来修复。

在 Windows 8 操作系统中卸载驱动程序的操作非常简单，接下来就以声卡发生故障需要卸载其驱动程序为例，为大家详细介绍一下卸载驱动程序的具体操作方法与步骤。

Step 01 ❶ 在“设备管理器”窗口右击需卸载驱动程序的硬件设备，❷ 然后在弹出的快捷菜单中单击“卸载”命令，如图 11-36 所示。

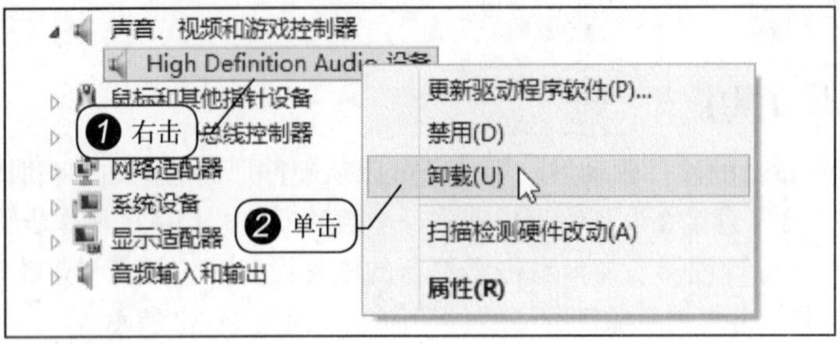

图 11-36　单击“卸载”命令

Step 02　弹出“确认设备卸载”对话框，单击“确定”按钮，如图 11-37 所示。

Step 03　此时系统便开始卸载该设备的驱动程序，用户可在对话框中查看到实时的卸载进度，如图 11-38 所示。

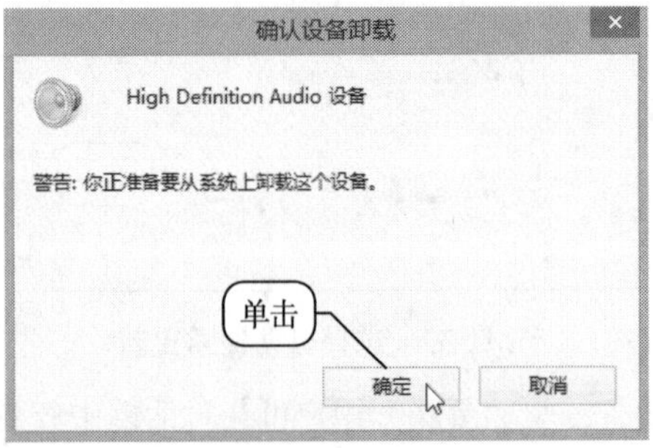

图 11-37　确认卸载驱动程序

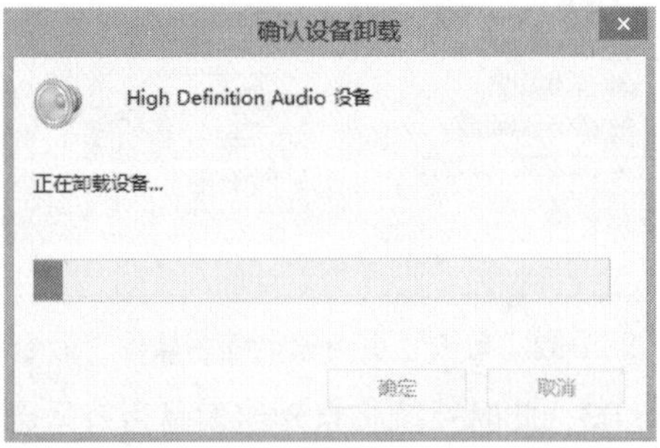

图 11-38　正在卸载驱动程序

11.6　控制移动存储设备的读写以防止电脑内的数据泄露

随着电脑科技的不断进步，日常使用的 U 盘也越来越朝着小型化、微型化甚至是隐蔽化发展，例如网络上非常流行的钥匙 U 盘，如图 11-39 所示。如今越来越多的公司开始重视由 U 盘引起的公司机密文件 / 数据泄露事件。虽然禁用 U 盘可从根本上杜绝 U 盘所带来的危险，但却会给日常的工作带来不少的麻烦。

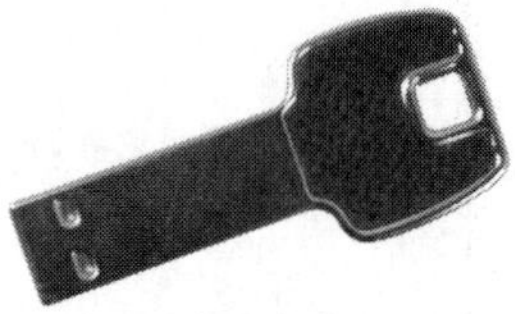

图 11-39　钥匙 U 盘

此时便可以在本地组策略编辑器中对 U 盘的读写权限加以控制，使用户可以随意读取 U 盘中的数据内容，但是却不能将电脑中的数据复制到 U 盘中。具体的操作步骤如下。

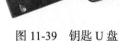

Step 01　在 Windows 8 操作系统任意界面中按【Win + X】组合键，然后在弹出的快捷菜单中单击“运行”命令，如图 11-40 所示。

Step 02　弹出“运行”对话框，❶ 在对话框中输入 gpedit.msc 后，❷ 单击“确定”按钮，如图 11-41 所示。

Step 03　打开“本地组策略编辑器”窗口，❶ 在窗口左侧依次双击“计算机配置 > 管理模板 > 系统 > 可移动存储访问”，❷ 接着在窗口右侧双击“可移动磁盘：拒绝写入权限”选项，如图 11-42 所示。

Step 04　打开“可移动磁盘：拒绝写入权限”窗口，❶ 单击选中“已启用”单选按钮，❷ 然后单击“确定”按钮，如图 11-43 所示。

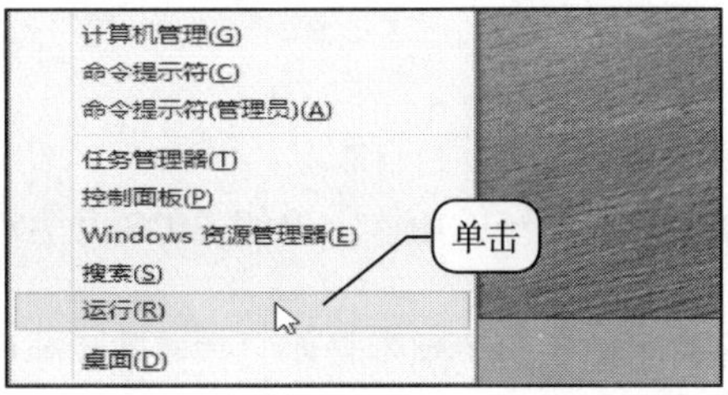

图 11-40　单击“运行”命令

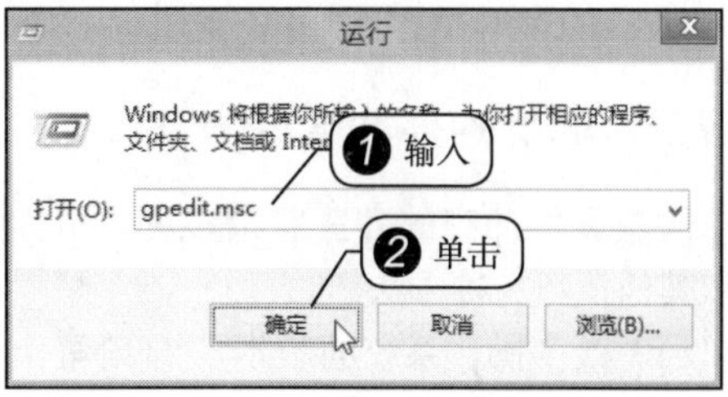

图 11-41　单击“确定”按钮

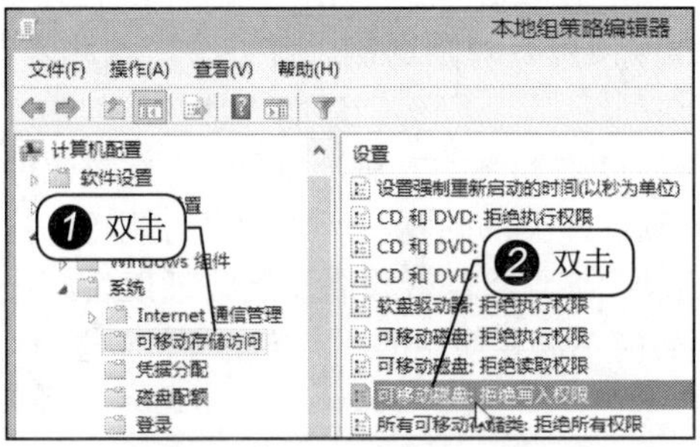

图 11-42　设置读写权限

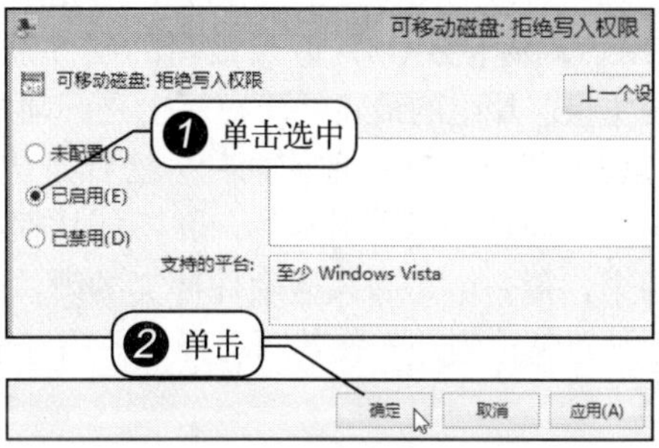

图 11-43　启用拒绝写入权限

Step 05　此时用户要向 U 盘中传输文件便会弹出“目标文件夹访问被拒绝”窗口（即使用户使用的是系统管理员账户登录电脑），单击“继续”按钮，如图 11-44 所示。

Step 06　此时系统仍将提示用户需要权限才能执行此操作，如图 11-45 所示。

图 11-44　单击“继续”按钮

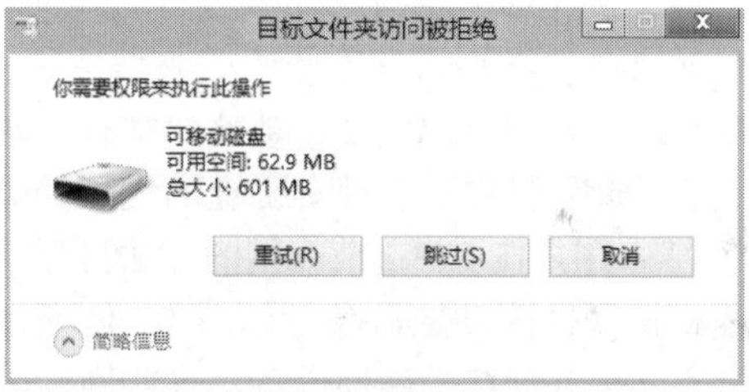

图 11-45　无法进行写入操作

11.7　轻松解决硬件设备发生的冲突

在电脑中，当某一硬件设备正常工作时，系统必定会给该硬件设备所使用的系统资源（IRQ 线路，DMA 通道，I/O 端口和内存地址）指派一个唯一的值。

若系统将同一系统资源分配给两个或多个硬件设备时，便会发生冲突，造成计算机系统中全部或是部分部件不能正常、协调、有效地工作。

11.7.1　硬件冲突的典型表现

由硬件资源冲突而导致的现象有多种，其中比较常见的表现有以下几种：

（1）当用户添加新硬件时或添加新硬件后电脑经常会无故死机、黑屏。

（2）电脑启动时，无故进入系统安全模式。

（3）声卡和鼠标不能正常工作或彻底罢工。

（4）按住【Alt】键，并用鼠标双击“计算机”系统图标查看系统属性时，有惊叹号出现。

（5）打印机和软驱不能正常工作。

11.7.2 解决硬件冲突的方法

解决硬件冲突的方法有很多种，可大致分为改变操作系统的版本、升级 BIOS 及驱动程序和其他技巧 3 种方法。

（1）改变操作系统的版本：现阶段由于 Windows 8 操作系统刚刚发布，其系统的硬件兼容性以及稳定性还有待提高，故而改变（更换）操作系统不失为一个解决硬件冲突的好方法。

（2）升级 BIOS 及驱动程序：这是解决硬件冲突最有效地方法，用户只需升级最新的主板 BIOS、显卡 BIOS，以及最新的硬件设备驱动程序便可有效地遏制硬件冲突。除此之外，安装主板芯片组的最新补丁程序也是必须的。

（3）其他技巧：前面两种方法都是从根本上解决硬件冲突的方法，而第 3 种解决硬件冲突的方法却是治标不治本的，并不能从根本上解决硬件冲突的问题，所以称之为技巧。技巧有两个，第一个是卸载遭硬件冲突的硬件设备的驱动程序，将硬件设备重新拔插以后，让操作系统重新检测并安装其驱动程序；第二个是禁用暂时不需要使用的相冲突的硬件设备。

新手疑惑解答

1. 如果我的电脑上没有光驱，能否采用其他方法安装驱动程序？

答：能！驱动程序并非只能从光驱进行安装，用户既可以从网上下载驱动并安装到电脑中，又可以通过第三方软件例如驱动精灵进行驱动程序的安装。所以说只要电脑能上网，不论用户的电脑中有无光驱，都能非常方便地安装驱动程序。

2. 如何查看未正常安装驱动程序的硬件？

答：用户按 11.3.1 节介绍的方法打开“设备管理器”界面后，在菜单栏依次单击“操作 > 扫描检测硬件改动”命令，如图 11-46 所示。此时用户便可在界面中查看到系统扫描出的未正常安装驱动程序的硬件设备，这些硬件设备图标上会显示感叹号图案，如图 11-47 所示。

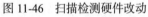

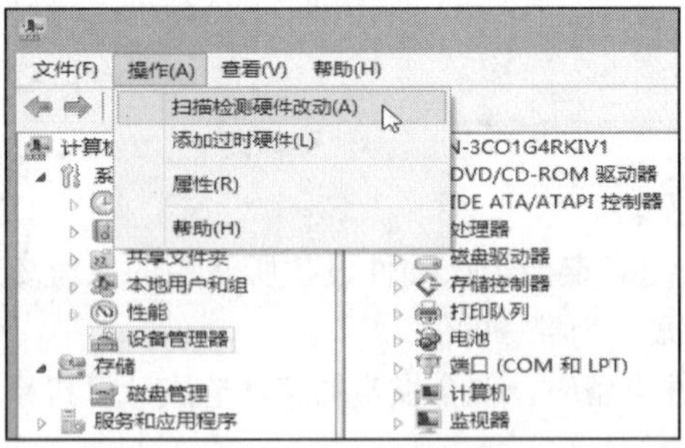

图 11-46　扫描检测硬件改动

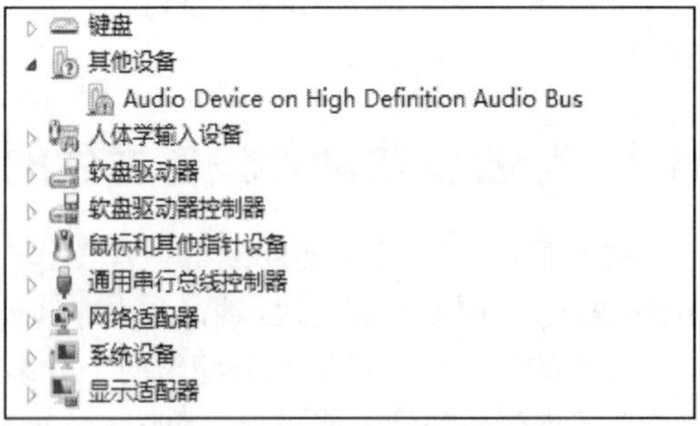

图 11-47　查看扫描结果

3. 移动设备危险性高主要体现在哪些方面？

答：在电脑的使用过程中，用户经常会遭到病毒或黑客的攻击，而移动设备是仅次于互联网的第二大病毒传播途径，若用户的 U 盘遭到木马病毒的感染，则只要用户打开被感染木马病毒的 U 盘，该木马病毒便会进到用户的电脑中感染其中的文件。

由于移动设备本身并不具有防御木马病毒的功能，所以移动设备危险性高主要体现在木马病毒的传播方面，用户需提高警惕。

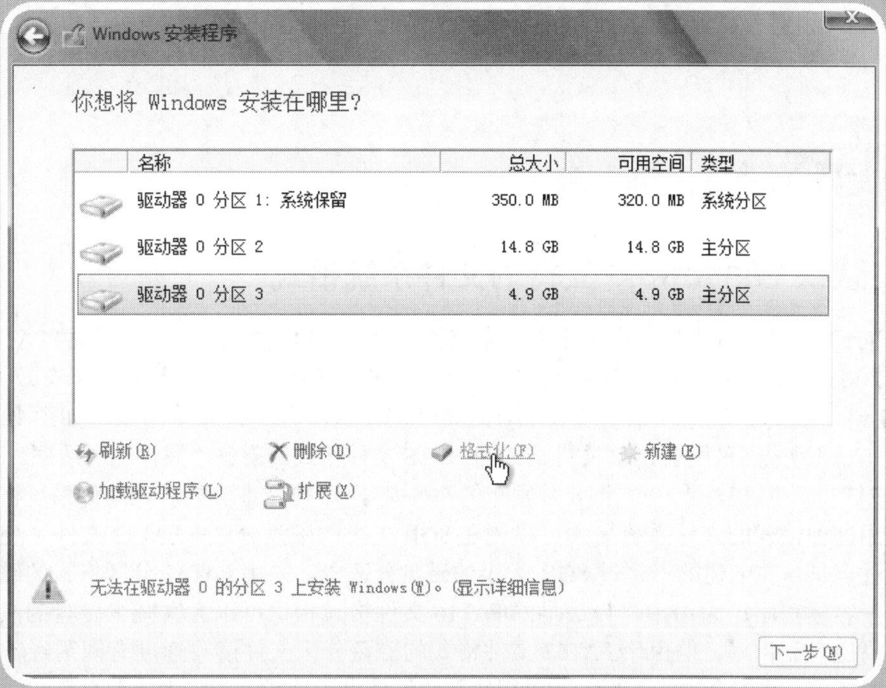

第12章

管理磁盘分区与文件系统

本章知识点:

- ☑ 转换磁盘分区的文件系统格式
- ☑ 使用 ZIP 压缩分区中的文件和文件夹
- ☑ 使用磁盘配额分配其他用户存储空间
- ☑ 使用 BitLocker 驱动器加密数据
- ☑ 使用 NTFS 压缩分区中的文件和文件夹

和硬盘必须激活、分区后才能使用一样，只有在硬盘分区中设置了文件系统的格式后，用户才能在分区中存储文件。在 Windows 8 操作系统中，用户不仅可以转换磁盘分区中的文件格式，还可以对磁盘分区中存储的内容进行一定的管理。

基础讲解

12.1 认识 Windows 8 支持的文件系统格式

随着计算机技术的发展，电脑中文件系统格式也有了很大的变化。从最早的 FAT16 格式到 FAT32 格式，再到最新的 NTFS 格式，电脑磁盘的利用率、安全性都得到了有效地提升。在 Windows 8 操作系统中，系统支持 FAT32 和 NTFS 这两种文件系统格式，如图 12-1 和图 12-2 所示，即为分别采用 FAT32 文件格式和 NFTS 文件格式的磁盘“属性”对话框。

- FAT32：FAT32 是 1996 年 8 月发布的一种基于 32 位文件分配表的文件系统格式，使用这种格式的文件系统最大可以创建 8GB 大小的磁盘分区。FAT32 文件系统的最大优点是，在创建的不超过 8GB 大小的磁盘分区中，采用 FAT32 分区格式的磁盘每个簇容量都固定为 4KB，与最早的 FAT16 文件格式相比可以大大减少磁盘的浪费，提高磁盘利用率。但由于 FAT32 文件格式的磁盘分区文件读写速度有限需经常进行磁盘整理，且安全性能不高，所以很快微软便推出了功能更为强大的 NTFS 文件格式。
- NTFS：NTFS 文件系统格式是微软公司推出的拥有自主知识产权的文件系统格式，该文件系统格式一经推出便成为了 Windows 系统的标准文件系统格式，NTFS 文件系统格式最主要的优点便是安全性和稳定性非常出色。加之该文件系统格式下的磁盘不容易产生磁盘碎片，这非常有利于电脑中操作系统和软件的运行。NTFS 文件系统格式可以提供比 FAT32 文件系统格式更高的磁盘利用率，NTFS 文件系统格式下磁盘分区无论大小簇的大小几乎都为 4KB，而 FAT32 文件系统格式则只有在不超过 8GB 大小的磁盘分区才能达到这个水平。

图 12-1　采用 FAT32 文件系统格式的磁盘

图 12-2　采用 NTFS 文件系统格式的磁盘

12.2 转换磁盘分区的文件系统格式

由于 Windows 8 操作系统支持 FAT32 和 NTFS 这两种文件系统格式，所以用户可随意对磁盘分区的文件系统格式进行转换。需要注意的是，Windows 8 操作系统只支持安装到采用 NTFS 文件系统格式的磁盘分区中，对其他分区的文件系统格式则没有限制。

在 Windows 8 操作系统中，系统共为用户提供了两种通过窗口操作即可完成磁盘分区文件系统格式转换的方法，这两种方法分别是利用系统安装光盘转换和利用格式化操作转换。

12.2.1 利用系统安装光盘转换

利用系统安装光盘转换文件系统格式，这种转换方法在电脑的日常使用中并不常用，这种转换文件格式的方法既需要用户同时拥有系统光盘和光驱，而且还会对系统安装光盘造成一定的损伤。

所以这种利用系统安装光盘转换文件系统格式的操作，一般用于在使用系统光盘进行系统安装时，而且一般都是顺便进行这项转换文件系统格式操作的。用户切勿专门使用系统光盘进行转换文件系统格式的操作。

利用系统安装光盘转换文件系统格式的操作非常简单，当用户按 1.4.1 节介绍的方法进行安装 Windows 8 操作系统时，待进到“你想将 Windows 安装在哪里？”界面时，单击需转换文件格式的磁盘分区，然后单击“格式化”按钮，如图 12-3 所示。然后在弹出的警告对话框中单击“确定”按钮，如图 12-4 所示。此时该磁盘分区便已经被转换为了 NTFS 文件格式。

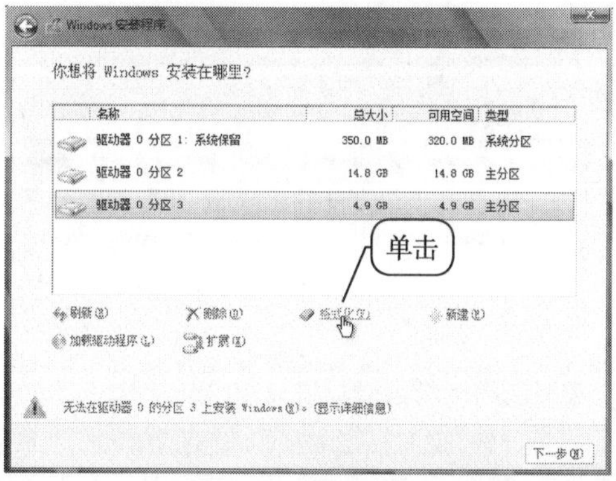

图 12-3　选择要转换格式的磁盘文件

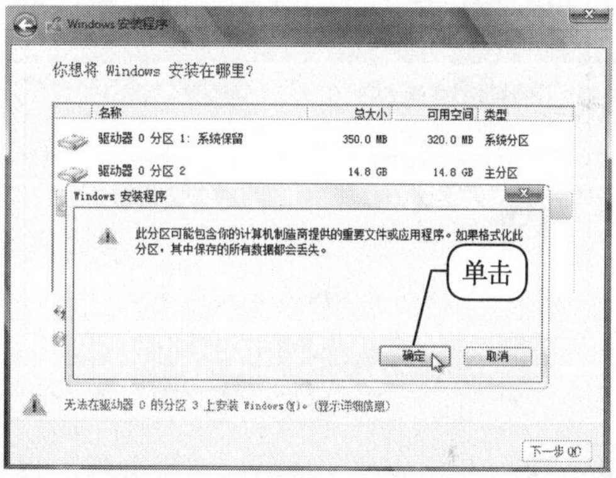

图 12-4　确认转换文件系统格式

提示：利用系统安装光盘只能转换文件格式为 NTFS

由于 Windows 8 操作系统中默认支持的是 NTFS 文件系统格式，所以用户使用系统安装光盘进行文件格式转换时只能转换为 NTFS 格式。

12.2.2 利用格式化操作转换

相比利用系统安装光盘转换，使用格式化操作进行文件系统格式的转换，是日常使用最频繁的一种转换文件系统格式的操作。这种转换方法没有只能转换为 NTFS 文件系统格式的局限性，用户可随意进行 FAT32 和 NTFS 两种格式之间的转换。

利用格式化操作进行文件系统格式的转换不需光盘等其他介质的支持，用户直接在电脑中便可进行转换格式的操作。现在就为大家详细介绍一下利用格式化操作转换文件系统格式的具体操作方法与步骤。

Step 01　在 Windows 8 操作系统“计算机”窗口中，❶ 右击欲转换文件系统格式的磁盘分区，例如本地磁盘（D：），❷ 然后在弹出的快捷菜单中单击“格式化”命令，如图 12-5 所示。

Step 02　弹出“格式化 本地磁盘（D：）”对话框，❶ 单击“文件系统”下方的扩展按钮，❷ 接着在展开的列表中选择要转换的文件系统格式，如图 12-6 所示。

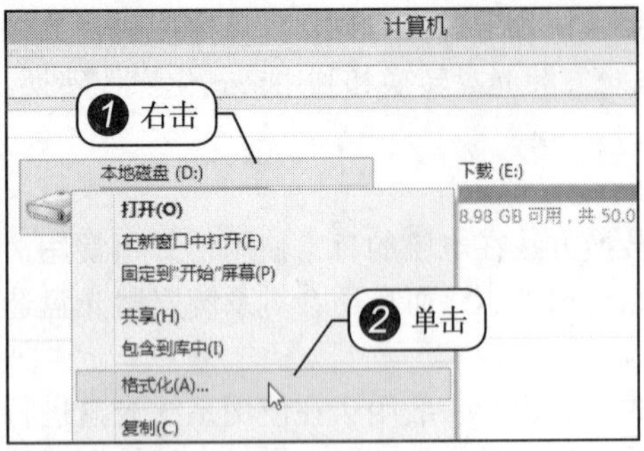

图 12-5　单击“格式化”命令

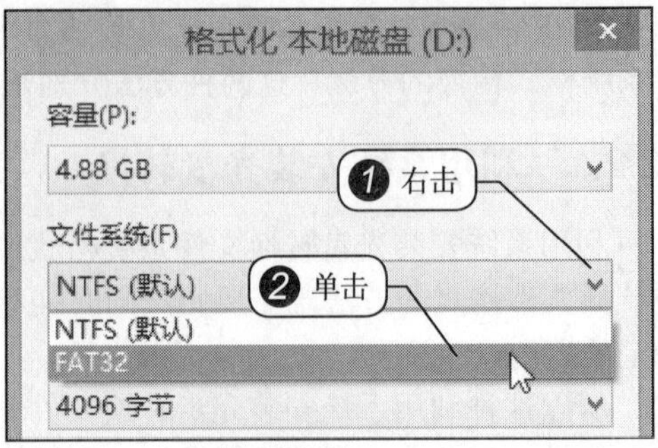

图 12-6　选择要转换的文件系统格式

Step 03　选择好要转换的文件系统格式后，❶ 勾选“快速格式化”复选框，❷ 然后单击“开始”按钮，如图 12-7 所示。

Step 04　弹出警告对话框，单击“确定”按钮确认进行格式化操作，如图 12-8 所示。

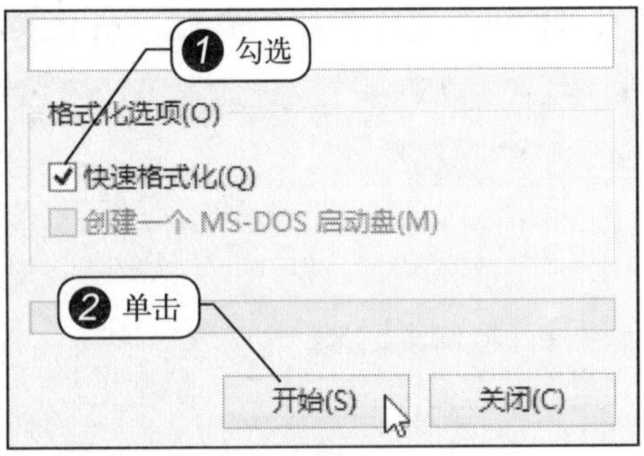

图 12-7　单击“开始”按钮

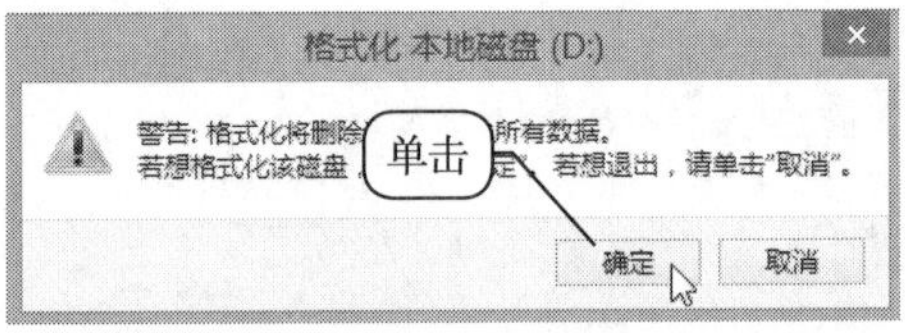

图 12-8　确认进行格式化操作

Step 05　待格式化完成后，系统会弹出提示“格式化完毕”的对话框，单击“确定”按钮，即可完成利用格式化操作转换文件系统格式的操作，如图 12-9 所示。

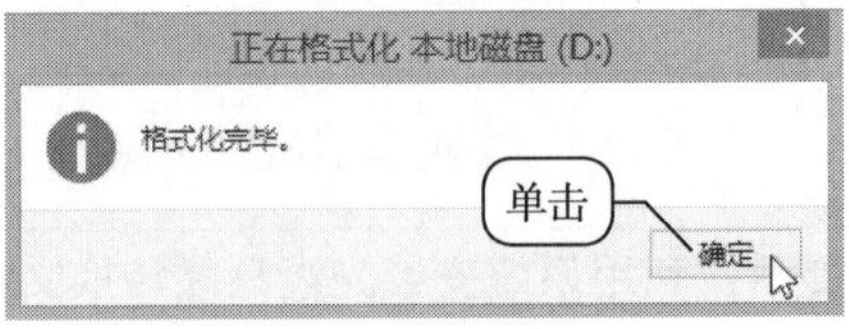

图 12-9　完成格式化操作

提示：格式化磁盘分区会丢失磁盘内所有的内容

格式化是指对磁盘分区进行的一种磁盘文件系统格式及数据的初始化操作，这种操作会造成被格式化磁盘分区内部文件、数据的丢失。而这种因格式化磁盘而造成的文件数据丢失是很难通过数据修复的手段恢复的，所以请谨慎选择对磁盘的格式化操作。

12.3　使用 ZIP 压缩分区中的文件和文件夹

在 10.6 节中，本书为用户简单地介绍了一下使用系统自带的功能解压 Zip 格式压缩文件的操作。事实上，在 Windows 8 操作系统中，微软公司为用户提供了一整套基于 Zip 压缩格式的文件压缩技术，用户不需安装其他第三方软件即可将文件和文件夹压缩成 Zip 格式的压缩文件。使用 ZIP 压缩分区中的文件和文件夹时，有以下两种操作方法。

（1）使用功能区按钮进行压缩：这种压缩文件 / 文件夹的方法非常简单，❶ 用户只需单击欲压缩的文件或文件夹，然后在功能区中切换至“共享”选项卡，❷ 接着单击该选项卡

“发送”选项组中的“压缩”按钮，如图 12-10 所示。此时系统将开始压缩用户所选择的文件 / 文件夹，用户可从打开的“正在压缩...”窗口中查看到实时的压缩进度，如图 12-11 所示。

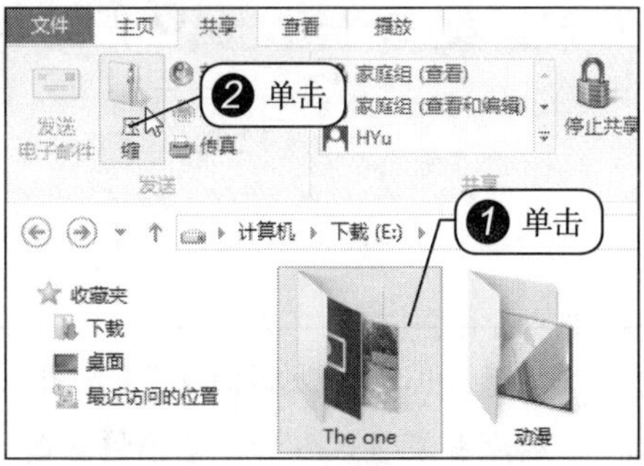

图 12-10　单击“压缩”按钮

图 12-11　正在压缩

（2）使用“压缩（Zipped）文件夹”命令进行压缩：这种使用快捷菜单进行压缩文件 / 文件夹的操作方法是 Windows 8 操作系统中压缩文件 / 文件夹最常用的方法。❶ 用户只需右击需压缩的文件 / 文件夹，❷ 然后在弹出的快捷菜单中依次单击“发送到 > 压缩（Zipped）文件夹”命令，如图 12-12 所示，然后用户便可在打开的“正在压缩...”窗口中查看到实时的压缩进度，如图 12-13 所示。

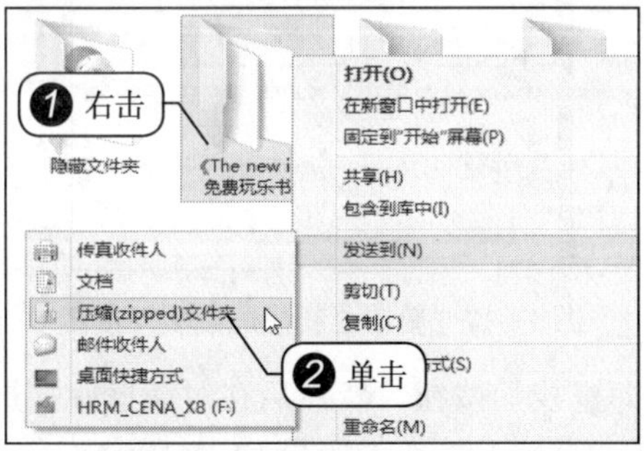

图 12-12　选择“压缩（Zipped）文件夹”命令

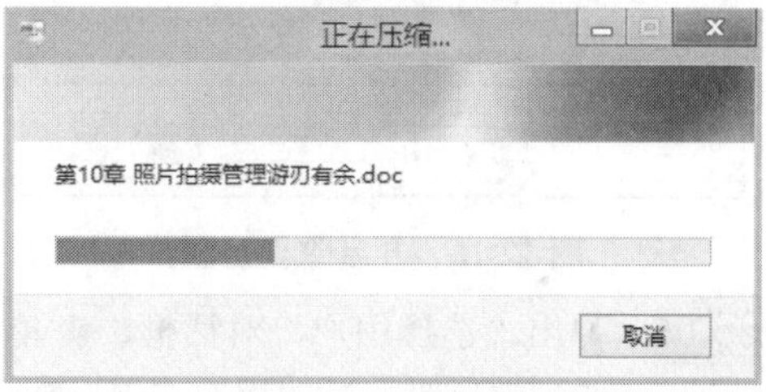

图 12-13　正在压缩

12.4　使用磁盘配额合理分配其他用户的存储空间

在日常使用中，一台电脑或许由不止一位用户在使用。像这种处于多人共享状态下的电脑非常容易出现某位用户大量占用电脑硬盘空间而导致其他用户硬盘存储空间不足的情况。此时用户便可以使用磁盘配额合理分配所有用户的可存储空间，这样可以有效防止此种情况的发生。

12.4.1　管理与配置磁盘配额

磁盘配额在 Windows 8 操作系统中默认处于关闭状态，用户需手动在需要开启磁盘配额的磁盘分区“属性”对话框中进行开启。

接下来就为大家详细介绍一下开启以及管理与配置磁盘配额的操作方法与步骤。

Step 01　在 Windows 8 操作系统“计算机”窗口中，❶ 右击欲开启磁盘配额的磁盘分区，例如本地磁盘（D:），❷ 然后在弹出的快捷菜单中单击“属性”命令，如图 12-14 所示。

Step 02　弹出“本地磁盘（D：）属性”对话框，❶ 切换至“配额”选项卡，❷ 单击“显示配额设置”按钮，如图 12-15 所示。

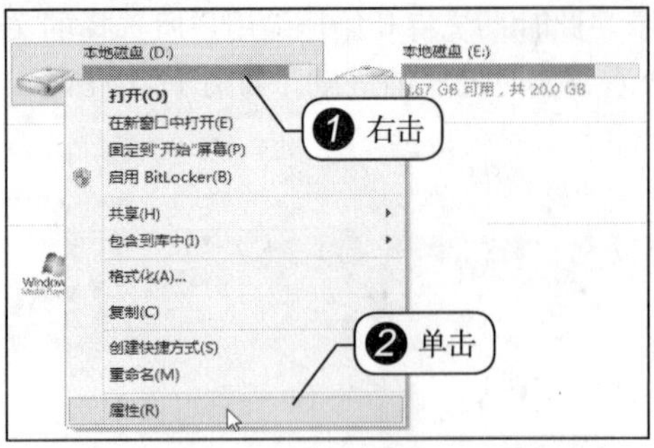

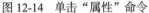

图 12-14 单击“属性”命令

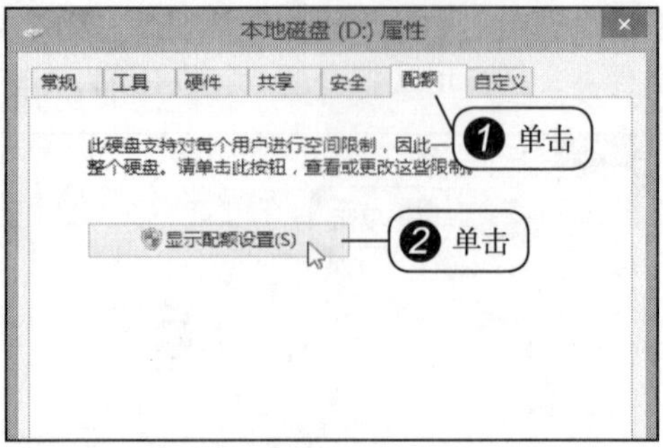

图 12-15 单击“显示配额设置”按钮

Step 03 弹出“（D：）的配额设置”对话框，❶ 勾选“启用配额管理”和“拒绝将磁盘空间给超过配额限制的用户”复选框，❷ 单击“配额项”按钮，如图 12-16 所示。

Step 04 打开“（D：）的配额项”窗口，单击“新建配额项”按钮，如图 12-17 所示。然后在弹出的对话框中单击“高级”按钮。

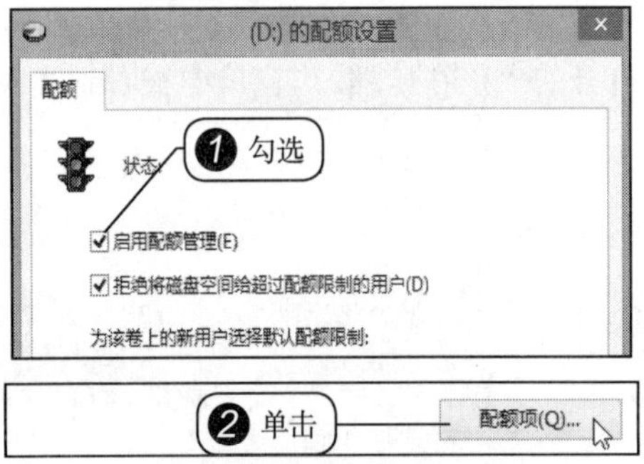

图 12-16 开启磁盘配额

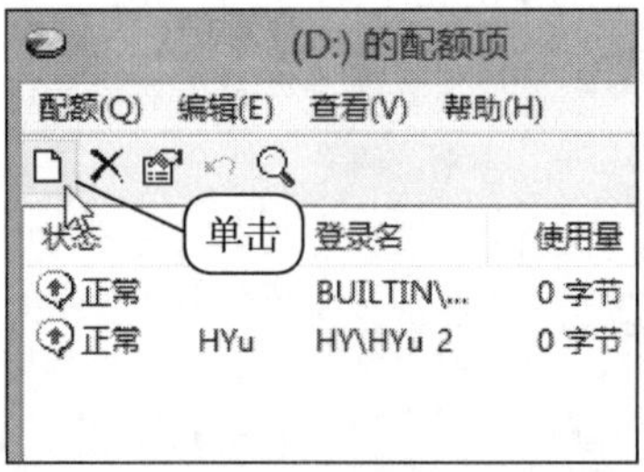

图 12-17 单击“新建配额项”按钮

Step 05 弹出“选择用户”对话框，❶ 单击“立即查找”按钮，❷ 然后在对话框底部选择要配置磁盘配额的用户选项，❸ 最后单击“确定”按钮，如图 12-18 所示。

Step 06 在弹出的对话框中确认要配置的用户无误后，单击“确定”按钮，如图 12-19 所示。

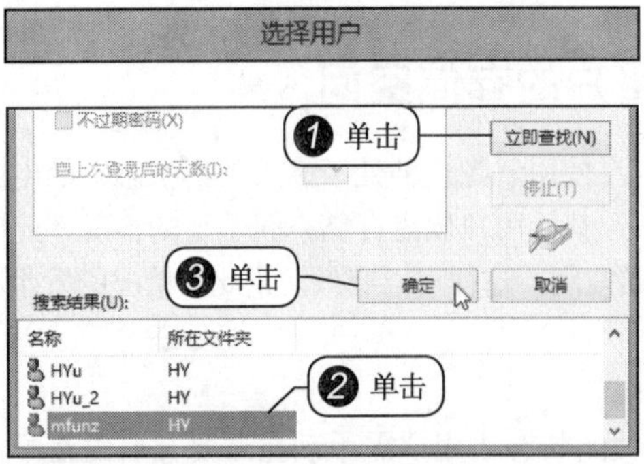

图 12-18 选择要配置的用户

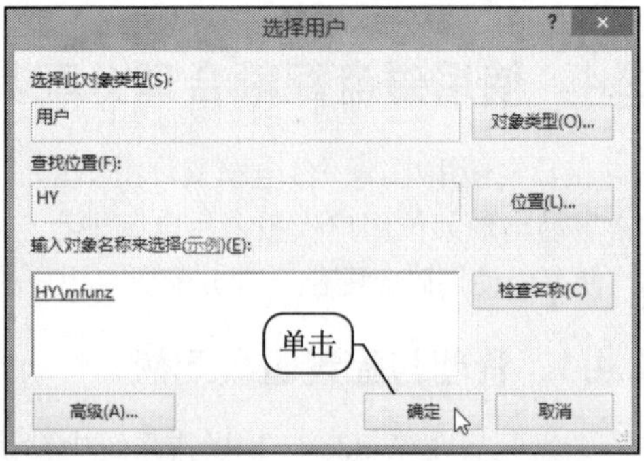

图 12-19 确认用户无误

Step 07 弹出“添加新配额项”对话框，❶ 单击选中“将磁盘空间限制为”单选按钮，❷ 接着在右侧文本框中输入要限制的空间大小，❸ 然后单击文本框右侧的扩展按钮，❹ 最后在展开的下拉列表中选择合适的单位，如图 12-20 所示。

Step 08 使用同样的方法设置好警告等级后，单击“确定”按钮，如图 12-21 所示。

Step 09 返回“（D：）的配额项”窗口，此时用户若需删除不需要的配置额，❶ 只需单击该配置额，❷ 然后单击“删除配置额”按钮✕，如图 12-22 所示。

Step 10　弹出警告对话框，单击“是”按钮，即可完成配置额的删除操作，如图 12-23 所示。

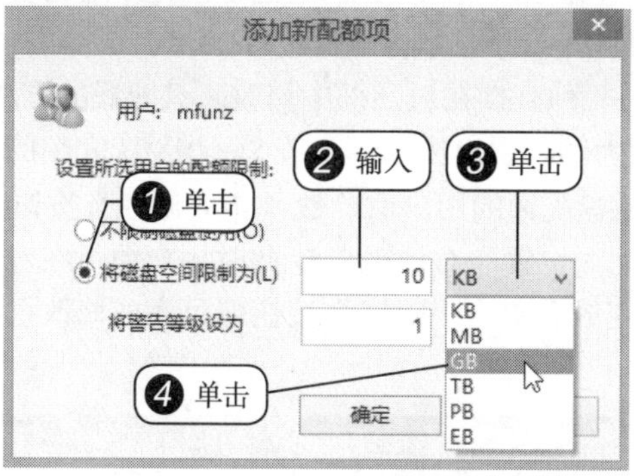

图 12-20　设置限制额

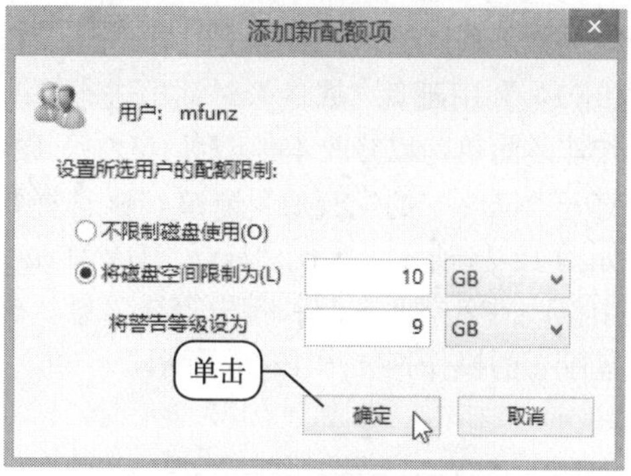

图 12-21　设置警告等级值

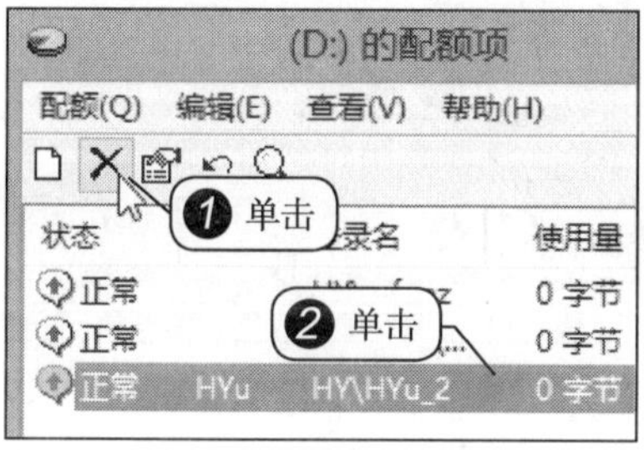

图 12-22　单击“删除配置额”按钮

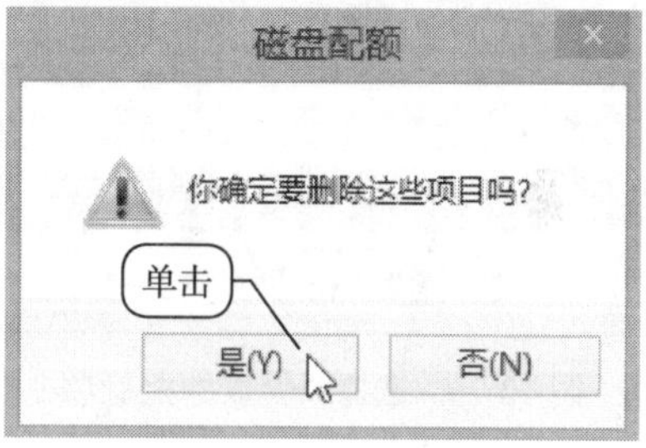

图 12-23　确认删除

12.4.2　查询磁盘配置情况

待磁盘配置设置完成后，用户可以通过两种方法查询到磁盘配置的情况。这两种方法分别是使用磁盘“属性”对话框查询和使用 Fsutil 命令进行查询。

（1）使用磁盘“属性”对话框查询：这种查询磁盘配置的情况比较传统，用户只需按 12.4.1 节 Step01~03 介绍的方法打开“（×：）的配置项”窗口即可在窗口中查询到该磁盘的配置额情况（× 指查询的相应磁盘盘符）。

（2）使用 Fsutil 命令进行查询：Fsutil 是一种可执行与 FAT 和 NTFS 文件系统格式相关的多种操作的命令行工具。“Fsutil quota query ×：”是查询磁盘配置情况的具体命令行代码，其中 × 代表需查询的磁盘盘符。以查询本地磁盘（D：）为例，用户只需按 9.4.1 节中介绍的方法在打开的“命令提示符”窗口中输入 Fsutil quota query D：并按【Enter】键，此时用户可查询到该磁盘配置的详细信息，如图 12-24 所示。

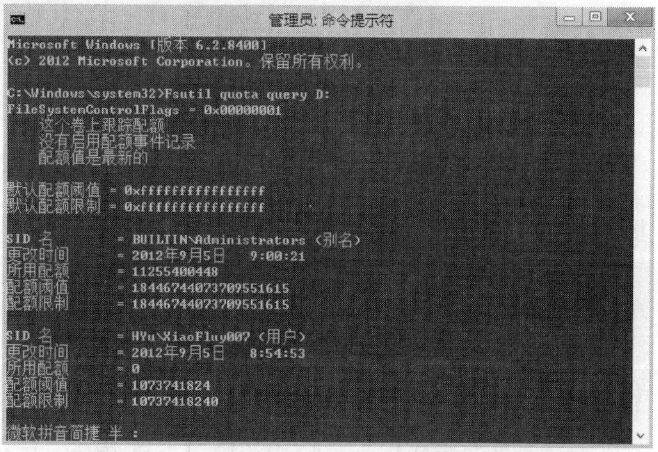

图 12-24　使用 Fsutil 命令行工具查询磁盘配置

12.4.3 修改已有磁盘配置

与查询磁盘配置情况类似，在 Windows 8 操作系统中修改已有磁盘配置的方法也有两种，分别是利用磁盘“属性”对话框进行修改和利用 Fsutil 命令行工具进行修改。

（1）利用磁盘“属性”对话框进行修改：这是一种直接在对话框中修改磁盘配置的方法，操作非常简单，以修改本地磁盘（D：）磁盘配额为例，用户按 12.4.1 节 Step01~03 介绍的方法打开“（D：）的配额项”窗口，❶ 选择要修改磁盘配额的用户后，❷ 单击“属性”按钮，如图 12-25 所示。弹出“HYu（HY\HYu_2）的配额设置”对话框，❶ 此时用户便可在对话框中修改磁盘空间限制和警告等级信息，❷ 修改完成后单击“确定”按钮即可完成修改已有磁盘配置的操作，如图 12-26 所示。

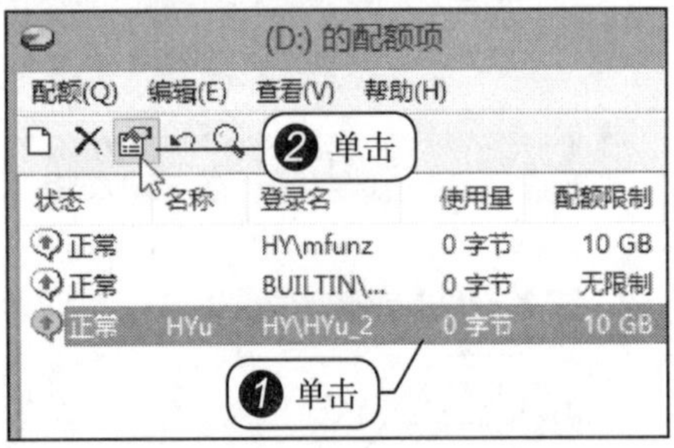

图 12-25 选择要修改的配额项

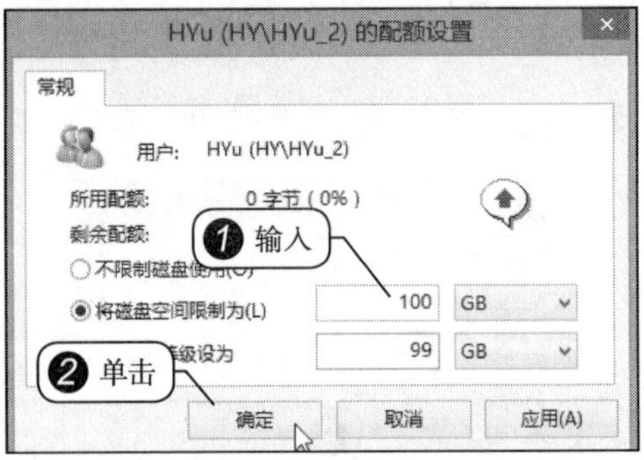

图 12-26 修改磁盘配置

（2）利用 Fsutil 命令行工具进行修改：Fsutil 命令行工具中修改已有磁盘配额的命令行代码是：Fsutil quota modify DriveName Threshold Limit UserName。其中 DriveName 代表具体的分区盘符，Threshold 指警告数值，Limit 指磁盘空间限制数值，而 UserName 则是指特定的需修改用户。以修改用户 XiaoFluy 在本地磁盘（D：）中的磁盘配置为例，用户只需按 9.4.1 节中介绍的方法在打开的“命令提示符”窗口中输入 Fsutil quota modify d：3000 5000 XiaoFluy007，并按【Enter】键便可成功修改用户 XiaoFluy 在本地磁盘（D:）中的磁盘配置，如图 12-27 所示。

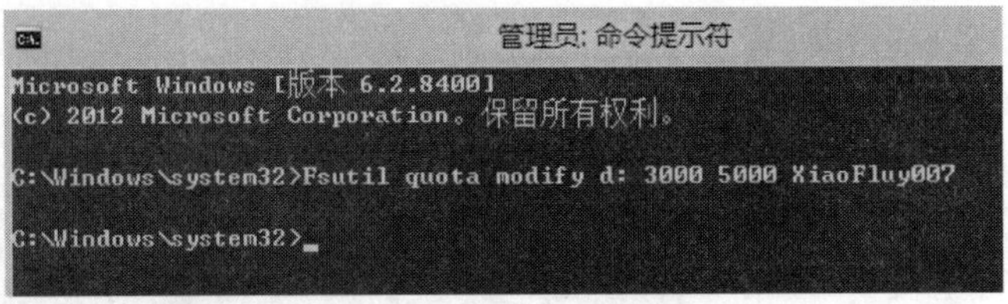

图 12-27 利用 Fsutil 命令行工具修改磁盘配置

提示：Fsutil 命令行工具的数值单位为字节

在“命令提示符”窗口中 Fsutil 命令行工具所使用的警告值和空间限制数值单位为字节，所以用户需将要设置的值的单位转换为字节后再输到“命令提示符”窗口中。

12.4.4 查询特定用户拥有的文件

在磁盘的“配额项”窗口中用户可以查看特定用户在电脑中的磁盘配额使用量，如图 12-28 所示即为本地磁盘（D:）中用户的磁盘配额使用情况。

然而想要查询特定用户所拥有的文件，则需要使用 Fsutil 命令行工具进行查询。使用 Fsutil 命令行工具查询特定用户拥有的文件的代码是：Fsutil file findbysid UserName Directory:\，其中 UserName 指待查询特定用户的用户名，Directory 则是指代用户欲查询的具体磁盘盘符。以查询用户 HYu_00 在本地磁盘（D：）中所拥有的文件为例，用户按 9.4.1 节中介绍的方法在打开“命令提示符”窗口，然后在窗口中输入 Fsutil file findbysid HYu_00 D:\，并按【Enter】键，此时用户便可在窗口中成功查看用户 HYu_00 在本地磁盘（D：）中拥有的文件，如图 12-28 所示。

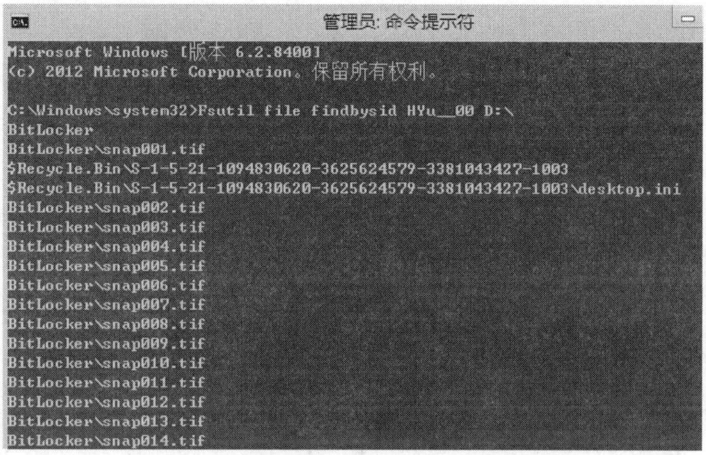

图 12-28　查询特定用户的磁盘使用情况

12.5　使用 BitLocker 驱动器加密保护磁盘分区数据

随着互联网中黑客技术的不断提升，电脑安全事故时有发生，用户经常可以在网络发现因黑客攻击或 U 盘丢失而导致个人文件信息和数据泄露的报道。从根本上来讲，这是由于用户未能有效利用电脑资源对磁盘分区中的文件数据进行有效保护而造成的。

在 Windows 8 操作系统中，微软为用户提供了多种保护电脑磁盘数据的手段，其中功能最强大的当属 BitLocker。BitLocker 是微软公司在 Windows Vista 操作系统中推出的一种磁盘加密功能。与普通的文件加密软件不同的是，BitLocker 可对整个驱动器（磁盘分区）进行加密。当用户将新的文件添加到已使用 BitLocker 加密的磁盘分区时，BitLocker 会自动将这些文件进行加密。文件只有被存储在加密磁盘分区中才会保持加密状态，当其被复制到其他磁盘分区中或电脑中时该文件将被自动解密。

12.5.1　启用 BitLocker

在 Windows 8 操作系统中，微软公司仅对 Windows 8 Pro（专业版）和 Windows 8 Enterprise（企业版）这两个版本的操作系统提供了使用 BitLocker 驱动器加密对磁盘分区进行加密的功能。如果用户使用的是这两种操作系统版本中的一种便可在电脑中轻松开启此功能。开启 BitLocker 的方法非常简单，简单来说可以分为使用快捷菜单启用、使用功能区按钮启用和使用控制面板启用 3 种方式。

1. 使用快捷菜单启用 BitLocker

在日常的电脑使用中，快捷菜单是用户使用最多的菜单之一。故而使用快捷菜单启用

BitLocker 是 3 种启用方式中最常用的一种。具体的操作方法如下。

Step 01　在 Windows 8 操作系统“计算机”窗口中，❶ 右击欲启用 BitLocker 的磁盘分区，❷ 然后在弹出的快捷菜中单击“启用 BitLocker”命令，如图 12-29 所示。

Step 02　弹出“BitLocker 驱动器加密”对话框，❶ 勾选“使用密码解锁驱动器”复选框，❷ 接着在对话框中输入密码及确认密码后，❸ 单击“下一步”按钮，如图 12-30 所示。

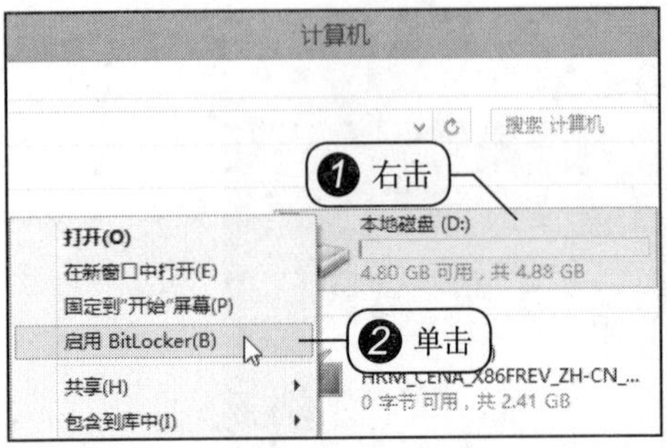

图 12-29　单击“启用 BitLocker”命令

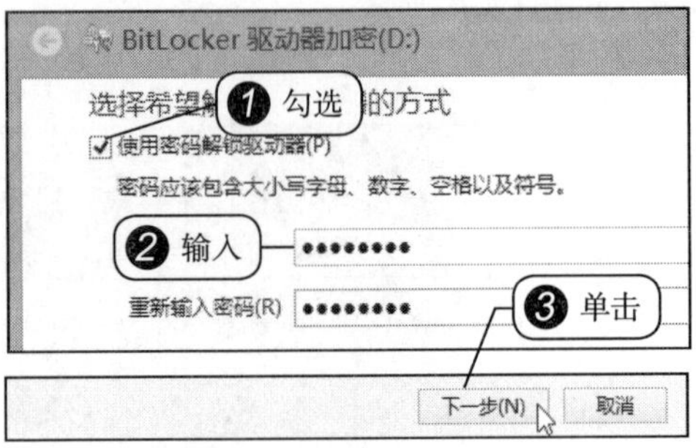

图 12-30　设置 BitLocker 密码

Step 03　切换至“你希望如何备份恢复密钥？”界面，选择合适的备份方式，例如单击“保存到文件”按钮，如图 12-31 所示。

Step 04　弹出“将 BitLocker 恢复密钥另存为”对话框，在对话框中单击选择合适的保存位置，❶ 单击“桌面”按钮，❷ 然后单击“保存”按钮，如图 12-32 所示。

Step 05　弹出“BitLocker 驱动器加密”对话框，单击“是”按钮，如图 12-33 所示。

Step 06　返回至“你希望如何备份恢复密钥？”界面，单击“下一步”按钮，如图 12-34 所示。

Step 07　切换至“选择要加密的驱动器空间大小”界面，在此用户可选择是加密已使用磁盘空间还是加密整个磁盘分区，❶ 例如单击选中“仅加密已用磁盘空间”单选按钮，❷ 然后单击“下一步”按钮，如图 12-35 所示。

Step 08　此时切换至“是否准备加密该驱动器？”界面，单击“开始加密”按钮便可确认进行加密，如图 12-36 所示。

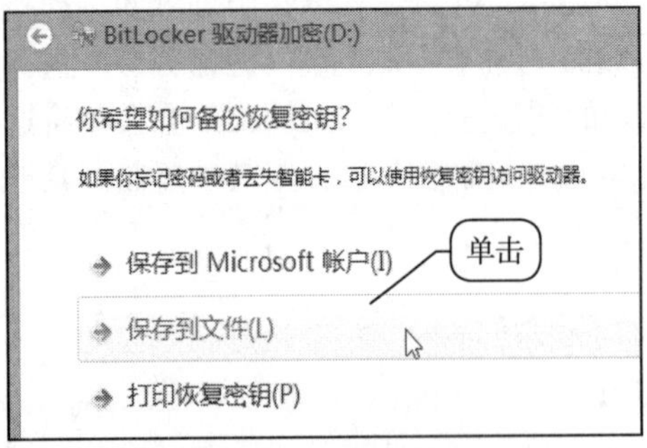

图 12-31　单击“保存到文件”按钮

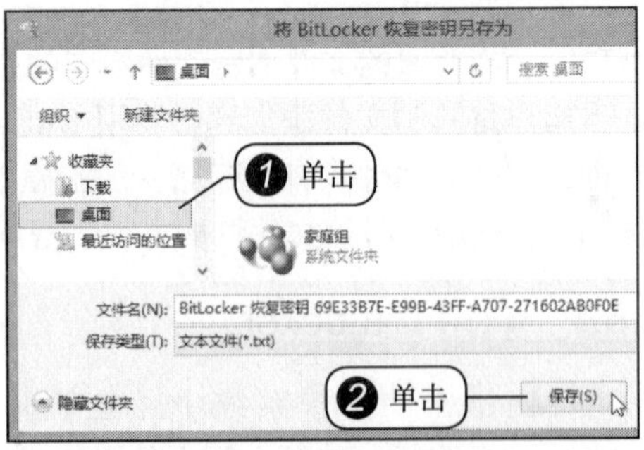

图 12-32　选择保存位置

Step 09　弹出“BitLocker 驱动器加密”对话框，此时用户可在对话框中看到实时的加密进度，如图 12-37 所示。

Step 10　待加密完成后，用户可从弹出的对话框中查看到“加密已完成”的字样，单击“关闭”按钮即可完成整个启用 BitLocker 的操作，如图 12-38 所示。

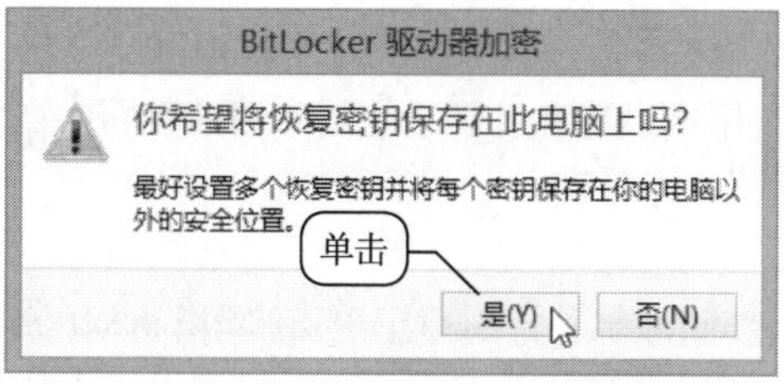

图 12-33 单击“是”按钮

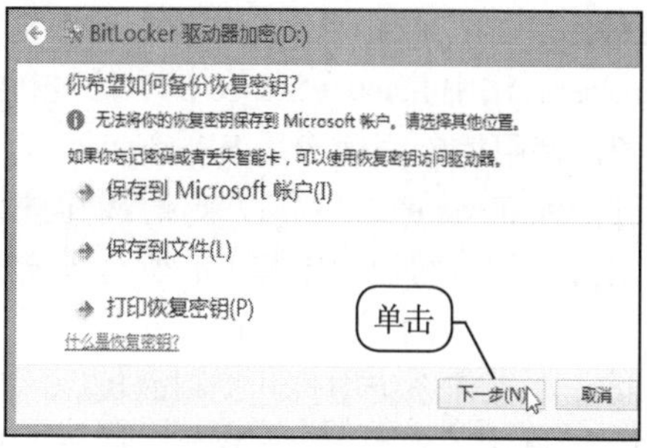

图 12-34 单击“下一步”按钮

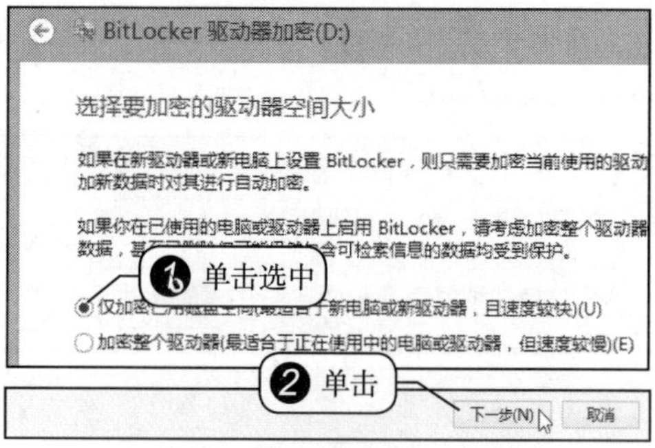

图 12-35 选择加密的范围

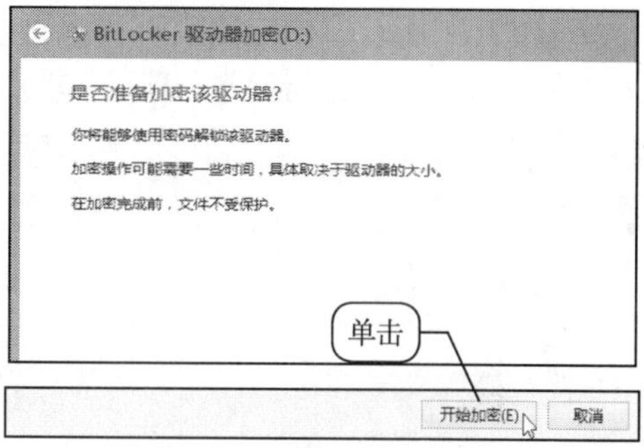

图 12-36 确认进行加密

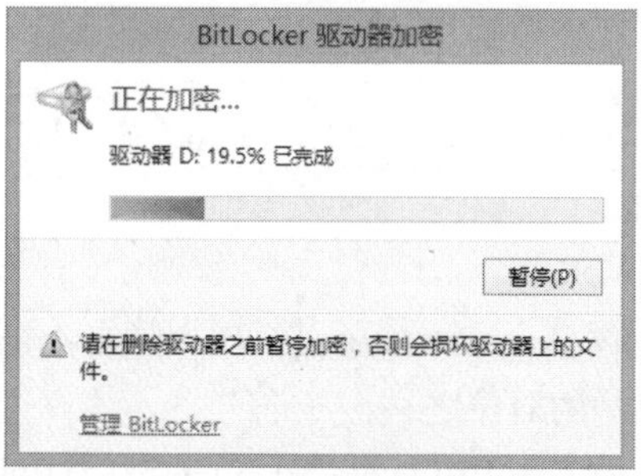

图 12-37 正在加密

图 12-38 完成 BitLocker 驱动器加密

2. 使用功能区按钮启用 BitLocker

在 Windows 8 操作系统中，微软公司专门采用了 Ribbon 界面的资源管理器。为了方便使用触摸屏对电脑进行操作，微软公司将资源管理器的众多功能和操作集成在资源管理器的 Ribbon 界面中，也就是功能区中。而启用 BitLocker 正是功能区中众多功能中的一种，该功能按钮位于功能区“驱动器工具管理”选项卡的“保护”选项组中。

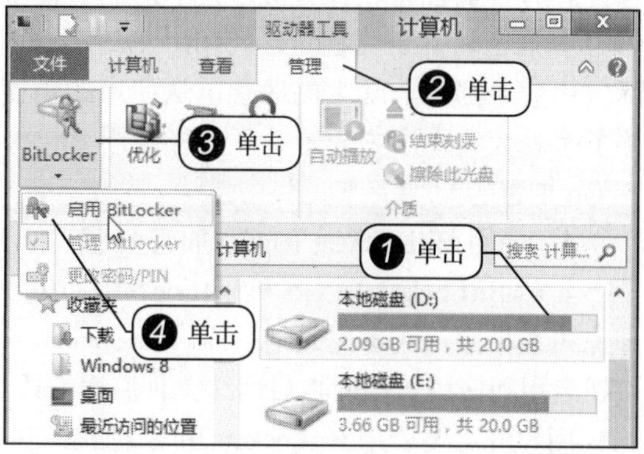

图 12-39 使用功能区按钮启用 BitLocker

使用功能区 BitLocker 按钮启用 BitLocker 的操作方法非常简单，用户只需在“计算机”窗口中单击需启用 BitLocker 的磁盘分区，然后在功能区中切换至“驱动器工具管理”选项卡，单击“保护”选项组中的 BitLocker 按钮，最后在展开的列表中单击“启用 BitLocker”选项，如图 12-39 所示，然后弹出“BitLocker 驱动器加密”对话框。接着用户按照本节之前介绍的使用快捷菜单启用BitLocker 方法中 Step02~Step10 的方法进行操作，即可成功启用 BitLocker。

3. 使用控制面板启用 BitLocker

自 Windows 系统发布以来，控制面板一直就是用户设置和管理系统最常用的界面。在控制面板中，用户可以对电脑中的所有系统设置进行调整和管理。

在控制面板中启用 BitLocker 是最传统的一种操作方式，其操作方法也比较简单。在 Windows 8 操作系统中打开控制面板后，在“所有控制面板项”窗口中单击“BitLocker 驱动器加密”链接，如图 12-40 所示。打开“BitLocker 驱动器加密”窗口，在窗口中单击需启用 BitLocker 的磁盘分区右侧的扩展按钮⊙，然后在展开的列表中单击“启用 BitLocker”链接，如图 12-41 所示。然后用户可按照之前介绍的使用快捷菜单启用 BitLocker 方法中的 Step02~Step10 的方法进行操作，即可成功启用 BitLocker，故此不再赘述。

图 12-40　单击“BitLocker 驱动器加密”链接

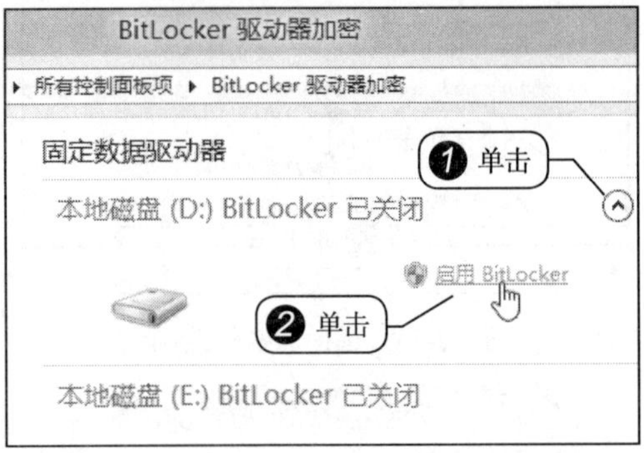

图 12-41　单击“启用 BitLocker”链接

12.5.2　使用加密 U 盘

在日常的电脑使用中，需要加密的磁盘数据不仅仅是电脑本地磁盘，用户随身携带的各种可移动存储设备，例如 U 盘，同样也是需要重点保护的对象之一。

在 Windows 8 操作系统中，微软为用户提供了一种名为 BitLocker To Go 的专门针对可移动存储设备的磁盘加密功能。需要注意的是 BitLocker To Go 和 BitLocker 虽然名字和启动方式比较类似，但是它的功能完全不同。

BitLocker 只能对本地磁盘进行加密，且加密后的磁盘不能更换到其他电脑中使用。而使用 BitLocker To Go 加密的可移动设备则可以在不同的电脑、不同的操作系统中使用，其效果和普通的 U 盘加密软件类似，只不过由于其和系统完美地整合在了一起所以使用起来比普通的 U 盘加密软件更具稳定性。BitLocker To Go 和 BitLocker 的区别不论是从工作原理还是实际应用效果都有非常大的区别，从使用的角度出发，用户只需了解其基本的知识就可以了。接下来就为大家详细介绍一下怎样使用 BitLocker To Go 加密 U 盘以及如何使用被 BitLocker To Go 加密的 U 盘。

1. 使用 BitLocker To Go 加密 U 盘

虽然 BitLocker To Go 和 BitLocker 在功能上有着非常大的区别，但两者在启用的方法上却惊人地相似，或者说完全一样。BitLocker To Go 同样也可使用快捷菜单启用、使用功能区按钮启用和使用控制面板启用这 3 种启用方式。

用户将需要启用 BitLocker To Go 加密的 U 盘插入电脑后，待电脑将该 U 盘成功识别后，便可参考 12.5.1 节中介绍的方法启用 BitLocker To Go。

需要注意的是，只有当用户的U盘插入电脑并被成功识别后，才能进行启用BitLocker To Go的操作。例如使用控制面板启用BitLocker To Go时，“BitLocker驱动器加密”窗口中“可移动数据驱动器 - BitLocker To Go”选项组默认处于关闭状态，如图12-42所示。只有当用户的U盘被电脑成功识别后该选项组才能会被激活，如图12-43所示。此时用户便可继续进行后面的操作了。由于启用BitLocker To Go的操作方法与步骤与启用BitLocker完全一样，故此不再赘述。

图12-42　U盘被成功识别前的状态

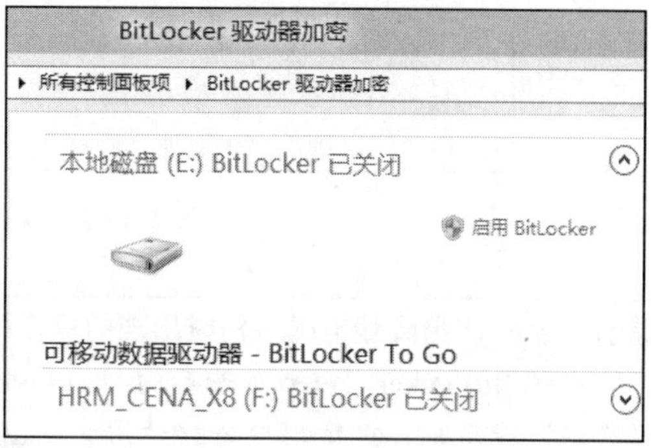

图12-43　U盘被成功识别后的状态

提示：在使用BitLocker To Go加密U盘时最好选择加密整个驱动器

U盘小巧、易于携带在为用户提供方便的同时也会增加其遗失的风险。一旦U盘遗失，其中保存的大量文件或机密信息非常容易被人获取，从而导致重大损失。所以当用户使用BitLocker To Go加密U盘时，最好选择将整个驱动器进行加密，这样可使U盘内的所有数据信息都能得到有效地保护。

2. 使用加密后的U盘

待U盘成功被BitLocker To Go加密后，用户便可以放心使用该U盘，不必担心因U盘丢失而造成信息泄露了。

而用户在使用加密后的U盘前，必须先对其进行解锁。只有进行解锁后的U盘才能进行读取和写入的操作。现在就为大家详细介绍对加密后的U盘进行解锁的操作方法与步骤。

Step 01　当电脑正确识别用户插入电脑中的加密U盘后，会在资源管理器文件窗格中显示一个带有图标的可移动磁盘按钮，双击该按钮，如图12-44所示。

Step 02　弹出“BitLocker（F:）”对话框，❶在对话框中输入密码后，❷单击“解锁”按钮，如图12-45所示。

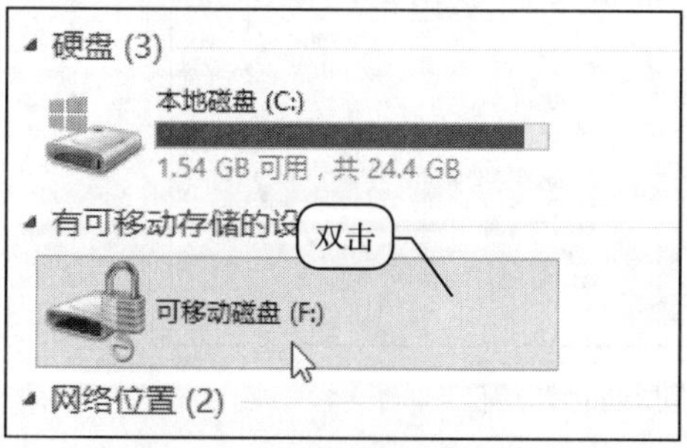

图12-44　双击可移动磁盘按钮

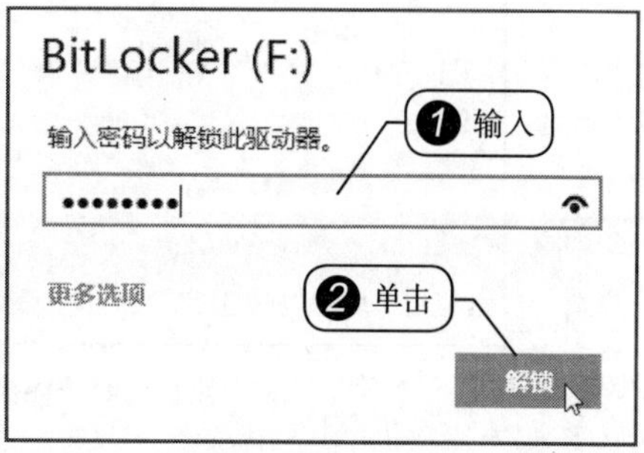

图12-45　解锁U盘

Step 03 此时可发现可移动磁盘左侧的图标发生了改变，用户直接双击该可移动磁盘按钮，便可打开该可移动磁盘，如图 12-46 所示。

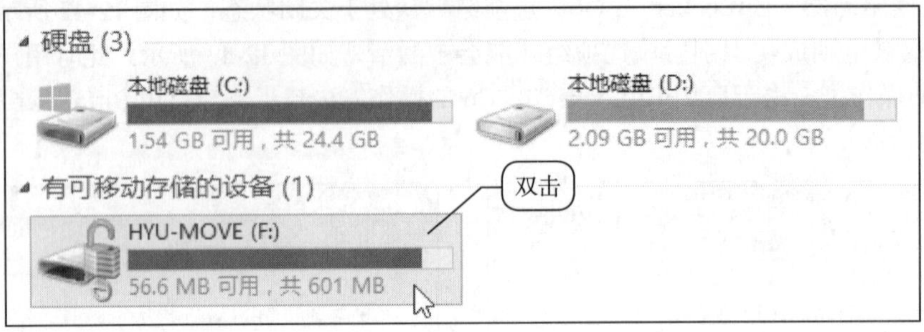

图 12-46　打开该可移动磁盘

提示：单击 U 盘刚被电脑识别时出现的提示框也可以进行解锁操作

当被 BitLocker To Go 加密后的 U 盘被电脑成功识别后，电脑屏幕右上角会弹出“解锁驱动器”提示框，提示框中将提示用户此驱动器受 BitLocker 保护。此时直接单击该提示框也可弹出 Step02 中介绍的对话框，如图 12-47 所示。接着用户只需按 Step02 和 Step03 介绍的方法即可成功解锁该 U 盘。

图 12-47　单击“解锁驱动器”提示框

12.5.3　管理 BitLocker

当成功启用 BitLocker 后并不是没有其他操作了，在 Windows 8 操作系统中，用户还可以对已经启用的 BitLocker 进行管理。例如备份恢复密钥、更改密码、删除密码、添加智能卡、启用自动解锁以及关闭 BitLocker。而所有对 BitLocker 的管理操作都是在“BitLocker 驱动器加密”窗口中进行的，如图 12-48 所示即为“BitLocker 驱动器加密”窗口。

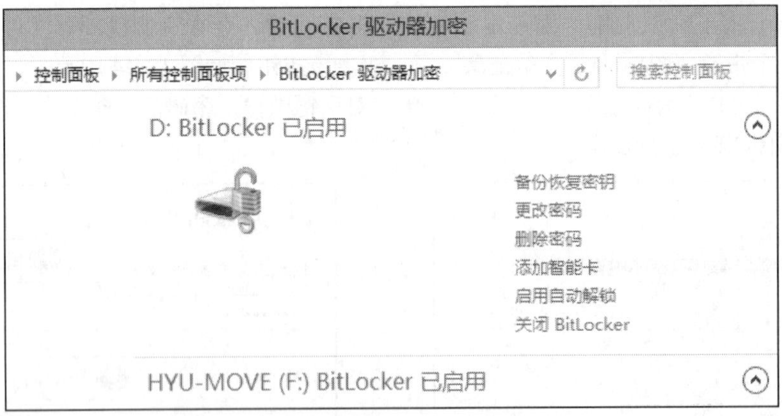

图 12-48　“BitLocker 驱动器加密”窗口

- 备份恢复密钥：备份恢复密钥功能主要用于帮助用户在忘记密码时进行解锁。在 Windows 8 操作系统中，BitLocker 总共为用户提供了 3 种不同的备份恢复密钥的方法，即保存到 Microsoft 账户、保存到文件和打印恢复密钥，如图 12-49 所示。用户可根据自己的使用习惯选择合适的备份方式。

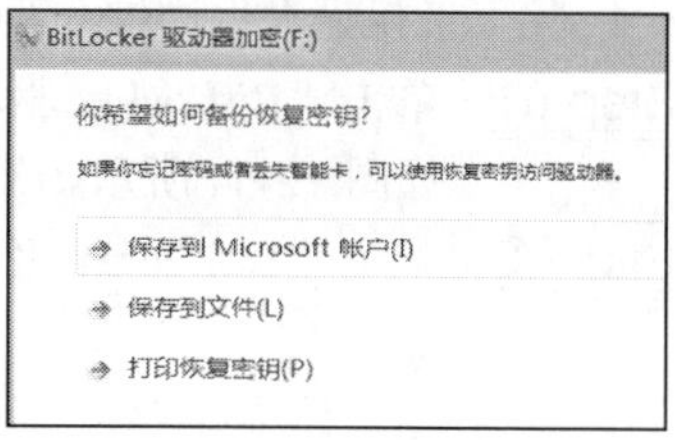

图 12-49 3 种不同的备份方式

- 更改密码：一个密码使用时间过久便不能再将之称为“密”码了，为了保障电脑数据的安全，用户需有计划、不定期地对密码进行更改。更改密码的方法非常简单，用户只需单击“BitLocker 驱动器加密”窗口中相应磁盘分区中的“更改密码”链接，如图 12-50 所示。接着在弹出的对话框中按提示输入旧密码和新密码后，单击“更改密码”按钮即可完成更改密码的操作，如图 12-51 所示。

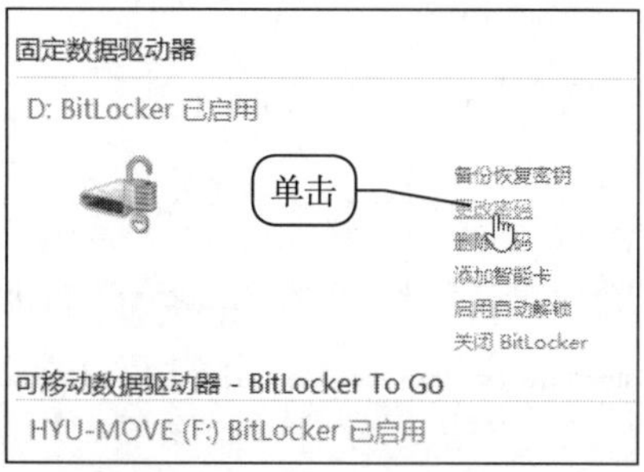

图 12-50 单击“更改密码”链接

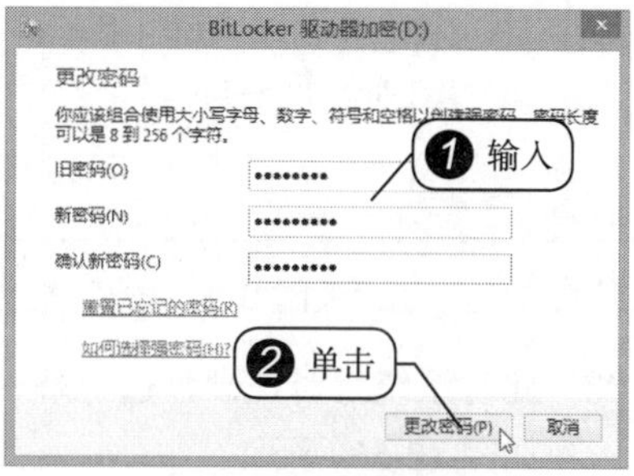

图 12-51 更改密码

- 删除密码：当用户拥有除密码外的其他可进行解锁的方法时（例如智能卡），便可删除在 BitLocker 中设定的密码。一般的电脑用户使用密码便可达到保护数据的目的了，所以删除密码这个功能很少使用。
- 添加智能卡：智能卡是一个可以解锁 BitLocker 的电脑外接设备工具，其功能和网上银行的 U 盾差不多。用户将智能卡插到电脑中，单击“添加智能卡”链接，接着按提示进行操作即可完成智能卡的添加。
- 启用自动解锁：自动解锁是 Windows 8 操作系统为方便用户使用电脑而提供的一种功能，它可以使被加密的磁盘在电脑中自动解锁，用户不需进行解锁操作即可查看和编辑加密磁盘中的数据。而当该磁盘在其他电脑中使用时，仍需要进行手动解锁后才能进行读写操作。

启用自动解锁的操作方法非常简单，用户只需单击“BitLocker 驱动器加密”窗口中相应磁盘分区下的“启用自动解锁”链接，便可启用该功能，如图 12-52 所示。关闭自动解锁的方法则是在相同位置单击“禁用自动解锁”链接，如图 12-53 所示。

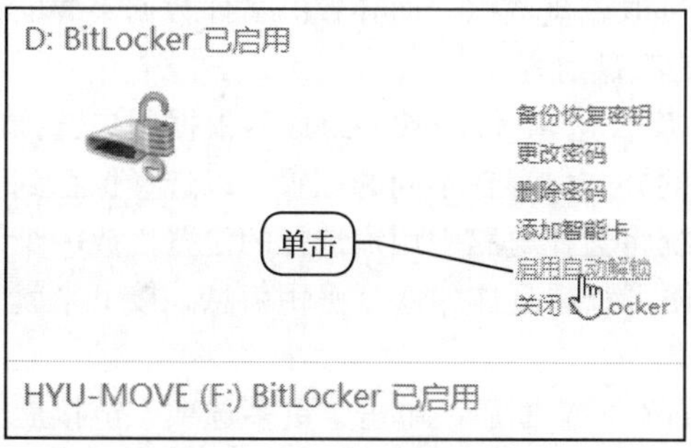

图 12-52 启用自动解锁

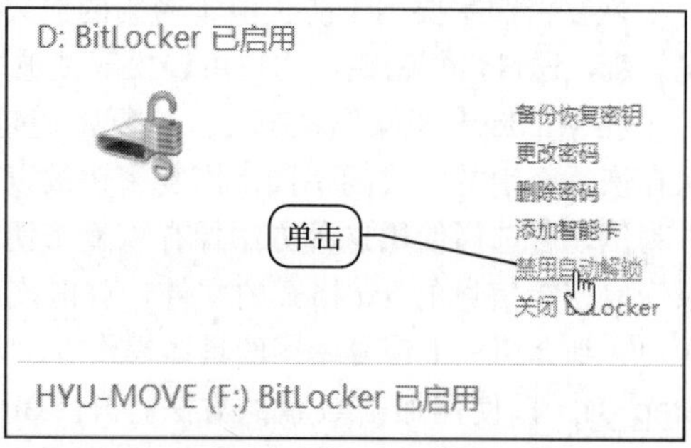

图 12-53 禁用自动解锁

- 关闭 BitLocker：当用户不需要使用 BitLocker 对磁盘数据进行保护时，将之关闭即可，此处的“关闭 BitLocker”链接便是专为此操作而设置。

接下来就为大将详细介绍一下关闭 BitLocker 的具体操作方法与步骤。

Step 01 单击“BitLocker 驱动器加密”窗口中相应磁盘分区下的“关闭 BitLocker”链接，如图 12-54 所示。

Step 02 弹出“BitLocker 驱动器加密”对话框，在对话框中单击“关闭 BitLocker”按钮，如图 12-55 所示。

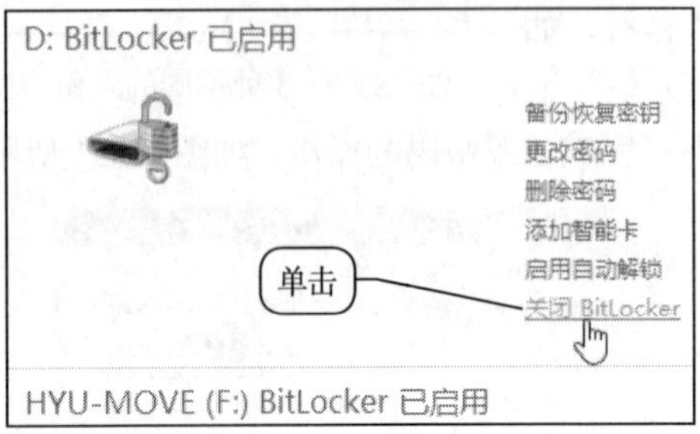

图 12-54 单击“关闭 BitLocker”链接

图 12-55 单击“关闭 BitLocker”按钮

Step 03 此时系统将对该硬盘进行解密，用户可从弹出的对话框中查看到实时的解密进度，如图 12-56 所示。

Step 04 待解密完成后，“BitLocker 驱动器加密”对话框中将显示“解密已完成”字样，单击“关闭”按钮即可完成关闭 BitLocker 的操作，如图 12-57 所示。

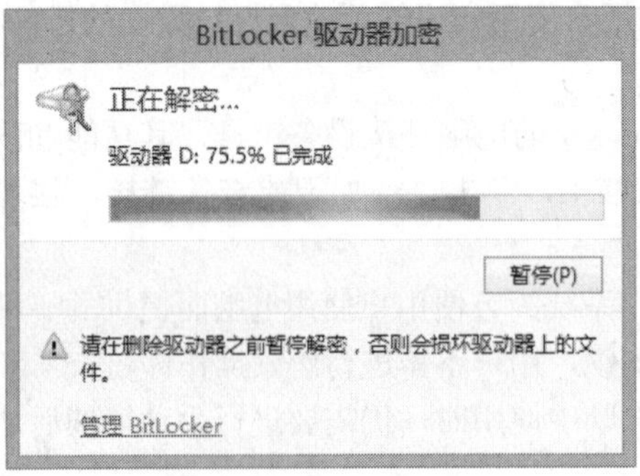

图 12-56 正在解密

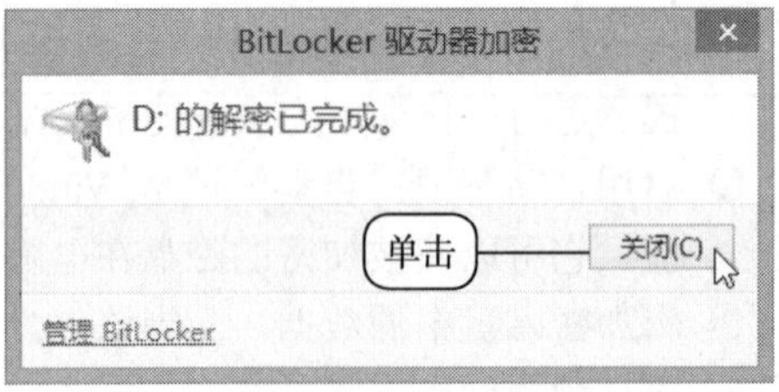

图 12-57 BitLocker 被成功关闭

12.5.4 恢复密钥的使用

恢复密钥主要用于防止由于密码的遗失不能读取磁盘数据，而导致的文件数据丢失的情况发生，通过恢复密钥，用户可轻松解锁被加密的磁盘内容。

在 Windows 8 操作系统中，恢复密钥是由一串长达 48 位的数字组成。根据用户选择的保存恢复密钥的方式的不同，恢复密钥被以不同的方式保存在不同的位置。以选择保存到文件为例，若选择使用这种方法保存恢复密钥，系统将会在电脑中用户选择的位置生成一个记录恢复密钥信息的 .txt 格式的文件，双击该文件便可查看具体的恢复密钥信息。接下来就为用户详细介绍一下恢复密钥的具体操作方法与步骤。

Step 01 以使用加密 U 盘的方法打开“BitLocker”对话框后，单击“更多选项”链接展开被隐藏的选项，如图 12-58 所示。

Step 02 接着在显示的几个选项中单击“输入恢复密钥”链接，如图 12-59 所示。

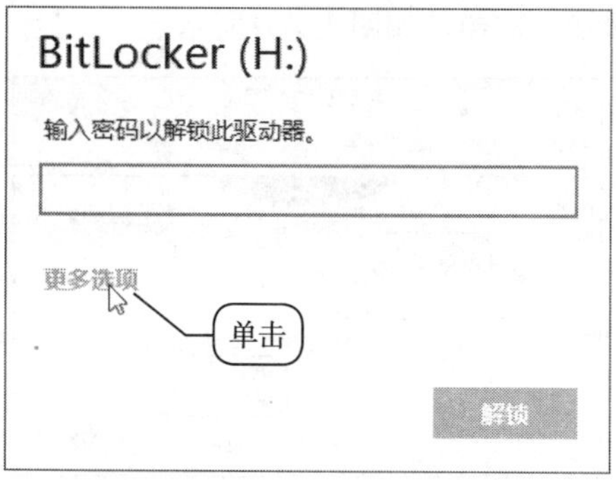

图 12-58　单击“更多选项”链接

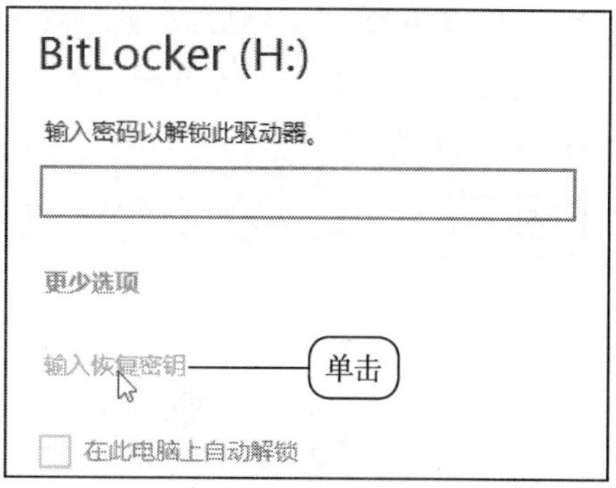

图 12-59　单击“输入恢复密钥”链接

Step 03　❶ 此时在切换至的界面中输入用户在恢复密钥文件中查看到的 49 位恢复密钥后，❷ 单击“解锁”按钮即可完成对该磁盘的解锁，如图 12-60 所示。

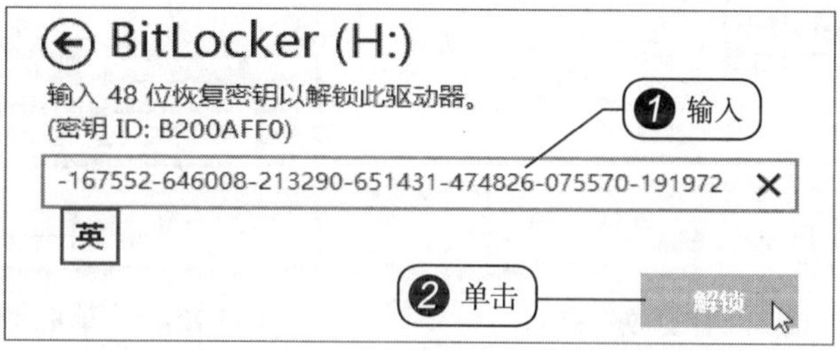

图 12-60　使用恢复密钥解锁磁盘

拓展解析

12.6　使用 NTFS 压缩分区中的文件和文件夹

硬盘空间的有限性一直都是制约用户数据存储量的重要原因。虽然现阶段压缩技术不断提高，让用户可以在有限的硬盘空间内存储更多的数据，但压缩文件必须解压后才能使用的特性，让压缩文件的易用性受到了巨大的质疑，例如 12.3 节介绍的使用 ZIP 压缩分区中的文件和文件夹。Windows 8 操作系统自带了一种自动压缩和解压文件和文件夹的功能，这个功能就是 NTFS 压缩。需注意的是 NTFS 压缩专用于对使用 NTFS 文件系统格式的磁盘分区和文件进行压缩，对其他文件系统格式并不支持。

1. 压缩磁盘分区

NTFS 压缩支持直接对整个磁盘分区进行压缩，当用户将整个磁盘分区进行压缩后，今后所有被保存在该磁盘分区中的文件都将会自动进行压缩。

Step 01　❶ 右击需进行压缩的磁盘分区，例如本地磁盘（D:），❷ 然后在弹出的快捷菜单中单击“属性”命令，如图 12-61 所示。

Step 02　弹出“本地磁盘（D：）属性”对话框，❶ 在“常规”选项卡中勾选“压缩此驱动器以节约硬盘空间”复选框，❷ 最后单击“确定”按钮，如图 12-62 所示。

Step 03　弹出“确认属性更改”对话框，❶ 单击选中“将更改应用于驱动器 D:\、子文件夹和文件”单选按钮，❷ 然后单击“确定”按钮，如图 12-63 所示。

Step 04　在弹出的“拒绝访问”对话框中单击“继续”按钮，如图 12-64 所示。

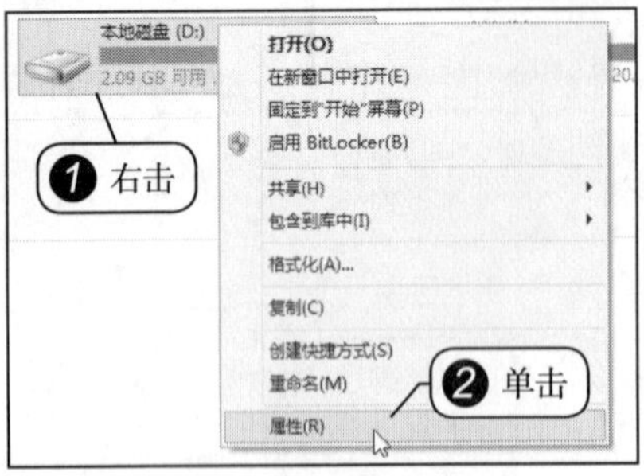

图 12-61　单击“属性”命令

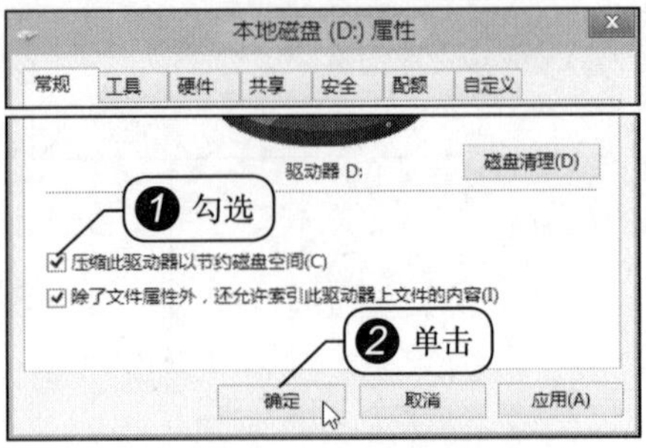

图 12-62　选择压缩驱动器

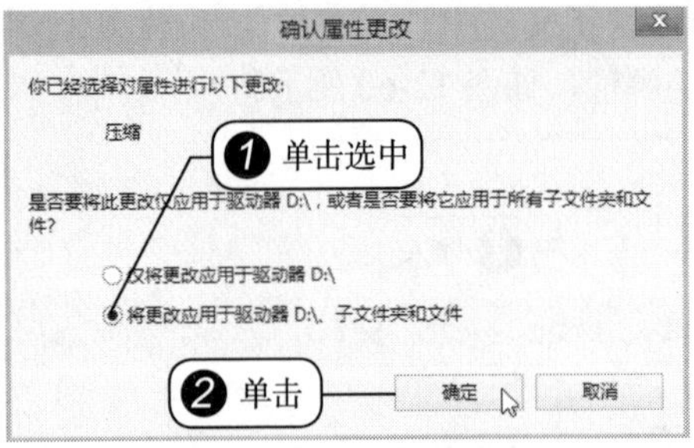

图 12-63　确认属性更改

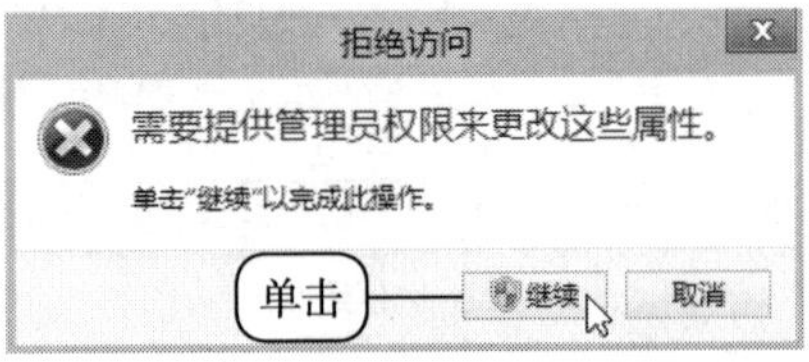

图 12-64　单击“继续”按钮

Step 05　此时系统将自动对该磁盘分区中的文件进行压缩，用户可在弹出的“应用属性...”对话框中查看到实时的压缩进度，如图 12-65 所示。

Step 06　待压缩完成后用户可发现磁盘内所有文件名称都变成蓝色了，如图 12-66 所示。

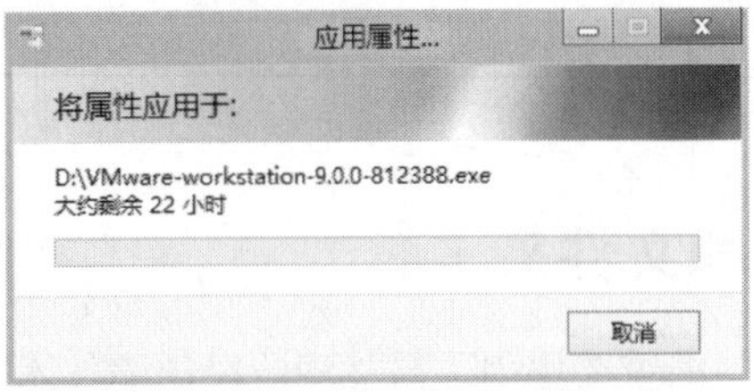

图 12-65　正在压缩磁盘分区

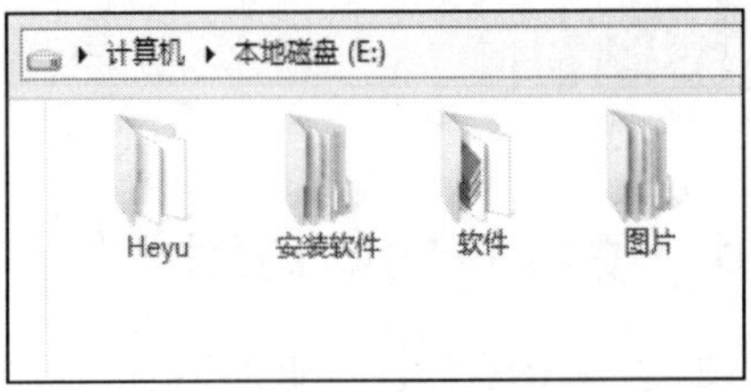

图 12-66　查看压缩后的外观效果

2. 压缩文件夹

压缩磁盘分区是将整个磁盘分区中的所有文件都进行压缩，而压缩文件夹则只是压缩文件夹中的文件。现在就为大家详细介绍一下使用该功能压缩文件夹的操作方法与步骤。

Step 01　❶ 右击需进行压缩的文件夹，例如文件夹 The One，❷ 然后在弹出的快捷菜单中单击“属性”命令，如图 12-67 所示。

Step 02　弹出“The One 属性”对话框，在“常规”选项卡中单击“高级”按钮，如图 12-68 所示。

Step 03　❶ 在弹出的“高级属性”对话框中勾选“压缩内容以便节省磁盘空间”复选框，❷ 然后单击“确定”按钮，如图 12-69 所示。

Step 04　返回“The One 属性”对话框，单击“确定”按钮，如图 12-70 所示。

Step 05　弹出“确认属性更改”对话框，❶ 单击选中“将更改应用于此文件夹、子文件夹和文件”单选按钮，❷ 然后单击“确定”按钮，如图 12-71 所示。

Step 06　此时系统便开始自动对所选择的文件夹进行压缩，用户可在弹出的“应用属性...”对话框中查看到实时的压缩进度，如图 12-72 所示。

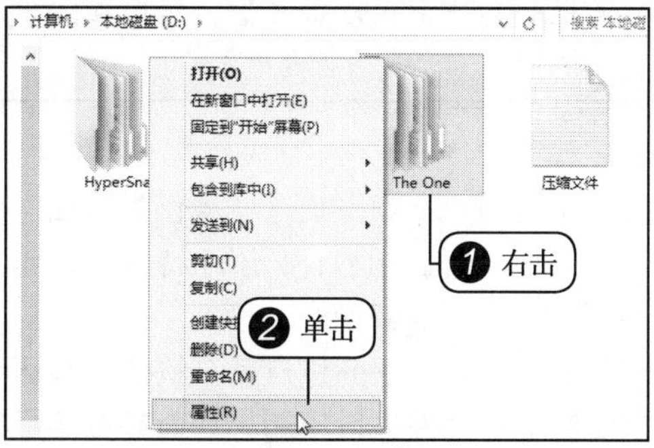

图 12-67　单击“属性”命令

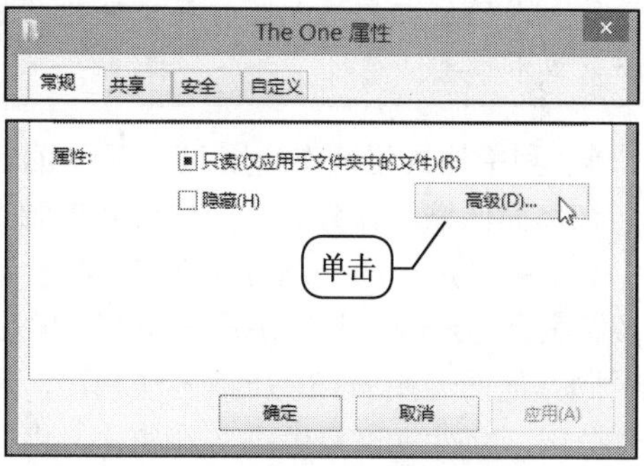

图 12-68　单击“高级”按钮

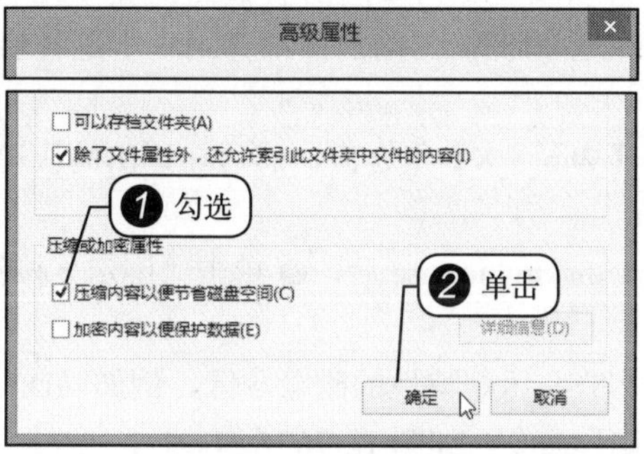

图 12-69　选择启用压缩

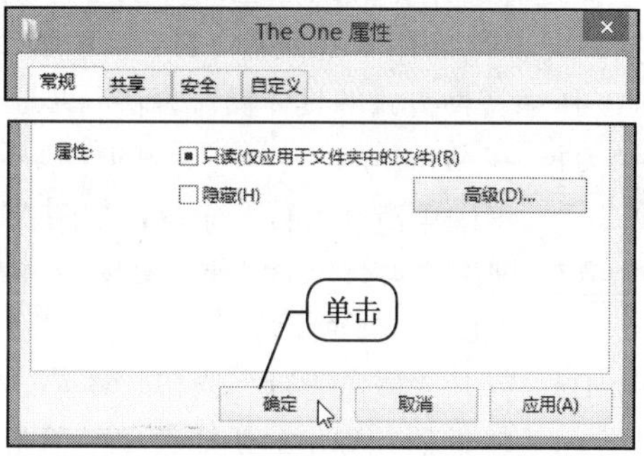

图 12-70　单击“确定”按钮

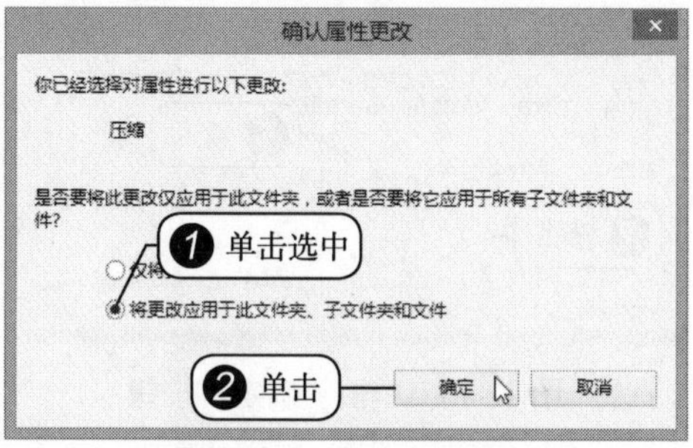

图 12-71　确认属性更改

图 12-72　正在压缩文件夹

3. 压缩单独的文件

同压缩文件夹与压缩整个磁盘分区相比，压缩单独的文件就显得比较简单。以压缩一个名为 GYu.TXT 文件为例，只需按住【Alt】键不放并双击需压缩的文件后，在弹出的“GYu 属性”对话框“常规”选项卡下单击“高级”按钮，如图 12-73 所示。然后用户只需按本节中压缩文件夹 Step03 和 Step04 介绍的方法进行操作即可完成压缩单个文件的操作。

图 12-73　单击“高级”按钮

提示：按住【Alt】键打开“属性”对话框

按住【Alt】键不放并双击文件是 Windows 8 操作系统多种快捷操作方式中的一种，该快捷操作方式的主要作用就是打开文件的“属性”对话框。其作用和右击文件，然后在弹出的快捷菜单中单击“属性”命令一样。

4. 利用格式化操作启用 NTSF 压缩特性

在前面压缩磁盘分区、文件夹和单独文件的操作中，用户不难发现这些操作都是在“属性”对话框中进行的。此时或许有用户会问是否还有其他的可启用 NTSF 压缩特性的操作方法，答案是肯定的，利用格式化操作同样可以成功启用 NTSF 压缩特性。

同其他的启用 NTSF 压缩方法相比，利用格式化操作进行启用的优点就是快捷。与压缩磁盘分区、文件夹以及单击文件相比，由于其不需要对原有文件进行压缩处理而是直接进行格式化所以速度非常快。

而这种启用方式缺点也同样明显，就是会损失该磁盘驱动中的所有数据。现在就以利用格式化操作启用本地磁盘（D：）的 NTSF 压缩特性为例，为用户详细介绍一下这种启用 NTSF 压缩特性方式的具体操作方法与步骤。

Step 01　在 Windows 8 操作系统的任意界面中按【Win + X】组合键，然后在弹出的快捷菜单中单击“运行”命令，如图 12-74 所示。

Step 02　弹出“运行”对话框，❶ 在文本框中输入 diskmgmt.msc 后，❷ 单击“确定”按钮，如图 12-75 所示。

Step 03　打开“磁盘管理”窗口，❶ 右击需启用 NTSF 压缩特性的磁盘分区，例如（D：），❷ 然后在弹出的快捷菜单中单击“格式化”命令，如图 12-76 所示。

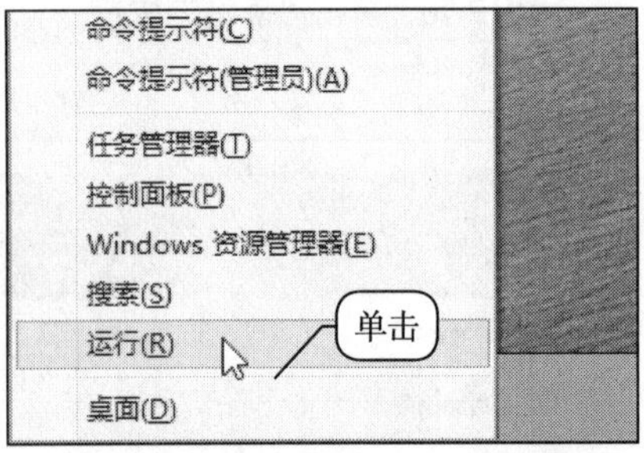

图 12-74　单击“运行”命令

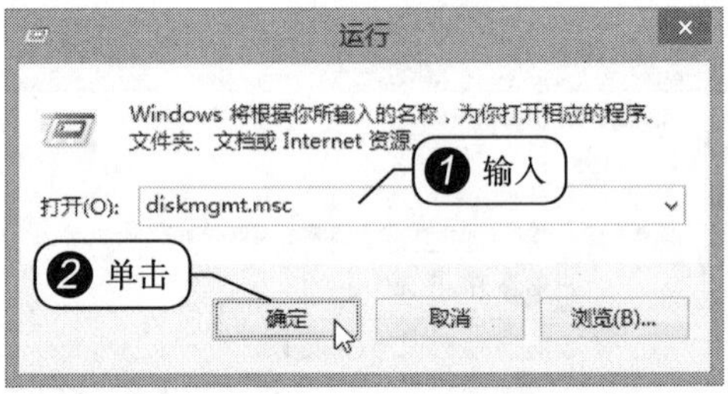

图 12-75　单击“确定”按钮

Step 04　弹出“格式化 D：”对话框，❶ 勾选“启用文件和文件夹压缩”复选框后，❷ 单击“确定”按钮，如图 12-77 所示。

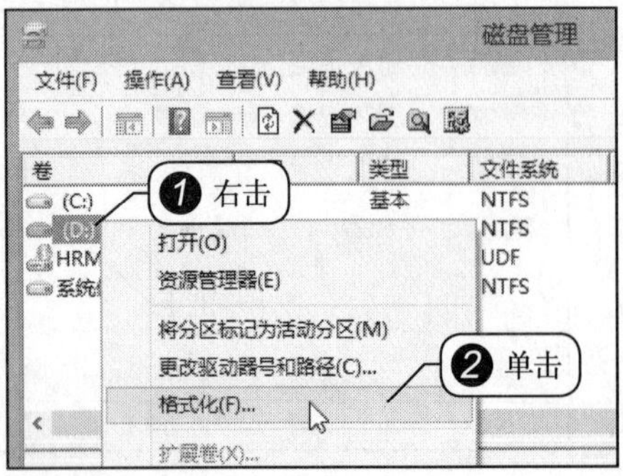

图 12-76　单击“格式化”命令

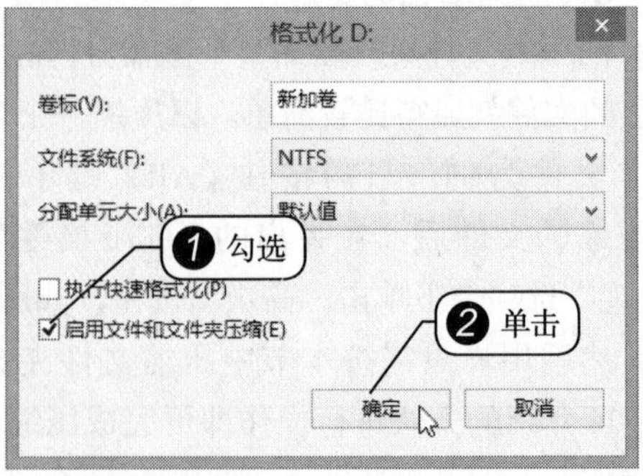

图 12-77　选择启用文件和文件夹压缩

Step 05　接着在弹出的“格式化 D:”对话框中单击“确定”按钮，如图 12-78 所示。

Step 06　返回“磁盘管理”窗口，用户可在窗口中看到实时的格式化进度，如图 12-79 所示。

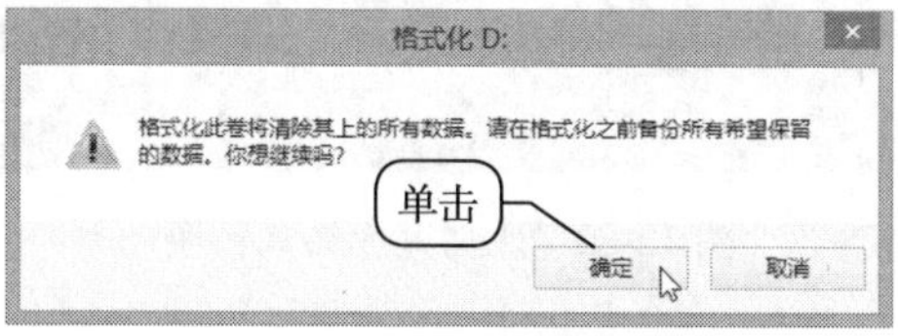
格式化 D:
格式化此卷将清除其上的所有数据。请在格式化之前备份所有希望保留的数据。你想继续吗?
单击
确定
取消

图 12-78　确认格式化

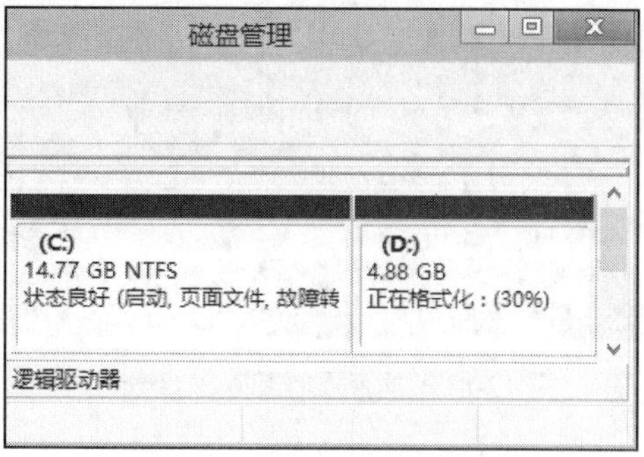
磁盘管理
(C:)
14.77 GB NTFS
状态良好 (启动, 页面文件, 故障转
(D:)
4.88 GB
正在格式化 : (30%)
逻辑驱动器

图 12-79　查看格式化进度

12.7　利用 Convert 命令无损转换分区格式

在 12.2 节中，已介绍了利用系统安装盘转换和利用格式化操作转换两种转换磁盘分区文件系统分区格式的操作。

显而易见的是，这两种操作方法最大的缺点就是会损失其中的文件数据。而在本节中，将为用户介绍一种无损转换分区的文件系统格式的操作方法。

Convert 命令是 Windows 操作系统中的一个专门的文件系统格式修改工具。它的运行代码是 Convert Volume：/FS：NTFS，其中 Volume 指代具体的磁盘盘符。例如使用 Convert 命令转换本地磁盘（D：）的命令行代码为 Convert D：/FS：NTFS。用户只需打开“命令提示符”窗口后，在命令行输入代码并按【Enter】键即可进行无损的分区格式转换，如图 12-80 所示。

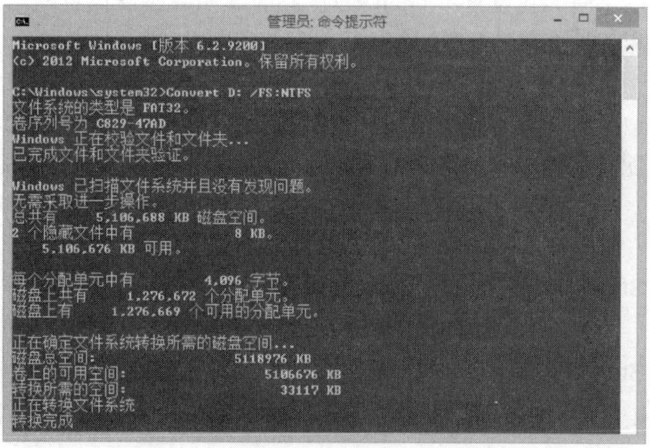
管理员: 命令提示符
Microsoft Windows [版本 6.2.9200]
(c) 2012 Microsoft Corporation。保留所有权利。
C:\Windows\system32>Convert D: /FS:NTFS
文件系统的类型是 FAT32。
卷序列号为 C829-47AD
Windows 正在校验文件和文件夹...
已完成文件和文件夹验证。
Windows 已扫描文件系统并且没有发现问题。
无需采取进一步操作。
总共有 5,106,688 KB 磁盘空间。
2 个隐藏文件中有 8 KB。
5,106,676 KB 可用。
每个分配单元中有 4,096 字节。
磁盘上共有 1,276,672 个分配单元。
磁盘上有 1,276,669 个可用的分配单元。
正在确定文件系统转换所需的磁盘空间...
磁盘总空间: 5118976 KB
卷上的可用空间: 5106676 KB
转换所需的空间: 33117 KB
正在转换文件系统
转换完成

图 12-80　使用 Convert 命令转换格式

若用户在使用 Convert 命令进行无损转换分区文件系统格式时，该磁盘分区中的文件正被使用，“命令提示符”窗口会提示用户要将该磁盘分区卸除后才能继续转换操作，如图 12-81 所示。

此时用户只需在“命令提示符”窗口中输入“Y”，然后按【Enter】键即可强制卸除该磁盘分区并开始自动进行转换文件系统格式的操作，如图 12-82 所示。由于是强制卸除该磁盘分区所以会有一定的几率导致磁盘内数据损坏的情况发生，所以在使用 Convert 命令转换分区文件系统格式时一定要保证该磁盘分区中没有正在运行的软件或被打开的文件。

在使用 Convert 命令转换分区文件格式时还需要注意的是，Convert 命令只能将 FAT16 和 FAT32 这两种不同的系统文件格式转换为 NTFS 文件格式，而被转换为 NTFS 文件系统格式的磁盘则无法再转换回 FAT16 或 FAT32 系统文件格式。

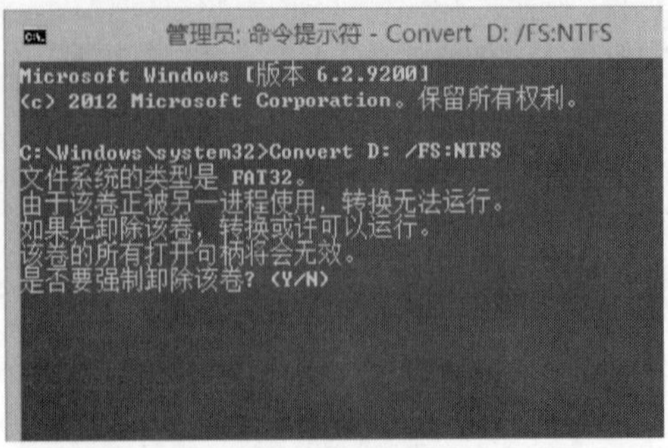
管理员: 命令提示符 - Convert D: /FS:NTFS
Microsoft Windows [版本 6.2.9200]
(c) 2012 Microsoft Corporation。保留所有权利。
C:\Windows\system32>Convert D: /FS:NTFS
文件系统的类型是 FAT32。
由于该卷正被另一进程使用，转换无法运行。
如果先卸除该卷，转换或许可以运行。
该卷的所有打开句柄将会无效。
是否要强制卸除该卷? (Y/N)

图 12-81　是否强制卸除磁盘分区

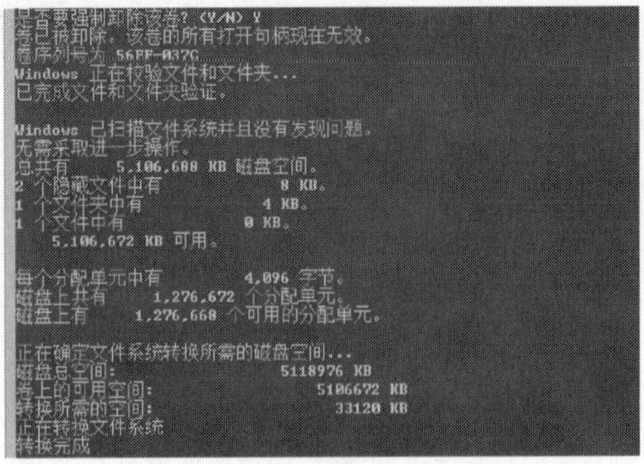
卷已被卸除。该卷的所有打开句柄现在无效。
Windows 正在校验文件和文件夹...
已完成文件和文件夹验证。
Windows 已扫描文件系统并且没有发现问题。
无需采取进一步操作。
总共有 5,106,688 KB 磁盘空间。
2 个隐藏文件中有 8 KB。
1 个文件夹中有 4 KB。
1 个文件中有 0 KB。
5,106,672 KB 可用。
每个分配单元中有 4,096 字节。
磁盘上共有 1,276,672 个分配单元。
磁盘上有 1,276,668 个可用的分配单元。
正在确定文件系统转换所需的磁盘空间...
磁盘总空间: 5118976 KB
卷上的可用空间: 5106672 KB
转换所需的空间: 33120 KB
正在转换文件系统
转换完成

图 12-82　成功完成格式转换

提示：使用第三方磁盘管理软件进行格式转换

在 Windows 8 操作系统中，用户除了可使用 12.2 节和 12.7 节中介绍的方法转换磁盘文件系统格式外，还可以使用第三方磁盘管理软件例如硬盘分区助手等，进行磁盘文件系统格式的转换。

12.8　在多个分区中指定相同的磁盘配额设置

通过本章 12.4 节的内容介绍，想必大家一定对 Windows 8 操作系统的磁盘配额有了一定的了解。在设置不同的磁盘配额时，如果所需设置的用户账户过多，那么需要进行的设置就相应地会比较繁复。

在本节中将介绍一种可以快速在不同磁盘分区中设置相同磁盘配额的方法。这种设置方法最大的优点是可以快速在不同的磁盘分区中进行设置，而最大的局限性则是所设置的磁盘配额和其他磁盘完全无区别，不会有差异性。

接下来就以在本地磁盘（E:）中设置和本地磁盘（D:）相同的磁盘配额为例，详细介绍一下具体的操作方法和步骤。

Step 01　按照 12.4.1 节 Step01~Step03 介绍的方法打开“（D：）的配额项”窗口后，在菜单栏依次单击“配额 > 导出”命令，如图 12-83 所示。

Step 02　弹出“导出配额设置”对话框，❶ 在对话框中选择合适的保存位置后在文本框中输入配额文件名称，❷ 然后单击“保存”按钮，如图 12-84 所示。

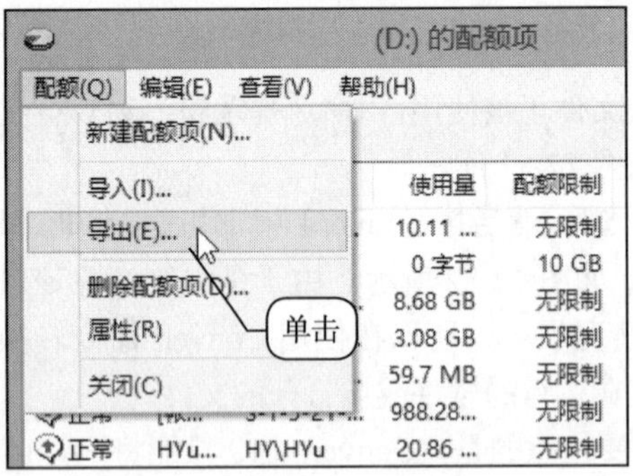
(D:) 的配额项
配额(Q)
编辑(E)
查看(V)
帮助(H)
新建配额项(N)...
导入(I)...
导出(E)...
删除配额项(D)...
属性(R)
关闭(C)
单击
使用量
配额限制
10.11 ...
无限制
0 字节
10 GB
8.68 GB
无限制
3.08 GB
无限制
59.7 MB
无限制
988.28...
无限制
正常
HYu...
HY\HYu
20.86 ...
无限制

图 12-83　单击“导出”命令

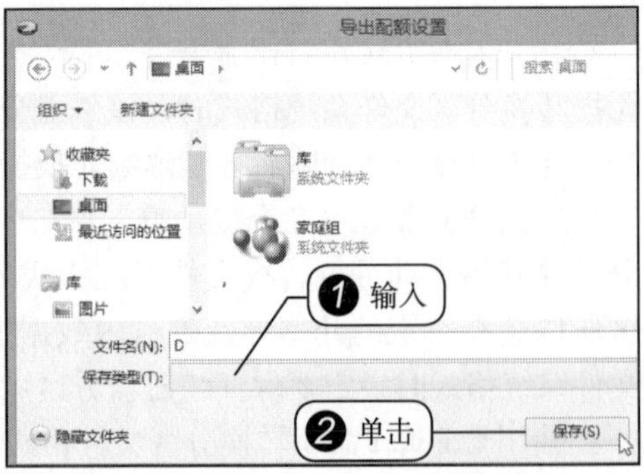
导出配额设置
桌面
搜索 桌面
组织
新建文件夹
收藏夹
下载
桌面
最近访问的位置
库
系统文件夹
家庭组
系统文件夹
库
图片
❶ 输入
文件名(N): D
保存类型(T):
隐藏文件夹
❷ 单击
保存(S)

图 12-84　保存导出配额设置

Step 03 参照 12.4.1 节 Step01~Step03 介绍的方法打开“（E：）的配额项”窗口后，在菜单栏依次单击“配额 > 导入”命令，如图 12-85 所示。

Step 04 弹出“导入配额设置”对话框，❶ 在对话框中选择单击 Step01 中导出的配额文件后，❷ 单击“打开”按钮，即可完成快速设置磁盘配额的操作，如图 12-86 所示。

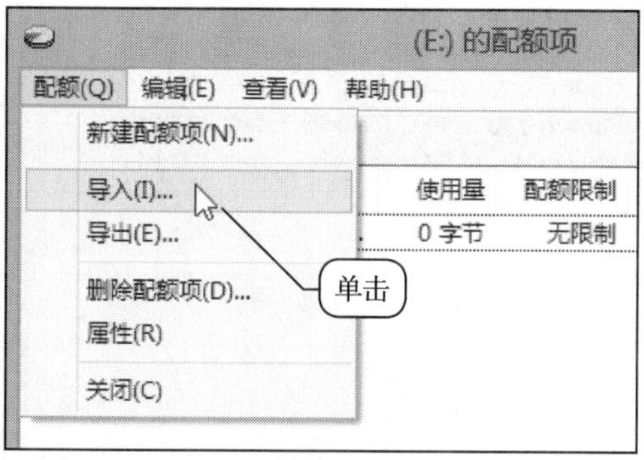

图 12-85 单击“导入”命令

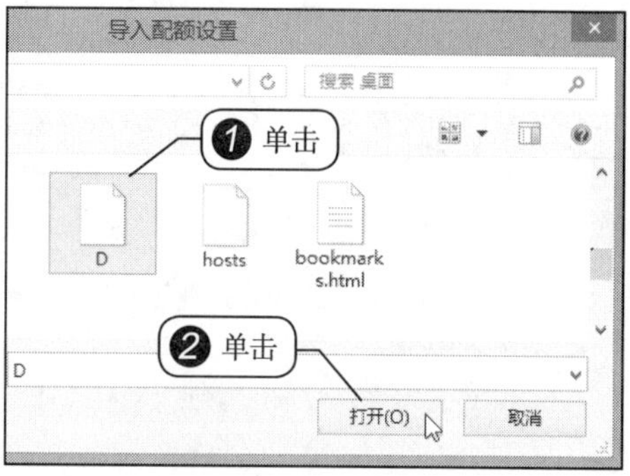

图 12-86 单击“打开”按钮

新手疑惑解答

1. 主分区、扩展分区和逻辑分区是怎么一回事？

答：主分区又被称为主磁盘分区，其和扩展分区、逻辑分区一样都是一种磁盘分区类型。由于主分区中不能再划分其他类型的分区，因此每个主分区都相当于一个逻辑磁盘。主分区可以直接在硬盘上划分的，而逻辑分区则必须在扩展分区中才能建立。将硬盘分出主分区后，其余的部分便可以分成扩展分区，一般是除主分区外全部分成扩展分区，当然也可以不全分。逻辑分区必须在有主分区存在的情况才能被创建，而且虽然在逻辑分区中也能安装操作系统，但是还是需要利用主分区中的系统引导文件才能完成位于逻辑分区中操作系统的启动。

2. Mac 系统和 Linux 系统中也采用与 Windows 系统一样的文件分区格式吗？

答：并非采用和 Windows 系统一样的文件分区格式，从根本上讲 Mac 系统以及 Liunx 系统是一类和 Windows 操作系统完全不同类型的电脑操作系统。Mac 系统使用的是混合文件系统（Hybrid File System），这是 Apple 公司专为其生产的苹果电脑所使用的操作系统量身定制的一种光盘文件系统格式，这种文件分区格式并不支持其他操作系统。而 Liunx 系统所采用的文件分区格式种类很多，根据 Liunx 系统种类的不同，采用的文件分区格式也有所区别。Liunx 系统中常见的文件分区格式有：EXT1、EXT2、EXT3、ReiserFS、SWAP 等。

3. BitLocker 驱动器加密能否保护可移动硬盘呢？

答：BitLocker 驱动器加密完全可以对可移动硬盘进行保护。在 Windows 8 操作系统中 BitLocker To Go 不仅可以对 U 盘进行加密保护，还可以加密可移动硬盘，用户可按照 12.5.2 节中介绍的方法加密和保护可移动硬盘。

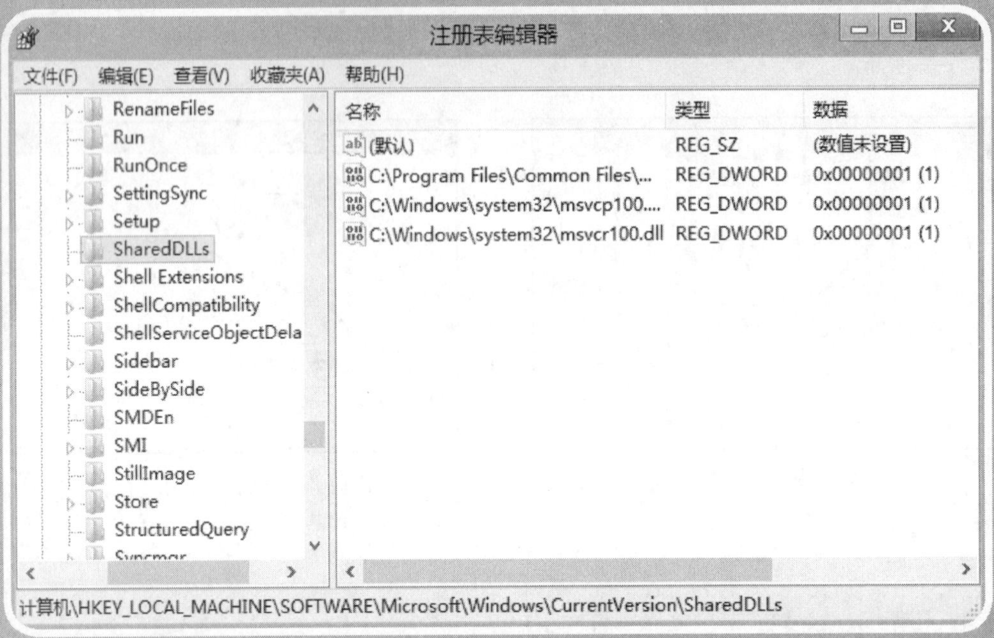

第13章 Windows注册表应用实战

本章知识点：

- ☑ 认识 Windows 注册表
- ☑ 使用注册表设置系统
- ☑ 清理注册表垃圾
- ☑ 解除被锁定的注册表
- ☑ 利用备份文件修复注册表

注册表是 Windows 8 操作系统中的核心数据库，它包含了应用程序和计算机软硬件配置的重要信息，用户首先需要全面认识注册表，然后再掌握如何使用注册表来设置系统，为了防止注册表被锁定后无法使用，用户还需要掌握解锁注册表的常用方法。

基础讲解

13.1 认识 Windows 注册表

Windows 注册表包含了全部系统和应用程序的初始化信息；其中包含了硬件设备的说明、相互关联的应用程序与文档文件、窗口显示方式、网络连接参数、甚至有关系到计算机安全的网络共享设置。

Windows 注册表包括注册表数据库和注册表编辑器两部分，其中注册表编辑器是专门用来编辑注册表数据库的，没有注册表编辑器，用户根本无法对 Windows 注册表进行浏览、修改和编辑。打开“注册表编辑器”窗口的操作比较简单：按【Win+R】组合键打开“运行”对话框，输入 regedit 命令后按【Enter】键即可打开“注册表编辑器”窗口，其界面如图 13-1 所示。

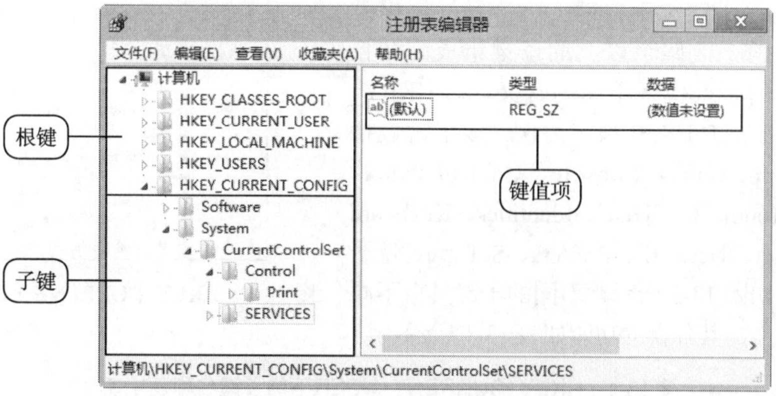

图 13-1 “注册表编辑器”窗口

“注册表编辑器”窗口中显示了 Windows 注册表的详细信息，包括根键、子键和键值项 3 部分，下面分别对这 3 部分的内容进行详细介绍。

- 根键：Windows 注册表包含五大根键，分别是 HKEY_CLASSES_ROOT、HKEY_CURRENT_USER、HKEY_LOCAL_MACHINE、HKEY_ USERS 和 HKEY_CURRENT_CONFIG，如图 13-2 所示。每个根键都包含了一组特定的信息，每个键的键名都和它所包含的信息相关，下面介绍这五大根键的含义。
- HKEY_CLASSES_ROOT：该根键包含了所有应用程序运行时所必需的信息、在文件和应用程序之间所有的扩展名和关联、所有的驱动程序名称。HKEY_CLASSES_ROOT 根键包括了所有文

图 13-2 Windows 注册表的五大根键

件扩展和所有与执行文件相关的文件，它决定着双击文件图标后被自动运行的相关应用程序。

- HKEY_CURRENT_USER：该根键用于管理系统当前的用户账户信息。它保存了本地计算机中存放的当前登录的用户信息（包括当前登录的用户账户名和暂存的密码）。在用户登录 Windows 系统后，当前用户账户的相关信息将从 HKEY_USERS 中相应的项复制到 HKEY_CURRENT_USER 中。
- HKEY_LOCAL_MACHINE：该根键是一个显示控制系统和软件的处理键。它保存着当前计算机的系统信息，包括网络和硬件上所有的软件设置（例如文件的位置，注册和未注册的状态，版本号等）。这些设置是针对当前系统中所有用户的，无论登录哪一个用户账户，该根键中保存的信息将不会发生改变。
- HKEY_ USERS：该根键仅包含了默认用户设置和登录用户账户信息。虽然它包含了所有独立用户的设置，但未登录的用户账户设置是不可用的。这些设置告诉系统可以使用的图标、组、颜色、字体以及控制面板中的可用选项和设置。
- HKEY_CURRENT_CONFIG：该根键是 HKEY_LOCAL_MACHINE 根键中保存的当前硬件配置信息的映射，如果用户在 Windows 系统中设置了两套或者两套以上的硬件配置文件（Hardware Configuration File），在系统启动时会让用户选择使用哪套配置文件，而 HKEY_CURRENT_CONFIG 根键中存放的正是当前配置文件的所有信息。
- 子键：子键位于根键下方，每一个根键都由两个或两个以上的子键组成，并且不同的子键代表不同的含义。以 HKEY_CURRENT_USER 根键为例，该根键包括了 AppEvents、Console、Control Panel、Environment、EUDC、Identities、Keyboard Layout、Network、Printers、Software 等子键，如图 13-3 所示，不同的子键具有不同的含义，其各自的功能如表 13-1 所示。

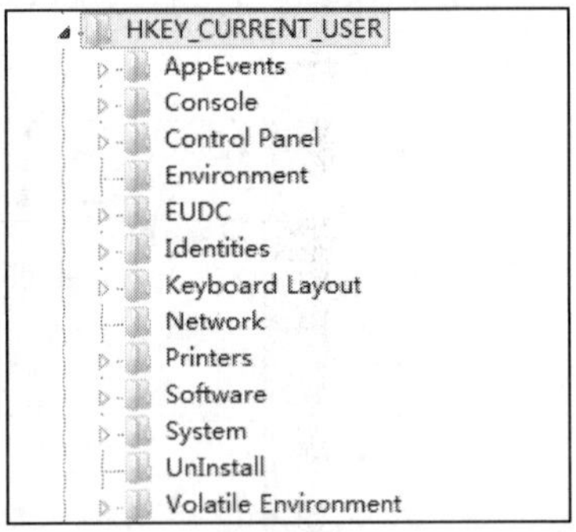

图 13-3　HKEY_CURRENT_USER 下的子键

表13-1　HKEY_CURRENT_USER下的子键名称及功能

名　称	功　能
AppEvents	包含已注册的各种应用事件，其中又包含 EventLables 和 Schemes 两个子键。其中，EventLables 子键将各种应用事件按字母顺序进行列表，Schemes 则按照 Apps(应用) 和 Names(命令) 对事件进行分类
Console	包含了“命令提示符”窗口的相关设置属性，例如调整大小、显示滚动条等
Control Panel	包含了与控制面板设置有关的内容
Environment	包含了当前用户账户的所有环境变量，例如 Java 的开发环境变量，用户在重装系统之前，最好导出该子键信息，以避免重新安装
EUDC	包含了最终用户定义字符的设置信息
Identities	包含 Outlook Express 账户、电子邮件、新闻组子项以及 MSN 的标识设置信息
Keyboard Layout	定义当前活动键盘布局的值，您可以使用“控制面板”中的“键盘”工具来设置此布局
Network	包含了网络设置信息

（续）

名　称	功　能
Printers	包含了打印机的设置信息
Software	包含了所安装的应用程序信息
System	包含了当前用户账户的系统配置信息
UnInstall	包含了当前用户账户所对应的软件安装列表
Volatile Environment	包含当前用户账户的不稳定环境变量设置信息，例如基于服务器的 Home 目录、本地 Home 目录和验证当前登录用户的服务器等

- 键值项：键值项是指显示在“注册表编辑器”右侧的项目，每个键值项包括名称、类型和数据 3 部分，如图 13-4 所示。

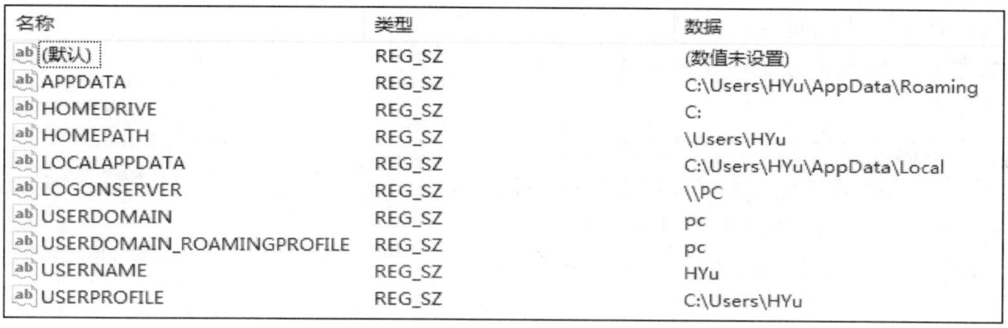

名称	类型	数据
(默认)	REG_SZ	(数值未设置)
APPDATA	REG_SZ	C:\Users\HYu\AppData\Roaming
HOMEDRIVE	REG_SZ	C:
HOMEPATH	REG_SZ	\Users\HYu
LOCALAPPDATA	REG_SZ	C:\Users\HYu\AppData\Local
LOGONSERVER	REG_SZ	\\PC
USERDOMAIN	REG_SZ	pc
USERDOMAIN_ROAMINGPROFILE	REG_SZ	pc
USERNAME	REG_SZ	HYu
USERPROFILE	REG_SZ	C:\Users\HYu

图 13-4　Windows 注册表中的键值项

- 名称：键值项名称可以由任意字符、数字和空格组成，但不能使用反斜杠。
- 类型：键值项常见的数据类型包括字符串值、二进制值、DWORD 值、多字符串值和可扩充字符串值 5 种，如图 13-5 所示，这些键值项类型的含义如表 13-2 所示。
- 数据：键值项的数据通常用来表示该项的值，该值既可以是数字、字母，又可以是字母和数字的组合。

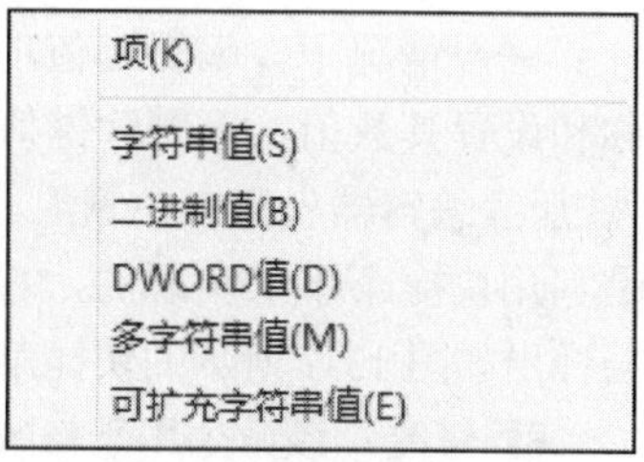

图 13-5　5 种键值项类型

表13-2　5种常见的键值项类型及含义

类　型	含　义
字符串值	字符串值通常用 REG_SZ 表示，一般用来表示文件的描述和硬件的标识。通常由字母和数字组成，也可以是汉字，最大长度不能超过 255 个字符
二进制值	二进制值通常用 REG_BINARY 表示，没有长度的限制，在注册表编辑器中通常用十六进制的数值表示
DWORD 值	DWORD 值通常用 REG_DWORD 表示，最长包括 32 位 (4 个字节) 数值。在注册表编辑器中通常以十六进制的方式表示
多字符串值	多字符串值通常用 REG_MULTI_SZ 表示，它是多种 UNICODE 的字符串集合，能把多种内容显示为数据
可扩充字符串值	可扩充字符串值通常用 REG_EXPAND_SZ 表示，该类键值通常使用环境变量，类似于批处理文件

13.2 使用注册表设置系统

Windows 注册表中的信息并非固定不变的，用户完全可以借用“注册表编辑器”窗口来修改注册表中的键值数据项，但是这要求用户具有一定的注册表知识、熟悉注册表的内部结构。编辑注册表信息时一定要小心谨慎，如果出错将会导致无法正常启动系统。

13.2.1 注册表的基本编辑操作

在“注册表编辑器”窗口中，用户可以对注册表中的子键、键值项进行新建、编辑和删除操作，无论是子键还是键值项，其编辑操作都没有太大的差别。

1. 新建子键和键值项

在“注册表编辑器”窗口中，用户可以新建子键和键值项，而新建的操作都是通过快捷菜单来实现的，其对应的快捷菜单如图 13-6 所示，该菜单在黑色任意子键后被弹出。

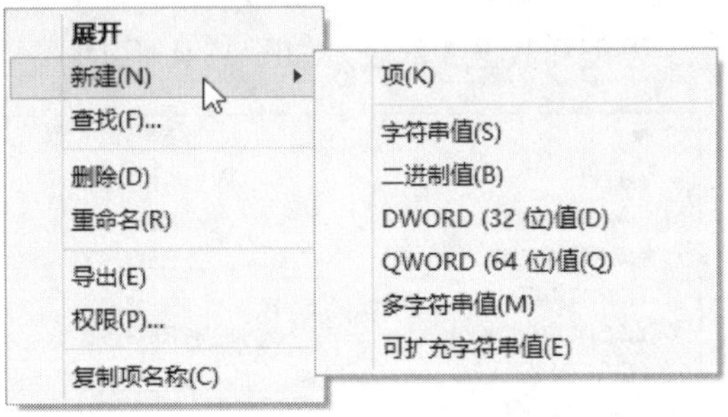

图 13-6　新建子项和键值项对应的快捷菜单

在该快捷菜单中，用户可以通过单击“项”命令来新建子键，也可以单击其他对应的键值项类型命令来创建对应的键值项，成功新建后，还需要设置其显示名称。

用户需要注意的是：对注册表不熟悉的人千万不要随意在“注册表编辑器”窗口中新建子项和键值项，这样将很容易造成系统不稳定，从而无法正常启动。

2. 编辑键值项

一般情况下，编辑键值项包括重命名键值项的名称和设置其数值，而删除键值项则是将所选键值项从“注册表编辑器”窗口中删除，编辑和删除键值项同样是利用快捷菜单来实现的，右击要编辑的键值项，便会弹出如图 13-7 所示的快捷菜单。

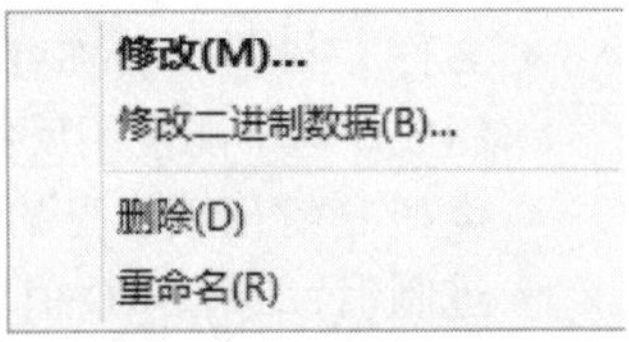

图 13-7　编辑键值项所对应的快捷菜单

- ❑ 修改：该命令用于修改指定键值项的数值数据。
- ❑ 修改二进制数据：该命令同样是用来修改键值项的数值数据，只不过在修改的同时可看见与所显示数值数据对应的二进制数据，修改数值数据后二进制数据将会产生相应的变化。
- ❑ 删除：将所选的键值项从“注册表编辑器”窗口中删除。
- ❑ 重命名：重新设置所选键值项的显示名称。

当用户将鼠标指针指向某一级有子菜单的命令时，有时并非立即就能弹出子菜单，这是由于注册表中默认设置了子菜单的显示时间，如果用户想加快子菜单的显示时间，则需要通过编辑对应的键值项来实现。具体的操作步骤如下。

Step 01　打开“注册表编辑器”窗口，❶ 在左侧窗格中依次单击 HKEY_CURRENT_ USER\ControlPanel\Desktop 选项，❷ 在右侧右击 MenuShowDelay 键值项，❸ 在弹出的快捷菜单中单击“修改”命令，如图 13-8 所示。

Step 02　弹出“编辑字符串”对话框，❶ 在“数值数据”文本框中输入 0，❷ 然后单击“确定”按钮保存即可，如图 13-9 所示。

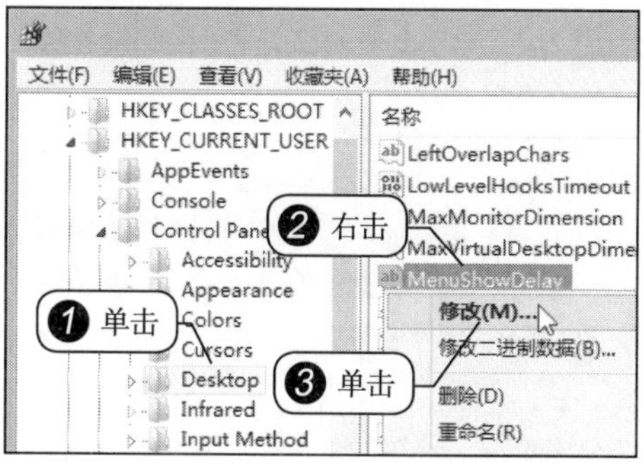

图 13-8 修改 MenuShowDelay 键值项

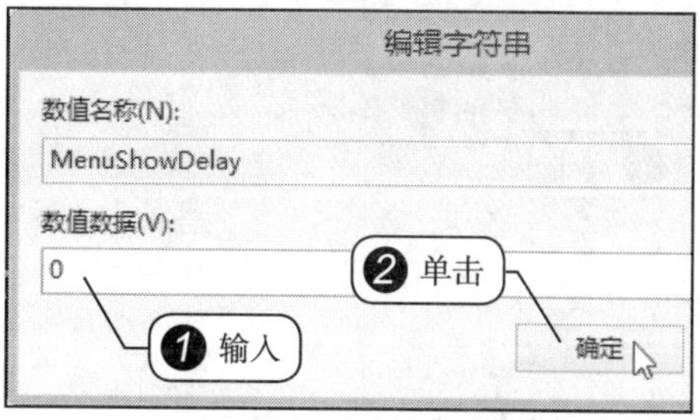

图 13-9 编辑数值数据

提示：认识注册表设置子菜单的等待显示时间

在 Windows 注册表中，MenuShowDelay 键值项的数值数据为 400，其意义是指子菜单的等待显示时间为 400ms，而将该键值项的数值数据设为 0，就是指无需等待就能直接显示子菜单。

13.2.2 取消快捷程序图标上的箭头

当用户在安装第三方软件时，自动生成到桌面上的快捷程序图标的左下角都会显示箭头，其实这是注册表的默认设置，如果要取消快捷程序图标左下角的箭头，则在注册表中删除 IsShortcut 键值项即可，图 13-10 所示为带有箭头的快捷程序图标，图 13-11 所示为删除 IsShortcut 键值项后的快捷程序图标，可以明显看出图片中的快捷图标并没有箭头。

图 13-10 带有箭头的快捷程序图标

图 13-11 不带有箭头的快捷程序图标

IsShortcut 键值项位于 HKEY_CLASSES_ROOT\lnkfile 下，只需展开该分支，然后在右侧删除 IsShortcut 键值项即可。具体操作步骤如下。

Step 01 打开“注册表编辑器”窗口，❶ 在左侧窗格中依次单击 HKEY_CLASSES_ROOT\lnkfile，❷ 在右侧右击 IsShortcut 键值项，❸ 在弹出的快捷菜单中单击“删除”命令，如图 13-12 所示。

Step 02 弹出“确认数值删除”对话框，单击“是”按钮，确定删除该键值项，如图 13-13 所示。

提示：利用第三方软件取消快捷图标中的箭头

除了通过修改注册表来取消快捷图标中的箭头之外，用户还可以通过使用第三方软件来达到取消快捷图标中箭头的目的，例如超级兔子软件。

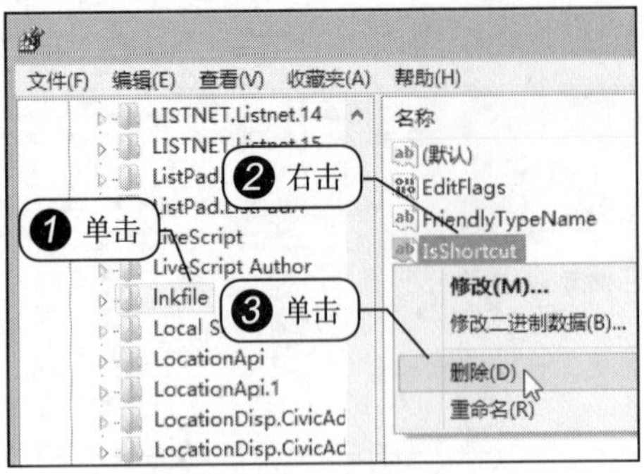

图 13-12　删除 IsShortcut 键值项

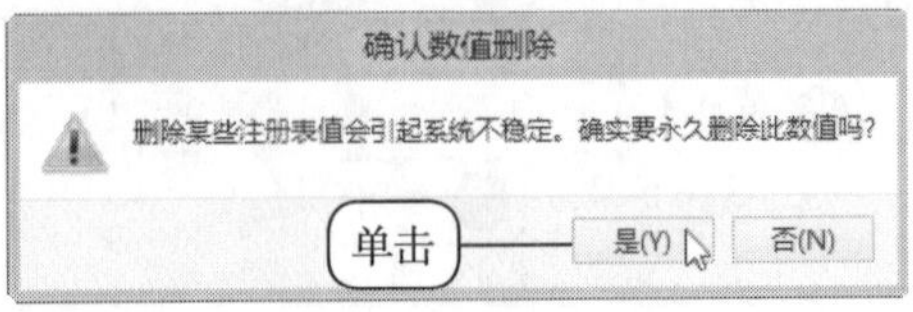

图 13-13　确认删除

13.2.3　减少开机滚动条的显示时间

计算机在开机进入 Windows 的时候会读取启动所有的程序，如图 13-14 所示，但并非所有读取的程序都是必需的，如果读取的程序过多，滚动条的显示时间会持续很久，如果想减少其显示时间可通过修改注册表来实现。

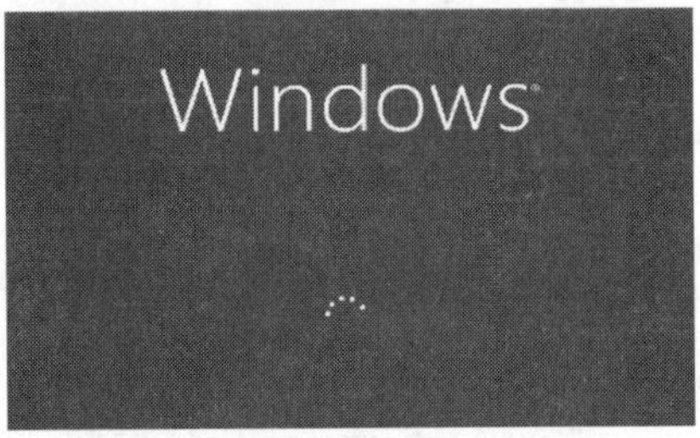

图 13-14　读取启动程序

Step 01　❶ 在“注册表编辑器”窗口的左侧依次单击 HKEY_LOCAL_MACHINE\SYSTEM\CurrentControlSet\Control\SessionManager\Memory management\PrefetchParameters，❷ 在右侧右击 EnablePrefetcher 键值项，❸ 在弹出的快捷菜单中单击“修改”命令，如图 13-15 所示。

Step 02　弹出“编辑 DWORD 值”对话框，❶ 输入数值数据为“1”，❷ 然后单击“确定”按钮即可，如图 13-16 所示。

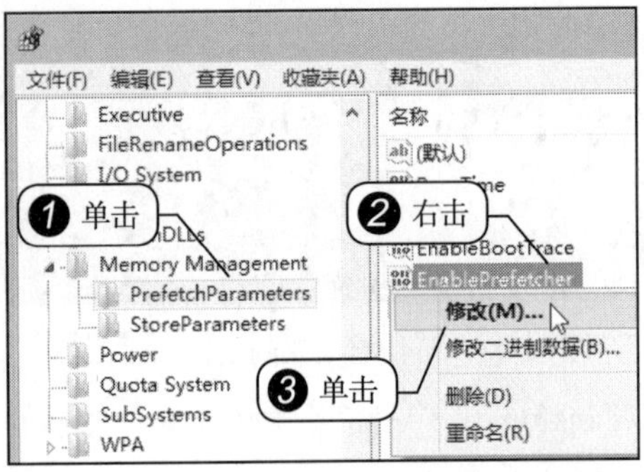

图 13-15　修改 EnablePrefetcher 键值项

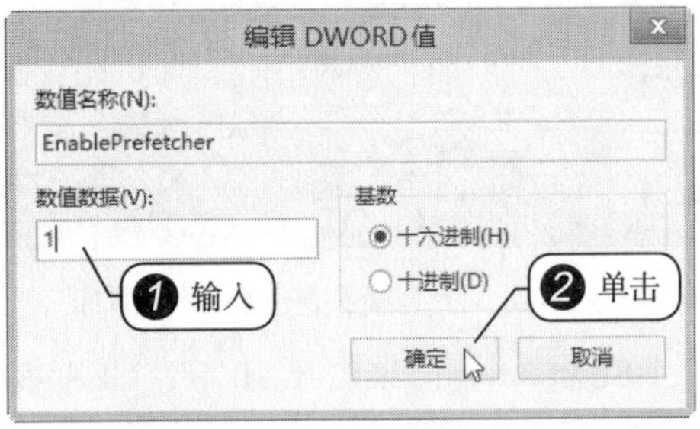

图 13-16　修改数值数据

提示：EnablePrefetcher 键值项数值数据的含义

EnablePrefetcher 键值项的数值数据可以是 0、1、2 和 3，若数值数据为 0，则表示取消预读取功能；若数值数据为 1，则表示只预读取应用程序；若数值数据为 2，则表示只预读取 Windows 系统文件；若数值数据为 3，则表示预读取 Windows 系统文件和应用程序。

13.2.4　自动关闭停止响应的程序

在使用电脑的过程中，有时候会由于人为的误操作或者硬件配置过低而导致某些程序停止响应，此时就需要通过“任务管理器”窗口来强制关闭，为了能让系统自动关闭停止响应的程序，用户可以通过修改注册表来实现。具体的操作步骤如下。

Step 01　❶ 在“注册表编辑器”窗口左侧依次单击 HKEY_CURRENT_USER\Control Panel\Desktop，❷ 在右侧右击 AutoEndTasks 键值项，❸ 在弹出的快捷菜单中单击“修改”命令，如图 13-17 所示。

Step 02　弹出“编辑字符串”对话框，❶ 输入数值数据为“1”，❷ 然后单击“确定”按钮即可，如图 13-18 所示。

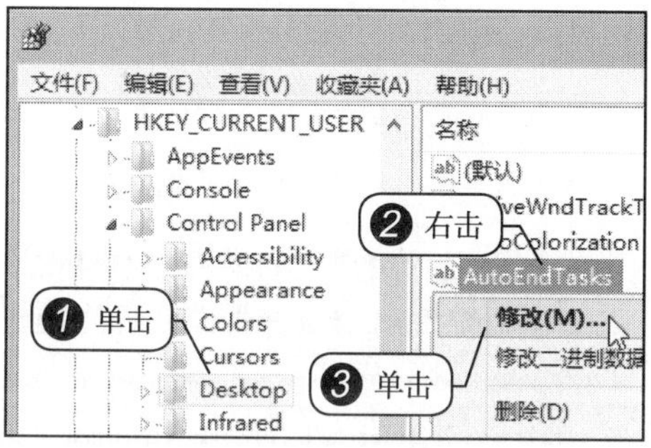

图 13-17　修改 AutoEndTasks 键值项

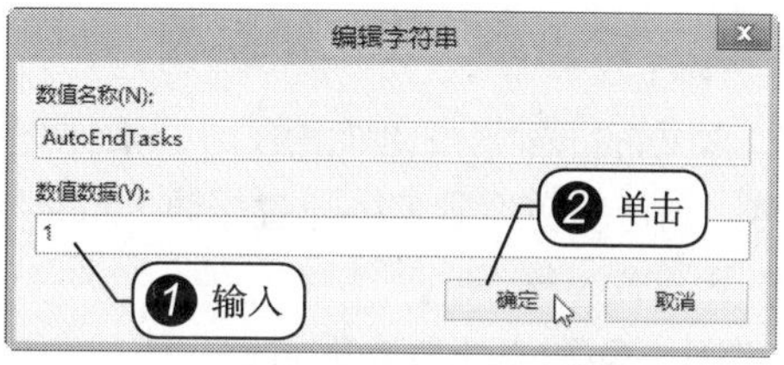

图 13-18　修改数值数据

提示：新增 AutoEndTasks 键值项

有些用户可能在 Desktop 子键右侧没有发现 AutoEndTasks 键值项，此时可以手动新建该键值项，然后调整该键值项的数值数据即可。

13.2.5　清除“运行”对话框中的历史记录

当使用“运行”对话框运行命令时，该对话框会自动记忆运行的命令，如图 13-19 所示，该功能既有好处又有坏处，好处是便于用户下次直接运行命令，无需再次输入，而坏处为他人可以利用已保存的命令来修改或者破坏系统。

为了确保系统安全，用户可以通过修改注册表来清除“运行”对话框中所保存的历史记录，修改后的运行对话框中将不会显示曾经输入过的命令，如图 13-20 所示。具体操作步骤如下。

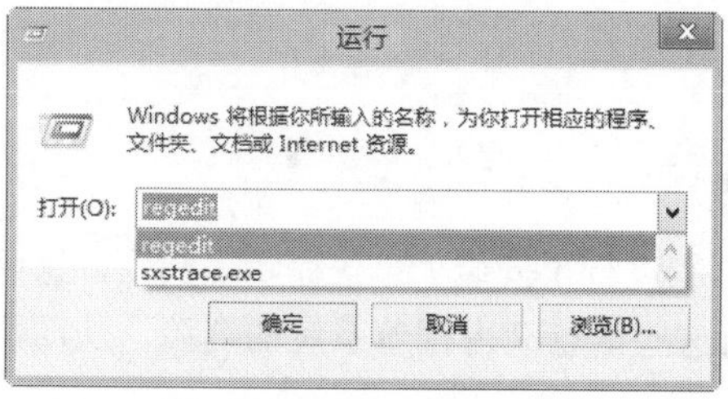

图 13-19　带有历史记录的“运行”对话框

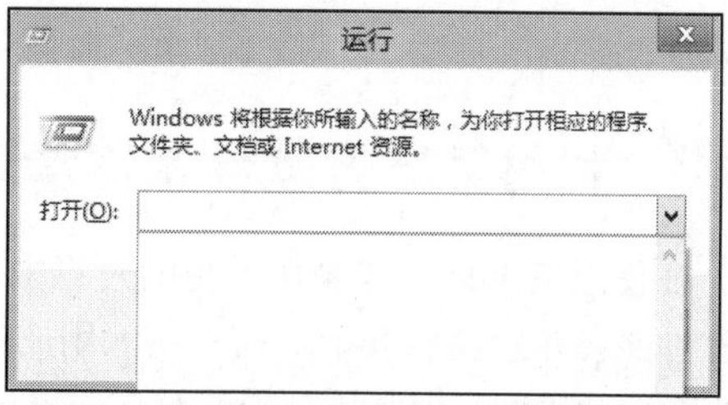

图 13-20　已清除历史记录的“运行”对话框

Step 01　❶ 在“注册表编辑器”窗口左侧依次单击 HKEY_CURRENT_USER\Software\Microsoft\Windows\CurrentVersion\Explorer\RunMRU，❷ 在右侧选中 ab 键值项，❸ 在弹出的快捷菜单中单击“删除”命令，如图 13-21 所示。

Step 02　弹出“确认数值删除”对话框，直接单击“是”按钮，确认删除所选的键值项即可，如图 13-22 所示。

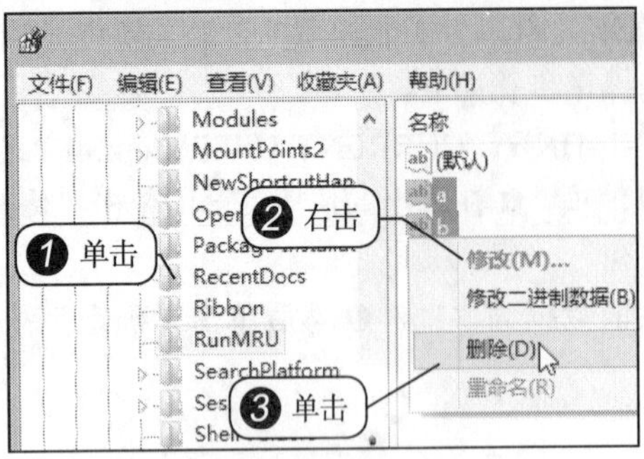

图 13-21　删除所选键值项

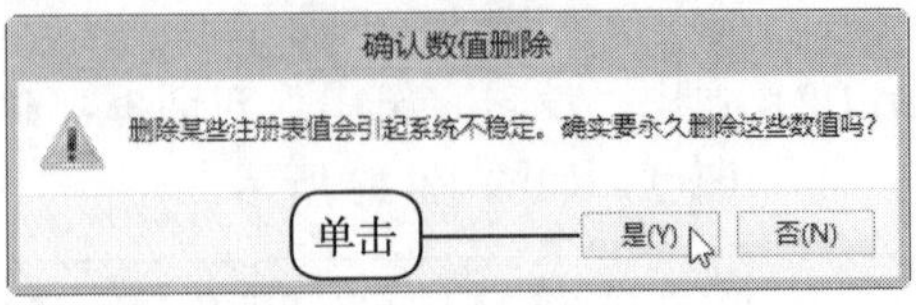

图 13-22　确认删除

13.2.6　禁止系统发出错误警告声

当 Windows 系统出现错误时，系统会自动发出警告声来提示用户，如果用户不喜欢该警告声，则可以在注册表中通过修改 Sound 键值项，来禁止系统发出错误警告声。具体操作步骤如下。

Step 01　❶ 在“注册表编辑器”窗口左侧依次单击 HKEY_CURRENT_USER\Control Panel\Sound，❷ 在右侧右击 Beep 键值项，❸ 在弹出的快捷菜单中单击“修改”命令，如图 13-23 所示。

Step 02　弹出“编辑字符串”对话框，❶ 输入数值数据为 no，❷ 然后单击“确定”按钮即可，如图 13-24 所示。

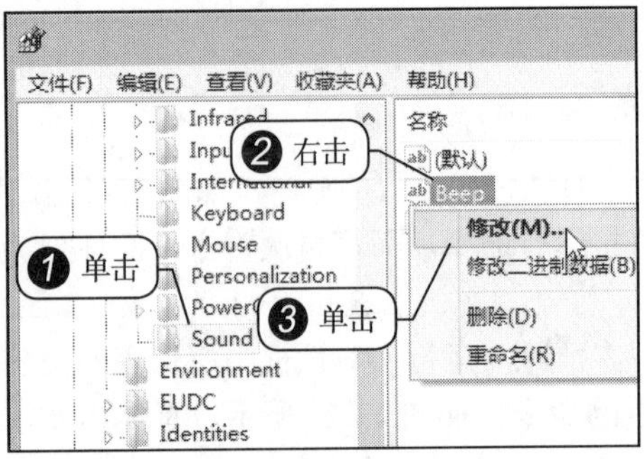

图 13-23　修改 Beep 键值项

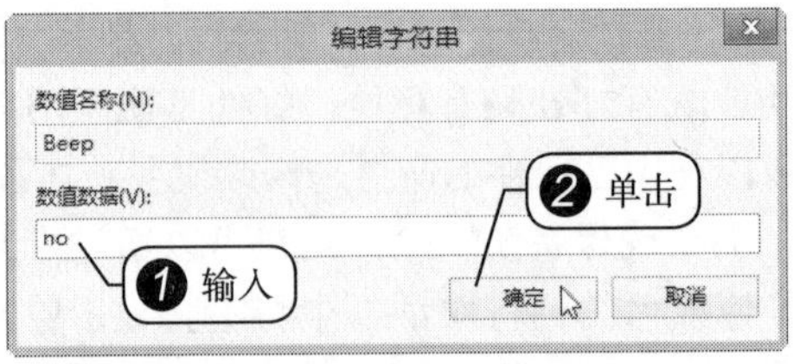

图 13-24　修改数值数据

13.3　利用第三方软件快速清理注册表

在使用 Windows 8 操作系统的过程中，用户可能进行了安装 / 卸载程序等操作，这些操作有可能会导致注册表中存在一些无用的信息，而这些信息又占据着系统的资源，从而影响系统的运行速度，因此用户需要对注册表进行清理。

由于注册表是 Windows 系统的核心数据库，稍不留意就会造成系统出现故障，因此清理注册表可通过第三方软件来实现。例如 360 安全卫士就是一款不错的注册表清理软件，该软件可以清理注册表中无效的右键菜单、MUI 缓存以及软件信息等。具体操作步骤如下。

Step 01　启动 360 安全卫士，单击“电脑清理”按钮，切换至“清理注册表”选项卡，单击“开始扫描”按钮，如图 13-25 所示。

Step 02　切换至新的界面，此时可看见扫描的结果，在顶部单击“立即清理”按钮，如图 13-26 所示，开始清理扫描出的注册表垃圾信息。

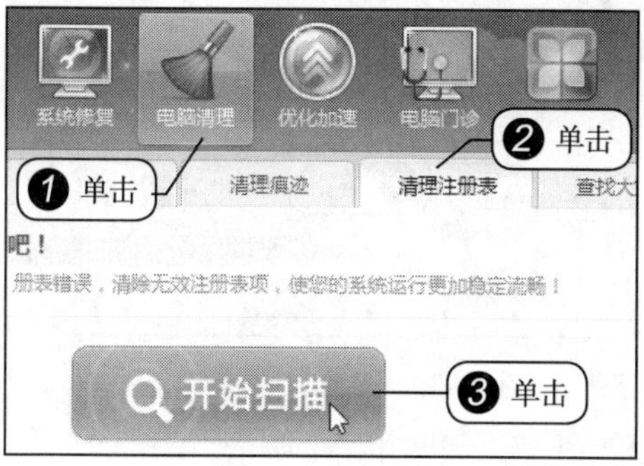

图 13-25　开始扫描注册表

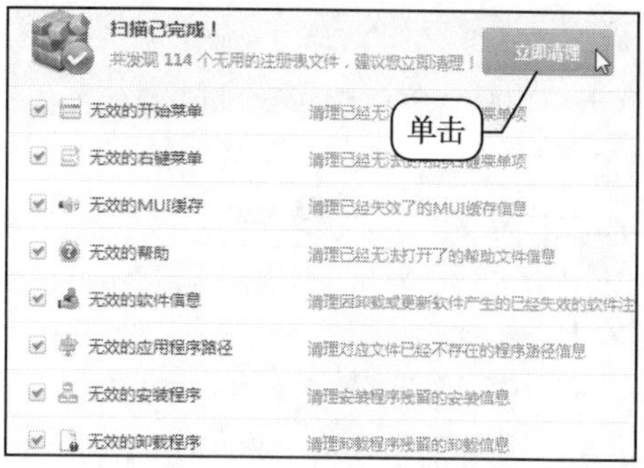

图 13-26　立即清理注册表

Step 03　清理完成后可在界面中看见“清理已完成”信息，单击“完成清理”按钮即可，如图 13-27 所示。

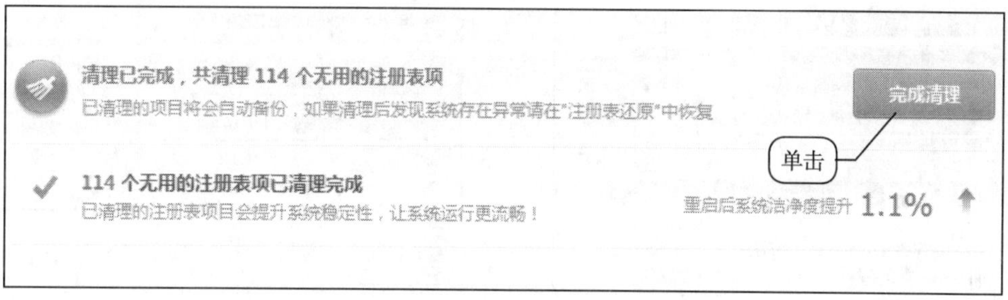

图 13-27　完成清理注册表中无用信息

13.4　注册表被锁定，使用组策略功能轻松解锁

注册表被锁定是指用户无法通过“注册表编辑器”窗口来编辑注册表，甚至无法打开“注册表编辑器”窗口，经常会弹出如图 13-28 所示的界面，提示用户注册表已被锁定。

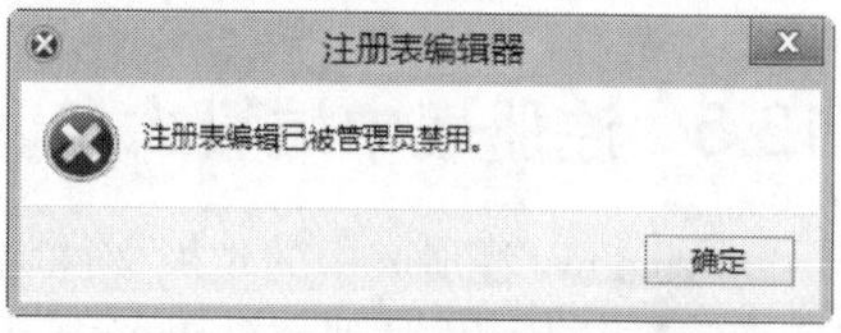

图 13-28　注册表编辑器被锁定

一般情况下，注册表被锁定很有可能是组策略中的设置不当所造成的，用户只需登录组策略后查看“阻止访问注册表编辑工具”功能是否已开启，若开启则将其禁用即可解锁注册表。具体操作步骤如下。

Step 01　按【Win+R】组合键打开“运行”对话框，❶ 在“打开”文本框中输入 gpedit.msc，❷ 然后单击“确定”按钮，如图 13-29 所示。

Step 02　打开“本地组策略编辑器”窗口，❶ 在左侧依次单击“用户配置 > 管理模板”选项，❷ 然后在右侧双击“系统”选项，如图 13-30 所示。

提示：组策略

组策略是 Windows 系统中具有系统更改和配置管理的工具，该工具可以帮助管理员针对整个计算机或特定用户来进行配置，包括桌面配置和安全配置，关于组策略将会在第 19 章中详细介绍。

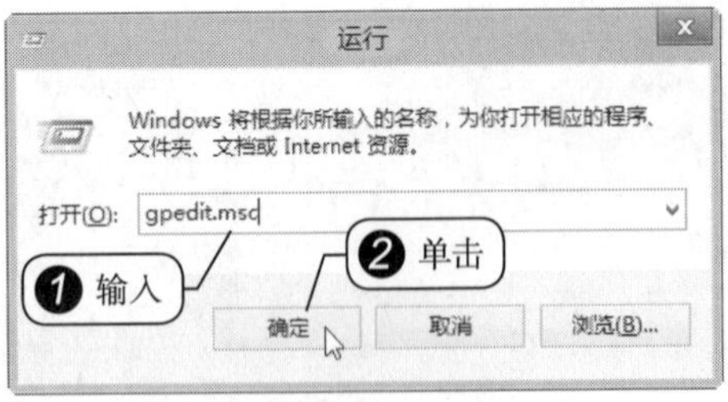

图 13-29　输入 gpedit.msc

图 13-30　双击“系统”选项

Step 03　在界面中双击“阻止访问注册表编辑工具”选项，如图 13-31 所示。

Step 04　弹出“阻止访问注册表编辑工具”对话框，❶ 单击选中“已禁用”单选按钮，禁用该功能，❷ 然后单击“确定”按钮保存退出，如图 13-32 所示。

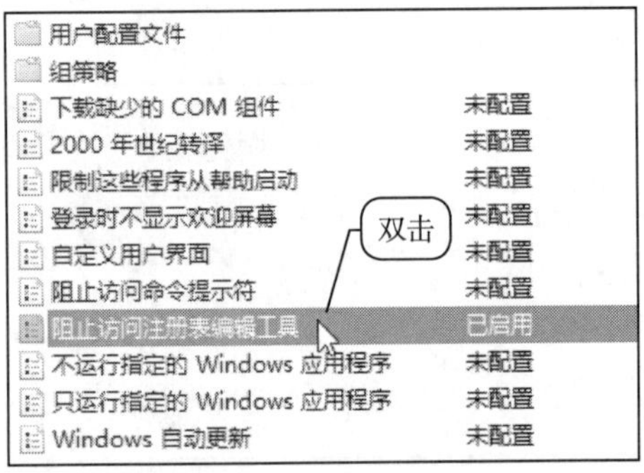

图 13-31　双击“阻止访问注册表编辑工具”选项

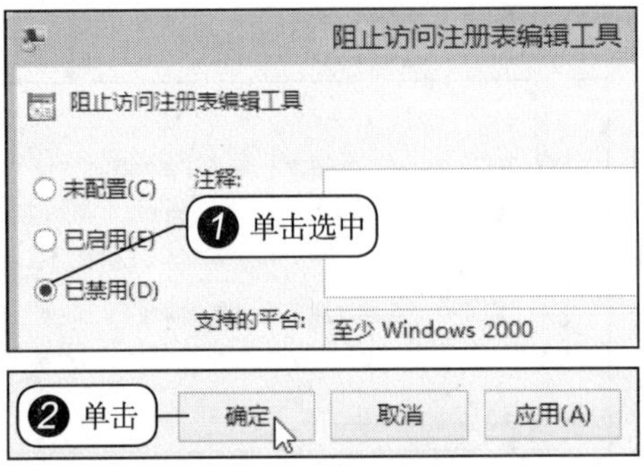

图 13-32　禁用该功能

拓展解析

13.5　注册表中垃圾太多，手动清理有技巧

Windows 注册表中的垃圾文件除了直接利用诸如 360 安全卫士之类的第三方软件来清理外，还可以直接在注册表编辑器中手动清理，但是这要求用户对注册表有一定的了解，手动清理注册表包括删除多余的 DLL 文件、清除安装 / 卸载应用程序时产生的垃圾信息和清除系统软件在安装运行中产生的无用的信息。

13.5.1　删除多余的 DLL 文件

DLL 是英文 Dynamic Link Library 的缩写，中文译为动态数据链接库，在安装 / 卸载软件时，在 C:\Windows\System32 目录下可能会留有一些 DLL 文件，如图 13-33 所示，在这些 DLL 文件中，可能会存在一些垃圾文件，这些垃圾文件占用了大量的磁盘空间，从而降低了系统的运行速度。

在 C:\ Windows\System 32 目录中所保留的 DLL 文件中，有些文件是有用的，有些文件却没有用处，这就需要用户学会判断了，而判断的方法则需要借助于注册表编辑器。

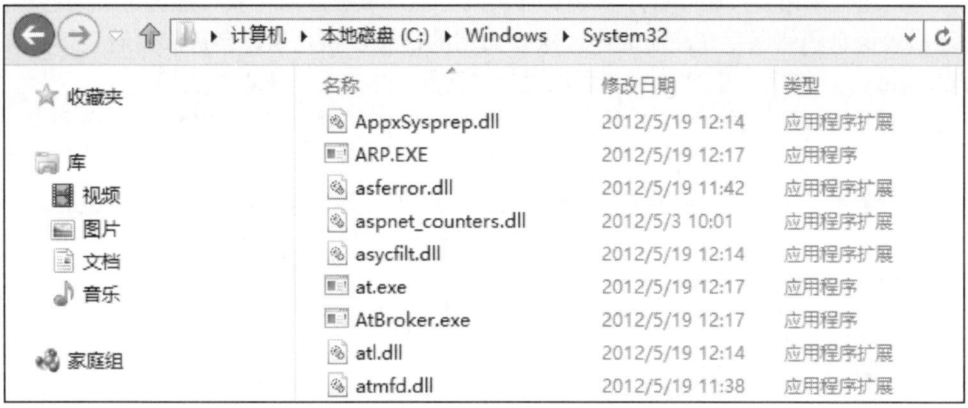

图 13-33 C:\Windows\System 32 目录下的 DLL 文件

打开“注册表编辑器”窗口，在左侧窗格中依次单击 HKEY_LOCAL_MACHINE\SOFTWARE\Microsoft\Windows\CurrentVersion\SharedDLLs，在窗口右侧可看见多个键值项，这些键值项是应用程序安装完毕后向注册表中添加的共享 DLL 文件，每个键值项的数值数据都表明了共享该 DLL 文件的应用程序数目，如图 13-34 所示，如果某个键值项对应的数值数据为 0，即表示该 DLL 文件已经不被任何系统中的程序所共享，这就是垃圾 DLL 文件了，直接将它删除即可。

图 13-34 应用程序安装完毕后向注册表中添加的共享 DLL 文件

在图 13-34 所示的图片中，通过键值项的名称可能会发现一些以前使用过但是已经从系统中删除的程序的安装路径，它们对应的数值数据可能不是 0，但它们同样是无用的 DLL 文件，同样可以将其删除。

13.5.2 清除卸载应用程序时产生的垃圾文件

目前大多数的应用程序都自带了卸载程序（Uninstall.exe 文件），因此卸载应用程序时既可以选择直接利用该卸载程序进行卸载，又可以选择系统提供的“卸载程序”功能进行卸载。

其实这两种卸载方法都能删除应用软件在注册表中保存的信息，但是如果程序自带的卸载程序被破坏，或者采用直接删除程序安装文件夹的方法卸载程序时，就可能会造成这些程序对应的注册表信息仍然保存在注册表中，这些无用的信息日积月累，会造成注册表体积庞大，从而影响系统运行速度。其实，用户可以通过“注册表编辑器”来删除它们。

应用软件保存在注册表中的信息位于 HKEY_CURRENT_USER\Software 和 HKEY_LOCAL_MACHINE\SOFTWARE 子键下，如图 13-35 和图 13-36 所示。在这两个子键中，Software 子键包含的是软件所对应的注册表信息，而其他子键则可以根据名称来识别。

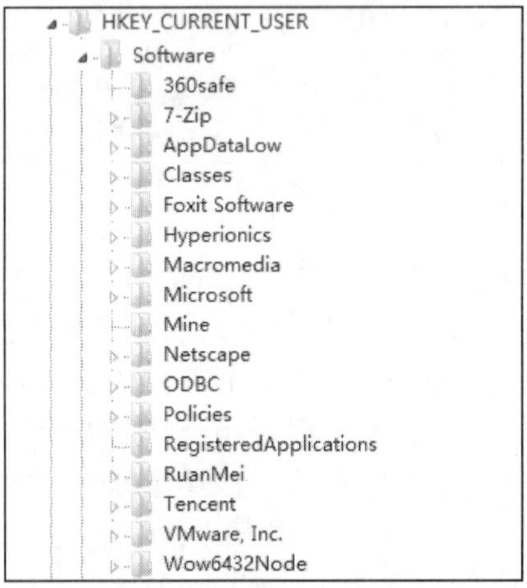

图 13-35　HKEY_CURRENT_USER\Software 子键

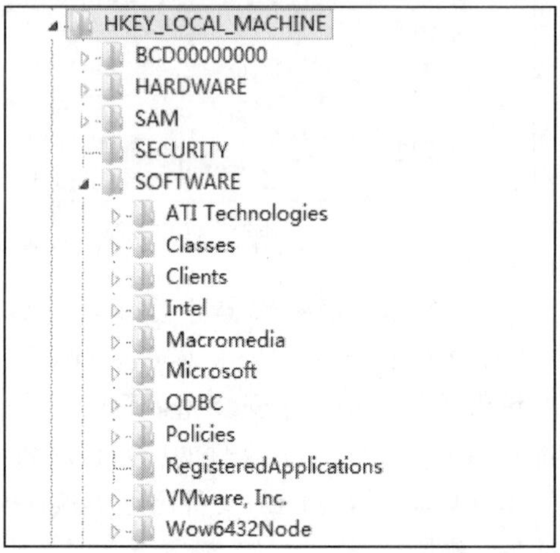

图 13-36　HKEY_LOCAL_MACHINE\SOFTWARE 子键

如果 Software 子键下方的子键名称所对应的软件已被删除，则用户可以将该子键和其所包含的键值项全部删除。

13.5.3　清除系统软件在安装运行中产生的无用信息

Windows 系统是一款全球性的产品，因此它的面市直接面向世界所有国家的用户。为了满足不同地区用户的需求，Windows 系统软件中设置了多种时区选择、语言代码和键盘布局等，用户完全可以只保留自己所在地区的时区、语言代码和键盘布局等信息，将其他地区的信息从注册表中删除，这样既减小了注册表的体积，又加快了系统的运行速度。

删除多余时区：在注册表中，HKEY_LOCAL_MACHINE\Software\Microsoft\WindowsNT\CurrentVersion\Time Zones 子键下保存着各种时区设置，如图 13-37 所示，用户可以删除除 China Standard Time 子键以外的其他子键。

删除多余语言代码：在注册表中，HKEY_LOCAL_MACHINE\System\CurrentControlSet\Control\Nls\Locale 子键下保存了系统的各种语言代码设置，如图 13-38 所示，可以选择只包括英语（美国）和中文（中国），其中“英语（美国）”代码为 00000409，“中文（中国）”代码为 00000804。

删除多余键盘布局：在注册表中，HKEY_LOCAL_MACHINE\System\CurrentControlSet\Control\Keyboard Layouts 子键下保存了系统的各种键盘布局设置，如图 13-39 所示，选择每个子键，在右侧即可看见该子键包含的输入法，删除无用的子键即是删除无用的输入法。

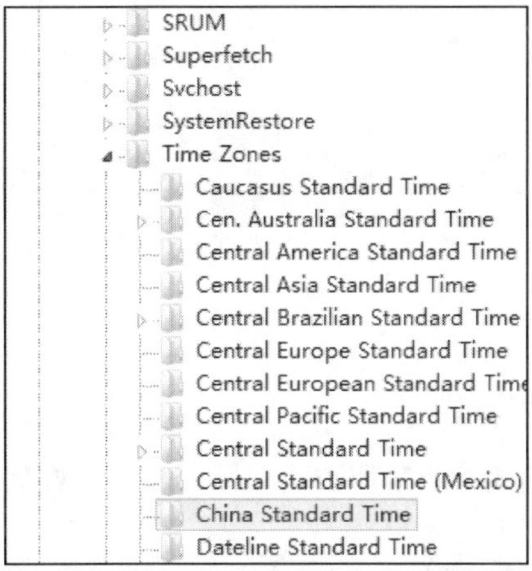

图 13-37　Time Zones 子键下的各种时区设置

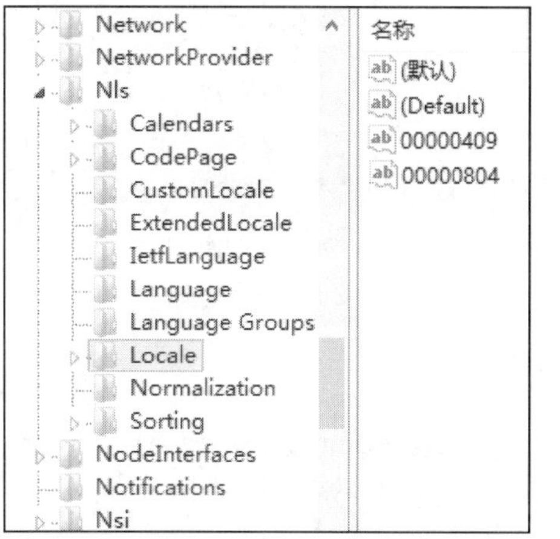

图 13-38　Locale 子键下的各种语言代码设置

图 13-39　Keyboard Layouts 子键下的各种键盘布局设置

13.6　查找指定子键和键值项

使用注册表编辑器编辑注册表信息时，由于注册表中的子键和键值项数不胜数，难以在短时间内快速找到已制定的子键或键值项，因此 Windows 系统在“注册表编辑器”中提供了查找功能，利用该功能可以快速查找到已制定的子键或键值项，在“注册表编辑器”窗口中单击“编辑”按钮，便可弹出如图 13-40 所示的编辑菜单，该菜单中包含“查找”和“查找下一个”命令。

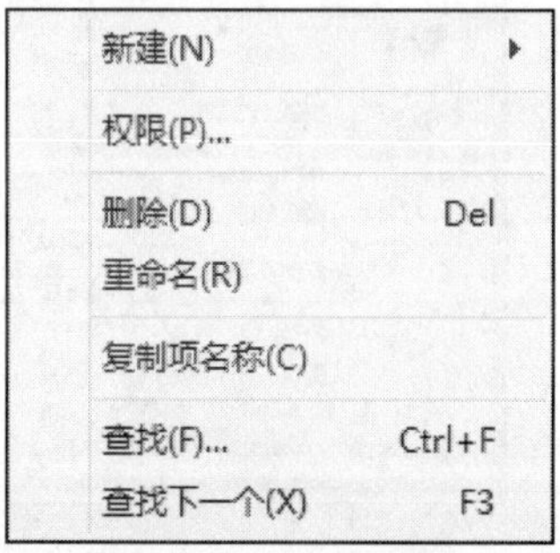

图 13-40　编辑菜单

- 查找：用于查找指定的子键或键值项，利用该命令查找时，将会弹出“查找”对话框，如图 13-41 所示，在该对话框中用户需要输入所找子键或键值项的名称，然后设置查找目标的所属类别（项、值和数据）。
- 查找下一个：执行该命令能够快速切换至下一个符合所设置条件的子键或键值项。

在注册表编辑器中查找子键或键值项主要是通过“查找”命令来实现的，而“查找下一个”命令通常用来快速切换至下一个子键或键值项。具体操作步骤如下。

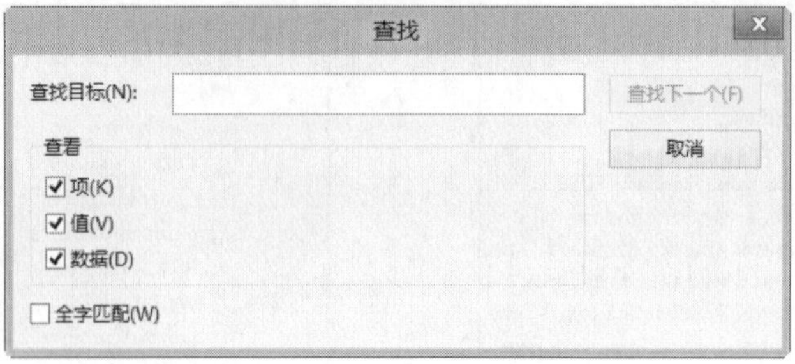

图 13-41 “查找”对话框

Step 01 ❶ 在注册表编辑器中选择所要查找的子键或键值项所在的根键，❷ 然后在菜单栏中依次单击“编辑 > 查找”命令，如图 13-42 所示。

Step 02 弹出“查找”对话框，❶ 输入查找内容，❷ 设置查找条件，❸ 然后单击“查找下一个”按钮，如图 13-43 所示。

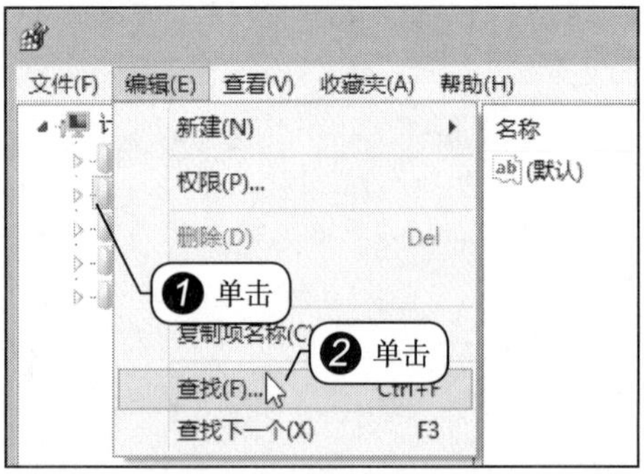

图 13-42 单击“查找”命令

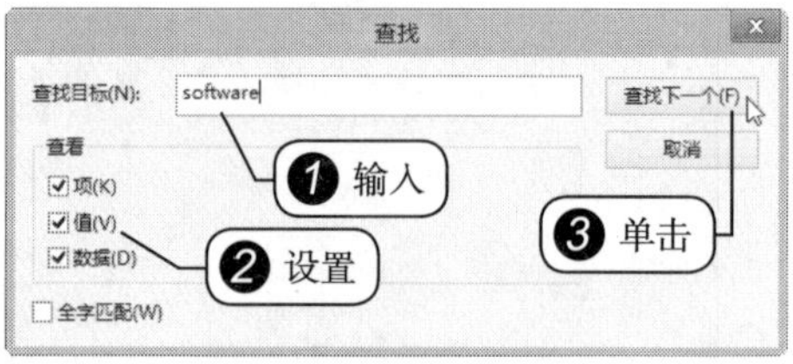

图 13-43 设置查找条件

Step 03 此时可看见第 1 个符合条件的子键，若该子键并非所要查找的子键或键值项，则在菜单栏中依次单击“编辑 > 查找下一个”命令，如图 13-44 所示。

Step 04 此时可看见第 2 个符合条件的子键，如图 13-45 所示，若仍然不是所要查找的子键或键值项，则使用 Step03 介绍的方法继续查找即可。

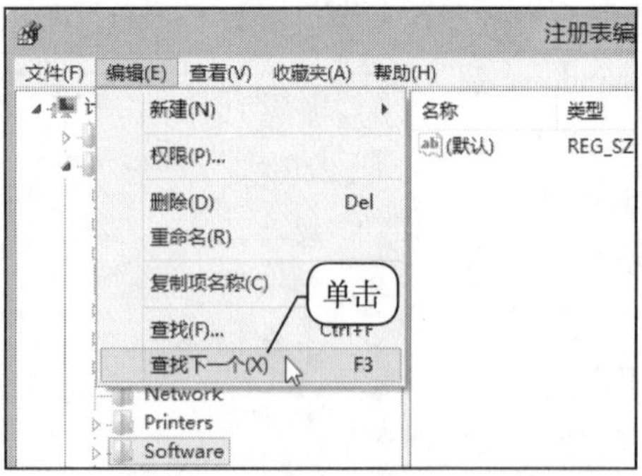

图 13-44 单击“查找下一个”命令

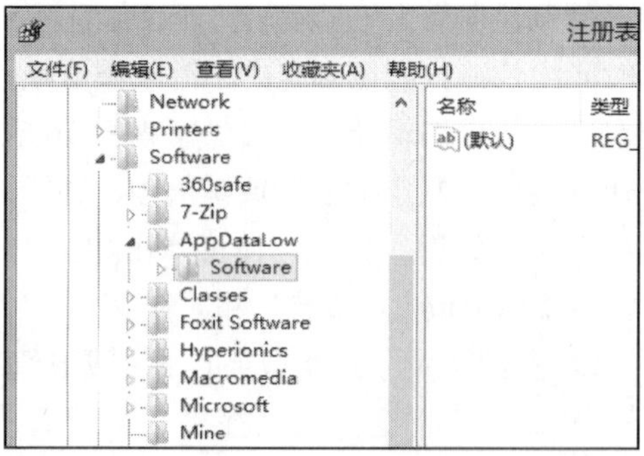

图 13-45 继续查找

13.7 组策略无法解锁注册表时有两种方法可选择

在解锁注册表的过程中，有时候会遇到即使在组策略中禁用了“阻止访问注册表编辑工具”功能，仍然无法解锁注册表，此时就需要采用其他较高级的办法，例如常见的 JS 文件法和 INF 文件法。

13.7.1 JS 文件法

JS 文件法是指利用 JavaScript 编写的 JS 文件来解锁注册表，JavaScript 是一种解释型的、基于对象的脚本语言。用该语言编写的文件的扩展名为 .js，该类文件既可以在网页中被调用，又可以像可执行程序那样直接双击运行。

新建记事本，然后在记事本中输入如下代码语言，输完后保存内容，最后将记事本的扩展名更改为 js 即可制作出解锁注册表的 JS 文件，如图 13-46 所示。直接双击运行该文件便可解锁注册表。

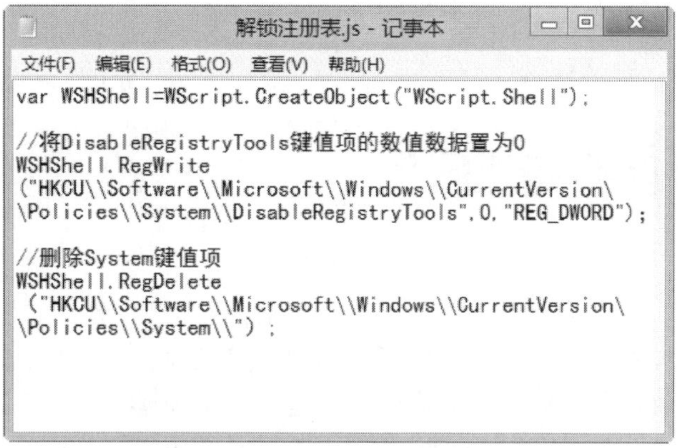

图 13-46　解锁注册表所需的 JS 文件

提示：编写 JS 文件代码的注意事项

在编写 JS 文件代码时，用户需要注意：“;”表示一个命令的结束，必须放在命令行尾；“//”后的文字只具有注释的作用，不会被执行；引用注册表中的各子键和键值项时必须用“\\”分隔。

13.7.2 INF 文件法

INF 文件指设备信息文件，是 Microsoft 公司为硬件设备制造商发布硬件设备驱动程序而推出的一种文件格式。该文件中包含了操作（如安装、卸载、驱动等）硬件设备的各种信息 / 脚本，例如显示器、打印机等设备的安装就是通过 INF 文件来完成的。

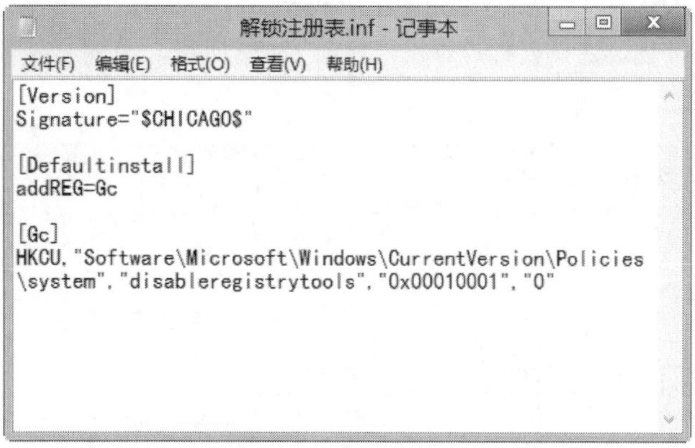

图 13-47　解锁注册表所需的 INF 文件

利用 INF 文件可以实现解锁注册表编辑器，其编写方法与 JS 文件基本相同，在新建的记事本中输入如图 13-47 所示的代码，保存并将文件扩展名更改为 inf，最后运行该文件即可解锁注册表编辑器。

13.8 利用注册表备份文件修复注册表

利用注册表备份文件修复注册表是指将从注册表中导出的 reg 文件（含有注册表信息），

导入注册表来修改注册表。由于注册表的特殊性，用户最好要在注册表能够保证系统正常运行的情况下进行备份，一旦注册表出现故障，便可直接将备份的文件导入注册表来进行修复。导入注册表备份文件需要使用菜单栏中的“文件 > 导入”命令，如图 13-48 所示。

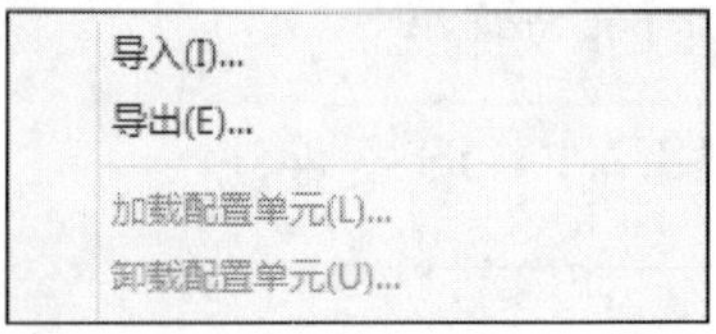

图 13-48 “导入”与“导出”命令

新手疑惑解答

1. 注册表有什么作用？

答：注册表是 Windows 系统中的核心数据库，其中保存着各种参数，直接影响着 Windows 系统的启动、硬件驱动程序的安装以及 Windows 应用程序能否正常运行，它的作用就是保证 Windows 系统与应用软件的正常运行。

2. 注册表出现问题后会影响系统正常启动吗？

答：当注册表出现问题后，轻者将使 Windows 的启动过程出现异常或者某些应用软件无法正常运行，重者可能会导致整个 Windows 系统的完全瘫痪。因此正确地认识、修改和备份注册表，对 Windows 系统使用来说就显得非常重要了。

3. 能否查看局域网中其他电脑的注册表？

答：Windows 注册表提供了远程查看注册表的功能，首先需要目标计算机开启远程修改注册表服务（Remote Registry），如图 13-49 所示，然后在自己的电脑中打开“注册表编辑器”窗口，依次单击“文件 > 连接网络注册表”命令，如图 13-50 所示，在“选择计算机”窗口中单击“高级”按钮，如图 13-51 所示，再单击“立即查找”按钮，选择目标计算机，如图 13-52 所示，最后只需等待连接即可。

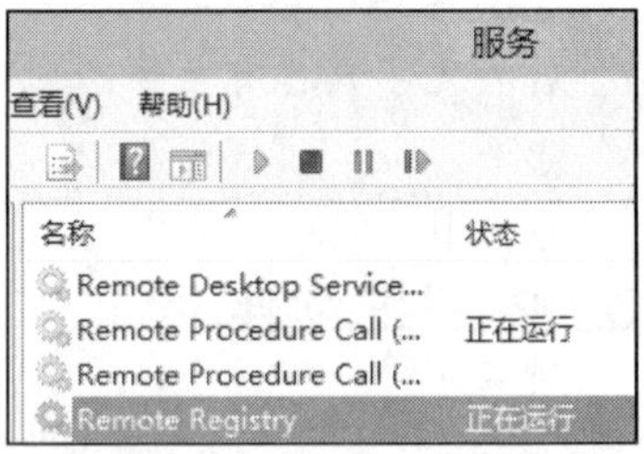

图 13-49 开启 Remote Registry 服务

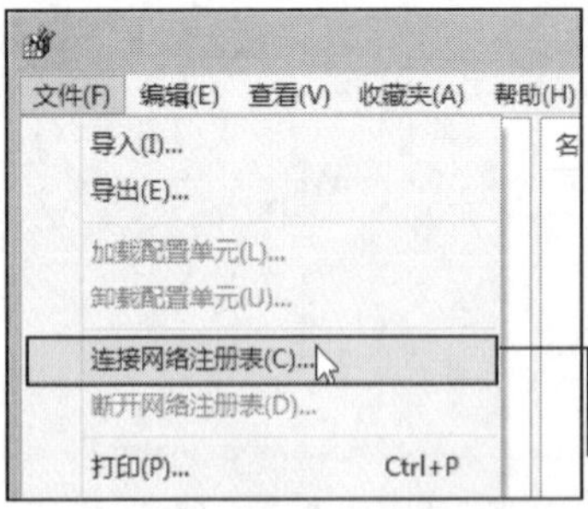

图 13-50 选择连接网络注册表

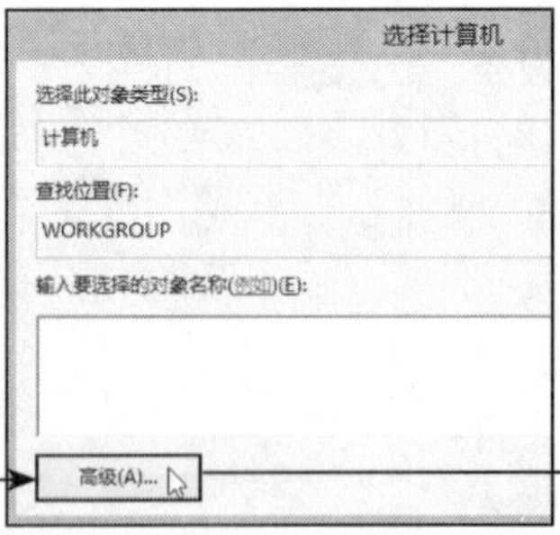

图 13-51 单击“高级”按钮

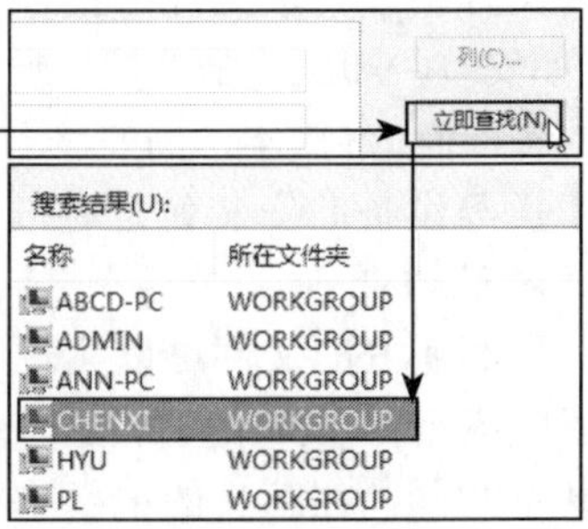

图 13-52 选择目标计算机

第五篇　网络共享通信篇

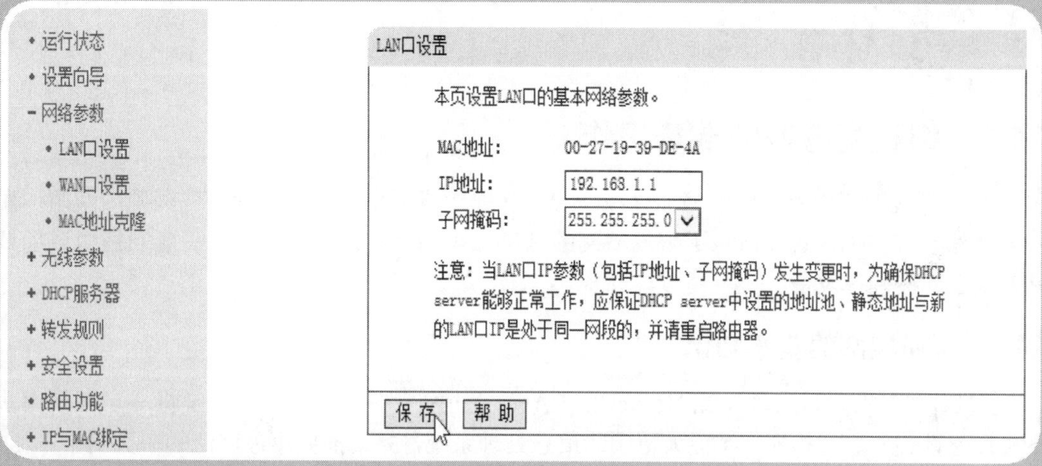

第14章
配置和应用网络

本章知识点：

☑ 组建局域网的准备工作
☑ 利用 ADSL 拨号接入 Internet
☑ 利用有线路由器实现多人共享上网
☑ 摆脱网线和接口限制，使用无线路由器
☑ 绑定 IP 与 MACN 地址，防止他人免费上网

Internet 和局域网都是由多台电脑组成的，其中 Internet 是将全世界的电脑连接在一起，而局域网则能将一个办公室、一栋楼或者一个小区的所有电脑连接在一起，无论是连接 Internet 还是局域网，用户都需要手动进行配置，才能够查找到网络中的电脑。

基础讲解

14.1 组建局域网的准备工作

局域网能够将附近多台电脑连接在一起，从而组成一个可以共享软硬件资源的网络，用户若想组建局域网，首先应该了解局域网的基础知识和结构设置，同时还需要掌握组成局域网都需要哪些硬件设备。

14.1.1 局域网的基本知识

局部区域网络（Local Area Network，LAN）通常简称“局域网”，它是将一定区域内多台电脑互联在一起，构成一个更大范围的信息处理系统，是目前应用最广泛的一类网络。

1. 局域网的基本特征

局域网的基本特征主要有以下两点。

（1）局域网的分布范围比较小，通常不会超过几十公里，甚至只分布在一栋楼或一个房间内。

（2）局域网中的各台电脑间传输速度比较快，一般为 10Mb/s，近来已经达到了 100Mb/s。

2. 局域网的拓扑结构

局域网的拓扑结构是指网络中各电脑间相互连接的模式，在局域网中，常见的拓扑结构有总线型拓扑结构、环型拓扑结构和星型拓扑结构。

（1）总线型拓扑结构：总线型拓扑结构采用了单根传输线作为传输介质，所有的终端设备都需通过相应的硬件接口直接连接到传输总线上，任何一台终端设备发送的信号都可以在总线中传输，同时能被其他终端设备接收到，如图 14-1 所示为总线型拓扑结构的示意图。

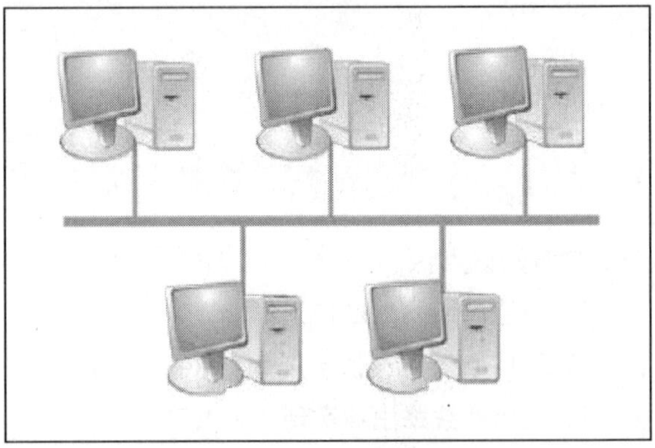

图 14-1　总线型拓扑结构

总线型拓扑结构具有价格低廉的特点，并且如果其中某一终端设备出现故障，并不会影响到其他终端设备；但是它也有明显的缺点，那就是在任何时候都只能由一台终端设备发送数据。

（2）环型拓扑结构：环型拓扑结构是由连接成封闭回路的终端设备所组成，每一台终端设备与它相邻的终端设连接，如图 14-2 所示。在环型拓扑结构中，流通着一个“令牌”信息包，该信息包能够决定发送信息的终端设备，当拥有“令牌”信息包的终端设备发送信息后，该设备自动将“令牌”信息包向下传送，使得下游的终端设备可以发送信息，发送的信息流只能单方向传输，每台接收到信息包的终端设备都会将信息传输给它的下游终端设备，直至信息传输一圈后回到发送站。

由于环型拓扑网中的网卡等通信部件价格比较昂贵且管理复杂，因此它经常应用于工厂环境和拥有大型电脑的场合。应用于工厂环境是因为环型拓扑网的抗干扰能力比较强，而应用于大型电脑场合则是因为环型拓扑结构更易将局域网接入大型电脑网络中。

（3）星型拓扑结构：星型拓扑结构是以一台主机或者连网设备（如路由器）为中心，每台终端设备都直接与中心设备相连接，如图 14-3 所示。

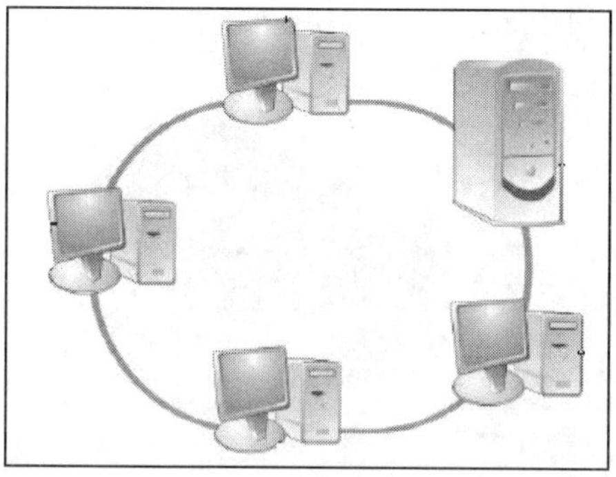

图 14-2　环型拓扑结构

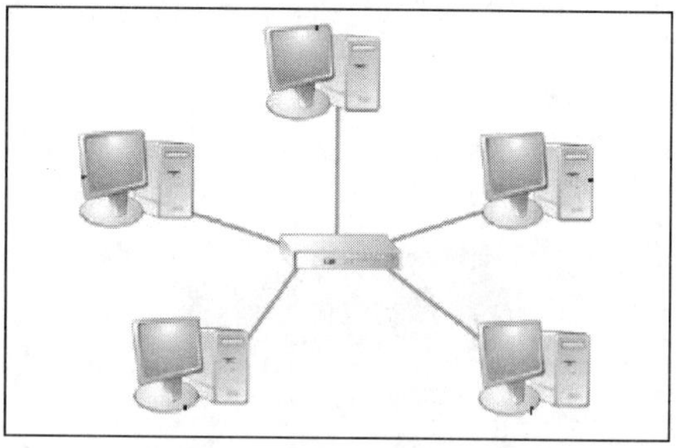

图 14-3　星型拓扑结构

星型拓扑结构的优点十分明显，有利用中心设备方便地提供服务和重新配置网络、单台终端设备出现故障不会影响整个局域网。而缺点则是每台终端设备都需要连接中心设备，造成费用增大，并且一旦中心设备出现故障，则全网都无法正常工作。

14.1.2　局域网的结构设计

根据局域网中有无服务器，其结构设计可分为对等局域网和基于服务器的局域网两种类型。

1. 对等局域网

对等局域网是指没有指定服务器的局域网，局域网中每一台电脑既可以是服务器，又可以是客户机。每台电脑都可以由用户自行决定如何与网络内的其他用户分享资源。例如，在一个办公室中组建的局域网，所有的电脑均安装了 Windows 8 操作系统，所有用户在同一工作组内可以彼此分享资源，无需专门搭建服务器。

2. 基于服务器的局域网

与对等局域网不同的是，基于服务器的局域网中至少有一台用于担当服务器角色的电脑。其余电脑不用分享信息，全部数据都存储于服务器中。其中服务器可以兼顾文件打印服务器、应用服务器、电子邮件服务器、传真服务器以及通信服务器的功能。例如在基于服务器的局域网中有一台装有 Linux/UNIX 操作系统的电脑，担当服务器的角色，其他连接在这个网络中的电脑将需要分享的信息上传至服务器中，然后服务器负责设定网络内其余电脑访问共享资源的不同权限，以确保共享资源的安全。

14.1.3　常用的网络硬件设备

由于星型拓扑结构具有可重新配置网络、单个终端设备出现故障不会影响整个局域网的优点，因此该拓扑结构广泛用于局域网中，组建一个星型局域网除了需要最基本的电脑之外，还需要网卡、网线、调制解调器和路由器。下面简单介绍一下常用的网络硬件设备。

1. 网卡

网卡是网络接口卡的简称，它是局域网中最重要的连接设备之一，电脑只能通过网卡接入局域网，在局域网中，网卡一方面负责接收网络中的数据包，并在解包后将数据通过主板总线传输给电脑；另一方面负责将本地电脑中的数据打包后传输到网络中。目前常见的网卡有 3 种，分别是独立网卡、集成网卡以及无线网卡。

（1）独立网卡：独立网卡一般安装在主板上的扩展槽中，常见的独立网卡包括 PCI 网卡和 PCI-E 网卡，如图 14-4 所示为 PCI 网卡，它通常安装在主板上的 PCI 插槽中；如图 14-5 所示为 PCI-E 网卡，它通常安装在主板上的 PCI-E 插槽中。

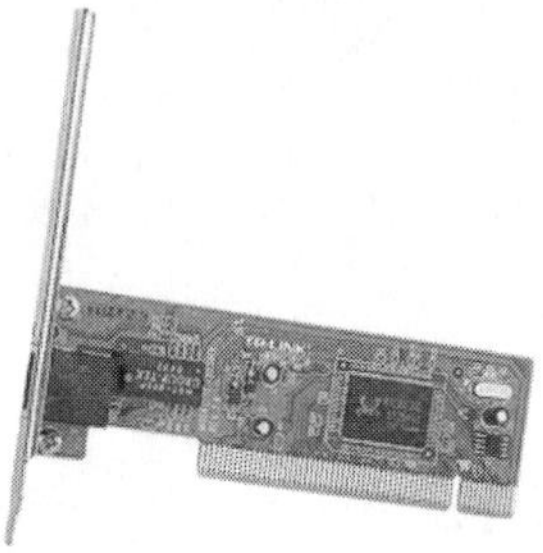

图 14-4　PCI 网卡

图 14-5　PCI-E 网卡

PCI 和 PCI-E 网卡广泛应用于台式电脑，其中 PCI-E 网卡还可用于服务器中，这主要是因为 PCI-E 网卡的数据传输速度要快于 PCI 网卡。

（2）集成网卡：集成网卡与独立网卡不同，集成网卡直接集成在电脑的主板上，如图 14-6 所示。用户只需安装主板驱动光盘中的网卡驱动程序便可正常使用该网卡，常见的集成网卡生产商有 REALTEK、MARVELL 和 INTEL。

（3）无线网卡：无线网卡与独立网卡和集成网卡最大的区别是摆脱了网线的束缚，因为无线网卡内置了一块具有接收信号功能的 IC（半导体元件产品的总称）。目前普遍使用 USB 接口的无线网卡，如图 14-7 所示。

图 14-6　集成网卡

图 14-7　USB 接口的无线网卡

提示：无线网卡与无线上网卡

无线网卡与无线上网卡是两个不同的概念，其中无线网卡与普通电脑的网卡一样是用来连接局域网的，它只是一个信号收发的设备，若要实现上网则需要连接附近的无线网络；而无线上网卡则相当于调制解调器，它可以在拥有无线信号的地方直接实现上网。

2. 网线

网线是连接局域网必不可少的硬件设备，14.1.1 节中讲的传输介质就是指网线，目前常用的网线主要是双绞线，除此之外，还可以使用同轴电缆和光纤。

（1）双绞线：双绞线是由两条相互绝缘的导线按照一定的规格互相缠绕在一起而制成的一种通用配线，其特点是价格便宜、经济实用，因此被广泛使用。双绞线包括屏蔽双绞线（STP）和非屏蔽双绞线（UTP）两种，如图 14-8 所示为屏蔽双绞线，图 14-9 所示为非屏蔽双绞线。其中 STP 内部有一层金属隔离膜，传输数据时可减少电磁干扰，因此稳定性强，而 UTP 内部却没有这层金属膜，因此它的稳定性较差，但是它比 STP 要更加便宜。

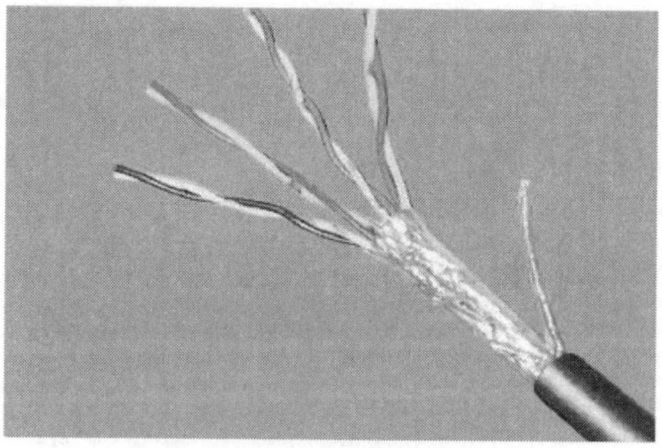
图 14-8 屏蔽双绞线

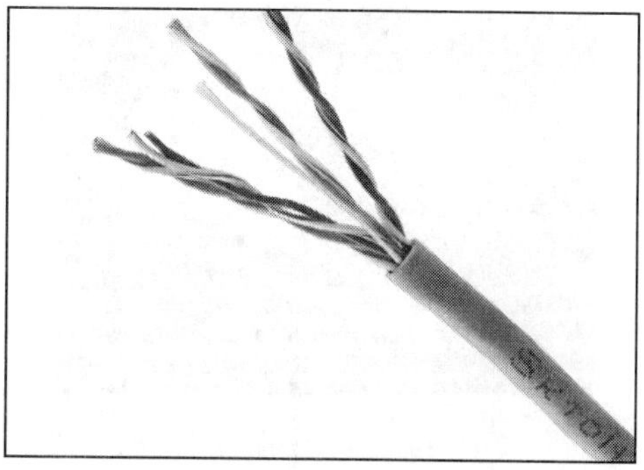
图 14-9 非屏蔽双绞线

（2）同轴电缆：同轴电缆是由一层绝缘线包裹着中央铜导线的电缆线，其特点是抗干扰能力强、传输数据稳定、价格便宜，同样被广泛使用，如图 14-10 所示。

（3）光纤：光线是目前最先进的网线，如图 14-11 所示。由于其价格昂贵，因此在家庭和小型公司中很少使用，它由许多根细如发丝的玻璃纤维外加绝缘套所组成，靠光波传送，其具有抗电磁干扰性极强、保密性强、速度快和传输容量大等特点。

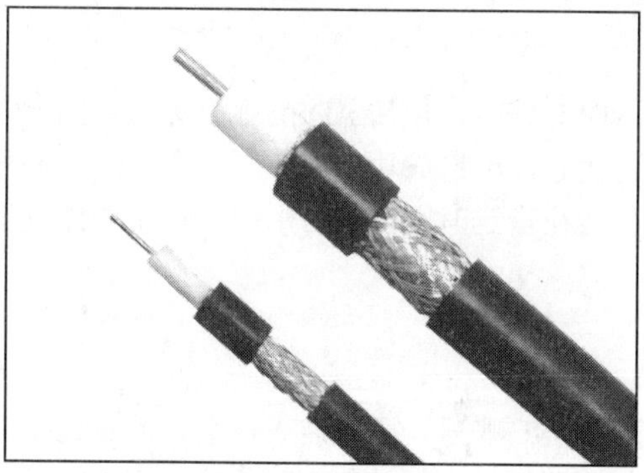
图 14-10 同轴电缆

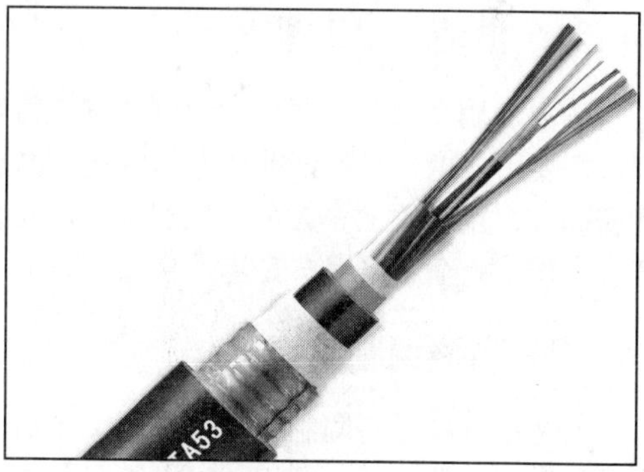

图 14-11 光纤

3. 调制解调器

调制解调器又被称为 Modem，Modem 是英文名 Modulator 和 Demodulator 的缩写，人们习惯性地称调制解调器为“猫”，其实有点类似于音译。如图 14-12 所示为 D-LINK 品牌的调制解调器。

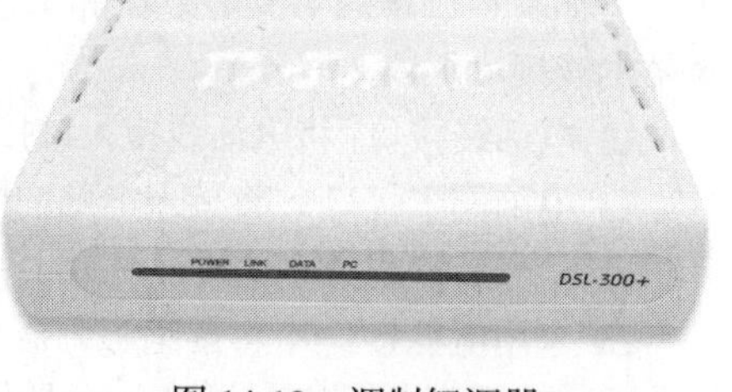

图 14-12 调制解调器

调制解调器的作用是互译数字信号与模拟信号，常见的电子信号分为两种，一种是模拟信号，另一种是数字信号。通过电话线传输的是模拟信号，而电脑之间传送的却是数字信号。所以用户想要通过电话线来将电脑接入 Internet 时，就需要安装调制解调器来“翻译”这两种不同的信号。

4. 路由器

路由器是组件局域网的重要设备，它可以作为星型拓扑结构中的中心设备，只需将多台电脑接入路由器，便可轻松组成一个局域网。路由器不仅具有组建局域网的功能，而且还具有共享上网的功能，共享上网的功能将在本章的 14.3 节和 14.4 节进行详细介绍，如图 14-13 所示为有线路由器，图 14-14 所示为无线路由器。

图 14-13　有线路由器

图 14-14　无线路由器

14.2　利用 ADSL 拨号接入 Internet

ADSL 称为非对称数字用户线路，它采用频分服务技术把普通电话线分成了电话、上行和下行 3 个相对独立的信道，从而避免了相互之间的干扰。因此用户能够在不影响正常通话的情况下进行网上冲浪。即使一边打电话一边上网，也不会影响上网速度和通话质量。

14.2.1　申请 ADSL 账号

若要利用 ADSL 拨号实现上网，首先得申请 ADSL 账号，申请 ADSL 账号无法在网上实现，需要用户携带身份证前往电信营业厅办理申请业务，申请成功后会获取一个 ADSL 账号和密码，并且相关工作人员会提醒用户，安装人员会在指定时间内进行上门安装服务并直至调试成功，完全不需用户安装。

14.2.2　连接调制解调器

ADSL 拨号需要调制解调器，如果成功申请了 ADSL 账号，则安装人员会自动帮助用户安装调制解调器，因为使用 ADSL 拨号上网必须使用调制解调器才能实现。这里需要提醒用户的是：最好掌握调制解调器的安装方法，否则一旦调制解调器出现问题，用户只能求助其他人，如果自己掌握了安装方法和工作原理，自己就能进行处理，如图 14-15 所示为调制解调器的连接示意图。

- 电话线接口：将电话线接入该接口后，电话线中的模拟信号便会直接进入调制解调器。
- 电脑网卡接口：将接入电脑的网线接入调制解调器后，调制解调器自动将导入的模拟信号转换成数字信号，然后再将数字信号沿着网线传入电脑。
- 家用电源接口：将调制解调器自带的电源适配器一端接入家用电源，另一端接入调制解调器，才能够为调制解调器供电，保证其正常运行。

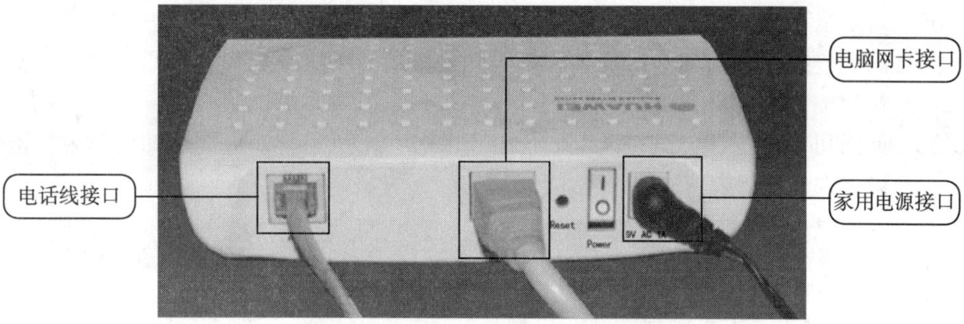

图 14-15　调制解调器的连接示意图

14.2.3　创建 ADSL 拨号连接

确保成功连接调制解调器与电脑后，用户便可在 Windows 8 操作系统中创建 ADSL 连接并实现拨号上网。具体操作步骤如下。

Step 01　❶ 右击桌面上的“网络”图标，❷ 在弹出的快捷菜单中单击“属性”命令，如图 14-16 所示。

Step 02　打开“网络和共享中心”窗口，在“更改网络设置”组中单击“设置新的连接或网络”链接，如图 14-17 所示。

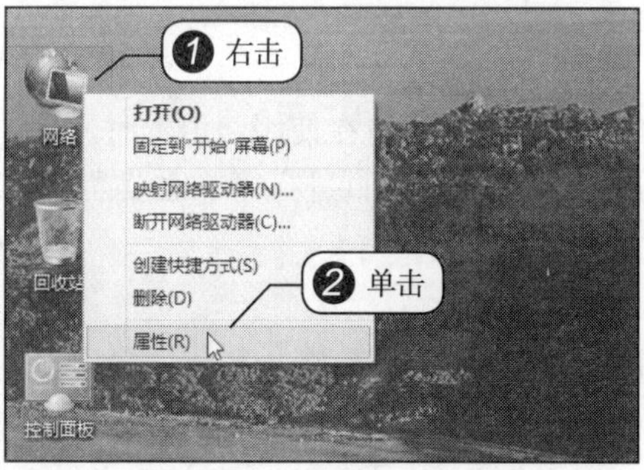

图 14-16　单击“属性”命令

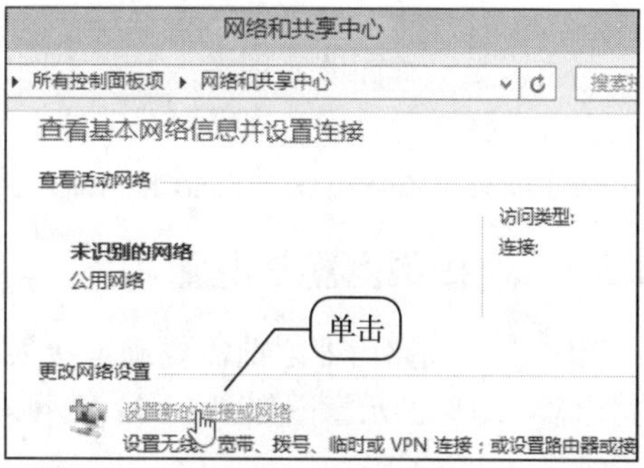

图 14-17　单击“设置新的连接或网络”链接

Step 03　弹出“设置连接或网络”对话框，❶ 在“选择一个连接选项”界面中单击“连接到 Internet”选项，❷ 然后单击“下一步”按钮，如图 14-18 所示。

Step 04　切换至“你希望如何连接？”界面，单击“宽带 (PPPoE)”选项，如图 14-19 所示。

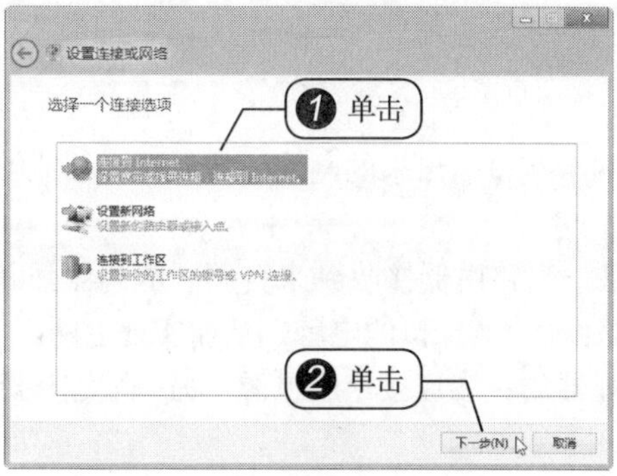

图 14-18　选择“连接到 Internet”选项

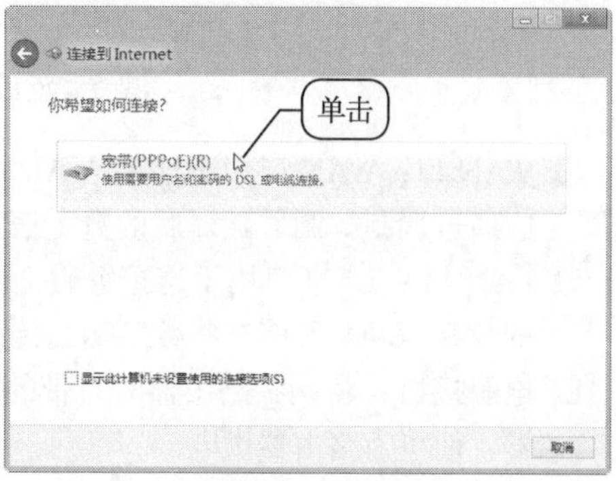

图 14-19　选择“宽带 (PPPoE)”选项

Step 05　切换至“键入你的 Internet 服务提供商（ISP）提供的信息”界面，输入用户名、密码和连接名称，其中用户名和密码就是申请的 ADSL 账户和密码，然后单击“连接”按钮，如图 14-20 所示。

Step 06　此时可看见正在尝试接入 Internet，如图 14-21 所示，如果输入的用户名和密码准确无误，就能成功连接。

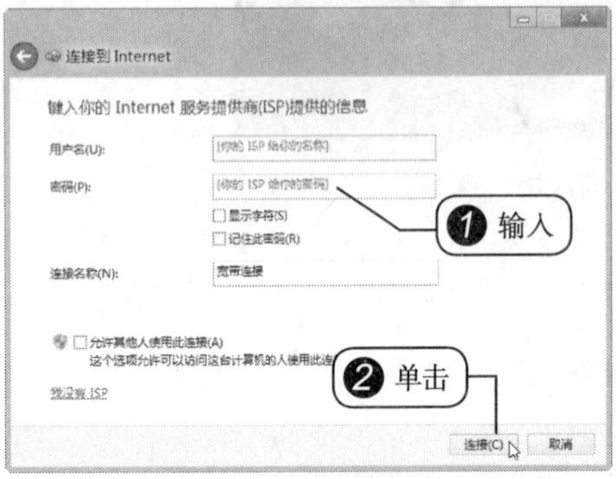

图 14-20　输入用户名、密码和连接名称

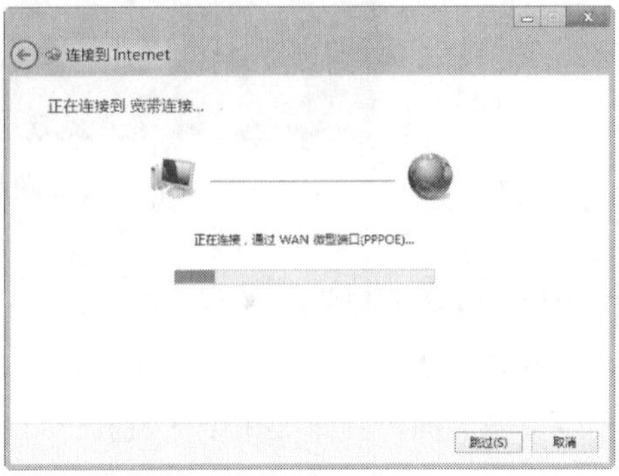

图 14-21　正在尝试接入 Internet

14.3　利用有线路由器实现多人共享上网

路由器是一种能够实现多人共享上网的设备，只要拥有一个 ADSL 账号，就能通过路由器让多台电脑同时上网，这无疑是节约上网成本的最佳方式。用户在使用路由器时，首先需要正确连接路由器、电脑和调制解调器，然后还需要登录路由器首页进行简单地设置。

14.3.1　连接路由器与电脑

用户在选购路由器之前需要确定接入 Internet 的电脑台数，然后购买相应的路由器，连接路由器与电脑的示意图如图 14-22 所示。

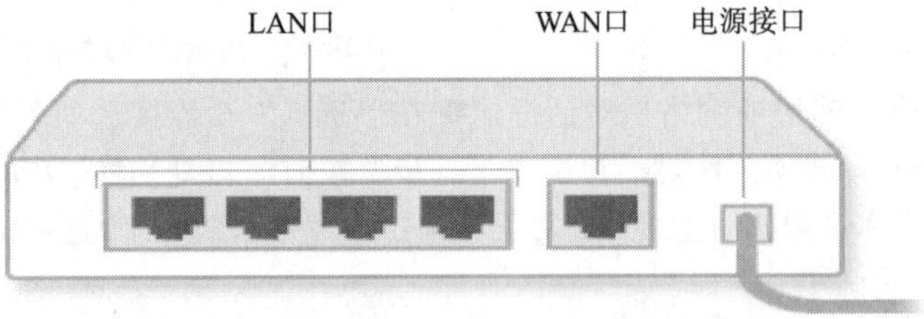

图 14-22　路由器连接示意图

- WAN 口：WAN 口用于连接从 ADSL 电脑网卡接口引出来的网线，使得路由器能够接收通过调制解调器翻译后的数字信号。
- LAN 口：LAN 口用于连接等待上网的电脑，当路由器接收到来自调制解调器翻译后的数字信号，便将这些数字信号传入接入路由器 LAN 口的电脑，从而实现上网。
- 电源接口：将购买路由器时自带的电源适配器的一端连接家用电源，另一端连接路由器，便可为路由器供电。

14.3.2 配置路由器

连接路由器与电脑后并不能立即上网，用户还需要对路由器进行设置，例如输入 ADSL 账号和密码，以及设置 LAN 口等，方可实现共享上网。具体操作步骤如下。

Step 01 启动 IE 浏览器，在顶部输入路由器首页对应的网址，然后按【Enter】键，如图 14-23 所示。

Step 02 弹出“Windows 安全”对话框，❶ 在界面中输入路由器首页默认的用户名和登录密码，均为 admin，❷ 然后单击“确定”按钮，如图 14-24 所示。

图 14-23 输入路由器首页网址

图 14-24 输入用户名和登录密码

提示：路由器首页对应的网址

用户在使用浏览器打开路由器主页时，需要注意的是：并不是所有路由器首页对应的网址都为 192.168.1.1，也许是 192.168.0.1，这个要根据购买路由器时放置在路由器包装盒中的说明书来决定。

Step 03 打开路由器首页界面，在界面左侧依次单击“网络参数 >WAN 口设置”选项，如图 14-25 所示。

Step 04 ❶ 在右侧设置 WAN 口连接类型为 PPPoE，输入 ADSL 账号和密码，❷ 然后选择拨号模式，例如单击选中“正常拨号模式”单选按钮，如图 14-26 所示。

Step 05 在下方根据需要选择对应的连接模式，例如单击选中“自动连接，在开机和断线后自动连接”单选按钮，再单击“保存”按钮，如图 14-27 所示。

图 14-25 选择 WAN 口设置

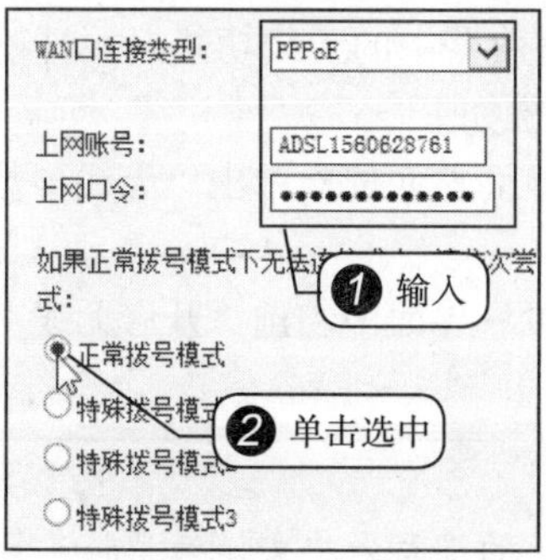

图 14-26 输入 ADSL 账号和密码

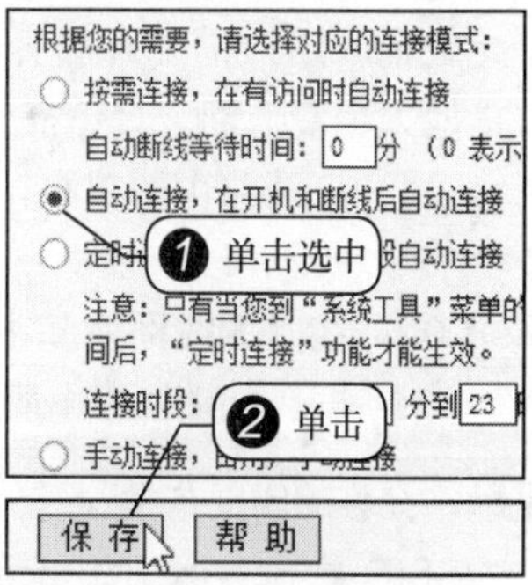

图 14-27 选择连接模式

Step 06 在左侧单击“LAN 口设置”选项，在右侧输入 LAN 口的 IP 地址和子网掩码，然后单击“保存”按钮，如图 14-28 所示。

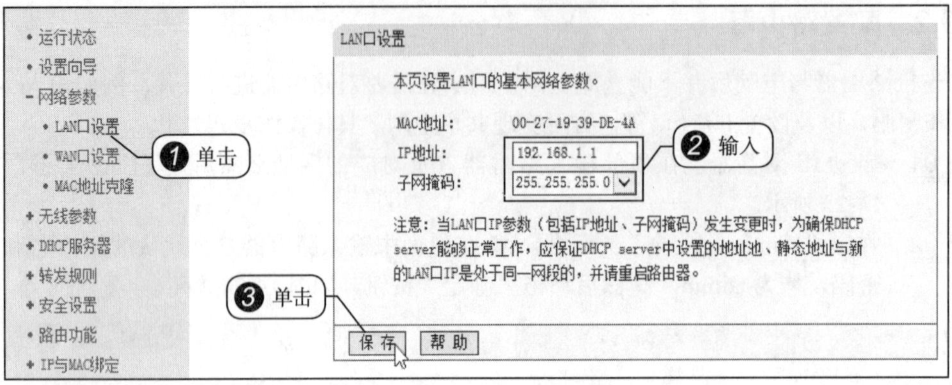

图 14-28　LAN 口设置

Step 07　在左侧单击“运行状态”选项，此时可在右侧“WAN 口状态”组中看见“断线”按钮，即设置成功，接入路由器的所有电脑均可正常上网，如图 14-29 所示。

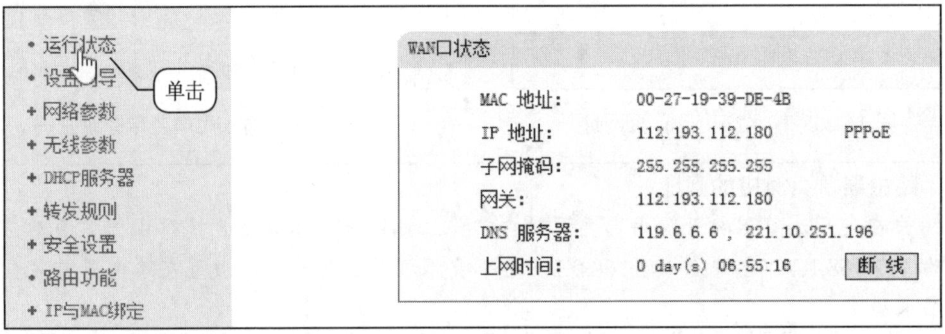

图 14-29　查看“WAN 口”状态

14.4　使用无线路由器，摆脱网线和接口限制

有线路由器的 LAN 口数量有限，从而限制了接入路由器的电脑数量，而无线路由器却不一样，只要电脑安装了无线网卡并且处在无线网络所覆盖的范围，就能够实现上网。不过在此之前，用户需要开启无线路由器中的无线功能，并且还可以设置无线网络的登录密码，防止他人免费上网。具体操作步骤如下。

Step 01　打开路由器首页，在界面左侧依次单击“无线参数 > 基本设置”选项，如图 14-30 所示。

Step 02　在“无线网络基本设置”界面中勾选“开启无线功能”和“允许 SSID 广播”复选框，如图 14-31 所示。

提示：允许 SSID 广播

SSID 是 Service Set Identifier 的缩写，中文译为“服务集标识”。只有启用了“允许 SSID 广播”功能，其他装有无线网卡的电脑才能够查看到该无线局域网，并能够执行接入操作，否则其他用户将无法在各自的电脑中查看到当前无线局域网。

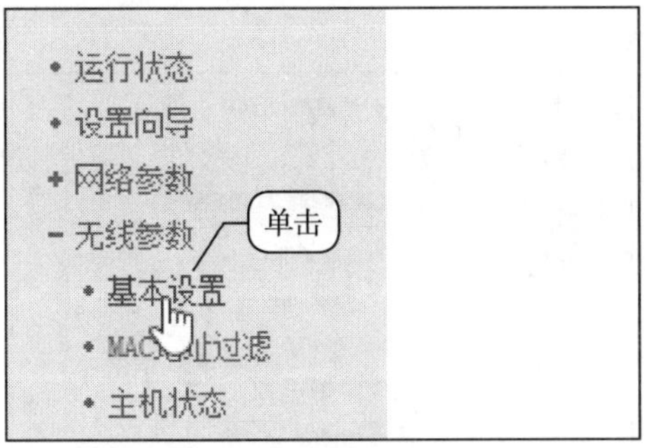

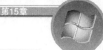

图 14-30 单击“基本设置”选项

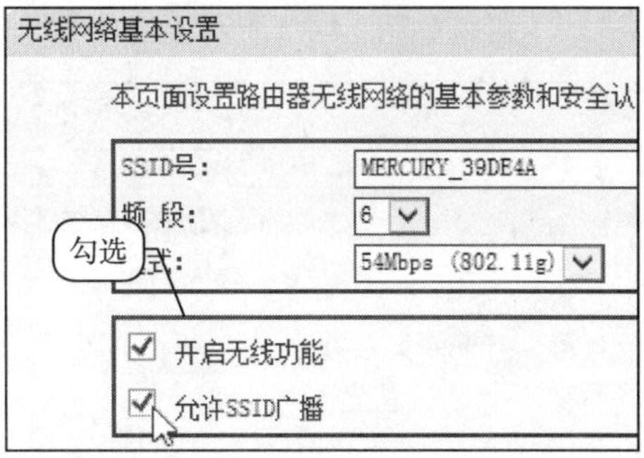

图 14-31 开启无线功能与允许 SSID 广播

Step 03 ❶ 然后勾选“开启安全设置”复选框并在下方设置安全类型，❷ 然后输入无线网络登录密码，❸ 再单击“保存”按钮，如图 14-32 所示。

Step 04 单击“运行状态”选项，返回主界面，此时可在“无线状态”区域中看见无线功能已被成功启用，如图 14-33 所示。

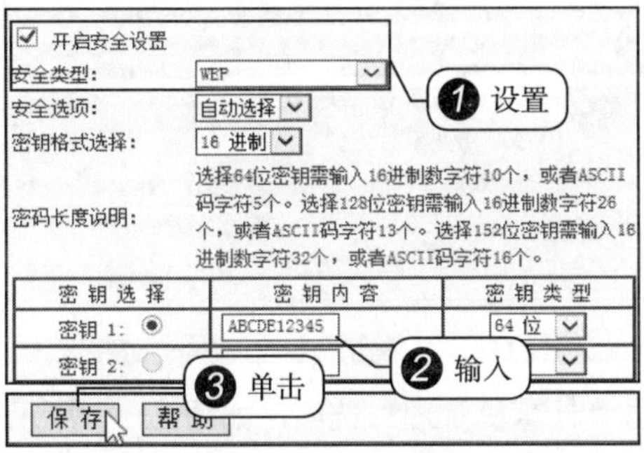

图 14-32 设置无线网络登录密码

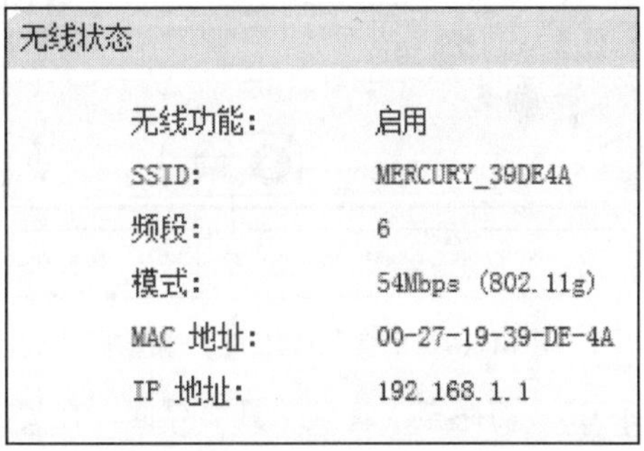

图 14-33 成功开启无线网络

拓展解析

14.5 轻松设置开机后 ADSL 自动拨号

如果是个人实现 ADSL 拨号上网，则会有一个比较烦人的操作，那就是每次开机后都要手动拨号方可正常上网，那么能不能设置开机后自动拨号上网呢？当然可以，只需将 ADSL 拨号添加到 Windows 8 操作系统中的任务计划一栏中即可实现，下面就来介绍一下设置开机后 ADSL 自动拨号的具体操作。

Step 01 打开“网络和共享中心”窗口，在界面左侧单击“更改适配器设置”链接，如图 14-34 所示。

Step 02 切换至新的界面，❶ 右击创建的“宽带连接”图标，❷ 在弹出的快捷菜单中单击“属性”命令，如图 14-35 所示。

Step 03 弹出“宽带连接 属性”对话框，❶ 切换至“选项”选项卡，❷ 勾选“记住我的凭据”复选框，❸ 然后单击“确定”按钮，如图 14-36 所示。

Step 04 打开“所有控制面板项”窗口，在“所有控制面板项”界面中单击“管理工具”链接，如图 14-37 所示。

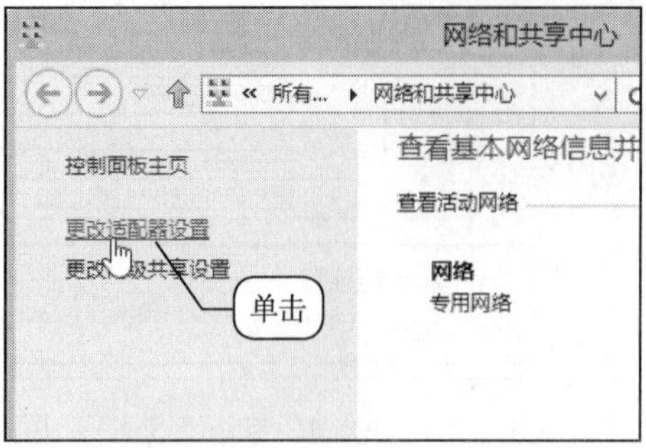

图 14-34　单击“更改适配器设置”链接

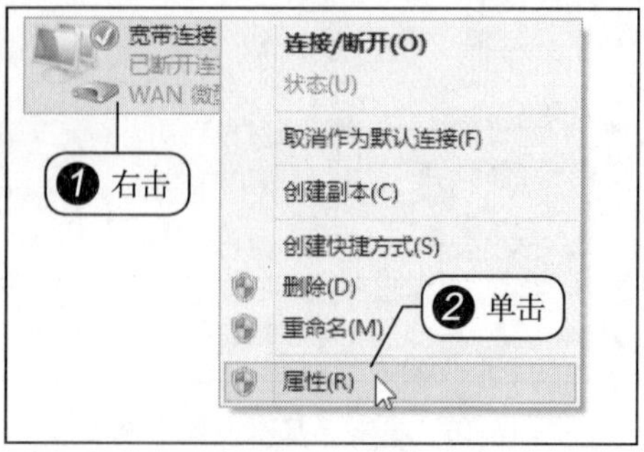

图 14-35　单击“属性”命令

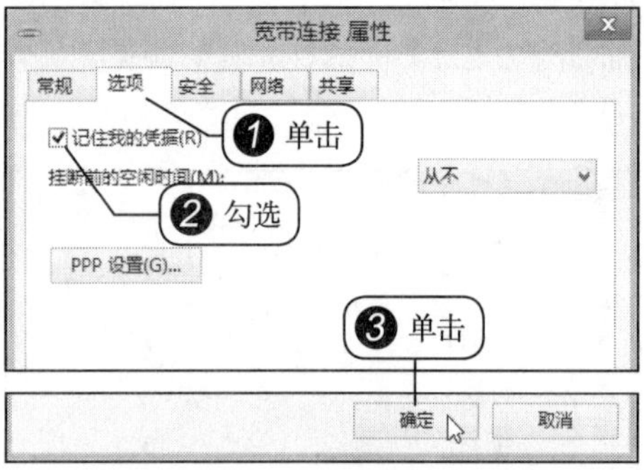

图 14-36　记住 ADSL 账户和密码

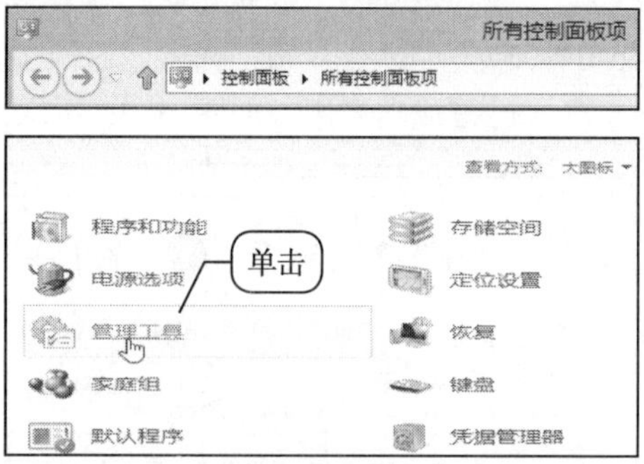

图 14-37　单击“管理工具”链接

Step 05　切换至“管理工具”界面，在界面中双击“计算机管理”选项，如图 14-38 所示。

Step 06　在窗口左侧依次单击“系统工具＞任务计划程序”选项，如图 14-39 所示。

Step 07　在右侧的“任务计划程序”组中单击“创建基本任务”选项，如图 14-40 所示。

图 14-38　双击“计算机管理”选项

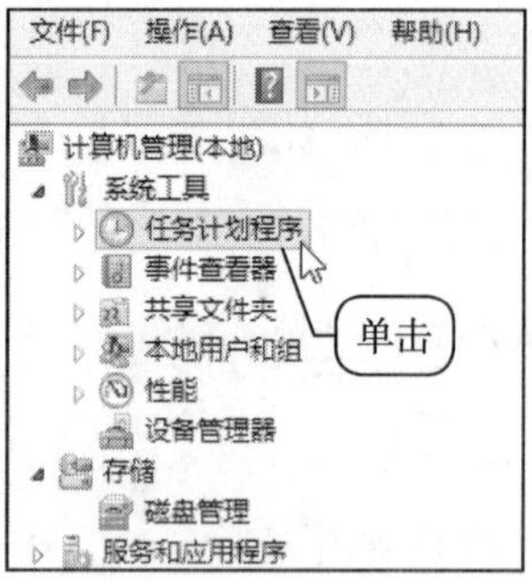

图 14-39　单击“任务计划程序”选项

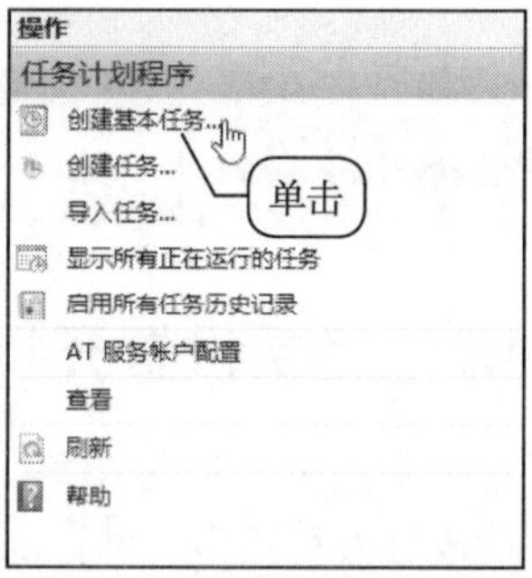

图 14-40　单击“创建基本任务”选项

Step 08　弹出“创建基本任务向导”对话框，❶ 在界面中输入名称和描述，❷ 输入后单击“下一步”按钮，如图 14-41 所示。

Step 09　切换至新的界面，❶ 在右侧选择任务的开始时间，例如单击选中“当前用户登录时”单选按钮，❷ 然后单击“下一步”按钮，如图 14-42 所示。

Step 10　❶ 在新界面中设置任务执行启动操作，单击选中“启动程序”单选按，钮 ❷ 单击“下一步”按钮，如图 14-43 所示。

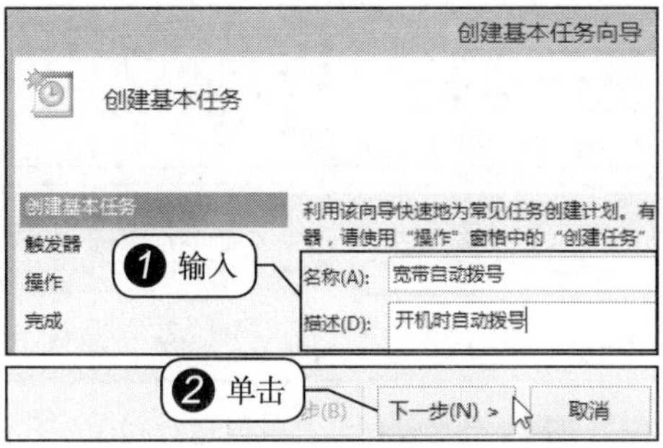

图 14-41 输入名称和描述信息

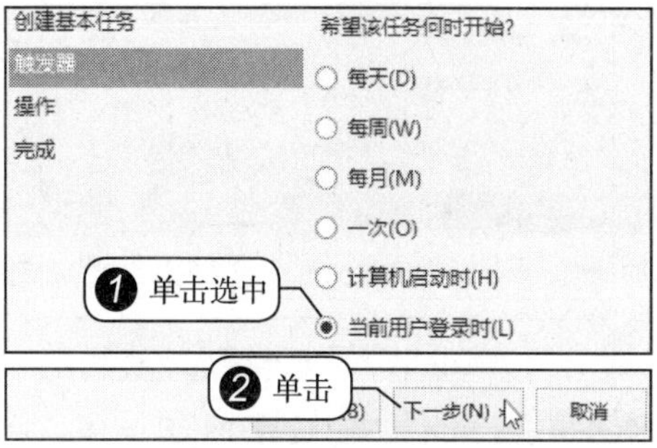

图 14-42 选择任务的开始时间

Step 11 切换至新的界面，在界面右侧的“程序或脚本”右侧单击“浏览”按钮，如图 14-44 所示。

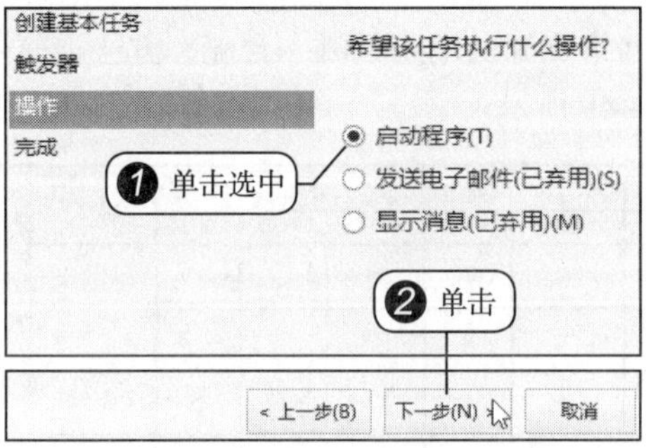

图 14-43 设置任务执行启动操作

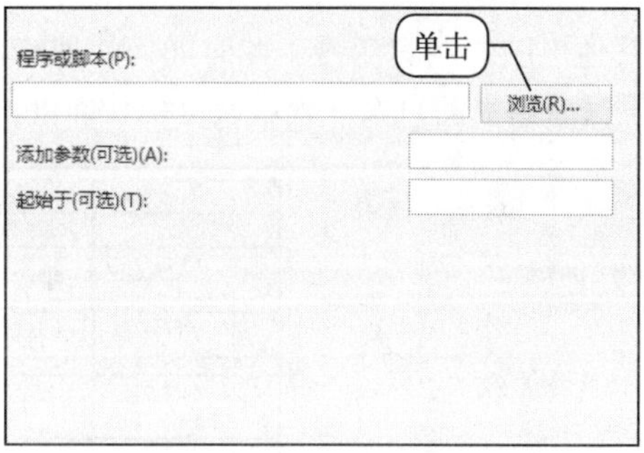

图 14-44 单击“浏览”按钮

Step 12 弹出“打开”对话框，❶ 在列表框中单击 rasphone.exe 文件，❷ 然后单击“打开”按钮，如图 14-45 所示。

Step 13 返回“创建基本任务向导”对话框，❶ 在“添加参数”右侧文本框中输入“-d‘宽带连接’”，❷ 然后单击“下一步”按钮，如图 14-46 所示。

图 14-45 打开 rasphone.exe 文件

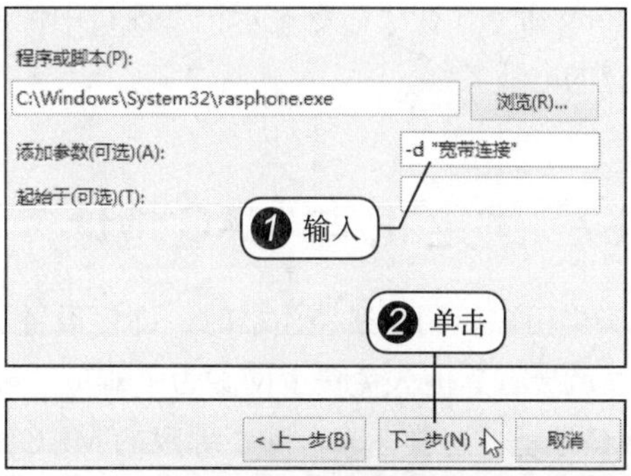

图 14-46 添加参数

Step 14 切换至新界面，在界面中可看见设置的名称、描述、触发器和操作等信息，确认无误后单击“完成”按钮，如图 14-47 所示。

Step 15 弹出“宽带自动拨号 属性（本地计算机）”窗口，❶ 在“常规”选项卡中勾选“使用最高权限运行”复选框，❷ 再单击“确定”按钮保存并退出，如图 14-48 所示。

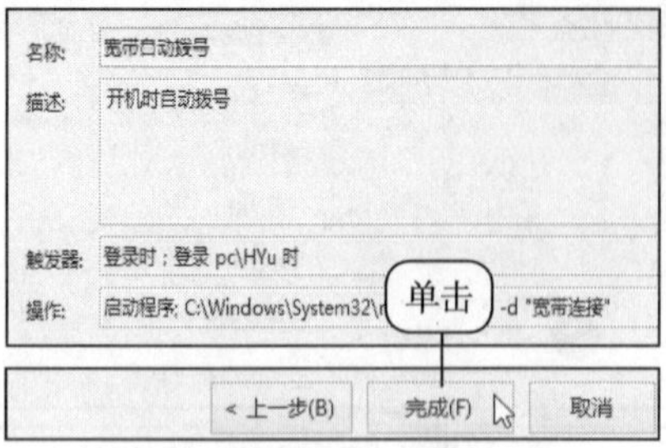

图 14-47　确认设置的信息

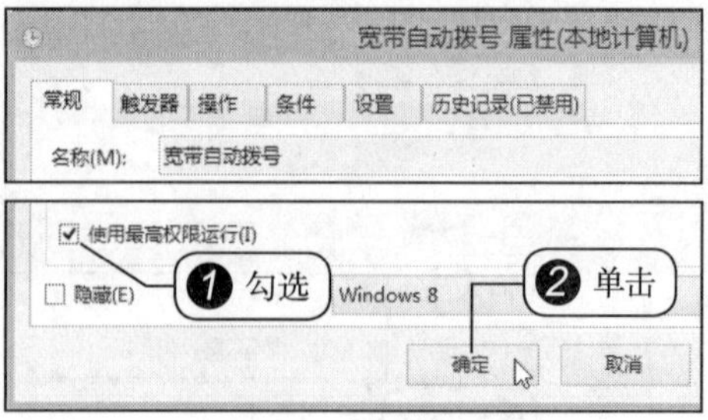

图 14-48　使用最高权限运行程序

14.6　查看局域网中各台电脑的流量统计

当使用路由器实现多人共享上网后，有些用户可能在下载网络资源，从而导致了局域网中其他电脑的网速变慢，此时如何快速查看下载网络资源的电脑是哪一台呢？方法很简单，只需登录路由器页面，查看流量统计即可，如图 14-49 所示。

	总流量		当前流量（单位：秒）					配置
IP地址	数据包数	字节数	数据包数	字节数	ICMP Tx	UDP Tx	SYN Tx	
192.168.1.111 9C-35-BE-8F-13-00	52893	39617267	151	149802	1198/0	0/1	10/0	重置 删除
192.168.1.112 00-24-8C-53-9F-09	11	3058	0	0	0/0	0/0	0/0	重置 删除
192.168.1.113 00-0B-2F-0A-CF-DA	743	137373	0	0	0/0	0/0	4/0	重置 删除
192.168.1.114 00-1B-22-04-7A-8D	27196	21877183	0	0	0/0	0/0	0/0	重置 删除
192.168.1.115 00-E0-81-08-0F-1A	14180	5400004	0	94	0/0	0/0	14/0	重置 删除

图 14-49　局域网中各电脑的流量统计情况

在图 14-49 中，若“当前流量”组中有一台或几台“数据包数”数值超过 100 时，则说明这几台电脑当前正在下载网络资源或者在线观看视频，记录这几台电脑的 IP 地址，然后利用 Ping 命令（在“命令提示符”窗口中使用 Ping+ 目标电脑的 IP 地址），即可查看 IP 地址所对应的电脑名称。

14.7　绑定 IP 与 MAC 地址，防止他人免费上网

当用户使用无线路由器时，即使设置了登录密码，仍然会出现密码泄露的情况，这样一来，就会有其他人免费上网。为了避免这种情况的发生，用户可以通过在路由器中绑定 IP 和 MAC 地址，这样一来，除了绑定的 MAC 地址所对应的电脑能够正常上网，即使其他用户接入无线局域网，也无法实现上网。

绑定 MAC 地址与 IP 地址主要分 4 步操作：第一步操作是在“静态地址分配”界面中绑定自己的 IP 地址与 MAC 地址，第二步操作是在“防火墙设置”界面中开启防火墙、IP 地址过滤和 MAC 地址过滤，第三步操作是在“IP 地址过滤”界面中添加自己电脑的 IP 地址，第四步操作是在“MAC 地址过滤”界面中添加自己电脑的 MAC 地址，其流程图如图 14-50 所示。

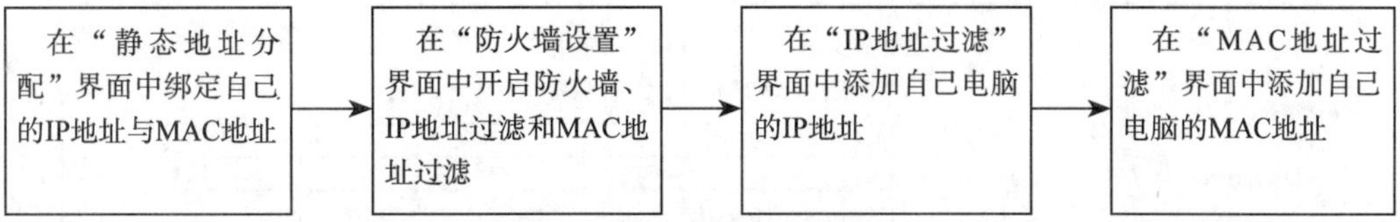

在“静态地址分配”界面中绑定自己的IP地址与MAC地址
在“防火墙设置”界面中开启防火墙、IP地址过滤和MAC地址过滤
在“IP地址过滤”界面中添加自己电脑的IP地址
在“MAC地址过滤”界面中添加自己电脑的MAC地址

图 14-50　绑定 MAC 地址与 IP 地址操作示意图

了解了绑定 IP 地址与 MAC 地址的大致操作步骤后，下面再根据这 4 步介绍详细的操作步骤。

Step 01　在键盘上按【WIN+R】组合键，打开“运行”对话框，❶ 在“打开”文本框中输入 cmd 命令，❷ 然后单击“确定”按钮，如图 14-51 所示。

Step 02　打开“命令提示符”窗口，在光标闪烁的位置输入 ipconfig /all 命令后按【Enter】键，此时可看见该电脑的 MAC 地址（物理地址）和 IP 地址（IPv4 地址），如图 14-52 所示。

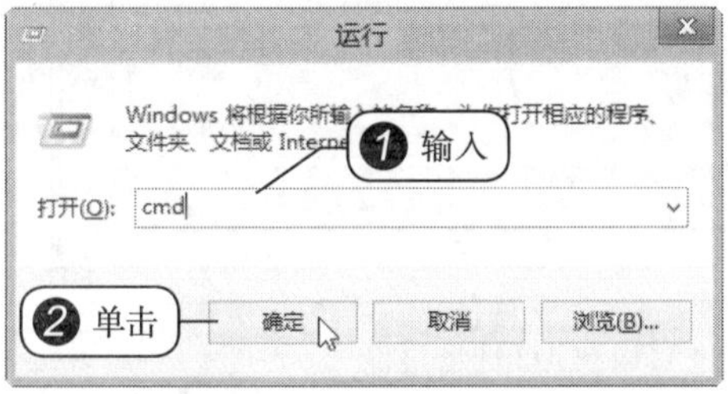

图 14-51　输入 cmd 命令

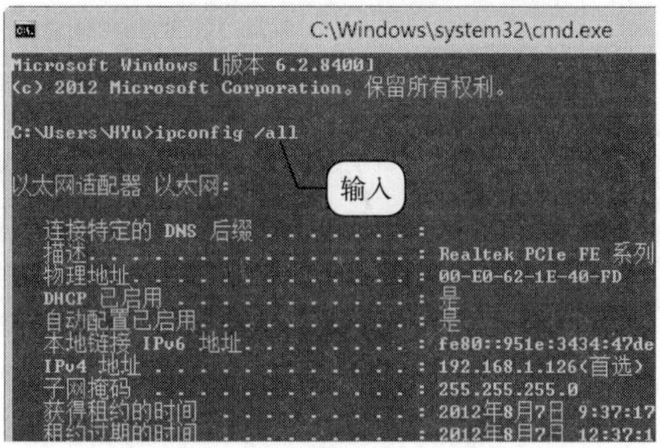

图 14-52　查看 MAC 地址与 IP 地址

Step 03　打开路由器首页界面，❶ 在左侧依次单击“DHCP 服务器 > 静态地址分配”选项，❷ 然后在右侧单击“添加新条目”按钮，如图 14-53 所示。

Step 04　❶ 在界面中输入 STEP02 中显示的 MAC 地址和 IP 地址，并设置状态为“生效”，❷ 然后单击“保存”按钮，如图 14-54 所示。

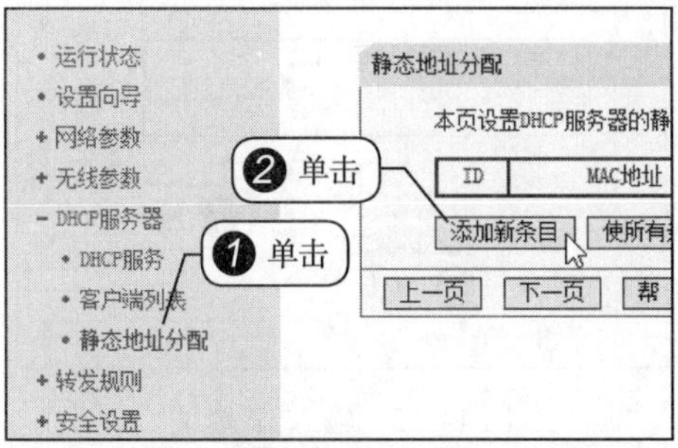

图 14-53　单击“添加新条目”按钮

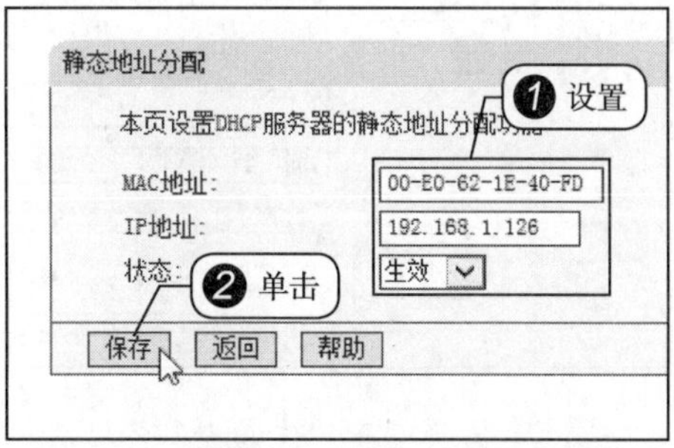

图 14-54　绑定 IP 地址与 MAC 地址

Step 05　返回上一级界面，此时可看见添加的已绑定 MAC 地址与 IP 地址，如图 14-55 所示，使用相同的方法可添加局域网中其他电脑的 IP 地址与相应的 MAC 地址。

Step 06　❶ 在路由器首页左侧依次单击“安全设置 > 防火墙设置”选项，❷ 在右侧勾选“开启防火墙”、“ 开启 IP 地址过滤”和“开启 MAC 地址过滤”复选框，❸ 然后单击“保存”按钮，如图 14-56 所示。

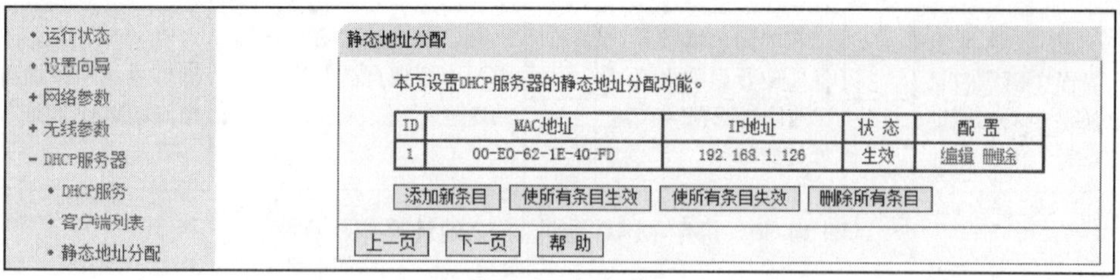

图 14-55　查看已绑定的 MAC 地址和 IP 地址

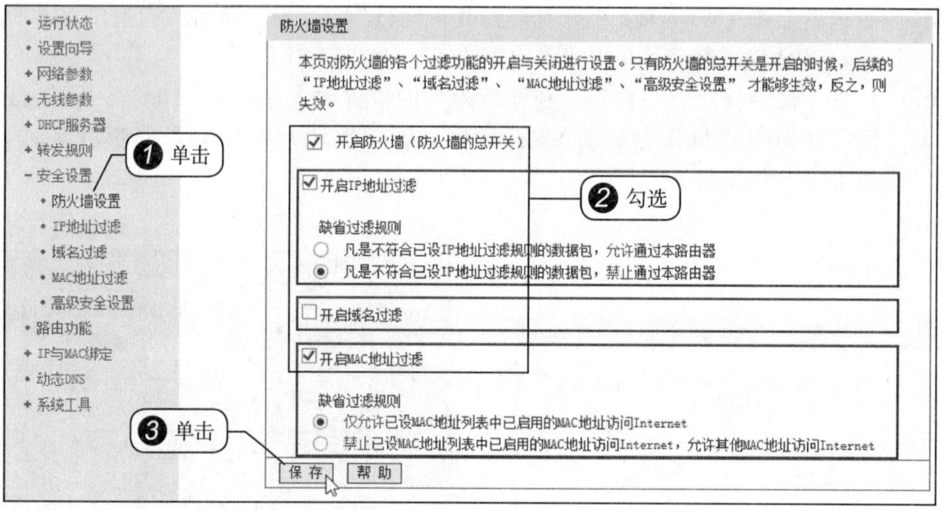

图 14-56　开启防火墙、IP 地址过滤和 MAC 地址过滤

Step 07　在左侧单击“IP 地址过滤”选项，然后在右侧界面中单击“添加新条目”按钮，如图 14-57 所示。

Step 08　在“IP 地址过滤”界面中输入 STEP02 中显示的 IPv4 地址，然后单击“保存”按钮，如图 14-58 所示。

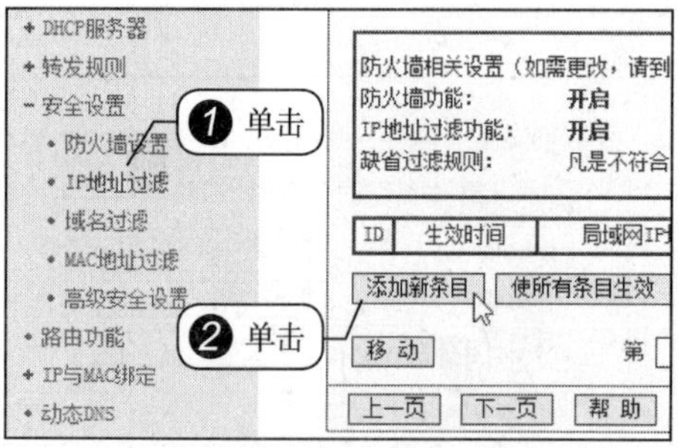

图 14-57　添加 IP 地址过滤新条目

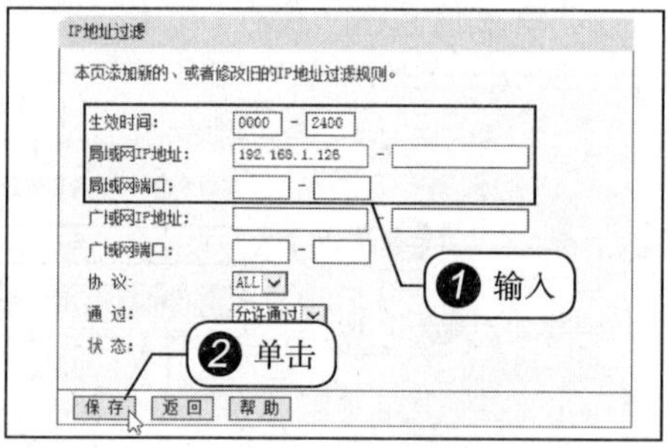

图 14-58　输入 IP 地址

Step 09　返回上一级界面，此时可看见添加的 IP 地址过滤条目，如图 14-59 所示，使用相同方法可添加局域网中其他指定电脑的 IP 地址。

Step 10　❶ 在界面左侧单击“MAC 地址过滤”选项，❷ 接着在界面右侧单击“添加新条目”按钮，如图 14-60 所示。

Step 11　❶ 在“MAC 地址过滤”界面中输入 STEP02 中记下的 MAC 地址，接着输入描述信息，❷ 然后单击“保存”按钮，如图 14-61 所示。

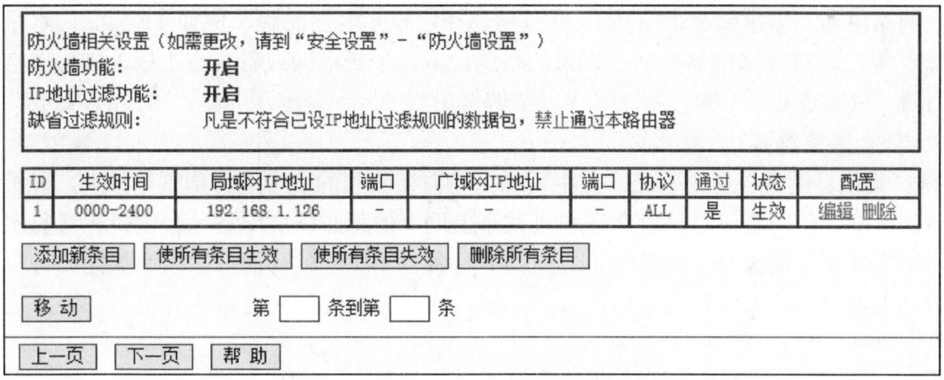

图 14-59　查看添加的 IP 地址过滤条目

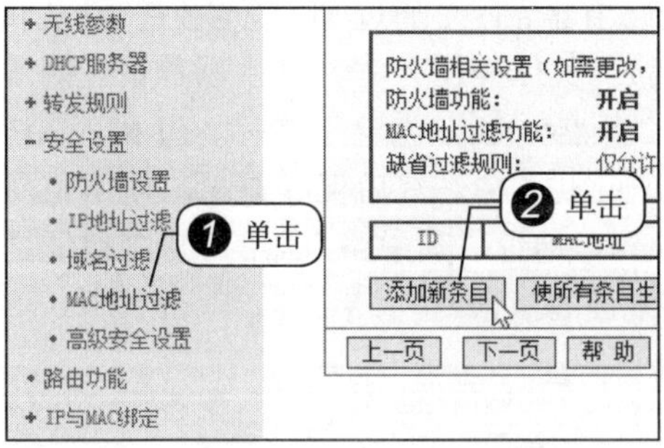

图 14-60　添加 MAC 地址过滤新条目

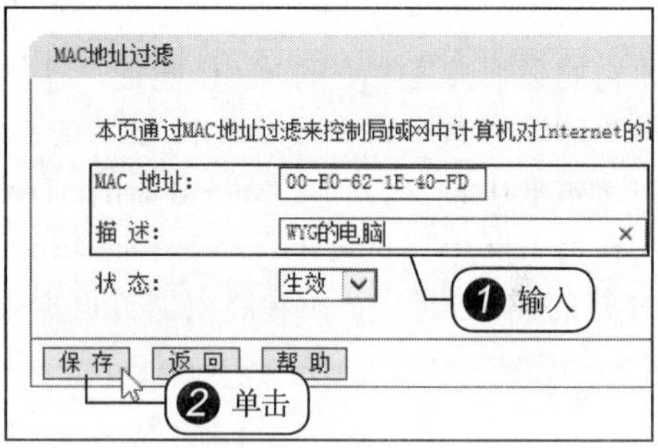

图 14-61　设置 MAC 地址过滤信息

Step 12　返回上一级界面，此时可看见添加的 MAC 地址过滤条目，如图 14-62 所示，使用相同的方法添加局域网中其他电脑对应的 MAC 地址，添加后就可成功绑定 IP 地址和 MAC 地址了。

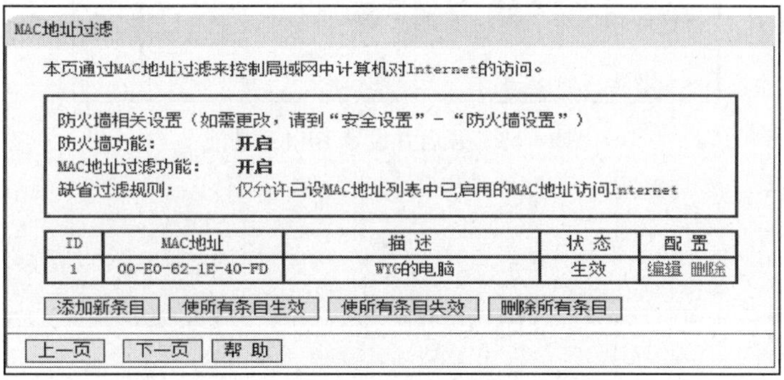

图 14-62　查看添加的 MAC 地址过滤条目

新手疑惑解答

1. 选购路由器要掌握哪些技巧？

答：目前市场上的路由器种类数不胜数，稍不小心就会买到劣质产品，若想买到一款物美价廉的路由器，需掌握 3 个技巧：第一是选择比较知名的品牌，例如 TP-Link、水星等知名品牌；第二是选择路由器类型，如果拥有笔记本、平板电脑或者智能手机，则可以选择无线路由器，以实现共享上网；第三是详细了解售后服务，一旦出现问题，可及时得到解决。

2. 什么是集线器?

答：集线器通常被称为 Hub，其主要功能是对接收到的信号进行调整和放大，以扩大网络传输的范围。使用集线器可以实现多人共享上网，但是必须要配备一台主机并且每次开启主机后都要进行手动拨号，这是因为集线器不具备自动拨号的功能，正因为如此，许多用户选择了路由器，而路由器具备自动拨号的功能，而且无需配备一台每次开机后都要手动拨号的主机。

3. 如何才能扩大无线网络的覆盖范围?

答：无线路由器具有 Bridge 的功能，开启该功能可以使多个无线路由器之间实现无线连接，从而扩大网络的覆盖范围，互连的两个无线路由器之间是通过 MAC 地址进行识别的，因此它们必须知道对方的 MAC 地址，才能相互连接，具体操作为：在路由器首页左侧依次单击“无线参数 > 基本设置”选项，在右侧勾选“开启 Bridge 功能”，在“AP1 的 MAC 地址”文本框中输入另一无线路由器的 MAC 地址，如图 14-63，然后保存退出，使用相同的方法在另一路由器首页中开启 Bridge 功能并输入 MAC 地址，其中路由器的 MAC 地址是指 LAN 口的 MAC 地址，可在路由器首页中查看到该地址的信息。

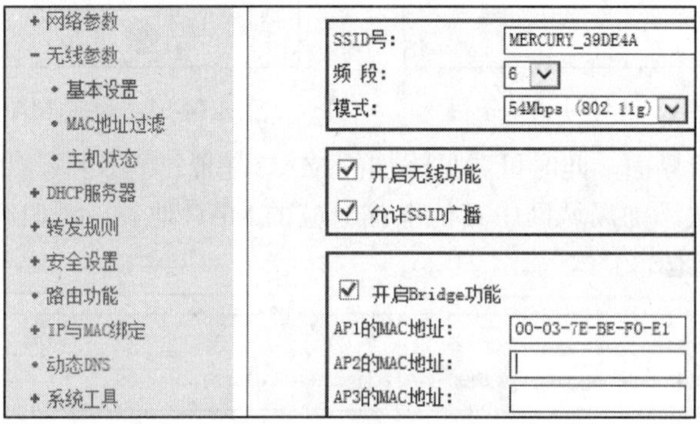

图 14-63　开启并设置 Bridge 功能

第15章 共享Windows 8系统资源

本章知识点：

☑ 查看与使用局域网中的共享资源
☑ 在局域网中共享指定文件和文件夹
☑ 使用家庭组实现家庭共享
☑ 更改家庭组中的共享项目和登录密码
☑ 更改当前电脑所在的工作组名

如果局域网中的电脑都安装了 Windows 8 操作系统，则用户不仅可以在电脑上查看并访问局域网中的其他电脑，而且还可以设置共享文件与他人共享。除此之外，用户还可以利用家庭组来实现资源共享。

基础讲解

15.1　查看与使用局域网中的共享资源

当多台电脑用路由器或者集线器相连接时，就组成了一个局域网。在该局域网中，用户不仅可以查看局域网中其他电脑所共享的资源，而且还可以将共享资源映射到本地电脑中或者创建对应的快捷方式，以便于快速访问和使用。

15.1.1　浏览网络共享资源

浏览网络共享文件夹可以在“网络”窗口中实现，该窗口会将局域网中所有的电脑都列举出现，然后便可像浏览本地磁盘中的文件一样来浏览局域网中所有电脑上的共享资源，如图 15-1 所示为局域网中的其他电脑，如图 15-2 所示为某一台电脑中的共享资源。

图 15-1　局域网中的其他电脑

图 15-2　某一台电脑中的共享资源

15.1.2　映射网络共享资源

如果用户需要经常使用局域网中某个共享驱动器或共享文件夹，可以将其映射成网络驱动器，这样一来，就可以不用在“网络”窗口中花时间查找该资源，可直接在本地电脑中打开，完成映射操作后便可在“电脑”中看到对应的磁盘图标，如图 15-3 所示，双击它便可直接打开对应的共享文件或文件夹。

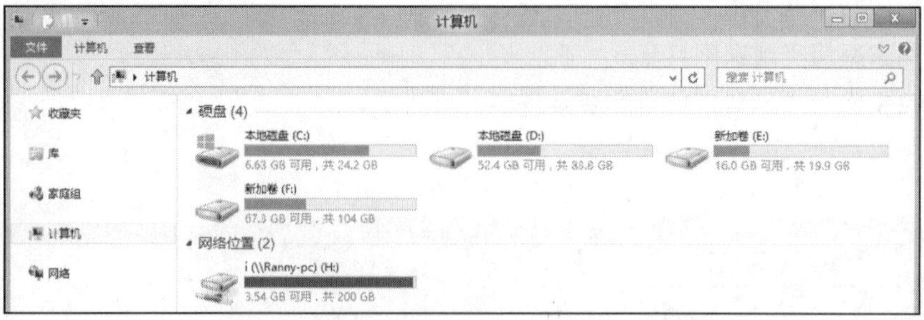

图 15-3　网络共享文件夹所对应的映射盘符

映射网络共享资源的操作比较简单，只需利用“映射网络驱动器”命令，然后选择要映射的网络共享资源即可完成。具体操作步骤如下。

Step 01 ❶ 右击桌面上的“网络”图标，❷ 在弹出的快捷菜单中单击“映射网络驱动器”命令，如图 15-4 所示。

Step 02 弹出“映射网络驱动器”对话框，❶ 选择驱动器的盘符，例如选择“H:”，❷ 然后在“文件夹”右侧单击“浏览”按钮，如图 15-5 所示。

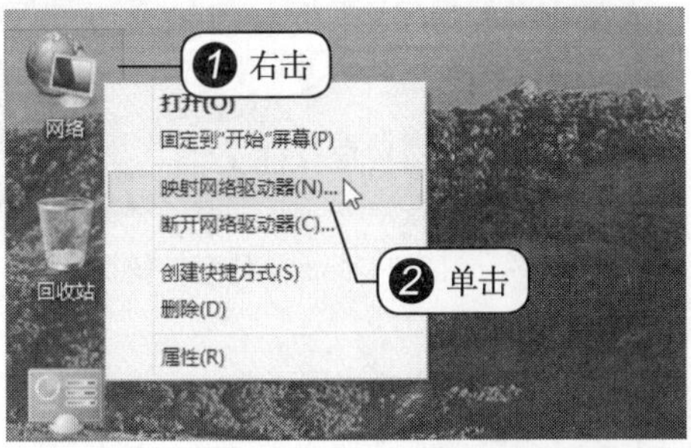

图 15-4 单击“映射网络驱动器”命令

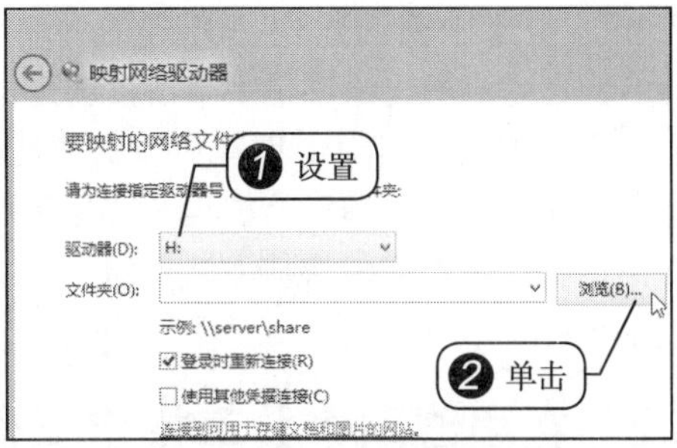

图 15-5 选择驱动器的盘符

提示：利用“电脑”图标打开“映射网络驱动器”对话框

除了利用“网络”图标打开“映射网络驱动器”对话框外，用户还可以利用“电脑”图标打开“映射网络驱动器”对话框，只需右击桌面上的“电脑”图标，在弹出的快捷菜单中单击“映射网络驱动器”命令即可。

Step 03 弹出“浏览文件夹”对话框，❶ 在列表框中选择需要映射的网络中共享的电脑或者文件夹，❷ 选中后单击“确定”按钮，如图 15-6 所示。

Step 04 返回“映射网络驱动器”对话框，此时可在“文件夹”右侧看见所选网络共享文件夹的路径，单击“完成”按钮即可完成映射操作，如图 15-7 所示。

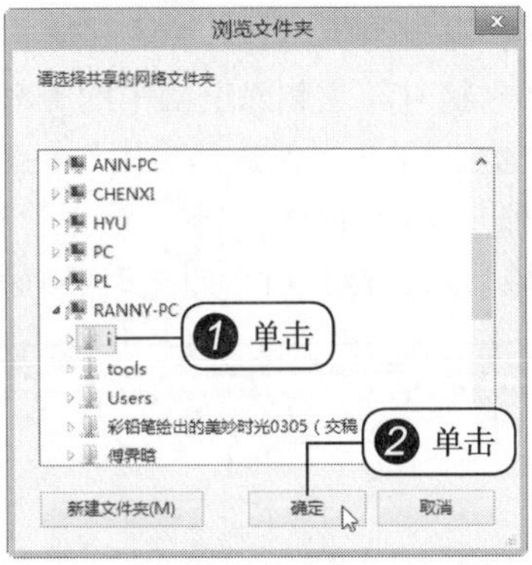

图 15-6 选择需要映射的共享文件夹

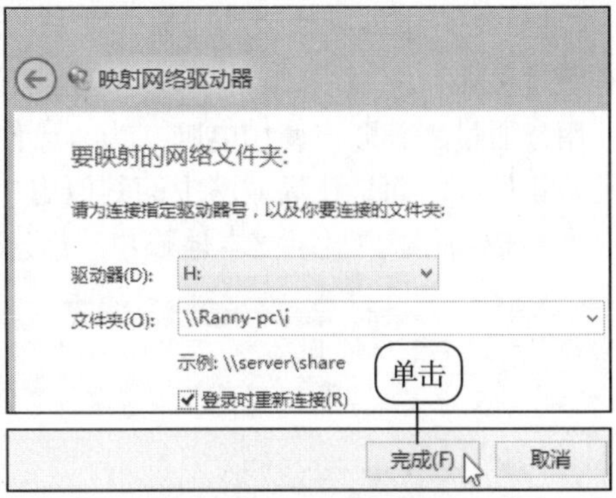

图 15-7 完成映射操作

提示：断开映射的网络共享文件夹

如果不再使用已映射的网络共享文件夹，则可以右击桌面上的“网络”图标，在弹出的快捷菜单中单击“断开网络驱动器”命令，在“断开网络驱动器”对话框中选择要断开的网络共享文件夹或电脑，最后单击“确定”按钮即可完成断开映射的操作。

15.1.3 创建网络共享资源的快捷方式

当系统中的磁盘盘符已不够用时，用户将无法使用映射操作来将网络共享资源映射到本地电脑中，此时用户可以采取创建快捷方式的方法在桌面上创建需频繁访问的网络共享资源所对应的快捷方式，其操作比较简单。只需在“网络”窗口中选中要创建快捷方式的共享资源，右击它，在弹出的快捷菜单中单击“创建快捷方式”命令，即可在桌面上创建相应的快捷图标，如图 15-8 所示，用户若要访问该共享资源，只需在桌面上双击对应的快捷方式即可。

图 15-8　网络共享资源对应的快捷方式

15.2 在局域网中共享指定文件或文件夹

创建局域网的主要目的是为了实现资源共享，以提高资源的利用率，但需要注意的是，并不是只要将电脑接入局域网，该电脑内的所有资源就能够被其他电脑所访问，只有被设为共享的文件或文件夹才能被其他电脑所访问，在局域网中共享指定文件和文件夹包括两步操作，第一步是做好共享前的准备，第二步是设置共享文件或文件夹。

15.2.1 做好共享前的准备工作

做好共享前的准备工作，是为了能够让局域网中的其他电脑能正常访问自己所设置的共享文件或文件夹。主要包括两部分内容：第一部分内容是启用 Guest 账户，第二部内容则是在组策略中设置通过 Guest 账户访问本地电脑。

1. 启用 Guest 账户

Guest 账户也就是常说的“来宾账户”，任何一个操作系统都拥有该账户，该账户的权限没有管理员账户那么高，当用户不希望其他人在使用该电脑时随意删除电脑中的资料，则可以让用户通过来宾账户使用电脑（为自己使用的账户设置密码），当然这里启用 Guest 账户并不是防止他人，而是让局域网中的其他用户通过 Guest 账户访问自己的电脑，当“管理账户”窗口中的 Guest 账户显示“本地账户”信息时，则表示该账户已被开启，如图 15-9 所示。

图 15-9　已开启的 Guest 账户

如果 Guest 账户显示“来宾账户没有启动”信息时，则表示该账户处于关闭状态，需要用户手动开启。具体操作步骤如下。

Step 01 打开“所有控制面板项”窗口，在界面中单击“用户账户”链接，如图 15-10 所示。

Step 02 切换至“用户账户”界面，单击“管理其他账户”链接，如图 15-11 所示。

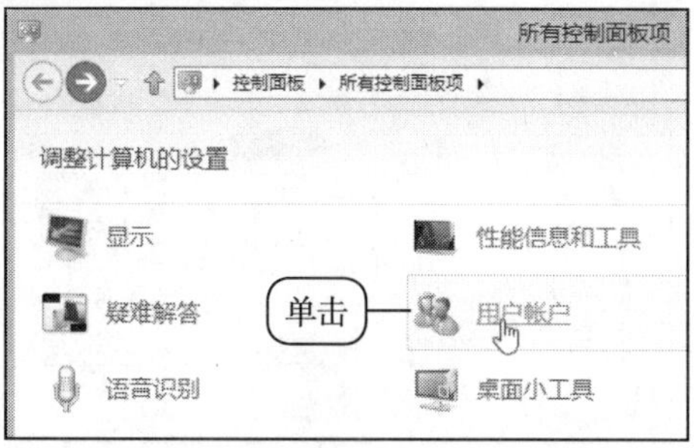

图 15-10 单击“用户账户”链接

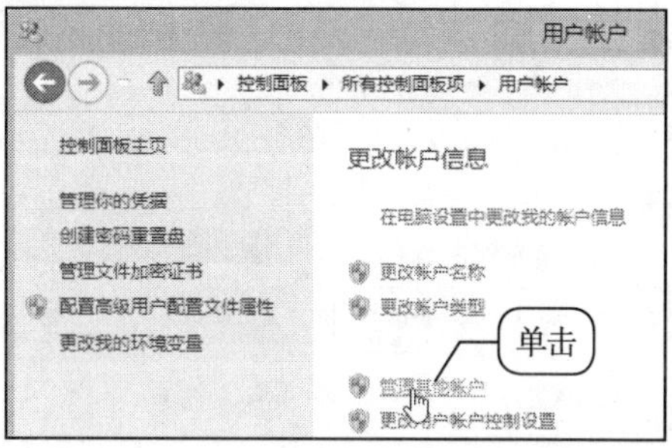

图 15-11 单击“管理其他账户”链接

Step 03 切换至“管理账户”界面，在界面中单击 Guest 选项，如图 15-12 所示。

Step 04 切换至“启用来宾账户”界面，在界面中单击“启用”按钮，如图 15-13 所示，即可启用来宾账户。

图 15-12 单击 Guest 选项

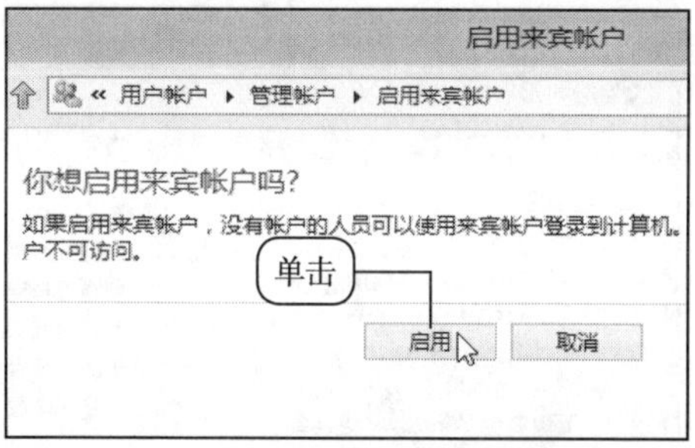

图 15-13 启用来宾账户

2. 设置通过 Guest 账户访问本地电脑

启用来宾账户后还不能完全保证其他电脑能够通过 Guest 账户访问该电脑，还需要在“本地安全策略”窗口中设置“从网络访问此计算机”和“拒绝从网络访问这台计算机”的权限，需要将 Guest 添加到“从网络访问此计算机”组中，同时清空“拒绝从网络访问这台计算机”组中的所有用户和组，如图 15-14 所示。

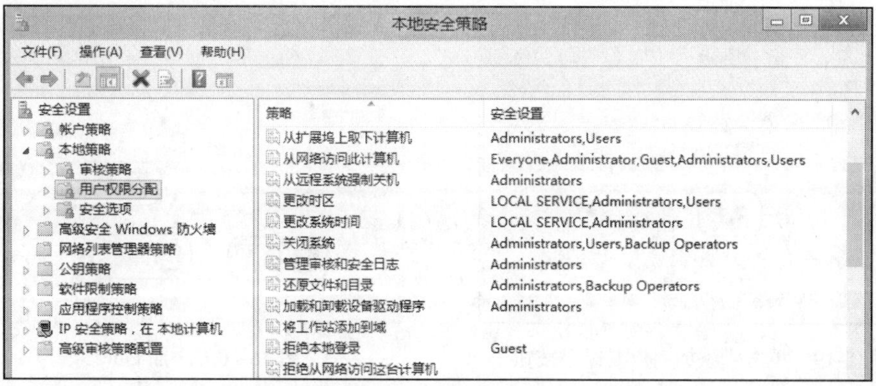

图 15-14 修改“从网络访问此计算机”和“拒绝从网络访问这台计算机”的权限

了解了设置的缘由后便可亲自动手进行设置，下面介绍具体的设置步骤。

Step 01 打开“所有控制面板项”窗口，在其界面中单击“管理工具”链接，如图 15-15 所示。

Step 02 切换至“管理工具”界面，在界面中双击“本地安全策略”选项，如图 15-16 所示。

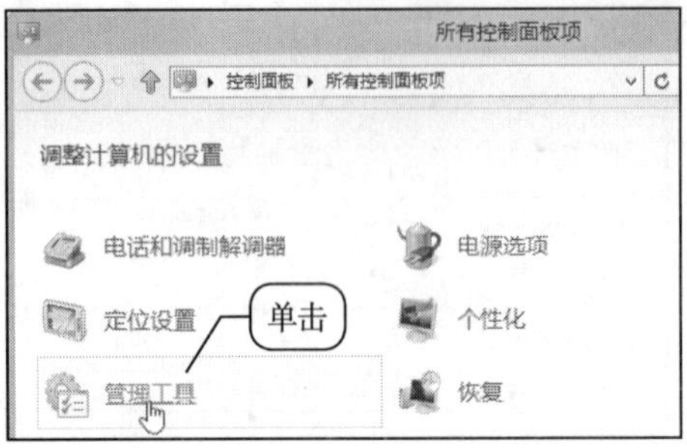

图 15-15 单击“管理工具”链接

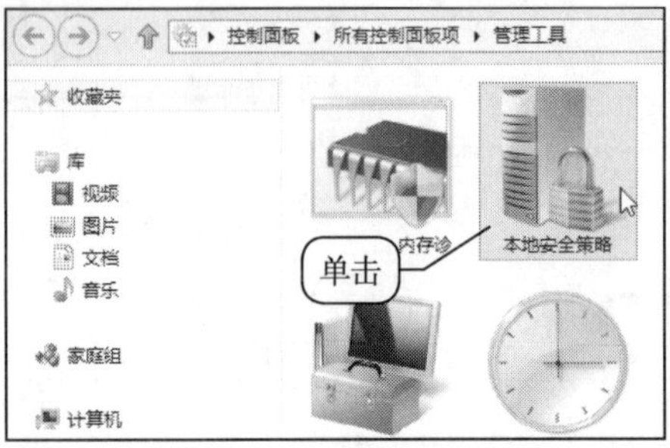

图 15-16 双击“本地安全策略”选项

Step 03 打开“本地安全策略”窗口，在左侧窗格中依次单击“本地策略 > 用户权限分配”选项，如图 15-17 所示。

Step 04 在界面右侧双击“从网络访问此计算机”选项，如图 15-18 所示。

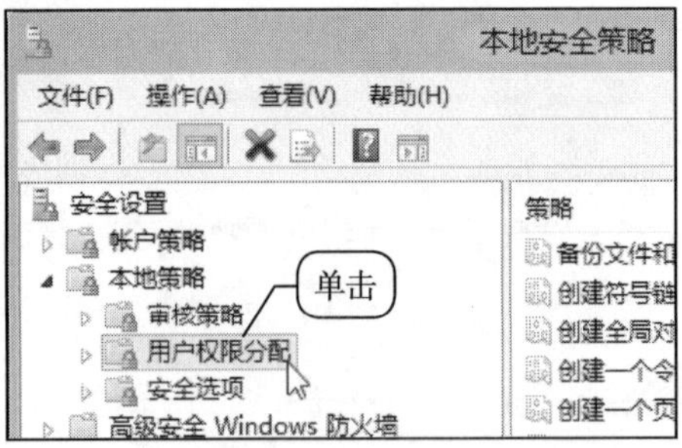

图 15-17 单击“用户权限分配”选项

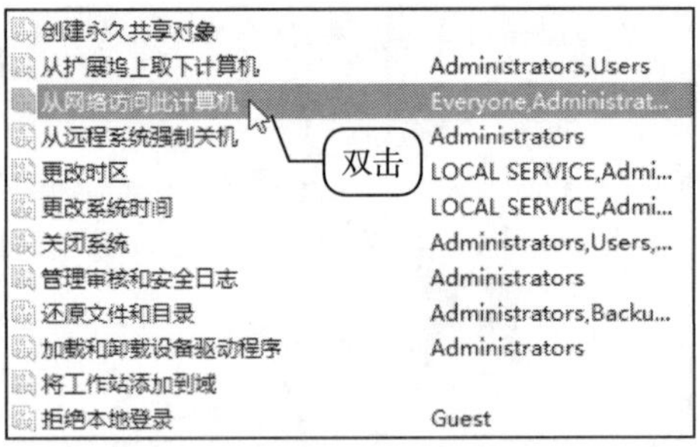

图 15-18 双击“从网络访问此计算机”选项

Step 05 弹出“从网络访问此计算机 属性”对话框，在“本地安全设置”选项卡的列表框中查看是否有 Guest 账户，如果没有，则在下方单击“添加用户或组”按钮，如图 15-19 所示。

Step 06 弹出“选择用户或组”对话框，❶ 在“输入对象名称来选择”文本框中输入“PC\Guest”，❷ 单击“检查名称”按钮，❸ 确认名称无误后单击“确定”按钮，如图 15-20 所示。

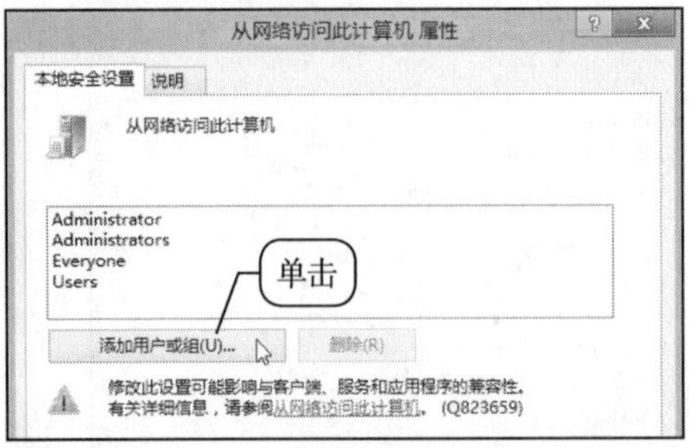

图 15-19 单击“添加用户或组”按钮

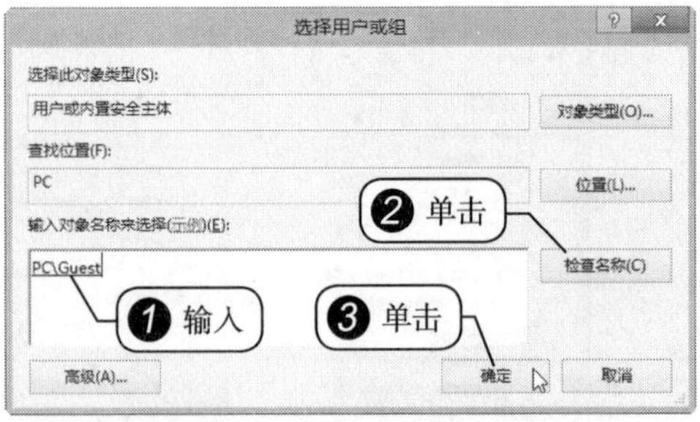

图 15-20 添加 Guest 账户

Step 07 此时可在对话框中看见 Guest 账户，单击“确定”按钮，如图 15-21 所示。

Step 08　返回“本地安全策略”窗口，双击“拒绝从网络访问这台计算机”选项，如图 15-22 所示。然后在弹出的对话框中删除 Guest 账户后保存即可。

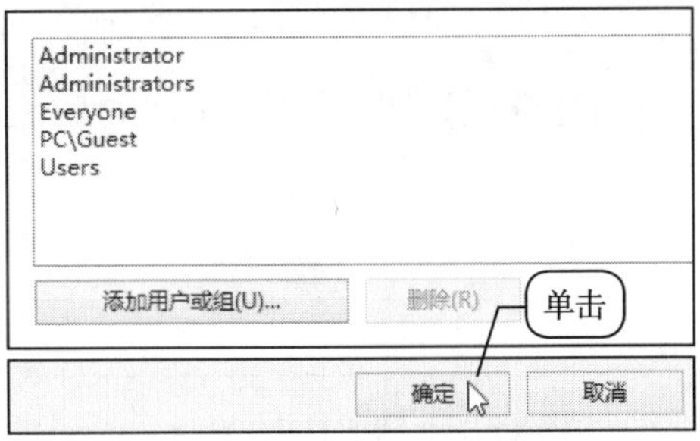

图 15-21　Guest 账户添加成功

图 15-22　双击“拒绝从网络访问这台计算机”选项

15.2.2　共享文件夹

经过之前的设置后，局域网中的其他电脑便可以通过 Guest 账户来访问自己的电脑了，但是目前自己的电脑上没有共享的文件夹，因此还需要手动进行设置。设置共享文件夹有两种方法：第一种是利用简单共享设置共享文件夹，第二种则是利用高级共享设置共享文件夹。无论是利用简单共享还是高级共享，所设置的共享文件夹都会显示在“网络”窗口中，如图 15-23 所示，并且可以通过局域网中的其他电脑进行访问。

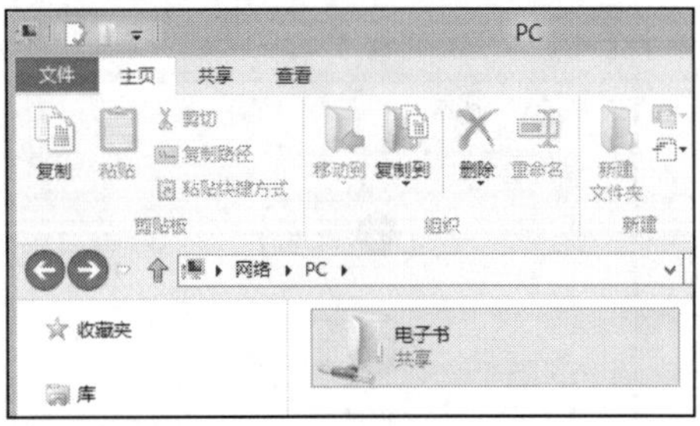

图 15-23　所设置的共享文件夹

1. 利用简单共享设置共享文件夹

利用简单共享设置共享文件夹需要首先启用共享向导，然后再将共享文件夹共享给指定的用户，由于之前启用了 Guest 账户，因此这里就可将待共享的文件夹共享给 Guest 账户，使得用户能够通过局域网中的其他电脑正常访问该文件夹。具体的操作步骤如下。

Step 01　打开任一窗口，❶ 切换至“查看”选项卡，❷ 单击“选项”按钮，如图 15-24 所示。

Step 02　弹出“文件夹选项”对话框，❶ 切换至“查看”选项卡，❷ 勾选“使用共享向导（推荐）”复选框，❸ 单击“确定”按钮，如图 15-25 所示。

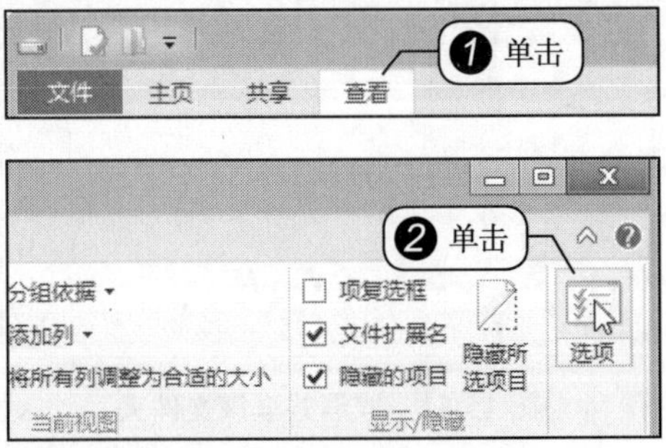

图 15-24　单击“选项”按钮

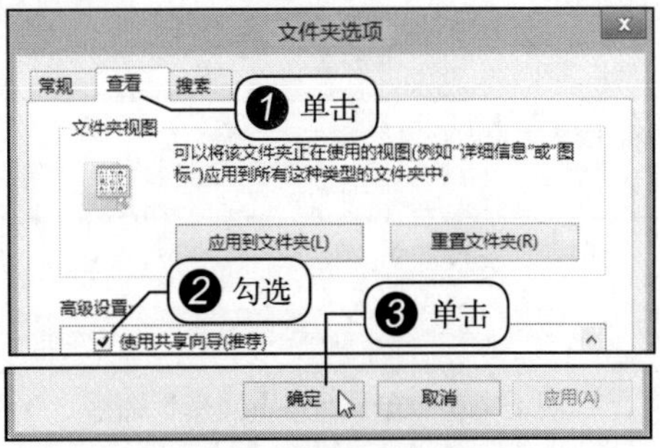

图 15-25　启用“使用共享向导”

Step 03　打开保存待共享文件夹的窗口，❶ 选中待共享的文件夹，❷ 切换至“共享”选项卡，❸ 单击“特定用户”按钮，如图 15-26 所示。

Step 04　弹出“文件共享”对话框，❶ 在“添加”按钮左侧的下拉列表中选择 Guest，❷ 然后单击“添加”按钮，如图 15-27 所示。

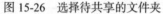

图 15-26　选择待共享的文件夹

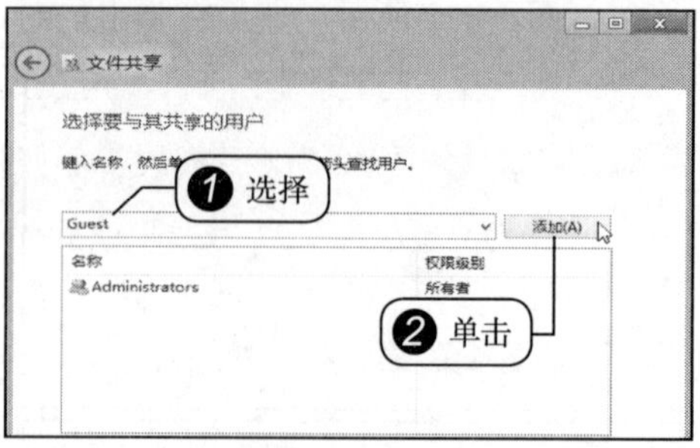

图 15-27　添加 Guest 账户

Step 05　在下方列表框中可看见所添加的 Guest 账户，❶ 设置其权限级别为“读取”，❷ 然后单击“共享”按钮，如图 15-28 所示。

Step 06　切换至新的界面，此时可看见所选文件夹已设为共享，单击“完成”按钮关闭对话框，如图 15-29 所示。

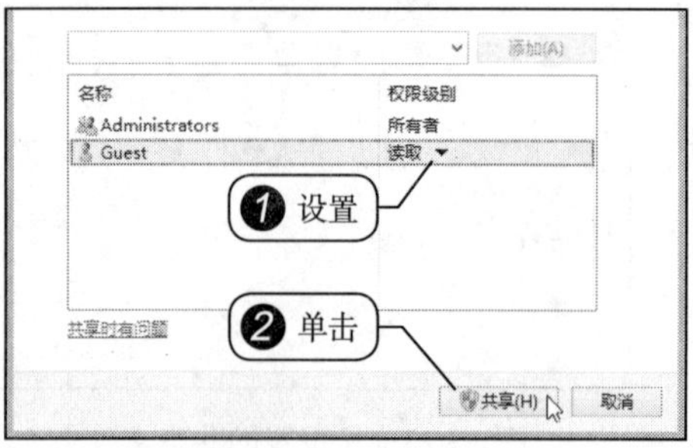

图 15-28　设置 Guest 账户的权限级别

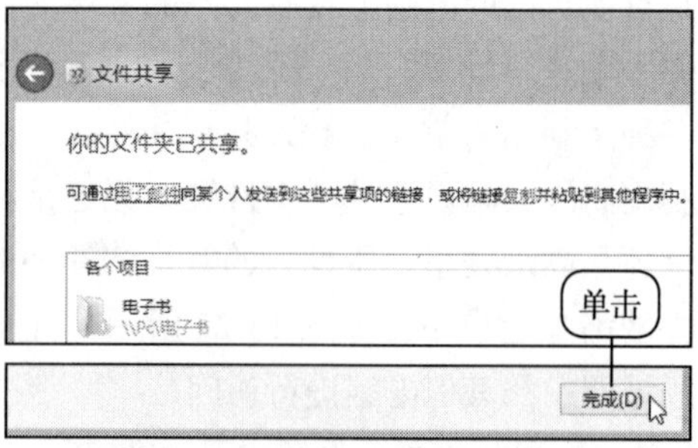

图 15-29　设置共享成功

提示：取消共享文件夹

如果需要取消已共享的文件夹，则可以在本地磁盘中右击已共享的文件夹，在弹出的快捷菜单中依次单击“共享 > 停止共享”命令，如图 15-30 所示，弹出“文件共享”对话框，单击“停止共享”按钮即可取消共享该文件夹，如图 15-31 所示。

图 15-30　单击“停止共享”命令

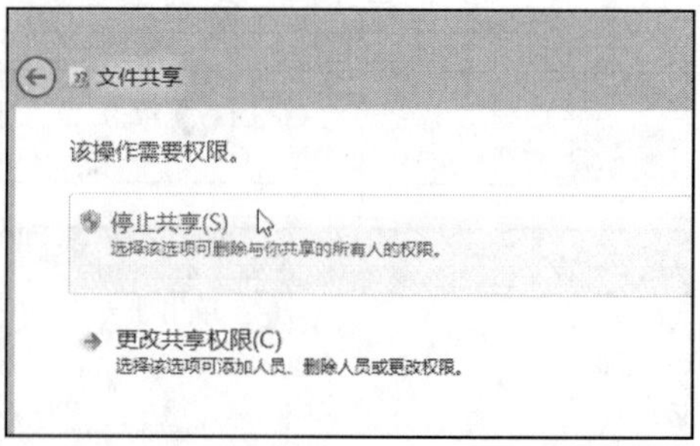

图 15-31　取消共享该文件夹

2. 利用高级共享设置共享文件夹

利用高级共享设置共享文件夹需要首先取消共享向导，否则将不会出现“高级共享”选项，与利用简单共享设置共享文件夹不同的是，在设置的过程中，用户可以在“高级共享”

对话框中自定义共享文件夹的名称和访问用户数量限制，如图 15-32 所示。

利用高级共享设置共享文件夹的操作要比利用简单共享设置共享文件夹复杂得多，要在设置的过程中为 Guest 账户赋予访问该文件夹的权限，因此该种方法适合对电脑有一定了解的用户所使用。具体的操作步骤如下。

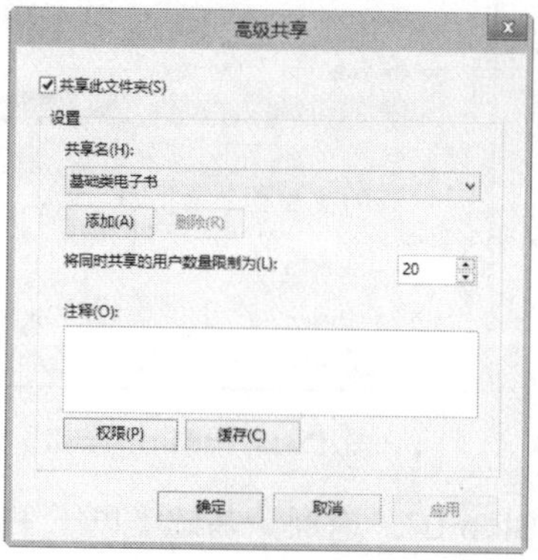

图 15-32　自定义共享文件夹的名称和访问用户数量限制

Step 01　打开“文件夹选项”对话框，❶ 在“查看”选项卡中取消勾选“使用共享向导”（推荐）复选框，❷ 然后单击“确定”按钮，如图 15-33 所示。

Step 02　打开待共享的文件夹所在窗口，选中待共享的文件夹，如“电子书”，切换至“共享”选项卡，单击“高级共享”按钮，如图 15-34 所示。

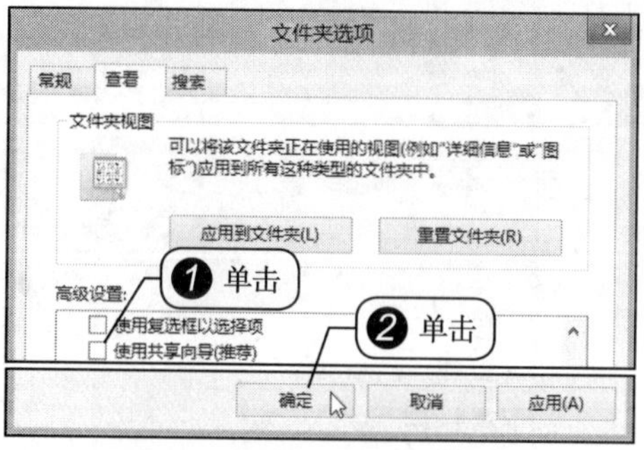

图 15-33　不使用共享向导

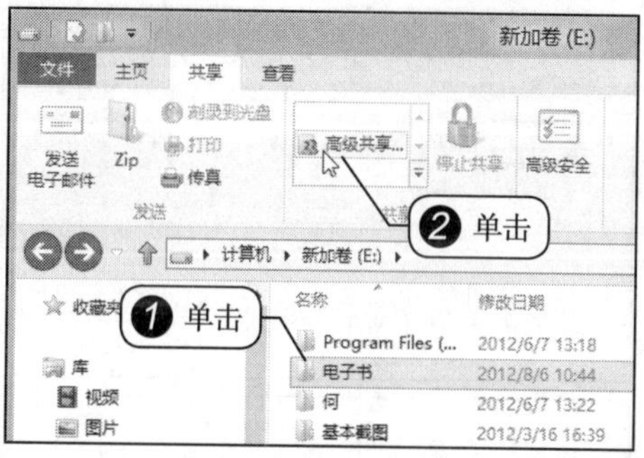

图 15-34　选择待共享的文件夹

Step 03　切换至“电子书 属性”对话框，在“共享”选项卡中单击“高级共享”按钮，如图 15-35 所示。

Step 04　弹出“高级共享”对话框，❶ 重命名共享文件夹的名称，❷ 设置同时共享的用户数量，❸ 然后单击“权限”按钮，如图 15-36 所示。

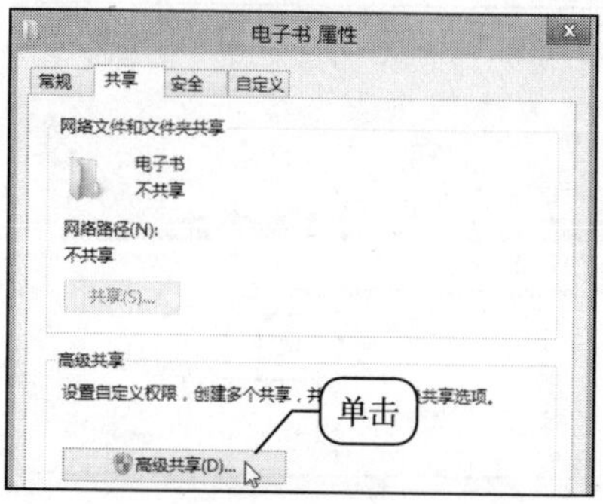

图 15-35　单击“高级共享”按钮

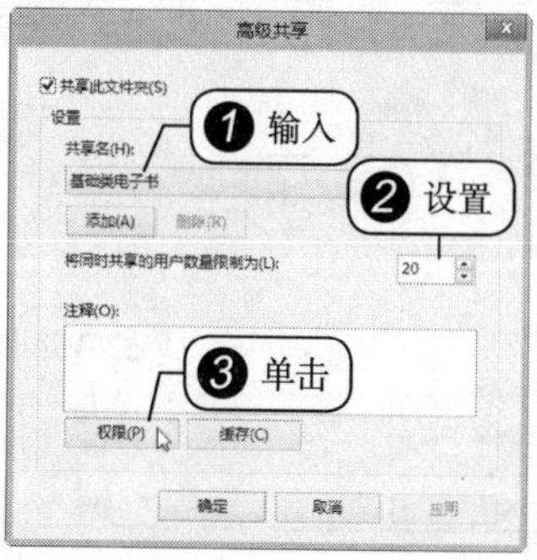

图 15-36　设置共享文件夹的名称和同时共享的用户数量

Step 05　弹出“基础类电子书的权限”对话框，在“组或用户名”下方单击“添加”按钮，如图 15-37 所示。

Step 06　弹出“选择用户或组”对话框，❶ 在“输入对象名称来选择”下方的文本框中输入“PC\Guest”，❷ 单击“检查名称”按钮，❸ 然后单击“确定”按钮，如图 15-38 所示。

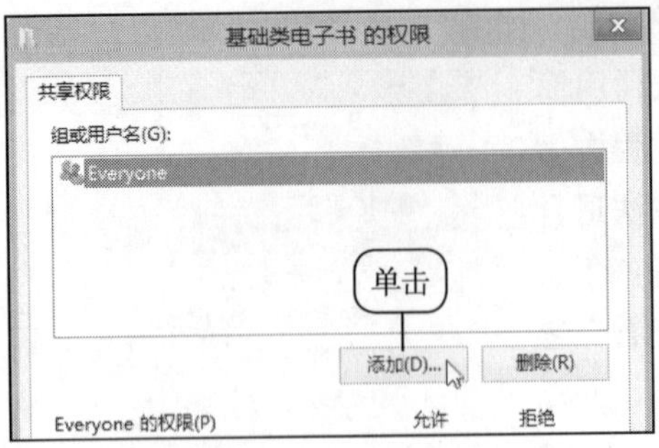

图 15-37 单击“添加”按钮

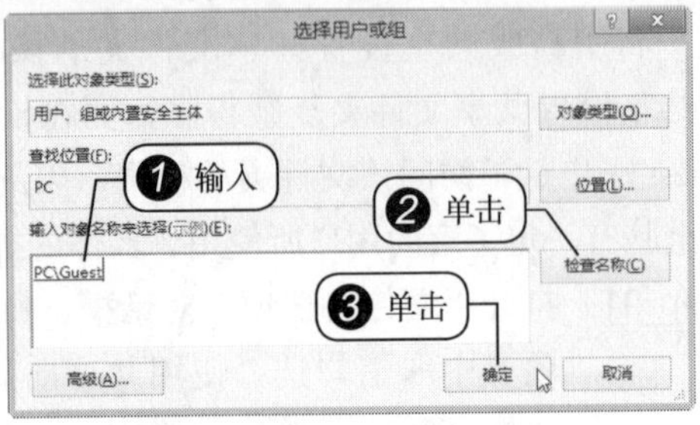

图 15-38 添加 Guest 账户

Step 07 返回“基础类电子书的权限”对话框，此时可看见添加的 Guest 账户，单击“确定”按钮，如图 15-39 所示。

Step 08 返回“高级共享”对话框，直接单击“确定”按钮，如图 15-40 所示。

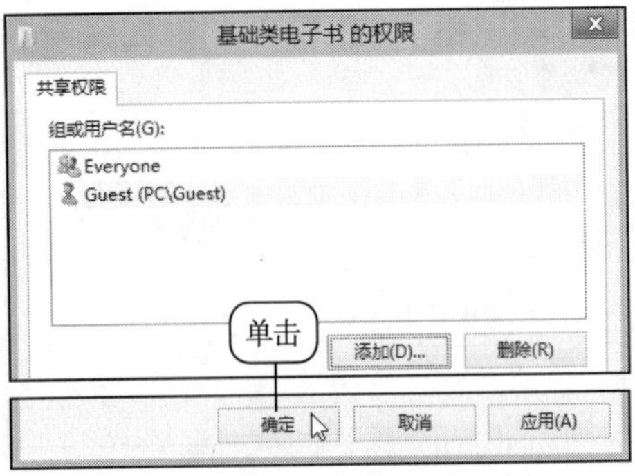

图 15-39 成功添加 Guest 账户

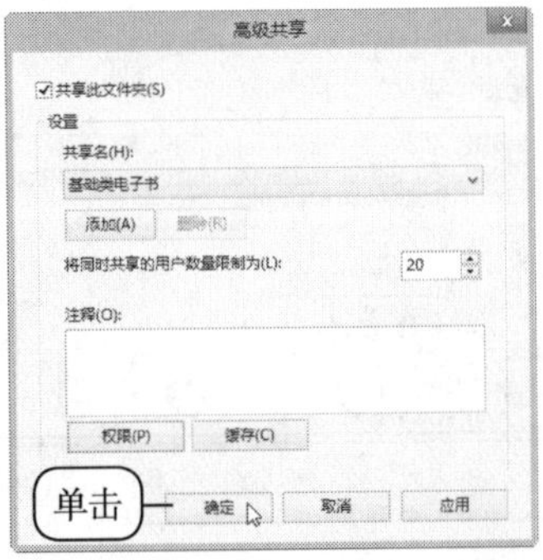

图 15-40 单击“确定”按钮

Step 09 返回“电子书 属性”对话框，❶ 切换至“安全”选项卡，❷ 单击“编辑”按钮，如图 15-41 所示。

Step 10 弹出“电子书的权限”对话框，单击“添加”按钮，如图 15-42 所示。

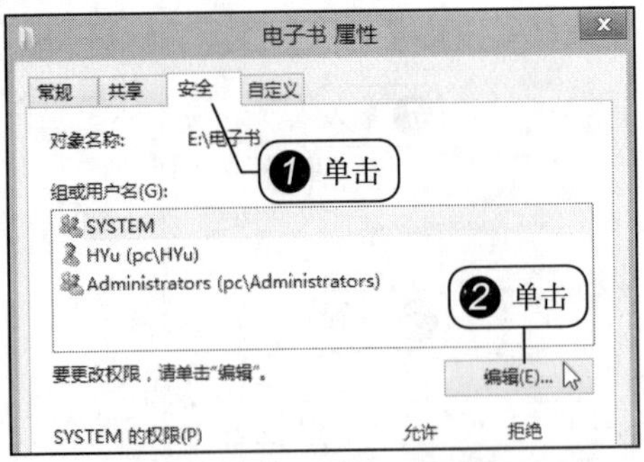

图 15-41 编辑组或用户名

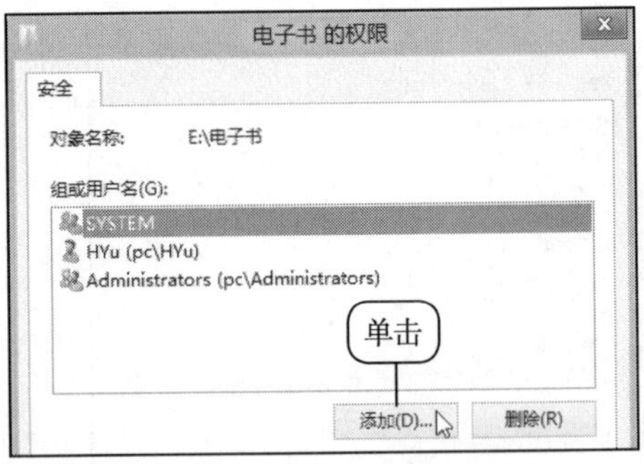

图 15-42 添加组或用户名

Step 11 弹出“选择用户或组”对话框，❶ 在“输入对象名称来选择”文本框中输入“PC\Guest”，❷ 单击“检查名称”按钮，❸ 单击“确定”按钮，如图 15-43 所示。

Step 12 返回“电子书的权限”对话框，此时可看见添加的 Guest 账户，单击“确定”按钮即可完成共享设置，如图 15-44 所示。

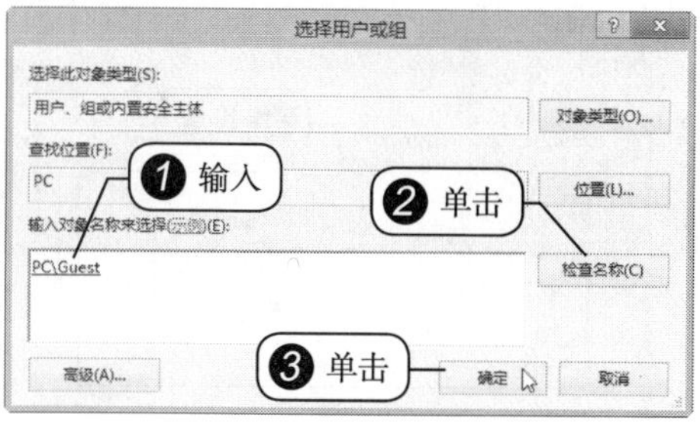

图 15-43　添加 Guest 账户

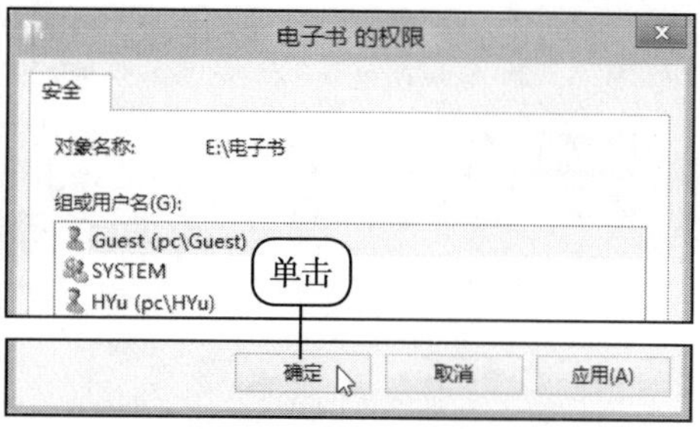

图 15-44　完成共享设置

15.3　使用家庭组实现家庭共享

家庭组是局域网中可以共享文件和打印机的一组电脑。有了家庭组，用户可以与家庭组中的其他用户共享图片、音乐、视频和打印机。如图 15-45 所示为已成功加入某一家庭组后的“家庭组”界面。其他用户将无法更改您共享的文件，除非您为他们提供了执行此操作的权限，用户可以选择创建家庭组，也可以选择加入局域网中别人已创建的家庭组，一旦成为家庭组中的一员之后，便可以在家庭组中访问其他用户所共享的资源。

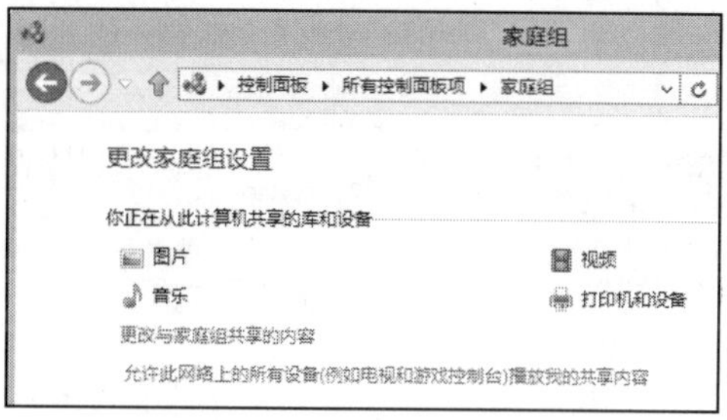

图 15-45　已成功加入家庭组后的“家庭组”界面

15.3.1　创建家庭组

当局域网中没有任何用户创建家庭组时，用户可以自己创建家庭组来让其他用户加入该家庭组。具体的操作步骤如下。

Step 01　打开“所有控制面板项”窗口，在界面中单击“家庭组”链接，如图 15-46 所示。

Step 02　切换至“家庭组”界面，界面提示“网络上当前没有家庭组”，单击“创建家庭组”按钮，如图 15-47 所示。

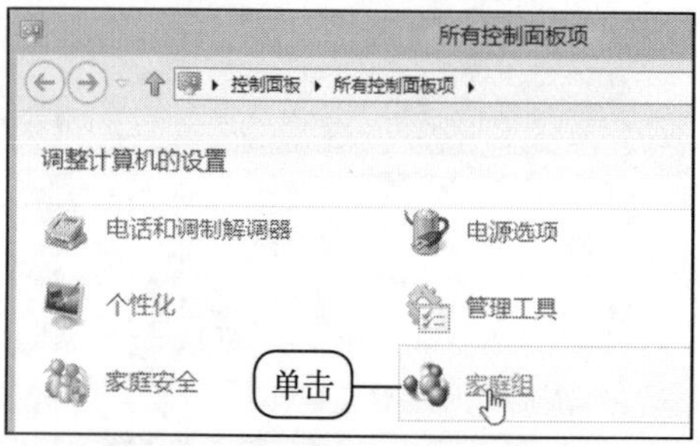

图 15-46　单击“家庭组”链接

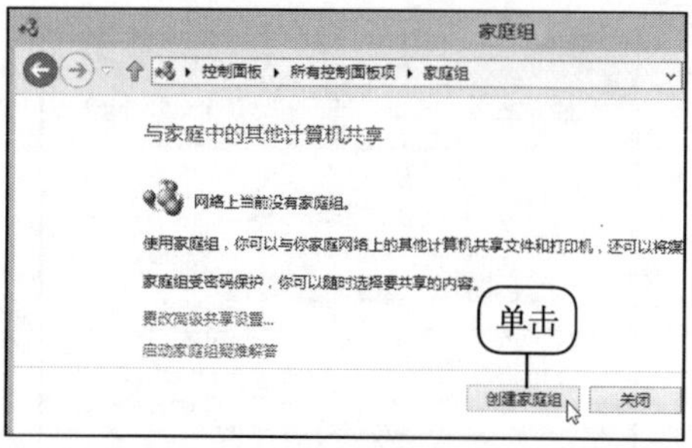

图 15-47　单击“创建家庭组”按钮

Step 03　弹出“创建家庭组”对话框，直接单击“下一步”按钮，如图 15-48 所示。

Step 04　切换至新的界面，❶ 设置共享文件夹，❷ 单击“下一步”按钮，如图 15-49 所示。

Step 05　切换至新的界面，记录家庭组的登录密码，单击“完成”按钮，如图 15-50 所示。

Step 06　返回“家庭组”界面，此时可看见所创建的家庭组，如图 15-51 所示。

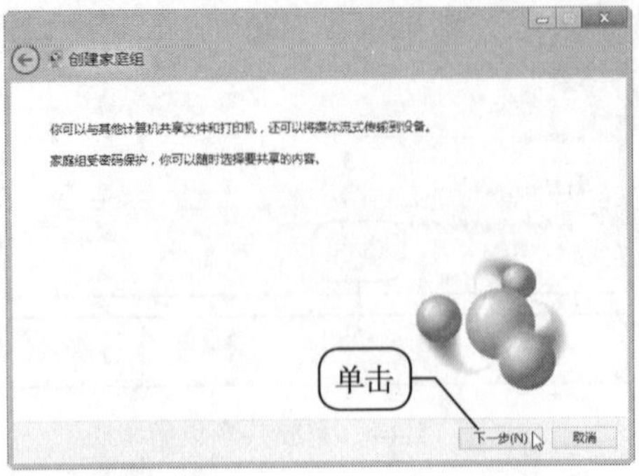

图 15-48　单击“下一步”按钮

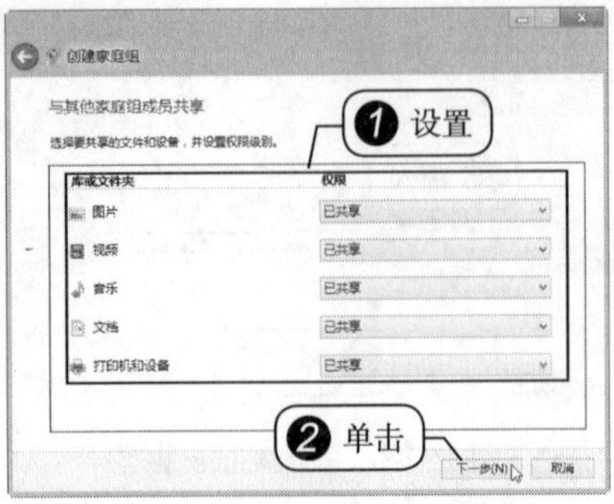

图 15-49　设置共享文件夹

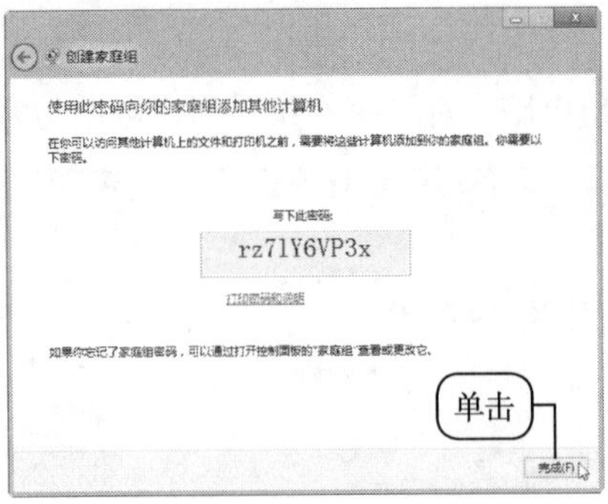

图 15-50　记录家庭组的登录密码

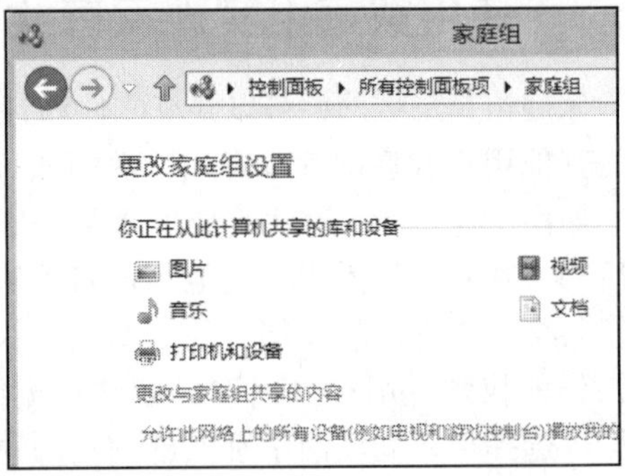

图 15-51　查看所创建的家庭组

15.3.2　加入家庭组

当网络中已经有用户创建了家庭组时，用户无需再创建家庭组，直接加入已创建的家庭组即可，不过在加入之前需要知道该家庭组的登录密码，否则无法成功加入。具体的操作步骤如下。

Step 01　打开“家庭组”窗口，若提示已创建家庭组，单击“立即加入”按钮，如图 15-52 所示。

Step 02　弹出“加入家庭组”对话框，单击“下一步”按钮，如图 15-53 所示。

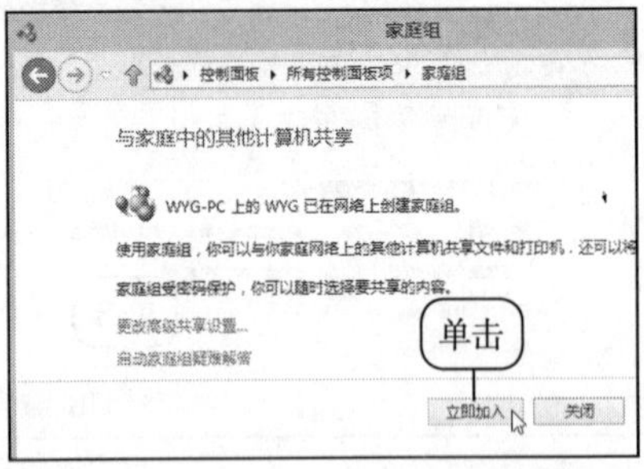

图 15-52　单击“立即加入”按钮

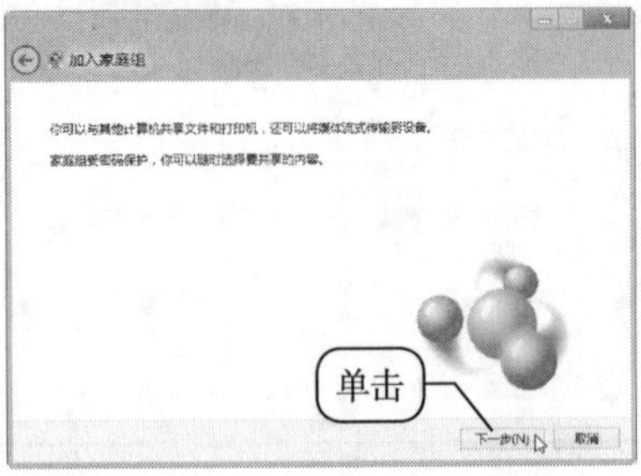

图 15-53　单击“下一步”按钮

Step 03　切换至新的界面，❶ 在界面中设置共享文件以及相应的权限级别，❷ 然后单击“下一步”按钮，如图 15-54 所示。

Step 04　❶ 在“键入家庭组密码”界面中输入登录密码，❷ 然后单击“下一步”按钮，如图 15-55 所示，如果输入的密码正确无误，则可成功加入该家庭组。

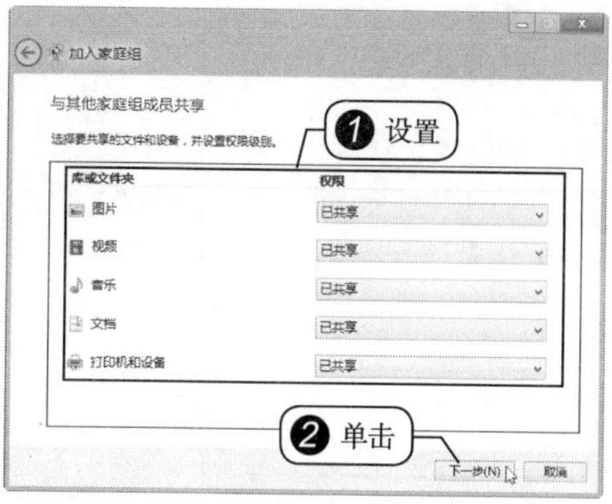

图 15-54　设置共享文件及权限级别

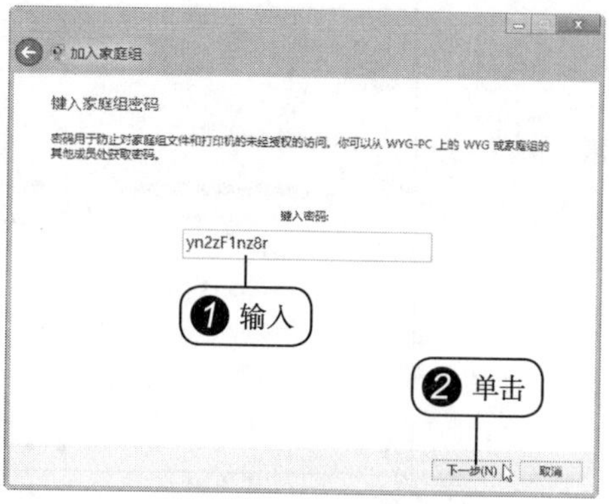

图 15-55　输入登录密码

15.3.3　通过家庭组访问共享资源

当家庭组中拥有两台或者两台以上的电脑时，便可相互访问对方电脑中的共享资源，家庭组默认共享系统自带的库和打印机，因此若要通过家庭组访问其他电脑上的共享资源，只需打开“电脑”窗口，然后在左侧导航窗格中展开“家庭组”选项，即可看见家庭组中的所有电脑，选择要访问的电脑，然后便可读取该电脑中的共享资源，如图 15-56 所示。

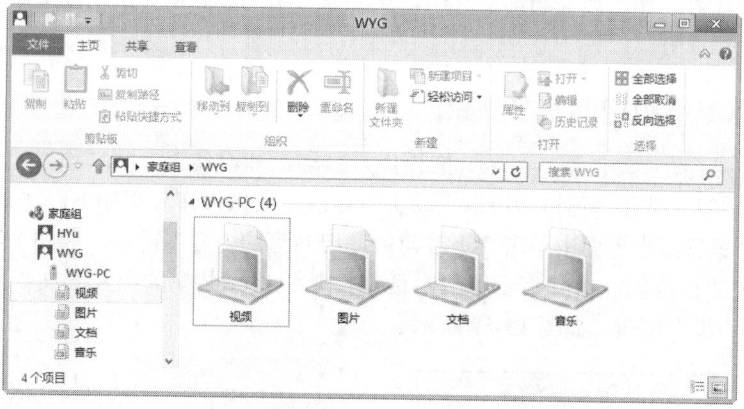

图 15-56　访问家庭组中其他电脑的共享资源

拓展解析

15.4　更改家庭组中的共享项目和登录密码

利用家庭组组件的共享网络比利用路由器组建的共享网络要灵活得多。在家庭组中，用户可以随意更改共享的项目类型和登录密码，以便于更好地适应用户需求，如图 15-57 所示为已加入家庭组后的“家庭组”界面。

- 更改与家庭组共享的内容：该选项用于更改电脑中已共享在家庭组中的内容，包括图片、音乐、视频、文档以及打印机和设备五大类，用户可随意设置共享或不共享指定的内容。

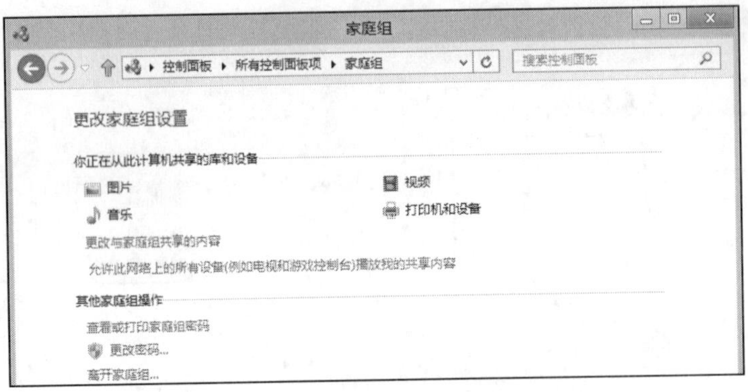

图 15-57　已加入家庭组后的“家庭组”界面

- 允许此网络上的所有设备（例如电视和游戏控制台）播放我的共享内容：如果当前电脑中共享了音乐和视频文件，则家庭组中的其他电脑便可以播放当前电脑中共享的音乐和视频文件。
- 查看或打印家庭组密码：查看该家庭组的登录密码，或者利用打印机将显示的家庭组登录密码的页面打印出来。
- 更改密码：更改家庭组的登录密码。
- 离开家庭组：用于离开当前家庭组，离开家庭组的电脑将无法访问家庭组中其他电脑上的共享资源。

15.4.1　更改家庭组中的共享项目

家庭组提供了图片、视频、音乐、文档以及打印机和设备五大共享项目，如果用户不想共享其中某一项或者某几个项目，可以手动进行更改。具体操作步骤如下。

Step 01　在“家庭组”界面中单击“更改与家庭组共享的内容”链接，如图 15-58 所示。

Step 02　弹出“更改家庭组共享设置”对话框，❶ 设置不共享的图片和文档，❷ 然后单击“下一步”按钮，如图 15-59 所示。

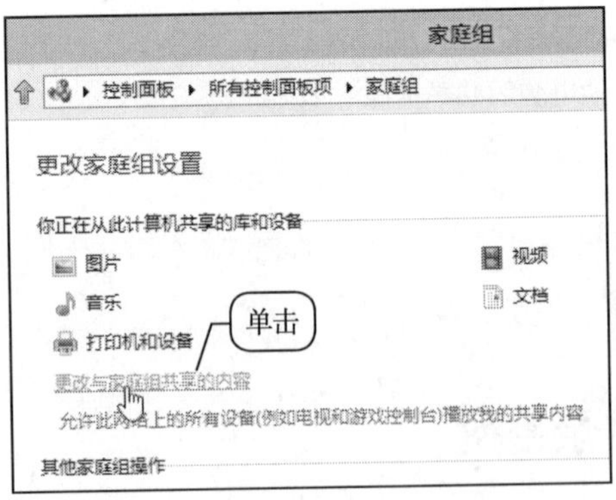

图 15-58　选择更改与家庭组共享的内容

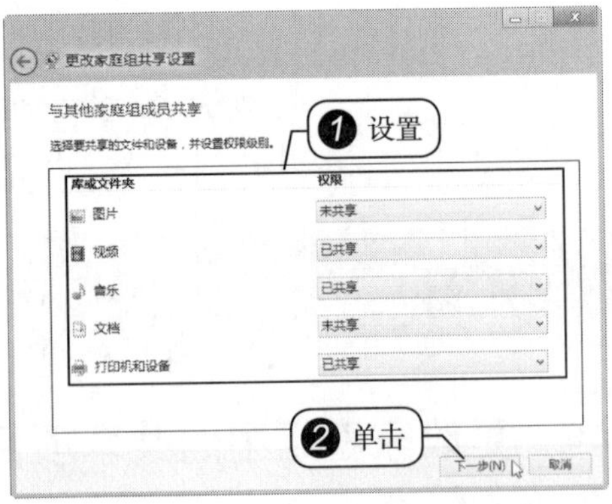

图 15-59　设置不共享的图片和文档

Step 03　切换至新的界面，界面提示“已更新你的共享设置”信息，单击“完成”按钮，如图 15-60 所示。

Step 04　返回“家庭组”界面，此时可看见在共享的内容中未显示图片和文档，如图 15-61 所示，即设置成功。

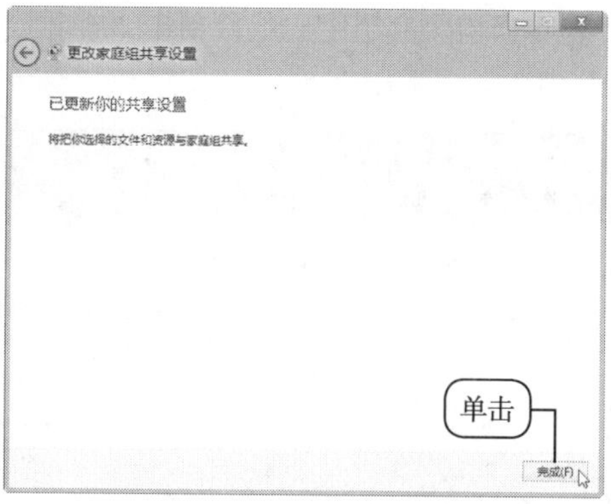

图 15-60　已更新共享设置

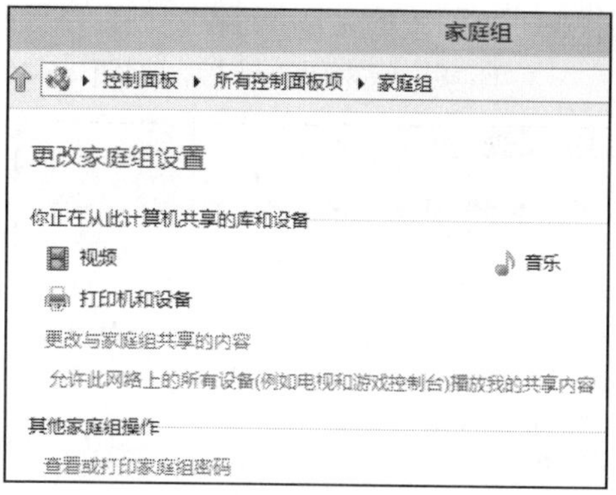

图 15-61　查看共享后的显示内容

提示：取消当前电脑在家庭组中的共享内容

由于家庭组中共享的内容均来自电脑中的库文件夹，因此若要取消当前电脑在家庭组中的共享内容，则需要在库文件夹中取消共享指定的内容。

打开任一窗口，在左侧的导航窗格中单击“库”选项，然后在右侧选择要取消共享的内容，例如选择“文档”选项，切换至“共享”选项卡，在“共享”组中单击“停止共享”按钮，如图 15-62 所示，在窗口的左侧窗格中依次展开“家庭组 >HYu”选项，然后可在右侧看见当前电脑在家庭组中的共享内容已没有“文档”选项了，如图 15-63 所示，即成功取消“文档”选项的共享。

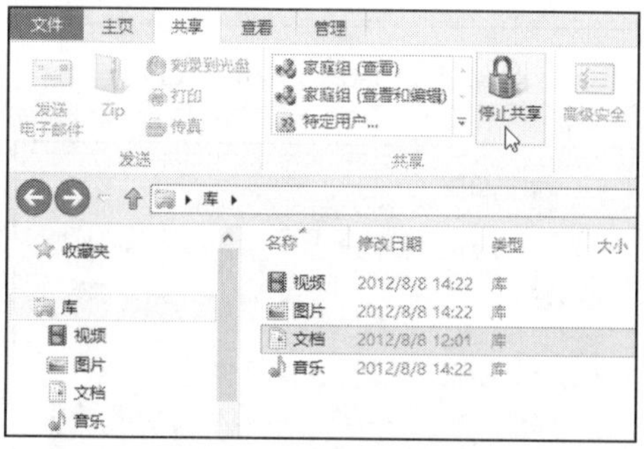

图 15-62　停止共享指定选项

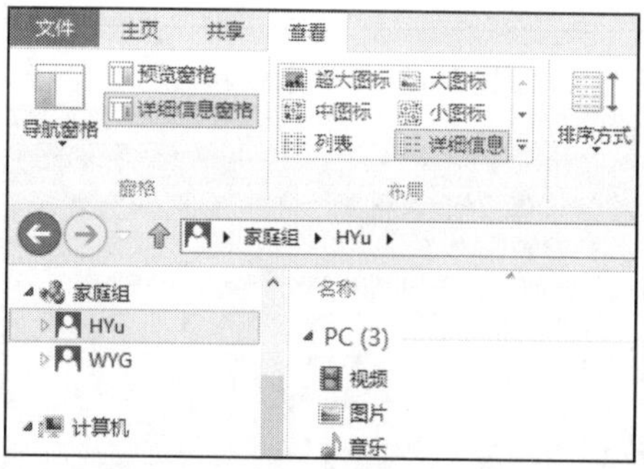

图 15-63　查看取消共享后的家庭组中的共享内容

15.4.2　更改家庭组密码

家庭组的登录密码是由大写字母、小写字母以及数字组成，并且要区分字母的大小写，在更改家庭组密码的过程中，用户只能通过刷新操作来更换系统随机显示的登录密码，该密码无法由用户手动设置。具体的操作步骤如下。

Step 01　在“更改家庭组设置”界面中单击“更改密码”链接，如图 15-64 所示。

Step 02　弹出“更改家庭组密码”对话框，单击“更改密码”选项，如图 15-65 所示。

Step 03　切换至新的界面，此时可看见家庭组的当前登录密码，单击密码文本框右侧的“刷新”按钮，如图 15-66 所示。

Step 04　此时可看见系统随机分配的新密码，单击“下一步”按钮，如图 15-67 所示。

Step 05　切换至新界面，提示“更改家庭组密码成功”，单击“完成”按钮，如图 15-68 所示。

Step 06 返回“更改家庭组设置”窗口界面，若要查看当前家庭组密码，则单击“查看或打印家庭组密码”链接，如图 15-69 所示。

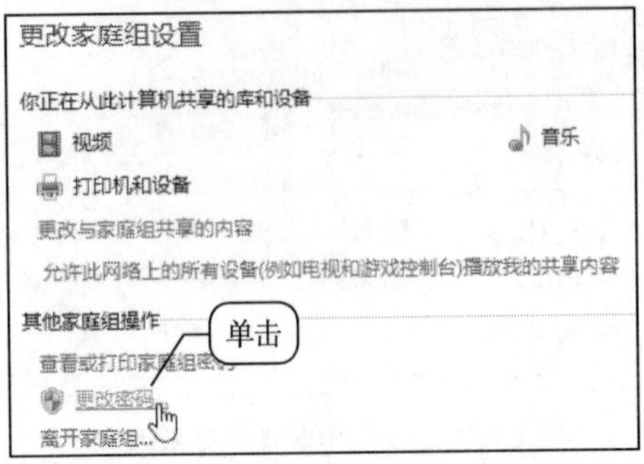

图 15-64 单击“更改密码”链接

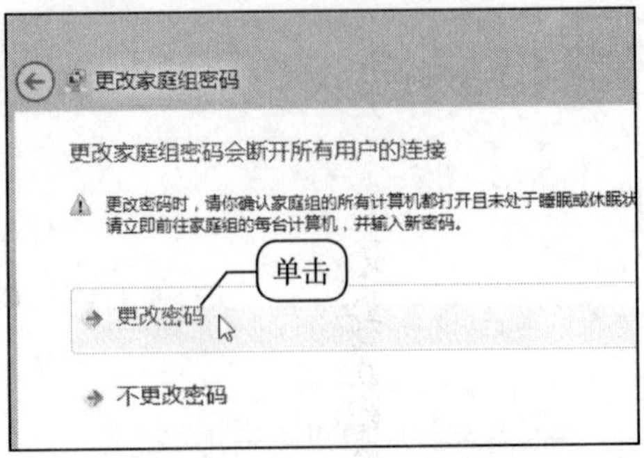

图 15-65 单击“更改密码”选项

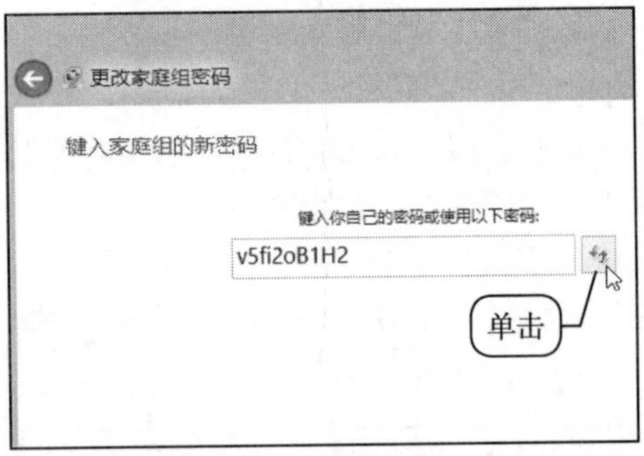

图 15-66 刷新获取新密码

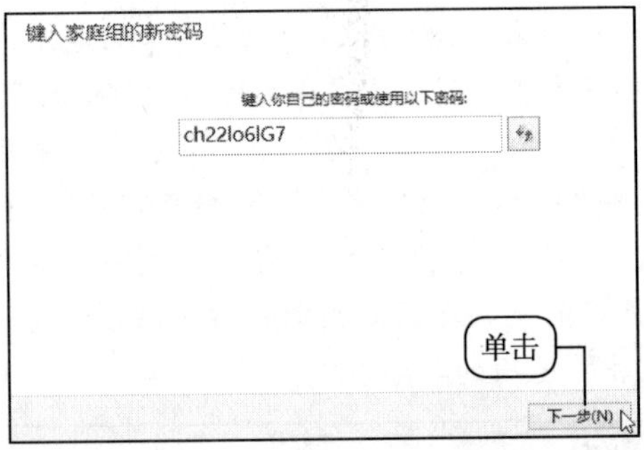

图 15-67 确认获取的新密码

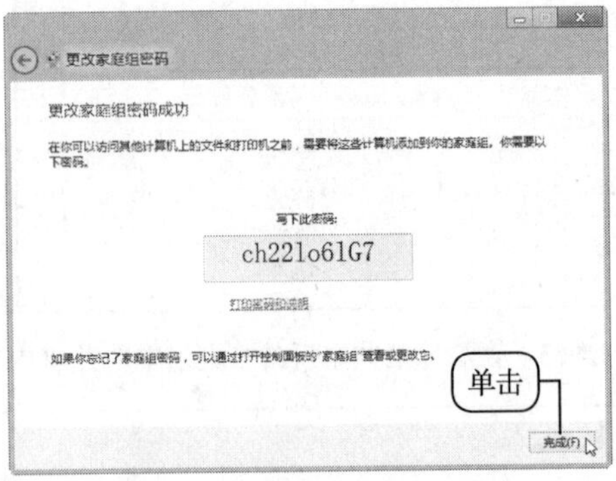

图 15-68 更改家庭组密码成功

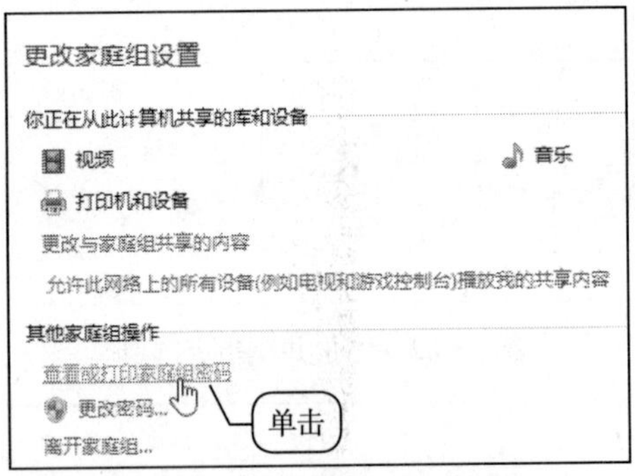

图 15-69 查看或打印家庭组密码

Step 07 此时可在“查看并打印家庭组密码”窗口中看见家庭组的当前的登录密码，如图 15-70 所示。

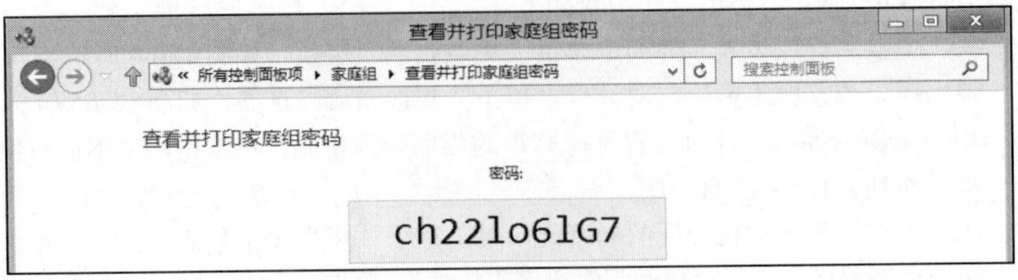

图 15-70 查看家庭组当前的登录密码

15.5 更改当前电脑的名称

在局域网或家庭组中，都是通过电脑名称来区别不同的电脑，电脑名称与用户账户名称不一样，无论用户使用哪个用户账户登录系统，电脑的名称都不会发生改变，若要查看当前电脑的名称，可右击桌面上的“电脑”图标，在弹出的快捷菜单中单击“属性”命令，在“系统”窗口中可查看电脑的名称，如图 15-71 所示。

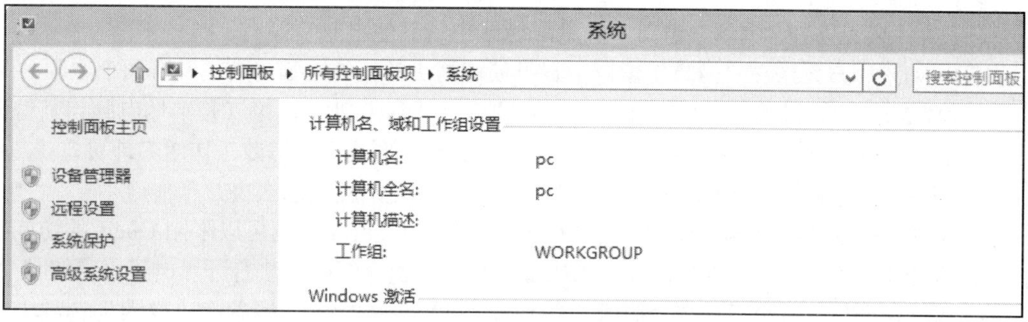

图 15-71 查看当前电脑的名称

如果想要为自己的电脑取一个富有个性的名字，则可以按照下面的步骤进行操作。

Step 01 打开“系统”窗口，在界面的左侧单击“高级系统设置”链接，如图 15-72 所示。

Step 02 弹出“系统属性”对话框，❶ 切换至“计算机名”选项卡，❷ 单击“更改”按钮，如图 15-73 所示。

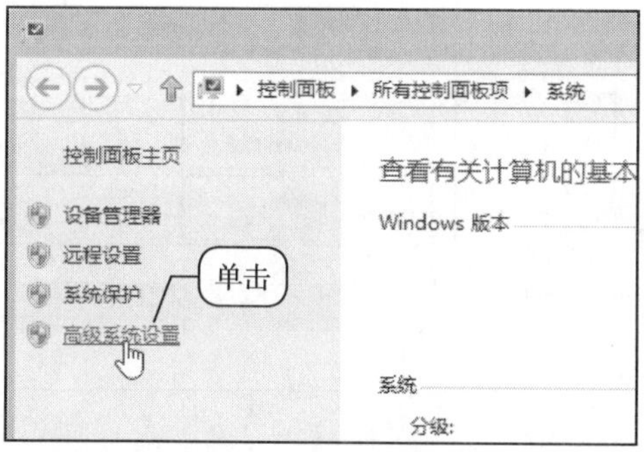

图 15-72 单击“高级系统设置”链接

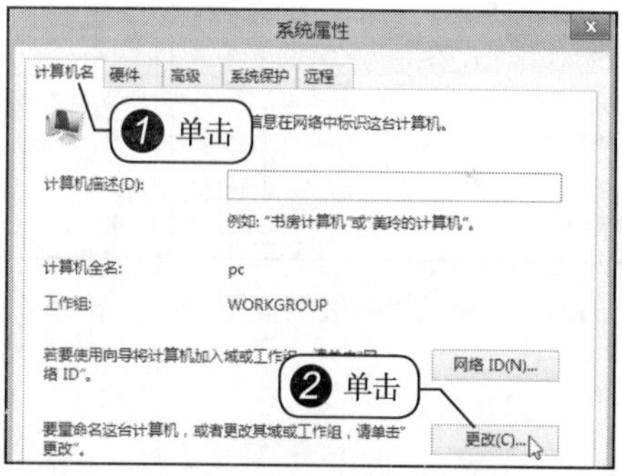

图 15-73 选择更改计算机名称

Step 03 弹出“计算机名 / 域更改”对话框，在“计算机名”文本框中输入计算机的名称，如图 15-74 所示。

Step 04 单击“确定”按钮后弹出“计算机名 / 域更改”对话框，提示“必须重新启动计算机才能应用这些更改”，单击“确定”按钮重新启动计算机，如图 15-75 所示。

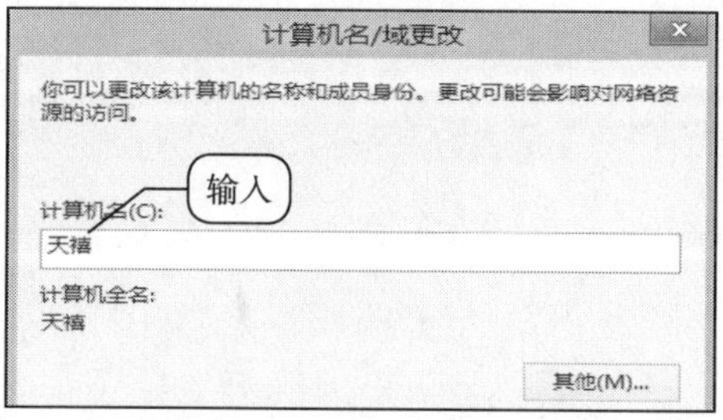

图 15-74 输入计算机名

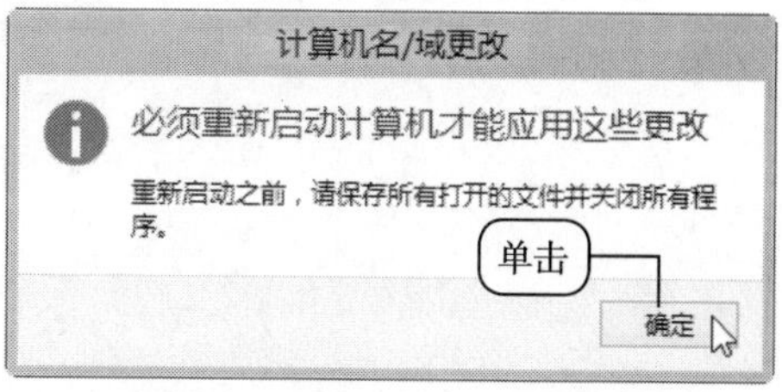

图 15-75 单击“确定”按钮

新手疑惑解答

1．一台电脑能否同时加入多个家庭组？

答：不能！在同一个局域网中，只能存在一个家庭组，一旦在某一台电脑上创建了家庭组，其他电脑就无法创建家庭组，只能加入已创建的家庭组中。

2．为什么无法在“网络”窗口中看见局域网中的其他电脑？

答：如果用户无法在“网络”窗口中看见局域网中的其他电脑，则主要有两个原因：第一是其他电脑处于关机状态，只需开启要访问的指定计算机即可；第二是本地电脑与其他电脑不位于同一个工作组中，只需在“计算机名 / 域更改”对话框中修改工作组名即可。

3．我担心其他人会删除我在局域网中共享的文件夹，应该怎么办？

答：如果担心其他人会删除自己在局域网中共享的文件夹，则可以限制 Guest 的访问权限，为其只赋予“读取”的权限，按照 15.2.2 节中第 2 点介绍的方法打开“电子书 属性”对话框，在“安全”选项卡下单击“高级”按钮，如图 15-76 所示，接着在“权限”选项卡中选择 Guest 账户，单击“编辑”按钮，如图 15-77 所示，然后设置 Guest 账户的权限为“读取”，如图 15-78 所示，最后保存退出即可。

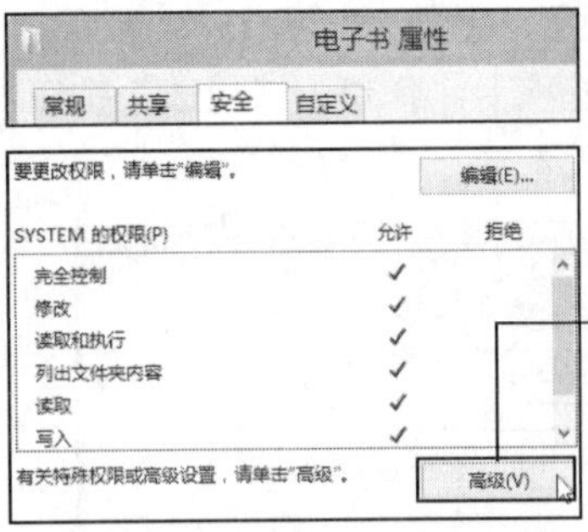

图 15-76　单击“高级”按钮

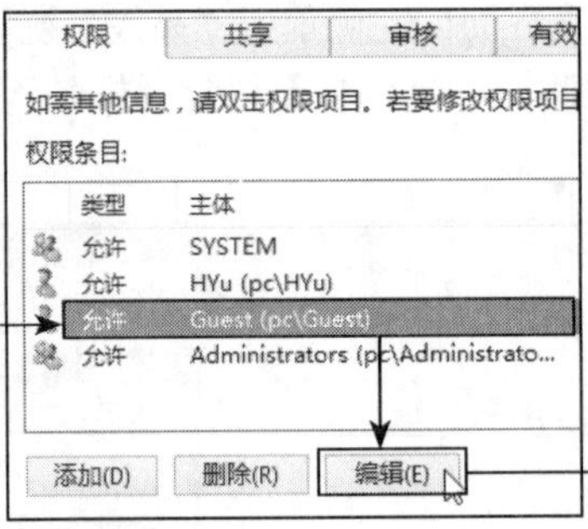

图 15-77　编辑 Guest 账户

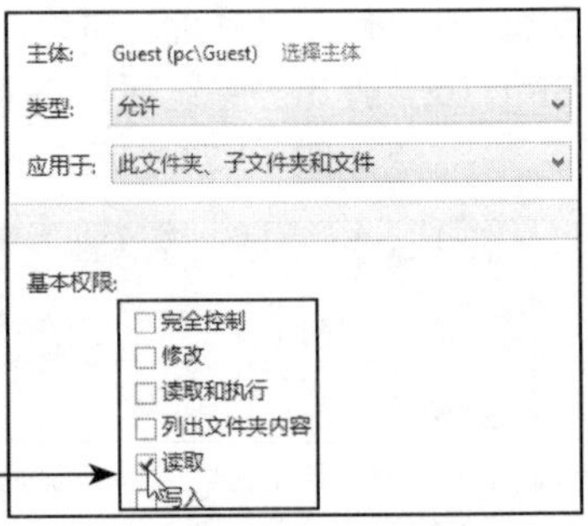

图 15-78　赋予读取权限

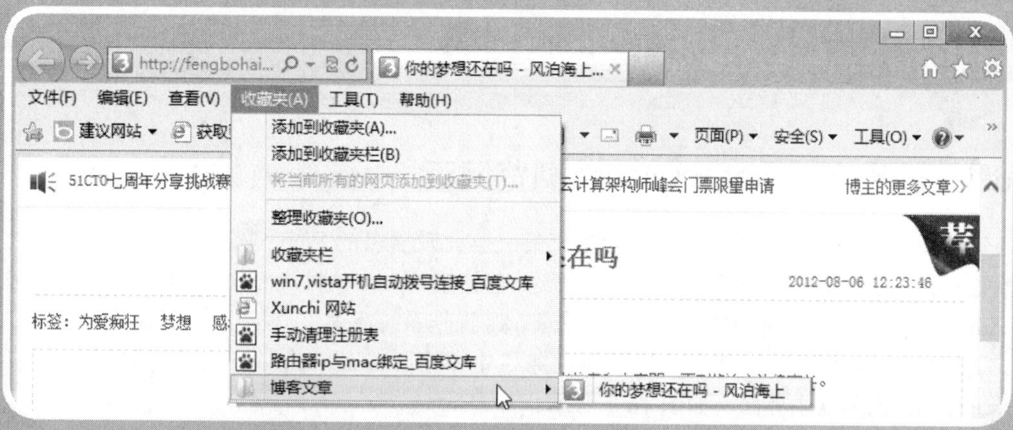

第16章 Internet网上冲浪

本章知识点：

☑ 使用 Internet Explorer 浏览网页
☑ 利用收藏夹保存网页
☑ 保存网页中的文字和图片
☑ 设置 Internet 选项
☑ 功能强大且具人性化的浏览器——QQ 浏览器
☑ 隐藏在 IE 浏览器中的高级功能

浏览器是上网冲浪的必备工具，使用浏览器，用户可以轻松地浏览、搜索和收藏网页。Windows 8 操作系统自带了 Internet Explorer 10 浏览器，该浏览器的功能强大，能够满足大多数用户的需求。除此之外，用户还可以选择第三方浏览器，例如 QQ 浏览器，它具有 Internet Explorer 10 浏览器所不具有的截取网页图片、自定义浏览器界面等功能。

基础讲解

16.1 使用 Internet Explorer 浏览网页

Internet Explorer 是 Microsoft 公司推出的一款比较著名的 Web 浏览器，简称为 IE，利用它用户可以浏览 Internet 中的任何网页（需要电脑接入 Internet），IE 浏览器无需安装，它是 Windows 操作系统自带的浏览器，安装 Windows 操作系统后就可直接启动 IE 浏览器。

在 Windows 8 操作系统中，只需在任务栏中单击 Internet Explorer 图标，即可启动该程序，打开 IE 浏览器主界面，如图 16-1 所示。

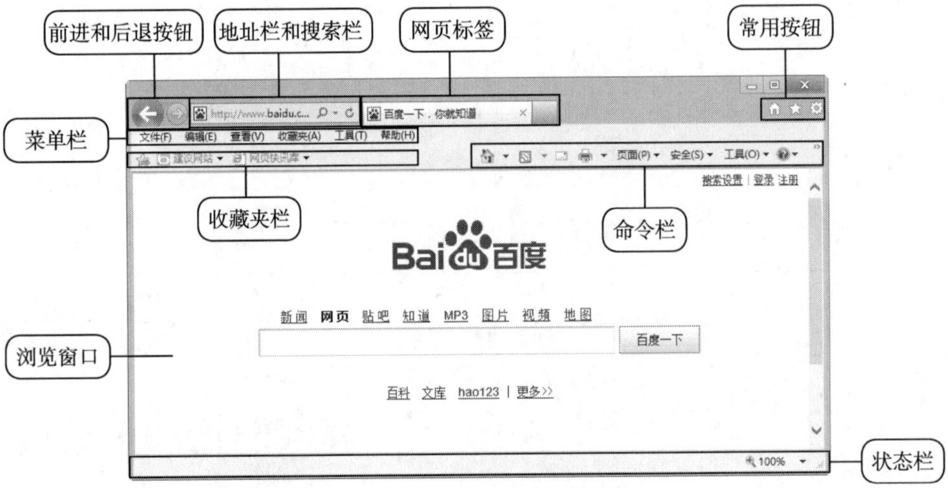

图 16-1　Internet Explorer 10 浏览器主界面

Internet Explorer 10 浏览器主界面由前进和后退按钮、地址栏和搜索栏、菜单栏、收藏夹栏等部分组成，每个组成部分都有不同的功能。

- 前进和后退按钮：IE 浏览器中前进和后退按钮的功能与 Windows 窗口中的前进和后退按钮的功能十分相似，都是用于返回上一个界面或者下一个界面，适应于广大用户的浏览习惯。Microsoft 专门将前进和后退按钮进行了放大显示，以便于用户返回刚刚访问过的网页。
- 地址栏和搜索栏：IE 浏览器中的地址栏同时具有搜索栏的功能，其中地址栏显示了当前网页所对应的网址，搜索栏中则显示了用户输入的关键词，IE 浏览器将地址栏与搜索栏合为一体，使得界面更加简洁，其不但功能强大，而且能为用户带来更为广阔的浏览空间。
- 网页标签：网页标签位于地址栏和搜索栏的右侧，可显示当前打开的网页数量，在网页标签中显示了当前网页的名称，单击网页标签最右侧的“新建”按钮，可以新建空白标签。

- ❑ 常用按钮：常用按钮主要包括 3 个按钮：“返回主页”按钮、“查看源、收藏夹和历史记录”按钮以及“工具”按钮。
  - “返回主页”按钮：该按钮用于快速返回 IE 浏览器的默认主页。
  - “查看源、收藏夹和历史记录”按钮：该按钮为用户提供了查看浏览器中的源、收藏夹和历史记录的功能，同时还提供了将指定网页添加到收藏夹中的功能，单击该按钮，将打开如图 16-2 所示的对话框。
  - “工具”按钮：该按钮提供了打印网页、缩放网页、设置网页安全以及管理浏览器加载项等功能，单击该按钮，将弹出如图 16-3 所示的下拉列表。

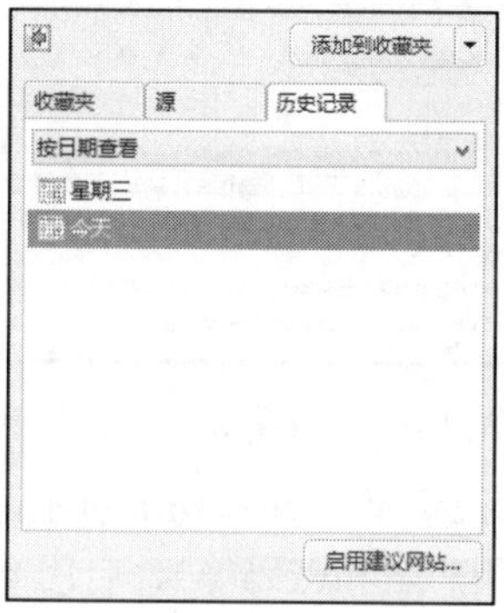

图 16-2 查看收藏夹、源和历史记录

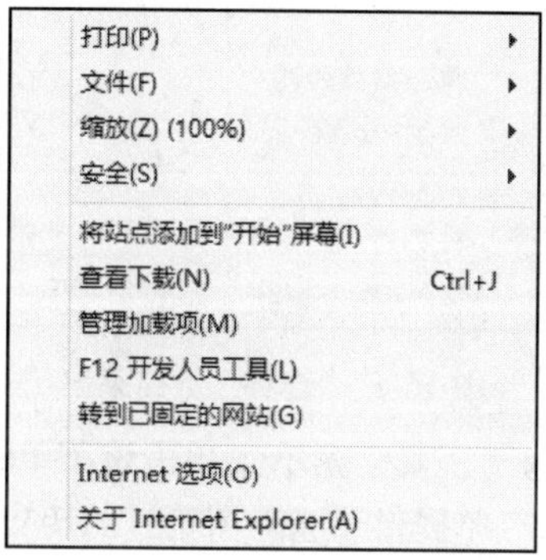

图 16-3 “工具”下拉列表

- ❑ 菜单栏：菜单栏中包括文件、编辑、查看、收藏夹、工具和帮助 6 个菜单按钮，单击任意菜单将会打开相应的菜单。
  - “文件”菜单：单击该菜单将会弹出“文件”下拉菜单，如图 16-4 所示，在该下拉菜单中提供了新建网页选项卡 / 浏览器窗口、打开和打印指定网页以及导入和导出收藏夹等功能。
  - “编辑”菜单：单击该菜单将会弹出“编辑”下拉菜单，如图 16-5 所示，该菜单提供了选择、剪切、复制、粘贴在网页中所选文本的功能，除此之外，它还提供了在当前页面中查找指定内容的功能。

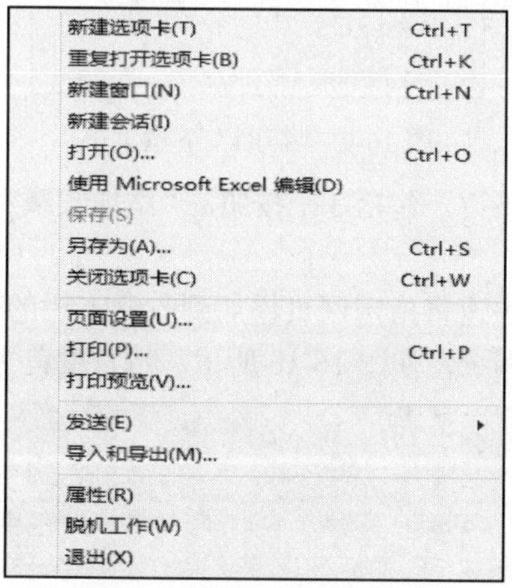

图 16-4 “文件”下拉菜单

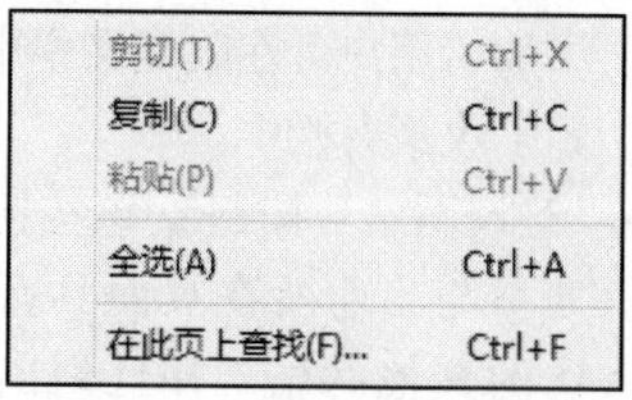

图 16-5 “编辑”下拉菜单

- “查看”菜单：单击该菜单将会弹出“查看”下拉菜单，如图 16-6 所示，该下拉菜单提供了设置浏览器界面的工具栏、快速转到、停止加载、刷新指定网页，以及缩放网页显示内容和调整文字大小等功能。
- “收藏夹”菜单：单击该菜单将会弹出“收藏夹”下拉菜单，如图 16-7 所示，该下拉菜单提供了添加网页至收藏夹、整理收藏夹中的网页等功能。

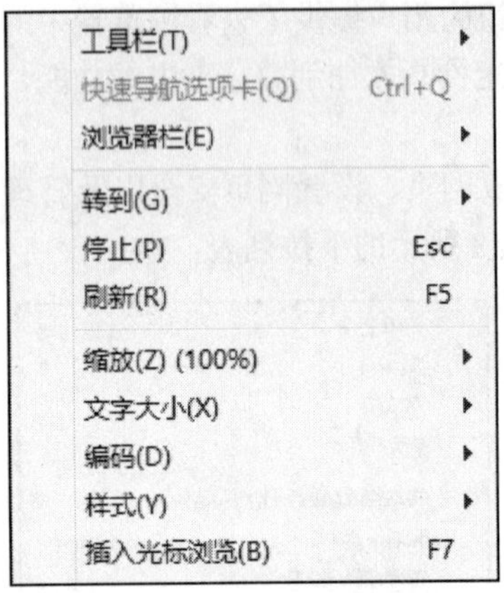

图 16-6 “查看”下拉菜单

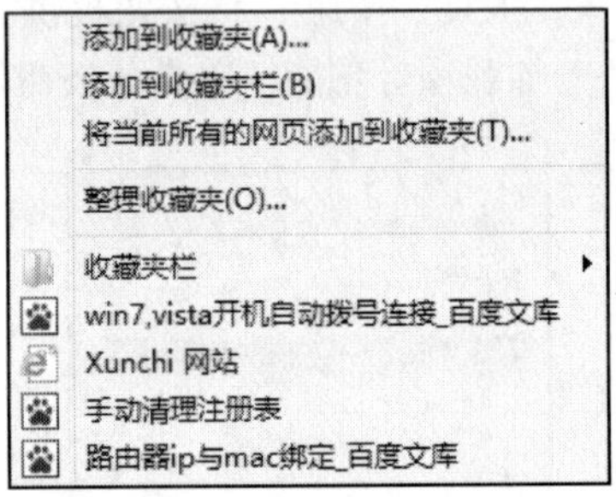

图 16-7 “收藏夹”下拉菜单

- “工具”菜单：单击该菜单将会弹出“工具”下拉菜单，如图 16-8 所示，该下拉菜单提供了删除浏览过的历史记录（网页网址、用户名和密码等）、启用 InPrivate 浏览、跟踪保护、设置 SmartScreen 筛选器等功能。
- “帮助”菜单：单击该菜单将会弹出“帮助”下拉菜单，如图 16-9 所示，该下拉菜单提供了查看 Internet Explorer 的帮助信息（按【F1】键可快速查看）、Internet Explorer 10 中的新增功能等。

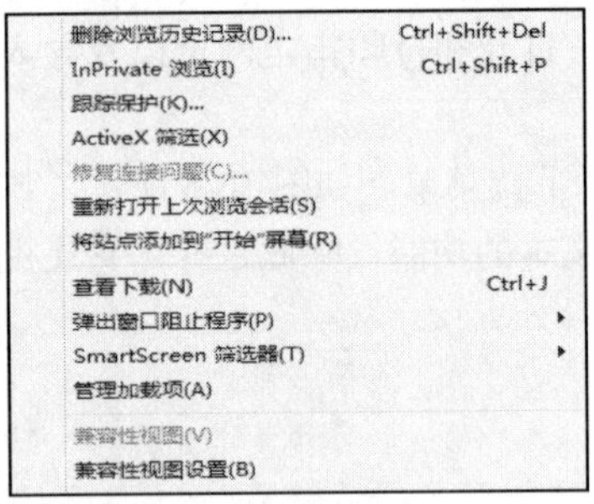

图 16-8 “工具”下拉菜单

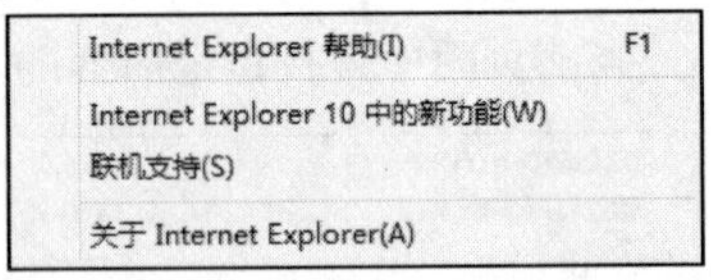

图 16-9 “帮助”下拉菜单

❑ 收藏夹栏：收藏夹栏一般位于“菜单栏”的下方，包括 3 个按钮：“添加收藏夹栏”、“建议网站”以及“网员快讯库”按钮。

- “添加到收藏夹栏”按钮：该按钮提供了快速将指定网页添加到收藏夹栏的功能，添加后用户可在收藏夹栏中看见被添加的网页，如图 16-10 所示，将百度首页添加到了收藏夹栏中。
- “建议网站”按钮：该按钮提供了列举与当前所在页面具有同类性质的其他网站，并且列出的网站是根据网站的整体排名情况进行

图 16-10 添加“百度”首页至收藏夹栏

排列的。当打开腾讯首页后，“建议网站”列表中将会显示与之相关和具有同类性质的其他网站，如图 16-11 所示。

- “网员快讯库”按钮：单击该按钮将会在展开的下拉列表中看见 Internet Explorer 10 浏览器自带的快捷链接包，Internet Explorer 10 浏览器默认的快捷链接包是 Internet Explorer 库，如图 16-12 所示。

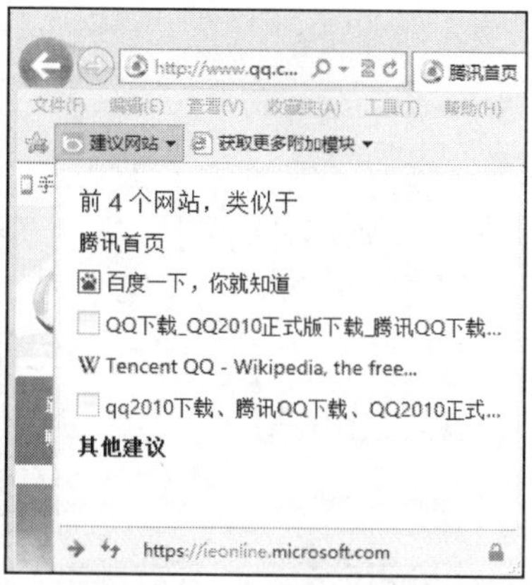

图 16-11　查看建议网站

图 16-12　查看附加模块

- ❑ 命令栏：命令栏提供了各种功能按钮，包括“设置主页”、“查看当前页面中的源”、“阅读邮件”、“打印网页”、“页面”等按钮。
  - “设置主页”按钮：单击该按钮将会弹出如图 16-13 所示的下拉列表，该列表提供了快速返回主页、添加、删除或更改主页等功能。

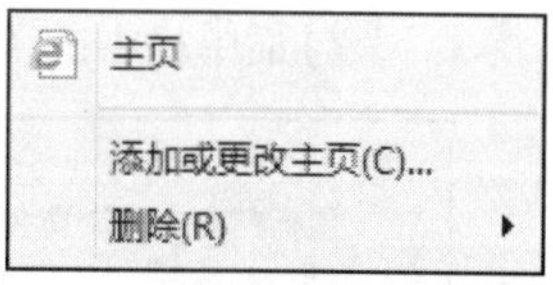

图 16-13　设置 IE 浏览器主页

  - “查看当前页面中的源”按钮：单击该按钮用户可查看当前页面中的 RSS 源，如果“查看当前页面中的源”按钮为橙色，则表示当前界面中有可收藏的源；如果按钮为黑色，则表示当前界面中无可收藏的源。

提示：认识 IE 浏览器中的源

IE 浏览器中的源又称为“RSS 源”，它包含由网站发布的更新的内容。通常将其用于新闻和博客网站，源可能具有和网页相同的内容，但是源通常采用不同的格式。在订阅时，IE 浏览器会自动检查网站并下载新的内容，这样就可以查看自从上一次访问该源之后的新内容。

- “阅读邮件”按钮：该按钮提供了阅读电子邮件的功能，当 Windows 操作系统中安装了 Microsoft Outlook 组件时，单击该按钮将自动启动 Outlook 以查看并阅读邮件。
- “打印网页”按钮：单击该按钮将会打开如图 16-14 所示的下拉列表，该列表提供了设置打印页面、打印预览以及打印网页的功能。

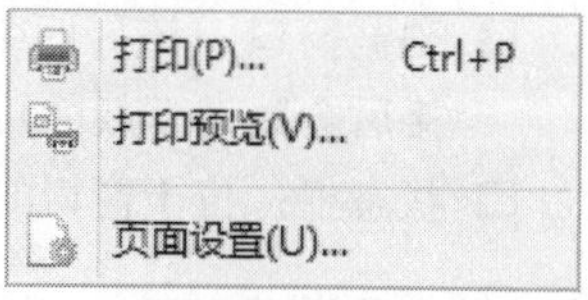

图 16-14　“打印网页”下拉列表

- “页面”按钮：单击该按钮将打开如图 16-15 所示的下拉列表，该列表提供了新建浏览器窗口、剪切、复制、粘贴网页中的文本内容、缩放页面中显示的内容以及调整页面中的文字的大小等功能。

- “安全”按钮：单击该按钮将打开如图 16-16 所示的下拉列表，该列表提供了删除浏览历史记录、InPrivate 浏览和 SmartScreen 筛选器等功能。

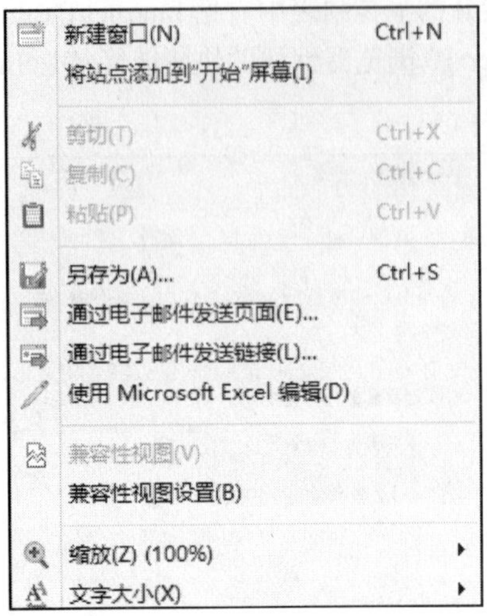

图 16-15 “页面”下拉列表

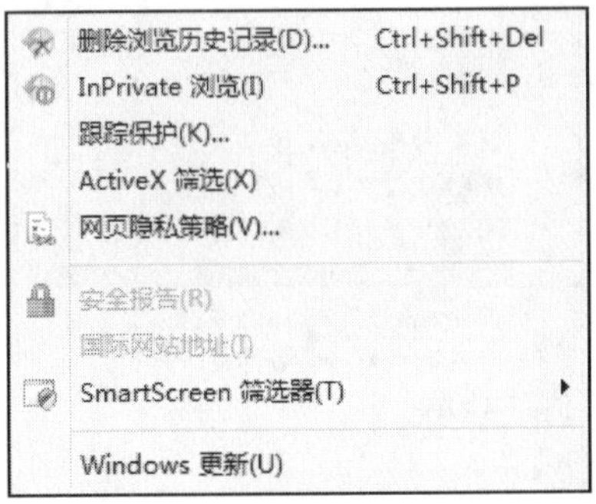

图 16-16 “安全”下拉列表

- “工具”按钮：单击该按钮将打开如图 16-17 所示的下拉列表，该列表提供了设置弹出窗口阻止程序、管理浏览器加载项、兼容性视图设置等功能。
- “帮助”按钮：单击该按钮将打开如图 16-18 所示的下拉列表，该列表提供的功能与菜单栏中的“帮助”菜单提供的功能比较类似。

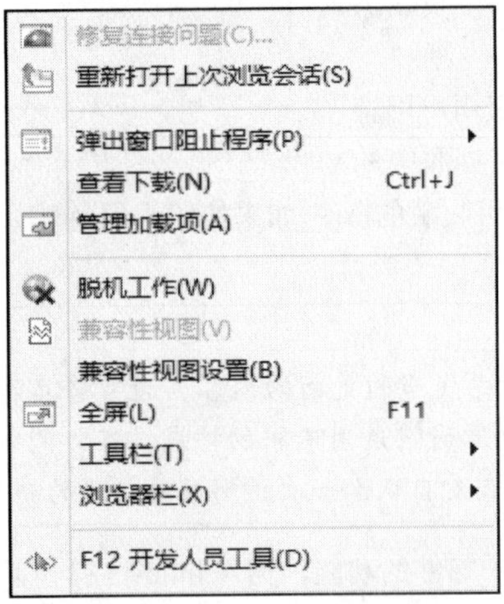

图 16-17 “工具”下拉列表

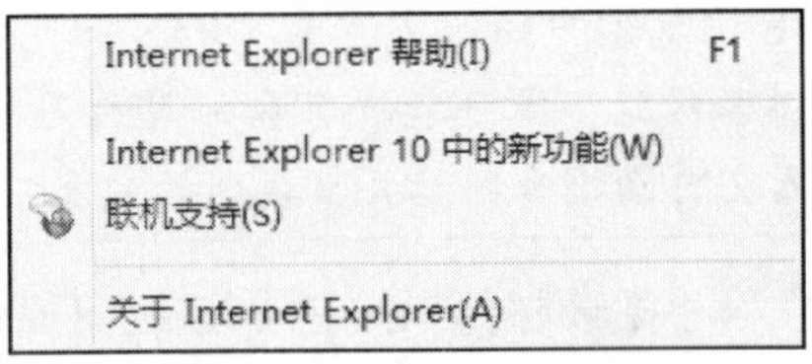

图 16-18 “帮助”下拉列表

- 浏览窗口：该界面中显示了所打开网页的内容，如显示图片、文字链接，单击这些链接后会跳转至新的页面或者打开新的浏览器窗口。
- 状态栏：位于窗口的最底部，用于显示提示信息或显示打开网页的速度。

16.1.1 浏览网页

Windows 8 操作系统自带的 IE 浏览器可以说是用户上网使用频率最高的一款浏览器，除了它是 Windows 8 操作系统自带的浏览器这一原因之外，还有着其自身功能不断增强的原因。

使用 IE 浏览器浏览网页，需要在知道指定网页网址的情况下才能打开该网页，然后便可在界面中查看显示内容或者通过单击标题链接查看更多的内容。具体的操作方法如下。

Step 01 启动IE浏览器，在地址栏中输入www.epubhome.com后按【Enter】键，打开EPUBHOME图书平台网站，如图16-19所示。

Step 02 ❶在界面顶部输入会员邮箱和密码，❷然后单击“登录”按钮，如图16-20所示，以会员的身份登录EPUBHOME图书平台网站。

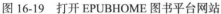

图16-19 打开EPUBHOME图书平台网站

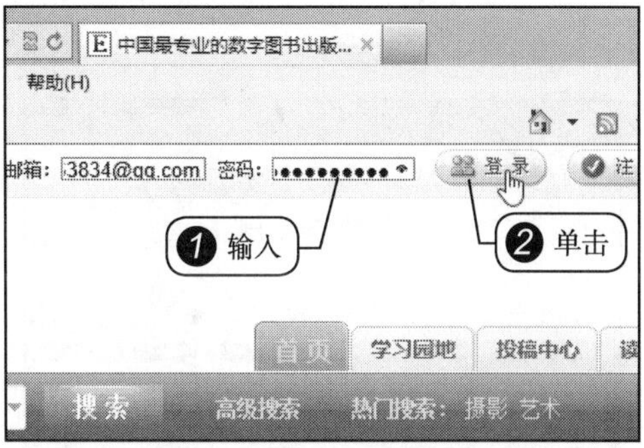

图16-20 输入邮箱和密码

Step 03 登录后在界面中选择要浏览的电子书，例如选择“免费专区”中的“风光摄影1分钟秘笈”，单击对应的图片链接，如图16-21所示。

Step 04 切换至新的界面，在界面中可看见该图书的详细介绍，如果想要试读此书，则单击“在线试读”按钮，如图16-22所示。

图16-21 选择要浏览的电子书

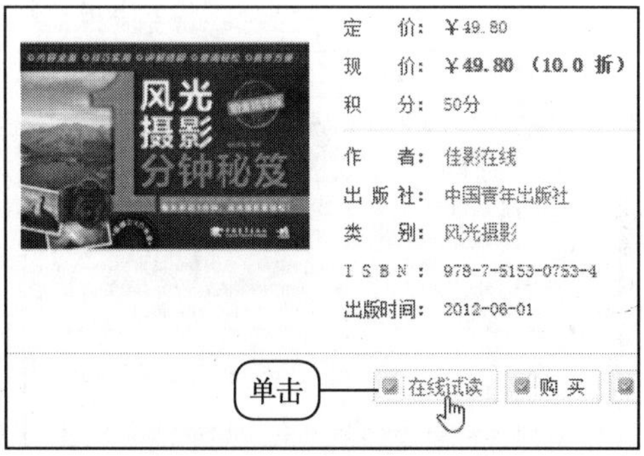

图16-22 选择在线试读

Step 05 在弹出的对话框中，可试读本书的部分内容，在左侧单击目录链接，然后便可在右侧显示相应的内容，如图16-23所示。

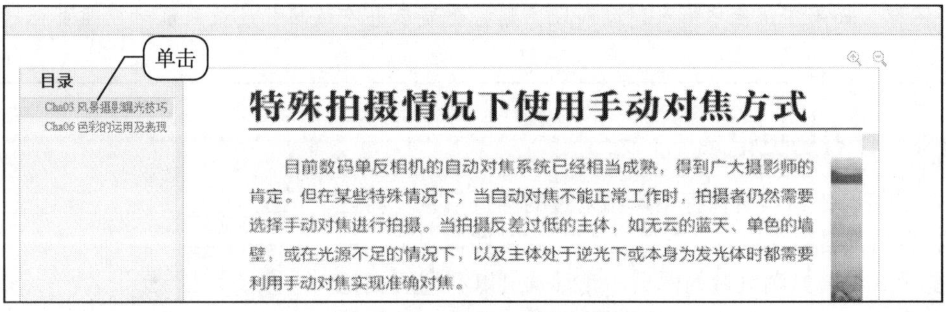

图16-23 阅读选定的内容

16.1.2 搜索网页

IE 10 浏览器将地址栏与搜索栏合为一体，因此用户既可以在地址栏中打开指定网页，又可以在地址栏中输入关键字，搜索含有该关键字的网页。具体的操作步骤如下。

Step 01 打开 IE 浏览器，在地址栏中单击“搜索”图标，如图 16-24 所示。

Step 02 接着在搜索栏中输入关键词，例如输入 The New iPad，然后单击“转至”图标，如图 16-25 所示。

图 16-24 单击“搜索”图标

图 16-25 输入关键词

Step 03 此时可在界面中看见搜索的界面，搜索的网页标题中均含有 The New iPad，然后选择合适的网页，单击对应的标题链接，如图 16-26 所示。

Step 04 打开指定的页面，如图 16-27 所示，此时可以浏览该页面的内容，也可以通过单击文字或图片链接来浏览其他的内容。

图 16-26 选择要查看的网页

图 16-27 浏览打开的网页

提示：搜索网址

当在地址栏中单击“搜索”图标后，则地址栏变成了搜索栏，在该栏的最左侧显示了“？”图标，如果在该栏中输入网站网址，则将会显示含有该网址或该网址对应网页标题的搜索结果。

16.1.3 查看历史记录

IE 浏览器默认具有保存用户浏览过的网页信息，而这些信息在浏览器中统称为“历史记录”。在某些情况下，用户可能会查看曾经浏览过的网页，此时就可以利用历史记录打开指定的网页。IE 浏览器提供了 5 种查看历史记录的方式，如图 16-28 所示，依次为按日期查看、按站点查看、

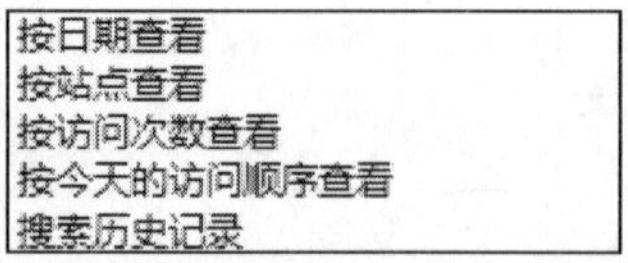

图 16-28 5 种查看历史记录的方式

按访问次数查看、按今日的访问顺序查看以及搜索历史记录。具体的操作步骤如下。

Step 01 单击“常用按钮”中的“查看源、收藏夹和历史记录”按钮，在展开的列表中切换至“历史记录”选项卡，默认的查看方式为“按日期查看”，例如选择查看今天的历史记录，单击“今天”链接，如图 16-29 所示。

Step 02 此时可在列表中显示今天浏览过的所有网页，如图 16-30 所示。

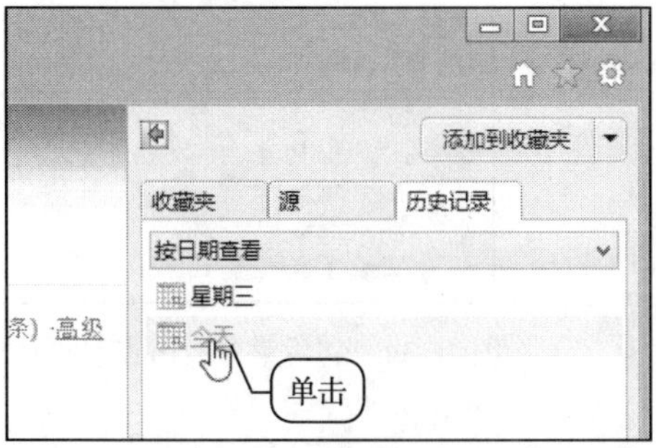

图 16-29　选择查看今天的历史记录

图 16-30　浏览今天的历史记录

Step 03 单击“按日期查看”右侧的扩展按钮，在展开的下拉列表中选择其他查看方式，例如选择“按访问次数查看”，如图 16-31 所示。

Step 04 此时可在列表中看见今天所浏览的网页按访问次数由多到少的顺序排列的显示效果，其中位于最顶端的是今天访问次数最多的网页，如图 16-32 所示，单击任意标题链接即可打开对应的网页。

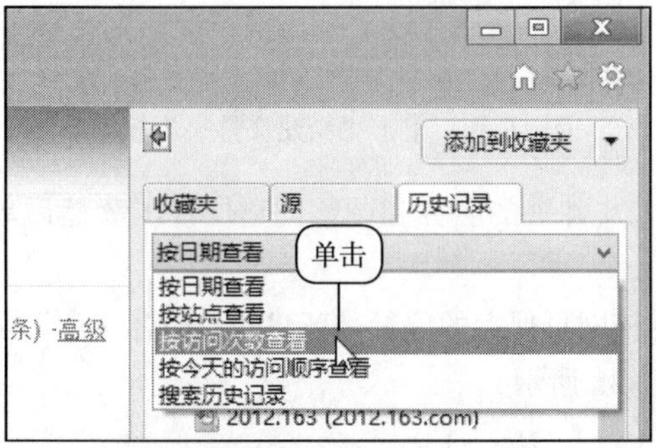

图 16-31　选择按访问次数查看

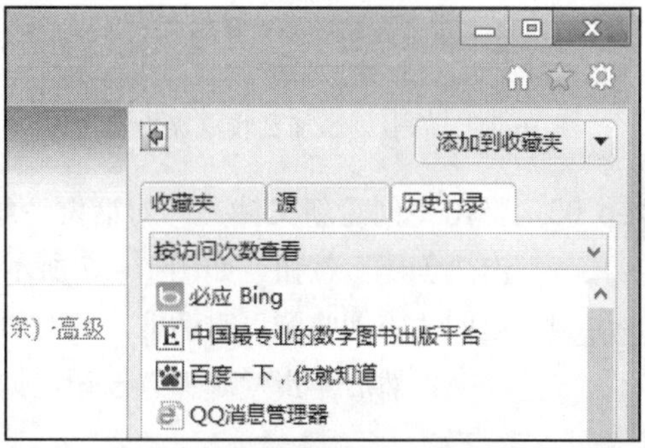

图 16-32　查看按访问次数排列的网页

16.2　利用收藏夹保存网页

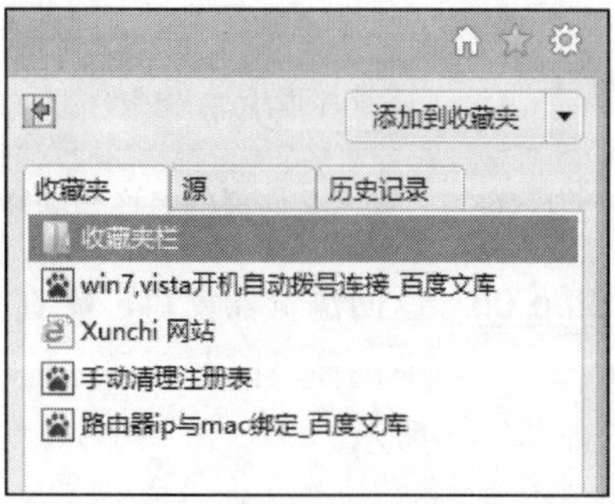

图 16-33　利用常用按钮查看收藏夹

收藏夹是 IE 浏览器比较重要的一项功能，它存储了用户手动保存的所有网页，用户不仅可以将指定网页保存到收藏夹中，而且还可以手动管理收藏夹中保存的网页。查看收藏夹的方法有两种：第一种方法是单击“常用按钮”中的“查看源、收藏夹和历史记录”按钮，便可在打开的“收藏夹”选项卡中查看收藏夹，如图 16-33 所示；第二种方法是在菜单栏中单击“收藏夹”按钮，便可在弹出的菜单中查看收藏夹，如图 16-34 所示。

16.2.1 添加网页至收藏夹

当用户在浏览网页的过程中，如果遇到含有有用资料的网页，则可以选择将其添加到 IE 收藏夹中，以便于日后直接打开并查看。具体的操作步骤如下。

Step 01 打开或者切换至需要保存的网页所在浏览器窗口，在菜单栏中依次单击“收藏夹 > 添加到收藏夹”命令，如图 16-35 所示。

Step 02 弹出“添加收藏”对话框，❶ 重新输入该网页的标题名称，❷ 然后单击“新建文件夹”按钮，如图 16-36 所示。

图 16-34 利用菜单按钮查看收藏夹

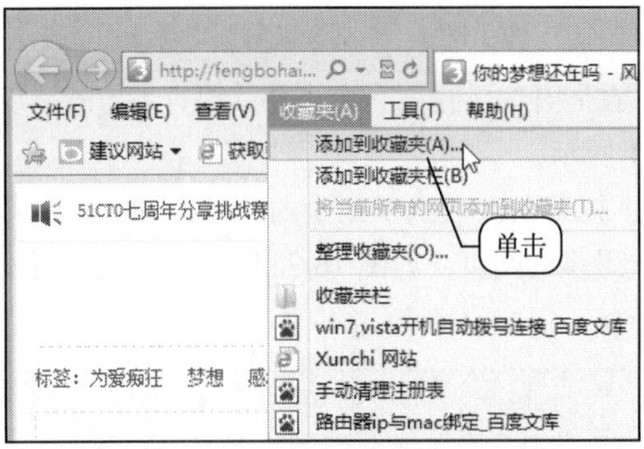

图 16-35 单击“添加到收藏夹”命令

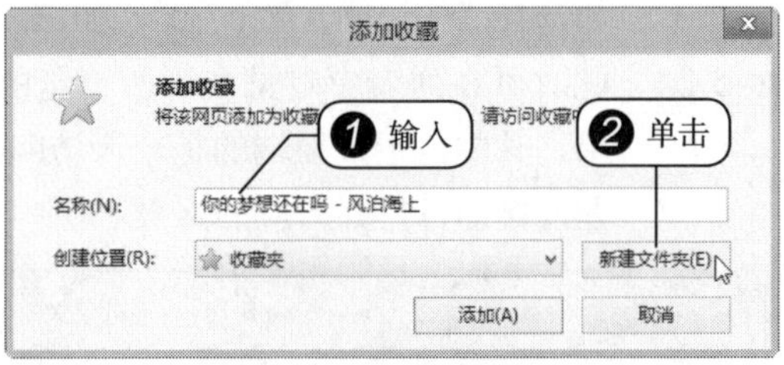

图 16-36 单击“新建文件夹”按钮

Step 03 弹出“创建新文件夹”对话框，❶ 输入文件夹的名称和调整创建位置，❷ 然后单击“创建”按钮，如图 16-37 所示。

Step 04 返回“添加收藏”对话框，此时可看见该网页保存的位置是新建的“博客文章”文件夹，然后单击“添加”按钮，如图 16-38 所示。

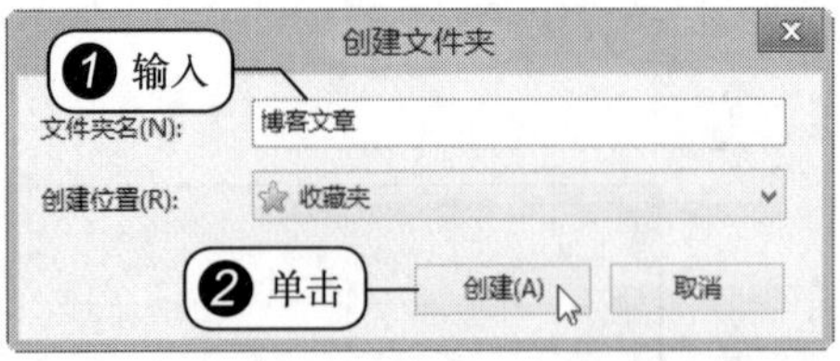

图 16-37 输入文件夹的名称和调整创建位置

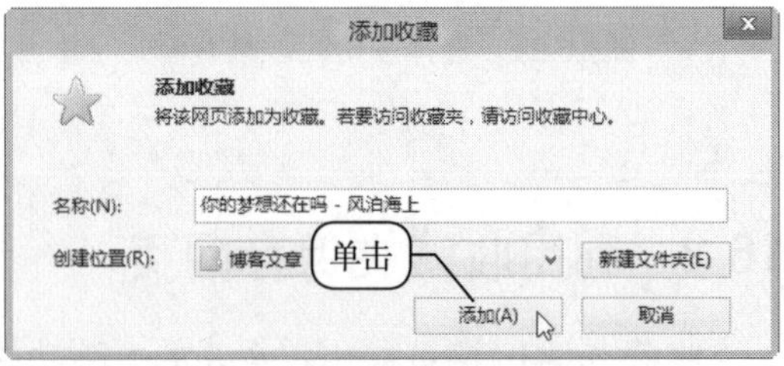

图 16-38 确认添加当前浏览的网页

Step 05 返回浏览器窗口，❶ 在菜单栏中单击“收藏夹”菜单，❷ 然后在弹出的下拉菜单中选择“博客文章”选项，即可在右侧看见保存的网页所对应的标题，如图 16-39 所示。

图 16-39　查看添加到收藏夹中的网页标题

16.2.2　管理收藏夹中的网页

随着时间的推移，“收藏夹”中将会保存着越来越多的网页，用户需要掌握如何管理收藏夹中的网页，既可通过新建文件夹来归类整理指定的网页，又可删除已经无用的网页。具体的操作步骤如下。

Step 01　打开 IE 浏览器窗口，在菜单栏中依次单击“收藏夹 > 整理收藏夹”命令，如图 16-40 所示。

Step 02　弹出“整理收藏夹”对话框，❶ 在列表框中选择要删除的网页，❷ 然后在下方单击“删除”按钮，如图 16-41 所示。

图 16-40　单击“整理收藏夹”命令

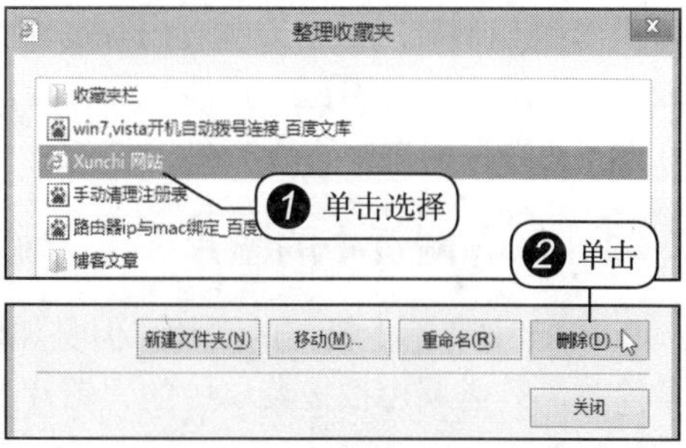

图 16-41　删除指定的网页

Step 03　此时可看见所选的网页已被删除，若要新建文件夹用于归类收藏夹中的网页，则单击“新建文件夹”按钮，如图 16-42 所示。

Step 04　❶ 选择文件夹的名称后按【Enter】键，❷ 再选择要移动到新建文件夹中的网页，❸ 单击“移动”按钮，如图 16-43 所示。

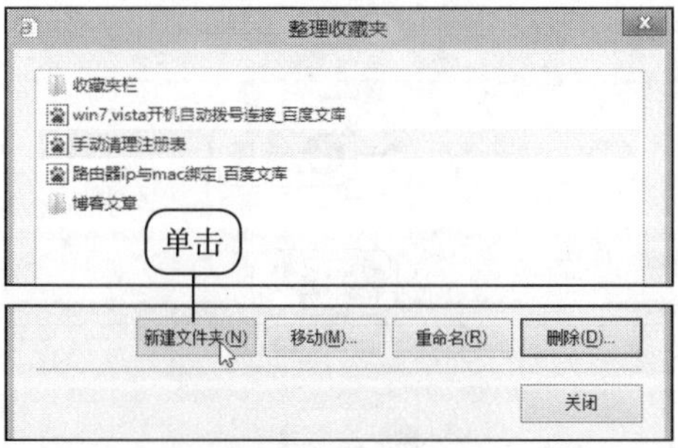

图 16-42　单击“新建文件夹”按钮

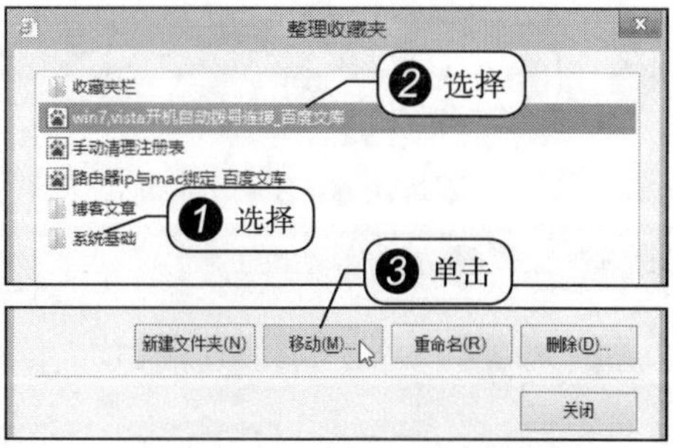

图 16-43　移动所选的网页

Step 05 弹出“浏览文件夹”对话框，❶ 在列表框中单击移动后的保存位置，❷ 然后再单击“确定”按钮，图 16-44 所示。

Step 06 返回“整理收藏夹”对话框，将其他网页移至新建的文件夹中，然后单击新建文件夹所对应的选项，即可看见该文件夹下保存的网页，如图 16-45 所示。

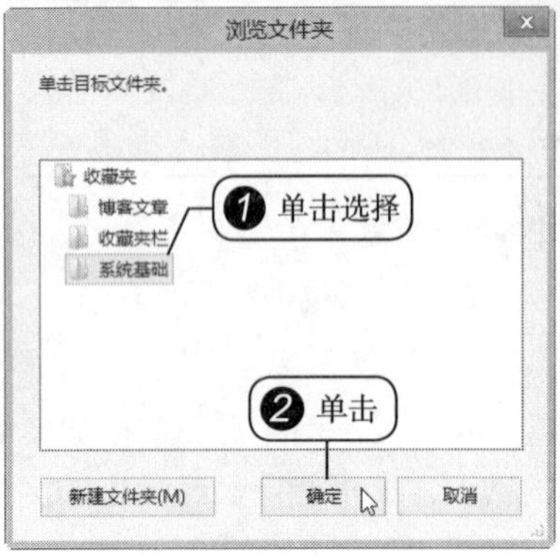

图 16-44　选择移动后的保存位置

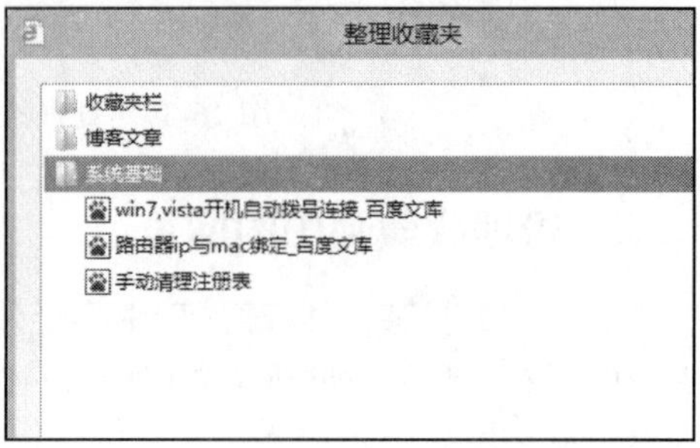

图 16-45　将其他网页移至新建文件夹中

16.3　保存网页中的文字和图片

有时候并不是网页中的所有内容都对自己有用，也许是网页中的一张图片，也许是网页中的文本，那么在此情况下，能否保存指定的图片和文字呢？当然可以，通过以下介绍的内容，你就能保存网页中所需的图片和文字了。

16.3.1　保存网页中的图片

Internet 中有不少精美的图片，但是如何将这些图片保存在本地电脑中呢？其实操作起来非常简单，只需利用快捷菜单中的“图片另存为”命令即可将其保存在本地电脑中。具体的操作步骤如下。

Step 01 ❶ 在网页页面中右击需要保存的图片，❷ 然后在弹出的快捷菜单中单击“图片另存为”命令，如图 16-46 所示。

Step 02 弹出“保存图片”对话框，❶ 在地址栏中选择图片的保存位置，❷ 然后在底部输入图片文件名，例如输入“花朵”，❸ 然后单击“保存”按钮即可，如图 16-47 所示。

图 16-46　单击“图片另存为”命令

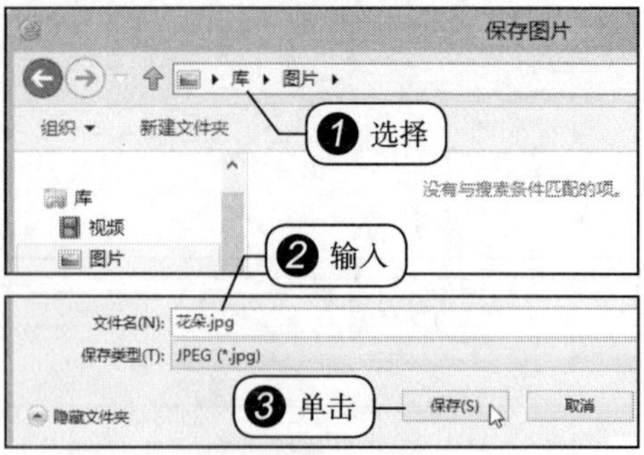

图 16-47　设置图片保存位置及文件名

16.3.2 保存网页中的文字

当某一网页中的文字对自己来说具有一定的收藏价值时，则用户可以选择只保存网页中的文本，通过“文件”菜单中的“另存为”命令即可实现。具体的操作步骤如下。

Step 01 打开或者切换至将要保存文字的网页，在菜单栏中依次单击“文件 > 另存为”命令，如图 16-48 所示。

Step 02 弹出“保存网页”对话框，❶ 在地址栏中选择要保存的位置，❷ 输入文件保存名且设置保存类型为“文本文件”，❸ 设置后单击“保存”按钮，如图 16-49 所示。

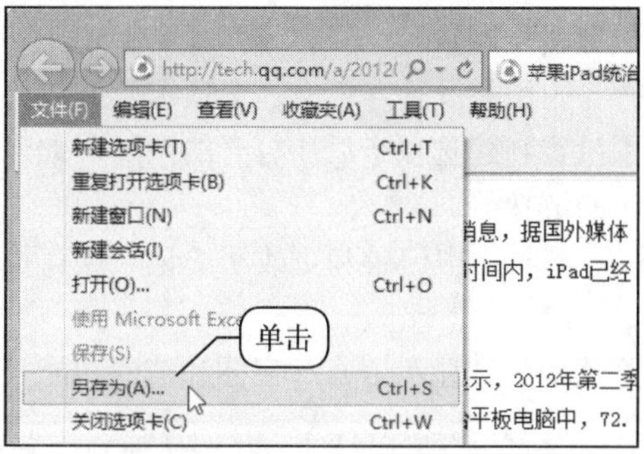

图 16-48 单击“另存为”命令

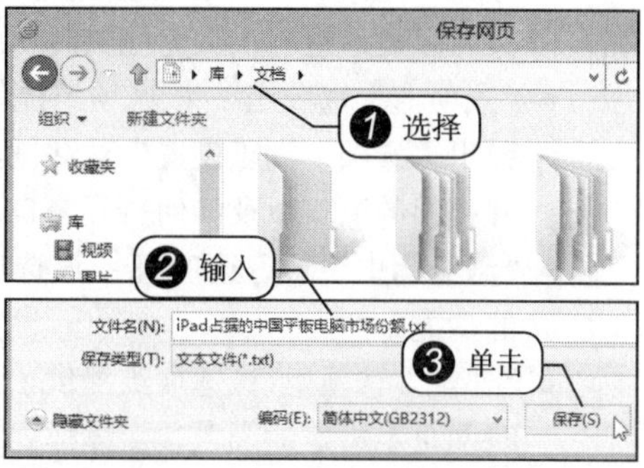

图 16-49 设置保存为文本文件

Step 03 打开 Step02 中所选保存位置对应的窗口，此时可看见保存的文本文件，如图 16-50 所示，该文本文件中存储了所选网页中的全部内容。

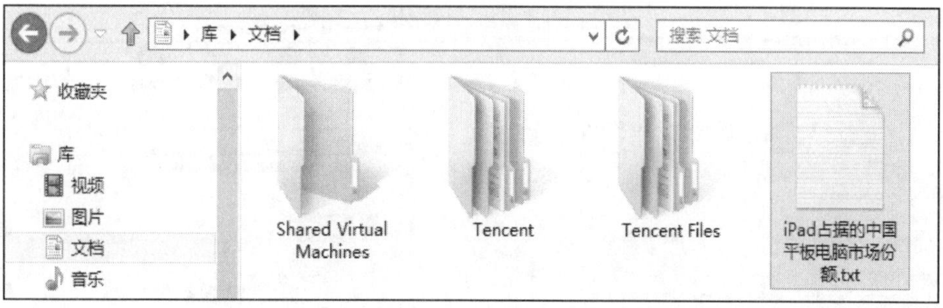

图 16-50 查看保存的文本文件

提示：保存网页中的部分文字

如果用户只需要保存网页中的部分文字，则可以采用复制 / 粘贴的操作来实现，选中要复制的文本内容，按【Ctrl+C】组合键复制所选的文本内容，最后利用【Ctrl+V】组合键将其粘贴到文本文档中保存后退出即可。

16.4 设置 Internet 选项

设置 Internet 选项是指在“Internet 选项”对话框中进行设置 IE 浏览器的主页、安全级别以及清除临时文件和历史记录等操作。“Internet 选项”对话框的打开方式有两种 ：第一种是在菜单栏中依次单击“工具 >Internet 选项”命令；第二种是在“常用按钮”组中单击“工具”按钮，在打开的下拉列表中单击“Internet 选项”选项即可，“Internet 选项”对话框的界面如

图 16-51 所示。

“Internet 选项”对话框中包括 7 个选项卡，分别是“常规”、“安全”、“隐私”、“内容”、“连接”、“程序”和“高级”选项卡，不同的选项卡提供了不同的功能。

- “常规”选项卡：该选项卡中包含了 5 个选项组，分别提供了设置浏览器主页、启动方式以及清除浏览历史记录等功能。
  - “主页”选项组：该选项组提供了设置主页的功能，用户既可以将当前打开的网页、空白页设为主页，又可以将 IE 浏览器默认的网页设为主页。
  - “启动”选项组：该选项组提供了设置启动 IE 浏览器后打开的页面，既可以是主页，又可以是最近一次浏览网页时所打开的最后一个网页。
  - “选项卡”选项组：该选项组提供了选项卡的相关设置，单击“选项卡”按钮将会弹出“选项卡浏览设置”对话框，提供了设置新建选项卡后所打开的网页、如何打开弹出的窗口以及如何打开来自其他程序的链接等。
  - “浏览历史记录”选项组：该选项组提供了删除历史记录和更改历史记录保存位置的功能。
  - “外观”选项组：该选项组提供了设置浏览器颜色、显示语言、字体和辅助功能（忽略网页上指定的颜色、字体样式和字号等）的功能。
- “安全”选项卡：该选项卡提供了查看和更改 Internet、本地 Intranet、受信任的站点和受限制的站点的安全设置，其界面如图 16-52 所示。

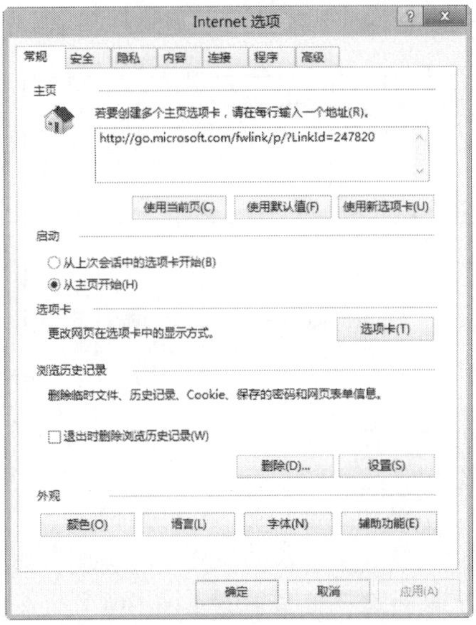

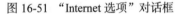

图 16-51 “Internet 选项”对话框

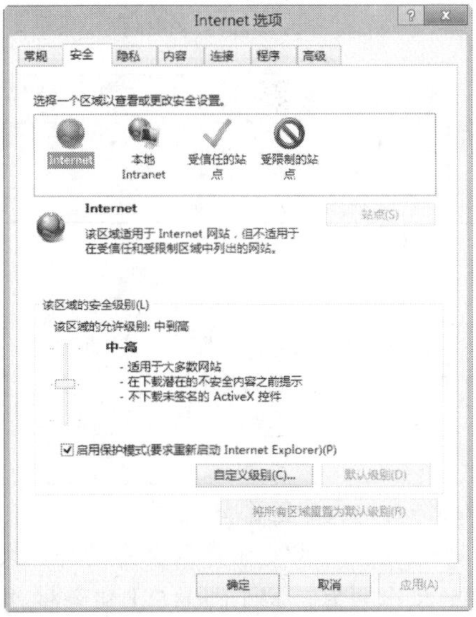

图 16-52 “安全”选项卡

  - Internet：选中 Internet 后，可以在“该区域的安全级别”选项组中查看并调整 Internet 区域的安全级别。
  - 本地 Intranet：选中本地 Intranet 后，用户既可以通过单击“站点”按钮指定本地 Intranet 中所包含的网站，又可以在“该区域的安全级别”选项组中查看并调整 Internet 区域的安全级别。
  - 受信任的站点：选中受信任的站点后，用户既可以通过单击“站点”按钮添加受信任的站点，又可以在“该区域的安全级别”选项组中查看并调整受信任的站点的安全级别。

- 受限制的站点：选中受限制的站点后，用户可以通过单击“站点”按钮添加受限制的站点，由于 IE 浏览器默认设置受限制的站点的安全级别为最高，因此用户无法在“该区域的安全级别”选项组中调整受限制的站点的安全级别。

❑ “隐私”选项卡：该选项卡提供了选择 Internet 区域设置、是否允许网站请求本地电脑的物理位置、设置弹出窗口阻止程序以及设置 InPrivate 浏览等功能，其界面如图 16-53 所示。

- “设置”选项组：该选项组提供了管理 Internet 站点（单击“站点”按钮后设置）、导入 Internet 隐私首选项（单击“导入”按钮后设置）以及如何处理 Cookie（单击“高级”按钮后设置）等功能。
- “位置”选项组：该选项组提供了阻止网站请求本地电脑的物理地址以及清除 IE 浏览器中保存的站点等功能。
- “弹出窗口阻止程序”选项组：该选项组提供了是否设置启用弹出窗口阻止程序的功能，如果启用该功能，则可以通过单击“设置”按钮来添加允许弹出窗口的网站。
- InPrivate 选项组：该选项组提供了是否在 InPrivate 浏览启动时禁用工具栏和扩展的功能。

❑ “内容”选项卡：该选项卡提供了限制查看和显示指定 Internet 内容、设置“自动完成”功能的应用范围以及设置源和网页快讯等功能，其界面如图 16-54 所示。

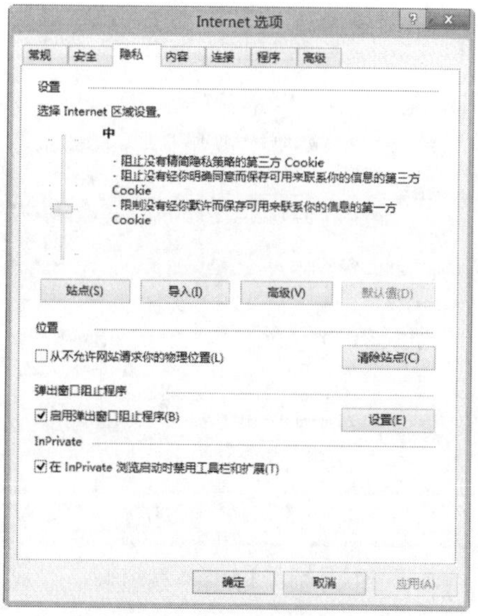

图 16-53 “隐私”选项卡

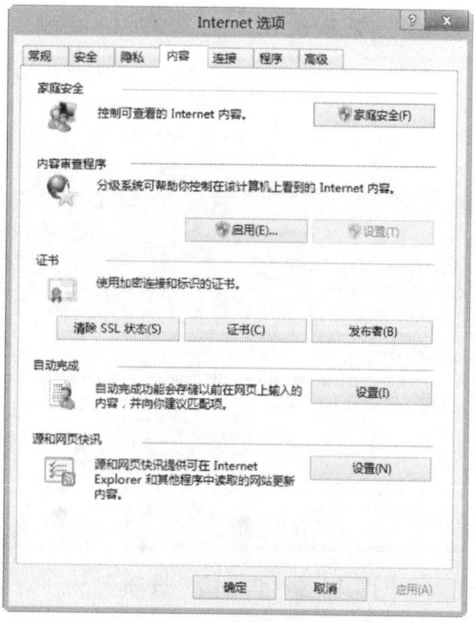

图 16-54 “内容”选项卡

- “家庭安全”选项组：在该选项组中单击“家庭安全”按钮后将自动打开“家庭安全”对话框，然后对指定的非管理员用户账户设置限定查看的 Internet 内容。
- “内容审查程序”选项组：在该选项组中单击“启用”按钮可启用内容审查程序，启用后还需设置限制显示的分级内容和指定网站。
- “证书”选项组：该选项组提供了查看证书和证书发布者的功能，同时还可以清除 SSL 状态，清除 SSL 状态就相当于清理 IE 浏览器的缓存，可以提高 IE 浏览器的运行速度和效率。

- “自动完成”选项组：“自动完成”功能可以自动保存用户在网页中输入的内容，而该选项组提供的功能就是设置“自动完成”所保存的内容，可以保存浏览历史记录、收藏夹以及网页中的用户名和密码等内容，单击“设置”按钮后进行设置。
- “源和网页快讯”选项组：“源和网页快讯”提供了可在 IE 浏览器中读取的网站更新内容，而该选项组提供了自动更新的频率以及是否启用源阅读视图等功能，单击“设置”按钮后进行设置。

❑ “连接”选项卡：该选项卡提供了设置连接 Internet、添加 Internet 连接或 VPN 连接以及局域网（LAN）设置等功能，其界面如图 16-55 所示。

- “拨号和虚拟专用网络设置”选项组：该选项组提供了添加 Internet 连接和添加 VPN 连接的功能，其中 VPN 是一种企业内部专用的虚拟网络，它是连接在 Internet 上的位于不同位置的两个或多个企业内部网之间建立一条专有的通讯线路。
- “局域网（LAN）设置”选项组：该选项组提供了为局域网添加代理服务器（单击“局域网设置”按钮进行设置）等功能。

❑ “程序”选项卡：该选项卡提供了选择打开网页链接的方式、管理 IE 浏览器中的加载项、选择编辑 HTML 文件的程序等功能，其界面如图 16-56 所示。

图 16-55 “连接”选项卡

图 16-56 “程序”选项卡

- “打开 Internet Explorer”选项组：该选项组提供设置打开网页链接方式的功能，还可以设置通过启动“开始”屏幕中的 IE 磁贴来打开浏览器窗口。
- “管理加载项”选项组：该选项组提供了启用或禁用 IE 浏览器中已存在的加载项，单击“管理加载项”按钮进行设置。
- “HTML 编辑”选项组：该选项组提供了选择编辑 HTML 文件所使用的程序，既可以是 Word，又可以是 Excel，还可以是记事本。
- “Internet 程序”选项组：该选项组提供了设置打开诸如电子邮件、RSS 源等 Internet 服务所使用的程序，单击“设置程序”按钮进行设置。

- “文件关联”选项组：该选项组提供了设置 IE 浏览器默认打开的文件类型，单击“设置关联”按钮进行设置。

提示：IE 浏览器中的加载项

IE 浏览器中的加载项就是通常所说的插件，这些插件都是用于增加 IE 浏览器功能的，从而为用户使用浏览器提供了方便。例如，用户之所以能够登录网上银行使用支付宝，就是因为 IE 浏览器中安装了支付宝和网上银行的插件。

- ❑ “高级”选项卡：该选项卡提供了设置浏览器安全、多媒体、辅助功能等属性，以及重置 IE 浏览器设置的功能，其界面如图 16-57 所示。
  - “设置”选项组：该选项组提供了设置 IE 浏览器的安全、多媒体、辅助功能、国际、加速的图形以及浏览等功能，如果设置不当，还可以单击“还原高级设置”按钮还原此处的高级设置。
  - “重置 Internet Explorer 设置”选项组：该选项组提供了重置 IE 浏览器的功能，单击“重置”按钮后将会把 IE 浏览器的主页、外观以及高级设置等属性全部还原为默认值。

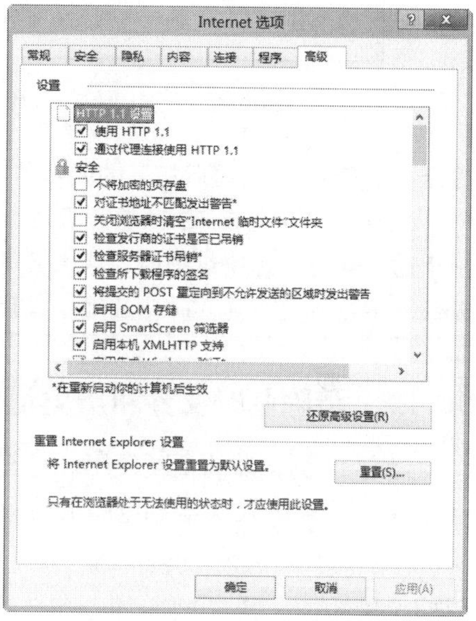

图 16-57 “高级”选项卡

16.4.1 更改浏览器默认主页

浏览器默认主页是指用户启动 IE 浏览器后所显示的页面，如果用户经常浏览某些网页，则可以将其设为默认主页，以便于启动 IE 浏览器时直接打开所设的主页。具体的操作步骤如下。

Step 01 ❶ 单击“工具”按钮，❷ 在展开的下拉列表中单击“Internet 选项”命令，如图 16-58 所示。

Step 02 弹出“Internet 选项”对话框，❶ 选择“常规”选项卡，❷ 在“主页”选项组的列表框中输入主页的网址，若要添加多个主页，则需要按【Enter】键进行换行，❸ 设置后单击“应用”按钮，如图 16-59 所示。

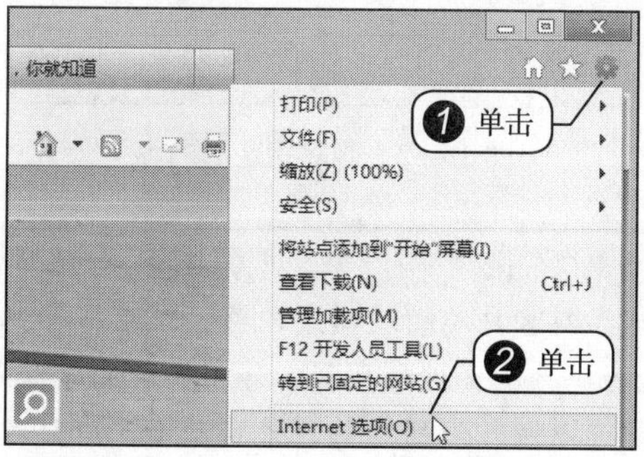

图 16-58 单击“Internet 选项”命令

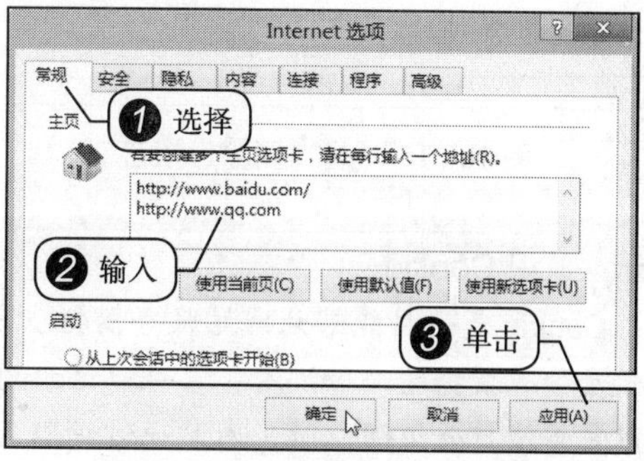

图 16-59 设置 IE 浏览器主页

Step 03 返回 IE 浏览器主界面，在命令栏中单击“主页”按钮，即可快速打开所设的多个主页，如图 16-60 所示。

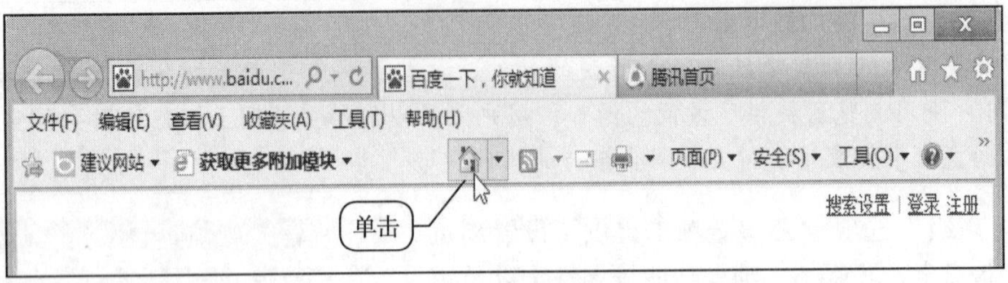

图 16-60 查看所设置的主页

提示：启动 IE 浏览器后打开的网页并不一定是所设的主页

默认情况下启动 IE 浏览器后所打开的网页都是默认主页，但是一定要确保“常规”选项卡的“启动”选项组中的“从主页开始”单选按钮处于选中状态，否则启动 IE 浏览器后打开的就不是所设主页，而是最近一次使用 IE 浏览器时打开的最后页面。

16.4.2 清除临时文件和历史记录

随着 IE 浏览器的不断使用，它将会积累越来越多的临时文件，而这些临时文件将会或多或少地影响 IE 浏览器和电脑的运行速度，因此用户需要不定期地清理临时文件和历史记录，以保证电脑高效率地运行。具体的操作步骤如下。

Step 01 打开“Internet 选项”对话框，在“常规”选项卡的“浏览历史记录”选项组中单击“删除”按钮，如图 16-61 所示。

Step 02 弹出“删除浏览历史记录”对话框，❶ 勾选要删除的内容，例如选择临时 Internet 文件和网站文件、Cookie 和网站数据等，❷ 然后单击“删除”按钮，如图 16-62 所示。

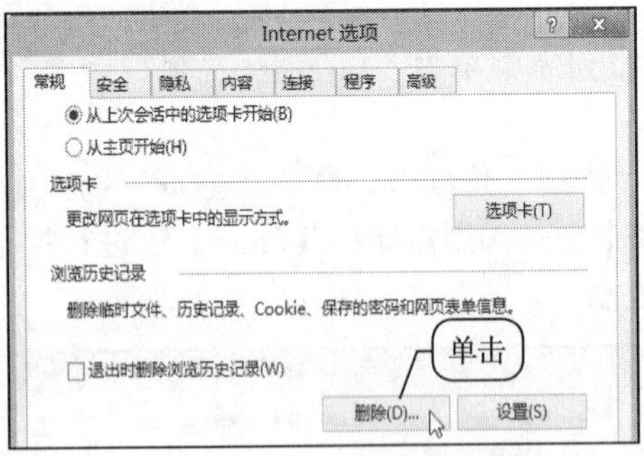

图 16-61 单击“删除”按钮

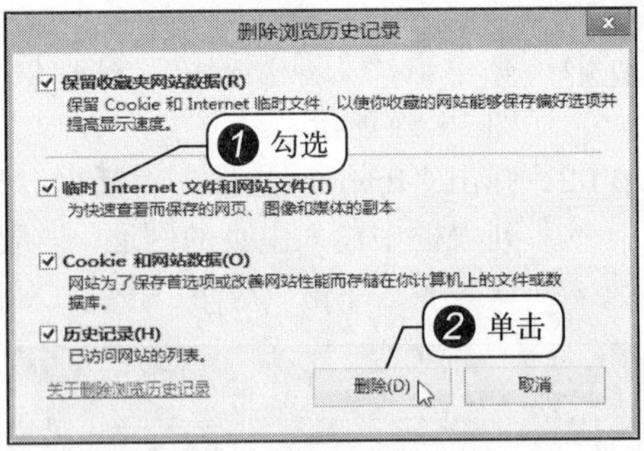

图 16-62 删除指定的内容

提示：认识 Cookie

Cookie 是一种能够让网站服务器把少量数据储存到客户端的硬盘或内存，或者从客户端的硬盘读取数据的一种技术。它可以记录用户名、密码、浏览过的网页、停留的时间等信息，当用户再次打开该网站时，网站通过读取 Cookie 就可以做相应的动作，如自动输入用户名和密码进行登录。

Step 03 返回浏览器页面，待浏览器删除完毕后可在底部看见“Internet Explorer 已完成删除所选的浏览历史记录”提示信息，如图 16-63 所示。

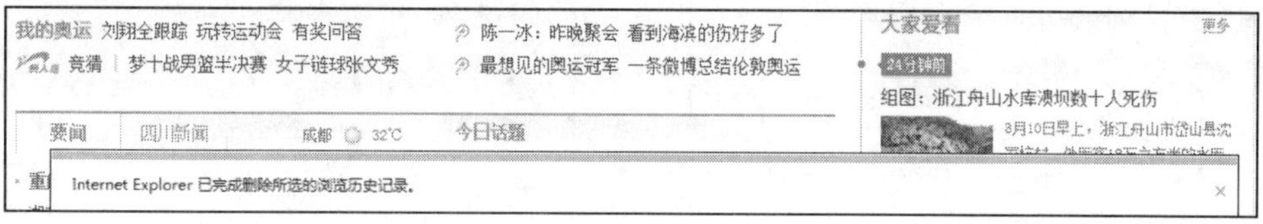

图 16-63 成功删除

16.4.3 更改网页外观

更改网页外观包括更改网页的颜色、语言、字体和辅助功能，如果用户对浏览器默认显示的颜色和字体等属性不满意，可以手动进行设置。需要注意的是：这些设置将只会影响未在页面中指定颜色和字体的网页，例如百度搜索结果页面等。具体操作步骤如下。

Step 01 打开“Internet 选项”对话框，在“外观”组中单击“颜色”按钮，如图 16-64 所示。

Step 02 弹出“颜色”对话框，❶ 取消勾选“使用 Windows 颜色”复选框，❷ 然后单击选择要设置的颜色，例如选择访问过的网页链接所显示的颜色，如图 16-65 所示。

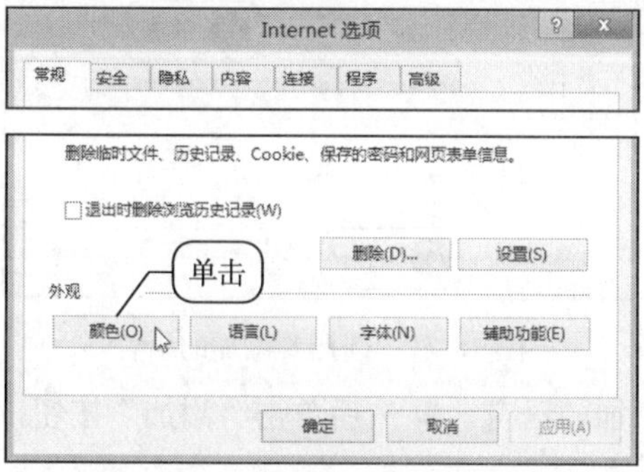

图 16-64 单击“颜色”按钮

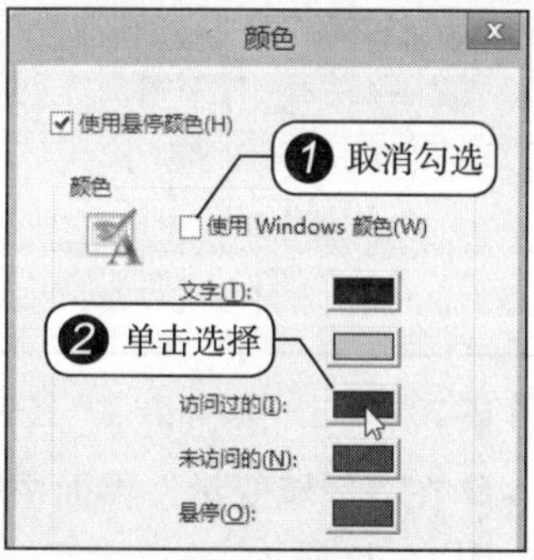

图 16-65 选择要更换的访问过的网页链接颜色

Step 03 切换至新的界面，❶ 单击访问过的网页链接所显示的颜色，❷ 然后再单击“确定”按钮，如图 16-66 所示。

Step 04 返回上一级界面，可看到更换后的颜色，单击“确定”按钮。如图 16-67 所示。

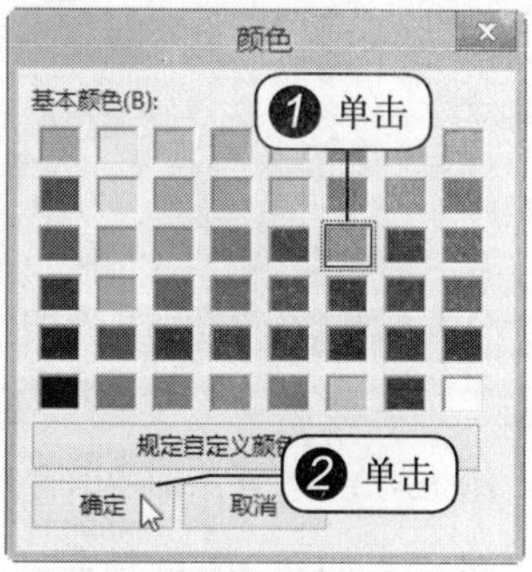

图 16-66 单击访问过的网页链接颜色

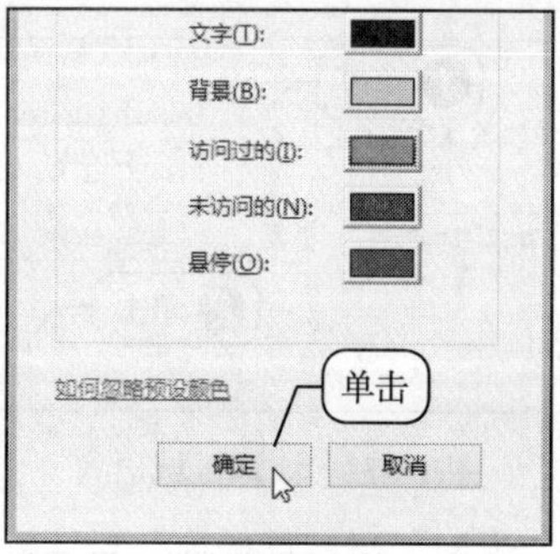

图 16-67 查看更换后的颜色

Step 05 返回“Internet 选项”对话框，单击“语言”按钮，如图 16-68 所示。

Step 06 弹出“语言首选项”对话框，单击“设置语言首选项”按钮，如图 16-69 所示。

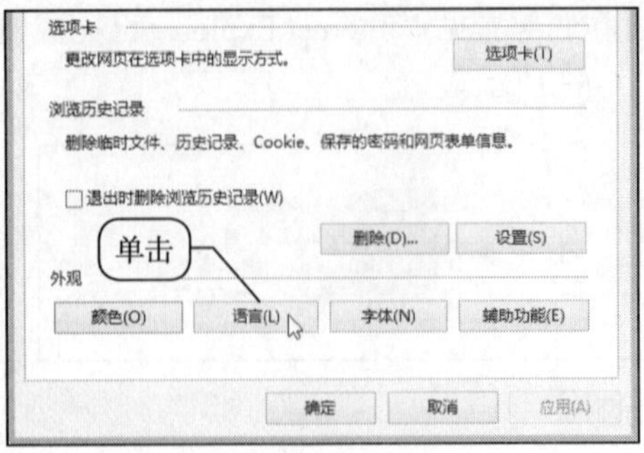

图 16-68　单击“语言”按钮

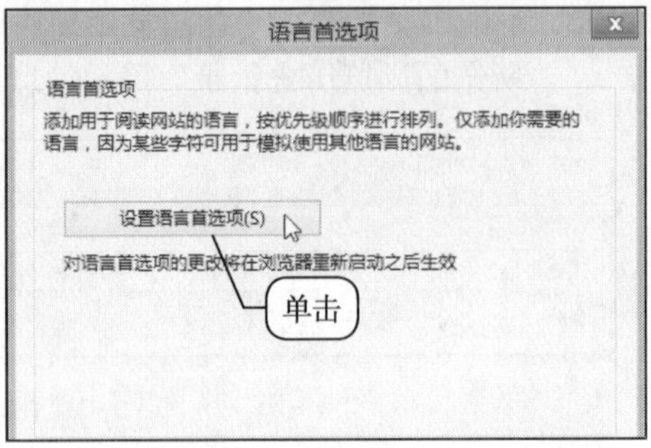

图 16-69　单击“设置语言首选项”按钮

Step 07　打开“语言”窗口，此时可看见默认的语言，若要添加语言则单击“添加语言”按钮，如图 16-70 所示。

Step 08　切换至“添加语言”界面，❶ 在界面中单击选择所要添加的语言，❷ 再单击“打开”按钮，如图 16-71 所示。

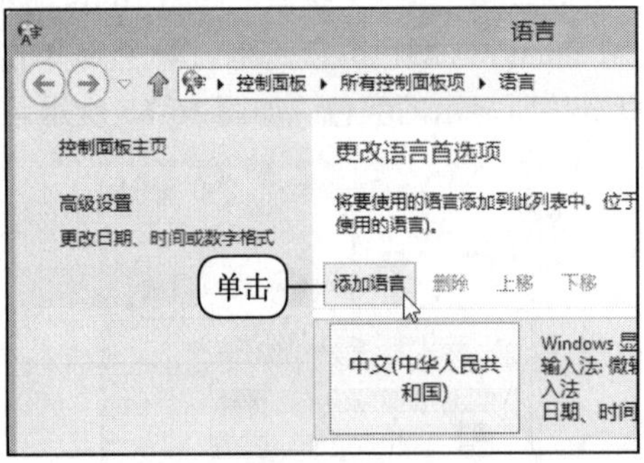

图 16-70　单击“添加语言”按钮

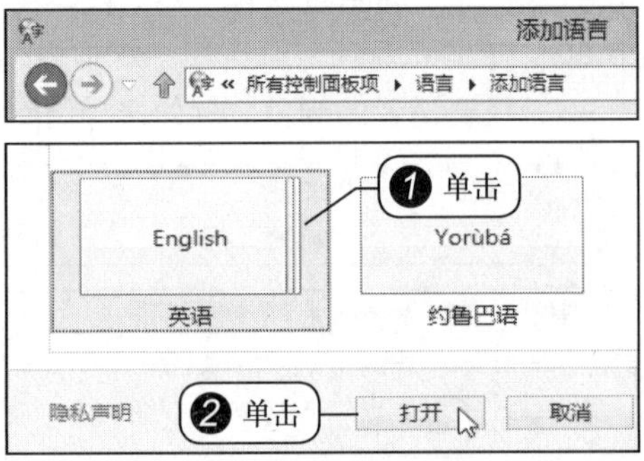

图 16-71　选择要添加的语言

Step 09　❶ 在“区域变量”界面中继续选择要添加的语言，❷ 然后单击“添加”按钮，如图 16-72 所示。

Step 10　返回“语言”界面，此时可在界面中看见所添加的语言，如图 16-73 所示，然后直接关闭当前窗口即可。

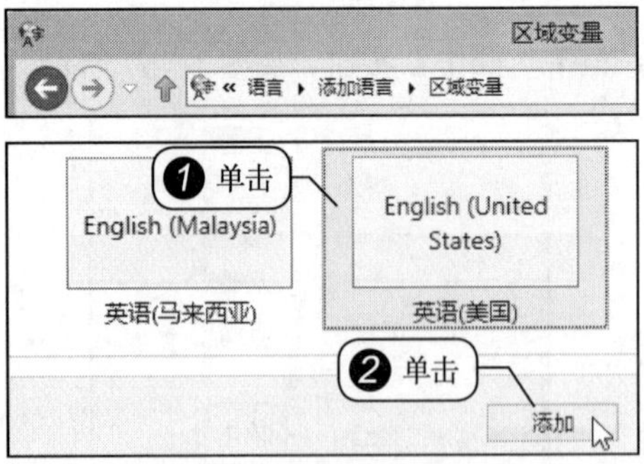

图 16-72　添加区域语言

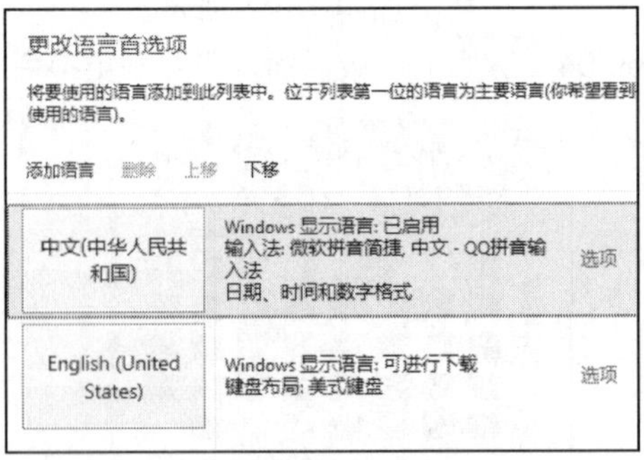

图 16-73　查看添加的语言

Step 11　返回“语言首选项”对话框，直接单击“确定”按钮，如图 16-74 所示。

Step 12　返回“Internet 选项”对话框，单击“字体”按钮，如图 16-75 所示。

Step 13　弹出“字体”对话框，在“网页字体”和“纯文本字体”列表框中分别选择网页字体和纯文本字体，如图 16-76 所示。

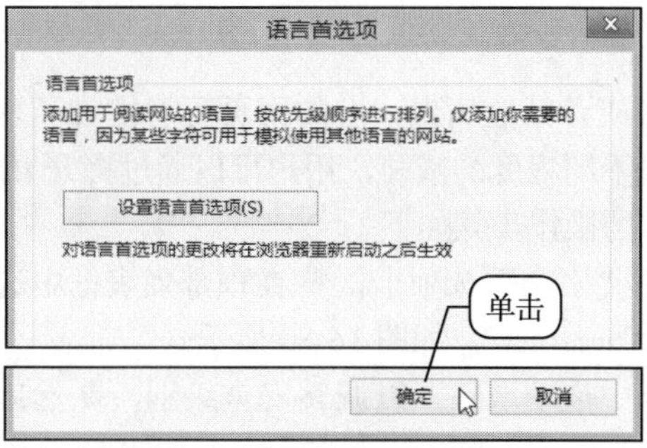

图 16-74　单击“确定”按钮

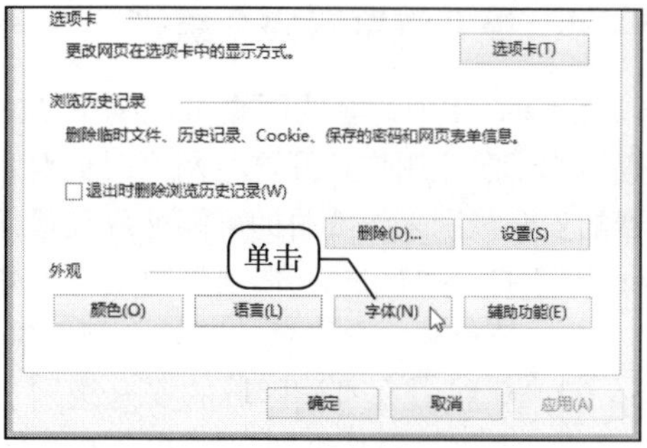

图 16-75　单击“字体”按钮

Step 14　单击“确定”按钮后返回“Internet 选项”对话框，在“外观”选项组中单击“辅助功能”按钮，如图 16-77 所示。

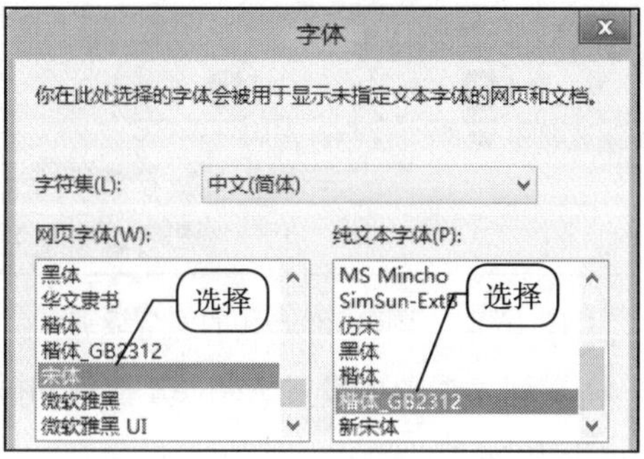

图 16-76　设置网页字体和纯文本字体

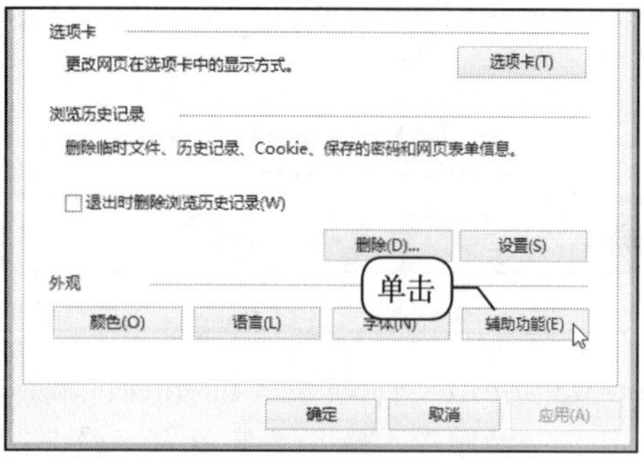

图 16-77　单击“辅助功能”按钮

Step 15　弹出“辅助功能”对话框，❶ 勾选“忽略网页上指定的字号”复选框，❷ 然后单击“确定”按钮，如图 16-78 所示。

Step 16　返回 IE 浏览器窗口，利用百度搜索引擎搜索 Windows 8，然后单击某一个标题链接后再返回百度搜索页面，此时可看见所访问的网页链接颜色，并且该页面中没有字号大小之分，所有的字体字号都是一致，如图 16-79 所示。

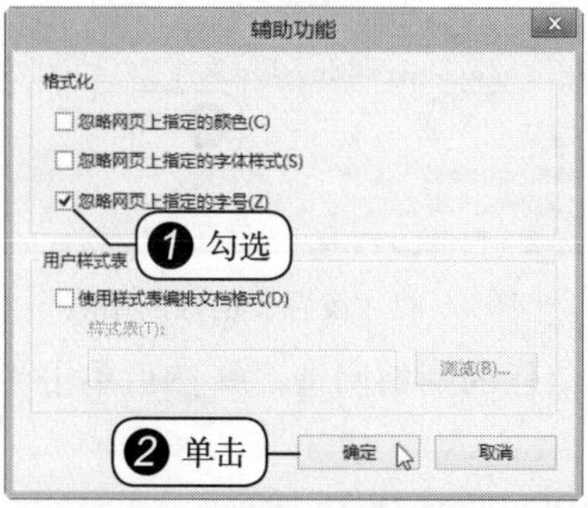

图 16-78　勾选“忽略网页上指定的字号”复选框

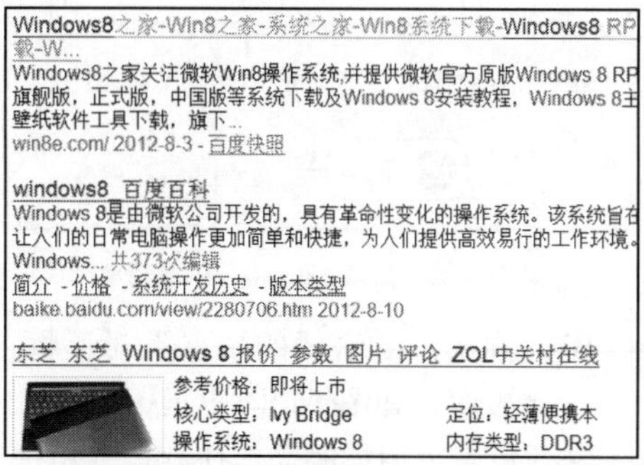

图 16-79　查看设置后的显示效果

提示：忽略网站字体和颜色的设置

如果用户觉得网页中的字体和颜色太杂乱，则可以通过简单的设置来忽略网站中的字体和颜色，使所有网站中的字体和颜色都一样，只需在“辅助功能”对话框中勾选“忽略网页上指定的颜色”、“忽略网页上指定的字体样式”以及“忽略网页上指定的字号”复选框，然后单击“确定”按钮保存后退出即可。

16.4.4 提升浏览器安全级别

在 Internet 中，有的网页可能携带了木马病毒或者其他病毒，有的网页可能携带了恶意代码，为了防止用户打开这些网页时会对系统造成不同程度的威胁，用户可以通过提升 IE 浏览器的安全级别来将威胁的可能性降到最低。具体的操作步骤如下。

Step 01 打开“Internet 选项”对话框，❶ 切换至“安全”选项卡，❷ 在顶部列表框中选择要调整安全设置的区域，例如单击选择“Internet”，如图 16-80 所示。

Step 02 ❶ 接着在“该区域的安全级别”选项组中拖动滑块，以调整安全级别，❷ 然后单击“自定义级别”按钮，如图 16-81 所示。

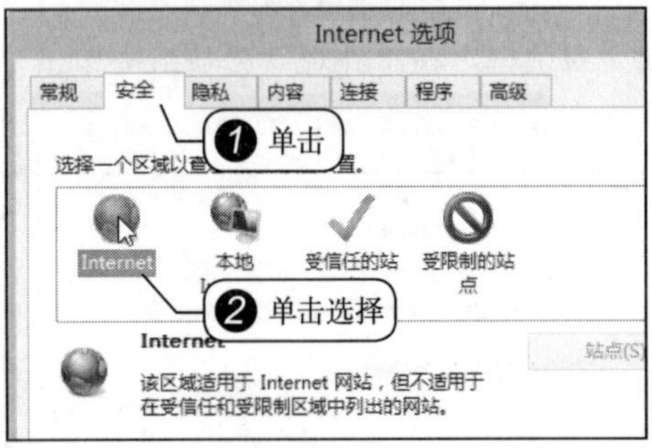

图 16-80 选择 Internet

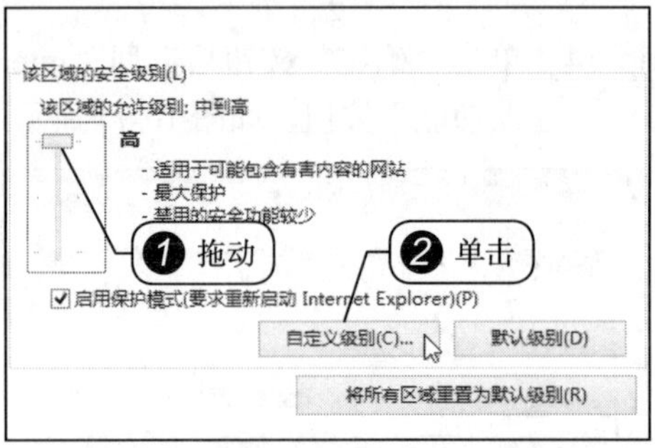

图 16-81 调整 Internet 的安全级别

Step 03 弹出“安全设置 -Internet 区域”对话框，❶ 在列表框中可设置 ActiveX 控件和插件的属性，❷ 设置后单击“确定”按钮，如图 16-82 所示。

Step 04 返回“Internet 选项”对话框，❶ 单击选择“受信任的站点”，❷ 然后单击“站点”按钮，如图 16-83 所示。

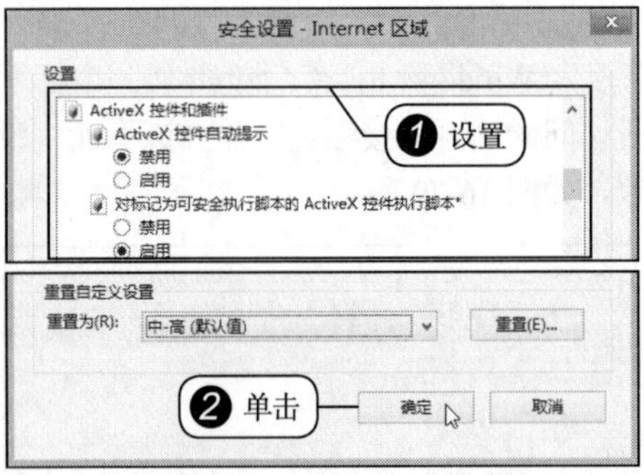

图 16-82 调整 Internet 安全设置

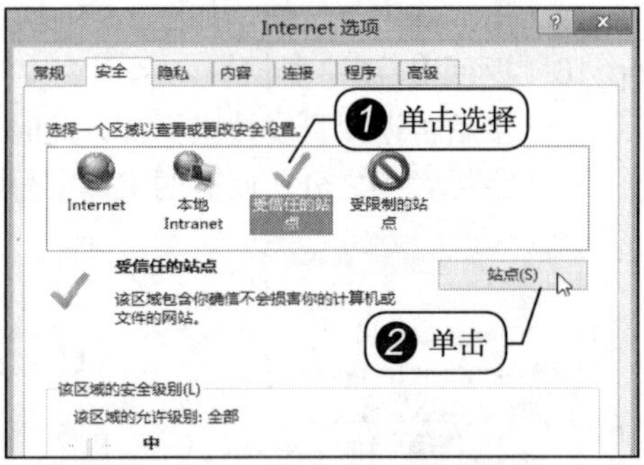

图 16-83 设置受信任的站点

Step 05 弹出“受信任的站点”对话框，❶ 输入受信任的网站网址，❷ 然后单击“添加”按钮，如图 16-84 所示。

Step 06 可看见添加的受信任站点，单击“关闭”按钮，如图 16-85 所示。

Step 07 返回“Internet 选项”对话框，❶ 选中“受限制的站点”，❷ 然后单击“站点”按钮，如图 16-86 所示。

Step 08 弹出“受限制的站点”对话框，❶ 按照 Step05 和 Step06 的方法输入受限制的网站网址，❷ 单击“关闭”按钮，如图 16-87 所示，最后单击“确定”按钮保存并退出。

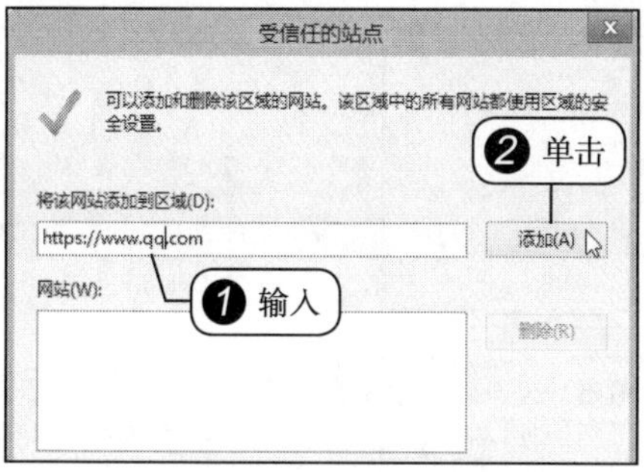

图 16-84　添加受信任的网站网址

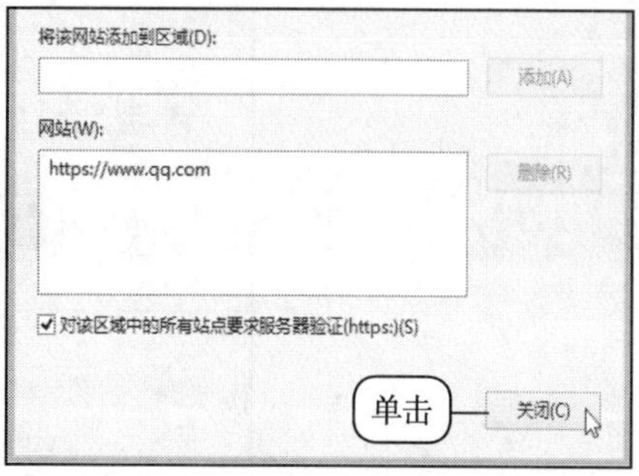

图 16-85　成功添加受信任网站的网址

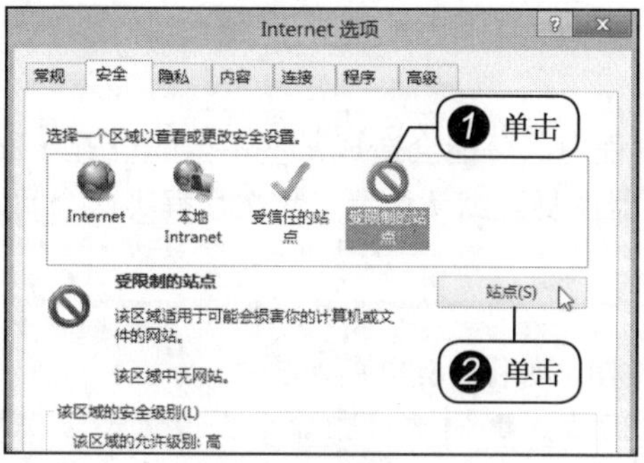

图 16-86　选择添加受限制的网站网址

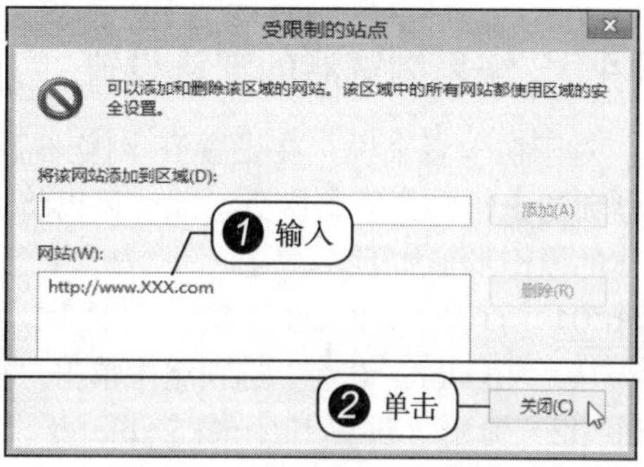

图 16-87　添加受限制的网站网址

提示：认识受限制的站点

设置浏览器安全级别时，如果将指定网站添加到受限制的站点中，则用户同样可以打开这些受限制的网站，只不过浏览器会自动阻止这些网页所使用的脚本或者其他影像系统安全的内容。

16.4.5　阻止 / 允许自动弹出窗口

用户在打开某些网页时，总是会突然弹出一个小的浏览器窗口，这些窗口就是弹出式窗口，窗口中的内容通常是广告信息。IE 浏览器提供了弹出窗口阻止程序，该程序能够限制或阻止大多数弹出式窗口，让用户浏览网页时不再被这些广告信息所打扰。由于 IE 浏览器默认为未开启弹出窗口阻止程序，因此用户需要手动开启并进行简单设置。具体的操作步骤如下。

Step 01　打开“Internet 选项”对话框，❶ 切换至“隐私”选项卡，❷ 勾选“启用弹出窗口阻止程序”复选框，❸ 然后单击“设置”按钮，如图 16-88 所示。

Step 02　弹出“弹出窗口阻止程序设置”对话框，❶ 在该对话框中可以添加允许弹出窗口的网站网址，❷ 添加后单击“关闭”按钮，如图 16-89 所示，最后在“Internet 选项”对话框中单击“确定”按钮保存并退出即可。

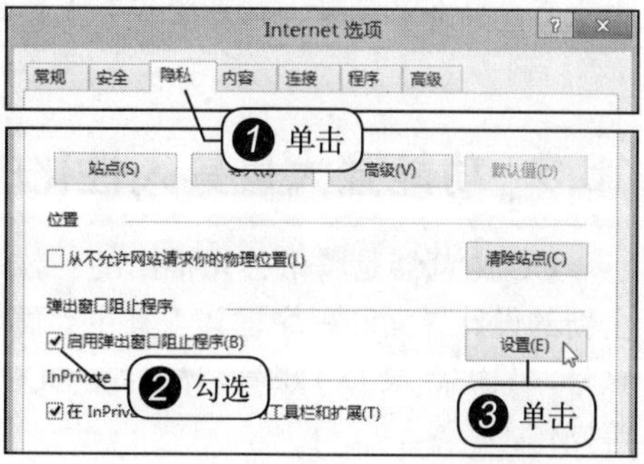

图 16-88　启动弹出窗口阻止程序

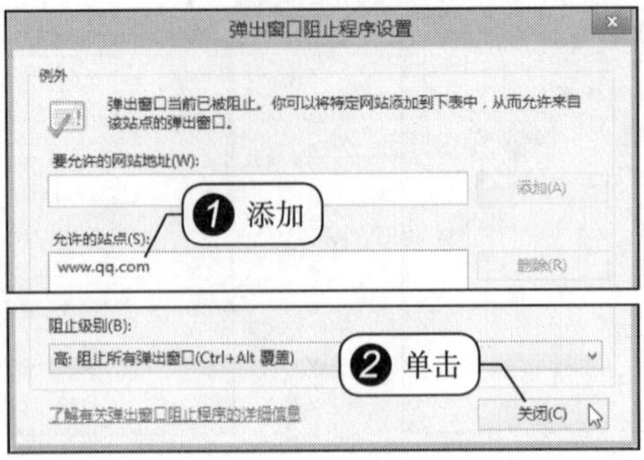

图 16-89 添加允许弹出窗口的网站网址

16.4.6 恢复浏览器的默认设置

对于初学者来说，在设置 IE 浏览器属性的过程中，可能会造成某些不当的设置导致浏览器无法正常打开某些网页，此时可以将 IE 浏览器恢复至默认设置，一次性解决这个问题。具体的操作步骤如下。

Step 01 打开“Internet 选项”对话框，❶ 切换至“高级”选项卡，❷ 在“重置 Internet Explorer 设置”选项组中单击“重置”按钮，如图 16-90 所示。

Step 02 弹出“重置 Internet Explorer 设置”对话框，❶ 勾选“删除个人设置”复选框，❷ 单击“重置”按钮，如图 16-91 所示，重启电脑后即可恢复浏览器至默认设置。

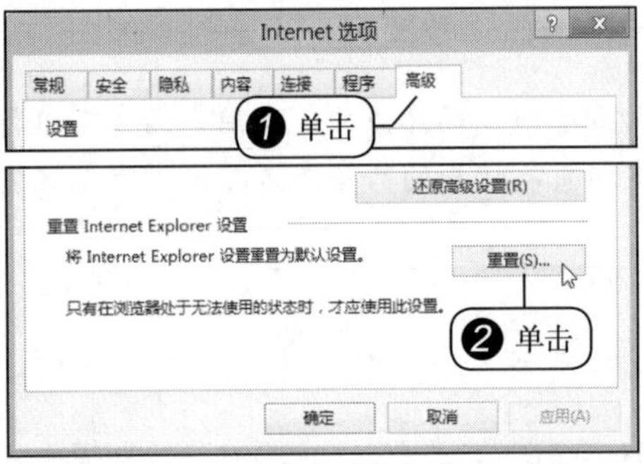

图 16-90 选择重置 Internet Explorer 设置

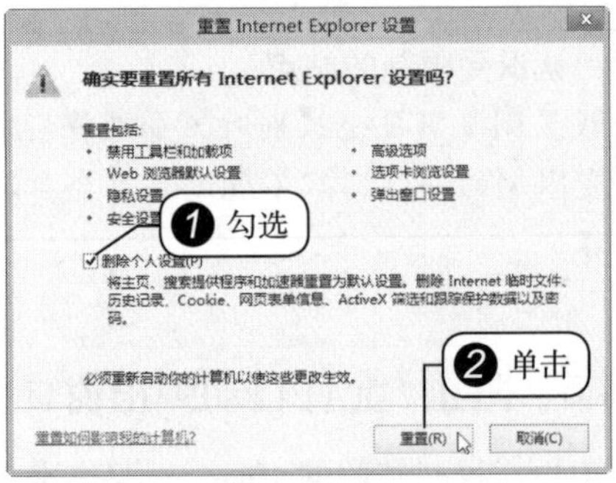

图 16-91 确认重置 Internet Explorer 设置

提示：重置 Internet Explorer 设置将不会重置收藏夹和源

重置 Internet Explorer 设置可将 IE 浏览器还原为默认状态，虽然该功能将重置 IE 浏览器中主页、安全等设置，但是它不会重置收藏夹和源，即不会删除保存在收藏夹和源中的内容。

16.5 功能强大且具人性化的浏览器——QQ 浏览器

QQ 浏览器是腾讯公司推出的一款浏览器，它具有快速、稳定、安全的特点，并且带有全新的设计界面和程序框架，其主界面如图 16-92 所示，QQ 浏览器最大的特色是整合了 QQ 账号，只需登录 QQ 账号，便可在 QQ 浏览器中进行查看邮件、逛空间、看微博以及玩游戏等操作。

在 QQ 浏览器主界面中，地址和搜索栏、收藏栏、网页标签、浏览窗口和状态栏对应的功能与 IE 浏览器中对应部分的功能基本相同，因此这里不做过多介绍，主要介绍 QQ 浏览器的 QQ 头像图标、常用按钮以及工具栏等部分的组成及功能。

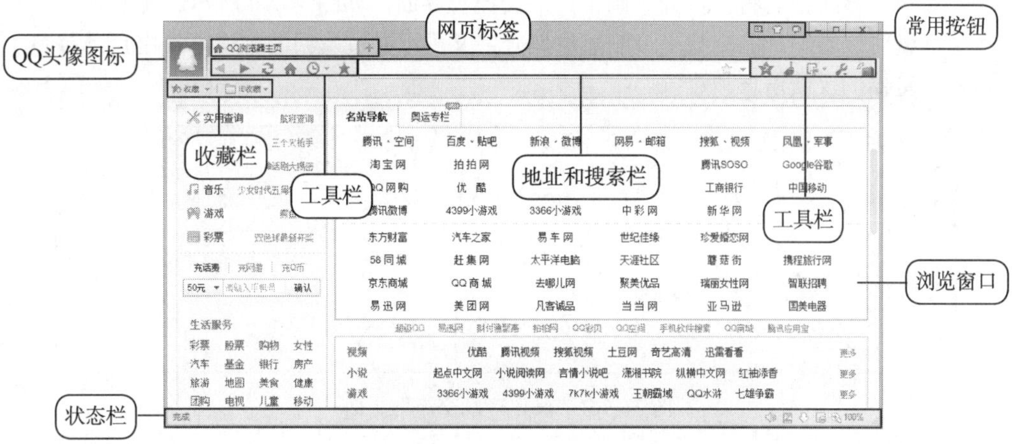

图 16-92　QQ 浏览器主界面

- QQ 头像图标：该部分提供了登录 QQ 账户的功能，当用户在浏览器中登录 QQ 账户后，便可在此处看见对应的头像图标，如图 16-93 所示。登录 QQ 账号后用户便可直接在浏览器中进行查看邮件、逛空间、看微博以及玩游戏的操作。
- 常用按钮：QQ 浏览器中的常用按钮有 3 个，但是这 3 个按钮与 IE 浏览器中的常用按钮不一样，QQ 浏览器中的 3 个常用按钮分别是：“主菜单”按钮、“更换皮肤”按钮以及“反馈建议”按钮。

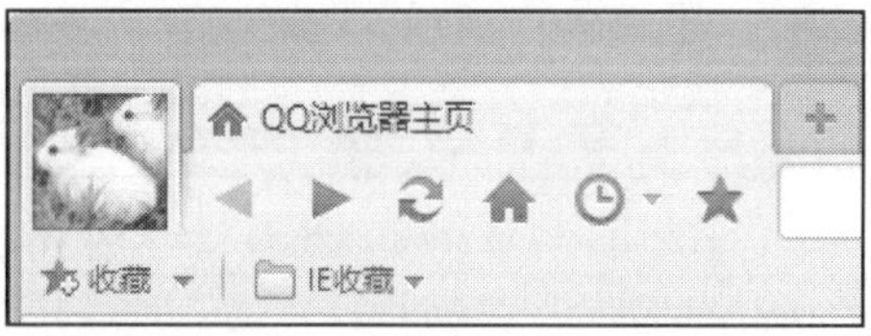

图 16-93　浏览器中显示的 QQ 头像

  - “主菜单”按钮：该按钮的功能与 IE 浏览器中的功能比较类似，单击该按钮后将会打开含有“文件”、“查看”、“收藏”、“工具”和“帮助”的下拉列表，如图 16-94 所示，这 5 个选项就类似于 IE 浏览器菜单栏中的 5 个菜单选择，任何一个选项都会继续打开对应的子列表。
  - “更换皮肤”按钮：QQ 浏览器提供了更换皮肤的功能，单击该按钮后将会在打开的下拉列表中看见浏览器自带的 9 款皮肤，分别是默认风格、春风拂面、龙腾盛世、简简单单、粉红浪漫、水墨印象、牛仔主义、黑金时代和农场皮肤（按照从左到右、从上到下的顺序），如图 16-95 所示，单击任意皮肤缩略图即可更换浏览器当前显示的外观。

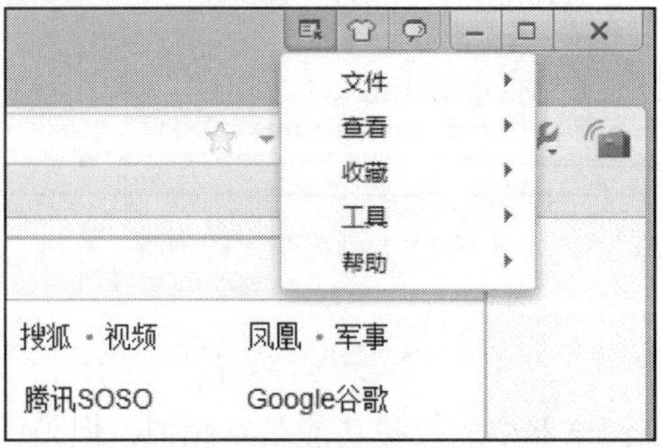

图 16-94　“主菜单”下拉列表

图 16-95　浏览器提供的 9 种皮肤

- “反馈建议”按钮：该按钮主要用于收集用户对浏览器提出的一些反馈信息和建议，单击该按钮后将会打开“腾讯产品交流”界面，如图 16-96 所示。在该界面中用户既可以参加产品交流平台满意度调查，又可以通过发帖的方式来提出自己对 QQ 浏览器的反馈信息和建议。

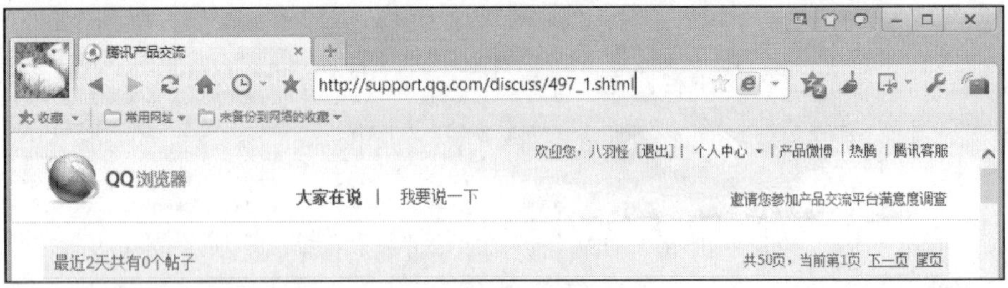

图 16-96 “腾讯产品交流”页面

- 工具栏：该工具栏中提供了浏览网页过程中经常使用的按钮图标，从左到右依次是：“后退”图标、“前进”图标、“刷新”图标、“主页”图标、“恢复最近关闭的页面”图标、“收藏夹”图标、“QQ 空间”图标、“清理浏览痕迹”图标、“网页截屏”图标、“常用菜单”图标以及附加功能图标，如图 16-97 所示。

图 16-97 QQ 浏览器工具栏

16.5.1 浏览网页

浏览网页是任何一款浏览器最基本的功能，QQ 浏览器也不例外。在 QQ 浏览器中浏览网页与利用 IE 浏览器浏览网页的操作完全相同，都是首先在地址和搜索栏中输入网址，然后按【Enter】键即可打开指定的网页。若要浏览更多的内容，可通过单击网页中的文字或图片链接打开新的页面。如图 16-98 所示为打开的腾讯首页，单击“员工爆料 新 iPhone 采用双色背壳设计”标题链接，即可在新的页面中浏览其详细内容，如图 16-99 所示。

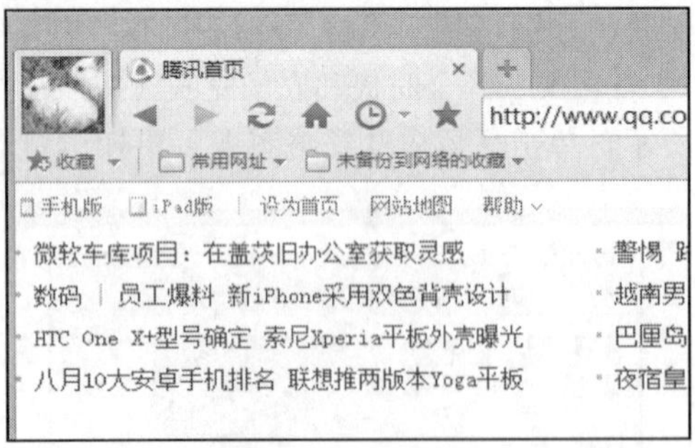

图 16-98 腾讯首页

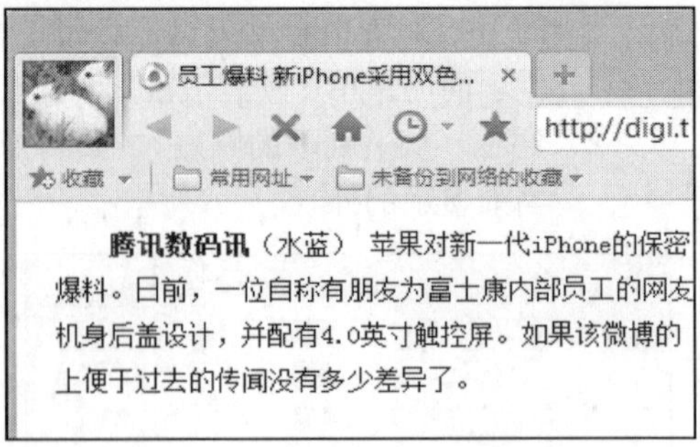

图 16-99 浏览指定的内容

16.5.2 收藏网页

QQ 浏览器具有收藏网页的功能，该功能与 IE 浏览器中的收藏功能基本相似，但是操作上却有所不同。由于 QQ 浏览器提供了登录 QQ 账户的功能，因此用户在收藏网页时，既可以选择将其保存到 QQ 账户收藏夹中，又可以选择将其保存到 QQ 浏览器本地收藏夹中，如图 16-100 所示为将指定网页保存至本地收藏夹后的显示界面，如图 16-101 所示为将指定网页保存至 QQ 账户收藏夹后的显示界面。

图 16-100 将网页保存至本地收藏夹

图 16-101 将网页保存至 QQ 账户收藏夹

1. 收藏网页至本地收藏夹

当用户未在 QQ 浏览器中登录 QQ 账户时，则收藏的网页将会自动保存到本地收藏夹中，其操作与使用 IE 浏览器收藏网页的方法基本相似。具体的操作步骤如下。

Step 01 打开或者切换至要收藏的网页页面，❶ 单击地址栏中的“收藏”图标，❷ 在展开的列表中输入保存的网页名称，❸ 单击“文件夹”右侧的扩展按钮，❹ 在打开的下拉列表中单击“选择其他文件夹”选项，如图 16-102 所示。

Step 02 弹出“编辑收藏”对话框，在“文件夹”列表框中选择网页的保存位置，若要新建文件夹则单击“新建文件夹”按钮，如图 16-103 所示。

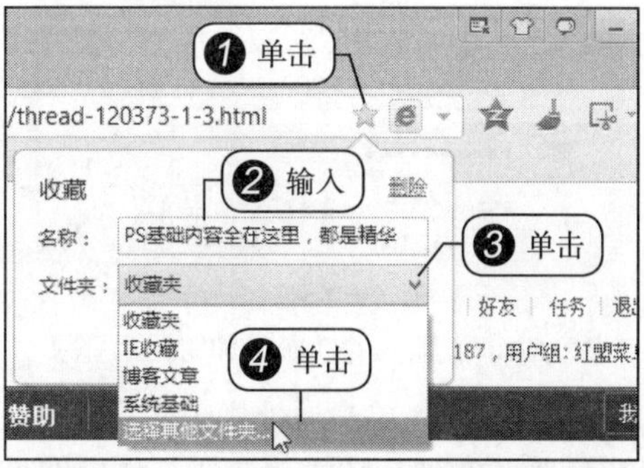

图 16-102 设置网页在收藏夹中的显示名称

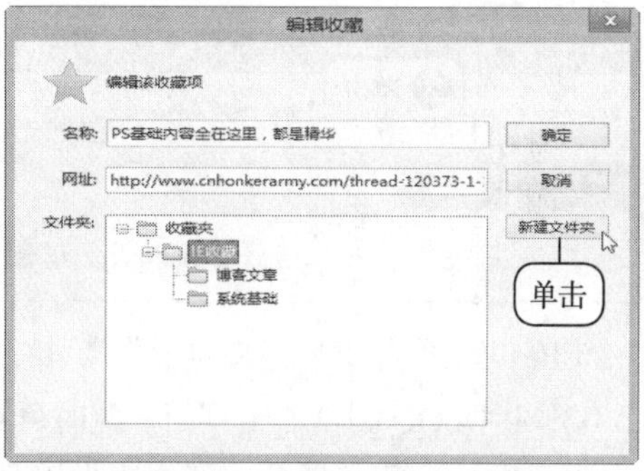

图 16-103 在收藏夹中新建文件夹

Step 03 ❶ 在“文件夹”列表框中输入新建文件夹的名称，例如输入“Photoshop”，然后按【Enter】键，选中该文件夹，❷ 单击“确定”按钮，如图 16-104 所示。

Step 04 返回 QQ 浏览器主页面，❶ 单击“IE 收藏夹”按钮，❷ 在展开的下拉列表中单击 Photoshop 选项，便可在右侧看见保存的网页名称，如图 16-105 所示。

提示：QQ 浏览器自动同步 IE 浏览器的收藏夹

用户在安装 QQ 浏览器的过程中，安装程序会询问用户是否将 IE 浏览器中的收藏夹同步到 QQ 浏览器中，选择同步后会在 QQ 浏览器收藏夹中看到与 IE 浏览器收藏夹中相同的文件夹和网页。

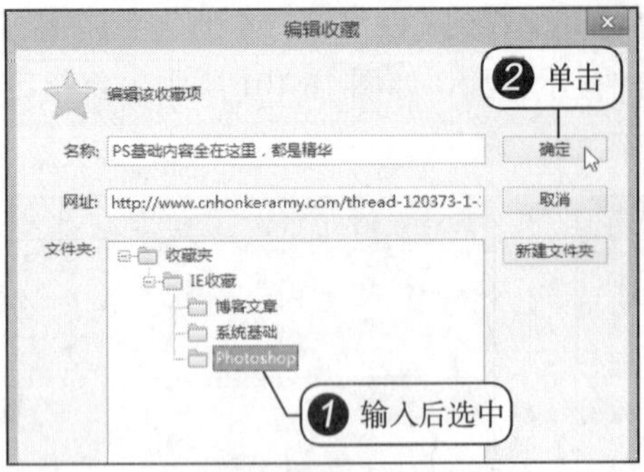

图 16-104　选择网页在收藏夹中的保存位置

图 16-105　查看收藏的网页

2. 收藏网页至 QQ 账户收藏夹

当用户在 QQ 浏览器中登录自己的 QQ 账户时，则收藏的网页就不是保存在本地电脑中了，而是保存在 QQ 账户对应的网络收藏夹中，这样一来，无论更换至哪台电脑，只要使用同一个 QQ 账号登录了 QQ 浏览器，就能看见所收藏的网页。具体的操作步骤如下。

Step 01　打开 QQ 浏览器主界面，❶ 在界面左上角单击 QQ 头像图标，❷ 在展开的列表中单击“登录 QQ 账号”选项，如图 16-106 所示。

Step 02　弹出“登录 -QQ 浏览器”对话框，❶ 输入 QQ 账号和密码，❷ 然后单击“登录”按钮，如图 16-107 所示。

图 16-106　单击“登录 QQ 账号”选项

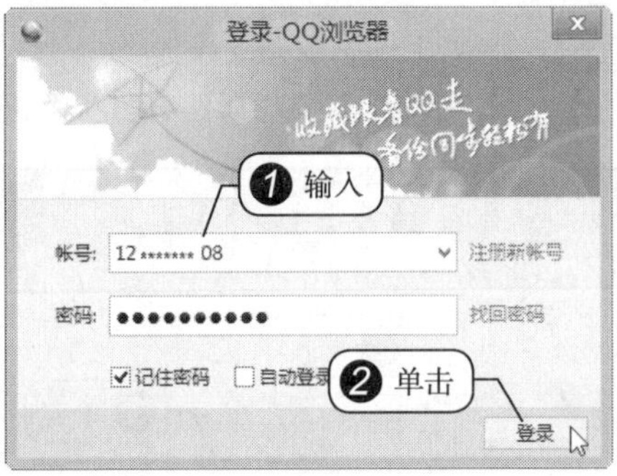

图 16-107　输入 QQ 账号和密码后登录

Step 03　返回 QQ 浏览器主界面，此时可看见 QQ 头像图标，❶ 单击地址栏中的“收藏”图标☆，❷ 在展开的列表中设置名称和保存位置，❸ 然后单击“完成”按钮即可将其保存到 QQ 账户收藏夹中，如图 16-108 所示。

图 16-108　设置网页的保存名称和位置

16.5.3 截取网页图片

QQ 浏览器提供了截图的功能，该功能对应的按钮位于 QQ 浏览器主界面右侧的工具栏中，单击“截图”按钮右侧的下三角按钮，可展开如图 16-109 所示的下拉列表，利用该列表用户可以实现 3 个操作，第一是轻松截取当前网页中的图片；第二是将当前网页以图片的形式保存在电脑中，第三则是启动系统中的“画图”程序，来绘制图画。

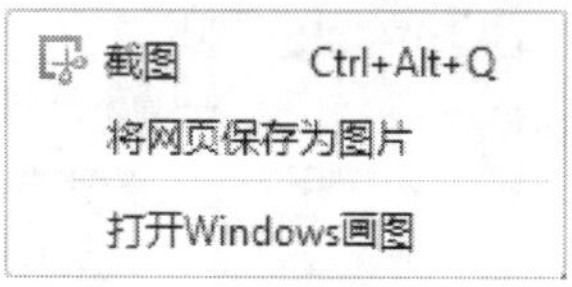

图 16-109 “截图”下拉列表

QQ 浏览器提供的截图功能不仅能够截取网页中的图片，而且还能够在所截取的图片中添加不同颜色的矩形、椭圆，以强调图片中的指定内容，添加后既可以将图片保存在本地电脑中，又可以选择将其上传到 QQ 空间中，下面介绍在 QQ 浏览器中截取网页图片的具体操作方法和步骤。

Step 01 打开 QQ 浏览器主界面，❶ 在右侧工具栏中单击“截图”右侧下三角按钮，❷ 在展开的列表中单击“截图”选项，如图 16-110 所示。

Step 02 启动截图功能，将鼠标指针移至所截区域的最左上角，如图 16-111 所示。

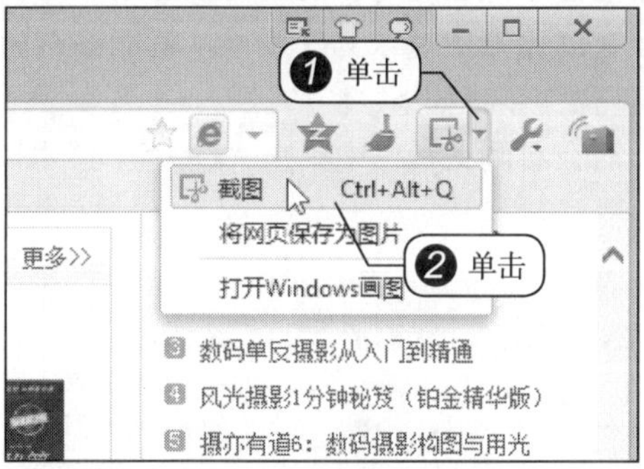

图 16-110 选择截图功能

图 16-111 将鼠标指针移至所截区域的左上角

Step 03 按住鼠标左键不放，然后向右下方拖动，调整所截取的网页区域，如图 16-112 所示。

Step 04 释放鼠标左键后会在图片底部显示工具条，单击“椭圆”按钮，在下方选择椭圆的线条粗细和颜色，如图 16-113 所示。

图 16-112 调整所截取的网页区域

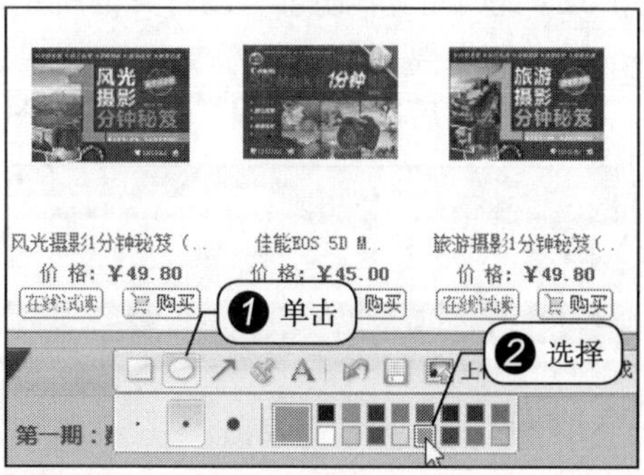

图 16-113 调整椭圆的线条粗细和颜色

Step 05 ❶ 将鼠标指针移至需要绘制椭圆形状的区域，按住鼠标左键不放，拖动鼠标进行绘制，完毕后释放鼠标，❷ 然后在工具栏中单击“保存”按钮，如图 16-114 所示。

Step 06 弹出“另存为”对话框，❶ 在地址栏中选择图片的保存位置，❷ 然后在底部设置文件名及保存类型，❸ 最后单击“保存”按钮保存退出，如图 16-115 所示。

图 16-114　绘制椭圆形状

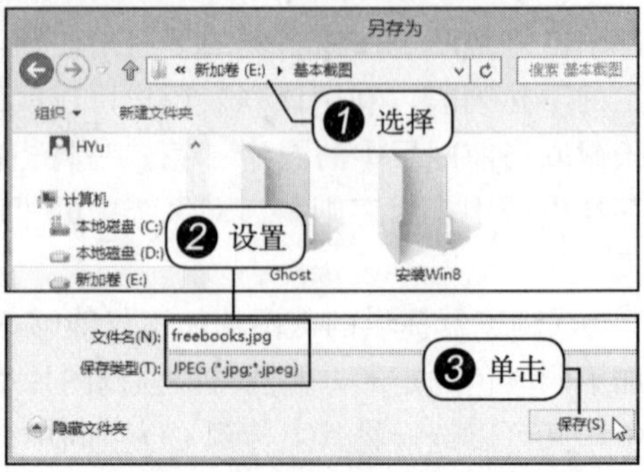

图 16-115　设置保存位置和文件名

16.5.4　逛空间和浏览微博

腾讯公司将 QQ 空间与腾讯微博集成在 QQ 浏览器中，因此 QQ 浏览器就为用户提供了轻松逛 QQ 空间和浏览腾讯微博的功能，用户只需在浏览器中登录 QQ 账号，就能够避免在打开 QQ 空间和腾讯微博时重复输入 QQ 账号，具体操作步骤如下。

Step 01 打开 QQ 浏览器，❶ 登录 QQ 账户，❷ 然后在右侧工具栏中单击“QQ 空间”图标，如图 16-116 所示。

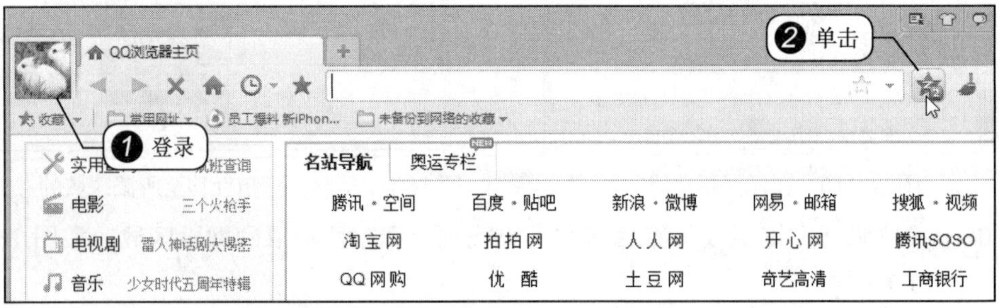

图 16-116　单击“QQ 空间”图标

Step 02 此时可见浏览器自动打开与所登录 QQ 账号对应的 QQ 空间，如图 16-117 所示。

Step 03 如果要回复 QQ 好友发表的说说，❶ 则在说说下方的文本框中输入回复内容，❷ 然后单击“发表”按钮，如图 16-118 所示。

图 16-117　查看打开的 QQ 空间

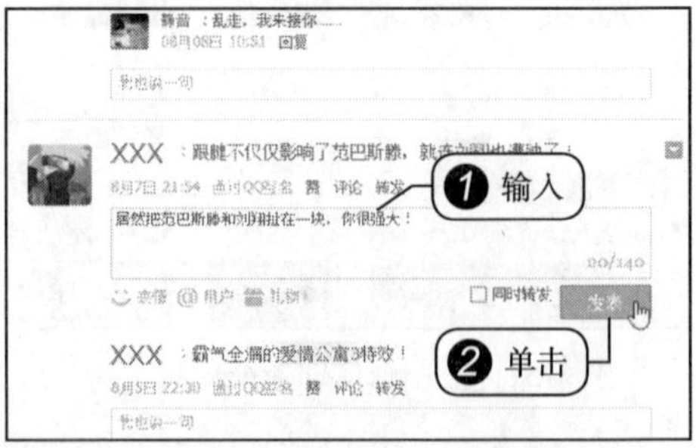

图 16-118　回复好友发表的说说

Step 04 如果想要阅读他人发表或者转载的日志，则在页面中单击对应的标题链接，如图 16-119 所示，即可在新的页面中阅读该标题对应的内容。

Step 05 ❶ 单击附加功能图标，❷ 在右侧弹出的列表中单击“腾讯微博”图标，即可看见好友发表的微博信息，如图 16-120 所示。

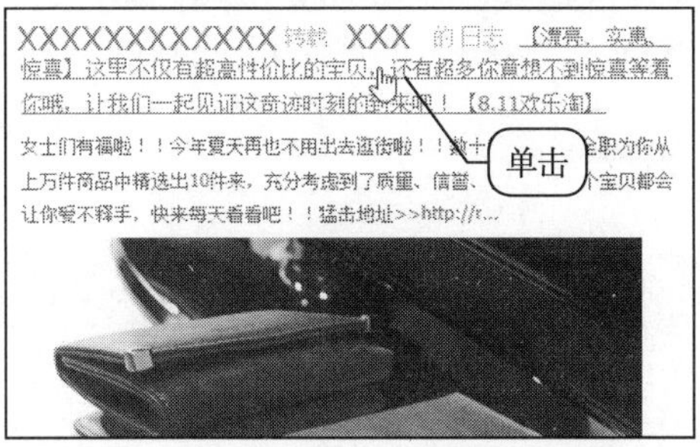

图 16-119 阅读好友发表或转载的日志

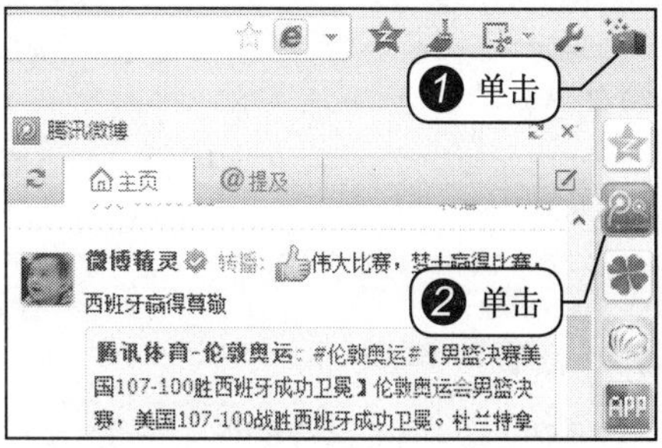

图 16-120 查看好友发表的微博信息

Step 06 若要发表微博，❶ 则在右上角单击“写微博”按钮，❷ 然后在文本框中输入发表的内容，❸ 输完后单击“广播”按钮，如图 16-121 所示。

Step 07 此时可看见自己发表的微博信息，如图 16-122 所示，同时其他关注自己的好友也能看到该信息。

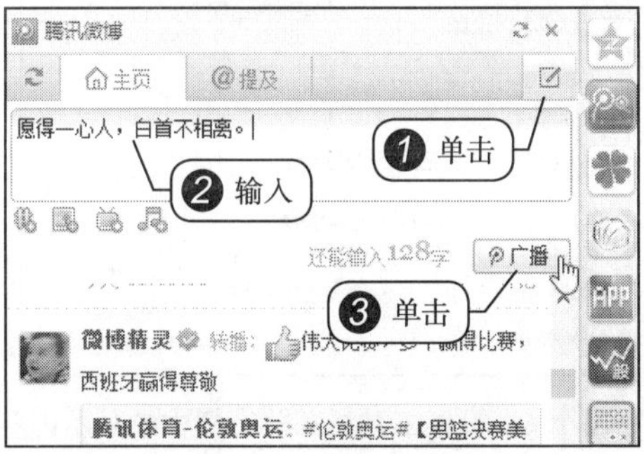

图 16-121 发表微博信息

图 16-122 查看发表的微博信息

16.5.5 自定义浏览器界面

QQ 浏览器主界面的组成结构并非一成不变，用户完全可以对其主界面中的工具栏和状态栏进行调整，可以设置显示指定的功能按钮，如图 16-123 所示为默认状态下的 QQ 浏览器主界面中的工具栏和状态栏，而图 16-124 所示为经过调整后的 QQ 浏览器主界面中的工具栏和状态栏。可以明显地看出，在调整后的浏览器主界面中，工具栏中未显示“QQ 空间”按钮和“清理浏览痕迹”按钮，状态栏中未显示“云词典”按钮 和“弹窗拦截”按钮，但新增了“标签页前后台打开”按钮。

通过 QQ 浏览器提供的基本设置，用户可以自定义主界面工具栏和状态栏中显示的按钮，设置显示常用的按钮，隐藏不常用的按钮。具体的操作步骤如下。

Step 01 打开 QQ 浏览器主界面，❶ 单击右侧工具栏中的“常用菜单”按钮，❷ 在展开的下拉列表中单击“选项”选项，如图 16-125 所示。

Step 02 打开“选项”窗口，在“基本设置”界面中勾选工具栏中只显示“截屏按钮”复选框，取消勾选状态栏显示中的“标签页前后台打开”复选框即可，如图 16-126 所示。

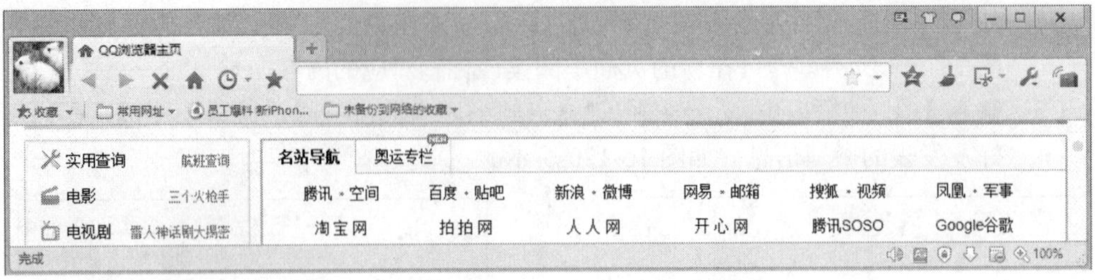

图 16-123　默认的 QQ 浏览器主界面

图 16-124　手动调整后的 QQ 浏览器主界面

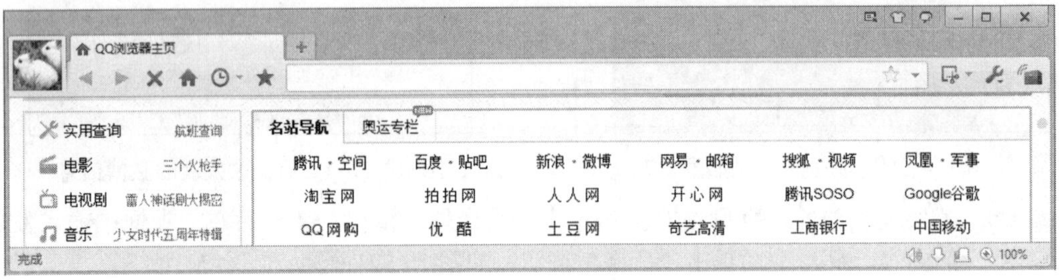

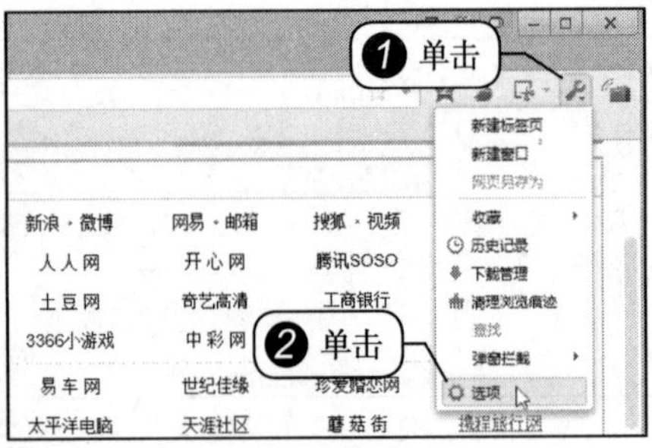

图 16-125　单击"选项"选项

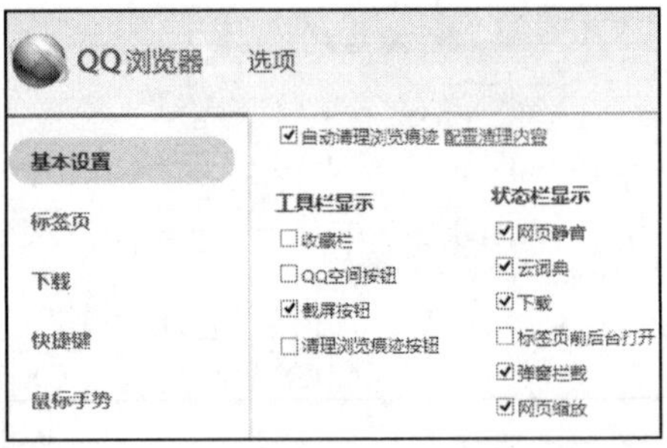

图 16-126　设置工具栏和状态栏中的显示内容

拓展解析

16.6　隐藏在 IE 浏览器中的高级功能

在 IE 浏览器中，浏览、收藏网页可以说是最基本的功能，随着 IE 浏览器版本的不断更新，它也为用户带来了更多的高级功能，例如将常用网站锁定到任务栏中、不留痕迹的 InPrivate 浏览以及功能强大的 SmartScreen 筛选器。

16.6.1　锁定常用网站

锁定常用网站是指将经常使用的网站所对应的快捷图标锁定到任务栏中，只要将常用的网站锁定在任务栏上，以后无须先打开浏览器，直接单击任务栏中的网站图标即可打开对应的网页。具体的操作步骤如下。

Step 01 打开要锁定的网页，例如打开腾讯首页，单击地址栏左侧的网站图标，按住鼠标左键不放，然后拖动鼠标指针至任务栏中，如图 16-127 所示。

Step 02 释放鼠标后便可看见腾讯首页对应的快捷图标已经被锁定到任务栏中，如图 16-128 所示，单击该按钮便可打开腾讯首页。

图 16-127 锁定腾讯首页

图 16-128 查看锁定后的腾讯首页快捷图标

16.6.2 智能下载管理

如果用户利用 IE 6 或者 IE 8 浏览器下载资源，经常会遇到一个十分头疼的问题，那就是无法暂停正在下载的资源，必须等到其下载完毕后方可离开，否则就会前功尽弃了。随着 IE 10 浏览器的出现，该问题已经不再存在了，IE 10 浏览器内置的下载管理器提供了暂停、继续、取消和搜索下载任务的功能，想下载便可下载，想暂停便可暂停。

与之前 IE 浏览器版本所不同的是，利用 IE 10 浏览器下载资源将不会弹出对话框，只会在底部弹出提示框，如图 16-129 所示，用户可以选择保存或者直接运行下载的安装程序。

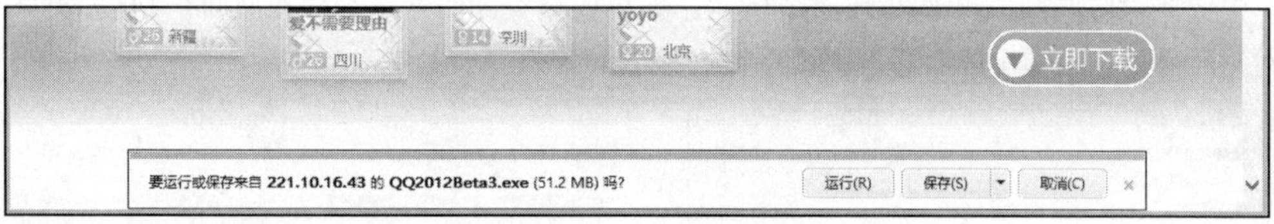

图 16-129 下载提示框

选择下载指定资源后，并不会自动打开下载管理器，用户需要手动打开，在命令栏中依次单击“工具 > 查看下载”选项，如图 16-130 所示，便可打开如图 16-131 所示的下载管理器窗口，在该管理器中用户可以暂停或者取消当前下载的任务。如果下载的任务数量过多，则可以使用顶部的搜索栏查找指定的下载任务。

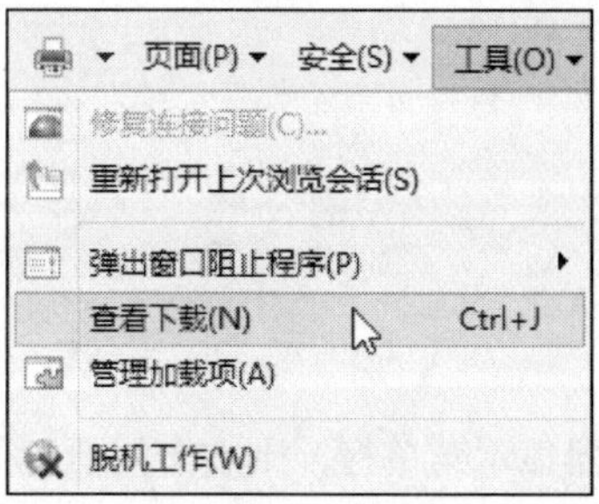

图 16-130 单击“查看下载”选项

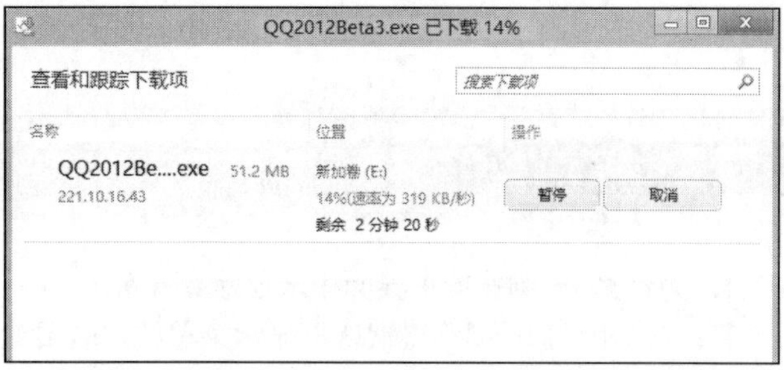

图 16-131 查看下载管理器

16.6.3　InPrivate 浏览

InPrivate 浏览并不是 IE 10 新增的功能，早在 IE 8 中就具有该功能。InPrivate 浏览是一种私密性很强的浏览方式，用户可以在开启该功能后浏览任意的网页，在浏览的过程中，历史记录、自动保存的用户名和密码、填写过的电话、地址等个人信息都不会保存在浏览器中，其会随着浏览器的管理而删除。启用 InPrivate 浏览的方法很简单，只需在命令栏中依次单击“安全 > InPrivate 浏览”选项，即可打开新的浏览器窗口，并且在地址栏左侧显示了 InPrivate 按钮，如图 16-132 所示，该按钮的出现表示 InPrivate 浏览功能已成功启用。

图 16-132　启用 InPrivate 浏览功能

16.6.4　SmartScreen 筛选器

SmartScreen 筛选器是 IE 浏览器自带的一种用于检测钓鱼网站的功能，该功能最初被置于 IE 8 浏览器中，它能够为网络用户抵御 Internet 中的绝大部分恶意攻击，通过实时与 Microsoft 庞大的已知恶意网站数据库进行对比，发现危险后立即警告用户，帮助用户远离钓鱼网站。在 IE 10 中，SmartScreen 筛选器与下载管理器的融合，能够自动阻止下载及安装恶意软件。在主界面菜单栏中依次单击“工具 > SmartScreen 筛选器”命令，即可在右侧弹出的菜单中选择对应的操作，如图 16-133 所示。如果要检查此网站是否存在威胁，则单击“检查此网站”命令，在弹出的对话框中可以查看检测的结果，如图 16-134 所示。

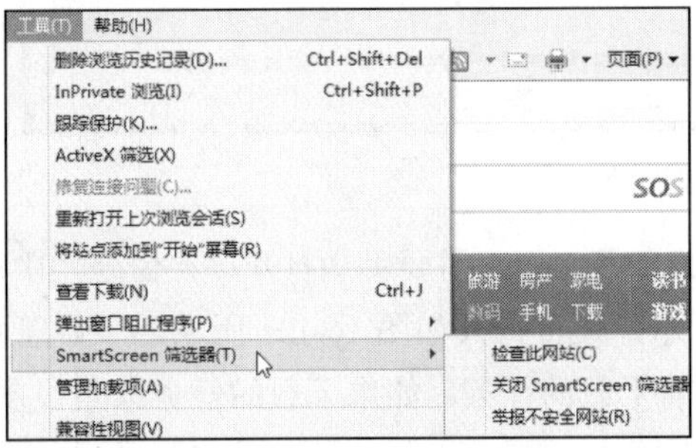

图 16-133　单击“SmartScreen 筛选器”命令

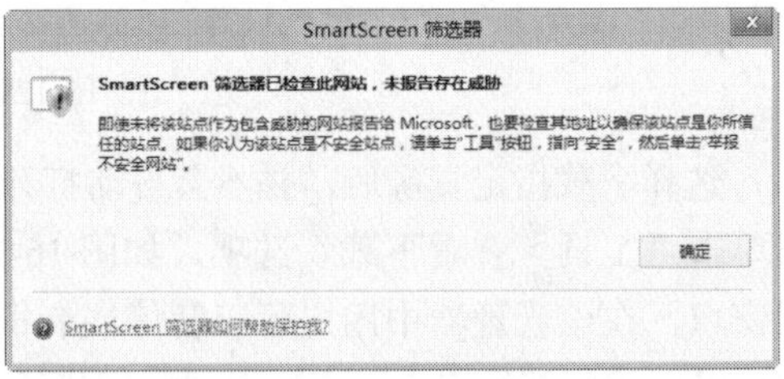

图 16-134　查看检测的结果

新手疑惑解答

1. 为什么 IE 浏览器主界面中未显示菜单栏？

答：这是因为 IE 浏览器默认不显示菜单栏，若要让浏览器显示菜单栏，则右击网页标签右侧的蓝色区域，在弹出的快捷菜单中单击“菜单栏”命令即可显示菜单栏。

2. 为什么 IE 浏览器无法播放视频?

答：这是因为 IE 浏览器中未安装 Flash Player，打开视频播放网页时，浏览器会自动提示用户安装，如图 16-135 所示，单击“安装 Flash Player”选项即可开始下载并安装，安装后刷新页面即可播放视频。

图 16-135　提示安装 Flash Player

3. 能否在 QQ 浏览器中隐藏收藏栏?

答：能！只需在 QQ 浏览器右上角单击“常用菜单”按钮，在展开的列表中单击“收藏”选项，然后在展开的子列表中单击“显示收藏栏”选项，如图 16-136 所示，即可隐藏收藏栏。

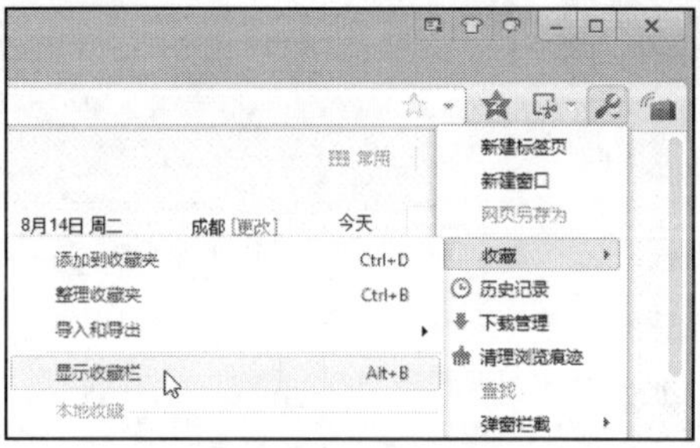

图 16-136　隐藏收藏栏

第17章

Internet通信与社交

本章知识点：

☑ 使用腾讯 QQ 与好友闲聊

☑ 使用 QQ 邮箱与好友互通邮件

☑ 使用微博分享身边发生的事件

☑ 你不可不知的 QQ 高级功能

☑ 打造个性化 QQ 邮箱

☑ 玩转新浪微博有诀窍

Internet 的出现将全球的人们都联系在了一起，利用 Internet，用户可以与远方的亲朋好友进行即时通信和发送邮件；利用 Internet，用户可以将自己身边的逸闻趣事分享给其他网友。

基础讲解

17.1 使用腾讯 QQ 与好友闲聊

腾讯 QQ 是由腾讯公司开发的一款基于 Internet 的即时通信聊天工具，利用该聊天工具，用户可以与自己的亲朋好友进行文字、视频聊天或者传输文件，不过必须满足一个比较重要的前提，那就是聊天的双方都必须拥有 QQ 账号且相互已经添加为 QQ 好友。

当用户成功申请并登录 QQ 后，便可打开如图 17-1 所示的 QQ 主界面，该界面由头像、昵称、个性签名、好友分组以及“主菜单”按钮组成，下面分别对这些组成部分进行详细介绍。

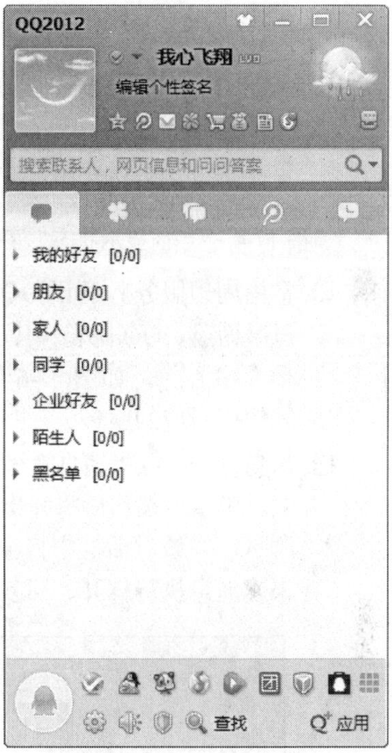

图 17-1 QQ 主界面

- “更改外观”按钮：“更改外观”按钮位于 QQ 主界面右上角，该按钮是一个衣服状的图标，单击该按钮将会弹出“更改外观”对话框，如图 17-2 所示，该对话框提供了更换 QQ 皮肤以及调整主界面显示内容的功能。
- 头像图片：头像图片位于 QQ 主界面的左上角，这里显示的图片就是当前 QQ 对应的头像图片，单击该头像图片任意位置便可打开“我的资料”对话框，如图 17-3 所示，在该对话框中可以进行更改头像、昵称以及个性签名等操作。

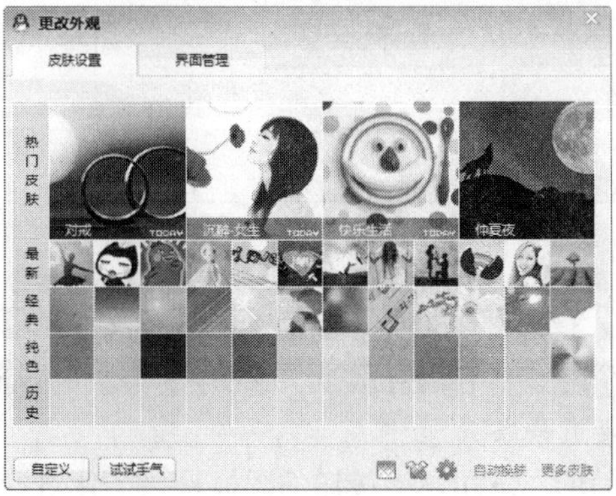

图 17-2 “更改外观”对话框

图 17-3 “我的资料”对话框

- “当前显示状态”按钮：该按钮位于头像图片的右上角，单击该按钮右侧的下三角按钮将展开如图 17-4 所示的下拉列表，在列表中可更改当前 QQ 的显示状态。

- 个性签名：个性签名位于“当前显示状态”按钮下方，用户可以直接单击此处编辑自己想要说的话，QQ 不会限定个性签名的更改次数。
- “天气状况”图标：“天气状况”图标位于 QQ 主界面右上方，显示了当天的天气状况，若将鼠标指针移至该图标处，便可在 QQ 主界面左侧显示如图 17-5 所示的界面，在该界面中可看见当天的实时天气以及未来两天的天气状况。

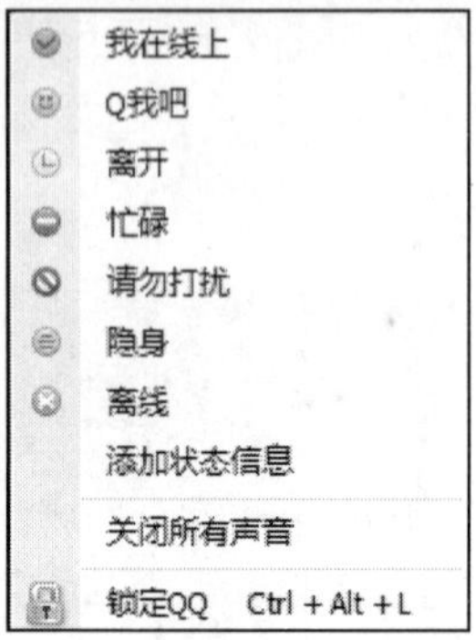

图 17-4 “当前显示状态”下拉列表

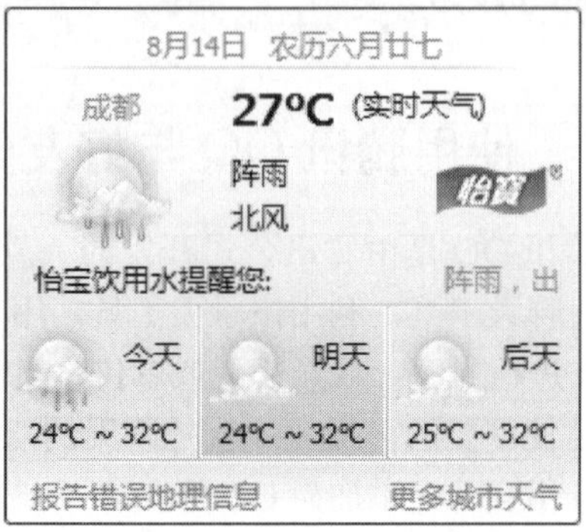

图 17-5 显示未来两天的天气状况

- 常用周边服务：腾讯 QQ 主界面中聚集了常用的腾讯周边服务，包括 QQ 空间、腾讯微博、QQ 邮箱、朋友网、腾讯网购、QQ 钱包、我的资讯以及搜搜个人中心，如图 17-6 所示，单击任一图标便可开通并使用对应的服务。

图 17-6 常用周边服务

- 消息盒子：“消息盒子”图标位于常用周边服务的右侧，单击该按钮后将弹出“消息盒子”窗口，如图 17-7 所示，在该对话框中将会显示用户暂时未读取的 QQ 消息，用户可以选择对盒子里的未读消息执行打开、回复或者忽略操作。

图 17-7 “消息盒子”窗口

- 好友分组：好友分组位于 QQ 主界面中部，该界面默认显示当前 QQ 的好友分组以及各分组中的好友数量，在该界面顶部有 5 个标签，它们分别是“联系人”、“朋友”、“群 / 讨论组”、“微博”以及“最近联系人”。
- “主菜单”按钮：该按钮位于 QQ 主界面的左下角，该按钮的图标是一个背对着屏幕的企鹅，单击该按钮后将会展开如图 17-8 所示的列表，在该列表中显示了 QQ 的绝大部分功能所对应的选项，包括打开 QQ 安全中心、修改密码、更改用户等。
- 常见应用：在 QQ 主界面中，常见应用对应的按钮位于“主菜单”按钮右侧，包括

“手机生活”、“QQ 游戏”、“QQ 宠物”、“QQ 音乐”、“腾讯视频”、“QQ 团购”、“QQ 电脑管家”和“拍拍购物”8 种。如果要查看腾讯公司推出的所有应用则可以在“拍拍购物”图标右侧单击“打开应用管理器”按钮，便可打开如图 17-9 所示的“应用管理器”窗口，在该窗口中，用户可以手动调整显示在 QQ 主界面中的应用图标。

图 17-8 “主菜单”列表

图 17-9 “应用管理器”对话框

❑ 功能按钮：功能按钮位于 QQ 主界面的最底部，主要包括“系统设置”、“消息管理器”、“安全概况”以及“查找”4 个按钮。

17.1.1 申请 QQ 号码

申请 QQ 号码是使用 QQ 与好友聊天的第一步，只有成功申请一个属于自己的 QQ 账户后，用户才可以实现添加好友、与好友聊天等操作。申请 QQ 号码有两种申请方式，第一种是直接申请 QQ 号码，第二种是通过申请邮箱账号来获取 QQ 号码。

打开腾讯首页，然后在界面右侧单击“QQ 号码”链接，便可切换至“QQ 注册”界面，默认显示如图 17-10 所示的注册界面，直接输入注册信息便可获取 QQ 号码；如果选择注册邮箱账号，则单击“邮箱账号”选项便可切换至如图 17-11 所示的界面，输入注册信息后便可同时获取邮箱和对应的 QQ 号码。

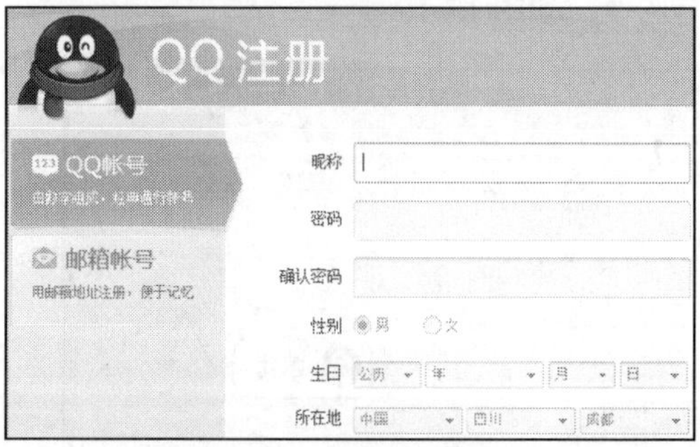

图 17-10 直接申请 QQ 号码

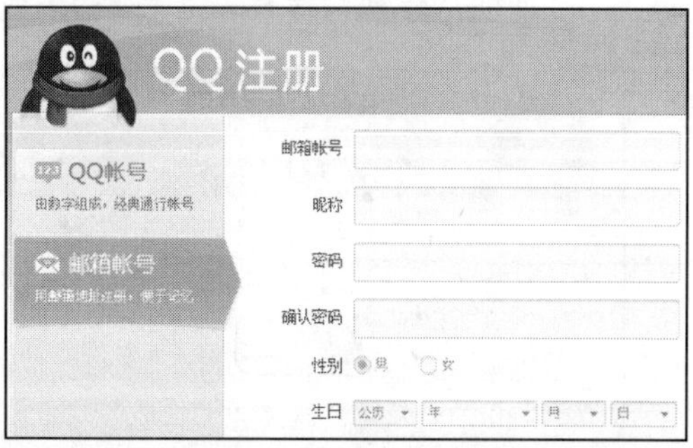

图 17-11 通过申请邮箱账号来获取 QQ 号码

1. 直接申请 QQ 号码

直接申请 QQ 号码将只会申请到 QQ 账号，但是同时可以开通 QQ 空间等服务，在注册的过程中需要用户输入昵称、登录密码等信息。具体的操作步骤如下。

Step 01 ❶ 打开腾讯首页，❷ 单击“QQ 号码”链接，如图 17-12 所示。

Step 02 打开“QQ 注册”页面，❶ 在页面中输入昵称和密码，❷ 然后设置性别，如图 17-13 所示。

图 17-12 单击“QQ 号码”链接

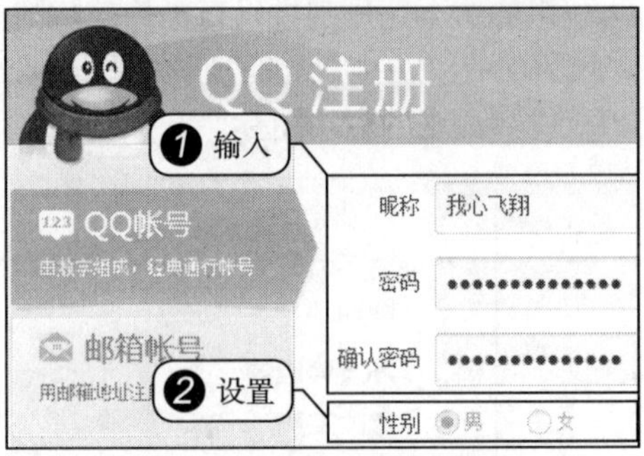

图 17-13 输入昵称和密码

Step 03 ❶ 接着设置生日信息和所在地，❷ 单击“立即注册”按钮，如图 17-14 所示。

Step 04 切换至新的界面，此时可看见自己申请的 QQ 号码，如图 17-15 所示。

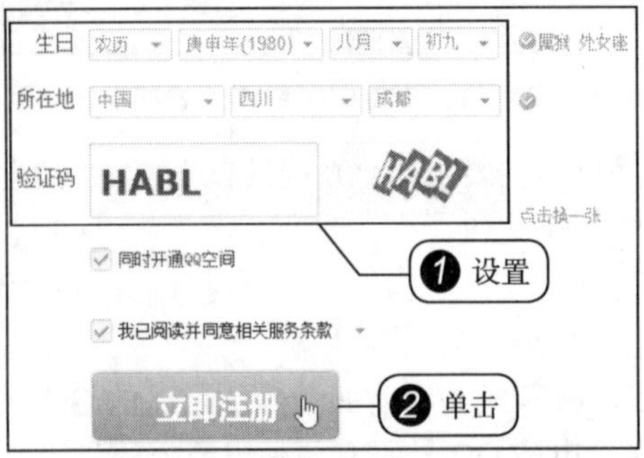

图 17-14 设置生日信息和所在地

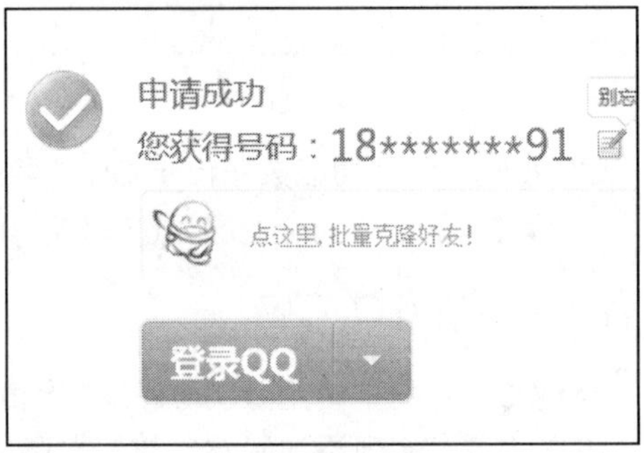

图 17-15 查看已申请的 QQ 号码

2. 通过申请邮箱账号来获取 QQ 号码

通过申请邮箱账号同样可以达到申请 QQ 号码的目的，这是因为在申请 QQ 邮箱的同时，腾讯会自动为你分配一个与之对应的 QQ 号码。具体操作步骤如下。

Step 01 按照 17.1.1 节第 1 点介绍的方法打开“QQ 注册”页面，❶ 在左侧单击“邮箱账号”选项，❷ 然后在右侧单击“没有邮箱”选项，如图 17-16 所示。

图 17-16 选择申请邮箱账号

Step 02 ❶ 在页面中输入新的邮箱账号、QQ 昵称和登录密码等信息，❷ 然后单击“立即注册”按钮，如图 17-17 所示。

Step 03 切换至新的页面，此时可看见申请成功的邮箱账号以及对应的 QQ 号码，如图 17-18

所示。

图 17-17 输入注册信息

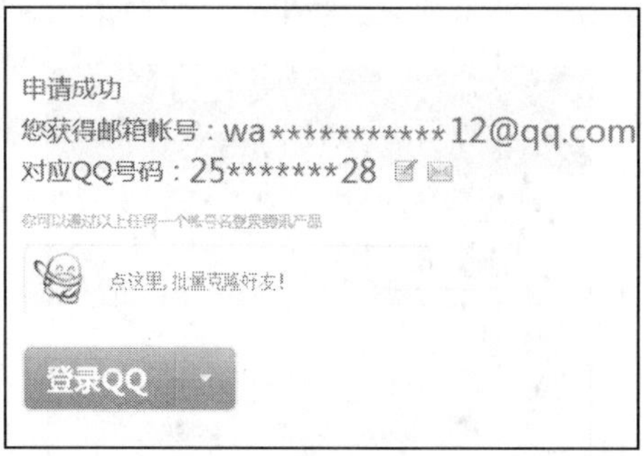

图 17-18 查看申请成功的邮箱账号和 QQ 号码

17.1.2 添加好友

刚刚申请的 QQ 是没有好友的，因此用户需要添加 QQ 好友，QQ 提供了查找好友的功能，该功能包括 3 种查找方式：第一种是精确查找；第二种是条件查找；第三种是朋友网查找，它们都位于“查找联系人”对话框中。登录 QQ，在 QQ 主界面底部单击“查找”按钮，便可打开“查找联系人”对话框，如图 17-19 所示。

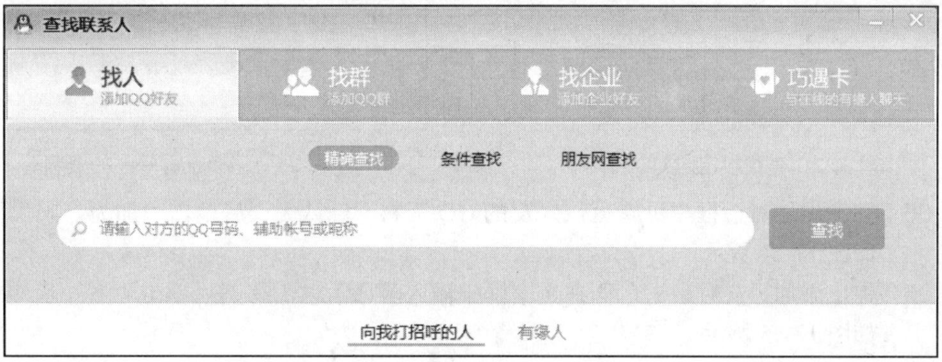

图 17-19 “查找联系人”对话框

- 精确查找：若要使用该种查找方式添加 QQ 好友，用户必须知道对方的 QQ 号码或 QQ 昵称。
- 条件查找：该查找方式比较随机，用户只需指定年龄、性别、所在地、星座、血型和故乡等条件，便可添加搜索结果中显示的好友。
- 朋友网查找：若要使用该种查找方式，用户必须开通朋友网并填写真实的个人信息，然后便可通过设置姓名、所在省份 / 城市等条件来添加满足指定条件的好友。

1. 使用精确查找添加 QQ 好友

当用户能够准确输入指定好友的 QQ 号码或 QQ 昵称时，便可采用精确查找添加该好友，在添加的过程中需要用户输入验证信息，以便于对方识别自己。具体操作步骤如下。

Step 01 启动 QQ 程序，❶ 在弹出的登录对话框中输入账号和密码，❷ 然后单击“登录”按钮，如图 17-20 所示。

Step 02 打开 QQ 主界面，在界面底部单击“查找”按钮，如图 17-21 所示。

Step 03 弹出“查找联系人”对话框，❶ 单击“精确查找”按钮，❷ 在搜索栏中输入好友的 QQ 号码，❸ 单击“查找”按钮，如图 17-22 所示。

Step 04　显示搜索的结果，直接单击“查看个人资料”图标，如图 17-23 所示。

图 17-20　输入 QQ 账号和密码

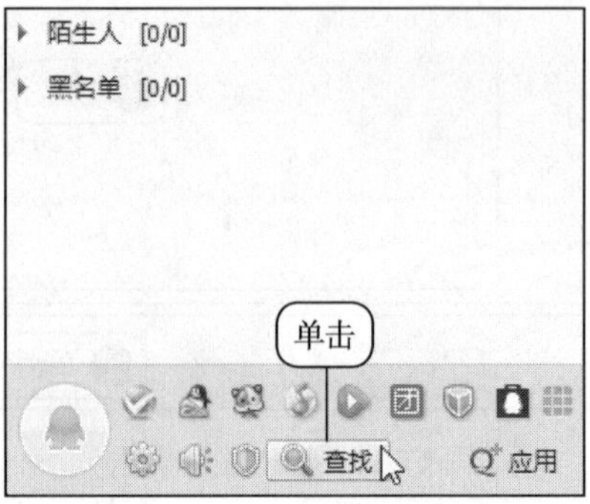

图 17-21　单击“查找”按钮

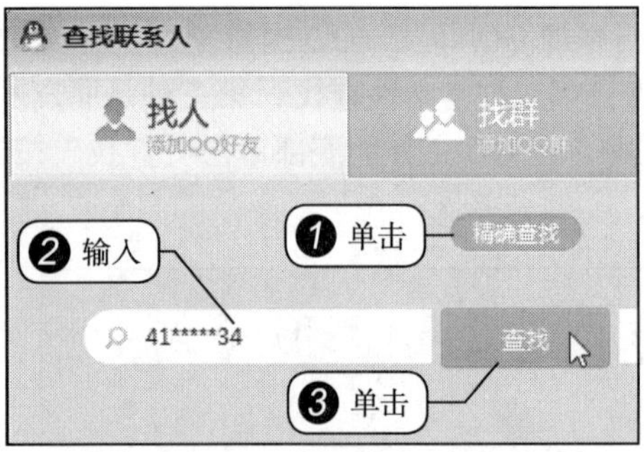

图 17-22　查找指定的 QQ 号码

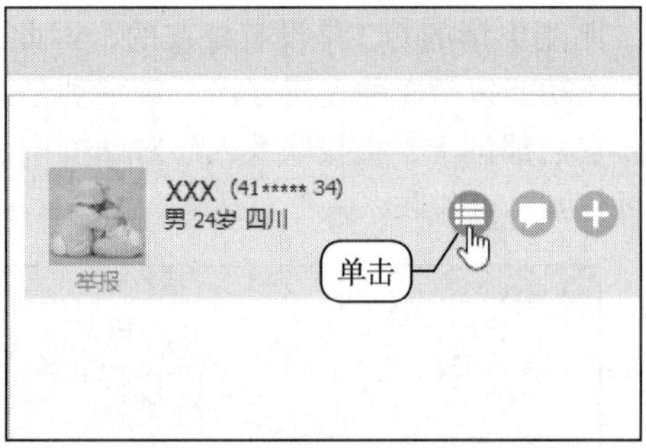

图 17-23　选择查看好友的资料

Step 05　在弹出的对话框中可看见该好友的 QQ 资料，确认无误后单击“加为好友”按钮，如图 17-24 所示。

Step 06　弹出添加好友对话框，❶ 在文本框中输入验证信息，❷ 然后单击“下一步”按钮，如图 17-25 所示。

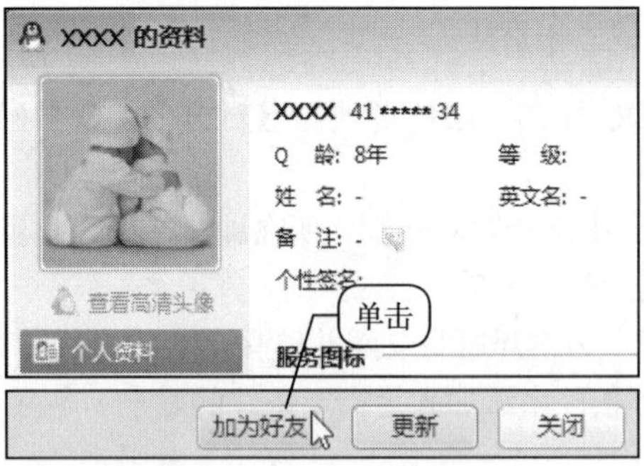

图 17-24　选择加为好友

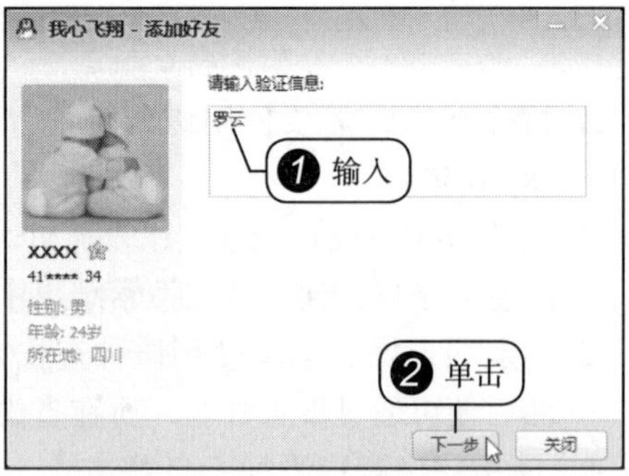

图 17-25　输入验证信息

Step 07　切换至新的界面，❶ 在顶部设置备注姓名和选择分组，❷ 然后单击“下一步”按钮，如图 17-26 所示。

Step 08　切换至新的界面，提示添加请求已经发送成功，单击“完成”按钮，如图 17-27 所示。

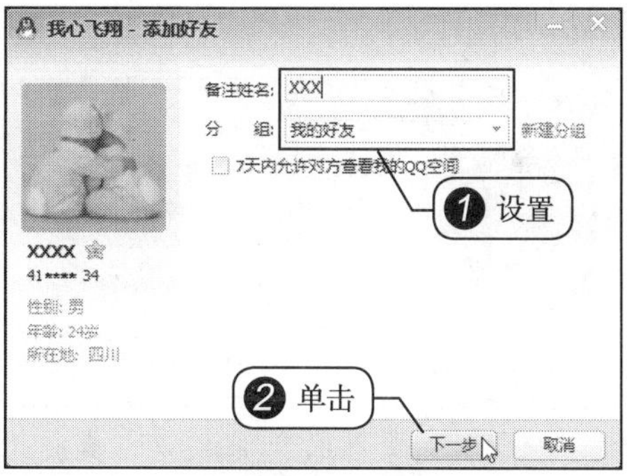

图 17-26 设置备注信息和选择好友分组

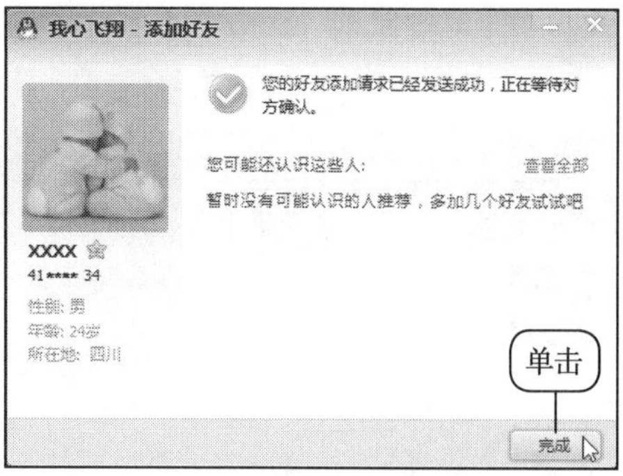

图 17-27 好友添加请求已经发送成功

Step 09 对方同意添加请求后，在通知区域中可看见消息图标，单击它，如图 17-28 所示。

Step 10 弹出添加好友对话框，提示用户对方已接受了添加请求并将自己添加为好友，单击“完成”按钮即可，如图 17-29 所示。

图 17-28 单击消息图标

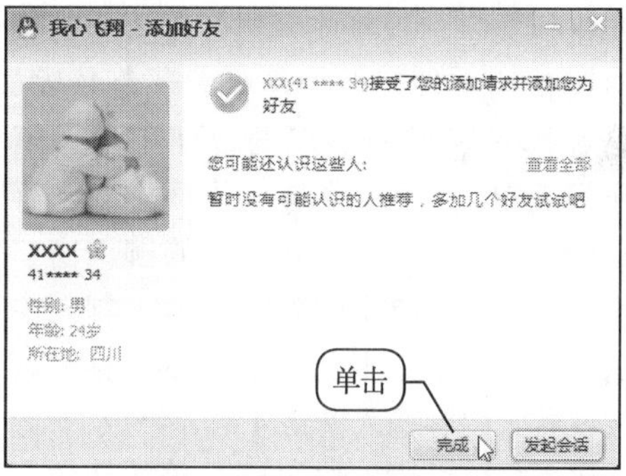

图 17-29 成功添加好友

2. 使用条件查找添加好友

条件查找无法帮助用户添加指定的 QQ 好友，但是可以为用户推荐指定地方、指定年龄和指定星座的 QQ 好友。具体的操作步骤如下。

Step 01 打开“查找联系人”对话框，❶ 单击“条件查找”选项，❷ 设置查找条件，❸ 然后单击“查找”按钮，如图 17-30 所示。

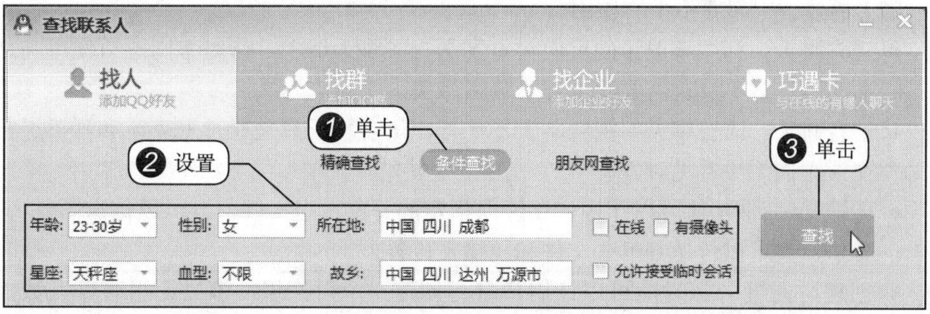

图 17-30 设置查找条件

Step 02 此时可在界面中看见搜索的结果，选择要添加的好友，单击“查看个人资料”图标，如图 17-31 所示。

Step 03 弹出资料对话框，浏览个人资料后单击“加为好友”按钮，如图 17-32 所示，然后便可按照 17.1.2 节第 1 点介绍的方法来完成添加操作。

图 17-31　查看指定好友的个人资料

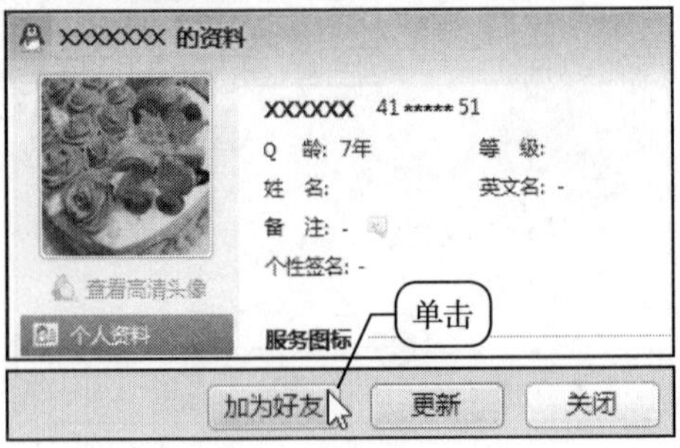

图 17-32　确定添加好友

17.1.3　聊天与传输文件

当成功添加 QQ 好友后，用户便可与这些好友进行文字、视频或者语音聊天，甚至还可以向其传输文件，无论是聊天还是传输文件，都是在聊天窗口中实现的。打开聊天窗口的操作很简单，只需在 QQ 主界面中双击好友的 QQ 头像图片，便可打开对应的聊天窗口，聊天窗口的界面图如图 17-33 所示。聊天窗口主要由顶部工具栏、聊天内容显示窗格、聊天工具栏及聊天内容输入窗格 4 部分组成。

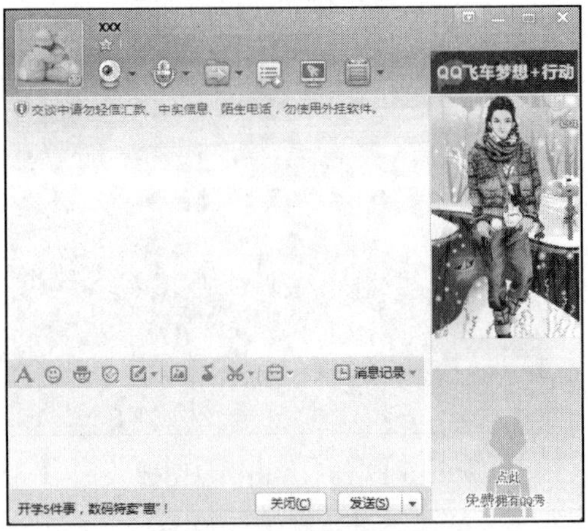

图 17-33　QQ 聊天窗口

- “窗口设置”按钮：该按钮位于聊天窗口的右上角，单击该按钮将展开下拉列表，用户可以利用该列表调整窗口、更改 QQ 皮肤以及调整 QQ 的相关设置。
- 顶部工具栏：聊天窗口中的顶部工具栏提供了多种功能，这些功能可以满足绝大部分用户对于聊天的不同要求。该工具栏提供了视频聊天、语音聊天、传输文件、创建讨论组、远程协助和更多功能 6 个功能，这些功能都能够在用户聊天的过程中起着不小的作用。
  - 视频聊天：利用该按钮便可向对方发送视频聊天请求，待对方同意后便可与之面对面交谈，只不过这需要双方都安装摄像头。
  - 语音聊天：语音聊天与视频聊天不一样，语音聊天只是通过麦克风和耳机进行语音交谈，而无法看见对方。
  - 传输文件：该功能可以让用户在线向指定的好友发送文件，既可以传送图片、视频、音乐，又可以传送 Office 文件和压缩文件等。
  - 创建讨论组：该功能可以让用户自行创建一个讨论组，该讨论组有着人数上限为 20 人的临时性对话组，不会自动解散，讨论组的好处就在于对创建者的 QQ 资料、等级无限制，并且无须被邀请人的验证即可单方面自动添加他人进组。
  - 远程协助：远程协助是腾讯 QQ 推出的一项方便用户帮助好友处理电脑问题的远程控制工具，利用该按钮可以向好友发起远程协助请求。
  - 更多功能：单击该按钮将会展开一个含有更多功能的下拉列表，该列表提供了发送邮件、一起玩游戏以及推荐好友等选项，如图 17-34 所示。

- 聊天内容显示窗格：该窗格位于常用工具栏下方，窗格中会显示用户发送的聊天消息以及好友恢复的聊天消息。
- 聊天工具栏：该工具栏位于聊天内容显示窗格下方，包括“字体”、“表情”、“魔法表情”、“抖动窗口”、“辅助输入”、“发送图片”、“点歌”和“屏幕截图”等功能，在最右侧还可以单击“消息记录”按钮查看与该好友的聊天记录。
- 聊天内容输入窗格：该窗格提供了显示文本与表情的功能，无论是输入的文本信息或者选择的表情，都会被显示在该窗格中。

图 17-34　更多功能

1. 文字聊天

文字聊天是指在 QQ 聊天中利用文字来表达自己想要说的话，聊天的内容可以是纯文本，也可以是表情和文本的混合信息。具体操作步骤如下。

Step 01 登录 QQ，在主界面中选择要聊天的好友，双击其对应的头像图片，如图 17-35 所示。

Step 02 打开聊天窗口，❶ 单击聊天工具栏中的“字体”按钮，❷ 接着在光标处设置字体、字号、字形和字体颜色，如图 17-36 所示。

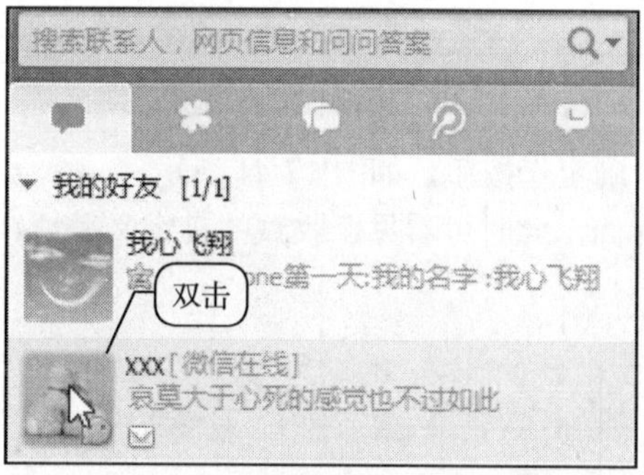

图 17-35　选择要聊天的好友

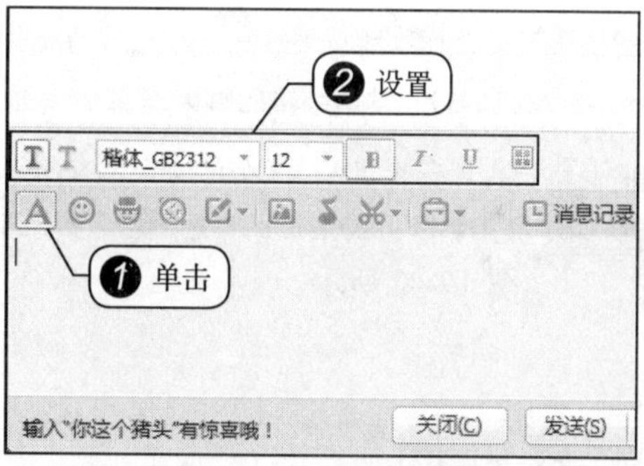

图 17-36　设置文字属性

提示：在 QQ 主界面中快速查找指定好友

当 QQ 主界面中显示的好友过多时，用户可能无法快速定位到指定的好友，此时便可利用主界面中的常用周边服务下方的搜索栏来实现快速查找，只需输入指定好友的 QQ 号码或者昵称，便可在界面中显示指定的 QQ 好友。

Step 03 再次单击“字体”图标，接着在聊天内容输入窗格中输入聊天的内容，然后单击“表情”图标，如图 17-37 所示。

Step 04 在展开的表情库中单击选择合适的表情，例如单击选择“微笑”表情，如图 17-38 所示。

Step 05 此时可在聊天内容输入窗格中看见所选择的表情，在下方单击“发送”按钮，如图 17-39 所示。

Step 06 发送后可在聊天内容显示窗格中看见自己发送的消息，若对方回复消息，则同样显示在该窗格中，回复的消息中若有自定义表情，❶ 则可以右击它，❷ 在弹出的快捷菜单中单击“添加到表情”命令，将其收藏，如图 17-40 所示。

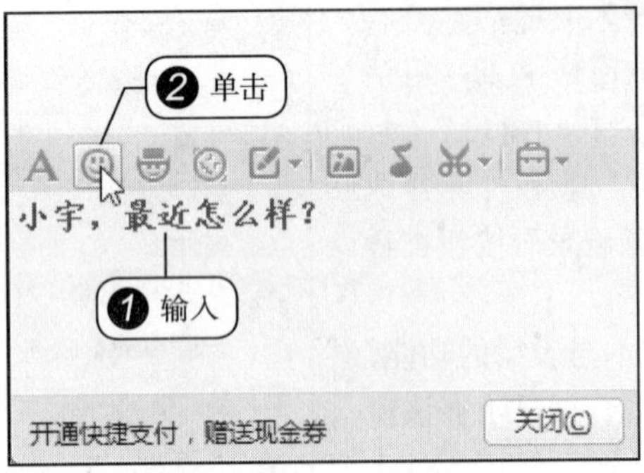

图 17-37　输入聊天内容

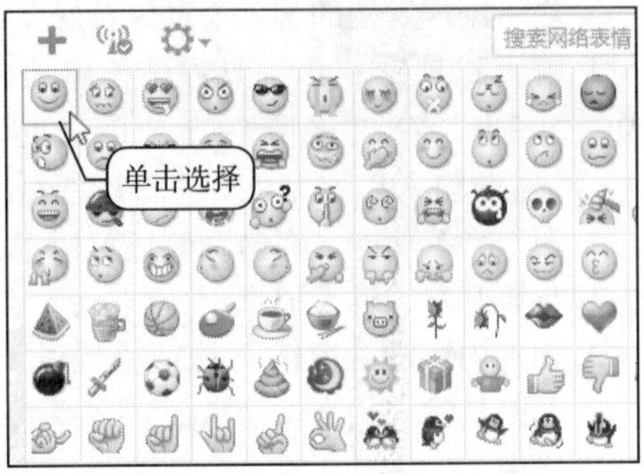

图 17-38　选择 QQ 表情

图 17-39　发送编辑的聊天信息

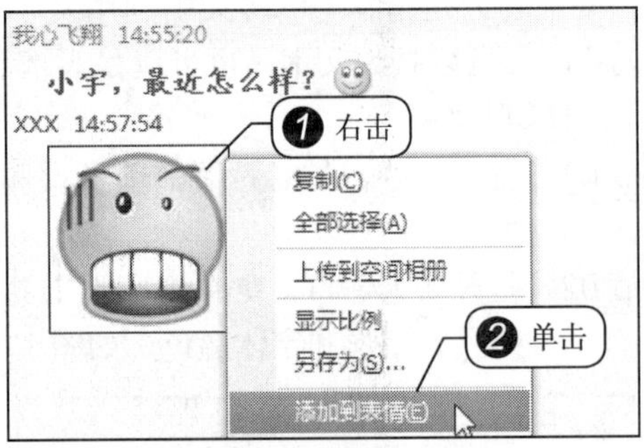

图 17-40　选择收藏自定义表情

Step 07　弹出“添加自定义表情”对话框，单击“确定”按钮，如图 17-41 所示。

Step 08　打开 QQ 表情库，切换至“我的收藏”界面，此时可看见已收藏的自定义表情，如图 17-42 所示。

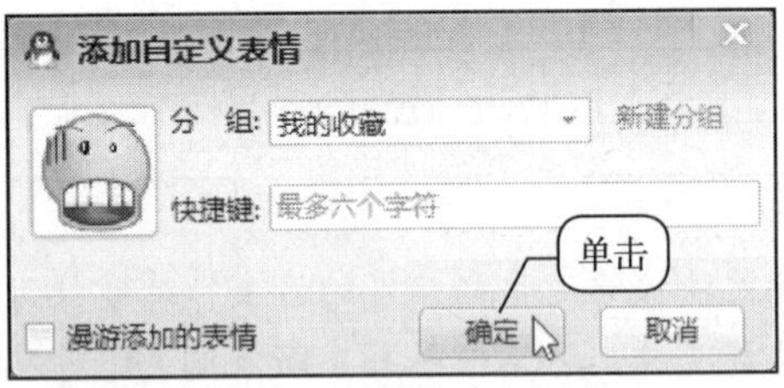

图 17-41　确认添加自定义表情

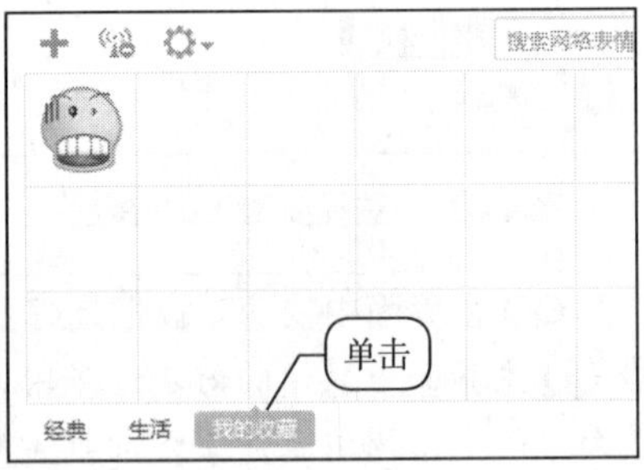

图 17-42　查看已收藏的自定义表情

2. 传输文件

腾讯 QQ 提供的传输文件功能是指利用 Internet 将文件传输给指定的好友，传输文件可以是单个文件，也可以是装有多个文件的文件夹。在聊天窗口的顶部工具栏中单击“传送文件”右侧的下三角按钮，便可展开如图 17-43 所示的下拉列表。

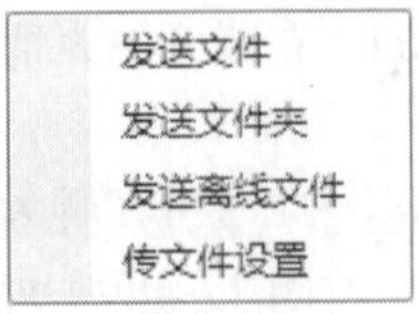

图 17-43　“传送文件”下拉列表

- 发送文件：向好友发送保存在电脑中的文件，如图 17-44 所示，既可以是音乐、视频之类的单个文件，也可以是利用压缩软件压缩后的文件。

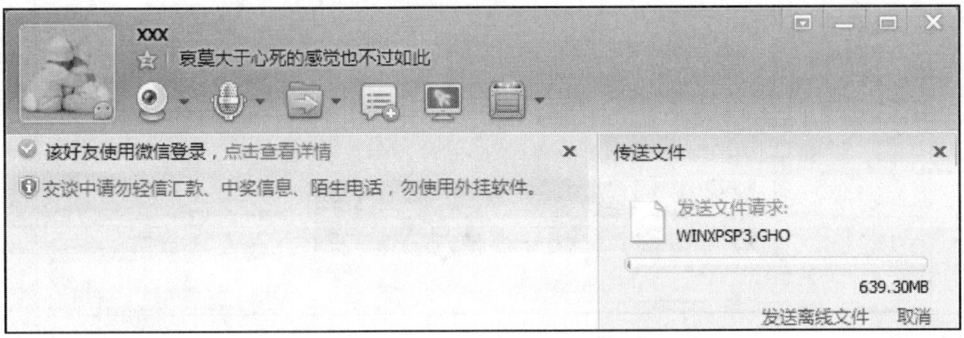

图 17-44　发送文件

- 发送文件夹：向好友发送保存在电脑中的文件夹，如图 17-45 所示。

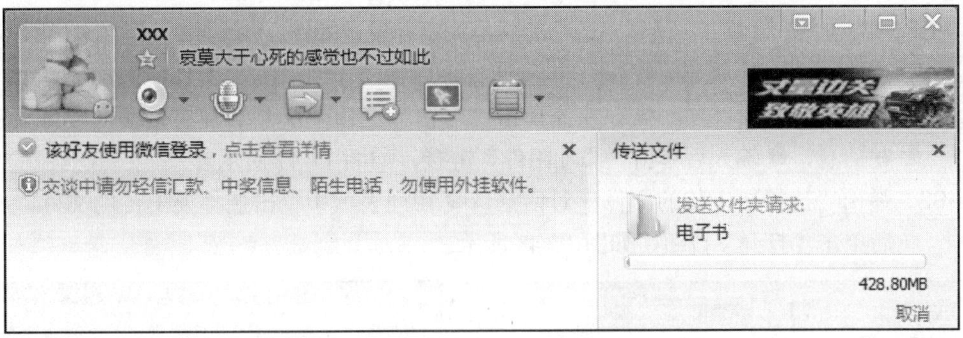

图 17-45　发送文件夹

- 发送离线文件：当接收文件的好友不在线时，用户可以选择发送离线文件，发送的离线文件会在好友上线后自动通知其接收。
- 传文件设置：用于设置所接收文件的默认保存路径以及调整接收文件的安全等级。

提示：使用拖动操作发送文件和文件夹

在聊天窗口中向好友发送文件或文件夹时，除了通过利用顶部工具栏中的“传送文件”按钮来实现之外，还可以通过拖动操作来实现，打开需要发送的文件或文件夹所在的窗口，选中要发送的文件或文件夹，按住鼠标左键不放，将其拖至聊天窗口后释放鼠标，即可将其发送出去。

17.2　使用 QQ 邮箱与好友互通邮件

QQ 邮箱是腾讯公司推出的一款提供电子邮件服务的邮箱产品，该邮箱具有安全、稳定、快速和便捷的特点，获取该邮箱的方式有多种，第一种方法是利用已有的 QQ 号码来开通 QQ 邮箱；第二种方法是直接申请 QQ 邮箱，其申请方法可参照 17.1.1 节第 2 点介绍的内容。无论采用哪种方式获取的 QQ 邮箱，在 QQ 主界面顶部单击“邮箱”图标，即可启动浏览器打开 QQ 邮箱主界面，如图 17-46 所示。

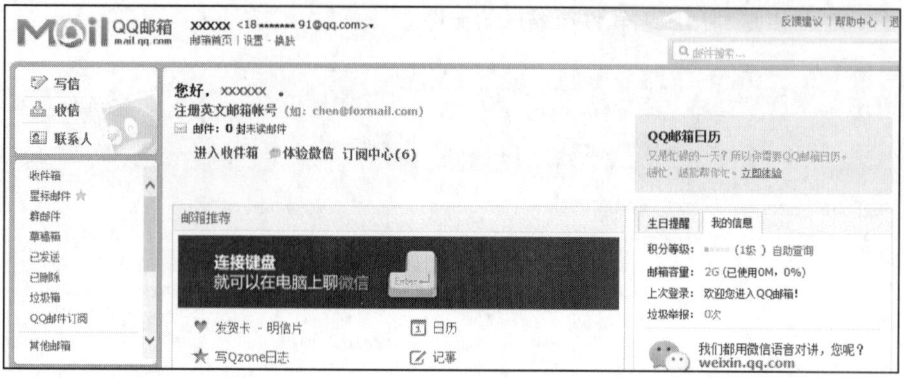

图 17-46　QQ 邮箱主界面

17.2.1　发送邮件

对于一款电子邮箱而言，最基本的功能就是编辑并发送邮件，在编辑的过程中，用户还可以选择添加文档、图片、视频等邮件附件，同时还可以添加信纸图片。具体的操作步骤如下。

Step 01　打开 QQ 邮箱首页，❶ 在左侧单击“写信”选项，❷ 然后在右侧输入收件人和主题信息，❸ 输入后单击“添加附件”链接，如图 17-47 所示。

Step 02　弹出“选择要上传的文件”对话框，❶ 在列表框中单击选择要上传的文件，❷ 然后单击“打开”按钮，如图 17-48 所示。

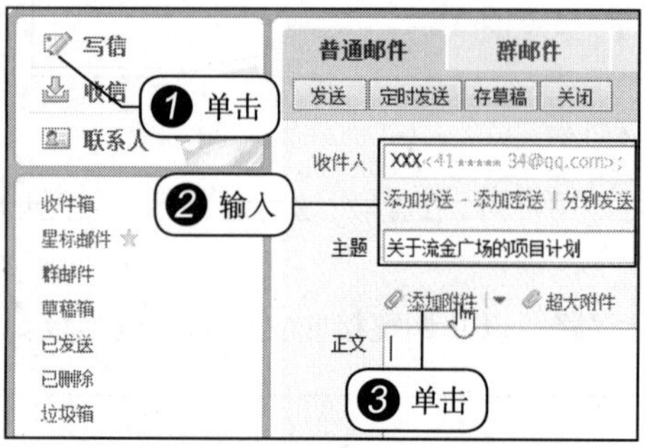

图 17-47　输入收件人和主题信息

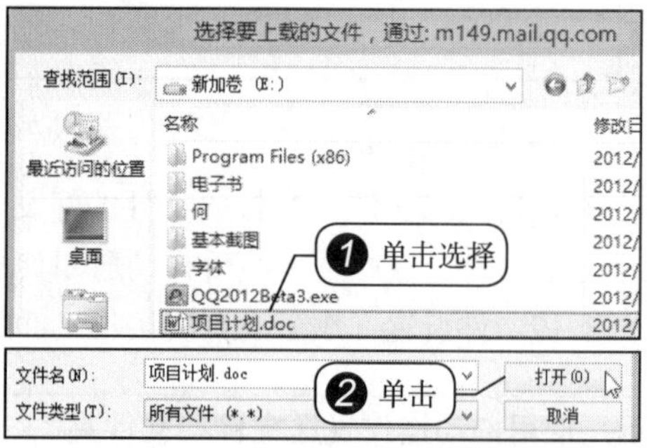

图 17-48　选择要上传的文件

提示：抄送与密送

在编写邮件时，经常会遇到“抄送”、“密送”之类比较难懂的词语。抄送是指将邮件同时发送给收件人以外的人，这些人可以看见发件人和收件人的邮箱地址。一般来说，使用“抄送”服务时，多人抄送的电子邮件地址使用分号分隔。

密送与抄送不同，如果用户将邮件密送给收件人以外的其他用户，则收件人不会知道该邮件的密送人邮箱地址，但是密送人却知道该邮件的收件人地址。

Step 03　返回邮件编写页面，此时可看见上传的文档，待其上传完毕后在下方输入邮件内容，如图 17-49 所示。

Step 04　如果要添加信纸，则在界面右侧单击“信纸”选项，然后在下方选择合适的信纸，如图 17-50 所示。

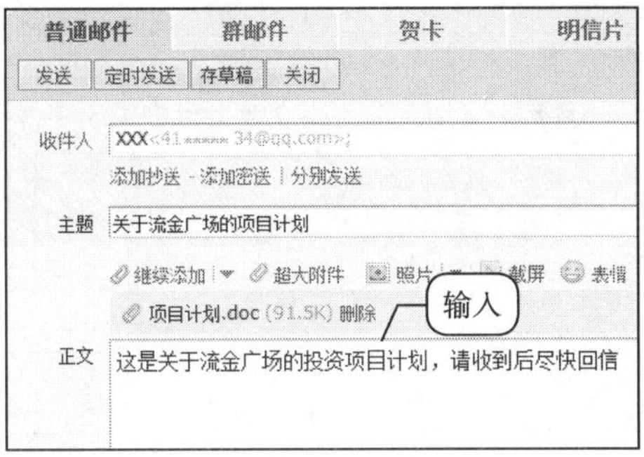

图 17-49　输入邮件内容

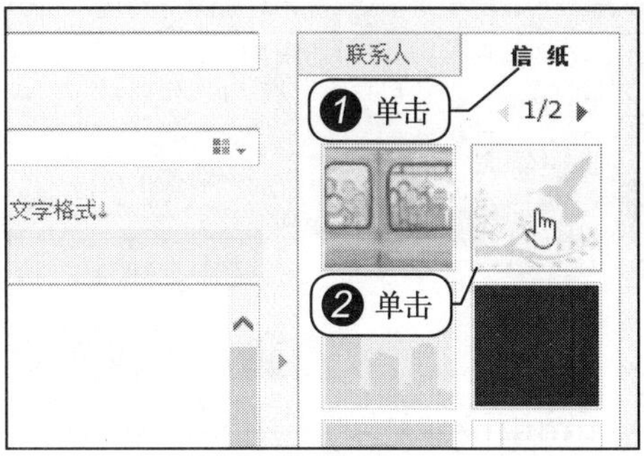

图 17-50　选择信纸

提示：注意邮箱附件的大小

QQ 邮箱对上传的附件大小有一定的限制，如果上传的附件小于 50MB，则该附件将会保存在已发送邮件中；如果上传的附件大于 50MB，则需要将其上传到文件中转站中，然后再发送邮件，接收邮件的人需要从自己的 QQ 邮箱文件中转站中下载。需要注意的是，QQ 邮箱支持的附件不能超过 2GB。

Step 05　此时可看见正文右侧的背景发生了变化，即成功使用了信纸，单击“发送”按钮，如图 17-51 所示，发送该邮件。

Step 06　切换至新的界面，当显示“您的邮件已发送”信息时，即该邮件发送成功，如图 17-52 所示。

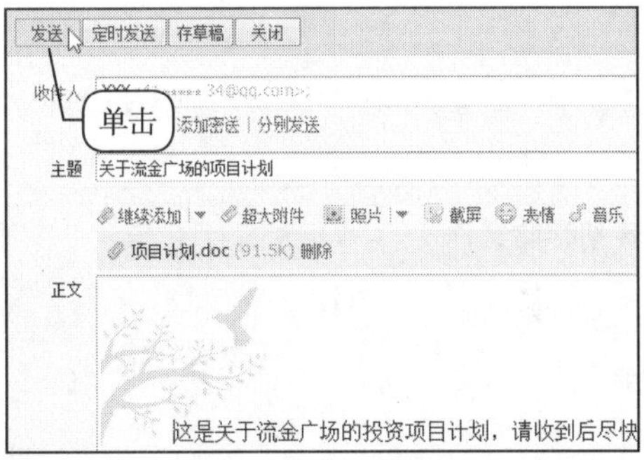

图 17-51　发送邮件

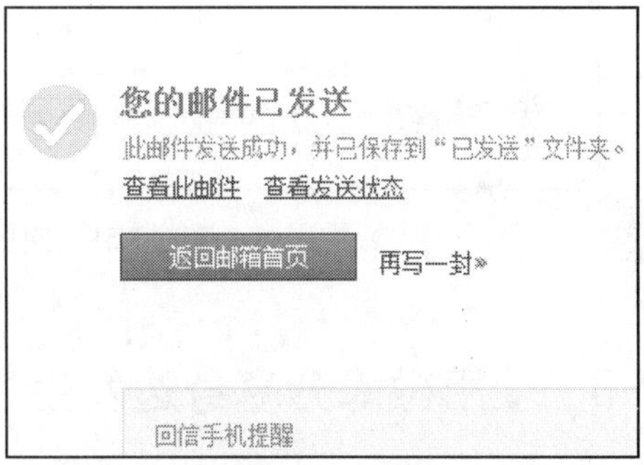

图 17-52　邮件发送成功

17.2.2　添加联系人

QQ 邮箱提供了添加联系人信息的功能，利用该功能用户可以将好友的邮箱地址添加到该邮箱通讯录中，这样一来，再向好友发送邮件时，就不用手动输入邮箱地址那么麻烦了，直接从通讯录中选择对应的邮箱地址即可。需要用户注意的是，如果该 QQ 邮箱对应的 QQ 已添加为好友，则这些好友的 QQ 邮箱地址将会自动保存在通讯录中。具体的操作步骤如下。

Step 01　打开 QQ 邮箱主界面，❶ 在界面左侧单击“联系人”选项，❷ 然后在右侧单击“新建”按钮，如图 17-53 所示。

Step 02　切换至新的界面，❶ 在界面中输入新建联系人的姓名、电子邮件以及手机号码等信息，❷ 最后单击“保存信息”按钮以保存该联系人的信息，如图 17-54 所示。

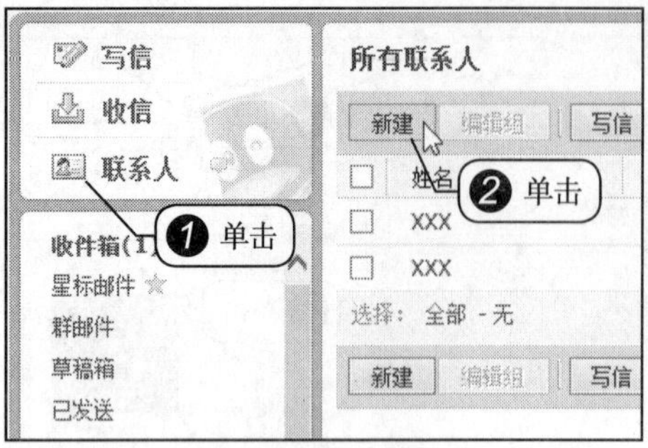

图 17-53　新建联系人

图 17-54　输入联系人的信息

17.2.3　使用文件中转站轻松存储文件

QQ 邮箱提供了文件中转站服务，该服务具有储存电脑文件的功能，文件中转站提供了 2G 的存储容量。当用户将文件上传至文件中转站后，QQ 邮箱会保存该文件长达 30 天之久，在这 30 天内，只要能打开 QQ 邮箱，都可以从文件中转站中下载该文件。

打开 QQ 邮箱主界面，在左侧单击“文件中转站”选项，然后便可在右侧按照提示操作上传文件，上传后便可在界面中看见上传文件的文件名、大小和有效时间，如图 17-55 所示。

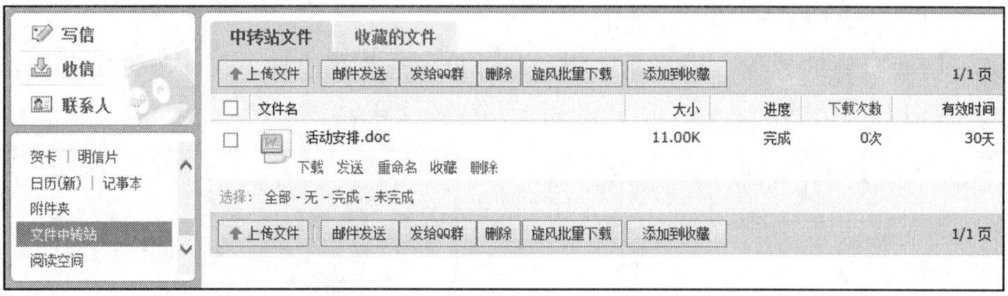

图 17-55　使用文件中转站存储文件

17.3　使用微博分享身边发生的事件

新浪微博是一款在国内具有一定影响力的微博产品，该微博的注册用户已超过 3 亿人。用一段不超过 140 字的话语，便可随意记录生活中所发生的事情。在新浪微博中，用户不仅可以浏览被关注好友发表的微博，而且还能够自己动手发表微博。

利用浏览器打开新浪微博登录页面（http://weibo.com/），然后在界面右侧输入微博的账号和密码后单击“登录微博”按钮，如图 17-56 所示，切换至新的页面，此时可在页面右侧看见微博的头像、名称等信息，如图 17-57 所示。

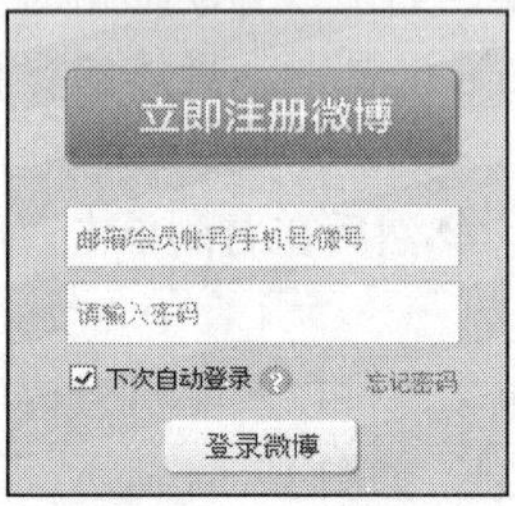

图 17-56　登录新浪微博

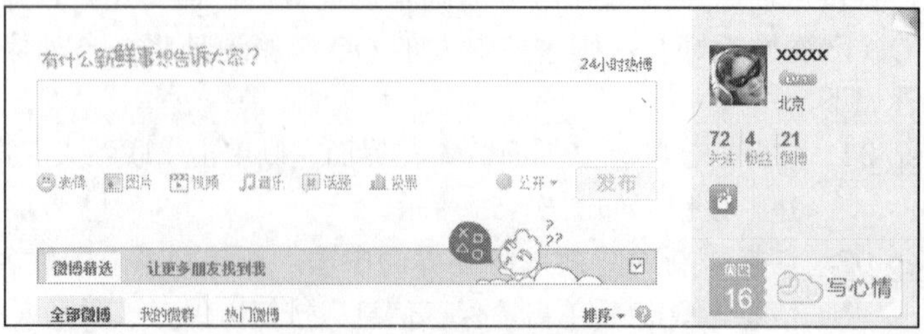

图 17-57　新浪微博首页

成功登录新浪微博后，用户便可在微博首页中浏览他人发表的微博信息，同时还可以自己发表微博信息。

17.3.1 浏览他人发表的微博信息

在注册新浪微博账号的过程中，网站会要求用户选择关注的歌星和影星等名人，关注这些名人后便可随时查看他们发表的最新微博信息，而这些微博信息就显示在新浪微博的个人页面中，如图 17-58 所示。

全部微博
我的微群
热门微博
排序
全部
相互关注
悄悄关注
特别关注
名人明星
同事
更多
新浪财经：【地方政府投资潮再现江湖】近期，河南开封拟投资千亿重现北宋"汴京"盛景的消息成为一些地方政府新一轮"投资热潮"的缩影。然而，在经历了2008年四万亿刺激计划引发的通胀和房地产价格暴涨后，网友及专家对如此"大干快上"地上马建设项目表示了质疑。http://t.cn/zWTiCQe
21分钟前
来自媒体版微博
举报
转发(24)
收藏
评论(15)

图 17-58 浏览他人发表的微博信息

浏览他人发表的微博信息时，既可以选择浏览所有好友最近发表的微博信息，又可以指定分组中（例如图 17-58 中的“名人明星”和“同事”分组）的好友最近发表的微博信息，如果好友发表的微博信息附带有图片，单击该图片便可放大显示该图片，如图 17-59 所示，再次单击该图片即可还原其大小。如果要查看指定好友发布的所有微博信息，则可以单击其头像图片或昵称链接，即可在页面中查看该好友最近一段时间发表的所有微博信息，如图 17-60 所示。

新浪财经：【地方政府投资潮再现江湖】近期，河南开封拟投资千亿重现北宋"汴京"盛景的消息成为一些地方政府新一轮"投资热潮"的缩影。然而，在经历了2008年四万亿刺激计划引发的通胀和房地产价格暴涨后，网友及专家对如此"大干快上"地上马建设项目表示了质疑。http://t.cn/zWTiCQe
收起
查看大图
向左转
向右转

图 17-59 浏览微博信息中的图片

新浪财经
http://weibo.com/finance
全部微博
新浪财经
媒体简介
转发微博
友情链接

图 17-60 浏览指定好友所有的微博信息

17.3.2 自己发表微博信息

微博最大的功能不是浏览别人发表的微博，而是自己发表微博，将自己身边的事情与他人一同分享，微博信息编辑文本框位于新浪微博个人页面的左上方，如图 17-61 所示。该文本框下方还显示了表情、图片、视频、音乐、话题和投票等选项，用于增强微博信息的编辑功能。

- 信息文本框：用于编写微博信息，无论是在微博中插入表情、图片或者视频等文件，都会在该文本框中进行显示。

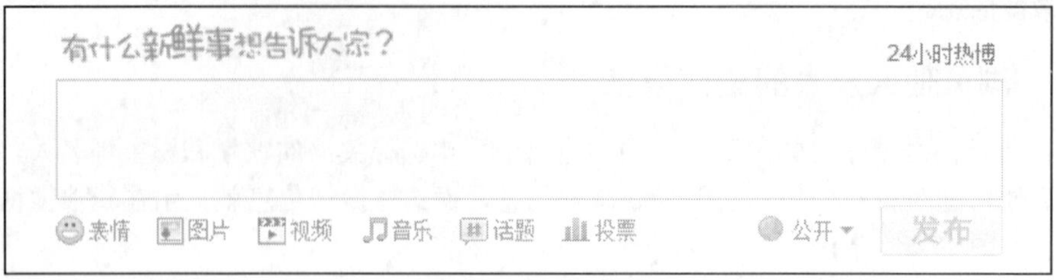

图 17-61　编辑微博信息

- ❑ 表情：包含常用表情与魔法表情两部分，常用表情如图 17-62 所示，魔法表情如图 17-63 所示。用户可以在发表微博时选择合适的表情，毕竟图片比文字更具有直观的表达力。

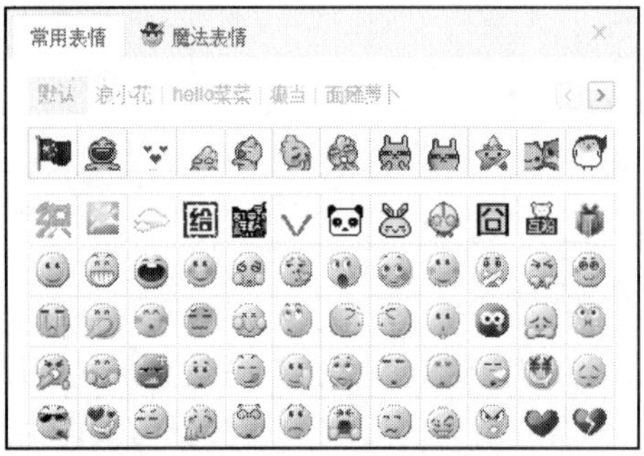

图 17-62　常用表情

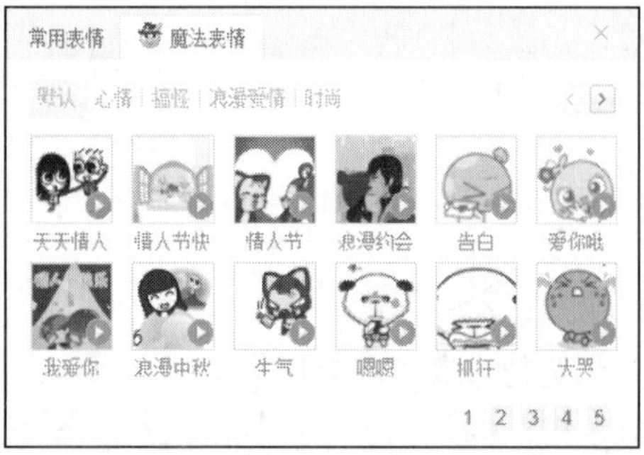

图 17-63　魔法表情

- ❑ 图片：包含本地图片与推荐配图两部分，本地图片提供了上传单张 / 多张图片、大头贴以及截屏上传的功能，如图 17-64 所示；而推荐配图则提供了默认、心情、搞怪、囧语录等类别的图片，如图 17-65 所示。

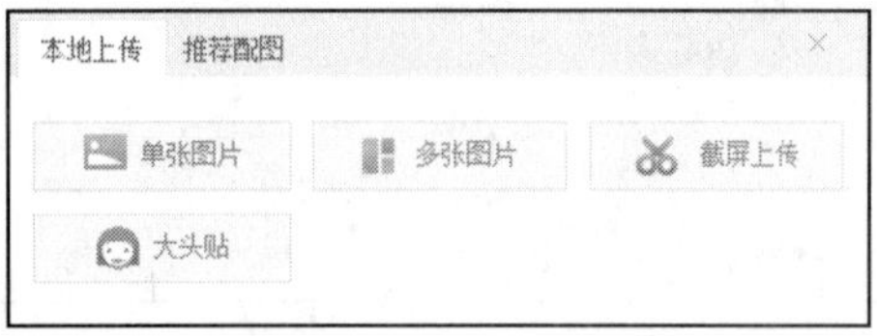

图 17-64　本地图片

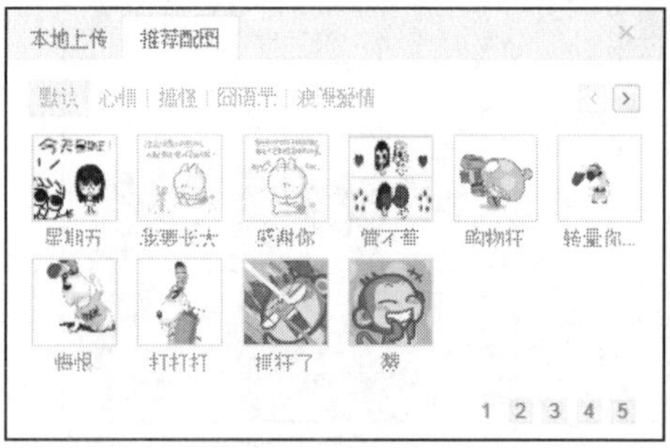

图 17-65　推荐配图

- ❑ 视频：包含上传视频、在线录制、在线视频和分享电视 4 个选项卡，如图 17-66 所示，其中上传视频是上传电脑中的视频，在线录制是只通过摄像头拍摄录制视频，在线视频是指输入 Internet 中的视频播放页网址，而分享电视是指分享正在观看的电视频道。
- ❑ 音乐：包含搜索歌曲、喜欢的歌以及输入音乐链接 3 个选项卡，如图 17-67 所示，其中搜索歌曲是指在线搜索并发表的歌曲，喜欢的歌是指发表微博音乐盒中的歌曲，而输入音乐链接是指通过输入音乐链接来发表该链接对应的歌曲。
- ❑ 话题：显示了最近比较热门的话题，如图 17-68 所示，用户也可以通过单击“插入话题”按钮来手动输入话题。

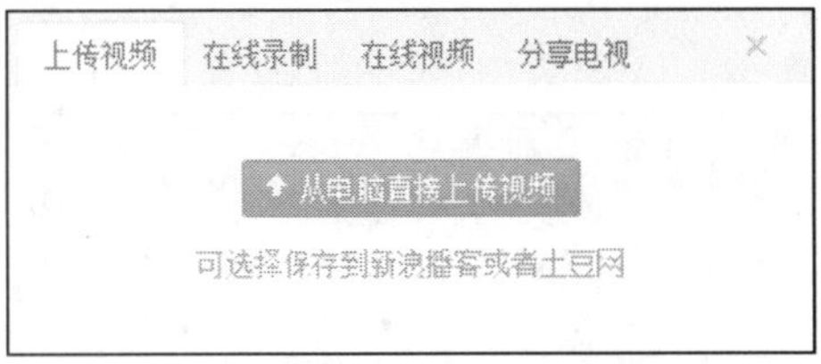

图 17-66　发表视频

图 17-67　发表音乐

❑ 投票：包括发起文字投票和发起图片投票两个选项卡，如图 17-69 所示，无论是文字投票还是图片投票，目的都是让更多的人来参与投票。

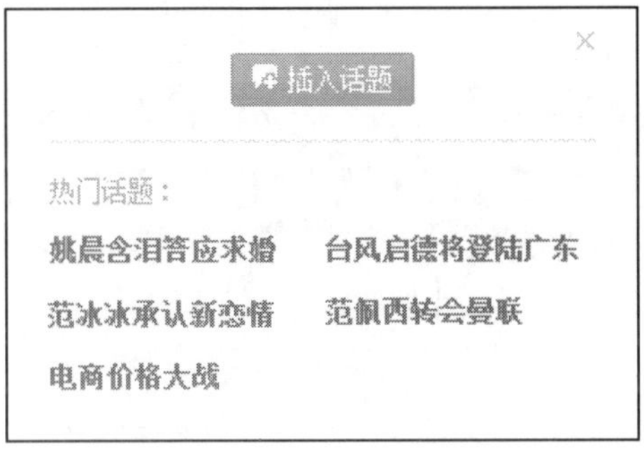

图 17-68　发表话题

图 17-69　发表投票

拓展解析

17.4　你不可不知的 QQ 高级功能

腾讯 QQ 的功能十分强大，不仅提供了与好友聊天的功能，而且还提供了更改个人资料、调整 QQ 系统设置以及通过申请 QQ 密保等高级功能。掌握了这些功能，您完全可以打造一个既能彰显个性化又具有高安全性的 QQ。

17.4.1　更改 QQ 个人资料

更改 QQ 个性资料主要包括更改 QQ 的昵称、个性签名以及头像图片等信息，其中更改 QQ 个性签名可以直接在主界面中进行操作，而更改 QQ 昵称和头像图片则需要在“我的资料”对话框中进行操作。具体操作步骤如下。

Step 01　登录 QQ，在其主界面顶部单击“编辑个性签名”选项，如图 17-70 所示。

Step 02　❶ 接着在该处输入个性签名的内容，❷ 输完后在左侧单击 QQ 头像图片，如图 17-71 所示。

Step 03　弹出“我的资料”对话框，若要更改头像图片，则在左上角单击“更改头像”按钮，如图 17-72 所示。

Step 04　弹出“更换头像”对话框，若要选择上传头像图片，则在“自定义头像”选项卡中单击“本地照片”按钮，如图 17-73 所示。

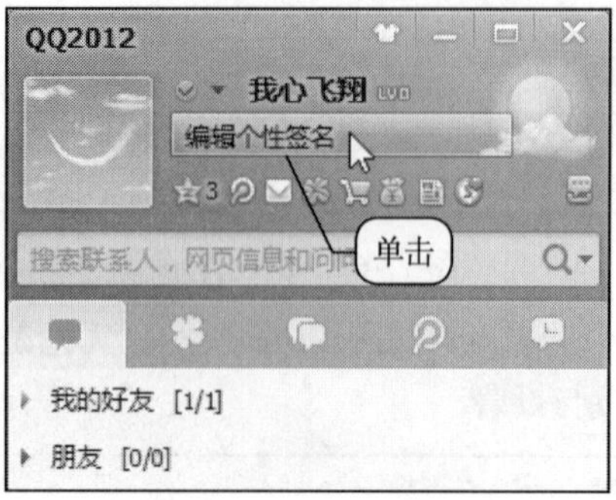

图 17-70　选择编辑个性签名

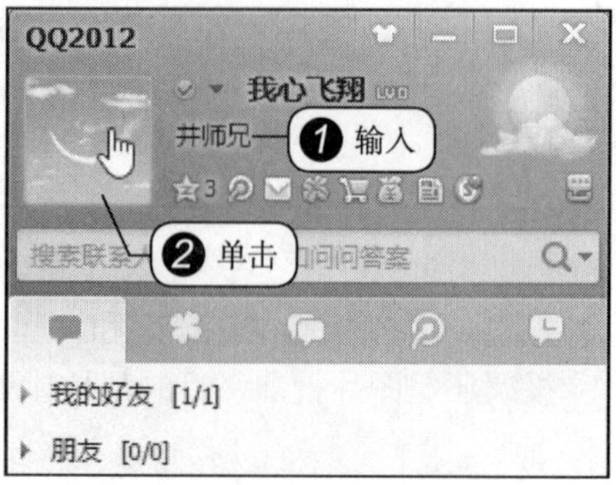

图 17-71　更改个性签名

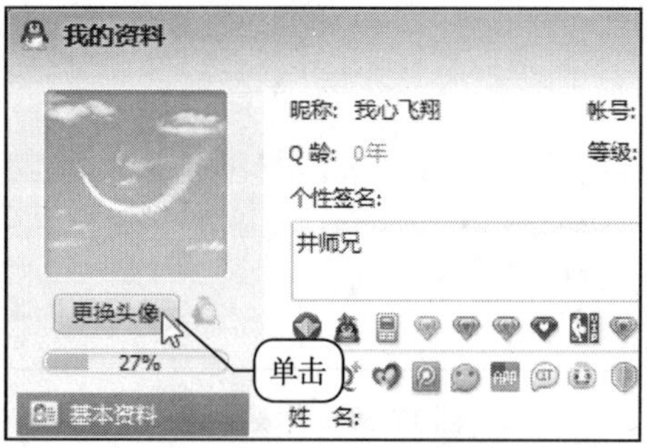

图 17-72　单击更换头像

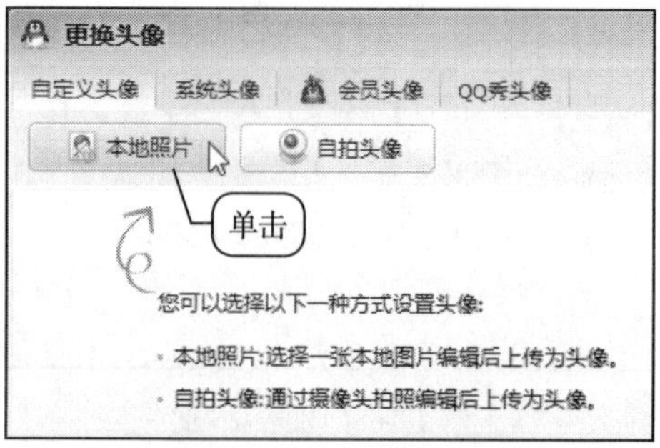

图 17-73　选择上传本地照片

Step 05　弹出“打开”对话框，❶ 在列表框中单击选择合适的头像图片，❷ 然后单击“打开”按钮，如图 17-74 所示。

Step 06　返回“更换头像”对话框，在界面中拖动控点以调整头像图片的显示范围，如图 17-75 所示。

图 17-74　选择头像图片

图 17-75　调整头像图片

Step 07　单击“确定”按钮后返回“我的资料”对话框，此时可看见更换头像图片后的显示效果，最后在界面中修改 QQ 昵称，如图 17-76 所示，修改后单击“确定”按钮保存并退出。

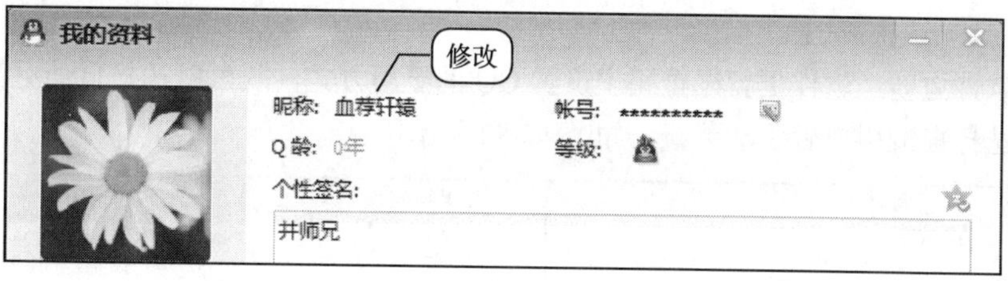

图 17-76　修改 QQ 昵称

17.4.2　调整 QQ 系统设置

QQ 系统设置可以说是腾讯 QQ 中最重要的一部分，利用 QQ 系统设置可以对 QQ 的启动和登录、状态切换、密码安全等属性进行自定义设置，而这些设置都是在“系统设置”对话框中进行操作的。

打开“系统设置”对话框的方法有两种，一种是直接在 QQ 主界面底部单击“系统设置”图标，另一种是单击“主菜单”按钮，在展开的列表中依次单击“系统设置 > 基本设置”选项，打开的“系统设置”对话框如图 17-77 所示。

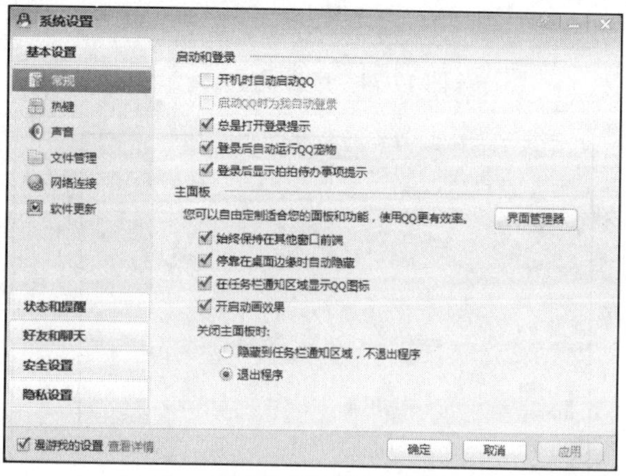

图 17-77　“系统设置”对话框

“系统设置”对话框主要包括五大板块，它们分别是基本设置、状态和提醒、好友和聊天、安全设置以及隐私设置。

- ❑ 基本设置：基本设置包括常规设置、热键设置、声音设置、文件管理设置、网络连接设置和软件更新设置 6 部分。
  - 常规：常规设置包括设置 QQ 的启动和登录方式，以及通过自定义主界面来打造个性化的 QQ 主界面。
  - 热键：热键设置包括自定义提取消息、锁定 QQ、语音输入等功能所对应的热键，除此之外，还可以设置在聊天窗口中发送消息所对应的热键，如图 17-78 所示。

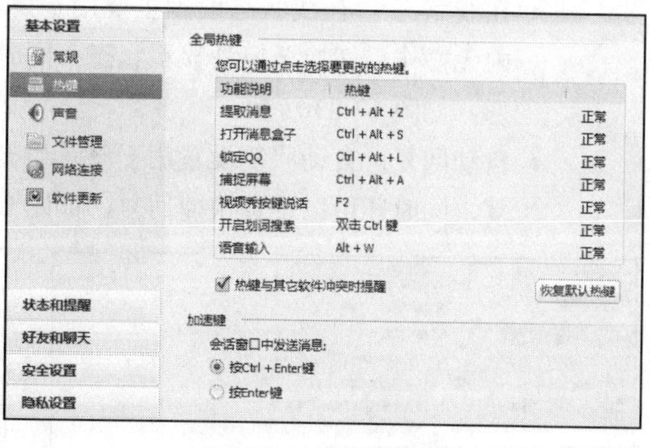

图 17-78　热键设置

  - 声音：声音设置包括设置系统声音提示和会员个性铃声，其中系统声音提示包括好友消息、群消息、好友上线等，而会员个性铃声则包括设置上下线、互发消息时的个性化铃声，如图 17-79 所示。
  - 文件管理：文件管理包括设置个人文件夹的保存位置和提醒用户清理个人文件夹的触发条件，如图 17-80 所示。
  - 网络连接：网络连接设置主要用于添加代理服务器，如图 17-81 所示。添加代理服务器的好处在于 Internet 中的黑客无法轻易获取自己 QQ 所在电脑的 IP 地址，有效保护了电脑安全。

- 软件更新：软件更新设置用于设置 QQ 的更新方式，既可以选择自动更新，又可以选择提醒用户后手动更新，如图 17-82 所示。

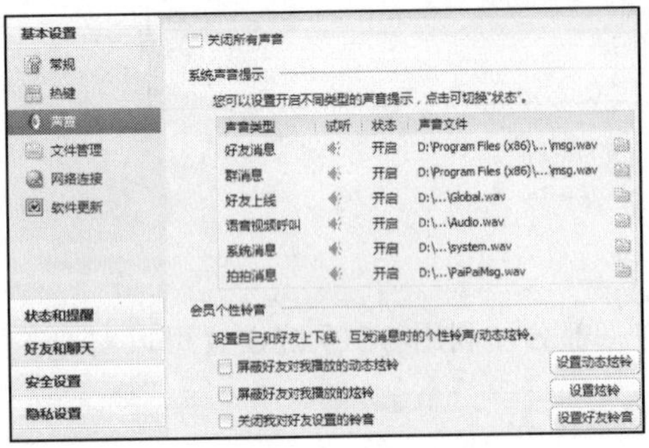

图 17-79　声音设置

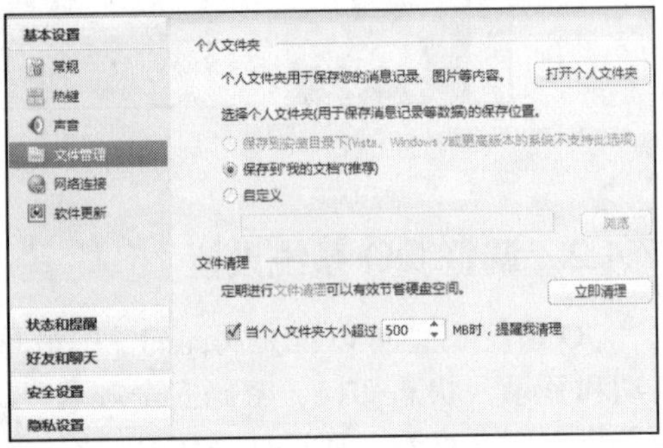

图 17-80　文件管理设置

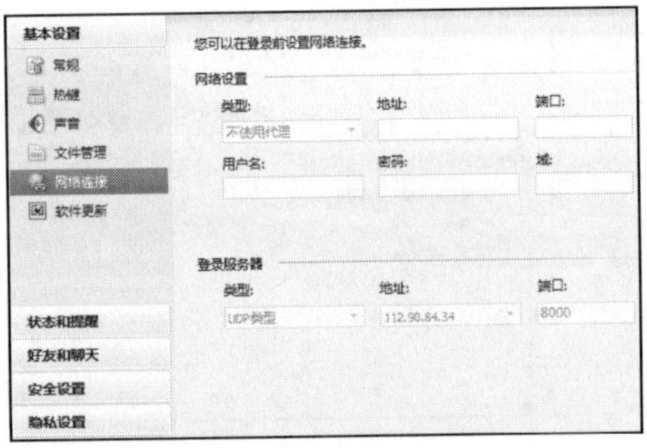

图 17-81　网络连接设置

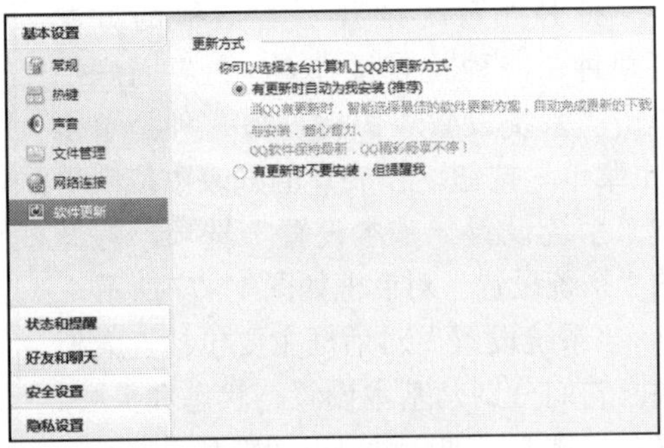

图 17-82　软件更新设置

- ❑ 状态和提醒：状态和提醒板块包括了在线状态、自动回复、共享与资讯和消息提醒 4 部分。
  - 在线状态：在线状态设置主要用于设置登录后的显示状态、鼠标键盘在指定时间内无操作后切换至何种显示状态，同时还可以手动添加、删除和修改 QQ 的显示状态，如图 17-83 所示。
  - 自动回复：自动回复设置用于设置当显示状态为离开、忙碌和请勿打扰时的自动回复，同时还可以设置快捷回复，如图 17-84 所示。

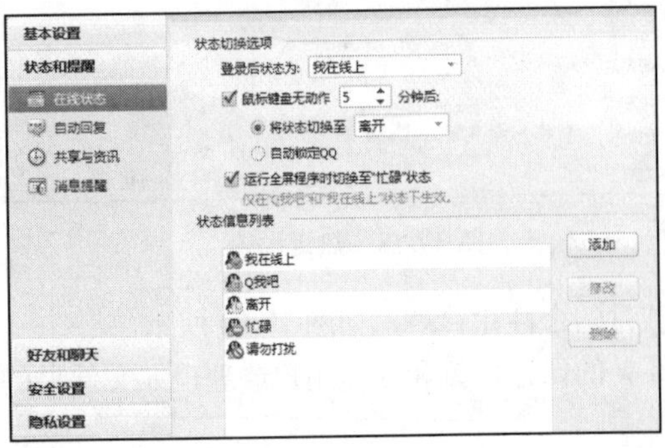

图 17-83　在线状态设置

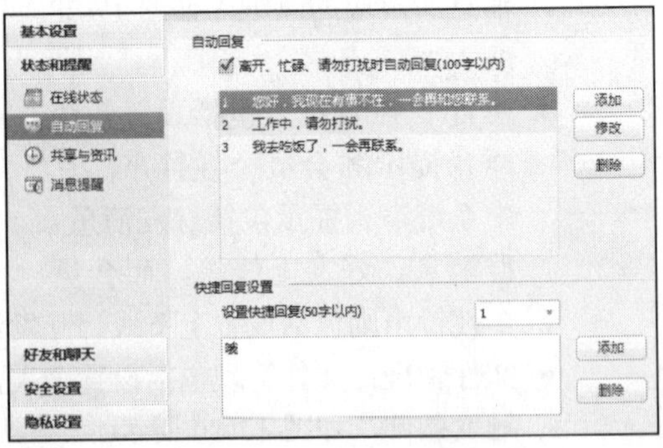

图 17-84　自动回复设置

- 共享与资讯：共享和资讯设置用于设置向好友展示的输入状态、地理位置及天气以及正在播放的 QQ 音乐等信息，同时还可以设置登录 QQ 后自动显示的资讯提醒，如图 17-85 所示。
- 消息提醒：消息提醒设置用于设置开启不同类型的消息提示框，以及添加指定好友的上线提醒，如图 17-86 所示。

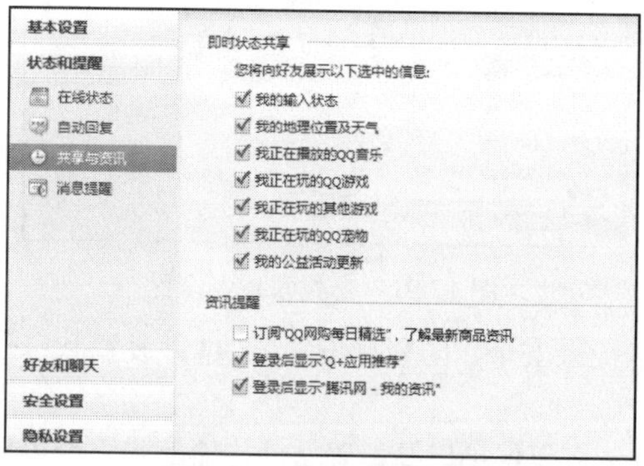

图 17-85　共享与资讯设置

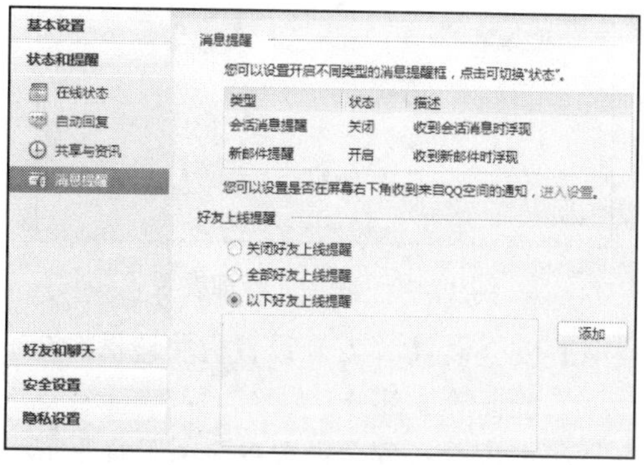

图 17-86　消息提醒设置

❑ 好友和聊天：好友和聊天板块包括常规、文件传输、语音视频、联系人管理和查找联系人 5 部分。

- 常规：常规设置主要用于设置聊天窗口、展示好友信息以及录制动画尺寸设置等，如图 17-87 所示。
- 文件传输：文件传输设置主要用于好友传输文件时，默认保存文件夹以及设置文件的安全保护等级，如图 17-88 所示。

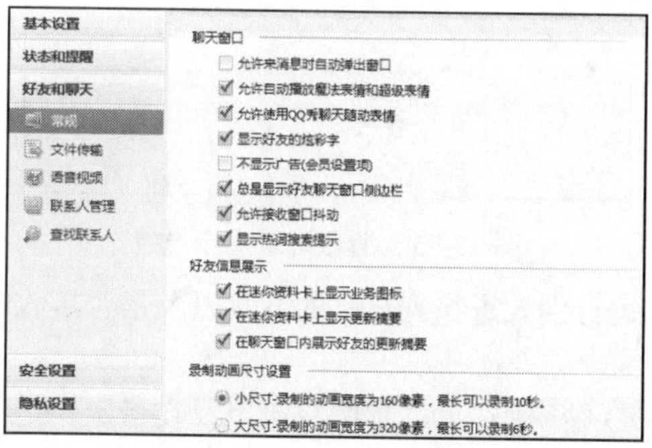

图 17-87　常规设置

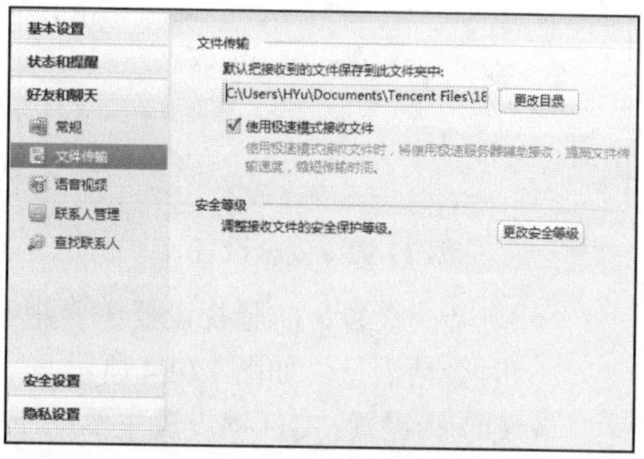

图 17-88　文件传输设置

- 语音视频：语音视频设置主要用于调整音频设置以及视频的画面和流畅性，同时还可以设置拍摄照片的保存位置，如图 17-89 所示。
- 联系人管理：联系人管理设置主要为用户设置不接收指定联系人发送的消息和不接收讨论组或 QQ 群中其他好友发起的临时会话，如图 17-90 所示。
- 查找联系人：查找联系人设置主

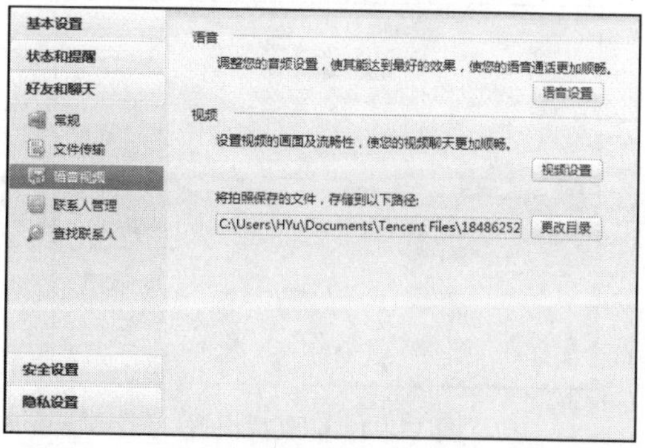

图 17-89　语音视频设置

要用于设置是否将自己推荐给可能认识的人和是否接收陌生人发送的“打招呼”消息，如图 17-91 所示。

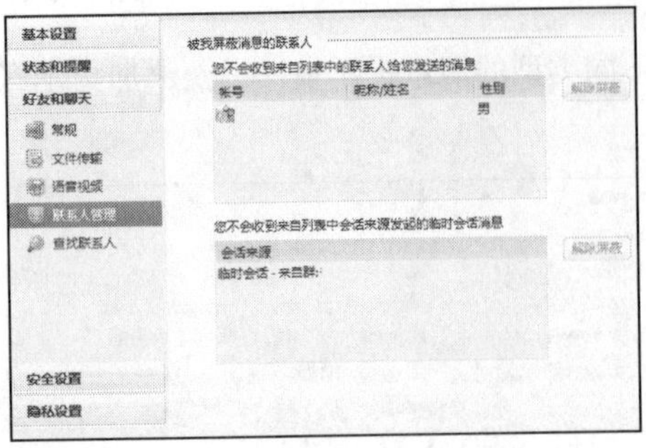

图 17-90　联系人管理设置

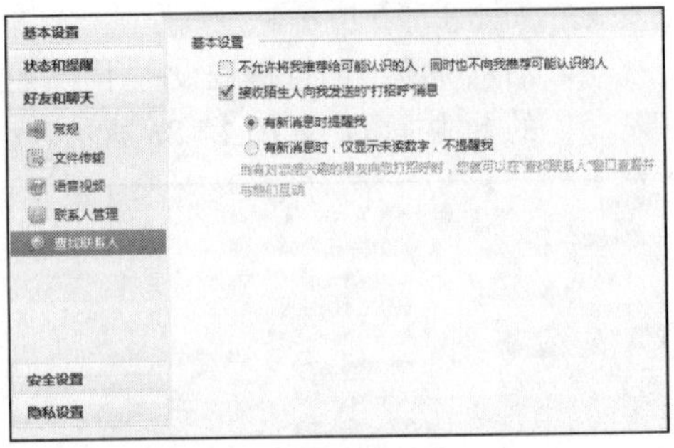

图 17-91　查找联系人设置

- 安全设置：安全设置板块包括安全、消息记录安全、防骚扰设置、QQ 锁设置和身份验证等 5 部分。
  - 安全：安全设置主要用于修改密码、申请密码保护以及设置文件传输的安全性等属性，如图 17-92 所示。
  - 消息记录安全：消息记录安全主要用于设置清理聊天记录、使用问答形式或密码形式加密聊天记录，如图 17-93 所示。

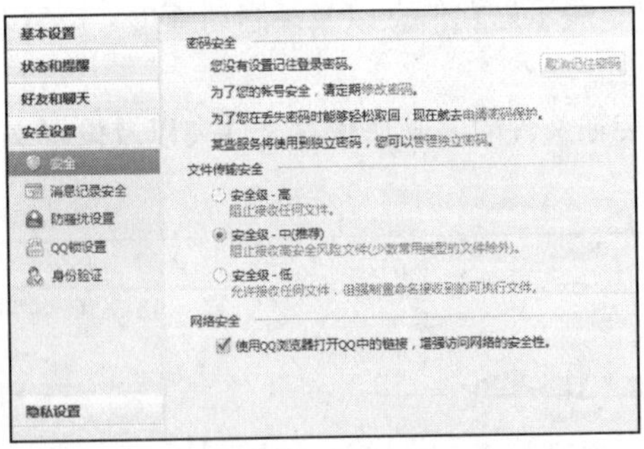

图 17-92　安全设置

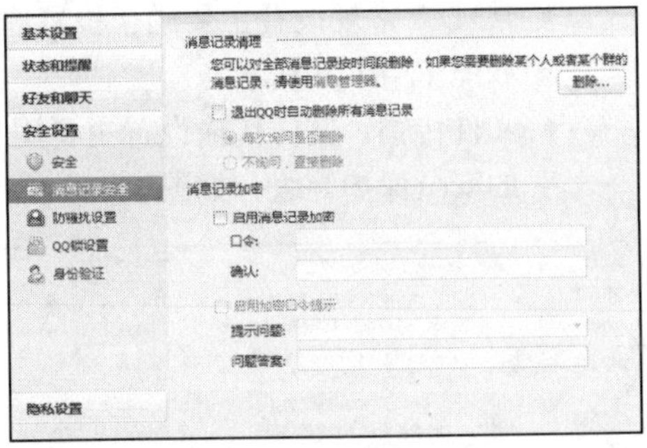

图 17-93　消息记录安全设置

- 防骚扰设置：防骚扰设置主要用于设置运行别人查找到自己的方式以及是否接收临时会话消息，如图 17-94 所示。
- QQ 锁设置：QQ 锁设置主要用于设置 QQ 锁密码、QQ 锁的热键以及在指定一定的时间后自动锁定 QQ，如图 17-95 所示。

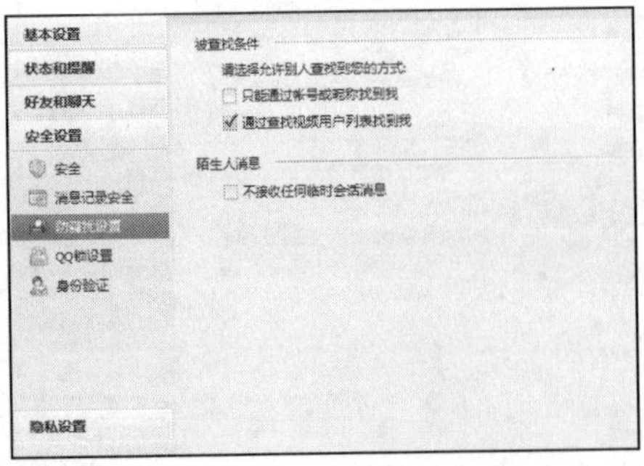

图 17-94　防骚扰设置

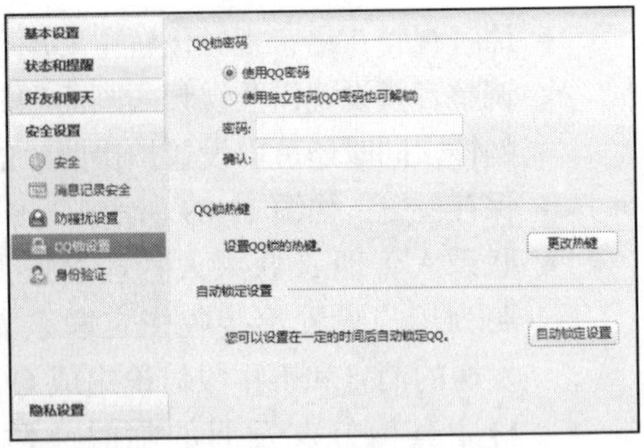

图 17-95　QQ 锁设置

- 身份验证：身份验证设置主要用于设置添加好友时的验证方式，如图 17-96 所示，只有通过了自己所设的验证方式，对方才可添加自己为好友。

- ❑ 隐私设置：隐私设置板块包括隐私设置、QQ 空间访问以及 Q+3 部分。
  - 隐私设置：隐私设置主要设置其他好友可以查看自己哪些基础资料和扩展资料，如图 17-97 所示。

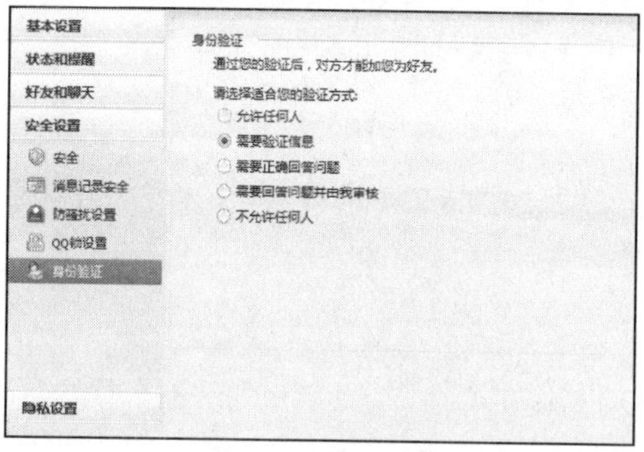

图 17-96　身份验证设置

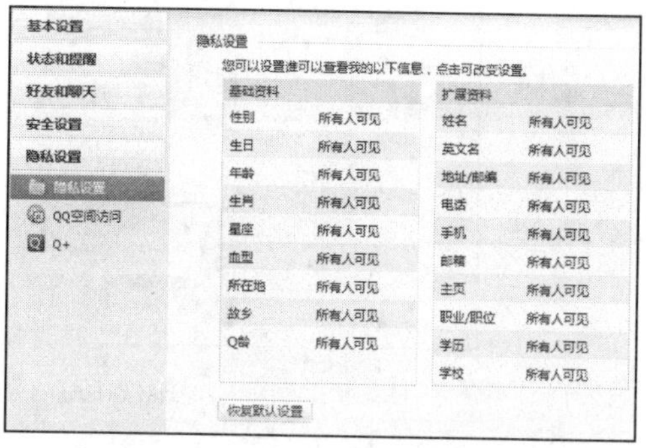

图 17-97　隐私设置

  - QQ 空间访问：QQ 空间访问设置主要用于设置 QQ 空间中的动态设置以及访问权限，如图 17-98 所示。
  - Q+：Q+ 设置主要用于设置是否在 QQ 上显示最近添加或分享的 Q+ 应用，如图 17-99 所示。Q+ 可以说是一个基于 Windows 系统的开放式应用平台，该平台中拥有大量的游戏、音乐和视频服务，旨在打造“上网就是上 QQ”的理念。用户可在 QQ 主界面右下角单击“Q+ 应用”按钮，查看 Q+ 应用市场中的所有服务。

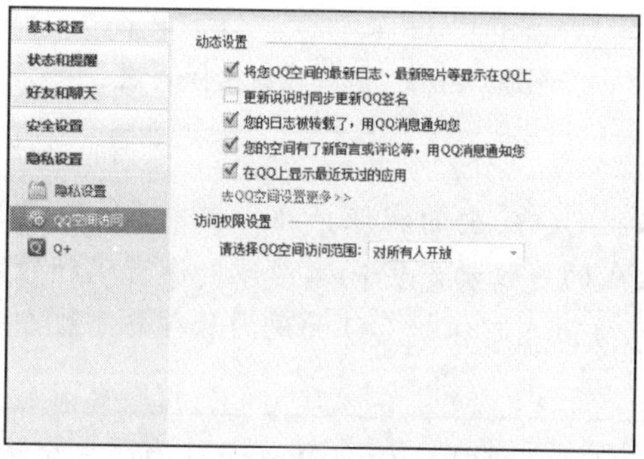

图 17-98　QQ 空间访问设置

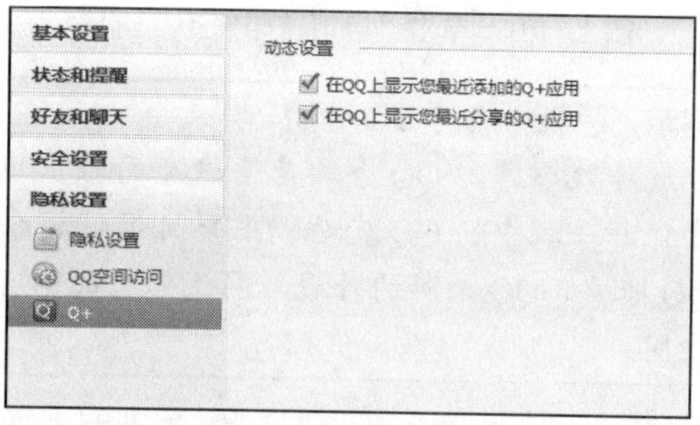

图 17-99　Q+ 设置

17.4.3　申请 QQ 密保

QQ 密保是一项能够保障 QQ 号码安全的服务，当 QQ 被他人盗取后，用户可以利用 QQ 密保修改自己的密码，达到取回 QQ 号码的目的，常见的 QQ 密保主要有两种方式，一种是绑定密保手机，另一种是设置密保问题和答案，如图 17-100 所示。

密保手机就是将 QQ 号码与自己所用的手机号码进行绑定，绑定后便可直接利用手机来修改 QQ 密码和锁定 QQ 账号，而密保问题则是手动设置 3 个问题与对应的答案。当需要修改密码时，需要输入所显示密保问题的正确答案才能成功修改，否则将无法修改密码。在此介绍申请 QQ 密码保护问题的操作方法。

Step 01　登录 QQ 后打开 QQ 主界面，❶ 单击“主菜单”按钮，❷ 然后在展开的列表中依次单击“安全中心 > 申请密码保护”选项，如图 17-101 所示。

Step 02　自动启动浏览器并打开页面，在页面中选择适合自己的密保方式，例如选择密保问题，只需单击“立即设置”按钮即可，如图 17-102 所示。

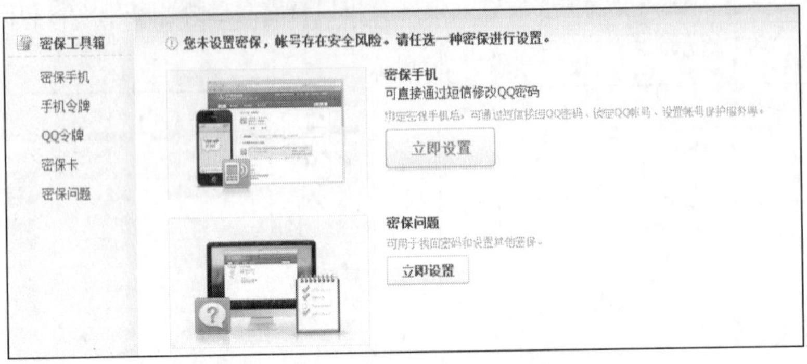

图 17-100　常见的 QQ 密保方式

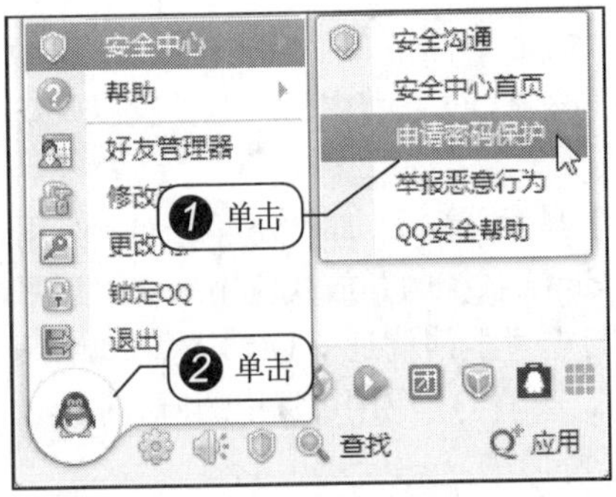

图 17-101　单击“申请密码保护”选项

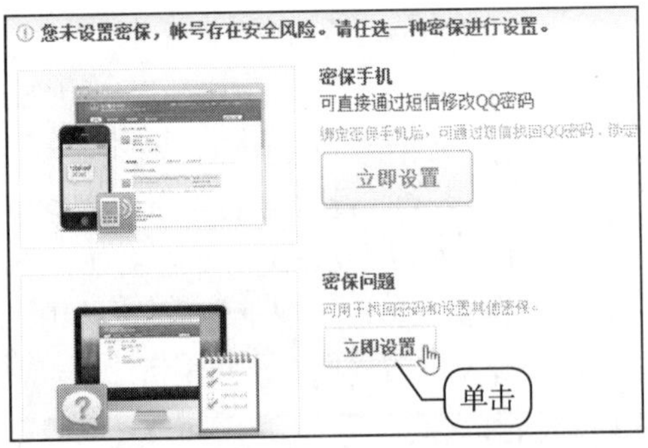

图 17-102　选择设置密保问题

提示：手机令牌与 QQ 令牌

手机令牌与 QQ 令牌是腾讯公司推出用于保护 QQ 安全的密保产品，其中手机令牌用于保护手机中的 QQ 安全，用户可通过该令牌生成的 6 位动态密码来修改 QQ 密码和锁定 QQ 账户。QQ 令牌的外观与网上银行的 U 盾有点类似，它保护 QQ 号码的原理与手机令牌相同。

Step 03　跳转至新的界面，❶ 在界面中选择 3 个密保问题并分别设置容易记住的答案，❷ 单击“下一步”按钮，如图 17-103 所示。

Step 04　切换至新的界面，❶ 在界面中依次输入所显示问题的答案，❷ 然后单击“下一步”按钮，如图 17-104 所示。

Step 05　在新的页面中可以选择输入手机号码，❶ 从而将当前 QQ 号码与手机绑定，❷ 输完后单击“下一步”按钮，如图 17-105 所示。

Step 06　此时可在界面中看见“密保问题设置成功”的提示信息，如图 17-106 所示。

Step 07　如果要修改密码，❶ 则在 QQ 主界面底部单击“主菜单”按钮，❷ 在展开的列表中单击“修改密码”选项，如图 17-107 所示。

Step 08　自动启动浏览器并打开页面，在页面中选择修改密码的方式，❶ 例如单击选择“验证密保修改密码”选项，❷ 单击“修改密码”按钮，如图 17-108 所示。

Step 09　弹出“修改密码”对话框，❶ 提示用户输入所显示的密保问题的答案，❷ 输完后单击“确定”按钮，如图 17-109 所示。

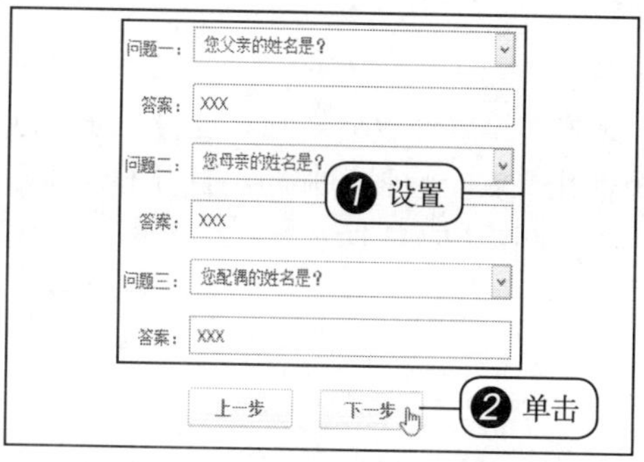

图 17-103　设置密保问题及答案

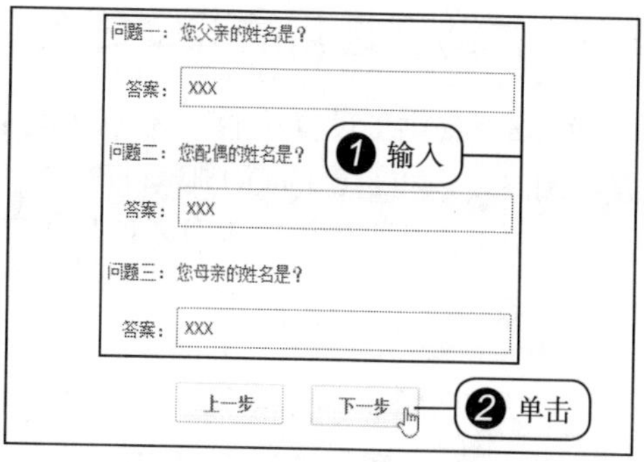

图 17-104　输入密保问题的答案

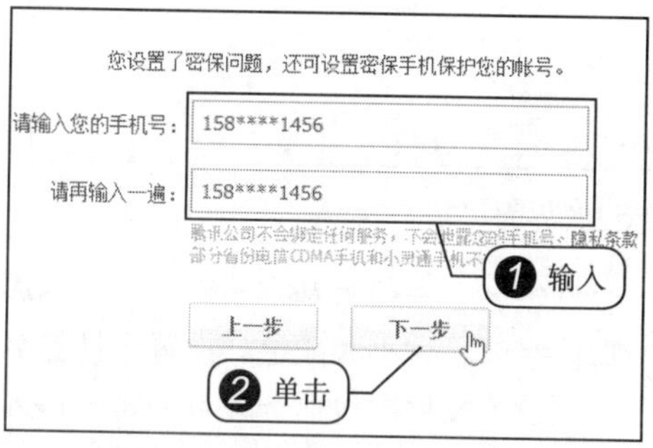

图 17-105　绑定手机号码

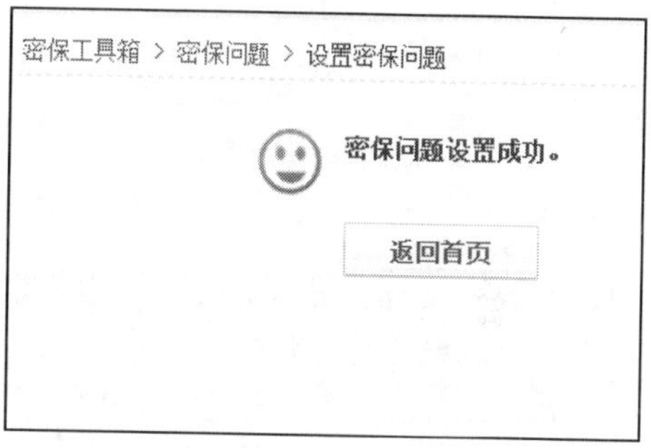

图 17-106　密保问题设置成功

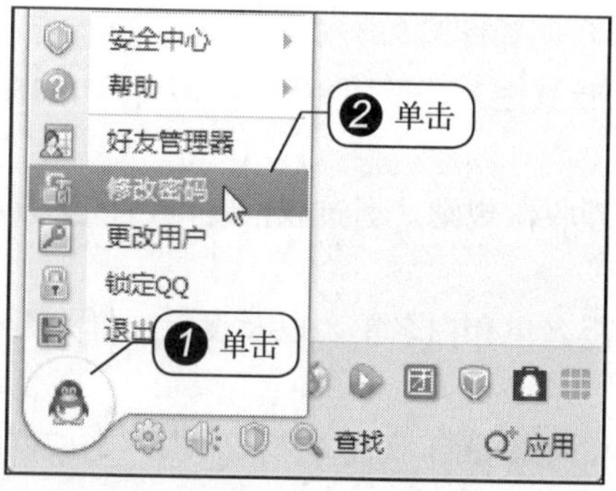

图 17-107　单击"修改密码"选项

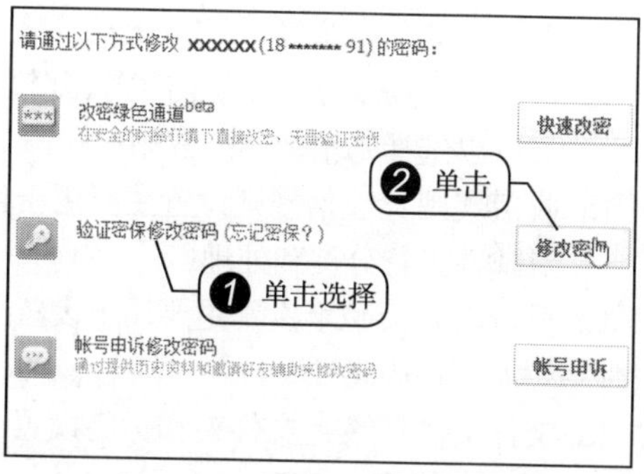

图 17-108　单击选择"验证密保修改密码"选项

Step 10　返回页面中，❶ 在页面中输入新密码和验证码，输入后可看见该密码的强度，❷ 单击"确定"按钮即可成功修改密码，如图 17-110 所示。

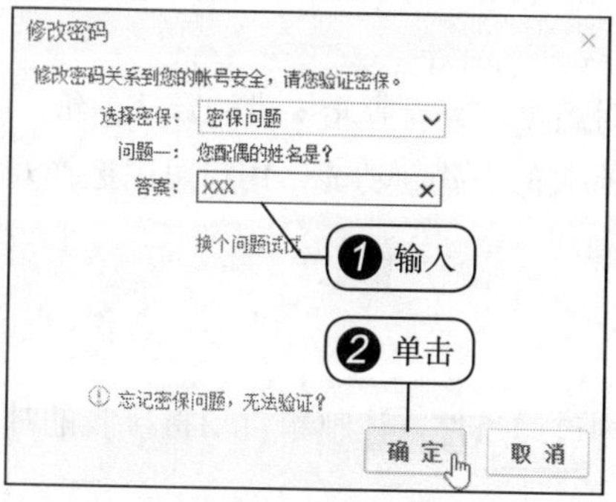

图 17-109　输入密保问题答案

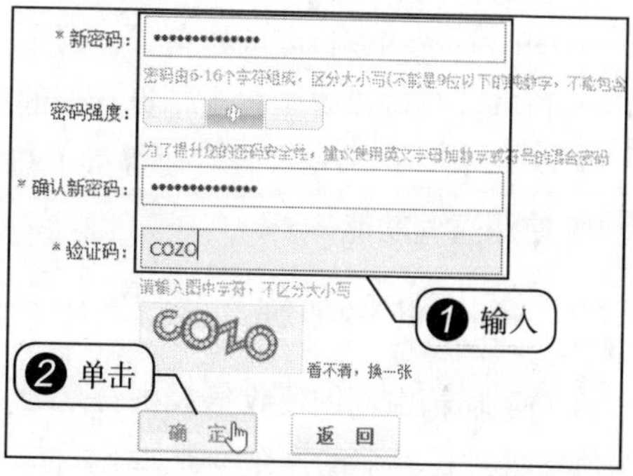

图 17-110　设置新的登录密码

17.5　打造个性化的 QQ 邮箱

QQ 邮箱提供了设置功能，该功能包括常规、账户、换肤和收信规则等设置，通过这些设置，用户可以将自己的 QQ 邮箱打造为一款既个性化又安全性强的邮箱，打开 QQ 邮箱首页，在顶部单击“设置”链接即可打开邮箱设置界面，如图 17-111 所示。

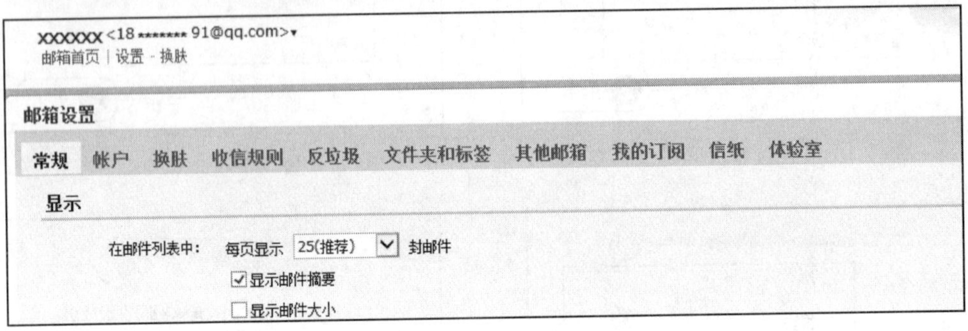

图 17-111　QQ 邮箱设置界面

- 常规：常规设置主要用于设置邮箱的显示、个性签名、发信等基本属性，在显示属性中可以设置是否在首页显示天气，写信时的默认字体、大小和颜色，设置个性签名则包括添加个性签名和选择是否使用个性签名，而设置发信则包括选择自动将收件人保存到通讯录中以及是否将发送的邮件自动保存到“已发送”文件夹中。
- 账户：账户设置主要是设置用户的账户信息、默认发信的账号以及是否注册其他邮箱账号（英文邮箱账号、Foxmail 邮箱账号和手机邮箱账号等）等属性。
- 换肤：换肤设置主要用于更换邮箱主界面的背景图片，既可以选择最新推出的皮肤，又可以选择邮箱推荐的常用皮肤。
- 收信规则：收信规则设置主要用于创建和管理收信规则，通过收信规则可以更方便地对邮件进行分类和处理。
- 反垃圾：反垃圾设置主要用于设置邮箱中的黑名单和白名单，以及设置选择是否接收垃圾邮件等属性。
- 文件夹和标签：文件夹和标签设置主要用于管理邮箱自带的文件夹、用户手动创建文件夹中的邮件信息。
- 其他邮箱：其他邮箱设置提供了添加其他邮箱账户（新浪、搜狐邮箱等）的功能，添加其他邮箱后便可直接在 QQ 邮箱中查看和管理其他邮箱中的邮件。
- 我的订阅：我的订阅设置主要用于管理已订阅的栏目，除此之外，用户还可以打开订阅中心选择要订阅的栏目。
- 信纸：信纸设置主要用于设计新的信纸，同时还可以查看邮箱提供的默认信纸。
- 体验室：体验室设置主要提供了与 QQ 邮箱有关的一些新功能，用户可以选择开启并使用这些功能。

17.5.1　创建收信规则

在 QQ 邮箱中，创建收信规则就是通过设置各种过滤条件，让邮箱自动将接收的邮件进行分类或处理。具体的操作步骤如下。

Step 01　打开 QQ 邮箱设置界面，❶ 切换至“收信规则”界面，❷ 然后在下方单击“创建收信规则”按钮，如图 17-112 所示。

Step 02 跳转至新的页面，默认启动收信规则，在“邮件到达时”右侧设置条件，例如设置邮件主题中包含“广告”一词，如图 17-113 所示。

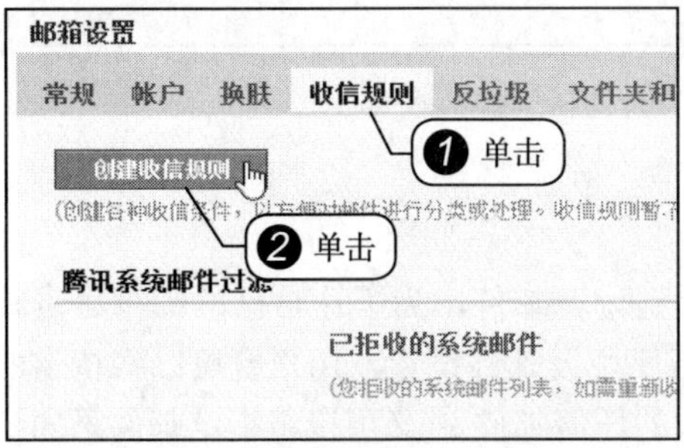

图 17-112 单击“创建收信规则”按钮

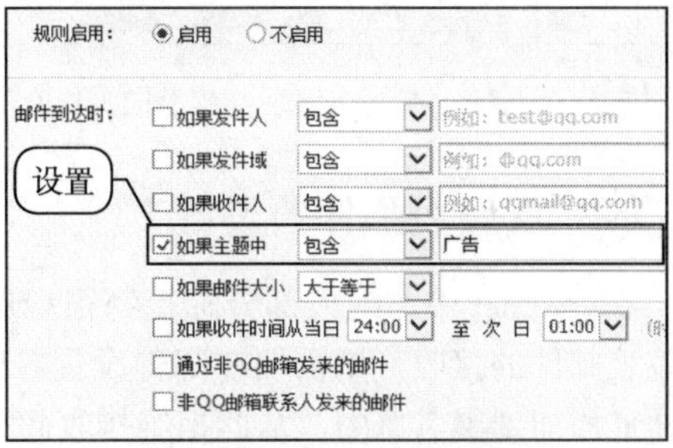

图 17-113 设置收信条件

Step 03 接着设置满足 Step02 中所设条件在执行中的操作，❶ 勾选“邮件移动到文件夹”复选框，❷ 在右侧选择“新建文件夹”选项，如图 17-114 所示。

Step 04 ❶ 在“新建文件夹”对话框中输入文件夹名称，❷ 单击“确定”按钮，如图 17-115 所示。

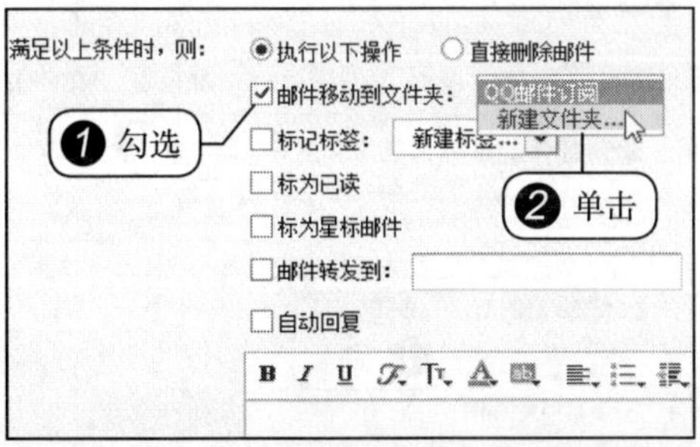

图 17-114 设置移动邮件至指定位置

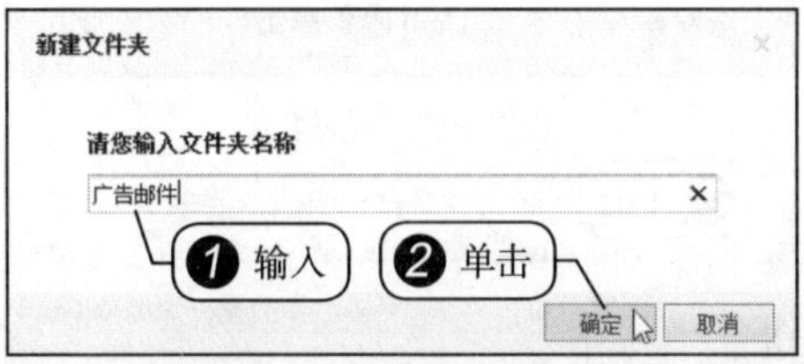

图 17-115 输入文件夹名称

Step 05 返回之前的页面，此时可看见所设置的执行条件，确认无误后单击“立即创建”按钮，如图 17-116 所示。

Step 06 弹出“收信规则”对话框，直接单击“是”按钮，选择对收件箱中已有邮件执行此规则，如图 17-117 所示。

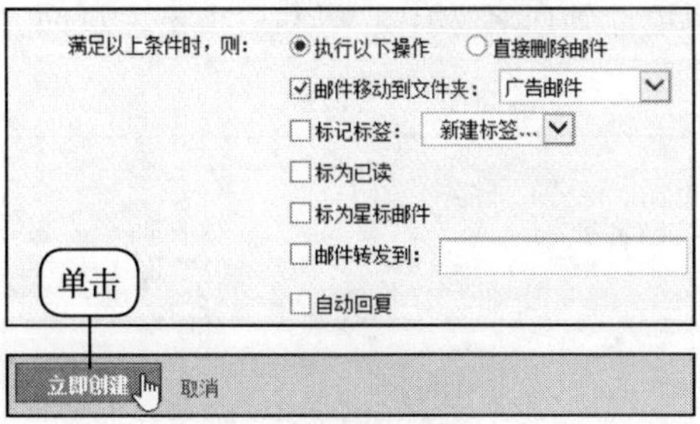

图 17-116 单击“立即创建”按钮

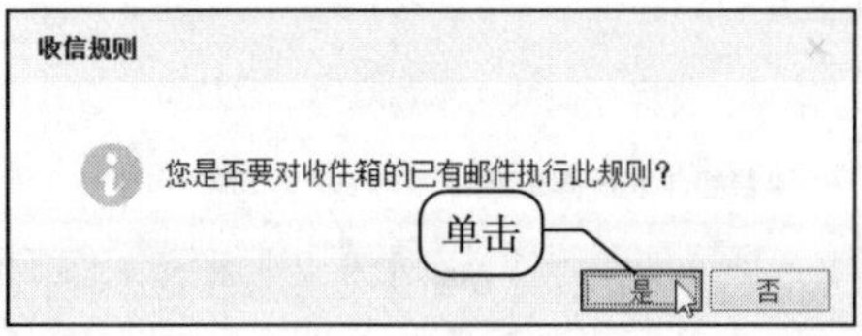

图 17-117 选择对收件箱中已有邮件执行此规则

Step 07 返回“邮箱设置”页面，此时可看见自己创建的收信规则，如图 17-118 所示，即当邮件“主题包含广告”，则自动将该邮件“移动到广告邮件”文件夹中。

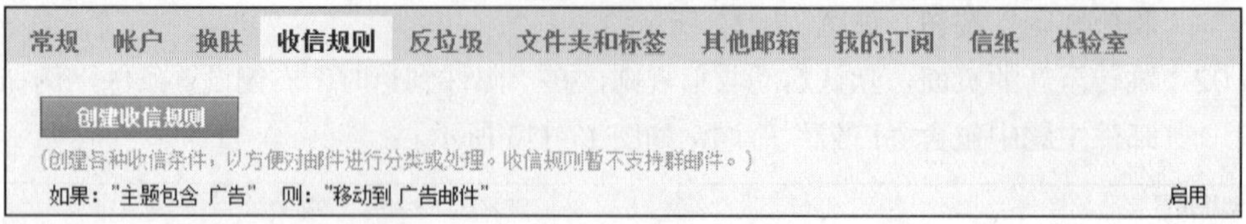

图 17-118 查看创建的收信规则

17.5.2 反垃圾邮件的设置

在 Internet 中，绝大部分邮箱都很难保证不收到垃圾邮件，为了让自己的邮箱尽量减少对垃圾邮件的接收，则需要在邮箱设置界面中进行反垃圾邮件设置，用户既可以将指定的邮箱地址添加到黑名单中，从此拒绝接收此地址发来的任何邮件；又可以将指定邮件添加到白名单中，接收此地址发来的任何邮件。具体操作步骤如下。

Step 01 打开 QQ 邮箱设置界面，❶ 切换至“反垃圾”界面，❷ 在“黑名单”选项组中单击“设置邮件地址黑名单”链接，如图 17-119 所示。

Step 02 跳转至新的页面，在页面中输入加为黑名单的邮箱地址，然后单击“添加到黑名单”按钮，如图 17-120 所示。

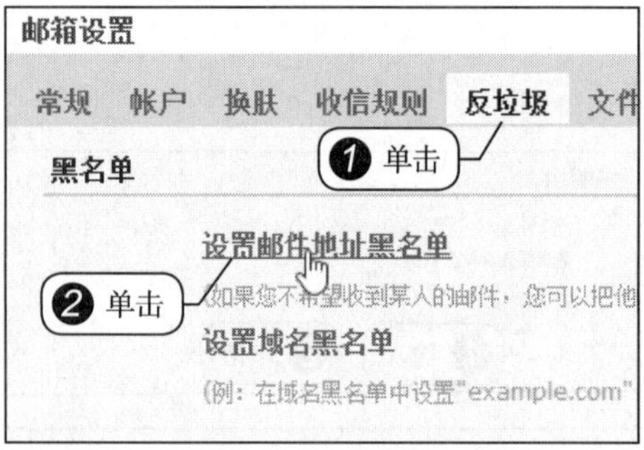

图 17-119 单击“设置邮件地址黑名单”链接

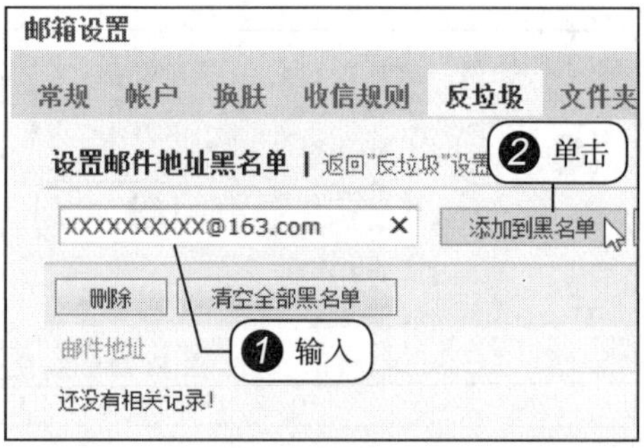

图 17-120 添加指定邮箱地址至黑名单

Step 03 此时可看见所添加的邮箱地址已被列入黑名单中，在顶部单击“返回‘反垃圾’设置”链接，如图 17-121 所示。

Step 04 返回上一级界面，在“白名单”选项组中单击“设置邮件地址白名单”链接，如图 17-122 所示。

Step 05 ❶ 按照 Step02 介绍的方法添加指定邮箱地址到白名单中，❷ 然后单击“返回‘反垃圾’设置”链接，如图 17-123 所示。

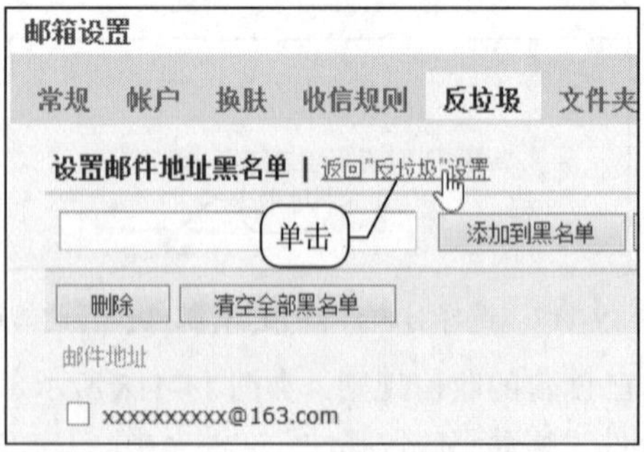

图 17-121 查看添加的黑名单

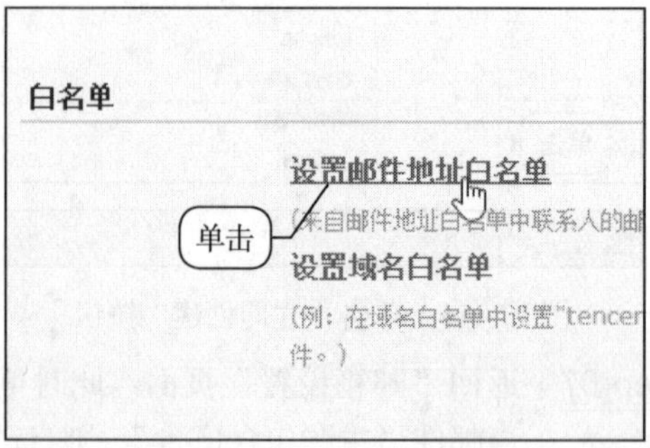

图 17-122 单击“设置邮件地址白名单”链接

Step 06 返回“反垃圾选项”页面，❶ 设置反垃圾选项和邮件过滤提示，❷ 最后单击“保存更改”按钮保存后退出，如图 17-124 所示。

图 17-123 添加指定邮件地址至白名单

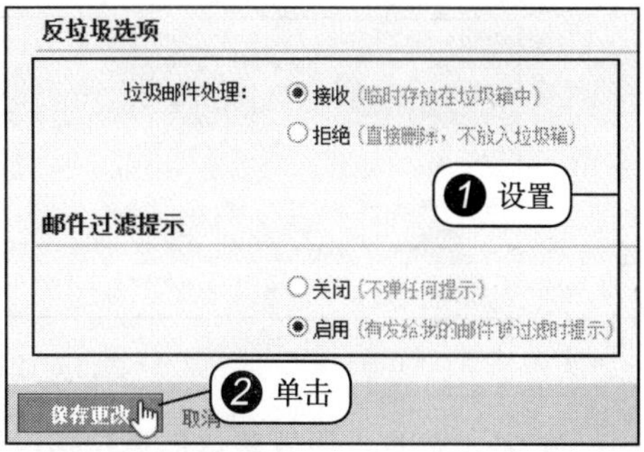

图 17-124 设置反垃圾选项和邮件过滤提示

17.6 玩转新浪微博有诀窍

对于玩新浪微博的用户来说，无论是浏览微博信息还是自己动手发布微博信息，都是小菜一碟，真正要玩转新浪微博，还需要学会如何通过微博账户设置来打造个性化的账户，以及手动关注指定的微博好友。

17.6.1 微博账户设置

微博账户设置包括个人资料、修改头像、绑定手机、隐私设置和个性设置等，通过这些设置便可以打造出一个完全独特、个性化的微博账户，让更多的人记住你，关注你。

登录新浪微博后在右上角单击自己微博昵称对应的选项，即可切换至如图 17-125 所示的界面，该界面中显示了个人账户的关注好友数量、最近发表的所有微博信息等。

图 17-125 微博个人主页

在微博个人主页右侧单击“修改”链接后，便可打开如图 17-126 所示的“账号设置”页面，在该页面中就可以手动设置当前账户的所有信息。

图 17-126 微博“账号设置“页面

❑ 个人资料：设置个人资料包括设置基本信息、教育信息、职业信息、个人标签、个性域名以及收货地址，如图 17-127 所示。

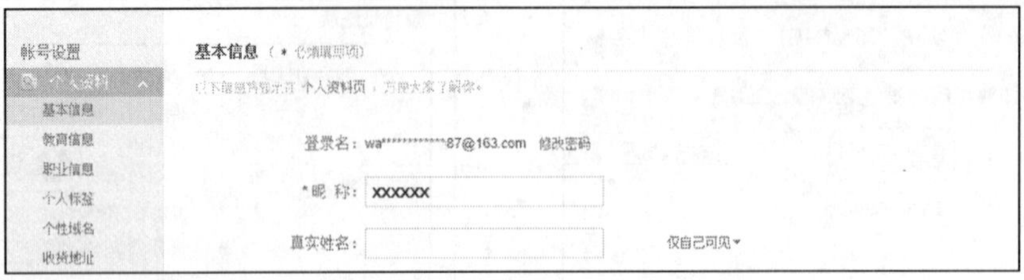

图 17-127 设置个人资料

- 基本信息：设置基本信息包括设置微博昵称、真实姓名、所在地、生日等信息。
- 教育信息：设置教育信息包括选择学校类型、学校名称以及输入完整的院系。
- 职业信息：设置职业信息包括设置自己工作所在地、单位名称、工作时间以及部门 / 职位等。
- 个人标签：设置个人标签就是添加个人标签，这个标签可以描述自己的职业、兴趣、爱好等，通过添加个人标签能够让更多的人找到自己并关注自己。
- 个性域名：设置个性域名就是设置自己个人微博的网址，在设置时可以选择设置一个比较容易记住的域名，不仅自己容易记住，别人也容易记住。
- 收货地址：设置收货地址就是添加收货人姓名、证件类型及号码、所在地以及详细地址等信息，当自己在微博活动中获得了奖品，可按照该地址寄送。

❑ 修改头像：修改头像提供了修改微博个人头像的功能，如图 17-128 所示，用户可以将电脑中的图片上传到微博账户中，保存后便可更换头像。

图 17-128 修改头像中的图片

❑ 绑定手机：绑定手机提供了绑定微博与手机号码的功能，如图 17-129 所示，绑定后用户便可利用手机修改微博密码。

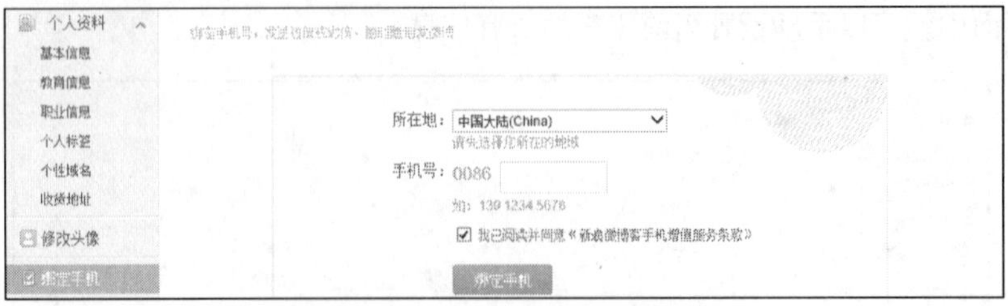

图 17-129 绑定手机

❑ 隐私设置：隐私设置包括通用、黑名单、屏蔽设置和通知屏蔽 4 个选项，如图 17-130 所示。

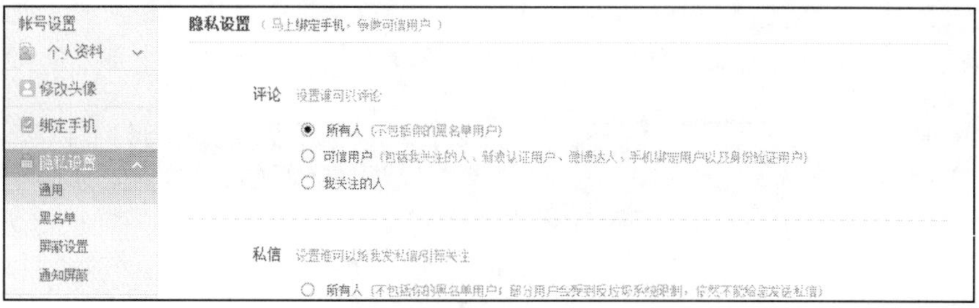

图 17-130 隐私设置

- 通用：通用设置包括设置谁可以评论发表的微博信息、谁可以发私信 / 引荐关注、允许把自己推荐给哪些人等。
- 黑名单：黑名单设置可将指定用户拉入黑名单。
- 屏蔽设置：屏蔽设置提供了将自己关注的人添加到屏蔽名单中的功能，屏蔽指定好友后，他 / 她发表的所有信息都不会显示在自己的微博首页中。
- 通知屏蔽：通知屏蔽设置显示了已屏蔽和未屏蔽的应用，并且可以手动屏蔽指定的引用以及解除已屏蔽的某些应用。

❑ 个性设置：个性设置用于设置哪些新消息可以通过微博小黄签提醒自己，既可以是新评论提醒，又可以是新增粉丝提醒，如图 17-131 所示。

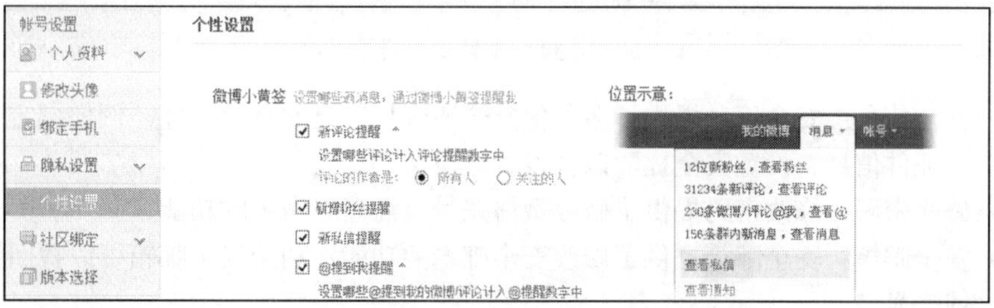

图 17-131 个性设置

❑ 社区绑定：社区绑定提供了多种绑定方式，既可以绑定 MSN 账号、360 安全中心、移动微博、189 天翼账号、联通手机邮箱等，如图 17-132 所示。

图 17-132 社区绑定设置

❑ 版本选择：版本选择提供了两种不同的微博客户端版本，即体验版和标准版，如图 17-133 所示，用户可以选择适合自己的微博客户端版本。

❑ 账号安全：账号安全提供了安全信息、修改密码、安全邮箱、证件信息、登录保护、安全提醒和微盾设置 7 种设置，如图 17-134 所示。

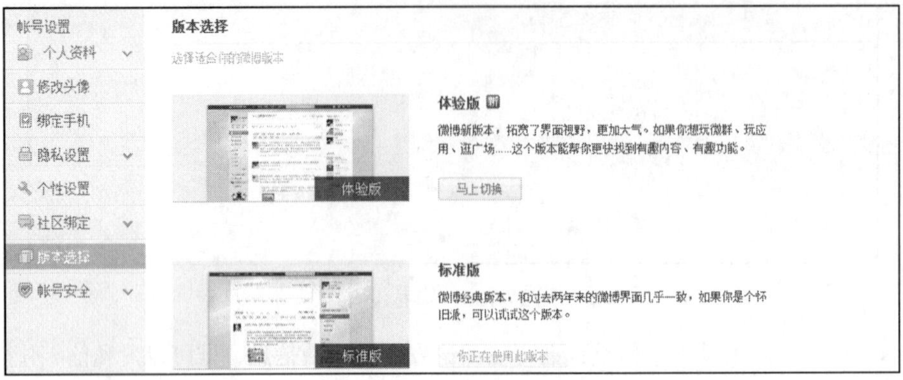

图 17-133　版本选择设置

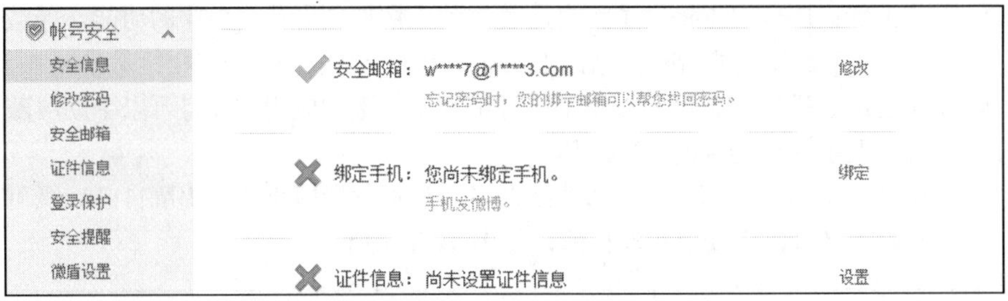

图 17-134　账号安全设置

- 安全信息：安全信息提供了多种保障微博账号安全的有效措施，例如绑定手机、设置证件信息、设置安全提醒以及设置登录保护。
- 修改密码：修改密码提供了修改微博账号当前登录密码的功能。
- 安全邮箱：安全邮箱提供了修改安全邮箱的功能，利用安全邮箱可以找回丢失的微博账号。
- 证件信息：证件信息提供了设置真实姓名、证件类型及号码以及微博登录密码等信息。
- 登录保护：登录保护提供了设置验证地点的功能，既可以设置在所有登录地点都填写验证码，又可以设置在指定登录地点填写验证码。
- 安全提醒：安全提醒提供了选择修改密码、设置登录保护以及异地登录所对应的消息提醒方式。
- 微盾设置：微盾设置提供了为当前微博账号绑定微盾的功能，在设置的过程中，可能会要求用户首先绑定手机，然后才能正常设置微盾。

17.6.2　关注指定的好友

新浪微博提供了关注好友的功能，用户可以通过输入关键字找到指定的好友，然后选择并关注指定的好友即可，关注指定好友是单方面的操作，无须通过对方的验证。具体操作步骤如下。

Step 01　登录新浪微博，❶ 在首页顶部的搜索栏中输入好友昵称的关键字，❷ 然后在下方选择相关用户，如图 17-135 所示。

Step 02　切换至新的界面，在页面中选择要关注的好友，然后单击“加关注”按钮，如图 17-136 所示。

图 17-135　输入昵称关键字

图 17-136　关注指定好友

Step 03　弹出“关注成功”对话框，❶ 在对话框中勾选好友分组，❷ 单击“保存”按钮，如图 17-137 所示。

Step 04　❶ 在微博首页右侧单击当前账号昵称对应的选项，❷ 然后单击“关注”链接，如图 17-138 所示，查看自己关注的所有好友。

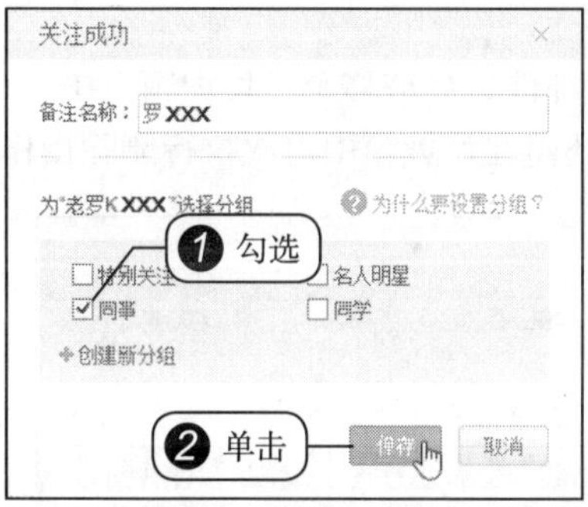

图 17-137　设置好友分组

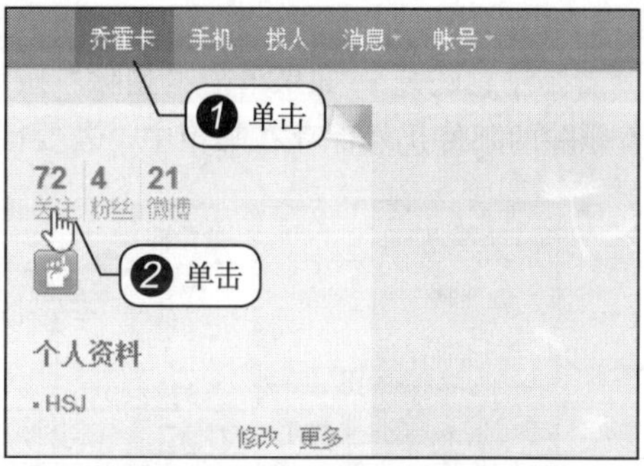

图 17-138　查看关注的好友

Step 05　跳转至“关注 / 粉丝”界面，此时可在页面中看见成功关注了该好友，如图 17-139 所示。

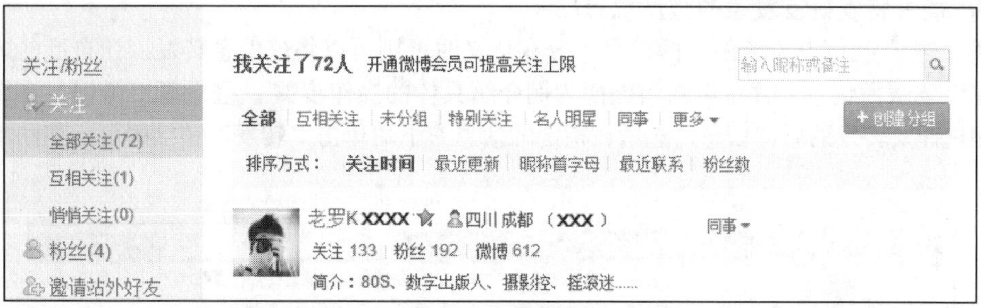

图 17-139　成功关注了指定好友

新手疑惑解答

1. 为什么添加 QQ 好友时系统提示对方拒绝添加？

答：如果添加 QQ 好友时，对方提示拒绝添加好友，则是因为对方 QQ 系统设置中的身份验证方式设置为“不允许任何人”，即意味着任何人都无法将其添加为QQ好友，解决办法很简单，只有通知对方修改身份验证方式，按照17.4.2小节介绍的方法打开“系统设置”对话框，依次单击“安全设置>身份验证”选项，设置验证方式为除“不允许任何人”之外的任意一种，如图17-140所示，最后单击“确定”按钮保存后退出即可。

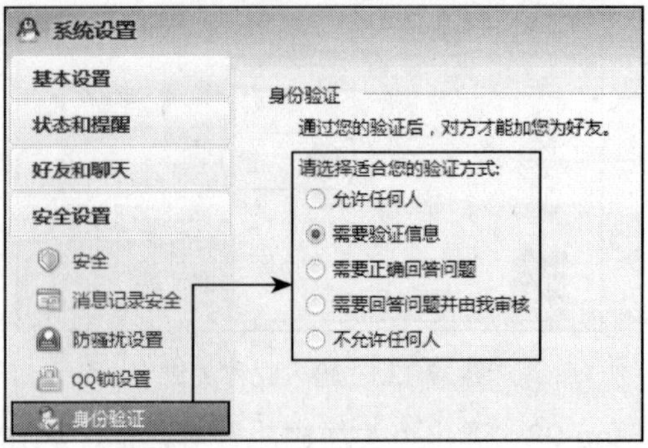

图 17-140　更改身份验证方式

2. 如何删除邮箱中的无用邮件？

答：当用户在QQ邮箱中浏览过收件箱中未读邮件后，可能有些邮件没有什么保存的价值，可以将其从邮箱中删除，具体操作方法为：打开QQ邮箱主界面，在界面左侧单击“收件箱”选项，切换至“收件箱”界面，勾选要删除的邮件，然后在顶部单击“彻底删除”按钮即可从邮箱中彻底删除所选的邮件，如图17-141所示。

需要注意的是：如果单击“删除”按钮，则所选邮件将会被移至“垃圾箱”中，也就意味着删除的邮件仍然保存在邮箱中，若要彻底删除，还需在垃圾箱中再次执行删除操作。

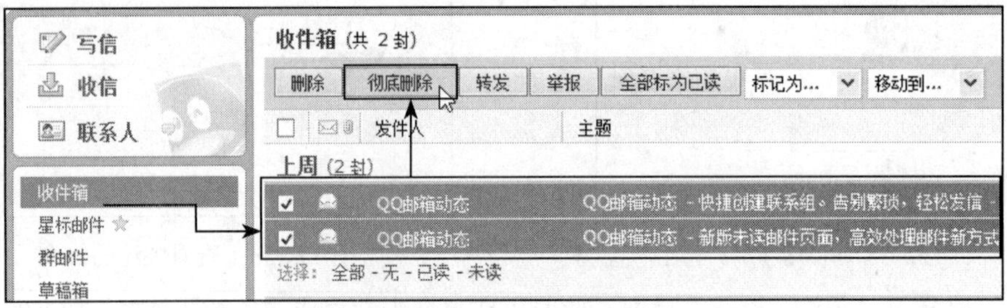

图 17-141　彻底删除邮箱中的邮件

3. 能否转发好友发表的微博信息？

答：能！当好友发表的微博信息十分有意义时，则可以将该信息转发，让自己的好友也能看见该条微博信息。这里以新浪微博为例介绍具体的操作步骤：登录新浪微博，在微博首页左侧选择要转发的微博信息，然后在指定的信息右下角单击“转发”链接即可，如图17-142所示。

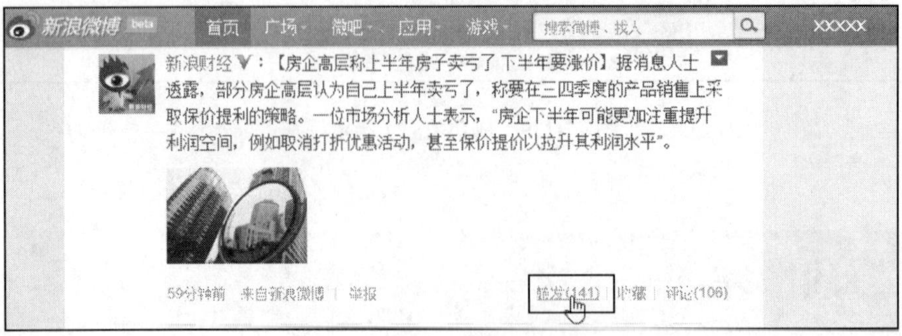

图 17-142　转发微博信息

第六篇　系统管理篇

第18章

全面维护系统安全

本章知识点：

- ☑ 使用 Windows Defender 软件清除间谍软件
- ☑ 使用瑞星杀毒软件防范病毒入侵
- ☑ 使用 360 安全卫士防范木马入侵
- ☑ 使用 Windows 防火墙保障系统安全
- ☑ 使用 Windows Update 软件安装漏洞补丁

Windows 操作系统由于是目前使用最广泛的桌面操作系统，因此它也受到了越来越多的安全威胁，不法分子通过间谍软件、病毒和木马病毒来入侵 Windows 操作系统，然后窃取系统中的个人隐私信息。因此用户需要采取措施全面维护 Windows 8 操作系统的安全。

基础讲解

18.1　使用 Windows Defender 软件清除间谍软件

当今 Internet 中的间谍软件越来越猖獗，这些软件能够造成系统中个人隐私信息的泄露。为了防止间谍软件入侵系统并泄露个人隐私信息，用户可以利用 Windows 8 中的 Windows Defender 软件来清除和防范间谍软件的入侵。

打开“控制面板”窗口，然后在界面中单击 Windows Defender 链接，即可打开 Windows Defender 软件主界面，如图 18-1 所示。Windows Defender 软件主界面包括 4 个选项卡，它们分别是主页、更新、历史记录和设置，下面分别对这 4 个选项卡进行详细介绍。

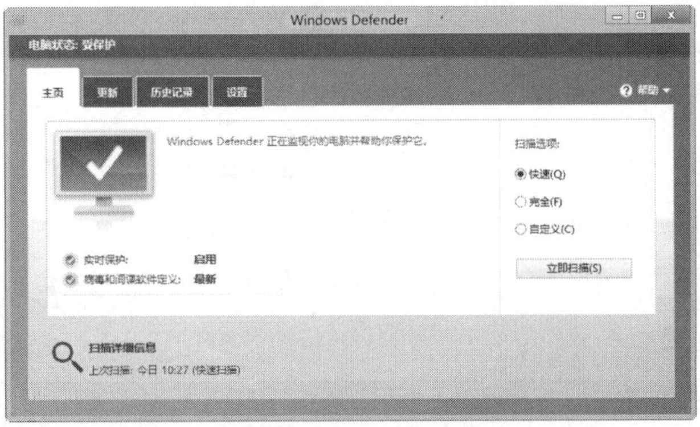

图 18-1　Windows Defender 软件主界面

- ❑ 主页：该选项卡显示了实时保护是否开启和病毒与间谍软件的定义信息，同时在右侧提供了扫描选项的设置。
- ❑ 更新：该选项卡显示了 Windows Defender 软件的更新时间、病毒和间谍软件的定义版本，如图 18-2 所示，如果需要更新，则可以单击右侧的“更新”按钮进行更新操作。
- ❑ 历史记录：该选项卡提供了当检测到具有潜在威胁的病毒或者间谍软件后所执行的操作，如图 18-3 所示。
- ❑ 设置：该选项卡提供了 Windows Defender 软件的个性化设置，包括实时保护、排除的文件和位置、排除的文件类型、排除的进程以及高级等选项，如图 18-4 所示。

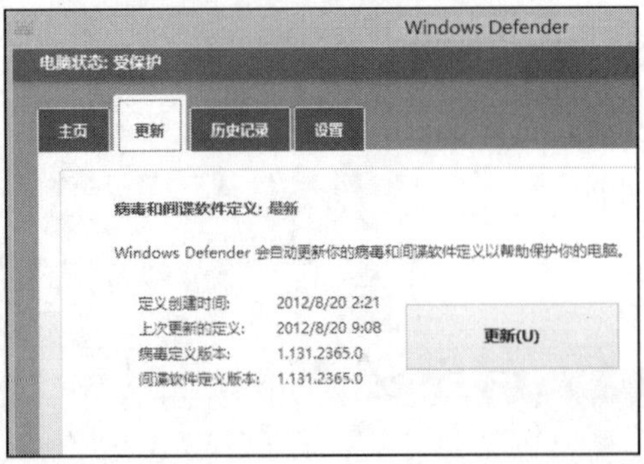

图 18-2　“更新”选项卡

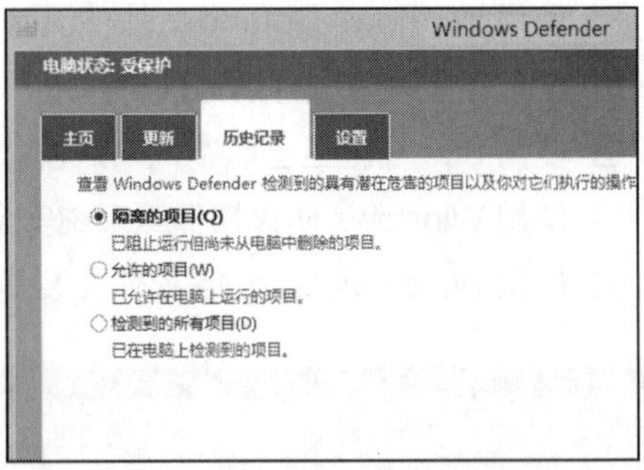

图 18-3　“历史记录”选项卡

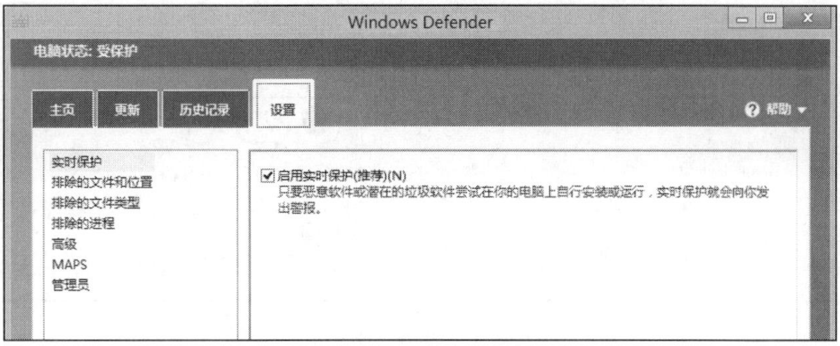

图 18-4 “设置”选项卡

- 实时保护：该选项提供了开启 Windows Defender 实时保护的功能。
- 排除的文件和位置：该选项提供了设置排除指定文件和位置的扫描，以加快扫描速度，但同时将会造成 Windows Defender 软件无法全面地保护当前的电脑。
- 排除的文件类型：与“排除的文件和位置”选项功能比较类似，即设定排除扫描指定的文件类型，如果添加了排除的文件类型，则会造成 Windows Defender 软件对电脑的保护功能减弱。
- 排除的进程：设定排除扫描指定的进程以加快扫描速度，它也会造成 Windows Defender 软件对电脑的保护功能减弱。
- 高级：该选项提供了是否扫描存档文件和可移动驱动器、是否在删除或隔离检测到的项目前创建系统还原点等设置。
- MAPS：该选项提供了是否加入 MAPS 的设置，MAPS 是 Microsoft 主动保护服务的英文简称，它能够自动向 Microsoft 报告恶意软件和其他形式的潜在垃圾软件，以便于提高 Windows Defender 软件的扫描能力。
- 管理员：该选项提供了是否让 Windows Defender 软件在间谍软件正在安装时向所有用户发出警报的功能。

18.1.1 认识间谍软件

间谍软件是一种在未经用户许可的情况下搜集用户个人信息的电脑程序。它搜集的资料范围很广阔，既可以是用户平时浏览的网站信息，又可以是用户名和密码等重要信息。

间谍软件采用一系列技术来记录用户的个人信息，这些技术包括键盘录制、扫描系统中的文件等。间谍软件的用途也多种多样，常见的有两种：第一种是统计用户访问的网站并且不断在桌面上弹出广告窗口，第二种则是搜集用户的密码信息以盗取用户的财产。

18.1.2 手动清除间谍软件

虽然 Windows Defender 软件具有实时保护系统的功能，但是用户还是需要掌握如何使用 Windows Defender 软件手动清除间谍软件的方法，掌握了该方法之后用户便可随时手动扫描系统，确保系统中没有间谍软件的存在。具体的操作步骤如下。

Step 01 打开 Windows Defender 软件主界面，❶ 在“主页”选项卡右侧选择扫描方式，例如选择快速扫描，❷ 然后单击“立即扫描”按钮，如图 18-5 所示。

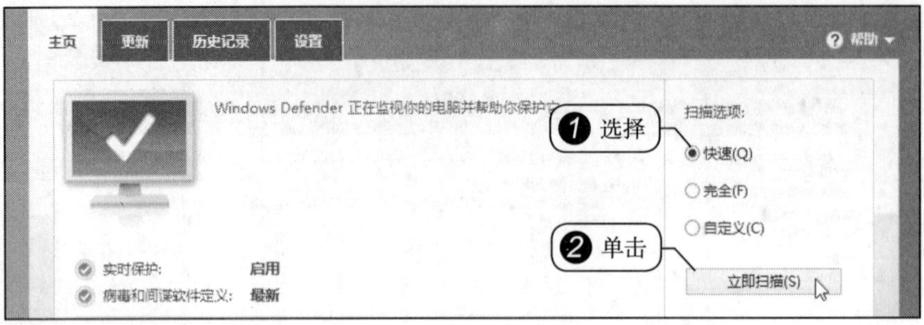

图 18-5　选择快速扫描

提示：快速、完全与自定义扫描

Windows Defender 软件提供了 3 种扫描方式，即快速扫描、完全扫描和自定义扫描。其中快速扫描只扫描最可能受到间谍软件感染的区域，该种扫描方式花费的时间较少；完全扫描需要扫描硬盘中的所有文件以及正在运行的程序，该种扫描方式花费的时间较长，一般会在 1 小时左右；自定义扫描只扫描用户指定的文件、文件夹或硬盘，该种扫描方式花费的时间由用户选择的扫描内容所决定。

Step 02　此时可在界面中看见 Windows Defender 的扫描进度，如图 18-6 所示，请耐心等待其扫描完毕。

Step 03　扫描完毕后可看见显示的扫描结果信息，如果没有间谍软件则会提示未检测到任何威胁，如图 18-7 所示，如果扫描出间谍软件，用户可手动将其清除或隔离。

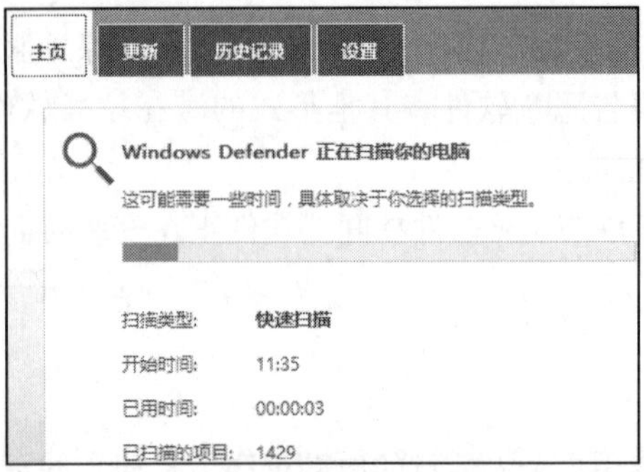

图 18-6　系统正在扫描

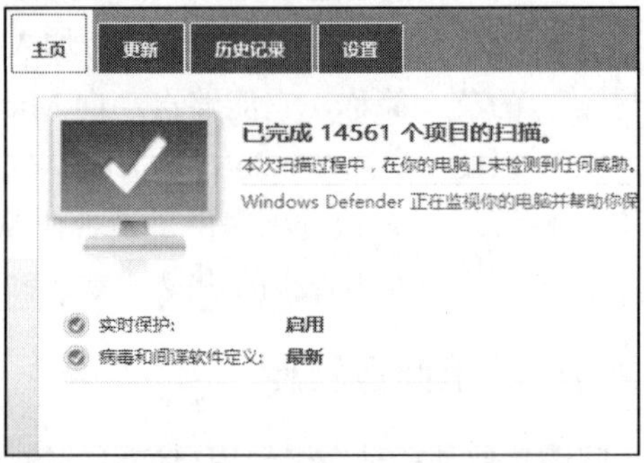

图 18-7　查看扫描结果

18.2　使用瑞星杀毒软件清除病毒

瑞星杀毒软件是一款在国内比较有名的杀毒软件，该软件具有强大的病毒查杀能力与系统实时保护能力，在系统中安装该软件后，便可确保 Internet 中绝大部分的病毒无法入侵到系统中，以确保系统的安全。

从瑞星官方网站上（www.rising.com.cn）下载瑞星杀毒软件后将其安装到系统中，然后在通知区域中单击绿色的小伞图标，便可打开瑞星杀毒软件主界面，如图 18-8 所示。

瑞星杀毒软件主界面包括杀毒、电脑防护、瑞星工具以及安全资讯 4 个板块，每个板块都显示了不同的内容，也提供了不同的功能。

❑ 杀毒：杀毒板块提供了快速查杀、全盘查杀以及自定义查杀 3 种杀毒模式，并且显示了累计查杀的病毒数以及累计阻止入侵攻击的次数。

- ❑ 电脑防护：电脑防护板块提供了是否开启文件监控与邮件监控的功能。
- ❑ 瑞星工具：瑞星工具板块提供了上网安全助手、瑞星助手、引导区还原、账号保险柜等工具，用户可以选择并安装合适的工具。
- ❑ 安全资讯：安全资讯板块只显示瑞星最新的安全信息。

图 18-8　瑞星杀毒软件主界面

18.2.1　认识电脑病毒

随着电脑在各行各业中被广泛应用，电脑病毒也渗透到了其所在的每个角落。它们经常以人们意想不到的方式入侵电脑系统，遭受病毒入侵后的系统轻则运行缓慢，重则无法正常启动。因此用户必须掌握电脑病毒的基本知识。

电脑病毒不是来自突然或者偶然的原因，一次突然的断电和偶然的错误只会在电脑系统中产生随机的指令和无序的代码，不会产生病毒，这是因为病毒是一种比较完美的、精巧严谨的代码，按照严格的秩序组织起来，与所在的系统网络环境相适应、相配合。病毒不会偶然形成，它是人为产生的，也就是说电脑病毒都是由某些人基于某种目的而编写出来的，既可能是基于恶作剧的目的，又可能是基于谋取私利的目的。

1. 电脑病毒的分类

电脑病毒的分类并不是绝对的，同一种病毒按照不同的分类方式可能属于不同的类型，下面介绍常见的电脑病毒分类方式。

（1）传染方式：按照传染方式可以将电脑病毒分为引导性、文件型与混合型 3 种。

（2）连接方式：按照连接方式可以将电脑病毒分为源码型、入侵型、操作系统型与外壳型 4 种。

（3）破坏性：按照破坏程度可以将电脑病毒分为良性与恶性两种。

2. 电脑病毒的特点

根据对电脑病毒的产生、传染和破坏行为的分析，电脑病毒的主要有破坏性、传染性、隐蔽性、潜伏性、可触发性和不可预见性 6 个特点。

（1）破坏性：破坏性是指当病毒入侵电脑后，可能会导致程序无法正常运行，它会自动删除或者破坏系统中的某些文件。

（2）传染性：传染性是电脑病毒最可怕的特点，一旦病毒被复制或者产生变种，其传播速度快得令人难以预料，局域网中的电脑在瞬间就能被病毒所感染。

（3）隐蔽性：隐蔽性是指系统中的程序或文件受到病毒感染后仍然能够正常运行，用户不会感到异常，不运用杀毒软件，用户是无法区分带病毒的程序与正常程序的。

（4）潜伏性：潜伏性主要有两种表现：第一种是病毒程序只能用专业的检测程序才能检测出来，如果电脑中没有安装这类程序，病毒完全可以在系统中长期停留；第二种是电脑病毒往往存在触发机制，不满足触发条件时，计算机病毒除了受感染外不会做任何破坏性操作，一旦满足触发条件，则会执行格式化磁盘、删除磁盘文件以及对数据文件加密等操作。

（5）可触发性：病毒既要隐蔽又要维持杀伤力，因此它必须具有可触发性。病毒的触发机制就是用来控制感染和破坏操作频率的。病毒具有预定的触发条件，这些条件可能是时间、日期、文件类型或者某些特定的数据等。

（6）不可预见性：随着科学技术的发展，病毒的制作技术也在不断提高，由于杀毒软件是在病毒出现后才开发出来的对应查杀措施，因此病毒技术永远走在杀毒技术的前面。新的操作系统和应用软件的出现，也为电脑病毒提供了新的发展空间，对未来病毒的预测也更加困难，因此用户必须不断提高对病毒的认识，增强防范意识。

18.2.2 手动清除电脑病毒

瑞星杀毒软件提供了查杀电脑病毒的功能，但是需要掌握正确的查杀方法。使用瑞星杀毒软件时，首先需要升级病毒库，然后再开始扫描系统，这样做的目的是为了确保系统中的病毒能被全部查杀。具体的操作步骤如下。

Step 01 打开瑞星杀毒软件主界面，在界面的右下角单击“从未更新”链接，如图 18-9 所示。

Step 02 弹出“智能升级正在进行”对话框，此时可看见升级的进度，如图 18-10 所示，请耐心等待。

图 18-9 单击“从未更新”链接

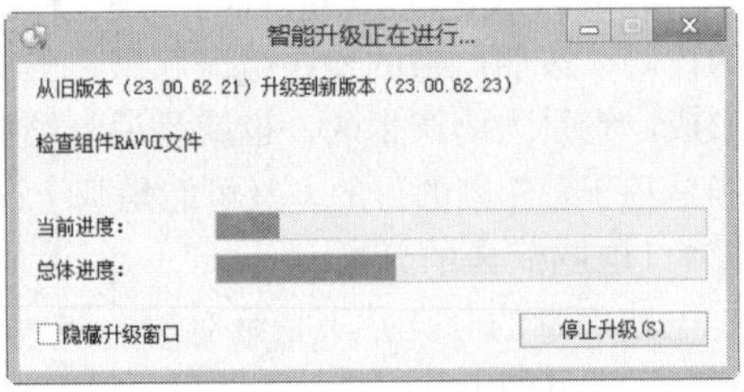

图 18-10 正在升级病毒库

Step 03 弹出“瑞星杀毒软件”对话框，此时正在安装所下载的病毒库组件，如图 18-11 所示，请耐心等待。

Step 04 安装完毕后切换至新的界面，提示用户已经成功更新，单击“完成”按钮即可，如图 18-12 所示。

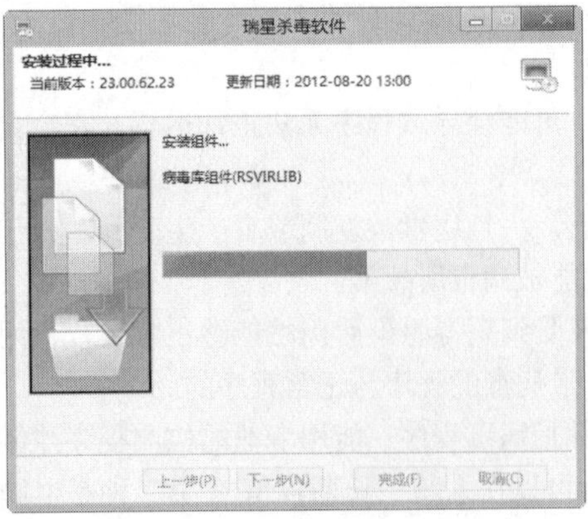

图 18-11 安装病毒库组件

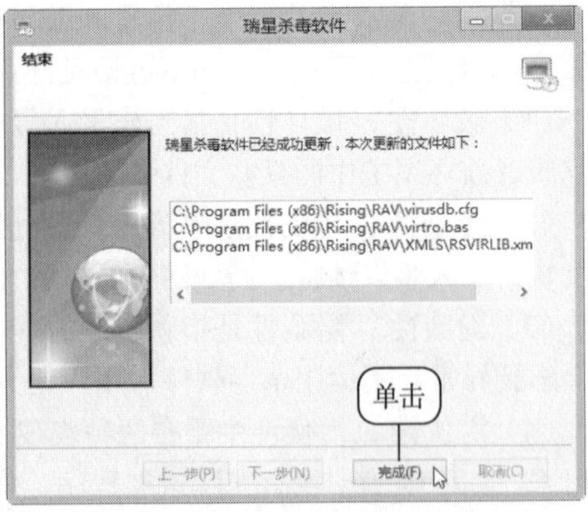

图 18-12 成功更新病毒库

Step 05 病毒库升级完毕后在“杀毒”界面中选择查杀方式，例如选择“快速查杀”，单击“快速查杀”按钮，如图 18-13 所示。

Step 06 切换至新的界面，此时可看见查杀的进度，如图 18-14 所示，耐心等待其查杀完毕即可，在查杀的过程中，软件会自动清除扫描出的病毒。

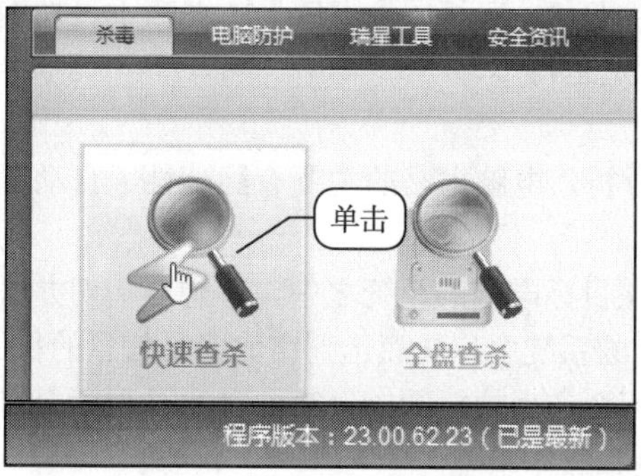

图 18-13 选择“快速查杀”

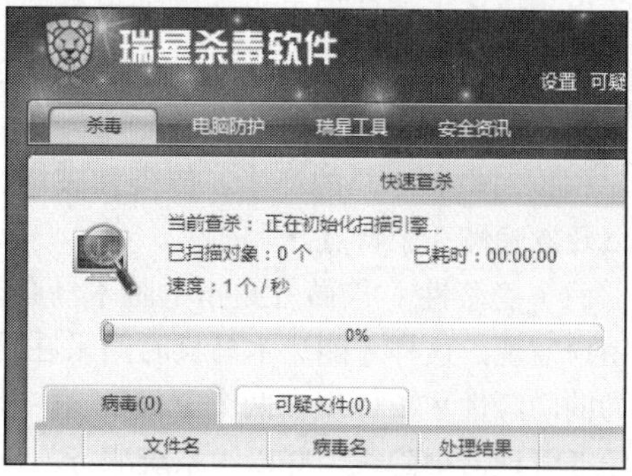

图 18-14 正在扫描系统

18.3 使用 360 安全卫士清除木马

360 安全卫士可以说是一款功能十分强大的电脑辅助类软件，该软件拥有修复系统漏洞、清理恶意软件以及清理系统垃圾的功能，不过它最令人惊叹的功能莫过于木马查杀功能，该功能可以查杀系统中的绝大部分木马，确保个人隐私的安全，从 360 官网（www.360.cn）下载并安装该软件后，便可打开如图 18-15 所示的主界面。

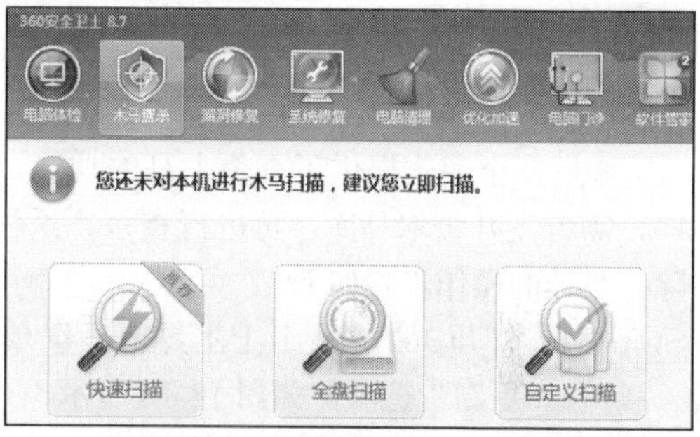

图 18-15 360 安全卫士主界面

18.3.1 认识电脑木马

木马对于电脑来说有着强大的控制和破坏能力。同时它还具有窃取密码、偷窥重要信息、控制系统操作等功能，从而达到完全控制目标电脑的目的。一个完整的木马包括控制端和服务端两部分。其中服务端是用于置入目标电脑的，只有服务端成功启动后，木马才能成功入侵系统。而控制端仅是攻击者用来配置木马服务端和远程控制目标电脑的。

1. 电脑木马的分类

电脑木马从诞生以来，其种类多得数不胜数。一次性无法完全列举和说明，并且目前 Internet 中的木马功能并不单一，它往往具有多种功能。因此根据木马所具有的功能可以将电脑木马分为远程控制木马、密码发送木马、键盘记录木马以及破坏性木马 4 种类型。

（1）远程控制木马：远程控制木马的数量最多，并且危害性最大。该类木马可以让攻击者完全控制被木马入侵的电脑，一旦完全控制后，攻击者既可以使用目标电脑访问任意的文件，又可以获取电脑中的私人信息（银行账号和信用卡账号等信息）。

（2）密码发送木马：密码发送木马是一类专门用于导入目标电脑中的私人信息（账户和密码）的木马，该类木马一旦成功执行，就会搜索内存、缓存、Internet 临时文件夹中的敏感密码文件，并将这些密码文件发送到指定的邮箱中，以达到盗取密码的目的。

（3）键盘记录木马：键盘记录木马只做一件事情，那就是记录使用目标电脑的用户的键盘输入并在磁盘文件中查找密码。这类木马随着系统的启动而启动，记录下键盘输入内容后再将其发送至指定的邮箱中，以达到盗取他人隐私信息的目的。

（4）破坏性木马：破坏性木马唯一的功能就是破坏被感染计算机的系统文件，使其遭受系统崩溃或者重要数据丢失的巨大损失。从这一点来看，它和病毒很像，区别在于这种木马的激活是由攻击者所控制，并且传播能力也比病毒逊色得多。

2. 电脑木马的特点

根据对电脑木马的产生、传染和破坏行为的分析，电脑木马的主要有隐蔽性、自动运行性以及欺骗性 3 个特点。

（1）隐蔽性：隐蔽性是指电脑木马必须隐藏在目标电脑的系统之中，并想尽一切办法不让用户发现，这样才能让木马长时间呆在目标电脑的系统中，从而达到窃取隐私信息的目的。木马的隐蔽性主要体现在两个方面：第一是木马不会产生快捷图标，第二是木马程序会自动在任务管理器中隐藏，并以“系统服务”的方式欺骗操作系统。

（2）自动运行性：自动运行性是指木马会随着系统的启动而启动。因此木马必须潜入计算机的启动配置文件中，例如 win.ini、system.ini 等文件。

（3）欺骗性：木马若要隐藏在目标电脑的系统中，就必须借助于系统中已有的文件，通过仿制一些不易被用户区分的文件名（有时甚至直接借用系统文件中已有的文件名）来达到欺骗用户的目的。

18.3.2 手动清除电脑木马

360 安全卫士提供了查杀木马的功能，但是其查杀方式与使用瑞星杀毒软件查杀病毒一样，需首先升级木马库，再进行查杀，这样做的目的是为了确保系统中的木马能够被全部清除。具体的操作步骤如下。

Step 01 打开 360 安全卫士主界面，❶ 单击“木马查杀”按钮，❷ 然后在底部单击“检查更新”选项，如图 18-16 所示。

Step 02 弹出升级对话框，程序将自动下载新版的备用木马库，如图 18-17 所示。

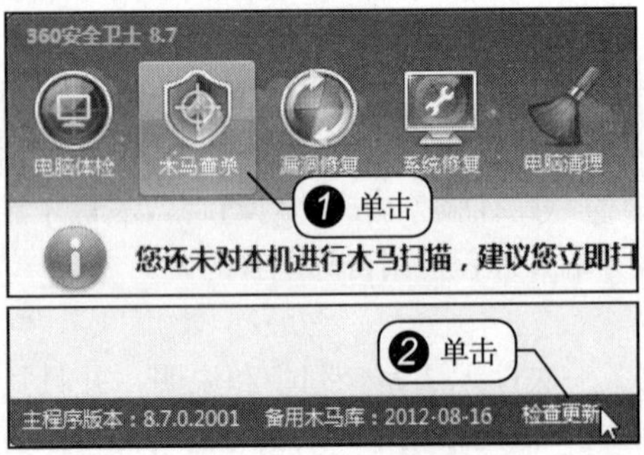

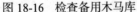

图 18-16　检查备用木马库

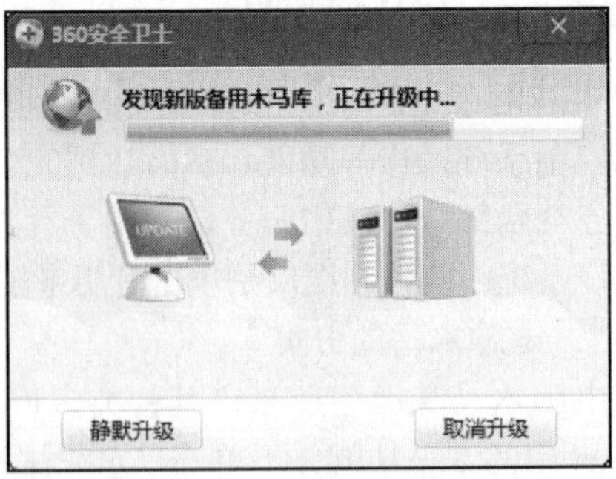

图 18-17　升级木马库

Step 03 下载完毕后备用木马库升级到最新版本，如图 18-18 所示，单击“关闭”按钮。

Step 04 返回软件主界面，选择查杀方式，例如选择“快速扫描”，单击“快速扫描”按钮，如图 18-19 所示。

Step 05 此时可看见扫描系统的进度，请耐心等待，如图 18-20 所示。

Step 06 扫描完毕后可看见扫描结果，若没有木马则显示“未发现木马及其他安全威胁”提示信息，如图 18-21 所示，若有木马则会显示并提示用户进行处理。

图 18-18　备用木马库升级到最新版本

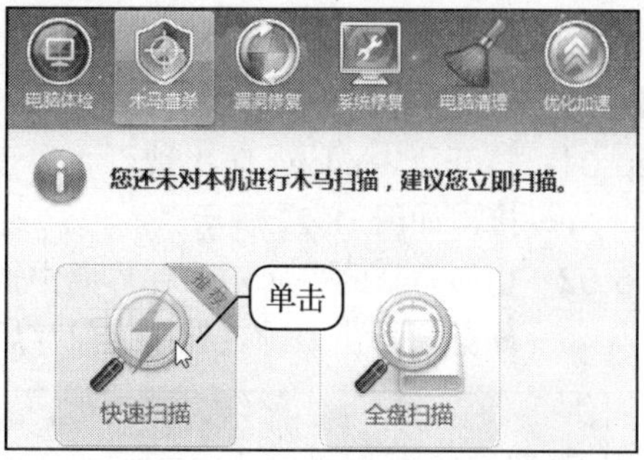

图 18-19　单击“快速扫描”按钮

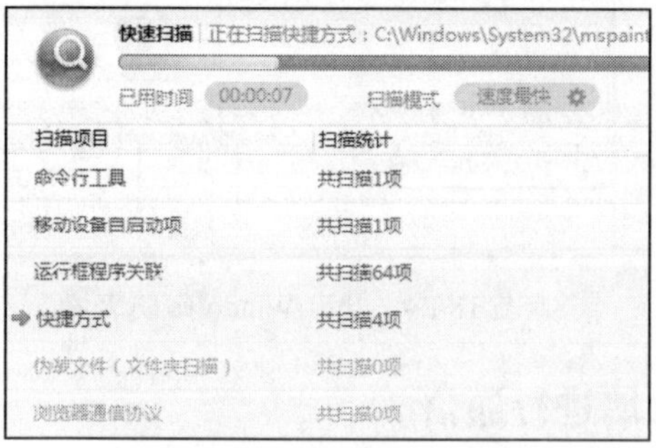

图 18-20　正在扫描系统

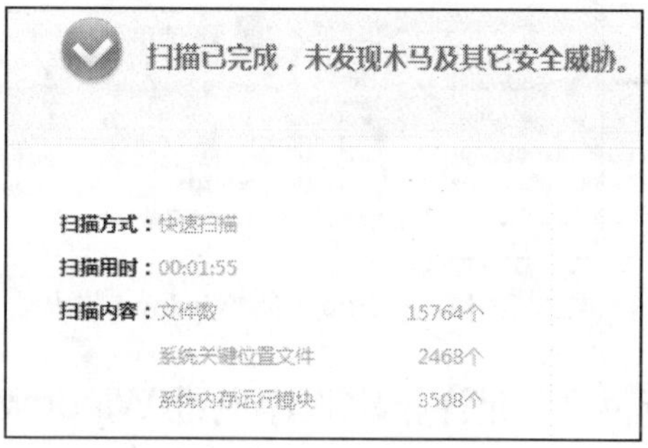

图 18-21　扫描完成

18.4　使用 Windows 防火墙防御黑客攻击

防火墙是指一种将内部网和公众访问网（如 Internet）分开的工具，它实际上是一种隔离技术。防火墙可以说是两个网络通信时执行的一种访问控制尺度，它能允许用户“同意”的数据进入内部网络，将“不同意”的数据包拒之门外，最大限度地阻止网络中的黑客访问自己的内部网络。

Windows 防火墙是 Windows 操作系统自带的一款防火墙，打开“控制面板”窗口，在界面中单击“Windows 防火墙”链接，即可打开如图 18-22 所示的“Windows 防火墙”主界面。

图 18-22　“Windows 防火墙”主界面

18.4.1 开启 Windows 防火墙

Windows 防火墙只有在开启的状态下才能正常工作，因此使用 Windows 防火墙的第一步就是开启 Windows 防火墙。具体的操作步骤如下。

Step 01 打开“Windows 防火墙”主界面，在左侧单击“启用或关闭 Windows 防火墙”链接，如图 18-23 所示。

Step 02 切换至新的界面，❶ 在界面中选择启用专用网络和公用网络中的 Windows 防火墙，❷ 然后单击“确定”按钮保存后退出，如图 18-24 所示。

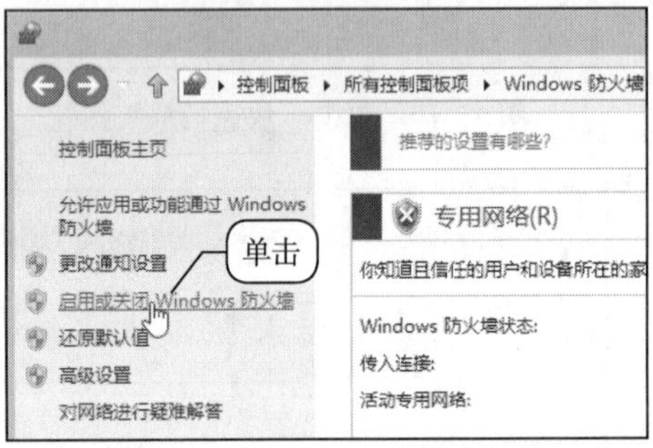

图 18-23 选择“启用或关闭 Windows 防火墙”链接

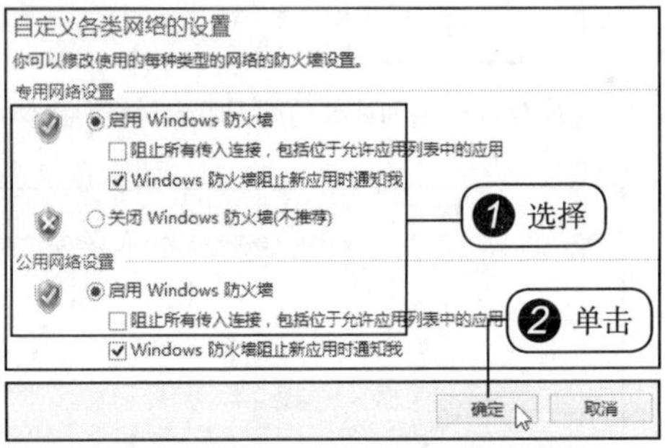

图 18-24 开启 Windows 防火墙

18.4.2 允许指定程序通过 Windows 防火墙进行通信

允许指定程序通过 Windows 防火墙进行通信是指让 Windows 防火墙不阻止指定程序的运行，但是这需要用户确认所使用的应用程序不会对系统构成威胁，例如 QQ 浏览器就是一款不会对系统构成威胁的软件，可以在 Windows 防火墙中设置允许通过该程序进行通信。具体的操作步骤如下。

Step 01 打开“Windows 防火墙”主界面，在界面左侧单击“允许应用或功能通过 Windows 防火墙”链接，如图 18-25 所示。

Step 02 切换至“允许应用通过 Windows 防火墙进行通信”界面，在底部单击“允许其他应用”按钮，如图 18-26 所示。

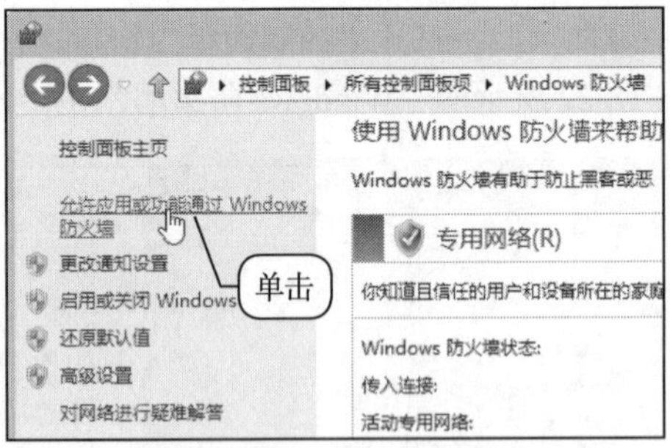

图 18-25 选择“允许应用或功能通过 Windows 防火墙”链接

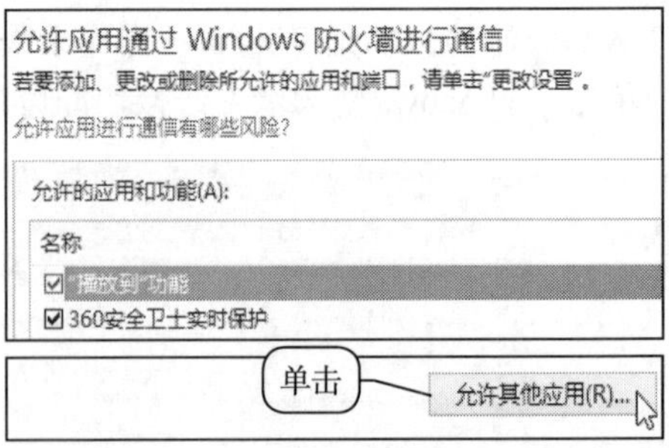

图 18-26 单击“允许其他应用”按钮

Step 03 弹出“添加应用”对话框，❶ 在“应用”列表框中选择 Windows 防火墙允许通信的程序，例如选择“QQ 浏览器”，❷ 然后单击“添加”按钮，如图 18-27 所示。

Step 04 返回“允许应用通过 Windows 防火墙进行通信”界面，此时可看见 QQ 浏览器已成功添加到“允许的应用和功能”列表中，如图 18-28 所示。

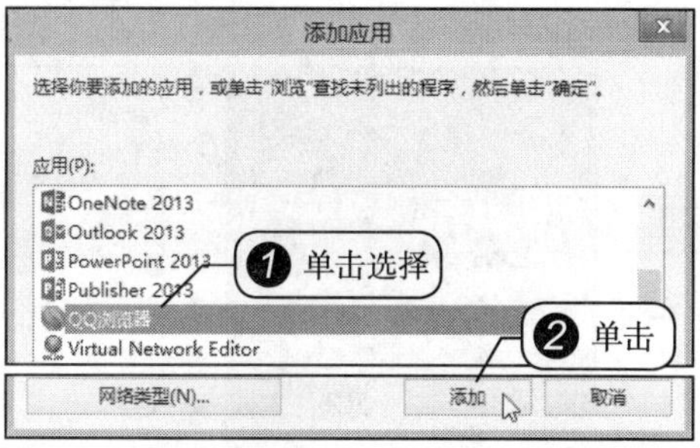

图 18-27 选择 Windows 防火墙允许通信的程序

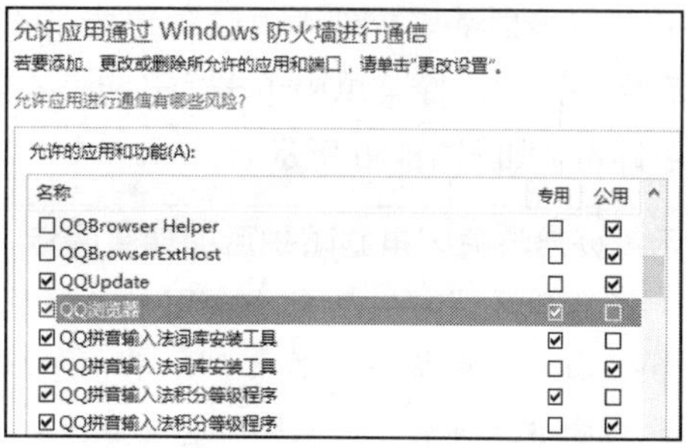

图 18-28 添加成功

18.5 使用 Windows 更新安装漏洞补丁

Windows 更新是 Microsoft 提供的一款自动更新工具软件，该工具软件通常提供有系统漏洞、驱动程序和应用软件的升级功能，通过 Windows 更新来更新当前系统，能够增强系统的功能，让系统支持更多的软、硬件，解决各种兼容性问题，让系统更安全、更稳定。

打开“控制面板”窗口，在界面中单击“Windows 更新”链接，即可打开如图 18-29 所示的“Windows 更新”界面。

在 Windows 8 操作系统中安装补丁与在 Windows 7 操作系统中安装补丁的方法完全一样，当需要安装补丁时，则会在界面中提示用户安装的补丁数目并自动选中，用户只需按照界面提示进行操作即可，“Windows 更新”将自动下载并安装补丁；如果当前没有需要安装的补丁或者补丁已经安装完毕，并重新启动电脑后，便会在界面中显示“没有可用更新”提示信息，如图 18-29 所示。

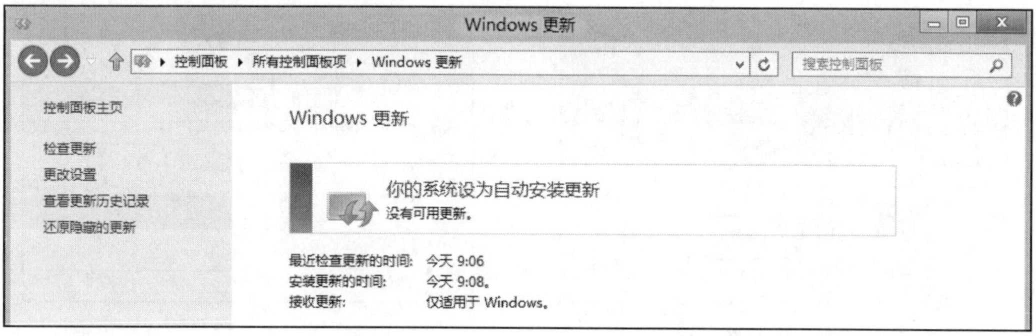

图 18-29 “Windows 更新”界面

拓展解析

18.6 开启瑞星杀毒软件的电脑防护功能

瑞星杀毒软件提供了电脑防护功能，该功能可以在从系统启动到关闭的过程中时刻保护系统不受病毒的入侵，即使系统中存在病毒，该软件也能实时察觉并将其从系统中清除。

开启瑞星杀毒软件中电脑防护功能的操作十分简单，只需在通知区域中右击小伞图标，然后在弹出的快捷菜单中单击“开启所有电脑防护”命令即可，如图 18-30 所示。

提示：开启与关闭电脑防护后的瑞星图标

在通知区域中，如果小伞图标为绿色，则表示当前已开启电脑防护功能，如果小伞图标为黄色，则表示当前未开启电脑防护功能。

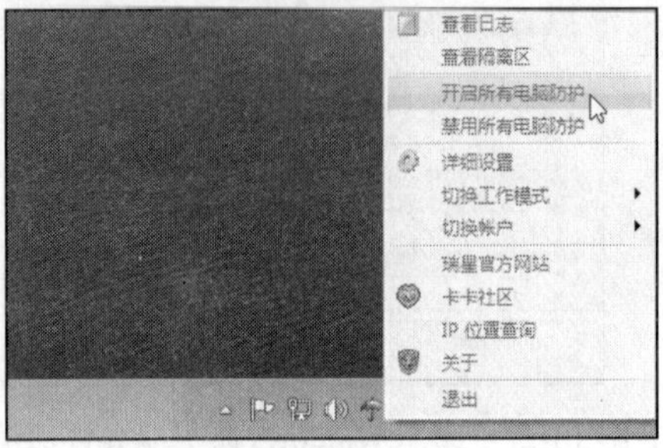

图 18-30 “开启所有电脑防护”功能

18.7 启用 360 安全卫士中的木马防火墙

360 木马防火墙是一款专门用于抵御木马入侵的防火墙，从防范木马入侵到系统防御查杀，从增强网络防护到加固底层驱动，结合先进的“智能主动防御”，多层次全方位地保护系统安全。

用户需要注意的是，360 木马防火墙需要开机随机启动，才能起到主动防御木马的作用，由于 360 木马防火墙是集成在 360 安全卫士中的，因此只需在 360 安全卫士中开启 360 木马防火墙即可。具体的操作步骤如下。

Step 01 打开 360 安全卫士主界面，在“电脑体检”界面右侧可看见木马防火墙处于未开启状态，单击“木马防火墙”选项，如图 18-31 所示。

Step 02 打开“360 木马防火墙”窗口，提示木马防护墙未开启，用户既可以选择一键开启，又可以选择在下方开启指定的防护功能，例如选择一键开启，单击“一键开启”按钮，如图 18-32 所示。

图 18-31 选择“木马防火墙”选项

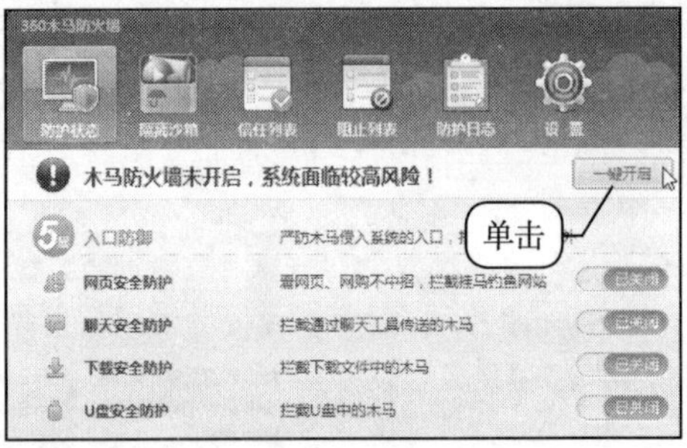

图 18-32 “一键开启”木马防火墙

18.8 配置 Windows 防火墙的出 / 入站规则

配置 Windows 防火墙的出 / 入站规则需要在“高级安全 Windows 防火墙”窗口中进行。打开“Windows 防火墙”窗口，然后在左侧单击“高级设置”链接，即可跳转至“高级安全 Windows 防火墙”界面，如图 18-33 所示，在这里，用户可以任意配置 Windows 防火墙的出 / 入站规则。

1. 配置 Windows 防火墙的出站规则

在 Windows 8 操作系统中，Windows 防火墙默认允许所有的出站连接。若要阻止某个应用程序的出站连接，则需要专门为此建立规则。

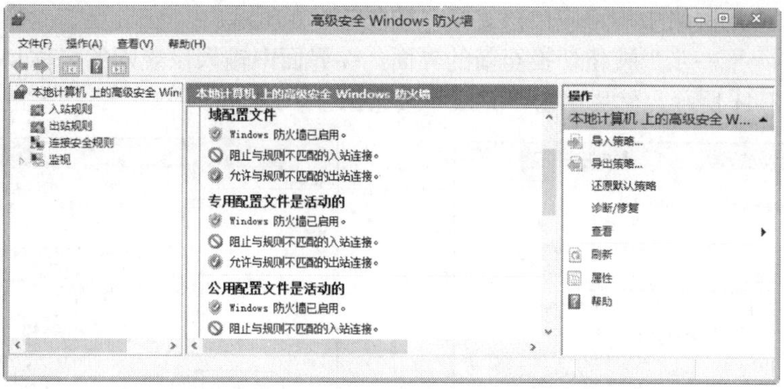

图 18-33 “高级安全 Windows 防火墙”界面

例如，要阻止腾讯 QQ 登录到服务器，以便阻止用户的聊天行为，则可以按照下面的方法配置 Windows 防火墙的出站规则。具体的操作步骤如下。

Step 01 打开“Windows 防火墙”窗口，在左侧单击“高级设置”链接，如图 18-34 所示。

Step 02 在“高级安全 Windows 防火墙”界面中单击“出站规则”选项，如图 18-35 所示。

Step 03 接着在界面右侧单击“新建规则”选项，如图 18-36 所示。

Step 04 弹出“新建出站规则向导”对话框，选择要创建的规则类型，例如选择程序，单击选中“程序”单选按钮，如图 18-37 所示。

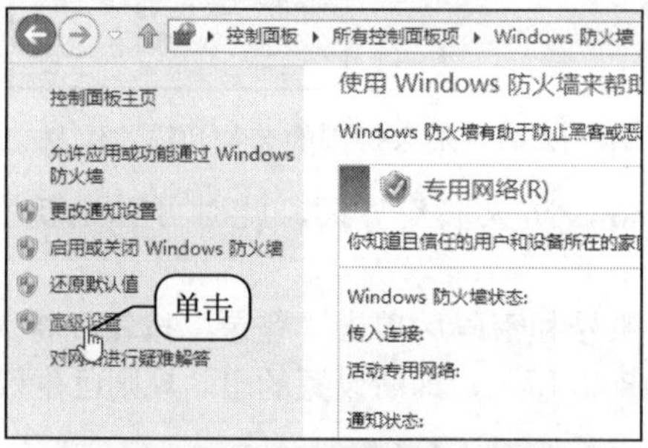

图 18-34 单击“高级设置”链接

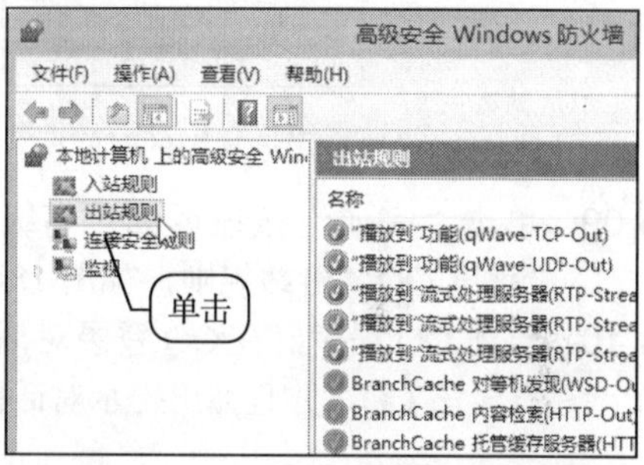

图 18-35 单击“出站规则”选项

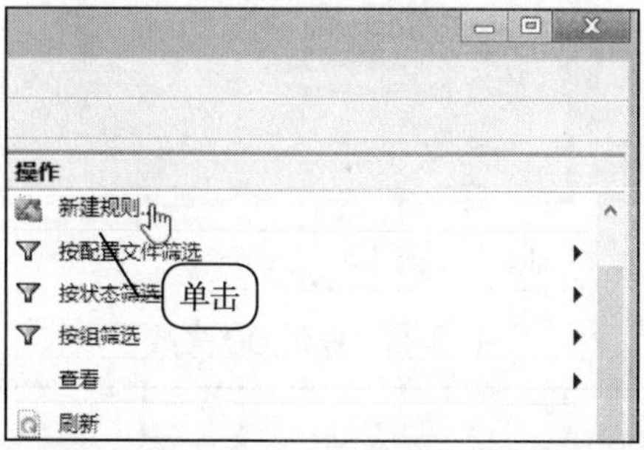

图 18-36 单击“新建规则”选项

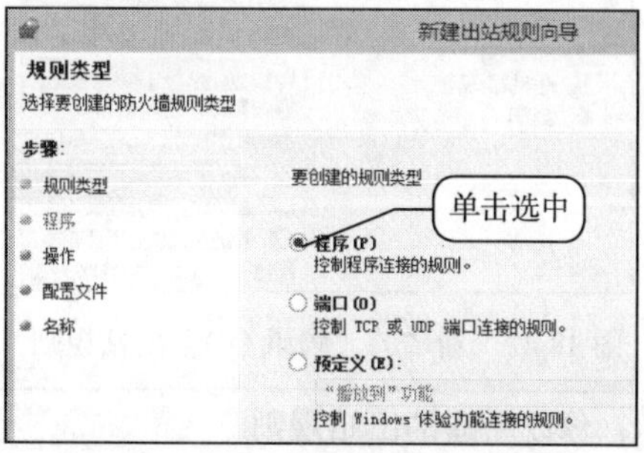

图 18-37 选择要创建的规则类型

Step 05 单击“下一步”按钮切换至新的界面，❶ 单击选中“此程序路径”单选按钮，❷ 然后在下方输入程序的可执行文件路径，如图 18-38 所示。

Step 06 单击“下一步”按钮切换至新的界面，设置符合条件时所执行的操作，例如设置阻止连接，单击选中“阻止连接”单选按钮，如图 18-39 所示。

Step 07 单击“下一步”按钮切换至新的界面，设置应用该规则的领域，例如设置在域、专用和公用网络中均可应用该规则，如图 18-40 所示。

Step 08 单击“下一步”按钮切换至新的界面，在界面中输入该规则的名称和描述信息，如图 18-41 所示，然后单击“完成”按钮保存后退出。

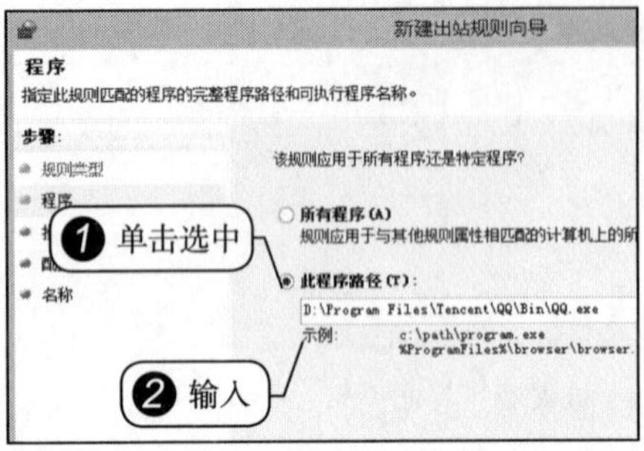

图 18-38 设置符合条件时所执行的操作

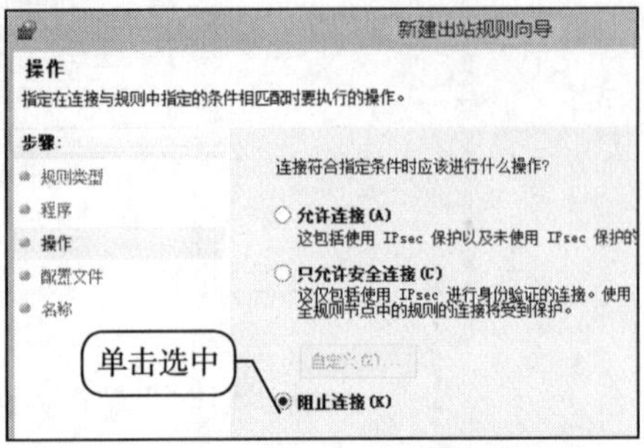

图 18-39 设置符合条件时所执行的操作

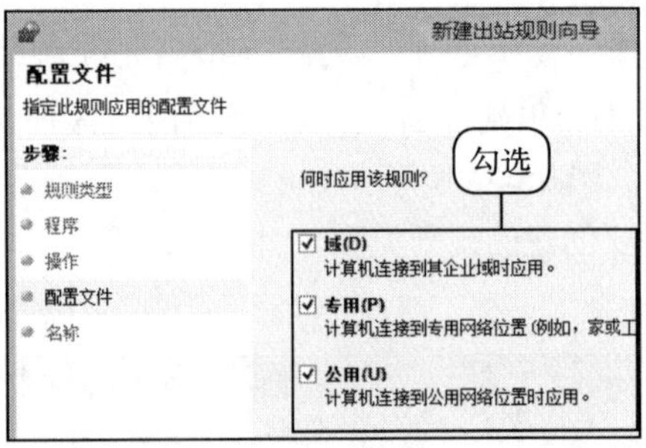

图 18-40 设置应用该规则的时间

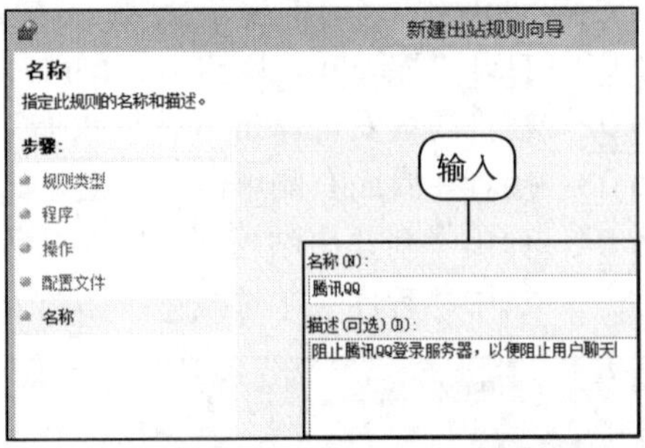

图 18-41 输入规则的名称和描述信息

Step 09 单击“完成”按钮返回“高级安全 Windows 防火墙”界面，此时可看见新增的“腾讯 QQ”出站规则，如图 18-42 所示。

Step 10 启动 QQ 程序，在 QQ 登录对话框中输入账号和密码后单击“登录”按钮，将无法登录该 QQ，并且弹出提示对话框，如图 18-43 所示，即所设置的出站规则已生效。

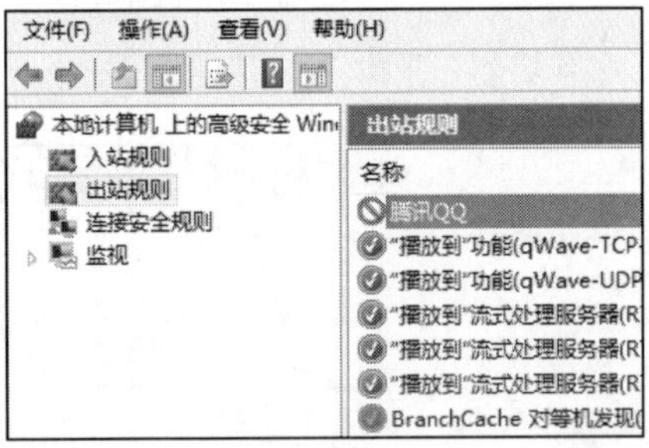

图 18-42 新增的“腾讯 QQ”出站规则

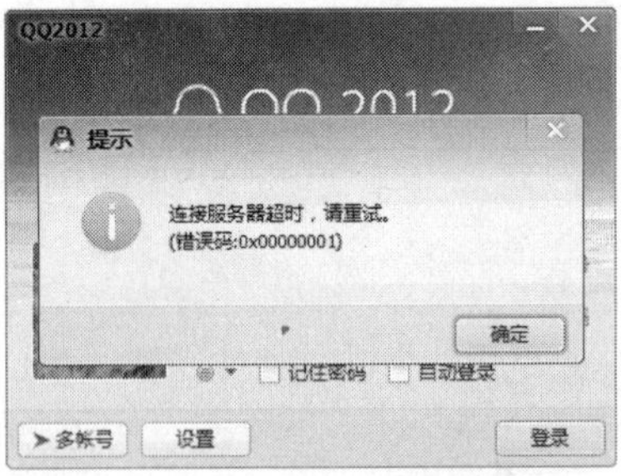

图 18-43 登录 QQ 失败

提示：修改新建的出站规则

新建出站规则后，用户可以在“高级安全 Windows 防火墙”窗口中修改该出站规则，在图 18-42 所示的界面中右击新建的出站规则选项，在弹出的快捷菜单中单击“属性”命令，在弹出的对话框中进行设置即可。

2. 配置 Windows 防火墙的入站规则

配置 Windows 防火墙的入站规则，既可以对系统中的应用程序配置入站规则，又可以对系统中的某些端口配置入站规则，由于对系统中的应用程序配置入站规则完全可以按照

18.4.2 节介绍的方法实现，因此这里主要介绍对系统中某些端口配置入站规则。具体的操作步骤如下。

Step 01 打开“高级安全 Windows 防火墙”窗口，在左侧单击“入站规则”选项，如图 18-44 所示。

Step 02 接着在右侧单击“新建规则”选项，如图 18-45 所示。

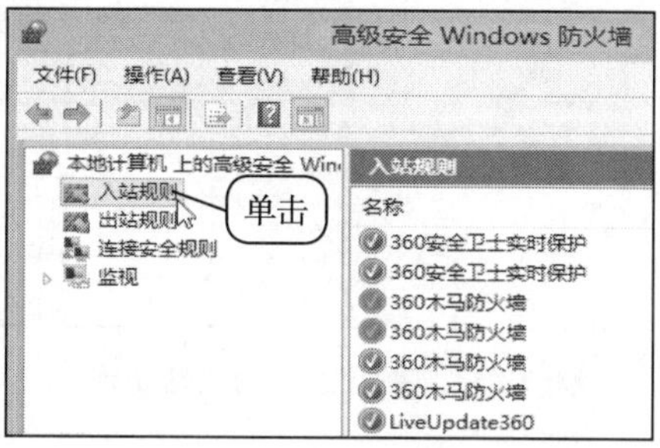

图 18-44 单击“入站规则”选项

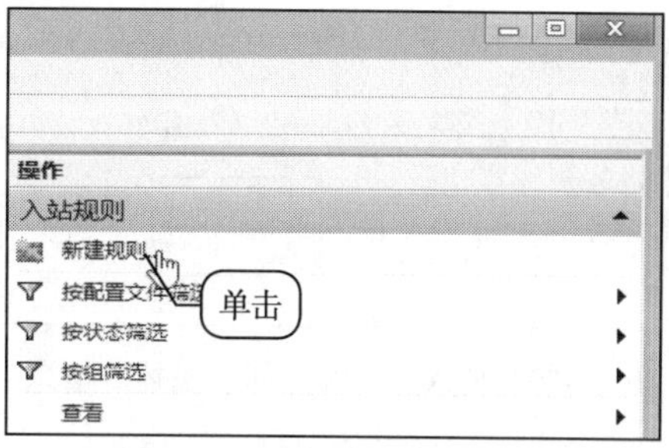

图 18-45 单击“新建规则”选项

Step 03 弹出“新建入站规则向导”对话框，选择要创建的规则类型，例如选择端口，单击选中“端口”单选按钮，如图 18-46 所示。

Step 04 单击“下一步”按钮切换至新的界面，❶ 设置该规则应用于 TCP，❷ 然后单击选中“特定本地端口”单选按钮，❸ 在右侧输入端口号，如图 18-47 所示。

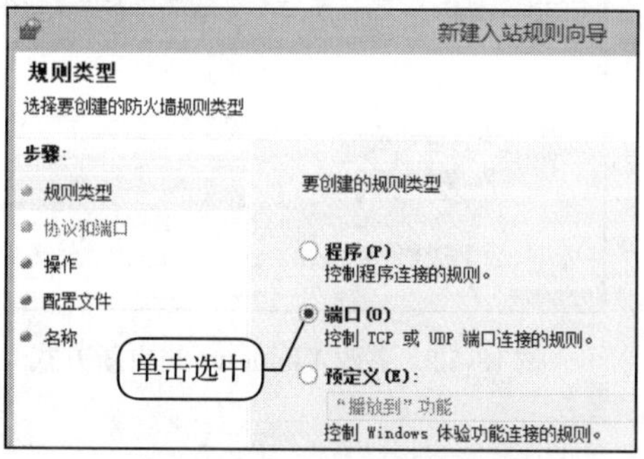

图 18-46 选择要创建的规则类型

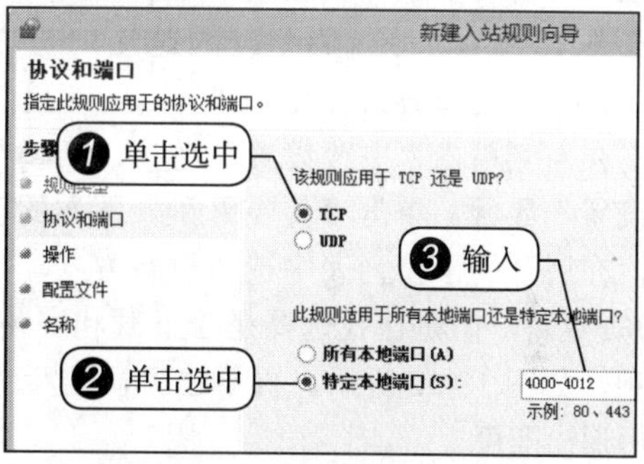

图 18-47 设置应用于特定的 TCP 端口

Step 05 单击“下一步”按钮切换至新的界面，设置符合指定条件时执行的操作，例如选择允许连接，单击选中“允许连接”单选按钮，如图 18-48 所示。

Step 06 单击“下一步”按钮切换至新的界面，设置应用该规则的领域，例如选择只在公用网络中应用该规则，勾选“公用”复选框，如图 18-49 所示。

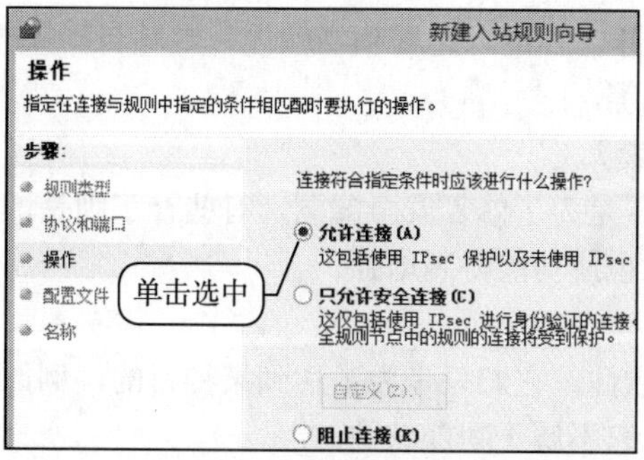

图 18-48 设置符合指定条件时执行的操作

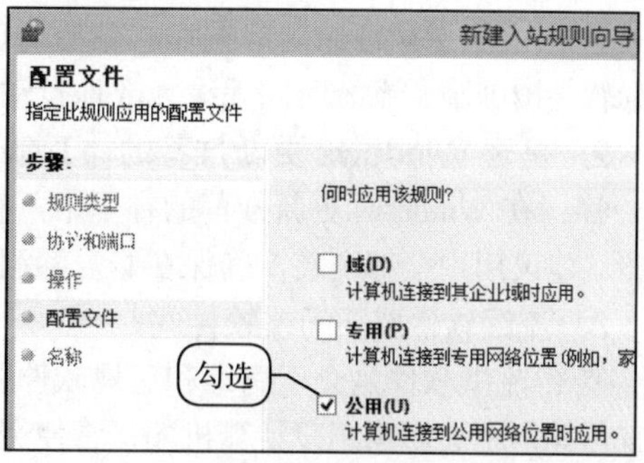

图 18-49 设置应用该规则的领域

Step 07 单击“下一步”按钮切换至新的界面，输入规则名称和描述信息，如图 18-50 所示。

Step 08 单击“完成”按钮后可看见新建的入站规则，如图 18-51 所示。

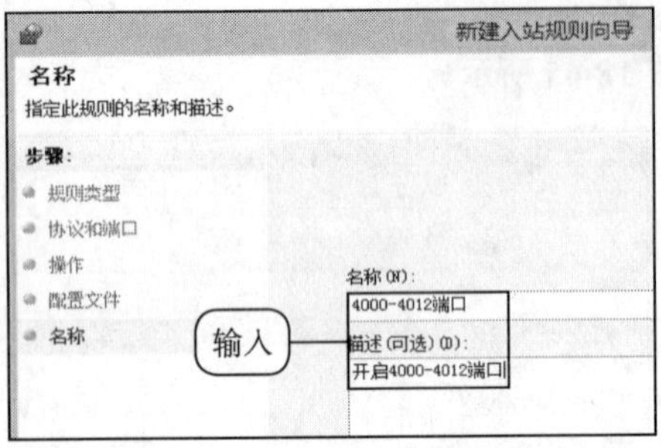

图 18-50 输入“名称”和“描述”信息

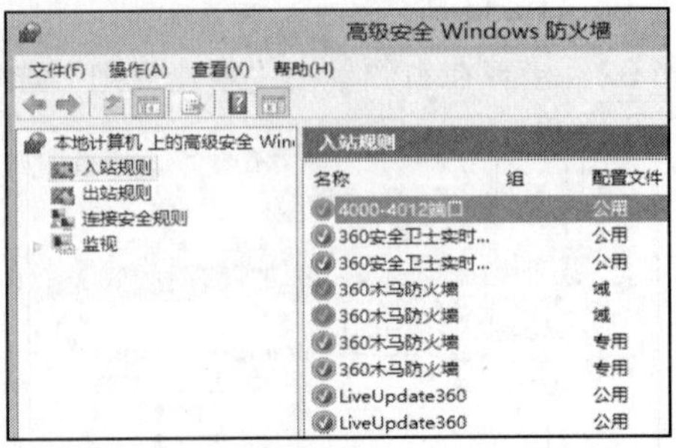

图 18-51 查看添加的入站规则

18.9 自定义 Windows 的更新方式

Windows 更新具有修复系统漏洞的功能，它默认设置是一旦 Microsoft 推出更新补丁，系统将在后台自动下载并安装，但是该设置并不是适用于所有的 Windows 用户，因此用户可以更改 Windows 的更新方式。打开“Windows 更新”窗口，在左侧单击“更改设置”链接，切换至“更改设置”界面，单击“重要更新”下方的扩展按钮，在展开的下拉列表中选择更新方式，如选择“检查更新，但是让我选择是否下载和安装更新”选项，如图 18-52 所示，再单击“确定”按钮保存后退出即可。

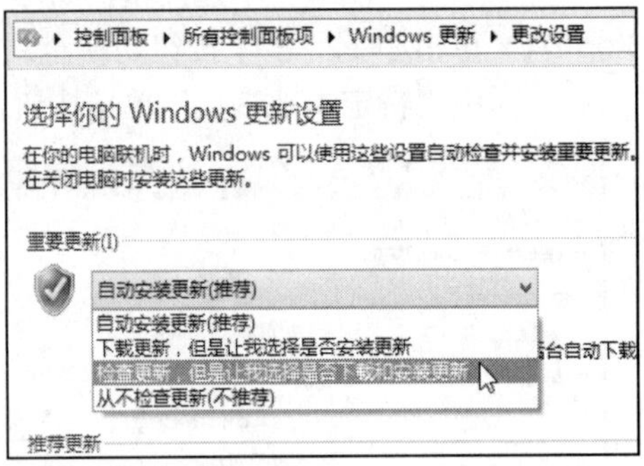

图 18-52 更改 Windows 的更新方式

新手疑惑解答

1. 计算机中病毒后的常见症状有哪些?

答：电脑中病毒后的常见症状主要表现为：开机和运行速度相当缓慢、电脑自动关机、杀毒软件被屏蔽、系统时间无缘无故地自动被更改等。

2. 是否 Windows 更新推荐的补丁都必须安装?

答：在 Windows 更新推荐的补丁中，有些补丁是为了修复安全漏洞，有些补丁则是增强功能，建议用户全部安装，确保在修复漏洞的同时也使功能得到增强。

3. 流氓软件属于间谍软件吗?

答：流氓软件是介于病毒和正规软件之间的软件，它们只是为了达到某种目的，例如广告宣传等，不会影响用户计算机的正常使用，因此它不属于间谍软件。

第19章 配置系统安全属性

本章知识点：

- ☑ 设置 BIOS 密码和开机密码
- ☑ 使用用户账户控制提高系统安全
- ☑ 对程序和 DLL 文件创建 AppLocker 规则
- ☑ 使用本地安全策略进行安全配置
- ☑ 使用 3 种组策略保障系统的安全

在 Windows 8 操作系统中，为了维护系统的安全，用户可以在系统中利用 BIOS 密码、用户账户控制、本地安全策略以及组策略来实现，使用这些系统自带的程序，可以在一定程度上确保系统的安全。

基础讲解

19.1　设置 BIOS 密码和开机密码

BIOS 是英文 Basic Input Output System 的缩写，直译就是"基本输入输出系统"。它保存着电脑中最重要的基本输入输出程序、系统设置信息、开机后自检程序和系统自启动程序，进入 BIOS 的方法是在启动电脑后按对应的快捷键，该快捷键既可能是【Del】键，又可能是【F2】键。如果不能确定则可以查看主板说明书中进入 BIOS 的方法，如图 19-1 所示为 PhoenixBIOS Setup Utility 的界面示意图。

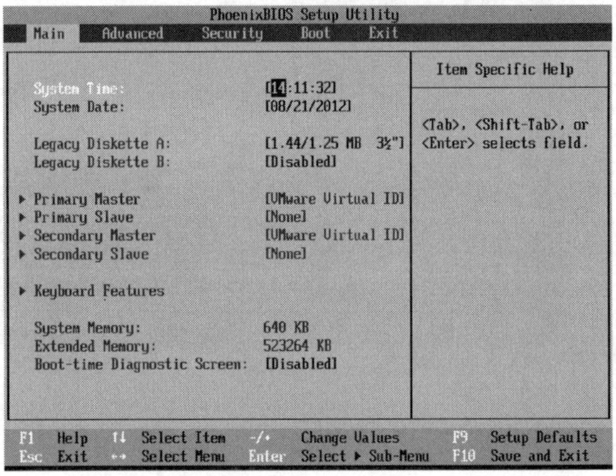

图 19-1　PhoenixBIOS Setup Utility 界面示意图

该 BIOS 主要包括 5 个选项卡，分别是 Main、Advanced、Security、Boot 以及 Exit。不同的选项卡提供了不同的设置选项。

- ❑ Main：Main 选项卡提供了设置系统的时间、日期以及查看电脑所接硬盘数量等功能。
- ❑ Advanced：Advanced 选项卡提供了设置多重处理器规范、重新配置数据以及磁盘存取模式等功能。
- ❑ Security：Security 选项卡提供了设置 / 清除 BIOS 用户密码、BIOS 超级用户密码以及开机密码等功能。
- ❑ Boot：Boot 选项卡提供了设置系统的启动方式，既可以设置从硬盘启动，又可以设置为从光驱启动。
- ❑ Exit：Exit 选项卡提供了退出 BIOS 的方式（保存退出或者不保存退出）以及重置 BIOS 的功能。

由于 BIOS 中保存着操作系统的重要信息，因此用户可以通过设置密码来防范他人随意修改 BIOS 中的信息。

19.1.1　设置 BIOS 密码

BIOS 密码是一种用于限制访问和修改 BIOS 的密码，该密码包括用户密码（User Password）和超级用户密码（Supervisor Password）两种，使用用户密码进入 BIOS 后只能浏览 BIOS 信息，无法更改；而使用超级用户密码进入 BIOS 后不仅可以浏览 BIOS 信息，而且还可以修改这些信息。用户密码和超级用户密码的设置方法基本相同，下面以设置超级用户密码为例介绍设置 BIOS 密码的操作方法和步骤。

Step 01　打开 BIOS 主界面，❶ 切换到“Security”选项卡，❷ 选择“Set Supervisor Password”选项后按【Enter】键，如图 19-2 所示。

Step 02　弹出“Set Supervisor Password”对话框，在该对话框中连续输入两次密码，然后按【Enter】键，如图 19-3 所示。

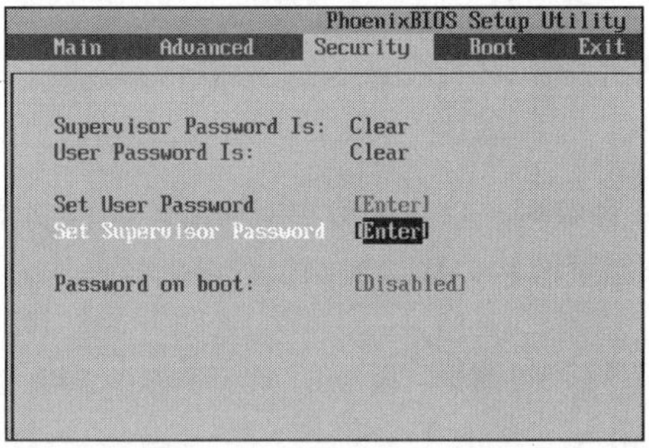

图 19-2　选择“Set Supervisor Password”选项

图 19-3　设置“Supervisor Password”

Step 03　弹出“Setup Notice”对话框，提示设置已经被保存，默认选中“Continue”选项，然后按【Enter】键关闭对话框，如图 19-4 所示。

Step 04　返回 BIOS 主界面，按【F10】键弹出“Setup Confirmation”对话框，选中“Yes”选项，然后按【Enter】键保存后退出，如图 19-5 所示。

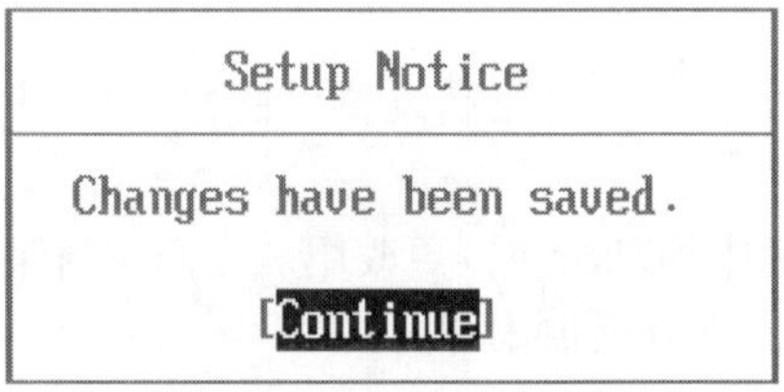

图 19-4　设置已经被保存

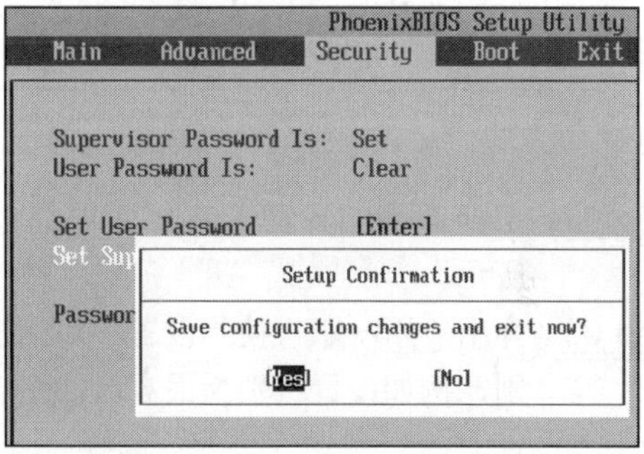

图 19-5　保存设置的密码

19.1.2　设置开机密码

开机密码是指启动电脑后需要输入的密码，只有确保输入正确的开机密码后，BIOS 才开始自检并进入操作系统，该密码完全可以防止他人随意开启并使用自己的电脑。设置开机密码的方法比较简单，同样是在 BIOS 中设置，首先按照 19.1.1 节介绍的方法设置超级用户密码，选中“Password on boot”选项后按【Enter】键，然后选择“Enable”选项，如图 19-6 所示，便成功设置了开机密码，最后利用【F10】键保存后退出即可。

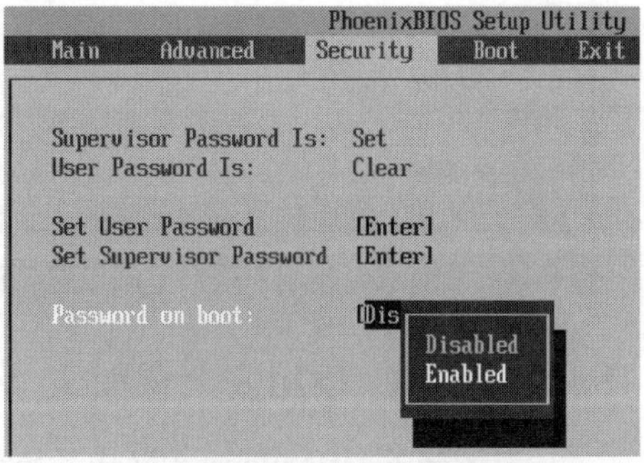

图 19-6　设置开机密码

19.2 使用用户账户控制以提高系统安全

用户账户控制 (User Account Control) 原本是 Windows Vista 中一组新的基础结构技术，后来该技术被应用在 Windows 7 和 Windows 8 操作系统中，它可以有效阻止恶意程序破坏系统。应用程序和任务总是在非管理员账户中运行的，使用用户账户控制，可确保恶意程序不会获取管理员权限，但管理员专门给系统授予管理员级别的访问权限时除外。用户账户控制会阻止未经授权应用程序的自动安装，以防止其对系统设置进行更改。

19.2.1 更改用户账户控制保护级别

用户账户控制保护分为低、中、中高和高级 4 种级别，这 4 种级别对应着不同的功能，一般情况下建议用户选择中高级或者高级，下面介绍更改用户账户控制保护级别的操作方法和步骤。

Step 01 打开“控制面板”窗口，❶ 设置查看方式为“类别”，❷ 然后单击“系统和安全”链接，如图 19-7 所示。

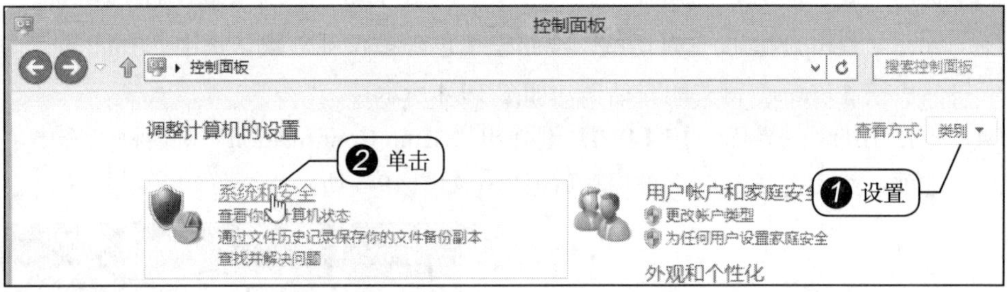

图 19-7 单击“系统和安全”链接

Step 02 切换至新的界面，在界面顶部单击“更改用户账户控制设置”链接，如图 19-8 所示。

Step 03 弹出“用户账户控制设置”对话框，在界面中拖动滑块，更改用户账户控制保护级别，例如设置级别为最高，如图 19-9 所示，保存后退出即可。

图 19-8 单击“更改用户账户控制设置”链接

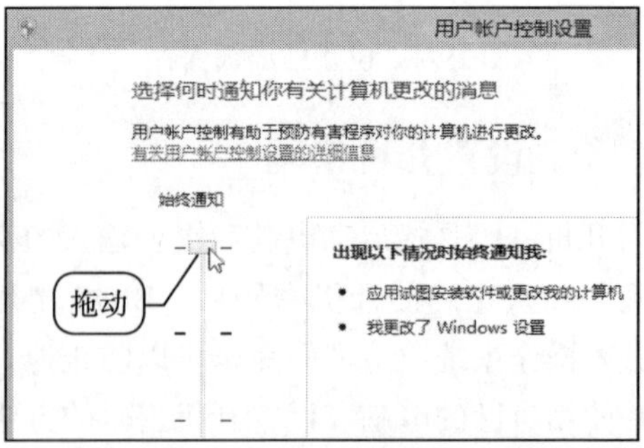

图 19-9 调整控制保护级别

19.2.2 启用 / 禁用安全桌面

一般情况下，Windows 8 操作系统在弹出“用户账户控制”对话框时，桌面背景会呈灰色显示，如图 19-10 所示，此时的桌面就是安全桌面。该桌面并不是为了突出显示“用户账户控制”对话框，而是为了系统安全。

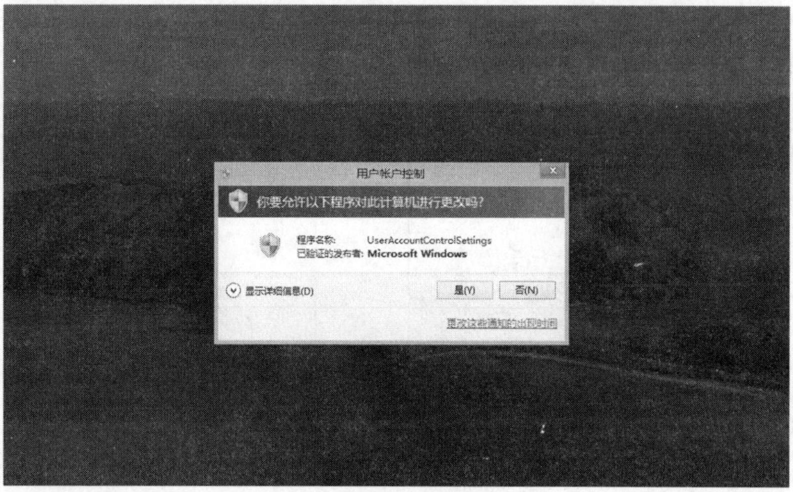

图 19-10　安全桌面

1. 安全桌面的用途

“用户账户控制”对话框实际上都是运行在安全桌面上的。此时显示的暗灰色桌面是由于 Microsoft 为了保持用户体验的一致性，对当前的用户桌面做的一个“快照”，并将其作为安全桌面的“墙纸”。

安全桌面的安全性能非常好，除了受信任的系统进程之外，任何用户级别的进程都无法在安全桌面上运行，从而达到阻止恶意程序入侵系统的目的。

2. 启用 / 禁用安全桌面

安全桌面固然能够确保当前系统的安全，但是对于某些电脑来说，可能由于显示器的原因，导致显示安全桌面时刷新较慢或者会显示“无信号”的错误提示，因此用户可以选择启用 / 禁用安全桌面，具体的操作方法和步骤如下。

Step 01　打开“所有控制面板项”窗口，在“大图标”查看方式下单击“管理工具”链接，如图 19-11 所示。

Step 02　切换至“管理工具”界面，在界面中双击“本地安全策略”图标，如图 19-12 所示。

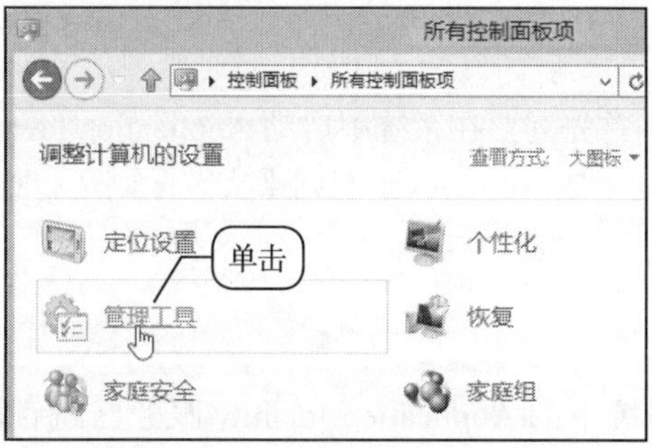

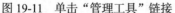

图 19-11　单击“管理工具”链接

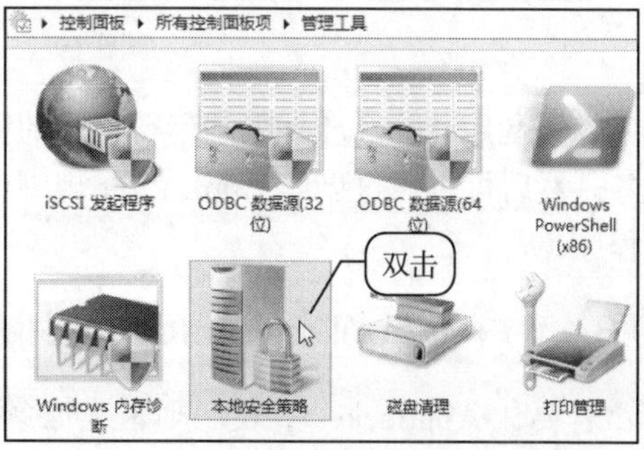

图 19-12　双击“本地安全策略”图标

Step 03　打开“本地安全策略”窗口，❶ 在左侧窗格中依次单击“本地策略 > 安全选项”选项，❷ 然后在右侧双击“用户账户控制：提示提升时切换到安全桌面”选项，如图 19-13 所示。

Step 04 弹出“用户账户控制：提示提升时切换到安全桌面 属性”对话框，若要启动安全桌面则单击选中“已启用”单选按钮；若要禁用则单击选中“已禁用”单选按钮。例如设置启动安全桌面，如图 19-14 所示，保存后退出即可。

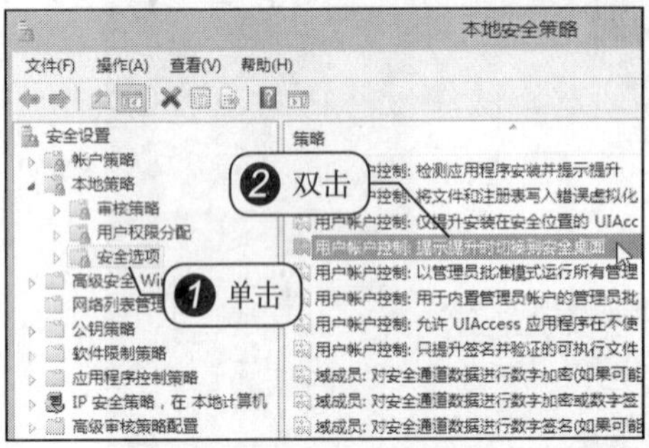

图 19-13 双击“提示提升时切换到安全桌面”选项

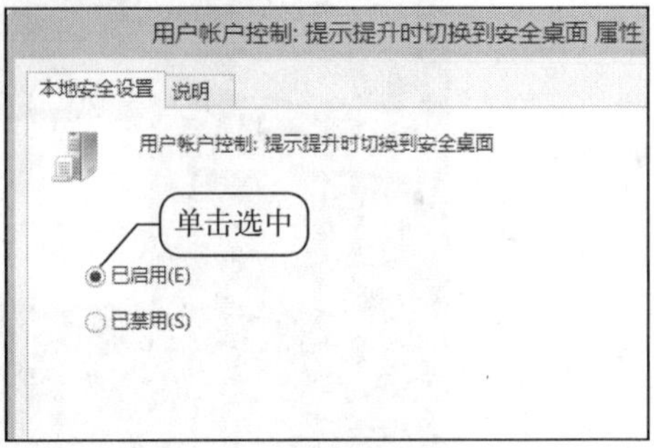

图 19-14 设置启动安全桌面

19.3 利用 AppLocker 限制运行指定的程序

AppLocker 又被称为应用程序控制策略，它是 Windows 8 操作系统中新增的一项安全功能。利用 AppLocker，管理员可以非常方便地配置应用程序，从而实现指定用户可在电脑中运行的程序、脚本以及安装的文件。打开“本地安全策略”窗口，在左侧窗格中依次单击“应用程序控制策略 >AppLocker”选项，即可打开 AppLocker 界面，如图 19-15 所示。

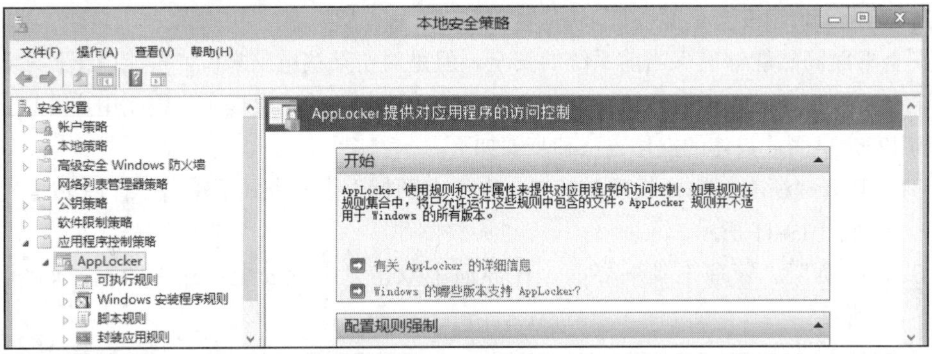

图 19-15 AppLocker 界面

若要利用 AppLocker 限制运行指定的程序，则首先需要在系统中启动 Application Identity 服务，然后可以通过创建 AppLocker 规则或者自动生成 AppLocker 规则来实现限制运行指定的程序。

19.3.1 启动 Application Identity 服务

若要让 AppLocker 生效，则首先必须保证系统中的 Application Identity 服务已经启动，在默认情况下，该服务配置为手动启动，具体的操作步骤如下。

Step 01 打开“管理工具”窗口，在界面中双击“服务”图标，如图 19-16 所示。

Step 02 打开“服务”窗口，在右侧的窗格中双击 Application Identity 选项，如图 19-17 所示。

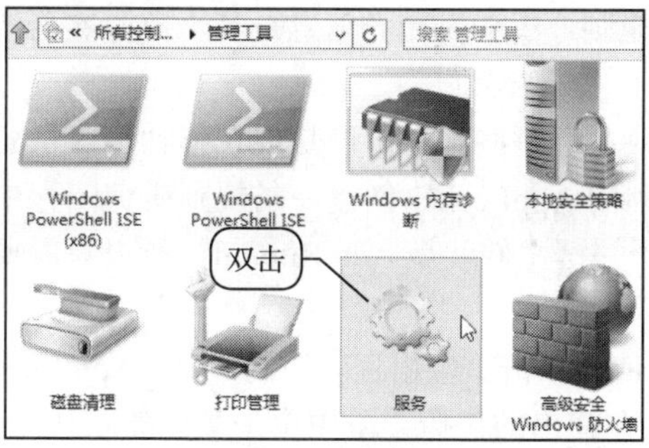

图 19-16　双击“服务”图标

图 19-17　双击“Application Identity”选项

Step 03　弹出“Application Identity 的属性（本地计算机）”对话框，当前服务状态为已停止，单击“启动”按钮，如图 19-18 所示。

Step 04　启动成功后可在对话框中看见当前服务状态为“正在运行”，单击“确定”按钮，保存后退出，如图 19-19 所示。

图 19-18　单击“启动”按钮

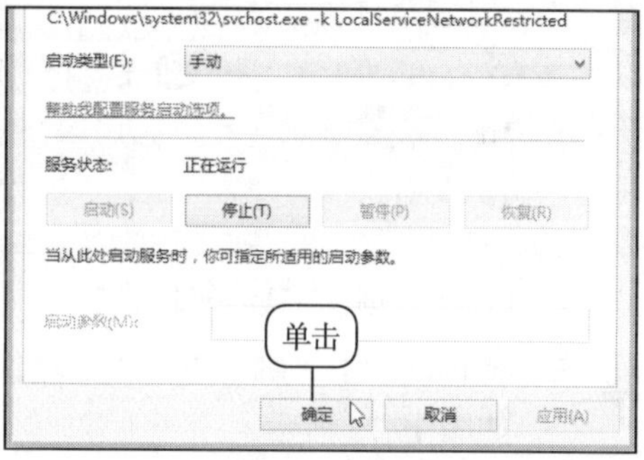

图 19-19　成功启动

19.3.2　创建 AppLocker 规则

在创建 AppLocker 规则时，用户有 3 种选择，既可以创建文件哈希规则，又可以创建路径规则，同时还可以选择创建发布者规则，如图 19-20 所示，这 3 种规则的相关描述如下。

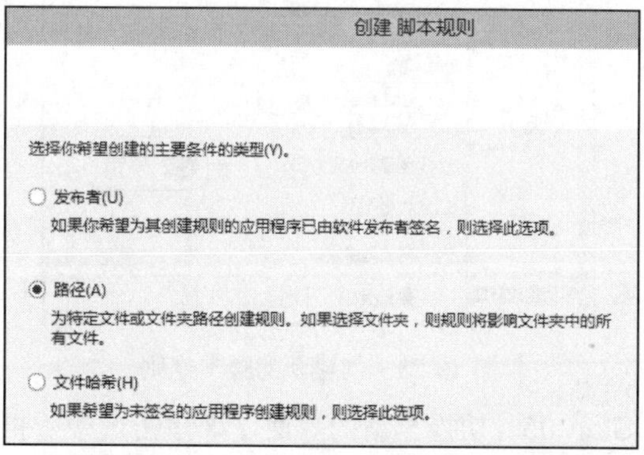

图 19-20　3 种 AppLocker 规则

- ❑ 文件哈希规则：该规则会创建一个哈希值，用该值来标识某个可执行文件，运行该文件前，Windows 8 操作系统会计算该文件的哈希值，然后与设定的规则进行匹配，以确定是否可以应用该规则。该规则的劣势在于：只要应用程序升级，就必须重新创建新的规则。
- ❑ 路径规则：该规则是根据文件夹路径来标识应用程序的。例如，用户可以创建一条路径规则，允许 D:\Program Files \Tencent\QQ\Bin\QQ.exe 运行，这样一来，就算应用程序升级，仍然不会影响该程序的正常运行。
- ❑ 发布者规则：该规则相比之前的两种更加实用，因为该规则可以帮助用户创建基于发布者、产品名称、文件名和版本号的组合规则，由于发布者信息是基于数字签名技术的，因此无法对其进行篡改。

平时用户经常要用到移动硬盘，利用它传输或共享一些文件。可是现在移动硬盘很容易携带病毒，从而导致系统反复中毒。这时就可以利用 AppLocker 创建一条规则避免闪存中的病毒入侵系统造成破坏。移动硬盘病毒传播的一个关键文件就是 AutoRun.inf，所以只需要禁止这个文件的运行就可以了。具体的操作步骤如下。

Step 01　打开“本地安全策略”窗口，❶ 在左侧依次单击“应用程序控制策略 >AppLocker”选项，❷ 然后右击“脚本规则”选项，在弹出的快捷菜单中单击“创建默认规则”命令，如图 19-21 所示。

Step 02　此时可在右侧窗格中看见创建的 3 条默认规则，如图 19-22 所示。

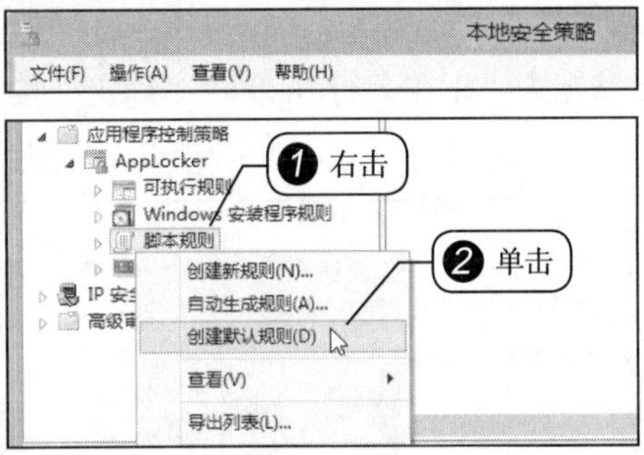

图 19-21　创建默认的脚本规则

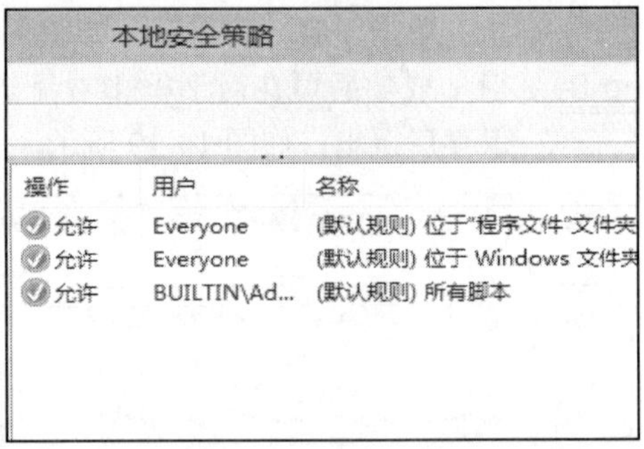

图 19-22　查看所创建的 3 条默认规则

Step 03　❶ 再次右击“脚本规则”选项，❷ 在弹出的快捷菜单中单击“创建新规则”命令，如图 19-23 所示。

Step 04　弹出“创建 脚本规则”对话框，在向导简介界面中直接单击“下一步”按钮，如图 19-24 所示。

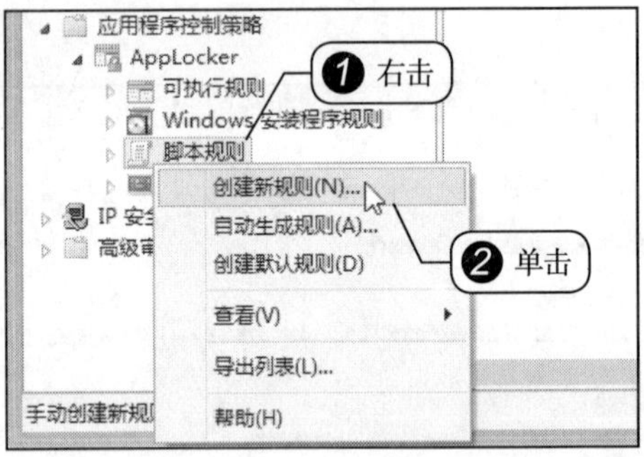

图 19-23　创建新的脚本规则

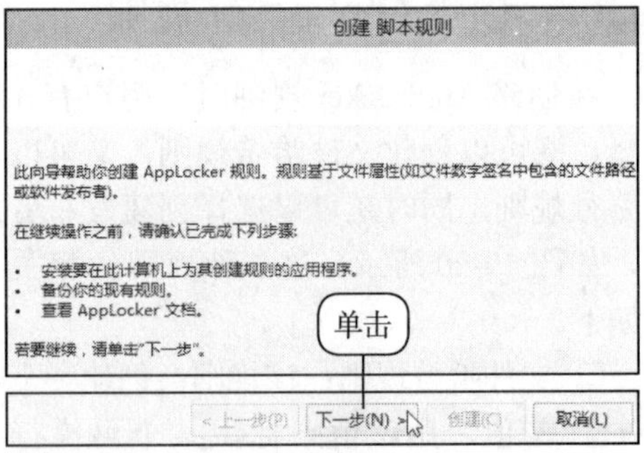

图 19-24　单击“下一步”按钮

Step 05　切换至新的界面，❶ 单击选中“拒绝”单选按钮，❷ 然后在“用户或组”下方的文本框中输入“Everyone”，如图 19-25 所示。

Step 06　切换至新的界面，在界面中选择规则类型，例如选择路径规则，单击选中“路径”单选按钮，如图 19-26 所示。

Step 07　切换至新的界面，在“路径”下方的文本框中输入路径，例如输入“?:\AutoRun.inf”，即可阻止运行任意盘符下的 AutoRun.inf 文件，如图 19-27 所示。

Step 08　切换至新的界面完成设置，直接单击“创建”按钮，如图 19-28 所示。

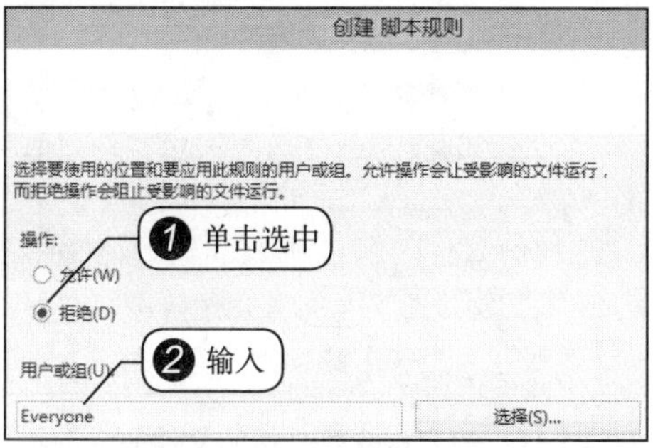

图 19-25 阻止所有用户运行

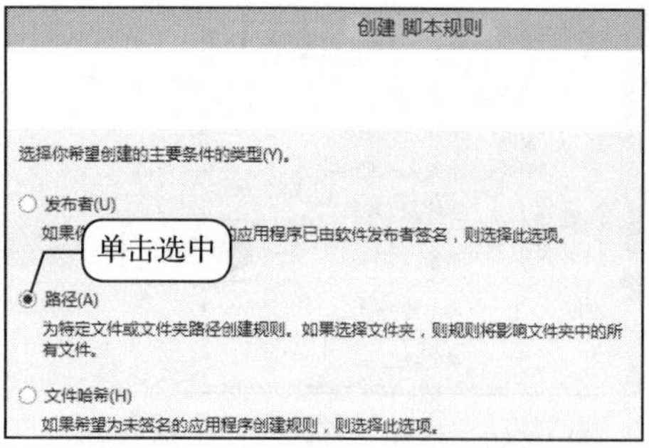

图 19-26 选择路径规则

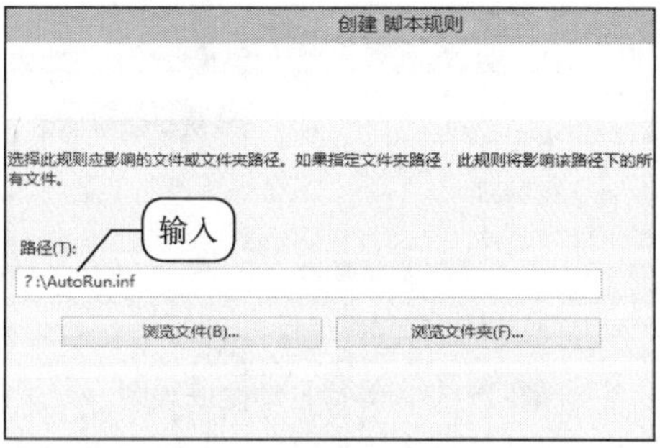

图 19-27 阻止运行 AutoRun.inf 文件

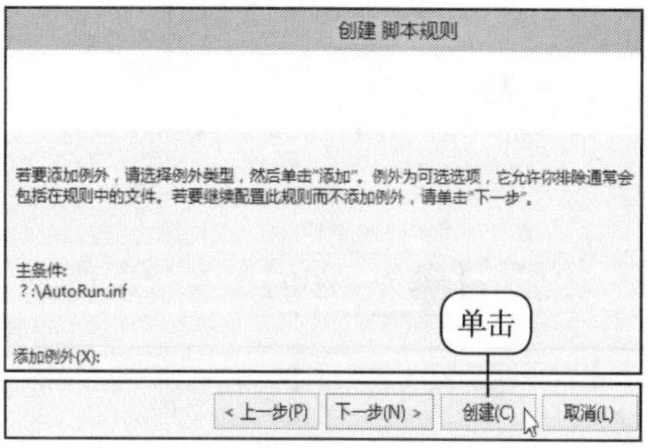

图 19-28 单击“创建”按钮

Step 09 返回“本地安全策略”窗口，此时可在右侧看见创建的路径规则，如图 19-29 所示，该规则的含义是禁止运行任意盘符中的 AutoRun.inf 文件。

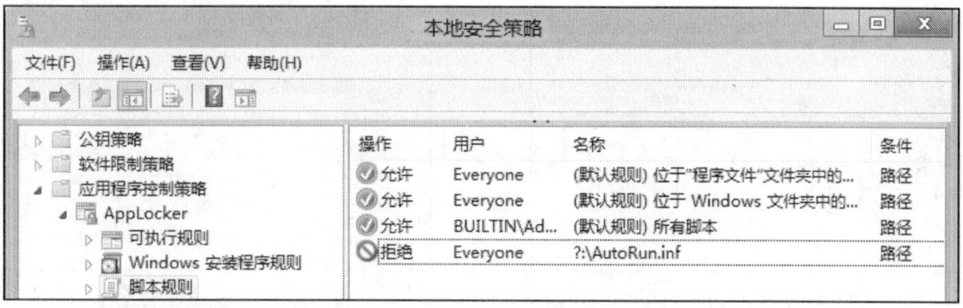

图 19-29 查看所创建的路径规则

19.3.3 自动生成 AppLocker 规则

如果用户觉得手动创建 AppLocker 规则比较麻烦，则可以选择让其自动生成 AppLocker 规则，从而在一定程度上减小了用户配置的难度。具体的操作步骤如下。

Step 01 打开“本地安全策略”窗口，❶ 右击“可执行规则”选项，❷ 在弹出的快捷菜单中单击“自动生成规则”命令，如图 19-30 所示。

Step 02 弹出“自动生成可执行规则”对话框，输入包含要分析的文件的文件夹为“C:\Program Files”，如图 19-31 所示。

Step 03 切换至新的界面，❶ 单击选中“为经过数字签名的文件创建发布者规则”单选按钮，❷ 然后单击选中“路径：规则是使用文件路径创建的”单选按钮，如图 19-32 所示。

Step 04 弹出“规则生成进度”对话框，耐心等待该规则的生成，如图 19-33 所示。

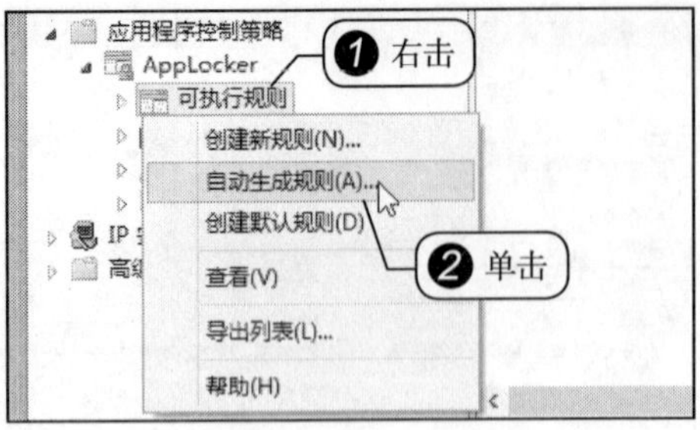

图 19-30　选择“自动生成规则”命令

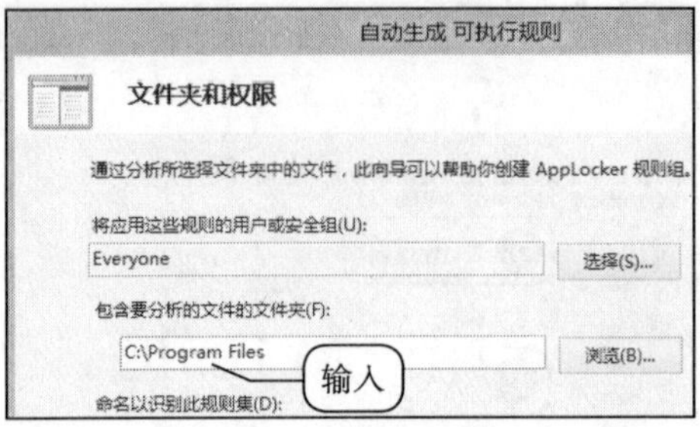

图 19-31　输入包含要分析的文件的文件夹

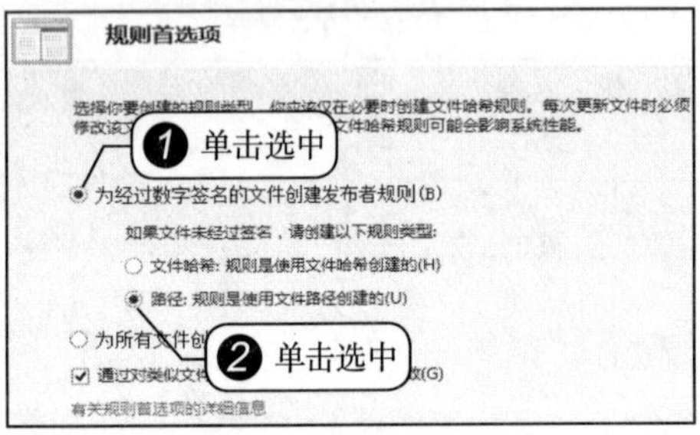

图 19-32　选择路径规则

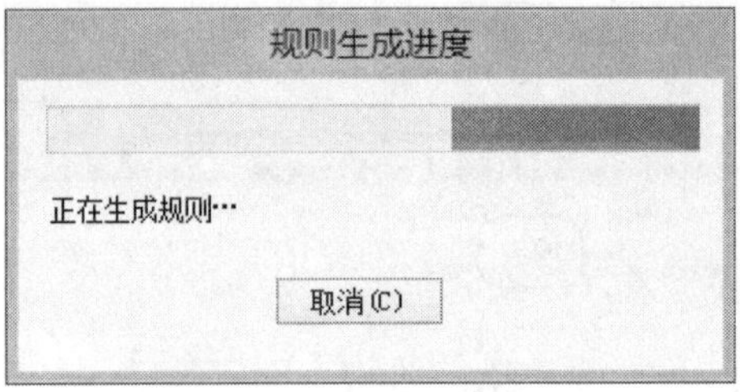

图 19-33　等待自动生成规则

Step 05　切换至“查看规则”界面，此时可看见自动生成的规则，勾选“查看已分析的文件”复选框，如图 19-34 所示。

Step 06　此时可在“编辑文件”对话框中看见已分析的文件，如图 19-35 所示。

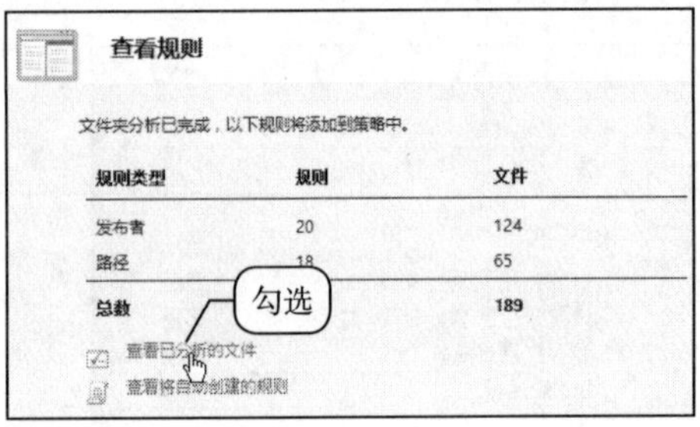

图 19-34　勾选“查看已分析的文件”复选框

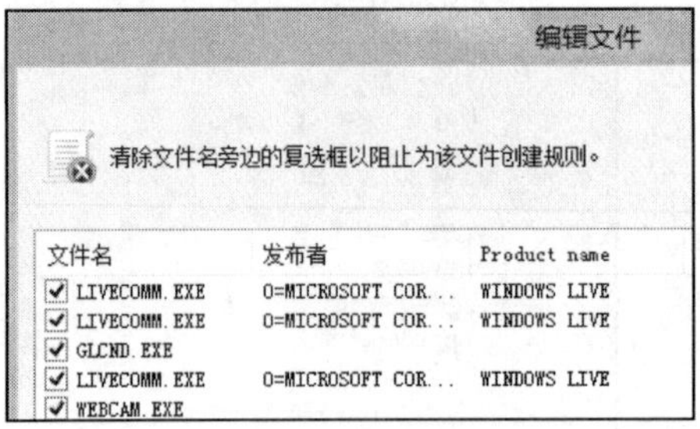

图 19-35　查看已分析的文件

Step 07　关闭“编辑文件”对话框，在“查看规则”界面中单击“创建”按钮，如图 19-36 所示。

Step 08　返回“本地安全策略”窗口，此时可看见自动生成的 AppLocker 规则，如图 19-37 所示。

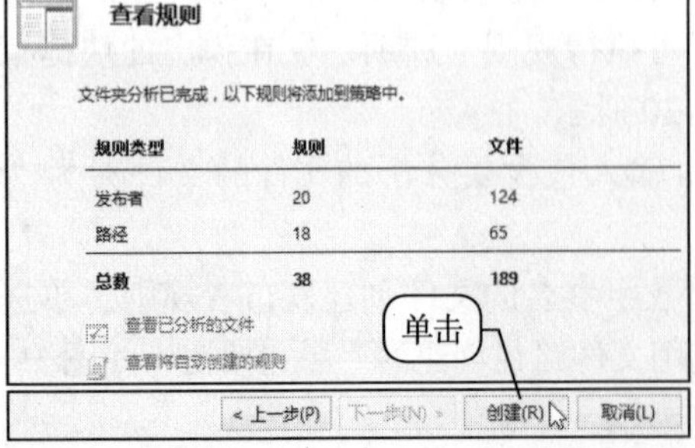

图 19-36　单击“创建”按钮

图 19-37　查看自动生成的 AppLocker 规则

19.4 使用常规组策略保障系统的安全

组策略（Group Policy）是管理员为用户和电脑定义并控制程序、网络资源及操作系统行为的主要工具。它可以帮助系统管理员针对整个电脑或者特定用户来设置桌面配置和安全配置。例如既可以为特定用户或用户组定制可用的程序、桌面上显示的内容以及“开始”菜单选项等，又可以在整个电脑中创建特殊的桌面配置。简而言之，组策略是 Windows 操作系统中的一套系统更改和配置管理工具的集合。

Windows 8 操作系统中拥有 3 类本地组策略对象，它们分别是：常规组策略、管理员 / 标准用户组策略以及特定用户组策略，它们主要用于对本地电脑进行更加细致的管理和控制。

- 常规组策略：该类组策略是最常用的组策略对象，它会对系统中的所有用户以及系统设置产生影响。
- 管理员 / 标准用户组策略：管理员组策略会应用到系统中所有管理员组中的管理员用户账户，而标准用户组策略则会应用到系统中所有非管理员组中的普通用户账户。
- 特定用户组策略：特定用户组策略是针对特定用户账户所设计的，它与某个特定的用户账户相关联。

本节将介绍如果利用常规组策略来保障系统桌面的安全，而管理员 / 标准用户组策略和特定用户组策略将在 19.6 节进行详细介绍。

若想访问常规组策略，则按【Win+R】键打开“运行”对话框，输入“gpedit.msc”后按【Enter】键，便可打开“本地组策略编辑器”窗口，如图 19-38 所示。

常规组策略包括电脑配置和用户配置两部分，其中电脑配置部分主要用于设置与电脑相关的配置，而用户配置部分则用于设置与用户相关的配置。本节以阻止访问磁盘分区、拒绝将最近文档共享添加到局域网中和报告非法登录为例，介绍如何使用常规组策略保证系统安全。

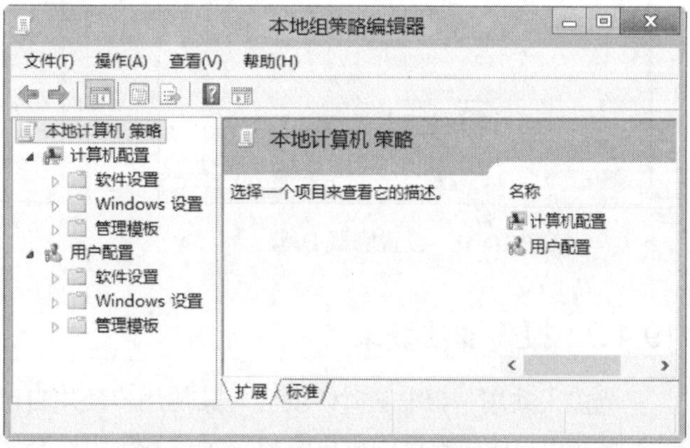

图 19-38 “本地组策略编辑器”窗口

19.4.1 阻止访问磁盘分区

无论是家用电脑还是公司中的电脑，都会存在别人使用的情况，为了避免他人查看到电脑中的隐私文件，则可以在常规组策略中设置阻止访问指定的分区。具体的操作步骤如下。

Step 01 打开“本地组策略编辑器”窗口，❶ 在左侧依次单击“管理模板 >Windows 组件”选项，❷ 然后在右侧双击“Windows 资源管理器”选项，如图 19-39 所示。

Step 02 接着在界面中双击“隐藏‘我的电脑’中的这些指定的驱动器”选项，如图 19-40 所示。

Step 03 弹出“隐藏‘我的电脑’中的这些指定的驱动器 属性”对话框，❶ 单击选中“已启用”单选按钮，❷然后在“选择下列组合中的一个”下拉列表中选择“仅限制D驱动器”，即隐藏D盘，如图19-41所示。

Step 04 保存后退出，打开“电脑”窗口后可在界面中看见D盘并未被显示，如图19-42所示，即设置成功。

图19-39 双击“Windows资源管理器”选项

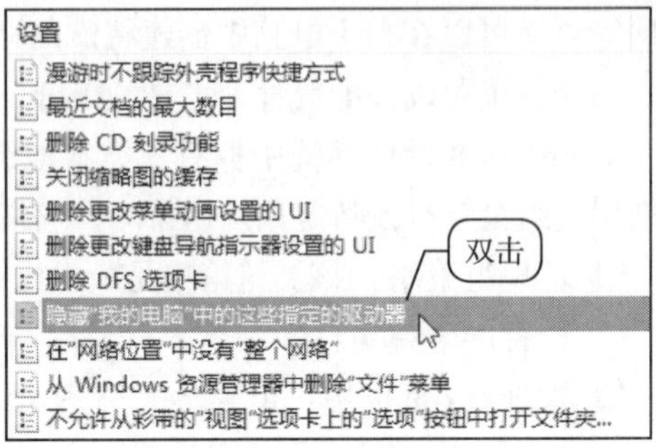

图19-40 选择“隐藏‘我的电脑’中的这些指定的驱动器”选项

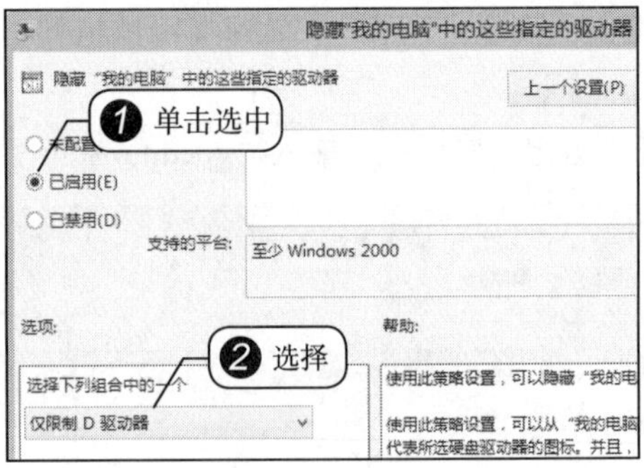

图19-41 设置隐藏D盘

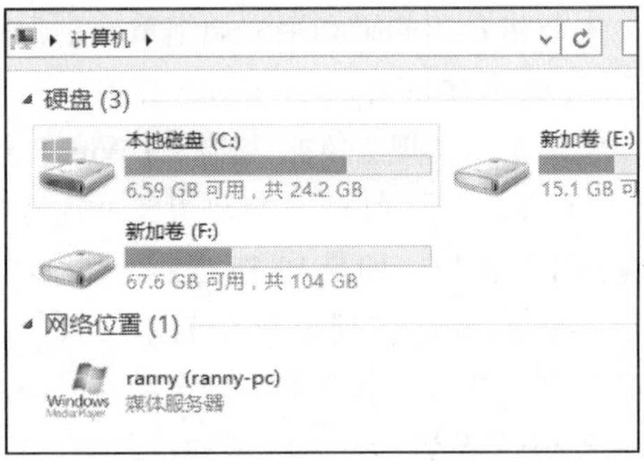

图19-42 查看设置后的显示效果

19.4.2 报告非法登录

当多人共用一台电脑时，就会有其他用户使用自己的用户账户来登录系统，那么如何知道是哪些用户应用自己的用户账户登录过系统呢？其实可以借助于组策略，让系统自动记录前一次登录的时间，如果发现前一次登录的时间有问题，则说明有人非法登录了。具体的操作步骤如下。

Step 01 打开“本地组策略编辑器”窗口，❶在左侧依次单击“电脑配置>管理模板>Windows组件”选项，❷然后在右侧双击“Windows登录选项”选项，如图19-43所示。

Step 02 切换至新的界面，在右侧窗格中双击“在用户登录期间显示有关以前登录的信息”选项，如图19-44所示。

Step 03 弹出“在用户登录期间显示有关以前登录的信息”对话框，单击选中“已启用”单选按钮，如图19-45所示，保存后退出。以后登录电脑时，电脑就会显示用户上次登录的时间，可以此判断是否有人非法登录过该电脑。

图 19-43 双击“Windows 登录选项”选项

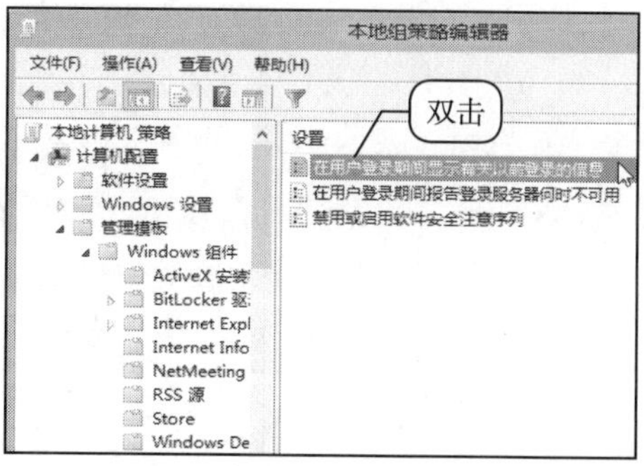

图 19-44 双击“在用户登录期间显示有关以前登录的信息”选项

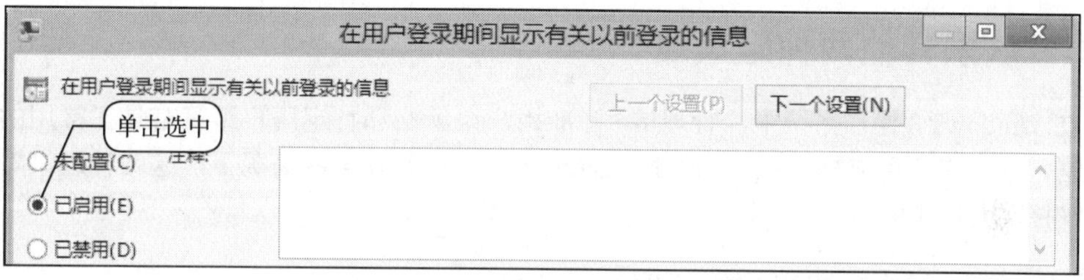

图 19-45 启用“在用户登录期间显示有关以前登录的信息”

拓展解析

19.5 对 DLL 文件应用 AppLocker 规则

动态链接库（DLL）文件中包含可执行代码，以便于供多个应用程序使用。一般情况下，AppLocker 只作用于可执行文件，而不是 DLL 文件。换句话说，如果 AppLocker 规则允许应用程序运行，则该程序将会加载所有的 DLL 文件。

当某些恶意程序将代码注入 DLL 文件后，则该 DLL 文件将会逃过 AppLocker 规则的限制，一旦应用程序运行，则被注入恶意代码的 DLL 文件将会同时被运行，从而会对系统安全构成威胁，因此用户需要对 DLL 文件应用 AppLocker 规则以阻止其运行。具体的操作步骤如下。

Step 01 打开“本地安全策略”窗口，在左侧依次单击“应用程序控制策略 >AppLocker”选项，然后在右侧单击“配置规则强制”链接，如图 19-46 所示。

Step 02 弹出“AppLocker 属性”对话框，❶ 切换至“高级”选项卡，❷ 勾选“启用 DLL 规则集合”复选框，如图 19-47 所示，保存后退出即可。

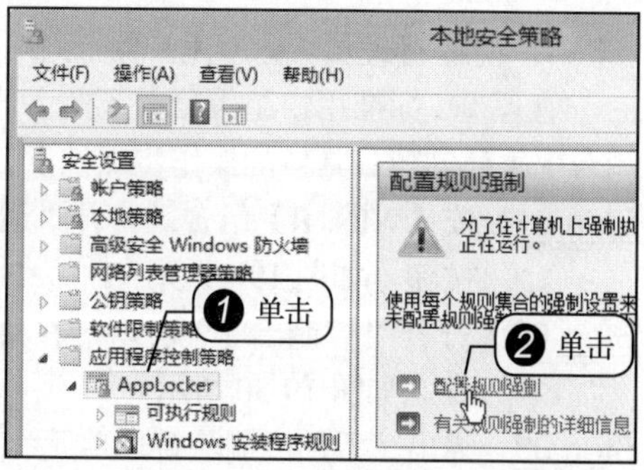

图 19-46 单击“配置规则强制”链接

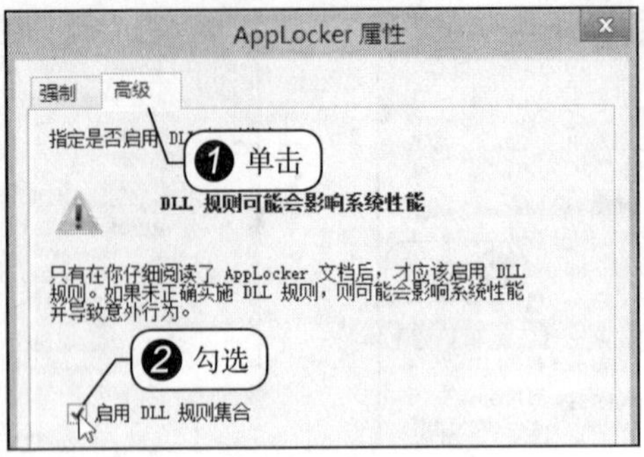

图 19-47　启用 DLL 规则集合

19.6　认识其他两种组策略

在 Windows 8 操作系统中，管理员 / 标准用户组策略和特定用户组策略是不常用的两类组策略，有些用户可能根本就不知道这两种组策略，但是在某些情况下，这两种组策略还是能够发挥巨大作用的。

19.6.1　管理员 / 标准用户组策略

管理员组策略仅对管理员组中的管理员用户账户生效，如果管理员需要更多的特权，而常规组策略对象的限制又太多，则用户可以借助管理员组策略来覆盖常规组策略中的设置；标准用户组策略的用法与管理员组策略的用法一致，不过它只对非管理员用户账户生效。在图 19-48 中，“本地计算机 \Administrators 策略”就是管理员组策略，而“本地计算机 \ 非管理员策略”就是标准用户组策略。

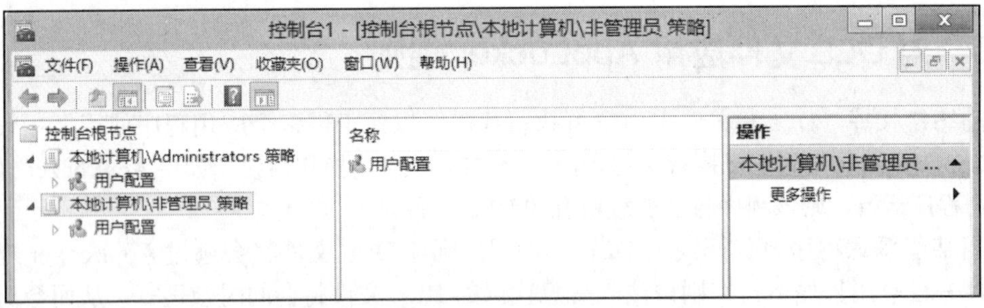

图 19-48　管理员 / 标准用户组策略

1. 创建管理员 / 标准用户组策略

管理员 / 标准用户组策略并不是一直都存在于 Windows 8 操作系统中的，用户需要在控制台中手动创建。具体的操作步骤如下。

Step 01　按【WIN+R】组合键打开“运行”对话框，❶ 输入 MMC 命令，❷ 然后单击“确定”按钮，如图 19-49 所示。

Step 02　打开“控制台 1”窗口，在菜单栏中依次单击“文件 > 添加 / 删除管理单元”命令，如图 19-50 所示。

Step 03　弹出“添加或删除管理单元”对话框，❶ 在“可用的管理单元”列表框中选择“组策略对象编辑器”命令，❷然后单击“添加”按钮，如图 19-51 所示。

Step 04 弹出“选择组策略对象”对话框，在“组策略对象”下方单击“浏览”按钮，如图 19-52 所示。

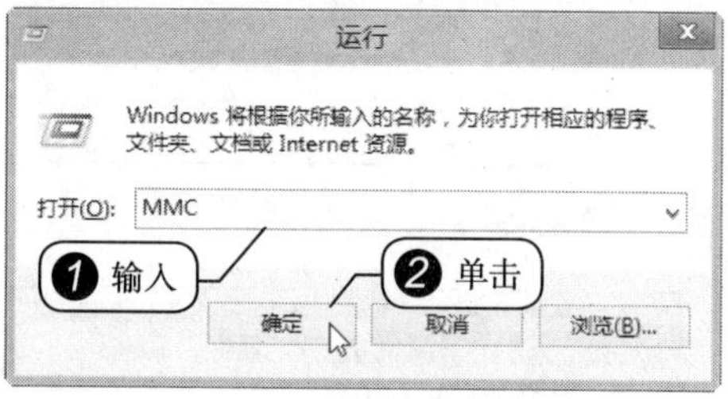

图 19-49　输入 MMC 命令

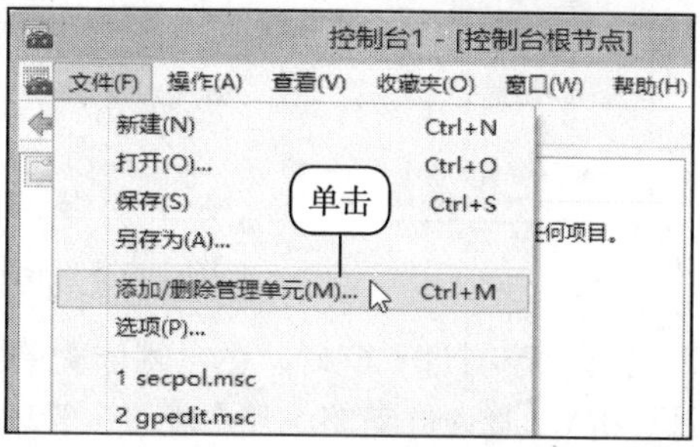

图 19-50　选择“添加 \ 删除管理单元”命令

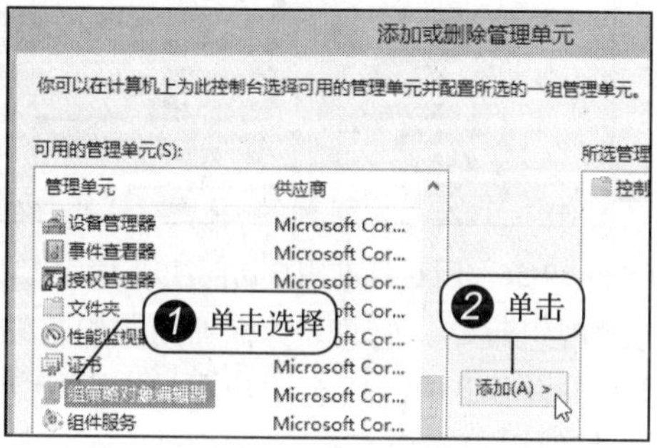

图 19-51　添加“组策略对象编辑器”

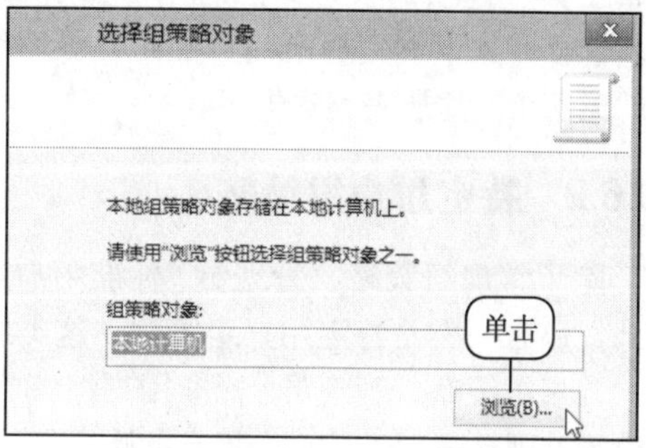

图 19-52　单击“浏览”按钮

Step 05 弹出“浏览组策略对象”对话框，切换至“用户”选项卡，在列表框中单击选择 Administrators 选项，如图 19-53 所示。

Step 06 返回“选择组策略对象”对话框，单击“完成”按钮，如图 19-54 所示。

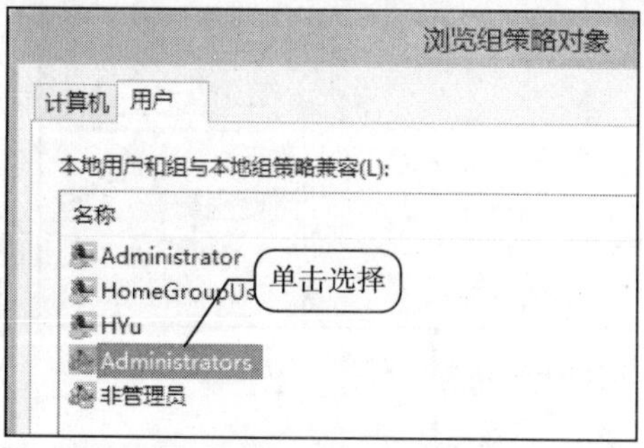

图 19-53　选择 Administrators 选项

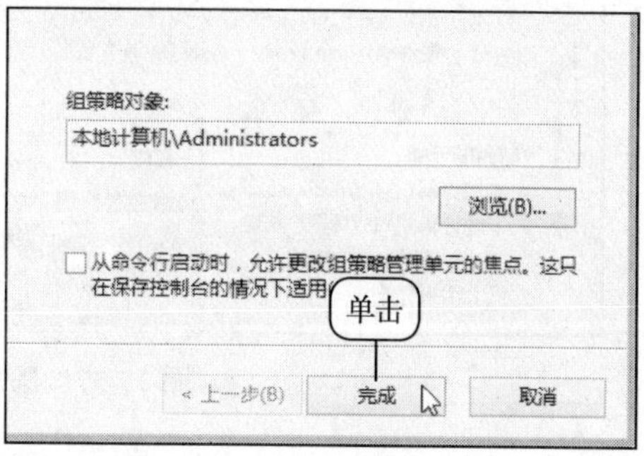

图 19-54　单击“完成”按钮

Step 07 返回“添加或删除管理单元”对话框，在“所选管理单元”列表框中可看见创建的管理员组策略，使用相同的方法可创建标准用户组策略，如图 19-55 所示。

添加标准用户组策略与添加管理员组策略相似，在此不再赘述。

2. 使用管理员 / 标准用户组策略保障系统安全

管理员 / 标准用户组策略中只有用户配置，并无计算机配置，这是因为这两种组策略只负责配置系统中的用户账户属性。如果我们为了保证系统的安全，禁止非管理员用户访问注册表，则可以通过标准用户组策略来实现。

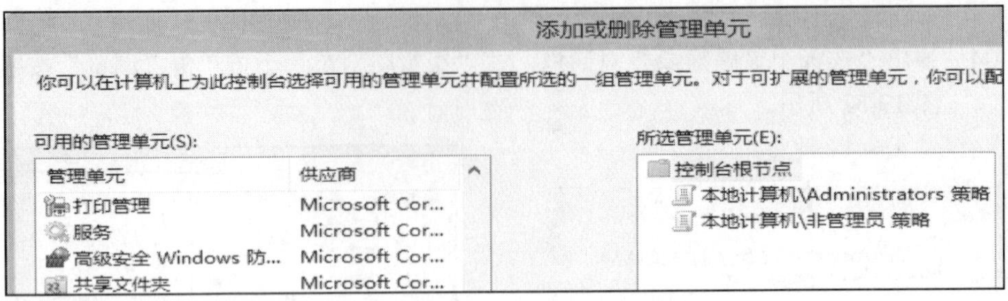

图 19-55　查看添加的管理员组策略

打开“控制台”窗口，在左侧依次单击“本地计算机\非管理员 策略 > 用户配置 > 管理模板 > 系统”选项，然后在右侧设置“阻止访问注册表编辑工具”选项的状态为已启用，如图 19-56 所示。这样一来，利用标准用户账户登录系统的人员就无法访问注册表编辑器了。

图 19-56　阻止标准用户访问注册表编辑工具

19.6.2　特定用户组策略

除了常规组策略、管理员 \ 标准用户组策略之外，还有一类是特定用户组策略，这类组策略与常规组策略、管理员 \ 标准用户组策略不同，常规组策略、管理员 \ 标准用户组策略是适用于某一个组中的所有用户账户，而特定用户组策略则是适用于某一个指定的账户，其不会影响其他用户账户。

创建特定用户组策略的操作方法与创建管理员组策略的方法完全相同，只不过选择的组策略对象是特定的用户（这里选择的是 HYu），如图 19-57 所示，特定用户组策略中也只包含用户配置，且使用方法与管理员 / 标准用户组策略完全相同。

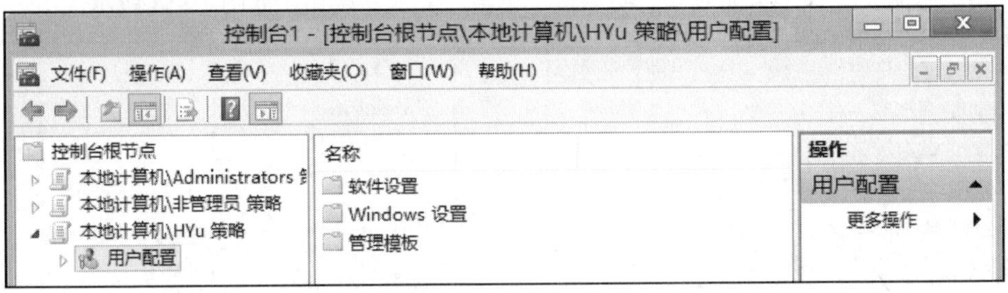

图 19-57　添加“特定用户组策略”

新手疑惑解答

1. 如何修改 BIOS 密码?

答：修改 BIOS 密码的方法很简单，在 BIOS 界面的“Security”选项卡中选中要修改的 BIOS 密码，例如选中“Set Supervisor Password”选项，然后按【Enter】键，如图 19-58 所示，弹出 Set Supervisor Password 对话框，输入旧密码后按【Enter】键，然后连续输入两次新密码后按【Enter】键，如图 19-59 所示，弹出“Setup Notice”对话框，提示设置已被保存，按【Enter】键继续，如图 19-60 所示，最后利用【F10】键保存退出即可。

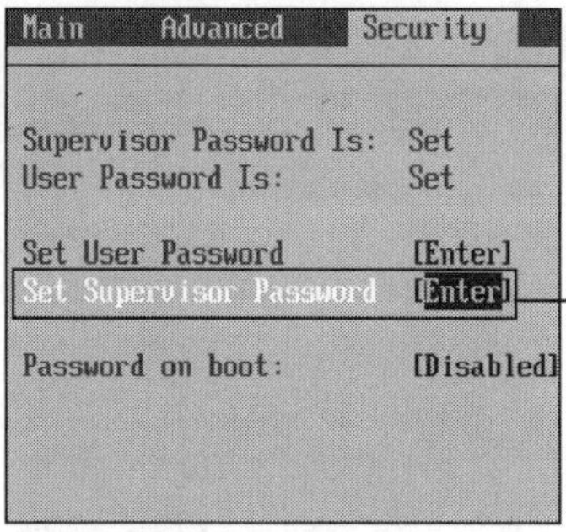

图 19-58　选择超级用户密码

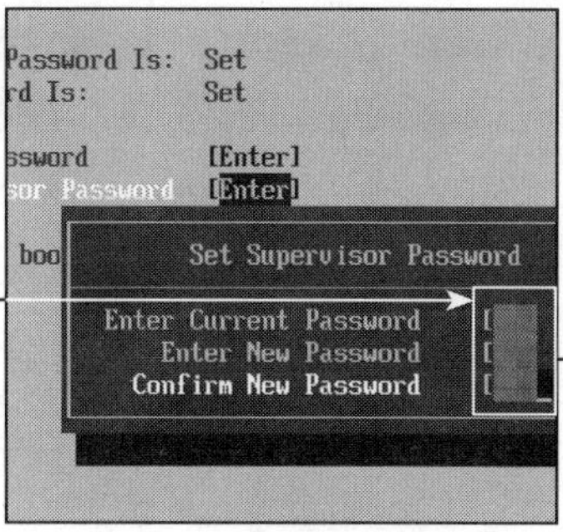

图 19-59　更改密码

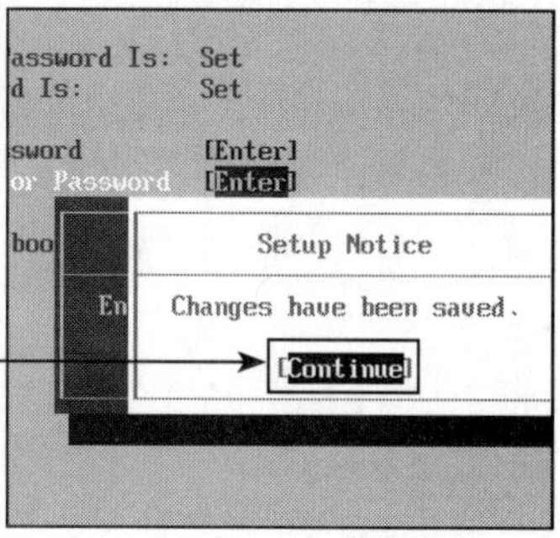

图 19-60　保存密码

2．如果不小心忘记了开机密码，应该怎么办？

答：如果不小心忘记了开机密码，则只需打开主机的机箱盖，然后在主板上找到为 BIOS 充电的电池，如图 19-61 所示，拔下该电池，等待几秒后重新安装上该电池，便可清除开机密码。

图 19-61　为 BIOS 供电的电池

3．常规、管理员、标准用户和特定用户组策略的优先级是怎样的？

答：当 Windows 8 操作系统中存在多种组策略时，有些用户可能就会提出疑问，如果彼此之间的设置存在冲突时，该以谁为准呢？也就是说它们之间的优先级别是怎么样的？

在这 3 种组策略中，常规组策略的优先级是最低的，管理员 / 标准用户组策略是中等的，而特定用户组策略是最高的，如表 19-1 所示。

表19-1　3种组策略的名称及优先级别

组策略类型	优　先　级
常规组策略	低
管理员 / 标准用户组策略	中
特定用户组策略	高

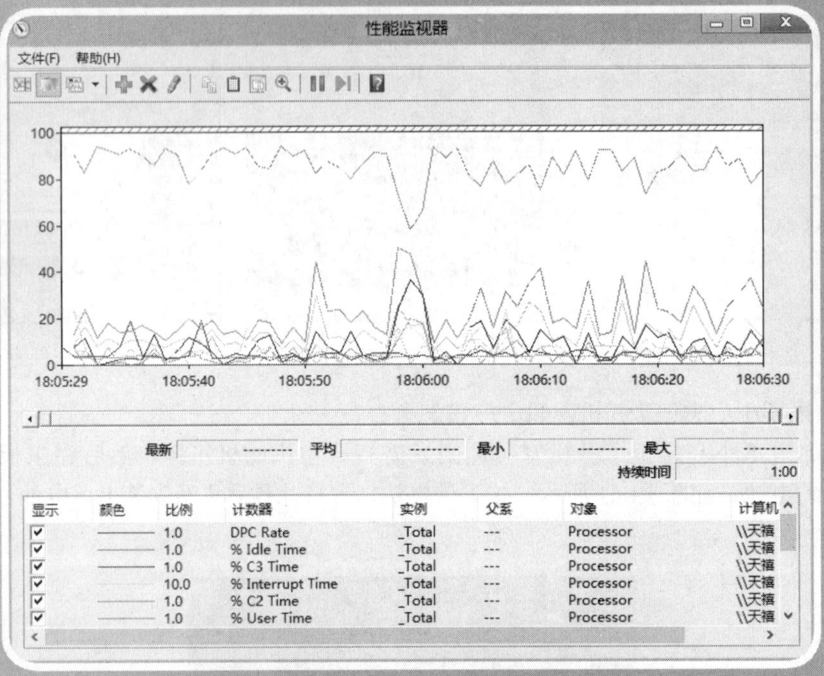

第20章

监视与管理系统

本章知识点：

☑ 使用性能监视器了解系统的性能表现

☑ 使用事件查看器查看数据记录

☑ 使用任务管理器管理程序和进程

☑ 使用操作中心保持系统稳定运行

☑ 在任务管理器中停用无用的服务

☑ 在性能监视器中添加数据收集器集

在 Windows 操作系统中，用户可以采用性能监视器、事件查看器、任务管理器和操作中心来监视系统是否正常运行，即便不能正常运行，也可以从中找到出现问题的原因，从而选择相应的解决办法。

基础讲解

20.1 使用性能监视器了解系统的性能表现

Windows 8 性能监视器是一款可以实时检查运行程序影响计算机性能的工具，用户可以利用该工具来启动资源监视器，以查看各硬件运行状态，并可通过添加计数器来实时查看某一运行程序的运行状态。

按照 19.2.2 节介绍的方法打开“管理工具”窗口，然后双击“性能监视器”图标，便可打开“性能监视器”窗口，如图 20-1 所示。

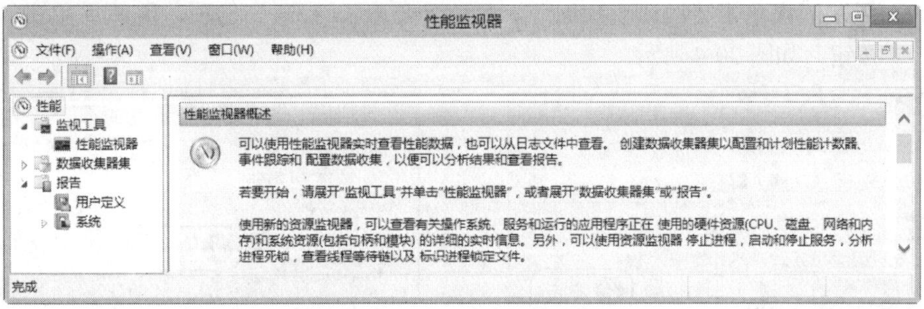

图 20-1 “性能监视器”窗口

20.1.1 查看资源监视器

资源监视器是一种可以实时监视电脑中的 CPU、硬盘、网络和内存使用情况的工具，该工具可以显示不同时刻所对应的 CPU、磁盘、网络和内存的使用情况。

在“性能监视器”窗口中右击“监视工具”选项，在弹出的快捷菜单中单击“资源监视器”命令，即可打开“资源监视器”窗口，如图 20-2 所示。

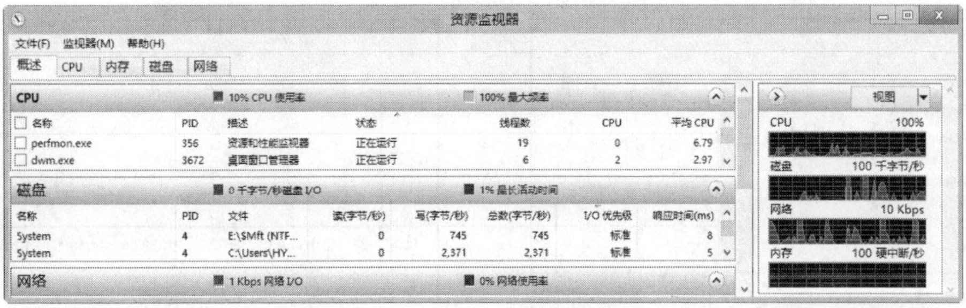

图 20-2 “资源监视器”窗口

在“资源监视器”窗口中包括“概述”、“CPU”、“内存”、“磁盘”和“网络”5 个选项卡，详细介绍如下。

- 概述：“概述”选项卡中显示了 CPU、磁盘、网络和内存的使用率等信息。
- CPU：“CPU”选项卡中显示了进程、服务所占 CPU 的使用率等信息。
- 内存：“内存”选项卡中显示了进程所占物理内存的使用率、物理内存的已用容量和可用容量等信息。
- 磁盘：“磁盘”选项卡中显示了与磁盘相关的进程、磁盘的实时读 / 写速度以及逻辑磁盘的可用空间与总空间等信息。
- 网络：“网络”选项卡中显示了与网络有关的进程、TCP 连接和侦听端口等信息。

20.1.2 添加计数器

“性能监视器”提供了添加计数器的功能，通过添加计数器，可以查看系统的某一个性能状态，以便于分析或解决所存在的问题。具体的操作步骤如下。

Step 01 打开“性能监视器”窗口，❶ 在界面左侧依次单击“监视工具” > “性能监视器”选项，❷ 然后在右侧单击“添加”按钮，如图 20-3 所示。

Step 02 弹出“添加计数器”对话框，❶ 在“可用计数器”列表框中选择要添加的计数器，例如依次单击“PhysicalDisk” > “% Disk Read Time”选项，❷ 然后单击“添加”按钮，如图 20-4 所示。

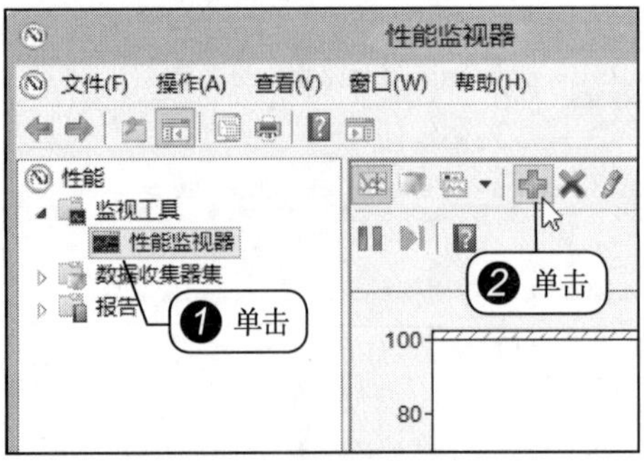

图 20-3 单击“添加”按钮

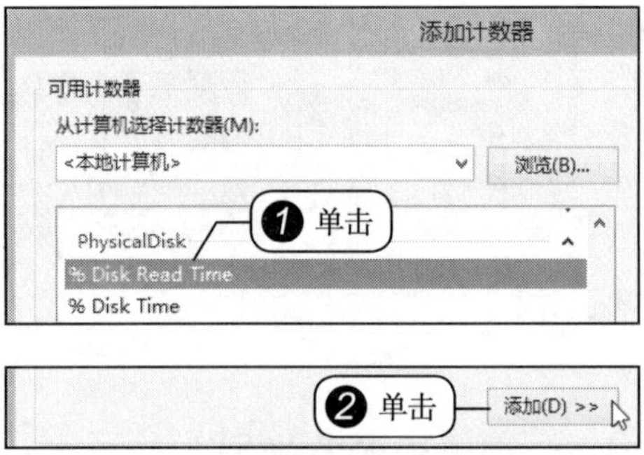

图 20-4 添加“% Disk Read Time”

Step 03 在右侧的“添加的计数器”列表框中可看见所添加的计数器，单击“确定”按钮，如图 20-5 所示。

Step 04 返回“性能监视器”窗口，此时可在右侧窗格中看见添加的 % Disk Read Time 计数器以及与该计数器对应的发展走势图，如图 20-6 所示。

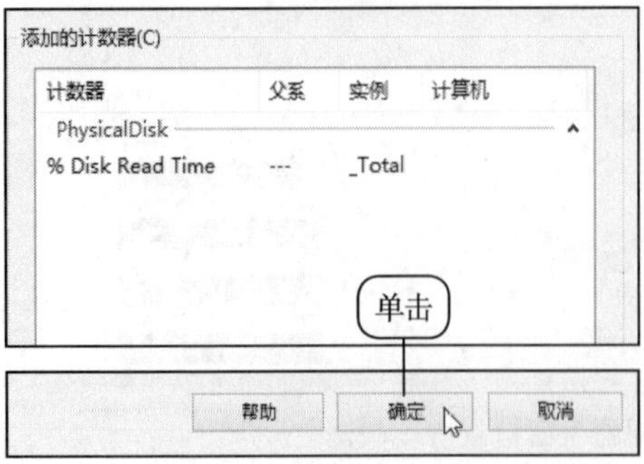

图 20-5 计数器添加成功

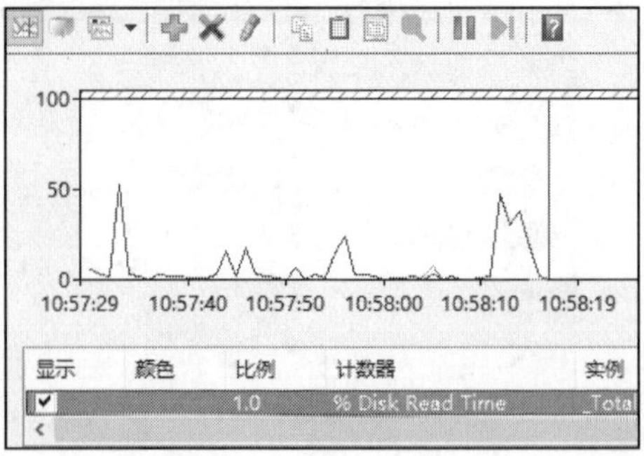

图 20-6 查看添加的计数器

20.2 使用事件查看器查看数据记录

事件查看器是 Windows 8 操作系统中的一个系统维护工具，用户可以通过该工具来收集有关硬件、软件、系统问题方面的信息，并监视 Windows 系统中的安全事件，记录 Windows 和其他应用程序运行中的错误事件，便于用户诊断和纠正可能发生的系统错误和问题。打开“管理工具”窗口，双击“事件查看器”图标，便可打开“事件查看器”窗口，如图 20-7 所示。

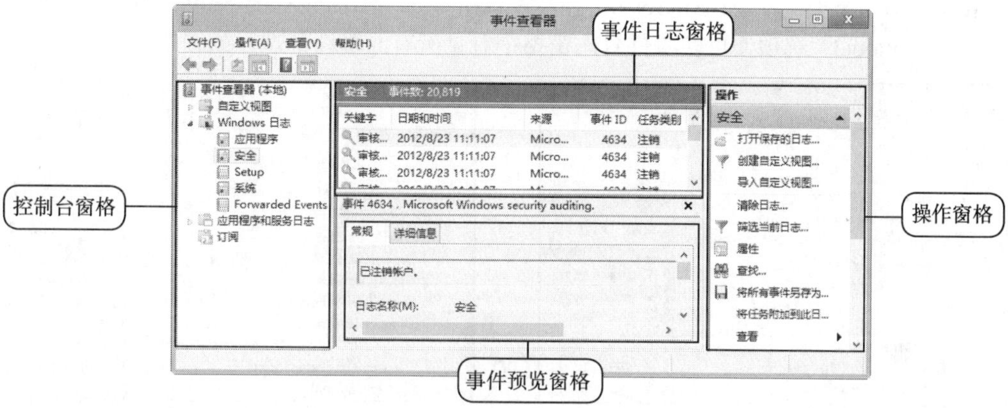

图 20-7 “事件查看器”窗口

“事件查看器”窗口主要由控制台窗格、事件日志窗格、事件预览窗格和操作窗格 4 部分组成，它们各自的功能如下。

- 控制台窗格：该窗格中显示了各种事件的分类，包括 Windows 日志、应用程序和服务日志以及订阅日志。
- 事件日志窗格：该窗格中显示了所选分类中的所有事件。
- 事件预览窗格：该窗格中显示了所选事件的常规信息和详细信息。
- 操作窗格：该窗格提供了筛选、查找事件日志的功能，而且还可以给特定事件绑定相应的任务计划。

20.2.1 查看事件日志的详细信息

在事件查看器中，若要查看某事件日志的详细信息，则可以在事件预览窗格中预览该事件的详细信息，如图 20-8 所示。除此之外，还可以在事件日志窗格中双击对应的事件选项，便可在弹出的对话框中查看该事件日志的详细信息，如图 20-9 所示。

图 20-8 在事件预览窗格中查看事件的详细信息

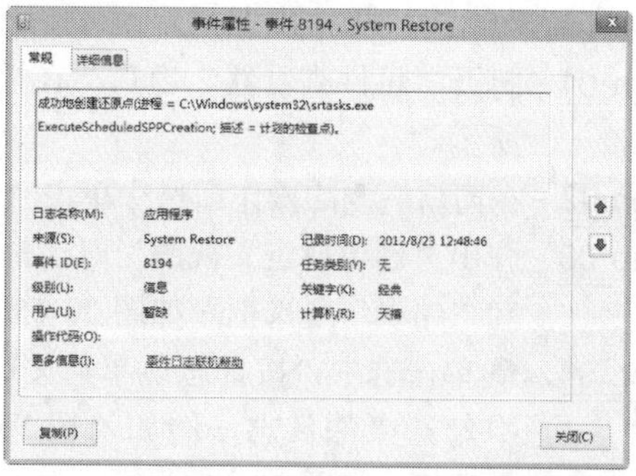

图 20-9 在对话框中查看事件的详细信息

20.2.2 自定义事件的查看器视图

自定义事件的查看器视图是指将自己经常查看的事件日志放在一个视图中，以便于快速访问这些信息。如果要在事件查看器中查看有关磁盘诊断相关事件的日志信息，则在控制台窗格中依次单击“应用程序和服务日志”>“Microsoft”>“Windows”>“DiskDiagnostic”选项，再单击“Operational”选项便可在事件日志窗格中看见所有的事件日志，如图 20-10 所示。如果要在事件查看器中查看有关网络诊断相关事件的日志信息，则在控制台窗格中依次单击“应用程序和服务日志”>“Microsoft”>“Windows”>“Diagnostics-Networking”选项，再单击“Operational”选项便可在事件日志窗格中看见所有的事件日志，如图 20-11 所示。

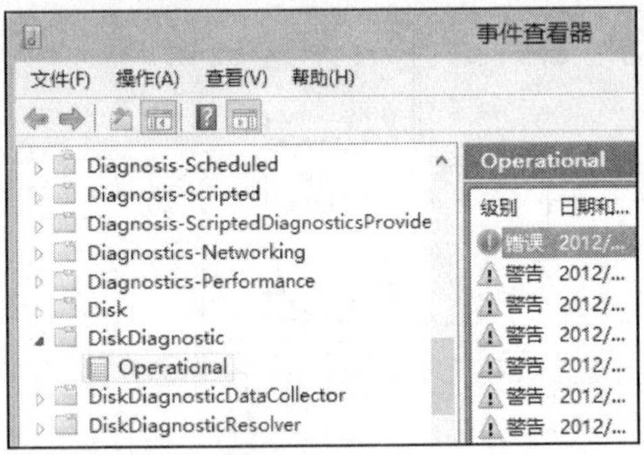

图 20-10 查看有关磁盘诊断相关事件的所有日志信息

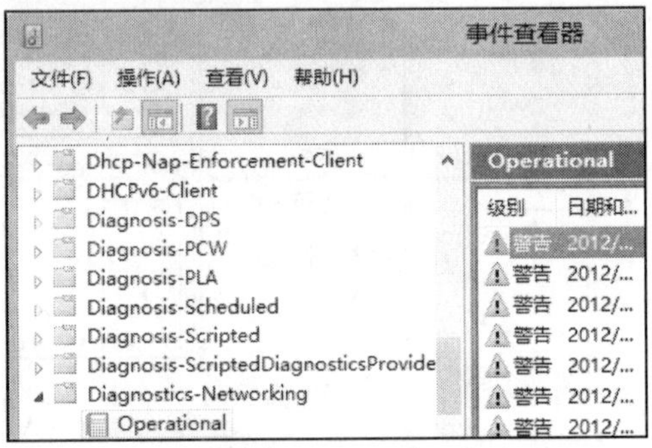

图 20-11 查看有关网络诊断相关事件的所有日志信息

当用户将 DiskDiagnostic 和 Diagnostics-Networking 添加到创建的自定义视图后，便可直接在控制台窗格中的“自定义视图”下方查看所创建的自定义视图，并且在右侧可看见对应的事件日志，如图 20-12 所示。

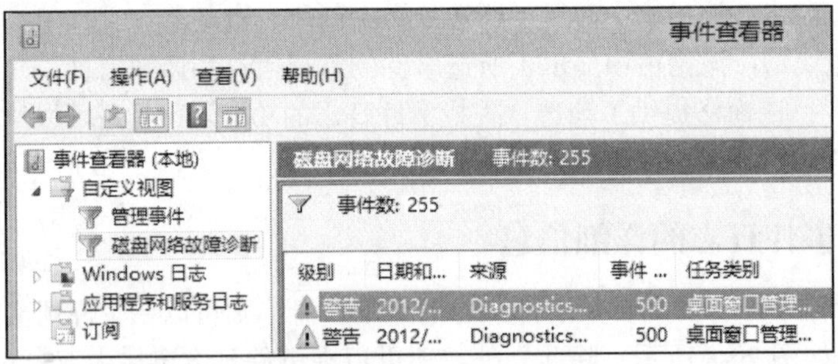

图 20-12 创建的自定义视图

了解了自定义视图的优势后，便可按照以下的操作步骤在事件查看器中创建自定义视图了。

Step 01 打开“事件查看器”窗口，在控制台窗格中单击“自定义视图”选项，如图 20-13 所示。

Step 02 在窗口右侧的操作窗格中单击“创建自定义视图”选项，如图 20-14 所示。

Step 03 弹出“创建自定义视图”对话框，在“事件级别”右侧依次勾选“关键”、“警告”、和“错误”复选框，如图 20-15 所示。

Step 04 ❶ 单击选中“按日志”单选按钮，❷ 单击右侧下三角按钮，❸ 在展开的下拉列表中勾选事件日志，例如勾选“DiskDiagnostic”和“Diagnostics-Networking”两个复选框，如图 20-16 所示。

图 20-13　单击“自定义视图”选项

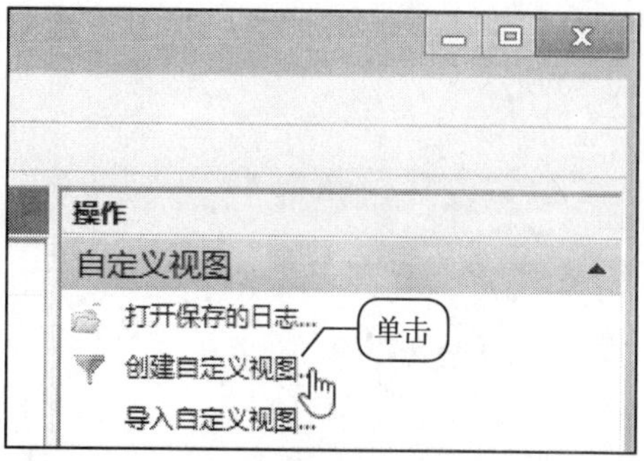

图 20-14　单击“创建自定义视图”选项

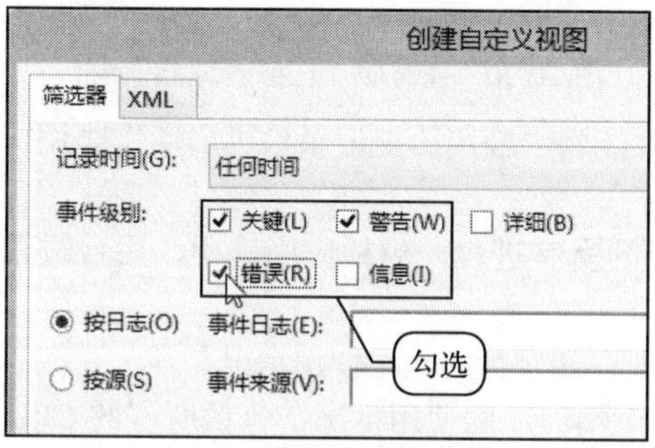

图 20-15　设置事件级别

图 20-16　勾选事件日志

Step 05　在下方保持“用户”和“计算机”选项的默认设置，单击“确定”按钮，如图 20-17 所示。

Step 06　弹出“将筛选器保存到自定义视图”对话框，❶ 在“名称”右侧的文本框中输入自定义视图的名称，例如输入“磁盘网络故障诊断”，❷ 单击“确定”按钮保存后退出，如图 20-18 所示，最后在“事件查看器”窗口中可看见图 20-12 所示的效果。

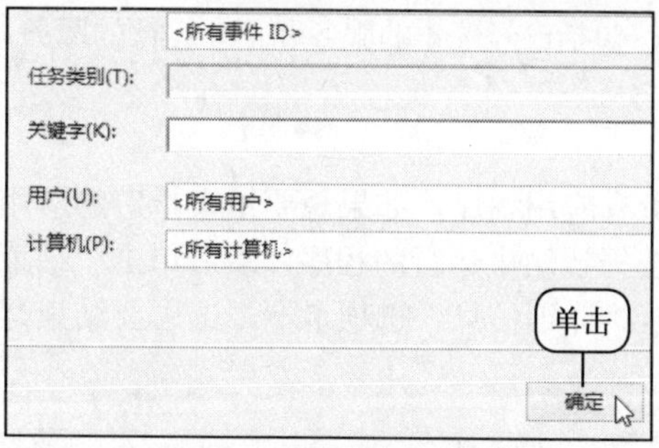

图 20-17　单击“确定”按钮

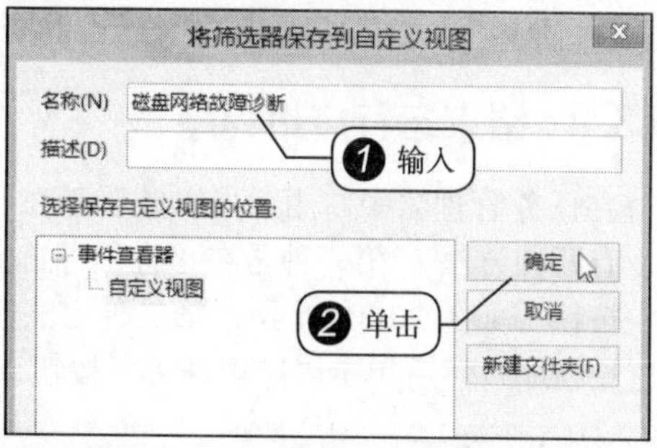

图 20-18　输入自定义视图的名称

20.3　使用任务管理器管理程序和进程

Windows 任务管理器中包含了有关电脑性能的相关信息，并显示了系统中所运行的程序和进程的详细信息，如果电脑接入 Internet，那么还可以查看网络状态并迅速了解网络是如何工作的。

右击任务栏中任一空白处，在弹出的快捷菜单中单击“任务管理器”命令，便可打开“任务管理器”窗口，如图 20-19 所示。当前任务管理器只显示正在运行的程序，无法查看进程等信息，在底部单击“详细信息”选项，便可切换至完整版的“任务管理器”窗口，如图 20-20 所示。

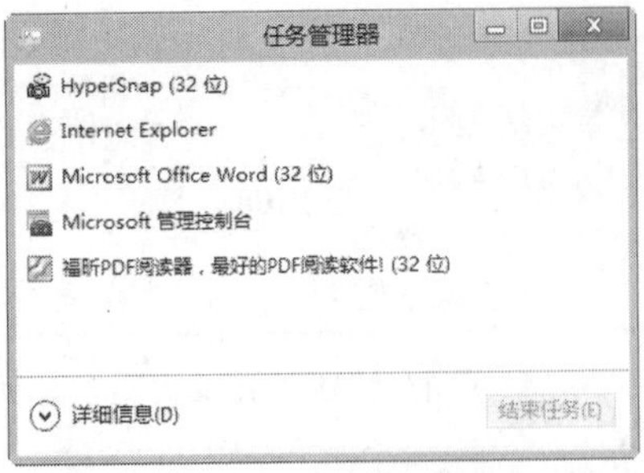

图 20-19　简单版“任务管理器”窗口

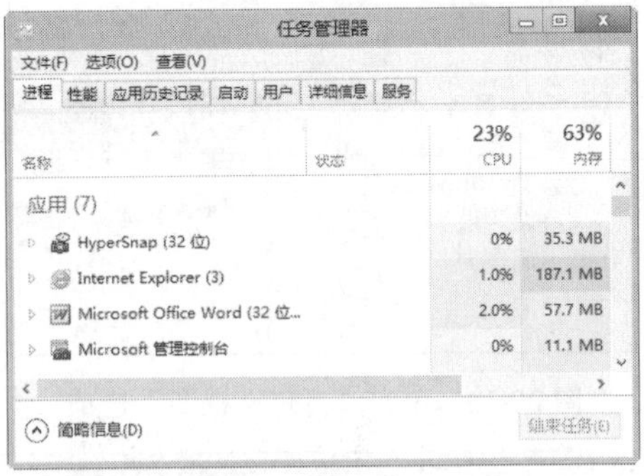

图 20-20　完整版“任务管理器”窗口

完整版 Windows 任务管理器包括“进程”、“性能”、“应用历史记录”、“启动”、“用户”、“详细信息”和“服务”7 个选项卡。

- ❑ 进程：该选项卡中显示了系统中正在运行的所有进程，包括应用进程、后台进程和 Windows 进程 3 部分。
- ❑ 性能：该选项卡中显示了电脑中的 CPU、内存和磁盘的实时使用情况。
- ❑ 应用历史记录：该选项卡中显示了系统中应用程序的使用情况，包括所占的 CPU 时间以及网络流量。
- ❑ 启动：该选项卡中显示了随着系统启动而启动的一些项目，用户可以在该选项卡中禁用一些无用的启动项。
- ❑ 用户：该选项卡中显示了当前用户的 CPU、内存和磁盘的使用率，用户可以在该选项卡中断开当前用户，登录其他用户账户。
- ❑ 详细信息：该选项卡中显示了当前系统中正在运行的所有可执行文件，用户可以手动结束正在运行的指定程序。
- ❑ 服务：该选项卡中显示了系统中的所有服务，包括已经停止的服务和正在运行的服务。

20.3.1　结束运行应用程序

在任务管理器中，用户可以查看正在运行的所有应用程序，如果想要结束指定的应用程序，有两种方法：第一种是在“进程”选项卡中选择要结束运行的程序，然后单击“结束任务”按钮，如图 20-21 所示；第二种方法是切换至“详细信息”选项卡下，选中要结束运行的应用程序，然后单击“结束任务”按钮。

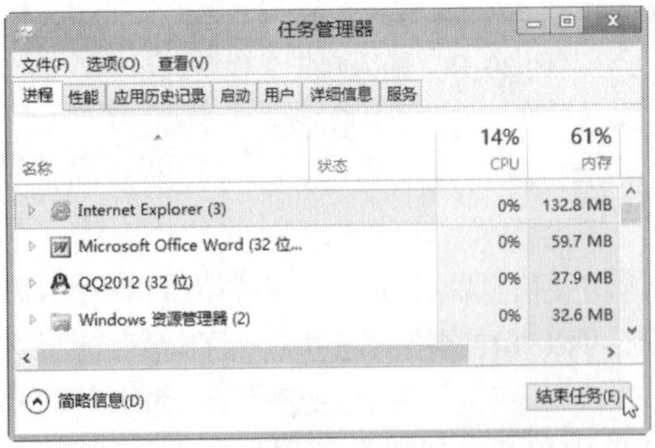

图 20-21　在“进程”选项卡中结束运行指定的程序

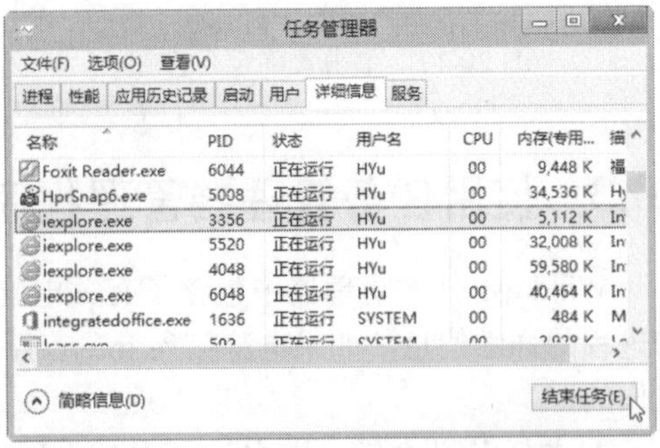

图 20-22　在“详细信息”选项卡中结束运行指定的程序

20.3.2 重新加载系统进程

在任务管理器中，用户可以查看系统中当前正在运行的所有进程。在这些进程中，“Windows 资源管理器”进程（explorer.exe）负责显示桌面上的图标、背景图片和任务栏等。如图 20-23 和图 20-24 分别为已加载和未加载“Windows 资源管理器”进程后的系统桌面。

图 20-23 加载“Windows 资源管理器”进程后的桌面

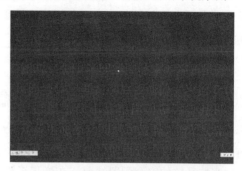

图 20-24 未加载“Windows 资源管理器”进程后的桌面

如果在系统中无法安全删除可移动硬盘，则可以采用重新加载“Windows 资源管理器”进程的方式来解决。重新加载“Windows 资源管理器”进程后便可安全地删除可移动硬盘了。具体的操作步骤如下。

Step 01 打开“任务管理器”窗口，❶ 在“进程”选项卡中右击“Windows 资源管理器”选项，❷ 在弹出的快捷菜单中单击“结束任务”命令，如图 20-25 所示。

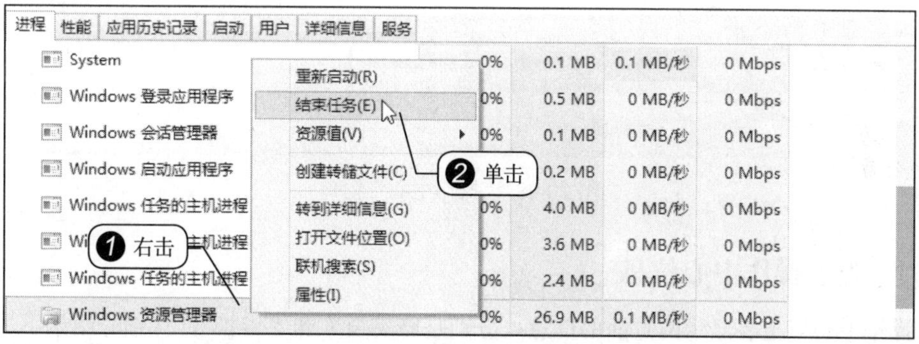

图 20-25 结束“Windows 资源管理器”进程

Step 02 在窗口菜单栏中依次单击“文件”>“运行新任务”命令，如图 20-26 所示。

Step 03 弹出“新建任务”对话框，❶ 在“打开”文本框中输入“explorer.exe”，❷ 单击“确定”按钮，如图 20-27 所示，即可重新加载“Windows 资源管理器”进程。

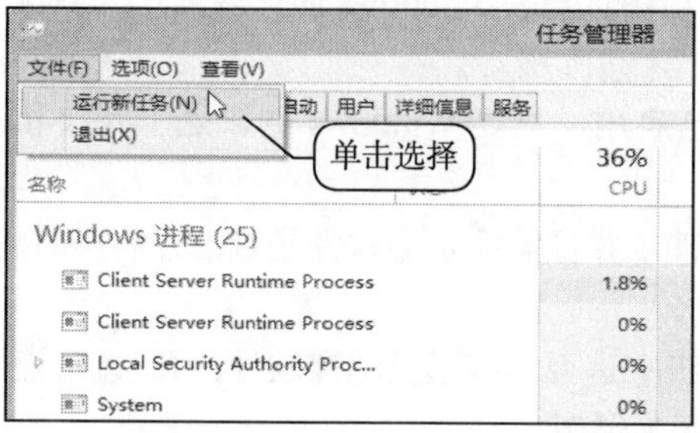

图 20-26 选择“运行新任务”命令

图 20-27 重新加载 explorer.exe 进程

提示：“Windows 资源管理器”进程特有的“重新启动”命令

在 Step01 中，也许有用户会询问：为什么不直接在快捷菜单中单击“重新启动”命令呢？在此直接单击“重新启动”命令可以实现重新加载 explorer.exe 进程，但是“重新启动”命令只是“Windows 资源管理器”进程所特有的，重新加载其他进程时并不会在快捷菜单中显示“重新启动”命令，为了介绍能适用于所有进程的加载方法，因此介绍了 20.3.2 节中的操作方法。

20.4 使用操作中心保持系统稳定运行

Windows 8 操作系统提供了用户账户控制、Windows Defender、Windows 防火墙等功能，随着功能的增加，有时候很难保证所有的功能都已设置完毕，因此用户可以利用安全中心来查看当前系统的安全配置情况，在增强系统安全的同时也可以减少用户的手动操作。

在桌面通知区域中单击旗帜图标，然后在展开的列表中单击“打开操作中心”链接，即可打开“操作中心”窗口，如图 20-28 所示。

图 20-28 “操作中心”窗口

20.4.1 查看操作中心信息

“操作中心”主要显示两方面的信息，分别是“安全”和“维护”，详细介绍如下。

1. 安全

“安全”信息包括网络防火墙、Windows 更新、病毒防护、间谍软件和不需要的软件防护、Internet 安全设置、用户账户控制、网络访问保护 Windows 激活 8 部分内容，如图 20-29 所示。

- 网络防火墙：监控 Windows 防火墙是否已启用，只要 Windows 防火墙处于开启状态，操作中心将报告正常。
- Windows 更新：监控 Windows 更新是否已启用，只要 Windows 更新处于开启状态，操作中心将报告正常。
- 病毒防护：监控系统中是否安装了杀毒软件，并且监控杀毒软件是否已开启实时防护以及病毒库是否为最新。
- 间谍软件和不需要的软件防护：将监控系统中是否安装了反间谍软件，并且监控反间谍软件是否已开启实时防护以及定义库是否为最新。

- ❑ Internet 安全设置：监控 IE 浏览器的设置是否遭到非法篡改，当该设置不符合推荐的安全级别时，则操作中心会提醒用户进行更改。
- ❑ 用户账户控制：监控用户账户控制是否处于启用状态，当未启用或者级别不是系统推荐的级别时，操作中心会提醒用户更改。
- ❑ 网络访问保护：该功能适用于企业用户，如果启用了网络访问保护（NAP）功能，则操作中心会对其工作状态进行监控。
- ❑ Windows 激活：监控当前系统是否处于激活状态，如果处于未激活状态，则操作中心会提醒用户及时激活。

2. 维护

“维护”信息不像“安全”信息一样只是固定地显示指定的内容，该信息中的内容会随着系统稳定性和兼容性的变动而变动。

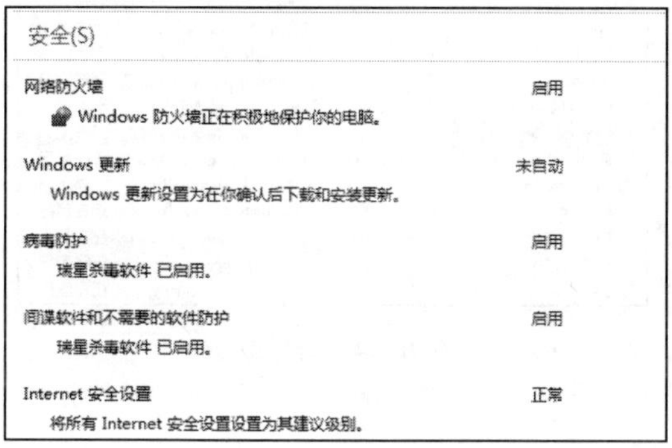

图 20-29 “安全”信息

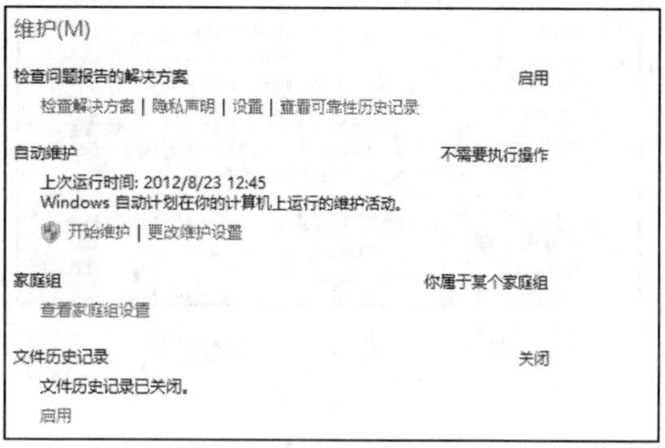

图 20-30 “维护”信息

20.4.2 更改操作中心设置

更改操作中心设置是指更改操作中心中“安全”和“维护”信息中显示的内容，既可以设置显示指定的内容，又可以设置不显示指定的内容。

打开“操作中心”窗口，在界面左侧单击“更改操作中心设置”链接，如图 20-31 所示，切换至“更改操作中心设置”界面，便可在该界面中设置显示或隐藏指定的内容，如图 20-32 所示。

图 20-31 选择“更改操作中心设置”链接

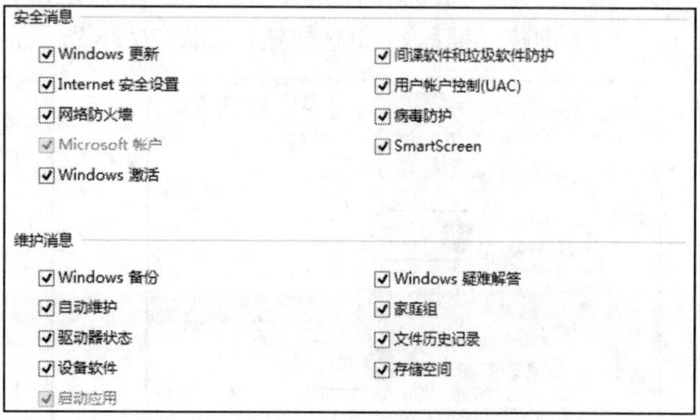

图 20-32 更改操作中心中显示的内容

拓展解析

20.5 在任务管理器中停用无用的服务

在任务管理器中，“服务”选项卡中显示了系统中所有的服务。在这些服务中，有些已经启动，但有些已经停止。如果想要停用系统中无用的服务，则可以直接在任务管理器中进行操作，右击要停用的服务选项，然后在弹出的快捷菜单中单击“停止”命令，如图 20-33 所示，即可看见所选的服务已经停止运行，如图 20-34 所示。

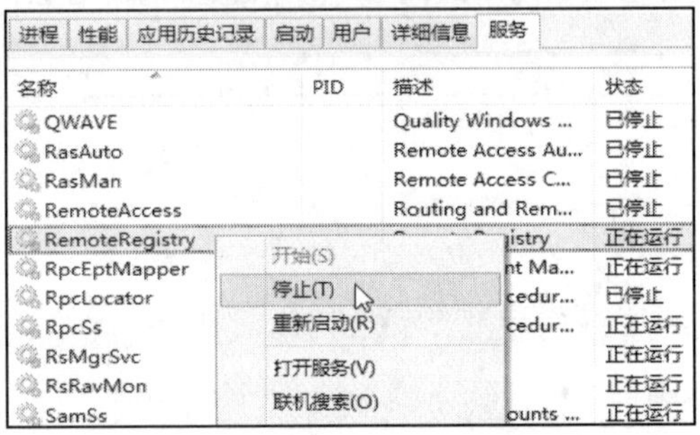

图 20-33 停止运行所选服务

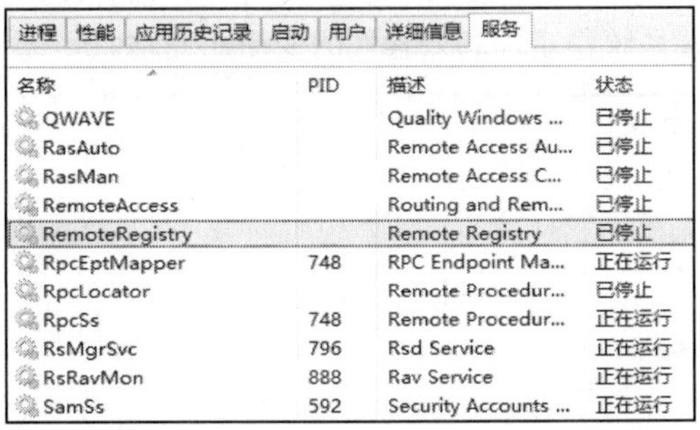

图 20-34 设置成功

20.6 在性能监视器中添加数据收集器集

数据收集器集是有关系统有用信息的数据收集器的组合，它是 Windows 性能监视器中性能监视和报告的构造块，它可以将多个数据收集点整理到可用于查看和记录性能的文件中。下面介绍在性能监视器中添加数据收集器集的操作方法和步骤。

Step 01 打开“性能监视器”窗口，依次单击“数据收集器集”>“用户定义”选项，❶ 右击“用户定义”选项，❷ 在弹出的快捷菜单中依次单击“新建”>“数据收集器集”命令，如图 20-35 所示。

Step 02 弹出“创建新的数据收集器集”对话框，❶ 输入名称，❷ 然后单击选中“从模板创建（推荐）”单选按钮，如图 20-36 所示。

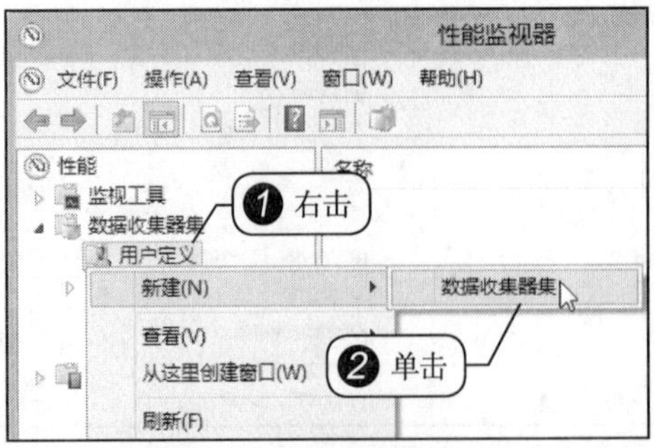

图 20-35 新建数据收集器集

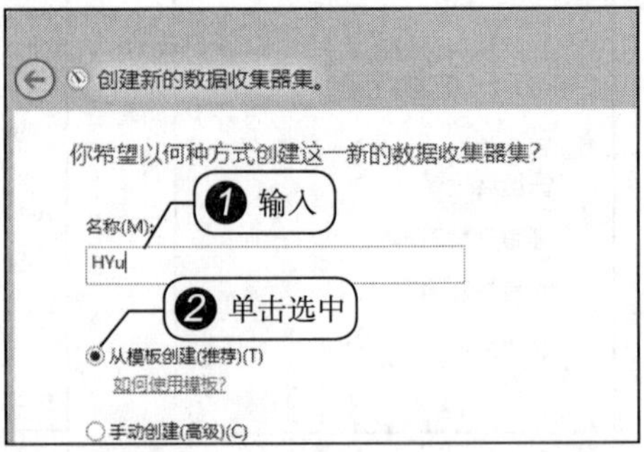

图 20-36 设置数据收集器集的名称

Step 03 单击“下一步”按钮切换至新的界面，单击选择合适的模板，如图 20-37 所示。

Step 04 单击“下一步”按钮切换至新的界面，在“根目录”下方的文本框中输入保存数据收集器集收集的数据的文件目录，例如输入“D:\HYu”，如图 20-38 所示。

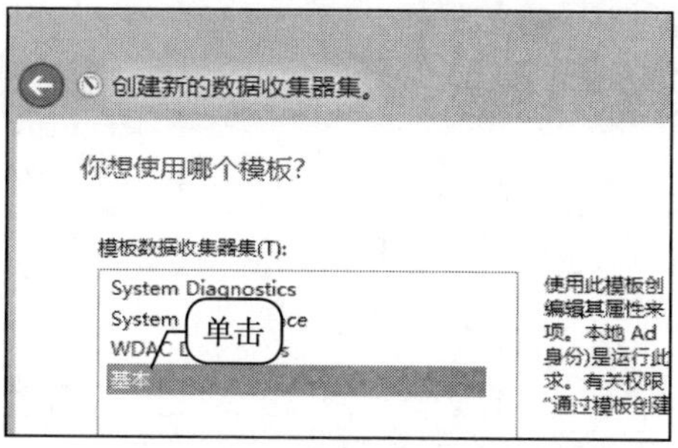

图 20-37 选择合适的模板

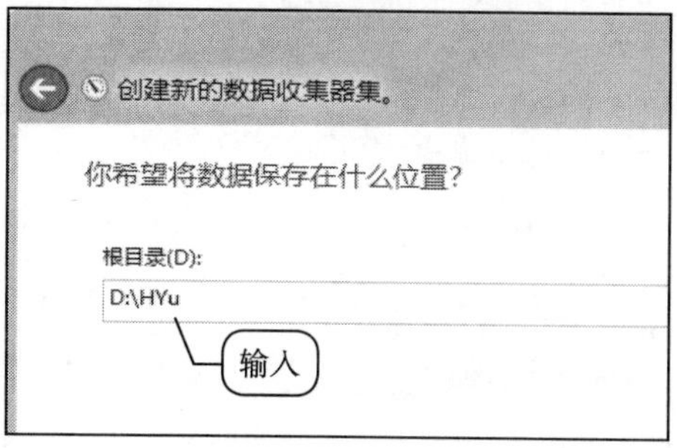

图 20-38 输入根目录

Step 05 单击“下一步”按钮切换至新的界面，保持身份的默认设置，然后单击选中“保存并关闭”单选按钮，如图 20-39 所示。

Step 06 单击“完成”按钮返回“性能监视器”窗口，❶ 单击打开“用户定义”选项，便可看见新建的数据收集器集，❷ 在右侧右击数据收集器集，❸ 在弹出的快捷菜单中单击“开始”命令，如图 20-40 所示。

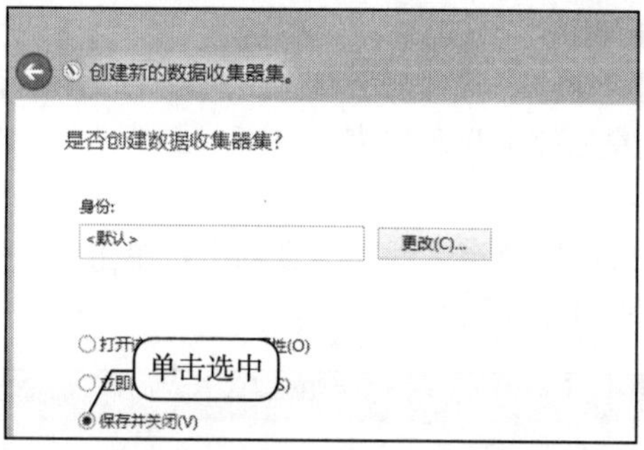

图 20-39 保存默认的身份设置

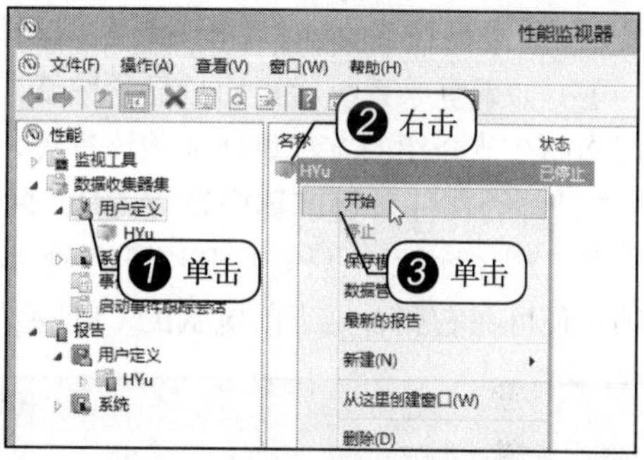

图 20-40 开始运行数据收集器集

Step 07 此时数据收集器集正在运行，开始收集数据，如图 20-41 所示。

Step 08 若要查看收集的数据，则打开 Step04 中设置的根目录路径，再双击“HYu”文件夹即可，如图 20-42 所示。

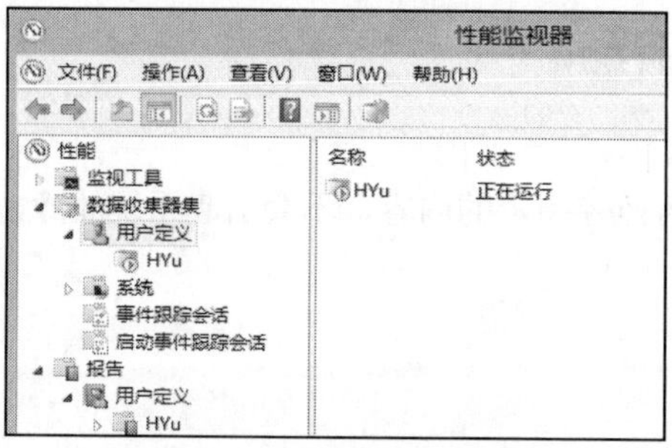

图 20-41 正在收集数据

图 20-42 双击“HYu”文件夹

Step 09 跳转至新的界面，双击“性能计数器 .blg”文件选项，如图 20-43 所示。

Step 10 打开“性能监视器”窗口，此时可看见数据收集器集收集的各种数据，并在界面中以各种不同颜色的折线图显示出来，如图 20-44 所示。

图 20-43　双击“性能计数器 .blg”文件选项

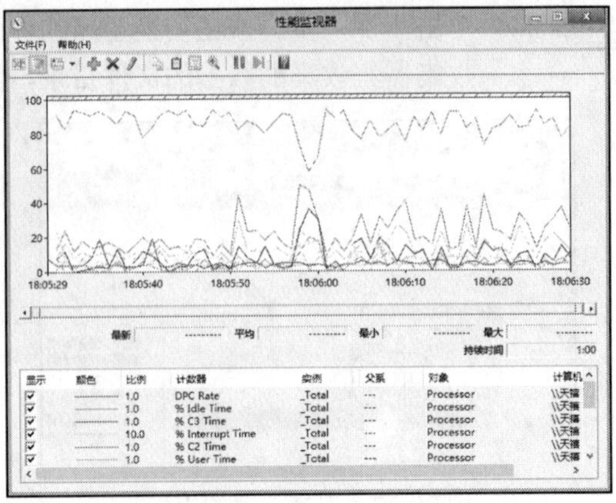

图 20-44　查看收集的数据

新手疑惑解答

1. 登录系统后桌面只显示壁纸，应该怎么办？

答：如果登录系统后桌面只显示壁纸，则说明“Windows 资源管理器”进程未成功加载，按照 20.3.2 节介绍的方法重新加载该进程，即可让桌面完整显示出来。

2. 能否在任务管理器中查看 CPU 的型号？

答：当然可以。只需打开“任务管理器”窗口，切换至“性能”选项卡，单击“CPU”选项，便可在右侧看见当前电脑的 CPU 型号，如图 20-45 所示。

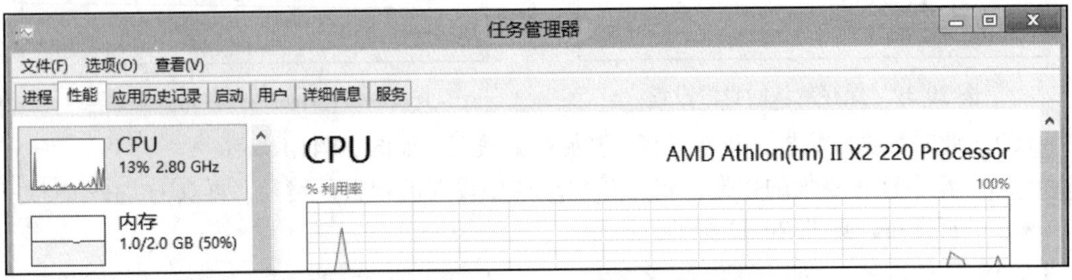

图 20-45　查看 CPU 型号

3. 更改操作中心的设置会产生负面效果吗？

答：更改操作中心的设置只会让操作中心不再监控指定的内容，不会引起系统故障，只不过会让用户无法全面了解系统的安全状况。

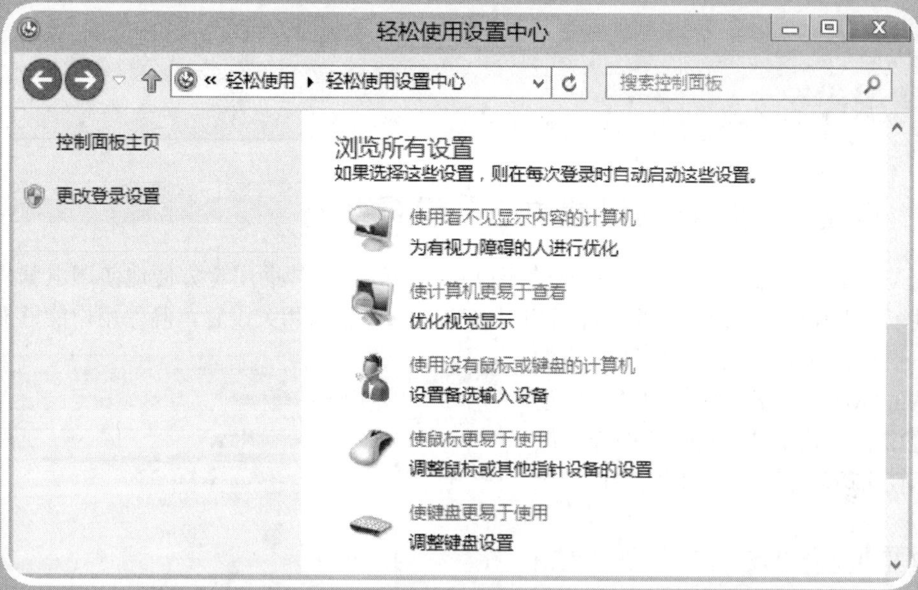

第21章

优化与维护系统

本章知识点：

☑ 应用“轻松使用设置中心”设置系统
☑ 调整与清理磁盘分区，保障硬盘高效运行
☑ 提高系统运行速度的常见措施
☑ 优化电源管理，实现高效工作与节能
☑ 使用组策略提高宽带网速

刚安装完 Windows 8 操作系统后，系统的运行速度可以说是最快的，但是随着时间的推移，系统的运行速度可能会下降，经常会出现突然卡住、程序未响应等现象。为了避免这些现象的发生，用户可以采取有效措施来优化和维护系统，以确保系统处于高速运行状态。

基础讲解

21.1　应用“轻松使用设置中心”设置系统

在 Windows 8 操作系统中，“轻松使用设置中心”可以帮助用户方便地使用电脑，该工具提供了视觉显示、键盘、鼠标和指针以及备选输入设备的相关设置，确保用户能够按照自己的习惯来快速使用电脑。需要注意的是：Windows 8 操作系统中的“轻松使用设置中心”就是 Windows 7 操作系统中的“轻松访问中心”，它们的功能完全相同。

打开“控制面板”窗口，在“大图标”模式下单击“轻松使用设置中心”链接，便可打开“轻松使用设置中心”窗口，如图 21-1 所示。

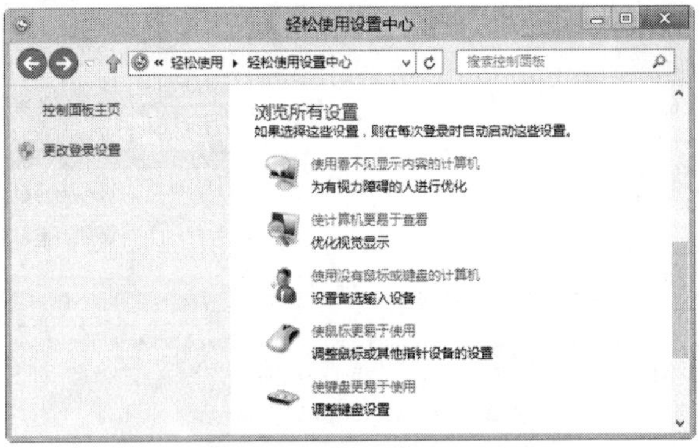

图 21-1　“轻松使用设置中心”窗口

21.1.1　优化视频显示

优化视频显示是指通过调整高对比度、更改屏幕显示内容的大小以及调整屏幕显示的窗格效果等选项，使得电脑能够展现出更好的视觉表达力。

打开“轻松使用设置中心”窗口，在界面中单击“使计算机更易于查看”链接，如图 21-2 所示，切换至新的界面，然后便可在该界面中设置是否使用快捷键启用或关闭高对比度、是否更改文本和图标的大小等，如图 21-3 所示。

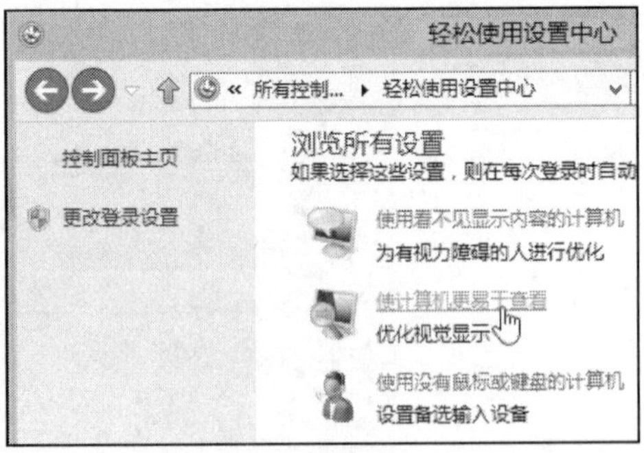

图 21-2　单击“使计算机更易于查看”链接

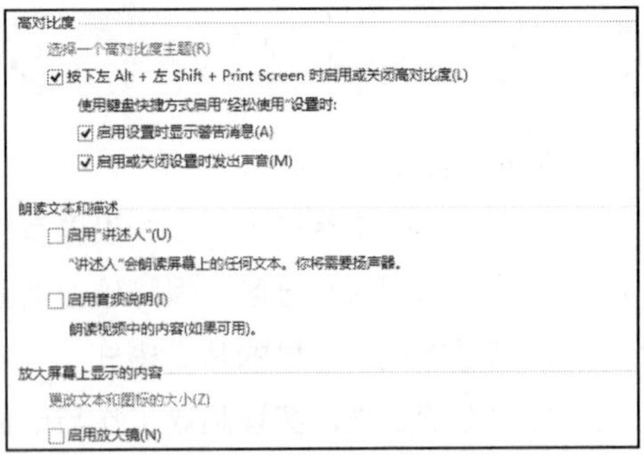

图 21-3　调整视觉显示设置

21.1.2　设置鼠标和指针

设置鼠标和指针的目的与设置键盘相同，都是为了便于自己使用，打开“轻松使用设置中心”窗口，在界面中单击“使鼠标更易于使用”链接，如图 21-4 所示，切换至新的界面，然后便可在该界面中更改鼠标指针的颜色和大小、是否启用鼠标键等设置，如图 21-5 所示。

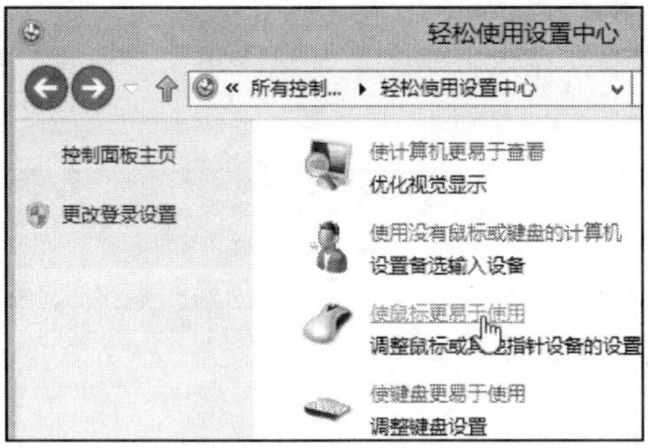

图 21-4　单击“使鼠标更易于使用”链接

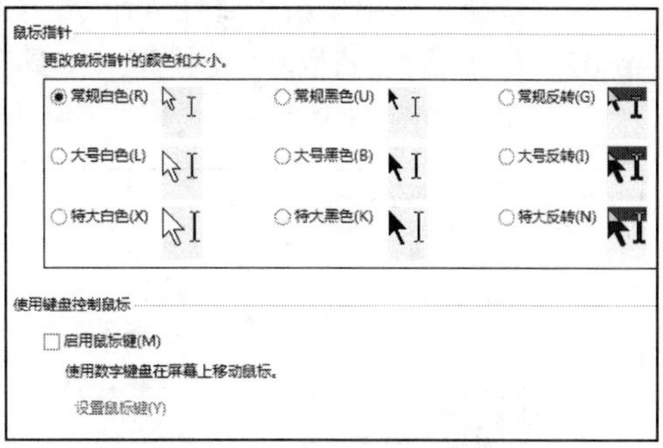

图 21-5　设置鼠标和指针属性

21.1.3　设置键盘

在“轻松使用设置中心”窗口中设置键盘的目的是为了让自己能够更好地使用键盘，在设置的过程中可以根据自己的习惯进行有针对性的设置。

打开“轻松使用设置中心”窗口，在界面中单击“使键盘更易于使用”链接，如图 21-6 所示，切换至新的界面，然后便可在该界面中设置是否启用鼠标键、是否启用粘滞键以及是否启用插入光标浏览等，如图 21-7 所示。

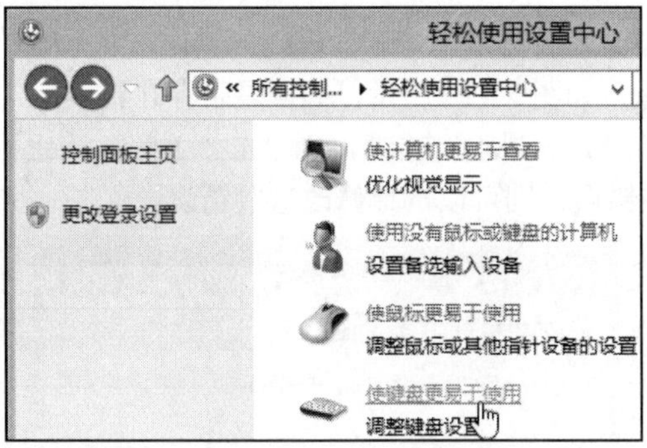

图 21-6　单击“使键盘更易于使用”链接

图 21-7　设置键盘属性

21.2　调整与清理磁盘分区，保障硬盘高效运行

硬盘是电脑的重要组成部分，电脑中的所有文件和资料都存储在硬盘中，若要确保系统高速运转，首先就要确保硬盘处于高效、正常运行状态。为了确保硬盘的高效工作，可以采取一些常见的措施，例如检查磁盘中的错误、清理磁盘中的垃圾以及整理磁盘碎片等，通过这些操作，您的硬盘一定能够高速运转。

21.2.1　检查磁盘中的错误

当电脑由于突然断电或者误触开关按钮而导致非正常关机时，则可能就会导致硬盘中的某些磁盘分区出现错误，此时用户就需要在正常开机后检查磁盘是否存在错误。如果存在错误，在检查后系统会自动帮助修复，若没有查出错误，那么仍然可以正常在硬盘中读写数据。

下面就介绍检查磁盘中是否存在错误的操作方法和步骤。

Step 01　打开“计算机”窗口，❶右击要检查错误的磁盘分区所对应的图标，❷在弹出的快捷菜单中单击“属性”命令，如图 21-8 所示。

Step 02　弹出属性对话框，切换至“工具”选项卡，在“查错”选项组中单击“检查”按钮，如图 21-9 所示。

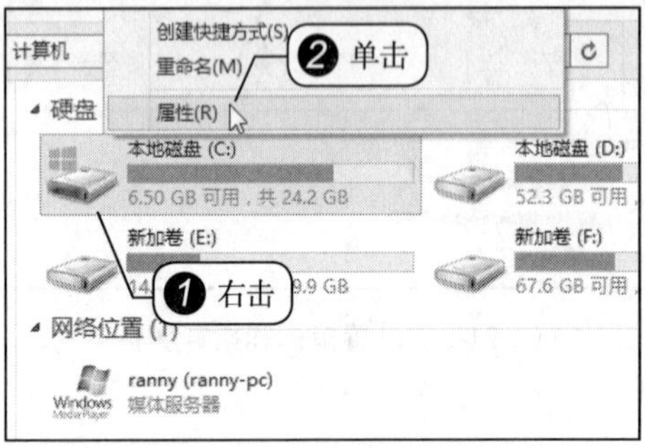

图 21-8　单击“属性”命令

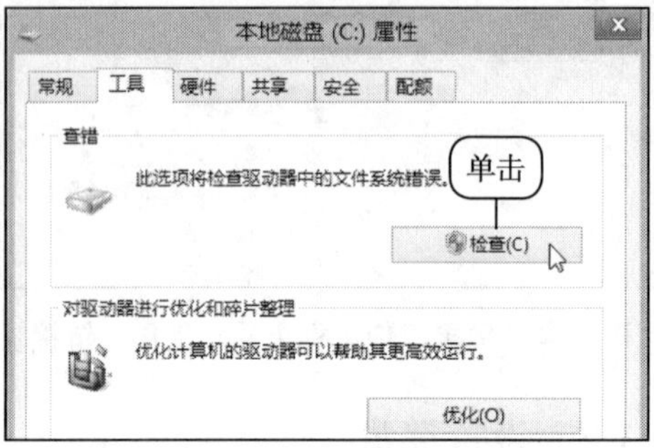

图 21-9　单击“检查”按钮

提示：检查系统所在分区的错误

一般情况下，在使用电脑的过程中，系统经常会从系统所在的分区中读取或者写入数据，因此系统所在分区出错的频率要远远高于其他非系统分区，所以用户在检查磁盘中的错误时，一定不能“放过”系统所在的分区。

Step 03　弹出错误检查对话框，如果分区没有错误则会提示用户未发现任何错误，这里可单击“扫描驱动器”选项再次扫描该磁盘，如图 21-10 所示，确认是否存在错误。

Step 04　等待扫描完毕后在对话框中显示扫描结果，如果没有错误，则单击“关闭”按钮关闭对话框，如图 21-11 所示。如果存在错误，则可以选择修改这些错误。

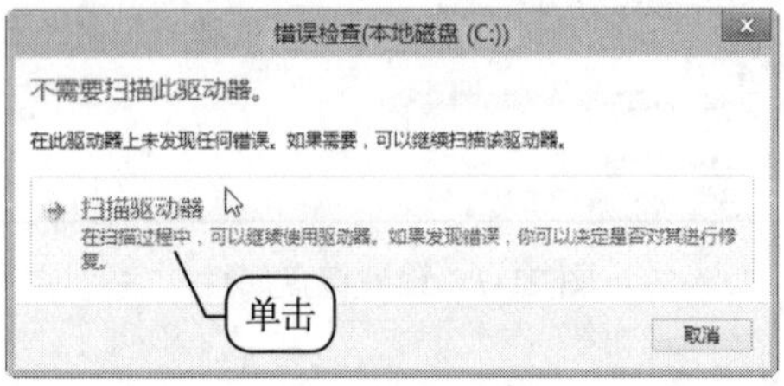

图 21-10　单击“扫描驱动器”选项

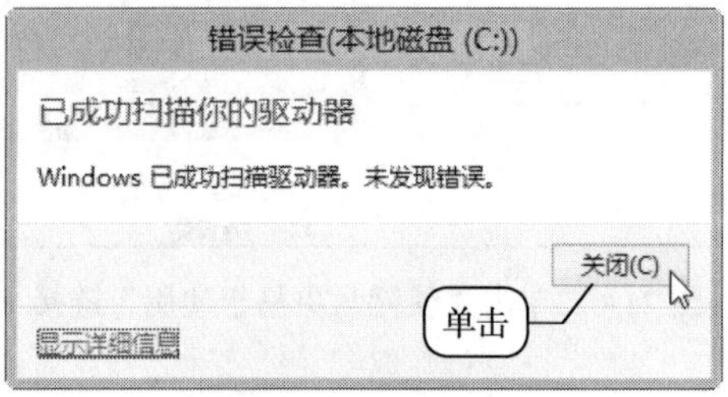

图 21-11　查看扫描结果

21.2.2　清理磁盘垃圾

计算机操作系统在使用一段时间后会自动产生一些垃圾文件和临时文件，从而导致电脑的运行速度变慢。此时用户可以使用磁盘清理功能将这些文件删除，不仅能够增大磁盘的可用空间，还可以提高电脑的运行速度。具体的操作步骤如下。

Step 01　按照 21.2.1 节介绍的方法打开磁盘分区属性对话框，在“常规”选项卡中单击“磁盘清理”按钮，如图 21-12 所示。

Step 02　弹出磁盘清理对话框，勾选要删除的文件，如图 21-13 所示。

Step 03　单击“确定”按钮后弹出“磁盘清理”对话框，询问用户“确实要永久删除这些文件吗？”，单击“删除文件”按钮确认删除，如图 21-14 所示。

Step 04 此时可看见“磁盘清理”程序正在清理所选文件，如图 21-15 所示。

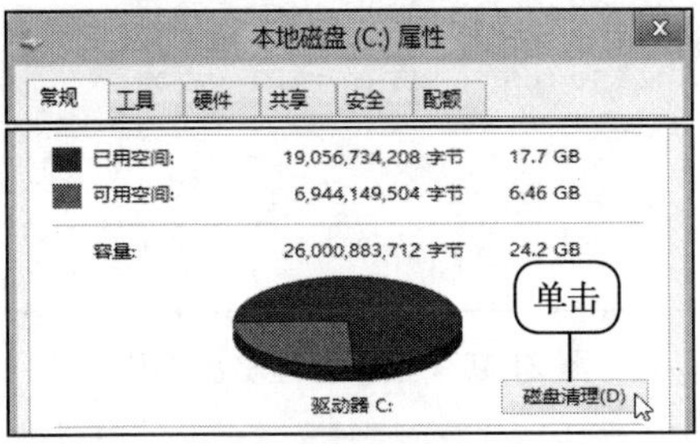

图 21-12 单击“磁盘清理”按钮

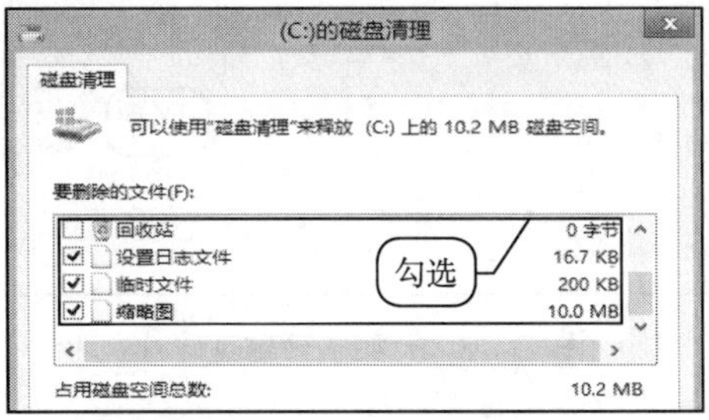

图 21-13 勾选要删除的文件

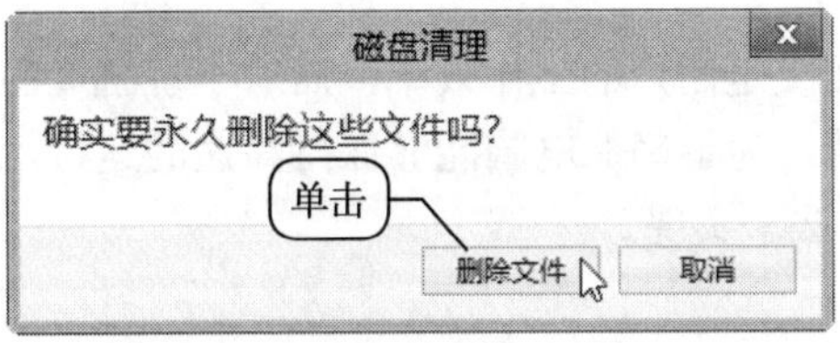

图 21-14 确认永久删除所选文件

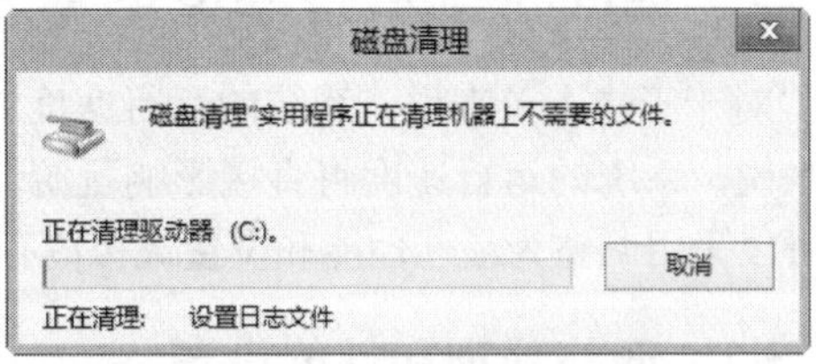

图 21-15 正在清理所选文件

21.2.3 整理磁盘碎片

电脑使用一段时间后会在磁盘分区中产生磁盘碎片，这些碎片将打乱磁盘分区，从而影响硬盘高效运行，因此用户需要不定期地对磁盘分区进行碎片整理，以确保硬盘能够高效、正常地运行。具体的操作步骤如下。

Step 01 打开分区属性对话框，在“工具”选项卡中单击“优化”按钮，如图 21-16 所示。

Step 02 弹出“优化驱动器”对话框，❶ 单击选择系统分区，❷ 然后单击“分析”按钮开始分析系统分区中是否存在磁盘碎片，如图 21-17 所示。

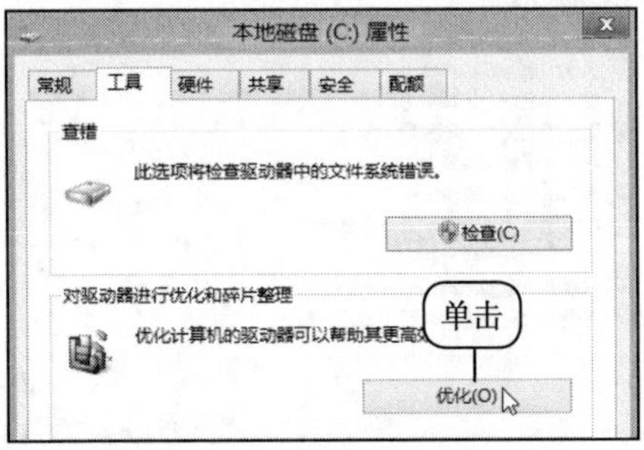

图 21-16 单击“优化”按钮

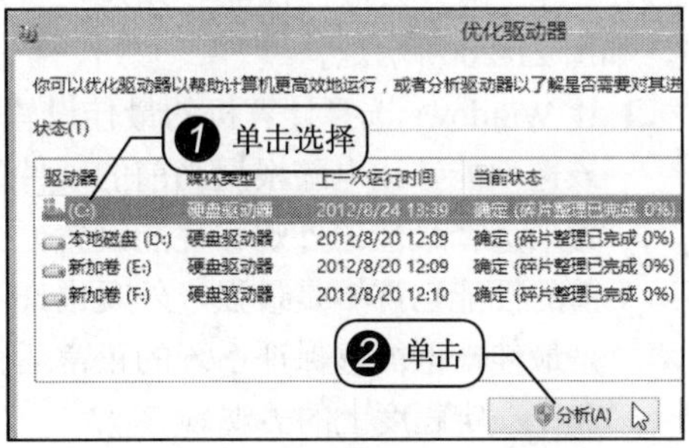

图 21-17 选择分析系统分区

Step 03 分析完毕后可看见系统分区中是否存在磁盘碎片，若有碎片则单击“优化”按钮，开始整理磁盘碎片，如图 21-18 所示。

Step 04 此时可看见程序正在整理系统分区的磁盘碎片，耐心等待其整理完毕即可，如图 21-19 所示。

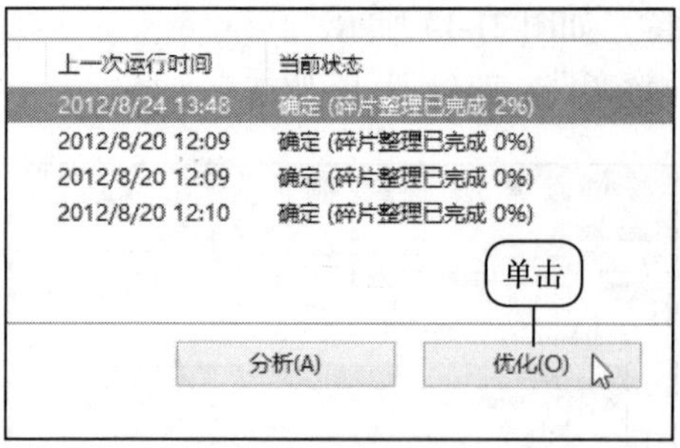

图 21-18　开始整理磁盘碎片

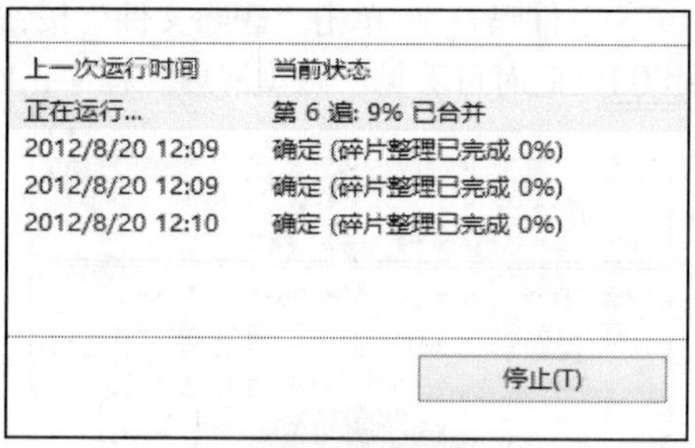

图 21-19　正在整理磁盘碎片

21.3　提高系统运行速度的常见措施

对于工作人员来说，系统的运行速度将会直接决定用户的工作效率，而对于玩游戏的用户来说，系统的运行速度将直接影响玩游戏的心情，为了确保电脑能够保持高速的运行，用户可以采用调整为最佳性能和设置虚拟内存两种方法来实现。

21.3.1　调整外观和性能设置

在 Windows 8 操作系统中，系统外观和性能会在一定程度上占据系统资源。如果当前的电脑硬件配置较低，则需要调整外观和性能设置，使其占据最少的资源，将多余的资源留给其他正在运行的程序，从而达到提高系统运行速度的目的。

Windows 8 操作系统在调整系统外观和性能方面提供了 4 个选项，它们分别是“让 Windows 选择计算机的最佳设置”、“调整为最佳外观”、“调整为最佳性能”以及“自定义”，如图 21-20 所示。

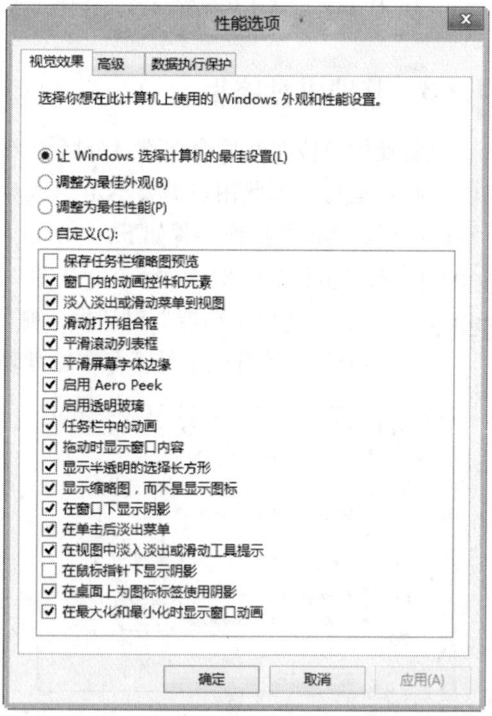

图 21-20　系统提供的 4 个设置外观和性能的选项

- ❑ 让 Windows 选择计算机的最佳设置：该选项能够让电脑根据当前的硬件配置来选择最佳的外观和性能设置。当前的性能也许不是最强，外观也许不是最佳，但能够保证系统的正常运行和在一定程度上的美观。
- ❑ 调整为最佳外观：在不考虑系统性能的情况下开启系统中所有与外观有关的特效。
- ❑ 调整为最佳性能：在不考虑系统外观的情况下保证系统的性能为最佳。
- ❑ 自定义：该选项适合对电脑比较熟悉的用户使用，可以手动调整系统的外观和性能。

了解了系统提供的 4 个外观与性能的选项后，用户便可手动打开“性能选项”对话框并进行设置。具体的操作步骤如下。

Step 01 ❶ 右击桌面上的“计算机”图标，❷ 在弹出的快捷菜单中单击“属性”命令，如图 21-21 所示。

Step 02 打开“系统”窗口，在左侧单击“高级系统设置”链接，如图 21-22 所示。

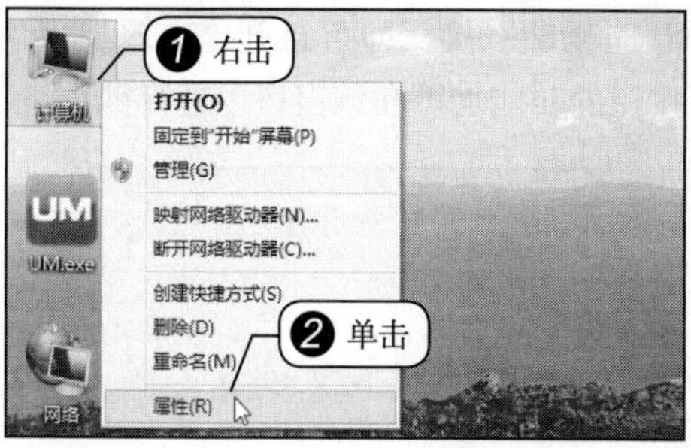

图 21-21　单击“属性”命令

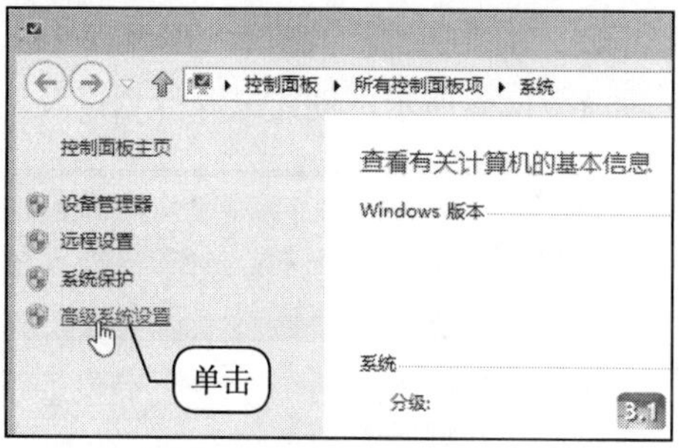

图 21-22　单击“高级系统设置”链接

Step 03 弹出“系统属性”对话框，❶ 切换至“高级”选项卡，❷ 在“性能”选项组中单击“设置”按钮，如图 21-23 所示。

Step 04 弹出“性能选项”对话框，❶ 在“视觉效果”选项卡中选择外观和性能设置，例如单击选中“调整为最佳性能”单选按钮，❷ 单击“确定”按钮保存后退出，如图 21-24 所示。

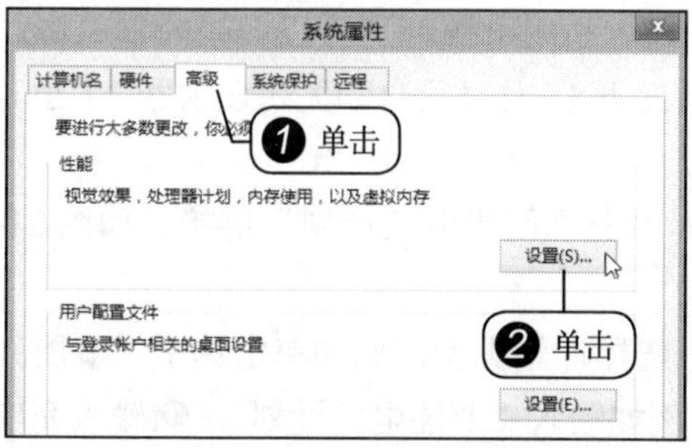

图 21-23　设置系统性能

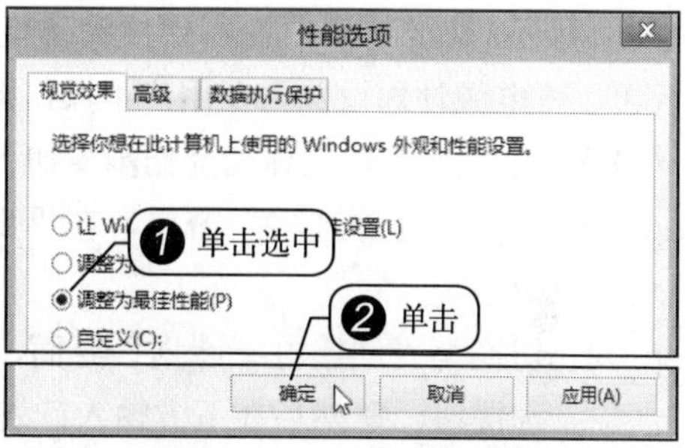

图 21-24　调整为最佳性能

21.3.2　设置虚拟内存

虚拟内存是计算机系统内存管理的一种技术。该技术是为解决运行的程序占用内存过多导致内存消耗殆尽而诞生的。虚拟内存的主要原理是使用一部分硬盘空间来充当内存使用。当内存耗尽时，电脑就会自动调用硬盘中的空间来充当内存，以缓解内存的容量不足。

在 Windows 8 操作系统中设置虚拟内存的方法比较简单，按照 21.3.1 节中介绍的方法打开“性能选项”对话框，切换至“高级”选项卡，在“虚拟内存”选项组中可看见设置的虚拟内存大小，如图 21-25 所示，若要重新设置虚拟内存大小，则单击“更改”按钮进行设置即可。

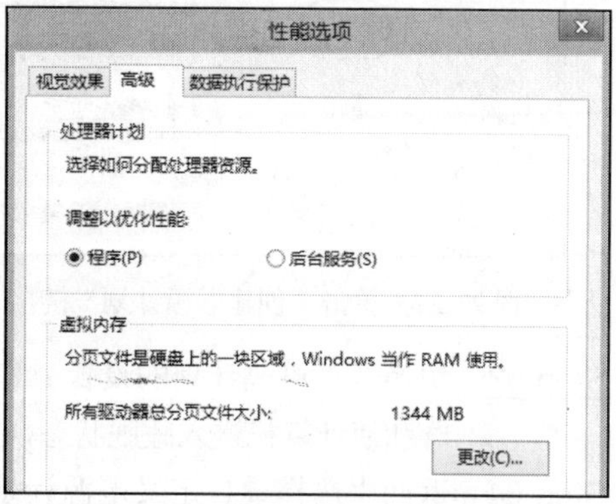

图 21-25　查看设置的虚拟内存大小

21.4 优化电源管理，实现高效工作与节能

Windows 8 操作系统保留了 Windows 7 操作系统中的电源管理功能，利用该功能可以根据自己的实际情况创建电源计划，还可以调整电源按钮的功能。

打开“控制面板”窗口，在界面中单击“电源选项”链接，即可打开“电源选项”窗口，如图 21-26 所示。创建电源计划以及调整电源按钮的功能均可在该窗口中进行操作。

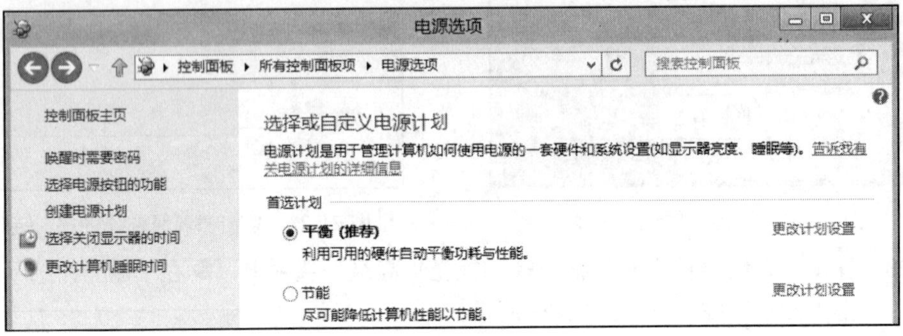

图 21-26 “电源选项”窗口

21.4.1 创建电源计划

电源计划是指电脑中各项硬件设备电源的规划，利用电源计划可以轻松配置电源。例如，可以将电源计划设置为在用户不操作电脑的情况下 15 分钟后自动关闭显示器，1 小时后自动进入睡眠状态等。具体的操作步骤如下。

Step 01 打开“电源选项”窗口，在界面的左侧单击“创建电源计划”链接，如图 21-27 所示。

Step 02 切换至“创建电源计划”界面，❶ 单击选择计划类型，例如单击选中“节能”单选按钮，❷ 然后在下方输入计划名称，例如输入“节能电源计划”，❸ 输入完毕后单击“下一步”按钮，如图 21-28 所示。

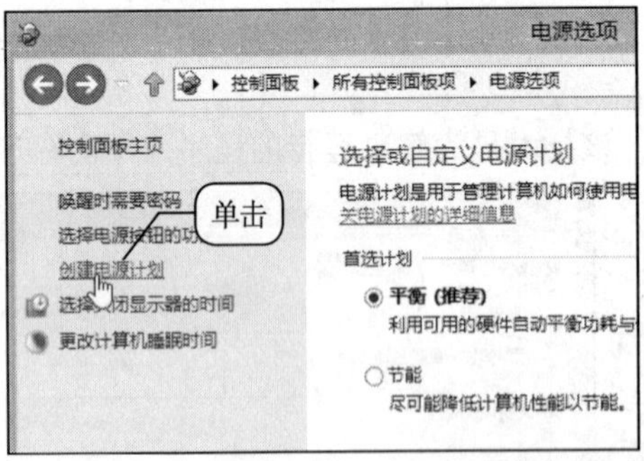

图 21-27 单击“创建电源计划”链接

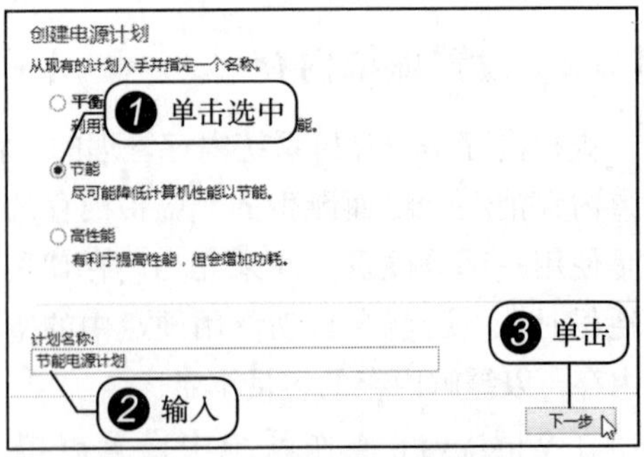

图 21-28 创建电源计划

Step 03 切换至“更改计划的设置：节能电源计划”界面，❶ 设置在多长时间后关闭显示器和使计算机进入睡眠状态，❷ 设置后单击“创建”按钮，如图 21-29 所示。

Step 04 返回“选择或自定义电源计划”界面，此时可看到所创建的“节能电源计划”选项，如图 21-30 所示。

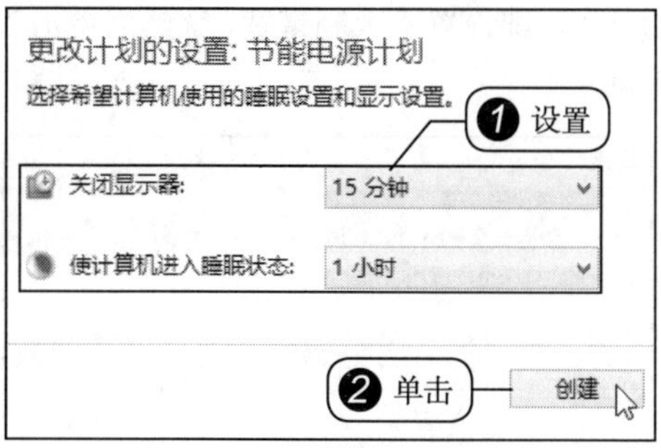

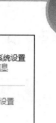

图 21-29　更改电源计划设置

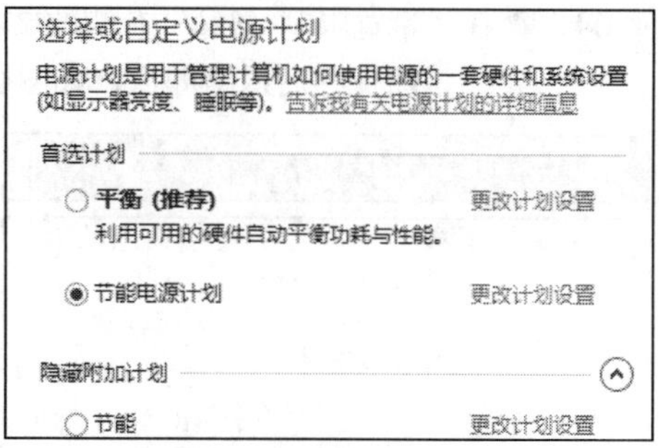

图 21-30　查看更改后的电源计划

21.4.2　调整电源按钮的功能

在 Windows 8 操作系统中的“电源选项”设置提供了选择电源按钮的功能。电源按钮也就是主机上的开关键，该按钮用来启动计算机，但是还可以为它赋予其他的功能，既可以为其赋予关机的功能，又可以为其赋予睡眠或休眠的功能。

在“电源选项”窗口左侧单击“选择电源按钮的功能”链接，如图 21-31 所示，切换至“定义电源按钮并启用密码保护”界面，在“电源按钮设置”选项组中单击“按电源按钮时”右侧的扩展按钮，便可在展开的下拉列表中设置电源按钮的功能，如图 21-32 所示。

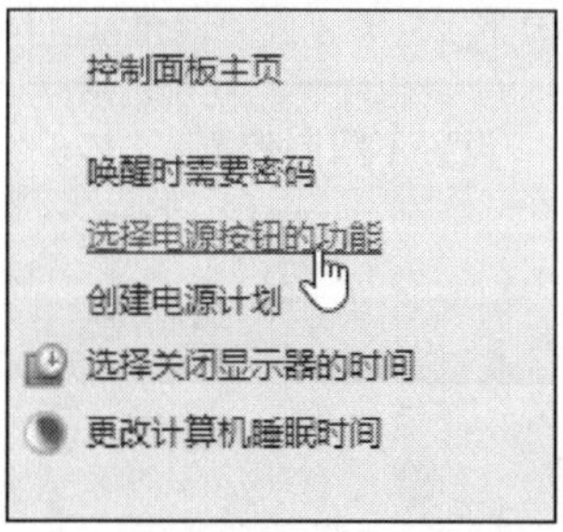

图 21-31　单击“选择电源按钮的功能”链接

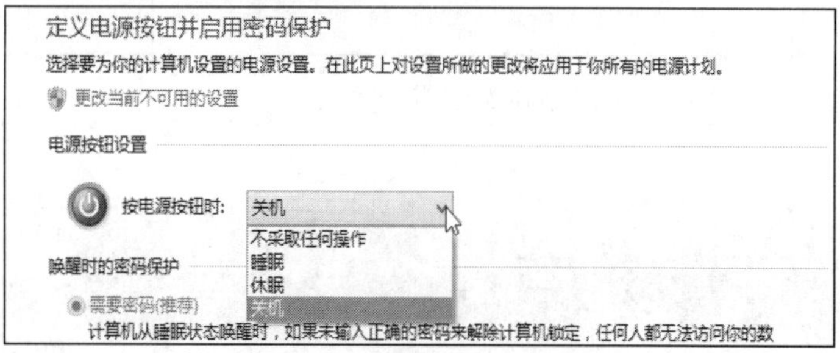

图 21-32　设置电源按钮的功能

拓展解析

21.5　使用组策略提高宽带网速

Windows 8 操作系统提供了 Quality of Service 网络连接程序，该程序在安装 Windows 8 操作系统后会默认设置为调用程序，保留 20% 左右的带宽。换句话说，如果不启用该程序，就会白白损失 20% 的带宽。具体的操作步骤如下。

Step 01　按照 19.4 节介绍的方法打开“本地组策略编辑器”窗口，在左侧依次单击“计算机配置”>“管理模板”>“网络”>“QoS 数据包计划程序”选项，如图 21-33 所示。

Step 02　在界面右侧双击“限制可保留带宽”选项，如图 21-34 所示。

Step 03　弹出“限制可保留带宽”对话框，单击选中“已启用”单选按钮，如图 21-35 所示。

Step 04 ❶ 在“带宽限制（%）”右侧的文本框中输入 0，即设置不限制带宽，❷ 然后单击“确定”按钮保存后退出即可，如图 21-36 所示。

图 21-33　单击选择“QoS 数据包计划程序”选项

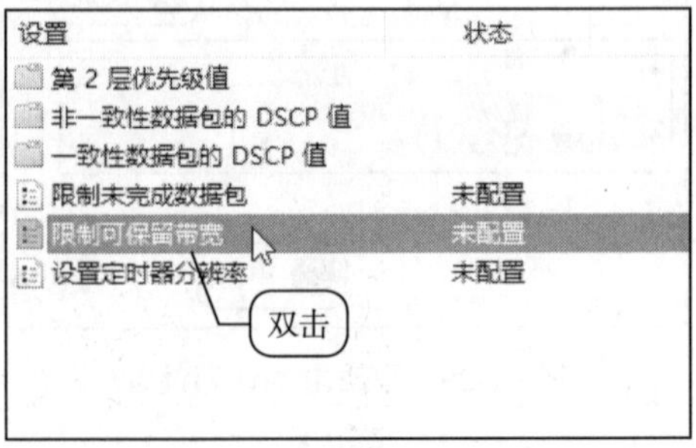

图 21-34　双击“限制可保留带宽”选项

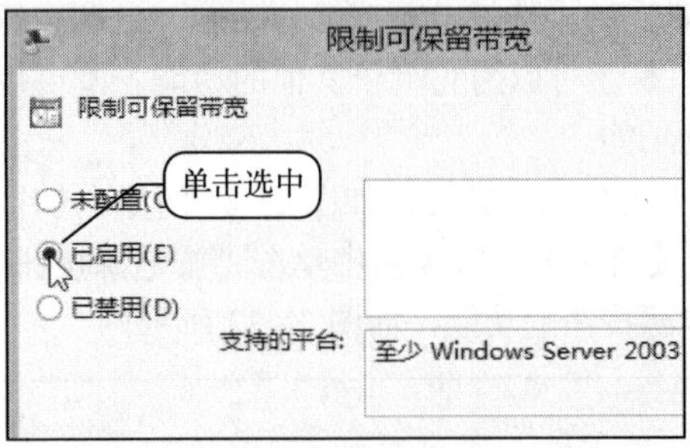

图 21-35　启用 QoS 数据包计划程序

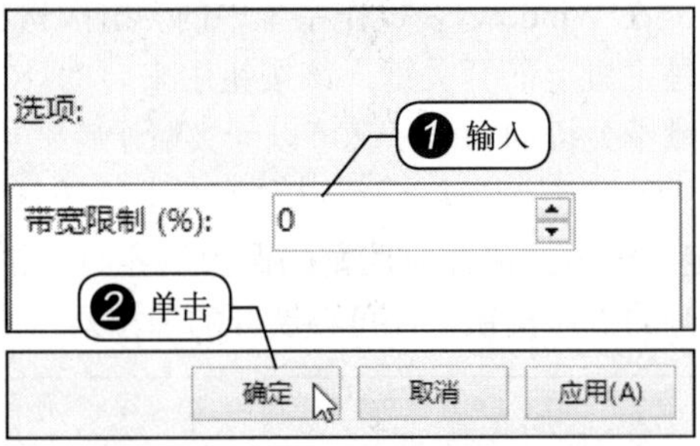

图 21-36　设置不限制带宽

新手疑惑解答

1. 能否使用第三方软件清理磁盘垃圾?

答：能！360 安全卫士、超级兔子以及 Windows 优化大师都具有清理磁盘垃圾的功能。

2. 设置虚拟内存有一定的标准吗?

答：设置虚拟内存并无特定标准，但可参照以下建议——当硬盘容量较小时，将最大值和最小值同时设为物理内存的 1 倍；当容量较大时，将最小值设为物理内存的 1 倍，最大值设为物理内存的 1.5 倍。

3. 使计算机进入睡眠状态与关机有什么区别?

答：使计算机进入睡眠状态是指将系统中的所有工作保存在硬盘中的一个系统文件内，同时关闭除内存以外所有设备的供电；而电脑关机则不会自动保存系统中的所有工作，并且同时关闭包括内存在内的所有设备的供电。

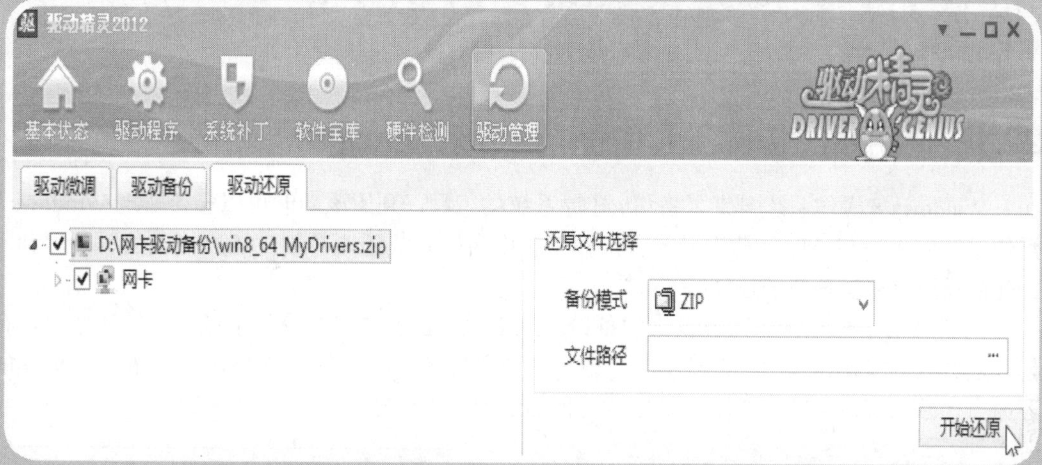

第22章 备份/还原系统和数据

本章知识点：

☑ 使用系统备份工具备份 / 还原系统
☑ 使用驱动精灵备份 / 还原驱动程序
☑ 备份 / 还原个人信息
☑ 使用 GHOST 备份 / 还原系统

在 Windows 8 操作系统中，为了保存系统中重要的数据以及避免重装系统浪费时间，用户可以备份系统和系统中的重要数据，这样，当系统无法正常运行或者某些重要数据出现错误时，可以将系统或数据还原，以避免造成损失。

基础讲解

22.1 使用系统备份工具备份 / 还原系统

Windows 8 操作系统自带了备份 / 还原系统的工具，利用该功能可以轻松实现 Windows 8 操作系统的备份与还原。首先需要在操作系统中启用系统还原并创建还原点，然后便可利用创建的还原点来实现系统还原。

对于 Windows 8 操作系统自带的备份工具来说，备份操作系统就是创建系统还原点，在创建还原点的操作过程中，系统会要求输入还原点的名称，如图 22-1 所示；而在利用创建的还原点还原系统时，则需要用户确定所选择的还原点是否准确无误，如图 22-2 所示。

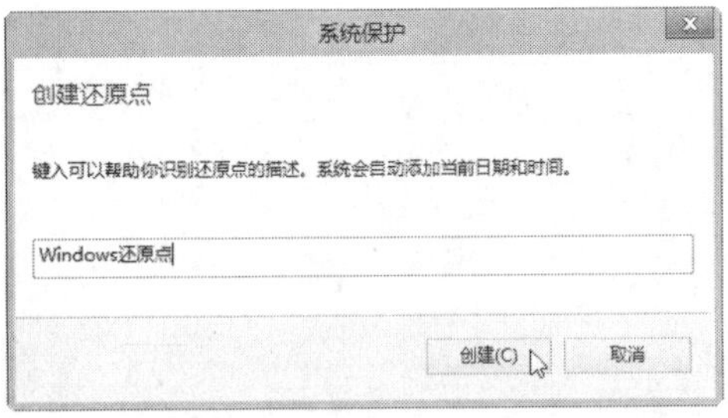

图 22-1 输入还原点的名称

图 22-2 确认所选择的还原点

22.1.1 创建还原点

在 Windows 8 操作系统中，创建还原点的第一步操作就是开启指定分区的系统还原功能，然后再为指定的分区创建还原点。具体的操作步骤如下。

Step 01 ❶ 右击桌面上的“计算机”图标，❷ 在弹出的快捷菜单中单击“属性”命令，如图 22-3 所示。

Step 02 打开“系统”窗口，在左侧单击“系统保护”链接，如图 22-4 所示。

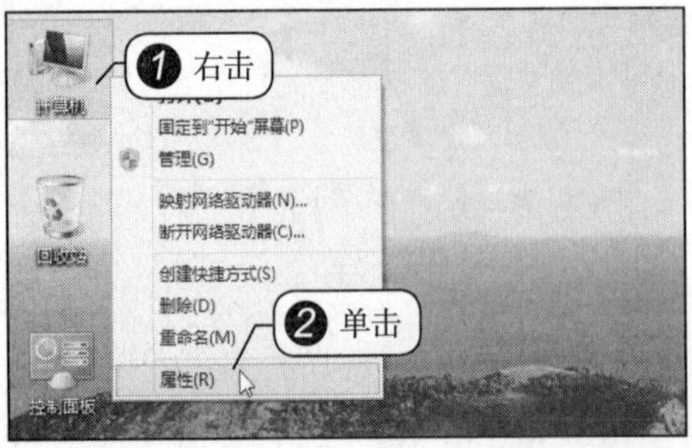

图 22-3 单击“属性”命令

图 22-4 单击“系统保护”链接

Step 03 弹出“系统属性”对话框，❶ 在列表框中单击选择系统所在的分区，❷ 然后单击

"配置"按钮，如图 22-5 所示。

Step 04 弹出"系统保护本地磁盘（C:）"对话框，❶ 在"还原设置"组中单击选中"启用系统保护"单选按钮，❷ 然后单击"确定"按钮，如图 22-6 所示。

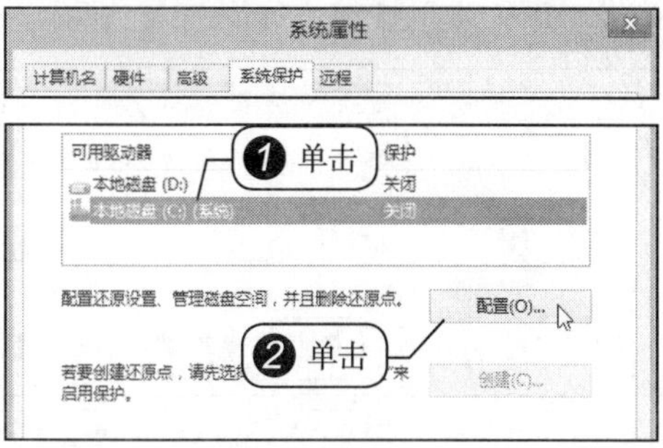

图 22-5 配置系统分区

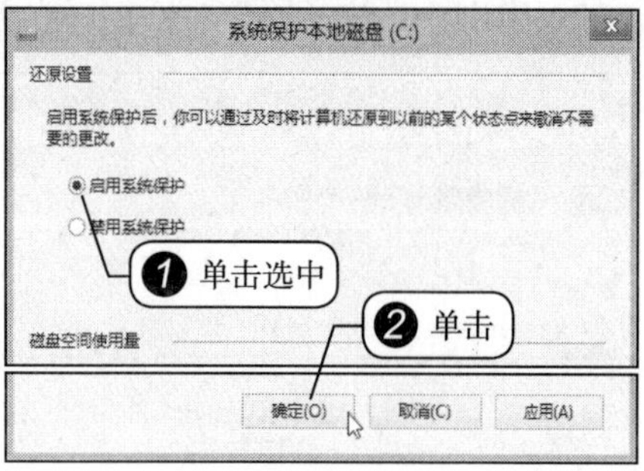

图 22-6 启动系统保护

Step 05 返回"系统属性"对话框，此时可看见系统分区的系统保护已启用，单击"创建"按钮，如图 22-7 所示。

Step 06 弹出"系统保护"对话框，❶ 在文本框中输入还原点名称，❷ 然后单击"创建"按钮，如图 22-8 所示。

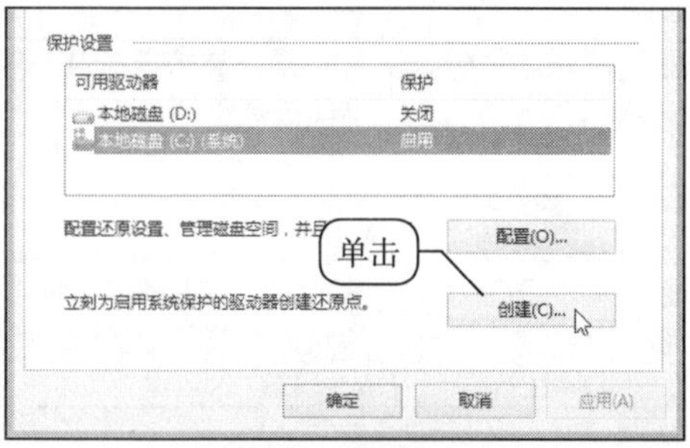

图 22-7 开始创建还原点

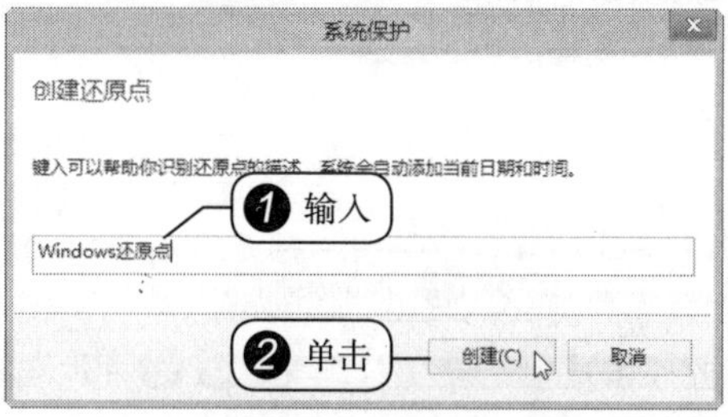

图 22-8 输入还原点名称

Step 07 此时可看见系统正在创建还原点，如图 22-9 所示，请耐心等待。

Step 08 创建完毕后在"系统保护"对话框中可看见"已成功创建还原点"提示信息，单击"关闭"按钮关闭对话框即可，如图 22-10 所示。

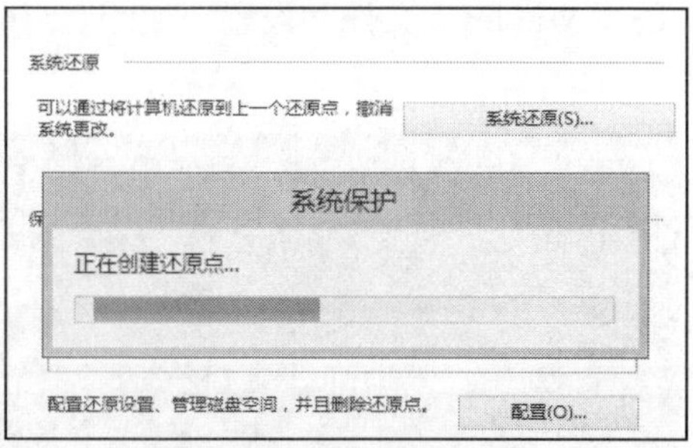

图 22-9 正在创建还原点

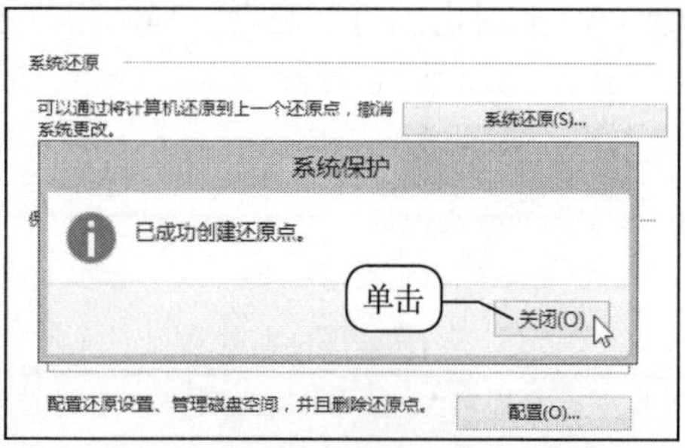

图 22-10 已成功创建还原点

22.1.2 还原系统

创建还原点后，如果用户遇到系统出现无法修复的故障或系统无法正常运行，则可以利用系统还原工具把系统还原成创建还原点时的系统设置。具体的操作步骤如下。

Step 01 打开“系统属性”对话框，在“系统还原”选项组中单击“系统还原”按钮，如图 22-11 所示。

Step 02 弹出“系统还原”对话框，在界面底部单击“下一步”按钮，如图 22-12 所示。

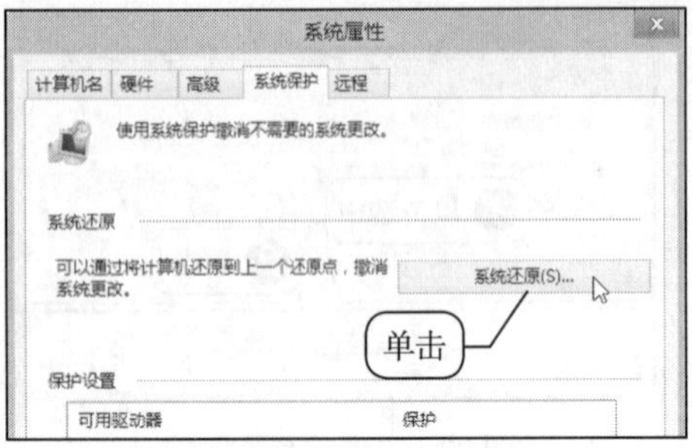

图 22-11　单击“系统还原”按钮

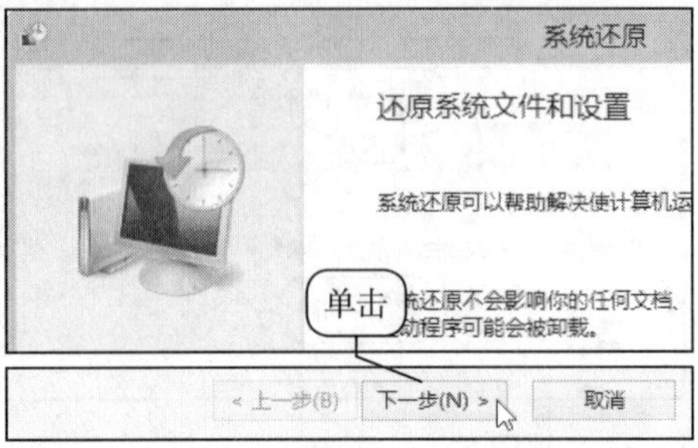

图 22-12　单击“下一步”按钮

Step 03 切换至“将计算机还原到所选事件之前的状态”界面，❶ 在“日期和时间”列表框中单击选择还原点，❷ 然后单击“下一步”按钮，如图 22-13 所示。

Step 04 切换至“确认还原点”界面，确认选择的还原点准确无误后直接单击“完成”按钮，如图 22-14 所示。

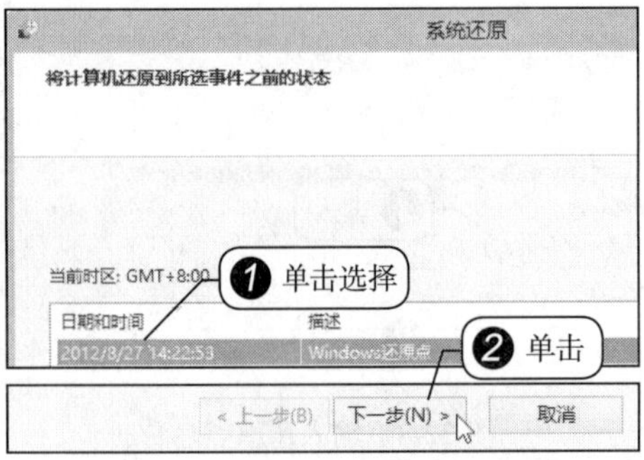

图 22-13　选择还原点

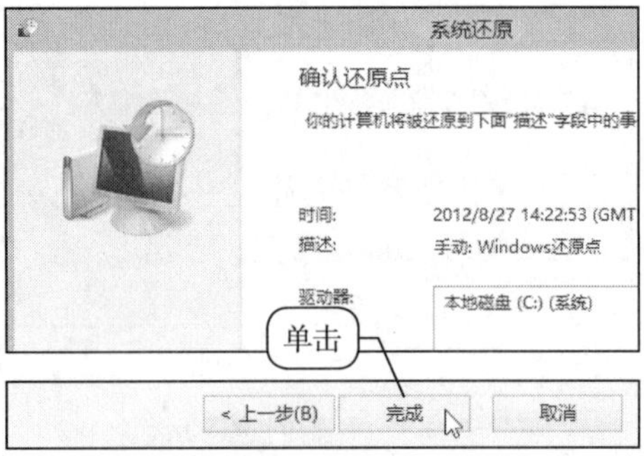

图 22-14　确认还原点

Step 05 弹出提示对话框，提示用户“启动后，系统还原不能中断，你希望继续吗？”，确认继续则单击“是”按钮，如图 22-15 所示。

Step 06 此时电脑重新启动，提示用户系统正在还原 Windows 文件和设置，如图 22-16 所示，请耐心等待。

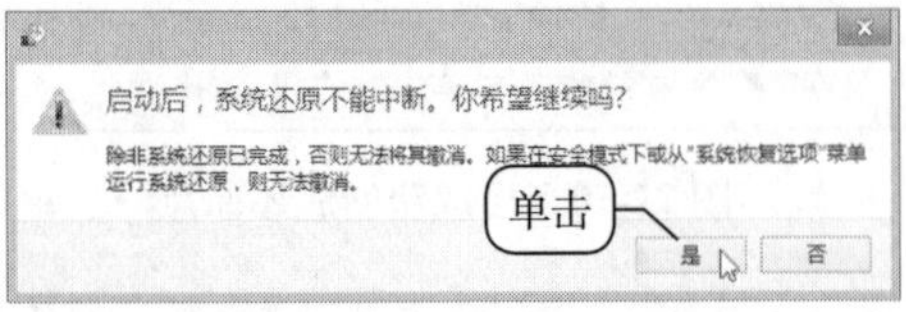

图 22-15　单击“是”按钮

图 22-16　正在还原 Windows 文件和设置

Step 07 系统还原完毕后将进入桌面，在弹出的“系统还原”对话框中提示用户系统还原已成功完成，单击“关闭”按钮关闭对话框即可，如图 22-17 所示。

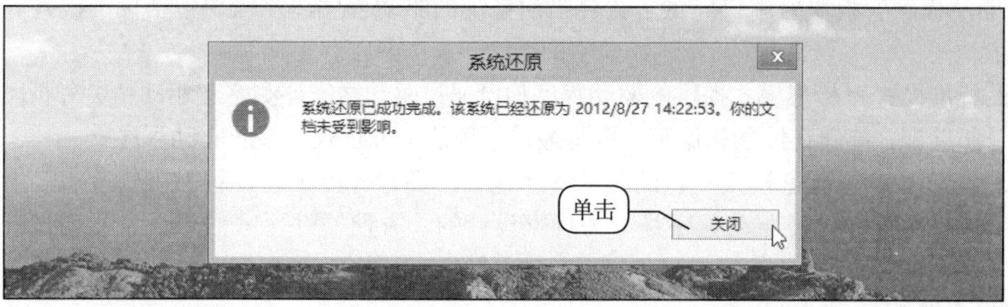

图 22-17　系统还原成功完成

22.2　使用驱动精灵备份 / 还原驱动程序

驱动程序可以说是硬件设备在操作系统中的接口，只有安装了驱动程序，用户才能通过操作系统来控制硬件设备的工作，因此驱动程序在操作系统中显得十分重要。为了防止因驱动程序遭到破坏而无法正常控制硬件的情况发生，用户需要做好操作系统的备份工作，当特殊情况发生时便可利用直接将备份的驱动程序还原来解决问题。

驱动程序是一个集驱动管理和硬件检测于一体的、专业级的驱动程序管理和维护工具，该软件提供了备份、恢复、安装、删除以及在线更新等实用功能，如图 22-18 所示为驱动精灵的主界面。

图 22-18　“驱动精灵”主界面

“驱动精灵”主界面主要包括 6 个板块，它们分别是基本状态、驱动程序、系统补丁、软件宝库、硬件检测以及驱动管理。

1. 基本状态

驱动精灵默认显示“基本状态”界面，该界面显示了系统检测结果，主要包括是否存在驱动故障、是否有驱动需要升级以及是否备份网卡驱动等信息。

2. 驱动程序

"驱动程序"板块为用户提供了适合当前系统的驱动程序，该板块包括标准模式和玩家模式两部分。

- 标准模式：标准模式提供的驱动程序均已通过驱动之家评测室和驱动精灵分析团队分析验证，能够在性能和稳定上取得最佳平衡的官方正式完整版驱动程序。
- 玩家模式：玩家模式提供的驱动程序包括厂商抢先测试版、第三方修改版等增强类驱动程序，这类驱动程序是专为玩家设计的，方便硬件玩家们对设备驱动进行细致的调整。

3. 系统补丁

"系统补丁"板块显示了驱动精灵为当前系统漏洞提供的修补补丁，用户可以直接利用该软件来修复系统漏洞。

4. 软件宝库

"软件宝库"板块显示了驱动精灵提供的各种各样的软件，包括上网必备、学生必备、办公必备等。

5. 硬件检测

"硬件检测"板块显示了当前电脑的硬件配置信息，包括处理器、主板、内存、显卡、网卡和声卡等硬件信息。

6. 驱动管理

"驱动管理"板块提供了管理驱动程序的功能，包括驱动微调、驱动备份和驱动还原3部分。

- 驱动微调："驱动微调"界面显示了需要更新驱动程序的硬件设备选项，同时还显示了需要安装驱动程序的硬件设备选项，以确保系统正常运行。
- 驱动备份："驱动备份"界面显示了系统中需要备份的驱动程序以及系统自带的驱动程序，用户可以将指定的驱动程序备份到本地电脑中。
- 驱动还原："驱动还原"界面显示了驱动程序的备份文件，可直接在界面中将该备份文件所包含的驱动程序还原到系统中。

22.2.1 使用驱动精灵备份驱动程序

驱动精灵提供了备份驱动程序的功能，用户可以从中选择备份指定的驱动程序，这里建议用户只备份网卡驱动程序，只要能够确保电脑接入 Internet，就能够使用驱动精灵为电脑安装最新版的驱动程序。因此这里以备份网卡驱动程序为例介绍具体的操作方法和步骤。

Step 01 打开"驱动精灵"主界面，❶ 单击"驱动管理"按钮，❷ 切换至"驱动备份"选项卡，❸ 选择需要备份的驱动程序，例如单击选择"网卡"，如图 22-19 所示。

Step 02 在界面右侧单击"我要改变备份设置"链接，如图 22-20 所示。

Step 03 在弹出的"系统设置"对话框中，❶ 输入驱动备份文件的保存路径，❷ 单击"确定"按钮，如图 22-21 所示。

Step 04 返回"驱动精灵"程序主界面，单击"开始备份"按钮，如图 22-22 所示。

Step 05 当备份进度条中的备份进度达到 100% 时，则会在下方看见"备份完成"的提示信息，如图 22-23 所示。

Step 06 打开 Step03 中设置的备份文件保存路径，便可在窗口中看见已备份的驱动程序文件，如图 22-24 所示。

图 22-19　选择备份网卡驱动程序

图 22-20　单击“我要改变备份设置”链接

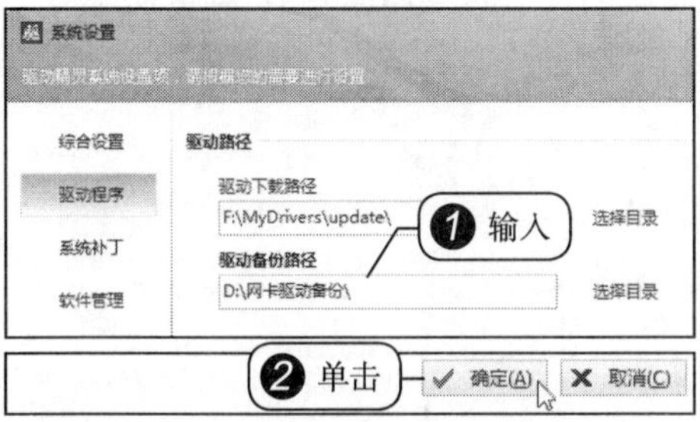

图 22-21　更改备份路径和设置

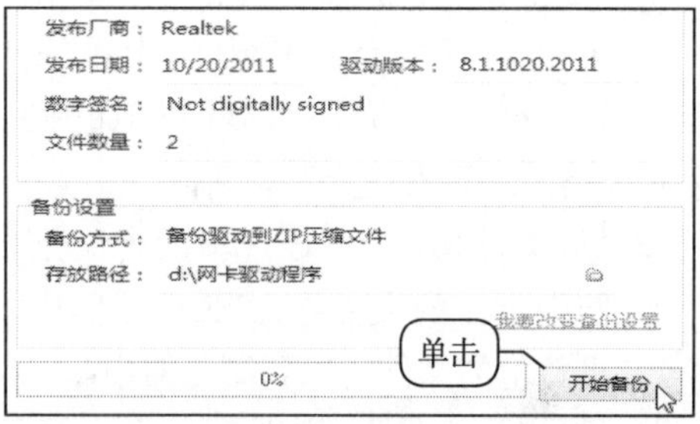

图 22-22　开始备份驱动程序

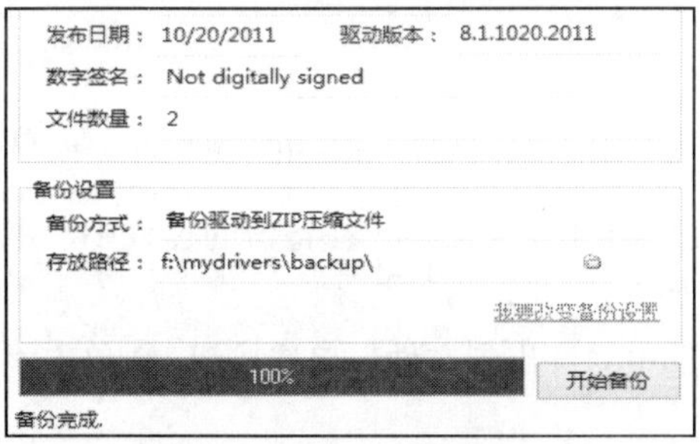

图 22-23　驱动程序备份完成

图 22-24　查看备份的驱动程序文件

22.2.2　使用驱动精灵还原驱动程序

使用驱动精灵还原驱动程序的操作要比备份驱动程序简单一些，打开“驱动程序”主界面，单击“驱动管理”按钮，切换至“驱动还原”选项卡，❶ 单击选择驱动程序备份文件，❷ 在右侧单击“开始还原”按钮，如图 22-25 所示，然后就只需等待程序自动将备份文件中的启动程序还原到系统中即可。

图 22-25　还原驱动程序

22.3 备份 / 还原个人信息

在 Windows 8 操作系统中，用户可能会将一些个人信息保存在系统中，例如 IE 收藏夹信息、QQ 聊天信息以及指定的文件等，当这些信息对自己来说很重要时，则可以选择对这些信息进行备份，再在特定的时刻将其还原到系统中。

22.3.1 备份 / 还原 IE 收藏夹信息

IE 收藏夹是一个很容易被人遗忘的地方，它保存着用户在浏览网页过程中所保存的网页，当用户重装系统后，该收藏夹中保存的网页将会被彻底删除，因此如果 IE 收藏夹中保存了十分重要的信息，则需要做好备份操作，待重装系统后便可将其还原到 IE 浏览器中。

在 IE 浏览器的菜单栏中依次单击“文件”>“导入和导出”命令，即可弹出如图 22-26 所示的“导入 / 导出设置”对话框。

- ❑“从文件导入”：该选项的含义是将电脑中指定的文件导入 IE 浏览器中，即将备份的文件还原到浏览器中。
- ❑“导出到文件”：该选项的含义是将 IE 浏览器中的信息导出 IE 浏览器，将其保存在电脑硬盘或者其他移动设备中，即备份 IE 浏览器中的信息。

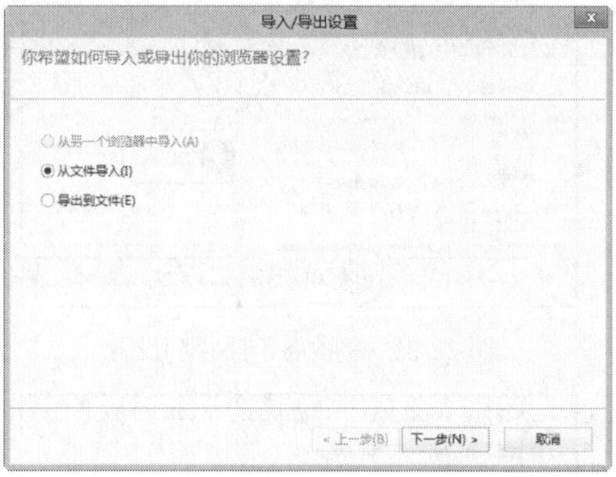

图 22-26 “导入 / 导出设置”对话框

1. 备份 IE 收藏夹信息

备份 IE 收藏夹信息是指将收藏夹中的信息保存在 HTM 文件中。在备份的过程中，用户可以调整该备份文件的保存位置。具体的操作步骤如下。

Step 01 打开“导入 / 导出设置”对话框，❶ 单击选中“导出到文件”单选按钮，❷ 单击“下一步”按钮，如图 22-27 所示。

Step 02 切换至新的界面，❶ 设置导出收藏夹，勾选“收藏夹”复选框，❷ 单击“下一步”按钮，如图 22-28 所示。

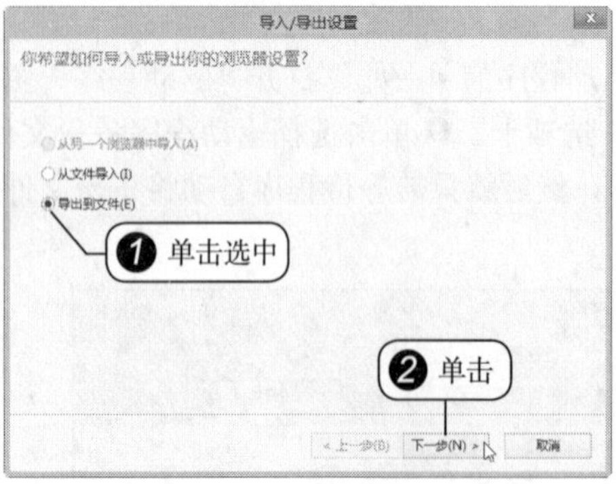

图 22-27 选择“导出到文件”

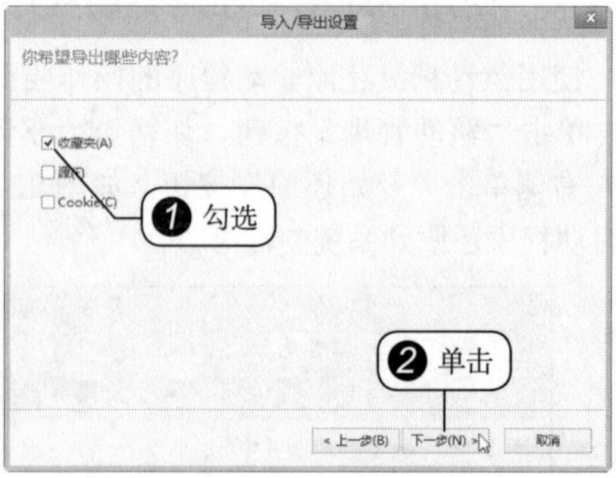

图 22-28 设置导出收藏夹

Step 03 切换至新的界面，❶ 设置导出的收藏夹内容，例如设置导出收藏夹的所有内容，单击“收藏夹”选项，❷ 单击“下一步”按钮，如图 22-29 所示。

Step 04 ❶ 在“你希望将收藏夹导出至何处？”界面中利用“浏览”按钮设置导出文件的

保存路径，❷ 单击“导出”按钮，如图 22-30 所示。

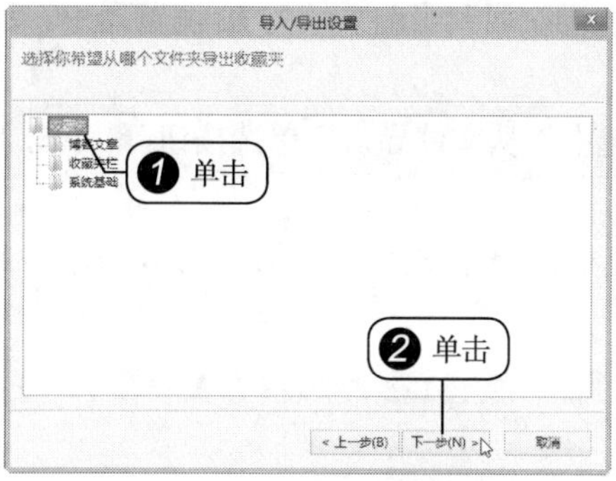

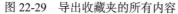

图 22-29　导出收藏夹的所有内容

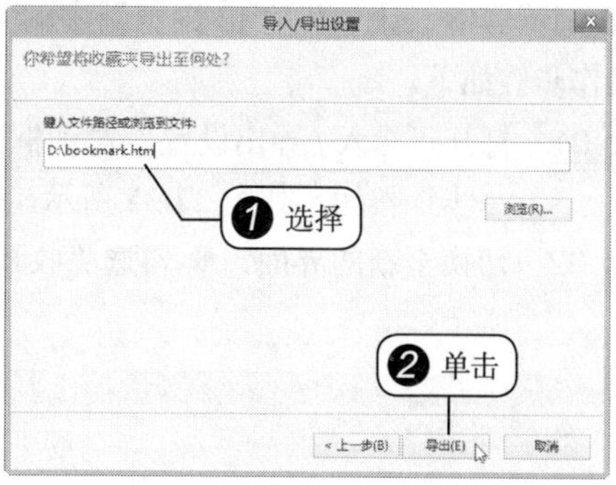

图 22-30　设置导出文件的保存路径

Step 05　在对话框中可看见已成功导出了收藏夹信息，单击“完成”按钮关闭对话框，如图 22-31 所示。

Step 06　打开 Step04 中设置的保存路径下，可看见导出的 HTM 文件，如图 22-32 所示，该文件包含了当前 IE 浏览器中的所有收藏夹信息。

图 22-31　成功导出收藏夹信息

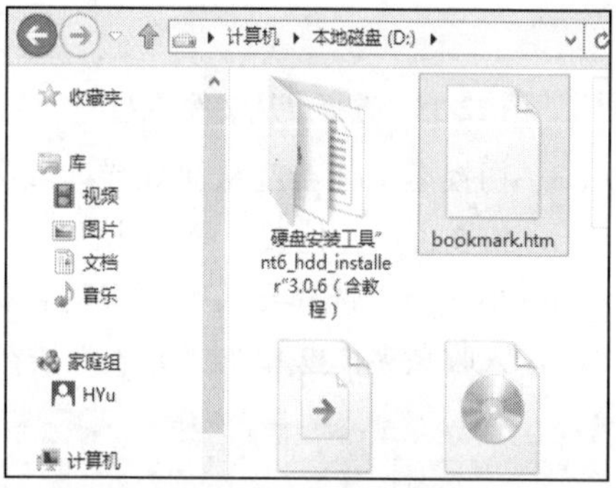

图 22-32　查看导出的文件

提示：认识备份的 HTM 文件

包含备份的 HTM 文件可以直接使用浏览器打开，只不过，打开后的页面只会显示备份的收藏夹信息，即收藏夹中包含的文件夹名和网页名称，如图 22-33 所示，单击这些网页标题链接，同样可以打开相应的网页，如图 22-34 所示。

图 22-33　打开的 HTM 文件

图 22-34　查看相应的网页内容

2. 还原 IE 收藏夹信息

当系统重装或者还原后，IE 浏览器就好像重新安装了一遍，因此之前收藏夹中保存的信息将会彻底被删除，此时如果硬盘中含有备份的收藏夹信息文件，则可以将该文件直接还原到 IE 浏览器中，让重装前 IE 浏览器中的收藏夹信息再次回到当前系统的 IE 浏览器中。具体的操作步骤如下。

Step 01　打开“导入 / 导出设置”对话框，❶ 单击选中“从文件导入”单选按钮，❷ 单击“下一步”按钮，如图 22-35 所示。

Step 02　切换至新的界面，❶ 勾选“收藏夹”复选框，❷ 单击“下一步”按钮，如图 22-36 所示。

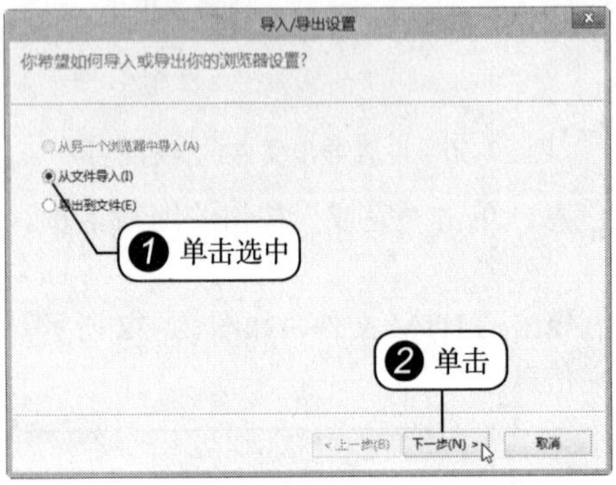

图 22-35　选择“从文件导入”

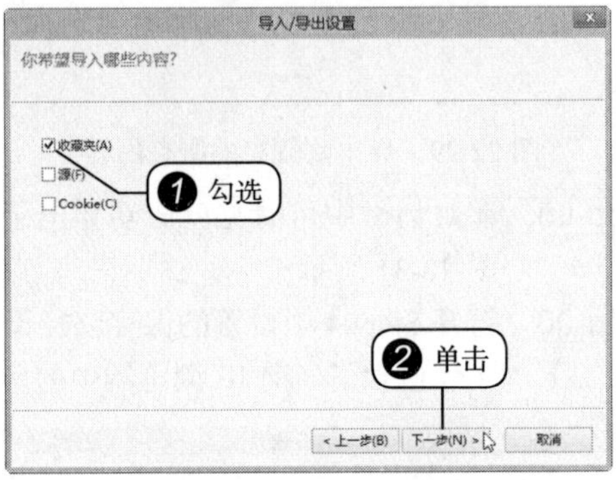

图 22-36　设置导入收藏夹内容

Step 03　切换至“你希望从何处导入收藏夹？”界面，❶ 单击“浏览”按钮选择收藏夹备份文件所在位置，❷ 单击“下一步”按钮，如图 22-37 所示。

Step 04　切换至“选择导入收藏夹的目标文件夹”界面，❶ 单击“收藏夹”选项，选择导入收藏夹，❷ 单击“导入”按钮，如图 22-38 所示。

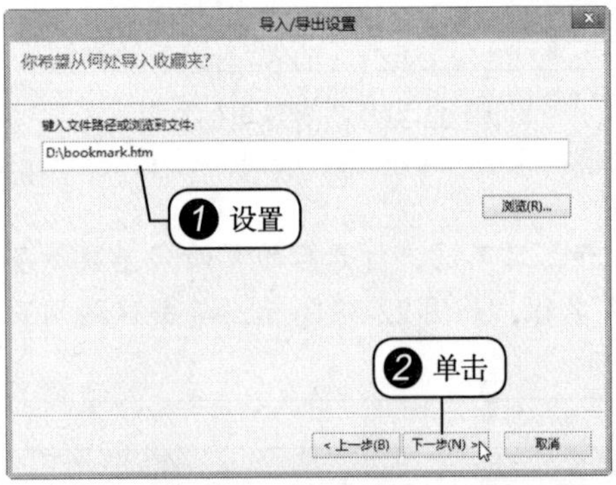

图 22-37　选择收藏夹备份文件所在位置

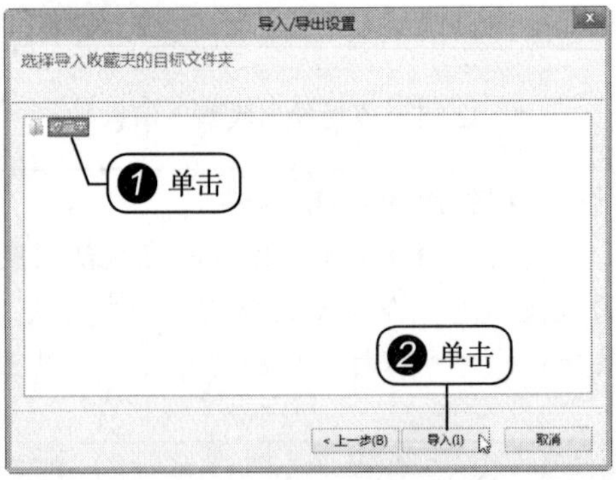

图 22-38　选择导入收藏夹

提示：手动输入收藏夹保存路径

在 Step03 中，用户除了利用“浏览”按钮来设置收藏夹备份文件的保存路径外，还可以直接在该文本框中输入该文件所在的路径来达到相同的目的。

Step 05　在“你已成功导入了这些设置”界面中可看见“收藏夹”的字样，即已成功导入收藏夹信息，单击“完成”按钮，如图 22-39 所示。

Step 06　返回 IE 浏览器界面，在菜单栏中单击“收藏夹”菜单，即可在弹出的菜单中看见导入的收藏夹信息，如图 22-40 所示。

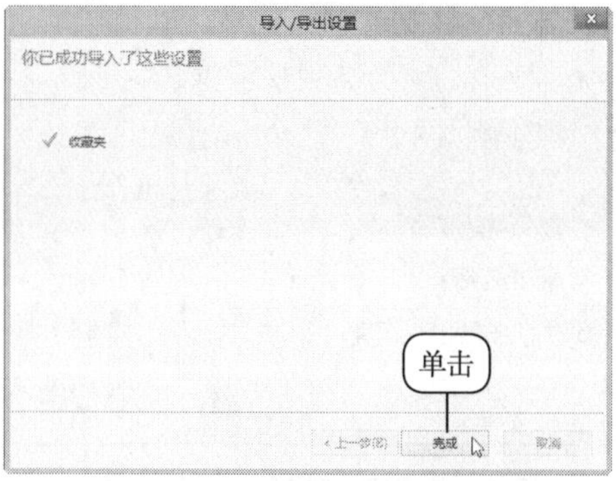

图 22-39　成功导入收藏夹信息

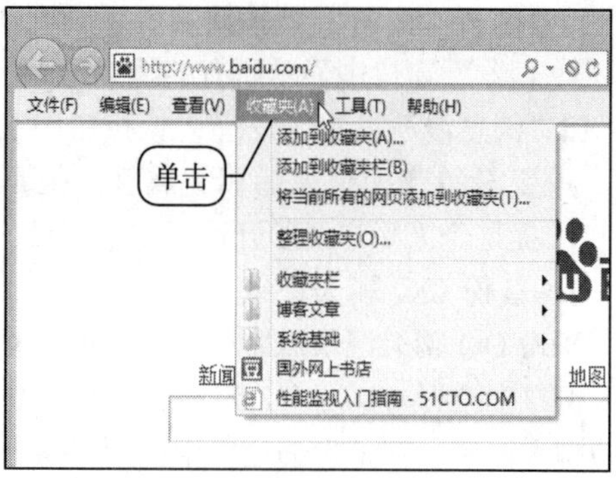

图 22-40　查看已导入的收藏夹信息

22.3.2　备份 / 还原 QQ 聊天记录

QQ 具有非常完善的数据备份功能，它会自动将 QQ 好友保存在个人服务器中，而将聊天记录保存在本地电脑中。因此，无论用户在哪里登录 QQ，其好友名单都能够保持一致，而聊天记录则无法保持同步。当本地电脑中包含重要的聊天信息时，用户可以利用 QQ 将其备份，备份后的文件无论在哪台电脑上都可以进行还原操作，从而还原聊天记录。

在 QQ 中，备份 / 还原 QQ 聊天记录是在“消息管理器”窗口中实现的。登录 QQ 后在 QQ 主界面底部单击“消息管理器”按钮，即可打开“消息管理器”窗口，其主界面如图 22-41 所示。

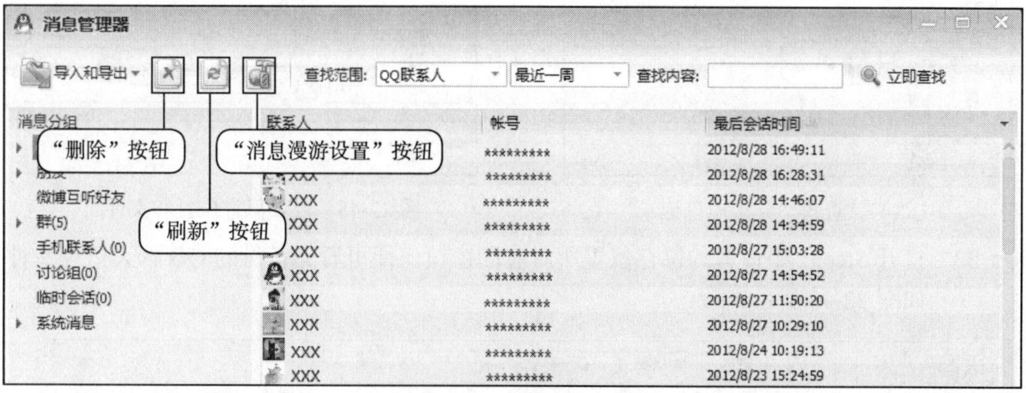

图 22-41　“消息管理器”窗口

- “导入和导出”按钮：该按钮提供了导入和导出 QQ 聊天记录的功能。单击该按钮右侧的下三角按钮，在展开的下拉列表中可看见“导入消息记录”和“导出消息记录”选项，如图 22-42 所示。其中，“导入消息记录”选项用来还原 QQ 聊天记录，“导出消息记录”选项用来备份 QQ 聊天记录。
- “删除”按钮：该按钮用来删除指定好友的聊天记录，在左侧选择 QQ 好友后单击该按钮便可弹出如图 22-43 所示的“删除消息记录”对话框，在该对话框中可以选择删除所有的聊天记录或者指定时间段的聊天记录。

图 22-42　“导入消息记录”与“导出消息记录”选项

- "刷新"按钮：该按钮主要用于刷新个人账户与QQ好友的聊天记录，确保"消息管理器"窗口中显示所有的聊天记录。
- "消息漫游设置"按钮：该按钮用于设置漫游聊天记录的相关属性，但是前提是个人账户必须开通了QQ会员。

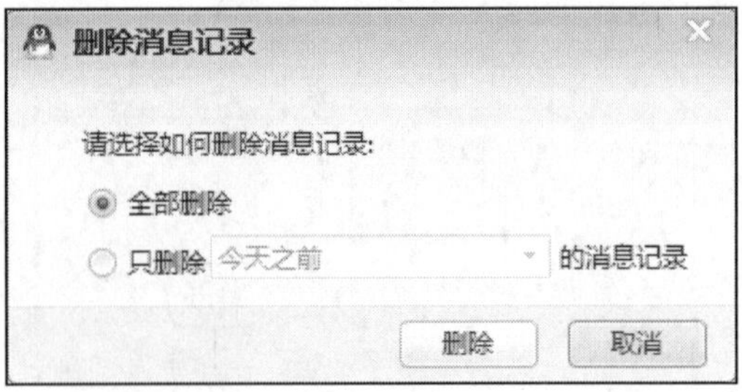

图 22-43 "删除消息记录"对话框

1. 备份QQ聊天记录

备份QQ聊天记录需要首先在"消息管理器"窗口中选择QQ好友，然后再备份与该好友的聊天记录。在备份的过程中，用户需要手动设置备份文件的保存位置。具体的操作步骤如下。

Step 01 打开"消息管理器"窗口，在下方单击选择指定的QQ好友，单击"导入和导出"按钮右侧的下三角按钮，在展开的下拉列表中单击"导出消息记录"选项，如图22-44所示。

Step 02 弹出"另存为"对话框，❶在"保存在"下拉列表中选择备份文件的保存位置，❷在下方输入文件名称，❸然后单击"保存"按钮，如图22-45所示。

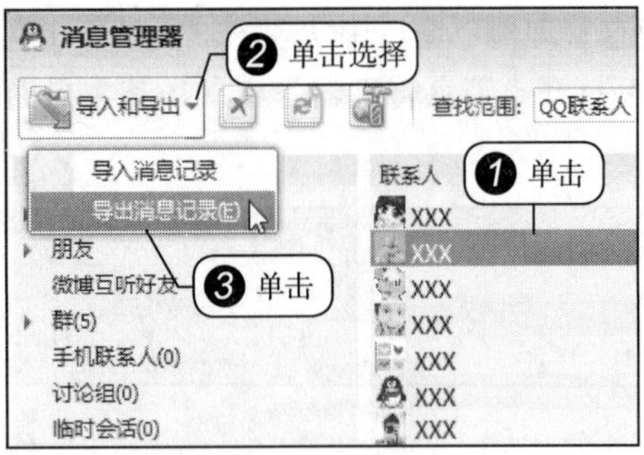

图 22-44 选择"导出消息记录"

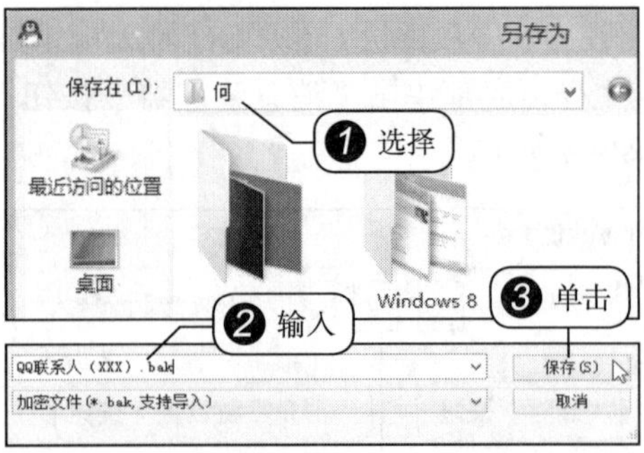

图 22-45 设置保存位置和文件名

Step 03 打开Step02中设置的保存位置所对应的窗口，便可看见备份的QQ聊天记录文件，如图22-46所示。

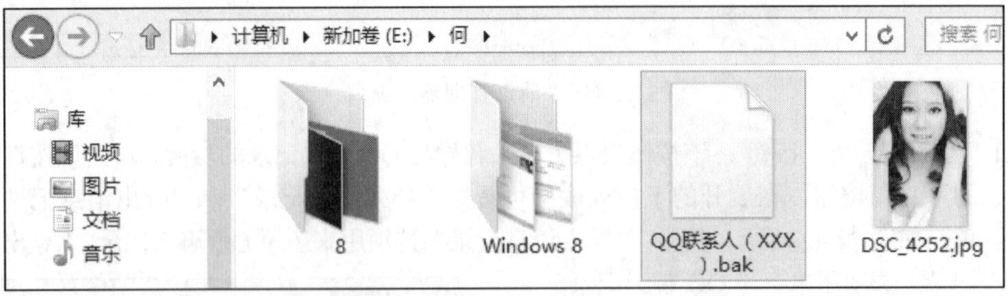

图 22-46 查看备份的QQ聊天记录文件

2. 还原QQ聊天记录

当电脑重装系统后，保存的聊天记录可能会丢失，此时可以利用"消息管理器"窗口将备份的聊天记录文件还原到当前系统中，便可重新查看与指定QQ好友的聊天记录了。具体的操作步骤如下。

Step 01 打开“消息管理器”窗口，❶ 单击“导入和导出”按钮右侧的下三角按钮，❷ 在展开的下拉列表中单击“导入消息记录”选项，如图 22-47 所示。

Step 02 弹出“数据导入工具”对话框，❶ 勾选“消息记录”复选框，❷ 单击“下一步”按钮，如图 22-48 所示。

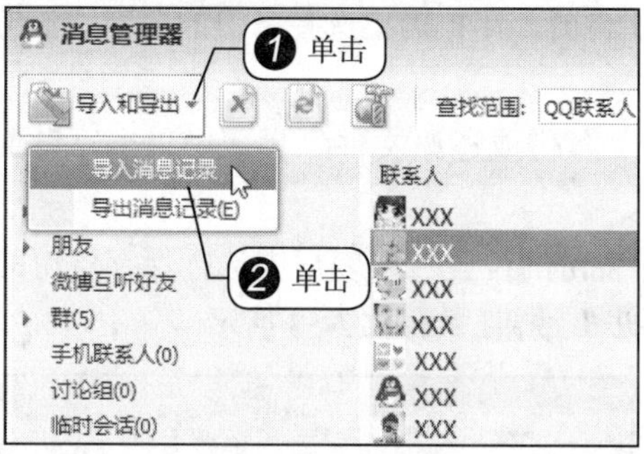

图 22-47 选择“导入消息记录”选项

图 22-48 勾选“消息记录”复选框

Step 03 切换至新的界面，❶ 单击选中“从指定文件导入”单选按钮，❷ 输入要导入的文件所在的路径，❸ 单击“导入”按钮，如图 22-49 所示。

Step 04 切换至新的界面，此时可看见导入的消息记录数量，单击“完成”按钮即可，如图 22-50 所示。

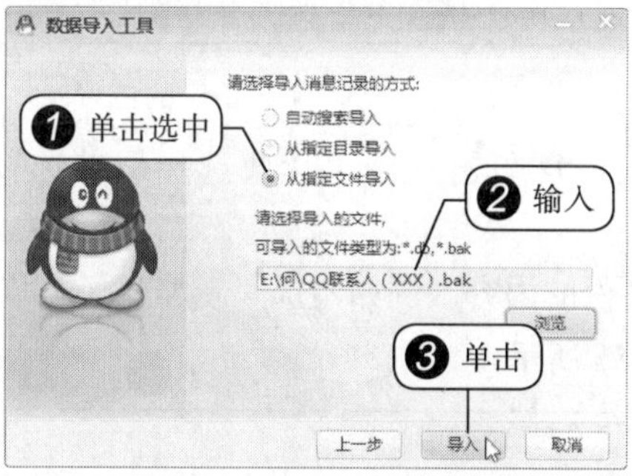

图 22-49 导入指定文件

图 22-50 导入成功

22.3.3 备份 / 还原文件

Windows 8 操作系统提供了备份 / 还原文件的工具——Windows 7 文件恢复。该工具可以备份系统中的文件，而备份的文件可再次通过 Windows 7 文件恢复工具将其还原到当前系统中，以避免数据丢失。

打开“控制面板”窗口，在窗口中单击“Windows 7 文件恢复”链接，即可打开“Windows 7 文件恢复”窗口，如图 22-51 所示。该窗口提供了手动备份文件的功能以及使用其他备份还原文件的功能。

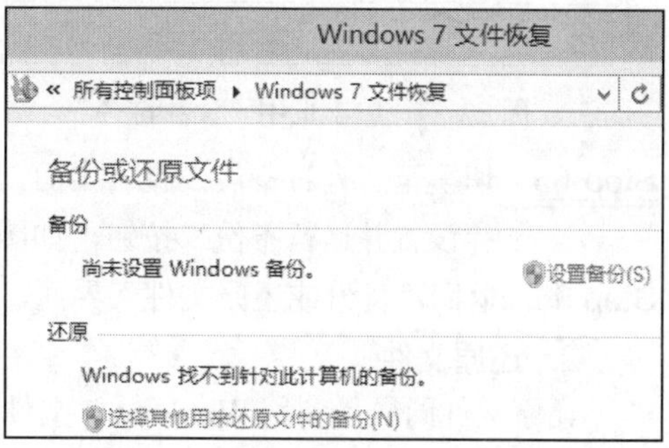

图 22-51 “Windows 7 文件恢复”窗口

- “设置备份”：该选项为用户提供了开启备份文件的功能，用户可以在单击该选项后弹出的对话框中按照提示进行操作，来备份文件。

- “选择其他用来还原文件的备份”：如果备份文件在除硬盘外的其他存储设备中，则可以使用该选项将该备份文件还原到当前系统中。

1. 备份文件

使用 Windows 7 文件恢复工具备份系统中的文件时，用户需要选择备份的内容、备份文件保存的位置等信息，下面介绍具体的备份操作步骤。

Step 01　打开“Windows 7 文件恢复”窗口，在“备份或还原文件”界面中单击“设置备份”链接，如图 22-52 所示。

Step 02　弹出“设置备份”对话框，❶ 在“保存备份的位置”列表框中选择保存备份的位置，例如单击选择 E 盘，❷ 单击“下一步”按钮，如图 22-53 所示。

图 22-52　单击“设置备份”链接

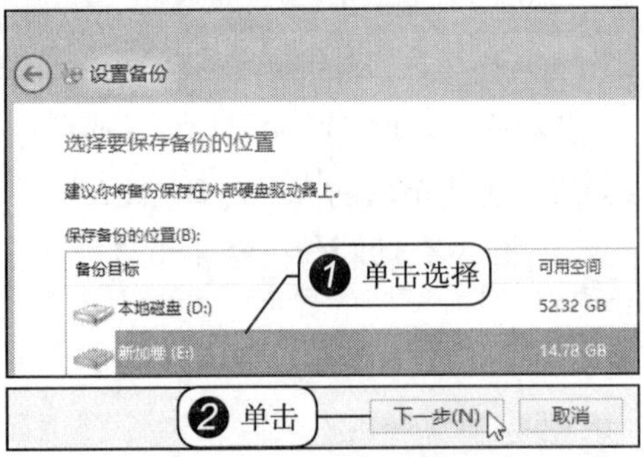

图 22-53　选择保存备份的位置

Step 03　切换至“你希望备份哪些内容？”界面，❶ 单击选中“让我选择”单选按钮，❷ 单击“下一步”按钮，如图 22-54 所示。

Step 04　切换至新的界面，❶ 在列表框中选择要备份的内容，例如勾选“新加卷（F：）”复选框，❷ 单击“下一步”按钮，如图 22-55 所示。

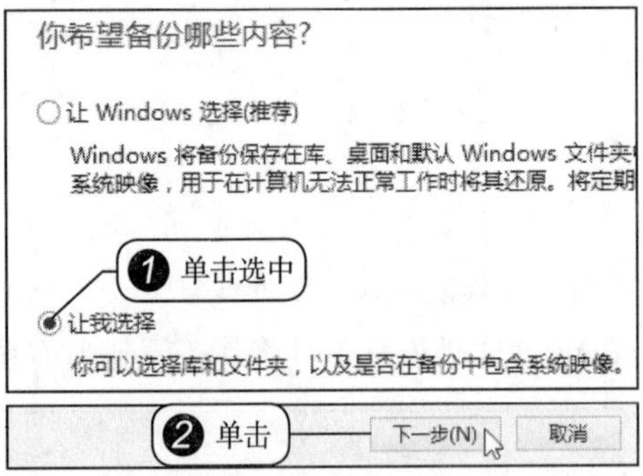

图 22-54　单击选中“让我选择”

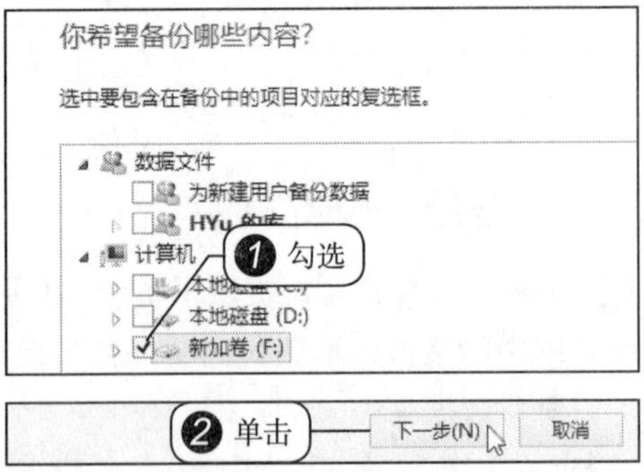

图 22-55　选择备份 F 盘

Step 05　切换至“查看备份设置”界面，可看见备份文件的保存位置和备份内容，单击“保存设置并运行备份”按钮，如图 22-56 所示。

Step 06　返回“备份或还原文件”界面，可看见正在备份文件，如图 22-57 所示。

2. 还原文件

还原文件同样是利用 Windows 7 文件恢复来实现的。在还原的过程中，用户需要手动选择备份文件和设置还原的位置，下面介绍具体的还原操作步骤。

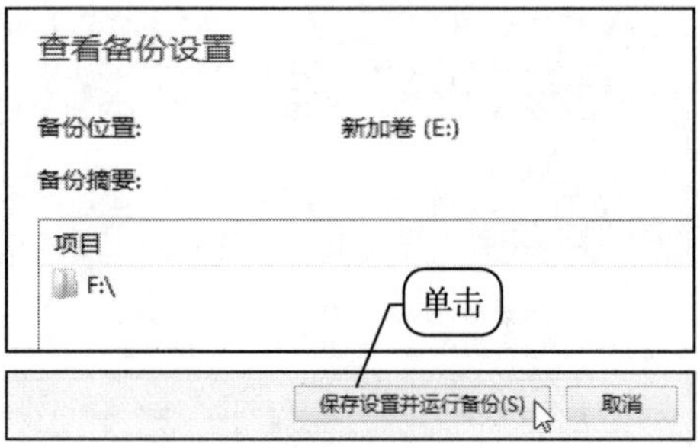

图 22-56 保存设置并运行备份

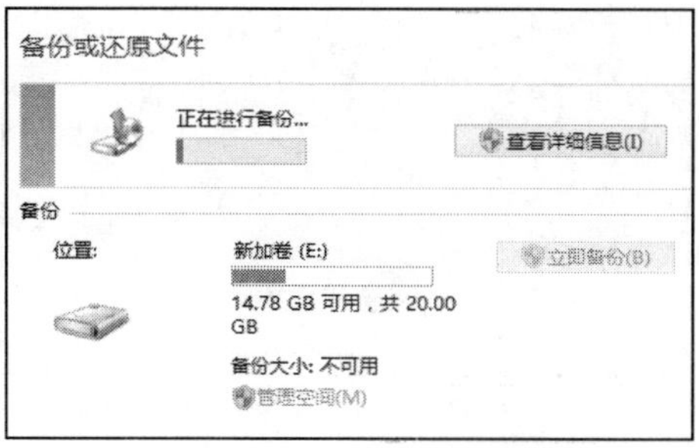

图 22-57 正在进行备份

Step 01 打开“Windows 7 文件恢复”窗口，在“还原”选项组中单击“还原我的文件”按钮，如图 22-58 所示。

Step 02 弹出“还原文件”对话框，在界面的右侧单击“浏览文件夹”按钮，如图 22-59 所示。

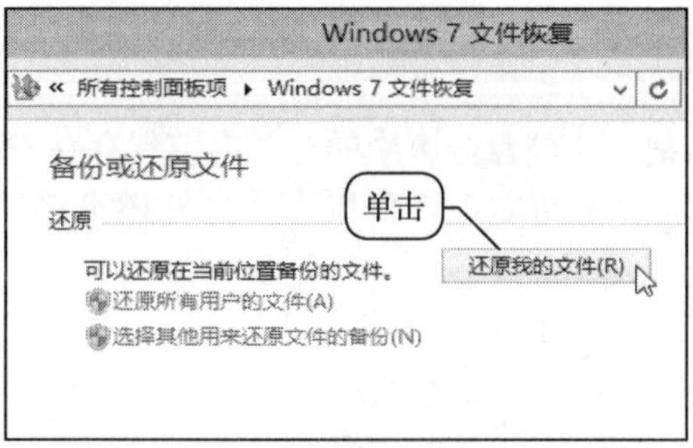

图 22-58 单击“还原我的文件”按钮

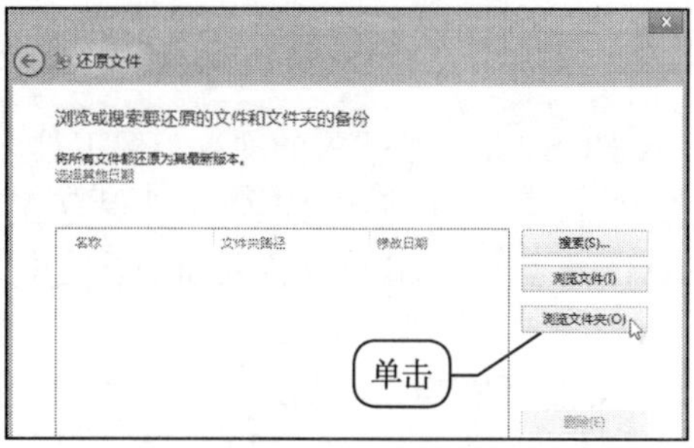

图 22-59 单击“浏览文件夹”按钮

Step 03 弹出“浏览文件夹或驱动器的备份”对话框，❶ 选择备份文件的保存位置，❷ 选中备份文件，❸ 单击“添加文件夹”按钮，如图 22-60 所示。

Step 04 返回“还原文件”对话框，单击“下一步”按钮，如图 22-61 所示。

图 22-60 选择备份文件

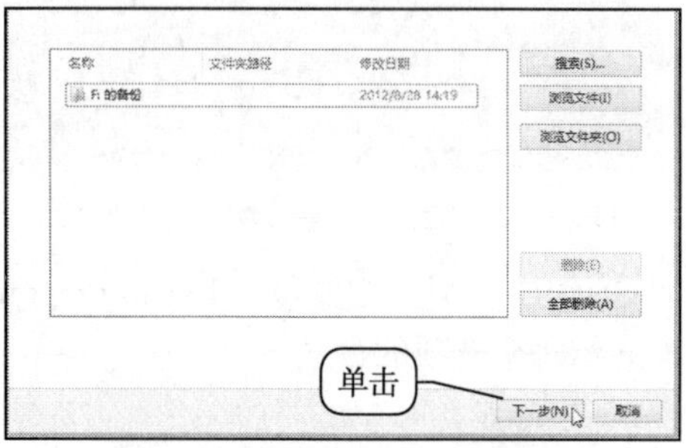

图 22-61 单击“下一步”按钮

Step 05 切换至“您想在何处还原文件？”界面，❶ 例如将其还原到原始位置，单击选中“在原始位置”单选按钮，❷ 单击“还原”按钮，如图 22-62 所示。

Step 06 耐心等待其还原，还原完毕后在“已还原文件”界面中单击“完成”按钮关闭对话框即可，如图 22-63 所示。

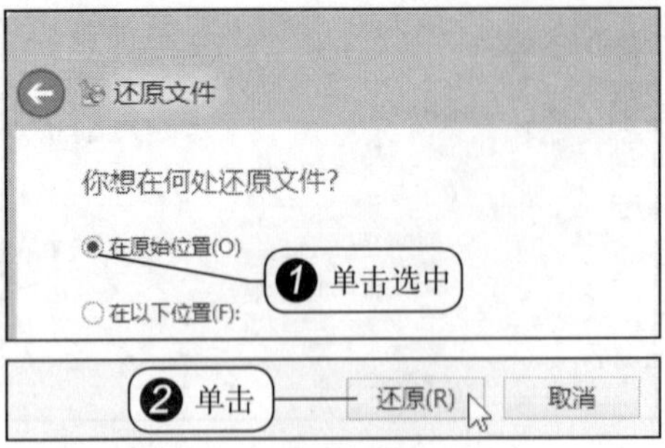

图 22-62　设置还原到原始位置

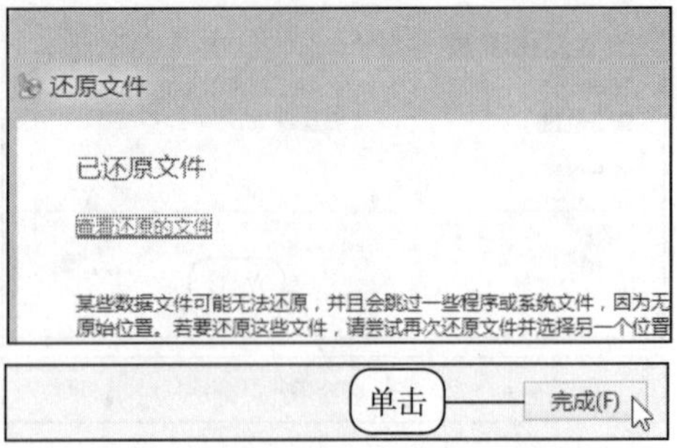

图 22-63　单击“完成”按钮

拓展解析

22.4　使用 GHOST 备份 / 还原系统

GHOST 是一款优秀的硬盘镜像工具，它可以把一块硬盘分区中的全部内容保存在 GHO 镜像文件中，然后将该 GHO 文件保存在其他分区中从而实现备份操作，另外还可以通过 GHOST 将备份的 GHO 文件还原到系统中，实现还原操作。

GHOST 并不是 Windows 8 操作系统自带的软件，用户需要将其安装到 Windows 8 操作系统中，然后在启动电脑后会在界面中显示当前操作系统以及 GHOST 选项，如图 22-64 所示。选择“一键 GHOST”选项后便可进入 GHOST 主界面，如图 22-65 所示。

图 22-64　选择“一键 GHOST”选项

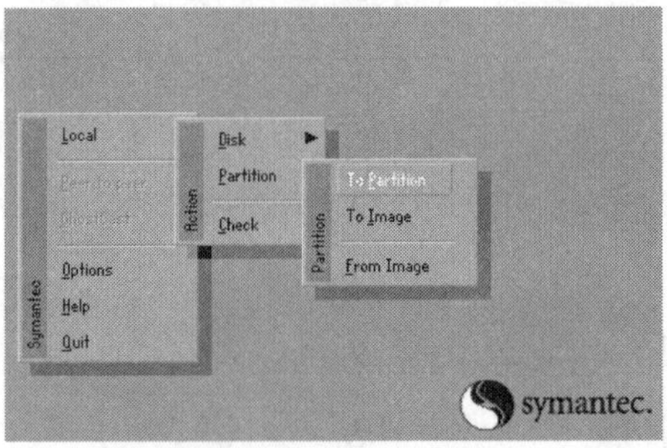

图 22-65　GHOST 主界面

GHOST 主界面主要包括 Local、Peer to peer、GhostCast、Options、Help 和 Quit 6 个选项，下面介绍每个选项的含义。

1. Local

该选项提供备份与还原硬盘、备份与还原指定分区以及检测硬盘 3 种功能，展开该选项后将看见 Disk、Partition 和 Check 3 个选项。

- Disk：该选项提供了备份与还原硬盘的功能，展开该选项后将看见 To Disk、To Image 和 From Image 3 个选项，如图 22-66 所示。其中，To Disk 表示将当前硬盘中的所有内容备份到指定的其他硬盘中（电脑必须连接至少两个硬盘）；To Image 表示将当前硬盘的所有内容制作成 GHO 文件；From Image 表示

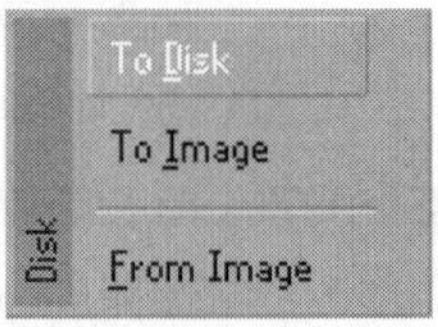

图 22-66　Disk 列表

将指定的 GHO 文件还原到硬盘中。

- Partition：该选项提供了备份与还原分区的功能，展开该选项后将看见 To Partition、To Image 和 From Image 3 个选项，如图 22-67 所示。其中，To Partition 表示将指定分区的所有内容覆盖到指定的其他分区中（覆盖后两个分区的内容完全相同）；To Image 表示将指定分区的所有内容制作成 GHO 文件；From Image 表示将指定的 GHO 文件还原到指定的分区中。

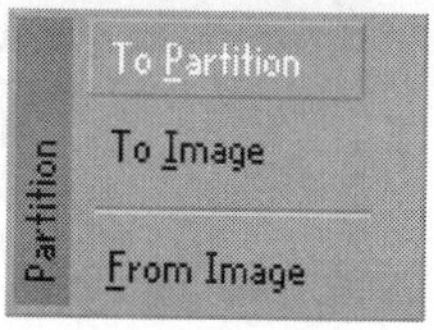

图 22-67　Partition 列表

- Check：该选项提供了检测硬盘和系统分区的功能，展开该选项后将看见 Image File 和 Disk 两个选项，如图 22-68 所示。其中，Image File 表示检测镜像文件；而 Disk 表示检测硬盘。

图 22-68　Check 列表

2. Peer to peer

该选项表示采用点对点的模式来操作网络中其他计算机中的硬盘。

3. GhostCast

该选项表示采用单播、多播或广播的方式来操作网络中其他计算机的硬盘。

4. Options

该选项用于显示使用 Ghost 时的设置选项，通常保持默认设置即可。

5. Help

该选项用于显示关于使用 GHOST 的相关帮助信息。

6. Quit

该选项用于退出 GHOST 程序。

22.4.1　备份系统

在利用 GHOST 备份系统的过程中，用户需要手动选取系统所在的分区、GHO 备份文件的保存位置等，下面介绍具体的操作方法和步骤。

Step 01　打开 GHOST 主界面，在界面中依次单击 Local>Partition>To Image 选项，如图 22-69 所示。

Step 02　在弹出的对话框中选择硬盘，由于该电脑只接入了一块硬盘，因此直接单击 OK 按钮即可，如图 22-70 所示。

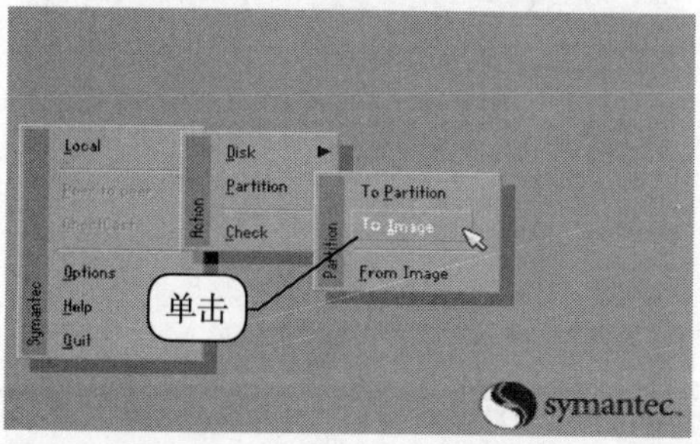

图 22-69　选择 To Image 选项

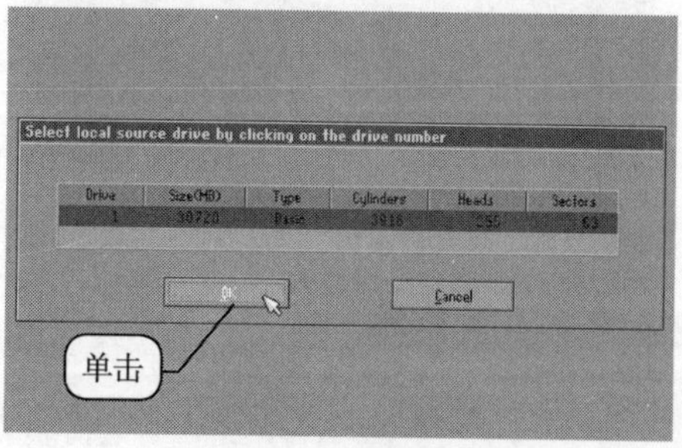

图 22-70　选择硬盘

Step 03　切换至新的界面，❶ 在界面中选择要备份的分区，例如选择系统分区，❷ 然后单击 OK 按钮，如图 22-71 所示。

Step 04　切换至新的界面，❶ 在“Look in”下拉列表中选择保存备份文件的位置，❷ 输入文件名称，❸ 单击 Save 按钮，如图 22-72 所示。

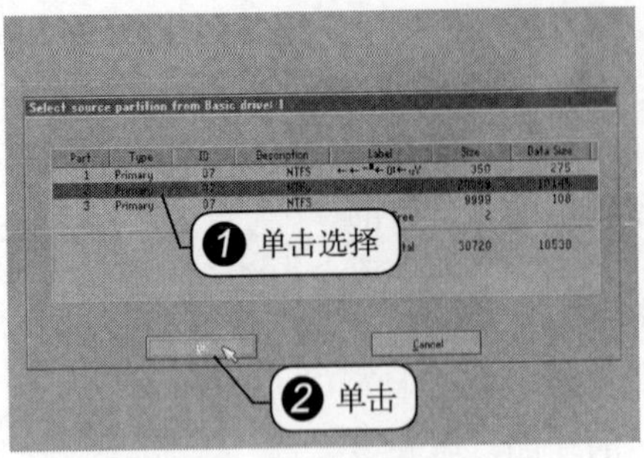

图 22-71　选择备份系统分区

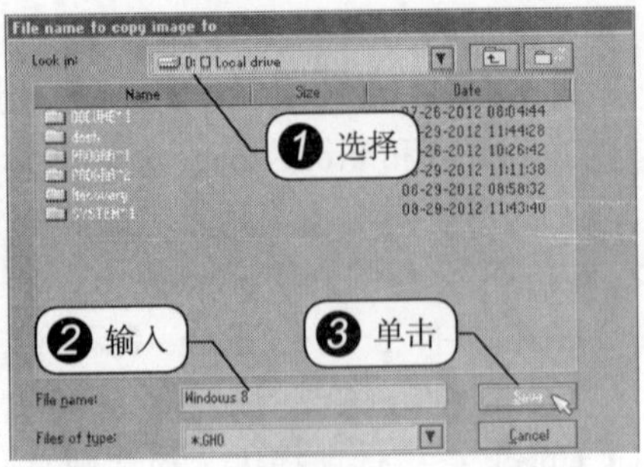

图 22-72　设置保存位置和文件名

Step 05　弹出对话框，询问用户以何种方式创建 GHO 文件，为了节约时间，可以单击 Fast 按钮，如图 22-73 所示。

Step 06　再次弹出对话框，询问用户是否开始创建 GHO 文件，单击 Yes 按钮，开始创建镜像文件，如图 22-74 所示。

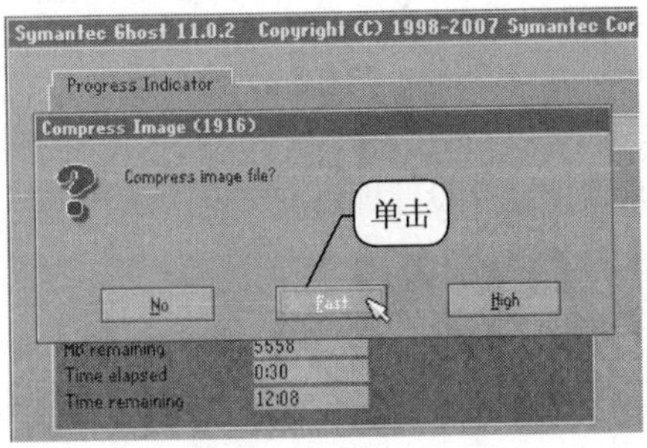

图 22-73　单击 Fast 按钮

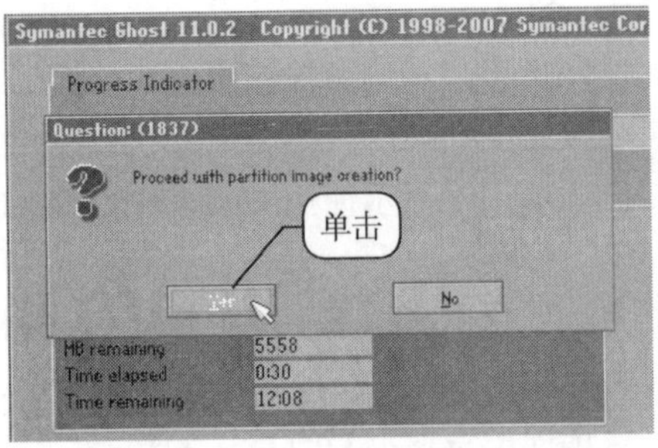

图 22-74　开始创建镜像文件

Step 07　返回 GHOST 主界面，此时可看见 GHOST 备份的进度，如图 22-75 所示。

Step 08　待其安装完毕后，在弹出的对话框中单击 Continue 按钮即可，如图 22-76 所示。

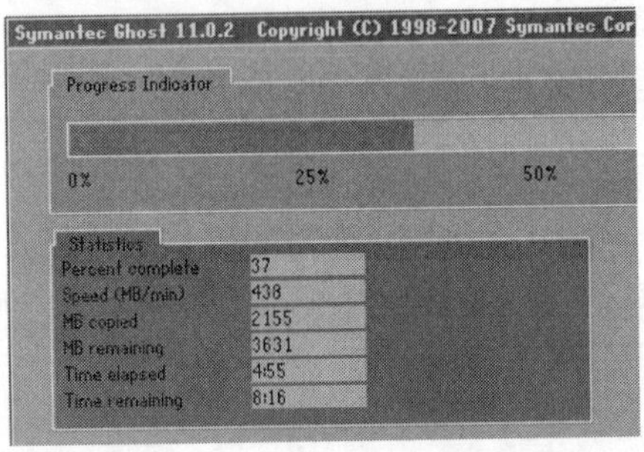

图 22-75　正在备份系统分区

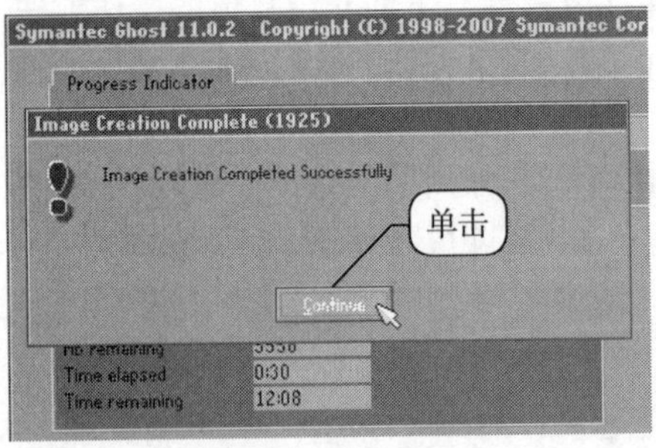

图 22-76　完成备份

22.4.2　还原系统

当系统出现故障或者无法正常运行时，用户可以启动 GHOST 软件，通过该软件来将备份的 GHO 文件还原到系统分区中。具体的操作步骤如下。

Step 01　打开 GHOST 主界面，依次单击 Local>Partition>From Image 选项，如图 22-77 所示。

Step 02　弹出对话框，在 Look in 下拉列表中选择镜像文件所在的位置，❶ 单击选择镜像文件后，单击 Open 按钮，如图 22-78 所示。

Step 03　在弹出的对话框中查看 GHO 文件信息，单击 OK 按钮，如图 22-79 所示。

Step 04 在对话框中选择还原分区所在的硬盘，单击 OK 按钮，如图 22-80 所示。

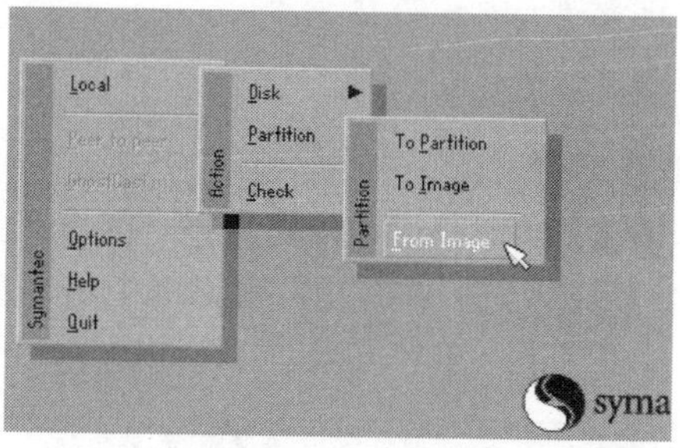

图 22-77　选择 From Image 选项

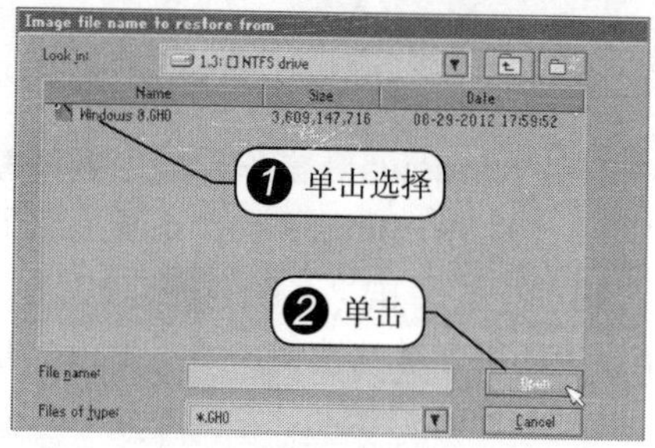

图 22-78　选择镜像文件

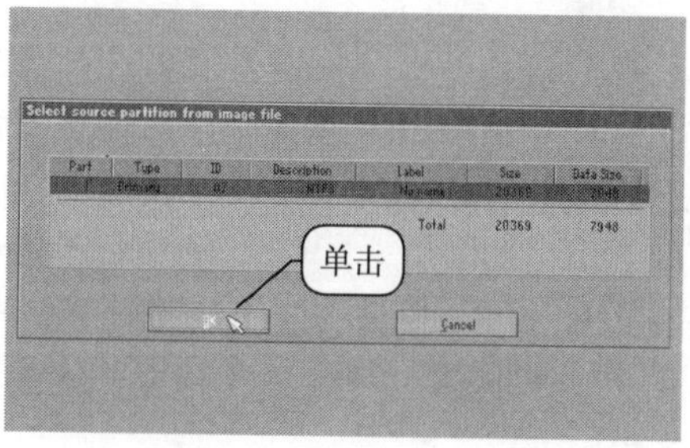

图 22-79　查看 GHO 文件信息

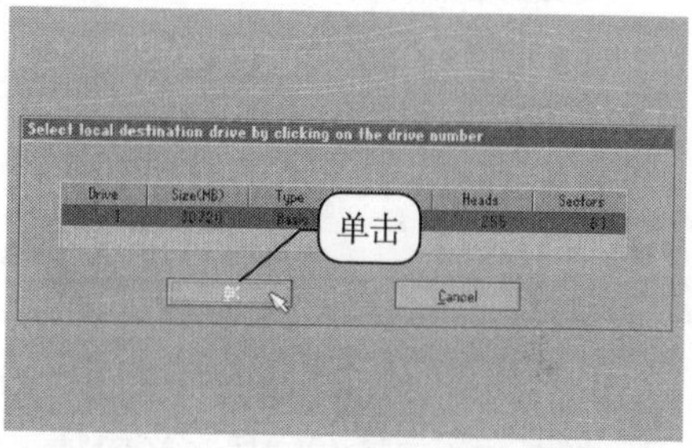

图 22-80　选择还原分区所在的硬盘

Step 05 ❶ 在对话框中单击选择要还原的系统分区，❷ 然后单击 OK 按钮，如图 22-81 所示。

Step 06 弹出对话框，提示用户是否开始还原，单击“Yes”按钮开始还原 GHO 文件，如图 22-82 所示。

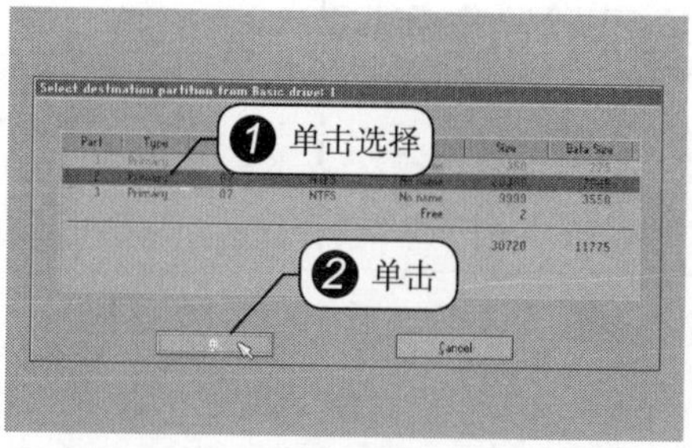

图 22-81　选择要还原的系统分区

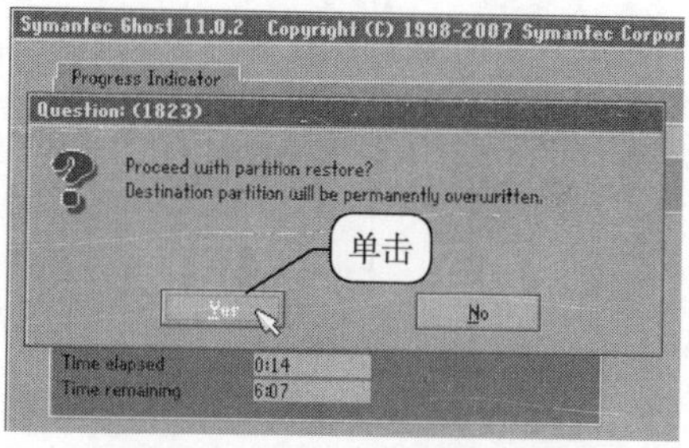

图 22-82　开始还原 GHO 文件

Step 07 此时可看见 GHO 文件的还原进度，耐心等待其还原完毕即可，如图 22-83 所示。

Step 08 还原完毕后提示用户成功还原文件，单击 Reset Computer 按钮重启电脑即可，如图 22-84 所示。

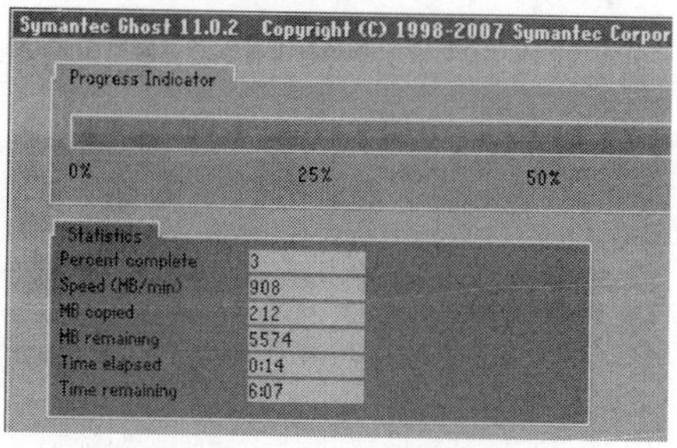

图 22-83　查看还原进度

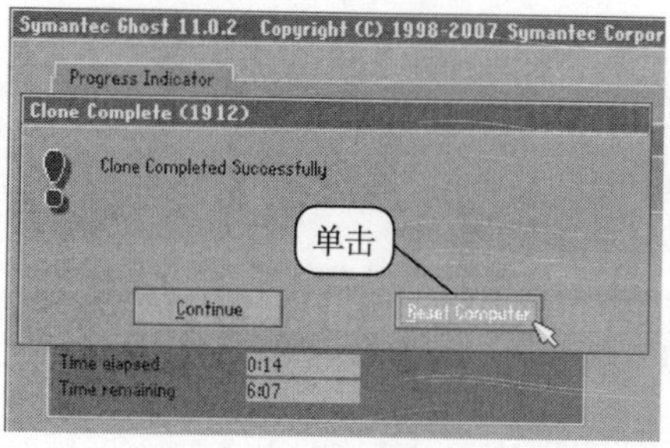

图 22-84　重新启动电脑

新手疑惑解答

1. 在 Windows 8 操作系统中能否撤销系统还原?

答：能！Windows 8 操作系统提供了撤销还原的功能，具体操作步骤为——打开“系统属性”对话框，单击“系统还原”按钮，如图 22-85 所示，然后在弹出的对话框中单击选中“撤销系统还原”单选按钮，如图 22-86 所示，然后单击“下一步”按钮进行还原操作即可。

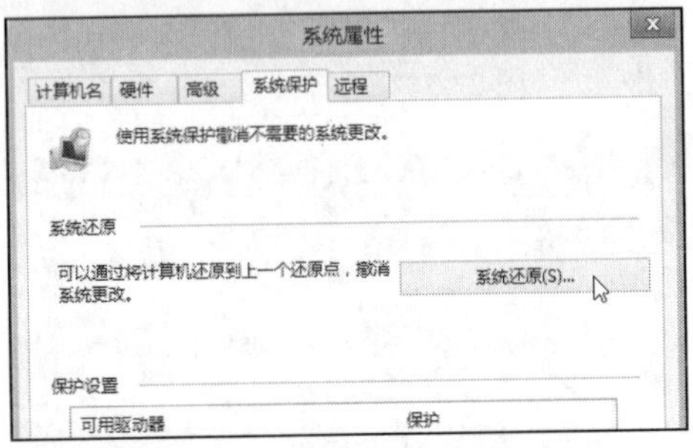

图 22-85　单击“系统还原”按钮

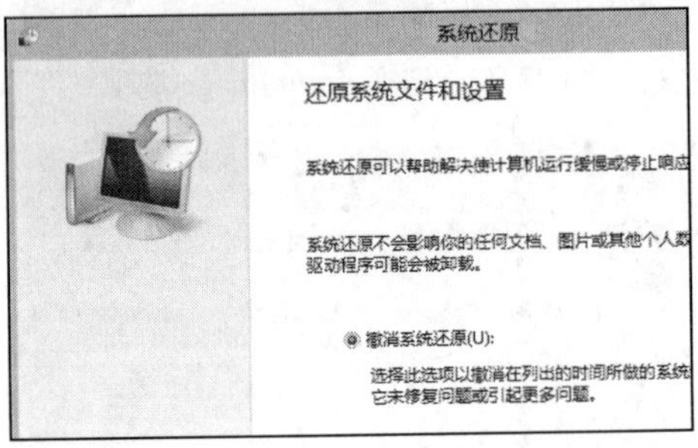

图 22-86　单击选中“撤销系统还原”单选按钮

2. 我保存了大量 QQ 自定义表情，能否将其备份?

答：能！只需打开保存自定义表情的文件夹，如图 22-87 所示，将其复制到非系统盘的分区中即可完成备份。还原的操作很简单，将其粘贴到如图 22-87 所示的路径下即可完成还原操作。

图 22-87　QQ 自定义表情

3. 能否使用驱动精灵安装系统声卡驱动程序?

答：能！驱动精灵能够检测出系统是否已安装了所有的驱动程序（当前电脑必须接入 Internet），待安装的声卡程序将显示在“基本状态”界面，只需按照向导进行操作便可下载并安装该驱动。

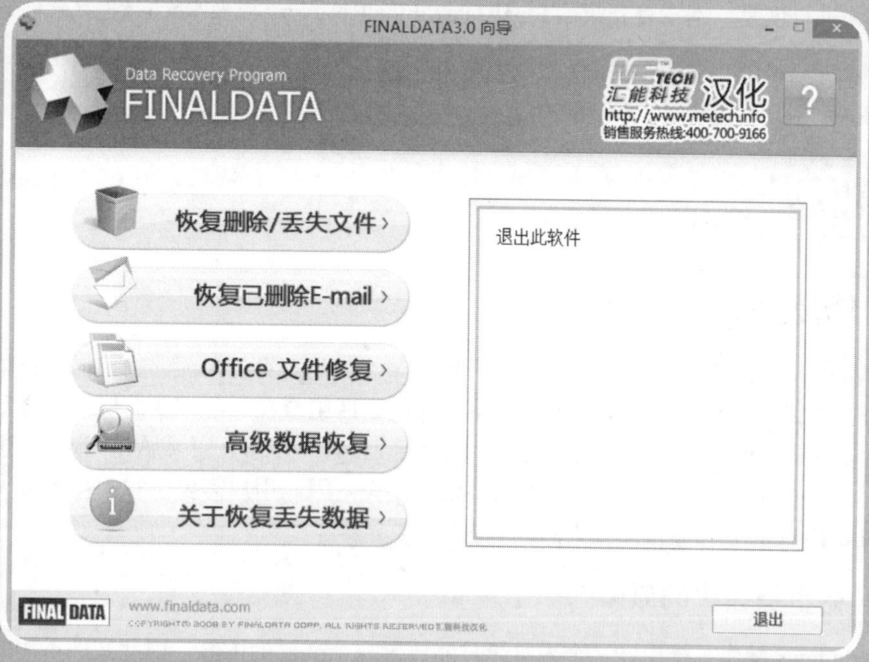

第23章 恢复误删除的数据

本章知识点：

☑ 修复丢失的磁盘簇

☑ 使用 FinalData 恢复数据

☑ 用 FinalRecovery 恢复简单数据

☑ 用 Recuva 恢复指定的文件类型

在使用电脑的过程中，用户可能会遇到磁盘数据丢失的情况，如果丢失的数据比较重要，该怎么办呢？无论是由于格式化还是误删除所造成的数据丢失，都可以采用不同的数据恢复软件来进行恢复。本章将介绍用 FinalData、FinalRecovery 以及 Recuva 3 款软件进行数据恢复。

基础讲解

23.1 修复丢失的磁盘簇

在 Windows 操作系统中，扇区是磁盘分区中最小的物理存储单元，由于操作系统目前无法直接查找指定的扇区，因此操作系统就将相邻的扇区组合在一起，从而形成了磁盘簇，操作系统可以直接管理磁盘簇。每个磁盘簇可以包括 2、4、8、16、32 或 64 个扇区。这些磁盘簇中包含文件内容，一旦簇丢失，文件也会跟着丢失，因此用户需要了解磁盘簇丢失的原因以及使用 CHKDSK/F 命令找回丢失的簇等内容。

23.1.1 磁盘簇丢失的原因

在 Windows 操作系统中，一个磁盘簇只能放置一个文件的内容，因此文件占用的空间只能是簇的整数倍（即使文件小于 1 簇，它也要占用 1 簇的空间）。通常，磁盘簇丢失的原因主要有两个，即临时文件造成硬盘空间的浪费以及传统 FAT 格式文件本身的缺陷。

1. 临时文件造成硬盘空间的浪费

当处于运行状态的应用程序非正常退出时，将会使大量的 TMP 文件保存在硬盘中。例如，在 Windows 操作系统中运行应用程序时，将会自动产生以 GRB 开头的用于存放有关屏幕信息的文件，以及一个用于 Windows 本身临时交换文件的 Win386.swp 文件。程序在正常退出的同时，这些文件会自动被删除。但是在非正常退出时，应用程序就无法删除它们，从而会占用大量的磁盘簇，使得存储文件的簇被占用，就像这些簇丢失了一般。因此，用户需要定期清理这些文件，以保证硬盘空间不被浪费。

2. 传统 FAT 格式文件本身的缺陷

在 FAT 格式的磁盘分区中，如果磁盘簇没有出现在任何文件分配链中，并且该磁盘簇在相应的文件分配表中又被标记为非零，则该簇不会被任何文件使用，这样就发生了簇丢失的现象。

23.1.2 使用 CHKDSK 命令找回丢失的簇

CHKDSK 是 CHECKDISK 的简称，中文译为磁盘检查。当电脑非正常关机时，将会在重新启动后由系统调用该文件来检查磁盘，同时创建和显示磁盘的状态报告。CHKDSK 命令还会列出并纠正磁盘中的错误，下面介绍使用 CHKDSK 命令找回丢失簇的操作方法和步骤。

Step 01 在键盘上按【WIN+R】组合键，弹出“运行”对话框，❶ 输入 cmd 命令，❷ 单击“确定”按钮，如图 23-1 所示。

Step 02 打开命令提示符窗口，在光标闪烁处输入 chkdsk d:/f 命令后按【Enter】键，如图 23-2 所示。

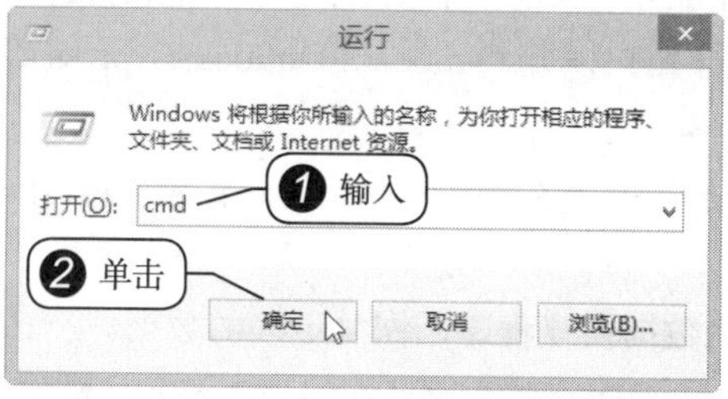
运行
Windows 将根据你所输入的名称，为你打开相应的程序、文件夹、文档或 Internet 资源。
打开(O): cmd
❶ 输入
❷ 单击
确定
取消
浏览(B)...

图 23-1　输入 cmd 命令

C:\Windows\system32\cmd.exe
Microsoft Windows [版本 6.2.9200]
(c) 2012 Microsoft Corporation。保留所有权利。
C:\Users\ABC>chkdsk d:/f
输入

图 23-2　输入 chkdsk d:/f 命令

提示：chkdsk d:/f 命令的参数含义

chkdsk d:/f 命令的参数含义是指修复 D 盘分区中的错误，该命令对应的语法是：chkdsk [Volume][/f]。其中，[Volume] 表示驱动器盘符，必须用冒号隔开；而 [/f] 表示修复磁盘上的错误，修复时会自动锁定磁盘。

Step 03　在命令提示符窗口中显示了 D 盘的文件系统类型，并询问是否要强制卸载该分区，输入 y，然后按【Enter】键，如图 23-3 所示。

Step 04　在窗口中可看见 CHKDSK 命令分析并修复 D 盘后显示的状态报告，如图 23-4 所示。

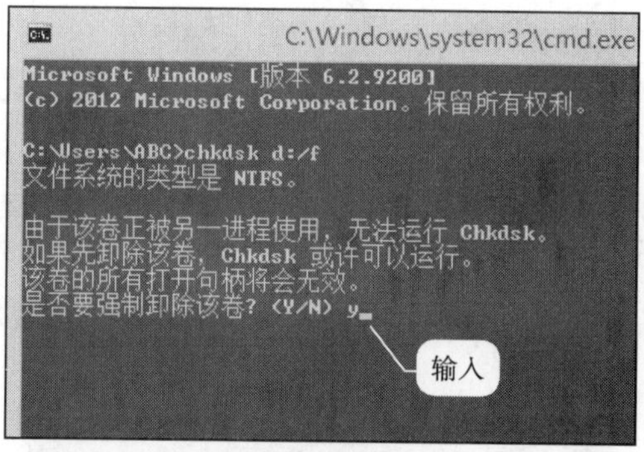
C:\Windows\system32\cmd.exe
Microsoft Windows [版本 6.2.9200]
(c) 2012 Microsoft Corporation。保留所有权利。
C:\Users\ABC>chkdsk d:/f
文件系统的类型是 NTFS。
由于该卷正被另一进程使用，无法运行 Chkdsk。
如果先卸除该卷，Chkdsk 或许可以运行。
该卷的所有打开句柄将会无效。
是否要强制卸除该卷? (Y/N) y
输入

图 23-3　确认强制卸载该分区

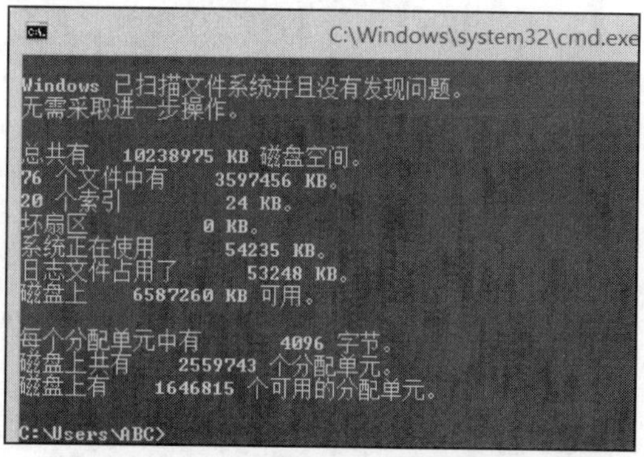
C:\Windows\system32\cmd.exe
Windows 已扫描文件系统并且没有发现问题。
无需采取进一步操作。
总共有　10238975 KB 磁盘空间。
76 个文件中有　3597456 KB。
20 个索引　24 KB。
坏扇区　0 KB。
系统正在使用　54235 KB。
日志文件占用了　53248 KB。
磁盘上　6587260 KB 可用。
每个分配单元中有　4096 字节。
磁盘上共有　2559743 个分配单元。
磁盘上有　1646815 个可用的分配单元。
C:\Users\ABC>

图 23-4　查看修复后 D 盘的状态报告

23.2　使用 FinalData 恢复数据

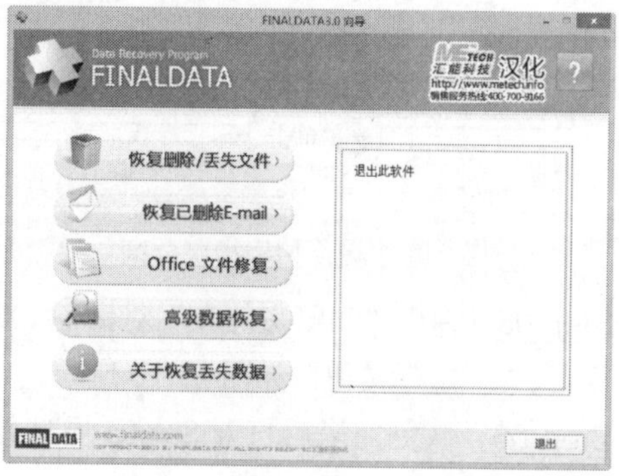
FINALDATA3.0 向导
Data Recovery Program
FINALDATA
汉化
恢复删除/丢失文件
恢复已删除E-mail
Office 文件修复
高级数据恢复
关于恢复丢失数据
退出此软件
退出

图 23-5　FinalData 主界面

FinalData 是一款具有强大恢复功能的数据恢复软件，该软件具有简便易用的操作界面，当出现文件被误删除，或由于物理故障而造成磁盘根目录不可读，以及磁盘格式化所造成数据丢失现象时，FinalData 都能通过直接扫描目标磁盘，抽取并恢复文件。

与之前的版本相比，FinalData 3.0 的界面显得更加简洁，如图 23-5 所示，该界面显示了“恢

复删除 / 丢失文件”、“恢复已删除 E-mail”、“Office 文件修复”、“高级数据恢复”以及“关于恢复丢失数据”5 个按钮。

- ❑ 恢复删除 / 丢失文件：单击该按钮后将会引导用户从系统中恢复丢失 / 删除的文件。
- ❑ 恢复已删除 E-mail：单击该按钮后将会引导用户恢复 Outlook、Outlook Express 等邮件客户端中已删除的 E-mail。
- ❑ Office 文件修复：单击该按钮后将会引导用户修复受损的 Word、Excel 和 PowerPoint 文件。
- ❑ 高级数据恢复：单击该按钮后将会启动高级数据恢复程序，恢复更多的数据。
- ❑ 关于恢复丢失数据：单击该按钮后将会显示 FinalData 的主页及在线更新等网址链接。

对 FinalData 的主界面及功能有了一定的了解后，下面便可使用 FinalData 来恢复或修复数据，这里以恢复已删除文件为例介绍 FinalData 的使用方法。具体的操作步骤如下。

Step 01 打开 FinalData 主界面，在界面中单击“恢复删除 / 丢失文件”按钮，如图 23-6 所示。

Step 02 切换至新的界面，在界面中单击“恢复已删除文件”按钮，如图 23-7 所示。

图 23-6　单击“恢复删除 / 丢失文件”按钮

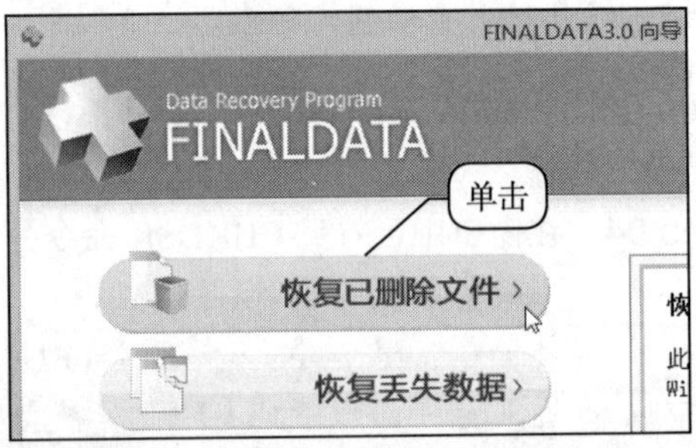

图 23-7　单击“恢复已删除文件”按钮

Step 03 切换至新的界面，❶ 在左侧列表框中选择待恢复数据所在的分区，例如单击选择 D 盘，❷ 单击“扫描”按钮，如图 23-8 所示。

Step 04 扫描完毕后可看见能够恢复的文件，❶ 选择要恢复的文件，❷ 然后单击“恢复”按钮，如图 23-9 所示。

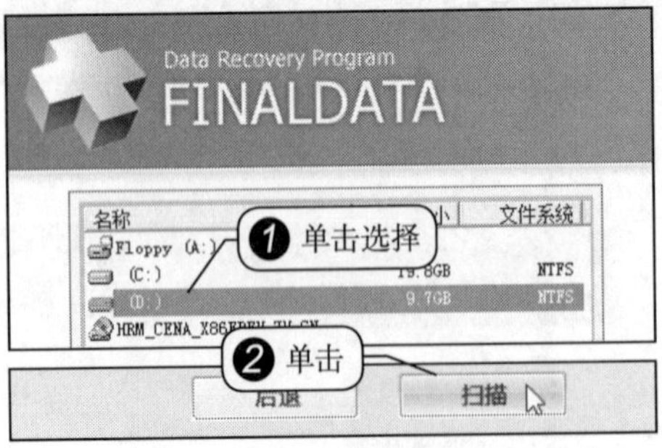

图 23-8　扫描指定分区

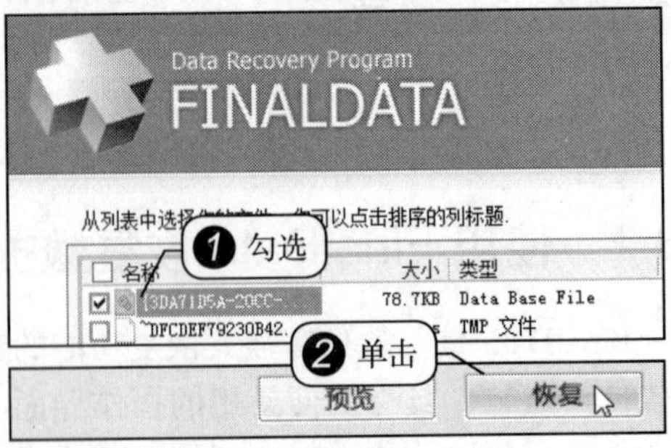

图 23-9　恢复指定文件

Step 05 弹出“浏览文件夹”对话框，❶ 在列表框中选择保存恢复文件的位置，❷ 单击“确定”按钮，如图 23-10 所示。

Step 06 恢复完毕后打开 Step05 中选择的保存位置所对应的窗口，便可看见恢复的文件，如图 23-11 所示。

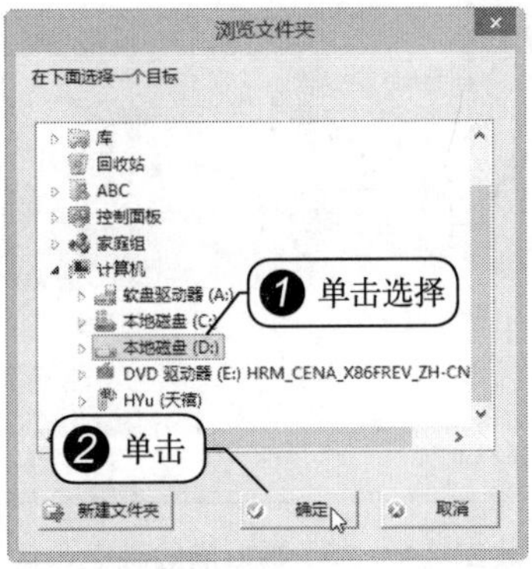

图 23-10　选择保存恢复文件的位置

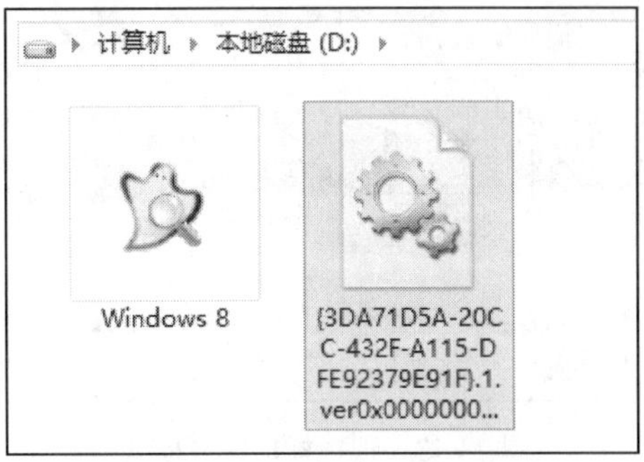

图 23-11　查看已恢复的文件

23.3　恢复简单数据，可以选择 FinalRecovery

FinalRecovery 是一款功能强大且非常容易使用的数据恢复工具，该工具可以帮助用户快速找回被误删除的文件或者文件夹。

在 Windows 8 操作系统中启动 FinalRecovery 软件打开其主界面，如图 23-12 所示。该软件提供了标准恢复和高级恢复两种模式，同时还提供了 IDE 硬盘健康诊断功能。

图 23-12　FinalRecovery 主界面

- ❑ 标准恢复：该恢复模式能够恢复磁盘分区中已经删除的数据，该种模式的恢复能力比较差。
- ❑ 高级恢复：高级恢复的恢复功能比标准恢复要强，它主要用来恢复被格式化、被删除的文件，并且这些文件已无法从标准模式中被恢复。
- ❑ IDE 硬盘健康诊断：IDE 硬盘健康诊断是指 FinalRecovery 通过分析 S.M.A.R.T. 报告来了解硬盘的健康状况，其中，S.M.A.R.T 的全称是 Self-Monitoring Analysis and Reporting Technology，中文译为“自我监测、分析及报告技术”。支持 S.M.A.R.T 技术的硬盘可以通过硬盘上的监测指令和主机上的监测软件对磁头、盘片、马达、电路的运行情况、历史记录及预设的安全值进行分析、比较。

23.3.1　FinalRecovery 标准恢复

在标准恢复模式下，FinalRecovery 将会先执行快速扫描，并恢复大多数被删除的文件，其具体的操作步骤如下。

Step 01　打开 FinalRecovery 主界面，在界面中选择标准恢复模式按钮，如图 23-13 所示。

Step 02　打开“标准窗口”窗口，在界面左下角选择要扫描的磁盘分区，例如单击选择 D 盘，如图 23-14 所示，选中后，FinalRecovery 将自动扫描该磁盘分区。

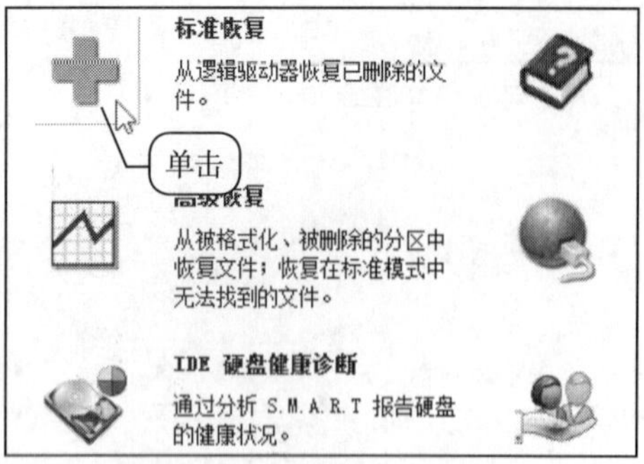

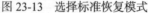

图 23-13　选择标准恢复模式

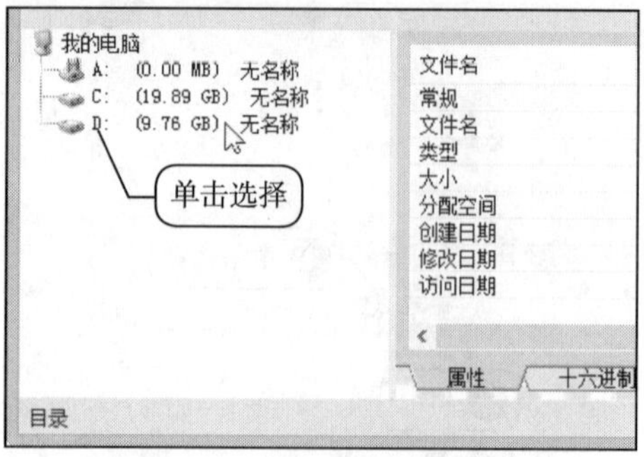

图 23-14　选择要扫描的磁盘分区

Step 03　❶ 扫描完毕后在窗口中选择要恢复的文件，❷ 然后单击工具栏中的“恢复”按钮，如图 23-15 所示。

Step 04　弹出“选择目录”对话框，单击“浏览”按钮，如图 23-16 所示。

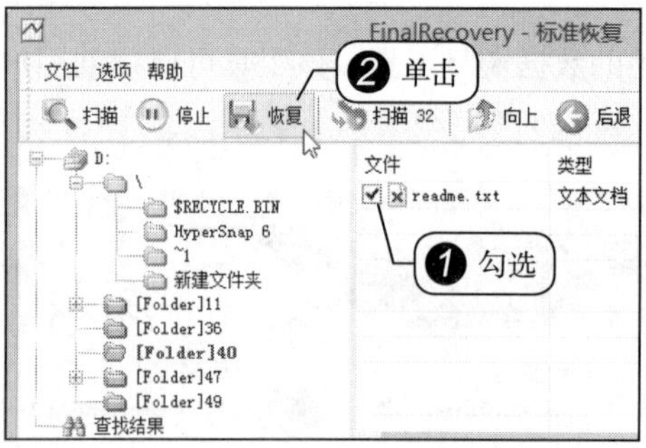

图 23-15　选择要恢复的文件

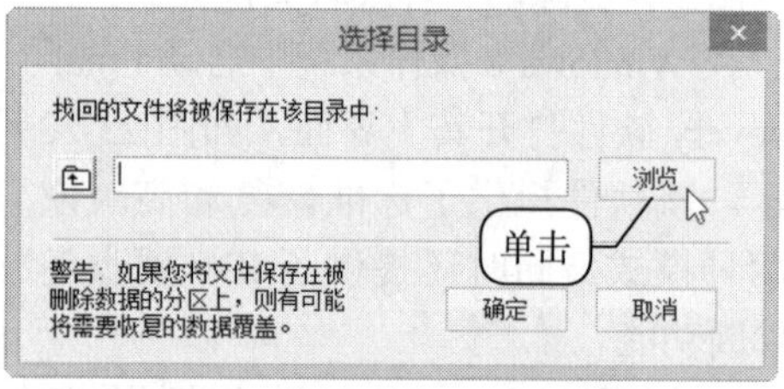

图 23-16　单击“浏览”按钮

Step 05　弹出“浏览文件夹”对话框，❶ 在“选择目录”列表框中选择保存恢复文件的位置，❷ 单击“确定”按钮，如图 23-17 所示。

Step 06　返回“选择目录”对话框，此时可看见所选的保存位置，单击“确定”按钮，如图 23-18 所示。

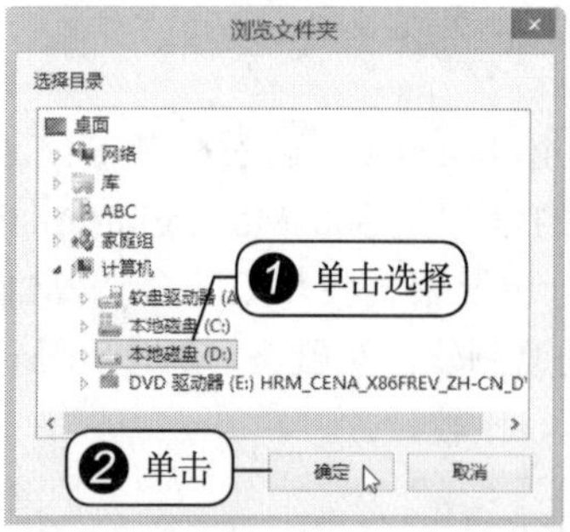

图 23-17　选择保存恢复文件的位置

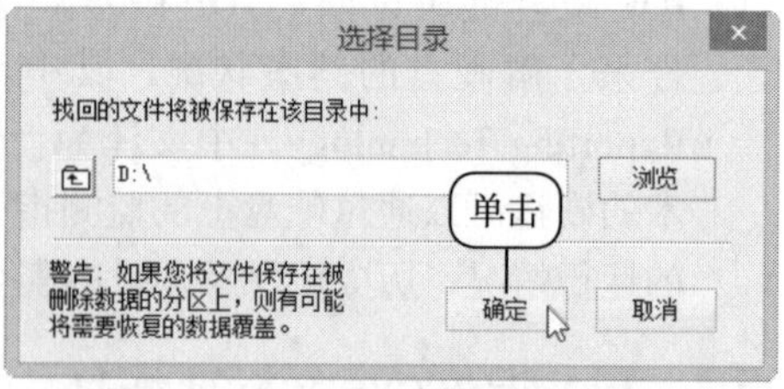

图 23-18　确认所选的保存位置

Step 07　返回“标准恢复”窗口，在底部可看见 FinalRecovery 恢复文件的相关日志，如图 23-19 所示。

Step 08　恢复完成后，打开 Step05 所选的保存位置对应窗口，便可看见已恢复的文件，如图 23-20 所示。

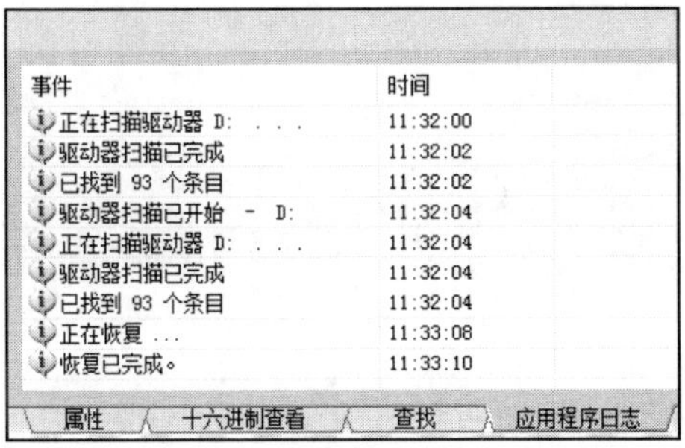

图 23-19　查看应用程序日志

图 23-20　查看已恢复的文件

23.3.2 FinalRecovery 高级恢复

FinalRecovery 高级恢复是一种更强大的数据恢复模式，它能够恢复在“标准恢复”模式下无法恢复的文件。在恢复的过程中，该模式将会花费更长的时间来扫描指定分区。具体的操作步骤如下。

Step 01 打开 FinalRecovery 主界面，在界面中选择高级恢复模式，如图 23-21 所示。

Step 02 在窗口界面左下角选择要扫描的磁盘分区，例如单击选择 D 盘，如图 23-22 所示，选中后，FinalRecovery 将自动扫描该磁盘分区。

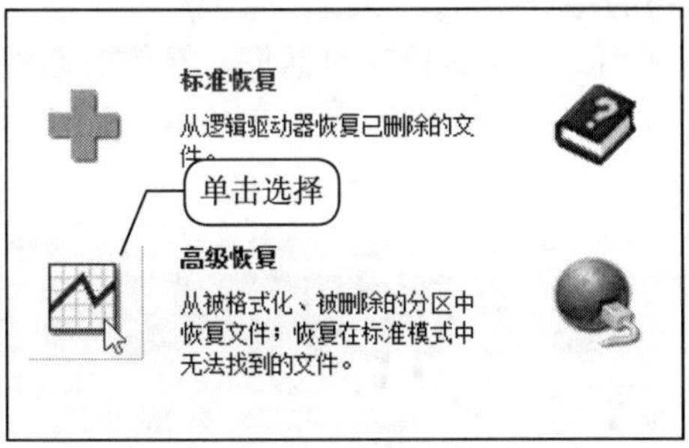

图 23-21　选择高级恢复模式

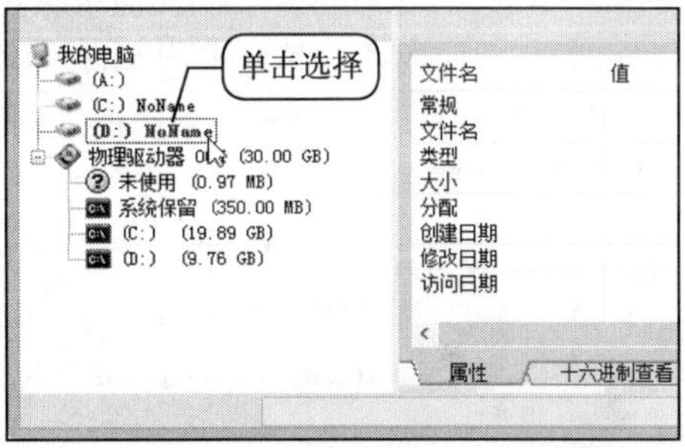

图 23-22　选择扫描的磁盘分区

Step 03 弹出“扫描物理驱动器”对话框，单击选择正常扫描模式，如图 23-23 所示。

Step 04 在底部可看见扫描所选分区的进度，如图 23-24 所示。

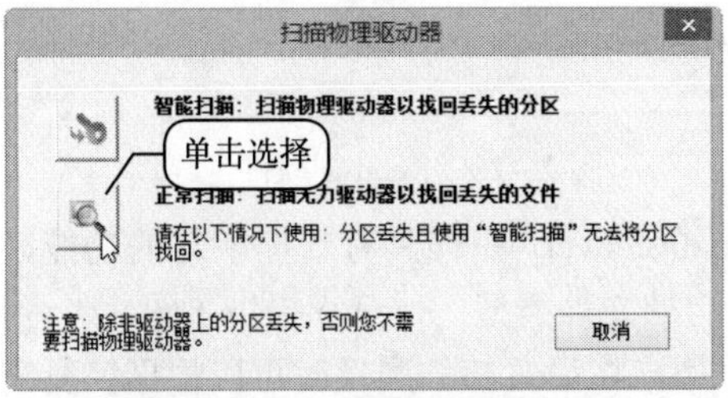

图 23-23　选择正常扫描模式

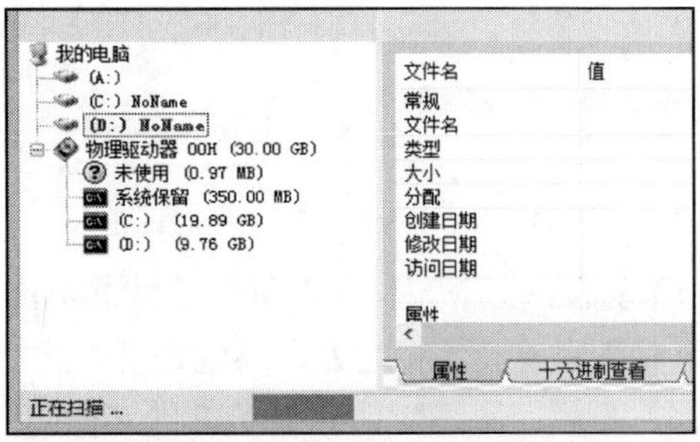

图 23-24　查看扫描的进度

Step 05 ❶ 扫描完毕后单击选中“130 个 NTFS 条目”单选按钮，❷ 勾选要恢复的文件，❸ 然后单击“恢复”按钮，如图 23-25 所示。

Step 06 在界面底部可看见应用程序日志的相关信息，当显示“恢复已完成”信息时，即表示所选文件已完成恢复，如图 23-26 所示。

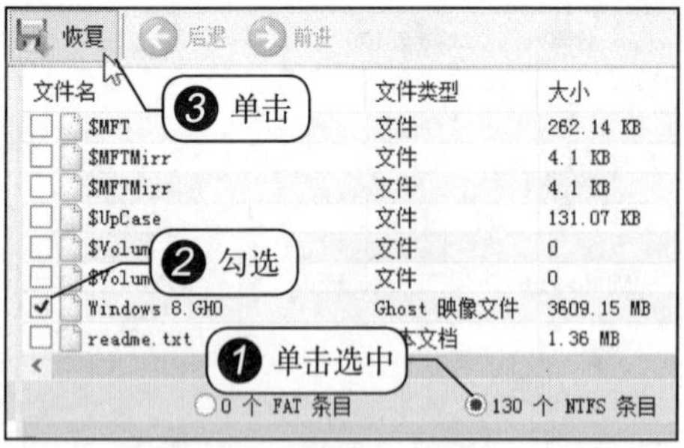

图 23-25　选择要恢复的文件

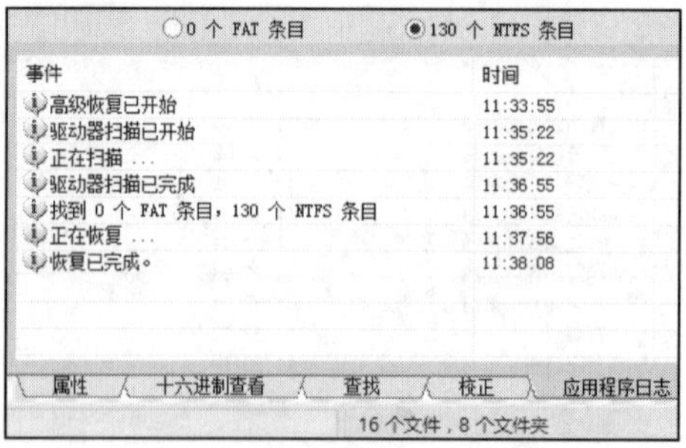

图 23-26　完成文件的恢复

拓展解析

23.4　用 Recuva 恢复指定的文件类型

Recuva 是一款基于 Windows 操作系统的免费数据恢复工具。该软件同样可以用来恢复被误删除的文件，该软件具有操作简单、扫描速度快的特点。

启动 Recuva 软件后将会弹出如图 23-27 所示的“Recuva 向导”对话框，在该对话框中勾选“启动时不显示此向导”复选框，然后单击“取消”按钮，便可打开 Recuva 软件主界面，如图 23-28 所示。

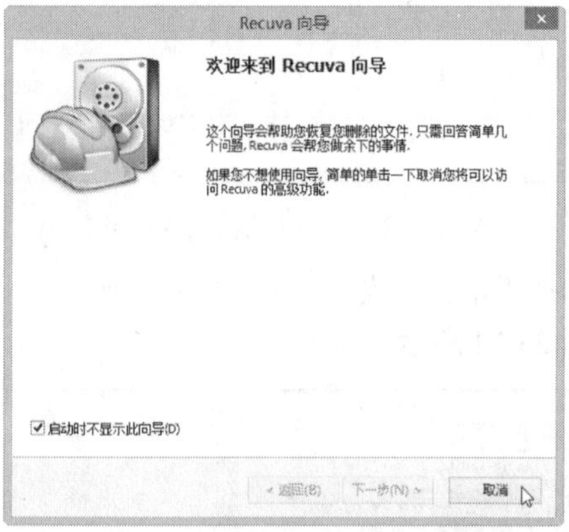

图 23-27　“Recuva 向导”对话框

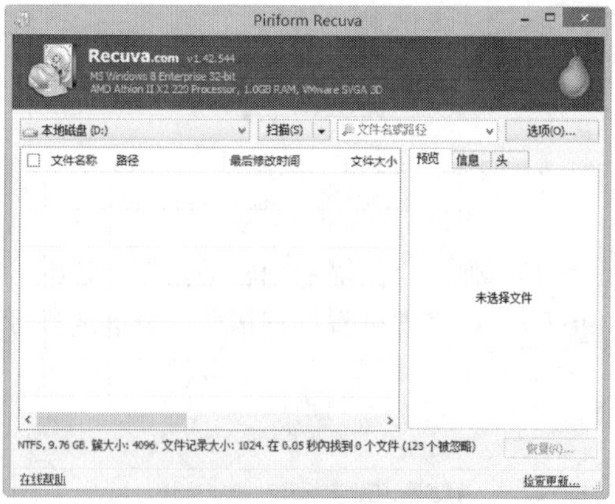

图 23-28　Recuva 软件主界面

Recuva 软件与本章之前介绍的 FinalData、FinalRecovery 一样具有数据恢复的功能，但是该软件有着其独特之处，那就是可以选择扫描指定的文件类型，Recuva 提供了图片、音乐、文档、视频、压缩文件和电子邮件 6 种文件类型。用户在设置扫描属性时可以根据恢复文件选择相应的文件类型，从而减少扫描时间。具体的操作步骤如下。

Step 01　打开 Recuva 主界面，❶ 单击磁盘分区右侧的下三角按钮，❷ 在展开的下拉列表中选择要扫描的磁盘分区，例如选择 C 盘，如图 23-29 所示。

Step 02　❶ 单击“选项”按钮左侧的下三角按钮，❷ 在展开的下拉列表中选择扫描的文件类型，例如选择“图片”，如图 23-30 所示。

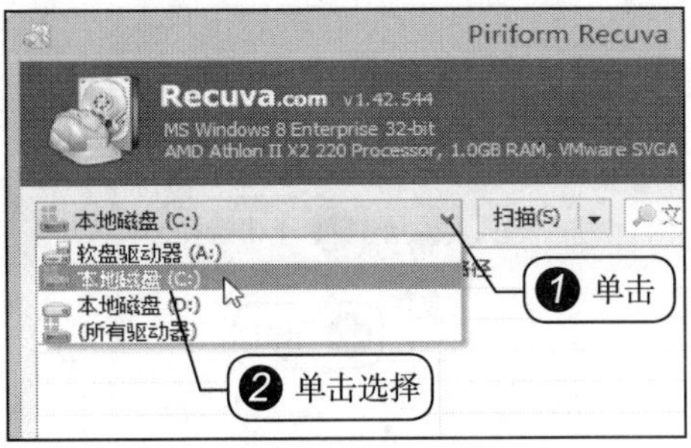

图 23-29　选择要扫描的磁盘分区

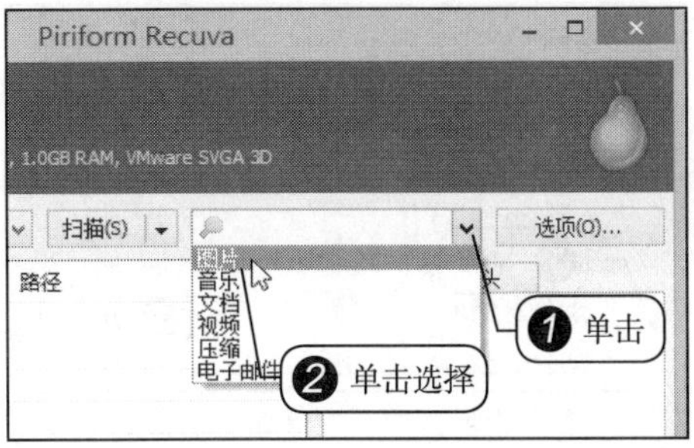

图 23-30　选择扫描的文件类型

Step 03　设置后可在文本框中看见“图片”字样，然后在右侧单击“选项”按钮，如图 23-31 所示。

Step 04　弹出“选项”对话框，❶ 切换至“动作”选项卡，❷ 勾选“深度扫描（增加扫描次数）”复选框，❸ 然后单击“确定”按钮，如图 23-32 所示。

图 23-31　单击“选项”按钮

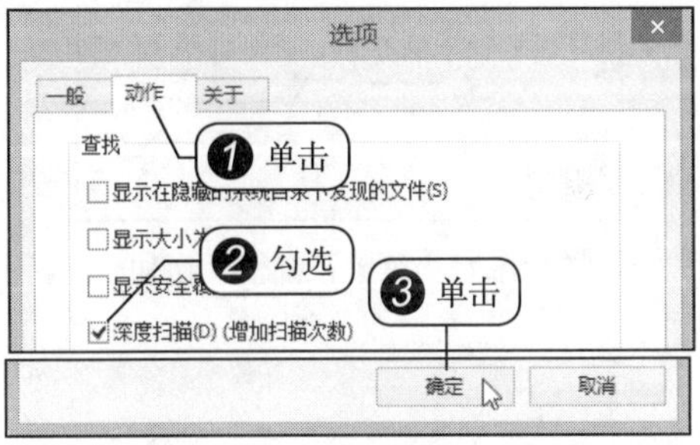

图 23-32　启用深度扫描

Step 05　返回 Recuva 软件主界面，单击“扫描”按钮右侧的下三角按钮，在展开的下拉列表中单击“扫描文件”选项，如图 23-33 所示，设置扫描 C 盘中被删除的图片文件。

Step 06　弹出 Scan 对话框，界面中显示了扫描 C 盘中已删除文件的进度以及剩余时间，如图 23-34 所示。

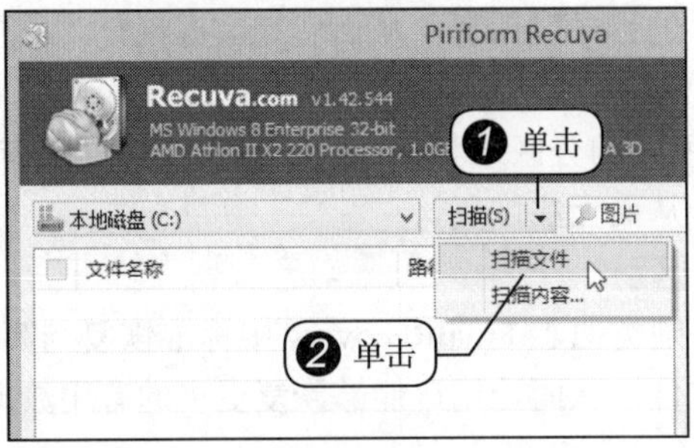

图 23-33　选择“扫描文件”

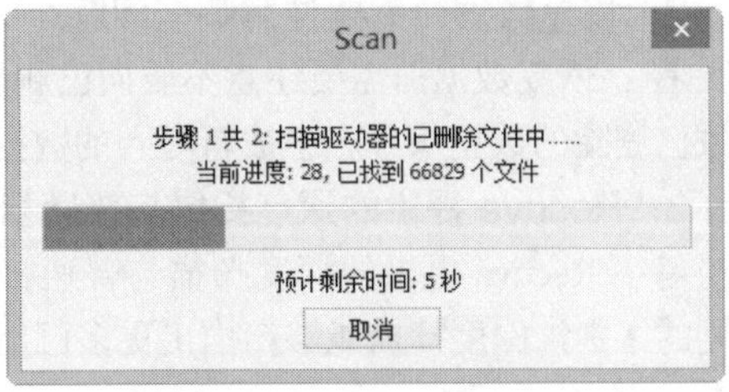

图 23-34　查看扫描进度

Step 07　❶ 扫描完毕后勾选要恢复的文件，❷ 然后单击“恢复”按钮，如图 23-35 所示。

Step 08　弹出“浏览文件夹”对话框，❶ 单击选择保存恢复文件的位置，❷ 单击“确定”按钮，如图 23-36 所示。

Step 09　弹出“操作完成”对话框，提示用户恢复的文件数量，单击“确定”按钮，如图 23-37 所示。

Step 10　打开 Step08 中所设置的保存窗口，便可看见已恢复的文件，如图 23-38 所示。

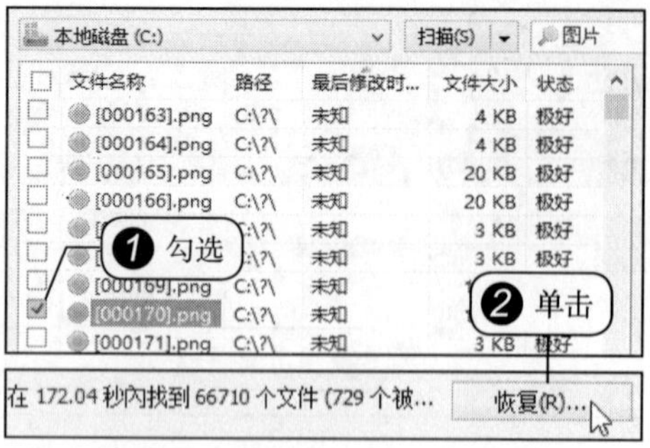

图 23-35　恢复勾选的文件

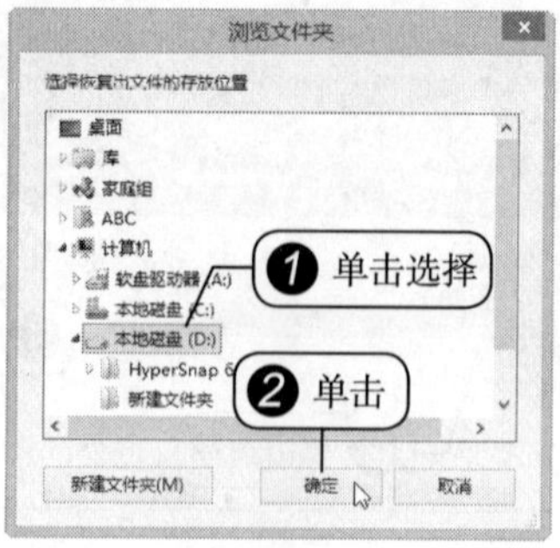

图 23-36　选择保存恢复文件的位置

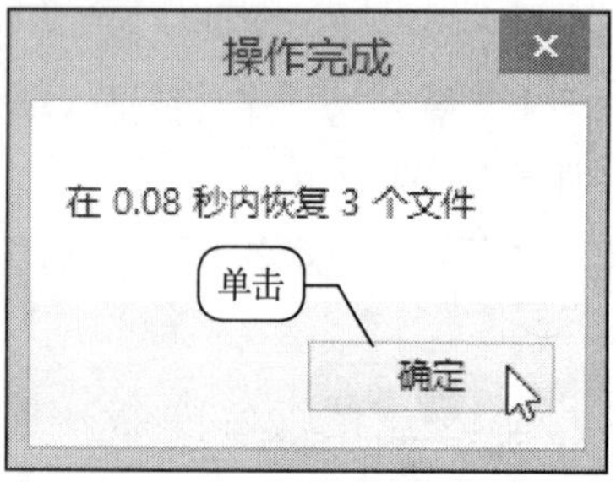

图 23-37　单击“确定”按钮

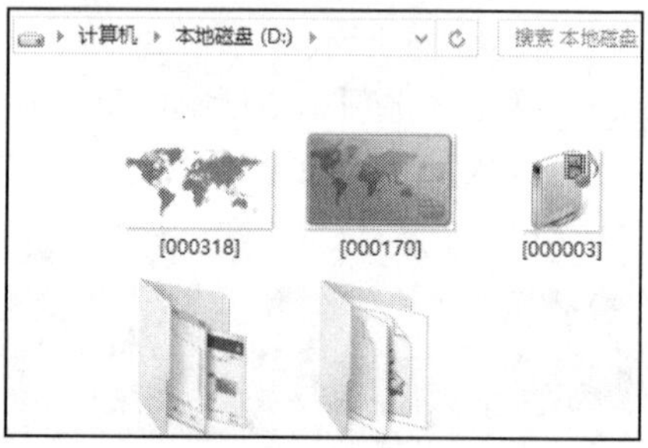

图 23-38　查看已恢复的文件

新手疑惑解答

1．为什么删除后的数据还能恢复？

答：这是因为硬盘保存数据分为“目录区”和“数据区”，“目录区”保存文件的存储位置，“数据区”保存文件。执行“彻底删除”命令后，其实只是删除“目录区”中的信息，并未删除该文件，因此数据恢复软件可以恢复该文件的目录区信息，从而实现数据恢复。

2．恢复数据前需要注意哪些问题？

答：恢复数据前需要注意不要向已删除数据所在的分区中频繁地读写数据，这样很容易导致已删除的数据从分区中被新写入的数据覆盖，从而无法恢复。

3．Recuva 提供的深度扫描与普通扫描有何区别？

答：Recuva 提供的深度扫描与普通扫描的区别类似于 FinalRecovery 中标准恢复与高级恢复的区别，深度扫描能够扫描出更多已删除的文件，从而让用户能够恢复更多的有用数据。

第八篇　实用软件篇

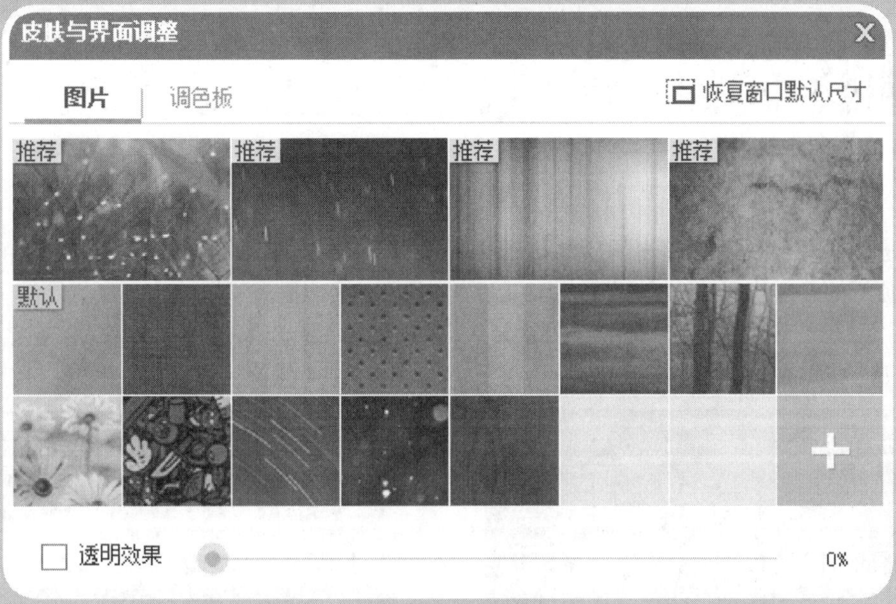

第24章

解析Windows 8操作系统常用软件

本章知识点：

☑ 解压缩软件——WinRAR
☑ 音乐播放与制作铃声——酷狗
☑ 视频播放软件——暴风影音
☑ 网络资源下载软件——迅雷
☑ 照片处理与合成 HDR——好照片

对于 Windows 8 操作系统来说，解压缩、音乐播放以及视频播放等软件可以说是比较常用的软件，这些软件大大地拓展了 Windows 8 操作系统的功能。本章将为用户详细介绍 Windows 8 操作系统中常用的软件。

基础讲解

24.1 解压缩软件——WinRAR

WinRAR 是一款功能强大的压缩包管理器工具，该软件具有压缩率高和速度快的特点，采用了独特的多媒体压缩算法和紧固式压缩法，有针对性地提高了压缩率。

在“开始”屏幕中单击 WinRAR 选项，如图 24-1 所示，即可打开 WinRAR 主界面，如图 24-2 所示。

图 24-1 单击 WinRAR 选项

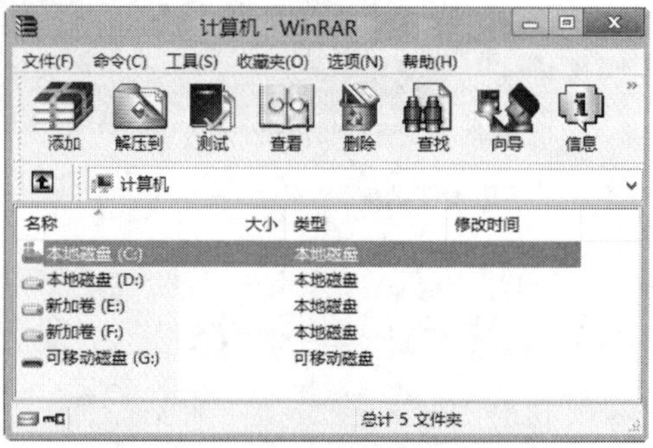

图 24-2 WinRAR 软件主界面

24.1.1 创建压缩文件

创建压缩文件是指将磁盘中的多个文件和文件夹压缩成一个压缩文件。通过压缩操作可以减小文件大小，节省磁盘空间。具体的操作步骤如下。

Step 01 打开 WinRAR 主界面，❶ 选择待压缩文件的保存位置，❷ 单击选择待压缩文件，❸ 然后单击“添加”按钮，如图 24-3 所示。

Step 02 弹出“压缩文件名和参数”对话框，❶ 输入压缩文件的名称，❷ 然后单击选中 RAR 单选按钮，设置压缩格式为 RAR，如图 24-4 所示。

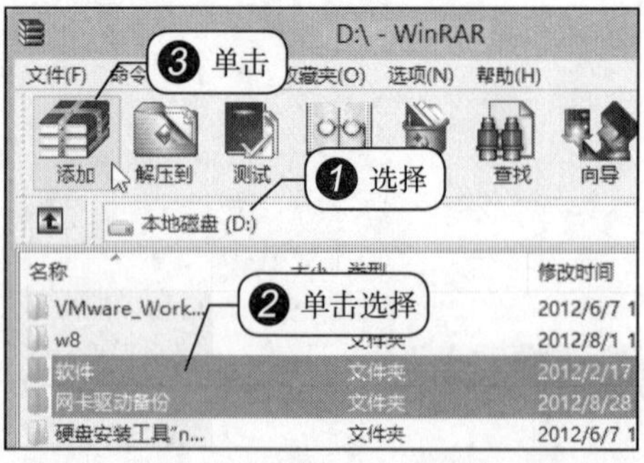

图 24-3 压缩指定的文件

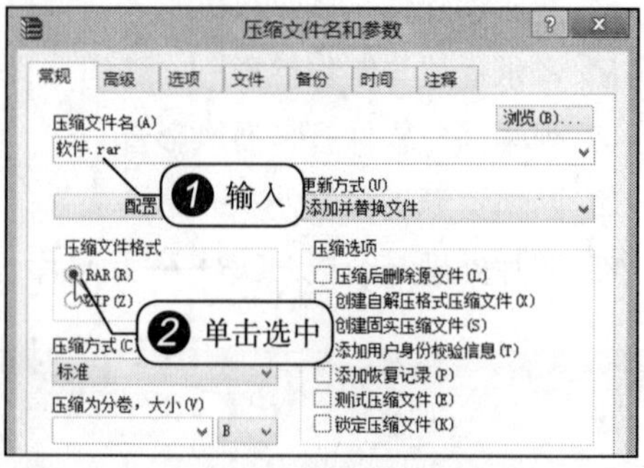

图 24-4 设置压缩文件名和格式

Step 03 ❶切换至“文件”选项卡，若要添加待压缩的文件，❷则单击“要添加的文件”右侧的“追加”按钮，如图 24-5 所示。

Step 04 弹出“请选择要添加的文件”对话框，❶选择要添加文件的保存位置，❷单击选择要添加的文件，❸单击“确定”按钮，如图 24-6 所示。

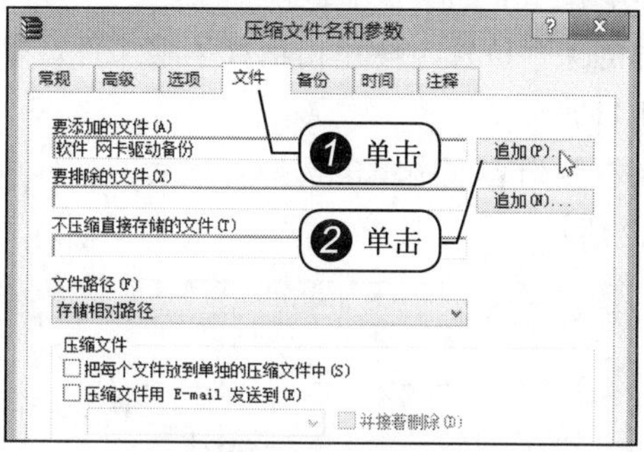

图 24-5　追加压缩的文件

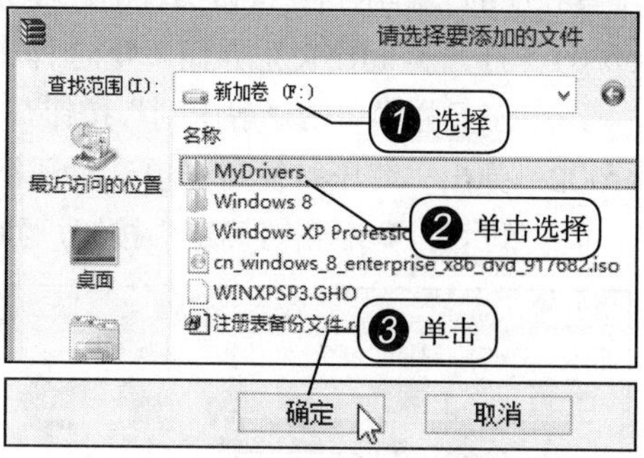

图 24-6　添加压缩的文件

提示：为压缩文件设置密码

创建压缩文件时，若当前文件中含有重要文件，则可以为该压缩文件设置密码。具体操作为：在“压缩文件名和参数”对话框中①切换至“高级”选项卡，②单击“设置密码”按钮，如图 24-7 所示，在弹出的“输入密码”对话框中输入密码，如图 24-8 所示，确定后即可完成密码设置。

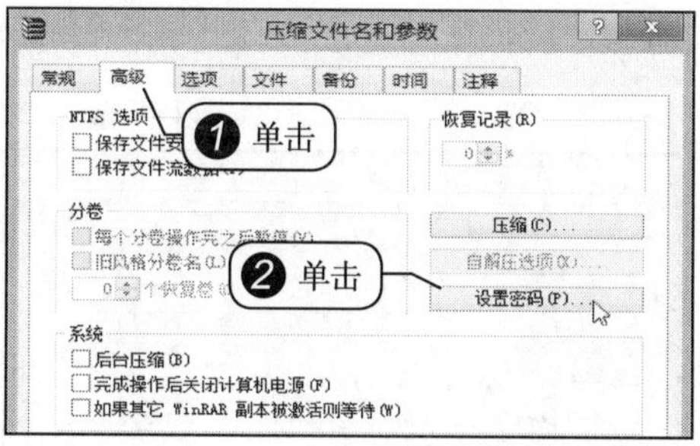

图 24-7　单击“设置密码”按钮

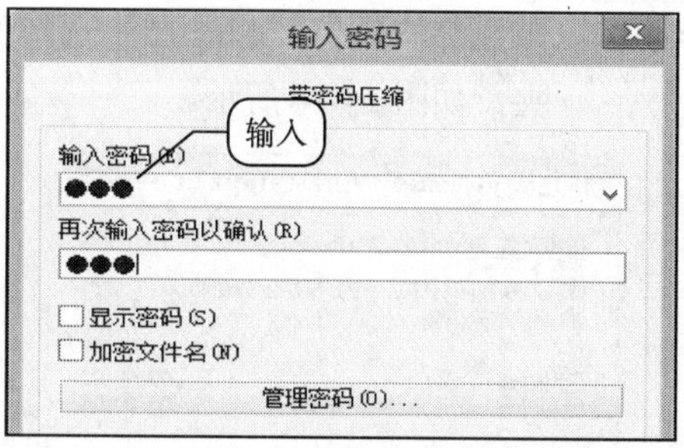

图 24-8　输入密码

Step 05 返回“压缩文件名和参数”对话框，此时可看见要添加的文件，确认无误后单击“确定”按钮开始压缩，如图 24-9 所示。

Step 06 压缩完毕后打开 Step01 中所选择的位置对应窗口，便可看见已创建的压缩文件，如图 24-10 所示。

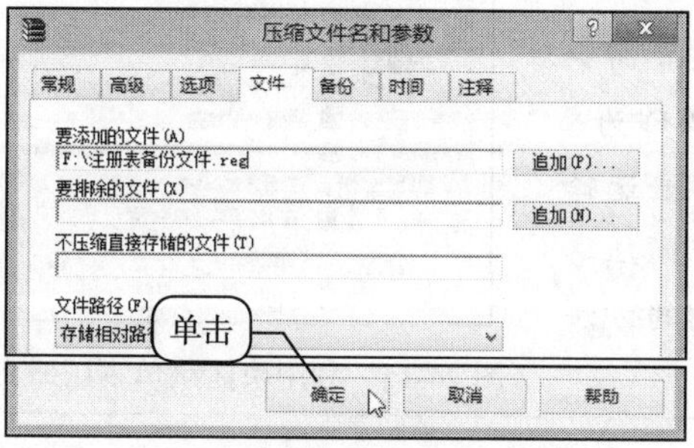

图 24-9　确定要添加的文件

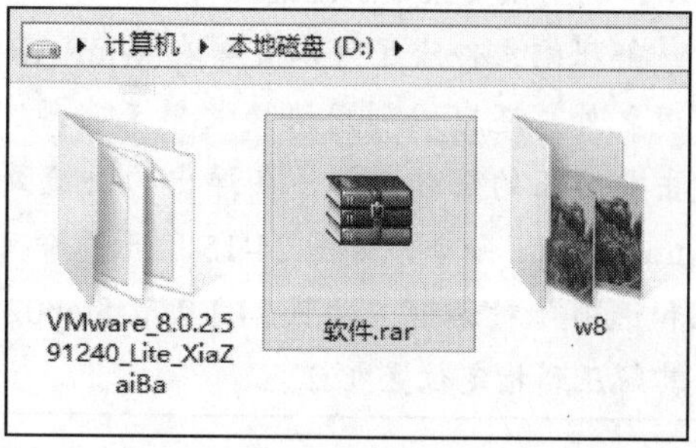

图 24-10　查看已创建的压缩文件

24.1.2 解压缩文件

解压缩与压缩是一对可逆的过程，从网站上下载的文件通常都是压缩文件，若要使用压缩文件内的文件，首先要做的就是将其解压到本地硬盘中。在 WinRAR 中，解压缩文件是通过工具栏中的“解压到”按钮实现的。具体的操作步骤如下。

Step 01 打开 WinRAR 主界面，❶ 选择压缩文件的保存位置，❷ 单击选择压缩文件，❸ 在工具栏中单击“解压到”按钮，如图 24-11 所示。

Step 02 弹出“解压路径和选项”对话框，❶ 在右侧列表框中单击选择解压后的文件保存位置，❷ 单击“确定”按钮，如图 24-12 所示。

图 24-11 解压指定的文件

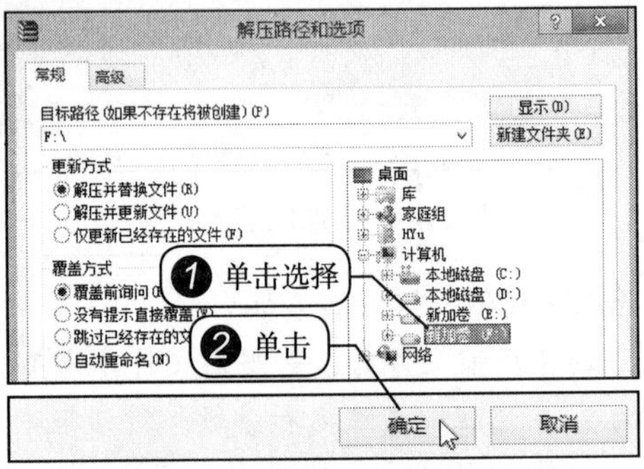

图 24-12 设置解压文件的保存位置

Step 03 在弹出的对话框中显示了解压的进度、已用时间与剩余时间，如图 24-13 所示。

Step 04 解压完毕后打开 Step02 中选择的保存位置所对应的窗口，便可看见解压后的文件夹，如图 24-14 所示。

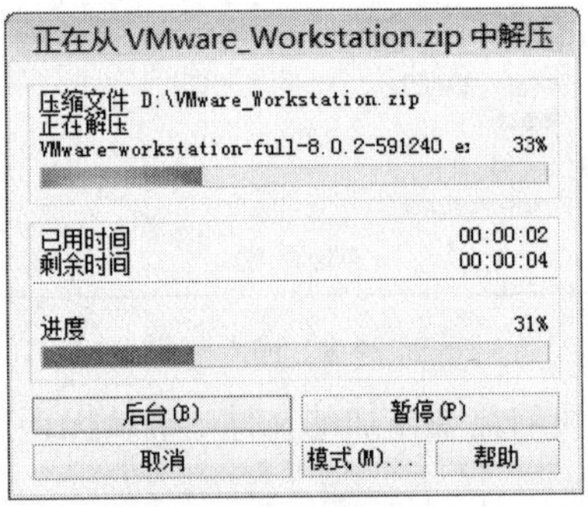

图 24-13 正在解压文件

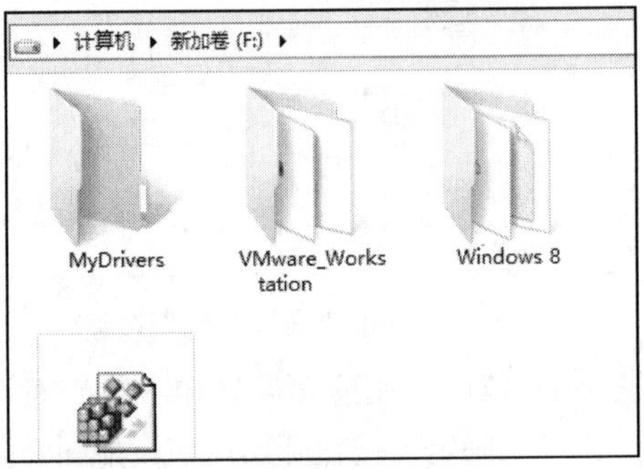

图 24-14 查看解压后的文件

提示：利用快捷菜单解压缩文件

解压缩文件除了可以直接在 WinRAR 软件主界面中实现之外，还可以利用快捷菜单来实现，具体操作为：右击要解压的压缩文件，在弹出的快捷菜单中单击选择 Extract files... 命令，如图 24-15 所示，即可弹出“解压路径和选项”对话框，按照 24.1.2 节 Step02 中介绍的方法将其解压到指定位置即可。

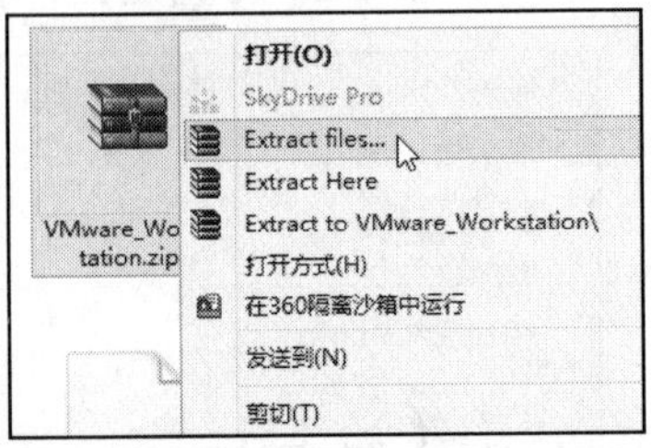

图 24-15 利用快捷菜单解压缩文件

24.2 音乐播放软件——酷狗

音乐成为了人们生活中的一部分，如今人们也越来越习惯在工作或者坐车时听音乐。电脑的出现，使得用户在线收听音乐成为可能，酷狗就是一款播放功能十分强大的音乐播放软件。

酷狗是一款集本地播放与在线播放功能为一体的音乐播放软件。启动该软件后，便可打开如图 24-16 所示的主界面，该界面主要包括播放板块和音乐库板块两部分。

图 24-16 “酷狗”主界面

1. 播放板块

该板块位于“酷狗”主界面左侧，主要提供了选择音乐和控制音乐播放状态的功能。该板块主要包括播放进度条、桌面歌词控制选项、皮肤与界面调整、上一曲 \ 播放 \ 下一曲、音量调节以及播放列表 6 部分。

- 播放进度条：播放进度条位于界面播放板块上方，播放音乐时，可以直接看到播放的进度和时间。
- 桌面歌词控制选项☑歌词：该选项主要用于设置是否显示桌面歌词，若处于勾选状态，则表示显示桌面歌词，相反则不显示桌面歌词。
- 皮肤与界面调整▣：该选项主要用于调整酷狗的外观设置，单击该选项后将弹出“皮肤与界面调整”对话框，如图 24-17 所示，用户可在该对话框中调整酷狗的外观显示属性。
- 上一曲 \ 播放 \ 下一曲：该选项主要用于控制音乐的播放，“上一曲”选项用于切换至播放列表中的上一首歌曲；“播放”选项用于播放 / 暂停选中的歌曲；“下一曲”选项用于切换至播放列表中的下一首歌曲。
- 音量调节：该选项用于调整当前音乐播放的音量大小，单击喇叭图标可直接设为静音模式。
- 播放列表：该播放列表包括“本

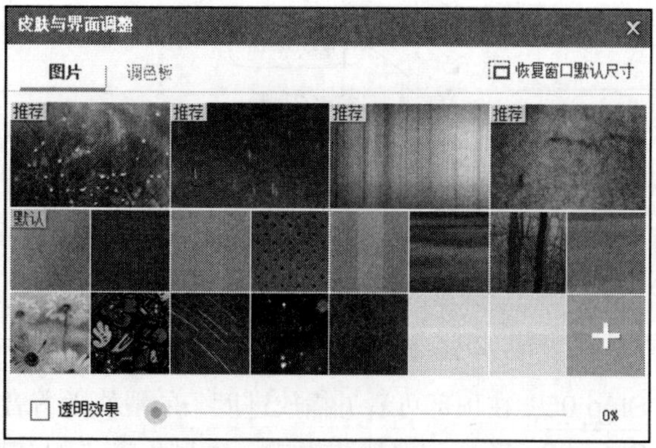

图 24-17 “皮肤与界面调整”对话框

地列表”、“网络收藏”和“音乐电台”3个选项卡，其中“本地列表”选项卡中显示从电脑中添加的音乐以及在线下载的音乐；“网络收藏”选项卡中显示酷狗个人账户收藏的音乐（必须在酷狗中登录账户后才能显示）；“音乐电台”选项卡中显示了酷狗软件提供的电台，单击指定电台对应的选项便可收听该电台。

2. 音乐库板块

该板块主要提供了在线搜索电台、音乐以及管理音乐的功能，用户既可以在线收听酷狗推荐的音乐，又可以在线搜索并播放指定的音乐。

24.2.1 播放本地音乐

酷狗音乐具有播放本地音乐的功能，但是由于酷狗无法自动加载本地音乐，因此需要用户手动将其加载到酷狗中才能播放。具体的操作步骤如下。

Step 01 打开“酷狗”主界面，切换至“本地列表”选项卡，在“默认列表”下方单击“往列表添加歌曲”图标，如图24-18所示。

Step 02 在展开的下拉列表中单击选择添加音乐的方式，例如单击选择“添加歌曲文件夹”选项，如图24-19所示。

图24-18 单击“往列表添加歌曲”图标

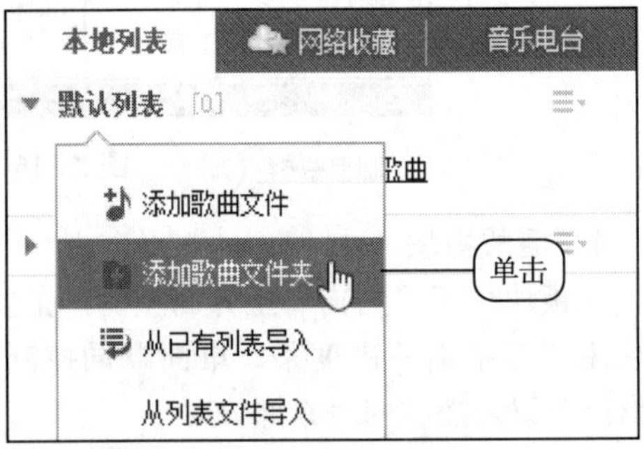

图24-19 单击“添加歌曲文件夹”选项

Step 03 弹出“浏览文件夹”对话框，❶单击“音乐”选项，❷再单击“确定”按钮，如图24-20所示。

Step 04 返回“酷狗”主界面，可看见添加的音乐，单击选择要播放的音乐左侧的“播放”图标，如图24-21所示。

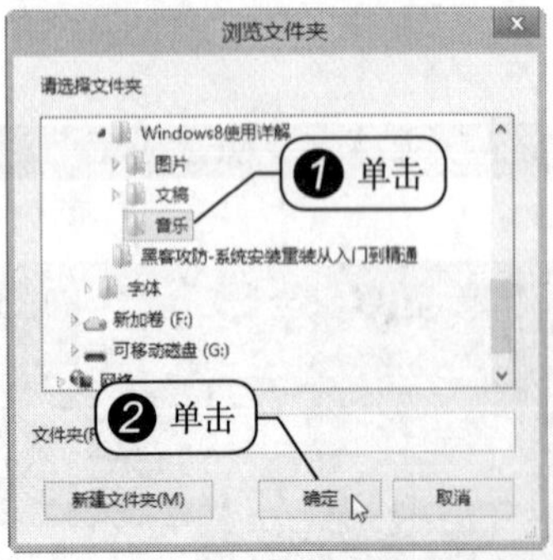

图24-20 选择“音乐”文件夹

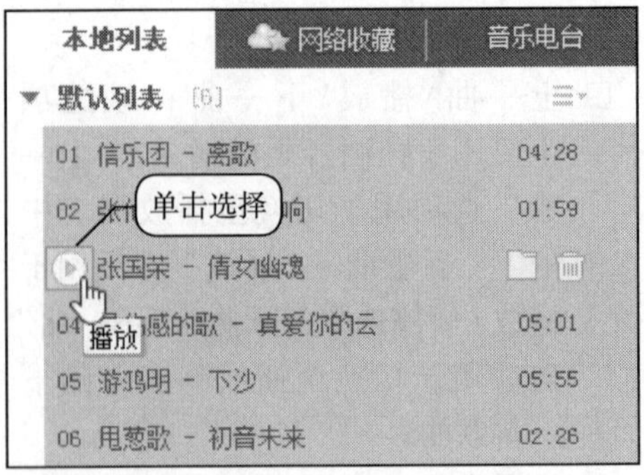

图24-21 播放指定音乐

Step 05 在顶部可看见播放进度条的滑块随着音乐的播放缓慢向右滑动，如图24-22所示。

Step 06 若要调整播放模式，❶则单击“顺序播放”图标，❷在展开的列表中选择播放模式，如单击选择“随机播放”命令，如图 24-23 所示，则将会随机播放默认列表中的音乐。

图 24-22 查看播放进度条

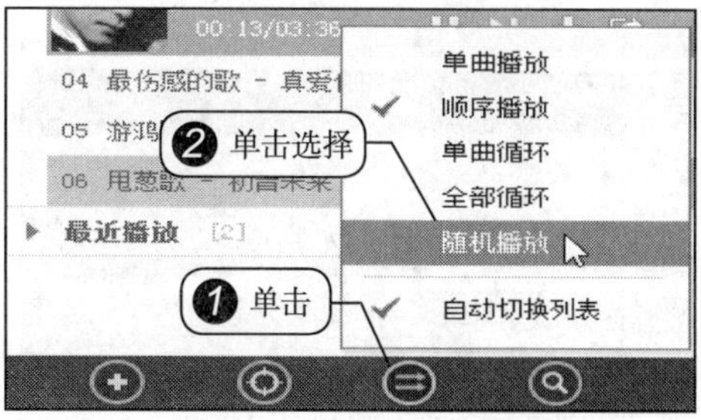

图 24-23 调整播放模式

24.2.2 在线试听并下载音乐

酷狗音乐提供了在线查找音乐的功能，只要电脑接入 Internet，用户就可查找并试听自己喜欢的音乐，还可将其下载到本地电脑中。具体的操作步骤如下。

Step 01 打开“酷狗”主界面，❶ 在音乐库中单击“乐库”选项，❷ 在“排行榜”界面中单击选择排行榜类型，例如单击选择“酷狗 Top500”选项，如图 24-24 所示。

Step 02 切换至新的界面，选择要试听的音乐，选中后单击右侧的“播放”图标，如图 24-25 所示，即可试听该音乐。

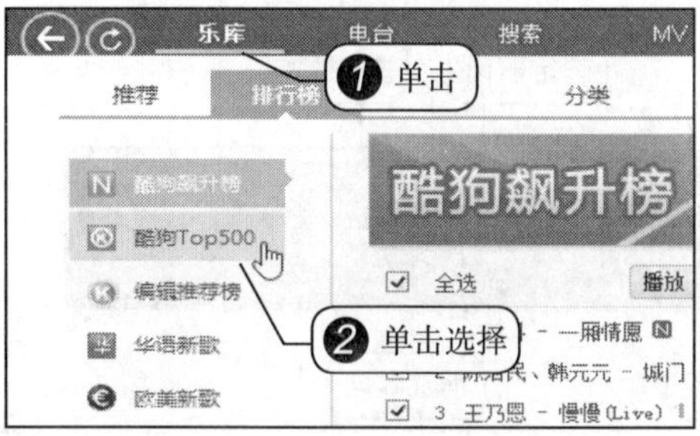

图 24-24 选择“酷狗 Top500”选项

图 24-25 试听指定的音乐

Step 03 若要查找指定的音乐，❶ 在输入栏中输入音乐名称作为关键字，❷ 单击“搜索”图标，如图 24-26 所示。

Step 04 ❶ 右击要试听的音乐，❷ 在弹出的快捷菜单中单击“播放”选项，如图 24-27 所示。

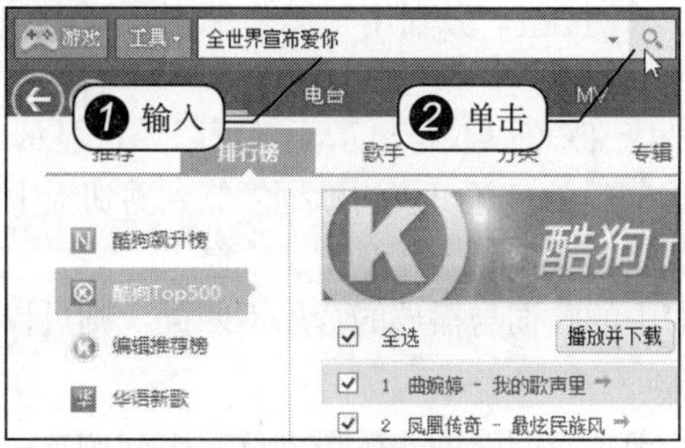

图 24-26 搜索音乐

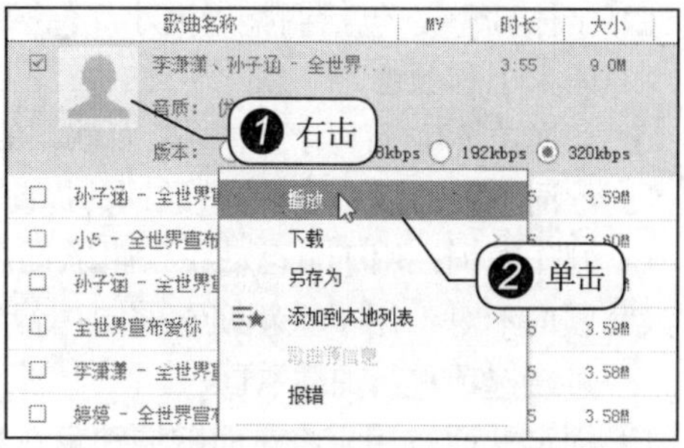

图 24-27 选择播放指定音乐

Step 05 可通过耳机或者音箱听到当前播放的音乐，并且在酷狗主界面中看见播放的进度，如图 24-28 所示。

Step 06 如确定下载该音乐，则在播放列表中单击“下载”图标，如图 24-29 所示，即可将其下载到本地电脑中。

图 24-28 收听当前播放的音乐

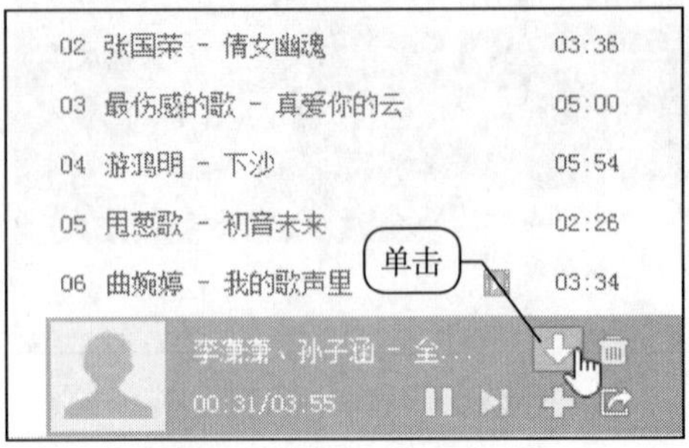

图 24-29 确定下载该音乐

24.2.3 自定义桌面歌词

酷狗音乐提供了桌面歌词的功能，让用户可以查看当前播放音乐的歌词，并随着播放的音乐一起唱歌。由于不同的用户对显示的歌词有着不同的要求，因此酷狗提供了调整桌面歌词的功能，用户可以利用该功能自定义歌词，打造属于自己的歌词。

打开“酷狗”主界面，在顶部勾选“歌词”选项，即可在桌面底部看见显示的桌面歌词效果，将鼠标指针移至歌词处便可在歌词上方看见显示的工具栏，如图 24-30 所示。

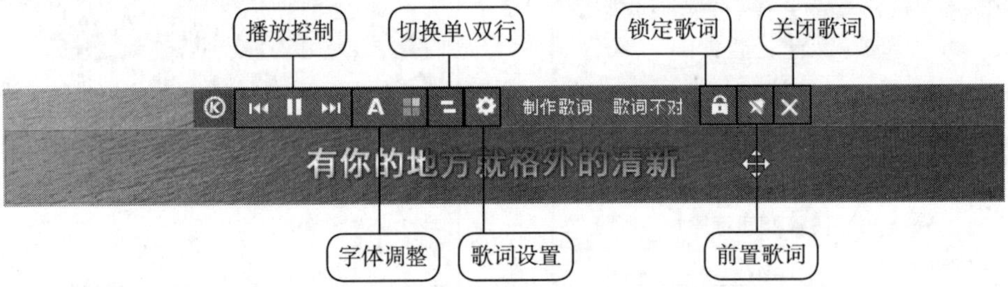

图 24-30 桌面歌词显示工具栏

工具栏中各选项含义如下。

- 播放控制：包括“上一曲”、“播放\暂停”和“下一曲”3 个按钮，这 3 个按钮的功能与播放板块中的“上一曲\播放\下一曲”选项相同。
- 字体调整：包括调整“大小”和“颜色”按钮，分别用于调整桌面歌词中的字体大小和颜色。
- 切换单/双行：用于调整桌面歌词的显示方式，既可以双行显示，又可以单行显示。
- 歌词设置：用于手动调整歌词的提前和延后时间，并且还可以将歌词复制到剪切板中。
- 制作歌词：用于自己动手编辑歌词内容，但是必须以会员身份登录酷狗。
- 歌词不对：用于重新搜索歌词，若当前桌面中的歌词与播放的音乐不匹配，则可以通过该选项重新加载歌词。
- 锁定歌词：用于将桌面歌词锁定在桌面上，锁定后的歌词无法再进行编辑和调整，若要解除锁定，则在通知区域中右击酷狗图标，在弹出的快捷菜单中单击“解锁歌词”命令即可解锁歌词。

- 前置歌词：用于将歌词置于最前端，即使在桌面上已切换至其他应用程序界面，桌面歌词还将始终显示在最前端。
- 关闭歌词：用于取消显示桌面歌词。

提示：注册酷狗个人会员

酷狗提供了注册个人会员的功能，注册会员后用户可以将个人账户中的音乐保存在网络服务器中，以后无论在哪台电脑上登录，都能收听这些音乐。注册酷狗个人会员的操作比较简单，在“酷狗”主界面左上角单击“登录”选项，如图 24-31 所示，在弹出的“登录账号”对话框中单击“注册账号”链接，如图 24-32 所示，最后按照向导进行操作即可成功注册会员。

图 24-31 单击“登录”选项

图 24-32 单击“注册账号”链接

24.3 视频播放软件——暴风影音

电脑除了可用来听歌之外还可以用来看视频，听歌需要音乐播放软件，看视频当然就要使用视频播放软件，暴风影音就是一款功能强大的视频播放软件。该软件具有强大的解码功能，能够播放 rmvb、mp4、avi、wmv 等格式的视频文件，并且播放画面十分流畅。

从官网（www.baofeng.com ）下载最新版的暴风影音安装程序后，将其安装到系统中，只需双击桌面上的快捷图标，便可打开其主界面，如图 24-33 所示。

图 24-33 “暴风影音”主界面

- 主菜单：该菜单中提供了暴风应用大部分的操作命令，单击该按钮，便可展开如图 24-34 所示的下拉列表，该列表包含“文件”、“播放”、“DVD 导航”、“帮助”等选项。这些选项分别提供了不同的功能，例如单击“文件”选项后将展开“文件”列表，如图 24-35 所示，该列表提供了视频文件的 4 种打开方式，而单击“高级选项”选项将弹出“高级选项”对话框，如图 24-36 所示，在该对话框中可以进行热键、截图和隐私设置。

图 24-34 “主菜单”下拉列表

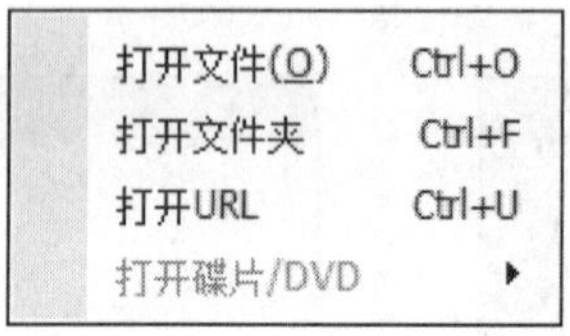

图 24-35 “文件”列表

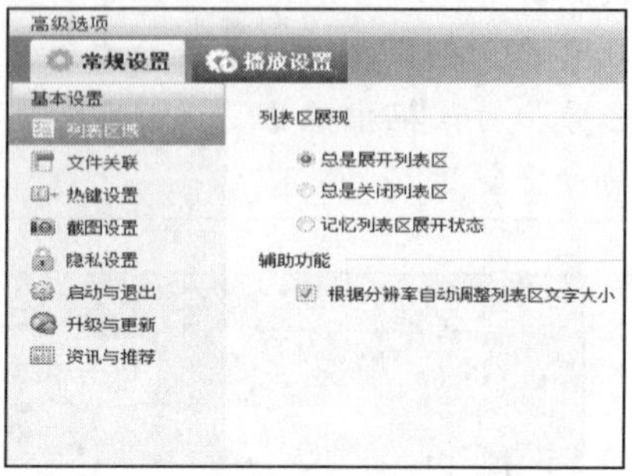

图 24-36 “高级选项”对话框

- 意见反馈与换肤：“意见反馈”按钮用于收集用户对暴风影音播放器的建议，而“换肤”按钮则用于更换暴风影音的当前外观。
- 播放列表：播放列表包括“在线影视”和“正在播放”两部分，“在线影视”显示了暴风影音提供的在线播放视频，包括电视剧、电影和综艺节目等视频（必须在电脑接入 Internet 的状态下才能正常观看这些视频）；“正在播放”显示了正在播的视频文件，正在播放的文件既可以是本地视频文件，又可以是在线视频文件。
- 工具栏：工具栏位于主界面的底部，该栏中包括“开启 \ 关闭左眼键”、“停止”、“上一个”、“播放 / 暂停”、“下一个”、“打开文件”、“音量调整”、“全屏模式”、“显示 \ 隐藏播放列表”、“暴风工具箱”和“暴风盒子”按钮。

24.3.1 播放视频文件

暴风影音最基本的功能就是播放视频文件，当本地电脑中保存了视频文件时，则可以利用暴风影音将其打开并观看。具体的操作步骤如下。

Step 01 打开“暴风影音”主界面，❶ 单击“暴风影音”右侧的下三角按钮，❷ 在展开的下拉列表中依次单击“文件 > 打开文件”选项，如图 24-37 所示。

Step 02 弹出“打开”对话框，选择视频文件的保存位置后 ❶ 单击选中视频文件，❷ 单击“打开”按钮，如图 24-38 所示。

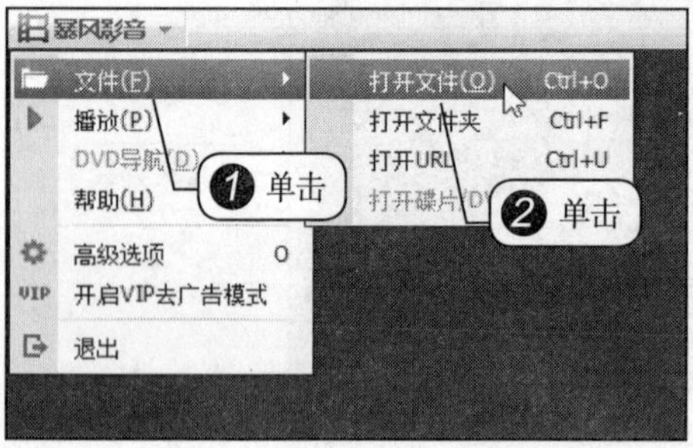

图 24-37 单击“打开文件”选项

图 24-38 打开视频文件

Step 03 返回“暴风影音”主界面，可看见正在播放的视频文件，在底部可看见当前视频的播放进度，如图 24-39 所示。

Step 04 在右侧单击“正在播放”选项卡中，显示了当前视频的相关信息，如图 24-40 所示，在顶部既可以单击“删除”图标删除该视频文件，又可以单击“清空”图标清空播放列表。

图 24-39 正在播放视频

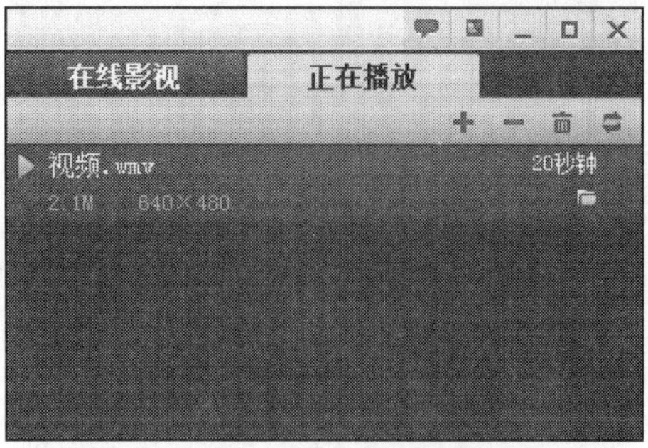

图 24-40 管理播放列表

24.3.2 在线观看视频

暴风影音还提供了在线观看视频的功能，若要在线观看视频，则可以直接在“在线影视”选项卡中选择并播放指定的视频。具体的操作步骤如下。

Step 01 打开“暴风影音”主界面，❶ 在右侧单击“在线影视”选项卡，❷ 单击选择要播放的视频，如图 24-41 所示。

Step 02 待缓冲完毕后便可看到播放的视频了，在左下角单击“开启‘左眼键’”图标，如图 24-42 所示，开启左眼键功能。

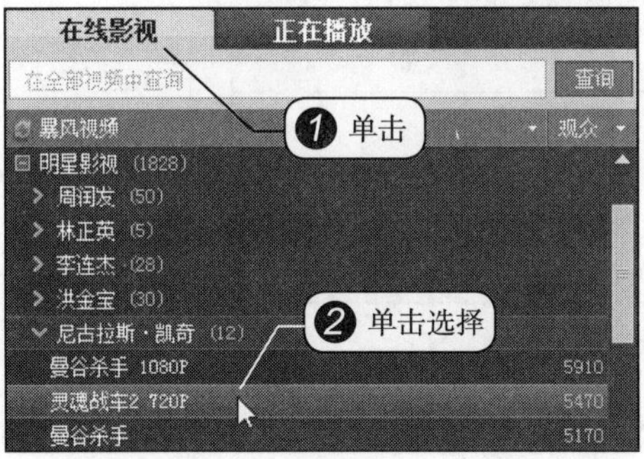

图 24-41 选择要播放的视频

图 24-42 开启“左眼键”功能

提示：“左眼键”功能

“左眼键”功能是一种提升播放画质的功能，该功能对画面中每个元素进行详细分析后，对图像中物体边缘进行轮廓锐化和纹理重写，以提升清晰度，并且还自动根据每幅画面中的色彩结构，进行自动调整色度、亮度、对比度和饱和度。由于该功能是通过 CPU 和 GPU 来提升画质的，因此该功能需要处理性能更高的 CPU 和 GPU 来支持。

Step 03 在播放界面中显示了两个对比画面，左侧为启用“左眼键”功能后的画面，右侧为未启用“左眼键”功能的画面，如图 24-43 所示。

Step 04　几秒钟后左侧的画面将自动右移，填充整个播放界面，若要全屏播放则在底部单击“全屏”按钮，如图 24-44 所示，可全屏观看播放的视频。

图 24-43　观看对比画面

图 24-44　选择全屏播放视频

24.4　网络资源下载软件——迅雷

在工作和生活中，人们越来越多地开始利用电脑来下载一些有用的资料或软件，为了能快速地下载这些资源，用户可以使用专业的下载软件，迅雷就是一款专业的下载软件，该软件的下载速度要比 IE 浏览器下载快得多。

从迅雷官网（www.xunlei.com）中下载最新版的迅雷安装程序后，将其安装到系统中，双击桌面上的快捷图标，便可打开“迅雷”主界面，如图 24-45 所示。“迅雷”主界面主要包括任务类别、工具栏和下载任务 3 部分内容。其详细介绍如下。

图 24-45　“迅雷”主界面

- 任务类别：任务类别位于界面左侧，包括全部任务、正在下载、已完成、私人空间和垃圾箱 5 个选项，单击不同的选项将显示对应类别的下载任务。
- 工具栏：该栏提供了操作迅雷常用的功能按钮，从左到右依次是“新建”、“开始”、“暂停”、“删除”、“打开文件存放目录”、“分组”、“单任务下载”、“设置”、“会员”、“迅雷看看”、“清爽迅雷”以及“菜单”按钮。
  - 新建：该按钮用于新建下载任务，在新建过程中需要用户输入下载网址。
  - 开始：当所选任务处于暂停状态时，单击该按钮可继续下载所选任务。
  - 暂停：当所选任务处理下载状态时，单击该按钮可以暂停下载。
  - 删除：该按钮用户删除当前任务的下载，删除后的任务通常保存在垃圾箱中。
  - 打开文件存放目录：单击该按钮后将打开下载文件的保存位置所对应的窗口。
  - 分组：该按钮用于将下载的任务按照时间、类型、状态和文件名等方式进行分组。

- 单任务下载：该按钮用于开启 / 关闭单任务下载功能，并调整下载的顺序（任务列表顺序、文件名或文件大小）。
- 设置：该按钮用于调整迅雷的基本设置和下载设置属性。
- 会员：该按钮用于开通迅雷会员和设置会员的个人资料。
- 迅雷看看：该按钮用于启动迅雷看看，启动后可选择 / 播放指定的视频文件。
- 清爽迅雷：该按钮用于自定义迅雷主界面的显示内容，仅限迅雷会员使用。

❑ 下载任务：该部分显示了与下载任务相关的信息，包括状态、文件名、大小、下载进度、剩余事件以及下载速度等信息。

24.4.1 下载网络资源

迅雷软件具有自动添加 IE 浏览器的功能，该功能为用户提供了很大的方便，用户只需在下载页面中单击下载按钮，系统便会自动启动迅雷并创建下载任务，下面介绍使用迅雷下载网络资源的操作方法和步骤。

Step 01 使用 IE 浏览器打开下载资源界面，单击相应选项的下载按钮，如图 24-46 所示。

Step 02 弹出“新建任务”对话框，❶ 重新输入下载文件的名称，❷ 选择文件的保存位置，❸ 单击“立即下载”按钮，如图 24-47 所示。

图 24-46 单击下载按钮

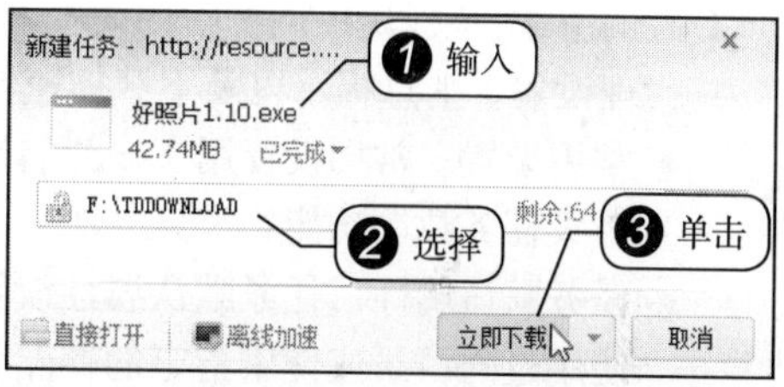

图 24-47 设置文件名称和保存位置

Step 03 在“迅雷”主界面可看到下载任务信息，如图 24-48 所示，耐心等待下载完毕即可。

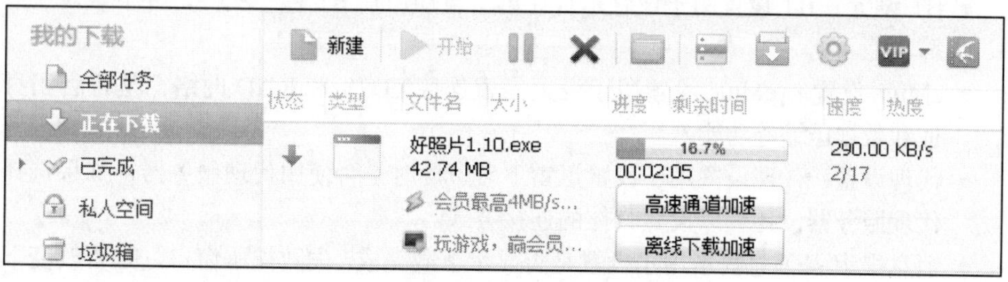

图 24-48 查看下载任务信息

24.4.2 设置基本属性和下载属性

迅雷为用户提供了基本属性和下载属性的设置，用户可以根据当前的网络状态进行手动设置，以确保迅雷能够在正常运行的同时不影响其他程序的运行。

打开“迅雷”主界面，在工具栏中单击“配置”图标，便可打开“配置中心”界面，该界面提供了“基本设置”和“我的下载”两个板块，“基本设置”中的内容如图 24-49 所示，

“我的下载”中的内容如图 24-50 所示。

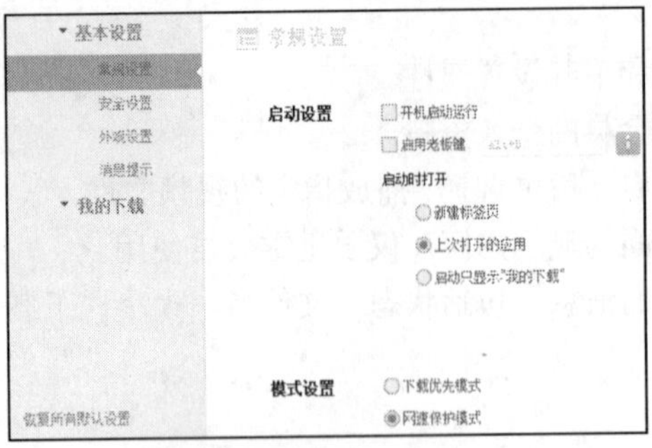

图 24-49 “基本设置”中的内容

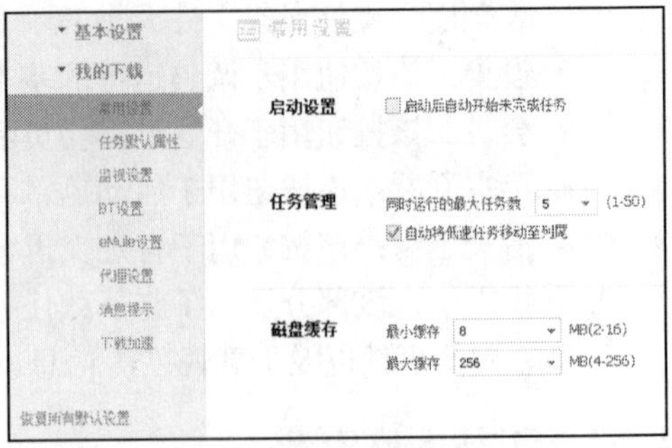

图 24-50 “我的下载”中的内容

- 基本设置：该板块提供了常规设置、安全设置、外观设置和消息提示 4 个选项。
  - 常规设置：常规设用于设置是否让迅雷随着系统的启动而自动运行，以及更改下载模式（下载优先、网速保护和自定义模式）。
  - 安全设置：安全设置用于设置是否在完成任务下载后自动查杀病毒。
  - 外观设置：外观设置用于设置速度和显示比例、是否关闭悬浮窗的扩展窗口、是否开启特效以及更换字体。
  - 消息提示：消息提示用于设置是否显示迅雷资讯、是否开启打扰模式以及是否开启网速保护模式提示等信息。
- 我的下载：该板块提供了常用设置、任务默认属性、监视设置、BT 设置、eMule 设置、代理设置、消息提示以及下载加速 8 个选项。
  - 常用设置：常用设置用于设置启动迅雷后是否自动开启未完成的任务、同时运行的最大任务数等功能。
  - 任务默认属性：任务默认属性设置用于设置下载文件的保存位置（自动修改为上次使用过的目录或使用指定的存储目录），以及是否在下载完成后自动运行等功能。
  - 监视设置：监视设置用于设置是否监视剪贴板、浏览器、网页视频等选项，以及选择下载类型（传统、BT、eMule 和磁力链接）。
  - BT 设置：BT 设置用于设置是否让迅雷自动识别 BT 种子文件，并下载对应的文件等功能。
  - eMule 设置：eMule 设置用于设置是否连接 ED2K 和 KAD 网络、是否启用身份验证和数据压缩等功能。
  - 代理设置：代理设置用于设置迅雷下载资源时是否使用代理服务器，如果选择使用代理服务器，还可以设置具体的连接方式。
  - 消息提示：消息提示用于设置是否显示下载完成 \ 失败提示窗口、是否改变下载任务所属分类的提示等信息。
  - 下载加速：下载加速用于设置是否开启镜像服务器、迅雷 P2P 加速以及只能解决死链等功能。

24.5 照片处理软件——好照片

好照片是一款专业的照片处理软件，该软件具有简单易上手的特点，它不仅提供了调整照片亮度、饱和度与对比度的基本功能，而且还能够为照片添加滤镜和边框。让照片显得更加漂亮。从好照片官方网站中（www.haozhaopian.com）下载好照片安装程序，将其安装到系统中，并双击桌面上的快捷图标后便可打开软件主界面，如图 24-51 所示。

图 24-51 “好照片”主界面

在“好照片”主界面中，顶部为用于处理照片的功能按钮，左侧为基本按钮，主要用于打开、保存和分享照片，右侧为不同功能按钮对应的设置选项，单击不同的功能按钮将会在右侧显示不同的设置选项。

24.5.1 调整照片的显示与大小

调整照片的显示是指调整照片的亮度、对比度与饱和度，而调整照片的大小是指调整照片的高度与宽度，通过调整照片的显示可以让照片显得更加亮丽和鲜艳，而调整照片的大小则可以在一定程度上减少照片所占的空间。如图 24-52 所示为调整前的照片效果，如图 24-53 所示为调整后的照片效果。

图 24-52 调整前的照片效果

图 24-53 调整后的照片效果

调整照片的具体操作步骤如下。

Step 01 打开“好照片”主界面，在左侧单击“打开图片”选项，如图 24-54 所示。

Step 02 弹出“打开文件”对话框，❶ 在顶部地址栏中选择保存照片的位置，❷ 单击选择待处理的照片，❸ 单击“打开”按钮，如图 24-55 所示。

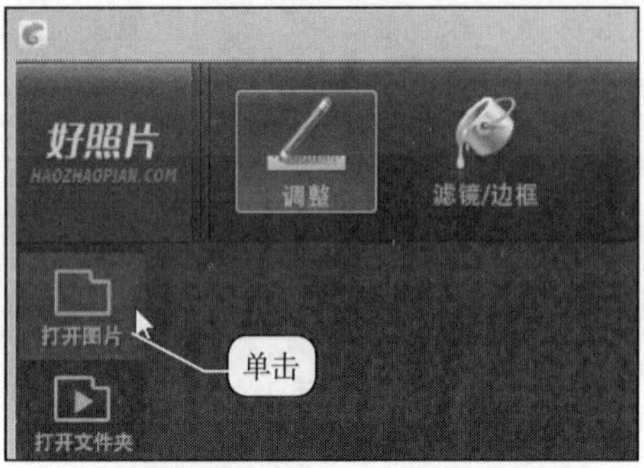

图 24-54　单击“打开图片”选项

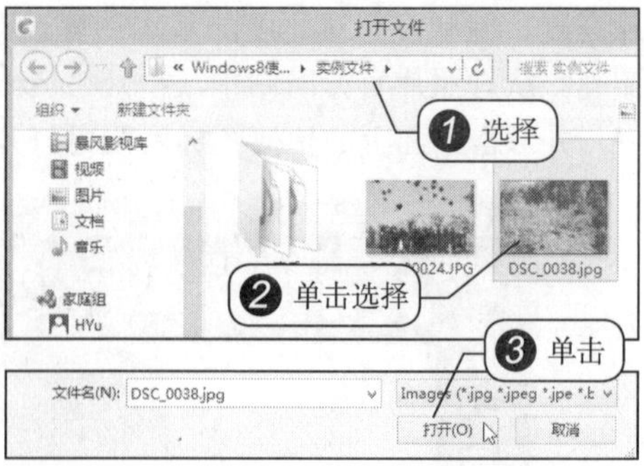

图 24-55　打开待处理的照片

Step 03　返回主界面，从中可看见“调整”按钮默认处于选中状态，❶ 因此在右侧单击“基本调整”选项，❷ 拖动滑块调整照片的亮度、对比度和饱和度，调整后可在窗口中看见调整后的照片效果，如图 24-56 所示。

Step 04　❶ 在右侧单击“尺寸调整”选项，❷ 在下方输入调整后的高度 / 宽度，❸ 然后单击“确认缩放”按钮，如图 24-57 所示。

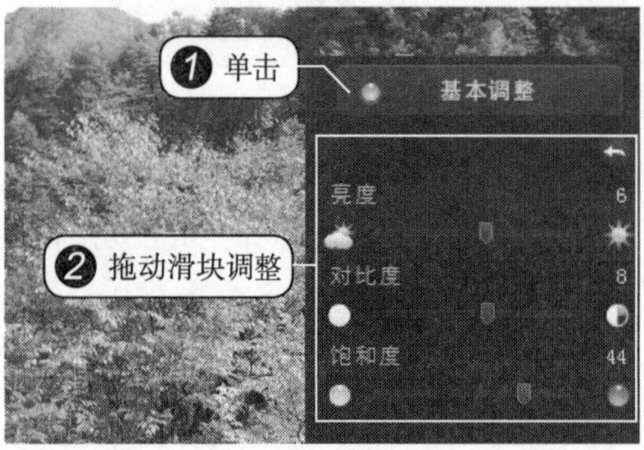

图 24-56　调整亮度、对比度和饱和度

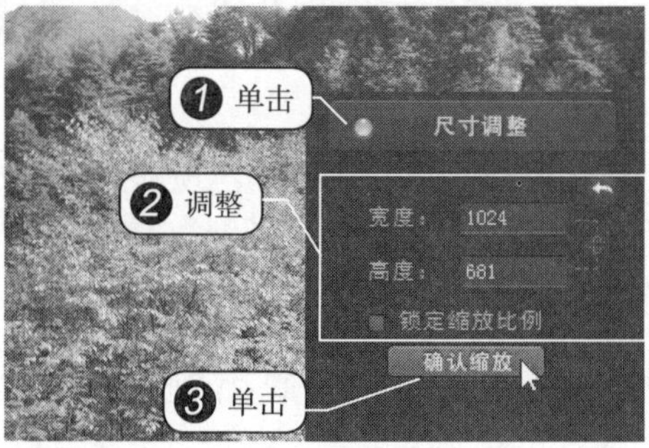

图 24-57　调整尺寸

提示：查看调整前后的照片对比效果

在“好照片”主界面中，调整照片的亮度、对比度和饱和度后只能看见最终效果，无法看见调整前后的照片对比效果。其实好照片提供了查看对比效果图的功能，只需在底部单击“对比”选项，便可在界面中看见对比效果图，如图 24-58 所示。

图 24-58　查看调整前后的照片对比效果

Step 05　调整后在主界面窗口的左侧单击“另存为”选项，如图 24-59 所示。

Step 06　弹出“保存文件”对话框，❶ 在顶部地址栏中选择照片的保存位置，❷ 输入照片文件名，❸ 然后单击“保存”按钮即可，如图 24-60 所示。

图 24-59　单击“另存为”选项

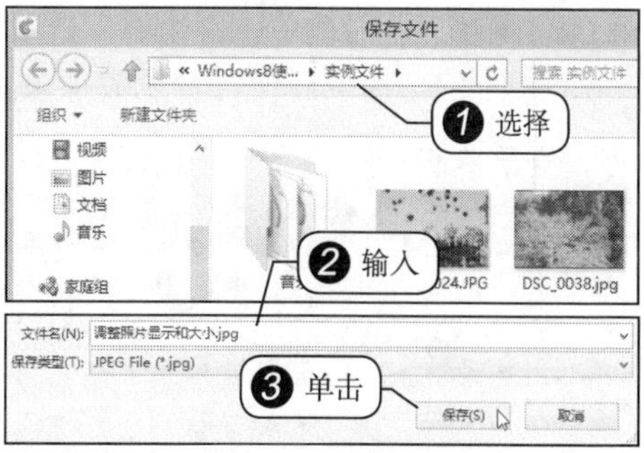

图 24-60　保存照片

24.5.2　添加“滤镜 / 边框”

“好照片”软件提供了添加“滤镜 / 边框”的功能，其中滤镜主要用来实现照片的各种特殊效果，而边框则是添加在照片四周，同样可以达到美化照片的目的。如图 24-61 所示为未添加“滤镜 / 边框”的照片，图 24-62 所示为添加“滤镜 / 边框”后的照片。

图 24-61　未添加“滤镜 / 边框”的照片

图 24-62　添加“滤镜 / 边框”后的照片

添加“滤镜 / 边框”的具体操作步骤如下。

Step 01　❶ 打开要添加“滤镜 / 边框”的照片，❷ 在顶部单击“滤镜 / 边框”按钮，如图 24-63 所示。

Step 02　❶ 在右侧单击“滤镜”选项，❷ 接着在下方选择滤镜效果，例如单击选择“流金岁月”，选中后便可看见应用该滤镜后的照片效果，如图 24-64 所示。

图 24-63　单击“滤镜 / 边框”按钮

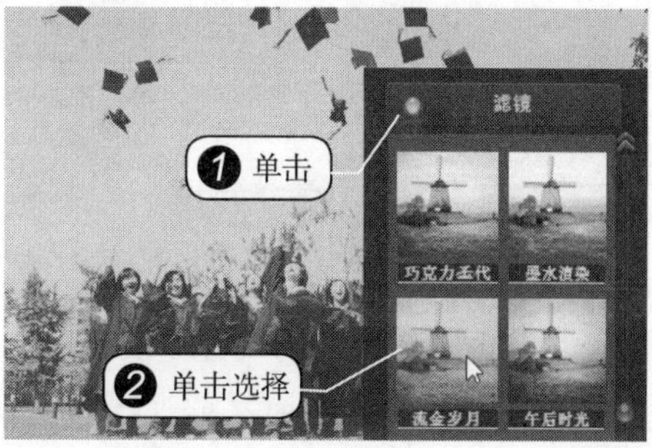

图 24-64　添加滤镜后的照片效果

Step 03　将鼠标指针移至照片显示区域的任意位置，在底部拖动滑块，调整滤镜特效的强度，如图 24-65 所示。

Step 04　调整后在右侧单击“边框”选项，接着在下方选择边框样式，例如单击选择“简约雅兰”，选中后便可看见添加该边框后的照片效果，如图 24-66 所示，最后将其保存到电脑中即可。

图 24-65　调整滤镜特效的强度

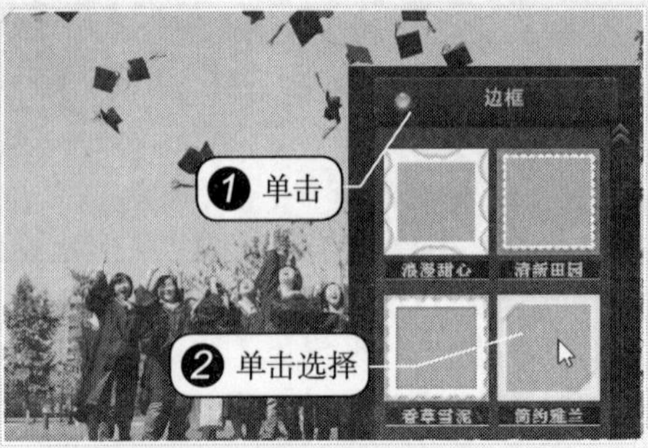

图 24-66　添加边框后的照片效果

拓展解析

24.6　使用酷狗将喜爱的音乐制作成铃声

“酷狗”不仅具有播放音乐的功能，它还提供了制作铃声的工具，利用“酷狗”的“铃声制作”工具，用户可以将自己喜欢的音乐制作成动听的铃声，然后同步到手机中使用，这里就介绍使用“酷狗”制作铃声的具体操作方法和步骤。

Step 01　打开“酷狗”主界面，❶ 在“音乐库”界面中单击“工具”按钮，❷ 在展开的下拉列表中单击“铃声制作”图标，如图 24-67 所示。

Step 02　弹出“酷狗铃声制作专家”对话框，在“歌曲信息”选项组中单击“添加歌曲”按钮，如图 24-68 所示。

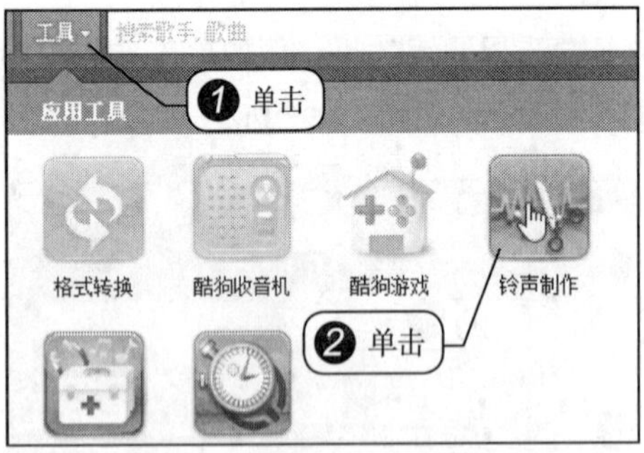

图 24-67　单击“铃声制作”图标

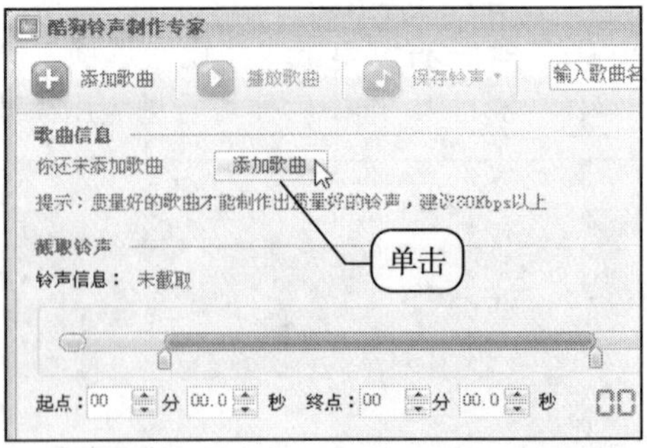

图 24-68　单击“添加歌曲”按钮

Step 03　弹出“打开”对话框，❶ 在“查找范围”下拉列表中选择音乐的保存位置，❷ 单击选择要制作成铃声的音乐，❸ 单击“打开”按钮，如图 24-69 所示。

Step 04　返回“酷狗铃声制作专家”对话框，可听见播放的音乐，❶ 在“截取铃声”选项组中拖动滑块，调整铃声的起点和终点，❷ 调整至合适位置单击“试听铃声”按钮，如图 24-70 所示。

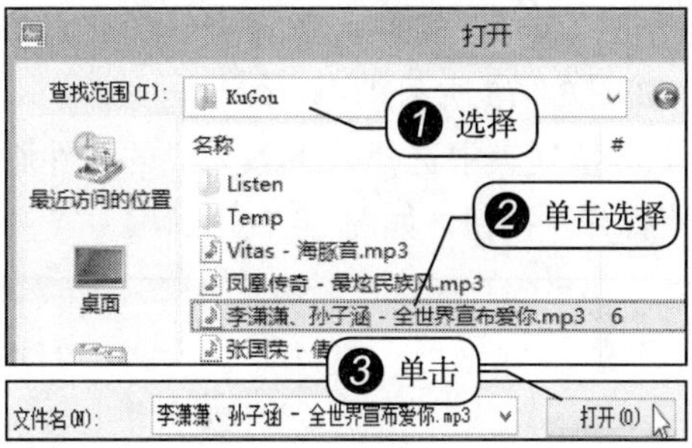

图 24-69　选择制作铃声的音乐

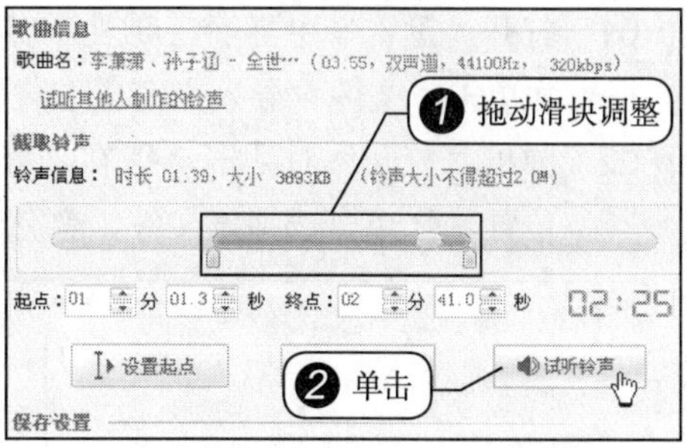

图 24-70　设置铃声起点和终点

Step 05　试听后若觉得铃声不合适，则可再次拖动滑块调整，直至满意为止，满意后在“保存设置”中设置铃声的保存格式、声道、铃声质量等，如图 24-71 所示。

Step 06　❶ 在顶部单击“保存铃声”按钮，❷ 在展开的下拉列表中单击“保存到本地”选项，如图 24-72 所示。

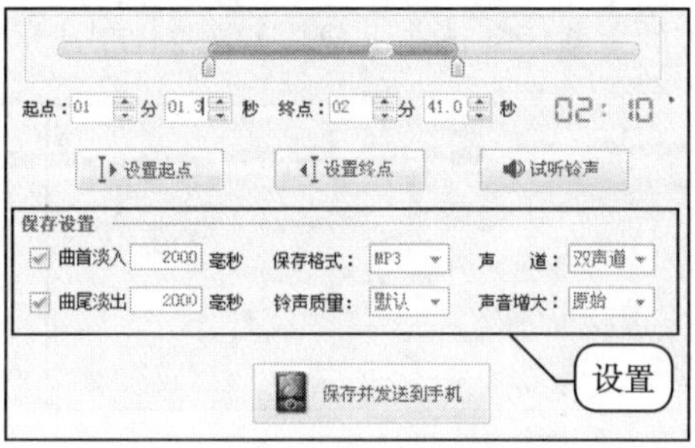

图 24-71　设置铃声格式声道和质量

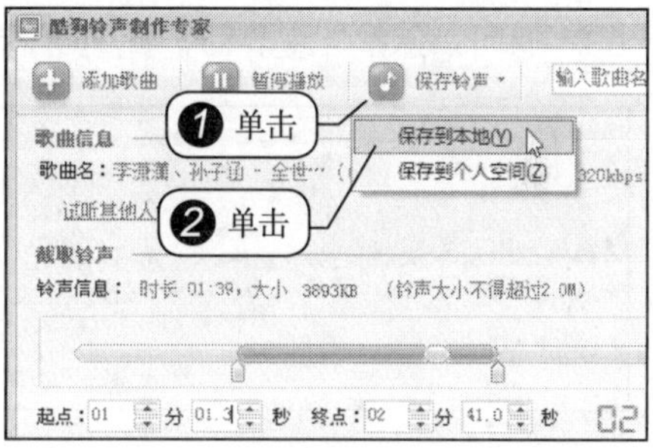

图 24-72　将铃声保存到本地

Step 07　弹出“另存为”对话框，❶ 在“保存在”下拉列表中选择铃声的保存位置，❷ 输入铃声文件的名称，❸ 单击“保存”按钮，如图 24-73 所示。

Step 08　弹出“保存铃声到本地进度”对话框，此时可看见保存的进度，当提示“铃声保存成功！”时，单击“确定”按钮关闭对话框，如图 24-74 所示。

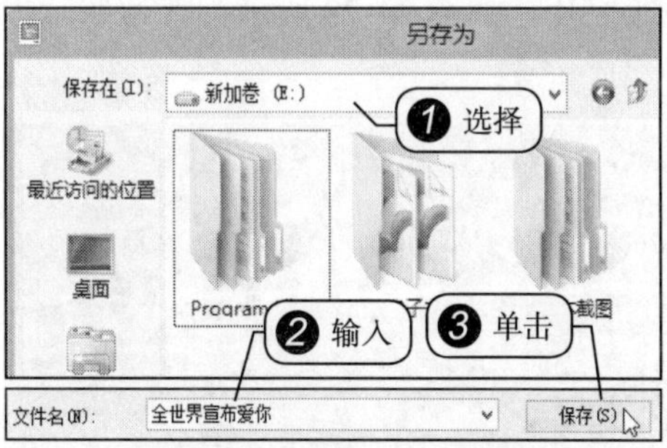

图 24-73　设置保存位置和名称

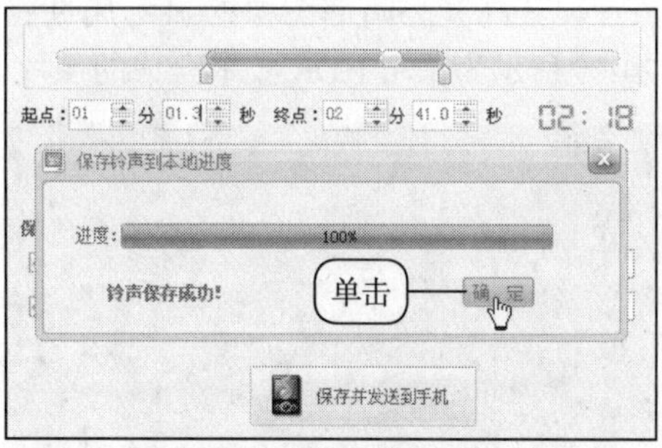

图 24-74　铃声保存成功

24.7　未下载完成的文件，导入迅雷可继续下载

“迅雷”软件的强大不仅仅在于能够随意暂停和续下载网络中的资源，而且它还能够下载其他未完成的下载任务，只要电脑上装有“迅雷”软件，就能够导入未下载完成的任务继续下载。具体的操作步骤如下。

Step 01 打开“迅雷”主界面，❶ 在工具栏右侧单击“菜单”按钮，❷ 在展开的列表中依次单击“文件 > 导入未完成下载”选项，如图 24-75 所示。

Step 02 弹出“打开”对话框，❶ 在“查找范围”下拉列表中选择未下载完成的文件所在位置，❷ 单击选择该文件，❸ 然后单击“打开”按钮，如图 24-76 所示。

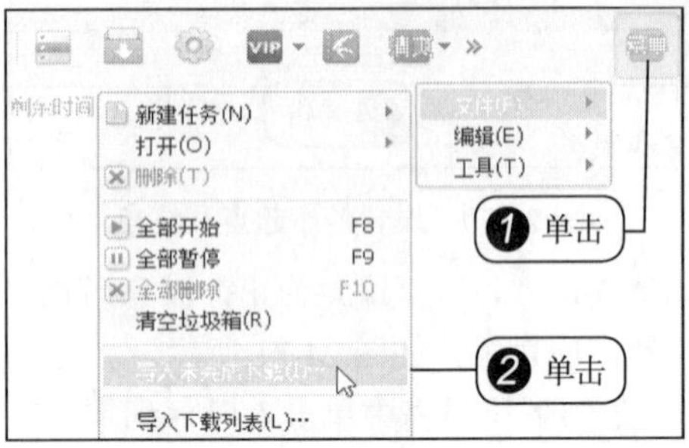

图 24-75 单击“导入未完成下载”选项

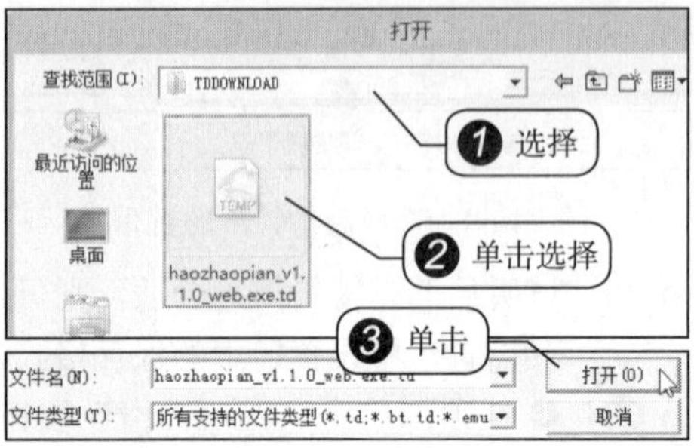

图 24-76 导入未下载完成的文件

Step 03 返回“迅雷”主界面，此时可看见所添加的下载任务正在下载，如图 24-77 所示。

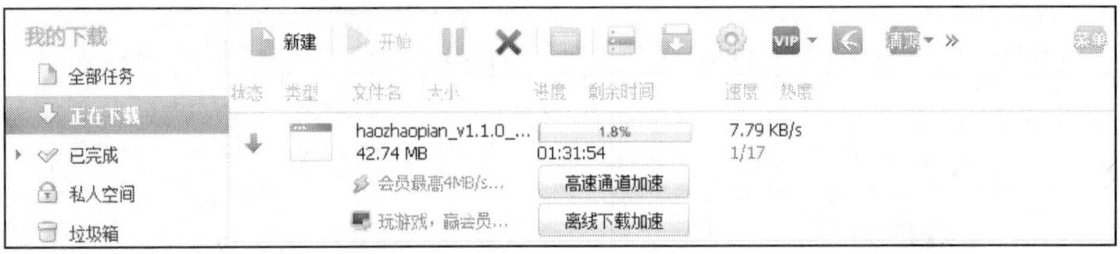

图 24-77 成功导入未下载完成的文件

24.8 使用好照片轻松制作 HDR 照片

HDR 是 High-Dynamic Range 的缩写，中文译为高动态光照渲染，采用 HDR 技术处理后的照片，其高光、暗部图像的显示属性将优于普通照片，如图 24-78 所示为普通照片，如图 24-79 所示为采用 HDR 技术合成的照片。

图 24-78 普通照片

图 24-79 HDR 合成照片

“好照片”软件自带有合成 HDR 的功能，但是合成 HDR 需要满足一定的条件，即需要准备 3 张相同图像内容且不同曝光程度的照片（曝光不足、曝光正常和曝光过度），然后将其导入“好照片”中进行合成。具体的操作步骤如下。

Step 01 打开“好照片”主界面，在左侧单击“打开图片”选项，如图 24-80 所示。

Step 02 弹出“打开文件”对话框，❶ 在顶部选择照片的保存位置，❷ 框选 3 张不同曝光度的照片，❸ 然后单击“打开”按钮，如图 24-81 所示。

图 24-80　单击“打开图片”选项

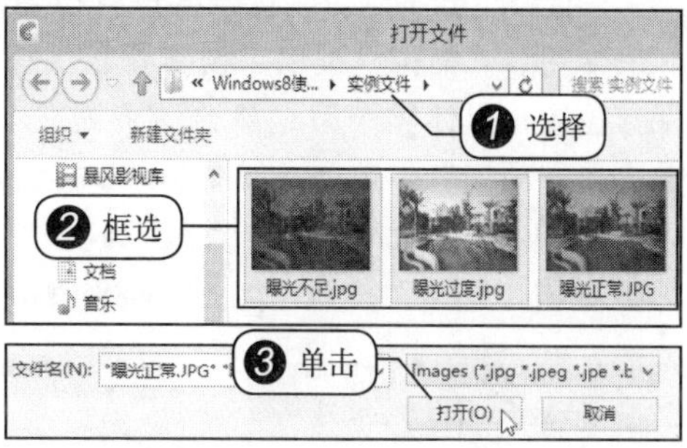

图 24-81　打开照片

Step 03 返回“好照片”主界面，在界面顶部单击 HDR 按钮，启用“好照片”中的 HDR 功能，如图 24-82 所示。

Step 04 在界面底部选择导入的 3 张相同场景不同曝光程度的照片，选中后的图片右上角会显示“小钩”，如图 24-83 所示。

图 24-82　启用 HDR 功能

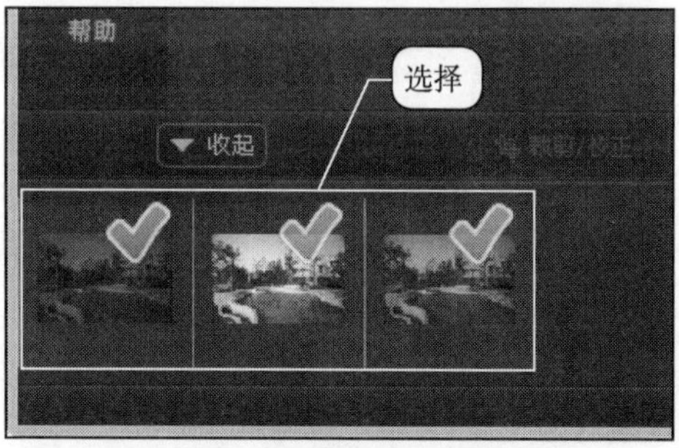

图 24-83　选择合成 HDR 的照片

Step 05 在界面顶部可看见所选的 3 张照片，在下方单击“开始”按钮，如图 24-84 所示。开始合成 HDR 照片。

Step 06 等待其合成完毕后便可在界面中看见合成后的照片，如图 24-85 所示，将其保存到本地电脑中即可。

图 24-84　开始合成 HDR 照片

图 24-85　查看合成后的 HDR 照片

新手疑惑解答

1. 能否在酷狗中更改音乐的保存位置？

答：能，“酷狗”提供了设置音乐保存位置的功能，该功能可以让用户重设所下载音乐的保存位置，具体操作为：❶ 在主界面左上角单击“酷狗音乐”按钮，❷ 在展开的下拉列表中单击“选项设置”选项，如图 24-86 所示，弹出“选项设置”对话框，❸ 单击“下载设置”选项，❹ 单击“添加”图标，如图 24-87 所示，弹出“浏览文件夹”对话框，❺ 选择保存位置，❻ 单击“确定”按钮，如图 24-88 所示，返回“选项设置”对话框，保存退出即可。

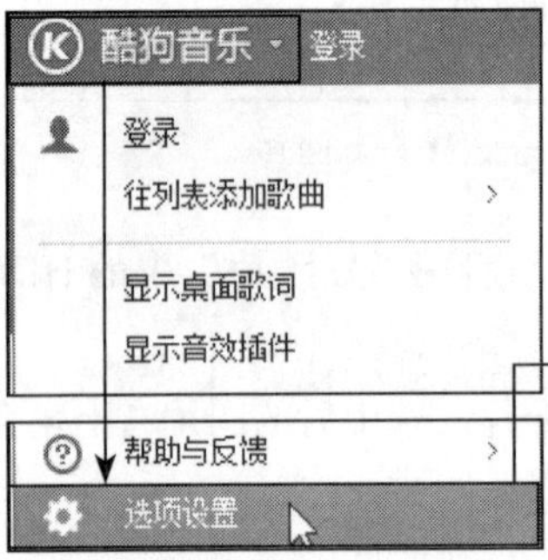

图 24-86　单击“选项设置”选项

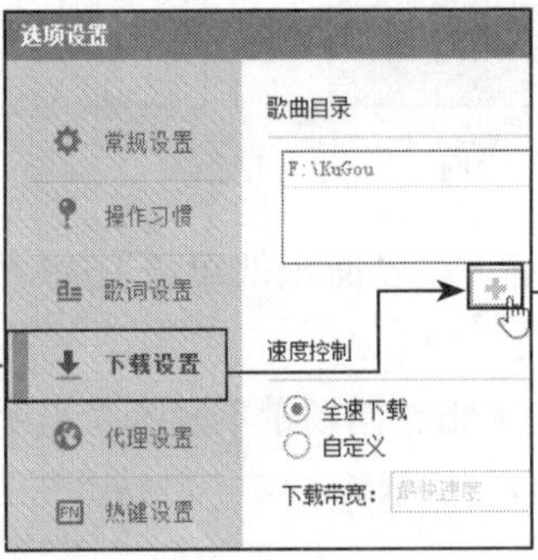

图 24-87　添加保存位置

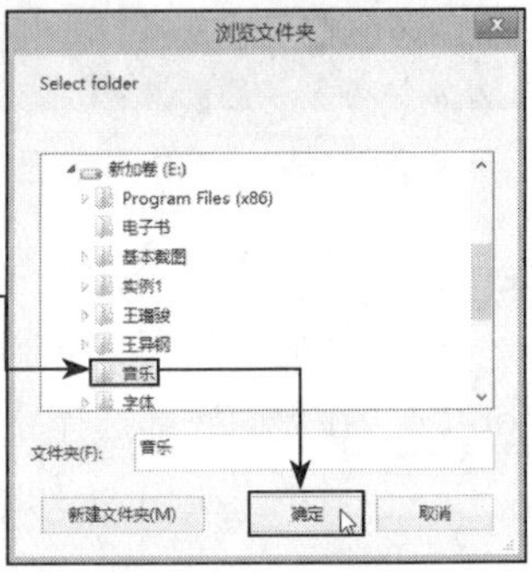

图 24-88　选择保存位置

2. 能否让杀毒软件自动扫描使用迅雷下载的文件？

答：能！打开“配置中心”界面，在左侧依次单击“基本设置 > 安全设置”选项，在右侧勾选“下载后自动杀毒”复选框，然后在下方选择杀毒程序，如图 24-89 所示，应用后保存退出即可。

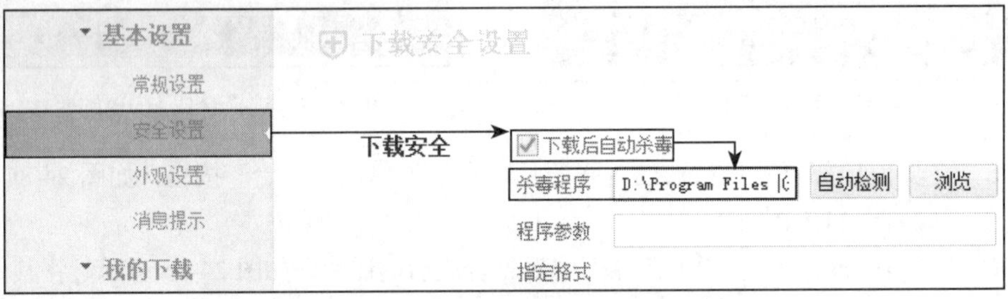

图 24-89　设置下载后自动杀毒

3. 使用好照片合成 HDR 照片时，“鬼影去除”是什么含义？

答：“鬼影去除”是指去除合成后 HDR 照片中的鬼影。当摄影师在拍摄同一景物不同曝光度的多张照片时，即便能够保证相机在拍摄过程中是绝对静止的，但如果在拍摄的场景中有运动的物体，拍摄的效果仍会造成运动的物体在每张图片中出现的位置都不相同，因此在最终合成的 HDR 图片里，移动的物体就会出现叠影，即“鬼影”，所以在合成 HDR 照片后需进行“鬼影去除”操作。

第25章

详解Windows Live服务

本章知识点：

☑ 了解 Windows Live 服务
☑ 使用 Windows Live Messenger 与好友聊天
☑ 使用 Windows Live SkyDrive 存取文件
☑ 使用 Windows Live Mesh 同步文件
☑ 使用 Windows Live Mail 与好友互发邮件

Windows Live 是 Microsoft 提供的各种应用服务软件包，主要包括电子邮箱、即时通信、照片管理等多种服务。Windows Live 中包含的所有服务均可免费使用，不过这些服务并不是 Windows 操作系统中自带的软件，需要用户手动下载并安装后方可使用。

基础讲解

25.1　了解 Windows Live 服务

Windows Live 是由 Microsoft 的服务器通过 Internet 向用户的电脑所提供的各种免费应用服务。其主要内容包括 Messenger、照片库、影音制作、SkyDrive 和 Mail 客户端等软件，如图 25-1 所示。

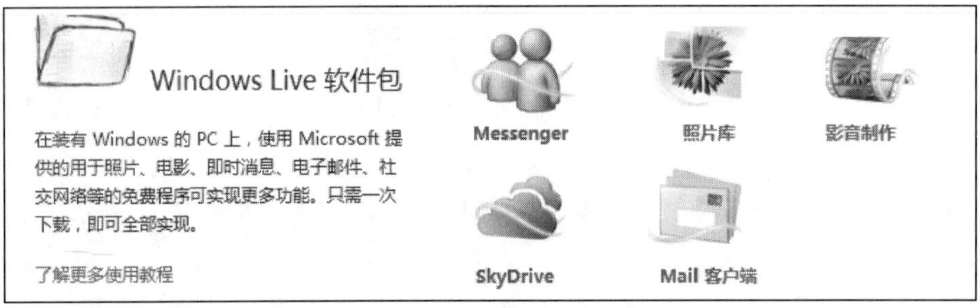

图 25-1　Windows Live 软件包

在这些软件中，由于影音制作与 Windows Movie Maker 的功能基本相似，因此不做介绍，本章主要介绍其他 5 种软件的使用方法。在使用 Windows Live 组件之前，用户需要做好两个准备工作，一是注册 Windows Live 账号，二是安装 Windows Live 软件安装包。

25.1.1　注册 Windows Live 账号

若想正常使用 Windows Live 软件包中的所有软件，则首先需要拥有 Windows Live 账号，注册 Windows Live 账号可以登录 Windows Live 主页，然后再进行注册操作。具体的操作步骤如下。

Step 01　启动 IE 浏览器，❶ 在地址栏中输入 http://www.windowslive.cn/ 后按【Enter】键，打开 Windows Live 主页，❷ 单击“注册 Windows Lives ID（MSN）账户”链接，如图 25-2 所示。

图 25-2　单击“注册 Windows Lives ID（MSN）账户”链接

Step 02　打开新页面，设置个人信息，包括输入姓名和生日、选择性别，如图 25-3 所示。

Step 03　❶ 在中部输入 Microsoft 账户名（即 Windows Live 账户名），❷ 然后输入登录密码，如图 25-4 所示。

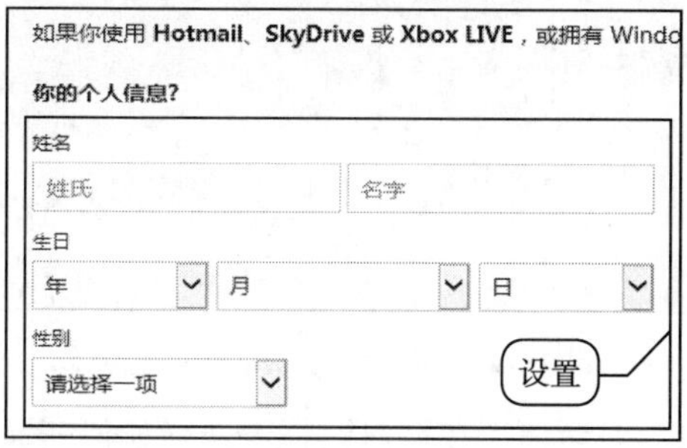

图 25-3　设置个人信息

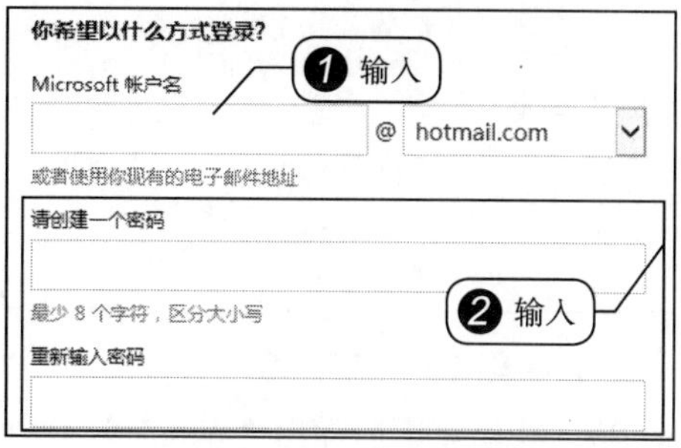

图 25-4　设置账户名和密码

Step 04　在底部选择重置密码的方式（至少选择两种），输入对应信息，如图 25-5 所示。

Step 05　❶ 最后准确输入显示的验证码，❷ 输完后单击“接受”按钮，如图 25-6 所示，即可成功注册 Windows Live 账号。

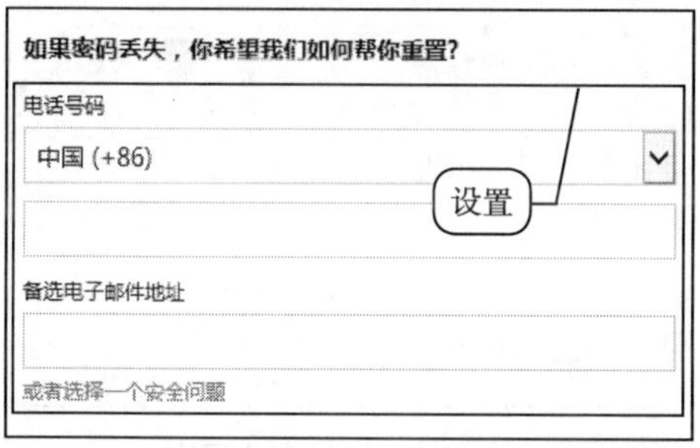

图 25-5　设置重置密码的方式及信息

图 25-6　输入显示的验证码

25.1.2　安装 Windows Live 软件包

Windows 操作系统并不内置 Windows Live 软件包，用户需要登录 Windows Live 主页下载软件安装包，然后将其安装到电脑中。具体的操作步骤如下。

Step 01　打开 Windows Live 主页，在页面底部“Windows Live 软件包”下方单击“立即下载”按钮，如图 25-7 所示。

Step 02　打开新的页面，在页面中单击“立即下载”按钮，如图 25-8 所示。

图 25-7　单击“立即下载”按钮

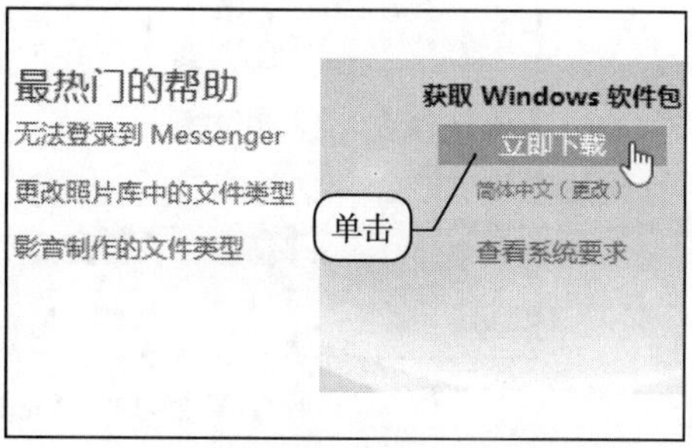

图 25-8　单击“立即下载”按钮

Step 03　在页面底部弹出下载工具条，单击“运行”按钮，如图 25-9 所示。

Step 04 下载后自动运行安装程序，弹出安装界面，提示正在准备安装，如图 25-10 所示。

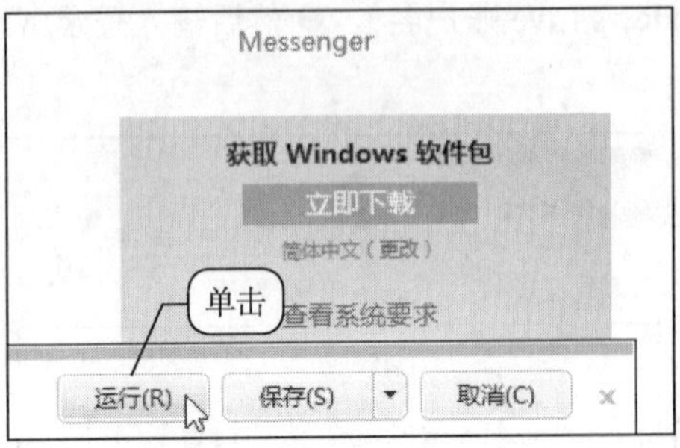

图 25-9 单击“运行”按钮

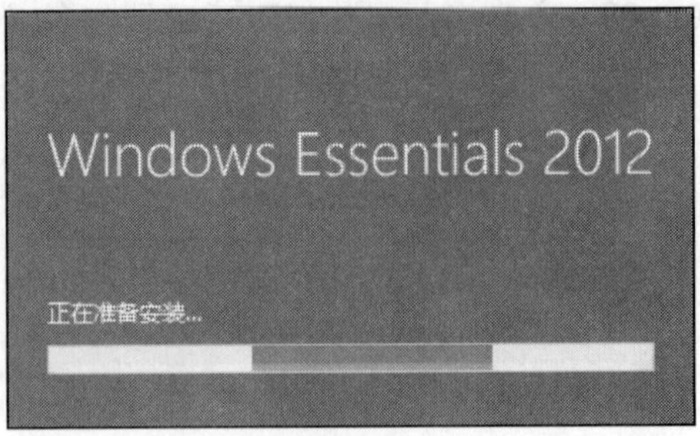

图 25-10 准备安装 Windows Live

Step 05 准备完毕后弹出“Windows 软件包 2012”对话框，在该对话框中选择如何安装程序，单击“选择要安装的程序”按钮，如图 25-11 所示。

Step 06 切换至新的界面，❶ 在界面中勾选要安装的程序，❷ 然后单击“安装”按钮即可开始安装，如图 25-12 所示，耐心等待其安装完毕即可。

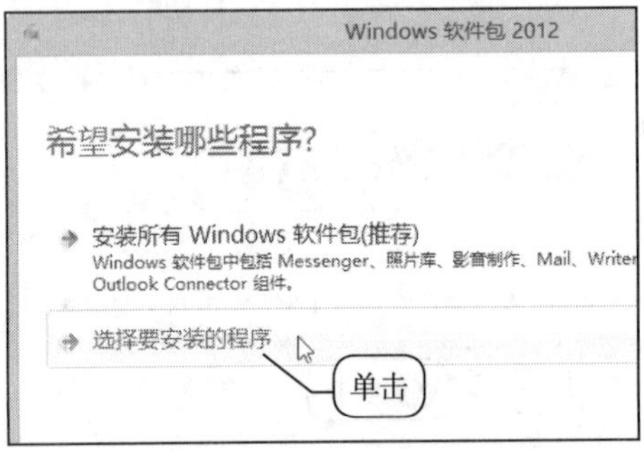

图 25-11 自定义安装程序

图 25-12 开始安装程序

25.2 使用 Windows Live 照片库调整与分享照片

Windows Live 照片库是一款管理照片的工具，利用 Windows Live 照片库可以查看和调整本地磁盘中的照片。单击桌面左下角打开“开始”屏幕，在界面中单击“照片库”选项便可打开 Windows 照片库主界面，如图 25-13 所示。

图 25-13 Windows Live 照片库主界面

Windows 照片库主界面的组成与普通的窗口比较类似，其主要区别在于功能区中的选项不同，并且底部状态栏右侧显示了实用的功能按钮。

- 功能区：Windows Live 照片库的主要功能分别置于开始、编辑、查找、创建和查看 5 个选项卡中。
  - “开始”选项卡：“开始”选项卡提供了新建、管理、组织、快速查找以及共享的功能，其中新建、管理、组织和查找功能无须登录 Windows Live 账户，而共享照片则需要登录 Windows Live 账户后方可实现，如图 25-14 所示为“开始”选项卡的显示界面。

图 25-14 “开始”选项卡

  - “编辑”选项卡：“编辑”选项卡提供了管理和调整照片的功能，其中管理照片的功能与“开始”选项卡提供的管理照片功能完全类似，而调整照片包括重命名照片、调整照片大小和时间、调整照片颜色和效果等功能，如图 25-15 所示为“编辑”选项卡的显示界面。

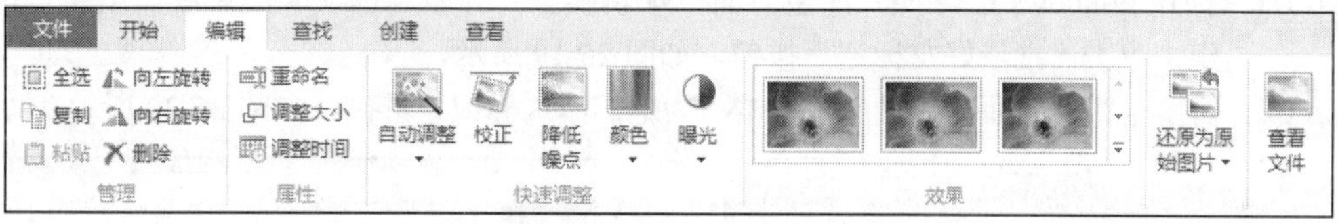

图 25-15 “编辑”选项卡

  - “查找”选项卡：“查找”选项卡提供了查找照片的功能，可以根据拍摄日期、人物标记、评级以及文件详细信息等方式查找照片，如图 25-16 所示为“查找”选项卡的显示界面。

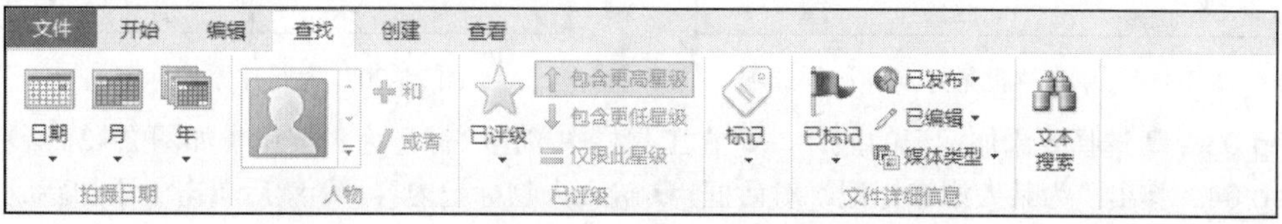

图 25-16 “查找”选项卡

  - “创建”选项卡：“创建”选项卡提供了创建全景照片、合成照片以及发布照片的功能，其中发布照片与“开始”选项卡提供了共享照片功能相同，如图 25-17 所示为“创建”选项卡的显示界面。

图 25-17 “创建”选项卡

  - “查看”选项卡：“查看”选项卡提供了查看照片的各种方式，包括排列列表、显示详细信息、缩放等查看方式，如图 25-18 所示为“查看”选项卡的显示界面。

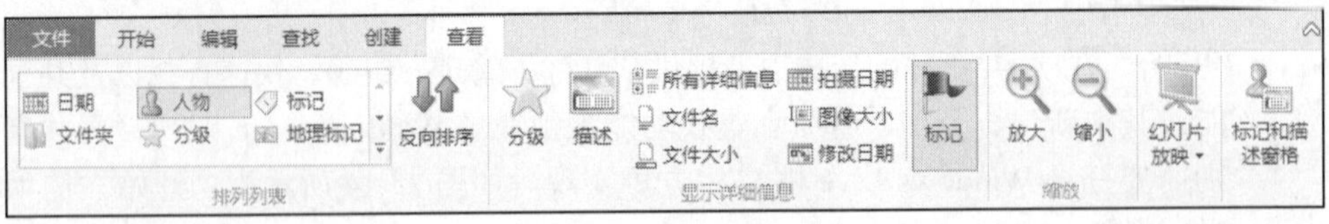

图 25-18 “查看”选项卡

- ❑ 状态栏：状态栏位于 Windows Live 照片库底部，该栏右侧显示了 5 个功能按钮，依次是向左旋转、向右旋转、删除、幻灯片放映和查看详细信息，位于状态栏最右侧的滑块用于调整照片缩略图的大小，向左滑动缩小照片缩略图，向右滑动放大照片缩略图。

25.2.1 添加人物标签

当本地磁盘中拥有不少人物照片时，用户可以利用 Windows Live 照片库来添加人物标签，添加了人物标签后，便可在 Windows Live 照片库中快速查找指定的人物照片了。具体的操作步骤如下。

Step 01 打开 Windows Live 照片库主界面，❶ 切换至“开始”选项卡，❷ 在“组织”选项组中单击“批量好友标记”按钮，如图 25-19 所示。

Step 02 切换至新的界面，在界面中单击“为他们添加标记”链接，如图 25-20 所示。

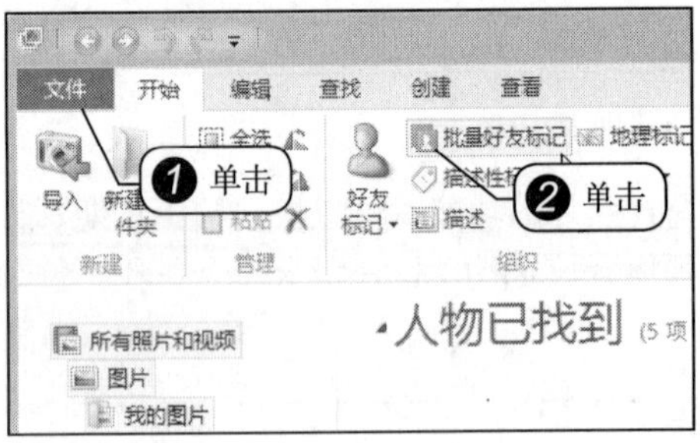

图 25-19 单击“批量好友标记”选项

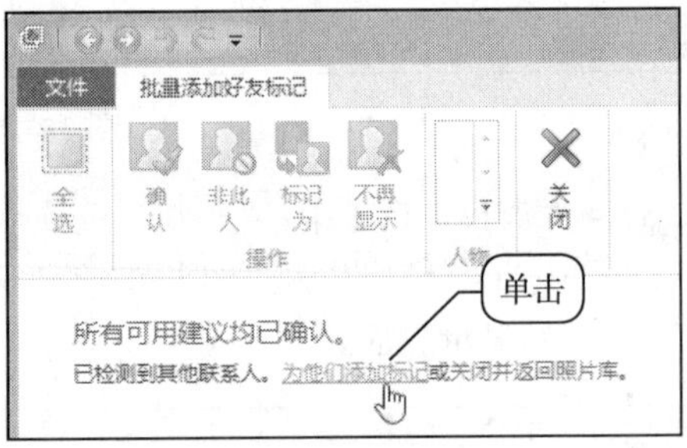

图 25-20 为照片添加标记

Step 03 ❶ 选择要添加标记的照片，❷ 在工具栏中单击“标记为”按钮，如图 25-21 所示。

Step 04 弹出“为某人添加标记”对话框，❶ 输入人物标记内容，❷ 然后单击“添加新成员”按钮，如图 25-22 所示。

图 25-21 为所选的照片添加标记

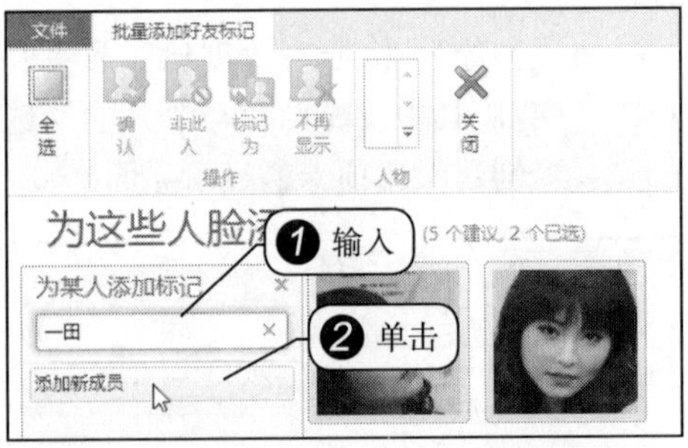

图 25-22 输入标记内容

Step 05 接着继续选中要添加标记的照片，打开“为某人添加标记”对话框，❶ 输入标记内容，❷ 然后单击“添加新成员”按钮，如图 25-23 所示。

Step 06 返回 Windows Live 照片库主界面，❶ 切换至“查找”选项卡，❷ 在“人像”选项组中选择代表指定标记的照片缩略图，单击后便可在界面中看见含有所选标记的所有照片，如图 25-24 所示。

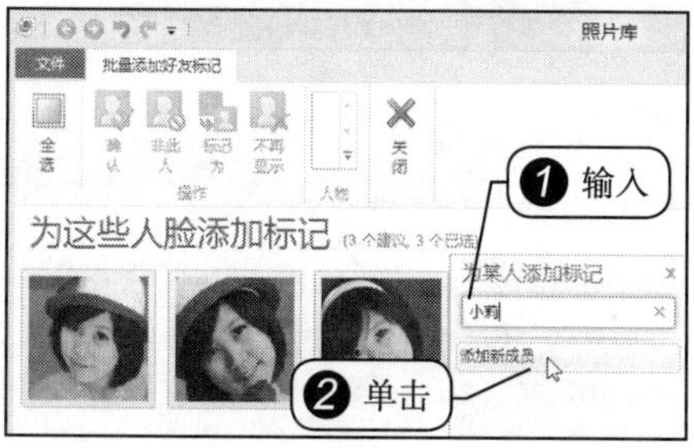

图 25-23　输入标记内容

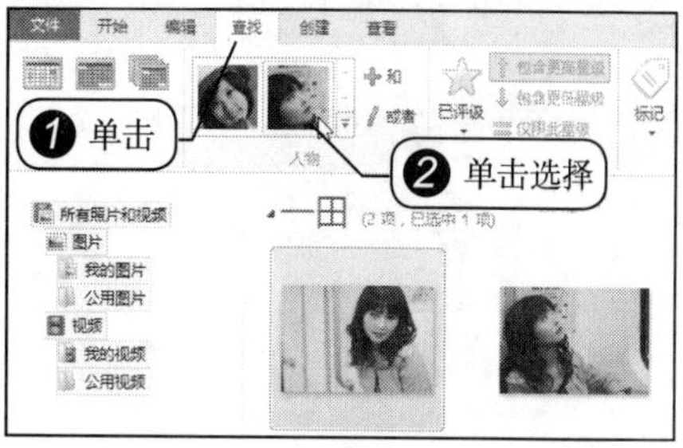

图 25-24　查看含有所选标记的照片

25.2.2 调整照片效果

Windows Live 照片库提供了调整照片效果的功能，用户可以裁剪所选的照片，然后为其添加合适的滤镜，便可以获取不同的显示效果。具体的操作步骤如下。

Step 01 在 Windows Live 照片库中选择要调整的照片缩略图，双击该照片，如图 25-25 所示。

Step 02 切换至新的界面，在“编辑”选项卡中单击“剪裁”按钮，如图 25-26 所示。

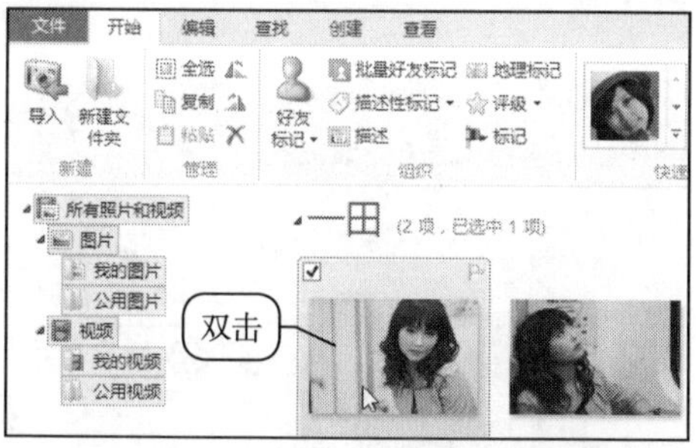

图 25-25　双击要调整的照片缩略图

图 25-26　单击“裁剪”按钮

Step 03 在图片显示区域拖动控点调整裁剪后的图片，如图 25-27 所示。

Step 04 ❶ 单击“剪裁”按钮，❷ 在展开的列表中单击“应用剪裁”选项，如图 25-28 所示。

图 25-27　调整剪裁后的照片

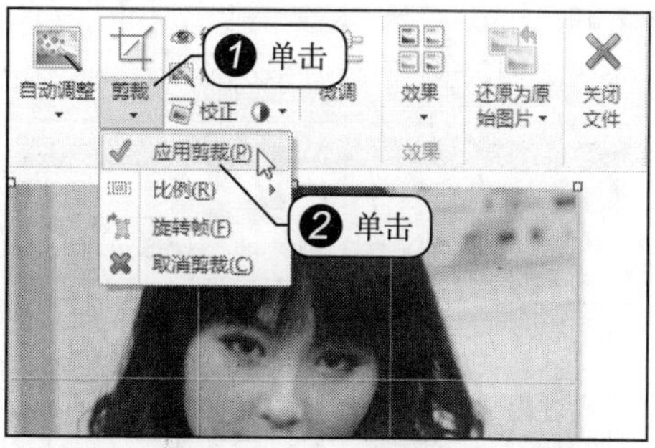

图 25-28　单击“应用剪裁”选项

Step 05 剪裁后可以为照片添加滤镜效果，在“效果”组中选择合适的滤镜样式，例如单击选择“橙色滤镜”，如图 25-29 所示。

Step 06 单击“关闭文件”按钮后便弹出“照片库”对话框，提示用户更改已自动保存，单击“确定”按钮保存后退出，如图 25-30 所示。

图 25-29 选择滤镜样式

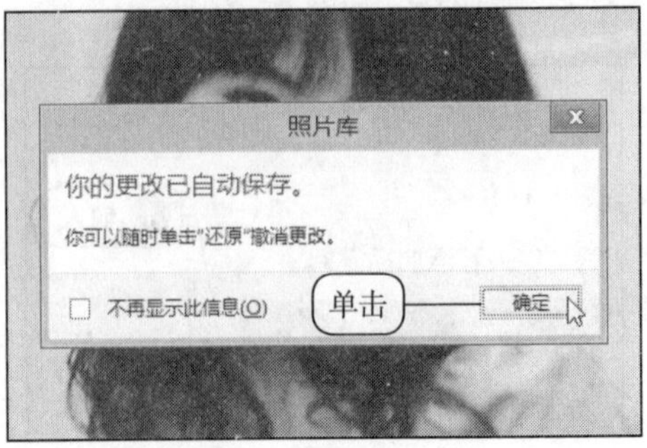

图 25-30 更改已自动保存

25.2.3 分享照片

Windows Live 照片库提供了分享照片的功能，利用该功能可将自己满意的照片发布到 Internet 中，与他人一同分享。具体的操作步骤如下。

Step 01 打开 Windows Live 照片库主界面，单击“登录”按钮，如图 25-31 所示。

Step 02 弹出“使用电子邮件登录”对话框，❶ 输入 ID 和密码，❷ 单击“登录”按钮，如图 25-32 所示。

图 25-31 单击“登录”按钮

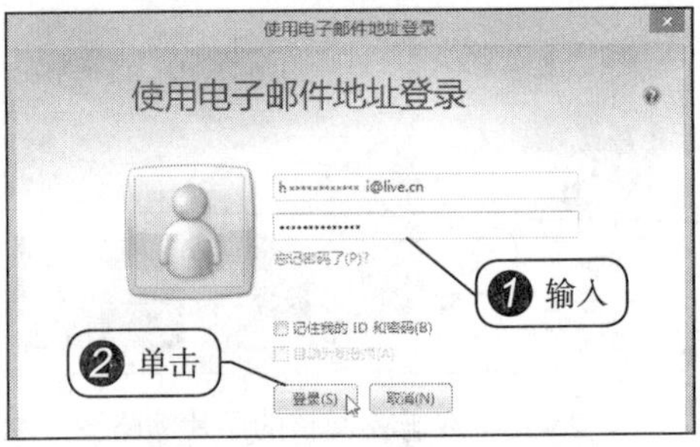

图 25-32 输入 ID 和密码

Step 03 ❶ 单击选择要发布的照片，❷ 在“共享”组中单击 SkyDrive 图标，如图 25-33 所示。

Step 04 弹出“在 SkyDrive 上发布”对话框，❶ 输入照片的描述信息，❷ 单击“发布”按钮，如图 25-34 所示。

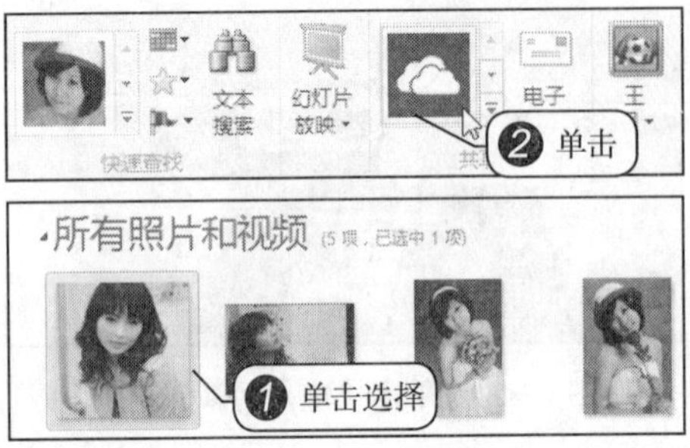

图 25-33 单击 SkyDrive 图标

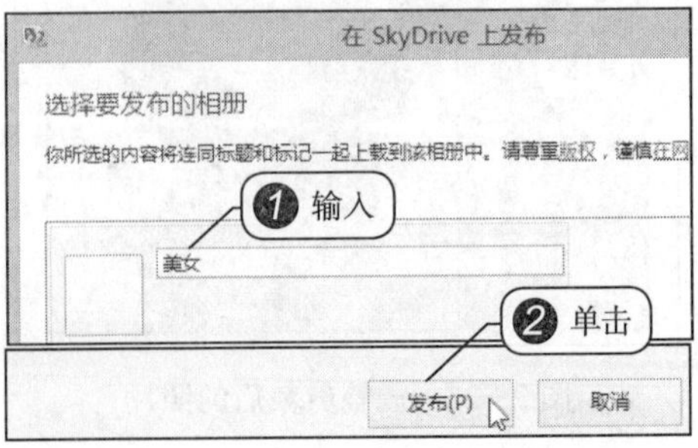

图 25-34 输入照片的描述信息

Step 05 上传完毕后在界面中显示“你的文件已上载！”提示信息，若要查看上传的照片则单击“联机查看”按钮，如图 25-35 所示。

Step 06 打开新的窗口，此时可看见上传的图片，如图 25-36 所示。

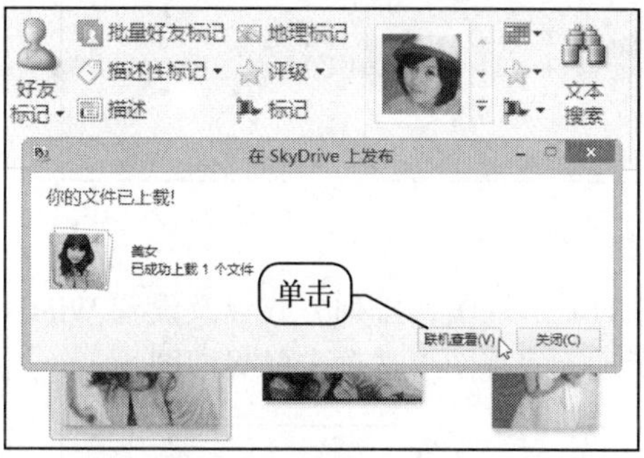

图 25-35 单击“联机查看”按钮

图 25-36 查看上传的图片

25.3 使用 Windows Live Mail 发送与管理邮件

Windows Live Mail 是 Microsoft 推出的一款电子邮箱客户端应用程序，它的前身就是 Outlook Express。Windows Live Mail 可以将包括 Hotmail、Live 在内的各种邮箱轻松同步到电脑中，轻松实现发送与管理邮件。

单击桌面左下角打开“开始”屏幕，在界面中单击 Windows Live Mail 选项便可打开 Windows Live Mail 主界面，如图 25-37 所示。

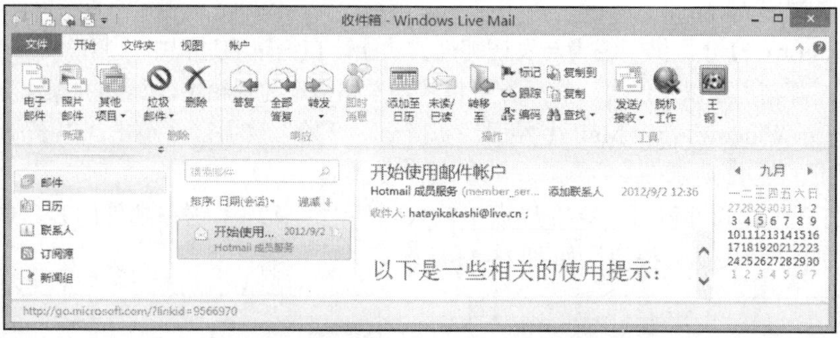

图 25-37 Windows Live Mail 主界面

Windows Live Mail 的主要功能显示在功能区中，这些功能对应的选项和按钮分别置于“开始”、“文件夹”、“视图”和“账户”4 选项卡中。

- “开始”选项卡：该选项卡提供了新建、恢复、删除和移动电子邮件的功能，并且在右侧可看见当前邮箱账户对应的用户姓名，如图 25-38 所示为“开始”选项卡的界面图。

图 25-38 “开始”选项卡

❑ “文件夹”选项卡：该选项卡提供了新建文件夹、移动邮件至指定文件夹和查看文件夹的功能，如图 25-39 所示为“文件夹”选项卡的界面图。

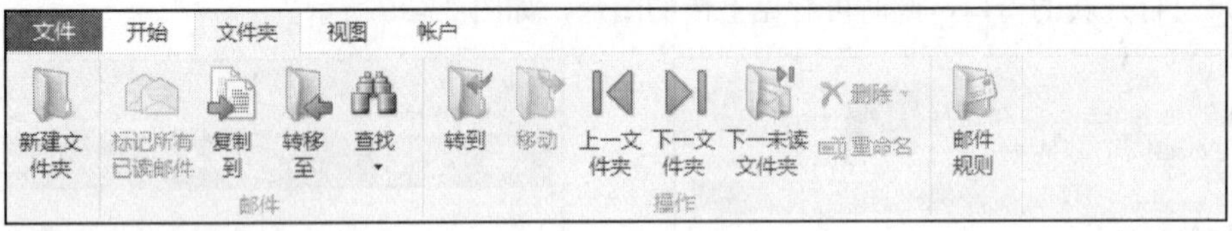

图 25-39 “文件夹”选项卡

❑ “视图”选项卡：该选项卡提供了调整邮件的显示视图、排列方式以及设置 Windows Live Mail 的界面布局等功能，如图 25-40 所示为“视图”选项卡的界面图。

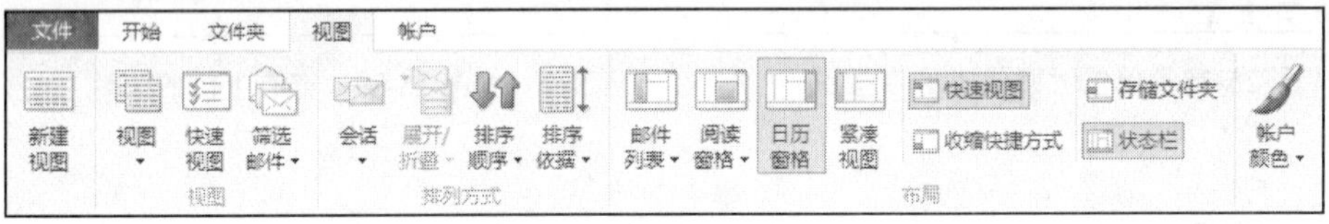

图 25-40 “视图”选项卡

❑ “账户”选项卡：该选项卡提供了添加电子邮件账户和新闻组的功能，并且还可以查看电子邮箱账户的详细信息，如图 25-41 所示为“账户”选项卡的界面图。

图 25-41 “账户”选项卡

25.3.1 发送邮件

Windows Live Mail 提供了编辑与发送邮件的功能，在编辑的过程中，用户需要输入收件人的邮箱地址、邮箱主题以及内容，然后方可将其发送到指定的邮箱中。具体的操作步骤如下。

Step 01 打开 Windows Live Mail 主界面，切换至“开始”选项卡，单击“电子邮件”按钮，如图 25-42 所示。

Step 02 打开编辑邮件窗口，❶ 在界面中输入收件人、邮件主题和邮件内容，❷ 输入完毕后单击“发送”按钮，如图 25-43 所示。

图 25-42 新建电子邮件

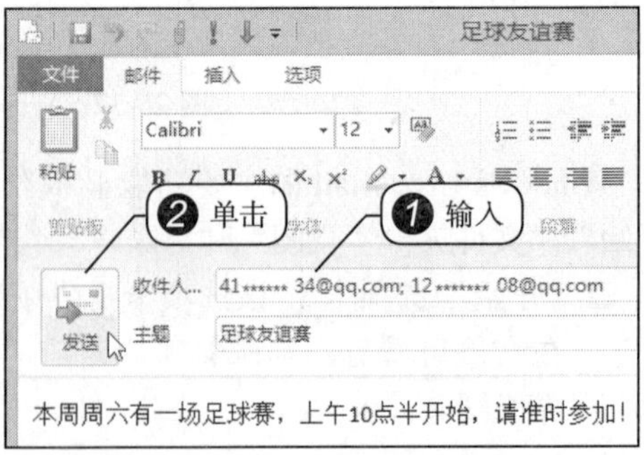

图 25-43 编辑邮件内容

提示：添加多个收件人

当需要向多位好友发送相同内容的邮件时，无须逐一编辑后发送，只需发送一封邮件即可，只不过需要在收件人中添加多个收件人的地址，并且利用分号或者逗号隔开。

Step 03 返回 Windows Live Mail 主界面，在左侧单击“已发送邮件”选项，然后便可在右侧看见已发送的邮件如图 25-44 所示。

图 25-44　查看已发送的邮件

25.3.2　管理邮件

随着 Windows Live Mail 的使用，该程序中接收的邮件可能会越来越多，因此用户需要学会管理邮件，将有用的邮件移至指定文件夹，将不用的邮件从 Windows Live Mail 中彻底删除。具体的操作步骤如下。

Step 01 打开 Windows Live Mail 主界面，❶ 在“开始”选项卡中单击“发送 / 接收”右侧的下三角按钮，❷ 在展开的下拉列表中选择当前的邮箱账户，如图 25-45 所示。

Step 02 ❶ 在界面左侧单击“收件箱”选项，便可看见从服务器中接收的所有邮件，❷ 选择要移动的邮件，❸ 在功能区中单击“转移至”按钮，如图 25-46 所示。

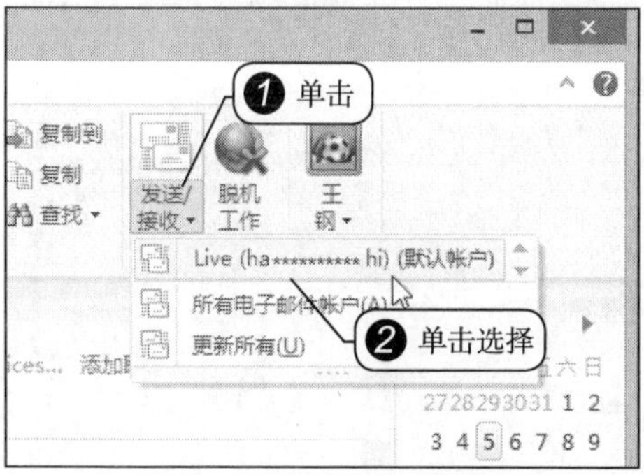

图 25-45　选择当前的邮箱账户

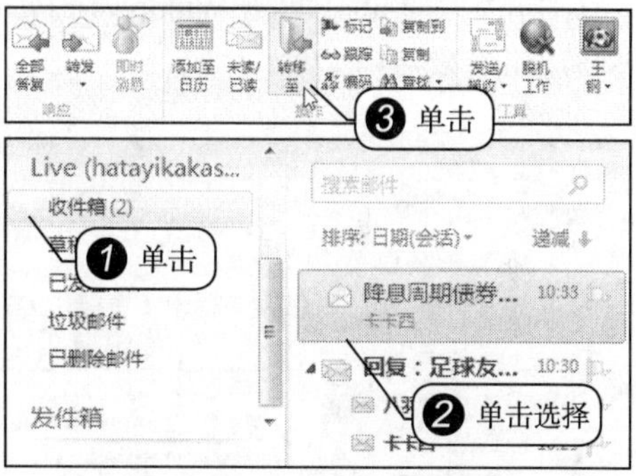

图 25-46　移动指定的邮件

Step 03 弹出“移动”对话框，❶ 通过“新建文件夹”按钮在“收件箱”下方新建文件夹，单击选择该新建的文件夹，❷ 单击“确定”按钮，如图 25-47 所示。

Step 04 ❶ 在主界面中选择要删除的邮件，❷ 单击“删除”按钮，如图 25-48 所示。

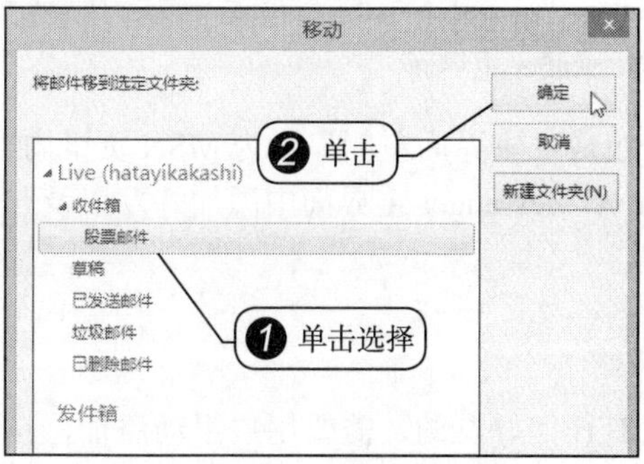

图 25-47　选择保存位置

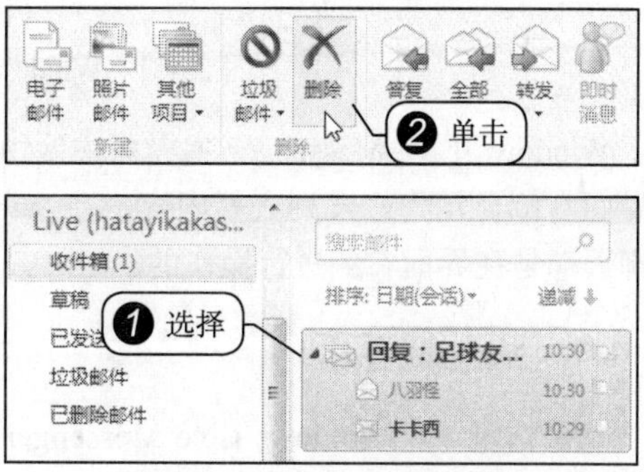

图 25-48　删除指定的邮件

Step 05 ❶ 在主界面左侧单击“已删除邮件”选项，❷ 然后在右侧选择要彻底删除的邮件，❸ 在功能区中单击“删除”按钮，如图 25-49 所示。

Step 06 弹出 Windows Live Mail 对话框，询问用户是否永久删除选定邮件，单击“是”按钮确定删除这些邮件，如图 25-50 所示。

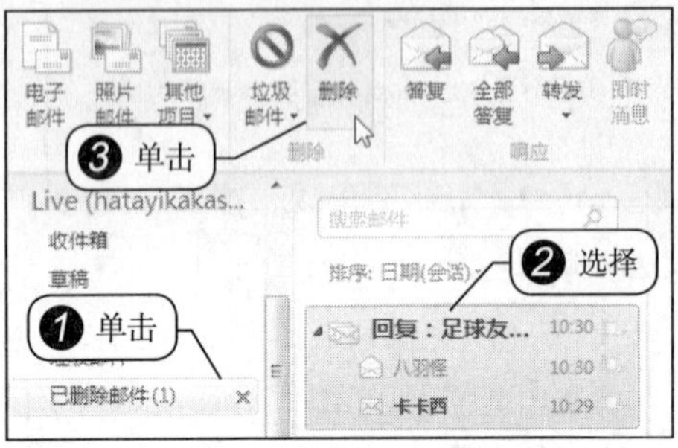

图 25-49　彻底删除指定的邮件

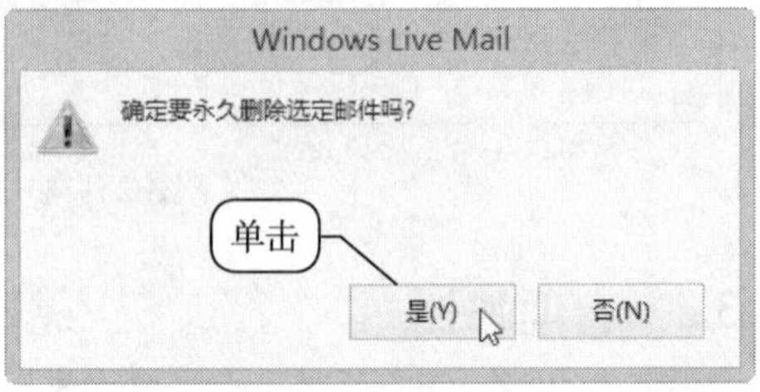

图 25-50　确认删除

25.4　使用 Windows Live Messenger 与联系人聊天

Windows Live Messenger 是 Microsoft 推出的一款即时通信软件，该软件的功能与腾讯 QQ 类似，可以与指定的好友互通文字信息。

在“开始”屏幕中单击 Windows Live Messenger 选项便可打开 Windows Live Messenger 主界面，如图 25-51 所示。

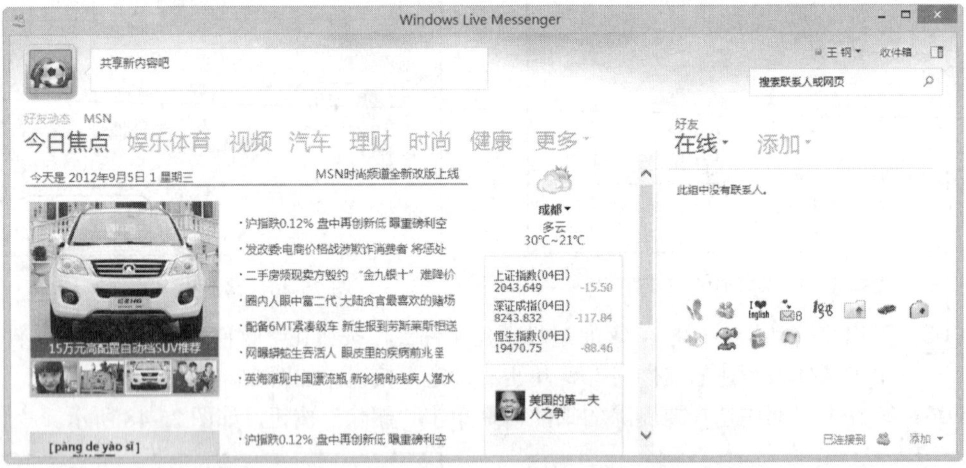

图 25-51　Windows Live Messenger 主界面

Windows Live Messenger 主界面主要由两部分组成，主界面左侧显示为 MSN 资讯内容，主界面右侧显示为好友列表等内容。在 Windows Live Messenger 主界面中添加好友以及与好友聊天都是在界面右侧进行操作的。

25.4.1　添加联系人

默认情况下，Windows Live Messenger 中是没有任何好友的，需要用户手动添加，在添加的过程中，用户需要准确输入对方的 Windows Live 账号。具体的操作步骤如下。

Step 01 打开 Windows Live Messenger 主界面，❶ 在界面右侧单击“添加”选项，❷ 在展开的下拉列表中单击“添加好友”选项，如图 25-52 所示。

Step 02 弹出 Windows Live Messenger 对话框，❶ 输入好友的电子邮件地址，❷ 然后单击“下一步”按钮，如图 25-53 所示。

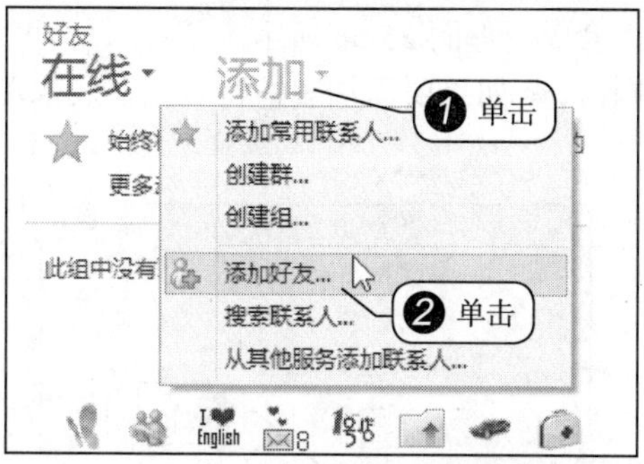

图 25-52　选择添加好友

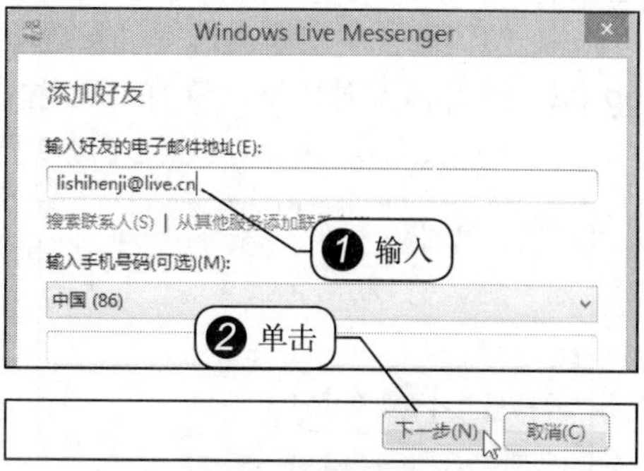

图 25-53　输入好友的电子邮件地址

Step 03 切换至新的界面，❶ 勾选“将此联系人添加到常用联系人”复选框，❷ 然后单击“下一步”按钮，如图 25-54 所示。

Step 04 切换至新的界面，提示用户正在发送邀请，如图 25-55 所示，请耐心等待。

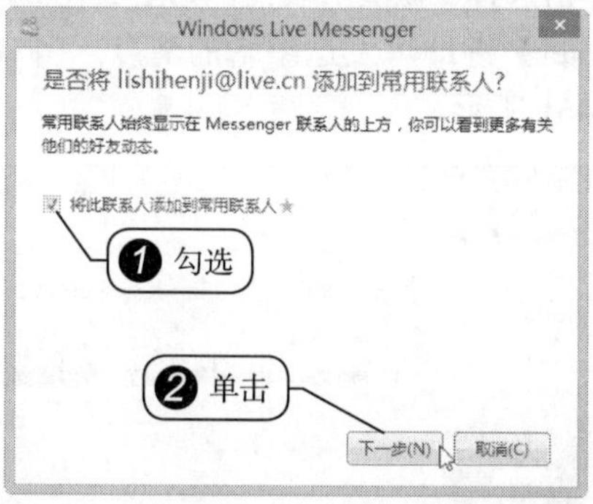

图 25-54　将此联系人添加到常用联系人

图 25-55　正在发送邀请

Step 05 在新的对话框中可看见已成功添加好友的提示信息，单击“关闭”按钮关闭对话框，如图 25-56 所示。

Step 06 返回 Windows Live Messenger 主界面，此时可看见添加的好友，如图 25-57 所示，即成功添加该好友。

图 25-56　关闭对话框

图 25-57　查看已添加的好友

25.4.2 与联系人聊天

成功添加好友后便可向好友发送即时信息了。在编写信息的过程中，用户既可以发送纯文本信息，又可添加合适的表情，来表达自己的心情。具体的操作步骤如下。

Step 01 打开 Windows Live Messenger 主界面，❶ 右击要发送即时消息的好友，❷ 在弹出的快捷菜单中单击选择“发送即时消息”命令，如图 25-58 所示。

Step 02 弹出聊天对话框，❶ 在底部输入文本内容，❷ 如果要添加表情符号则在底部单击“表情符号”图标，如图 25-59 所示。

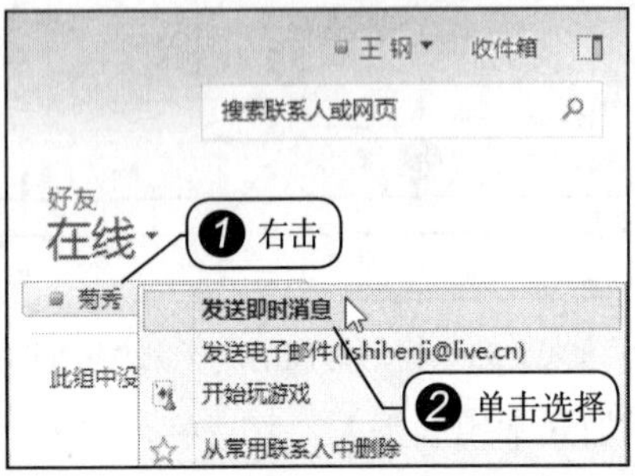

图 25-58 单击选择“发送即时消息”命令

图 25-59 输入文本内容

Step 03 在展开的表情库中选择合适的表情，例如单击选择“微笑”表情，如图 25-60 所示。

Step 04 返回聊天窗口可看见添加的表情，按【Enter】键即可发送编辑的消息，当对方回复消息后同样会显示在该窗口中，如图 25-61 所示。

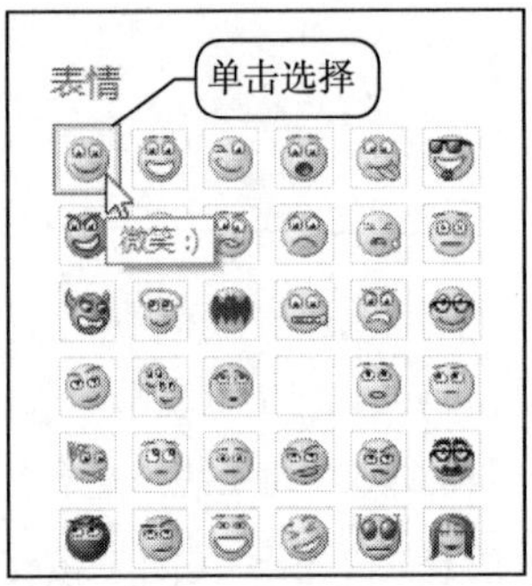

图 25-60 选择合适的表情

图 25-61 查看回复的消息

提示：更改文本字体

在 Windows Live Messenger 聊天窗口中，输入文本中的字体并不是固定不变的，用户可以手动调整字体属性，在聊天窗口右下角单击扩展图标，再单击“更改字体”选项，如图 25-62 所示，然后再设置字体属性后保存退出即可。

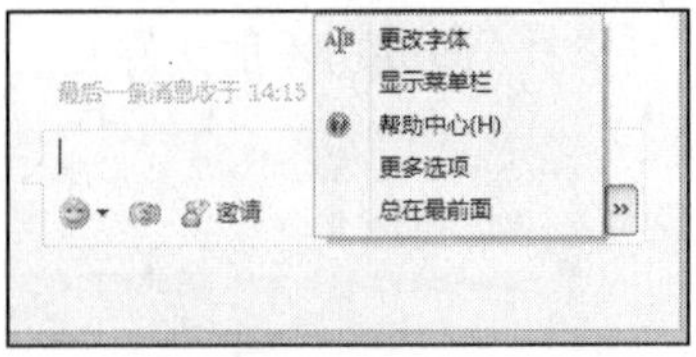

图 25-62 更改字体

25.5 使用 Windows Live SkyDrive 同步文件

Windows Live SkyDrive 是由 Microsoft 公司推出的一项云存储服务，用户可以利用自己的 Windows Live 账户登录 SkyDrive，然后将电脑中的图片、文档等资料上传到 SkyDrive 中进行存储，之后便可在其他电脑上登录 SkyDrive 查看或下载同步的文件，如图 25-63 所示为 Windows Live SkyDrive 主界面。

图 25-63　Windows Live SkyDrive 主界面

Windows Live SkyDrive 主界面与普通的 Windows 窗口区别不大，但是功能却不一样，由于运行 Windows Live SkyDrive 程序后，该程序的同步功能将同时开启，因此 Windows Live SkyDrive 主界面中显示的内容将会全部同步到在线服务器中，同步后用户便可在其他终端设备中登录 Windows Live SkyDrive 进行下载。

25.5.1　登录 Windows Live SkyDrive

登录 Windows Live SkyDrive 其实不难，但是用户在登录过程中需要设置与 SkyDrive 有关的一些属性，以便于自己能更好地使用 Windows Live SkyDrive。具体的操作步骤如下。

Step 01　在“开始”屏幕界面中单击 SkyDrive 磁块，如图 25-64 所示。

Step 02　弹出 Microsoft SkyDrive 对话框，在“欢迎使用 SkyDrive”界面中单击“开始”按钮，如图 25-65 所示。

图 25-64　单击 SkyDrive 磁块

图 25-65　单击“开始”按钮

提示：利用 SkyDrive 快捷图标启动 SkyDrive 程序

除了在“开始”屏幕中启动 SkyDrive 程序之外，用户还可以直接打开 Windows Live SkyDrive 的保存路径（C:\Users\（用户名）\AppData\Roaming\Microsoft\Windows\Start Menu\Programs），然后双击对应的快捷图标，同样可以启动 SkyDrive 程序。

Step 03　切换至“Microsoft 账户”界面，❶ 在界面中输入 Windows Live 账号和密码，❷ 然

后单击“登录”按钮，如图 25-66 所示。

Step 04 切换至“正在引入你的 SkyDrive 文件夹”界面，在底部显示了 SkyDrive 文件夹的保存位置，若要调整其保存位置则单击“更改”按钮，若保持默认设置则单击“下一步”按钮，如图 25-67 所示。

图 25-66　输入账号和密码

图 25-67　单击“下一步”按钮

Step 05 切换至“从任何位置获取你的文件”界面，❶ 勾选“让我能够通过其他设备访问此电脑上的文件”复选框，❷ 然后单击“完成”按钮，如图 25-68 所示。

Step 06 打开 SkyDrive 主界面，可看见 SkyDrive 文件夹中显示的内容，如图 25-69 所示。

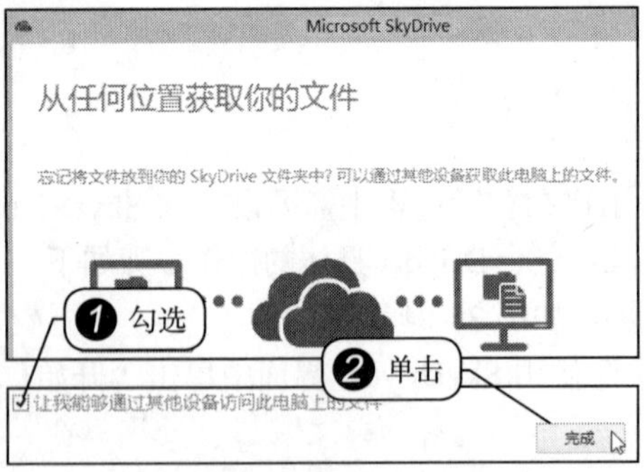

图 25-68　通过其他设备访问此电脑上的文件

图 25-69　查看 SkyDrive 文件夹中显示的内容

25.5.2　使用 SkyDrive 同步文件

使用 SkyDrive 同步文件的方法很简单，打开 SkyDrive 文件夹窗口，然后将要同步的文件拖到该窗口中，如图 25-70 所示，至此便完成了同步操作，若要查看所选文件是否同步，可以登录 http://skydrive.live.cn/ 进行查看，如图 25-71 所示。

图 25-70　添加文件至 SkyDrive 文件夹

图 25-71　查看同步的文件

拓展解析

25.6 打造个性化的 Windows Live Messenger

Windows Live Messenger 不仅具有与好友互通信息的功能，而且还为用户提供了账户设置的功能，利用该功能可以打造属于自己的个性化账户。具体的操作步骤如下。

Step 01 打开并登录 Windows Live Messenger，❶ 单击右上角显示姓名的按钮，❷ 在展开的下拉列表中依次单击“个性化 > 更改头像”选项，如图 25-72 所示。

Step 02 弹出“头像”对话框，在界面中单击选择合适的头像图片，单击对应的缩略图，如图 25-73 所示。

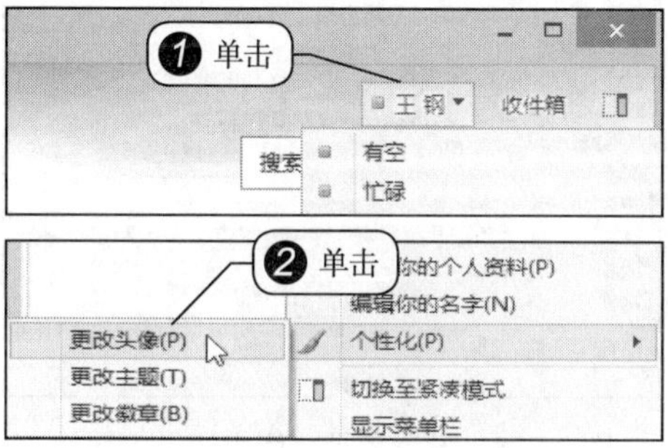

图 25-72　选择更改头像

图 25-73　选择头像图片

提示：选择电脑中的图片作为 Messenger 头像

如果用户对 Windows Live Messenger 推荐的图片不满意，则可以通过单击“浏览”按钮来选择本地电脑中保存的图片。

Step 03 返回 Messenger 主界面，❶ 单击右上角显示姓名的按钮，❷ 在展开的下拉列表中依次单击“个性化 > 更改主题”选项，如图 25-74 所示。

Step 04 弹出“主题”对话框，在界面中单击选择合适的主题，被选中的主题会在其右上角显示小叉，如图 25-75 所示。

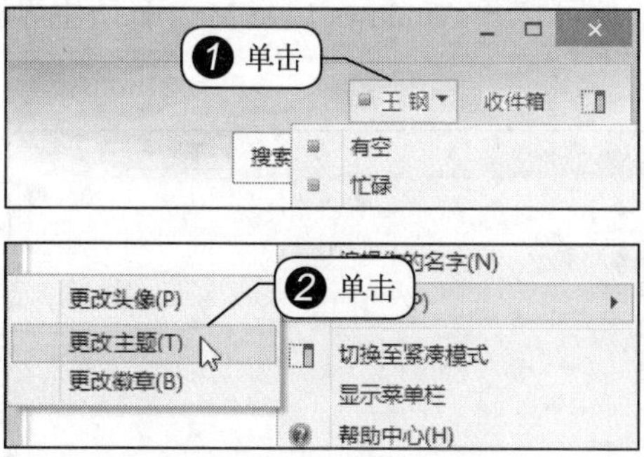

图 25-74　选择更改主题

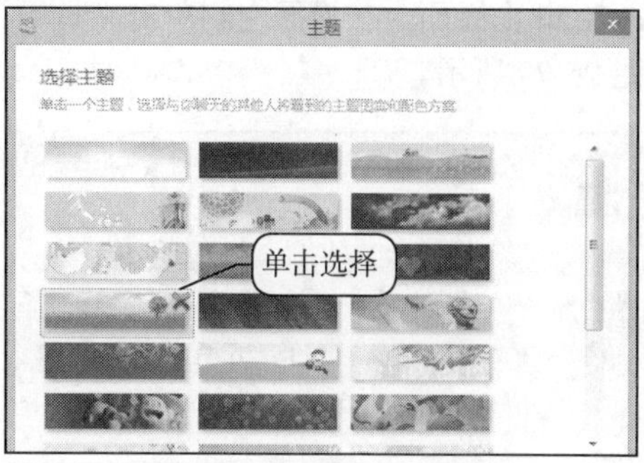

图 25-75　选择主题样式

Step 05 返回主界面，可看见更换后的主题和头像，如图 25-76 所示。

图 25-76　查看更换主题和头像后的显示效果

Step 06　❶ 单击右上角显示姓名的按钮，❷ 在展开的下拉列表中单击“更多选项”选项，如图 25-77 所示。

Step 07　弹出“选项”对话框，在界面中设置登录、历史记录、通知和声音等属性，如图 25-78 所示，设置后单击“确定”按钮保存退出。

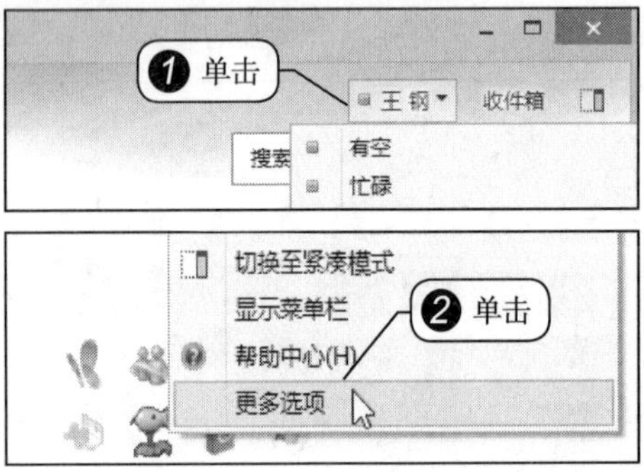

图 25-77　单击“更多选项”选项

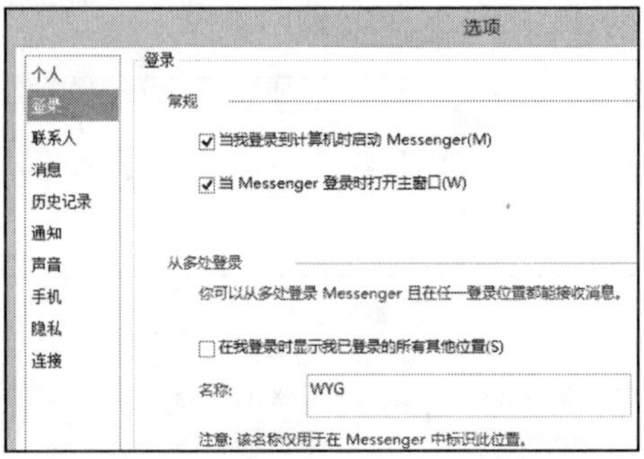

图 25-78　设置登录、历史记录等属性

25.7　学会使用 Windows Live Mail 中的日历和联系人功能

Windows Live Mail 最基本的功能是邮件管理，但是它同时具有日历和联系人功能，这两种功能都能够为用户提供很大的方便，利用日历功能可以更好地安排行程规划，而利用联系人功能则可以管理 Windows Live Mail 的联系人。

25.7.1　日历功能

Windows Live Mail 提供的日历功能包括查看日历、添加日历活动等功能，打开 Windows Live Mail 主界面，在界面左侧单击“日历”选项，便可打开 Windows Live Mail 日历主界面，如图 25-79 所示。

图 25-79　Windows Live Mail 日历主界面

在日历主界面中，用户可以在“开始”选项卡中看见各种功能按钮，有些功能按钮单独

位于一个选项组中，有些功能按钮根据类似的功能位于同一个选项组中。

- ❑“新建”选项组：该选项组提供了新建日历活动、添加日历类型的功能，并且还提供了新建电子邮件、照片邮件等功能。
- ❑“查看”选项组：该选项组提供了天、周、月 3 种日历视图，并且还提供了快速切换至当天对应的日期。
- ❑“删除”按钮：该按钮位于“查看”选项组右侧，主要用于删除添加的日历活动。
- ❑“转发”按钮：该按钮位于“删除”按钮右侧，主要用于将所选日历事件以邮件的形式转发给指定的收件人。
- ❑“工具”选项组：该选项组包含“发送 / 接收”和“提醒”两个按钮，其中“发送 / 接收”按钮用于发送 / 接收该邮箱对应服务器中保存的日历活动，而“提醒”按钮则用于设置日历提醒的相关属性，包括自己所在地、时区以及显示语言等选项。

在日历主界面中，常见的操作就是添加日历活动以记录待办的事项，下面介绍具体的操作步骤。

Step 01　打开 Windows Live Mail 日历主界面，在功能区中的“新建”选项组中单击“活动”按钮，如图 25-80 所示。

Step 02　在弹出的对话框中输入主题、地点、开始时间以及结束时间，输完后单击“保存并关闭”按钮，如图 25-81 所示。

图 25-80　单击“活动”按钮

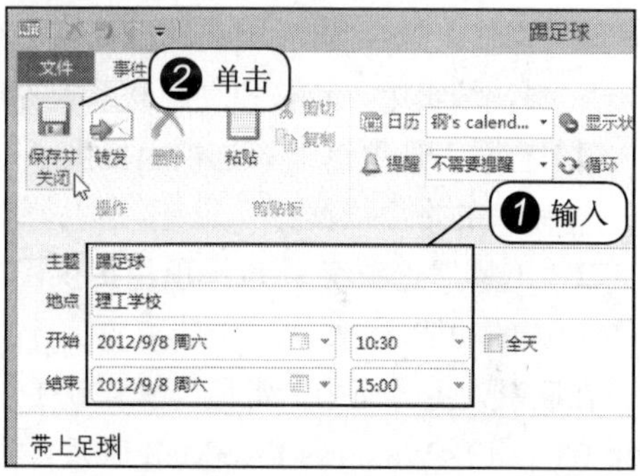

图 25-81　编辑日历活动

Step 03　返回 Windows Live Mail 日历主界面，可看见添加的日历活动位于对应的日历栏中，如图 25-82 所示。

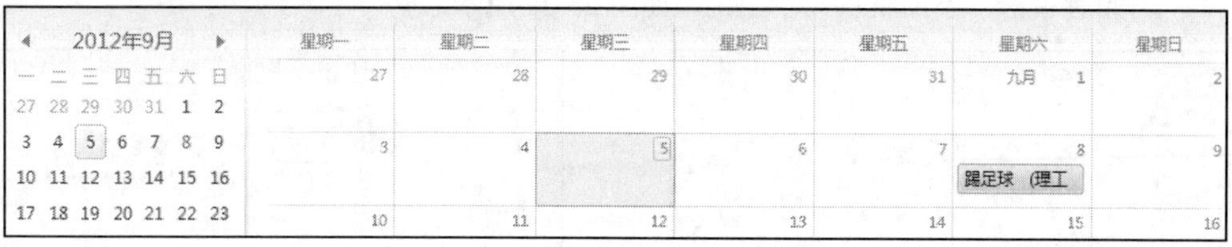

图 25-82　查看添加的日历信息

25.7.2　联系人功能

Windows Live Mail 提供的联系人功能包括新建联系人、组和管理联系人等功能，打开 Windows Live Mail 主界面，在界面左侧单击“日联系人”选项，便可打开 Windows Live Mail 联系人主界面，如图 25-83 所示。

图 25-83　Windows Live Mail 联系人主界面

在联系人主界面中，Windows Live Mail 提供的管理联系人功能所对应的按钮，主要显示在“新建”、“发送”、“操作”、“查看”和“工具”选项组中。

- “新建”选项组：该选项组提供了新建联系人、组的功能，并且还提供了新建电子邮件、照片邮件等功能。
- “发送”选项组：该选项组包含“电子邮件”和“即时信息”两个按钮，其中“电子邮件”按钮用于发送电子邮件，当选中指定联系人后再单击“电子邮件”按钮，便可自动编辑邮件，并且所选的联系人作为该电子邮件的收件人。“即时信息”按钮主要用于向指定联系人发送即时信息，只不过该联系人的邮箱必须是 Microsoft 邮箱。
- “操作”选项组：该选项组提供了编辑联系人和组的功能，包括查看 / 编辑联系人资料，编辑组、转移和复制联系人等功能。
- “查看”选项组：该选项组提供了查看联系人的两种方式（在线状态和列表）、排列联系人的排序依据。
- “工具”选项组：该选项组提供了导入 / 导出联系人的功能，同时还提供了清除联系人的功能。

在联系人主界面中，常见的操作就是新建联系人信息，下面介绍具体的操作步骤。

Step 01　打开 Windows Live Mail 联系人主界面，在“新建”选项组中单击“联系人”按钮，如图 25-84 所示。

Step 02　弹出“添加联机联系人”对话框，若选择快速添加联系人信息，❶ 在左侧单击“快速添加”按钮，❷ 然后在右侧输入姓名、个人电子邮件、住宅电话等信息，❸ 输完后单击“添加联系人”按钮，如图 25-85 所示。

图 25-84　单击“联系人”按钮

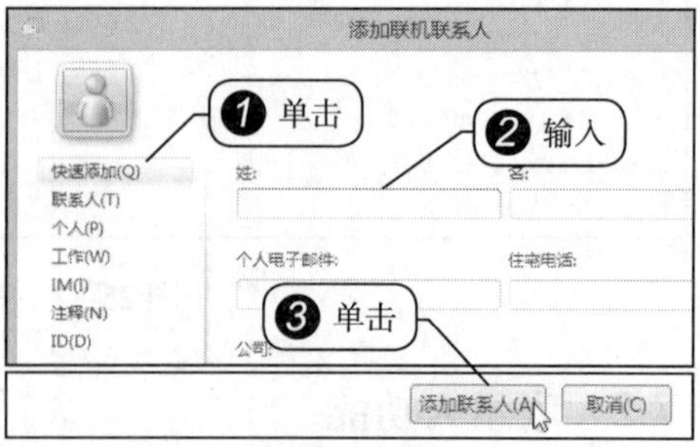

图 25-85　编辑联系人信息

Step 03　返回 Windows Live Mail 联系人主界面，可在界面中查看已添加的联系人的详细信息，如图 25-86 所示。

图 25-86　查看已添加的联系人的详细信息

新手疑惑解答

1. 什么是全景照片？

答：在 Windows Live 照片库中，全景照片是指将若干张照片全部拼接起来，构成全景图像，全景照片非常适合表现风景照片以及其他无法局限在单张照片中的大型主题。

若要创建全景照片，请从同一视角拍摄一系列照片，这样每张照片将与它之前的一张照片内容部分重叠，然后将这些重叠照片导入照片库中进行调整即可。

2. 选择电脑中的图片作为 Messenger 头像时，所选图片在像素方面应满足什么条件？

答：当选择电脑中的图片作为 Message 头像时，所选图片的像素最好为 80×80 像素，太大则会导致图片中的内容显示不清晰，太小则会导致图片中的内容显示不全。

3. SkyDrive 是否支持多账户登录？

答：SkyDrive 客户端不支持多账户登录。如果想要登录多个账户，可以切换用户，这样所有账户中的文件都可以保存在计算机中。在这样的情况下，只有当前登录的那个账户的文件能进行同步。切换用户的具体操作为：❶ 在通知区域右击 SkyDrive 图标，❷ 在弹出的快捷菜单中单击“设置”命令，如图 25-87 所示，在弹出的 Microsoft SkyDrive 对话框中，❸ 单击“取消链接 SkyDrive”按钮，如图 25-88 所示，❹ 然后再更改 SkyDrive 文件夹要保存的位置即可，如图 25-89 所示。

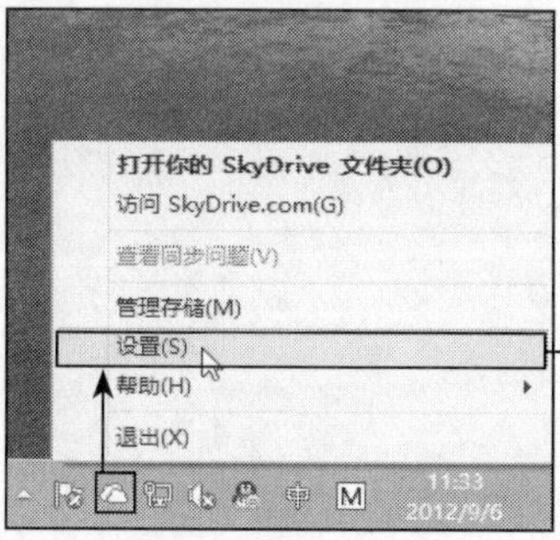

图 25-87　单击“设置”命令

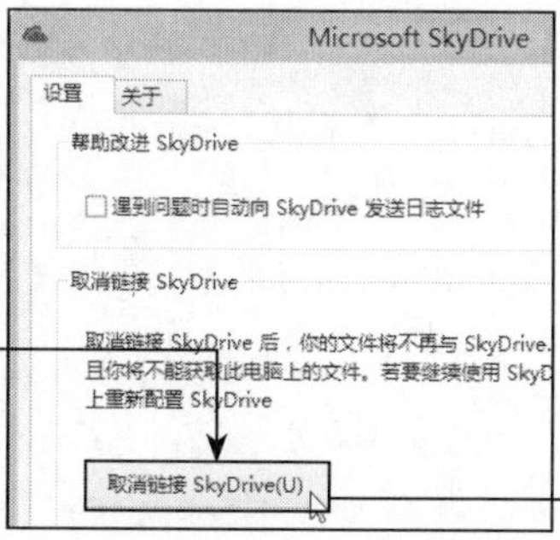

图 25-88　取消链接 SkyDrive

图 25-89　重新运行 SkyDrive

推荐阅读

专题摄影——用图片叙事

作者：冉玉杰 冉晶 ISBN：978-7-111-32429-4 定价：49.80元

会摄影 也会讲故事 会描述 也记录瞬间

每组图片都在叙述一个完整的故事

每组图片都在记录一个瞬间的历史

数码单反摄影构图——从入门到精通

作者：华影在线 ISBN：978-7-111-111-32657-1 定价：79.00元

从菜鸟到高手　摄影构图其实很简单

Canon EOS 5D Mark II 摄影完全攻略

作者：张炜 等 ISBN：978-7-111-33456-9 定价：69.00元

5D Mark II的设置全攻略/摄影技术与理念全攻略/场景实拍技法全攻略

高清摄像全攻略/速配镜头与附件全攻略/数码暗房全攻略

推荐阅读

数码单反摄影——从入门到精通

作者：龚颖 ISBN：978-7-111-29585-3 定价：39.80元

口袋里的摄影大师

作者：橘子哥 ISBN：978-7-111-28467-3 定价：35.00元

行摄无疆——李元大师讲风光摄影

作者：（美）李元 ISBN：978-7-111-28923-4 定价：56.00元

风光摄影——实拍完全掌握

作者：《数码摄影》杂志社 ISBN：978-7-111-28791-9 定价：56.00元